中国大学版协第九届优秀教材一等奖

数字电子技术

■ 俞阿龙　杨　军　孙红兵　魏东旭　杨裕翠　编著

南京大学出版社

图书在版编目(CIP)数据

数字电子技术 / 俞阿龙等编著. — 南京：南京大学出版社，2011.12（2018.6 重印）

ISBN 978-7-305-09458-3

Ⅰ. ①数… Ⅱ. ①俞… Ⅲ. ①数字电路－电子技术－高等学校－教材 Ⅳ. ①TN79

中国版本图书馆 CIP 数据核字(2011)第 268869 号

出版发行 南京大学出版社
社　　址 南京市汉口路 22 号　　邮　编 210093
网　　址 http://www.NjupCo.com
出 版 人 左　健

书　　名 **数字电子技术**
编　　著 俞阿龙　杨　军　孙红兵　魏东旭　杨裕翠
责任编辑 胥橙庭　　编辑热线 025-83686531

照　　排 南京南琳图文制作有限公司
印　　刷 盐城市华光印刷厂
开　　本 787×1092　1/16　印张 30.75　字数 745 千
版　　次 2011 年 12 月第 1 版　2018 年 6 月第 6 次印刷
ISBN 978-7-305-09458-3
定　　价 65.00 元

发行热线 025-83594756　83686452
电子邮箱 Press@NjupCo.com
Sales@NjupCo.com(市场部)

---

* 版权所有，侵权必究
* 凡购买南大版图书，如有印装质量问题，请与所购图书销售部门联系调换

前　言

在信息化高度发展的今天，信息的处理、存储和传输，要靠电子技术、计算机技术和网络通信技术。数字技术是电子技术的重要组成部分，数字系统与数字设备已广泛应用于各个领域，因此，电子信息、电气信息及仪器仪表等领域的工程技术人员，必须掌握数字系统的基础知识。本书以应用型人才为培养目标，突出理论和实践紧密结合、实用为主、注重实践的教学思想，因此本书在内容的选取及编写上，突出重点，讲清数字电路的基本概念、基本知识和基本方法，特别是逻辑代数基础、集成门电路、组合逻辑电路、集成触发器和时序逻辑电路等是本课程的重点；突出集成电路，全书较大幅度裁减了分立元件的讲述，同时减少了集成电路内部结构的介绍，把重点放在集成电路的功能介绍和使用上；由于专用集成电路(ASIC)是近年来迅速发展起来的新逻辑器件，尤其是可编程逻辑器件(PLD)已广泛应用于数字系统设计中，因此，在编写过程中加强了这部分内容，为应用这些器件研制设计数字系统打下一定的基础；将 Multisim 10 软件仿真设计应用到每个章节中，使学生对 Multisim 10 软件的基本应用和工程设计有一个基本的了解，有助于培养学生的创新能力。

本书共分十章，内容主要包括逻辑代数基础、集成逻辑门、组合逻辑电路、集成触发器、时序逻辑电路、脉冲波形的产生与整形、数模和模数转换器、可编程逻辑器件。本书在编写过程中，力求简明扼要、通俗易懂，书中每章给出了大量的例题、习题。

本书可作高等学校电子信息类、电气信息类、仪器仪表类等专业和其他相关专业教材或参考书，也可供工程人员参考使用。

本书在编写过程中，参考了国内外有关方面的书刊，编者在这里向被选用书刊的作者表示感谢。

限于作者的水平和时间，书中难免有疏漏和不妥之处，恳请读者批评指正。

编　者

2011 年 10 月

目　录

第1章　绪　论…… 1

1.1　概　述 …… 1

1.1.1　数字信号和数字电路…… 1

1.1.2　数字电路的优点和分类…… 2

1.2　数制和码制 …… 4

1.2.1　数　制…… 4

1.2.2　不同数制间的转换…… 5

1.2.3　二进制代码…… 7

练习题 …… 11

第2章　逻辑代数基础 …… 12

2.1　概　述…… 12

2.2　逻辑代数中的常用运算…… 13

2.2.1　基本逻辑运算 …… 13

2.2.2　复合逻辑运算 …… 15

2.3　逻辑代数中的基本定律和常用公式…… 18

2.3.1　逻辑代数中的基本定律 …… 18

2.3.2　逻辑代数中的常用公式 …… 19

2.3.3　逻辑代数中的三个基本规则 …… 20

2.4　逻辑函数及其表示方法…… 21

2.4.1　逻辑函数的建立 …… 21

2.4.2　逻辑函数的表示方法 …… 22

2.4.3　逻辑函数的两种标准形式 …… 25

2.5　逻辑函数的公式化简法…… 27

2.5.1　逻辑函数的最简表达式 …… 28

2.5.2　逻辑函数的公式化简法 …… 28

2.6　逻辑函数的卡诺图化简法…… 31

2.6.1　卡诺图的构成 …… 31

2.6.2　逻辑函数的卡诺图表示法 …… 31

2.6.3　逻辑函数的卡诺图化简法 …… 34

2.7　逻辑函数化简与变换的 Multisim 10 仿真 …… 39

2.7.1 Multisim 10 主要功能及特点 …… 40
2.7.2 Multisim 10 安装 …… 41
2.7.3 Multisim 10 的基本操作 …… 41
2.7.4 逻辑函数化简与变换的 Multisim 仿真 …… 45
练习题 …… 50

第 3 章 集成逻辑门电路 …… 59

3.1 概 述 …… 59
3.2 基本逻辑门电路 …… 60
3.2.1 二极管的开关特性 …… 61
3.2.2 三极管的开关特性 …… 63
3.2.3 MOS 管的开关特性 …… 65
3.2.4 分立元件门电路 …… 66
3.2.5 组合逻辑门电路 …… 69
3.3 TTL 集成逻辑门电路 …… 72
3.3.1 TTL 与非门 …… 73
3.3.2 其他功能的 TTL 门电路 …… 81
3.3.3 其他系列的 TTL 门电路 …… 87
3.3.4 TTL 数字集成电路的系列 …… 89
3.3.5 其他双极型集成逻辑门电路的特点 …… 91
3.3.6 TTL 集成逻辑门电路的使用注意事项 …… 95
3.4 CMOS 集成逻辑门电路 …… 96
3.4.1 CMOS 反相器 …… 96
3.4.2 其他功能的 CMOS 门电路 …… 98
3.4.3 高速 CMOS 门电路 …… 105
3.4.4 CMOS 数字集成电路的系列 …… 105
3.4.5 CMOS 数字集成电路使用注意事项 …… 107
3.5 TTL 电路与 CMOS 电路的接口 …… 109
3.5.1 TTL 电路驱动 CMOS 电路 …… 110
3.5.2 CMOS 门驱动 TTL 门 …… 110
3.5.3 TTL 和 CMOS 门电路带负载时的接口电路 …… 111
3.6 门电路逻辑功能测试及 Multisim 10 仿真 …… 112
3.6.1 与非门逻辑功能测试与仿真 …… 112
3.6.2 用与非门组成其他功能门电路 …… 113
3.6.3 CMOS 反相器功能仿真 …… 116
练习题 …… 117

第4章　组合逻辑电路…… 128
4.1　概　述 …… 128
4.1.1　组合逻辑电路的特点…… 128
4.1.2　组合逻辑电路的逻辑功能描述…… 128
4.2　组合逻辑电路的分析和设计 …… 129
4.2.1　组合逻辑电路的分析…… 129
4.2.2　组合逻辑电路的设计…… 131
4.3　加法器 …… 136
4.3.1　半加器和全加器…… 136
4.3.2　多位加法器…… 138
4.4　编码器 …… 146
4.4.1　二进制编码器…… 146
4.4.2　二-十进制编码器 …… 148
4.4.3　优先编码器…… 151
4.5　译码器和数据分配器 …… 157
4.5.1　二进制译码器…… 157
4.5.2　二-十进制译码器 …… 160
4.5.3　显示译码器…… 164
4.5.4　译码器的应用…… 167
4.5.5　数据分配器…… 171
4.6　数据选择器 …… 173
4.6.1　4选1数据选择器 …… 173
4.6.2　8选1数据选择器 …… 174
4.6.3　数据选择器的应用…… 175
4.7　数值比较器 …… 179
4.7.1　1位数值比较器 …… 180
4.7.2　多位数值比较器…… 180
*4.8　组合逻辑电路中的竞争与冒险 …… 184
4.8.1　产生竞争冒险的原因…… 185
4.8.2　冒险的分类…… 186
4.8.3　冒险现象的判别…… 187
4.8.4　消除冒险现象的方法…… 189
4.9　Multisim 10在组合逻辑电路中的应用…… 192
4.9.1　加法器仿真分析…… 192
4.9.2　四人表决电路设计与分析…… 193
4.9.3　编码器及译码器仿真分析…… 195

4.9.4 竞争冒险电路仿真与分析 …… 197
练习题 …… 202

第5章 集成触发器 …… 211

5.1 概 述 …… 211
5.2 基本RS触发器 …… 212
5.2.1 由与非门组成的基本RS触发器 …… 212
5.2.2 由或非门组成的基本RS触发器 …… 214
5.3 同步触发器 …… 218
5.3.1 同步RS触发器 …… 218
5.3.2 同步D触发器 …… 220
5.3.3 同步JK触发器 …… 221
5.3.4 同步触发器的空翻 …… 223
5.4 边沿触发器 …… 223
5.4.1 TTL边沿JK触发器 …… 223
5.4.2 维持阻塞D触发器 …… 225
5.4.3 T触发器和T′触发器 …… 228
5.4.4 CMOS边沿触发器 …… 229
5.5 主从触发器 …… 230
5.5.1 主从RS触发器 …… 230
5.5.2 主从JK触发器 …… 233
5.5.3 主从JK触发器的一次翻转现象 …… 235
5.6 触发器的Multisim 10仿真 …… 240
5.6.1 JK触发器仿真 …… 241
5.6.2 D触发器仿真 …… 242
5.6.3 用JK触发器设计彩灯控制器 …… 243
5.6.4 触发器之间的相互转换 …… 245
练习题 …… 246

第6章 时序逻辑电路 …… 254

6.1 概 述 …… 254
6.1.1 时序逻辑电路的特点与结构 …… 254
6.1.2 时序逻辑电路的分类 …… 255
6.1.3 时序逻辑电路功能的描述方法 …… 256
6.2 时序逻辑电路的分析 …… 258
6.2.1 同步时序逻辑电路的分析方法 …… 258
6.2.2 异步时序逻辑电路的分析方法 …… 265

6.3　寄存器和移位寄存器 …… 270
6.3.1　寄存器 …… 270
6.3.2　移位寄存器 …… 273
6.3.3　移位寄存器的应用 …… 278
6.4　计数器 …… 282
6.4.1　异步计数器 …… 282
6.4.2　同步计数器 …… 286
6.4.3　集成计数器 …… 294
6.4.4　利用计数器的级联获得大容量 N 进制计数器 …… 297
*6.5　同步时序逻辑电路的设计 …… 301
6.5.1　同步时序逻辑电路的设计方法 …… 301
6.5.2　同步时序逻辑电路的设计举例 …… 302
6.6　时序逻辑电路的 Multisim 10 仿真与分析 …… 308
6.6.1　计数器电路仿真与分析 …… 309
6.6.2　智力竞赛八路抢答器设计与仿真分析 …… 311
6.6.3　分频器设计与仿真分析 …… 313
6.6.4　序列信号产生电路设计与仿真分析 …… 316
6.6.5　交通灯控制器设计与仿真分析 …… 318
6.6.6　数字钟设计与仿真分析 …… 322
练习题 …… 327

第7章　脉冲产生与整形 …… 335

7.1　概　述 …… 335
7.2　施密特触发器 …… 335
7.2.1　用门电路组成的施密特触发器 …… 336
7.2.2　集成施密特触发器 …… 339
7.2.3　施密特触发器的应用 …… 342
7.3　单稳态触发器 …… 344
7.3.1　微分型单稳态触发器 …… 344
7.3.2　集成单稳态触发器 …… 347
7.3.3　单稳态触发器的应用 …… 352
7.4　多谐振荡器 …… 354
7.4.1　不对称多谐振荡器 …… 354
7.4.2　对称多谐振荡器 …… 356
7.4.3　石英晶体多谐振荡器 …… 357
7.5　555 定时器及其应用 …… 358
7.5.1　555 定时器的电路结构及其工作原理 …… 359

7.5.2 用555定时器组成施密特触发器…… 360
7.5.3 用555定时器组成单稳态触发器…… 361
7.5.4 用555定时器组成多谐振荡器…… 363
7.6 555定时电路的Multisim 10仿真与分析…… 365
7.6.1 单稳态触发器的仿真…… 365
7.6.2 时基振荡发生器的仿真…… 367
7.6.3 占空比可调的脉冲波形发生器的仿真…… 368
7.6.4 施密特触发器的仿真…… 370
7.6.5 基于555定时器的音乐发生器的设计与仿真…… 372
练习题…… 374

第8章 数模和模数转换器…… 381

8.1 概 述 …… 381
8.2 D/A转换器 …… 382
8.2.1 权电阻网络D/A转换器 …… 382
8.2.2 $R-2R$倒T型电阻网络D/A转换器 …… 383
8.2.3 权电流型D/A转换器 …… 384
8.2.4 D/A转换器的主要参数 …… 387
8.2.5 集成D/A转换器AD7520介绍 …… 388
8.3 A/D转换器 …… 391
8.3.1 A/D转换的一般过程 …… 391
8.3.2 并联比较型A/D转换器 …… 394
8.3.3 逐次渐近型A/D转换器 …… 396
8.3.4 双积分型A/D转换器 …… 398
8.3.5 A/D转换器的主要参数 …… 401
8.4 A/D与D/A转换电路的Multisim 10仿真与分析…… 402
8.4.1 A/D转换电路的仿真 …… 402
8.4.2 D/A转换电路的仿真 …… 404
8.4.3 A/D与D/A转换电路的应用 …… 409
练习题…… 415

第9章 半导体存储器…… 423

9.1 概 述 …… 423
9.1.1 半导体存储器的分类…… 423
9.1.2 半导体存储器的主要技术指标…… 424
9.2 只读存储器 …… 425
9.2.1 ROM的电路结构 …… 425

9.2.2 固定ROM的工作原理 …… 426
9.2.3 可编程只读存储器 …… 431
9.2.4 可擦除可编程只读存储器 …… 432
9.2.5 PROM的应用 …… 436
9.3 随机存取存储器 …… 437
9.3.1 RAM的电路结构 …… 437
9.3.2 RAM中的存储单元 …… 440
9.3.3 RAM的扩展 …… 443
练习题 …… 446

第10章 可编程逻辑器件 …… 454

10.1 概　述 …… 454
10.2 可编程逻辑器件的基本结构 …… 455
10.2.1 PLD的基本结构 …… 455
10.2.2 PLD器件的表示法 …… 456
10.3 可编程逻辑器件 …… 457
10.3.1 PAL的基本结构 …… 457
10.3.2 PAL的输出和反馈结构 …… 458
10.4 通用阵列逻辑 …… 460
10.4.1 GAL的总体结构 …… 460
10.4.2 GAL的输出宏单元 …… 462
10.5 现场可编程门阵列 …… 463
10.5.1 FPGA的基本结构 …… 463
10.5.2 FPGA的模块功能 …… 464
10.5.3 FPGA的数据装载 …… 467
10.6 在系统可编程逻辑器件 …… 467
10.6.1 低密度在系统可编程逻辑器件 …… 468
10.6.2 高密度在系统可编程逻辑器件 …… 469
练习题 …… 473

参考文献 …… 478

第1章 绪 论

> **本章学习目的和要求**
> 1. 了解模拟信号与数字信号、模拟电路与数字电路的区别与联系；
> 2. 掌握数字量、数制的概念及不同数制的互化；
> 3. 掌握数字电路中常用的码制。

从模拟信号到数字信号，要经过采样、量化、编码，最终连续的模拟信号波形就变成了一串离散的、只有高低电平之分“0 1 0 1 …”变化的数字信号，这种数字信号具有极强的抗干扰性。随着信息时代的到来，数字化已成为当今电子技术的发展潮流，数字技术在家电、通信、工业控制等各个领域得到广泛的应用。数字电路是数字电子技术的核心，是计算机和数字通信的硬件基础。本章首先介绍数字信号和数字电路的一些基本概念及其特点，然后介绍数字电路中常用的数制及不同数制之间的转换，最后介绍码制的概念。

1.1 概 述

1.1.1 数字信号和数字电路

在我们周围的生活中存在许多物理量，我们分析它们的信号波形可以发现有两种性质不同的物理量。电子电路中的信号可以分为模拟信号和数字信号两大类，如图 1.1.1 所示。模拟信号是指信息参数在给定范围内表现为连续的信号，或在一段连续的时间间隔内，其代表信息的特征量可以在任意瞬间呈现为任意数值的信号。

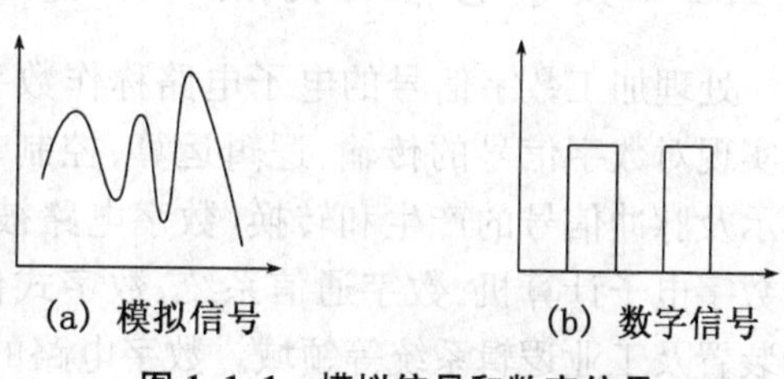

图 1.1.1 模拟信号和数字信号

模拟信号来自于自然界客观存在的一些物理量，分布于自然界的各个角落，如温度、湿度、速度、压力、应变、声音等，这些量通过传感器转换成的电信号随时间连续变化，可以用测量仪器测量出某个时刻的瞬时值，处理模拟信号的电路称为模拟电路。而数字信号是人为抽象出来的在时间上和数值上均是离散的信号，如电子表的秒信号、生产流水线上记录零件个数的计数信号等。这些信号的变化发生在一系列离散的瞬间，其值也是离散的。这种数字信号只有两个离散值，常用数字 0 和 1 来表示，代表两种对立的状态，称为逻辑 0 和逻辑 1，也称为二值数字逻辑。我们可以用高电平来表示逻辑 1，用低电平来表示逻辑 0，这称为正逻辑体制；当然也可以用低电平来表示逻辑 1，用高电平来表示逻辑 0，这称为负逻辑体制。如表 1.1.1 所示。

表 1.1.1　二值数字逻辑

	高电平	低电平
正逻辑关系	1	0
负逻辑关系	0	1

处理数字信号的电路称为数字电路。数字信号在电路中往往表现为突变的电压或电流。数字信号具有以下一些特点：

(1) 信号只有两个电压值，5 V 和 0 V。如果采用正逻辑体制，则 5 V 为高电平，0 V 为低电平。

(2) 信号从高电平变为低电平，或者从低电平变为高电平是一个突然变化的过程，这种信号又称为脉冲信号。

如果采用正逻辑，图 1.1.1(b)所示的数字电压信号就成为如图 1.1.2 所示逻辑信号。

一个周期性脉冲信号，可用信号幅度(V_m)、信号的重复周期(T)、脉冲宽度(t_W)、占空比(q，脉冲宽度 t_W 占整个周期 T 的百分比)等参数来描绘，如图 1.1.3 所示。

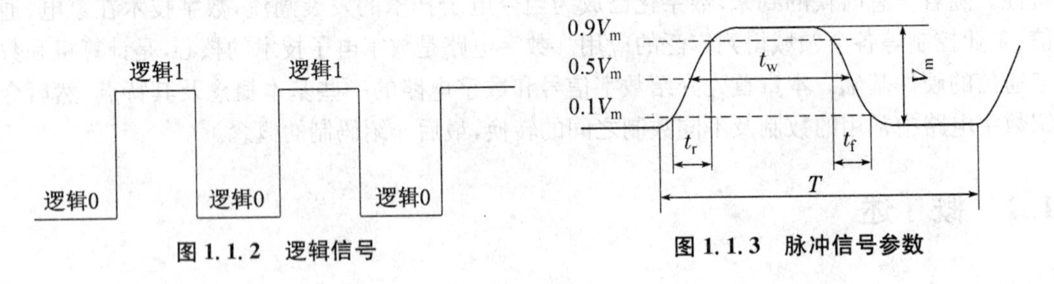

图 1.1.2　逻辑信号　　　图 1.1.3　脉冲信号参数

1.1.2　数字电路的优点和分类

处理加工数字信号的电子电路称作数字电路，即能够实现对数字信号的传输、逻辑运算、控制、记数、寄存、显示及脉冲信号的产生和转换，数字电路被广泛地应用于数字电子计算机、数字通信系统、数字式仪表、数字控制装置及工业逻辑系统等领域。数字电路的一般框图如图 1.1.4 所示。数字电路与模拟电路相比主要有下列优点：

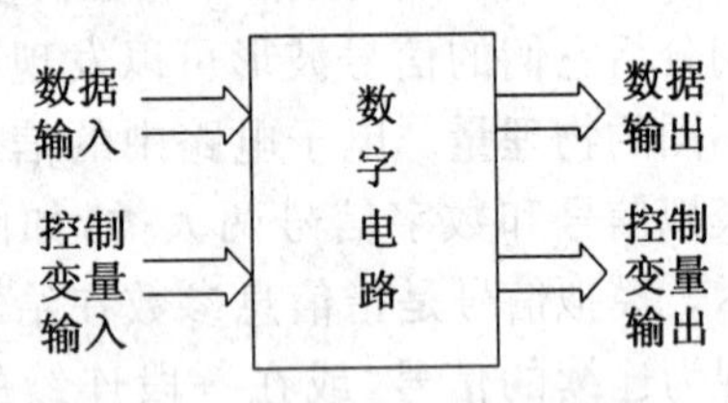

图 1.1.4　数字电路的一般框图

(1) 电路结构简单，容易制造，便于集成、系列化生产，成本低廉，使用方便。由于数字电路是以二值数字逻辑为基础的，只有 0 和 1 两个基本数字，易于用电路来实现，比如可用二极管、三极管的导通与截止这两个对立的状态来表示数字信号的逻辑 0 和逻辑 1。

(2) 由数字电路组成的数字系统，工作准确可靠，精度高，抗干扰能力强。它可以通过整形很方便地去除叠加于传输信号上的噪声与干扰，还可利用差错控制技术对传输信号进行查错和纠错。

(3) 数字电路不仅能完成数值运算，而且能进行逻辑判断和运算，这在控制系统中可以得到广泛应用，因此又把它称作“数字逻辑电路”。

(4) 数字信息便于长期保存，比如可将数字信息存入磁盘、光盘等介质，以便长期保存。

(5) 数字集成电路产品系列多、通用性强、成本低。

由于具有一系列优点，数字电路在电子设备或电子系统中得到了越来越广泛的应用，计算机、计算器、电视机、音响系统、视频记录设备、光碟、长途电信及卫星系统等，无一不采用了数字系统。

另外，随着现代集成电路技术的发展，高速度、低功耗及可编程集成电路在电子系统设计中越来越占优势。

数字电路可以按照电路组成结构、组成器件、逻辑功能等进行分类。

(1) 按电路组成结构分类

数字电路按其电路的组成结构分类，可分为分立元件电路和集成电路两类。分立元件电路由二极管、三极管、电阻、电容等元件组成。集成电路则通过半导体制造工艺将这些元件做在一片芯片上。随着集成电路技术的不断发展，具有体积小、重量轻、功耗小、价格低、可靠性高等特点的集成电路会逐步代替体积大、可靠性不高的分立电路。集成电路按集成度(在一块硅片上包含的逻辑门电路或组件的数量)分为：小规模(SSI)、中规模(MSI)、大规模(LSI)、超大规模(VLSI)和甚大规模(ULSI)集成电路。如图 1.1.5 和表 1.1.2 所示。

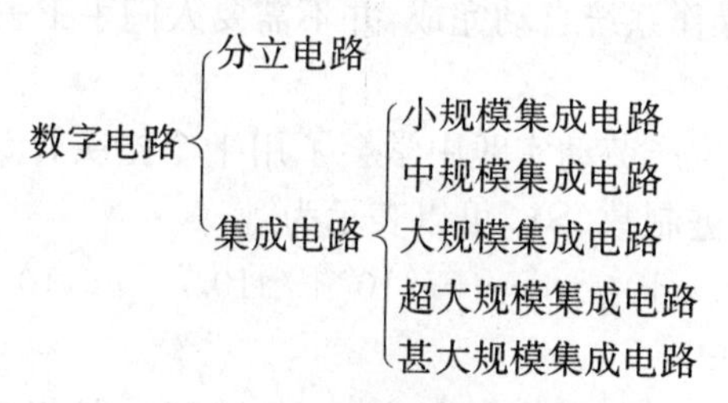

图 1.1.5 按电路组成结构分类图

表 1.1.2 数字集成电路的分类

分类	门的个数	典型集成电路
小规模	最多 12 个	逻辑门、触发器
中规模	12～99	计数器、加法器
大规模	100～9 999	小型存贮器、门阵列
超大规模	10 000～99 999	大型存贮器、微处理器
甚大规模	10^6	可编程逻辑器件、多功能专用集成电路

(2) 按所用器件分类

数字电路按电路所用器件分类，可以分为双极型和单极型电路。双极型电路即 TTL 型，是晶体管-晶体管逻辑门电路的简称，主要由双极型三极管组成。TTL 集成电路生产工艺成熟，产品参数稳定，工作可靠，开关速度高，因此应用广泛。单极型电路即 MOS 型，是金属-氧化物-半导体场效应管门电路的简称，主要由场效应管组成，优点是低功耗，抗干扰能力强。

(3) 按逻辑功能分类

数字电路按逻辑功能分类,可分为组合逻辑电路和时序逻辑电路。如果一个逻辑电路在任何时刻的输出状态只取决于当时的输入状态,与电路原来的状态无关,则该电路称为组合逻辑电路。如果在任一时刻,电路的输出状态不仅取决于当时的输入状态,还与前一时刻的状态有关,则该电路称为时序电路。

1.2 数制和码制

1.2.1 数 制

计数方法称之为数制,是用一组固定的符号和统一的规则来进行计数的方法。人们通常采用的数制有十进制、二进制、八进制和十六进制。在日常生活中,人们习惯于使用十进制,可是在数字电路中常使用二进制,有时也使用八进制或十六进制。计算机能极快地进行运算,但其内部并不像人类在实际生活中使用的十进制,而是使用只包含 0 和 1 两个数值的二进制。当然,人们输入计算机的十进制被转换成二进制进行计算,计算后的结果又由二进制转换成十进制,这都由操作系统自动完成,并不需要人们手工去做。

1. 十进制

人类的祖先在长期的生产劳动实践中学会了用十个指头计数,因而产生了我们最熟悉的十进制数。任意一个十进制数$(S)_{10}$可以表示为

$$(S)_{10}=k_n10^{n-1}+k_{n-1}10^{n-2}+\cdots+k_110^0+k_010^{-1}+k_{-1}10^{-2}+\cdots+k_{-m}10^{-m-1} \tag{1.2.1}$$

式中:k_i可以是 0～9 十个数码中的任意一个,m 和 n 是正整数,表示权;k_i,m,n 均由$(S)_{10}$决定,(S)的下标与式中的 10 是十进制的基数。由于基数为 10,每个数位计满 10 就向高位进位,即逢十进一,所以称它为十进制计数制。

【例 1.2.1】 将 123.45 写成权表示的形式。

解 $123.45=1\times10^2+2\times10^1+3\times10^0+4\times10^{-1}+5\times10^{-2}$

2. 二进制

在数字系统中,为了便于工程实现,广泛采用二进制计数制。这是因为二进制表示的数,每一位只取数码 0 或 1,因而可以用具有两个不同状态的电子元件来表示,并且数据的存储和传送也可用简单而可靠的方式进行。二进制的基数是 2,其计数规律是逢二进一。

任意一个二进制数可以表示成

$$(S)_2=k_n2^{n-1}+k_{n-1}2^{n-2}+\cdots+k_12^0+k_02^{-1}+k_{-1}2^{-2}+\cdots+k_{-m}2^{-m-1} \tag{1.2.2}$$

式中:k_i只能取 0 或 1,它由$(S)_2$决定,m,n 为正整数,表示权。

【例 1.2.2】 将$(1\,011.01)_2$写成权表示的形式。

解 $(1\,011.01)_2=1\times2^3+0\times2^2+1\times2^1+1\times2^0+0\times2^{-1}+1\times2^{-2}$

3. 八进制和十六进制

采用二进制计数制,对于计算机等数字系统来说,运算、存储和传输极为方便,然而二进制数书写起来很不方便。为此,人们经常采用八进制数和十六进制计数制来进行书写或打印。

任意一个八进制数可以表示成

$$(S)_8=k_n8^{n-1}+k_{n-1}8^{n-2}+\cdots+k_18^0+k_08^{-1}+k_{-1}8^{-2}+\cdots+k_{-m}8^{-m-1} \quad (1.2.3)$$

式中：k_i可取0,1,2,…,7八个数之一，它由$(S)_8$决定；m和n为正整数，表示权。八进制数的计数规律为逢八进一。

【例1.2.3】 将八进制数$(62.731)_8$写成权表示的形式。

解 $(62.731)_8=6\times8^1+2\times8^0+7\times8^{-1}+3\times8^{-2}+1\times8^{-3}$

【例1.2.4】 将十六进制数$(8BE6)_{16}$写成权表示的形式。

解 $(8BE6)_{16}=8\times16^3+B\times16^2+E\times16^1+6\times16^0$

1.2.2 不同数制间的转换

将数由一种数制转换成另一种数制称为数制间的转换。因为日常生活中经常使用的是十进制数，而在计算机中采用的是二进制数。所以，在使用计算机时就必须把输入的十进制数换算成计算机所能够接受的二进制数。计算机在运行结束后，再把二进制数换算成人们所习惯的十进制数输出。这两个换算过程完全由计算机自动完成。

1. 其他进制转换为十进制

方法：将其他进制按权位展开，然后各项相加，就得到相应的十进制数。

【例1.2.5】 N＝(10110.101)B＝(?)D。

解 按权展开：$N=1\times2^4+0\times2^3+1\times2^2+1\times2^1+0\times2^0+1\times2^{-1}+0\times2^{-2}+1\times2^{-3}$

$=16+4+2+0.5+0.125=(22.625)D$

2. 十进制转换为其他进制

十进制的整数部分与小数部分分别转换。

整数部分采用“除基取余法”：整数部分逐次除以基数，依次记下余数，直至商为0。读数方向：从下到上。

小数部分采用“乘基取整法”：小数部分连续乘以基数，依次取整数，直至小数部分为0，或达到要求的精度。读数方向：从上到下。

【例1.2.6】 将十进制数37.48转换成二进制数、八进制数，小数点后保留三位。

解 $(37.48)_{10}=(37)_{10}+(0.48)_{10}$

(1) 十进制数37.48转换成二进制数。

整数部分：

除数	被除数/商	余数	
2	37		↑
2	18	1	低位
2	9	0	
2	4	1	
2	2	0	
2	1	0	高位
	0	1	

$(37)_{10}=(100101)_2$

小数部分：

算式	整数	
0.48 × 2 = 0.96	0	高位
0.96 × 2 = 1.92	1	↓
0.92 × 2 = 1.84	1	低位

$(0.48)_{10}=(0.011)_2$

所以，$(37.48)_{10}=(100101.011)_2$。

(2) 十进制数 37.48 转换成八进制数。

整数部分：

除式	余数	
8 | 37		低位
8 | 4	5	↑
0	4	高位

$(37)_{10}=(45)_8$

小数部分：

算式	整数	
0.48 × 8 = 3.84	3	高位
0.84 × 8 = 6.72	6	↓
0.72 × 8 = 5.76	5	低位

$(0.48)_{10}=(0.365)_8$

所以，$(37.48)_{10}=(45.365)_8$。

3. 二进制与八进制、十六进制间的转换

(1) 二进制与八进制的转换

规则：每三位二进制数相当于一位八进制数。

二进制数转换为八进制数：以小数点为中心，分别向左、右两边延伸，每三位二进制数为一组，用对应的八进制数来表示；不足三位的，用 0 补足。

八进制转换为二进制：每位八进制数用三位二进制数来代替，去掉多余的 0（最前面和最后面的 0）。

(2) 二进制与十六进制的转换（类似于二进制与八进制的转换）

规则：每四位二进制数相当于一位十六进制数。

二进制数转换为十六进制数：以小数点为中心，分别向左、右划分延伸，每四位二进制数用一位十六进制数来表示;不足四位的,用0补足。

十六进制转换为二进制:每位十六进制数用四位二进制数来代替,去掉多余的0(最前面和最后面的0)。

【例1.2.7】 将二进制数1001101.010转换为八进制数和十六进制数。

解 二进制 001 001 101.0 10

八进制 1 1 5. 2

所以,$(1001101.010)_2=(115.2)_8$。

二进制 0100 1101.0100

十六进制 4 D. 4

所以,$(1001101.010)_2=(4D.4)_{16}$。

1.2.3 二进制代码

计算机既可以处理数字信息和文字信息,也可以处理图形、声音、图像等信息。然而,由于计算机中采用二进制,所以这些信息在计算机内部必须以二进制编码的形式表示。也就是说,一切输入到计算机中的数据都是由0和1两个数字进行组合的。这些数值、文字、字符或图形是用二进制编码进行组合表示的,这种用二进制数来表示非二进制的文字、数字或字符等的编码方法和规则称为码制。如BCD码(二-十进制代码)、ASCII码、汉字内部码等。

1. 机器数与真值

(1) 机器数

数学中正数与负数是用该数的绝对值,加上正、负符号来表示。由于计算机中无论是数值还是数的符号,都只能用0和1来表示。所以计算机中,为了表示正、负数,把一个数的最高位作为符号位:0表示正数,1表示负数。比如,用八个二进制位表示一个十进制数,则正的36和负的36可表示为

$$+36 \longrightarrow 00100100$$

$$-36 \longrightarrow 10100100$$

这种连同符号位一起数字化了的数称为机器数。

(2) 机器数的表示方法

① 原码:正数的符号位用0表示,负数的符号位用1表示,数值部分用二进制形式表示,称为该数的原码。

比如:$X=+81$,则$(X)_{原}=01010001$;$Y=-81$,则$(Y)_{原}=11010001$。

用原码表示一个数简单、直观、方便,但不能用它对两个同号数相减或两个异号数相加。

比如:将十进制数"+36"与"-45"的原码直接相加:

$$X=+36,(X)_{原}=00100100$$

$$Y=-45,(Y)_{原}=10101101$$

而$00100100\cdots(+36)_{10}+10101101\cdots(-45)_{10}\rightarrow 11010001\cdots(-81)_{10}$。

这显然是不对的。

② 反码:正数的反码和原码相同,负数的反码是对该数的原码除符号位外各位取反,即

"0"变"1","1"变"0"。

例如:X=+81,Y=−81。

$$(X)_{原}=01010001,(X)_{反}=01010001$$

$$(Y)_{原}=11010001,(Y)_{反}=10101110$$

③ 补码:正数的补码与原码相同,负数的补码是对该数的原码除符号外各位取反,然后加1,即反码加1。

比如:X=+81,Y=−81。$(X)_{原}=(X)_{反}=(X)_{补}=01010001$

$$(Y)_{原}=11010001,(Y)_{反}=10101110,(Y)_{补}=10101111$$

(3) 真值

由机器数所表示的实际值称为真值。比如机器数00101011的真值为十进制的+43或二进制的+0101011;机器数10101011的真值为十进制的−43或二进制的−0101011。

2. 二进制编码

二进制编码就是规定用怎样的二进制数来表示数字、文字或其他符号。常见编码方式主要有以下几种:BCD码(二-十进制码)、ASCII码、汉字编码。

(1) BCD码(二-十进制码)

把十进制数的每一位分别写成二进制数形式的编码,称为二-十进制编码或BCD编码。BCD编码方法有很多种方案。表1.2.1中列出了常见的几种BCD码的编码。

表1.2.1 常用BCD码

十进制数	8421码	2421码	5421码	余3码	格雷码
0	0000	0000	0000	0011	0000
1	0001	0001	0001	0100	0001
2	0010	0010	0010	0101	0011
3	0011	0011	0011	0110	0010
4	0100	0100	0100	0111	0110
5	0101	1011	1000	1000	0111
6	0110	1100	1001	1001	0101
7	0111	1101	1010	1010	0100
8	1000	1110	1011	1011	1100
9	1001	1111	1100	1100	1000
位权	8421 $b_3b_2b_1b_0$	2421 $b_3b_2b_1b_0$	5421 $b_3b_2b_1b_0$	无权	无权

① 8421BCD码:采用4位二进制数表示1位十进制数,即每一位十进制数用四位二进制表示。这是一种恒权码(每一位的位权是固定不变的),4位二进制数各位权由高到低分别是2^3、2^2、2^1、2^0,即8、4、2、1。这种编码最自然,最简单,且书写方便、直观、易于识别。每组二进制代码按权展开求和就得到所代表的十进制数,它是最常用的BCD码。

【例1.2.8】 将十进制数34.15转换为8421码。

解 3 4 .1 5

0011 0100.0001 0101

$(34.15)_{10}=(110100.00010101)_{8421BCD}$

【例 1.2.9】 将 8421 码$(100101100011)_{8421BCD}$转换为十进制数。

解 1001 0110 0011

9 6 3

$(100101100011)_{8421BCD}=(963)_{10}$

② 5421BCD 码:恒权码,从高位到低位的位权分别为 5、4、2、1。

③ 2421BCD 码:恒权码,从高位到低位的位权分别为 2、4、2、1。

④ 余 3 码:无权码(没有固定的位权,比 8421 码多余 3。余 3 码的特点是将 4 位二进制数的 16 种状态前后各去掉 3 种状态,剩下 10 种状态表示 0～9。即 0011(0)、0100(1)、0101(2)、…、1100(9),是一种无权码。当用二进制规律做余 3 码加法时,当和的十进制值≤9 时,需减 3 来修正(因两个数相加余 6,而和只余 3);当和的十进制值>9 时(即有进位),需加 3 来修正。

【例 1.2.10】 将 8421 码$(0000)_{8421BCD}$、$(0001)_{8421BCD}$、$(0010)_{8421BCD}$转换为余 3 码。

解 $(0000)_{8421BCD}=(0011)_{余3码}$;$(0001)_{8421BCD}=(0100)_{余3码}$;$(0010)_{8421BCD}=(0101)_{余3码}$

⑤ 格雷码(Gray):特点是任意两组相邻代码之间只有一位不同,是无权码。格雷码常用于模拟量的转换中,当模拟量发生微小变化而可能引起数字量发生变化时,格雷码仅改变 1 位,这样与其他码同时改变两位或多位的情况相比更为可靠,可减少出错的可能性。

【例 1.2.11】 用格雷码表示十进制数 1、2。

解 $(1)_{10}=(0001)_{格雷码}$;$(2)_{10}=(0011)_{格雷码}$

(2) ASCII 码

ASCII 码(American Standard Code for Information Interchange,简称 ASCII 码)是计算机系统中使用得最广泛的一种编码。ASCII 码虽然是美国国家标准,但它已被国际标准化组织(ISO)认定为国际标准。ASCII 码已为世界公认,并在世界范围内通用。ASCII 码有 7 位版本和 8 位版本两种,国际上通用的是 7 位版本。7 位版本的 ASCII 码有 128 个元素,其中通用控制字符 34 个,阿拉伯数字 10 个,大、小写英文字母 52 个,各种标点符号和运算符号 32 个,表 1.2.2 所示为 ASCII 码的编码表。

比如:"A"的 ASCII 码值为 1000001,即十进制的 65;"a"的 ASCII 码值为 1100001,即十进制的 97;"0"的 ASCII 码值为 0110000,即十进制的 48。

表 1.2.2 美国信息交换标准代码(ASCII 码)

$b_4b_3b_2b_1$	$b_7b_6b_5$							
	000	001	010	011	100	101	110	111
0000	NUL	DLE	SP	0	@	P	、	p
0001	SOH	DC1	!	1	A	Q	a	q
0010	STX	DC2	"	2	B	R	b	r
0011	ETX	DC3	#	3	C	S	c	s

（续表）

$b_4b_3b_2b_1$	$b_7b_6b_5$							
	000	001	010	011	100	101	110	111
0100	EOT	DC4	$	4	D	T	d	t
0101	ENQ	NAK	%	5	E	U	e	u
0110	ACK	SYN	&	6	F	V	f	v
0111	BEL	ETB	'	7	G	W	g	w
1000	BS	CAN	(	8	H	X	h	x
1001	HT	EM	)	9	I	Y	I	y
1010	LF	SUB	*	:	J	Z	j	z
1011	VT	ESC	+	;	K	[	k	{
1100	FF	FS	,	<	L	\	l	|
1101	CR	GS	-	=	M	]	m	}
1110	SO	RS	.	>	N	^	n	~
1111	SI	US	/	?	O	_	o	DEL

(3) 汉字编码

我国用户在使用计算机进行信息处理时，都要用到汉字的输入、输出以及汉字处理，这就需要对汉字进行编码。通常汉字有两种编码：国标码和机内码。

① 国标码

计算机处理汉字所用的编码标准是我国于1980年颁布的国家标准(GB2312—80)，是国家规定的用于汉字编码的依据，简称国标码。国标码规定：用两个字节表示一个汉字字符。在国标码中共收录汉字和图形符号7 445个。国标码本身也是一种汉字输入码，通常称为区位输入法。

② 机内码

机内码是指在计算机中表示一个汉字的编码。机内码是一种机器内部的编码，其主要作用是作为汉字信息交换码使用：将不同系统使用的不同编码统一转换成国标码，使不同系统之间的汉字信息进行交换。正是由于机内码的存在，输入汉字时就允许用户根据自己的习惯使用不同的汉字输入法，比如：五笔字型、自然码、智能拼音等，进入系统后再统一转换成机内码存储。

本章小结

数字信号在时间上和数值上均是离散的。对数字信号进行传送、加工和处理的电路称为数字电路。由于数字电路是以二值数字逻辑为基础的，即利用数字1和0来表示信息，因此数字信息的存储、分析和传输要比模拟信息容易。

数字电路中用高电平和低电平分别来表示逻辑1和逻辑0，它和二进制数中的0和1正好对应。因此，数字系统中常用二进制数来表示数据。在二进制位数较多时，常用十六进制或八进制作为二进制的简写。

数制是用一组固定的符号和统一的规则来表示数值的方法。常用的数制有十进制、二进制、八进制和十六进制，要掌握各种进制间的互相转换方法，并学会灵活运用。

码制是在编制代码时要遵循的规则。常用的码制主要有8421码、2421码、5421码、余3码和格雷码等，其中8421码使用最广泛。另外，格雷码由于可靠性高，也是一种常用码。

练习题

1.1 与模拟电子电路相比，数字电路的优点有哪些？

1.2 数字信号与模拟信号有什么不同？

1.3 简述出十进制与二进制的互相转换方法。

1.4 将下列二进制数转换为十进制数。

(1) 10101 (2) 0.10101 (3) 1010.101

1.5 写出下列八进制数的按权展开式。

(1) $(247)_8$ (2) $(0.651)_8$ (3) $(465.43)_8$

1.6 将下列十六进制数转换为十进制数。

(1) $(6BD)_{16}$ (2) $(0.7A)_{16}$ (3) $(8E.D)_{16}$

1.7 将下列十进制数转换为二进制数，小数部分精确到小数点后第四位。

(1) $(47)_{10}$ (2) $(0.786)_{10}$ (3) $(53.634)_{10}$

1.8 将下列二进制数转换为八进制数。

(1) $(10111101)_2$ (2) $(0.11011)_2$ (3) $(1101011.1101)_2$

1.9 将下列二进制数转换为十六进制数。

(1) $(1101111011)_2$ (2) $(0.10111)_2$ (3) $(110111.01111)_2$

1.10 写出下列数的真值、原码、反码和补码(用八位二值数码表示)。

(1) +27 (2) −27 (3) +56 (4) −56 (5) +32 (6) −32

1.11 写出下列有符号二进制补码所表示的十进制数。

(1) 00101101 (2) 11101001 (3) 01011101 (4) 11011101

1.12 将下列十进制数用8421BCD码表示。

(1) 43 (2) 2.618 (3) 23.56 (4) 127

1.13 将下列8421BCD码转化成等值的十进制数。

(1) 10011000 (2) 10010111 (3) 01111001.10000101 (4) 00110110.0001

第2章 逻辑代数基础

本章学习目的和要求

1. 正确理解基本逻辑运算和复合运算；
2. 熟悉逻辑代数中的基本定律、常用公式和基本规则；
3. 掌握逻辑函数的概念和常用表示方法及其相互转换，了解逻辑函数的标准形式；
4. 掌握逻辑函数的变换和公式化简法；
5. 掌握逻辑函数的卡诺图化简法，会用卡诺图化简具有无关项的逻辑函数。

本章介绍分析和设计数字电路的数学工具——逻辑代数。首先介绍逻辑代数中的基本逻辑运算和复合逻辑运算，接着讲述逻辑代数中的基本定律、常用公式和三个基本规则，然后讲述逻辑函数及其表示方法，最后讨论如何应用这些定律、公式和规则来化简逻辑函数以及逻辑函数化简与变换的 Multisim 10 仿真。

2.1 概 述

在数字逻辑电路中，可以用 0 和 1 组成的二进制数表示数量的大小，也可以用 0 和 1 表示事物两种不同的逻辑状态。例如，可以用 1 和 0 分别表示一件事情的是和非、真和假、有和无、好和坏，或者表示电路的通和断、电灯的亮和暗、门的开和关等。这里的 0 和 1 不是数值，而是逻辑 0 和逻辑 1 这两种对立的逻辑状态。这种只有两种对立逻辑状态的逻辑关系称为二值数字逻辑或简称数字逻辑。

这里所说的"逻辑"，是指事物之间的因果关系。当 0 和 1 两个二进制数码表示不同的逻辑状态时，它们之间可以按照指定的某种因果关系进行推理运算，这种运算称为逻辑运算。

逻辑运算使用的数学工具是逻辑代数，是 19 世纪中叶英国数学家乔治·布尔(George Boole)创立的一门研究客观事物逻辑关系的代数，因此逻辑代数又称为布尔代数，后来被广泛应用于解决开关电路和数字逻辑电路的分析与设计中。本章所讨论的逻辑代数就是布尔代数在二值逻辑电路中的应用。我们将会看到，逻辑代数的有些运算公式在形式上和普通代数的运算公式相似，但是两者所包含的物理意义有本质的区别。逻辑代数中也用字母表示变量，这种变量称为逻辑变量。逻辑运算表示的是逻辑变量以及常量之间逻辑状态的推理运算，而不是数量之间的运算。虽然在二值逻辑中，每个变量的取值只有 0 和 1 两种可能，只能表示两种不同的逻辑状态，但是我们可以用多变量的不同状态组合表示事物的多种逻辑状态，处理任何复杂的逻辑问题。

2.2 逻辑代数中的常用运算

2.2.1 基本逻辑运算

逻辑代数中的变量称为逻辑变量，一般用大写英文字母 A,B,C,…来表示。逻辑变量只有两种取值，常用 0 和 1 来表示。这里的 0 和 1 不表示数量，也没有大小的意义，而只代表两种对立的状态。

逻辑代数的基本运算有与(AND)、或(OR)、非(NOT)三种。

1. 与运算(逻辑乘)

图 2.2.1 所示为一个简单的与逻辑电路，电压 E 通过开关 A 和 B 向灯泡 L 供电，只有开关 A 与 B 同时闭合时，灯泡 L 才亮。A 和 B 中只要有一个断开或者两个都断开时，灯泡 L 不亮。与逻辑的逻辑状态如表 2.2.1 所示。这个电路中开关 A、B 与灯泡 L 的逻辑关系是："只有当一件事的几个条件全部具备之后，这件事才发生"，这种关系称为与逻辑。如果用 0 和 1 来表示开关和灯的状态，设开关断开和灯不亮均用 0 表示，而开关闭合和灯亮均用 1 表示，则可得出如表 2.2.2 所示形式的逻辑真值表(描述逻辑关系的表格)。其中 L 表示灯的状态。

用逻辑表达式来描述与逻辑，则可写为

$$L=A\cdot B \tag{2.2.1}$$

式中小圆点"·"表示 A、B 的与运算，也称为逻辑乘。在不致引起混淆的前提下，乘号"·"可省略。与运算的规则：$0\cdot 0=0$；$0\cdot 1=0$；$1\cdot 0=0$；$1\cdot 1=1$。

在数字电路中能实现与逻辑运算的电路为与门电路，简称与门。与运算逻辑符号如图 2.2.2 所示，其中图 2.2.2(a)为特异形符号，图 2.2.2(b)为矩形符号。与运算可以推广到多个变量，其相应的逻辑表达式为

$$L=A\cdot B\cdot C\cdots \tag{2.2.2}$$

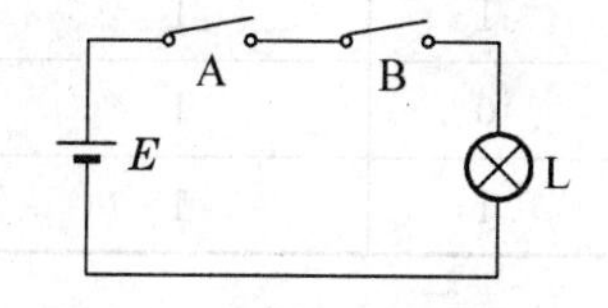

图 2.2.1　与逻辑电路举例

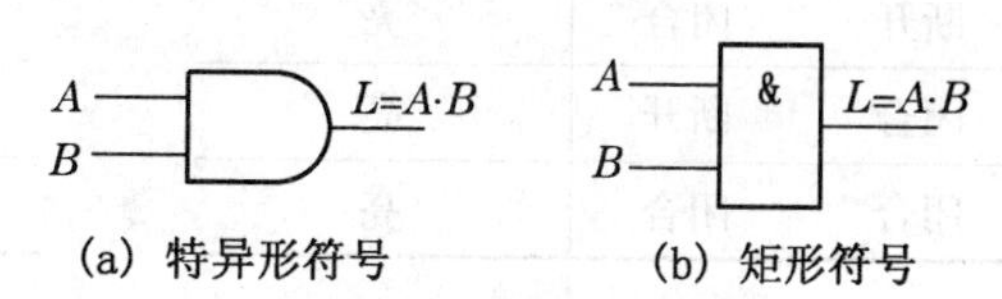

(a) 特异形符号　(b) 矩形符号

图 2.2.2　与运算逻辑符号

表 2.2.1　与逻辑举例状态表

A	B	L
断开	断开	不亮
断开	闭合	不亮
闭合	断开	不亮
闭合	闭合	亮

表 2.2.2　与逻辑真值表

A	B	L
0	0	0
0	1	0
1	0	0
1	1	1

2. 或运算(逻辑加)

图 2.2.3 所示为一个简单的或逻辑电路,电压 E 通过开关 A 或 B 向灯泡供电。只要开关 A 或 B 闭合或两者均闭合,则灯亮。而当 A 和 B 均断开时,则灯不亮。此电路中,开关 A、B 与灯 L 的逻辑关系是:"当一件事情的几个条件中只要有一个条件得到满足,这件事就会发生",这种关系称为或逻辑。或是指 A 闭合或 B 闭合,即任一个条件具备的意思。仿照前述,可以得出如表 2.2.3 所示的或逻辑电路状态表和如表 2.2.4 所示的用 0、1 表示的或逻辑真值表。

用逻辑表达式来描述,则可写为

$$L=A+B \tag{2.2.3}$$

式中:符号"+"表示 A、B 或运算,也称为逻辑加。或运算的规则:0+0=0;0+1=1;1+0=1;1+1=1。

能实现或运算的电路称为或门电路,简称或门。或运算逻辑符号如图 2.2.4 所示,其中图 2.2.4(a)为特异形符号,图 2.2.4(b)为矩形符号。或运算同样也可以推广到多个变量,其相应的逻辑表达式为

$$L=A+B+C+\cdots \tag{2.2.4}$$

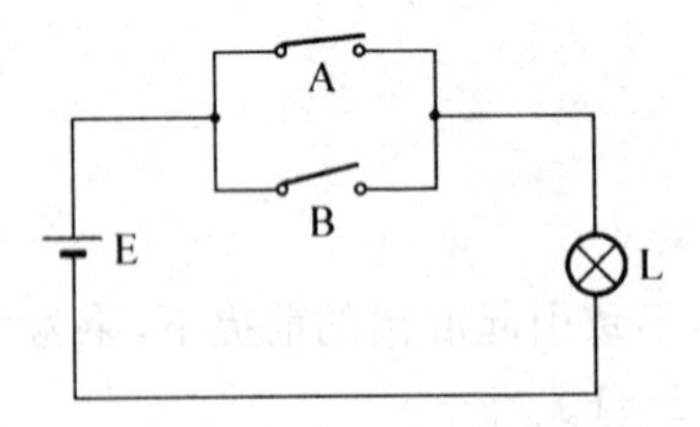

图 2.2.3 或逻辑电路举例

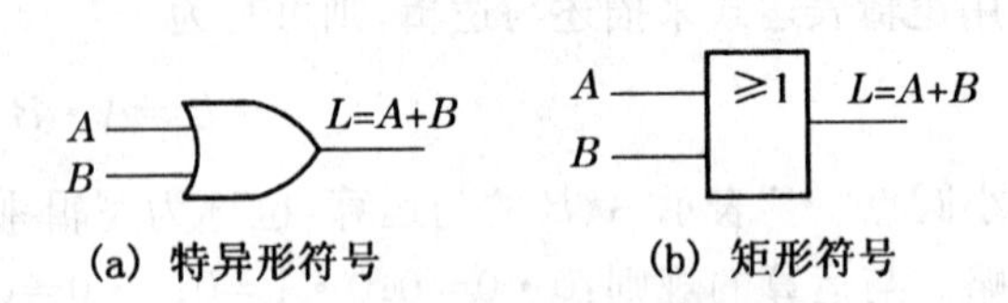

图 2.2.4 或运算逻辑符号

表 2.2.3 或逻辑举例状态表

A	B	L
断开	断开	不亮
断开	闭合	亮
闭合	断开	亮
闭合	闭合	亮

表 2.2.4 或逻辑真值表

A	B	L
0	0	0
0	1	1
1	0	1
1	1	1

3. 非运算(逻辑反)

非运算(逻辑反)是逻辑的否定,当条件具备时,结果不会发生;而条件不具备时,结果一定会发生。如图 2.2.5 所示,电压 E 通过 R 向灯泡供电,开关 A 闭合时,灯 L 不亮;开关 A 断开时,灯 L 才会亮。其逻辑关系就是"一件事情的发生是以其相反的条件为依据"。若用 0 和 1 来表示开关 A 和灯泡 L 的状态,A 断开和灯不亮用 0 表示,而 A 闭合和灯亮用 1 表示,可得出如表 2.2.5 所示的非逻辑真值表。显而易见,对于二值逻辑 0 和 1,有"$\overline{0}=1$,$\overline{1}=0$"。读者很容易看到,L 与 A 总是处于相反的逻辑状态。

用逻辑表达式来描述,则可写为

$$L=\overline{A} \tag{2.2.5}$$

式中字母 A 上方的短横线表示非运算，读作“非”或“反”。在逻辑运算中，通常将 A 称为原变量，而将 $\overline{A}$ 称为反变量或非变量。

能实现非运算的电路称为非门，也称反相器，其逻辑符号如图 2.2.6 所示，小圆圈表示非运算。

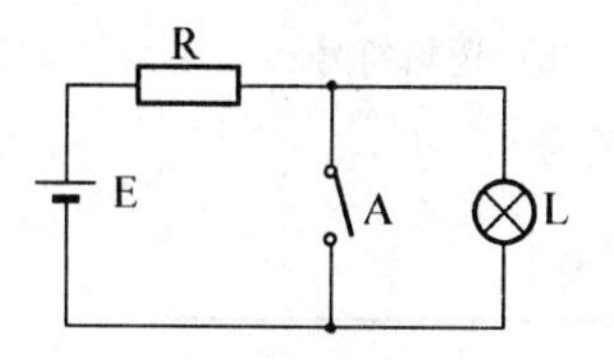

图 2.2.5　非逻辑电路举例

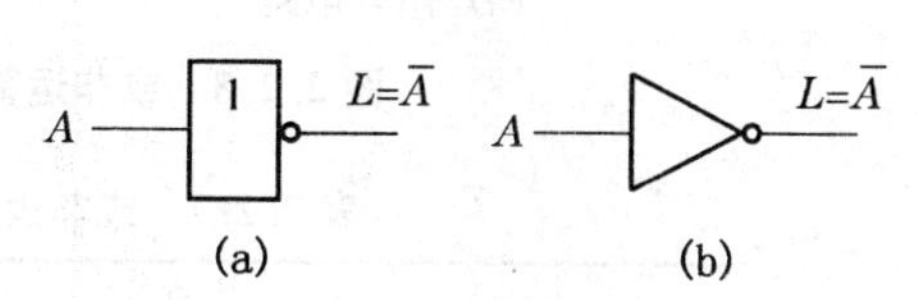

图 2.2.6　非运算逻辑符号

表 2.2.5　非逻辑真值表

A	L
0	1
1	0

2.2.2　复合逻辑运算

在实际应用中，除了与、或、非三种基本逻辑运算以外，还广泛应用与、或、非的不同组合的复合逻辑运算，最常见的复合逻辑运算有与非、或非、与或非、异或和同或等。

1. 与非运算

与非运算是先与后非的复合运算。与非运算的逻辑符号如图 2.2.7 所示，逻辑表达式为 $L=\overline{AB}$，真值表如表 2.2.6 所示。扩展到多个变量时，相应的逻辑表达式为

$$L=\overline{ABC\cdots} \tag{2.2.6}$$

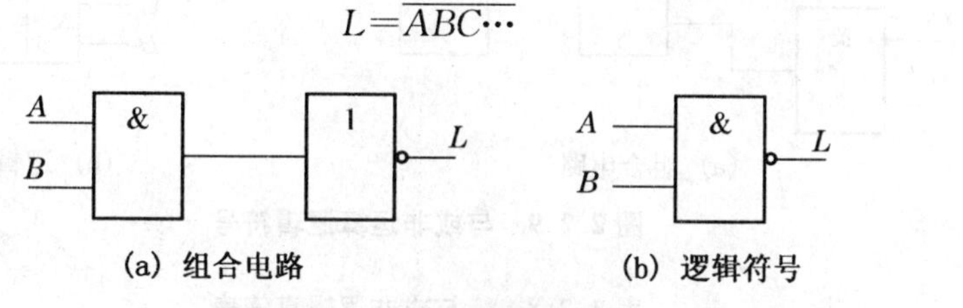

(a) 组合电路　　(b) 逻辑符号

图 2.2.7　与非运算逻辑符号

表 2.2.6　与非逻辑真值表

A	B	L
0	0	1
0	1	1
1	0	1
1	1	0

2. 或非运算

“或”和“非”的复合运算称为或非运算，或非运算的逻辑符号如图 2.2.8 所示，逻辑表达式为 $L=\overline{A+B}$，真值表如表 2.2.7 所示。扩展到多个变量时，逻辑表达式为

$$L=\overline{A+B+C+\cdots} \qquad (2.2.7)$$

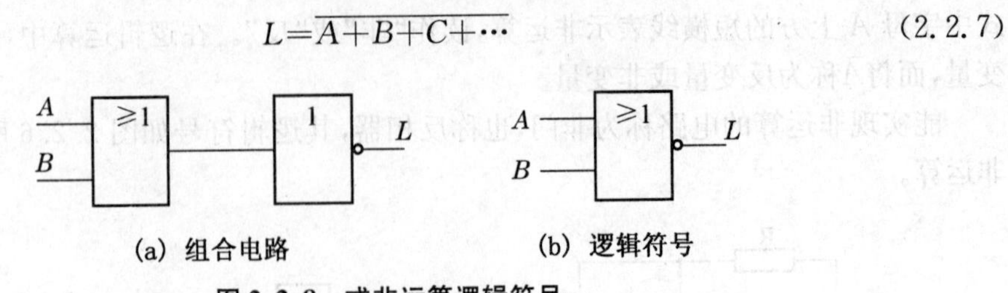

图 2.2.8 或非运算逻辑符号

表 2.2.7 或非逻辑真值表

A	B	L
0	0	1
0	1	0
1	0	0
1	1	0

3. 与或非运算

"与"、"或"和"非"的复合运算称为与或非运算。图 2.2.9(a)是实现先与后或再非的组合电路,也称与或非门。图 2.2.9(b)为与或非运算逻辑符号,表 2.2.8 是与或非逻辑真值表。相应的逻辑表达式为

$$L=\overline{AB+CD} \qquad (2.2.8)$$

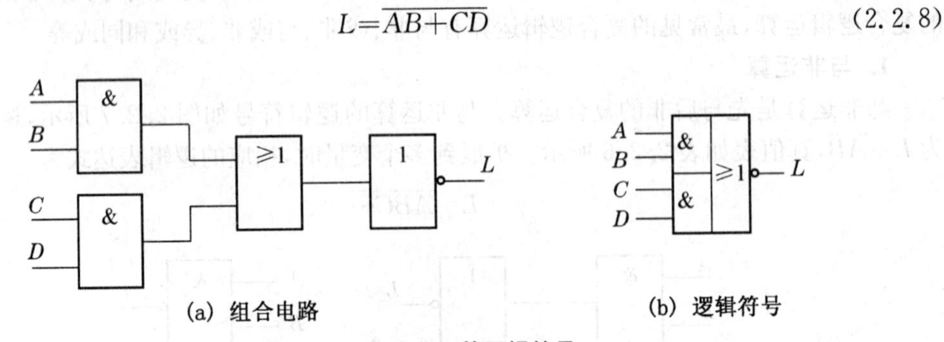

图 2.2.9 与或非运算逻辑符号

表 2.2.8 与或非逻辑真值表

$A\ B\ C\ D$	L	$A\ B\ C\ D$	L
0 0 0 0	1	1 0 0 0	1
0 0 0 1	1	1 0 0 1	1
0 0 1 0	1	1 0 1 0	1
0 0 1 1	0	1 0 1 1	0
0 1 0 0	1	1 1 0 0	0
0 1 0 1	1	1 1 0 1	0
0 1 1 0	1	1 1 1 0	0
0 1 1 1	0	1 1 1 1	0

4. 异或运算

异或运算的逻辑关系是：当两个输入信号相同时，输出为 0；当两个输入信号不同时，输出为 1。异或逻辑符号和真值表分别如图 2.2.10 和表 2.2.9 所示。逻辑表达式为

$$L = A\overline{B} + \overline{A}B = A \oplus B \tag{2.2.9}$$

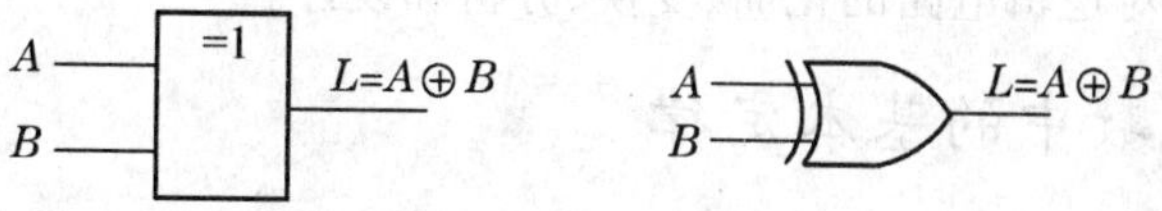

(a) 矩形符号　(b) 特异形符号

图 2.2.10　异或运算逻辑符号

表 2.2.9　异或逻辑真值表

A	B	L
0	0	0
0	1	1
1	0	1
1	1	0

5. 同或运算

同或和异或的逻辑关系刚好相反：当两个输入信号相同时，输出为 1，当两个输入信号不同时，输出为 0。即异或非运算结果等于同或，同或非运算结果等于异或。同或逻辑符号和真值表分别如图 2.2.11 和表 2.2.10 所示。逻辑表达式为

$$L = \overline{A}\,\overline{B} + AB = A \odot B = \overline{A\overline{B} + \overline{A}B} = \overline{A \oplus B} \tag{2.2.10}$$

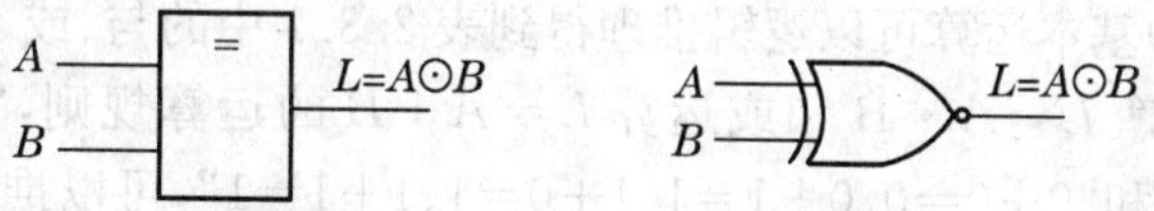

(a) 矩形符号　(b) 特异形符号

图 2.2.11　同或运算逻辑符号

表 2.2.10　同或逻辑真值表

A	B	L
0	0	1
0	1	0
1	0	0
1	1	1

2.3 逻辑代数中的基本定律和常用公式

和普通代数一样，逻辑代数也有一系列的定律、定理和规则，用它们对逻辑函数表达式进行处理，可以完成对逻辑电路的化简、变换、分析和设计。

2.3.1 逻辑代数中的基本定律

逻辑代数中的基本定律见表 2.3.1，包括 9 个定律，即交换律、结合律、分配律、互补律、0－1 律、还原律、重叠律、吸收律和反演律。其中有的定律与普通代数定律相似，有的定律与普通函数不同，使用时切勿混淆。

表 2.3.1 逻辑代数中的基本定律

基本定律	与	或	非
0－1 律	$A\cdot 1=A$ $A\cdot 0=0$	$A+0=A$ $A+1=1$	
互补律	$A\overline{A}=0$	$A+\overline{A}=1$	
重叠律	$AA=A$	$A+A=A$	
交换律	$AB=BA$	$A+B=B+A$	
结合律	$A(BC)=(AB)C$	$A+(B+C)=(A+B)+C$	
分配律	$A(B+C)=AB+AC$	$A+BC=(A+B)(A+C)$	
反演律	$\overline{AB}=\overline{A}+\overline{B}$	$\overline{A+B}=\overline{A}\,\overline{B}$	
吸收律	$A(A+B)=A$ $A(\overline{A}+B)=AB$	$A+AB=A$ $A+\overline{A}B=A+B$	
还原律			$\overline{\overline{A}}=A$

由与、或、非三种基本运算可以逻辑推理得到表 2.3.1 中的与、或、非运算的基本定律公式。例如，根据与运算 $L=A\cdot B$ 和或运算 $L=A+B$ 的运算规则，“$0\cdot 0=0$、$0\cdot 1=0$、$1\cdot 0=0$和 $1\cdot 1=1$”和“$0+0=0$、$0+1=1$、$1+0=1$、$1+1=1$”，可以推理得到表 2.3.1 中的 0－1 律、互补律、重叠律公式；根据非运算法则“$\overline{0}=1$，$\overline{1}=0$”，很容易推导出还原律公式 $\overline{\overline{A}}=A$；表中略为复杂的公式可用其他更简单的公式来证明。

【例 2.3.1】 证明吸收律 $A+\overline{A}B=A+B$。

证明 $A+\overline{A}B=A(B+\overline{B})+\overline{A}B=AB+A\overline{B}+\overline{A}B=AB+AB+A\overline{B}+\overline{A}B$

$=A(B+\overline{B})+B(A+\overline{A})=A+B$

表中的定律公式还可以用真值表来证明，即检验等式两边函数的真值表是否一致。

【例 2.3.2】 用真值表证明反演律 $\overline{AB}=\overline{A}+\overline{B}$ 和 $\overline{A+B}=\overline{A}\,\overline{B}$。

证明 分别列出两公式等号两边函数的真值表即可得证，见表 2.3.2 和表 2.3.3。

表 2.3.2　证明 $\overline{AB}=\overline{A}+\overline{B}$ 的真值表

A	B	$\overline{AB}$	$\overline{A}+\overline{B}$
0	0	1	1
0	1	1	1
1	0	1	1
1	1	0	0

表 2.3.3　证明 $\overline{A+B}=\overline{A}\,\overline{B}$ 的真值表

A	B	$\overline{A+B}$	$\overline{A}\,\overline{B}$
0	0	1	1
0	1	0	0
1	0	0	0
1	1	0	0

2.3.2　逻辑代数中的常用公式

表 2.3.4 中列出了几个常用公式，这些公式是利用基本定律和基本公式导出的。直接运用这些导出公式可以给化简逻辑函数的工作带来很大方便。

表 2.3.4　化简逻辑函数的几个常用公式

序　号	公　式
1	$AB+A\overline{B}=A$
2	$A+BC=(A+B)(A+C)$
3	$(A+B)(\overline{A}+C)(B+C)=(A+B)(\overline{A}+C)$
4	$AB+\overline{A}C+BC=AB+\overline{A}C$；$AB+\overline{A}C+BCD=AB+\overline{A}C$
5	$A\overline{AB}=A\overline{B}$；$\overline{A}\,\overline{AB}=\overline{A}$

现将表 2.3.4 中的各式证明如下：

1. $AB+A\overline{B}=A$

证明　$AB+A\overline{B}=A(B+\overline{B})=A\cdot 1=A$

这个公式的含义是，当两个乘积项相加时，若它们分别含 B 和 $\overline{B}$ 两个因子而其他因子相同，则两项一定能合并，且可以将 B 和 $\overline{B}$ 两个因子消去。

2. $A+BC=(A+B)(A+C)$

证明

$$\begin{aligned}A+BC&=AA+AC+AB+BC\\&=A(A+C)+B(A+C)\\&=(A+B)(A+C)\end{aligned}$$

该式说明，变量 A 与另两个变量的乘积项 BC 之“和”等于变量 A 分别与另两个变量的和之“积”。可以利用它化简逻辑函数，也可以用来对逻辑函数的**与或**形式和**或与**形式之间

进行变换。

3. $(A+B)(\overline{A}+C)(B+C)=(A+B)(\overline{A}+C)$

证明 $(A+B)(\overline{A}+C)(B+C)=(A\overline{A}+AC+\overline{A}B+BC)(B+C)$

$$=(AC+\overline{A}B+BC)(B+C)$$
$$=ABC+\overline{A}B+BC+AC+\overline{A}BC+BC$$
$$=AC+\overline{A}B+BC$$
$$=(A+B)(\overline{A}+C)$$

上式表明，在逻辑函数的或与(和之积)表达式中，若两个和项中分别包含 A 和$\overline{A}$，而这两个和项的其余部分组成第三个和项时，则这第三个和项是多余的，可以消去。

4. $AB+\overline{A}C+BC=AB+\overline{A}C$

证明 $AB+\overline{A}C+BC=AB+\overline{A}C+BC(A+\overline{A})$

$$=AB+\overline{A}C+ABC+\overline{A}BC$$
$$=AB(1+C)+\overline{A}C(1+B)$$
$$=AB+\overline{A}C$$

此式说明，如果两个乘积项中分别包含 A 和$\overline{A}$两个因子，而这两个乘积项的其余因子组成第三个乘积项时，则这第三个乘积项是多余的，可以消去。

由此，不难导出：$AB+\overline{A}C+BCD=AB+\overline{A}C$。

5. $A\overline{AB}=A\overline{B}$；$\overline{A}\,\overline{AB}=\overline{A}$

证明 $A\overline{AB}=A(\overline{A}+\overline{B})=A\overline{A}+A\overline{B}=A\overline{B}$

上式说明，当 A 和一个乘积项的非相乘且为乘积项的因子时，则 A 这个因子可以消去。

$$\overline{A}\,\overline{AB}=\overline{A}(\overline{A}+\overline{B})=\overline{A}+\overline{A}\,\overline{B}=\overline{A}(1+\overline{B})=\overline{A}$$

这就说明，当$\overline{A}$和一个乘积项的非相乘时，且 A 为乘积项的因子时，其结果就等于$\overline{A}$。

从这里的证明可知，这些常用公式都是从基本公式导出的结果。显然，还能够推导出更多的常用公式。

2.3.3 逻辑代数中的三个基本规则

1. 代入规则

代入规则的基本内容是：对于任何一个逻辑等式，以某个逻辑变量或逻辑函数同时取代等式两端任何一个逻辑变量后，等式依然成立。

利用代入规则可以方便地扩展公式。例如，在反演律$\overline{AB}=\overline{A}+\overline{B}$中用$BC$ 去代替等式中的B，则新的等式仍成立：$\overline{ABC}=\overline{A}+\overline{BC}=\overline{A}+\overline{B}+\overline{C}$，以此类推，摩根定理对任意多个变量都成立。

2. 对偶规则

将一个逻辑函数 L 进行变换，将 L 中的与"·"换成或"+"，或"+"换成与"·"；"0"换成"1"，"1"换成"0"，所得新函数表达式叫做 L 的对偶式，用 L'表示。

变换时仍然要保持"先括号，然后与，最后或"的运算顺序。

例如，$L=(A+B)(A+\overline{C})$，则 $L'=AB+A\overline{C}$。

对偶规则的基本内容是：如果两个逻辑函数表达式相等，那么它们的对偶式也一定相等。

利用对偶规则可以帮助我们减少公式的记忆量。例如，表2.3.1中的左边一列公式和右边一列公式就互为对偶，只需记住一边的公式就可以了。因为利用对偶规则，不难得出另一边的公式。

3. 反演规则

根据摩根定理，由原函数 L 的表达式，求它的非函数 $\overline{L}$ 时，可以将 L 中的与"·"换成或"+"，或"+"换成与"·"；再将原变量换为非变量（如 A 换成 $\overline{A}$），非变量换为原变量；并将1换成0，0换成1；那么所得的逻辑函数式就是 $\overline{L}$。这个规则称为反演规则。

利用反演规则，可以比较容易地求出一个函数的反函数。

【例2.3.3】 求函数 $L=\overline{A}C+B\overline{D}$ 的反函数。

解 $\overline{L}=(A+\overline{C})\cdot(\overline{B}+D)$

【例2.3.4】 求函数 $L=A\cdot\overline{B+C+\overline{D}}$ 的反函数。

解 $\overline{L}=\overline{A}+\overline{\overline{B}\cdot\overline{C}\cdot D}$

运用反演规则时必须注意以下两个原则：

(1) 仍需遵守"先括号内运算、然后与运算、最后或运算"的运算优先次序；

(2) 不属于单个变量上的非号应保留不变。

2.4 逻辑函数及其表示方法

从前面介绍的逻辑运算中可以知道，逻辑变量分为两种：输入逻辑变量和输出逻辑变量。描述输入逻辑变量和输出逻辑变量之间的因果关系的函数称为逻辑函数。由于逻辑变量是只取0或1的二值逻辑变量，因此逻辑函数也是二值逻辑函数。由于逻辑函数是从生活和生产实践中抽象出来的，所以只有那些能明确地用"是"或"否"做出回答的事物，才能定义为逻辑函数。

2.4.1 逻辑函数的建立

下面通过一个例子来介绍逻辑函数的建立步骤。

【例2.4.1】 三个人表决一件事情，表决结果按"少数服从多数"的原则决定。试用逻辑函数表达表决意见与表决结果之间的逻辑关系。

解 第一步：设置自变量和因变量。将三人的意见设置为自变量 A、B、C，并规定只能有同意或不同意两种意见。将表决结果设置为因变量 L，显然也只有通过和没通过这两种情况。

第二步：状态赋值。对于自变量 A、B、C，设同意为逻辑"1"，不同意为逻辑"0"。对于因变量 L，设事情通过为逻辑"1"，没通过为逻辑"0"。

第三步：根据题义及上述设置规定，列出函数的真值表如表2.4.1所示。

由真值表可以看出，当自变量 A、B、C 取确定值后，因变量 L 的值就完全确定了。所以，L 就是 A、B、C 的函数。A、B、C 称为输入逻辑变量，L 称为输出逻辑变量。

表 2.4.1 例 2.4.1 真值表

输入	输出
$A\ B\ C$	L
0 0 0	0
0 0 1	0
0 1 0	0
0 1 1	1
1 0 0	0
1 0 1	1
1 1 0	1
1 1 1	1

一般地说，若输入逻辑变量 A、B、C…的取值确定以后，输出逻辑变量 L 的值也唯一地确定了，就称 L 是 A、B、C…的逻辑函数，写作：

$$L=f(A,B,C\cdots) \tag{2.4.1}$$

逻辑函数与普通代数中的函数相比较，我们必须牢记两个突出的特点：

(1) 逻辑变量和逻辑函数只能取两个值 0 和 1。

(2) 函数和变量之间的关系是由"与""或""非"三种基本运算决定的。

2.4.2 逻辑函数的表示方法

常用的逻辑函数表示方法有逻辑真值表、逻辑表达式(逻辑函数式或简称逻辑式)、逻辑图、波形图、卡诺图等。本小节只讨论前面四种方法，用卡诺图表示逻辑函数的方法将在后面再做专门介绍。

1. 真值表

逻辑真值表是将输入逻辑变量的各种可能的取值和相应的函数值排列在一起而组成的表格。为了避免遗漏，各变量的取值组合一般应该按照二进制数递增的次序排列。如前面介绍过的表 2.2.4～2.2.8、表 2.4.1 等。

真值表表示逻辑函数具有以下特点：

(1) 直观明了。输入变量取值一旦确定后，即可在真值表中查出相应的函数值。

(2) 把一个实际的逻辑问题抽象成一个逻辑函数时，使用真值表是最方便的。所以，在设计逻辑电路时，总是先根据设计要求列出真值表。

真值表的主要缺点是：无法运用逻辑代数的公式、定律定理进行运算，当变量比较多时，表比较大，显得过于繁琐。

2. 逻辑表达式

逻辑表达式就是由逻辑变量和"与"、"或"、"非"三种运算所构成的表达式。这是一种用公式表示逻辑函数的方法。

例如，$L(A,B)=A\overline{B}+\overline{A}B$。

由真值表转换为逻辑函数表达式的方法是：在真值表中依次找出函数值等于1的变量组合，变量值为1的写成原变量，变量值为0的写成反变量，把组合中各个变量相乘。这样，对应于函数值为1的每一个变量组合就可以写成一个乘积项。然后，把所有的乘积项相加，就得到相应的函数表达式(与或表达式)了。

例如，用此方法可以直接由表2.4.1写出“三人表决”函数的逻辑表达式：

$$L=\overline{A}BC+A\overline{B}C+AB\overline{C}+ABC$$

反之，由逻辑表达式也可以转换成真值表。方法为：画出真值表的表格，将变量及变量的所有取值组合按照二进制递增的次序列入表格左边，然后按照表达式，依次对变量的各种取值组合进行运算，求出相应的函数值，填入表格右边对应的位置，即得真值表。

【例2.4.2】 列出函数 $L=\overline{A}\overline{B}+AB$ 的真值表。

解　该函数有两个变量，有4种取值的可能组合，将他们按顺序排列起来即得真值表，如表2.4.2所示。

表2.4.2　$L=\overline{A}\overline{B}+AB$ 的真值表

A	B	L
0	0	1
0	1	0
1	0	0
1	1	1

逻辑表达式是我们最先接触逻辑函数的表示方法，这种表示方法的优点有：

(1) 用基本逻辑符号高度抽象而概括地表示各个变量之间的逻辑关系，书写简洁方便。

(2) 便于运用逻辑代数的公式、定理进行运算和变换。

(3) 便于用逻辑图实现函数。只要用相应的门电路的逻辑符号代替表达式中的有关运算，即可得到逻辑图。

逻辑表达式的主要缺点是：同一个逻辑函数有不同的表达式，不易判断各个表达式彼此是否相等；而且在逻辑函数比较复杂时难以看出逻辑函数的值，没有真值表直观。

3. 逻辑图

用与、或、非等逻辑符号表示逻辑函数中各变量之间的逻辑关系所得到的图形称为逻辑图。它是由逻辑符号及它们之间的连线而构成的图形。

由逻辑函数表达式可以画出其相应的逻辑图。

【例2.4.3】 画出逻辑函数 $L=AB+\overline{A}\overline{B}$ 的逻辑图。

解　如图2.4.1所示。

由逻辑图也可以写出其相应的函数表达式。

【例2.4.4】 写出如图2.4.2所示逻辑图的逻辑函数表达式。

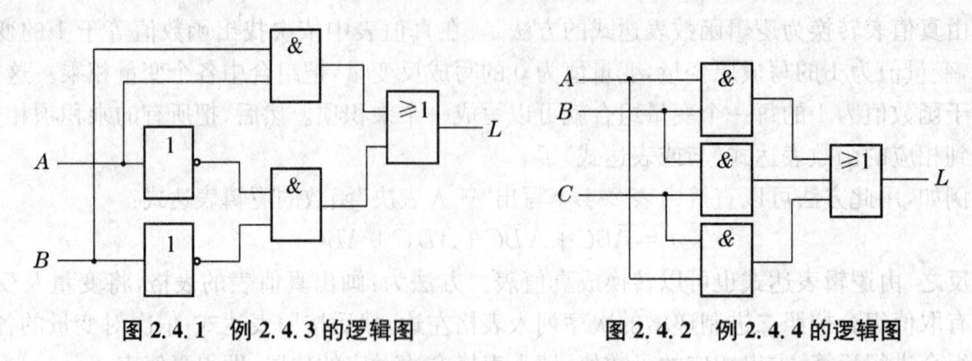

图 2.4.1 例 2.4.3 的逻辑图　　　　图 2.4.2 例 2.4.4 的逻辑图

解 该逻辑图是由基本的"与""或"逻辑符号组成的,可由输入至输出逐步写出逻辑表达式:$L=AB+BC+AC$。

逻辑电路图中的逻辑符号,与实际使用的电路器件有着明显的联系,所以它比较接近工程实际;但是对于稍复杂一些的电路图,我们很难直接看出其功能,而且逻辑图不易书写(绘制),不易记忆。

4. 波形图

如果将逻辑函数输入变量每一种可能出现的取值与对应的输出值按时间顺序依次排列起来,就得到了表示该逻辑函数的波形图。这种波形图也称为时序图。在逻辑分析仪和一些计算机仿真工具中,经常以这种波形图的形式给出分析结果。此外,也可以通过示波器实验观察这些波形图,以检验实际逻辑电路的功能是否正确。

如果用波形图来描述逻辑函数 $L=AB+BC$,则只需将表 2.4.3 所示的真值表给出的输入变量与对应的输出变量取值依时间顺序排列起来,就可以得到所需要的波形图了(图 2.4.3)。

以上通过几个简单的例子说明了逻辑函数的四种表示方法,这四种方法各有特点。实际应用中的逻辑函数往往比较复杂,应当根据具体的实际情况选用合适的表示方法。

表 2.4.3 $L=AB+BC$ 的真值表

A	B	C	L
0	0	0	0
0	0	1	0
0	1	0	0
0	1	1	1
1	0	0	0
1	0	1	0
1	1	0	1
1	1	1	1

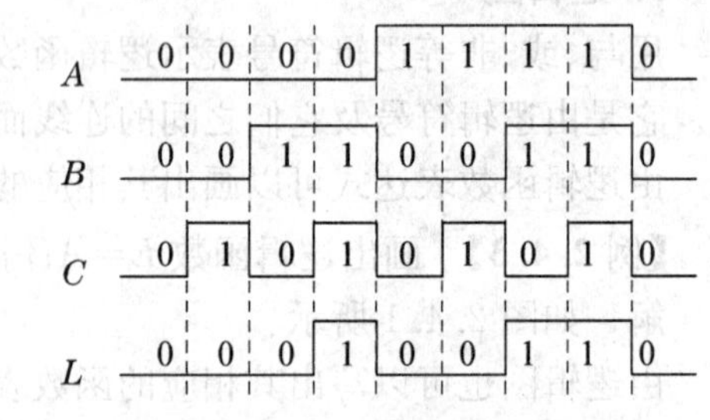

图 2.4.3 $L=AB+BC$ 的波形图

2.4.3　逻辑函数的两种标准形式

在讲述逻辑函数的标准形式之前，先介绍一下最小项和最大项的概念，然后再介绍逻辑函数的“最小项之和”及“最大项之积”这两种标准形式。

1. 最小项和最大项

(1) 最小项

在 n 个变量的逻辑函数中，若 m 为包含 n 个因子的乘积项，而且这 n 个变量均以原变量或反变量的形式在 m 中仅出现一次，则称 m 为该组变量的最小项。

例如，A、B、C 三个变量的最小项有 $\overline{A}\,\overline{B}\,\overline{C}$、$\overline{A}\,\overline{B}C$、$\overline{A}B\overline{C}$、$\overline{A}BC$、$A\overline{B}\,\overline{C}$、$A\overline{B}C$、$AB\overline{C}$ 和 ABC，共 8 个（即 2^3 个）。n 个变量的最小项总共有 2^n 个。

输入变量的每一组取值都使一个对应的最小项的值等于 1。例如，在三变量 A、B、C 的最小项中，当 $A=1$、$B=0$、$C=1$ 时，$A\overline{B}C=1$。如果把 $\overline{A}BC$ 的取值 011 看做一个二进制数，那么它所表示的十进制数就是 3。为了今后使用方便，将 $\overline{A}BC$ 这个最小项记作 m_3。按照这一约定，就得到了三变量最小项的编号表，如表 2.4.4 所示。

表 2.4.4　三变量逻辑函数的最小项及编号

最小项	变量取值 A B C	编号
$\overline{A}\,\overline{B}\,\overline{C}$	0　0　0	m_0
$\overline{A}\,\overline{B}C$	0　0　1	m_1
$\overline{A}B\overline{C}$	0　1　0	m_2
$\overline{A}BC$	0　1　1	m_3
$A\overline{B}\,\overline{C}$	1　0　0	m_4
$A\overline{B}C$	1　0　1	m_5
$AB\overline{C}$	1　1　0	m_6
ABC	1　1　1	m_7

根据同样的道理，我们将 A、B、C、D 这 4 个变量的 16 个最小项记作 $m_0 \sim m_{15}$。

从最小项的定义出发，可以证明它具有如下的重要性质：

① 在输入变量的任何取值下必有一个最小项，且仅有一个最小项的值为 1。

② 全体最小项之和为 1。

③ 任意两个最小项的乘积为 0。

④ 具有相邻性的两个最小项之和可以合并成一项并消去一对因子。

若两个最小项只有一个因子不同，则称这两个最小项具有相邻性。例如，$\overline{A}\,\overline{B}C$ 和 $\overline{A}\,\overline{B}\,\overline{C}$ 两个最小项仅第三个因子不同，所以它们具有相邻性。这两个最小项相加时一定能合并成一项并将一对不同的因子消去，即

$$\overline{A}\,\overline{B}C+\overline{A}\,\overline{B}\,\overline{C}=\overline{A}\,\overline{B}(C+\overline{C})=\overline{A}\,\overline{B}$$

(2) 最大项

在 n 个变量逻辑函数中，若 M 为 n 个变量之和，而且这 n 个变量均以原变量或反变量的形式在 M 中只出现一次，则称 M 为该组变量的最大项。

例如，三变量 A、B、C 的最大项有$(\overline{A}+\overline{B}+\overline{C})$、$(\overline{A}+\overline{B}+C)$、$(\overline{A}+B+\overline{C})$、$(\overline{A}+B+C)$、$(A+\overline{B}+\overline{C})$、$(A+\overline{B}+C)$、$(A+B+\overline{C})$、$(A+B+C)$，共 8 个（即 2^3 个）。对于 n 个变量，则有 2^n 个最大项。可见，n 个变量的最大项数目和最小项数目是相等的。

输入变量的每一组取值都使一个对应的最大项的值为 0。例如，在三变量 A、B、C 的最大项中，当 $A=1$、$B=1$、$C=0$ 时，$\overline{A}+\overline{B}+C=0$。若将使最大项为 0 的 A、B、C 取值视为一个二进制数，并以其对应的十进制数给最大项编号，则$(\overline{A}+\overline{B}+C)$可记作 M_6。由此得到的三变量最大项编号表（表 2.4.5）。

表 2.4.5　三变量最大项的编号表

最大项	使最大项为 0 的变量取值 $A\ B\ C$	对应的十进制数	编号
$A+B+C$	0 0 0	0	M_0
$A+B+\overline{C}$	0 0 1	1	M_1
$A+\overline{B}+C$	0 1 0	2	M_2
$A+\overline{B}+\overline{C}$	0 1 1	3	M_3
$\overline{A}+B+C$	1 0 0	4	M_4
$\overline{A}+B+\overline{C}$	1 0 1	5	M_5
$\overline{A}+\overline{B}+C$	1 1 0	6	M_6
$\overline{A}+\overline{B}+\overline{C}$	1 1 1	7	M_7

根据最大项的定义同样也可以得到它的主要性质：

① 在输入变量的任何取值下必有一个最大项，而且只有一个最大项为 0。

② 全体最大项之积为 0。

③ 任意两个最大项之和为 1。

④ 只有一个变量不同的两个最大项的乘积等于各相同变量之和。

如果将表 2.4.4 和表 2.4.5 加以对比则可发现，最大项和最小项之间存在如下关系：

$$M_i=\overline{m_i} \tag{2.4.2}$$

例如，$m_5=A\overline{B}C$，则$\overline{m_5}=\overline{A\overline{B}C}=\overline{A}+B+\overline{C}=M_5$。

2. 逻辑函数的最小项之和形式

首先将给定的逻辑函数式化为若干乘积项之和的形式（亦称“积之和”形式），然后再利用基本公式 $A+\overline{A}=1$ 将每个乘积项中缺少的因子补全，这样就可以将与或的形式化为最小项之和的标准形式。这种标准形式在逻辑函数的化简以及计算机辅助分析和设计中得到了广泛的应用。

例如，给定逻辑函数为

$$L(A,B,C)=A\overline{B}C+BC$$

则可化为

$$L(A,B,C)=A\overline{B}C+(A+\overline{A})BC=A\overline{B}C+ABC+\overline{A}BC=m_3+m_5+m_7$$

或写作

$$L(A,B,C)=\sum m(3,5,7)$$

【例 2.4.5】 将逻辑函数 $L(A,B,C)=AB+\overline{A}C$ 转换成最小项表达式。

解　该函数为三变量函数，而表达式中每项只含有两个变量，不是最小项。要变为最小项，就应补齐缺少的变量，办法为将各项乘以 1，如 AB 项乘以$(C+\overline{C})$。

$$\begin{aligned}L(A,B,C)&=AB+\overline{A}C=AB(C+\overline{C})+\overline{A}C(B+\overline{B})\\&=ABC+AB\overline{C}+\overline{A}BC+\overline{A}\overline{B}C\\&=m_7+m_6+m_3+m_1\end{aligned}$$

或者

$$L(A,B,C)=\sum m(1,3,6,7)$$

在逻辑函数包含的最小项个数较多时，这种用最小项下标编号来表示最小项的方法比较简便。

3. 逻辑函数的最大项之积形式

利用逻辑代数的基本定律和公式，首先我们一定能把任何一个逻辑函数式化成若干多项式相乘的或与形式（也称为“和之积”形式）。然后再利用基本公式 $A\overline{A}=0$ 将每个多项式中缺少的变量补齐，就可以将函数式的或与形式化成最大项之积的形式了。

【例 2.4.6】 将逻辑函数 $L=\overline{A}B+AC$ 化成最大项之积的形式。

解　首先利用公式 $A+BC=(A+B)(A+C)$将 L 化成或与形式：

$$\begin{aligned}L&=\overline{A}B+AC\\&=(\overline{A}B+A)(\overline{A}B+C)\\&=(A+B)(\overline{A}+C)(B+C)\end{aligned}$$

然后在第一个括号内加上 $C\overline{C}$，第二个括号内加上 $B\overline{B}$，第三个括号内加上 $A\overline{A}$，于是得到

$$\begin{aligned}L&=(A+B+C\overline{C})(\overline{A}+C+B\overline{B})(A\overline{A}+B+C)\\&=(A+B+C)(A+B+\overline{C})(\overline{A}+B+C)(\overline{A}+\overline{B}+C)\end{aligned}$$

或写作

$$L(A,B,C,D)=\prod M(0,1,4,6)$$

2.5　逻辑函数的公式化简法

根据逻辑函数表达式，可以画出相应的逻辑图。然而，在进行逻辑运算时常常会看到，同一个逻辑函数可以写成不同的逻辑表达式，而这些逻辑表达式的繁简程度又相差甚远。逻辑表达式越是简单，它所表示的逻辑关系越明显，构成逻辑电路实现逻辑函数时所用的电子器件就越少，越有利于降低成本，提高数字系统的可靠性。因此，经常需要通过化简的手段找出逻辑函数的最简形式。

2.5.1 逻辑函数的最简表达式

由于一个逻辑函数的表达式不是唯一的，可以有多种形式。例如，有一个逻辑函数表达式为

$$L=AC+\overline{A}B$$

式中 AC 和 $\overline{A}B$ 两项都是由与(逻辑乘)运算把变量连接起来的，故称为与项(乘积项)，然后由或运算将这两个与项连接起来。这种类型的表达式称为**与-或**逻辑表达式，或称为逻辑函数表达式的“积之和”形式。

在若干个逻辑关系相同的**与-或**表达式中，将其中包含的与项数最少，且每个与项中变量数最少的表达式称为最简**与-或**表达式。

一个**与-或**表达式易于转换为其他类型的函数式。例如，上面的**与-或**表达式经过变换，可以得到与其对应的**与非-与非**表达式、**或-与**表达式、**或非-或非**表达式以及**与-或-非**表达式四种表达式。例如：

$$\begin{aligned} L &= AC+\overline{A}B && \text{与-或表达式} \\ &= (A+B)(\overline{A}+C) && \text{或-与表达式} \\ &= \overline{\overline{AC}\cdot\overline{\overline{A}B}} && \text{与非-与非表达式} \\ &= \overline{\overline{A+B}+\overline{\overline{A}+C}} && \text{或非-或非表达式} \\ &= \overline{A\overline{C}+\overline{A}\,\overline{B}} && \text{与-或非表达式} \end{aligned}$$

在上述多种表达式中，与-或表达式是逻辑函数的最基本表达形式。因此，在化简逻辑函数时，通常是将逻辑式化简成最简与-或表达式，然后再根据需要转换成其他形式。

最简与-或表达式的标准是：

(1) 与项最少，即表达式中“+”号最少。

(2) 每个与项中的变量数最少，即表达式中“·”号最少。

与项最少，可以使电路实现时所需的逻辑门的个数最少；每个与项中的变量数最少，可以使电路实现时所需逻辑门的扇入系数即输入端个数最少。这样就可以保证电路最简，成本最低。

对于其他类型的电路，也可以得出类似的“最简”标准。例如或-与表达式，其“最简”的标准可以变更为：或项最少；每个或项中的变量数最少。

2.5.2 逻辑函数的公式化简法

用公式化简法化简逻辑函数，就是直接利用逻辑代数的基本公式和基本规则进行化简。公式化简法没有固定的步骤，常用的化简方法有以下几种。

(1) 并项法。运用公式 $A+\overline{A}=1$，将两项合并为一项，消去一个变量。如：

$$L=AB\overline{C}+ABC=AB(\overline{C}+C)=AB$$

$$\begin{aligned} L &= A(BC+\overline{B}\,\overline{C})+A(B\overline{C}+\overline{B}C)=ABC+A\overline{B}\,\overline{C}+AB\overline{C}+A\overline{B}C \\ &= AB(C+\overline{C})+A\overline{B}(C+\overline{C})=AB+A\overline{B}=A(B+\overline{B})=A \end{aligned}$$

(2) 吸收法。运用吸收律 $A+AB=A$ 消去多余的与项。如：

$$L=A\overline{B}+A\overline{B}(C+DE)=A\overline{B}$$

(3) 消去法。运用吸收律 $A+\overline{A}B=A+B$ 消去多余的因子。如：

$$L=AB+\overline{A}C+\overline{B}C=AB+(\overline{A}+\overline{B})C=AB+\overline{AB}C=AB+C$$

$$L=\overline{A}+AB+\overline{B}E=\overline{A}+B+\overline{B}E=\overline{A}+B+E$$

(4) 配项法。先通过乘以 $A+\overline{A}(=1)$ 或加上 $A\overline{A}(=0)$，增加必要的乘积项，再用以上方法化简。如：

$$L=AB+\overline{A}C+BCD=AB+\overline{A}C+BCD(A+\overline{A})=AB+\overline{A}C+ABCD+\overline{A}BCD=AB+\overline{A}C$$

$$L=AB\overline{C}+\overline{ABC}\cdot\overline{AB}=AB\overline{C}+\overline{ABC}\cdot\overline{AB}+AB\cdot\overline{AB}=AB(\overline{C}+\overline{AB})+\overline{ABC}\cdot\overline{AB}$$

$$=AB\cdot\overline{ABC}+\overline{ABC}\cdot\overline{AB}=\overline{ABC}(AB+\overline{AB})=\overline{ABC}$$

使用配项法要注意防止越配越繁。通常对逻辑函数进行化简，要灵活运用上述方法技巧，才能将逻辑函数化为最简。

【例 2.5.1】 化简逻辑函数 $L=A\overline{B}+A\overline{C}+A\overline{D}+ABCD$。

解 $L=A(\overline{B}+\overline{C}+\overline{D})+ABCD=A\overline{BCD}+ABCD=A(\overline{BCD}+BCD)=A$

【例 2.5.2】 化简逻辑函数 $L=AD+A\overline{D}+AB+\overline{A}C+BD+A\overline{B}EF+\overline{B}EF$。

解 $L=A+AB+\overline{A}C+BD+A\overline{B}EF+\overline{B}EF$（利用 $A+\overline{A}=1$）

$=A+\overline{A}C+BD+\overline{B}EF$（利用 $A+AB=A$）

$=A+C+BD+\overline{B}EF$（利用 $A+\overline{A}B=A+B$）

【例 2.5.3】 化简逻辑函数 $L=AB+A\overline{C}+\overline{B}C+\overline{C}B+\overline{B}D+\overline{D}B+ADE(F+G)$。

解 $L=A\overline{\overline{B}\,\overline{C}}+\overline{B}C+\overline{C}B+\overline{B}D+\overline{D}B+ADE(F+G)$（利用反演律 $A(B+\overline{C})=A\overline{\overline{B}\,\overline{C}}$）

$=A+\overline{B}C+\overline{C}B+\overline{B}D+\overline{D}B+ADE(F+G)$（利用 $A+\overline{A}B=A+B$）

$=A+\overline{B}C+\overline{C}B+\overline{B}D+\overline{D}B$（利用 $A+AB=A$）

$=A+\overline{B}C(D+\overline{D})+\overline{C}B+\overline{B}D+\overline{D}B(C+\overline{C})$（配项法）

$=A+\overline{B}CD+\overline{B}C\overline{D}+\overline{C}B+\overline{B}D+\overline{D}BC+\overline{D}B\overline{C}$

$=A+\overline{B}C\overline{D}+\overline{C}B+\overline{B}D+\overline{D}BC$（利用 $A+AB=A$）

$=A+C\overline{D}(\overline{B}+B)+\overline{C}B+\overline{B}D$

$=A+C\overline{D}+\overline{C}B+\overline{B}D$（利用 $A+\overline{A}=1$）

【例 2.5.4】 化简逻辑函数 $L=A\overline{B}+B\overline{C}+\overline{B}C+\overline{A}B$。

解法 1 $L=A\overline{B}+B\overline{C}+\overline{B}C+\overline{A}B+A\overline{C}$　　（增加冗余项 $A\overline{C}$）

$=A\overline{B}+\overline{B}C+\overline{A}B+A\overline{C}$　　（消去 1 个冗余项 $B\overline{C}$）

$=\overline{B}C+\overline{A}B+A\overline{C}$　　（再消去 1 个冗余项 $A\overline{B}$）

解法 2 $L=A\overline{B}+B\overline{C}+\overline{B}C+\overline{A}B+\overline{A}C$　　（增加冗余项 $\overline{A}C$）

$=A\overline{B}+B\overline{C}+\overline{A}B+\overline{A}C$　　（消去 1 个冗余项 $\overline{B}C$）

$=A\overline{B}+B\overline{C}+\overline{A}C$　　（再消去 1 个冗余项 $\overline{A}B$）

由上例可知，逻辑函数的化简结果不是唯一的。

【例 2.5.5】 已知逻辑函数表达式为 $L=AB\overline{D}+\overline{A}\,\overline{B}\,\overline{D}+ABD+\overline{A}\,\overline{B}\,\overline{C}D+\overline{A}\,\overline{B}CD$。要求：

(1) 最简的与-或逻辑函数表达式，并画出相应的逻辑图；

(2) 仅用与非门画出最简表达式的逻辑图。

解 $L=AB(D+\overline{D})+\overline{A}\,\overline{B}\,\overline{D}+\overline{A}\,\overline{B}D(C+\overline{C})$（分配律）

$=AB+\overline{A}\,\overline{B}\,\overline{D}+\overline{A}\,\overline{B}D$（利用 $A+\overline{A}=1$）

$=AB+\overline{A}\,\overline{B}(D+\overline{D})$（利用 $A+\overline{A}=1$）

$=AB+\overline{A}\,\overline{B}$（与-或表达式）

$=\overline{\overline{AB+\overline{A}\,\overline{B}}}$（先利用$\overline{\overline{A}}=A$，再利用摩根定律）

$=\overline{\overline{AB}\cdot\overline{\overline{A}\,\overline{B}}}$（与非-与非表达式）

最简与-或表达式的逻辑图如图 2.5.1 所示，使用与非门的等效逻辑图如图 2.5.2 所示。

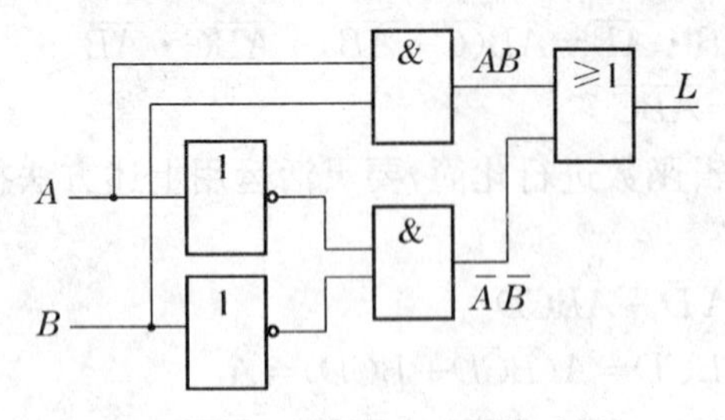

图 2.5.1　例 2.5.5 的逻辑电路

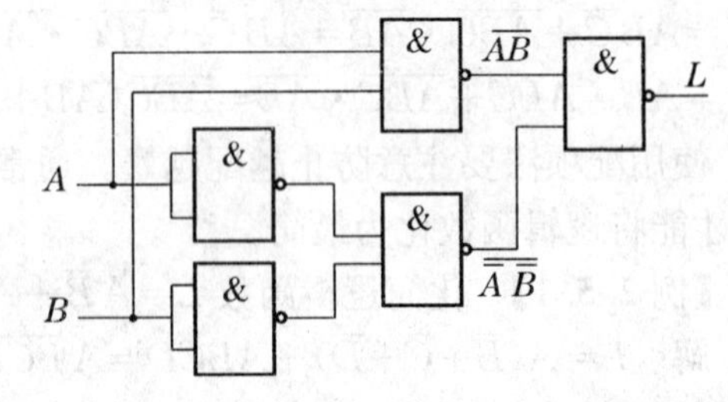

图 2.5.2　改用与非门实现的例 2.5.5 的逻辑电路

图 2.5.1 所示为根据最简与-或表达式画出的逻辑图，它用到与门、或门、和非门 3 种类型的逻辑门；图 2.5.2 所示为根据与非-与非表达式画出的逻辑图，它只用到两个输入端与非门一种类型的逻辑门。通常在一片集成电路器件内部有多个同类型的门电路，所以利用摩根定律对逻辑函数表达式进行变换，可以减少门电路的种类和集成电路的数量，具有一定的实际意义。

将与-或表达式变换为与非-与非表达式时，首先对与-或表达式取两次非，然后根据摩根定律分开下面的取非线。将与-或表达式变换成或非-或非表达式时，先对与-或表达式中的每个乘积项单独取两次非，后按照摩根定律分开下面的取非线，最后对整个表达式取两次非。下面再举一例说明这种形式的逻辑函数变换。

【例 2.5.6】　试对逻辑表达式 $L=\overline{A}\,\overline{B}C+A\,\overline{B}\,\overline{C}$进行变换，仅用或非门画出该表达式的逻辑图。

解　仿照上例，只用或非门来实现也是可以的，只需把函数向或非形式进行变换：

$$L=\overline{\overline{\overline{A}\,\overline{B}C}}+\overline{\overline{A\,\overline{B}\,\overline{C}}}$$

$$=\overline{A+B+\overline{C}}+\overline{\overline{A}+B+C}\text{（摩根定律）}$$

$$=\overline{\overline{\overline{A+B+\overline{C}}+\overline{\overline{A}+B+C}}}\text{（或非-或非表达式）}$$

仅用或非门画出的逻辑图如图 2.5.3 所示。

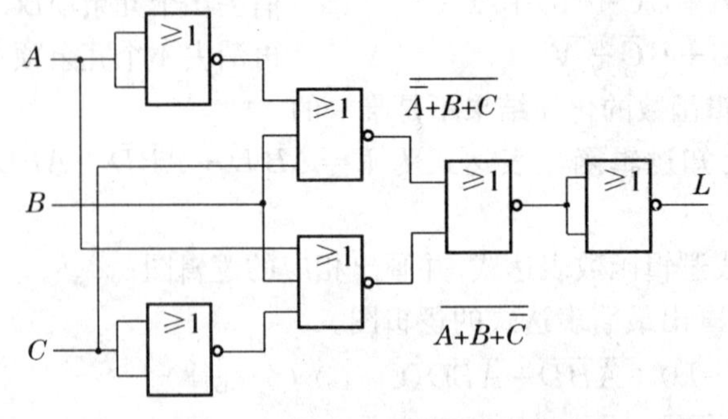

图 2.5.3　例 2.5.6 的逻辑电路图

在实际应用中，有时最简逻辑表达式并不是最好的选择，比如某函数表达式形式上是最简的，但是实现的成本却不是最低的（如器件种类多，使成本反而较高，使性价比较低）或者还会出现问题而不能使用（参阅*4.8组合逻辑电路的竞争冒险）。所以，化简和变换的原则方向是正确的，但是要根据应用实际具体情况灵活掌握。

公式化简法的优点是不受变量数目的限制。缺点是：没有固定的步骤可循；需要熟练运用各种公式和定理；需要一定的技巧和经验；特别是较难判定化简结果是否最简，而且同一逻辑函数可能有多个不同的表达式，我们就必须确定它们是否是表达同一个逻辑函数。因此，在变量数不多的情况下，通常多采用卡诺图化简法化简。

2.6 逻辑函数的卡诺图化简法

卡诺图是美国工程师卡诺（Karnaugh）首先提出的，它是一种按逻辑相邻原则排列成的方格图，利用相邻项合并的原则来使逻辑函数得到化简。由于卡诺图化简法简单、直观，而且可靠，因而得到了广泛的应用。

2.6.1 卡诺图的构成

在逻辑函数的真值表中，输入变量的每一种组合都和一个最小项对应，这种真值表称为最小项真值表。将逻辑函数真值表中的最小项排列成矩阵，并且矩阵的横向和纵向的逻辑变量的取值按照格雷码的顺序排列（即相邻的数码只有一位码不同），这样构成的图形称为卡诺图。图2.6.1分别为二变量、三变量、四变量、五变量的卡诺图。

由于相邻的最小项只有一个变量不同而其余变量都相同，如ABC和$\overline{A}BC$，$ABCD$和$A\overline{B}CD$。相邻最小项可以利用公式$A+\overline{A}=1$来消去一个变量，如$ABC+\overline{A}BC=BC$，$ABCD+A\overline{B}CD=ACD$。逻辑函数的化简实质上就是相邻最小项的合并。

卡诺图的排列特点就是具有很强的相邻性。

首先是直观相邻性，只要小方格在几何位置上相邻（不管上下左右），它代表的最小项在逻辑上一定是相邻的。

其次是对边相邻性，即与中心轴对称的左右两边和上下两边的小方格也具有相邻性。所以，四角的最小项也都是相邻的。

凡是两个相邻的最小项，它们在图中也是相邻的。所以，二变量的最小项有2个最小项与之相邻，三变量的最小项有3个最小项与之相邻，四变量的最小项有4个最小项与之相邻，五变量的最小项有5个最小项与之相邻，以此类推。

从图2.6.1可以看出，随着逻辑函数变量的增多，相应的卡诺图的复杂程度也成倍地增加。所以，卡诺图一般只适用于5个变量以内的情况。

2.6.2 逻辑函数的卡诺图表示法

用卡诺图表示逻辑函数，就是把逻辑函数的最小项表达式中，每一个最小项对应的方格填上1，其余的方格填上0（也可以空着都不填），这样就得到了该逻辑函数的卡诺图。

1. 利用真值表填卡诺图

【例2.6.1】 某逻辑函数的真值表如表2.6.1所示，给出该逻辑函数的卡诺图。

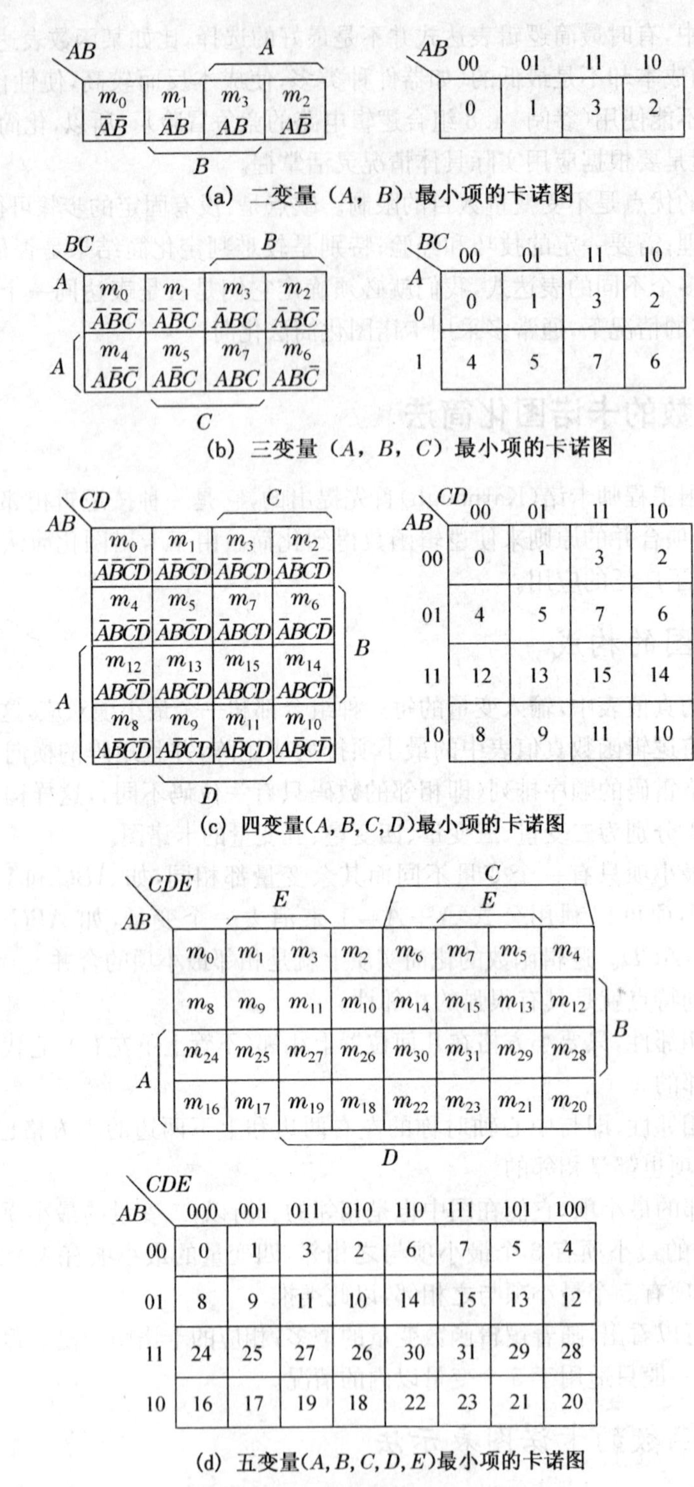

(a) 二变量（A，B）最小项的卡诺图

(b) 三变量（A，B，C）最小项的卡诺图

(c) 四变量(A, B, C, D)最小项的卡诺图

(d) 五变量(A, B, C, D, E)最小项的卡诺图

图 2.6.1　二到五变量最小项的卡诺图

解　该函数为三变量，先画出三变量卡诺图，然后根据表 2.6.1 将 8 个最小项 L 的取值 0 或者 1 填入卡诺图中对应的 8 个小方格中即可，如图 2.6.2 所示。

表 2.6.1　某逻辑函数的真值表

A	B	C	L
0	0	0	0
0	0	1	0
0	1	0	0
0	1	1	1
1	0	0	0
1	0	1	1
1	1	0	1
1	1	1	1

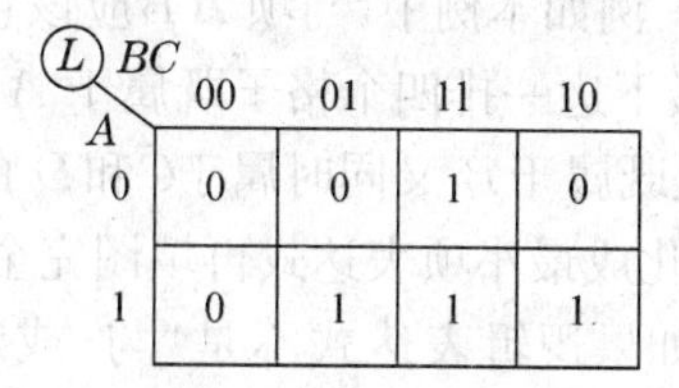

图 2.6.2　例 2.6.1 的卡诺图

2. 根据逻辑表达式填卡诺图

(1) 如果逻辑表达式为最小项表达式，则只要将函数式中出现的最小项在卡诺图对应的小方格中填入 1，没出现的最小项则在卡诺图对应的小方格中填入 0(或者空着)。

【例 2.6.2】 用卡诺图表示逻辑函数 $F=\overline{A}\,\overline{B}\,\overline{C}+\overline{A}BC+AB\overline{C}+ABC$。

解　该函数为三变量，且为最小项表达式，写成简化形式 $F=m_0+m_3+m_6+m_7$。然后画出三变量卡诺图，将卡诺图中 m_0、m_3、m_6、m_7 对应的小方格填 1，其他小方格填 0。如图 2.6.3 所示。

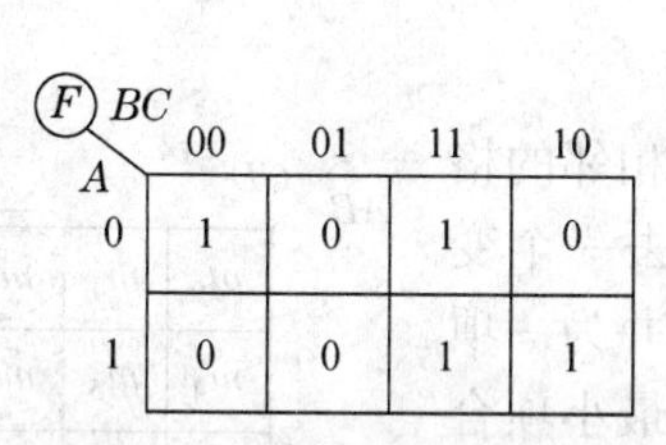

图 2.6.3　例 2.6.2 的卡诺图

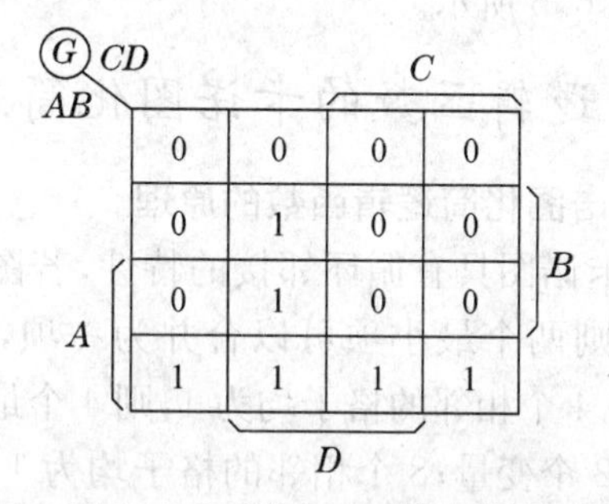

图 2.6.4　例 2.6.3 的卡诺图

(2) 如果逻辑表达式不是最小项表达式，可将“与-或表达式”先化成最小项表达式，再填入卡诺图。也可直接填入，直接填入的具体方法是：分别找出每一个与项所包含的所有小方格，全部填入 1。

【例 2.6.3】 用卡诺图表示逻辑函数 $G=A\overline{B}+B\overline{C}D$。

解

$$
\begin{aligned}
G &= A\overline{B}+B\overline{C}D \\
&= A\overline{B}(C+\overline{C})(D+\overline{D})+(A+\overline{A})B\overline{C}D \\
&= \overline{A}B\overline{C}D+AB\overline{C}D+A\overline{B}\,\overline{C}\,\overline{D}+A\overline{B}\,\overline{C}D+A\overline{B}CD+A\overline{B}C\overline{D} \\
&= \sum m(5,8,9,10,11,13)
\end{aligned}
$$

按照上式，将 $\sum m(5,8,9,10,11,13)$ 中的对应的 6 个方格填 1，其余填 0，得到的卡诺图如图 2.6.4 所示。

只要是与-或表达式，也可以直接填图。方法是：把每一个与项所属于的方格都填上 1，其余填 0。例如本例中，与项 $A\overline{B}$应该包含既属于 A 同时又属于$\overline{B}$的方格。从图 2.6.4 可知，只有最下边一排四个格子既属于 A 同时又属于$\overline{B}$，所以最下边四个格子都填 1，而与项 $B\overline{C}D$则是既属于 B 又同时属于$\overline{C}$和 D 的方格只有第 2 列中间的两个，把它们填上 1，得到的结果与先化成最小项表达式再填图完全一样，就是图 2.6.4。

(3) 如果逻辑表达式不是“与-或表达式”，可先将其化成“与-或表达式”，再填入卡诺图。

【例 2.6.4】 绘出 $L(A,B,C,D)=(\overline{A}\overline{B}+\overline{C}\overline{D})(\overline{A}\overline{B}+C\overline{D})$的卡诺图。

解 现将函数化成与-或表达式：

$$
\begin{aligned}
L(A,B,C,D)&=\overline{A}\overline{B}+\overline{A}\overline{B}C\overline{D}+\overline{A}\overline{B}\overline{C}\overline{D}\\
&=\overline{A}\overline{B}\overline{C}\overline{D}+\overline{A}\overline{B}\overline{C}D+\overline{A}\overline{B}CD+\overline{A}\overline{B}C\overline{D}\\
&=\sum m(0,1,2,3)
\end{aligned}
$$

本题按照 $\sum m(0,1,2,3)$ 的四个最小项，在最上边一排四个格子里填 1，其余填 0。但是在化为与或表达式时，就可以直接填图，不一定要进一步化成最小项表达式。例如，把属于$\overline{A}\overline{B}$的最上边一排四个格子先填上 1，另外两项分别是第一行的第一格和第四格，显然已经填上，再填该格子依然是 1，故结果和化成最小项再填图的结果是一样的，如图 2.6.5 所示。

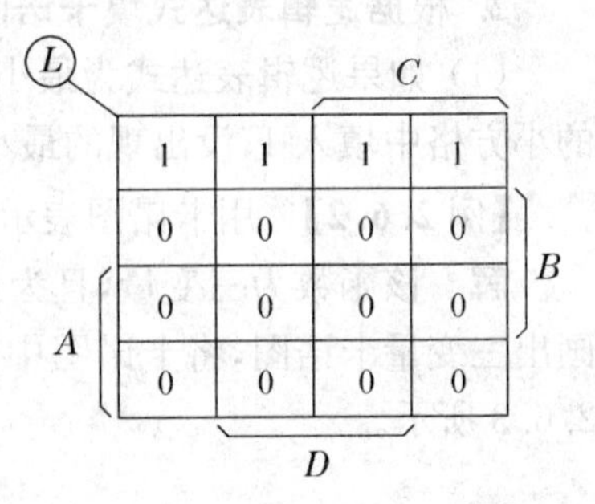

图 2.6.5 例 2.6.4 的卡诺图

2.6.3 逻辑函数的卡诺图化简法

1. 卡诺图化简逻辑函数的原理

由于卡诺图具有循环邻接的特性，若图中两个相邻的格子均为 1，则两个最小项可以合并为一项，同时消去一个变量；若图中 4 个相邻的格子均为 1，则 4 个最小项合并为一项同时消去 2 个变量；8 个相邻的格子均为 1，则 8 个最小项合并为一项同时消去 3 个变量，以此类推。我们只要把个数为 2^n的相邻的方格用一个包围圈圈起来，这样就可以按照每个包围圈合并化简为 1 项，如图 2.6.6 所示。

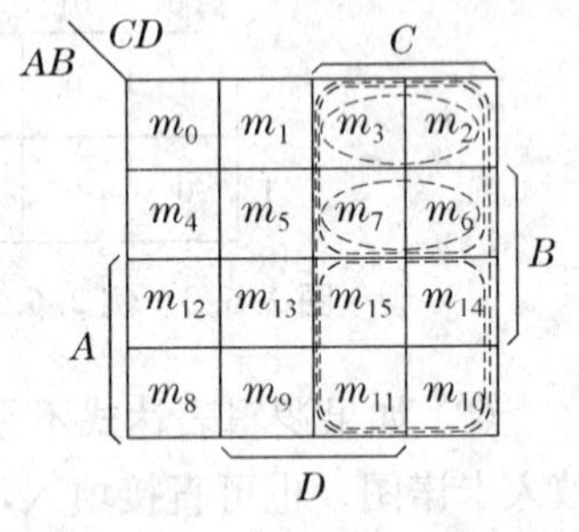

图 2.6.6 卡诺图化简原理

图中：

$\overline{A}\overline{B}CD+\overline{A}\overline{B}C\overline{D}=\overline{A}\overline{B}C$（$m_3$和 m_2合并）

$\overline{A}BCD+\overline{A}BC\overline{D}=\overline{A}BC$（$m_7$和 m_6合并）

$\overline{A}BC+\overline{A}\overline{B}C=\overline{A}C$（$m_3$、$m_2$和 m_7、m_6合并）

$ABC+A\overline{B}C=AC$（m_{10}、m_{11}、m_{14}、m_{15}合并）

$AC+\overline{A}C=C$（m_2、m_3、m_6、m_7、m_{10}、m_{11}、m_{14}、m_{15}合并）

总之，2^n个相邻的最小项结合，可以消去 n 个取值不同的变量而合并为 1 项。

2. 用卡诺图合并最小项的原则

用卡诺图化简逻辑函数，就是在卡诺图中找相邻的最小项，即画圈。常见的2个、4个、8个最小项相邻合并的画圈方法如图2.6.7所示。

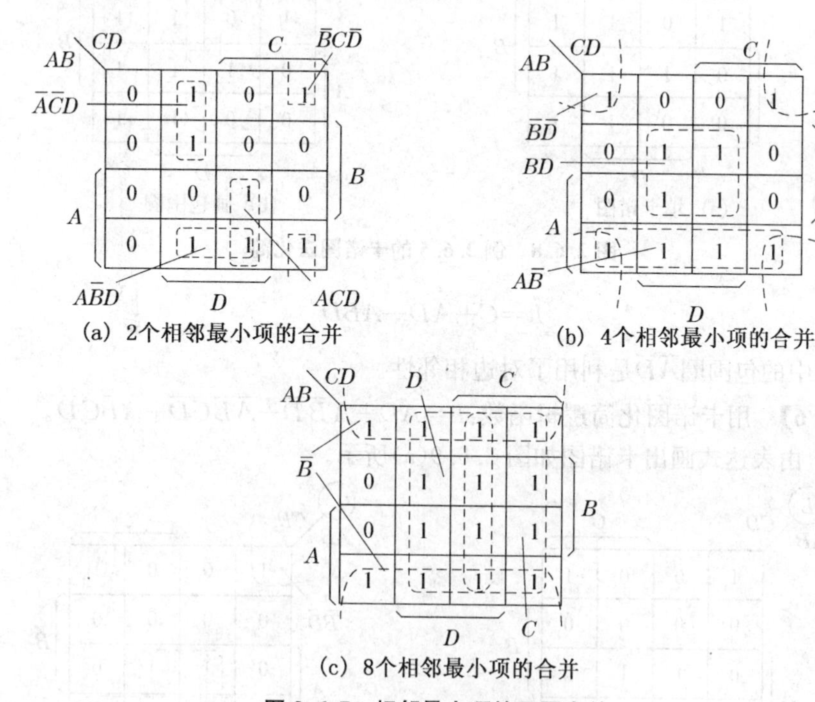

图2.6.7　相邻最小项的画圈合并

为了保证将逻辑函数化到最简，画圈时必须遵循以下原则：

(1) 圈要尽可能大，这样消去的变量就多。但是每个圈内只能含有相邻项 2^n 个($n=0,1,2,3\cdots$)。要特别注意对边相邻性和四角相邻性。

(2) 圈的个数尽量少，这样化简后的逻辑函数的与项就少。

(3) 卡诺图中所有取值为1的方格均要被圈过，即不能漏下取值为1的最小项。

(4) 取值为1的方格可以被重复圈在不同的包围圈中，但在新画的包围圈中至少要含有1个未被圈过的1的方格，否则该包围圈是多余的。

3. 用卡诺图化简逻辑函数的步骤

(1) 画出逻辑函数的卡诺图。

(2) 合并相邻的最小项，即根据前述原则画圈。

(3) 写出化简后的表达式。每一个圈写一个最简与项，规则是，取值为1的变量用原变量表示，取值为0的变量用反变量表示，将这些变量相与。然后将所有与项进行逻辑加，即得最简与-或表达式。

【例2.6.5】 用卡诺图化简逻辑函数：

$$L(A,B,C,D)=\sum m(0,2,3,4,6,7,10,11,13,14,15)$$

解 (1) 由表达式画出卡诺图如图2.6.8(a)所示。

(2) 画包围圈合并最小项，如图2.6.8(b)所示，得简化的与-或表达式：

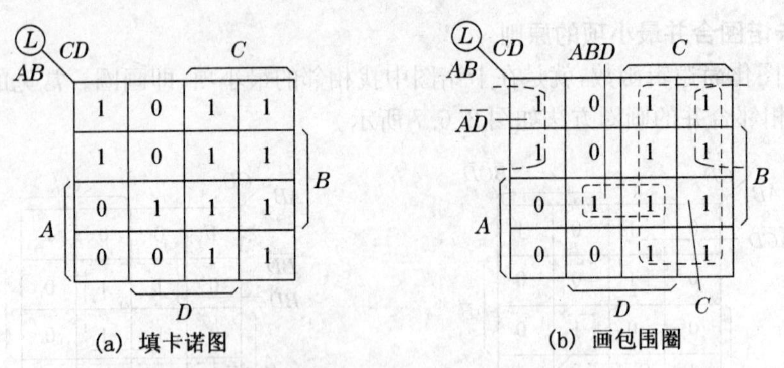

(a) 填卡诺图　　(b) 画包围圈

图 2.6.8　例 2.6.5 的卡诺图法化简

$$L=C+\overline{A}\,\overline{D}+ABD$$

注意：图中的包围圈$\overline{A}\,\overline{D}$是利用了对边相邻性。

【例 2.6.6】　用卡诺图化简逻辑函数：$L=AD+A\overline{B}\,\overline{D}+\overline{A}\,\overline{B}\,\overline{C}\,\overline{D}+\overline{A}\,\overline{B}C\overline{D}$。

解　(1) 由表达式画出卡诺图如图 2.6.9(a)所示。

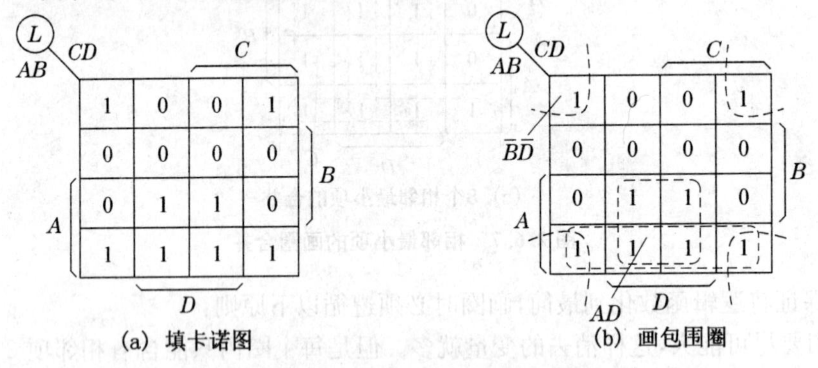

(a) 填卡诺图　　(b) 画包围圈

图 2.6.9　例 2.6.6 的卡诺图法化简

(2) 画包围圈合并最小项，如图 2.6.9(b)所示，得简化的与-或表达式：

$$L=AD+\overline{B}\,\overline{D}$$

注意：图中的长方形虚线圈是多余的，应去掉(最简逻辑表达式中不写这一项)；图中的包围圈$\overline{B}\,\overline{D}$是利用了四角相邻性。

【例 2.6.7】　某逻辑函数的真值表如表 2.6.2 所示，用卡诺图化简该逻辑函数。

表 2.6.2　例 2.6.7 真值表

A B C	L
0 0 0	0
0 0 1	1
0 1 0	1
0 1 1	1
1 0 0	1
1 0 1	1
1 1 0	1
1 1 1	0

解法 1　(1) 由真值表画出卡诺图,如图 2.6.10 所示。

(2) 画包围圈合并最小项,如图 2.6.10(a)所示,得简化的与-或表达式:

$$L=\overline{B}C+\overline{A}B+A\overline{C}$$

解法 2　(1) 由表达式画出卡诺图,如图 2.6.10 所示。

(2) 画包围圈合并最小项,如图 2.6.10(b)所示,得简化的与-或表达式:

$$L=A\overline{B}+B\overline{C}+\overline{A}C$$

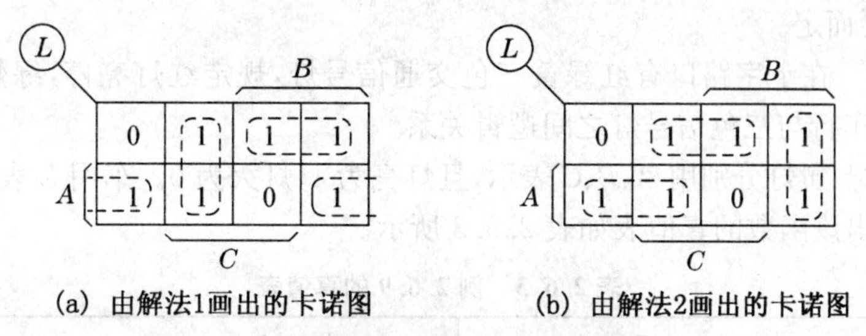

(a) 由解法1画出的卡诺图　　(b) 由解法2画出的卡诺图

图 2.6.10　例 2.6.7 卡诺图

本例表明,一个逻辑函数的真值表是唯一的,卡诺图也是唯一的,但是包围圈的画法有时可以有不同的画法,所以得到的化简结果有时不是唯一的。

4. 卡诺图化简逻辑函数的另一种方法——圈 0 法

当一个逻辑函数用卡诺图表示后,里面的 0 很少且相邻性很强,这时用圈 0 法更简便。但要注意,圈 0 后,先写出反函数 $\overline{L}$,再取非,才能得到原函数 L。

【例 2.6.8】　已知逻辑函数的卡诺图如图 2.6.11 所示,分别用"圈 0 法"和"圈 1 法"写出其最简与-或式。

解　(1) 用圈 0 法画包围圈如图 2.6.11(a)所示,得

$$\overline{L}=BC\overline{D}$$

对 $\overline{L}$ 取非,得　$L=\overline{BC\overline{D}}=\overline{B}+\overline{C}+D$

(2) 用圈 1 法画包围圈如图 2.6.11(b)所示,得

$$L=\overline{B}+\overline{C}+D$$

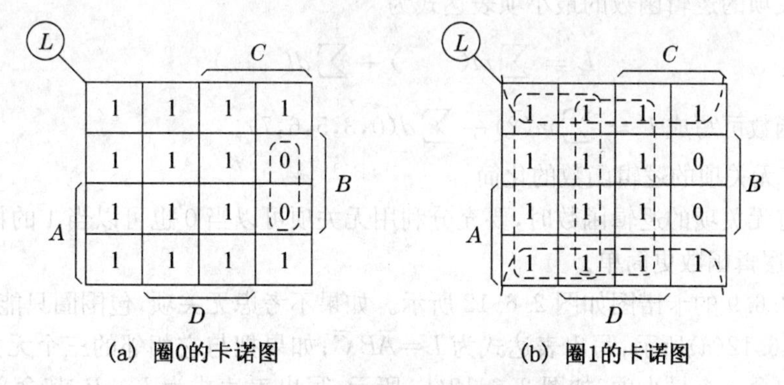

(a) 圈0的卡诺图　　(b) 圈1的卡诺图

图 2.6.11　例 2.6.8 的卡诺图

5. 具有无关项的逻辑函数的化简

(1) 什么是无关项

逻辑函数所有 2^n 个最小项中有时会有一些最小项是受约束的项(不允许出现)或者是任意项(有这些项还是无这些项对逻辑函数没有影响),这些约束项和任意项统称无关最小项。例如 8421BCD 码中的 1010～1111 就是不允许出现的约束项。由于无关最小项在逻辑函数中要么不会出现,要么对逻辑函数无影响,因此这些无关最小项在卡诺图中相应的方格中是 1 或是 0 都无所谓。在填卡诺图时,这些无关最小项在相应的方格中填"×",以示区别。在画包围圈时,可把"×"当 1 看待,也可把"×"当 0 看待。究竟把"×"当 1 还是当 0,应根据化简需要而定。

【例 2.6.9】 在十字路口有红绿黄三色交通信号灯,规定红灯亮停,绿灯亮行,黄灯亮等一等,试分析车行与三色信号灯之间逻辑关系。

解 设红、绿、黄灯分别用 A、B、C 表示,且灯亮为 1,灯灭为 0。车用 L 表示,车行 $L=1$,车停 $L=0$。列出该函数的真值表如表 2.6.3 所示。

表 2.6.3 例 2.6.9 的真值表

红灯 A	绿灯 B	黄灯 C	车 L
0	0	0	×
0	0	1	0
0	1	0	1
0	1	1	×
1	0	0	0
1	0	1	×
1	1	0	×
1	1	1	×

显而易见,在这个函数中,有 5 个最小项是不会出现的,如 $\overline{A}\overline{B}\overline{C}$(三个灯都不亮)、$AB\overline{C}$(红灯绿灯同时亮)等。因为一个正常的交通灯系统不可能出现这些情况,如果出现了,车可以行也可以停,即逻辑值任意。

带有无关项的逻辑函数的最小项表达式为

$$L=\sum m(\quad)+\sum d(\quad)$$

如本例函数可写成 $L=\sum m(2)+\sum d(0,3,5,6,7)$。

(2) 具有无关项的逻辑函数的化简

化简具有无关项的逻辑函数时,要充分利用无关项可以当 0 也可以当 1 的特点,尽量扩大卡诺圈,使逻辑函数更简单。

画出例 2.6.9 的卡诺图如图 2.6.12 所示。如果不考虑无关项,包围圈只能包含一个最小项,如图 2.6.12(a)所示,写出表达式为 $L=\overline{A}B\overline{C}$;如果把与它相邻的三个无关项当作 1,则包围圈可包含 4 个最小项,如图 2.6.12(b)所示,写出表达式为 $L=B$,其含义为:只要绿灯亮,车就行。

注意:在考虑无关项时,哪些无关项当作 1,哪些无关项当作 0,要以尽量扩大卡诺圈、减少圈的个数,使逻辑函数更简单为原则。

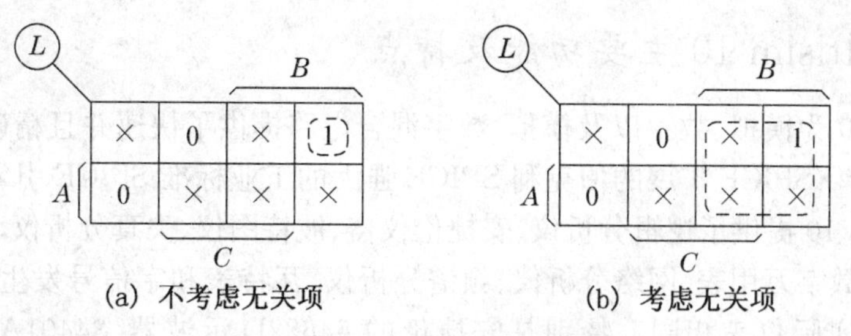

(a) 不考虑无关项　(b) 考虑无关项

图 2.6.12　例 2.6.9 的卡诺图

【例 2.6.10】 某逻辑函数输入是 8421BCD 码(即不可能出现 1010～1111 这 6 种输入组合),其逻辑表达式为:$L(A,B,C,D)=\sum m(1,4,5,6,7,9)+\sum d(10,11,12,13,14,15)$,用卡诺图法化简该逻辑函数。

解　(1) 画出四变量卡诺图,如图 2.6.13(a)所示。将 1、4、5、6、7、9 号小方格填入 1;将 10、11、12、13、14、15 号小方格填入×。

(2) 合并最小项。与 1 方格圈在一起的无关项被当作 1,没有圈的无关项被当做 0。注意:1 方格不能漏;×方格根据需要,可以圈入,也可以放弃。

(3) 写出逻辑函数的最简与-或表达式:$L=B+\overline{C}D$。

如果不考虑无关项,如图 2.6.13(b)所示,写出表达式为 $L=\overline{A}B+B\overline{C}D$,可见不是最简。

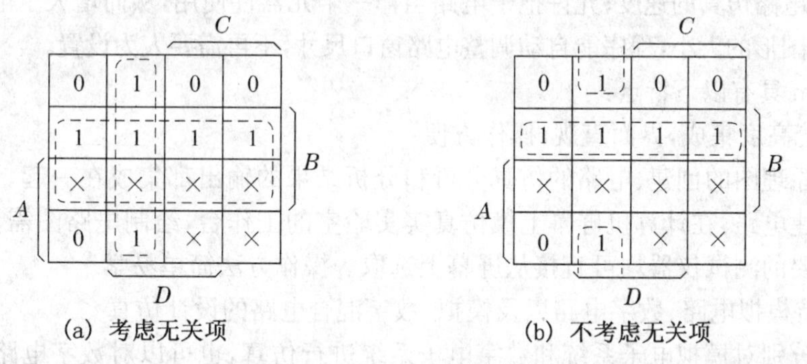

(a) 考虑无关项　(b) 不考虑无关项

图 2.6.13　例 2.6.10 的卡诺图

卡诺图化简法的优点是简单、直观,有一定的化简步骤可循,且容易化到最简,化简结果可靠。但是当逻辑变量超过 5 个时,就失去了简单、直观的优点,也就没有什么实用意义了。

2.7　逻辑函数化简与变换的 Multisim 10 仿真

随着电子技术和计算机技术的发展,以电子电路计算机辅助设计(Computer Aided Design, CAD)为基础的电子设计自动化(Electronic Design Automation, EDA)技术已成为电子学领域的重要学科。Multisim10 是基于 PC 平台的电子设计软件,是 Electronics Workbench(EWB)电路设计软件的升级版本。EWB 软件是加拿大 Interactive Image Technologies 公司于 80 年代末、90 年代初推出的用于电子电路仿真的虚拟电子工作台软件,国内常见版本为 4.0d 和 5.0。从 2001 年开始,EWB 的仿真设计模块被更名为 Multisim。

2.7.1 Multisim 10 主要功能及特点

Multisim 10 为模拟、数字以及模拟/数字混合电路提供了快速并且精确的仿真。其核心是基于使用带 XSPICE 扩展的伯克利 SPICE 强大的工业标准 SPICE 引擎来加强数字仿真的。Multisim 10 提供了逻辑分析仪、安捷伦仪器、波特图仪、失真分析仪、频率计数器、函数信号发生器、数字万用表、网络分析仪、频谱分析仪、瓦特表和字信号发生器等 18 种虚拟仪器，其功能与实际仪表相同。特别是安捷伦的 54622D 示波器、34401A 数字万用表和 33120A 信号发生器，它们的面板与实际仪表完全相同，各旋钮和按键的功能也与实际一样。通过这些虚拟器件，免去昂贵的仪表费用，用户们可以毫无风险地接触所有仪器，掌握常用仪表的使用。Multisim 10 除了提供虚拟仪表，还提供了直流工作点分析、交流分析、敏感度分析、3dB 点分析、批处理分析、直流扫描分析、失真分析、傅里叶分析、模型参数扫描分析、蒙特卡罗分析、噪声分析、噪声系数分析、温度扫描分析、传输函数分析、用户自定义分析和最坏情况分析等 19 种分析，这些分析在现实中有可能是无法实现的。Multisim 10 提供了强大的作图功能，可将仿真分析结果进行显示、调节、储存、打印和输出。使用作图器还可以对仿真结果进行测量、设置标记、重建坐标系以及添加网格。所有显示的图形都可以被微软 Excel、Mathsoft Mathcad 以及 LABVIEW 等软件调用。最新版本 Multisim 10 对先前的版本进行了许多改进：重新验证了元件库中所有元件的信息和模型，使其更加精确可靠；允许用户自定义元器件的属性；提高数字电路仿真的速度；允许把子电路当作一个元器件使用，从而增大了电路的仿真规模；根据电路图形的大小，程序能自动调整电路窗口尺寸，不再需要人为设置。

Multisim 具有以下特点：

(1) 系统高度集成，界面直观，操作方便

将电路原理图的创建、电路的仿真分析和分析结果的输出都集成在一起。采用直观的图形界面创建电路：在计算机屏幕上模仿真实实验室的工作台，绘制电路图需要的元器件、电路仿真需要的测试仪器均可直接从屏幕上选取。操作方法简单易学。

(2) 支持模拟电路、数字电路以及模拟/数字混合电路的设计仿真

既可以分别对模拟电子系统和数字电子系统进行仿真，也可以对数字电路和模拟电路混合在一起的电子系统进行仿真分析。

(3) 电路分析手段完备

除了可以用多种常用测试仪表（如示波器、数字万用表、波特图仪等）对电路进行测试以外，还提供多种电路分析方法，包括静态工作点分析、瞬态分析、傅里叶分析等。

(4) 提供多种输入输出接口

可以输入由 Pspice 等其他电路仿真软件所创建的 Spice 网表文件，并自动形成相应的电路原理图，也可以把 Multisim 环境下创建的电路原理图文件输出给 Protel 等常见的印刷电路软件 PCB 进行印刷电路设计。

Multisim 现有版本为 Multisim 2001、Multisim 7、Multisim 8 和最新版本 Multisim 10。Multisim 10 是一个完整的设计工具系统，提供了一个强大的元件数据库，并提供原理图输入接口、全部的数模 Spice 仿真功能、VHDL 和 Verilog 设计接口与仿真功能、FPGA 和 CPLD 综合、RF 设计能力和后处理功能，还可以进行从原理图到 PCB 布线工具包（如：Electronics Workbench 的 Ultiboard2001）的无缝隙数据传输。

2.7.2　Multisim 10 安装

安装 Multisim 10 需要经过三个阶段，具体步骤如下：

启动安装：将 Multisim 10 安装光盘放入光驱，光盘会自启动，单击 Next 继续。

第一安装阶段：阅读授权协议，单击 Yes 接受协议；阅读出现的系统升级对话框，单击 Next 进行系统窗口文件的升级；程序提醒用户关闭所有的 Windows 应用程序，重新启动计算机。注意，计算机重新启动后，安装程序不会继续执行安装，必须重新启动安装程序，点击 start/all programs/Startup/Continue Setup，安装程序重新启动。

第二安装阶段：安装程序重新启动后，第一阶段出现过的界面和对话框还会再一次出现，按以上相应步骤执行。接下来输入用户姓名、公司名称和 Multisim 10 的 20 位系列码，单击 Next 继续。选择 Multisim10 的安装位置，可选择缺省位置，也可单击 Browse 选择另一位置，或输入文件夹名。单击 Next 继续，Multisim 10 将完成安装。

第三安装阶段：Multisim 10 安装完毕后，可以选择是否安装 Adobe Acrobat Reader Version 6，单击 Next 并根据指导进行安装，如果已经安装了此软件，单击 Cancel。

运行 Multisim 10：Multisim 10 安装后如果不启动输入交付码（Release Code），将受到 15 天的使用限制，即使重新安装也于事无补。因此，安装后应尽快启动并输入交付码。点击 startup/all programs/Multisim10，出现启动画面后点击“Enter Release Code”输入交付码，即可进入 Multisim 10 窗口。

2.7.3　Multisim 10 的基本操作

1. Multisim 10 的主要操作界面

Multisim 10 用户界面如图 2.7.1 所示。

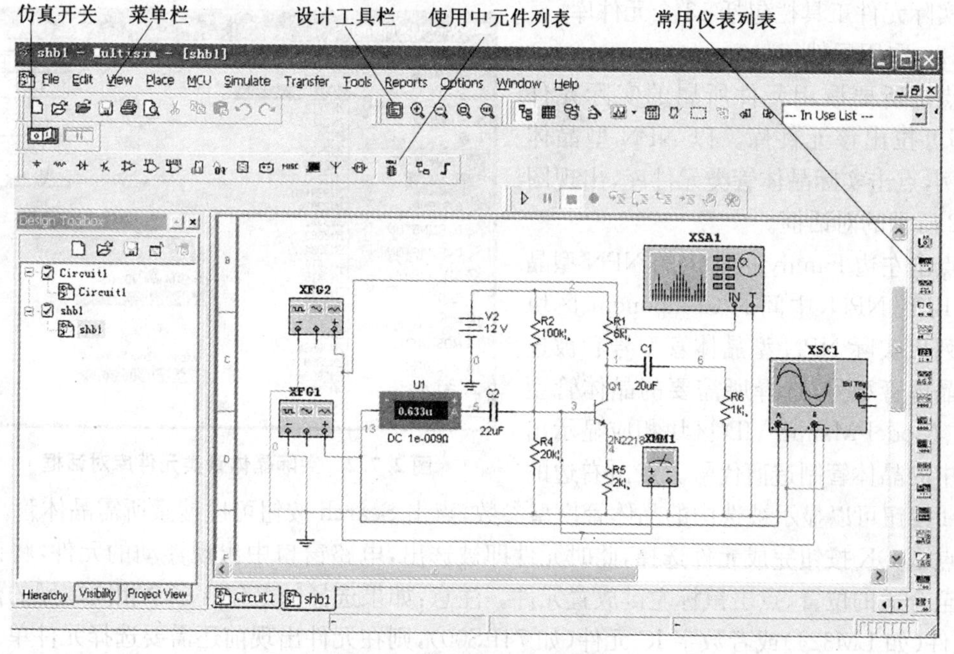

图 2.7.1　Multisim 10 界面

Multisim 10 的用户界面主要包括以下几个部分：

(1) 菜单栏：与所有的 Windows 应用程序类似，可在菜单中找到所有功能的命令。

(2) 系统工具栏：与所有的 Windows 应用程序类似，包括文件操作、编辑、打印、缩放等按钮。

(3) 设计工具栏：设计是 Multisim 10 的核心部分。设计工具栏指导用户按部就班地进行电路的建立、仿真、分析，并最终输出设计数据。虽然菜单中可以执行设计功能，但使用设计工具栏可以更加方便地进行电路设计。

(4) 仪表工具栏(Instruments)：在界面的最右边按列排放，包括 17 种虚拟仪器仪表，其中大多数为具有基本功能的原理性仪器仪表，但也有安捷伦公司生产的万用表、示波器、函数发生器等实际电子仪器。

在模拟电路测试中，常用的仪器仪表有数字万用表、信号发生器、示波器、波特图仪等。

(5) 元件工具栏(Component)：在界面的最左边按列排放，分为实际元件库(Component)和虚拟元件库(Virtual Toolbar)。

(6) 使用中元件列表(In Use List)：用下拉菜单列出当前电路窗口正在使用的元件列表。

(7) 电路窗口：进行电路原理图编辑的窗口。

(8) 仿真开关：在屏幕右上角，是启动/停止/暂停电路仿真的开关。

2. 元件的基本操作

(1) 元件工具栏

用户界面的元件工具栏分为实际元件栏(Component)和虚拟元件栏(Virtual Toolbar)。实际元件栏颜色为所设定的界面底色，其中的元件是有封装的真实元件，参数是确定的，不可改变。虚拟元件栏为绿色，其中元件的参数可随意修改。

实际元件工具栏包括 13 个元件库。

(2) 取用元件

点击所要取用元件所属的实际元件库，即可拉出该元件库。以 NPN 型晶体管为例，点击实际晶体管类元件库，出现图 2.7.2 所示的对话框。

点击左边 Family 区块内的 NPN 型晶体管 BJT_NPN，中间的 Component 区块相应列出实际 NPN 型晶体管型号和被选中的晶体管型号，选择所需要的晶体管型号，在 Model Manuf. \ID 区块相应显示出被选中的晶体管制造商代号。点击右边的 Model 按钮可以显示被选中的晶体管模型参数，点击 Search 按钮可以搜索所需晶体管。

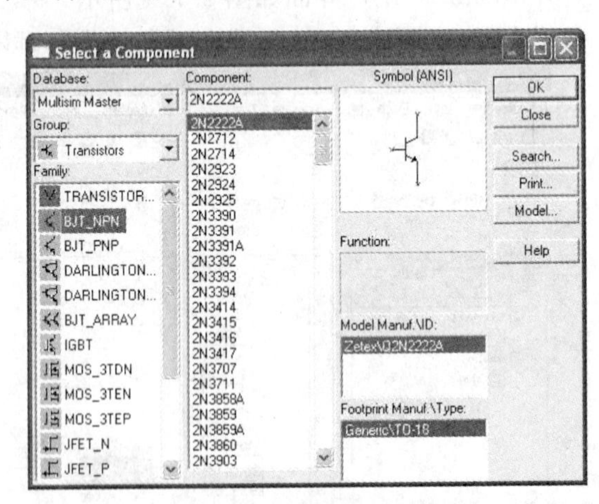

图 2.7.2 实际晶体管类元件库对话框

点击 OK 按钮完成元件选择，此时元件即被选出，电路窗口中出现浮动的元件，将该元件拖至合适的位置，点击鼠标左键放置元件。注意：如果选择的是包含多个相同单元的模拟 IC 元件(如 LM324)或者数字 IC 元件(如 74LS00)，则在元件出现前还需要选择元件单元。

虚拟元件的元件参数值、元件编号等可由使用者自行定义。点击所要取用元件所属的虚拟元件库，即可拉出该元件库。以电阻为例，点击虚拟基本元件库即可拉出该元件库，如图 2.7.3 所示，选择右上角的虚拟电阻，即可出现浮动的元件，将该元件拖至合适的位置，点击鼠标左键放置元件。该元件的元件值或元件编号可由用户随时更改。

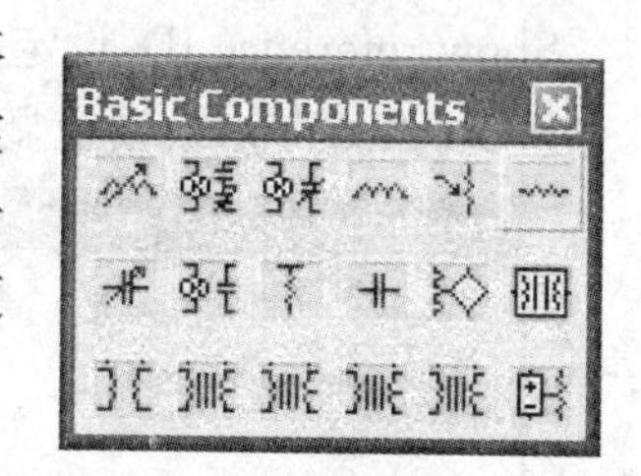

图 2.7.3　基本元件库

(3) 设置元件属性

每个被取用的元件都有缺省的属性，包括元件标号、元件参数值及管脚、显示方式和故障，这些属性可以被重新设置。对于实际元件，用户可以设置元件标号、显示方式和故障，有些实际元件还可以设置元件参数值，但不能设置管脚，如晶体管；而有些实际元件如电阻、电容、电感等则不能重新设置元件参数值及管脚。对于虚拟元件，用户可以随意设置元件标号、元件参数值及管脚、显示方式和故障。

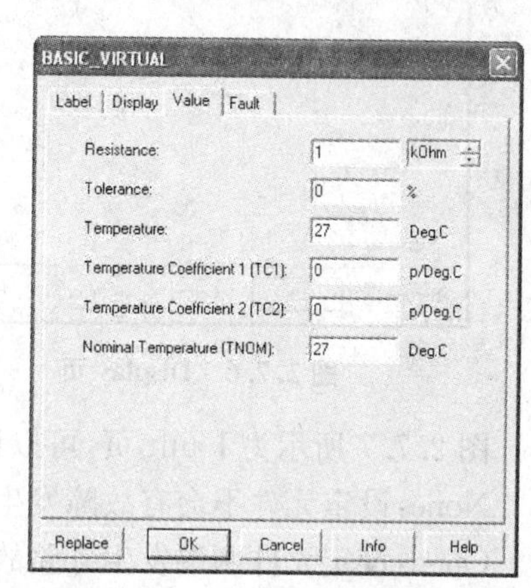

图 2.7.4　虚拟电阻属性对话框

以虚拟电阻为例，双击被选中的虚拟电阻，出现图 2.7.4 所示对话框，其中包括四页，即 Label 页、Display 页、Value 页和 Fault 页。

在 Value 页里可以设置元件的参数值，包括下列 6 项：

Resistance：设定电阻值，在其右边字段中可以指定单位。

Tolerance：设定电阻的误差，误差值为百分比。

Temperature：设定环境温度，温度值单位为摄氏度。缺省值为 27 ℃。

Temperature Coefficient 1(TC1)：设定电阻的一次温度系数。

Temperature Coefficient 2(TC2)：设定电阻的二次温度系数。

Nominal Temperature(TNOM)：设定参考的环境温度，缺省值为 27 ℃。

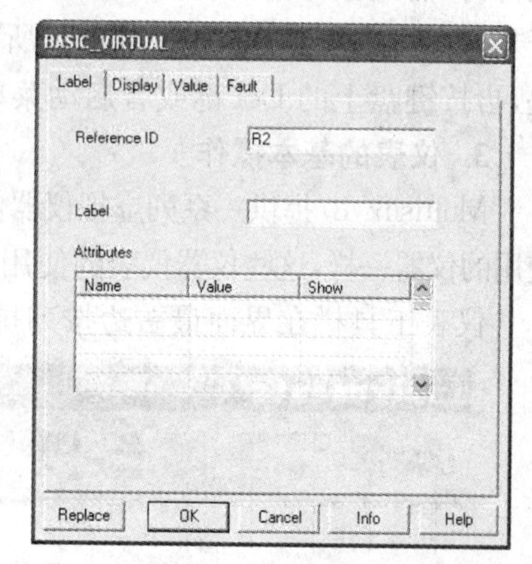

图 2.7.5　Label 页

图 2.7.5 所示为 Label 页，可以设置元件序号和标号。其中 Reference ID 项设定该电阻的元件序号，元件序号是元件唯一的识别码，必须设置(由用户或者程序自动设置)，且不可重复。Label 项设定该电阻的标号，可以不设置。Attributes 区块可以设定元件属性，如名称等，一般可以不设置。

图 2.7.6 所示为 Display 页，可以设置元件显示方式，其中包括 4 个选项：

Use Schematic Global Setting：设定采用整体的显示设定，如果选取本选项，则不可单独设置此元件的显示方式，否则可以单独设置此元件的显示方式。元件的显示方式包括以下 4 个复选项：

Show labels：设定显示元件的标号；

Show values：设定显示元件的元件值；

Show reference ID：设定显示元件的序号；

Show Attributes：设定显示元件属性。

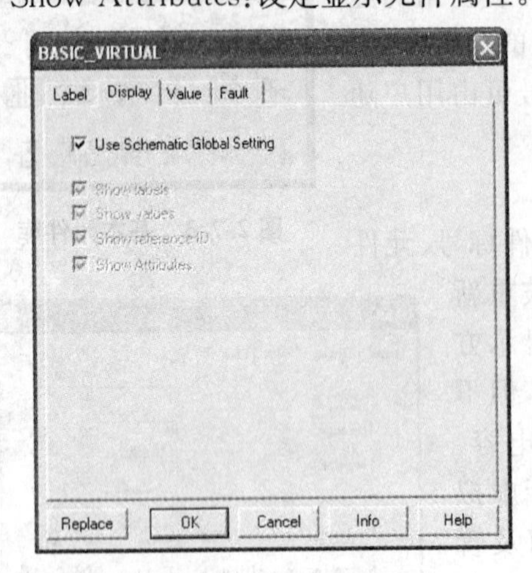

图 2.7.6　Display 页

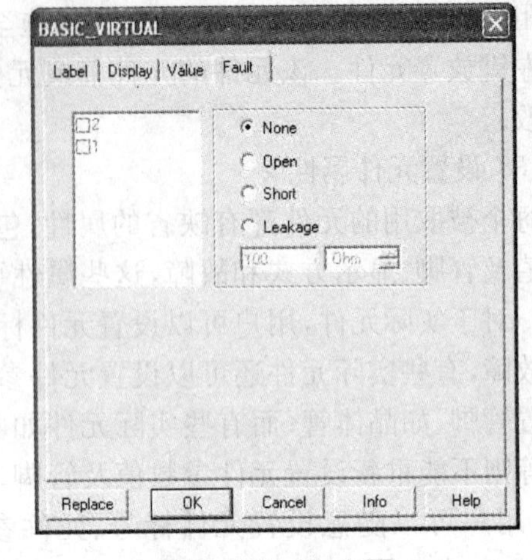

图 2.7.7　Fault 页

图 2.7.7 所示为 Fault 页，可以设置元件故障方式，其中包括 4 个选项：

None：设定元件不会有故障发生；

Open：设定元件两端发生开路故障；

Short：设定元件两端发生短路故障；

Leakage：设定元件两端发生漏电流故障，漏电流的大小可在其下面的字段中设定。

从以上所述可知，虚拟电阻的属性与实际电阻的属性基本相同，只有 Value 页有些不同。

（4）编辑元件

当元件被放置后，还可以任意搬移、删除、剪切、复制、旋转、着色。其中剪切、复制、旋转和着色等操作可通过右击元件后，在出现的弹出式菜单中选择相应的操作命令实现。搬移元件时，需用鼠标指向所要搬移的元件，按住鼠标左键，拖动鼠标使元件到达合适位置后放开左键即可。删除元件时，需点击所要删除的元件，该元件的四个角落将各出现一个小方块，再按键盘上的 Del 键或者启动菜单命令 Edit/delete 即可删除该元件。

3. 仪表的基本操作

Multisim 10 提供一系列虚拟仪器仪表，用户可以使用这些仪器仪表测试电路。像实验室中使用的仪器一样，这些仪器仪表的使用和读数与真实的仪表相同，只不过是用鼠标操作而已。

仪表工具栏在界面最右边按列排放，每一个按钮代表一种仪表，如图 2.7.8 所示。

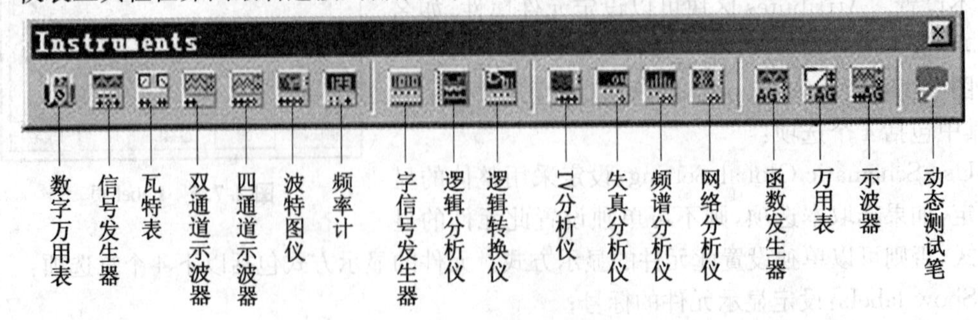

图 2.7.8　仪表工具栏

虚拟仪表有两种视图：连接于电路的仪表图标；打开的仪表（可以设置仪表的控制和显示选项）。图 2.7.9 所示为数字万用表的图标（右）和打开的仪表（左）。

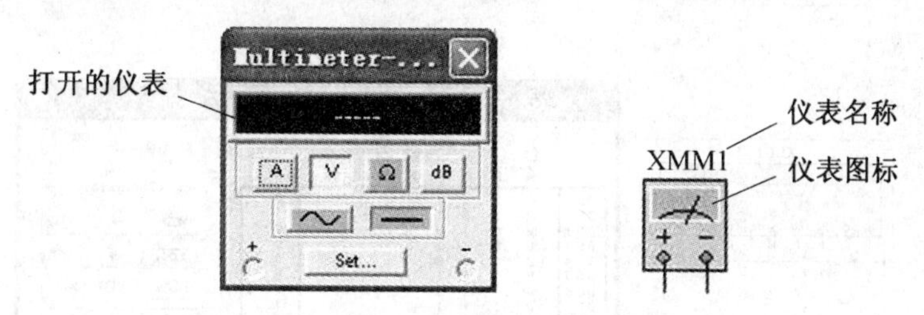

图 2.7.9　数字万用表的图标和打开的仪表

2.7.4　逻辑函数化简与变换的 Multisim 仿真

在进行逻辑运算时常常会看到，同一个逻辑函数可以写成不同的逻辑式，而这些逻辑式的繁简程度又相差甚远。逻辑式越是简单，它所表示的逻辑关系越明显，同时也有利于用最少的电子器件实现这个逻辑函数。因此，经常需要通过化简的手段找出逻辑函数的最简形式。最常用的化简方法有公式法和卡诺图化简法，但在变量较多的情况下，逻辑函数的化简与变换将会特别复杂。利用 Multisim 10 软件中所带的逻辑转换器（Logic Converter）进行逻辑函数的化简与变换，是一种简单可行的方法。

逻辑转换器是 Multisim 10 特有的仪器，能够完成真值表、逻辑表达式和逻辑电路三者之间的相互转换，可以实现逻辑函数的转换与化简，实际中不存在与此对应的设备。Multisim 中的逻辑转换器中共有六个功能，使用它们可以在真值表、最小项之和形式的函数式、最简与或式和逻辑电路图之间相互转换。

(1) 逻辑电路→真值表

逻辑转换仪可以导出多路（最多八路）输入和一路输出的逻辑电路的真值表。首先画出逻辑电路，并将其输入端接至逻辑转换仪的输入端，输出端连至逻辑转换仪的输出端。按下"电路→真值表"按钮，在逻辑转换仪的显示窗口，即真值表区出现该电路的真值表。

(2) 真值表→逻辑表达式

真值表的建立：一种方法是根据输入端数，用鼠标单击逻辑转换仪面板顶部代表输入端的小圆圈，选定输入信号（由 A 至 H）。此时其值表区自动出现输入信号的所有组合，而输出列的初始值全部为零。可根据所需要的逻辑关系修改真值表的输出值而建立真值表。另一种方法是由电路图通过逻辑转换仪转换过来的真值表。

对已在真值表区建立的真值表，用鼠标单击"真值表→逻辑表达式"按钮，在面板的底部逻辑表达式栏出现相应的逻辑表达式。如果要简化该表达式或直接由真值表得到简化的逻辑表达式，单击"真值表→简化表达式"按钮后，在逻辑表达式栏中出现相应的该真值表的简化逻辑表达式。在逻辑表达式中的"′"表示逻辑变量的"非"，即$\overline{A}$用"A'"、$\overline{A+B}$用"$(A+B)'$"来表示。

(3) 表达式→真值表、逻辑电路或逻辑与非门电路

可以直接在逻辑表达式栏中输入逻辑表达式，"与-"式及"或-"式均可，然后按下"表达式→真值表"按钮得到相应的真值表；按下"表达式→电路"按钮得相应的逻辑电路；按下"表

达式→与非门电路"按钮得到由与非门构成的逻辑电路。

从仪表工具栏单击选取逻辑转换器，双击该图标，屏幕上弹出显示面板，如图 2.7.10 所示。

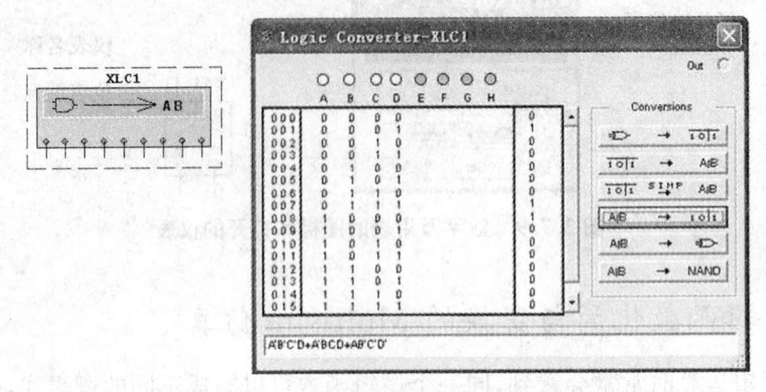

图 2.7.10 逻辑转换器图标及显示面板

图 2.7.10 中共有 6 个功能按钮，其对应的功能如表 2.7.1 所示。

表 2.7.1 逻辑转换器按钮-功能对应表

按 钮	功 能
→ 1 0|1	逻辑电路转换为真值表
1 0|1 → A|B	真值表转换为逻辑表达式
1 0|1 SIMP A|B	真值表转换为最简逻辑表达式
A|B → 1 0|1	逻辑表达式转换为真值表
A|B →	逻辑表达式转换为逻辑电路
A|B → NAND	逻辑表达式转换为由与非门构成的逻辑电路

下面举例说明逻辑转换器的使用方法。

【例 2.7.1】 逻辑函数转换为真值表。

化简具有约束的逻辑函数 $Y=A'B'C'D+A'BCD+AB'C'D'$。

给定约束条件为 $A'B'CD+A'BC'D+ABC'D'+AB'C'D+ABCD+ABCD'+AB'CD'=0$。

转换步骤如下：

(1) 在图 2.7.10 的逻辑表达式窗口输入逻辑函数 $A'BC'D+A'BCD+AB'C'D'$。

(2) 点击 A|B → 1 0|1 按钮，完成逻辑表达式到真值表的转换，转换结果如图 2.7.10 所示。

【例 2.7.2】 真值表转换为逻辑函数。

将图 2.7.10 所示的真值表转化为逻辑函数式，并化简为最简与或式。

(1) 删去逻辑转换器显示面板底栏中的逻辑函数式，点击 1 0|1 → A|B 按钮，图 2.7.10 中的真值表将被转换为刚才输入的逻辑函数式。

(2)在显示面板中，A、B、C、D 四个端口按钮目前处于工作状态，列表栏中的第一列和第二列分别显示十进制和二进制数，将鼠标移到第三列连续点击左键，将会出现“0、1、X”三种状态。根据给定的约束条件，对图 2.7.10 所示的真值表加以修改，结果如图 2.7.11 所示。

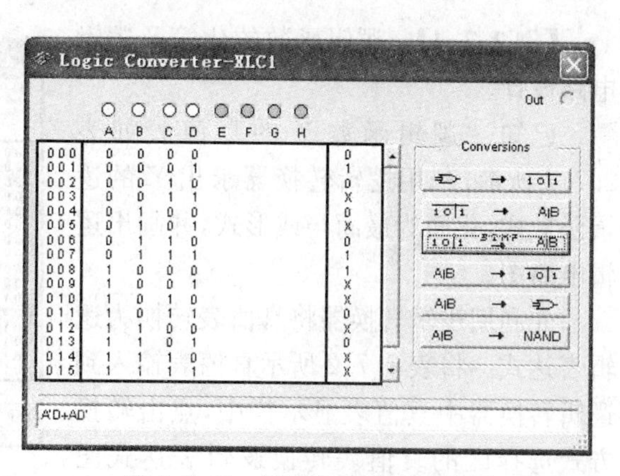

图 2.7.11　最简与或式化简结果

(3) 化简为最简与或形式。点击 10|1 SIMP A|B 按钮，可将转化结果化简为最简与或形式，并在显示面板底栏中显示，如图 2.7.11 所示。化简结果为 $Y=A'D+AD'$。

从上面可以发现，逻辑转换器中没有异或符号，处理方式是将异或运算写成 $A\oplus B=A'B+AB'$。

【例 2.7.3】 真值表或逻辑函数转变为逻辑电路。

将图 2.7.10 所示的逻辑函数式转化为与门组成的逻辑电路图，点击 A|B → 按钮，即可实现，如图 2.7.12 所示，化简后的电路如图 2.7.13 所示。

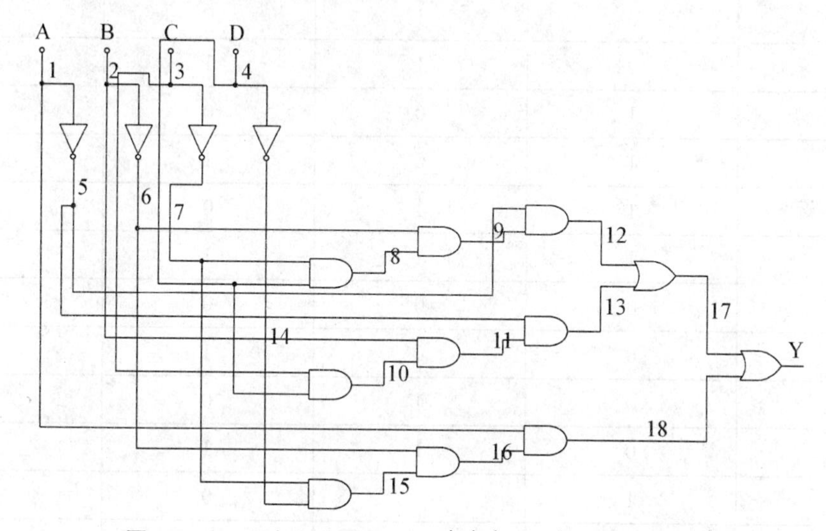

图 2.7.12　用与门实现的 $Y=A'B'C'D+A'BCD+AB'C'D'$

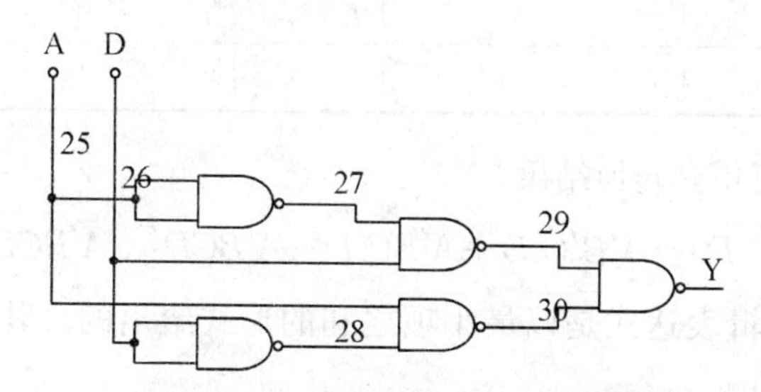

图 2.7.13　用与非门实现的简化电路

【例 2.7.4】 逻辑函数的化简及逻辑电路设计。

已知一逻辑函数 Y 的真值表如表 2.7.2 所示，利用逻辑转换器求出 Y 的逻辑函数式，化简为最简与或形式，并画出逻辑电路图。

先利用逻辑转换器将真值表转换为逻辑表达式。将表 2.7.2 所示真值表输入到逻辑转换器中真值表显示栏中，点击转换方式选择区的真值表转换逻辑表达式图标，即可完成从真值表到逻辑表达式的转换，如图 2.7.14 所示。

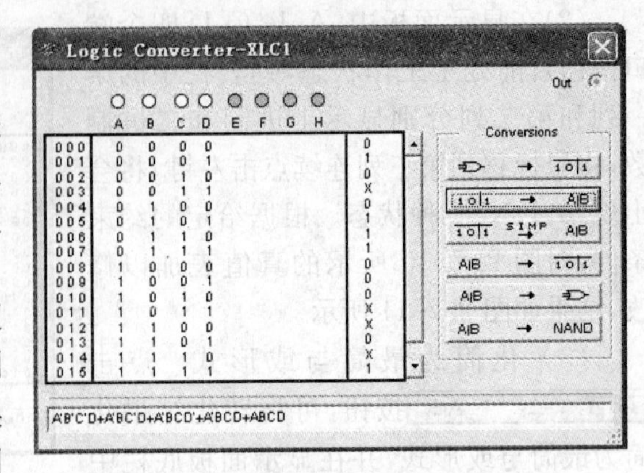

图 2.7.14 真值表到逻辑表达式的转换

表 2.7.2 逻辑函数 Y 真值表

A	B	C	D	Y
0	0	0	0	0
0	0	0	1	1
0	0	1	0	0
0	0	1	1	×
0	1	0	0	0
0	1	0	1	1
0	1	1	0	1
0	1	1	1	1
1	0	0	0	0
1	0	0	1	0
1	0	1	0	0
1	0	1	1	×
1	1	0	0	×
1	1	0	1	0
1	1	1	0	×
1	1	1	1	1

从逻辑表达式栏可得到转换结果：

$$Y(A,B,C,D)=A'B'C'D+A'BC'D+A'BCD'+A'BCD+ABCD$$

可以看出，所得到的逻辑表达式是以最小项之和的形式给出的。其逻辑电路如图 2.7.15 所示。

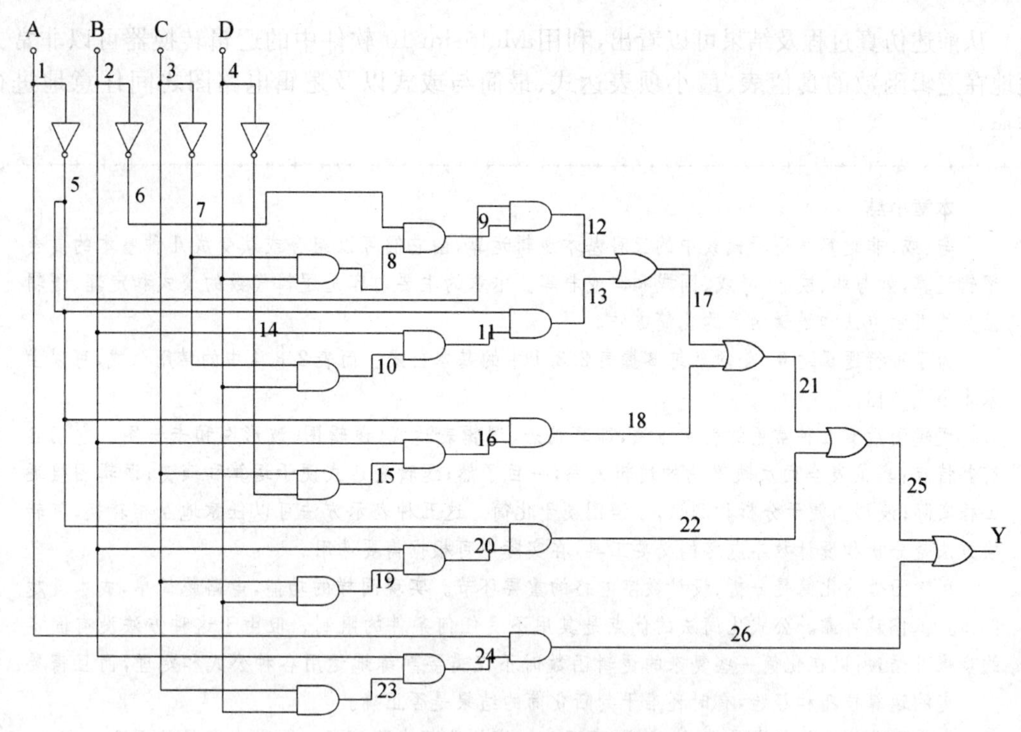

图 2.7.15　化简前的逻辑电路

为了将最小项表达式化为最简与或形式，只需再点击真值表转换为简化表达式，如图 2.7.16 所示，即可得到最简式：

$$Y(A,B,C,D)=A'D+BC$$

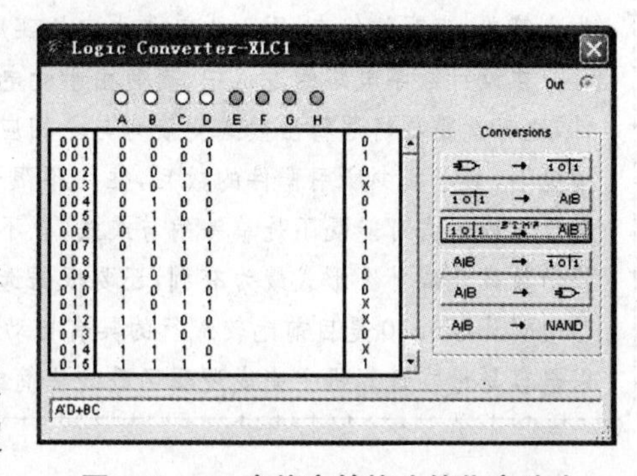

图 2.7.16　真值表转换为简化表达式

点击转换方式选择区第五个图标，即逻辑表达式转换为逻辑电路图标，可得到图 2.7.17(a) 所示逻辑电路，该电路图为与、或、非门组成的逻辑电路。点击转换方式选择区第六个图标，即逻辑表达式转换为与非门电路图标，得图 2.7.17(b) 所示电路图，该电路完全由与非门电路构成。

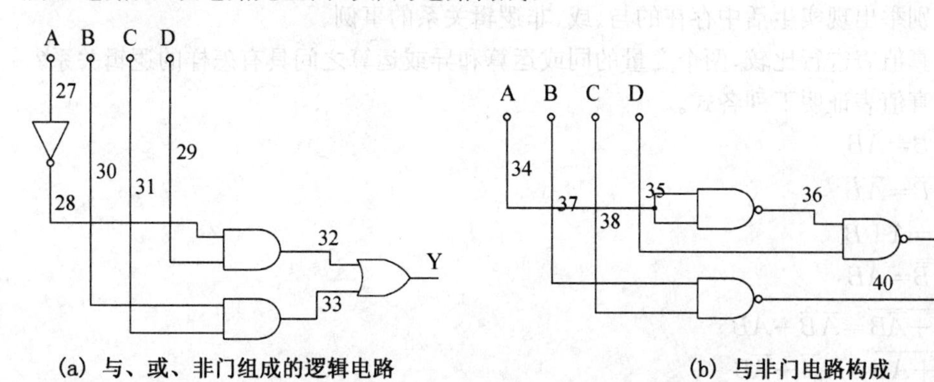

(a) 与、或、非门组成的逻辑电路　　(b) 与非门电路构成

图 2.7.17　简化后的逻辑电路图

从前述仿真过程及结果可以看出，利用 Multisim 10 软件中的逻辑转换器可以非常方便地在逻辑函数的真值表、最小项表达式、最简与或式以及逻辑电路图之间任意地进行转换。

本章小结

与、或、非运算是逻辑代数中的三种基本逻辑运算，由它们可以组合或演变成几种基本的复合逻辑运算，如与非、或非、异或、同或和与或非等。本章的主要内容是逻辑代数的公式和定理、逻辑函数的表示方法和逻辑函数的化简方法。

为了进行逻辑运算，必须熟练掌握表 2.3.1 中的基本公式。而表 2.3.4 中的常用公式，可以由基本公式导出。

逻辑函数有五种常用的表示方法，即真值表、逻辑表达式、逻辑图、波形图和卡诺图。它们各有其特点：真值表全面反映事物的逻辑关系，一目了然；逻辑表达式便于运算和演变；逻辑图接近工程实际；波形图便于分析和测试；卡诺图便于化简。这五种表示方法可以任意地互相转换，其转换方法是分析和设计数字电路的必要工具，在实际中可根据需要选用。

逻辑函数的化简是分析、设计数字电路的重要环节。实现同样的功能，电路越简单，成本就越低而且工作越可靠。公式化简法的优点是其用不受任何条件的限制。但由于这种方法没有固定的步骤可循，所以在化简一些复杂的逻辑函数时不仅需要熟练地运用各种公式和定理，而且需要有一定的运算技巧和经验，有时还难于判断化简的结果是否正确。

卡诺图化简法的优点是简单、直观，而且有一定的化简步骤可循。初学者容易掌握这种方法，而且化简过程中也便于检查化简结果的准确性，避免差错。然而在逻辑变量超过 5 个以上时，将失去简单、直观的优点，因而也就失去它的实用意义了。

在设计数字电路的过程中，有时由于受电子器件供货的限制只能选用某种逻辑功能类型的器件，这时就需要将逻辑函数式变换为与之相应的形式。而在使用器件的逻辑功能类型不受限制的情况下，为了减少所用器件的数目，往往不限于使用单一逻辑功能的门电路。这时希望得到的最简逻辑表达式可能既不是单一的与或式，也不是单一的与非式，而是一种混合的形式。因此，究竟将函数式化成什么形式最为有利，还要根据选用哪些种类的电子器件而定。

Multisim 10 是目前比较流行的具有自动化简和变换逻辑函数式功能的 EDA 软件，利用它可以很容易地在计算机上完成逻辑函数的化简或变换。

练习题

2.1　分别举出现实生活中存在的与、或、非逻辑关系的事例。

2.2　列真值表进行比较，两个变量的同或运算和异或运算之间具有怎样的逻辑关系？

2.3　列真值表证明下列各式。

(1) $\overline{A}+\overline{B}=\overline{AB}$

(2) $\overline{A+B}=\overline{A}\,\overline{B}$

(3) $\overline{\overline{A}\,\overline{B}}=A+B$

(4) $\overline{\overline{A}+\overline{B}}=AB$

(5) $\overline{A\overline{B}+\overline{A}B}=\overline{A}\,\overline{B}+AB$

(6) $\overline{\overline{A}\,\overline{B}+AB}=A\overline{B}+\overline{A}B$

(7) $\overline{AB+CD}=(\overline{A}+\overline{B})(\overline{C}+\overline{D})$

(8) $A+B+C=\overline{\overline{A}\,\overline{B}\,\overline{C}}$

2.4　试用真值表证明下面的异或运算公式。

(1) $A\oplus 0=A$

(2) $A\oplus 1=\overline{A}$

(3) $A\oplus A=0$

(4) $A\oplus \overline{A}=1$

(5) $A\oplus B=\overline{A}\oplus \overline{B}$

(6) $A(B\oplus C)=AB\oplus AC$

(7) $A\oplus \overline{B}=\overline{A\oplus B}=A\oplus B\oplus 1$

(8) $(A\oplus B)\oplus C=A\oplus (B\oplus C)$

2.5　用真值表证明下列恒等式。

(1) $(A+B)(A+C)=A+BC$

(2) $\overline{A\oplus B}=\overline{A}\,\overline{B}+AB$

2.6　用逻辑代数基本定律证明下列等式。

(1) $A+\overline{A}B=A+B$

(2) $ABC+A\overline{B}C+AB\overline{C}=AB+AC$

(3) $A+A\overline{B}\,\overline{C}+\overline{A}CD+(\overline{C}+\overline{D})E=A+CD+E$

2.7　证明下列恒等式。

(1) $A\overline{B}+BD+DCE+D\overline{A}=A\overline{B}+D$

(2) $A+\overline{\overline{A}(B+C)}=A+\overline{B}\,\overline{C}$

(3) $\overline{AB+\overline{A}\,\overline{B}+\overline{C}}=(A\oplus B)C$

(4) $A\oplus B\oplus C=ABC+(A+B+C)\overline{AB+BC+CA}$

(5) $BC+AD=(B+A)(B+D)(A+C)(C+D)$

(6) $A\oplus B\oplus C=A\odot B\odot C$

(7) $\overline{\overline{A}\,\overline{B}\,\overline{C}}\cdot\overline{AB+BC+CA}+ABC=\overline{(\overline{A}+\overline{B}+\overline{C})\overline{\overline{A}\,\overline{B}+\overline{B}\,\overline{C}+\overline{C}\,\overline{A}}+\overline{A}\,\overline{B}\,\overline{C}}$

(8) $ABC+A\overline{B}\,\overline{C}+\overline{A}B\,\overline{C}+\overline{A}\,\overline{B}C=A\oplus B\oplus C$

(9) $A+A\overline{B}\,\overline{C}+\overline{A}CD+(\overline{C}+\overline{D})E=A+CD+E$

(10) $BC+D+\overline{D}(\overline{B}+\overline{C})(AD+B)=B+D$

2.8　根据对偶规则求出下列逻辑函数的对偶式。

(1) $Y=A(\overline{B}+\overline{C})+\overline{A}(B+C)$

(2) $Y=A(B+\overline{C})+\overline{A}B(C+\overline{D})+A\overline{B}C+D$

(3) $Y=\overline{A\overline{B}+B\overline{C}+\overline{C}A}$

(4) $Y=\overline{(A+C)(\overline{A}+B+C)(\overline{B}+C)}(A+B+\overline{C})$

2.9　根据反演规则求出下列逻辑函数的反函数。

(1) $Y=(A+BC)DE$

(2) $Y=[A+(B\overline{C}+CD)E]F$

(3) $Y=\overline{\overline{A+B}+CD}+\overline{\overline{C+D}+AB}$

(4) $Y=\overline{(\overline{AB}+ABC)}(A+BC)$

2.10 写出题图 2.10 所示逻辑图对应的逻辑函数表达式。

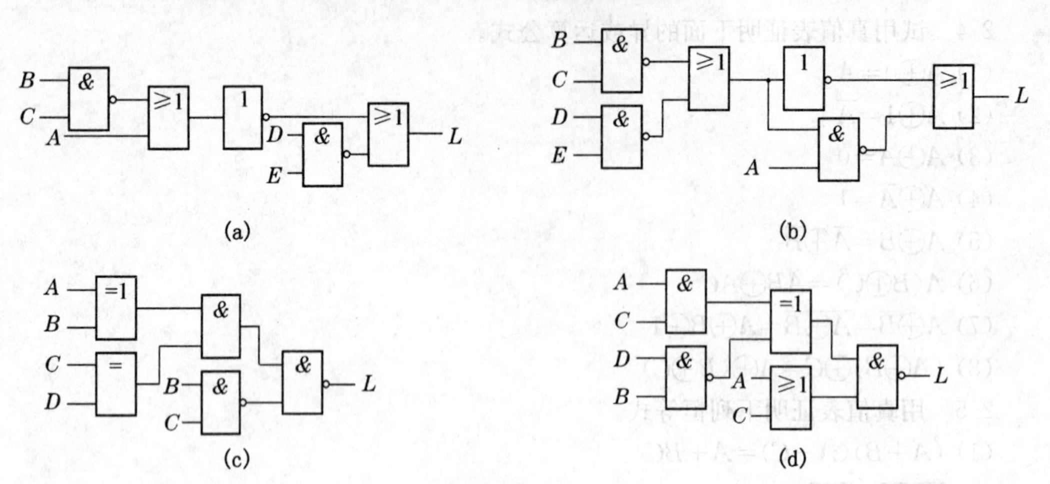

题图 2.10

2.11 写出如题图 2.11 所示各个电路输出信号的逻辑表达式，并对应 A、B 的给定波形画出各个输出信号的波形。

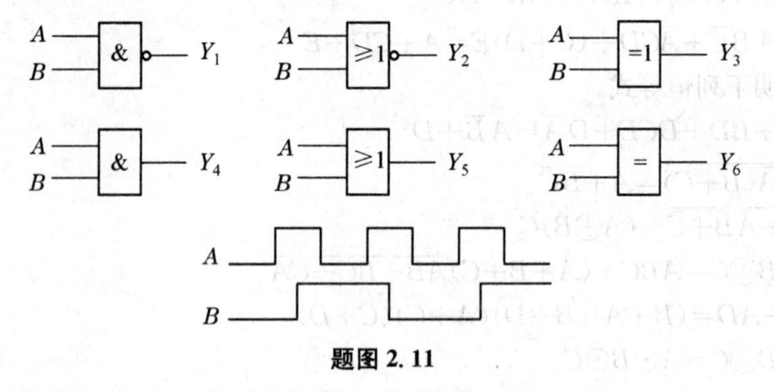

题图 2.11

2.12 写出题图 2.12 各个电路输出信号的逻辑表达式，并对应 A、B、C 的波形画出各个输出信号的波形。

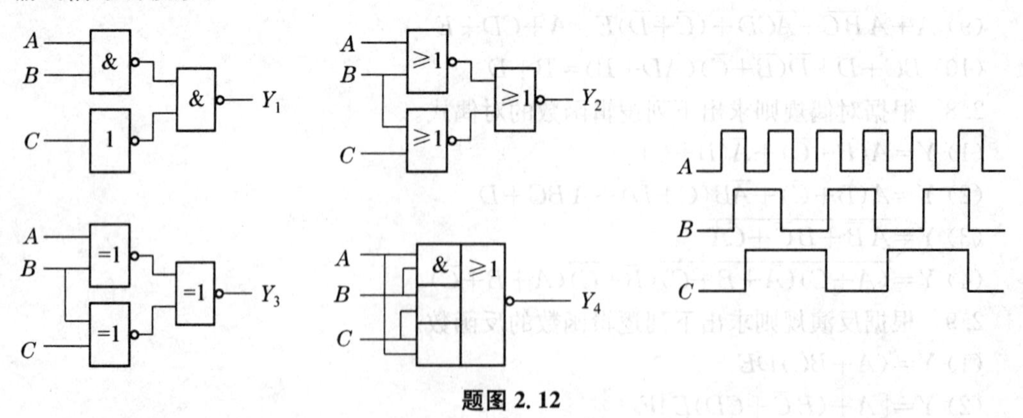

题图 2.12

2.13　写出如题表 2.13 所示真值表中各个函数的逻辑表达式，并画出逻辑图。

题表 2.13

A　B　C	Y_1	Y_2	Y_3	Y_4
0　0　0	0	0	0	0
0　0　1	0	1	0	1
0　1　0	1	1	0	1
0　1　1	0	0	1	1
1　0　0	1	1	0	0
1　0　1	0	0	1	0
1　1　0	1	0	1	0
1　1　1	0	1	1	1

2.14　某函数的逻辑图如题图 2.14 所示，试用其他四种方法表示该逻辑函数。

2.15　某函数的逻辑图如题图 2.15 所示，试用其他四种方法表示该逻辑函数。

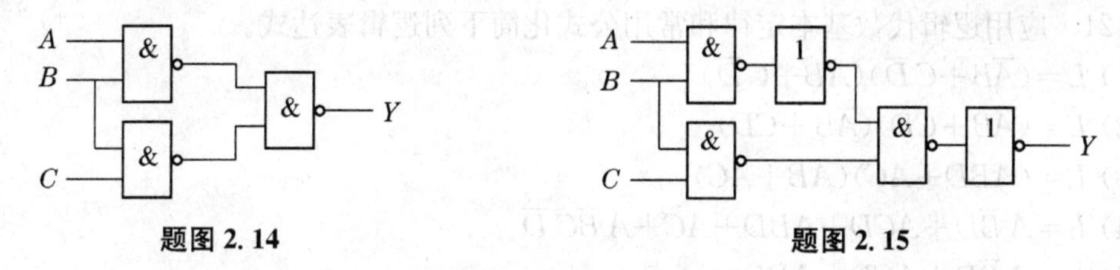

题图 2.14　　**题图 2.15**

2.16　写出如题图 2.16 所示各逻辑图的输出函数表达式，并列出真值表。

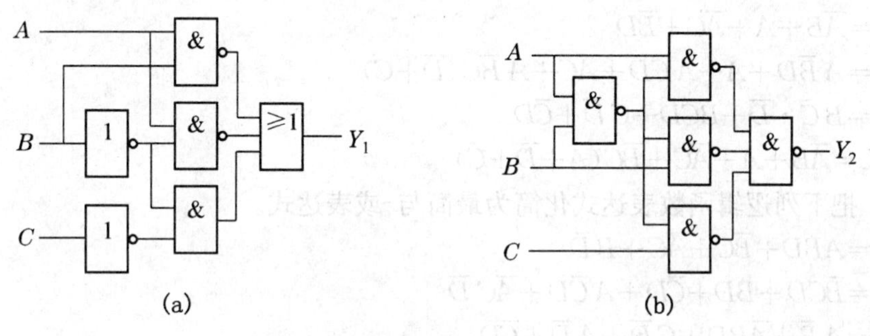

题图 2.16

2.17　写出如题图 2.17 所示各逻辑图的输出函数表达式，并列出真值表。

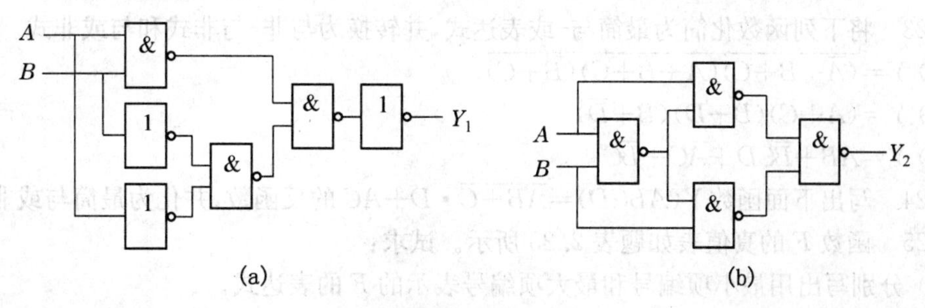

题图 2.17

2.18 已知逻辑函数式为 $Y=A+\overline{B}C+\overline{A}B\,\overline{C}$，写出它对应的真值表并画出逻辑电路图。

2.19 将下列逻辑函数表达式用最小项的形式表示。

(1) $L=A\overline{C}+\overline{A}B+CB$

(2) $L=(A+C)(C\overline{D}+\overline{A}B)$

(3) $L=\overline{\overline{(\overline{A}+B+\overline{C})}}+\overline{\overline{(A+\overline{C}+D)}}$

(4) $L=(A+\overline{B}\cdot\overline{D})(C\overline{D}+\overline{A}B)$

(5) $L=(A+\overline{B}\cdot\overline{D})(\overline{AC+\overline{D}}+\overline{A}B)$

(6) $L=\overline{(A+\overline{B}\cdot\overline{D})(AC+\overline{D})}$

2.20 将下列逻辑函数用最大项表达式表示。

(1) $L=AB+\overline{A\overline{B}+DC}$

(2) $L=A\overline{B}+\overline{A}B+A\overline{D}C+BC\overline{D}$

(3) $L=A\overline{B}CD+\overline{A}BC+C\overline{D}+B\overline{D}$

(4) $L=A\overline{B}+\overline{A}BC+A\overline{C}$

2.21 应用逻辑代数基本定律和常用公式化简下列逻辑表达式。

(1) $L=(\overline{A}B+C\overline{D})(AB+C\overline{D})$

(2) $L=(\overline{A}B+CD)(\overline{A}B+CD)$

(3) $L=(ABD+AC)(AB+AC)$

(4) $L=A\overline{B}D+ACD+ABD+AC+A\overline{B}C\overline{D}$

(5) $L=A\overline{B}D+ACD+ABD$

(6) $L=ACD+ABD+AC+A\overline{B}C\overline{D}$

(7) $L=\overline{A}B+A+\overline{A}C+\overline{B}D$

(8) $L=A\overline{B}D+A+A\overline{C}D+\overline{A}C+A\overline{B}C(\overline{D}+C)$

(9) $L=B\overline{C}\cdot\overline{D}+BCD+C\overline{D}+\overline{C}D$

(10) $L=\overline{A}B+A+\overline{A}C+\overline{B}C(A+\overline{D}+\overline{C})$

2.22 把下列逻辑函数表达式化简为最简与-或表达式。

(1) $L=ABD+\overline{B}C+\overline{A}C+B\overline{D}$

(2) $L=\overline{B}CD+BD+\overline{C}D+A\overline{C}D+\overline{A}C\overline{D}$

(3) $L=A\overline{B}+\overline{A}BD+C\overline{D}+A\overline{D}+\overline{C}D$

(4) $L=AB+\overline{A}BD+CD+\overline{A}B\overline{D}+\overline{C}D$

(5) $L=(A+B+\overline{C})(\overline{A}+B+D)(B+\overline{C}+D)$

2.23 将下列函数化简为最简与-或表达式，并转换为与非-与非式和与或非式。

(1) $Y=\overline{(\overline{A}+B+C)(A+\overline{B}+C)(\overline{B}+C)}$

(2) $Y=(A+\overline{C})(B+D)(B+\overline{D})$

(3) $Y=AB+\overline{B}CD+\overline{A}C+\overline{B}C$

2.24 写出下面函数 $Y(ABCD)=\overline{AB+C}\cdot D+AC$ 的反函数，并化为最简与或非式。

2.25 函数 F 的真值表如题表 2.25 所示。试求：

(1) 分别写出用最小项编号和最大项编号表示的 F 的表达式。

(2) 分别写出用逻辑变量 A、B、C 表示的最小项之和、最大项之积的表达式。

(3) 给出用最小项编号表示的$\overline{F}$的表达式。

(4) 用公式法化简，得到 F 的最简与或式，并画出与非门实现的逻辑图。

题表 2.25

$A\ B\ C$	F
0 0 0	0
0 0 1	1
0 1 0	0
0 1 1	1
1 0 0	1
1 0 1	0
1 1 0	1
1 1 1	1

2.26　逻辑函数化简：

(1) 将逻辑函数 $Y_1=(A+B+\overline{C})(\overline{A}+\overline{B}+D)$化简成最简形式。

(2) 用反演法求逻辑函数 $Y_2=\overline{\overline{AB+\overline{\overline{C}}}+D}+B\,\overline{D}$的反函数，并化简为最简形式。

(3) 用最大项形式表示逻辑函数 $Y_3=AB+\overline{\overline{BC}(\overline{C}+\overline{D})}$。

2.27　逻辑函数 $Y(A,B,C,D)=\sum m(3,4,5,7,9,10,11)$，给定约束条件 $\sum d(0,1,2,13,14,15)=0$，将其化简为最简与或式，并用最少数目的与非门实现。

2.28　用卡诺图表示下列逻辑函数。

(1) $L(A,B,C,D)=A\overline{B}+\overline{A}D+B\overline{D}+\overline{C}D$

(2) $L(A,B,C,D)=(A\overline{B}+\overline{C}D)(\overline{B}C+D\overline{C}+\overline{A}B)$

(3) $L(A,B,C,D)=A\overline{B}+\overline{C}D+\overline{\overline{B}C+D\overline{C}}$

(4) $L(A,B,C,D)=A\overline{B}+\overline{C}D+\overline{B}C+D\overline{C}+\overline{A}B$

(5) $L(A,B,C,D)=(A\overline{B}+\overline{C}D)\oplus(C\overline{D}+\overline{A}B)$

(6) $L(A,B,C,D)=(A\overline{B}+\overline{C}D+C\overline{D})\overline{A}$

2.29　用卡诺图表示下述逻辑函数，并化简成最简与-或式。

(1) $L(A,B,C,D)=\sum m(0,2,5,7,8,10,14,15)$

(2) $L(A,B,C,D)=\sum m(0,1,3,5,7,8,12)$

(3) $L(A,B,C,D)=\sum m(0,1,4,5,7,8,14)$

(4) $L(A,B,C,D)=\sum m(0,1,4,6,9,10,13,14)$

(5) $L(A,B,C,D)=A\overline{B}C+\overline{C}D+\overline{A}CD+B\overline{C}D+\overline{A}B$

(6) $L(A,B,C,D)=A\overline{B}+\overline{C}D+\overline{A}D+\overline{B}CD+B\overline{C}D$

(7) $L(A,B,C,D)=A\overline{B}C+A\overline{C}D+\overline{A}BD+\overline{B}CD$

(8) $L(A,B,C,D)=\overline{A\overline{B}+A\overline{C}}+\overline{A}BD+\overline{\overline{B}CD}$

(9) $L(A,B,C,D)=\overline{\overline{A}BD+B\overline{C}D}+\overline{A}CD+AC\overline{D}$

(10) $L(A,B,C,D)=\overline{BC+AD}+\bar{A}CB+AC\bar{D}$

2.30 用卡诺图法把下列逻辑函数的最小项表达式化简为最简与-或表达式。

(1) $Y(A,B,C)=\sum m(0,1,2,5)$

(2) $Y(A,B,C)=\sum m(0,1,2,4,5,6,7)$

(3) $Y(A,B,C,D)=\sum m(0,1,2,3,4,9,10,12,13,14,15)$

(4) $Y(A,B,C,D)=\sum m(0,1,2,3,4,6,8,9,10,11,12,14)$

(5) $Y(A,B,C,D)=\sum m(0,1,2,3,4,6,7,8,9,10,11,14)$

(6) $Y(A,B,C,D)=\sum m(1,3,8,9,10,11,14,15)$

2.31 用卡诺图法化简下列具有无关项的逻辑函数为最简与-或表达式。

(1) $Y(A,B,C,D)=\sum m(0,1,2,3,4,6,8)+\sum d(10,11,12,13,14)$

(2) $Y(A,B,C,D)=\sum m(0,1,4,9,12,13)+\sum d(2,3,6,7,8,10,11,14)$

(3) $Y(A,B,C,D)=\sum m(0,1,5,7,8,11,14)+\sum d(3,9,13,15)$

(4) $Y(A,B,C,D)=\sum m(3,6,8,9,11,12)+\sum d(0,1,2,13,14,15)$

(5) $Y(A,B,C,D)=\sum m(0,13,14,15)+\sum d(1,2,3,9,10,11)$

(6) $Y(A,B,C,D)=\sum m(1,3,5,8,9,13)+\sum d(7,10,11,14,15)$

2.32 用卡诺图法把下列逻辑函数化简为最简与-或表达式。

(1) $Y=\bar{A}\bar{B}+\bar{B}\bar{C}+AC+\bar{B}C$

(2) $Y=A\bar{C}+\bar{A}C+B\bar{C}+\bar{B}C$

(3) $Y=A\bar{B}+BD+BC\bar{D}+\bar{A}B\bar{C}D$

(4) $Y=A\bar{C}\bar{D}+BCD+\bar{B}D+A\bar{B}+B\bar{C}D$

(5) $Y=\overline{AC+\bar{A}BC+\bar{B}C}+AB\bar{C}$

(6) $Y=\overline{ABC+BD(\bar{A}+C)+(B+D)AC}$

(7) $Y=\overline{\bar{A}\bar{B}+ABD}(B+\bar{C}D)$

(8) $Y=\overline{(A+B)CD+\bar{A}CD+AC(\bar{A}+D)}$

2.33 将下列逻辑函数化简为最简或-与式。

(1) $L(A,B,C,D)=\sum m(0,2,3,7,8,14)+\sum d(4,5,6,15)$

(2) $L(A,B,C,D)=\sum m(0,2,8,10,14)+\sum d(5,6,15)$

2.34 将下列逻辑函数化简为最简与-或式，并用最少的与非门逻辑符号表示。

(1) $L(A,B,C,D,E)=\sum m(0,2,8,10,14,15,16,17,20,21,25,26,28,30)+\sum d(5,6,15)$

(2) $L(A,B,C,D,E)=\sum m(0,1,8,10,12,14,18,19,28,30)+\sum d(5,6,15,25,29)$

2.35 用最少的"非门"或"与非门"实现下述逻辑函数。

(1) $L(A,B,C,D)=A\bar{B}+\bar{C}D+C\bar{D}$

(2) $L(A,B,C,D)=(A\overline{C}+B)(\overline{A\overline{C}}+B)\overline{D}+\overline{C}D$

(3) $L(A,B,C,D)=(A+\overline{B})(\overline{C}+\overline{A})D+C\overline{D}$

(4) $L(A,B,C,D)=AC+\overline{B}C+\overline{AB+\overline{C}D}+\overline{B}\cdot\overline{D}+\overline{C}D$

2.36　将下述逻辑函数化简为最简与-或式，并用最少的或非门表示该函数。

(1) $L(A,B,C,D)=\sum m(0,1,5,6,7,11,13,14)$

(2) $L(A,B,C,D)=\sum m(0,1,3,7,14)+\sum d(2,4,5,6,15)$

2.37　逻辑函数化简：

(1) 用公式法将逻辑函数

$$Y=AB+A\overline{C}+\overline{B}C+B\overline{C}+\overline{B}D+\overline{(\overline{B}+D)[(\overline{A}+D+E)FGH]}$$

化简成最简的与或表达式。

(2) 已知函数 Y_1 和 Y_2：

$Y_1(A,B,C,D)=\sum m(1,2,3,6,7,9,11,12,13,14,15)$

$Y_2(A,B,C,D)=\prod M(0,1,4,5,6,8,12,13,14)$

试用卡诺图求复合函数 $Y=Y_1Y_2$，并将 Y 化简成最简与或表达式。

2.38　(1) 将逻辑函数 $Y_1(A,B,C,D)=AB+BC+CD$ 表示成最小项之和 $\sum m$ 和最大项之积 $\prod M$ 的形式。

(2) 逻辑函数 Y_2 的卡诺图如题图 2.38 所示（"×"为约束项），写出函数 Y_2 的最简与或表达式。

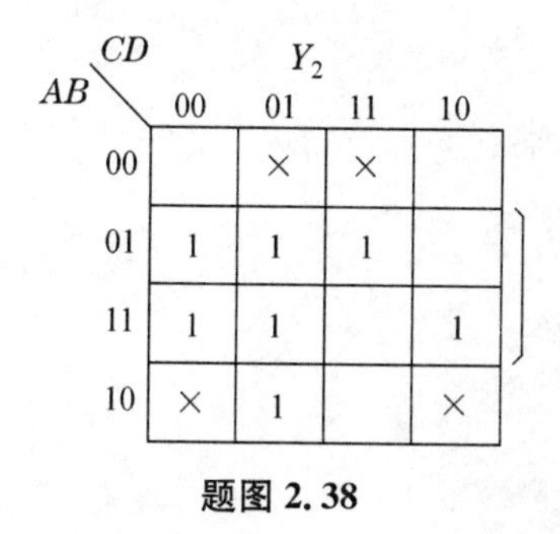

AB \ CD	00	01	11	10
00		×	×	
01	1	1	1	
11	1	1		1
10	×	1		×

题图 2.38

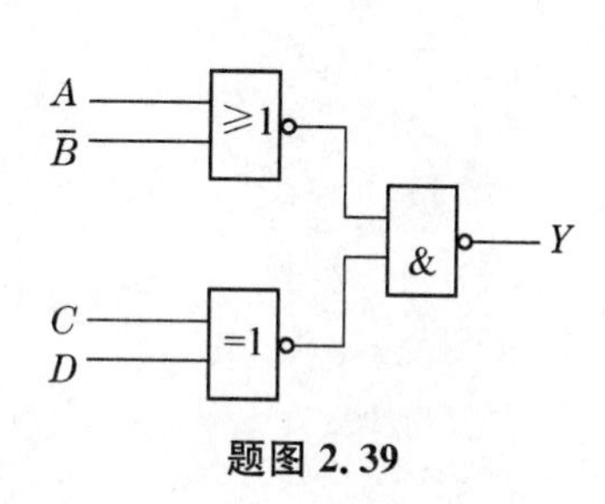

题图 2.39

2.39　门电路组成题图 2.39 所示逻辑电路。

(1) 按图直接写出 Y 的表达式（不化简）。

(2) 根据反演规则，写出 Y 的反函数 $\overline{Y}$。

(3) 根据对偶规则，写出 Y 的对偶函数 Y'。

(4) 将函数 Y 化简为最简与或表达式。

2.40　函数 Y 和变量 A、B、C 的波形如题图 2.40 所示，可用原变量和反变量表示。

(1) 写出函数逻辑表达式 $Y=f(A,B,C)$。

(2) 化简 Y 为最简与或非式。

(3) 化简 Y 为最简或非-或非式。

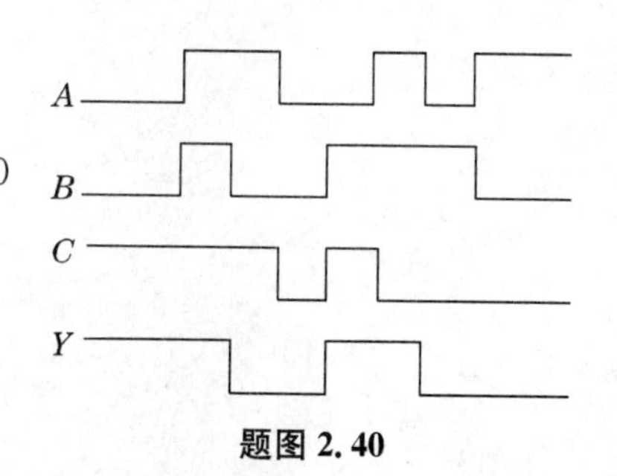

题图 2.40

2.41　已知逻辑函数 $Y(A,B,C,D)=\overline{A}D+\overline{BCD}+A\overline{B}\overline{C}D$，约束条件为 $AB+AC=0$，写出 Y 最简与非-与非式。

2.42　已知逻辑函数 $Y(A,B,C,D)=(A+B+C+D)(\overline{A}+B+C+D)(A+B+\overline{C}+D)$，写出 Y 的最简与或表达式。

2.43　逻辑函数化简：

(1) 用公式法将逻辑函数 $Y(A,B,C)=(A\oplus B)+(B\odot C)$ 化简成最简与非-与非式。

(2) 已知 Y_1 和 Y_2：

$Y_1(A,B,C,D)=AB+\overline{A}C+A\overline{B}D+\overline{A}\overline{B}\overline{C}D$

$Y_2(A,B,C,D)=A\overline{B}\overline{C}D+\overline{A}CD+\overline{B}C+BCD$

试用卡诺图求复合函数 $Y=Y_1\cdot Y_2$，并将 Y 化简成最简与或表达式。

2.44　化简逻辑函数：

(1) 用公式法化简函数 $Y=(\overline{A}\overline{B}+\overline{A}B+A\overline{B})(\overline{A}C+\overline{B}C+AB)$ 为最简与或表达式。

(2) 用卡诺图化简下面具有约束条件的逻辑函数为最简与或式：

$$Y=\overline{B}C\overline{D}+\overline{A}\overline{B}CD+A\overline{B}\overline{D}+\overline{B}\overline{C}\overline{D}$$

约束条件为 $AD+BC=0$。

2.45　已知函数 $Y(A,B,C,D)=AB+\overline{B}\overline{D}+BCD+\overline{A}\overline{B}C$，试分别写出它的最简与非-与非式，最简或非-或非式和最简与或非式。

第3章　集成逻辑门电路

本章学习目的和要求

1. 熟悉半导体器件的开关特性，了解分立元件基本门电路、TTL 门、ECL 门、CMOS 门电路的结构特点、工作原理和电气特性；
2. 熟练掌握基本逻辑门（与、或、非、与非、或非、异或门）、三态门、OD 门（OC 门）和传输门的逻辑功能；
3. 掌握门电路逻辑功能的分析方法；
4. 熟悉常用集成逻辑门电路的主要参数指标和选用方法。

逻辑代数中的各种逻辑运算都是用相应的逻辑门电路实现的。逻辑门电路是组成数字电路的基本逻辑单元，门电路中的半导体器件一般工作在开关状态。本章首先介绍半导体器件的开关特性，然后在介绍分立元件门电路工作原理的基础上，讲述 TTL 和 CMOS 集成门电路的电路结构、工作原理、逻辑功能和特点，以应用为目的，着重讲述门电路的外部特性及使用方法，对内部工作过程只作一般介绍。最后给出了用 Multisim 10 对门电路的逻辑功能测试及仿真的实例。

3.1　概　述

用于实现基本逻辑运算和复合逻辑运算的单元电路称为逻辑门电路，简称门电路。与前面所讲的基本逻辑运算和复合逻辑运算相对应，常用的门电路在逻辑功能上有与门、或门、非门、与非门、或非门、与或非门、异或门、同或门等多种。

在数字电路中，用高、低电平分别表示二值逻辑的 1 和 0 两种逻辑状态。如果高电平表示逻辑 1，低电平表示逻辑 0，这种表示方法称为正逻辑；反之，如果高电平表示逻辑 0，低电平表示逻辑 1，则称这种表示方法为负逻辑。图 3.1.1 为正负逻辑示意图。

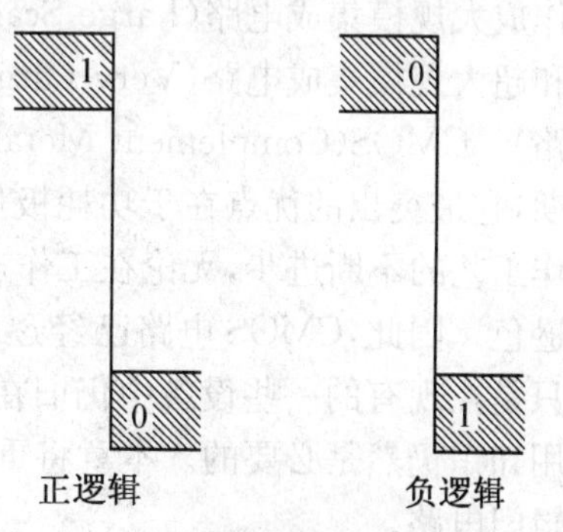

图 3.1.1　正逻辑与负逻辑示意图

对于同一电路，可以采用正逻辑，也可以采用负逻辑。正逻辑和负逻辑两种体制不牵涉到逻辑电路本身的好坏问题。但是所选用的逻辑体制不同，同一电路实现的逻辑功能也就不同。如某逻辑电路输入电平 V_A 和 V_B 与输出电平 V_L 的对应关系如表 3.1.1 所示，采用正逻辑得到的逻辑函数真值表如表 3.1.2 所示，所对应的输出逻辑表达式为 $L=\overline{A+B}$；如果采用负逻辑，真值表如表 3.1.3 所示，其输出逻辑函数表达式为 $L=\overline{AB}$。本书如无说明，一律采用正逻辑。

表 3.1.1 电路输入、输出电平

V_A	V_B	V_L
L	L	H
L	H	L
H	L	L
H	H	L

表 3.1.2 正逻辑真值表

V_A	V_B	V_L
0	0	1
0	1	0
1	0	0
1	1	0

表 3.1.3 负逻辑真值表

V_A	V_B	V_L
1	1	0
1	0	1
0	1	1
0	0	1

由图 3.1.1 可以看出,表示逻辑 0、1 的高、低电平都有一个允许的范围,高电平有一下限值 $V_{H(\min)}$,低电平有一上限值 $V_{L(\max)}$。数字电路中,如果电平取值范围在 $V_{H(\min)}$ 和 $V_{L(\max)}$ 之间,则容易造成逻辑混乱,应当避免。在实际工作中只要能区分出高、低电平就可以了。正因为逻辑电路的高、低电平是一个允许的范围,数字电路中无论是对元器件参数精度的要求还是对供电电源的稳定度的要求,都比模拟电路要低一些。

最初的逻辑门电路都是用若干个分立的半导体器件和电阻、电容连接而成的,这种分立元件门电路组成大规模的数字电路是非常困难的,严重地制约了数字电路的普遍应用。目前这种分立元件门电路已经很少采用,但是学习它们有助于理解门电路的基本工作原理和逻辑功能。把大量的全部元件及连线制作在一块半导体芯片上的门电路称为集成逻辑门电路。随着集成电路工艺水平的不断提高,今天已经能够把大量的门电路集成在一块很小的半导体芯片上,构成功能复杂的"片上系统",为数字电路的应用开辟了无限广阔的天地。

数字集成电路按所用半导体器件的不同,可分为双极型、单极型和混合型三种。在数字集成电路发展的历史过程中,首先得到推广应用的是双极型的 TTL(Transistor-Transistor Logic)电路。由于集成电路体积小、重量轻、可靠性好,因而在大多数领域里迅速取代了分立器件组成的数字电路。直到 20 世纪 80 年代初,这种采用双极型三极管组成的 TTL 型集成电路一直是数字集成电路的主流产品。

不过,TTL 电路的功耗比较大,这是它自身的一个严重缺点。因此,用 TTL 电路只能制作成小规模集成电路(Small Scale Integration, SSI,其中仅包含 10 个以内的门电路)和中规模集成电路(Medium Scale Integration, MSI,其中包含 10～100 个门电路),而无法制作成大规模集成电路(Large Scale Integration, LSI,其中包含,加 1 000～10 000 个门电路)和超大规模集成电路(Very Large Scale Integration, VLSI,其中包含 10 000 个以上的门电路)。CMOS(Complement Metal-Oxide-Semiconductor)集成电路出现于 20 世纪 60 年代后期,它最突出的优点在于功耗极低,所以非常适合于制作大规模集成电路。随着 CMOS 制作工艺的不断进步,无论在工作速度还是在驱动能力上,目前 CMOS 电路都不比 TTL 电路逊色。因此,CMOS 电路已经逐渐取代 TTL 电路而成为当前数字集成电路的主流产品。只是在现有的一些设备中仍旧在使用 TTL 电路,所以掌握 TTL 电路的基本工作原理和使用知识仍然是必要的。本章将重点讨论 TTL 和 CMOS 这两种目前应用较为广泛的集成逻辑门电路。

3.2 基本逻辑门电路

在数字电路中,经常将半导体二极管、三极管和场效应管作为开关元件使用,它们在电路中的工作状态有时导通，有时截止，并能在信号的控制下进行两种状态的转换。这是一种非线性的大信号运用。一个理想的开关，接通时阻抗应为零，断开时阻抗应为无穷大，而这两个状态之间的转换应该是瞬间完成的。但实际上晶体管在导通时具有一定的内阻，而截止时仍有一定的反向电流，又由于它本身具有惰性（如双极性晶体管中存在着势垒电容和扩散电容，场效应管中存在着极间电容），因此，两个状态之间的转换需要时间，转换时间的长短反映了该器件开关速度的快慢。下面先讨论半导体二极管、三极管和 MOS 管的开关特性，然后再介绍基本逻辑门电路。

3.2.1　二极管的开关特性

1. 开关条件及特点

二极管开关电路如图 3.2.1 所示。图中 D 为硅二极管，输入信号 V_I为跳变的电压信号，高电平 $V_{IH}=5$ V、低电平 $V_{IL}=-5$ V。

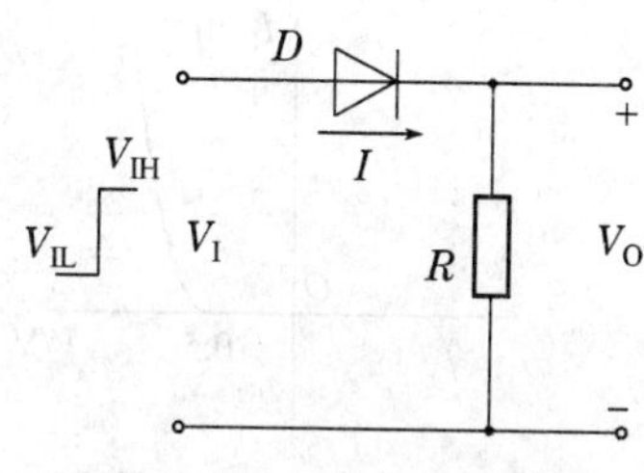

图 3.2.1　二极管开关电路

当 $V_I=V_{IH}=5$ V 时，二极管导通，产生电流 I，二极管两端电压 V_I约为 0.7 V，如图 3.2.2(a)所示。此时二极管相当于开关闭合，且有 0.7 V 压降，其等效电路如图 3.2.2(b)所示。与理想开关相比，它有端电压 V_D，即“开关”两端电压不为 0。

当 $V_I=V_{IL}=-5$ V 时，二极管因反向偏置而截止，$I\approx 0$，如图 3.2.2(c)所示。此时二极管相当于开关断开，其等效电路如图 3.2.2(d)所示。与理想开关相比，它有反向饱和电流 I_S，即流过“开关”的电流不为 0。

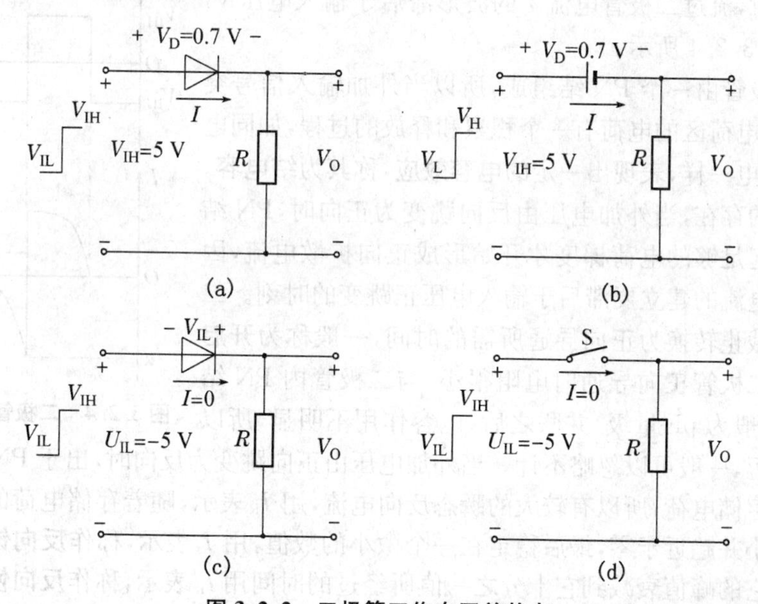

图 3.2.2　二极管工作在开关状态

图 3.2.3(a)所示是硅二极管的伏安特性，图 3.2.3(b)为被折线化的二极管的伏安特性，图 3.2.3(c)所示是理想化的二极管的伏安特性。

图 3.2.3(b)的伏安特性可以总结出硅二极管开关条件及开关工作状态下的特点，如表 3.2.1 所示。

表 3.2.1 二极管开关条件及特点

状态	条件	特点
截止	$V<V_{ON}$	$I\approx0$，$r_D\approx\infty$，相当于开关断开
导通	$V\geqslant V_{ON}$	$V_D\approx V_{ON}$，$r_{ON}\approx0$，相当于开关闭合

表中 V_{ON} 为二极管的开启电压，在折线化伏安特性中它也是导通电压，硅管一般取 0.7 V、锗管一般取 0.2 V，r_D 为二极管截止时的等效电阻，r_{ON} 为二极管导通时的等效电阻。

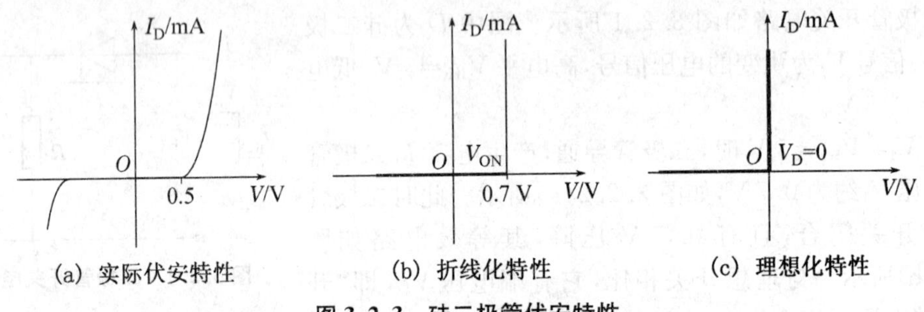

(a) 实际伏安特性 (b) 折线化特性 (c) 理想化特性

图 3.2.3 硅二极管伏安特性

2. 开关特性

在图 3.2.1 所示的二极管开关电路中，当输入信号 V_I 是跳变的电压时，流过二极管电流 I 的波形滞后于输入电压 V_I 的变化，如图 3.2.4 所示。

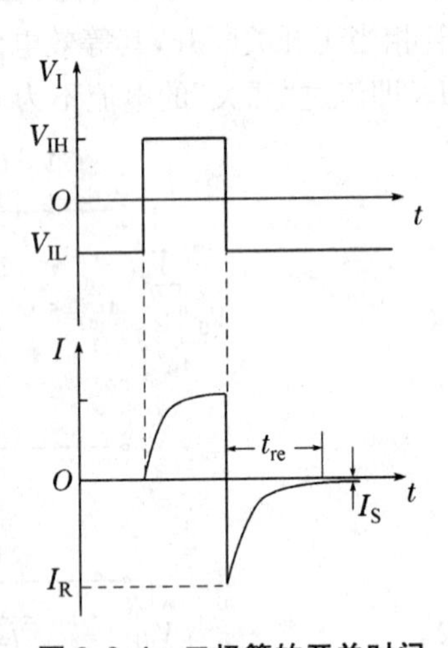

图 3.2.4 二极管的开关时间

因为二极管由一个 PN 结组成，所以当外加输入信号突变时，其空间电荷区的电荷有一个积累和释放的过程，如同电容器的充、放电一样，表现出一定的**电容效应**，称其为**结电容**。由于结电容的存在，当外加电压由反向跳变为正向时，PN 结内部要建立起足够的电荷梯度才开始形成正向扩散电流，因而正向导通电流的建立要滞后于输入电压正跳变的时刻。二极管由反向截止转换为正向导通所需的时间，一般称为**开启时间**。通常二极管正向导通时电阻很小，与二极管内 PN 结等效电容(一般为 pF 量级)并联之后，电容作用不明显，所以转换时间很短，一般可以忽略不计。当外加电压由正向跳变为反向时，出于 PN 结内尚存在一定数量的存储电荷，所以有较大的瞬态反向电流，用 I_R 表示，随着存储电荷的释放。反向电流逐渐减小并趋近于零，最后稳定在一个微小的数值，用 I_s 表示，称作**反向饱和电流**。将反向电流从它的峰值衰减到它十分之一值所经过的时间用 t_{re} 表示，称作**反向恢复时间**。因为二极管反向截止时等效电阻很大，PN 结等效电容作用明显，充、放电时间较长，一般开关二极管的关断时间大约是几纳秒。

由此可知，当二极管外加跳变电压且信号变化频率很高时，将因结电容的充、放电而失去单向导电特性，二极管将不能起到开关作用。因此，对二极管的最高工作频率应当有一定的限制。

3.2.2　三极管的开关特性

一个独立的双极型三极管由管芯、三个引出电极和外壳组成。三个电极分别称为基极(base),集电极(cellector)和发射极(emitter)。由三层 P 型和 N 型半导体结合在一起而构成,有 NPN 型和 PNP 型两种。因为在工作时有电子和空穴两种载流子参与导电过程,故称这类三极管为双极型三极管(Bipolar Junction Transistor,BJT)。

1. 三极管的开关作用

半导体三极管能当作开关使用,如图 3.2.5 共射极电路所示,三极管有三个工作区:截止、放大、饱和。当工作在饱和区时,管压降很小,接近于短路;当工作在截止区时,反向电流很小,接近于断路。若把三极管的开关作用对应于有触点开关的“断开”和“闭合”,所以只要使三极管工作在饱和区和截止区,就可以把它看成开关的通、断两个状态。二极管是用其正极和负极两极作为开关的两端接在电路中,开关的通、断受其两端电路控制,而三极管(以共发射极电路为例)是用其集电极、发射极两极作为开关的两端接在电路里,其开关的通、断则受基极控制。

图 3.2.5 中三极管为 NPN 型硅管。当输入电压 $V_I=-V_B$时,BJT 的发射结和集电结均为反向偏置($V_{BE}<0$,$V_{BC}<0$),只有很小的反向漏电流 I_{EBO}和 I_{CBO}分别流过两个结,故 $i_B\approx0$,$i_C\approx0$,$V_{CE}\approx V_{CC}$,对应于图 3.2.6 中的 A 点。这时集电极回路中的 c、e 极之间近似于开路,相当于开关断开一样。三极管的这种工作状态称为截止。

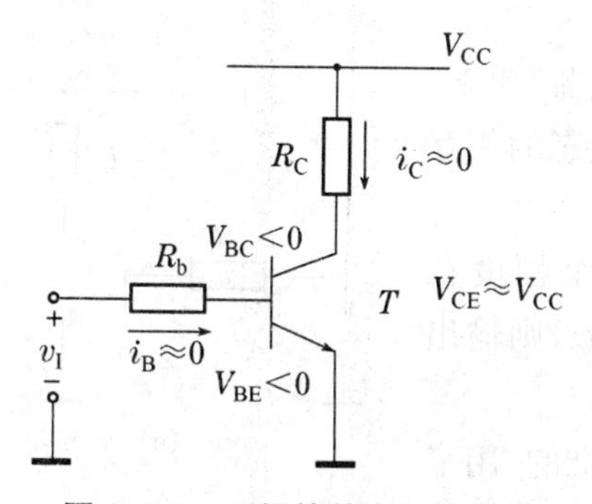

图 3.2.5　三极管基本开关电路

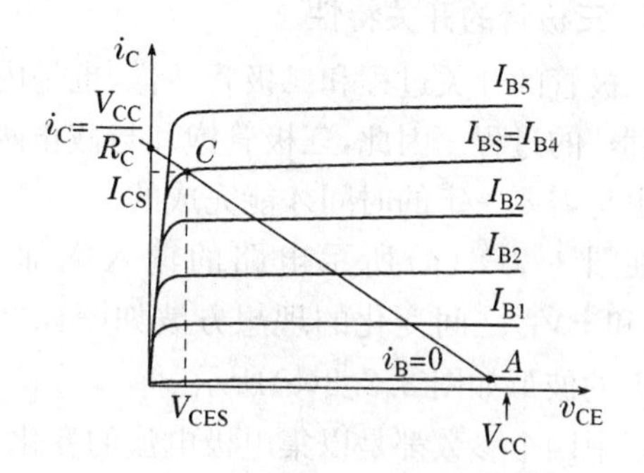

图 3.2.6　三极管输出特性曲线

当 $V_I=+V_{B2}$时,调节 R_B,使 $i_C\approx V_{CC}/R_C$,则三极管工作在图 3.2.6 中的 C 点,集电极电流 i_C已接近于最大值 V_{CC}/R_C,由于 i_C受到 R_C的限制,它已不可能像放大区那样随着 i_B的增加而成比例地增加了,此时集电极电流达到饱和,对应的基极电流称为基极临界饱和电流 $I_{BS}(V_{CC}/\beta R_C)$,而集电极电流称为集电极饱和电流 $I_{CS}(V_{CC}/R_C)$。此后,如果再增加基极电流,则饱和程度加深,但集电极电流基本上保持在 I_{CS}不再增加,集电极电压 $V_{CE}=V_{CC}-I_{CS}R_C=V_{CES}=0.2\text{ V}\sim0.3\text{ V}$。这个电压称为三极管的饱和压降,它也基本上不随 i_B增加而改变。由于 V_{CES}很小,集电极回路中的 c、e 极之间近似于短路,相当于开关闭合一样。三极管的这种工作状态称为饱和。

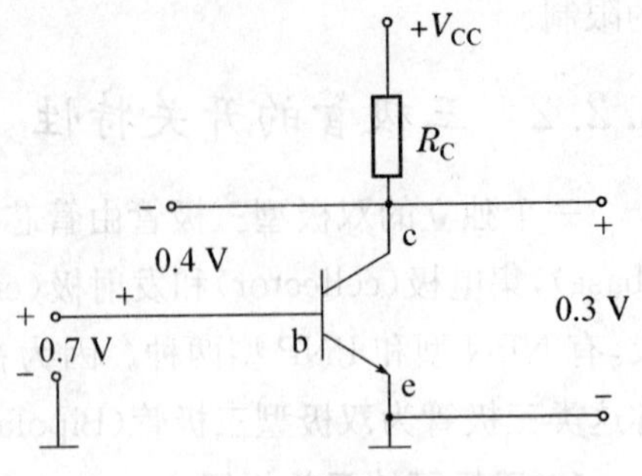

图 3.2.7 三极管的饱和状态

由于三极管饱和后管压降均为 0.3 V，而发射结偏压为 0.7 V，因此饱和后集电结为正向偏置，即三极管饱和时集电结和发射结均处于正向偏置，这是判断 BJT 工作在饱和状态的重要依据。图 3.2.7 示出了 NPN 型三极管饱和时各电极电压的典型数据。

三极管截止时相当于开关"断开"，而饱和时相当于开关"闭合"。由此可见，三极管相当于一个由基极电流所控制的无触点开关。

表 3.2.2 归纳出 NPN 型三极管截止、放大、饱和三种工作状态的特点，可作为判断三极管工作状态的依据。

表 3.2.2 三极管工作状态的特点

工作状态		截止	放大	饱和
条件		$i_B \approx 0$	$0 < i_B < I_{CS}/\beta$	$i_B > I_{CS}/\beta$
工作特点	偏置情况	发射结和集电结均为反偏	发射结正偏集电结反偏	发射结和集电结均为正偏
	集电极电流	$i_C \approx 0$	$i_C \approx \beta i_B$	$i_C = I_{CS} = V_{CC}/R_c$
	管压降	$V_{CEO} \approx V_{CC}$	$V_{CE} = V_{CC} - I_C R_C$	$V_{CES} = 0.2 \sim 0.3$ V
	c、e 间等效内阻	约数百千欧相当于关断	可变	约数百欧相当于开关闭合

2. 三极管的开关特性

三极管的开关过程和二极管一样，也是内部电荷"建立""消散"的过程。因此，三极管饱和与截止两种状态的相互转换也是需要一定的时间才能完成的。

在图 3.2.8(a) 所示电路的输入端加入一个幅度在 $-V_{B1}$ 和 $+V_{B2}$ 之间变化的理想方波如图 3.2.8(b)，则输出电流 I_c 的波形如图 3.2.8(c) 所示。

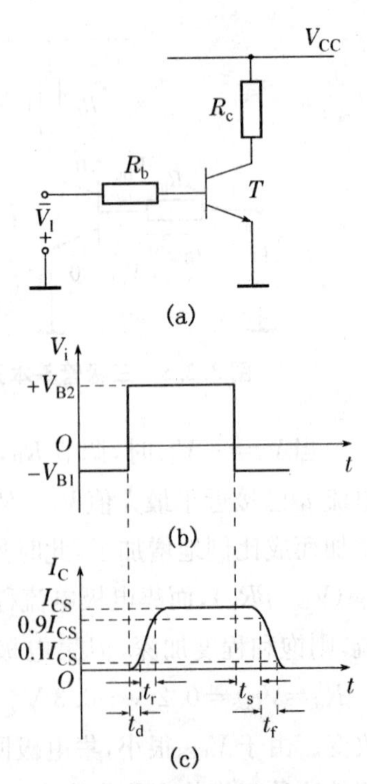

图 3.2.8 三极管的开关特性

图中四个参数都是以集电极电流的变化为基准的，用来描述三极管的开关特性，称为三极管的开关时间参数：

延迟时间 t_d：集电极电流从零上升到百分之十饱和电流所经历的时间。

上升时间 t_r：集电极电流从饱和电流的百分之十上升到百分之九十所经历的时间。

存储时间 t_s：基极输入电压下降到低电平时起到集电极电流下降到饱和电流的百分之九十时的时间。

下降时间 t_f：集电极电流从饱和电流的百分之九十下降到百分之十所经历的时间。

通常把 $t_{on} = t_d + t_r$ 称为**开通时间**，是三极管内部建立基区电荷的时间，它反映了三极管从截止到饱和所需的时间；把 $t_{off}=t_s+t_f$ 称为**关闭时间**，是管子内部存储电荷消散的时间，它反映的是三极管从饱和到截止所需的时间。

开通时间 t_{on} 和关闭时间 t_{off} 总称为三极管的开关时间，而且 $t_{off}>t_{on}$。它随管子类型不同而有很大差别，一般都在纳秒数量级，可以从器件手册中查到。

三极管的开关时间限制了三极管开关运用的速度。开关时间越短，开关速度越高。其中关闭时间 t_{off} 与工作时三极管饱和导通的深度——I_B/I_{BS} 有关，饱和程度越深即 I_B/I_{BS} 比值愈大，t_{off} 就越长，反之则越短。所以，加快三极管开关的速度的一条重要措施，就是限制三极管工作时的饱和深度，即减小 I_B/I_{BS} 的比值。

3.2.3　MOS 管的开关特性

在数字电路中，是把 MOS 管的漏极 D 和源极 S 作为开关的两端接在电路里，开关的通、断受栅极 G 的电压控制，MOS 管也有三个工作区：截止区、非饱和区（也称可变电阻区）、饱和区（也称恒流区）。MOS 管作开关使用时，通常是工作在截止区和可变电阻区。在数字电路中，用得最多的是 N 沟道增强型 MOS 管和 P 沟道增强型 MOS 管，它们是构成 CMOS 数字集成电路的基本开关元件。由于 P 沟道增强型 MOS 管和 N 沟道增强型 MOS 管在结构上是对称的，两者工作原理和特点也无本质区别，只是在 PMOS 管中，栅源电压 V_{GS}、漏源电压 V_{DS}、开启电压 V_{TP} 均为负值。下面以 N 沟道增强型 MOS 管为例，说明 MOS 管的开关特性及工作特点。

1. MOS 管的开关作用

图 3.2.9(a) 所示为 NMOS 管组成的开关电路，其实是 NMOS 管构成的反相器。$\nu_I=\nu_{GS}$，$\nu_o=\nu_{DS}$，V_T 为开启电压。图 3.2.9(b) 为 NMOS 管的输出特性曲线，其中斜线为直流负载线。

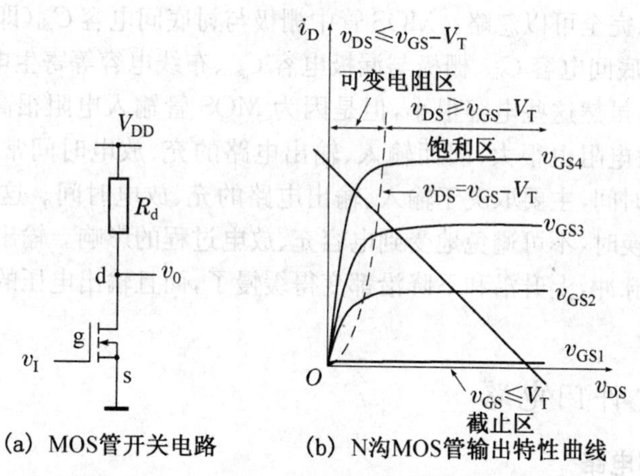

(a) MOS管开关电路　　(b) N沟MOS管输出特性曲线

图 3.2.9　MOS 管开关电路及输出特性曲线

当 $\nu_I<V_T$ 时，MOS 管处于截止状态，$i_D=0$，输出电压 $\nu_o=V_{DD}$。此时器件不损耗功率。

当 $\nu_I>V_T$，并且比较大，使得 $\nu_{DS}>\nu_{GS}-V_T$ 时，MOS 管工作在饱和区。随着 ν_I 的增加，i_D 增加，ν_{DS} 随之下降，MOS 管最后工作在可变电阻区。从特性曲线的可变电阻区可以看到，当 ν_{GS} 一定时，d、s 之间可近似等效为线性电阻。ν_{GS} 越大，输出特性曲线越倾斜，等效电阻越小。此时 MOS 管可以看成一个受 v_{GS} 控制的可变电阻。v_{GS} 的取值足够大时使得 R_d 远远大于 d、s 之间的等效电阻时，电路输出为低电平。

由此可见，MOS 管相当于一个由 v_{GS} 控制的无触点开关，当输入为低电平时，MOS 管截止，相当于开关"断开"，输出为高电平，其等效电路如图图 3.2.10(a)所示；当输入为高电平时，MOS 管工作在可变电阻区，相当于开关"闭合"，输出为低电平，其等效电路如图 3.2.10(b)所示。图中 R_{on} 为 MOS 管导通时的等效电阻，大约在 1 kΩ 以内。

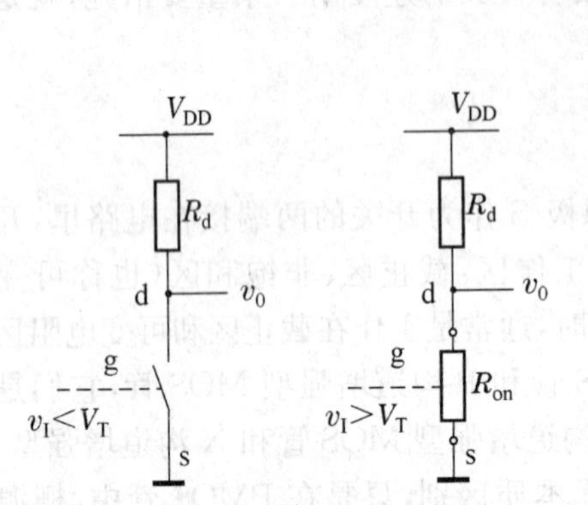

图 3.2.10 MOS 管开关等效电路

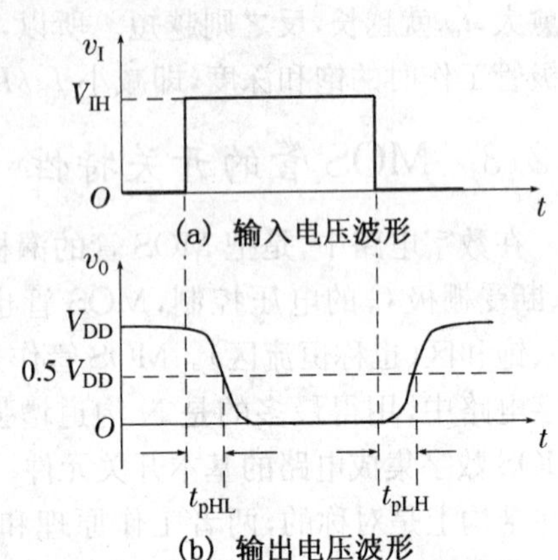

图 3.2.11 MOS 管开关电路波形

2. MOS 管的开关特性

在图 3.2.9(a)所示 MOS 管的开关电路的输入端，加一个理想的脉冲波形，如图 3.2.11(a)所示。由于 MOS 管是单极型器件，它只有一种载流子参与导电，没有超量存贮电荷存在，也不存在存贮时间，因而 MOS 管本身固有的开关时间是很小的，它与由寄生电容造成的影响相比，完全可以忽略。MOS 管中栅极与衬底间电容 C_{gb}（即数据手册中的输入电容 C_I）、漏极与衬底间电容 C_{db}、栅极与漏极电容 C_{gd}、布线电容等寄生电容构成了 MOS 管的输入和输出电容，虽然这些电容很小，但是因为 MOS 管输入电阻很高，导通电阻也达几百欧姆，负载的等效电阻也很大，因而输入、输出电路的充、放电时间常数较大，所以 MOS 管开关电路的开关时间，主要取决于输入、输出电路的充、放电时间。这就使其在断开和闭合两种状态之间转换时，不可避免地受到电容充、放电过程的影响。输出电压的波形已不是和输入一样的理想脉冲，上升沿和下降沿都变得缓慢了，而且输出电压的变化滞后于输入电压的变化。

3.2.4 分立元件门电路

1. 二极管与门电路

最简单的与门可以用二极管和电阻组成。图 3.2.12 是两个输入端的与门电路。图中 A、B 为两个输入变量，L 为输出变量。

(1) $V_A = V_B = 0$ V。此时二极管 D_1 和 D_2 都导通，由于二极管正向导通时的钳位作用，$V_L \approx 0$ V。

(2) $V_A = 0$ V，$V_B = 5$ V。此时二极管 D_1 导通，由于钳位作用，D_2 受反向电压而截止，$V_L \approx 0$ V。

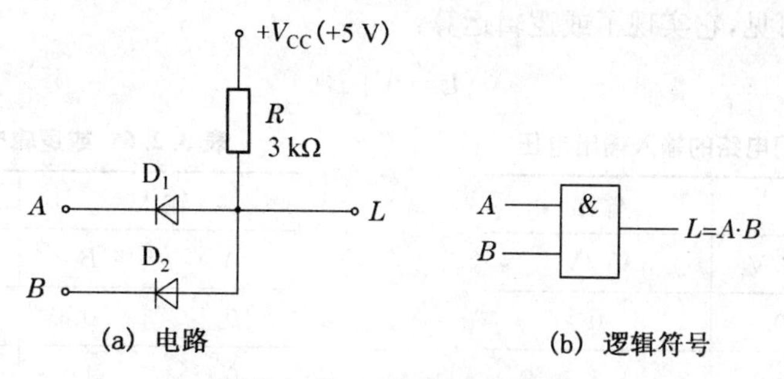

图 3.2.12　二极管与门电路

(3) $V_A=5$ V，$V_B=0$ V。此时 D_2 导通，D_1 受反向电压而截止，$V_L\approx 0$ V。

(4) $V_A=V_B=5$ V。此时二极管 D_1 和 D_2 都截止，$V_L=V_{CC}=5$ V。

把上述分析结果归纳起来列入表 3.2.3 中，如果采用正逻辑体制，输入、输出电压为 5 V 用逻辑 1 表示；为 0 V 用逻辑 0 表示，可将表 3.2.3 改写成如表 3.2.4 的真值表。很容易看出，图 3.2.12 电路实现了与逻辑运算：$L=A\cdot B$。

表 3.2.3　与门电路的输入输出电压

输入		输出
V_A/V	V_B/V	V_L/V
0	0	0
0	5	0
5	0	0
5	5	5

表 3.2.4　与逻辑真值表

输入		输出
A	B	L
0	0	0
0	1	0
1	0	0
1	1	1

增加一个输入端 C 和一个二极管 D_3 与 D_1、D_2 并列，就可以变成三输入端与门。按此法可构成更多输入端的与门电路。

2. 二极管或门电路

二极管或门电路如图 3.2.13 所示，图中 A、B 代表或门输入变量，L 代表输出。假定二极管正向导通压降忽略不计，反向截止等效电阻为无限大，很容易得到它的输入、输出电压关系表 3.2.5 和表 3.2.6 所示的逻辑真值表。

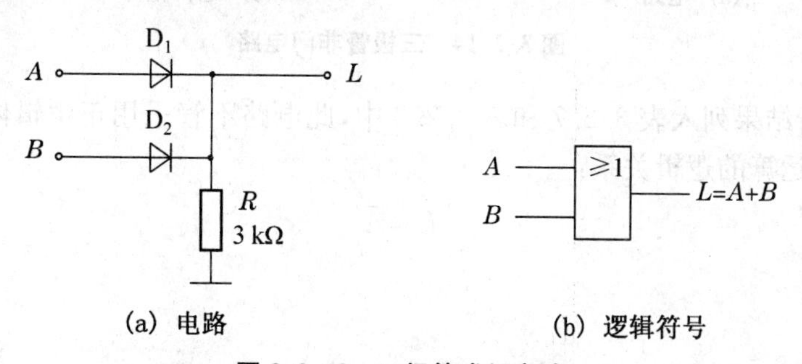

图 3.2.13　二极管或门电路

由表 3.2.6 可见，它实现了或逻辑运算：

$$L=A+B$$

表 3.2.5 或门电路的输入输出电压

输入		输出
V_A/V	V_B/V	V_L/V
0	0	0
0	5	5
5	0	5
5	5	5

表 3.2.6 或逻辑电路真值表

输入		输出
A	B	L
0	0	0
0	1	1
1	0	1
1	1	1

同样，可用增加一个输入端 C 和二极管 D_3 与 D_1、D_2 并列，就可以变成三输入端或门。仿此可以构成更多输入端的或门。

3. 三极管非门电路

图 3.2.14(a)是由三极管组成的非门电路，非门又称反相器。三极管的开关特性已在前面做过讨论，这里重点分析它的逻辑关系。仍设输入信号为+5 V 或 0 V。此电路只有以下两种工作情况：

(1) $V_A=0$ V。此时三极管的发射结电压小于死区电压，满足截止条件，所以管子截止，$V_L=V_{CC}=5$ V。

(2) $V_A=5$ V。此时三极管的发射结正偏，管子导通，只要合理选择电路参数，使其满足饱和条件 $I_B>I_{BS}$，则管子工作于饱和状态，有 $V_L=V_{CES}\approx 0$ V(0.3 V)。

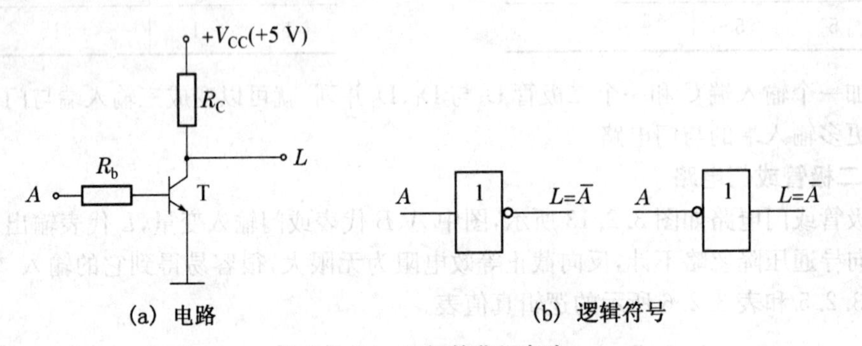

(a) 电路 (b) 逻辑符号

图 3.2.14 三极管非门电路

把上述分析结果列入表 3.2.7 和表 3.2.8 中，此电路不管采用正逻辑体制还是负逻辑体制，都满足非运算的逻辑关系：

$$L=\overline{A}$$

表 3.2.7　非门电路的输入输出电压

输入	输出
V_A/V	V_L/V
0	5
5	0

表 3.2.8　非逻辑电路真值表

输入	输出
A	L
0	1
1	0

3.2.5　组合逻辑门电路

前面介绍的二极管与门和或门电路虽然结构简单，逻辑关系明确，但却不那么实用。例如，在图 3.2.15 所给出的两级二极管与门电路中，会出现低电平偏离标准数值的情况。

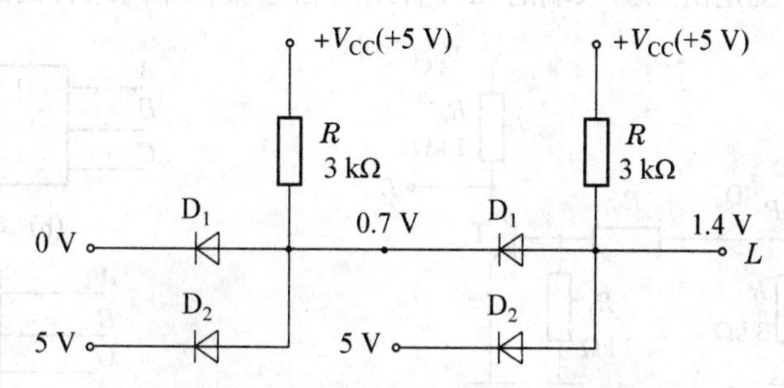

图 3.2.15　两级二极管与门串接使用的情况

为此，常将二极管与门和或门与三极管非门组合起来组成与非门和或非门电路，以消除在串接时产生的电平偏离，并提高带负载能力。

1. 与非门电路

图 3.2.16 所示的就是由三输入端的二极管与门和三极管非门组合而成的与非门电路。其中，做了两处必要的修正：

(1) 将电阻 R_b 换成两个二极管 D_4、D_5，作用是提高输入低电平的抗干扰能力，即当输入低电平有波动时，保证三极管可靠截止，以输出高电平。

(2) 增加了 R_1，目的是当三极管从饱和向截止转换时，给基区存储电荷提供一个泄放回路。

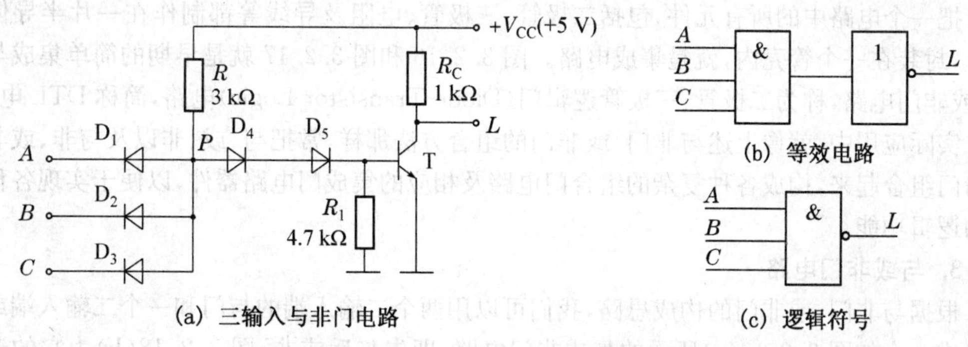

图 3.2.16　分立元件与非门的电路和逻辑符号

该电路的逻辑关系为：

(1) 当三输入端都接高电平时(即 $V_A=V_B=V_C=5\text{ V}$),二极管 $D_1\sim D_3$ 都截止,而 D_4、D_5 和 T 导通。可以验证,此时三极管饱和,$V_L=V_{CES}\approx 0.3\text{ V}$,即输出低电平。

(2) 在三输入端中只要有一个为低电平 0.3 V 时,则阴极(负极)接低电平的二极管导通。由于二极管正向导通时的钳位作用,$V_P\approx 1\text{ V}$,从而使 D_4、D_5 和 T 都截止,$V_L=V_{CC}=5\text{ V}$,即输出高电平。

可见,该电路满足与非逻辑关系,即

$$L=\overline{ABC} \tag{3.2.1}$$

2. 或非门电路

如图 3.2.17 所示,其中图(a)为三输入或非门电路,图(b)为其等效电路,图(c)为三输入或非门逻辑符号,就是由三输入端的二极管或门和三极管非门组合而成的电路。

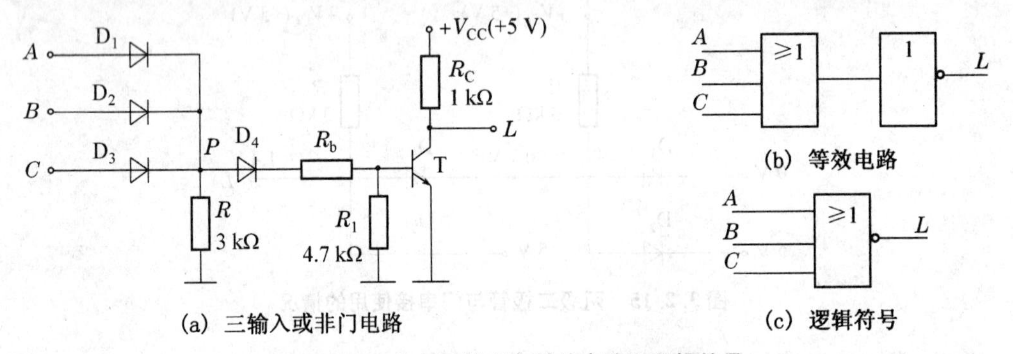

图 3.2.17 分立元件或非门的电路和逻辑符号

该电路的逻辑关系为:

(1) 当三输入端都接低电平时(即 $V_A=V_B=V_C=0.3\text{ V}$),二极管 $D_1\sim D_3$ 都截止,而 D_4 和 T 也截止。$V_L=V_{CC}=5\text{ V}$,即输出高电平。

(2) 在三输入端中只要有一个为高电平 5 V 时,则阳极(正极)接高电平的二极管、D_4 和三极管 T 导通,可以验证,此时三极管饱和,$V_L=V_{CES}\approx 0.3\text{ V}$,即输出低电平。

可见,该电路满足或非逻辑关系,即

$$L=\overline{A+B+C} \tag{3.2.2}$$

把一个电路中的所有元件,包括二极管、三极管、电阻及导线等都制作在一片半导体芯片上,封装在一个管壳内,就是集成电路。图 3.2.16 和图 3.2.17 就是早期的简单集成与非门、或非门电路,称为二极管-三极管逻辑门(Diode-Transistor Logic)电路,简称 DTL 电路。

实际应用中,就像上述与非门、或非门的组合方法那样,常把与、或、非以及与非、或非等逻辑门组合起来,构成各种复杂的组合门电路及相应的集成门电路器件,以便于实现各种复杂的逻辑功能。

3. 与或非门电路

根据与非门、或非门的构成思路,我们可以用两个二输入端的与门和一个二输入端或非门组成一个如图 3.2.18(a)所示的与或非门电路,即先与后或非,图 3.2.18(b)为它的逻辑符号。其输入输出的逻辑关系为 $L=\overline{AB+CD}$。

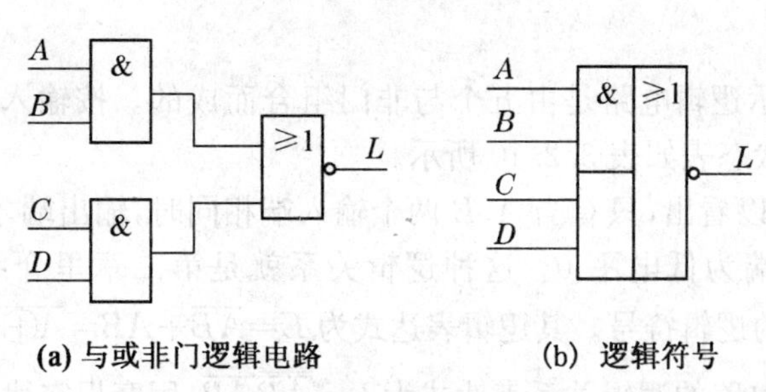

(a) 与或非门逻辑电路　　(b) 逻辑符号

图 3.2.18　与或非门的电路和逻辑符号

由此可知，多个与门和一个有相应输入端的或非门便可以组成输入端更多的与或非门电路。

4. 异或门电路

图 3.2.19(a)所示逻辑电路是由四个与非门组合而成的。按输入端 A、B 的四种可能情况，不难列出它的逻辑状态表，如表 3.2.9 所示。

从逻辑状态表可以看出，只有当 A、B 两个输入端相异时，输出端才是高电平 1；而当两输入端相同时，输出端为低电平 0。这种逻辑关系就是前面第二章里介绍过的异或逻辑，图 3.2.19(b)为异或门的逻辑符号。其逻辑表达式为 $L=A\overline{B}+\overline{A}B=A\oplus B$。

按图 3.2.19(a)电路的逻辑关系表达式为 $L=\overline{\overline{A\overline{AB}}\,\overline{B\overline{AB}}}$，用摩根定律进行变换：

$$
\begin{aligned}
L &= \overline{\overline{A(\overline{A}+\overline{B})}\,\overline{B(\overline{A}+\overline{B})}} \\
&= \overline{\overline{A\overline{B}}\,\overline{B\overline{A}}}=A\overline{B}+\overline{A}B \\
&= A\oplus B
\end{aligned}
$$

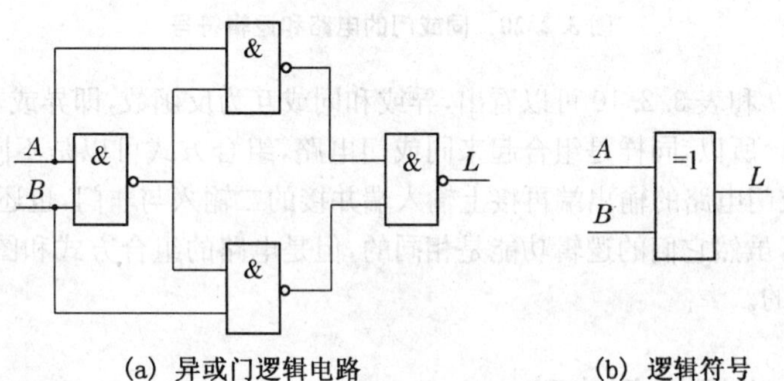

(a) 异或门逻辑电路　　(b) 逻辑符号

图 3.2.19　异或门的电路和逻辑符号

表 3.2.9　异或门逻辑状态表

A	B	L
0	0	0
1	0	1
0	1	1
1	1	0

表 3.2.10　同或门逻辑状态表

A	B	L
0	0	1
0	1	0
1	0	0
1	1	1

5. 同或门电路

图 3.2.20(a)所示逻辑电路是由五个与非门组合而成的。按输入端 A、B 的四种可能情况，列出它的逻辑状态表如表 3.2.10 所示。

从逻辑状态表可以看出，只有当 A、B 两个输入端相同时，输出端才是高电平 1；而当两输入端相异时，输出端为低电平 0。这种逻辑关系就是第二章里介绍过的同或逻辑，图 3.2.20(b)为同或门的逻辑符号。其逻辑表达式为 $L=\overline{A}\,\overline{B}+AB=\overline{A\oplus B}$。

按图 3.2.20(a)电路的逻辑关系表达式为 $L=\overline{\overline{\overline{A}\,\overline{B}}\;\overline{AB}}$，用摩根定律进行变换：

$$
\begin{aligned}
L &= \overline{\overline{\overline{A}\,\overline{B}}\;\overline{AB}} \\
&= \overline{(A+B)(\overline{A}+\overline{B})} \\
&= \overline{A\overline{B}+\overline{A}B} \\
&= \overline{A\oplus B} \\
&= \overline{A}\,\overline{B}+AB
\end{aligned}
$$

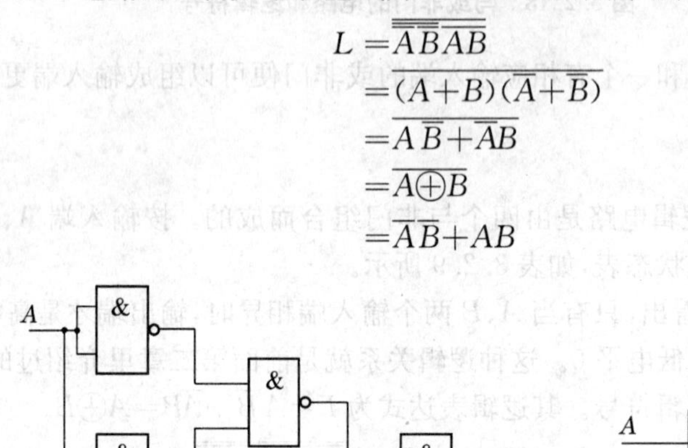

(a) 同或门逻辑电路 (b) 逻辑符号

图 3.2.20 同或门的电路和逻辑符号

根据表 3.2.9 和表 3.2.10 可以看出，异或和同或互为反函数，即异或非就等于同或，同或非就等于异或。所以，同样是组合起来同或门电路，组合方式可以是不同的。例如，把图 3.2.19(a)的异或门电路的输出端再接上输入端并接的二输入与非门，也还是五个与非门构成的同或门电路，虽然它们的逻辑功能是相同的，但是电路的组合方式和图 3.2.20(a)电路接法是明显不同的。

3.3 TTL 集成逻辑门电路

DTL 电路虽然结构简单，但因工作速度低而很少应用。在此基础上改进而成的 TTL 电路，自从问世几十年来，经过电路结构的不断改进和集成工艺的逐步完善，至今仍然广泛应用，几乎占据着数字集成电路器件领域的一半市场份额。因为这种类型电路的输入端和输出端均为三极管结构，所以称为三极管-三极管逻辑电路(Transistor - Transistor Logic)，简称 TTL 电路。

3.3.1　TTL 与非门

1. TTL 与非门的电路结构及工作原理

(1) 电路结构

我们以 DTL 与非门电路为基础，根据提高电路功能的需要，从以下几个方面加以改进，从而引出 TTL 与非门的电路结构。典型的 TTL 与非门电路如图 3.3.1 所示，可以把电路分成三部分：输入级、中间级（或称倒相级）和输出级。

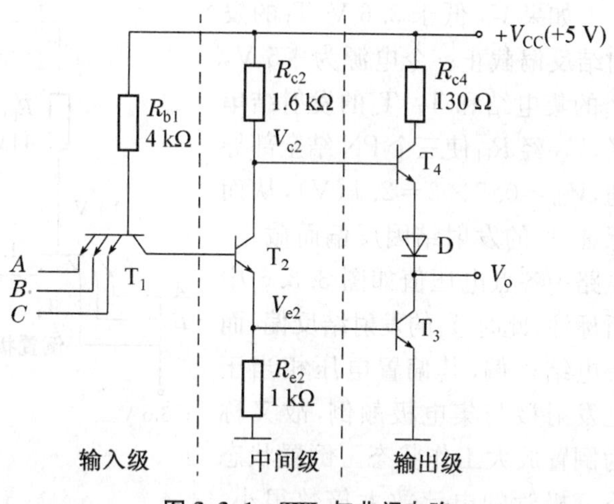

图 3.3.1　TTL 与非门电路

首先考虑输入级，DTL 是用二极管与门做输入级，速度较低。仔细分析我们发现，电路中的 D_1、D_2、D_3、D_4 的 P 区是相连的，如图 3.3.2(a)所示。我们可用集成工艺将它们做成一个多发射极三极管，如图 3.3.2(b)所示。这样它既是四个 PN 结，不改变原来的逻辑关系，又具有三极管的特性。一旦满足了放大的外部条件，它就具有放大作用，为迅速消散 T_2 饱和时的超量存储电荷提供足够大的反向基极电流，从而大大提高了关闭速度。

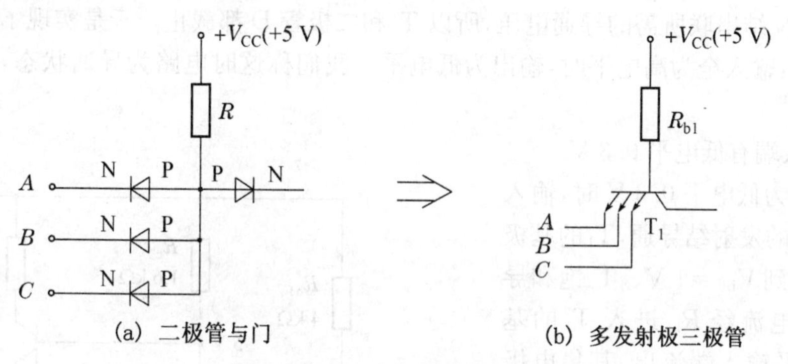

(a) 二极管与门　　(b) 多发射极三极管

图 3.3.2　TTL 与非门的输入级

其次，为提高输出管的开通速度，可将二极管 D_5（图 3.2.16）改换成三极管 T_2，逻辑关系不变。由 T_2、R_{C2} 和 R_{e2} 组成中间级，它是一个三极管倒相电路，从 T_2 的集电极和发射极分别送出两个相位相反的信号驱动 T_3 和 T_4 管。同时在电路的开通过程中利用 T_2 的放大作用，为输出管 T_3 提供较大的基极电流，加速了输出管的导通。另外，T_2 和电阻 R_{C2}、R_{e2} 组成的放大器有两个反相的输出端 V_{C2} 和 V_{E2}，以产生两个互补的信号去驱动 T_3、T_4 组成的推拉式输出级。

下面再分析输出级。输出级应有较强的负载能力，为此将三极管的集电极负载电阻 R_C 换成由三极管 T_4、二极管 D 和 R_{C4} 组成的有源负载。由于 T_3 和 T_4 受两个互补信号 V_{e2} 和 V_{c2} 的驱动，所以在稳态时，它们总是一个导通，另一个截止。这种结构，称为推拉式输出级。

(2) 工作原理

因为该电路的输出高低电平分别为 3.6 V 和 0.3 V,所以在下面的分析中假设输入高低电平也分别为 3.6 V 和 0.3 V。

① 输入全为高电平 3.6 V

如果 V_{B1} 低于 3.6 V,T_1的发射结反偏截止。令电源为+5 V,T_1的集电结和 T_2、T_3的发射结串联,V_{CC}经 R_{b1}使三个 PN 结全部导通,$V_{B1}=0.7\times3=2.1$(V),从而保证 T_1的发射结因反偏而截止。电路中各点电压值如图 3.3.3 中所标注,此时 T_1的发射结反偏,而集电结正偏,其偏置电压相当于把发射极与集电极颠倒,故又称为倒置放大工作状态。倒置状态下三极管的电流放大倍数很小,只有 0.01 倍左右。因 T_1的发射结有−1.5 V 的反偏电压,使得 T_1的基极电流全部流入 T_2的基极,使 T_2、T_3饱和导通。

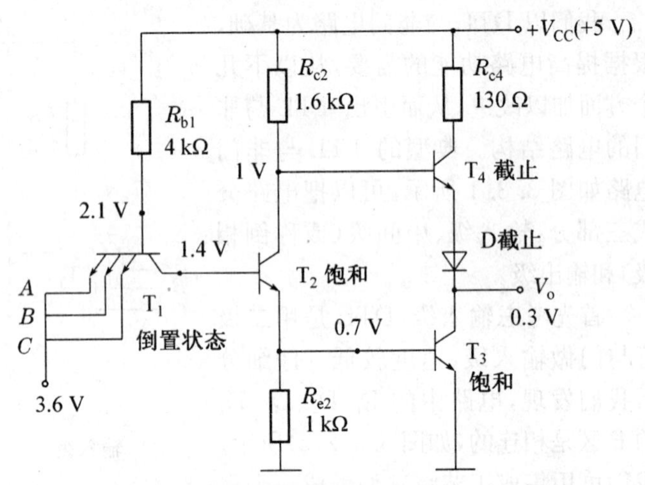

图 3.3.3 输入全为高电平时电路各点的工作电压

由于 T_3饱和导通,输出电压为 $V_O=V_{CES3}\approx0.3$ V。这时,$V_{E2}=V_{B3}=0.7$ V,而 $V_{CE2}=0.3$ V,故有 $V_{C2}=V_{E2}+V_{CE2}=1$ V。1 V 的电压作用于 T_4的基极,小于 T_4发射结和二极管 D 的两个 PN 结串联所需的导通电压,所以 T_4和二极管 D 都截止。于是实现了与非门的逻辑功能之一:输入全为高电平时,输出为低电平。我们称这时电路为导通状态,也称为开门状态。

② 输入端有低电平 0.3 V

输入端为低电平 0.3 V 时,输入端为 0.3 V 的发射结导通,T_1的基极电位被钳位到 $V_{B1}=1$ V。T_1饱和导通,其基极电流经 R_{b1}进入 T_1的基极,从低电平输入端流出,其集电极电流从 T_2基极流向输入端,抽走了 T_2基区的存储电荷。另外,从电源经 R_{C2}、T_2集电极流向 T_2基极的是反向饱和电流,其值很小,故 T_1深度饱和,使 T_2基极电位低于 0.6 V,于是 T_2、T_3都截止。由于 T_2截止,流过 R_{C2}的电流仅为 T_4的基极电流,这个电流较小,在 R_{C2}上产生的压降也较小,可以忽略,所以 $V_{B4}\approx V_{CC}=5$ V,使 T_4和 D 导通,则有

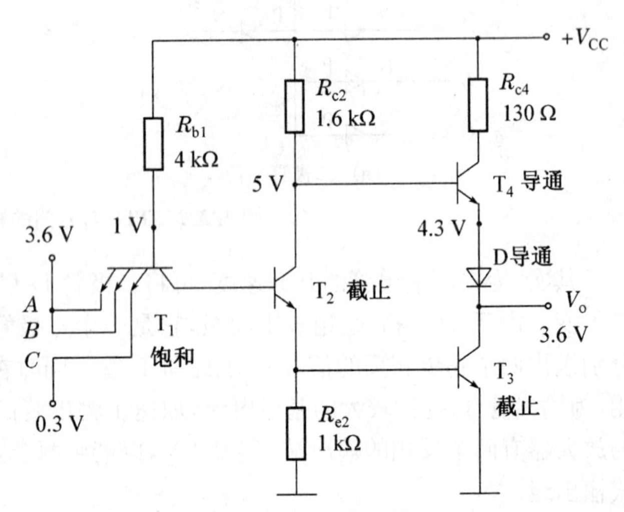

图 3.3.4 输入有低电平时电路各点的工作电压

$$V_O\approx V_{CC}-V_{BE4}-V_D=5-0.7-0.7=3.6\text{(V)}$$

可见,实现了与非门的逻辑功能的另一功能:只要输入有低电平时,输出就为高电平。我们称这时电路为截止状态,也称为关门状态。

综合上述两种情况,归纳成如表 3.3.1 所示。可见,该电路满足与非的逻辑功能,$L=\overline{ABC}$,是一个与非门电路。

表 3.3.1　TTL 与非门典型电路的工作状态

输入	输出	T_1	T_2	T_3	T_4	D	门的状态
有 0	为 1	深饱	截止	截止	导通	导通	关门
全 1	为 0	倒置	饱和	深饱	截止	截止	开门

2. TTL 与非门的开关速度

(1) TTL 与非门提高工作速度的原理

① 采用多发射极三极管加快了存储电荷的消散过程。如图 3.3.5 所示,设电路原来输出低电平,当电路的某一输入端突然由高电平变为低电平,T_1的一个发射结导通,V_{B1}变为 1 V。由于T_2、T_3原来是饱和的,基区中的超量存储电荷还来不及消散,V_{B2}仍维持 1.4 V。在这个瞬间,T_1为发射结正偏,集电结反偏,工作于放大状态,其基极电流 $i_{B1}=(V_{CC}-V_{B1})/R_{b1}$,集电极电流 $i_{C1}=\beta_1 i_{B1}$。这个 i_{C1} 正好是 T_2的反向基极电流 i_{B2},可将 T_2的过剩的存储电荷迅速地拉走,促使 T_2管迅速截止。T_2 管迅速截止又使 T_4管迅速导通,而使 T_3管的集电极电流加大,使 T_3的超量存储电荷从集电极消散而达到截止,正是由于 T_1的放大作用加快了 T_3从饱和到截止、T_4从截止到饱和的转换。

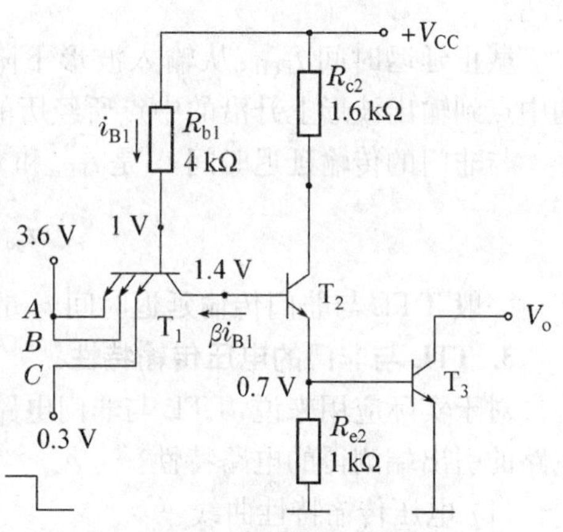

图 3.3.5　多发射极三极管消散 T_2 存储电荷的过程

② 采用了推拉式输出级,输出阻抗比较小,加快了给负载电容充、放电的进程。

输出端接有负载电容 C_L的情况如图 3.3.6 所示。当输出电压由低变高时,T_3截止,T_4

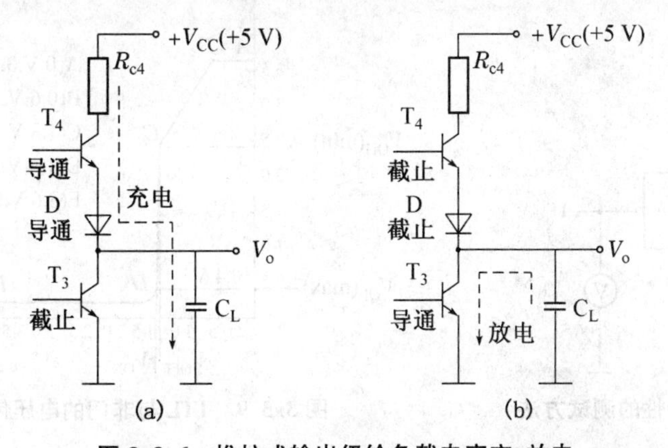

图 3.3.6　推拉式输出级给负载电容充、放电

导通，T_4为发射极输出器，输出电阻小，可使C_L迅速充电，故上升沿好。当输出电压由高变低时，T_3饱和导通，其电流完全用来驱动负载，而且T_3等效为一个小电阻，C_L通过T_3的饱和小电阻放电也很快，故下降沿也好。推拉式输出级明显提高了对负载电容C_L的充、放电速度。

(2) TTL与非门**传输延迟时间 t_{pd}**

TTL与非门的开关速度常用传输延迟时间t_{pd}来表示。当与非门输入一个脉冲波形时，其输出波形有一定的延迟，如图3.3.7所示。定义以下两个延迟时间：

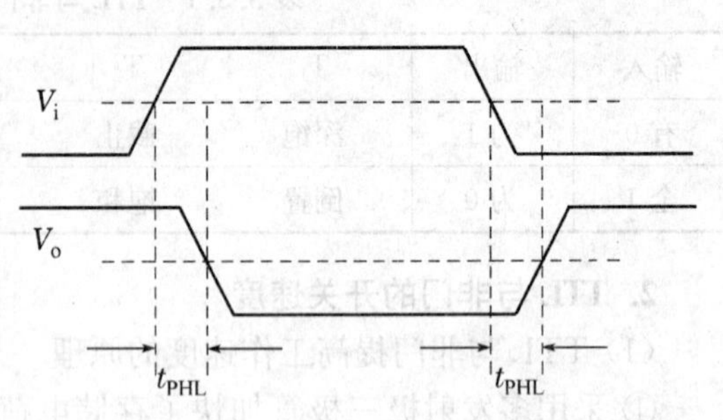

图3.3.7 TTL与非门的传输时间

导通延迟时间t_{PHL}：从输入波形上升沿的中点到输出波形下降沿的中点所经历的时间。

截止延迟时间t_{PLH}：从输入波形下降沿的中点到输出波形上升沿的中点所经历的时间。

与非门的传输延迟时间t_{pd}是t_{PHL}和t_{PLH}的平均值，即

$$t_{pd}=\frac{t_{PLH}+t_{PHL}}{2} \tag{3.3.1}$$

一般TTL与非门传输延迟时间t_{pd}的值为几纳秒～十几纳秒。

3. TTL与非门的电压传输特性

对于实际应用来说，TTL与非门电路的外特性是应该掌握的重点。外特性是通过集成电路的引出端测得的电路特性。

(1) 电压传输特性曲线

与非门的电压传输特性曲线是指与非门的输出电压与输入电压之间的对应关系曲线，即$V_o=f(V_i)$，它反映了电路的静态特性。其测试方法如图3.3.8所示，输入电压从0 V起逐步增大到5 V，测得与非门的对应的输出电压的值，绘出与非门的电压传输特性曲线如图3.3.9所示。此曲线可以分为四个区域来描述。

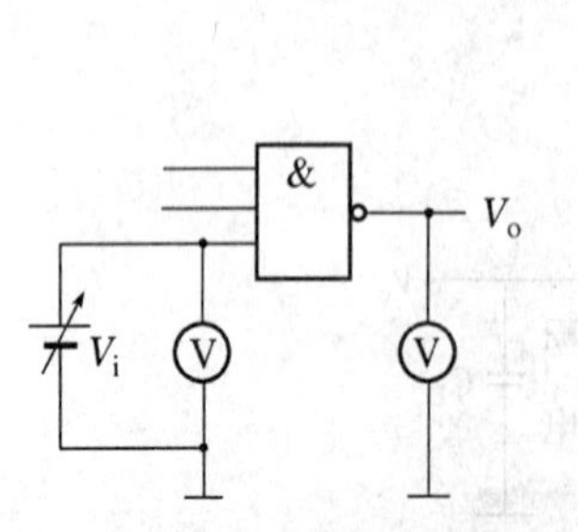

图3.3.8 传输特性的测试方法

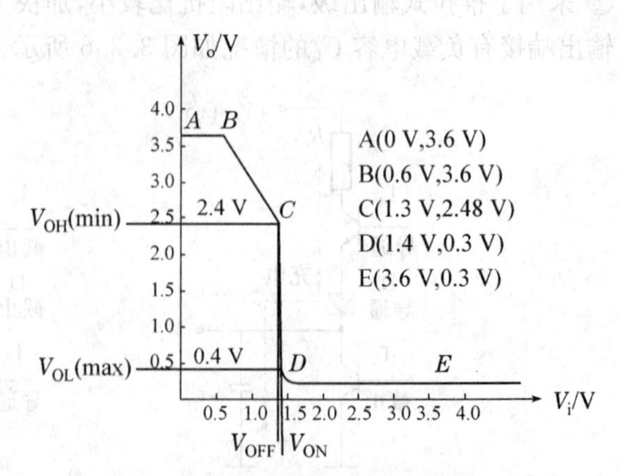

图3.3.9 TTL与非门的电压传输特性

① AB 段(截止区)

在曲线 AB 段中输入电压 V_i 很低,$0\ V<V_i<0.6\ V$,T_1 处于深度饱和状态(设深度饱和压降 $V_{CES1}\approx 0.1\ V$),T_2、T_3 截止,T_4、D 导通,输出电压 $V_o=3.6\ V$ 且基本保持恒定。这时 T_2 的基极电位 $V_{B2}=V_i+V_{CES1}$,随着 V_i 的增加 V_{B2} 也在增加;当 $V_{B2}=0.7\ V$ 时(这时 $V_i=V_{B2}-V_{CES1}=0.6\ V$),$T_2$ 开始导通,以后开始有了 i_{C2},使得 R_{C2} 上的压降增大,V_o 开始下降。所以 B 点坐标等于 $V_i(B)=0.6\ V$。B 点就是 T_2 开始导通点。

② BC 段(线性区)

$V_i>0.6\ V$,即过了 B 点以后,T_2 导通。在这段区间内,T_1 仍处于饱和状态,T_2 处于放大状态。因为 $V_{B2}<1.4\ V$,$V_{B3}<0.7\ V$,故 T_3 仍截止,T_4、D 仍导通。随着 V_i 的增加,V_{B2} 增加,V_{C2} 下降,V_O 下降。这段曲线近似为线性变化,故称为线性区。

当输入电压增加到 1.3 V 时,$V_{B2}=1.4\ V$,$V_{E2}=0.7\ V$,T_3 开始导通,C 点就是 T_3 开始导通的点。

③ CD 段(过渡区)

V_i 继续升高,V_{B2}、V_{E2} 也升高,当 V_{E2} 升高到 0.7 V 时,T_3 开始导通,并且随着 V_i 的增加由导通转变为饱和,输出电压急剧下降。CD 段就是电路由输出高电平转换为低电平的阶段,故称为过渡区或转折区。D 点坐标为 $V_i(D)\approx 1.4\ V$,$V_O(D)\approx 0.3\ V$。

由于这段曲线中 T_2、T_3、T_4 都处于放大状态,V_i 的微小增加都会使 T_2 的电流迅速增加,从而使 T_3 的电流迅速增加,使 T_3 迅速进入饱和区,故这段曲线很陡。

④ DE 段(饱和区)

进入饱和区以后,V_i 再增加,V_O 无明显变化,但是电路内部过程尚未完全结束。随着 V_i 继续升高,T_1 管转为倒置工作,T_1 的基极电流完全注入 T_2,使 T_2 进入饱和,V_{C2} 下降为 1 V,T_4、D 截止,电路进入输出低电平的稳定状态。

(2) 几个重要参数

从 TTL 与非门的电压传输特性曲线上,我们可以定义几个重要的电路指标。

① **输出高电平电压 V_{OH}**:V_{OH} 的理论值为 3.6 V,产品规定输出高电压的最小值 $V_{OH(min)}=2.4\ V$,即大于 2.4 V 的输出电压就可称为输出高电压 V_{OH}。

② **输出低电平电压 V_{OL}**:V_{OL} 的理论值为 0.3 V,产品规定输出低电压的最大值 $V_{OL(max)}=0.4\ V$,即小于 0.4 V 的输出电压就可称为输出低电压 V_{OL}。

由上述规定可以看出,TTL 门电路的输出高低电压都不是一个值,而是一个范围。

③ **关门电平电压 V_{OFF}**:是指输出电压下降到 $V_{OH(min)}$ 时对应的输入电压。显然,只要 $V_i<V_{OFF}$,V_o 就是高电压,所以 V_{OFF} 就是输入低电压的最大值,在产品手册中常称为输入低电平电压,用 $V_{IL(max)}$ 表示。从电压传输特性曲线上看,$V_{IL(max)}(V_{OFF})\approx 1.3\ V$,产品规定 $V_{IL(max)}=0.8\ V$。

④ **开门电平电压 V_{ON}**:是指输出电压下降到 $V_{OL(max)}$ 时对应的输入电压。显然,只要 $V_i>V_{ON}$,V_o 就是低电压,所以 V_{ON} 就是输入高电压的最小值,在产品手册中常称为输入高电平电压,用 $V_{IH(min)}$ 表示。从电压传输特性曲线上看,$V_{IH(min)}(V_{ON})$ 略大于 1.3 V,为了保证产品可靠,留有余地,规定 $V_{IH(min)}=2\ V$。

⑤ **阈值电压 V_{th}**:决定电路截止和导通的分界线,也是决定输出高、低电压的分界线。从电压传输特性曲线上看,V_{th} 的值界于 V_{OFF} 与 V_{ON} 之间,而 V_{OFF} 与 V_{ON} 的实际值又差别不

大，所以，近似为 $V_{th} \approx V_{OFF} \approx V_{ON}$。$V_{th}$ 是一个很重要的参数，在近似分析和估算时，常把它作为决定与非门工作状态的关键值，即 $V_i > V_{th}$，与非门开门，输出低电平；$V_i < V_{th}$，与非门关门，输出高电平。V_{th} 又常被形象化地称为门槛电压，V_{th} 的值为 1.3～1.4 V。

(3) 抗干扰能力

抗干扰能力是指电路在干扰信号的作用下，维持原来逻辑状态的能力。实际上，TTL 门电路的输出高低电平电压不是一个值，而是一个范围，如图 3.3.10 所示。同样，它的输入高低电平电压也有一个范围，把在保证电路输出逻辑值不变（或者说 V_O 变化的范围不超过允许限度）的条件下，输入电平电压的允许波动范围称为输入端**噪声容限**。

图 3.3.11 中，若前一个门 G_1 输出为低电压，则后一个门 G_2 输入也为低电压。如果由于某种干扰，使 G_2 的输入低电压高于了输出低电压的最大值 $V_{OL(max)}$，从电压传输特性曲线上看，只要这个值不大于 V_{OFF}，G_2 的输出电压仍大于 $V_{OH(min)}$，即逻辑关系仍是正确的。因此，在输入低电压时，把关门电压 V_{OFF} 与 $V_{OL(max)}$ 之差称为**低电平噪声容限**，用 V_{NL} 来表示，即低电平噪声容限：

$$V_{NL} = V_{OFF} - V_{OL(max)} = 0.8\ \text{V} - 0.4\ \text{V} = 0.4\ \text{V} \tag{3.3.2}$$

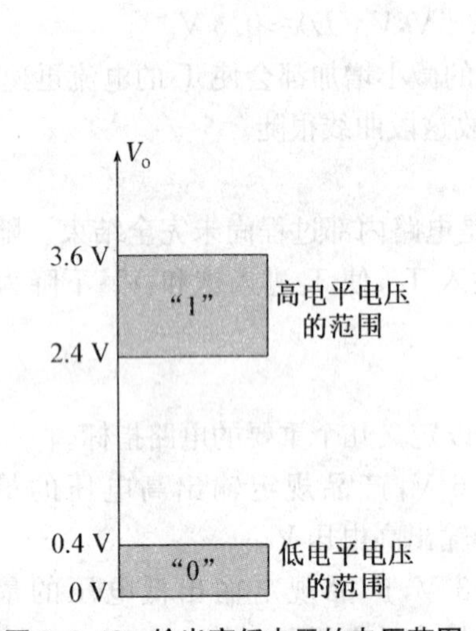

图 3.3.10　输出高低电平的电压范围

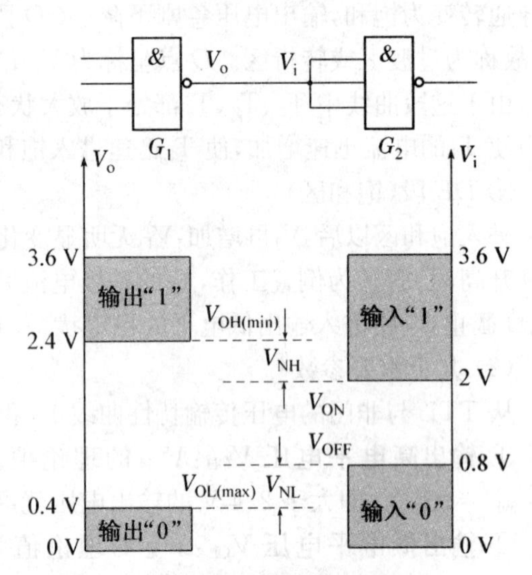

图 3.3.11　噪声容限图解

若前一个门 G_1 输出为高电压，则后一个门 G_2 输入也为高电压。如果由于某种干扰，使 G_2 的输入低电压低于了输出高电压的最小值 $V_{OH(min)}$，从电压传输特性曲线上看，只要这个值不小于 V_{ON}，G_2 的输出电压仍小于 $V_{OL(max)}$，逻辑关系仍是正确的。因此，在输入高电压时，把 $V_{OH(min)}$ 与开门电压 V_{ON} 之差称为**高电平噪声容限**，用 V_{NH} 来表示，即高电平噪声容限：

$$V_{NH} = V_{OH(min)} - V_{ON} = 2.4\ \text{V} - 2.0\ \text{V} = 0.4\ \text{V} \tag{3.3.3}$$

7400 系列门电路高电平噪声容限 V_{NH} 和低电平噪声容限 V_{NL} 一般均约为 0.4 V。

噪声容限反映了门电路的抗干扰能力指标。显然，噪声容限越大，电路的抗干扰能力越强。由此可知，二值数字逻辑中的"0"和"1"都是允许有一定的容差的，这也正是数字电路的一个突出的特点。

4. TTL 与非门的带负载能力

在数字系统中，门电路的输出端一般都要与其他门电路的输入端相连，称为带负载。像图 3. 3. 12 所示的那样，前边的与非门 G_0 叫做驱动门，后边的 G_1、G_2、G_3、…、G_n 叫做负载门。负载门的多少会对驱动门的特性带来怎样的影响？一个驱动门门电路最多允许带几个同类的负载门？下面就来讨论这个问题。

(1) 输入低电平电流 I_{IL} 与输入高电平电流 I_{IH}

这是两个与带负载能力有关的电路参数指标。

① 输入低电平电流 I_{IL}

输入低电平电流 I_{IL} 是指当门电路的输入端接低电平时，从门电路输入端流出的电流。根据图 3. 3. 13 中 TTL 与非门电路的数据，可以算出 $I_{IL}=\dfrac{V_{CC}-V_{B1}}{R_{b1}}=\dfrac{5-1}{4}=1(\text{mA})$，产品规定 $I_{IL}<1.6\ \text{mA}$。

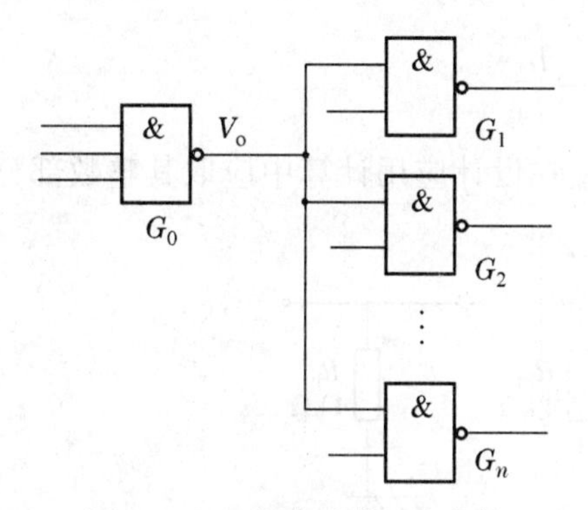

图 3. 3. 12　门电路带 n 个负载

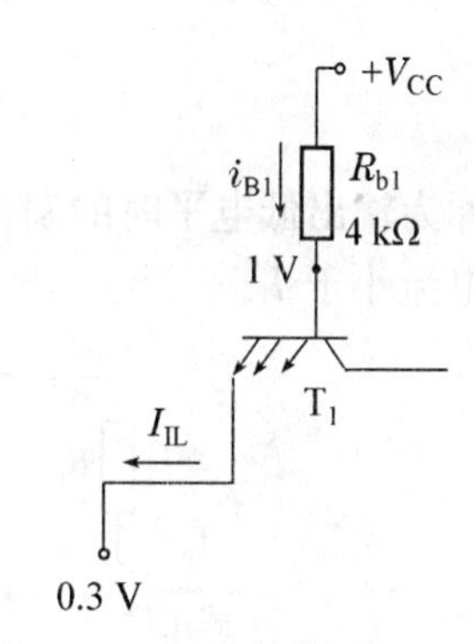

图 3. 3. 13　输入低电平电流 I_{IL}

② 输入高电平电流 I_{IH}

输入高电平电流 I_{IH} 是指当门电路的输入端接高电平时，流入输入端的电流。有两种不同的情况，如图 3. 3. 14 所示。

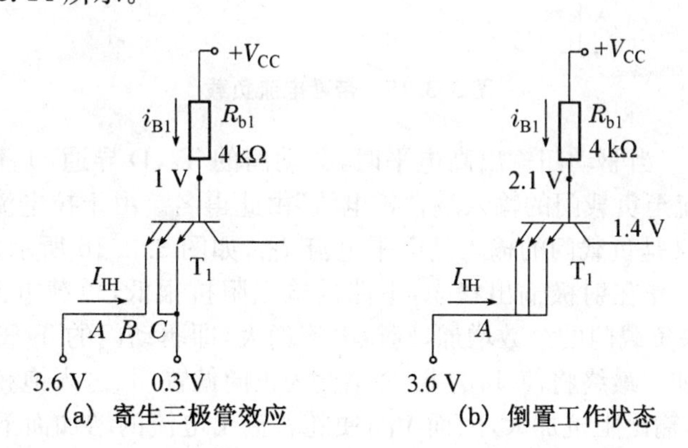

图 3. 3. 14　输入高电平电流 I_{IH}

a. 寄生三极管效应。当与非门一个输入端(如 A 端)接高电平，其他输入端接低电平，这时 $I_{IH}=\beta_P I_{B1}$，β_P 为寄生三极管的电流放大系数。

b. 倒置工作状态。当与非门的输入端全接高电平，这时，T_1 的发射结反偏，集电结正偏,工作于倒置的放大状态。这时 $I_{IH}=\beta_i I_{B1}$,β_i 为倒置放大的电流放大系数。

由于 β_p 和 β_i 的值都远小于1,所以 I_{IH} 的数值比较小,产品规定 $I_{IH}<40\ \mu A$。

(2) 带负载能力

驱动门在输出不同的高低电平时,其负载情况也是不同的。

① 灌电流负载。当与非门输出端带几个同类型的与非门时,在驱动门输出低电平时,驱动门的 T_4、D 截止,T_3 导通。这时有电流从负载门的输入端灌入驱动门的 T_3 管,T_3 管是接受电流的,"灌电流"由此得名。灌电流的来源是负载门的输入低电平电流 I_{IL},如图 3.3.15 所示。很显然,负载门的个数增加,灌电流增大,即驱动门的 T_3 管集电极电流 I_{C3} 增加。当 $I_{C3}>\beta I_{B3}$ 时,T_3 脱离饱和,输出低电平升高。所以使用时,灌电流负载要受到一定限制。前面提到过输出低电平不得高于 $V_{OL(max)}=0.4$ V。因此,把输出低电平时允许灌入输出端的电流定义为**输出低电平电流** I_{OL},这是门电路的一个参数,产品规定 $I_{OL}=16$ mA。由此可得出,输出低电平时所能驱动同类门的最多个数为

$$N_{OL}=\frac{I_{OL}}{I_{IL}} \tag{3.3.4}$$

式中 N_{OL} 称为**输出低电平时的扇出系数**。N_{OL} 在设计应用计算中应取其整数部分,以保证实际灌入电流小于 I_{OL}。

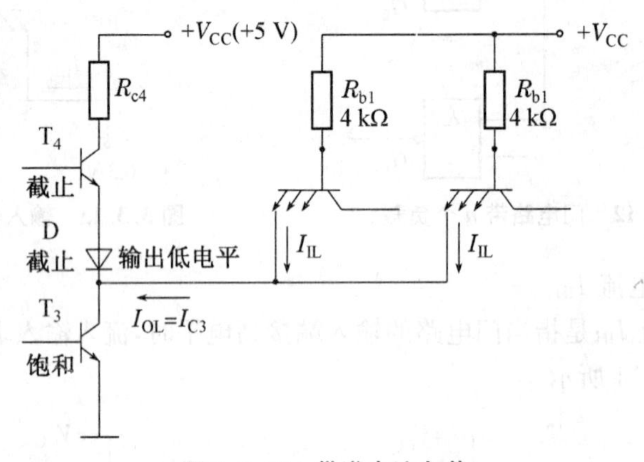

图 3.3.15 带灌电流负载

② 拉电流负载。当驱动门输出高电平时,驱动门的 T_4、D 导通,T_3 截止。有电流从驱动门的 T_4、D 出来流至负载门的输入端,"拉电流"由此得名。由于拉电流是驱动门 T_4 的发射极电流 I_{E4},同时又是负载门的输入高电平电流 I_{IH},如图 3.3.16 所示。在负载电流较小时,由于驱动门 T_4 工作在射极输出状态,电路的输出阻抗很低,负载电流的变化使驱动门 V_{OH} 变化很小。如果负载门的个数增加,则拉电流增大,即驱动门的 T_4 管发射极电流 I_{E4} 增加,R_{C4} 上的压降增加。最终将使 T_4 的 b-c 结变为正向偏置,T_4 进入饱和状态。这时,T_4 将失去射极跟随能力,输出阻抗加大,因而 V_{OH} 便随着输出电流的增加而下降。所以使用时,拉电流负载也要受到限制。前面提到过输出高电平不得低于 $V_{OH(min)}=2.4$ V。因此,把输出高电平时允许拉出输出端的电流定义为**输出高电平电流** I_{OH},这也是门电路的一个参数,产品规定 $I_{OH}=0.4$ mA。由此可得出,输出高电平时所能驱动同类门最多的个数为

$$N_{OH}=\frac{I_{OH}}{I_{IH}} \tag{3.3.5}$$

式中 N_{OH} 称为**输出高电平时的扇出系数**。N_{OH} 在设计应用计算中也应该取其整数部分。

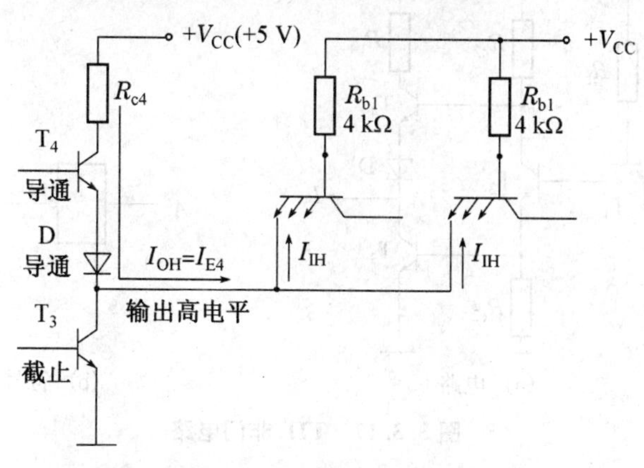

图 3.3.16　带拉电流负载

通常基本的 TTL 与非门电路，其扇出系数约为 10，而性能更好的门电路的扇出数最高可达 30～50。一般 TTL 器件的数据手册中，并不给出扇出系数，而须用计算或用实验的方法求得，并要注意在设计时留有余地，以保证数字电路或系统能正常地运行。由于输出低电平电流 I_{OL} 一般大于输出高电平电流 I_{OH}，N_{OL} 也不一定等于 N_{OH}，因而在实际工程设计中，常取两者中的较小值作为门电路的扇出系数，用 N_O 表示。

【例 3.3.1】　试计算基本的 TTL 与非门 7410 带同类门时的扇出系数。

解　(1) 从 TTL 数据手册可查到 7410 的参数如下：

$$I_{OL}=16\ \text{mA},\quad I_{IL}=-1.6\ \text{mA}$$

$$I_{OH}=0.4\ \text{mA},\quad I_{IH}=0.04\ \text{mA}$$

数据前的负号表示电流的流向，对于灌电流负载取负号，计算时只取绝对值。

(2) 根据式(3.3.4)，可计算低电平输出时的扇出系数：

$$N_{OL}=\frac{16\ \text{mA}}{1.6\ \text{mA}}=10$$

(3) 根据式(3.3.5)，可计算高电平输出时的扇出系数：

$$N_{OL}=\frac{0.4\ \text{mA}}{0.04\ \text{mA}}=10$$

可见，这时 $N_{OL}=N_{OH}$。如前所述，若 $N_{OL}\neq N_{OH}$，则取较小的作为电路的扇出系数。

3.3.2　其他功能的 TTL 门电路

对图 3.3.1 所示的基本 TTL 与非门电路的结构做些改进，就可以得到其他逻辑功能的 TTL 逻辑门电路，如 TTL 非门、或非门、与或非门、集电极开路门和三态输出门电路等，下面分别加以讨论。

1. TTL 非门

将图 3.3.1 的 TTL 与非门电路中的 T_1 管改为一个发射极的三极管就成为形如图 3.3.17 的非门电路。很容易验证，该电路实现的非逻辑关系为 $L=\overline{A}$。

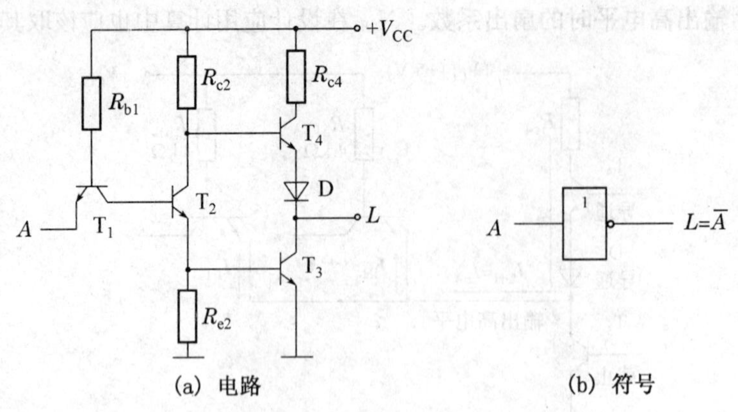

(a) 电路 (b) 符号

图 3.3.17 TTL 非门电路

2. TTL 或非门

TTL 或非门电路如图 3.3.18 所示。图中 T_{1B}、T_{2B}、R_{1B}组成的部分与 T_{1A}、T_{2A}、R_{1A}组成的部分完全相同。A、B 两输入端中只要有一个为高电平，则 T_{2A}或 T_{2B}饱和导通，使 T_3也饱和导通，L 输出低电平；只有当 A、B 两输入端都为低电平时，T_{2A}和 T_{2B}才都截止，T_3也截止，输出 L 为高电平。电路实现了或非功能，即 $L=\overline{A+B}$。

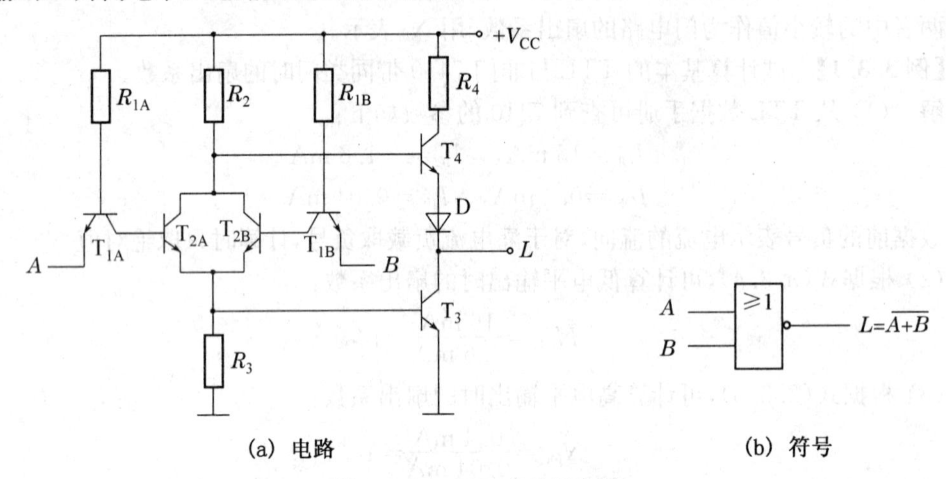

(a) 电路 (b) 符号

图 3.3.18 TTL 或非门电路

3. TTL 与或非门

将图 3.3.18 所示的 TTL 或非门电路中 T_{1A}、T_{1B}都换成多发射极三极管，就成为 TTL 与或非门电路，如图 3.3.19 所示。用前面介绍的与非门和或非门的分析方法，很容易分析得出，该电路实现的是与或非逻辑功能，即 $L=\overline{A_1A_2+B_1B_2}$。

4. 集电极开路门(OC 门)

在工程实践中，有时需要将几个门的输出端直接并联使用，以实现与逻辑，这种接法称为“线与”。TTL 门电路的输出结构决定了它不能进行线与。

如果将 G_1、G_2两个 TTL 与非门的输出直接连接起来，如图 3.3.20 所示，当 G_1输出为高电平，G_2输出为低电平时，从 G_1的电源 V_{CC}通过 G_1的 T_4、D 到 G_2的 T_3，形成一个低阻通路，产生很大的电流，致使输出既不是高电平也不是低电平的不确定状态而导致电路出错，

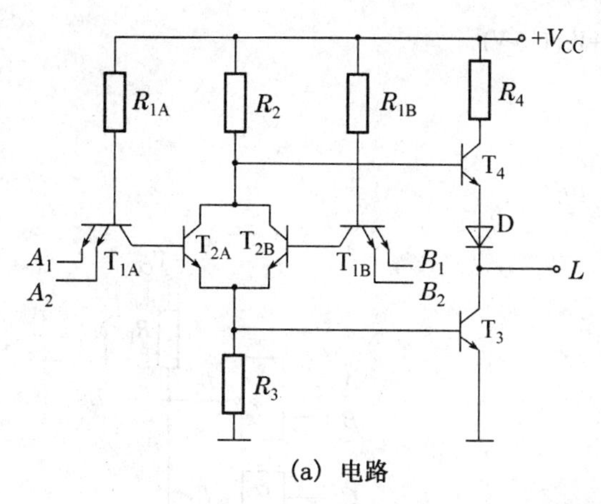

(a) 电路　　　　(b) 符号

图 3.3.19 TTL 与或非门电路

逻辑功能将被破坏，而且极有可能烧毁器件，使门电路不能正常工作。所以，普通的 TTL 门电路是不能进行线与的。

为满足实际应用中实现线与的要求，专门生产了一种可以进行线与的门电路——集电极开路门，简称 OC 门(Open Collector)。图 3.3.21(a)为 OC 门的内部电路结构，它是在 TTL 门的输出极电路中，取消了 R_4、T_4 和二极管 D 三个元件，使 T_3 的集电极处在开路状态直接作为输出端。图 3.3.21(b)是 OC 门的逻辑符号。

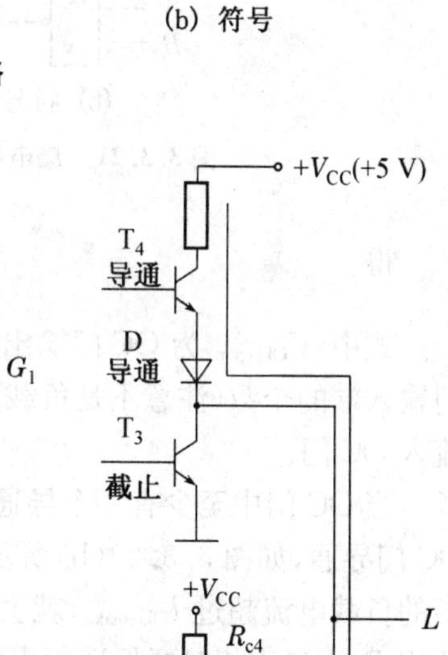

图 3.3.20 普通 TTL 门电路输出的并联

OC 门主要有以下几方面的应用：

(1) 实现线与

2 个 OC 门实现线与时的电路如图 3.3.22 所示。此时的逻辑关系为

$$L=L_1\cdot L_2=\overline{AB}\cdot\overline{CD}=\overline{AB+CD} \qquad (3.3.6)$$

即在输出线上实现了与运算。由式 3.3.6 可知，利用图 3.3.22 类型的线与电路可以很方便地实现与或非运算。

在使用 OC 门进行线与时，外接上拉电阻 R_P 的选择非常重要，只有 R_P 选择得当，才能保证 OC 门输出满足要求的高电平和低电平。

假定有 n 个 OC 门的输出端并联，后面接 m 个普通的 TTL 与非门作为负载，如图 3.3.23 所示，则 R_P 的选择按以下两种最坏情况考虑：

当所有的 OC 门都截止时，输出 V_o 应为高电平，如图 3.3.23(a)所示。这时 R_P 不能太大，如果 R_P 太大，则其上压降太大，输出高电平就会太低。因此，当 R_P 为最大值时要保证输出电压为 $V_{OH(min)}$，由

$$V_{CC}-V_{OH(min)}=m'\cdot I_{IH}\cdot R_{P(max)} \qquad (3.3.7)$$

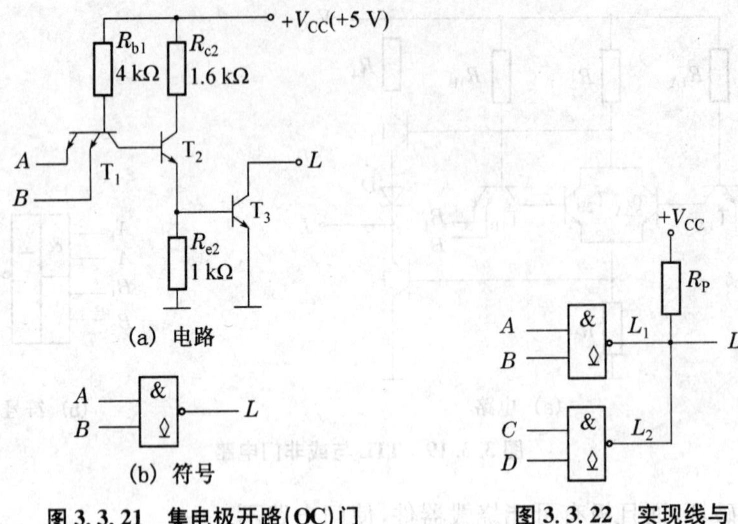

图 3.3.21　集电极开路(OC)门　　图 3.3.22　实现线与

得
$$R_{P(max)}=\frac{V_{CC}-V_{OH(min)}}{m'\cdot I_{IH}} \quad (3.3.8)$$

式中：$V_{OH(min)}$为 OC 门输出高电平的下限值；I_{IH}为负载门的输入高电平电流；m'为负载门输入端的个数(注意不是负载门的个数)。因 OC 门中的 T_3 管都截止，可以认为没有电流流入 OC 门。

当 OC 门中至少有一个导通时，输出 V_o应为低电平。我们考虑最坏情况，即只有一个 OC 门导通，如图 3.3.23(b)所示。这时 R_P不能太小，如果 R_P太小，则灌入导通的那个 OC 门的负载电流超过 $I_{OL(max)}$，就会使 OC 门的 T_3 管脱离饱和，导致输出低电平电压上升。因此当 R_P为最小值时要保证输出电压为 $V_{OL(max)}$。由

$$I_{OL(max)}=\frac{V_{CC}-V_{OL(max)}}{R_{P(min)}}+m'\cdot I_{IL} \quad (3.3.9)$$

得
$$R_{P(min)}=\frac{V_{CC}-V_{OL(max)}}{I_{OL(max)}-m'\cdot I_{IL}} \quad (3.3.10)$$

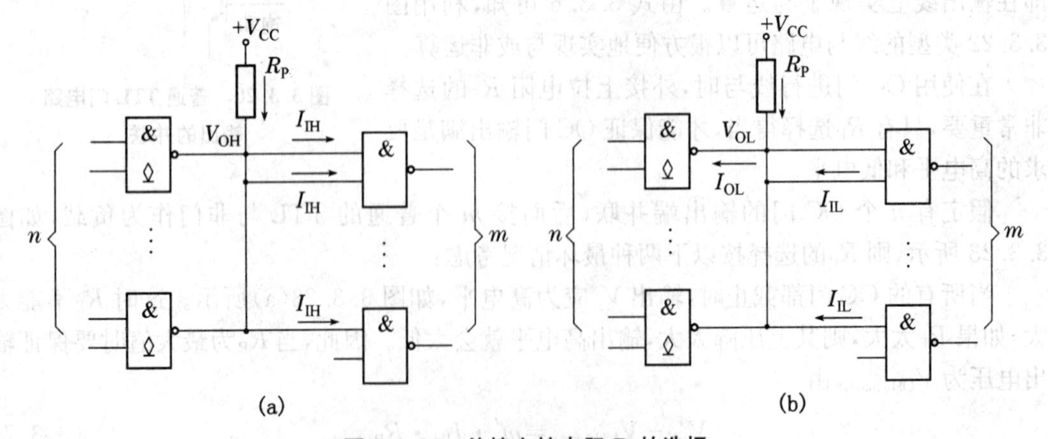

图 3.3.23　外接上拉电阻 R_P的选择

式中：$V_{OL(max)}$为 OC 门输出低电平的上限值；$I_{OL(max)}$为 OC 门输出低电平时的灌电流能力；I_{IL}为负载门的输入低电平电流；m'为负载门输入端的个数。

综合以上两种情况，R_P可由式(3.3.11)确定。为了减小负载电容的影响，应该选取靠近 $R_{P(min)}$的标称值电阻。通常，R_P应选 1 kΩ 左右的电阻。

$$R_{P(min)} < R_P < R_{P(max)} \tag{3.3.11}$$

(2) 实现电平转换

OC 门可以作为在数字系统的接口电路(与外部设备相连接的地方)，能很方便地实现逻辑电平转换。如图 3.3.24 把上拉电阻接到 10 V 电源上，这样在 OC 门输入普通的 TTL 电平，而输出高电平就可以高达 10 V。

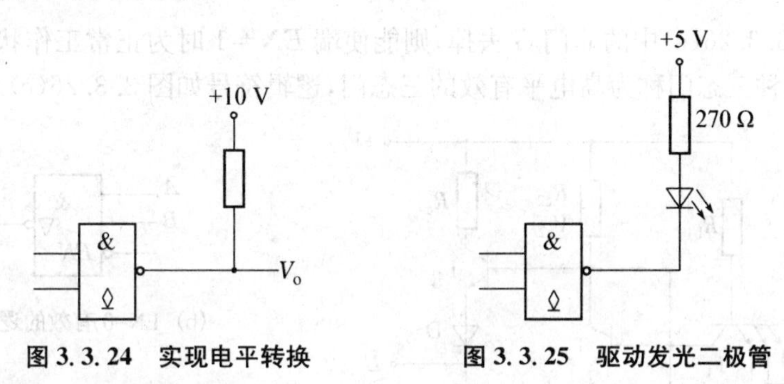

图 3.3.24　实现电平转换　　图 3.3.25　驱动发光二极管

(3) 驱动显示器件和执行机构

OC 门可以直接驱动发光二极管 LED 和执行机构如干簧继电器、脉冲变压器等，如图 3.3.25 是用来驱动发光二极管的电路。应用中 V_{CC}和限流电阻的值要根据 OC 门和 LED、执行机构的正常工作电流等来确定。

5. 三态输出门

三态输出门(Tristate Logic，TSL)简称三态门，是一种特殊的门电路，它有三种输出状态，即在原有输出高电平、低电平两种工作状态的基础上，多了一种高阻抗状态(相当于隔离状态)。输出高阻抗状态时，表示其输出端悬浮，相当于与输入电路隔离开来。此时，三态门电路的输出与其输入变量状态没有关系。

(1) 三态输出门的电路结构

TTL 三态门的电路是在 TTL 与非门基础上增加控制电路所构成的，典型电路如图 3.3.26(a)所示，其逻辑符号如图 3.3.26(b)和图 3.3.26(c)所示。

当 $EN=0$ 时，G 输出为 1，D_1截止，与 P 端相连的 T_1的发射结也截止。三态门相当于一个正常的二输入端与非门，输出 $L=\overline{AB}$，为与非门的正常工作状态。

当 $EN=1$ 时，控制门 G 输出为 0，即 $V_P=0.3$ V，这一方面使 D_1导通，$V_{C2}=1$ V，T_4、D 截止；另一方面使 $V_{B1}=1$ V，T_2、T_3也截止。这时从输出端 L 看进去，对地和对电源都相当于开路，呈现出高电阻。所以，称这种状态为高阻态、或禁止态。

这种 $EN=0$ 时为正常工作状态的三态门称为低电平有效的三态门，其逻辑符号如图 3.3.26(b)所示。根据以上分析，可以得到三态门电路的真值表如表 3.3.2 所示。

表 3.3.2 TTL 三态门电路的真值表

输入			输出	功能说明
EN	A	B	L	
0	0	0	1	与非门 $L=\overline{AB}$
0	0	1	1	
0	1	0	1	
0	1	1	0	
1	×	×	高阻	高阻抗状态

如果将图 3.3.26(a)中的非门 G 去掉，则能使端 $EN=1$ 时为正常工作状态，$EN=0$ 时为高阻状态，这种三态门称为高电平有效的三态门，逻辑符号如图 3.3.26(c)。

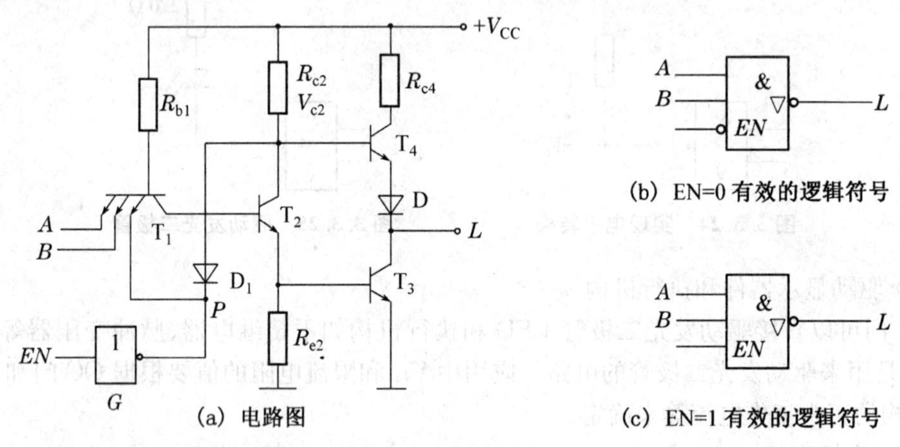

图 3.3.26 三态输出与非门

(2) 三态输出门的应用

三态门的基本应用是在数字系统中构成总线。

① 用三态门构成单向总线

图 3.3.27(a)为用三态门构成的单向数据总线。图中的总线是由多个三态门的输出连接而成。在任何时刻，仅允许其中一个三态门的输入控制端 EN 为 1，使输入数据从经过这个三态门反相后，单向送到总线上，而其他的 EN 都为 0，使它们的三态门都处于高阻态，对传送的数据没有影响。从而实现信号的分时传送。

注意：在某一时刻不允许电路同时有两个或两个以上的 EN 为 1，否则，总线传送的数据就会出错，甚至损坏器件。

② 实现数据的双向传输

图 3.3.27(b)所示的电路为三态门组成的双向总线，能够实现数据的双向传输。图中用了两个三态非门。当 EN 为高电平时，三态门 G_1 处于正常工作，三态门 G_2 为高阻态，输入数据 D_1 经 G_1 反相后为 $\overline{D_1}$ 送到数据总线上；当 EN 为低电平时，三态非门 G_2 处于正常工作，G_1 为高阻态，总线上的数据 D_O 经 G_2 反相后输出 $\overline{D_O}$。可见，通过改变控制信号 EN，就实现了信号的分时双向传送。

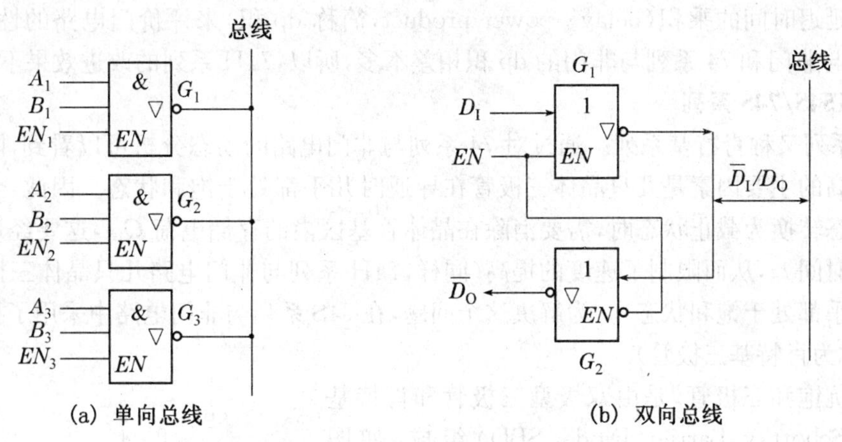

(a) 单向总线　　(b) 双向总线

图 3.3.27　三态门组成的总线

3.3.3　其他系列的 TTL 门电路

前面分析的典型 TTL 与非门电路属于 CT54/74 系列，为了提高门电路的工作速度和降低功耗，对 CT54/74 系列 TTL 门电路进行改进，相继研制出了 CT54H/74 H 系列、CT54S/74 S系列和 CT54LS/74 LS 系列。

1. CT54H/74H 系列

CT54H/74H 系列又称高速系列，图 3.3.28 所示为 CT54H/74H 系列与非门的典型电路。为了减小门的传输延迟时间，在电路结构上采取了两条措施：一个是在输出级采用了达林顿结构，用 T_3、T_4 复合管代替原来的 T_4、D 管；另一个是将所有的电阻的阻值比 CT54/74 系列的减小了一半。采用达林顿结构提高了带拉电流的负载能力，同时也加快了对负载电容的充电速度，加上电路中阻值的减小，使得 CT54H/74H 系列与非门的平均传输时间比 74 系列缩短了将近一半，达到 6 ns 左右。所以，CT54H/74H 系列称为高速系列。

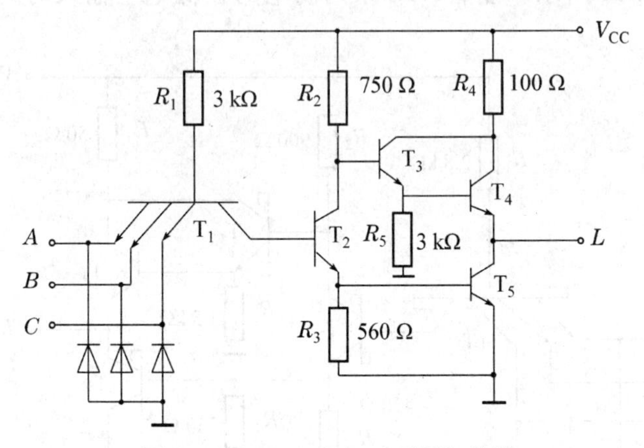

图 3.3.28　CT54H/74H 系列与非门

但是，由于电阻阻值的减小，使电路的静态功耗增加。74H 系列与非门电路的电源平均电流约为 74 与非门系列的两倍。所以，74H 系列工作速度的提高是靠增加功耗换来的。

性能比较好的门电路应该是工作速度快、功耗又小的门电路，通常用**功耗-延迟积**即功耗和传输延迟时间的乘积(delay—power product,简称 dp 积)来评价门电路的性能优劣。74H 系列与非门和 74 系列与非门的 dp 积相差不多,所以,74H 系列的改进效果不够理想。

2. CT54S/74S 系列

74S 系列又称肖特基系列。通过对 74 系列与非门电路的动态分析可以看到,限制与非门速度提高的主要因素是几只晶体三极管在导通时几乎都处于饱和状态。因此,当晶体管由饱和状态转换为截止状态时,需要消除在晶体管基区内的存储电荷 Q_{BS},这要经过一段较长的存储时间 t_S,从而限制了速度的提高(同样,74H 系列与非门电路几只晶体三极管在导通时也几乎都处于饱和状态)。为解决这个问题,在 74S 系列与非门电路中采用了抗饱和三极管(或称为肖特基三极管)。

所谓抗饱和三极管,是由双极型三极管和肖特基二极管(Schottky Barrier Diode, SBD)组成,如图 3.3.29 所示。SBD 管是借助于金属铝和 N 型硅的接触势垒产生整流作用,它具有正向导通压降小(约为 0.1～0.3 V)、本身无电荷存储作用及开关速度快等特点。所以,将肖特基二极管并接在三极管的基极 b 和集电极 c 之间,如图 3.3.29(a)所示。当晶体三极管进入正向偏置时,SBD 管导通,将三极管的集电结电压钳制在 0.3 V 左右,同时 SBD 管还将三极管基极的过驱动电流分流到集电极,从而使三极管工作在临界饱和状态,因此大大提高了工作速度。通常在电路中用图 3.3.29(b)表示。

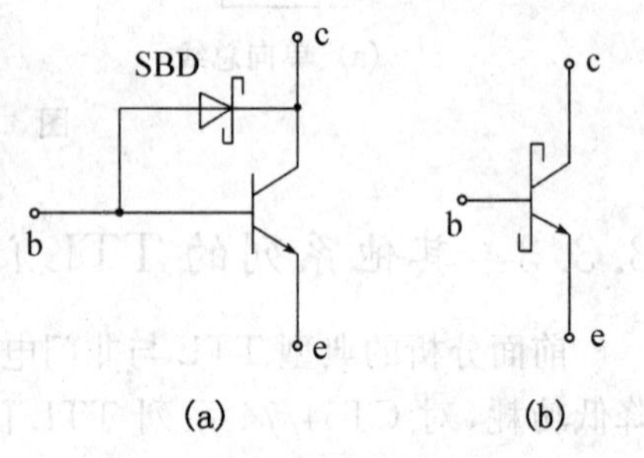

图 3.3.29 抗饱和晶体管

图 3.3.30 所示为 CT54S/74S 系列的典型与非门电路,它除了采用抗饱和三极管 T_1、T_2、T_3、T_4、T_5、T_6外,还以 T_6、R_3、R_6组成的有源网络代替图 3.3.28 中的电阻 R_3,这为 T_3管的基极提供了有源泄放回路。另一方面,由于 T_6管的作用,输入电压必须达到 1.4 V,T_2管才开始导通,输出电压才开始下降,不存在 T_2导通、T_3仍截止的情况,所以有较好的电压传输特性,如图 3.3.31 所示。显然,74S 系列门电路在低电平输入时的抗干扰能力得到提高。

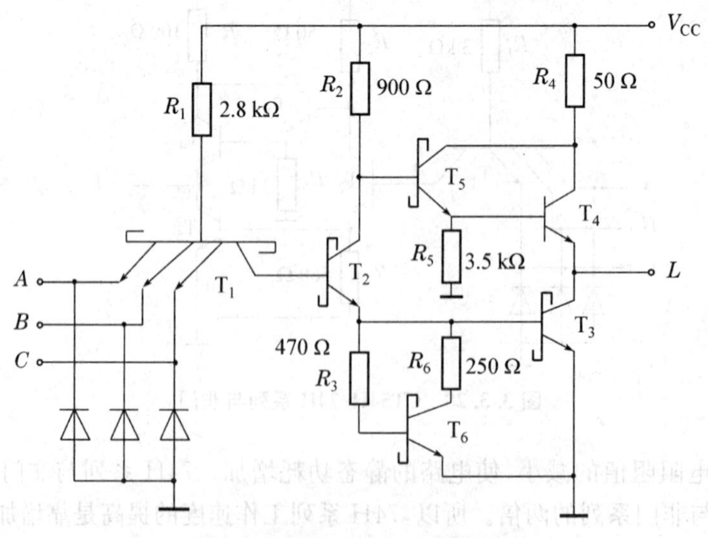

图 3.3.30 CT54S/74S 系列

但是，由于T_3管工作在临界饱和状态，使输出低电平数值有所增加，最大值可达0.5 V左右。另外，由于74S系列门电路的电阻阻值减小，使静态功能有所增加，它的平均传输延迟时间大约为3 ns，静态平均功耗约为19 mW，其dp积较54/74、54H/74H有所改善。

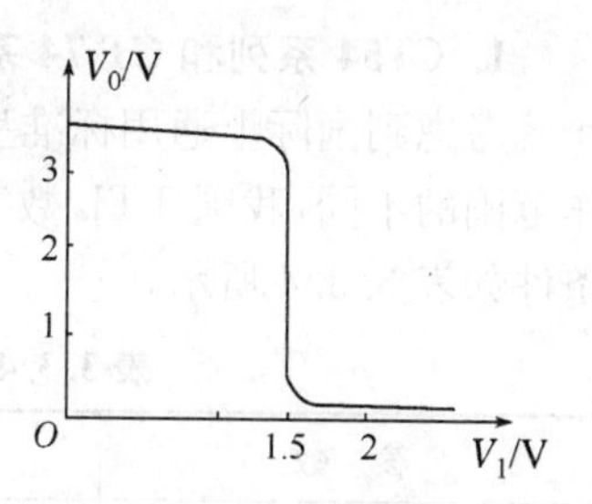

图3.3.31　CT54S/74S系列电压传输特性

3. CT54LS/74LS系列

74LS(Low-power Schottky TTL)系列，也称为低功耗肖特基系列，是为了得到更小的延时-功耗积，在兼顾功耗和速度两方面的基础上，进一步开发出来的。

图3.3.32所示为CT54LS/74LS系列与非门的典型电路。与74S系列相比，为了降低功耗，首先是将电路中各个电阻的阻值增大了，同时将R_5接地的一端改接到输出端，以减小T_3管导通时R_5上的功耗。采取这些措施后，74LS系列的功耗约为74系列的1/5或74H系列的1/7。由于电阻阻值的加大，势必会影响电路的工作速度。但74LS系列电路中将多射管T_1用SBD管代替，因为这种二极管无电荷存储效应，有利于提高工作速度。同时为了进一步加速电路开关状态的转换过程，又接入了D_3、D_4这两个SBD管。当输出端由高电平转换为低电平时，D_4管经T_2管的集电极、T_5管的基极为输出端的负载电容提供了另一条放电回路，这既加快了负载电容的放电过程，又增加了T_5管的基极驱动电流，故加快了T_5管的导通过程。同时D_3管也通过T_2管的集电极为T_4管的基极提供了一个泄放回路，加快了T_4管的截止速度，从而大大缩短了传输延迟时间。故解决了前面几种系列中为提高工作速度和降低功耗所采取措施的矛盾，所以，74LS系列在四种系列中dp积最小。

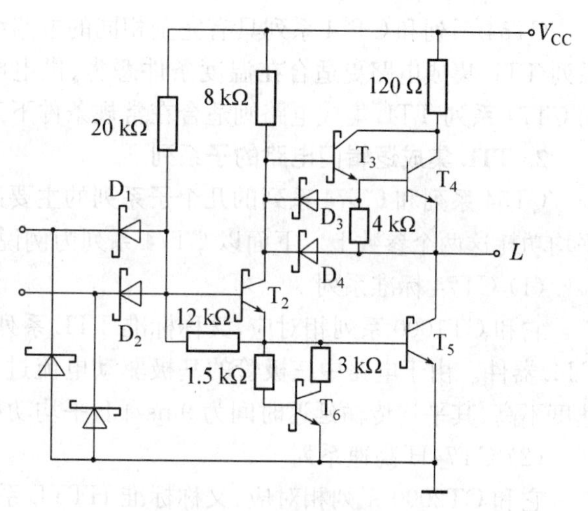

图3.3.32　CT54LS/74LS系列

表3.3.3给出了四种TTL系列主要性能的比较。

表3.3.3　TTL系列器件主要性能比较

性能	CT54/74	CT54H/74H	CT54S/74S	CT54LS/74LS
(t_{pd}/门)/ns	10	6	3	10
(p/门)/mW	10	22	19	2
dp/(ns-mW)	100	135	80	20
最高工作频率/mHz	35	50	125	45

3.3.4　TTL数字集成电路的系列

TI公司最初生产的TTL电路取名SN54/74系列，我们称之为TTL基本系列。

1. CT54 系列和 CT 74 系列

考虑到国际上通用标准型号和我国国家标准，根据工作温度的不同和电源电压允许工作范围的不同，我国 TTL 数字集成电路分为 CT54 系列和 CT74 系列两大类。它们的工作条件如表 3.3.4 所示。

表 3.3.4 CT54 系列和 CT74 系列器件工作条件的对比

参数	CT54 系列			CT74 系列		
电源电压/V	4.5	5.0	5.5	4.75	5	5.25
工作温度/℃	−55	25	125	0	25	70

CT54 系列和 CT74 系列具有完全相同的电路结构和电气性能参数。所不同的是 CT54 系列 TTL 集成电路更适合在温度条件恶劣、供电电源变化大的环境中工作，常用于军品；而 CT74 系列 TTL 集成电路则适合在常规条件下工作，常用于民品。

2. TTL 集成逻辑门电路的子系列

CT54 系列和 CT74 系列的几个子系列的主要区别在于它们的平均传输延迟时间 t_{pd} 和平均功耗这两个参数上。下面以 CT74 系列为例说明它的各子系列的主要区别。

(1) CT74 标准系列

它和 CT1000 系列相对应，又称标准 TTL 系列，为 TTL 集成电路的早期产品，属中速 TTL 器件。由于电路中三极管的基极驱动电流过大，它们都工作在深饱和状态，因此工作速度不高，其平均传输延迟时间为 9 ns/门，平均功耗约为 10 mW/门。

(2) CT74H 高速系列

它和 CT2000 系列相对应，又称标准 HTTL 系列，它为 CT74 标准系列的改进型产品。和 CT74 标准系列相比，电路结构上主要做了两点改进：

① 输出级采用了达林顿结构。

② 大幅度地降低了电路中电阻的阻值，从而提高了工作速度和负载能力。但电路的平均功耗增加了。该系列的平均传输延迟时间为 6 ns/门，平均功耗约为 22.5 mW/门。

(3) CT74L 低功耗系列

又称 LTTL 系列，电路中的电阻阻值很大，因此，电路的平均功耗很小，约为 1 mW/门。但平均传输延迟时间较长，约为 33 ns/门。

(4) CT74S 肖特基系列

它和 CT3000 系列相对应，又称 STTL 系列。由于电路中采用了抗饱和三极管，有效地降低了三极管的饱和深度，同时，电阻的阻值也不大，从而提高了电路的工作速度，其平均传输延迟时间缩短为 3 ns/门。在 TTL 各子系列中，它的工作速度是很高的，但电路的平均功耗较大，约为 19 mW。

(5) CT74LS 低功耗肖特基系列

它和 CT4000 系列相对应，又称 LSTTL 系列。一方面电路中采用了抗饱和三极管和肖特基二极管来提高工作速度；另一方面通过加大电路中电阻的阻值来降低电路的功耗，从而达到使电路既具有较高的工作速度，又有较低的平均功耗。其平均传输延迟时间为 9.5 ns/门，平均功耗约为 2 mW/门。

(6) CT74AS 先进肖特基系列

又称 ASTTL 系列，它是 CT74S 系列的后继产品，其电路结构和 CT74S 系列基本相同。由于电路中的电阻阻值很低，因此，提高了工作速度，其平均传输延迟时间为 3 ns/门，但平均功耗较大，约为 8 mW/门。

(7) CT74ALS

先进低功耗肖特基系列，又称 ALSTTL 系列，它是 CT74L5 系列的后继产品。电路中采用了较高的电阻阻值，并通过改进生产工艺和缩小内部器件的尺寸，从而降低了电路的平均功耗、提高了工作速度，其平均传输延迟时间约为 3.5 ns/门，平均功耗约为 1.2 mW/门。

3. 各系列 TTL 集成逻辑门电路性能的比较

一个理想的门电路应具有工作速度高、平均功耗低和抗干扰能力强的特点，然而要同时做到这三点是很困难的，只能做折中的选择。常用功耗-延迟积即 dp 积对门电路进行评价，门电路的 dp 值越小，其性能就越优美。表 3.3.5 中列出了 CT74 系列门电路的各子系列门电路最重要的参数。

表 3.3.5　TTL 集成逻辑门各子系列重要的参数比较

TTL 子系列	标准 TTL	LTTL	HTTL	STTL	LSTTL	ASTTL	ALSTTL
系列名称	CT7400	CT74L00	CT74H00	CT74S00	CT74LS00	CT74AS00	CT74ALS00
工作电压/V	5	5	5	5	5	5	5
平均功耗(每门)/mW	10	1	22.5	19	2	8	1.2
平均传输延迟时间/ns	9	33	6	3	9.5	3	3.5
功耗-延迟积/(mW-ns)	90	33	135	57	19	24	4.2
最高工作频率/MHz	40	13	80	130	50	130	100
典型噪声容限/V	1	1	1	0.5	0.6	0.5	0.5

由表 3.3.5 可看出，标准 TTL 和 HTTL 两个子系列的功耗-延迟积最大，综合性能较差，目前使用较少。而 LSTTL 子系列的功耗-延迟积很小，是一种性能优越的 TTL 集成电路，其生产量大、品种多，而且价格便宜，是目前 TTL 数字集成电路的主要产品。ALSTTL 子系列的性能虽然比 LSTTL 有较大改善，但品种少，价格也较高，产量仍不及 LSTTL 系列。逻辑门的工作频率有最高工作频率 f_{max} 和实际使用中的最高工作频率 f_m，常取 $f_m \approx f_{max}/2$。

3.3.5　其他双极型集成逻辑门电路的特点

在双极型的数字集成电路中，除了 TTL 电路以外，还有二极管-三极管逻辑(DTL)、高阈值逻辑(High Threshold Logic，HTL)、发射极耦合逻辑(Emitter Coupled Logic，ECL)和集成注入逻辑(Integrated Injection Logic，I^2L 或 IIL)等几种逻辑电路。

DTL 是早期采用的一种电路结构形式，它的输入端是二极管结构，而输出端是三极管结构。因为它的工作速度比较低，很快就被 TTL 电路取代，已经极少使用了。

HTL 电路的特点是阈值电压比较高。当电源电压为 15 V 时，阈值电压达 7～8 V。因而它的噪声容限比较大，有较强的抗干扰能力。HTL 电路的主要缺点是工作速度比较低，所以多用在对工作速度要求不高而对抗干扰性能要求较高的一些工业控制设备中。目前，它已几乎完全为CMOS电路所取代。

下面介绍ECL和I²L两种电路的工作原理和主要特点。

1. 射极耦合逻辑门电路(ECL门电路)

ECL门电路是一种非饱和型高速逻辑门电路。它的工作速度比其他TTL电路快得多,是所有逻辑电路中工作速度最快的。它主要用于高速和超高速数字系统中。

(1) ECL门电路的结构和工作原理

图3.3.33(a)所示为ECL或非/或门的典型电路。它主要由输入级、基准电压和射极输出级三部分组成。图3.3.33(b)为其逻辑符号。

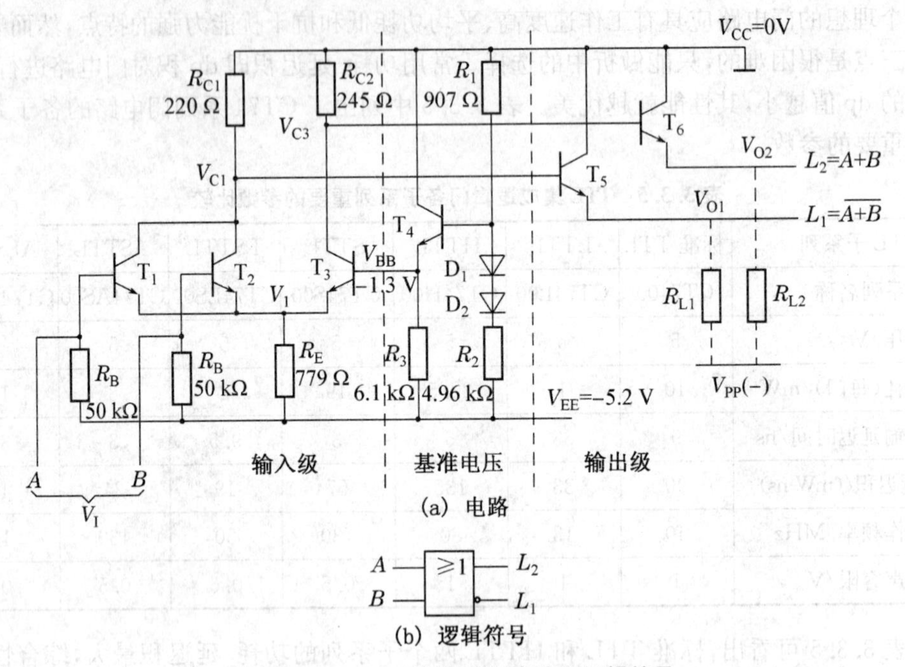

(a) 电路

(b) 逻辑符号

图3.3.33 ECL或非/或门电路和逻辑符号

电路的电源电压$V_{EE}=-5.2$ V,T_3基准电压$V_{BB}=-1.3$ V,由T_4组成的射极跟随器提供;A、B输入V_I的高电平$V_{IH}=-0.9$ V、低电平$V_{IL}=-1.75$ V;输出级为由T_5和T_6组成的射极跟随器,用以提高驱动外接负载的能力和实现电平移动,使输出的高、低电平与输入的高、低电平匹配。R_{L1}和R_{L2}为射极跟随器的外接负载。

ECL门电路的工作原理如下:

① 输入A、B都为低电平-1.75 V时,由于T_3基极电压$V_{BB}=-1.3$ V,大于A、B输入的低电平,因此,T_3优先导通,发射极电压$V_E=V_{BB}-V_{BE3}=(-1.3-0.7)$ V$=-2$ V,这时,T_1和T_2间电压只有0.25 V,小于其门限电压V_{th}(0.5 V),都工作在截止状态,集电极输出电压:$V_{C1}\approx 0$ V,经T_5发射极输出$V_{O1}=V_{CE5}=-0.7$ V,为高电平。又由于T_3导通,集电极输出电压V_{C3},约为-1 V,经T_6发射极输出$V_{O2}=-(V_{CE6}+V_{C3})=-(1.7+1)$ V$=-1.7$ V,为低电平。这时,T_3集电极为反偏,工作在放大状态。

由上分析可知,当输入A、B都为低电平时,输出L_1为高电平,L_2为低电平。

② 输入A、B中有高电平-0.9 V时,设A输入电压$V_A=-0.9$ V,大于V_{BB},T_1优先导通,发射极电压$V_A=V_E=V_AV_{BE1}=(-0.9-0.7)$ V$=-1.6$ V,使T_3截止,集电极输出电压

$V_{C3}=0\ V$，经 T_6 发射极输出 $V_{O2}=-V_{BE6}\approx-0.7\ V$。由于 T_1 导通，集电极输出 V_{C1} 约为 $-1\ V$，经 T_5 发射极输出 $V_{O1}=-(V_{BE5}+V_{C1})=-(0.7+1)V=-1.7\ V$，为低电平。这时，$T_1$ 集电极近为零偏，并没有工作在饱和状态。由于 T_1 和 T_2 两管并联，因此，输入 A、B 中任一或全部为高电平时，输出 L_1 为低电平，L_2 为高电平。

由上分析可知，输出 L_1 和 L_2 与输入 A、B 之间的逻辑关系为 $L_1=\overline{A+B}$，$L_2=A+B$。可见，图中所示的 ECL 电路具有或非/或逻辑功能。

(2) ECL 门电路的主要优点

① 开关速度高

由于 ECL 门电路中的三极管都工作在非饱和状态，它没有存储时间。电路中的电阻值和输出高、低电平差值都很小，缩短了电路各点电位的上升时间和下降时间。输出级为射极跟随器，输出电阻很小，负载电容充电时间很短，从而大大提高了电路的开关速度。其平均传输延迟时间 $t_{pd}=(0.5\sim3)$ns，工作频率 $f=(200\sim1\,000)$MHz。

② 负载能力强

因为采用了射极跟随器作为 ECL 门电路输出级，所以输出阻抗很低，可提供较大的负载电流，其扇出系数可达 90 以上。实际应用中，当扇出系数过大时，负载电容会随之增大，这样就降低了电路的工作速度。为了保证电路高速的优点，扇出系数不能过大，通常控制在 10 以内。

③ 逻辑组合灵活

ECL 门电路的或非/或两个互补输出端，给电路逻辑组合设计带来不少方便。

(3) ECL 门电路的主要缺点

① 抗干扰能力差

ECL 门电路输入的高、低电平的幅度变化范围较小，大约只有 0.8 V，所以它的噪声容限较小，抗干扰能力较差。

② 功耗大

ECL 电路所有三极管都工作在非饱和状态，同时电路中的电阻值又较小。因此，它的功耗比 TTL 门电路大，每门功耗大约在 40～60 mW。

③ 输出电平稳定度差

由于输出电平受 T_5、T_6 发射结导通压降和 T_1、T_3 的输出电压 V_{C1} 和 V_{C3} 的影响，因此输出电平的稳定度较差。

2. 集成注入逻辑门电路(I^2L 门电路)

集成注入逻辑门电路，又称 I^2L 或 IIL 门电路。其电路结构简单，功耗低，特别适合用于制造大规模和超大规模集成电路。

(1) I^2L 门电路的结构和工作原理

图 3.3.34(a)所示为 I^2L 门电路的基本逻辑单元电路。它由一个 PNP 型三极管 T_1 和一个多集电极 NPN 三极管 T_2 组成。T_1 基极接地，为共基电路，工作在恒流状态，并向 T_2 基极注入电流。因此，该电路又称为注入逻辑电路。图 3.3.34(b)为等效电路，图 3.3.34(c)和图 3.3.34(d)为简化电路和逻辑符号。下面讨论图 3.3.34(a)所示 I^2L 门电路的工作原理。

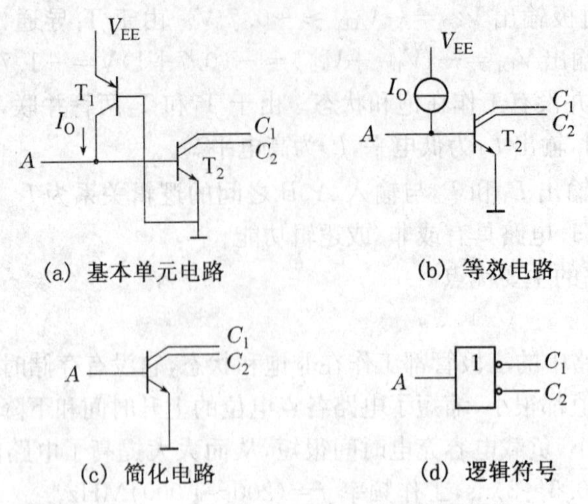

图 3.3.34 I²L 基本逻辑单元电路及逻辑符号

① 当输入 A 为低电平时，T_2截止，T_1的集电极电流 I_o从输入端 A 流出，输出 C_1和 C_2为高电平(通常 C_1和 C_2通过电阻接正电源)。

② 当输入 A 为高电平或悬空时，T_1集电极电流 I_o流入 T_2基极，T_2饱和导通，输出 C_1和 C_2为低电平。

根据以上分析，可知输出 C_1、C_2和输入 A 之间都为反相逻辑关系，是非门电路。

利用 I²L 门电路多集电极输出的特点，可很方便地构成其他较复杂的逻辑电路。图 3.3.35(a)所示为采用输出线与的方法构成或非门和非门，输出 $L=\overline{A}\cdot\overline{B}=\overline{A+B}$。另两个输出分别为$\overline{A}$和$\overline{B}$。

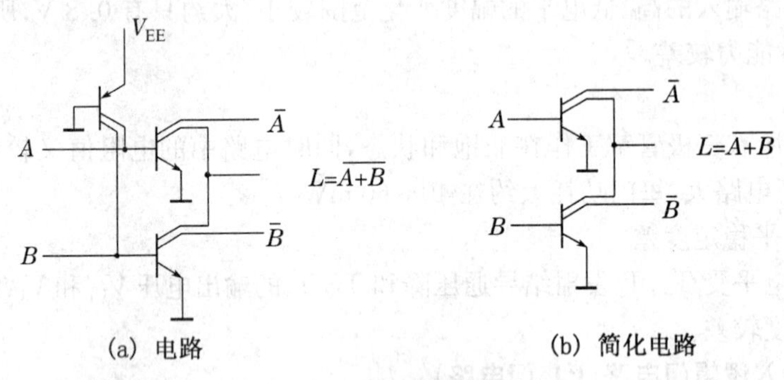

图 3.3.35 I²L 或非门/非门

(2) I²L 门电路的主要优点

① 电路结构简单，集成度高

I²L 门电路基本逻辑单元由一个 PNP 型三极管和一个 NPN 型三极管组成，电路简单，而且 PNP 型三极管可做成多集电极三极管，不需为每个逻辑单元都设置一个 PNP 型三极管，再加电路中没有电阻，各逻辑单元之间不需隔离，大大节约了芯片面积，提高了集成度。

② 工作电压低、功耗小

I²L 门电路的电源电压只要大于 0.8 V 就能正常工作，而且每个逻辑单元的工作电流可小于 1 nA。因此，它的功耗极低，集成度可做到很高。

③ 品质因数好

I^2L 门电路的功耗极小，平均传输延迟时间 t_{pd} 也不大。因此，功耗-延时积也很小，它的性能比其他 TTL 电路优越得多，较好地解决了功耗与速度之间的矛盾。

(3) I^2L 门电路的主要缺点

① 抗干扰能力差

I^2L 门电路输出的高电平约为 0.7 V、低电平约为 0.1 V，逻辑摆幅只有 0.6 V 左右。因此，它的抗干扰能力较差。

② 开关速度不够高

I^2L 门电路属饱和型逻辑电路，它的开关速度不可能很高，其平均传输延迟时间 t_{pd} 一般为 20～50 ns。

3.3.6 TTL 集成逻辑门电路的使用注意事项

1. 电源电压及电源干扰的消除

电源电压的变化对 54 系列应满足 5 V±10%、对 74 系列应满足 5 V±5%的要求，电源的正极和地线不可接错。为了防止外来干扰通过电源串入电路，需要对电源进行滤波，通常在印刷电路板的电源输入端接入 10～100 μF 成的电容进行滤波，在印刷电路板上，每隔6～8 个门加接一个 0.01～0.1 μF 的电容对高频进行滤波。

2. 输出端的连接

具有推拉输出结构的 TTL 门电路的输出不允许直接并联使用。输出端不允许直接接电源 V_{CC} 或直接接地。使用时，输出电流应小于产品手册上规定的最大值。三态输出门的输出可并联使用，但在同一时刻只能有一个门工作，其他门输出处于高阻状态。集电极开路门出端可并联使用，但公共输出端和电源 Vcc 之间应接负载电阻 R_L。

3. 闲置输入端的处理

TTL 集成门电路使用时，对于闲置输入端(不用的输入端)一般不悬空，主要是防止干扰信号从悬空输入端上引入电路。对于闲置输入的处理以不改变电路逻辑功能及工作稳定性为原则。常用的方法有以下几种。

(1) 对于与非门的闲置输入端，可直接接电源电压 V_{cc}，或通过 1 kΩ～10 kΩ 的电阻接电源 V_{CC}，如图 3.3.36(a)和 3.3.36(b)所示。

(2) 如前级驱动能力允许时，可将闲置输入端与有用输入端并联使用，如图 3.3.36(c)所示。

(3) 在外界干扰很小时，与非门的闲置输入端可以剪断或悬空，如图 3.3.36(d)所示。但不许接开路长线，以免引入干扰而产生逻辑错误。

(4) 或非门不使用的闲置输入端应接地，对与或非门中不使用的与门至少有一个输入端接地，如图 3.3.36(e)和图 3.3.36(f)所示。

4. 电路安装接线和焊接应注意的问题

(1) 连线要尽量短，最好用绞合线。

(2) 整体接地要好，地线要粗、短。

(3) 焊接用的烙铁最好不大于 25 W，使用中性焊剂，如松香酒精溶液，不可使用焊油。

(4) 由于集成电路外引线间距离很近，焊接时焊点要小，不得将相邻引线短路，焊接时

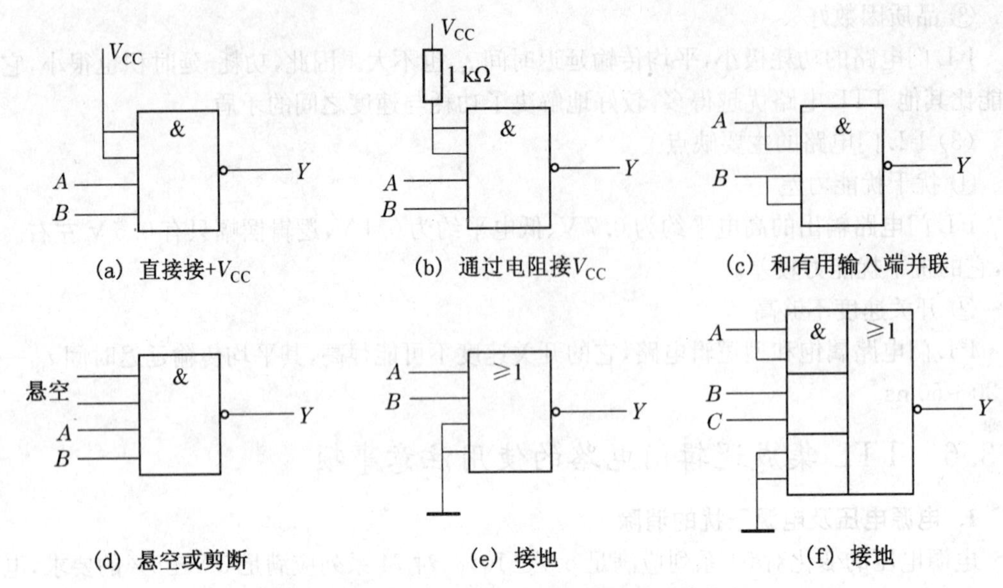

图 3.3.36 与非门和或非门闲置输入端的处理

间要短。

(5) 印刷电路板焊接完毕后，不得浸泡在有机溶液中清洗，只能用少量酒精擦去外引线上的助焊剂和污垢。

5. 调试中应注意的问题

(1) 对CT54/CT74和CT54H/CT74H系列TTL电路，输出的高电平不小于2.4 V，输出低电平不大于0.4 V。对CT54S/CT74S和CT54LS/CT74LS系列的TTL电路，输出的高电平不小于2.7 V，输出的低电平不大于0.5 V。上述4个系列输入的高电平不小于2.4 V，低电平不大于0.8 V。

(2) 当输出高电平时，输出端不能碰地，不然会使T_4因电流过大而烧坏。输出低电平时，输出端不能碰电源$V_{CC}=5$ V，否则T_3同样会烧坏。

3.4 CMOS集成逻辑门电路

CMOS逻辑门是互补-金属-氧化物-半导体场效应管门电路的简称，它由增强型PMOS管和增强型NMOS管组成，是继TTL电路之后开发出来的数字集成器件。CMOS数字集成电路分为4000系列和高速系列，我国生产的CC4000系列和国际上4000系列同序号产品可互换使用。高速CMOS(HCMOS)数字集成电路主要有54/74HC和54/74HCT两个系列，后者可与同序号的TTL产品互换使用。由于CMOS数字集成电路具有微功耗和高抗干扰能力等突出优点，因此，在中、大规模数字集成电路中有着广泛的应用，目前已超越TTL成为占据市场统治地位的逻辑器件。下面先讨论CMOS反相器，然后介绍其他CMOS逻辑门电路。

3.4.1 CMOS反相器

CMOS逻辑门电路是由N沟道MOSFET和P沟道MOSFET互补而成，通常称为互补型 MOS 逻辑电路，简称 CMOS 逻辑电路。

图 3.4.1(a)表示 CMOS 反相器电路，由两只增强型 MOSFET 组成，其中一个为 N 沟道结构，另一个为 P 沟道结构。它们的栅极相连作为反相器的输入端，漏极相连作为反相器的输出端。T_P的源极接正电源 V_{DD}，T_N的源极接地。图 3.4.1(b)是在本书中使用的简化电路。为了电路能正常工作，要求电源 V_{DD}大于两管开启电压绝对值之和，即 $V_{DD}>(V_{TN}+|V_{TP}|)$，且 $V_{TN}=|V_{TP}|$。

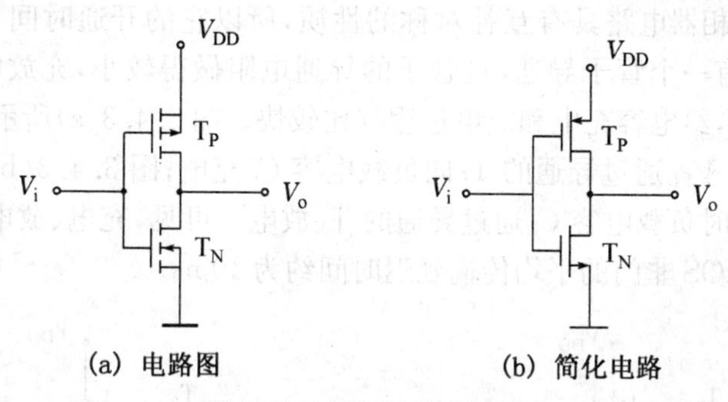

图 3.4.1 CMOS 非门电路

1. 工作原理

首先考虑两种极限情况：当 V_i处于逻辑 0 时，相应的电压近似为 0 V；而当 V_i处于逻辑 1 时，相应的电压近似为 V_{DD}。假设在两种情况下，N 沟道管 T_N为工作管，P 沟道管 T_P为负载管。但是，由于电路是互补对称的，这种假设可以是任意的，相反的情况亦将导致相同的结果。

(1) 当输入为低电平，即 $V_i=0$ V 时，T_N截止，T_P导通，T_N的截止电阻约为 500 MΩ，T_P的导通电阻约为 750 Ω。所以输出 $V_O \approx V_{DD}$，即 V_O为高电平。

(2) 当输入为高电平，即 $V_i=V_{DD}$时，T_N导通，T_P截止，T_N的导通电阻约为 750 Ω，T_P的截止电阻约为 500 MΩ。所以，输出 $V_O \approx 0$ V，即 V_O为低电平。该电路实现了非逻辑 $L=\overline{A}$。

通过以上分析可以看出，在 CMOS 非门电路中，无论电路处于何种状态，T_N、T_P中总有一个截止，所以它的静态功耗极低，有微功耗电路之称。

2. 电压传输特性

设 CMOS 非门的电源电压 $V_{DD}=10$ V，两管的开启电压为 $V_{TN}=|V_{TP}|=2$ V。

(1) 当 $V_i<2$ V，T_N截止，T_P导通，输出 $V_o \approx V_{DD}=10$ V。

(2) 当 $2\text{ V}<V_i<5$ V，T_N和 T_P都导通，但 T_N的栅源电压$<T_P$栅源电压绝对值，即 T_N工作在饱和区，T_P工作在可变电阻区，T_N的导通电阻$>T_P$的导通电阻。所以，这时 V_O开始下降，但下降不多，输出仍为高电平。

(3) 当 $V_i=5$ V，T_N的栅源电压$=T_P$栅源电压绝对值，两管都工作在饱和区，且导通

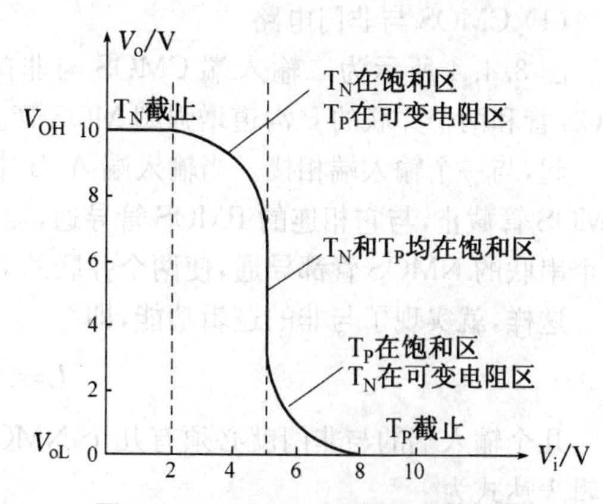

图 3.4.2 CMOS 反相器的传输特性

电阻相等。所以，$V_O=(V_{DD}/2)=5$ V。

(4) 当 5 V<V_i<8 V，情况与(2)相反，T_P工作在饱和区，T_N工作在可变电阻区，T_P的导通电阻>T_N的导通电阻，所以 V_O变为低电平。

(5) 当 V_i>8 V，T_P截止，T_N导通，输出 $V_O=0$ V。可见，两管在 $V_i=V_{DD}/2$ 处转换状态，所以 CMOS 门电路的阈值电压(或称门槛电压)$V_{th}=V_{DD}/2$。

3. 工作速度

因为 CMOS 反相器电路具有互补对称的性质，所以它的开通时间与关闭时间是相等的。电路工作时总有一个管子导通，且管子的导通电阻做得较小，充放电的时间常数就较小，当带电容负载时，给电容充电和放电过程都比较快。图 3.4.3(a)所示为 $V_i=0$ 时，T_N截止，T_P导通。这时由 V_{DD}通过导通的 T_P向负载电容 C_L充电；图 3.4.3(b)所示为 $V_i=1$ 时，T_P截止，T_N导通，这时负载电容 C_L通过导通的 T_N放电。可见，充电、放电都是低电阻回路，所以速度较快。CMOS 非门的平均传输延迟时间约为 10 ns。

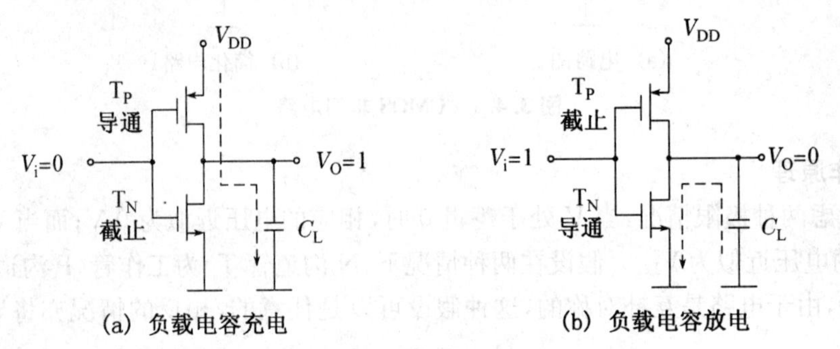

图 3.4.3 CMOS 非门带电容负载的情况

3.4.2 其他功能的 CMOS 门电路

CMOS 系列逻辑门电路中，除上述介绍的反相器（非门）外，还有与非门、或非门、与或非门、异或门、开路门、三态门和传输门等电路，并且实际的 CMOS 逻辑电路，许多都带有输入保护电路和缓冲电路。

1. CMOS 与非门和或非门电路

(1) CMOS 与非门电路

图 3.4.4 所示为二输入端 CMOS 与非门电路，其中包括两个串联的 N 沟道增强型 MOS 管和两个并联的 P 沟道增强型 MOS 管。一个 NMOS 管和一个 PMOS 管的栅极连接在一起，与一个输入端相接。当输入端 A、B 中只要有一个为低电平时，就会使与它相连的 NMOS 管截止，与它相连的 PMOS 管导通，输出为高电平；仅当 A、B 全为高电平时，才会使两个串联的 NMOS 管都导通，使两个并联的 PMOS 管都截止，输出为低电平。

这样，就实现了与非的逻辑功能，即

$$L=\overline{A\cdot B}$$

几个输入端的与非门就必须有几个 NMOS 管串联和几个 PMOS 管并联。相应地，其逻辑表达式为

$$L=\overline{A\cdot B\cdot C\cdots}$$

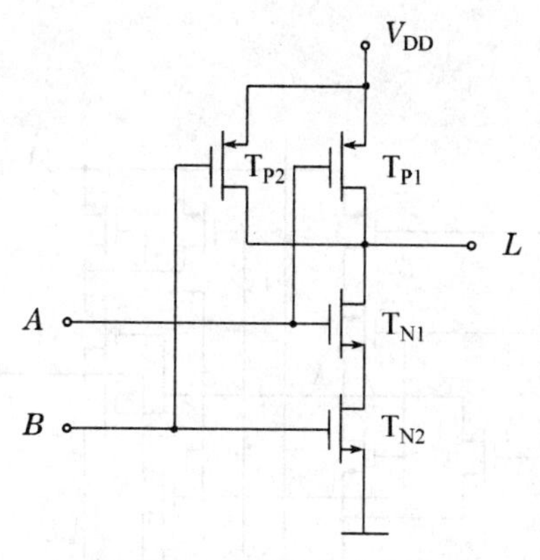

图 3.4.4 CMOS 与非门电路

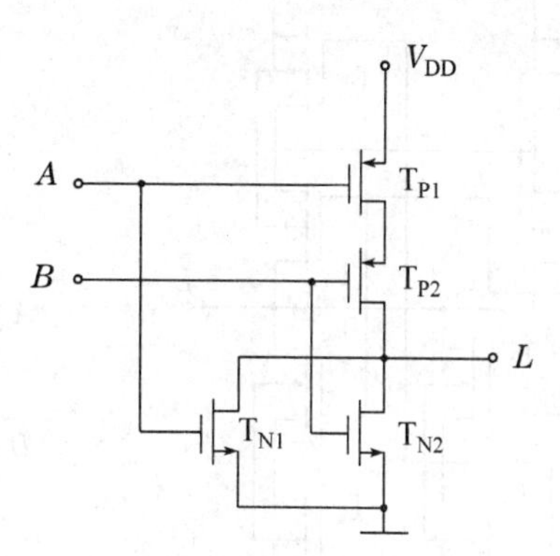

图 3.4.5 CMOS 或非门电路

(2) CMOS 或非门电路

图 3.4.5 所示是二输入端 CMOS 或非门电路，其中包括两个并联的 NMOS 管和两个串联的 PMOS 管。一个 NMOS 管和一个 PMOS 管的栅极连接在一起，引出一个输入端。

当输入端 A、B 中只要有一个为高电平时，就会使与它相连的 NMOS 管导通，与它相连的 PMOS 管截止，输出为低电平；仅当 A、B 全为低电平时，两个并联 NMOS 管都截止，两个串联的 PMOS 管都导通，输出为高电平。

因此，这种电路具有或非的逻辑功能，其逻辑表达式为

$$L=\overline{A+B}$$

当需要增加输入端个数到 n 时，只要有 n 个 NMOS 管并联和 n 个 PMOS 管串联，仿照图 3.4.5 的连接方式，就可以做成 n 个输入端的或非门，从而实现或非逻辑功能：

$$L=\overline{A+B+C+\cdots}$$

根据以上 CMOS 与非门和或非门电路的讨论可知，如果输入端的数目越多，则串联的管子也越多。若串联的管子全部导通时，其总的导通电阻会增加，以致影响输出电平，使与非门的低电平升高，而使或非门的高电平降低。所以，CMOS 逻辑门电路的输入端不宜过多，并且在 CMOS 电路的输入和输出端增加缓冲电路，即 CMOS 反相器，以规范电路的输入和输出逻辑电平。

2. CMOS 与或非门电路

CMOS 与或非门电路如图 3.4.6 所示。当输入 A、B 都为高电平时，T_2、T_4 导通同时 T_3、T_7 截止，输出低电平；或者当 C、D 都为高电平时，T_6、T_8 导通同时 T_1、T_5 截止，输出为低电平；否则，输出为高电平。实现了与或非逻辑，$L=\overline{AB+CD}$。

3. CMOS 异或门电路

CMOS 异或门电路图 3.4.7 所示，它是由两级组成，前级为或非门，输出为 $X=\overline{A+B}$。后级为与或非门，经过逻辑变换，可得

$$L=\overline{A\cdot B+X}=\overline{A\cdot B+\overline{A+B}}=\overline{A\cdot B+\overline{A}\cdot\overline{B}}=(\overline{A}+\overline{B})(A+B)=A\overline{B}+\overline{A}B=A\oplus B。$$

即输出 L 为输入 A、B 的异或。

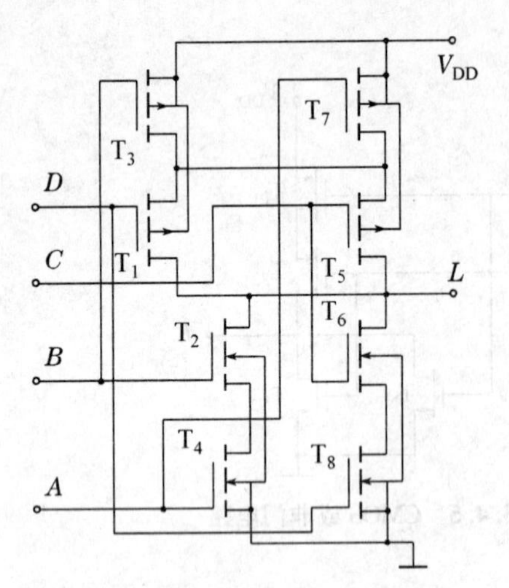

图 3.4.6 CMOS 与或非门电路

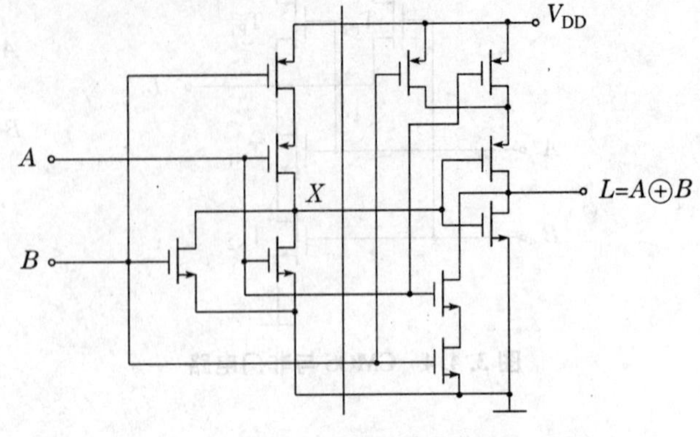

图 3.4.7 CMOS 异或门电路

在异或门后面加接一级反相器就成为异或非门，便具有 $\overline{L}=\overline{\overline{A}B+A\overline{B}}=\overline{A}\,\overline{B}+AB=A\odot B$逻辑的功能，所以异或非门也称为同或门。

4. 输入、输出保护电路和缓冲电路

CMOS 逻辑门通常接入输入、输出保护电路和缓冲电路，其电路结构图如图 3.4.8 所示。图中的基本逻辑功能电路可以是前面介绍的反相器、与非门、或非门或者它们的组合等任意一种电路。由于这些缓冲电路具有统一的参数，使得集成逻辑门电路的输入和输出特性，不再因内部逻辑不同而发生变化，从而使电路的性能得到改善。

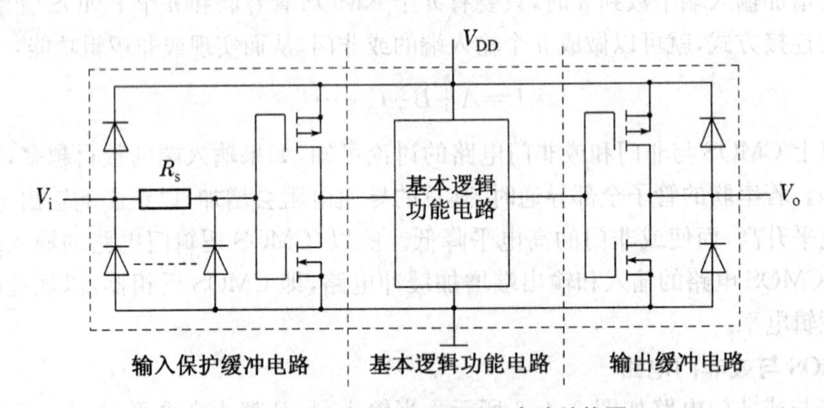

图 3.4.8 实际集成 CMOS 门电路结构图

(1) 输入保护电路

CMOS 门电路的输入端是 MOS 管的栅极，在栅极与沟道之间是很薄的 SiO_2 层，小于 0.1 μm，极易被击穿。而输入电阻高达 10^{12} Ω 以上，输入电容为几皮法。电路在使用前输入端是悬空的，只要外界有很小的静电源，都会在输入端积累电荷而将栅极击穿。因此，在 CMOS 电路的输入端都增加了二极管保护电路，图 3.4.9 所示为输入保护电路和输入缓冲电路。图中 C_N 和 C_P 分别表示 T_N 和 T_P 的栅极等效电容，D_1 和 D_2 是正向导通压降 $V_{DF}=0.5\sim0.7$ V的二极管，D_2是分布式二极管结构，用虚线和两个二极管表示。这种分布式二极管结构可以通过较大的电流，使得输入引脚上的静电荷得以释放，从而保护了MOS管的栅极绝缘层。二极管的反向击穿电压约为 30 V，小于栅极 SiO_2 层的击穿电压。

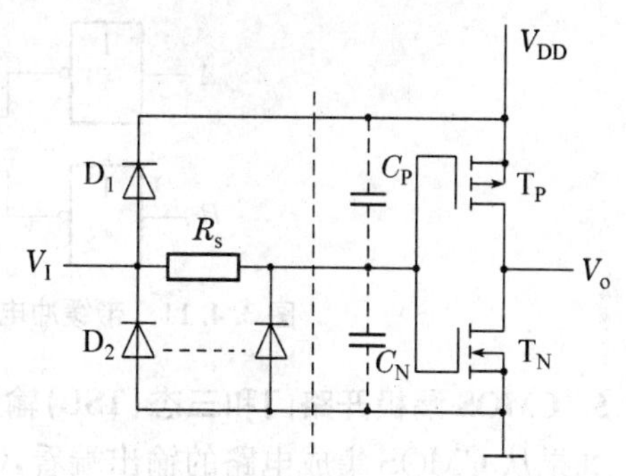

图 3.4.9　输入保护电路及缓冲电路

输入电压在正常范围内($0 \leqslant V_I \leqslant V_{DD}$)，保护电路不起作用。当 $V_I > (V_{DD}+V_{DF})$ 或，$V_I < -V_{DF}$ 时，MOS 管的栅极电位被限制在 $-V_{DF} \sim (V_{DD}+V_{DF})$ 之间，使栅极的 SiO_2 层不会被击穿。如果输入电平发生突变时的过冲电压超出上述输入电压范围，能使二极管 D_1 或 D_2 首先被击穿。当过冲时间较短时，二极管仍能恢复工作；当过冲时间较长或过冲电压很大时，可能损坏二极管，进而使 MOS 管栅极被击穿。

另外，电阻 R_S 和 MOS 管的栅极电容组成积分网络，使输入信号的过冲电压延迟一段时间才作用到栅极上，而且幅度有所衰减。为减小这种延迟对电路动态性能的影响，R_S 值不宜过大，一般多晶硅栅极电阻为 250 Ω。

逻辑门电路输出端也接入静电保护二极管，确保输出不超出正常的工作范围。

(2) CMOS 逻辑门的缓冲电路

图 3.4.4 和图 3.4.5 所示的 CMOS 与非门和或非门电路的输入端数目都可以增加。但是当输入端数目增加时，对于与非门电路来说，串联的 NMOS 管数目要增加，并联的 PMOS 管数目也要增加，这样会引起输出的低电平变高；对于或非门电路来说，并联的 NMOS 管数目要增加，串联的 PMOS 管数目也要增加，这样会引起输出的高电平变低。为了稳定输出高低电平，在目前生产的 CMOS 门电路中，在输入、输出端分别加了反相器作缓冲级，图 3.4.10 所示为带缓冲级的二输入端与非门电路。图中 T_1 和 T_2、T_3 和 T_4、T_9 和 T_{10} 分别组成三个反相器，T_5、T_6、T_7、T_8 组成或非门。由于输入、输出端加了反相器作为缓冲电路，所以电路的逻辑功能也发生了变化。图中的基本逻辑功能电路是或非门，增加了缓冲器后的逻辑功能为与非功能，经过逻辑变换，可得 $\overline{\overline{\overline{A}+\overline{B}}}=\overline{A \cdot B}$。图 3.4.11 是带缓冲电路的 CMOS 与非门的逻辑图。

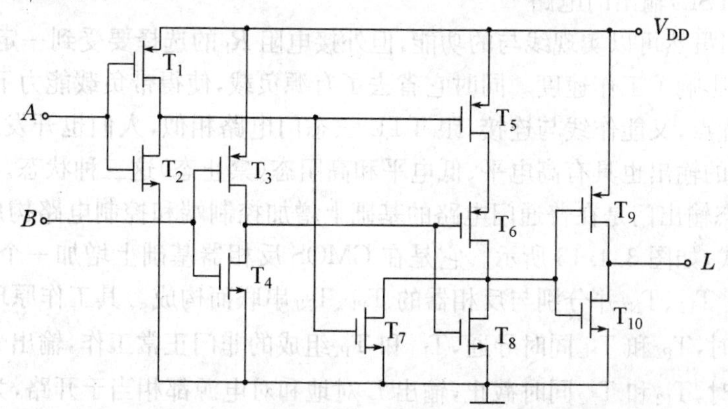

图 3.4.10　带缓冲级的二输入端与非门电路

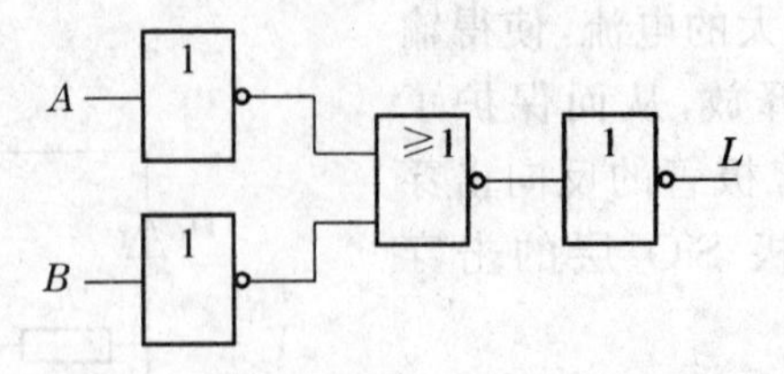

图 3.4.11 带缓冲电路的 CMOS 与非门的逻辑图

5. CMOS 漏极开路门和三态(TSL)输出门电路

如果从 CMOS 集成电路的输出端看,CMOS 漏极开路门和三态输出门又具有和前面几种门电路不同的输出结构。

(1) CMOS 漏极开路(OD 门)

OD 门与 TTL 集电极开路门(OC 门)对应,其特点是可以实现线与。可以用来进行逻辑电平变换,具有较强的带负载(指的是 CMOS 门电路作负载)能力等。OD 门有多种形式。图 3.4.12 所示是漏极开路的 CMOS 与非门的电路图、逻辑符号及输出线与连接图。注意使用时必须外接电阻 R_P,R_P的选择原则等同于 OC 门中的 R_P的选择原则。

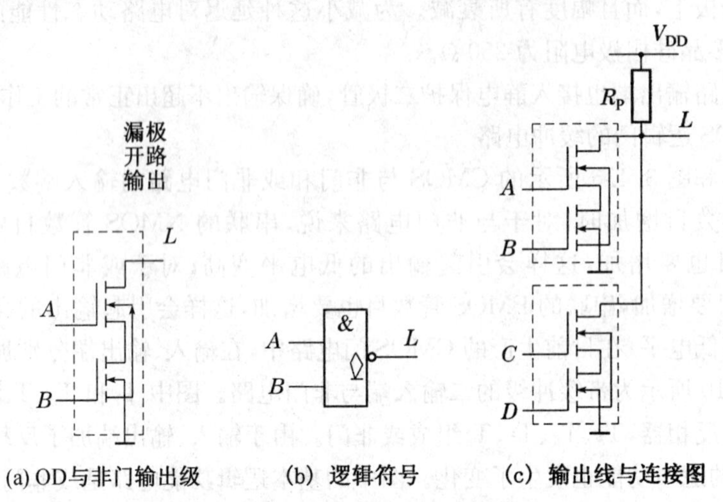

图 3.4.12 漏极开路(OD)与非门电路

(2) 三态(TSL)输出门电路

利用 OD 门虽然可以实现线与的功能,但外接电阻 R_P的选择要受到一定的限制而不能取得太小,因此影响了工作速度。同时它省去了有源负载,使得带负载能力下降。为保持推拉式输出级的优点,又能作线与连接,跟 TTL 三态门电路相似,人们也开发了 CMOS 三态输出门电路,它的输出也具有高电平、低电平和高阻态(禁止态)这三种状态。

CMOS 三态输出门是在普通门电路的基础上增加控制端和控制电路构成,其电路结构可以有多种形式,如图 3.4.13 所示。它是在 CMOS 反相器基础上增加一个 P 沟道和一个 N 沟道 MOS 管 T_{P2}、T_{N2}并分别与反相器的 T_{P1}、T_{N1}串联而构成。其工作原理是:

当$\overline{EN}=0$ 时,T_{P2} 和 T_{N2} 同时导通,T_{N1} 和 T_{P1} 组成的非门正常工作,输出 $L=\overline{A}$。

当$\overline{EN}=1$ 时,T_{P2} 和 T_{N2} 同时截止,输出 L 对地和对电源都相当于开路,为高阻状态。

所以,这是一个使能端$\overline{EN}$为低电平有效的三态门,逻辑符号如图 3.4.13(b)所示。

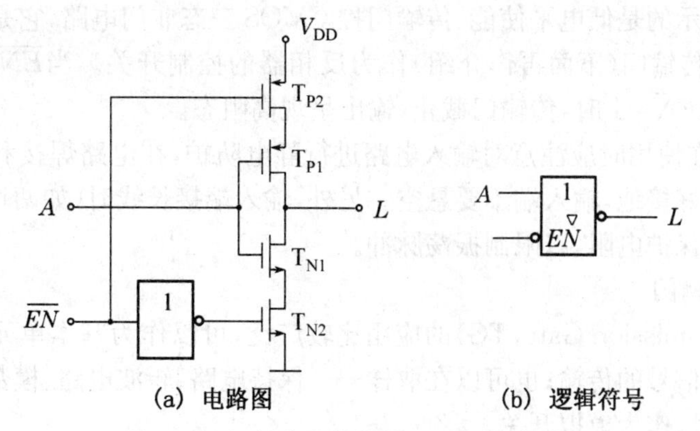

(a) 电路图　　(b) 逻辑符号

图 3.4.13　低电平使能的 CMOS 三态非门

图 3.4.14(a)所示为高电平使能的三态输出缓冲电路，其中 A 是输入端，L 为输出端，EN 是控制信号输入端，即使能端，图 3.4.14(b)是它的逻辑符号。

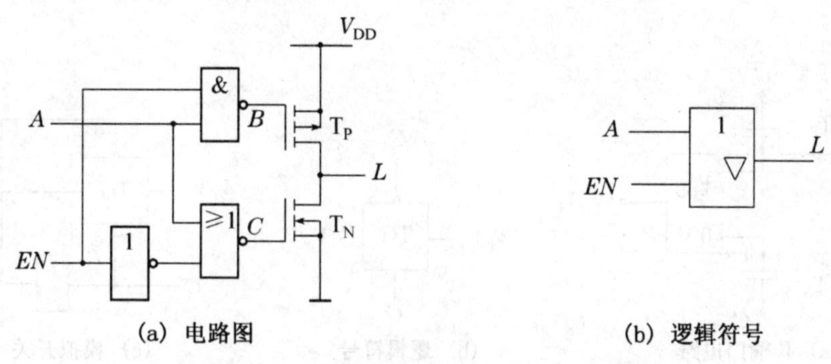

(a) 电路图　　(b) 逻辑符号

图 3.4.14　高电平使能的三态输出门电路

当使能端 $EN=1$ 时，如果 $A=0$，则 $B=1$，$C=1$，使得 T_N 导通，同时 T_P 截止，输出端 $L=0$；如果 $A=1$，则 $B=0$，$C=0$，使得 T_N 截止，T_P 导通，输出端 $L=1$。当使能端 $EN=0$ 时，不论 A 的取值为何，都使得 $B=1$，$C=0$，则 T_N 和 T_P 均截止，电路的输出端出现开路，既不是低电平，又不是高电平，是高阻工作状态。

这就是说，当 EN 为有效的高电平时，电路处于正常逻辑工作状态，$L=A$。而当 EN 为低电平时，电路处于高阻状态。图 3.4.14(a)所示三态门电路的真值表如表 3.4.1 所示，其中×表示 A 可以是 0 或 1。

表 3.4.1　高电平使能三态门电路的真值表

使能 EN	输入 A	输出 L
1	0	0
1	1	1
0	×	高阻

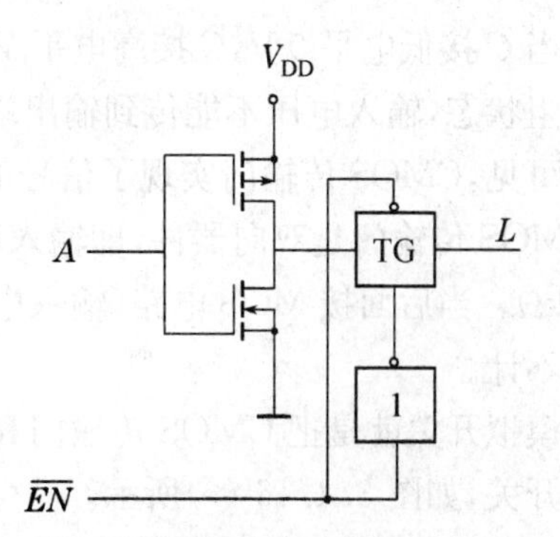

图 3.4.15　传输门控制的 CMOS 三态非门电路

图 3.4.15 所示的是低电平使能、传输门控 CMOS 三态非门电路，它是在反相器基础上增加一级 CMOS 传输门（下面再作介绍）作为反相器的控制开关。当$\overline{EN}=0$时，传输门导通，输出$L=\overline{A}$；当$\overline{EN}=1$时，传输门截止，输出呈现高阻态。

CMOS 电路在使用时应注意对输入电路进行静电防护，在电路焊接和调试时注意对电烙铁、仪器等的良好接地，输入端不要悬空。另外，输入端接长线时（如两块电路板间通过接插件连接）应串接保护电阻，以限制振荡脉冲。

6. CMOS 传输门

传输门（Transmission Gate，TG）的应用比较广泛，可以作为基本单元电路构成各种逻辑电路，用于数字信号的传输；也可以在取样——保持电路、斩波电路、模数和数模转换等电路中传输模拟信号，作为模拟开关。

传输门电路由一个 N 沟道增强型和一个 P 沟道增强型 MOSFET 并联组成，如图 3.4.16(a)所示，逻辑符号如图 3.4.16(b)所示。C和$\overline{C}$为控制端，使用时总是加互补的信号。为什么 CMOS 传输门既可以传输数字信号，又可以传输模拟信号呢？下面简要分析它的工作原理。

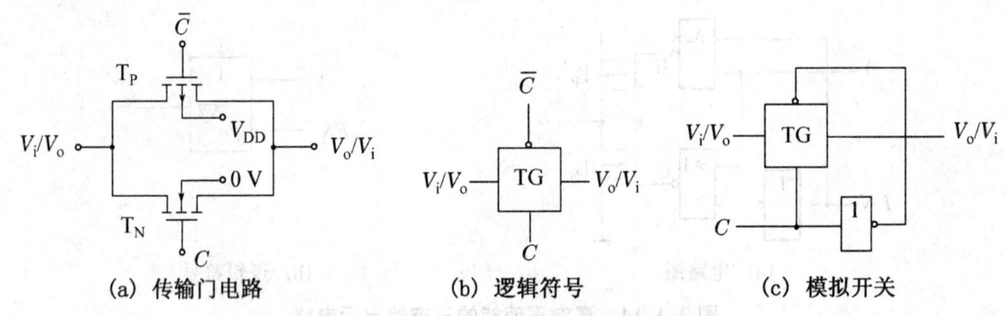

(a) 传输门电路　　(b) 逻辑符号　　(c) 模拟开关

图 3.4.16　CMOS 传输门及模拟开关

设两管的开启电压$V_{TN}=|V_{TP}|$。如果要传输的信号V_i的变化范围为$0\sim V_{DD}$，则将控制端C和$\overline{C}$的高电平设置为V_{DD}，低电平设置为 0，并将T_N的衬底接低电平 0 V，T_P的衬底接高电平V_{DD}。

当C接高电平V_{DD}，$\overline{C}$接低电平 0 V 时，若$0\text{ V}<V_i<(V_{DD}-V_{TN})$，$T_N$导通；若$|V_{TP}|\leqslant V_i\leqslant V_{DD}$，$T_P$导通。即$V_i$在$0\sim V_{DD}$的范围变化时，至少有一管导通，输出与输入之间呈低电阻，将输入电压传到输出端，$V_o=V_i$，相当于开关闭合。

当C接低电平 0 V，$\overline{C}$接高电平V_{DD}，V_i在$0\sim V_{DD}$的范围变化时，T_N和T_P都截止，输出呈高阻状态，输入电压不能传到输出端，相当于开关断开。

可见，CMOS 传输门实现了信号的可控传输。由于T_N和T_P的源极和漏极可以互换，所以 CMOS 传输门是双向器件，即输入和输出端允许互换使用。CMOS 传输门的导通电阻小于 1 kΩ。当后面接 MOS 电路（输入电阻达10^{10} Ω）或运算放大器（输入电阻达 MΩ）时，可以忽略不计。

模拟开关就是把 CMOS 传输门和一个非门组合起来，由非门产生互补的控制信号来控制的开关，如图 3.4.16 (c)所示。

由于 CMOS 传输门的传输延迟时间短、结构简单，除了作为传输模拟信号的开关外，也用于各种逻辑电路的基本单元电路，例如数据选择/分配器、触发器等。用 CMOS 传输门构成的 2 选 1 数据选择器如图 3.4.17 所示。当控制端 $C=0$ 时，输入端 X 的信号被传到输出端，$L=X$；而当 $C=1$ 时，$L=Y$。

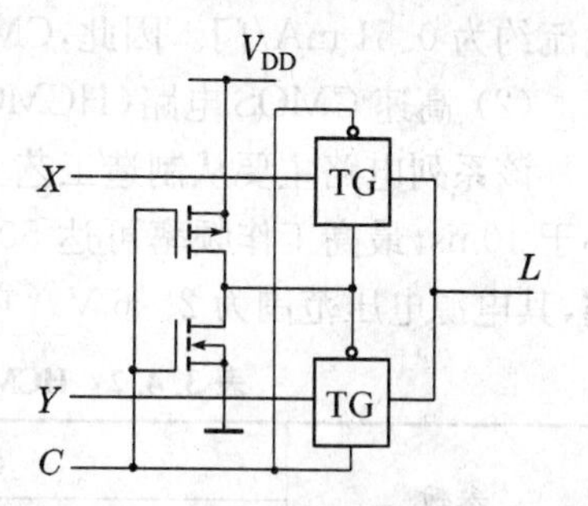

图 3.4.17　传输门构成的数据选择器

3.4.3　高速 CMOS 门电路

自 CMOS 电路问世以来，便以其低功耗、高抗干扰能力等突出的优点引起了用户和生产厂商的普遍重视。然而早期生产的 CMOS 器件是 CMOS 4000 系列，其工作速度较低，而且不易与当时最流行的逻辑系列——双极型 TTL 电路相匹配，使它的应用范围受到了一定的限制。高速 CMOS(HC 和 HCT 系列)与 4000 系列相比，具有较高的工作速度、较强的负载能力。因此，应用领域十分广阔。

高速 CMOS 门电路主要有 54 系列军用产品和 74 系列民用产品。54 系列和 74 系列的环境温度不同，74 系列的工作温度是 −40～85 ℃，54 系列的工作温度是 −55～125 ℃。54 系列的制造方法与 74 系列相同，只是检测、筛选方法和标准不同，还有许多其他的说明资料，当然价格也高。使用时可以根据不同的条件和要求选择不同类型的产品。

这里介绍两个 74 系列 CMOS 门电路：HC(High-speed CMOS，高速 CMOS)和 HCT(High-speed CMOS，TTL Compatible，与 TTL 兼容的高速 CMOS)。

HC 系列只用于 CMOS 逻辑的系统中，并可用 2～6 V 的电源，即使采用 5 V 电源，HC 器件也不能与 TTL 门电路兼容。HC 门电路使用 CMOS 输入电平。当用 5 V 电源时，HC 门电路的最小输入高电平 $V_{IH(min)}=3.5\text{ V}$，最大输入低电平 $V_{IL(max)}=1.5\text{ V}$；HC 门电路的最小输出高电平 $V_{OH(min)}=3.84\text{ V}$，最大输出低电平 $V_{OL(max)}=0.33\text{ V}$，而 TTL 器件的输出高电平为 2.4～3.5 V。所以，HC 门电路不能与 TTL 门电路兼容。

HCT 系列门电路可直接与 TTL 门电路互换。HCT 系列门电路也使用 CMOS 门电路输入电平。当用 5 V 电源时，HCT 系列门电路的最小输入高电平 $V_{IH(min)}=2.0\text{ V}$，最大输入低电平 $V_{IL(max)}=0.8\text{ V}$；HCT 门电路的最小输出高电平 $V_{OH(min)}=3.84\text{ V}$，最大输出低电平 $V_{OL(max)}=0.33\text{ V}$。与 TTL 门电路的输出电平完全匹配，故可直接与 TTL 门电路互换(TTL 用 5 V 电源)。

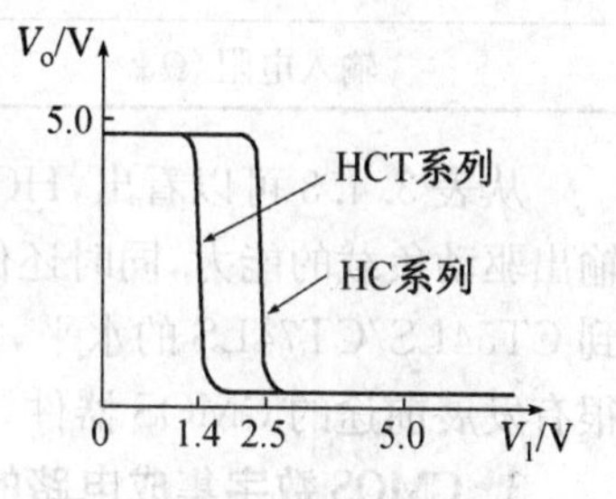

图 3.4.18　HC 系列和 HCT 系列的传输特性

当用 5 V 电源时，HC 系列和 HCT 系列的 CMOS 门电路的电压传输特性，如图 3.4.18 所示。

3.4.4　CMOS 数字集成电路的系列

1. CMOS 数字集成电路系列

(1) CMOS4000 系列

这是早期的 CMOS 集成逻辑门产品，工作电源电压范围为 3～18 V，由于具有功耗低、噪声容限大、扇出系数大等优点，已得到普遍使用。缺点是工作速度较低，平均传输延迟时间为几十纳秒，且工作频率低，最高工作频率小于 5 MHz，驱动能力差，门电路的输出负载电流约为 0.51 mA/门。因此，CMOS4000 系列的使用受到一定限制。

(2) 高速 CMOS 电路(HCMOS)系列

该系列电路主要从制造工艺上作了改进，使其大大提高了工作速度，平均传输延迟时间小于 10 ns，最高工作频率可达 50 MHz。高速 CMOS 电路主要有 54 系列和 74 系列两大类，其电源电压范围为 2～6 V。它们的主要区别是工作温度不同，如表 3.4.2 所示。

表 3.4.2 HCMOS 电路 54 系列和 74 系列工作温度的对比

参数	54 系列			74 系列		
	最小	一般	最大	最小	一般	最大
工作温度/℃	−55	25	125	−40	25	85

由表 3.4.2 可知，HCMOS 电路 54 系列更适合在温度条件恶劣的环境中工作，而 74 系列则适合在常规条件下工作。

2. CMOS4000 系列和 HCMOS 系列的比较

CMOS4000 系列和 HCMOS 系列的重要参数如表 3.4.3 所示。

表 3.4.3 CMOS4000 系列和 HCOMS 系列参数比较

系列名称	CMOS4000	54HC/74HC
工作电压/V	5	5
平均功耗/mW	5×10^{-3}	5×10^{-3}
平均传输延迟时间(每门)/ns	45	8
最高工作频率/MHz	5	50
噪声容限/V	2	2
输出电流/mA	0.51	4
输入电阻/Ω	10^{12}	10^{12}

从表 3.4.3 可以看出，HCMOS 电路比 CMOS4000 系列具有更高的工作频率和更强的输出驱动负载的能力，同时还保留了 CMOS4000 系列的低功耗、高抗干扰能力的优点，已达到 CT54LS/CT74LS 的水平，它完全克服了 CMOS4000 系列存在的问题。因此，它是一种很有发展前途的 CMOS 器件。

3. CMOS 数字集成电路的特点

CMOS 集成电路诞生于 20 世纪 60 年代末，经过制造工艺的不断改进，在应用的广度上，已经与 TTL 电路平分秋色，它的技术参数从总体上说，已经达到或接近 TTL 的水平，其中功耗、噪声容限、扇出系数等参数优于 TTL。与 TTL 数字集成电路相比，CMOS 数字集成电路主要有以下特点：

(1) 功耗低

CMOS 数字集成电路的静态功耗极小。如 HCMOS 在电源电压为 5 V 时，静态功耗为 10 μW，而 LSTTL 为 1.2 mW。

(2) 电源电压范围宽

CMOS4000 系列的电源电压为 3～18 V，HCMOS 电路为 2～6 V，这给电路电源电压的选择带来了方便。如果采用 4.5～5.5 V 电压，则与 LSTTL 可以共用同一电源。

(3) 噪声容限大

CMOS 非门的高、低电平噪声容限均达到 $0.45V_{DD}$，其他 CMOS 门电路的噪声容限一般也大于 $0.3\ V_{DD}$，且电源电压越大，其抗干扰能力越强。因此，CMOS 电路的噪声容限比 TTL 电路大得多。

(4) 逻辑摆幅大

CMOS 数字集成电路输出的高电平 $V_{OH}>0.9\ V_{DD}$，接近于电源电压 V_{DD}，而输出的低电平 $V_{OL}\leqslant 0.01\ V_{DD}$，又接近于 0 V。因此，输出逻辑电平幅度的变化接近电源电压 V_{DD}。电源电压越高，逻辑摆幅（即高、低电平之差）越大。

(5) 输入阻抗高

在正常工作电源电压范围内，输入阻抗可达 $10^{10}\sim 10^{12}\ \Omega$。

(6) 扇出系数大

因 CMOS 电路有极高的输入阻抗，故其扇出系数很大，一般额定扇出系数可达 50。但必须指出的是，扇出系数是指驱动 CMOS 电路的个数，若就灌电流负载能力和拉电流负载能力而言，CMOS 电路是远远低于 TTL 电路的负载电流的。

3.4.5 CMOS 数字集成电路使用注意事项

1. 防止静电

CMOS 电路的栅极与沟道之间有一层绝缘的二氧化硅薄层，厚度仅为 0.1～0.2 μm。由于 CMOS 电路的输入阻抗很高，而输入电容又很小，所以当不太强的静电加在栅极上时，其电场强度将超过 10^5 V/cm。这样强的电场极易造成栅极击穿，导致永久损坏。所以，在使用时需注意以下几点：

(1) 人体能感应出几十伏的交流电压，人们衣服的摩擦也会产生上千伏的静电（尤其在冬天），故尽量不要用手接触 CMOS 电路的引脚。

(2) 焊接时宜使用 20 W 的内热式电烙铁，电烙铁外壳应接地。为安全起见，也可先拔下电烙铁的电源插头，利用电烙铁的余热进行焊接。焊接时间不要超过 5 s。操作时，应避免穿戴尼龙、纯涤纶等易生静电的衣裤及手套等。

(3) 长期不使用的 CMOS 集成电路，应用锡纸将全部引脚短路后包装存放，待使用时再拆除包装。

(4) 更换集成电路时应先切断电源。

(5) 在存储、携带或运输 CMOS 器件和焊装有 MOS 器件的半成品印制板的过程中，应将集成电路和印制板放置于金属容器内，也可用铝箔将器件包封后放入普通容器内，但不要用易产生静电的尼龙及塑料盒等容器，采用抗静电的塑料盒当然也可以。

(6) 装配工作台上不宜铺设塑料或有机玻璃板，最好铺上一块平整铝板或铁板，如没有则什么都不要铺。

(7) 在进行装配或实验时，电烙铁、示波器、稳压源等工具及仪器仪表都应良好接地，并要经常检查，发现问题应及时处理。一种简易检查接地是否良好的方法是，在电烙铁及仪器通电时，用电笔测试其外壳，若电笔发亮，说明接地不好；反之，则说明接地良好。

2. 正确选择电源

由于CMOS集成电路的工作电源电压范围比较宽(CD4000B/4500B:3～18 V),故选择电源电压时首先考虑要避免超过极限电源电压。其次要注意电源电压的高低将影响电路的工作频率,降低电源电压会引起电路工作频率下降或增加传输延迟时间。例如,CMOS触发器,当V_{DD}由+15 V下降至3 V时,其最高工作频率将从10 MHz下降到几十千赫兹。另外,提高电源电压可以提高CMOS门电路的噪声容限,从而提高电路系统的抗干扰能力。但电源电压选得越高,电路的功耗越大。不过由于CMOS电路的功耗较小,所以功耗问题不是主要考虑的设计指标。

当CMOS电路输入端施加的电压过高(大于电源电压)或过低(小于0 V),或者电源电压突然变化时,电源电流可能会迅速增大,烧坏器件。为防止烧坏器件,可采取如下措施:

(1) 要消除电源上的干扰。

(2) 在条件允许的情况下,尽可能降低电源电压。如果电路工作频率比较低,则用+5 V电源供电最好。

(3) 对使用的电源增加限流措施,使电源电流被限制在30 mA以内。

3. 对输入端的处理

在使用CMOS电路器件时,一般对输入端有以下要求:

(1) 应保证输入信号幅值不超过CMOS电路的电源电压,即满足$V_{SS} \leqslant V_I \leqslant V_{DD}$,一般$V_{SS}=0$ V。

(2) 输入脉冲信号的上升和下降时间一般应小于数微秒,否则将会造成电路工作不稳定或者损坏器件。

(3) 所有不用的输入端不能悬空,应根据实际要求接入适当的电压(V_{DD}或0 V)。由于CMOS集成电路输入阻抗极高,所以一旦输入端悬空,极易受外界噪声影响,从而破坏了电路的正常逻辑关系,也可能感应静电,造成栅极被击穿。

4. 对输出端的处理

(1) CMOS电路的输出端不能直接连到一起,否则导通的P沟道MOS场效应管和导通的N沟道MOS场效应管形成低阻通路,造成电源短路。

(2) 在CMOS逻辑系统设计中,应尽量减少电容负载。因为电容负载会降低CMOS集成电路的工作速度和增加功耗。

(3) CMOS电路在特定条件下可以并联使用。当两个以上的同型号芯片并联使用(如各种门电路)时,可增大输出灌电流和拉电流,提高负载能力,同时也提高了电路的速度。但器件的输出端并联时,输入端也必须并联。

(4) 从CMOS器件输出驱动电流的大小来看,CMOS电路的驱动能力比TTL电路要差很多,一般CMOS器件的输出只能驱动一个LSTTL负载。但从驱动和它本身相同的负载来看,CMOS的扇出系数比TTL电路大得多(CMOS的扇出系数>500)。CMOS电路驱动其他负载时,一般要外加一级驱动器接口电路。不能将电源与地颠倒接错,否则将会因为电流过大而造成器件损坏。

3.5　TTL 电路与 CMOS 电路的接口

在设计数字电路或数字系统时，设计者从工作速度或功耗指标等方面的要求出发，合理选择不同类型的数字集成电路。在目前 TTL 和 CMOS 两种电路并存的情况下，经常会遇到 TTL 电路与 CMOS 电路的接口问题。在图 3.5.1 中，无论是用 TTL 电路驱动 CMOS 电路还是用 CMOS 电路驱动 TTL 电路，驱动门必须能为负载门提供合符标准的高、低电平和足够的驱动电流，必须要满足下列条件：

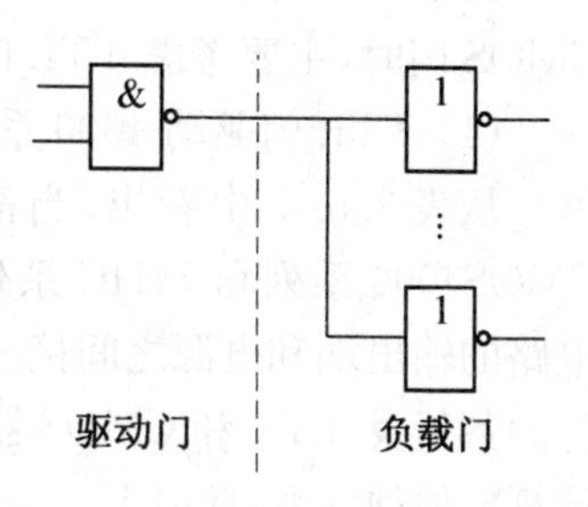

图 3.5.1　驱动门和负载门的连接

驱动门　负载门

$$V_{OH(min)} \geqslant V_{IH(min)} \tag{3.5.1}$$

$$V_{OL(max)} \leqslant V_{IL(max)} \tag{3.5.2}$$

$$I_{OH(max)} \geqslant I_{IH(总)} \tag{3.5.3}$$

$$I_{OL(max)} \geqslant I_{IL(总)} \tag{3.5.4}$$

表 3.5.1 中列出了 TTL、CMOS4000 和 HCMOS 电路的输出电压、输出电流、输入电压、输入电流等参数，供选择接口电路参考。

表 3.5.1 TTL 和 COMS 逻辑器件主要参数比较

参数名称	TTL					COMS		
	74	74S	74LS	74AS	74ALS	4000	74HC	74HCT
输入低电平电流 $I_{IL(max)}$/mA	1.6	2.0	0.4	0.5	0.1	0.001	0.001	0.001
输入高电平电流 $I_{IH(max)}$/μA	40	50	20	20	20	0.1	0.1	0.1
输出低电平电流 $I_{OL(max)}$/mA	16	20	8	20	8	0.51	4	4
输出高电平电流 $I_{OH(max)}$/mA	0.4	1	0.4	2	0.4	0.51	4	4
输入低电平电压 $V_{IL(max)}$/V	0.8	0.5	0.8	0.8	0.8	1.5	1.0	0.8
输入高电平电压 $V_{IH(min)}$/V	2.0	2.0	2.0	2.0	2.0	3.5	3.5	2.0
输出低电平电压 $V_{OL(max)}$/V	0.4	0.5	0.5	0.5	0.5	0.05	0.1	0.1
输出高电平电压 $V_{OH(min)}$/V	2.4	2.7	2.7	2.7	2.7	4.95	4.9	4.9
平均传输时间 t_{pd}/ns	9.5	3	8	3	2.5	45	10	13
功耗(每门)P_n/mW	10	19	4	8	1.2	0.005	0.005	0.005
电源电压 V_{CC}或 V_{DD}/V	4.75～5.25					3～18	2～6	4.5～5.5

注：上述参数均是在电源电压 V_{CC}或 V_{DD}=5 V 时测得。

3.5.1 TTL电路驱动CMOS电路

由于TTL门的$I_{OH(max)}$和$I_{OL(max)}$远远大于CMOS门的I_{IH}和I_{IL}，所以TTL门驱动CMOS门时，主要考虑TTL门的输出电平是否满足CMOS输入电平的要求。

(1) TTL门驱动4000系列和74HC系列

从表3.5.1中看出，当都采用5 V电源时，TTL的$V_{OH(min)}$为2.4 V或2.7 V，而CMOS4000系列和74HC系列电路的$V_{IH(min)}$为3.5 V，显然不满足要求。这时可在TTL电路的输出端和电源之间接一上拉电阻R_P，如图3.5.2(a)所示。R_P的阻值取决于负载器件的数目及TTL和CMOS器件的电流参数，可以用OC门外接上拉电阻的计算方法进行计算。但须注意，此时$V_{OH(min)}<V_{IH(min)}$。为保证负载门输入高电平的要求，当TTL门输出高电平时，使

$$V_{OH}=V_{DD}-R_P(I_{OZ}+I_{IH(总)}) \tag{3.5.5}$$

式中：I_{OZ}为TTL门输出高电平时输出管截止时的漏电流；$I_{IH(总)}$为流入全部CMOS负载电路的电流。这两个电流的数值都很小，如果R_P取值不太大，TTL门的输出电压可以提升到接近V_{DD}。一般R_P在几百欧至几千欧之间。

如果TTL和CMOS器件采用的电源电压不同，则宜使用OC门，同时使用上拉电阻R_P，如图3.5.2(b)所示。

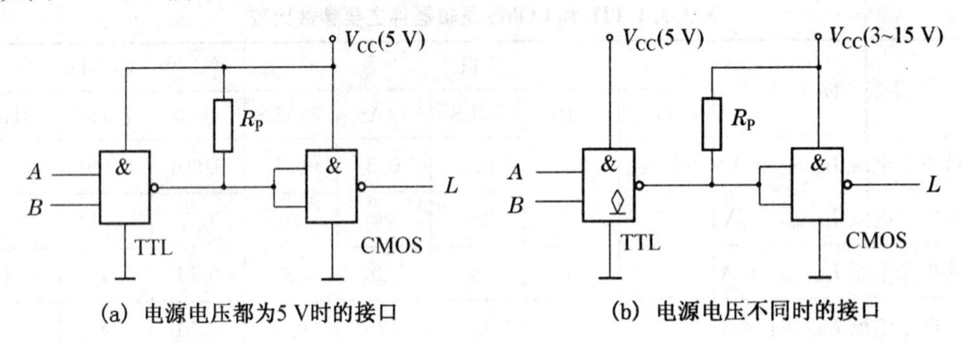

(a) 电源电压都为5 V时的接口　　(b) 电源电压不同时的接口

图3.5.2 TTL驱动CMOS门电路

(2) TTL门驱动74HCT系列

前面提到74HCT系列与TTL器件电压兼容，它的输入电压参数为$V_{IH(min)}=2.0$ V，而TTL的输出电压参数为$V_{OH(min)}$为2.4 V或2.7 V。因此，两者可以直接相连，不需外加其他器件。

3.5.2 CMOS门驱动TTL门

根据表3.5.1中数据，当都采用5 V电源时，CMOS门的$V_{OH(min)}>$TTL门的$V_{IH(min)}$，CMOS的$V_{OL(max)}<$TTL门的$V_{IL(max)}$，两者电压参数相容。但是CMOS门的I_{OH}、I_{OL}参数较小，所以，这时主要考虑CMOS门的输出电流是否满足TTL输入电流的要求。

【例3.5.1】 一个74HC00与非门电路能否驱动4个7400与非门？能否驱动4个74LS00与非门？

解 从表3.5.1中查出，74系列门的$I_{IL}=1.6$ mA，74LS系列门的$I_{IL}=0.4$ mA，4个

74门的 $I_{IL(总)}=4\times1.6=6.4$(mA),4个74LS门的 $I_{IL(总)}=4\times0.4=1.6$(mA)。而74HC系列门的 $I_{OL}=4$ mA,所以不能驱动4个7400与非门,可以驱动4个74LS00与非门。

要提高CMOS门的驱动能力,可将同一芯片上的多个门并联使用,如图3.5.3(a)所示。多个CMOS门的并联是指其对应的输入端和输出端都对应并联。也可在CMOS门的输出端与TTL门的输入端之间加一CMOS驱动器,如图3.5.3(b)所示。

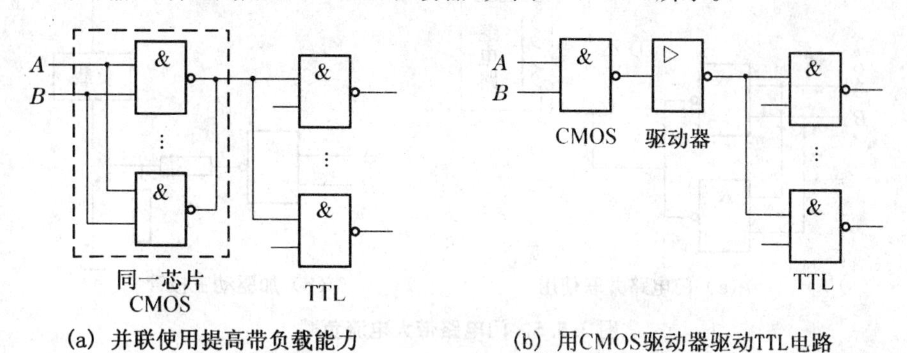

图3.5.3　CMOS驱动TTL门电路

3.5.3　TTL和CMOS门电路带负载时的接口电路

在工程实践中,常常需要用TTL或CMOS电路去驱动指示灯、发光二极管LED、继电器等负载。

对于电流较小、电平能够匹配的负载可以直接驱动,图3.5.4(a)所示为用TTL门电路驱动发光二极管LED,这时只要在电路中串接一个约几百欧姆的限流电阻即可。如果LED的额定电流为 I_F,额定电压为 V_D,则限流电阻 $R=(V_{CC}-V_D-V_{OL})/I_F$。实际应用中,往往是根据计算结果选取靠近系列产品规格的电阻元件。

图3.5.4(b)所示为用TTL门电路驱动5 V低电流继电器,其中阻尼二极管D作阻尼保护,在与非门关断时,继电器的初级电感线圈会产生较大的下面正极性上面负极性的感应电压,这时二极管D正好导通,可以释放电感中的电流能量。由于D的阻尼作用,把感应电压限制在0.7 V范围,用以防止感应过电压击穿与非门。

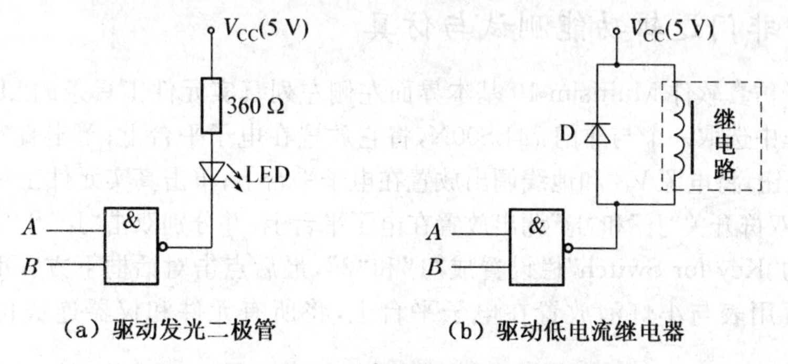

图3.5.4　门电路带小电流负载

如果负载电流较大,可将同一芯片上的多个门并联作为驱动器,如图3.5.5(a)所示。原则上只用少数几个并联使用,总的驱动电流略大于负载电流(留有余地)即可。当单个门驱动电流比负载电流小得多时，一般不使用多个门并联的方法，而是在门电路输出端接一只三极管，以提高负载能力，如图 3.5.5(b)所示。如果负载电流很大，则适宜选用功率三极管或者复合功率管。

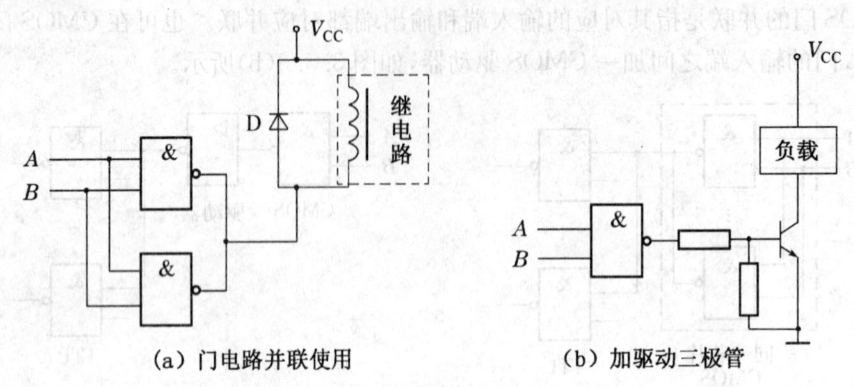

图 3.5.5　门电路带大电流负载

3.6　门电路逻辑功能测试及 Multisim 10 仿真

门电路有许多种，如：与门、或门、非门、与非门、或非门、与或非门、异或门、OC 门等，但其中与非门用途最广，用与非门可以组成其他许多逻辑门。要实现其他逻辑门的功能，只要将该门的逻辑函数表达式化成与非-与非表达式，然后用多个与非门连接起来就可以达到目的。例如，要实现或门 $Y=A+B$，根据摩根定律，或门的逻辑函数表达式可以写成：$Y=\overline{\overline{A}\cdot\overline{B}}$，可用三个与非门连接实现。

74LS00 是“TTL 系列”中的与非门，CD4011 是“CMOS 系列”中的与非门，它们都是四－二输入与非门电路，即在一块集成电路内含有四个独立的与非门，每个与非门有 2 个输入端。如图 3.6.1 所示。

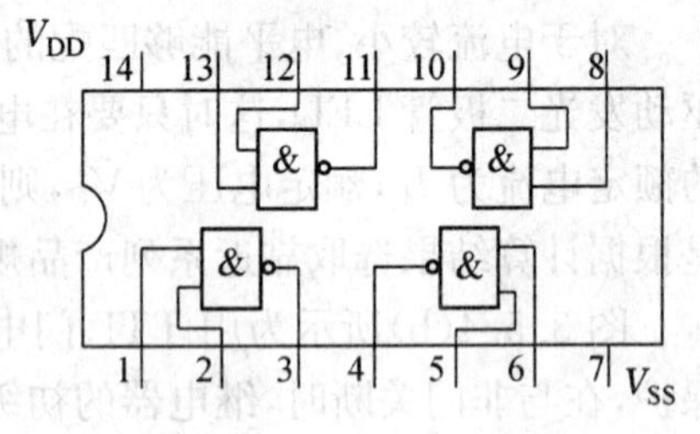

图 3.6.1　74LS00 结构图

3.6.1　与非门逻辑功能测试与仿真

单击电子仿真软件 Multisim 10 基本界面左侧左列真实元件工具条的“TTL”按钮，从弹出的对话框中选取一个与非门 74LS00N，将它放置在电子平台上；单击真实元件工具条的“Source”按钮，将电源 V_{CC} 和地线调出放置在电子平台上；单击真实元件工具条的“Basic”按钮，将单刀双掷开关“J_1”和“J_2”调出放置在电子平台上，并分别双击“J_1”和“J_2”图标，将弹出的对话框的“Key for Switch”栏设置成“1”和“2”，最后点击对话框下方“OK”按钮退出。再调出虚拟万用表与小灯泡放置在电子平台上，将所有元件和仪器连成仿真电路如图 3.6.2 所示。

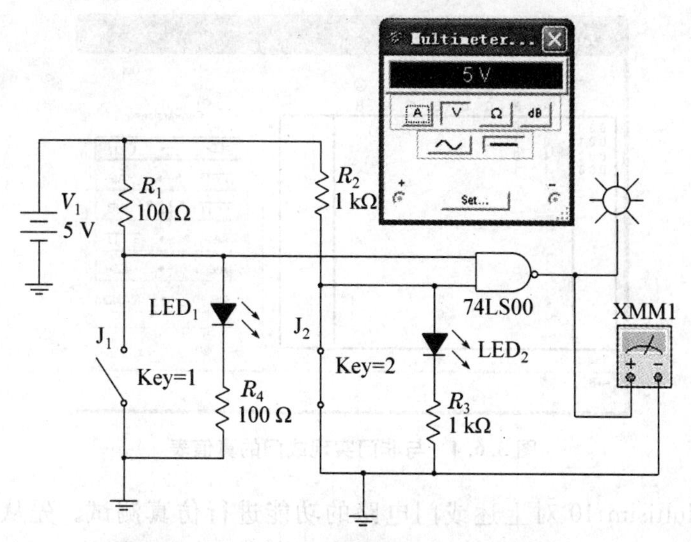

图 3.6.2　与非门逻辑功能测试与仿真

打开仿真开关，按表 3.6.1 所示，分别按动键盘上的数字键“1”和“2”，使与非门的两个输入端为表中四种情况，从虚拟万用表的放大面板上读出各种情况的直流电位，将它们填入表内，并将电位转换成逻辑状态填入表内。

表 3.6.1　与非门测试结果

输入端		输出端	
A	B	电位(V)	逻辑状态
0	0	5	1
0	1	5	1
1	0	5	1
1	1	0	0

3.6.2　用与非门组成其他功能门电路

(1) 用与非门实现或门功能

根据摩根定律，或门的逻辑函数表达式 $Q=A+B$ 可以写成：$Q=\overline{\overline{A}\cdot\overline{B}}$，因此，可以用三个与非门构成或门。用“与非门”实现“或门”功能：调出逻辑转换仪，双击其图标，在打开的仪表窗口的下边框内输入 $A+B$，如图 3.6.3 所示，点击逻辑转换仪右边的 AIB → NAND，结果得到图示电路。点击逻辑转换仪右边的 AIB → 1 0 1 1，得到如图 3.6.4 所示真值表。

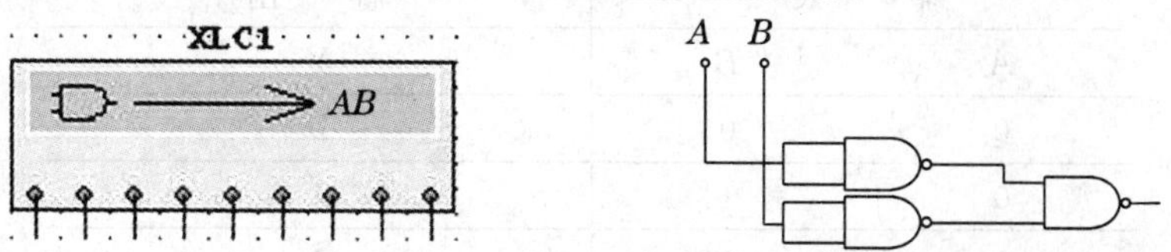

图 3.6.3　与非门实现或门电路

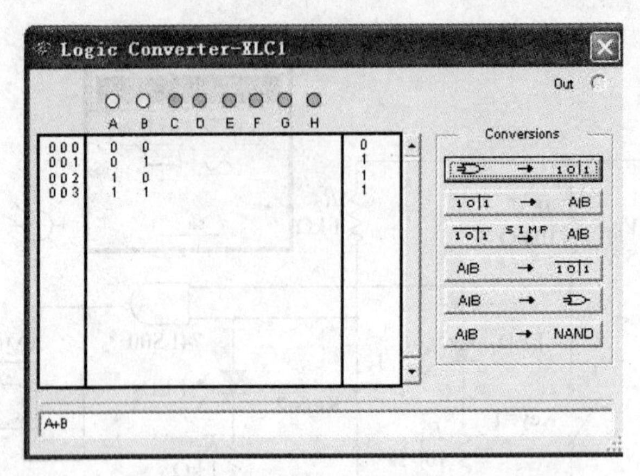

图 3.6.4　与非门实现或门的真值表

可以利用 Multisim 10 对上述或门电路的功能进行仿真测试。先从电子仿真软件 Multisim 10 基本界面左侧左列真实元件工具条的“TTL”按钮中调出 3 个与非门 74LS00N；从真实元件工具条的“Basic”按钮中调出 2 个单刀双掷开关，并分别将它们设置成 Key=A 和 Key=B；从真实元件工具条的“Source”按钮中调出电源和地线；红色指示灯从虚拟元件工具条中调出。

把它们连成或门仿真电路如图 3.6.5 所示。打开仿真开关，按表 3.6.2 要求，分别按动“1”和“2”，观察并记录指示灯的发光情况，将结果填入表 3.6.2 中。根据表 3.6.2 分析，确实实现了或门电路的功能。

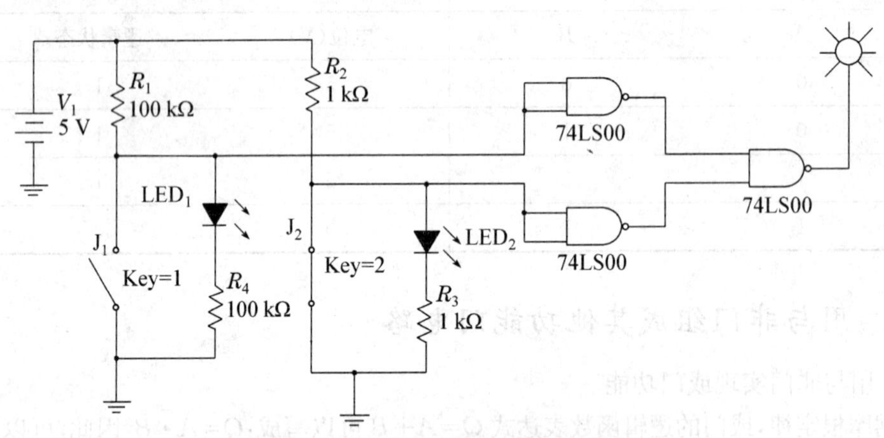

图 3.6.5　与非门构成或门电路仿真

表 3.6.2　或门测试结果

输　入		输　出
A	B	Y
0	0	0
0	1	1
1	0	1
1	1	1

(2) 用与非门实现异或门功能

按图 3.6.6 所示调出元件并组成异或门仿真电路。打开仿真开关，按表 3.6.3 要求，分别按动“1”和“2”，观察并记录指示灯的发光情况，将结果填入表 3.6.3 中。

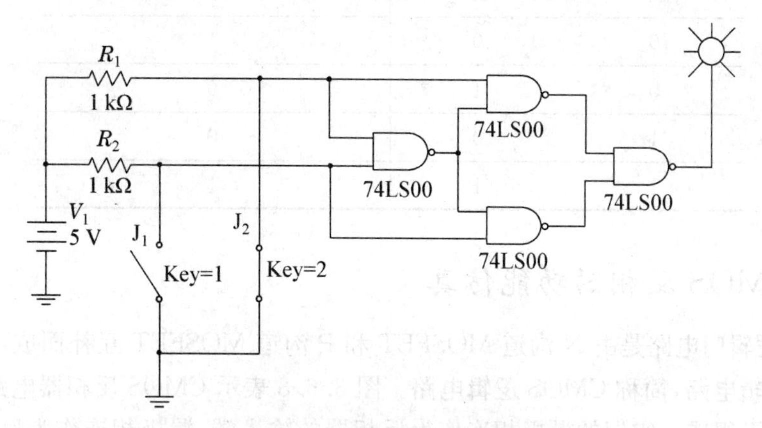

图 3.6.6　异或门仿真电路

表 3.6.3　异或门测试结果

输　入		输　出
A	B	Y
0	0	0
0	1	1
1	0	1
1	1	0

(3) 用与非门组成同或门

按图 3.6.7 所示调出元件并组成同或门仿真电路。打开仿真开关，按表 3.6.4 要求，分别按动“1”和“2”，观察并记录指示灯的发光情况，将结果填入表 3.6.4 中。由表可知，该电路实现了同或门的逻辑功能。

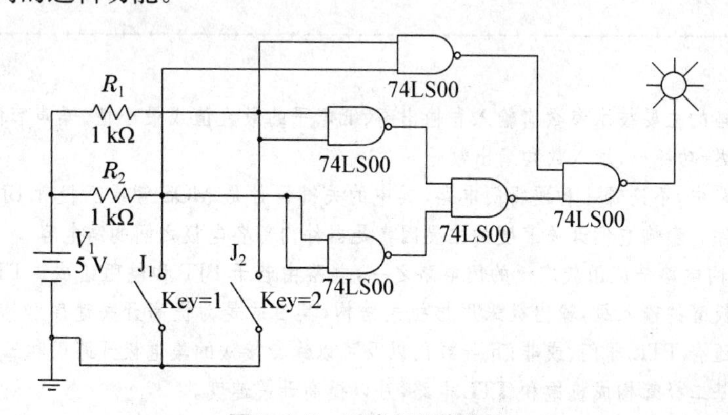

图 3.6.7　同或门仿真电路

表 3.6.4 同或门仿真结果

输入		输出
A	B	Y
0	0	1
0	1	0
1	0	0
1	1	1

3.6.3 CMOS 反相器功能仿真

CMOS 逻辑门电路是由 N 沟道 MOSFET 和 P 沟道 MOSFET 互补而成，通常称为互补型 MOS 逻辑电路，简称 CMOS 逻辑电路。图 3.6.8 表示 CMOS 反相器电路，由两只增强型 MOSFET 组成。它们的栅极相连作为反相器的输入端，漏极相连作为反相器的输出端。图 3.6.9 为该反相器的仿真测试结果。由图可知，实现了反相器功能。

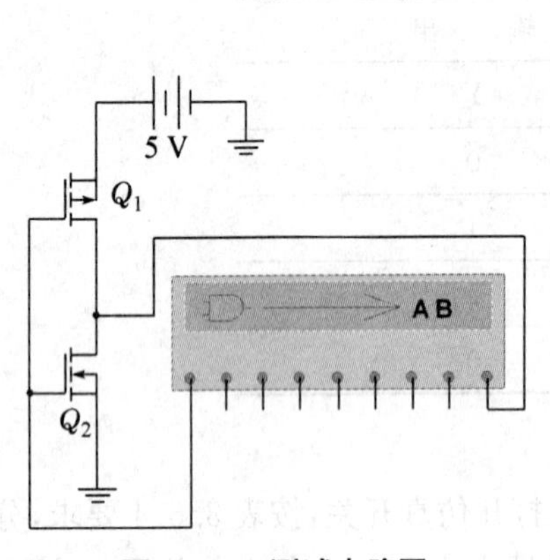

图 3.6.8 测试电路图

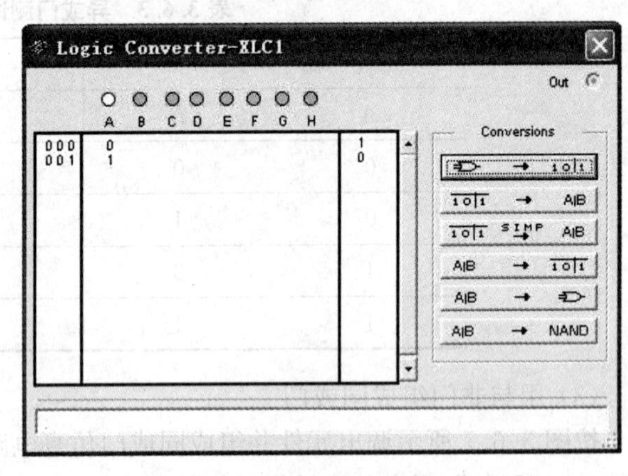

图 3.6.9 仿真结果

本章小结

逻辑门电路的主要技术参数有输入和输出高、低电平的最大值或最小值、噪声容限，传输延迟时间，功耗，延迟-功耗积，扇入数和扇出数等。

在数字电路中，不论哪一种逻辑门电路，其中的关键器件是 MOS 管或三极管 BJT，它们均可以作为开关器件。影响它们开关速度的主要因素是器件内部各电极之间的结电容。

TTL 逻辑门电路是应用较广泛的门电路之一，电路由若干 BJT 和电阻组成。TTL 与非门采用多发射极三极管的输入级，输出级采用推拉式结构，其目的是为提高开关速度和增强带负载的能力。常用的还有 TTL 非门、或非门、异或门以及可以线与接法的集电极开路门和三态输出门。

利用肖特基二极管构成抗饱和 TTL 电路，可以提高开关速度。

ECL 逻辑门电路是以差分放大电路为基础的，它不工作在 BJT 的饱和区，因而开关速度较高。其缺点是功耗较大，噪声容限低。

CMOS逻辑门电路是目前已经超越TTL门而应用最广泛的逻辑门电路。其突出优点是集成度高、功耗低、扇出系数大(指带同类门负载)、噪声容限大、开关速度较高。CMOS逻辑门电路中，为了实现线与的逻辑功能，也可采用漏极开路门和三态门。

在逻辑门电路的实际应用中，有可能遇到不同类型门电路之间、门电路与负载之间的接口技术问题以及抗干扰工艺问题。正确分析与解决这些问题，是数字电路设计工作者应当掌握的。

用 Muitisim 10 可以进行门电路的逻辑功能测试和仿真。

练习题

3.1 半导体二极管的开、关条件是什么？导通和截止时各有什么特点？和理想开关比较，它的主要缺点是什么？

3.2 如题图3.2(a～d)所示的二极管电路，其输入电压 V_i 的波形如题图3.1(e)所示。试对应画出各电路输出电压 V_{o1}～V_{o4} 的波形。设二极管正向压降为 $V_D=0.7$ V。

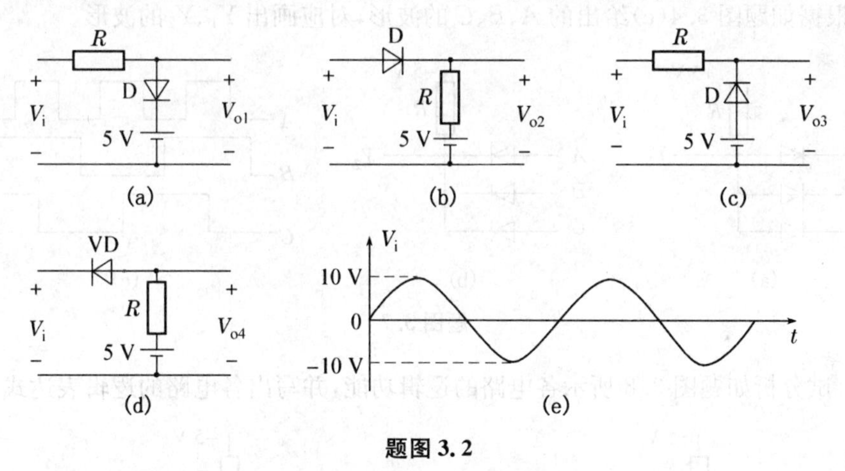

题图3.2

3.3 半导体三极管的开、关条件是什么？饱和导通和截止时各有什么特点？和半导体二极管比较，它的主要优点是什么？

3.4 判断如题图3.4所示各电路中晶体管的工作状态，并计算输出电压 V_o 的值。设晶体管导通后 $V_{BE}=0.7$ V。

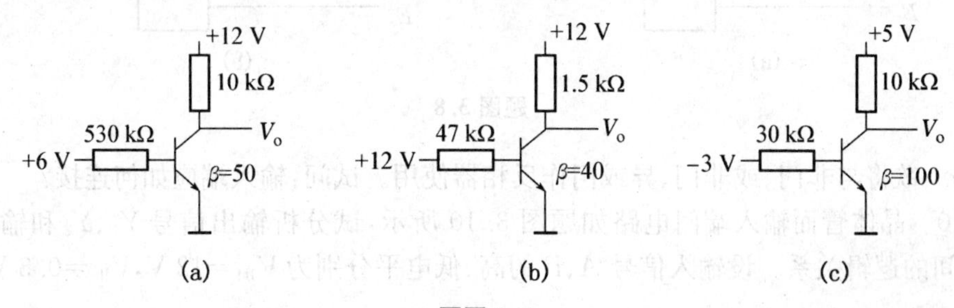

题图3.4

3.5 N沟道增强型MOS管的开、关条件是什么？导通和截止时各有什么特点？和P沟通增强型MOS管比较，两者的主要区别是什么？

3.6 在如题图 3.6 所示各电路中，试计算输入电压 V_i 分别为 0 V、+5 V、悬空时输出电压 V_o 的值。判断晶体管的工作状态。设晶体管导通后 $V_{BE}=0.7$ V。

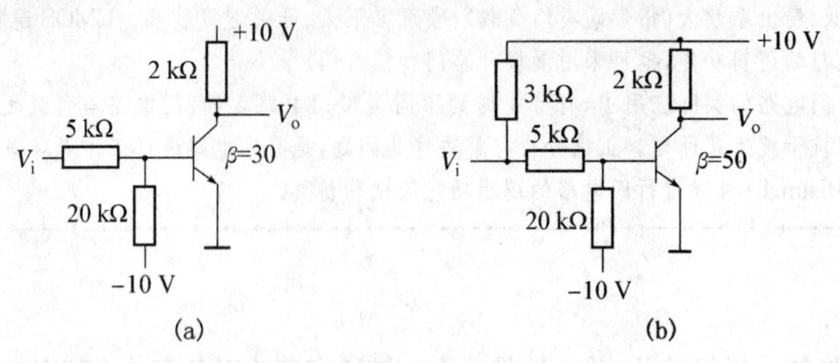

题图 3.6

3.7 二极管门电路如题图 3.7(a,b)所示。

(1) 分析输出信号 Y_1、Y_2 和输入信号 A、B、C 之间的逻辑关系。

(2) 根据如题图 3.4(c)给出的 A、B、C 的波形，对应画出 Y_1、Y_2 的波形。

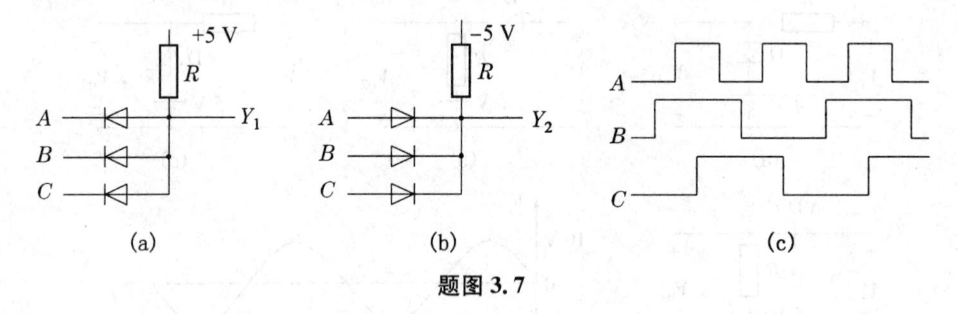

题图 3.7

3.8 试分析如题图 3.8 所示各电路的逻辑功能，并写出各电路的逻辑表达式。

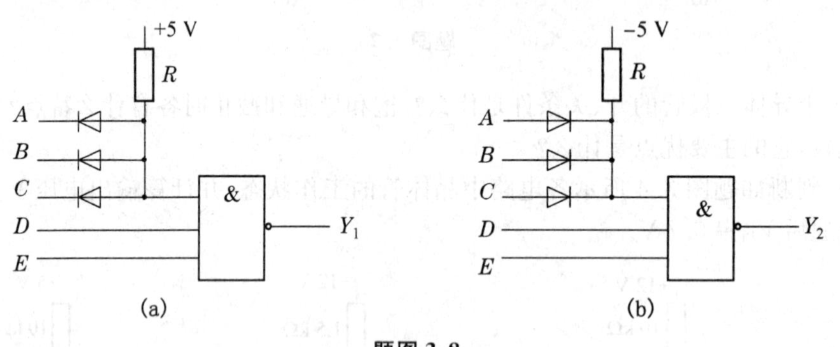

题图 3.8

3.9 欲将与非门、或非门、异或门作反相器使用。试问：输入端应如何连接？

3.10 晶体管而输入端门电路如题图 3.10 所示，试分析输出信号 Y_1、Y_2 和输入信号 A、B 之间的逻辑关系。设输入信号 A、B 的高、低电平分别为 $V_{IH}=12$ V，$V_{IL}=0.3$ V。

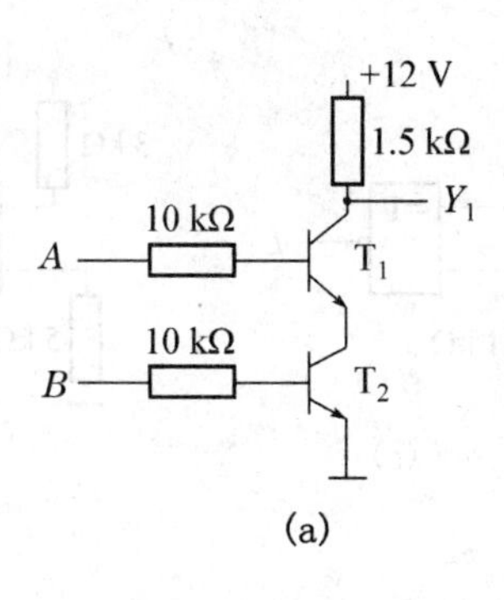

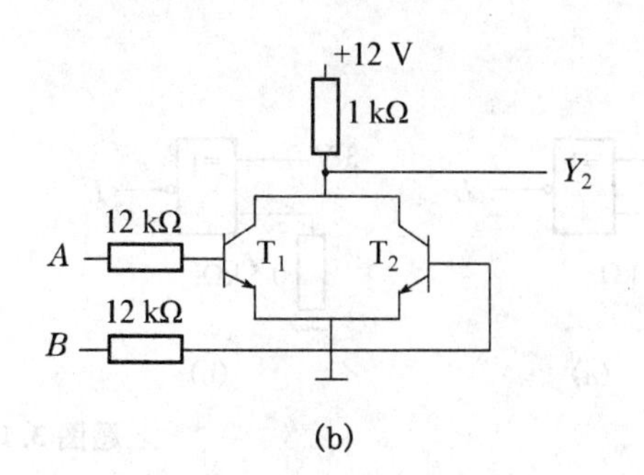

题图 3.10

3.11　TTL 门电路如题图 3.11 所示，试分析电路的逻辑功能，并估计输入端 A 的电位分别为 0.3 V 和 3.6 V 时 a～e 各点的电位。

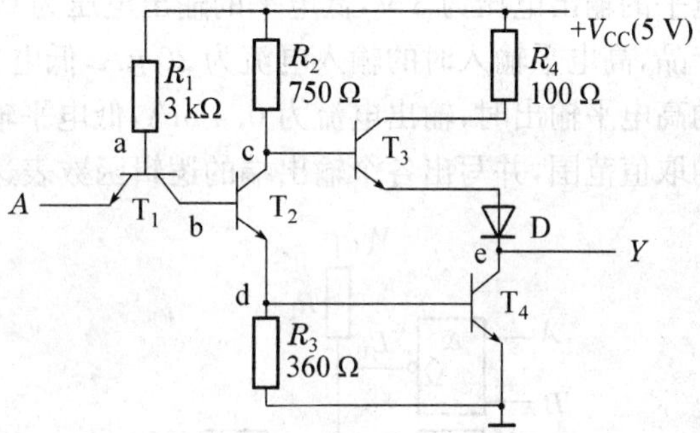

题图 3.11

3.12　为什么说 TTL 与非门的输入端在以下 4 种接法，都属于逻辑 1？

(1) 输入端悬空；

(2) 输入端高于 2 V 的电源；

(3) 输入端接同类与非门的输出高电压 3.6 V；

(4) 输入端接 10 kΩ 的电阻到地。

3.13　为什么说 TTL 与非门的输入端在以下 4 种接法，都属于逻辑 0？

(1) 输入端接地；

(2) 输入端低于 0.8 V 的电源；

(3) 输入端接同类与非门的输出低电压 0.2 V；

(4) 输入端接 500 Ω 的电阻到地。

3.14　如题图 3.14 所示，指出由 TTL 集成或非门(电源电压为 5 V)组成的逻辑电路图的输出端逻辑状态。

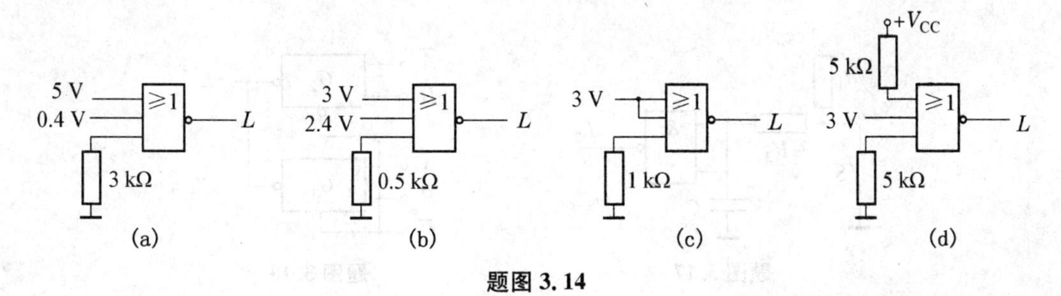

题图 3.14

3.15　如题图 3.15 所示，指出由 TTL 集成异或非门(电源电压为 5 V)组成的逻辑电路图的输出端逻辑状态。

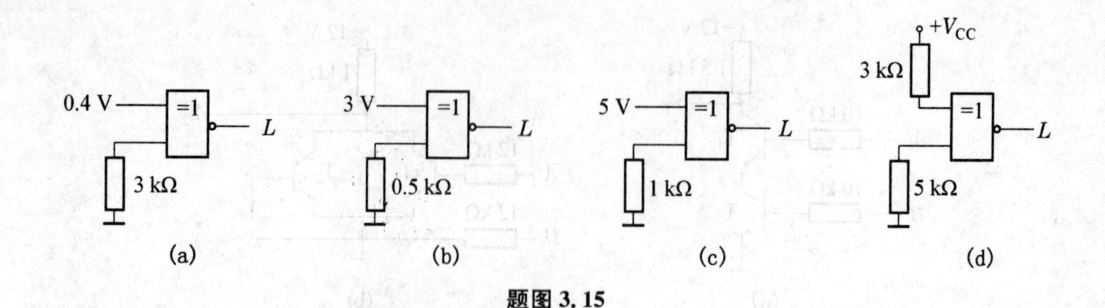

题图 3.15

3.16　有 TTL 集电极开路门组成的逻辑电路如题图 3.16 所示，电源电压 5 V，要求高电平的输出电压为 3 V，低电平的输出电压为 0.2 V。图中其他逻辑门电路均为 74LS 系列产品，高电平输入时的输入电流为 20 μA，低电平输入时的输入电流为−0.4 mA；逻辑电路的高电平输出时，输出电流为 0.4 mA，低电平输出时，输出电流为 8 mA。计算上拉电阻 R_L 的取值范围，并写出各个输出端的逻辑函数表达式。

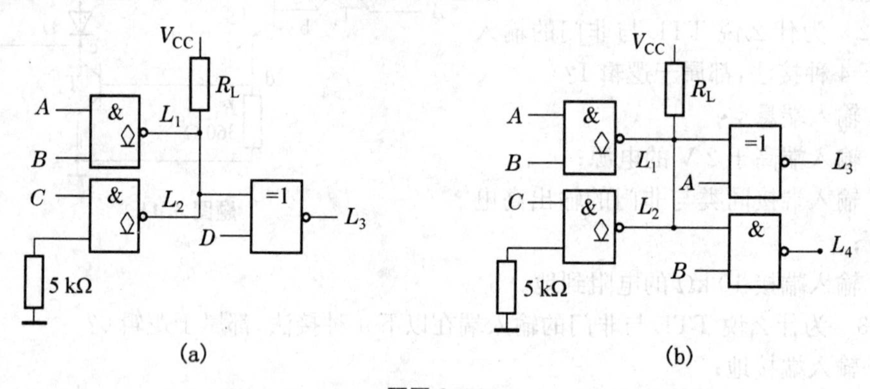

题图 3.16

3.17　为防止开关操作产生抖动，可以采用如题图 3.17 所示电路，图中逻辑门电路是 74LS 系列逻辑门电路，其低电平输入电流为−2 mA，高电平输入电流为 0.5 mA。为保证电路的正常逻辑关系，要求开关 S 闭合时，逻辑门的输入电压值大于 3.0 V，图中电源电压为 5 V。确定图中电阻 R_1、R_2 的取值范围。

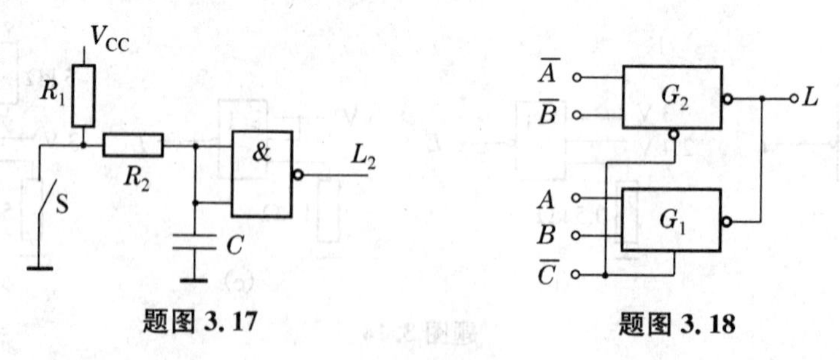

题图 3.17　　**题图 3.18**

3.18　TTL 三态与非门组成的逻辑电路如题图 3.18 所示，控制端 $\overline{C}=0$ 时，G_1 为高电阻态，G_2 为工作态。控制端 $\overline{C}=1$ 时，G_1 为工作态，G_2 为高电阻态。分析电路的输出量 L 与输入变量 A、B 之间的逻辑关系。

3.19　若将具有 3 个输入端 74LS 系列的逻辑门电路的所有输入端并联连接，作为 74S

系列的负载门。试计算一个 74S 驱动与非门分别能够带多少个 74LS 与非门和 74LS 或非门。74S 与非门的低电平输出时的输出电流为 20 mA，高电平输出时的输出电流为 −1 mA。74LS 门电路的低电平输入时的输入电流为 −0.4 mA，高电平输入时的输入电流为0.02 mA。

3.20　逻辑电路如题图 3.20 所示，三态门电路的电源电压为 5 V，图中各个三态门电路的输入信号电压 V_i 的波形如图(d)所示。试画出图中(a～c)各个电路连接的情况下输出电压的波形。

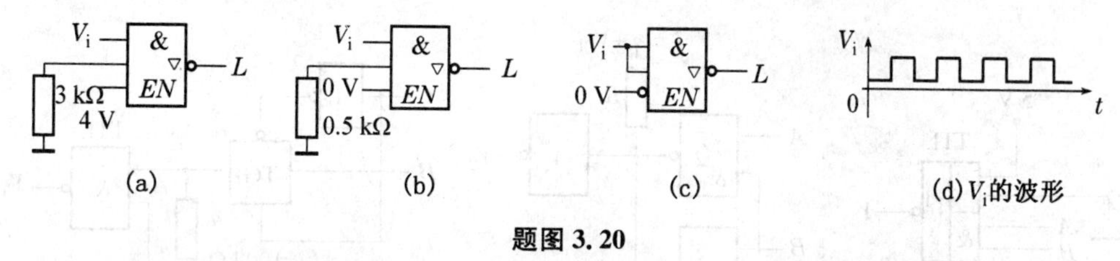

题图 3.20

3.21　确定门电路参数和写出输出 Y 的逻辑表达式。

(1) TTL 集成门电路的输入特性和输出特性如题图 3.21(a,b)所示，试确定电路最大灌电流 I_{LLmax} 和扇出系数 N_O 值。

(2) TTLOC 门电路组成题图 3.21(c)电路，写出输出 Y 的逻辑表达式。

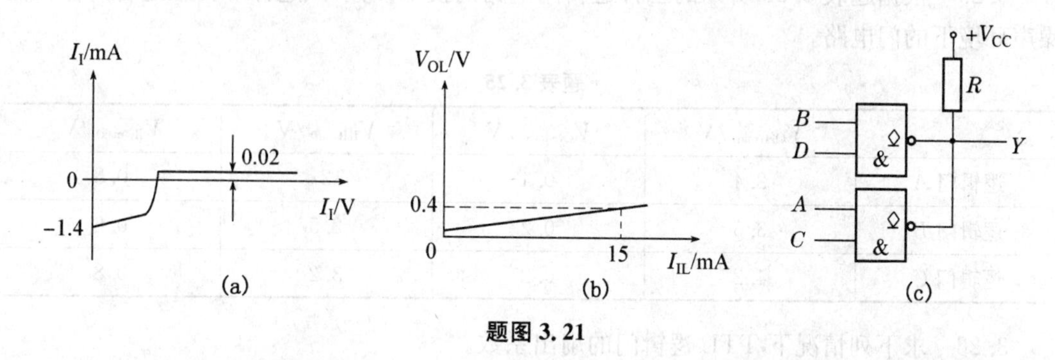

题图 3.21

3.22　TTL 集电极开路门电路组成如题图 3.22 所示电路。分析电路的功能，指出 R_C 取值考虑因素，写出输出 Y 的逻辑表达式。

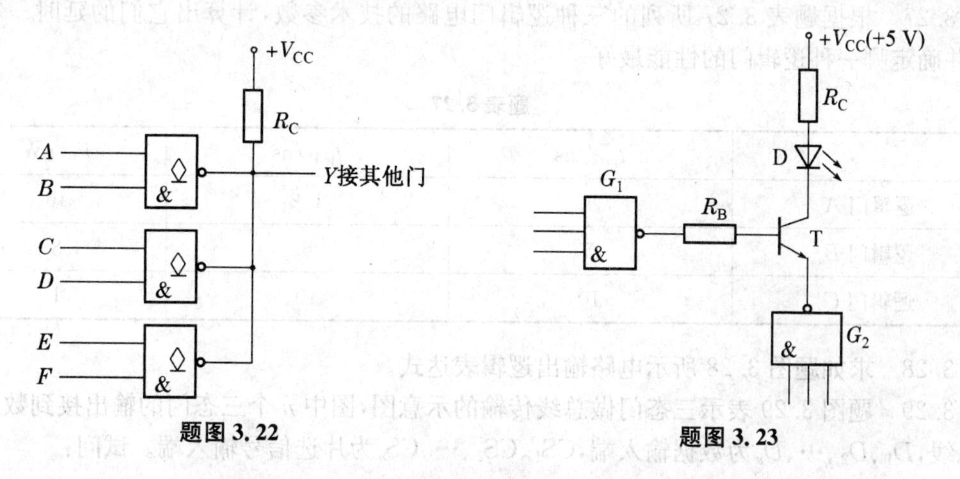

题图 3.22　　题图 3.23

3.23 TTL与非门G_1、G_2和三极管T组成题图3.23所示电路。已知TTL与非门的$V_{OH}=3.6\ V$,$V_{OL}=0.3\ V$,$I_{OH}=400\ \mu A$,$I_{OL}=16\ mA$;三极管的$V_{BE}=0.7\ V$,$V_{CES}\approx0.3\ V$,$\beta=40$,发光二极管D导通压降$V_D=1.5\ V$,正向电流$I_D=5\sim10\ mA$。

(1) 确定集电极电阻R_C取值范围;

(2) 若$R_C=400\ \Omega$,确定基极电阻R_B的取值范围。

3.24 集成门电路组成图题3.24所示电路。写出图示各门电路输出的逻辑函数表达式。

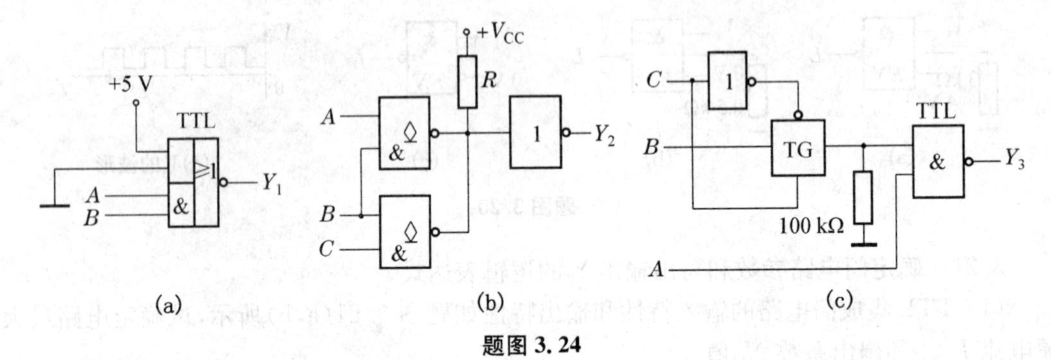

题图 3.24

3.25 根据题表3.25所列的三种逻辑门电路的技术参数,试选择一种最适合工作在高噪声环境下的门电路。

题表 3.25

	$V_{OH(min)}$/V	$V_{OL(max)}$/V	$V_{IH(min)}$/V	$V_{IL(max)}$/V
逻辑门A	2.4	0.4	2	0.8
逻辑门B	3.5	0.2	2.5	0.6
逻辑门C	4.2	0.2	3.2	0.8

3.26 求下列情况下TTL逻辑门的扇出系数。

(1) 74LS门驱动同类门;

(2) 74LS门驱动74ALS系列TTL门。

3.27 根据题表3.27所列的三种逻辑门电路的技术参数,计算出它们的延时－功耗积,并确定哪一种逻辑门的性能最好。

题表 3.27

	t_{pHL}/ns	t_{pLH}/ns	P_o/nW
逻辑门A	1	1.2	16
逻辑门B	5	6	8
逻辑门C	10	10	1

3.28 求如题图3.28所示电路输出逻辑表达式。

3.29 题图3.29表示三态门做总线传输的示意图,图中n个三态门的输出接到数据传输总线,D_1、D_2、…、D_n为数据输入端,CS_1、CS_2、…、CS_n为片选信号输入端。试问:

(1) CS 信号如何控制，以便数据 D_1、D_2、…、D_n 通过该总线进行正常传输？

(2) CS 信号能否有两个或两个以上同时有效？

(3) 如果所有 CS 信号均无效，总线处在什么状态？

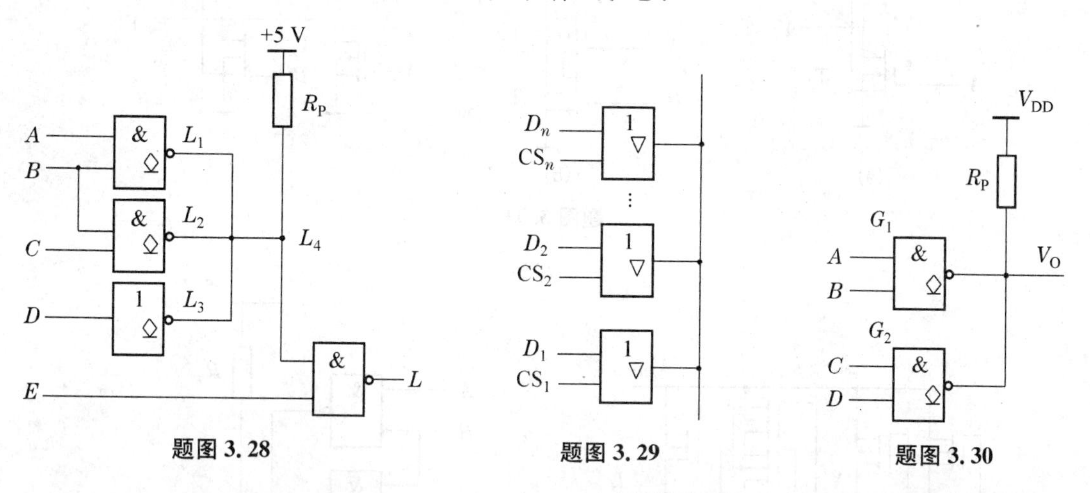

题图 3.28　　题图 3.29　　题图 3.30

3.30　在题图 3.30 的电路中，已知 OD 门 G_1、G_2 输出高电平时输出端 MOS 管的漏电流 $I_{OH(max)}=5\ \mu A$；输出电流 $I_{OL(max)}=10$ mA 时，输出低电平 $V_{OL}\leqslant 0.3$ V。若取 $V_{OD}=5$ V，试计算在保证 $V_{OH}\geqslant 3.5$ V、$V_{OL}\leqslant 0.3$ V 的条件下，外接电阻 R_p 的取值范围。

3.31　求下列情况下 TTL 逻辑门的扇出系数。

(1) 74LS 门驱动同类门；

(2) 74LS 门驱动 74LS 系列 TTL 门。

3.32　已知题图 3.32 所示 4 个 MOSFET 管组成的电路，MOSFET 管的 $|V_T|=2$ V，忽略电阻上的压降。试确定其工作状态（导通或截止）。

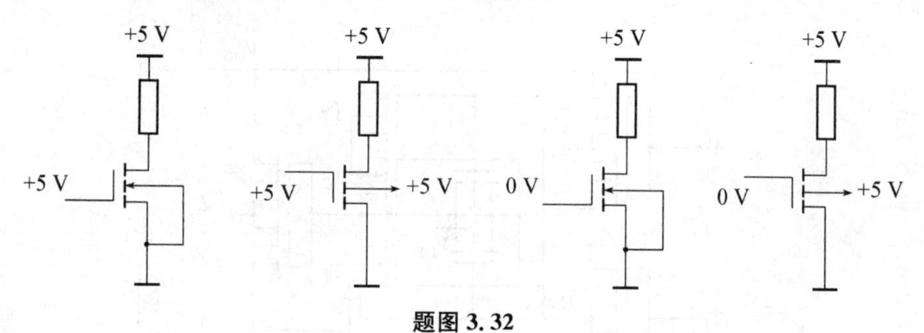

题图 3.32

3.33　如题图 3.33 所示为由 N 沟道增强型 MOS 管构成的门电路（称为 NMOS 门电路）。试分析各个电路的逻辑功能。

3.34　试分析题图 3.34 所示的电路，写出其逻辑表达式，说明它是什么逻辑电路。

3.35　求题图 3.35 所示电路的输出逻辑表达式。

3.36　用三个漏极开路与非门 74HCO3 和一个 TTL 与非门 74LSOO 实现 题图 3.35 所示的电路，已知 CMOS 管截止时的漏电流 $I_{OZ}=5\ \mu A$。试计算 $R_{p(min)}$ 和 $R_{p(max)}$。

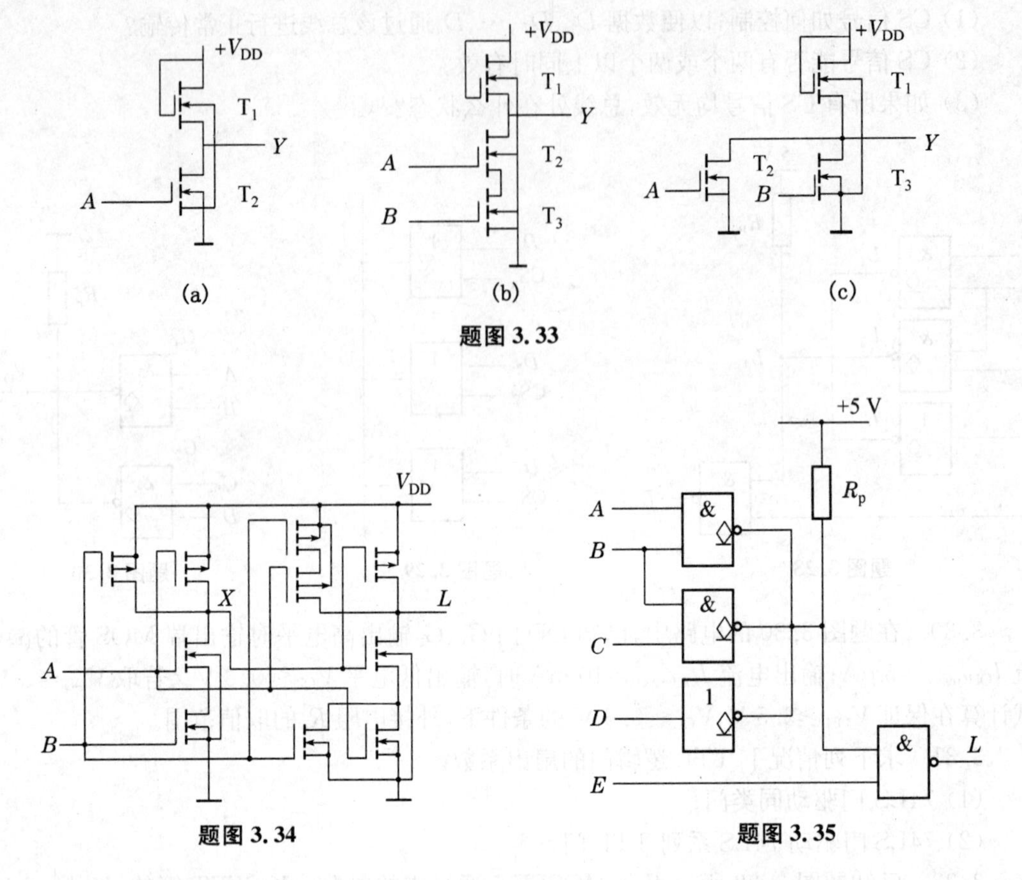

题图 3.33

题图 3.34　　　　　　题图 3.35

3.37　试分析题图 3.37 所示某 CMOS 器件的电路，写出其逻辑表达式，说明它是什么逻辑电路。

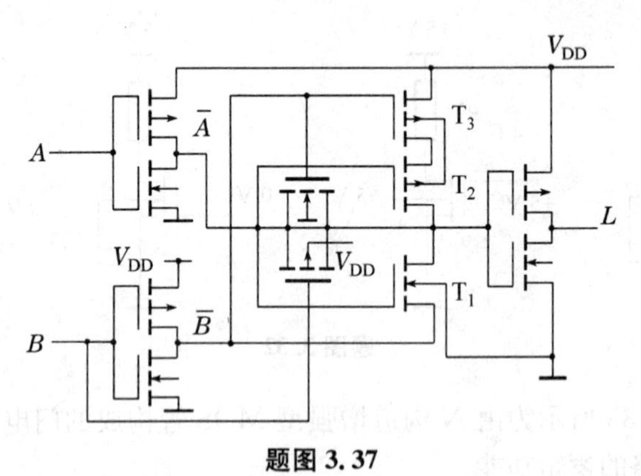

题图 3.37

3.38　试分析题图 3.38 所示的 CMOS 电路，说明它们的逻辑功能。

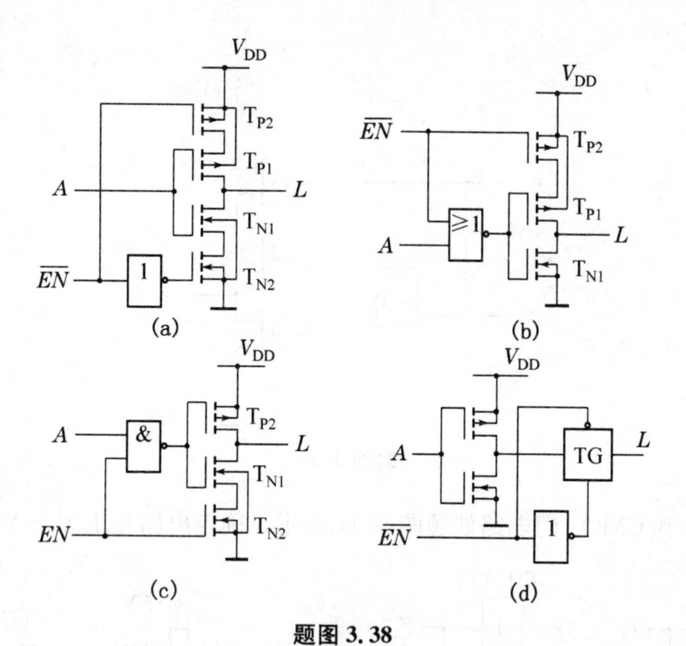

题图 3.38

3.39 试分析题图 3.39 所示传输门构成的电路，写出其逻辑表达式，说明它是什么逻辑电路。

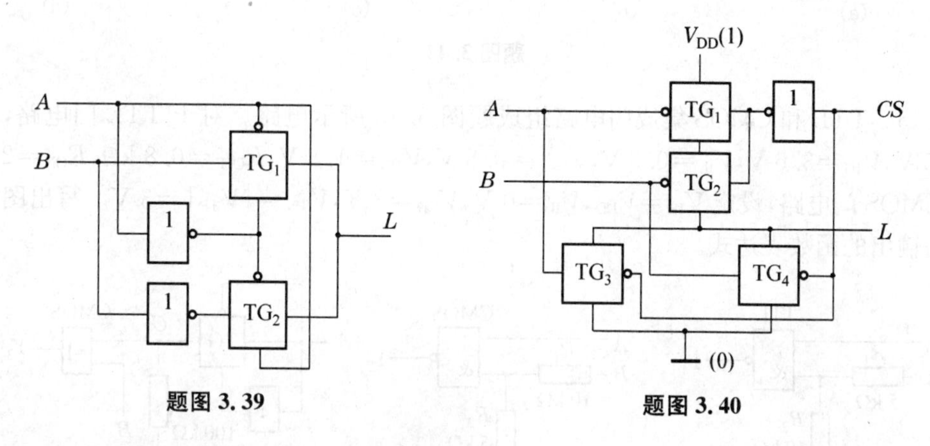

题图 3.39　　题图 3.40

3.40 由 CMOS 传输门构成的电路如题图 3.40 所示，试列出其真值表，说明该电路的逻辑功能。

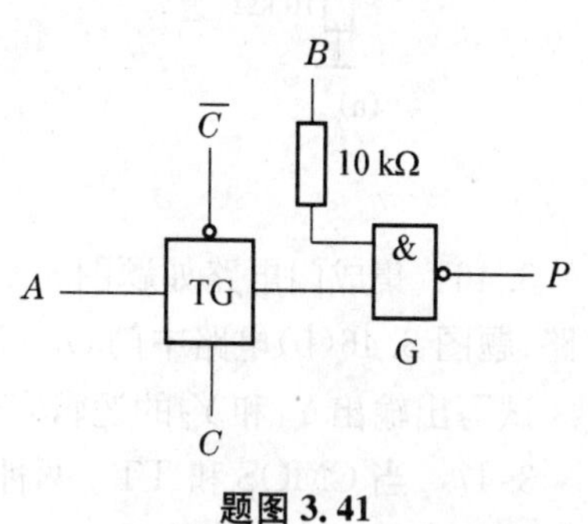

题图 3.41

3.41 CMOS 传输门 TG 和 TTL 与非门 G 组成题图 3.41 所示电路。设 TTL 与非门开门电阻 R_{ON} 小于 10 kΩ。写出 $C=0$ 和 $C=1$ 时电路输出 P 的表达式。

3.42 同一逻辑函数可以有多种实现方式。某些器件有"线与"功能，因此，用"线与"方式可能产生较好的效果。有四变量函数 $Y(A,B,C,D)=\overline{A}\,\overline{B}\,\overline{C}\,\overline{D}+\overline{A}BC+A\overline{C}\,\overline{D}+AC$，试用"线与"的方法加以实现。

3.43 CMOS 集成门电路如题图 3.43 所示。列出真值表，说明逻辑功能，并画出其逻辑符号。

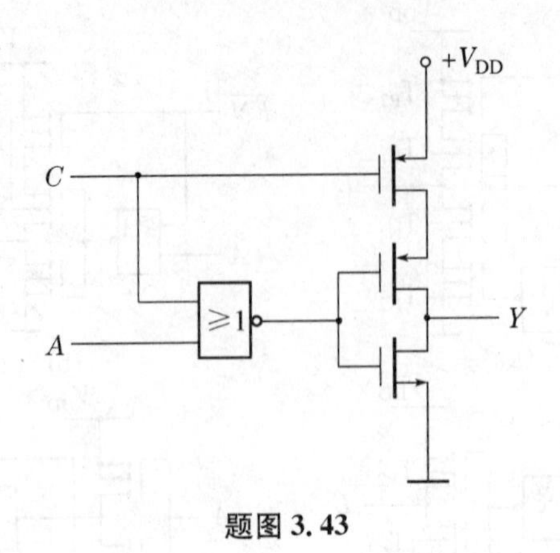

题图 3.43

3.44 TTL 和 CMOS 门电路如题图 3.44 所示。确定电路输出 $Y_1 \sim Y_4$的电平值。

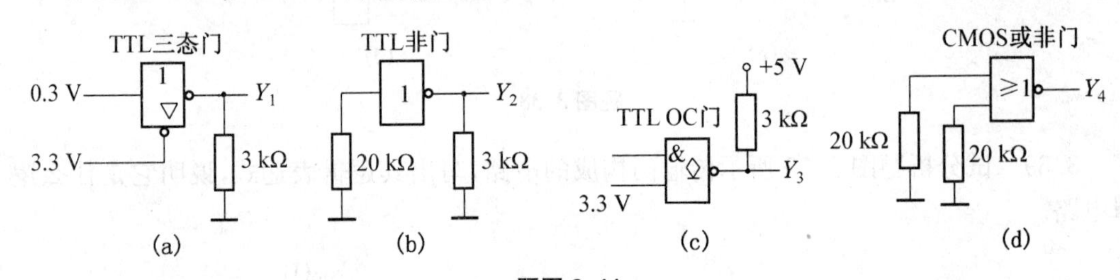

题图 3.44

3.45 TTL 和 CMOS 集成门电路组成题图 3.45 所示电路。对于 TTL 门电路，设定 $V_{CC}=5$ V，$V_{IH}=3.6$ V，$V_{IL}=0.3$ V，$V_{OFF}=0.8$ V，$V_{ON}=1.8$ V，$R_{OFF}=0.8$ kΩ，$R_{ON}=2$ kΩ。对于 CMOS 门电路，设定 $V_{IH}=V_{DD}$，$V_{IL}=0$ V，$V_{DD}=8$ V，$V_{TN}=|V_{TP}|=3$ V。写出图示各门电路输出的函数表达式。

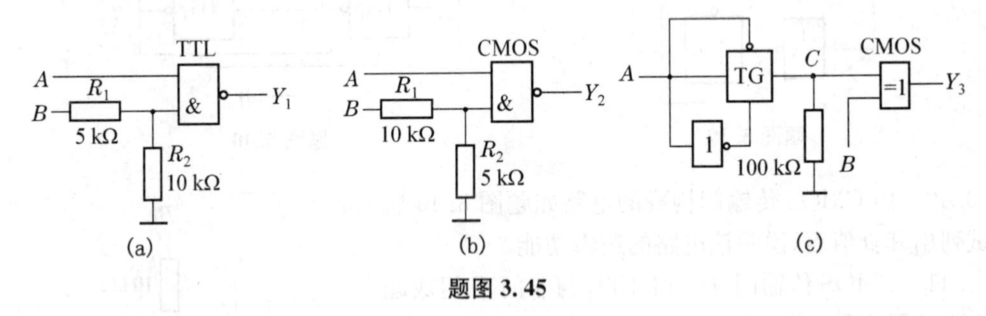

题图 3.45

3.46 集成门电路如题图 3.46 所示。题图 3.46(a)电路中的门 G_1 和 G_2 都是 CMOS 门电路，题图 3.46(b)电路中门 G_1、G_2 和 G_3 均为 TTL 门电路，G_4 为 CMOS 门电路。

试写出输出 Y_1 和 Y_2 的逻辑表达式。

3.47 当 CMOS 和 TTL 两种门电路相互连接时，要考虑哪几个电压和电流参数？这些参数应该满足怎样的关系？

3.48 当用 74LS 系列 TTL 电路去驱动 74HC 系列 CMOS 电路时，试简述其设计思路，是否需要接口电路？计算其扇出系数，并对接口电路就开关速度和功耗两方面做出评价

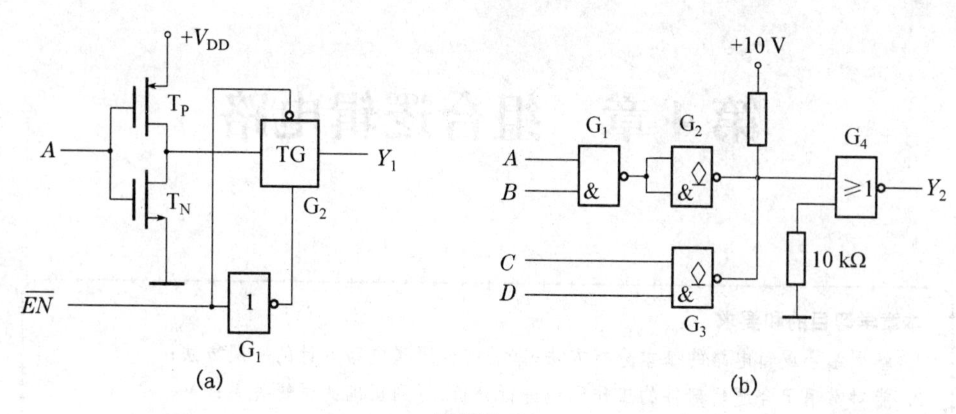

题图 3.46

（设用一个 74LS 逻辑门作为驱动器件，并且它的高电平输出时的拉电流为 0.2 mA）。

3.49 当用 HC 系列 CMOS 去驱动 74LS 系列 TTL 门电路时，试简述其设计思路，指出是否需要加接口电路，并就开关速度和功耗两方面对接口电路进行评价。

3.50 复习一下 TTL 门的输出电路。若 TTL 的输出级超载时，电路会出现什么现象？用什么仪器进行判断？

3.51 设计一发光二极管（LED）驱动电路，设 LED 的参数为 $V_F = 2.5$ V，$I_D = 4.5$ mA；若 $V_{CC} = 5$ V，当 LED 发亮时，电路的输出为低电平，选用集成门电路的型号，并画出逻辑电路图。

第4章　组合逻辑电路

本章学习目的和要求

1. 掌握组合逻辑电路的基本分析方法；掌握组合逻辑电路设计的一般方法；
2. 能对常用组合逻辑部件的工作原理进行分析，得到正确的逻辑关系；
3. 掌握加法器、编码器、译码器、数据分配器、数据选择器和数值比较器的逻辑功能；
4. 会阅读组合逻辑器件的功能表，能用 *MSI* 器件设计出常用的组合逻辑部件并根据设计要求完成电路的正确连接；
5. 了解组合逻辑电路中的冒险现象和产生原因。

本章首先讲述组合逻辑电路的共同特点、一般分析方法和设计方法；然后分析加法器、编码器、译码器、数据分配器、数据选择器、数值比较器等常用组合逻辑集成电路的工作原理和逻辑功能及其使用方法，并讨论了组合逻辑电路中存在的竞争冒险现象，包括竞争冒险的产生原因、判别方法及消除方法；最后介绍了用 Multisim 10 分析组合逻辑电路的实例。

4.1　概述

数字逻辑电路按照逻辑功能的不同，可分为两大类：一类是组合逻辑电路（Combinational Logical Circuit），简称组合电路；另一类是时序逻辑电路（Sequential Imgical Circuit），简称时序电路。本章介绍组合逻辑电路，时序逻辑电路将在以后介绍。

4.1.1　组合逻辑电路的特点

组合逻辑电路是指电路在任一时刻的电路输出状态只与同一时刻各输入状态的组合有关，而与前一时刻的输出状态无关。组合电路没有记忆功能，这是组合电路在逻辑功能上的共同特点。

前面所讲的逻辑门电路就是简单的组合逻辑电路。为了保证组合电路的逻辑功能，组合电路在电路结构上要具备以下两点：

(1) 输出、输入电路之间没有反馈延迟通路，即信号只有从输入到输出的单向传输，没有从输出到输入的反馈回路。

(2) 电路中不包含有存储单元，全部由门电路组成，例如触发器等。这也是组合逻辑电路结构的共同特点。

4.1.2　组合逻辑电路的逻辑功能描述

组合逻辑电路主要由门电路组成，可以有多个输入端和多个输出端。组合电路的电路结构如图 4.1.1 所示。

组合电路有 n 个输入变量 A_1、A_2、A_3、…、A_n，有 m 个输出变量 L_1、L_2、L_3、…、L_m，输出变量是输入变量的逻辑函数。根据组合逻辑电路的概念，可以用下面逻辑函数表达式来描述该逻辑电路的逻辑功能：

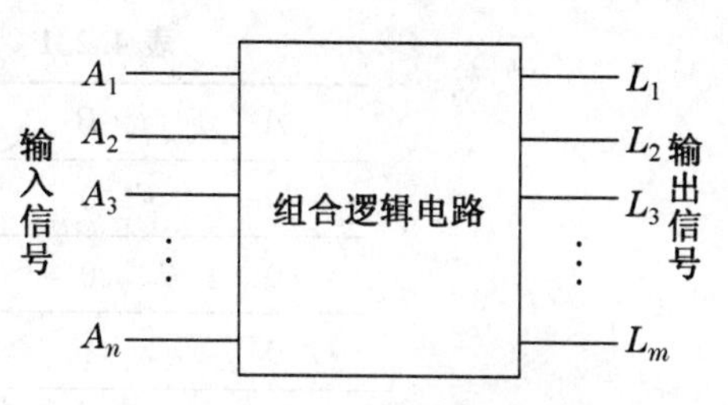

图 4.1.1　组合逻辑电路示意图

$$\begin{cases} L_1=F_1(A_1,A_2,A_3,\cdots,A_n) \\ L_2=F_2(A_1,A_2,A_3,\cdots,A_n) \\ \vdots \\ L_m=F_m(A_1,A_2,A_3,\cdots,A_n) \end{cases} \tag{4.1.1}$$

组合电路的逻辑功能除了可以用逻辑函数表达式来描述外，还可以用逻辑真值表、卡诺图和逻辑图等方法来描述，以使组合电路的逻辑功能表述更加方便、直观、明显，有利于组合电路的分析和设计。

4.2　组合逻辑电路的分析和设计

4.2.1　组合逻辑电路的分析

分析组合逻辑电路的目的是，对于一个给定的逻辑电路，确定其逻辑功能。分析组合逻辑电路的步骤大致如下：

(1) 根据逻辑电路，从输入到输出，写出各级逻辑函数表达式，直到写出最后输出端与输入信号的逻辑函数表达式。

(2) 将各逻辑函数表达式化简和变换，以得到最简单的表达式。

(3) 根据简化后的逻辑表达式列出真值表。

(4) 根据真值表和简化后的逻辑表达式对逻辑电路进行分析，最后确定其功能。

下面举例来说明组合逻辑电路的分析方法。

【例 4.2.1】　组合电路如图 4.2.1 所示，分析该电路的逻辑功能。

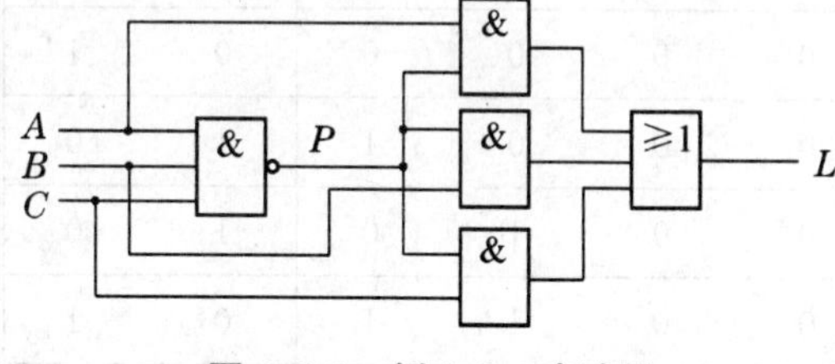

图 4.2.1　例 4.2.1 电路图

解　(1) 由逻辑图逐级写出逻辑表达式。为了写表达式方便，借助中间变量 P。

$$P=\overline{ABC}$$

$$\begin{aligned} L&=AP+BP+CP \\ &=A\overline{ABC}+B\overline{ABC}+C\overline{ABC} \end{aligned}$$

(2) 化简与变换。因为下一步要列真值表，所以要通过化简与变换，使表达式有利于列真值表，一般应变换成与-或式或最小项表达式。

$$L=\overline{ABC}(A+B+C)=\overline{ABC+\overline{A+B+C}}=\overline{ABC+\bar{A}\bar{B}\bar{C}} \tag{4.2.1}$$

(3) 由表达式列出真值表，见表 4.2.1。经过化简与变换的表达式为两个最小项之和的非，所以很容易列出真值表。

表 4.2.1 例 4.2.1 电路的真值表

A	B	C	L
0	0	0	0
0	0	1	1
0	1	0	1
0	1	1	1
1	0	0	1
1	0	1	1
1	1	0	1
1	1	1	0

(4) 分析逻辑功能。由真值表可知,当 A、B、C 三个变量不一致时,电路输出为"1",所以这个电路称为"不一致电路"。

本例中的输出变量只有一个,对于多输出变量的组合逻辑电路,分析方法也与此相同。

【例 4.2.2】 试分析图 4.2.2 电路的逻辑功能。

解 (1) 根据给出的逻辑图,当逻辑函数式并不复杂时,则可省去化简步骤。于是得出 L_1、L_2 和 A、B、C、D 之间的逻辑函数式:

$$L_1=(A\oplus B)\oplus(C\oplus D)=A\oplus B\oplus C\oplus D$$
$$L_2=\overline{A\oplus B\oplus C\oplus D} \tag{4.2.2}$$

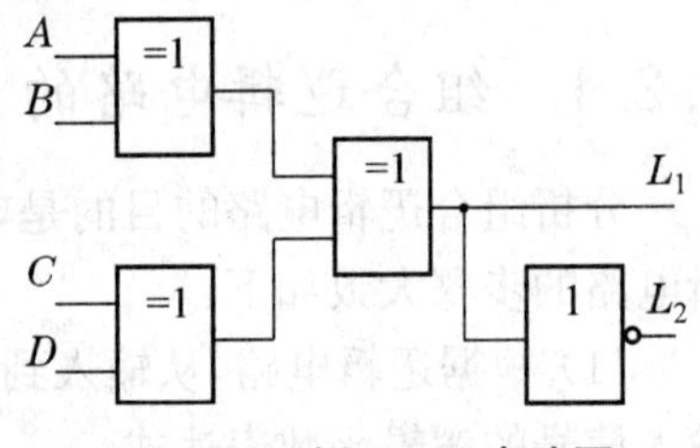

图 4.2.2 例 4.2.2 电路图

(2) 从上面这个逻辑函数表达式中我们还不能一下子看出电路的逻辑功能。为此,我们把式(4.2.2)转换成真值表形式,得到表 4.2.2。

表 4.2.2 图 4.2.2 电路的真值表

A	B	C	D	L_1	L_2	A	B	C	D	L_1	L_2
0	0	0	0	0	1	1	0	0	0	1	0
0	0	0	1	1	0	1	0	0	1	0	1
0	0	1	0	1	0	1	0	1	0	0	1
0	0	1	1	0	1	1	0	1	1	1	0
0	1	0	0	1	0	1	1	0	0	0	1
0	1	0	1	0	1	1	1	0	1	1	0
0	1	1	0	0	1	1	1	1	0	1	0
0	1	1	1	1	0	1	1	1	1	0	1

从表 4.2.2 可以看出,当 $ABCD$ 的取值是奇数个 1 时,L_1 为 1,当 $ABCD$ 的取值是偶数个 1 时,L_2 为 1。所以,这个电路的逻辑功能是检测输入的 4 位数据中包含"1"的个数是奇

数还是偶数。它是一个4位的奇偶校验器。

【例4.2.3】 已知逻辑电路如图4.2.3所示，分析其逻辑功能。

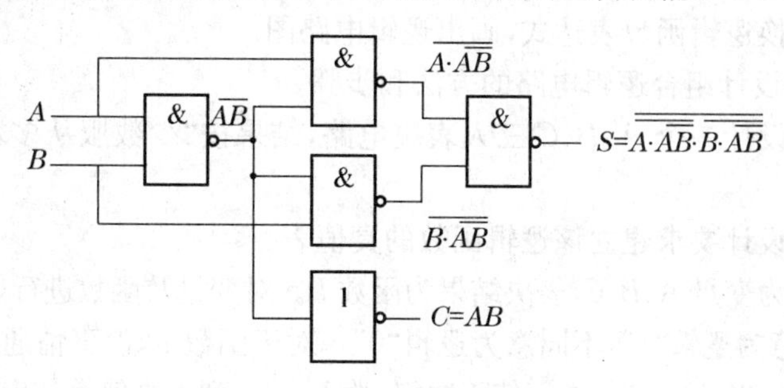

图4.2.3　例4.2.3的逻辑电路图

解　(1) 根据图4.2.3，逐级写出逻辑函数式，直到写出最终输出的逻辑函数表达式为

$$\begin{aligned}S&=\overline{\overline{A\cdot\overline{AB}}\cdot\overline{B\cdot\overline{AB}}}\\C&=AB\end{aligned}\tag{4.2.3}$$

(2) 将S逻辑函数表达式进行化简和变换：

$$\begin{aligned}S&=\overline{\overline{A\cdot\overline{AB}}\cdot\overline{B\cdot\overline{AB}}}=A\cdot\overline{AB}+B\cdot\overline{AB}=A(\overline{A}+\overline{B})+B(\overline{A}+\overline{B})\\&=A\overline{A}+A\overline{B}+\overline{A}B+B\overline{B}=A\overline{B}+\overline{A}B=A\oplus B\end{aligned}\tag{4.2.4}$$

(3) 根据$S=A\oplus B$，$C=AB$列出真值表，如表4.2.3。

表4.2.3　例4.2.3的真值表

输入		输出	
A	B	C	S
0	0	0	0
0	1	0	1
1	0	0	1
1	1	1	0

(4) 根据逻辑函数表达式和真值表，分析逻辑功能。由真值表可以看出，把A当做加数，B当做被加数，则S为和，C为进位。所以，图4.2.3是两个一位二进制数的加法器，称为半加器，是组合逻辑电路中的常用器件之一。

4.2.2　组合逻辑电路的设计

组合逻辑电路设计的任务，就是根据实际应用需要所提出的逻辑问题，设计出满足这一逻辑问题要求的逻辑电路。所以，组合电路的设计过程正好与分析过程相反。对于工程设计人员来说，一般要求设计的电路简单，所用器件的种类和每种器件的数目尽可能少，所以前面介绍的用代数法和卡诺图法来化简逻辑函数，就是为了获得最简的逻辑表达式，有时还需要一定的变换，以便能用最少的门电路、最少的集成器件品种来组成逻辑电路，使设计的电路能够多方面兼顾，能够使电路结构紧凑、成本低廉、工作可靠而且经济效益高。电路的实现可以采用小规模集成门电路、中规模组合逻辑器件或者可编程逻辑器件。因此，逻辑函数的化简也必须结合实际所选用的器件进行。

由此我们可得出，组合逻辑电路的设计步骤大致如下：

(1) 明确实际问题的逻辑功能。许多实际设计要求是用文字描述的，因此，需要确定实际问题的逻辑功能，并确定输入、输出变量数及表示符号。

(2) 根据对电路逻辑功能的要求，列出真值表。

(3) 根据真值表写出逻辑表达式。

(4) 简化和变换逻辑函数表达式，画出逻辑电路图。

下面举例说明设计组合逻辑电路的方法和步骤。

【例 4.2.4】 设计一个 A、B、C 三人表决电路，结果按“少数服从多数”的原则决定，但是 A 有否决权。

解 (1) 根据设计要求建立该逻辑函数的真值表。

设三人的意见为变量 A、B、C，表决结果为函数 L。对变量及函数进行如下状态赋值：对于变量 A、B、C，设同意为逻辑“1”，不同意为逻辑“0”。对于函数 L，设事情通过为逻辑“1”，没通过为逻辑“0”。显然，当 $A=0$ 时，A 行使否决权，故 $L=0$。列出真值表如表 4.2.4 所示。

(2) 由真值表写出逻辑表达式：

$$L=A\overline{B}C+AB\overline{C}+ABC$$

该逻辑函数式不是最简的逻辑函数式。

(3) 化简。由于卡诺图化简法较方便，故一般用卡诺图进行化简。将该逻辑函数填入卡诺图，如图 4.2.4 所示。合并最小项，得最简与-或表达式：

$$L=AB+AC \tag{4.2.5}$$

表 4.2.4 例 4.2.4 的真值表

A	B	C	L
0	0	0	0
0	0	1	0
0	1	0	0
0	1	1	0
1	0	0	0
1	0	1	1
1	1	0	1
1	1	1	1

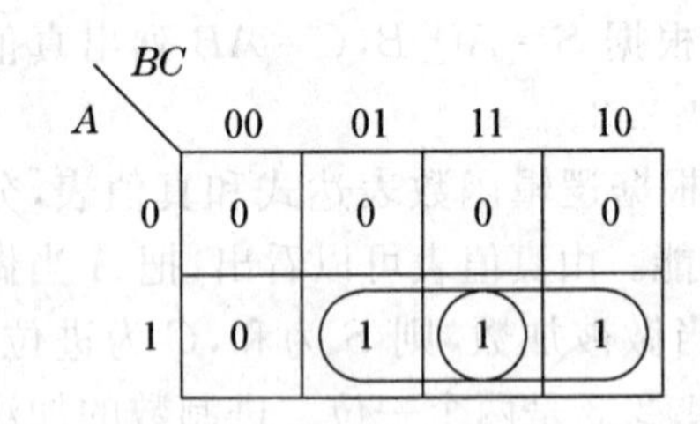

图 4.2.4 例 4.2.4 的卡诺图

如果用与非门实现，则变换成与非-与非式：

$$L=\overline{\overline{AB+AC}}=\overline{\overline{AB}\cdot\overline{AC}} \tag{4.2.6}$$

(4) 画逻辑图。用与门、或门实现的逻辑图如图 4.2.5 所示，用与非门实现的逻辑图如图 4.2.6 所示。

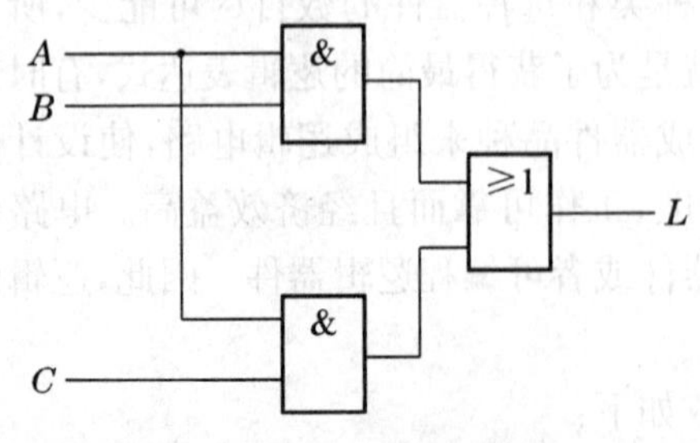

图 4.2.5 例 4.2.4 的逻辑图

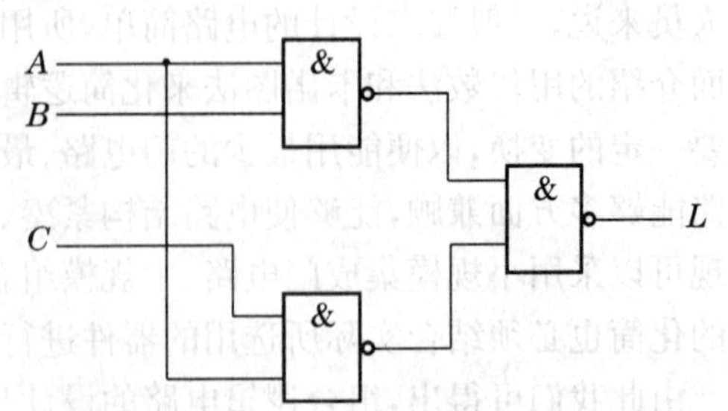

图 4.2.6 例 4.2.4 用与非门实现的逻辑图

【例 4.2.5】　某电灌站有大中小 L_0、L_1、L_2 三台电动水泵，其中 L_0 为大功率泵，L_1 为中功率泵，L_2 为小功率泵。抽水灌溉过程中，根据保证灌溉用水同时节约用水的原则，按照“灌溉渠水位低于下限水位 C 时，三台水泵都启动运行；水位达到 C 或超过 C 但低于中等水位 B 时，启动大水泵和小水泵；达到和超过水位 B 但低于上限水位 A 时，启动中、小水泵；水位达到上限水位 A 时，三台水泵都停止运行” 的要求，设计一个控制水泵启动运行的控制电路。

解　(1) 列真值表。

设输入信号 A、B、C，水位达到和超过下限水位 C 时，C 为逻辑“1”，否则 C 为逻辑“0”；水位达到和超过中等水位 B 时，B 为逻辑“1”，否则 B 为逻辑“0”；水位达到(和超过)上限水位 A 时，A 为逻辑“1”，否则 A 为逻辑“0”。

对于输出，使水泵启动运行，对应输出为逻辑“1”，否则为逻辑“0”。

由于实际水位高低的变化过程中，B 为 1 时 C 肯定为 1，A 为 1 时，B 和 C 肯定都为 1。因而 A、B 和 C 这三个输入变量的可能组合中，010、100、101、110 这四种组合是不会出现的。由此很容易列出逻辑真值表如表 4.2.5 所示。

表 4.2.5　例 4.2.5 的真值表

输　入			输　出		
A	B	C	L_0	L_1	L_2
0	0	0	1	1	1
0	0	1	1	0	1
0	1	1	0	1	1
1	1	1	0	0	0

(2) 由真值表写出各输出逻辑函数的表达式：

$$L_0=\overline{A}\,\overline{B}\,\overline{C}+\overline{A}\,\overline{B}C$$
$$L_1=\overline{A}\,\overline{B}\,\overline{C}+\overline{A}BC$$
$$L_2=\overline{A}\,\overline{B}\,\overline{C}+\overline{A}\,\overline{B}C+\overline{A}BC$$

考察真值表，L_0 为 1，B 为 0，A 对 L_0 无影响；同理，B 和 C 对 L_2 也无影响；考虑到 010、100、101、110 这四种变量组合不会出现，故在化简逻辑表达式时可以把它们作为任意项处理(也可以用卡诺图法化简)。所以，逻辑函数表达式为

$$\begin{aligned}L_0&=\overline{A}\,\overline{B}\,\overline{C}+\overline{A}\,\overline{B}C=\overline{B}\\L_1&=\overline{A}\,\overline{B}\,\overline{C}+\overline{A}BC=\overline{A}\,\overline{B}\,\overline{C}+\overline{A}BC+\overline{A}B\,\overline{C}+\overline{A}B\,\overline{C}=\overline{A}B+\overline{C}\\L_2&=\overline{A}\,\overline{B}\,\overline{C}+\overline{A}\,\overline{B}C+\overline{A}BC=\overline{A}\end{aligned}\qquad(4.2.7)$$

若采用与非门实现，将 L_1 转换为与非表达式，可得

$$\begin{aligned}L_0&=\overline{B}\\L_1&=\overline{A}B+\overline{C}=\overline{\overline{\overline{A}B+\overline{C}}}=\overline{\overline{\overline{A}B}\cdot C}\\L_2&=\overline{A}\end{aligned}\qquad(4.2.8)$$

(3) 画出逻辑图。

按照表达式(4.2.7)，用非门、与门和或门实现的逻辑图如图 4.2.7 所示。

而按照表达式(4.2.8),用一片集成与非门 7400 来实现的逻辑图如图 4.2.8 所示。

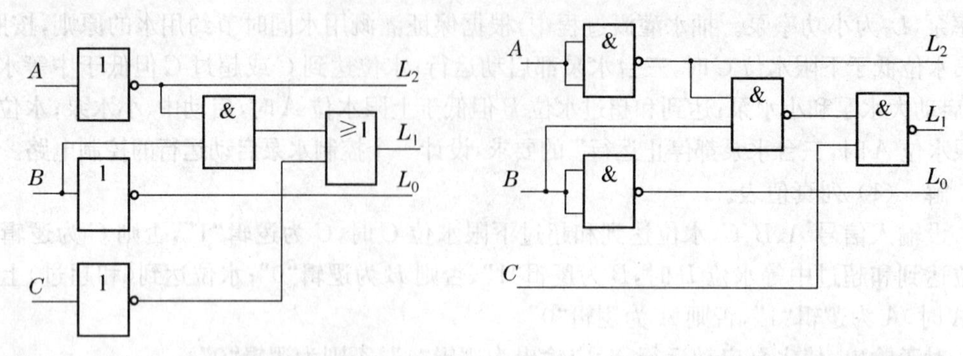

图 4.2.7　用非门、与门和或门实现的逻辑电路　　**图 4.2.8　例 4.2.5 用与非门实现的逻辑图**

比较图 4.2.7 和图 4.2.8,从逻辑图上看两者都是简单的,而且使用的门电路的个数也差不多,但是实际应用时都是采用集成电路芯片。图 4.2.7 要用非门、二输入与门和二输入或门三种集成芯片,所需集成芯片元件种数多,成本偏高。而图 4.2.8 只用了与非门一种,一片 7400(每片含四个二输入与非门) 就可以完成,显然成本较低。在实际设计逻辑电路时,有时并不是表达式最简单,就一定能满足设计要求,还应考虑所使用集成器件的种类,将表达式转换为能用所要求的集成器件实现的形式,并尽量使所用集成器件(器件数目和器件种数)最少,就是设计步骤中所说的"简化和变换逻辑函数表达式"。

【例 4.2.6】 试设计一个码变换器,将十进制的 4 位二进制码(8421BCD)转换成典型格雷码。

解 (1) 分析题意,确定输入变量与输出变量的数目。

题目给定的 4 位二进制码(8421BCD),可以直接作为输入变量,用 B_3、B_2、B_1、B_0 表示;输出 4 位格雷码用 G_3、G_2、G_1、G_0 表示。

(2) 根据 4 位 8421BCD 码和典型格雷码的因果关系列出真值表,如表 4.2.6 所示。

表 4.2.6　8421BCD 码转换为格雷码的真值表

输入变量				输出变量			
B_3	B_2	B_1	B_0	G_3	G_2	G_1	G_0
0	0	0	0	0	0	0	0
0	0	0	1	0	0	0	1
0	0	1	0	0	0	1	1
0	0	1	1	0	0	1	0
0	1	0	0	0	1	1	0
0	1	0	1	0	1	1	1
0	1	1	0	0	1	0	1
0	1	1	1	0	1	0	0
1	0	0	0	1	1	0	0
1	0	0	1	1	1	0	1

（续表）

输入变量				输出变量			
B_3	B_2	B_1	B_0	G_3	G_2	G_1	G_0
1	0	1	0	×	×	×	×
1	0	1	1	×	×	×	×
1	1	0	0	×	×	×	×
1	1	0	1	×	×	×	×
1	1	1	0	×	×	×	×
1	1	1	1	×	×	×	×

(3) 根据真值表，填写输出函数卡诺图。因为十进制只有 10 个数码，而 4 位 8421BCD 码有 16 种组合状态，其中后 6 种组合 1010～1111 属于禁用码。在卡诺图中做任意项处理，得到的 G_3、G_2、G_1、G_0 的卡诺图如图 4.2.9 所示。

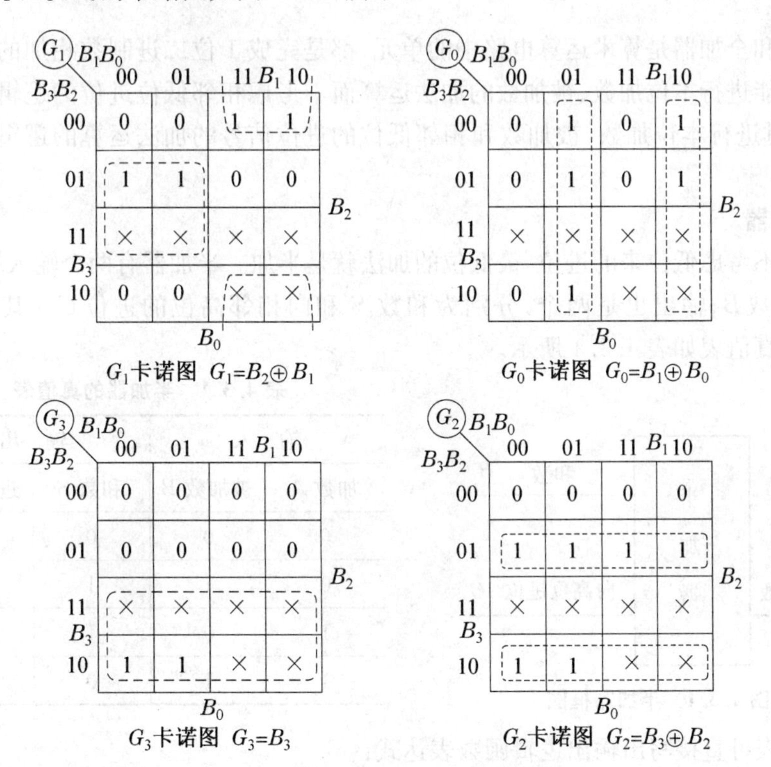

图 4.2.9　例 4.2.6 的卡诺图

(4) 根据卡诺图，得出 G_0～G_3 的逻辑函数表达式：

$$
\begin{aligned}
G_0 &= B_1 \oplus B_0 \\
G_1 &= B_2 \oplus B_1 \\
G_2 &= B_3 \oplus B_2 \\
G_3 &= B_3
\end{aligned}
\tag{4.2.9}
$$

需要指出的是，G_2的卡诺图画的不是大圈，画大圈得到的是$G_2=B_3+B_2$将更简单。但是这更简单的逻辑表达式要多用一种或门器件，而G_1、G_0都是用异或门，故$G_2=B_3\oplus B_2$采用异或门就减少了器件种类。这就更切合工程中的实际应用情况。

(5) 根据逻辑函数表达式绘出逻辑电路图4.2.10。

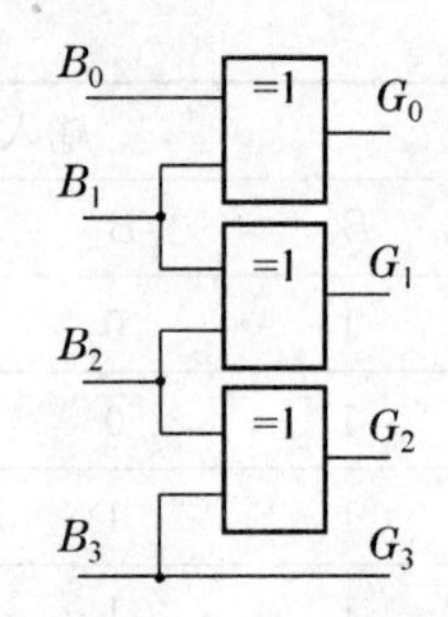

图 4.2.10 例 4.2.6 的逻辑电路

4.3 加法器

算术运算是数字系统的基本功能，更是计算机中不可缺少的组成单元。在计算机中，加法是一种基本运算，其他的算术运算往往是转换为加法进行的。能够实现二进制加法运算的逻辑电路称为加法器。

4.3.1 半加器和全加器

半加器和全加器是算术运算电路中的单元，都是完成1位二进制数相加的一种组合逻辑电路。只能进行本位加数、被加数的加法运算而不考虑相邻低位进位的逻辑部件叫做半加器；能同时进行本位加数、被加数和相邻低位的进位信号的加法运算的逻辑部件称为全加器。

1. 半加器

半加器不考虑低位来的进位，最低位的加法就是半加。半加器有两个输入端，分别为加数A和被加数B；输出也是两个，分别为和数S和向相邻高位的进位C。其方框图如图4.3.1所示，真值表如表4.3.1所示。

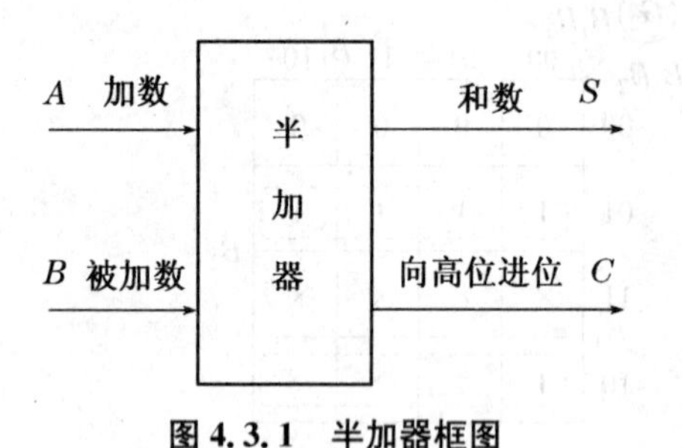

图 4.3.1 半加器框图

表 4.3.1 半加器的真值表

输入		输出	
加数 A	被加数 B	和数 S	进位数 C
0	0	0	0
0	1	1	0
1	0	1	0
1	1	0	1

由真值表可直接写出输出逻辑函数表达式：

$$S=\overline{A}B+A\overline{B}=A\oplus B \qquad (4.3.1)$$
$$C=AB$$

可见，可以用一个异或门和一个与门组成半加器，如图4.3.2所示。

如果想用与非门组成半加器，则将上式用代数法变换成与非形式：

$$S=\overline{A}B+A\overline{B}=\overline{A}B+A\overline{B}+A\overline{A}+B\overline{B}=A(\overline{A}+\overline{B})+B(\overline{A}+\overline{B})=A\cdot\overline{AB}+B\cdot\overline{AB}$$
$$=\overline{\overline{A\cdot\overline{AB}}\cdot\overline{B\cdot\overline{AB}}}$$

$$C=AB=\overline{\overline{AB}} \tag{4.3.2}$$

由此画出用与非门组成的半加器逻辑电路图，如图 4.3.3 所示，与上一节例 4.2.3 的图 4.2.3 相比，仅仅用二输入端的与非门代替了图 4.2.3 中的非门而已。其专用逻辑符号如图 4.3.4 所示。

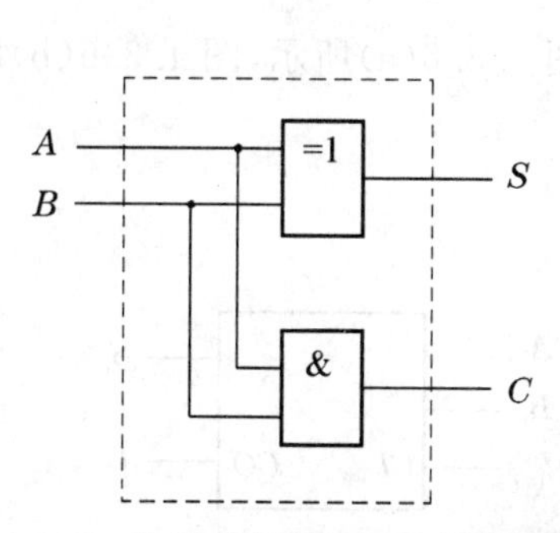

图 4.3.2　由异或门和与门组成的半加器

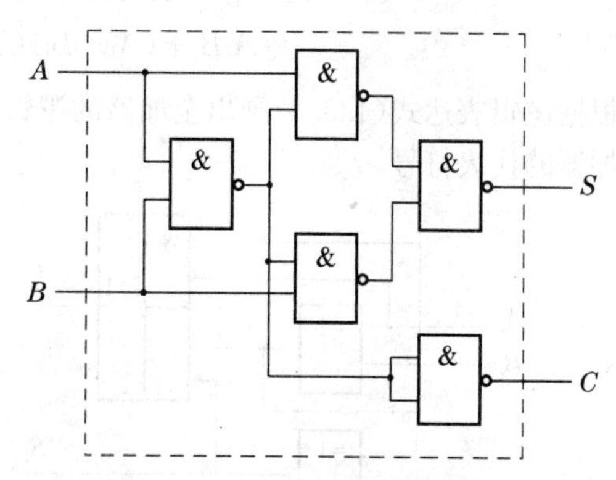

图 4.3.3　与非门组成的半加器

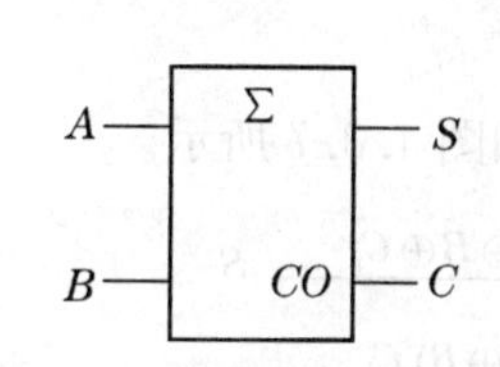

图 4.3.4　半加器的逻辑符号

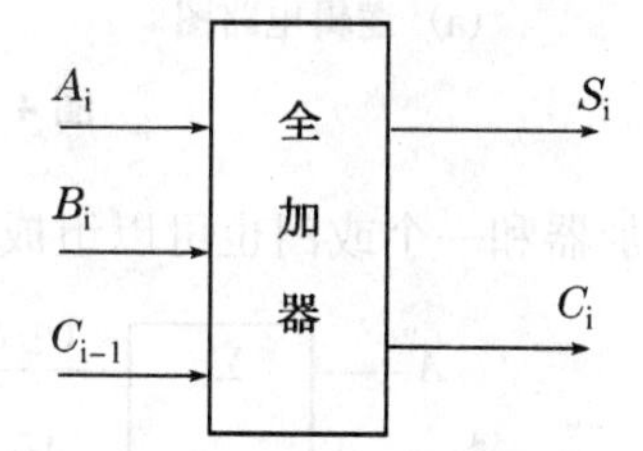

图 4.3.5　全加器框图

2. 全加器

除了最低位以外，在多位数加法运算时，其他各位都需要考虑低位送来的进位。考虑低位来的进位的加法称为全加，全加器就具有这种功能。全加器方框图如图 4.3.5 所示，真值表如表 4.3.2 所示。表中的 A_i 和 B_i 分别表示被加数和加数输入，C_{i-1} 表示来自相邻低位的进位输入。S_i 为本位和输出，C_i 为向相邻高位的进位输出。

表 4.3.2　全加器的真值表

输入			输出	
A_i	B_i	C_{i-1}	S_i	C_i
0	0	0	0	0
0	0	1	1	0
0	1	0	1	0
0	1	1	0	1
1	0	0	1	0
1	0	1	0	1
1	1	0	0	1
1	1	1	1	1

由真值表直接写出 S_i 和 C_i 的输出逻辑函数表达式，再经代数法化简和转换，得

$$
\begin{aligned}
S_i &= \overline{A_i}\,\overline{B_i}C_{i-1}+\overline{A_i}B_i\overline{C_{i-1}}+A_i\overline{B_i}\,\overline{C_{i-1}}+A_iB_iC_{i-1}\\
&= \overline{(A_i\oplus B_i)}C_{i-1}+(A_i\oplus B_i)\overline{C_{i-1}}=A_i\oplus B_i\oplus C_{i-1}\\
C_i &= \overline{A_i}B_iC_{i-1}+A_i\overline{B_i}C_{i-1}+A_iB_i\overline{C_{i-1}}+A_iB_iC_{i-1}\\
&= A_iB_i+(A_i\oplus B_i)C_{i-1}
\end{aligned}
\tag{4.3.3}
$$

根据逻辑表达式(4.3.3)画出全加器的逻辑电路如图 4.3.6(a)所示，图 4.3.6(b)所示为全加器的代表符号。

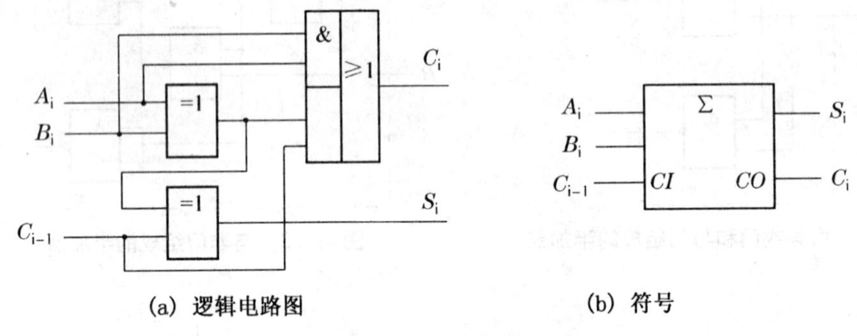

(a) 逻辑电路图　　　　(b) 符号

图 4.3.6　全加器

用两个半加器和一个或门也可以组成全加器，电路如图 4.3.7 所示。

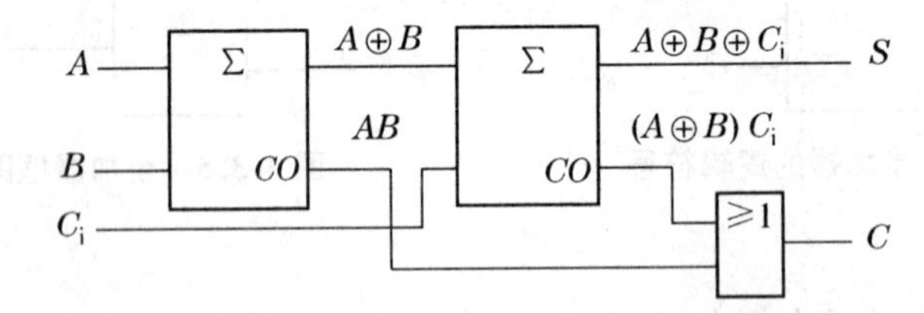

图 4.3.7　用两个半加器和一个或门组成的全加器逻辑图

4.3.2　多位加法器

1. 串行进位加法器

两个多位数相加时每一位都是带进位相加的，因而必须使用全加器。只要依次将低位全加器的进位输出端 C_i 接到高位全加器的进位输入端 C_{i-1}，就可以构成多位加法器了。

图 4.3.8 就是根据上述原理接成的 4 位串行进位加法器电路。从图中可见，两个 4 位相加数 $A_3A_2A_1A_0$ 和 $B_3B_2B_1B_0$ 的各位同时送到相应全加器的输入端，进位数 C_i 串行传送。全加器的个数等于相加数的位数，最低位全加器的 C_{i-1} 端应接 0。显然，每一位的相加结果都必须等到低一位的进位产生以后才能建立起来，因此将这种结构的电路称为串行进位加法器。

这种加法器的最大缺点是运算速度慢。在最不利的情况下，做一次加法运算需要经过 4 个全加器的传输延迟时间(从输入加数到输出状态稳定建立起来所需要的时间)才能得到稳定可靠的运算结果。因为进位信号是串行传递的，图 4.3.8 中最后一位的进位输出 C_3 要经过四位全加器传递之后才能形成。如果位数增加，传输延迟时间将更长，工作速度更慢。但考虑到串行进位加法器的电路结构比较简单，因而在对运算速度要求不高的设备中，这种

加法器仍不失为一种可取的电路。

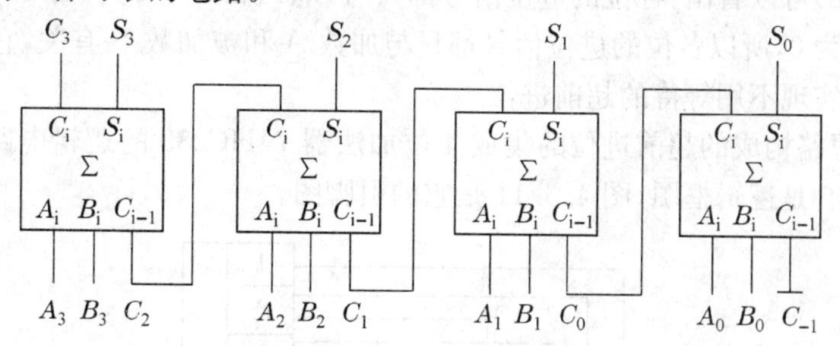

图 4.3.8　4位串行进位加法器

2. 超前进位加法器

为了提高运算速度，必须设法减小由于进位信号逐级传递所耗费的时间。那么高位的进位输入信号能否在相加运算开始时就知道呢？

我们知道，加到第 i 位的进位输入信号是这两个加数第 i 位以下各位状态的函数，所以第 i 位的进位输入信号 C_{i-1} 一定能由 $A_{i-1}\ A_{i-2}\cdots A_0$ 和 $B_{i-1}\ B_{i-2}\cdots B_0$ 唯一地确定。根据这个原理，就可以通过逻辑电路事先得出每一位全加器的进位输入信号，而无需再从最低位开始向高位逐位传递进位信号了，这就有效地提高了运算速度。采用这种结构形式的加法器称为超前进位(Carry Look－ahead)加法器，也称为快速进位(Fast Carry)加法器。

下面分析一下这些超前进位信号的产生原理。从表 4.3.2 所示的全加器的真值表中可以看到，在两种情况下会有进位输出信号产生。第一种情况是 $A_iB_i=1$，这时 $C_i=1$。第二种情况是 $A_i+B_i=1$ 且 $C_{i-1}=1$，也产生 $C_i=1$ 的信号，这时可以把来自低位的进位输入信号 C_{i-1} 直接传送到进位输出端 C_i。也就是说，第 i 位的进位输出信号 C_i 和输入信号 C_{i-1} 可以在加数、被加数信号输入时直接运算产生而不用等待。这种思路的可行性可以从全加器的输出逻辑表达式(4.3.3)可以看出，现重新写出：

$$S_i=A_i\oplus B_i\oplus C_{i-1} \tag{4.3.4}$$

$$C_i=A_iB_i+(A_i\oplus B_i)C_{i-1} \tag{4.3.5}$$

考察进位信号 C_i 的表达式(4.3.5)，它的实际意义是

若 $A_i=B_i=1$，则 $A_iB_i=1$，得 $C_i=1$，即产生进位。所以，我们定义 $G_i=A_iB_i$，G_i 称为产生变量。

若 $A_i\oplus B_i=1$，则 $A_iB_i=0$，得 $C_i=C_{i-1}$，即能够将低位的进位信号传送到高位的进位输出端而不要等待。所以，我们定义 $P_i=A_i\oplus B_i$，P_i 称为传输变量。

G_i 和 P_i 都只与被加数 A_i 和加数 B_i 有关，而与进位信号无关。

将 G_i 和 P_i 代入式(4.3.4)和式(4.3.5)，得

$$S_i=P_i\oplus C_{i-1} \tag{4.3.6}$$

$$C_i=G_i+P_iC_{i-1} \tag{4.3.7}$$

由式(4.3.7)，得各位进位信号的逻辑表达式如下：

$$C_0=G_0+P_0C_{-1} \tag{4.3.8a}$$

$$C_1=G_1+P_1C_0=G_1+P_1G_0+P_1P_0C_{-1} \tag{4.3.8b}$$

$$C_2=G_2+P_2C_1=G_2+P_2G_1+P_2P_1G_0+P_2P_1P_0C_{-1} \tag{4.3.8c}$$

$$C_3=G_3+P_3C_2=G_3+P_3G_2+P_3P_2G_1+P_3P_2P_1G_0+P_3P_2P_1P_0C_{-1} \tag{4.3.8d}$$

由式(4.3.8)可以看出:各位的进位信号都只与 G_i、P_i和 C_{-1}有关,而 C_{-1}是向最低位的进位信号,其值为 0,所以各位的进位信号都只与加数 A_i和被加数 B_i有关,它们是可以并行产生的,从而可实现不用等待的超前进位。

根据以上思路构成的超前进位的集成 4 位加法器 74HC283 的逻辑电路图如图 4.3.9 所示。图 4.3.10 是逻辑框图,图 4.3.11 是它的引脚图。

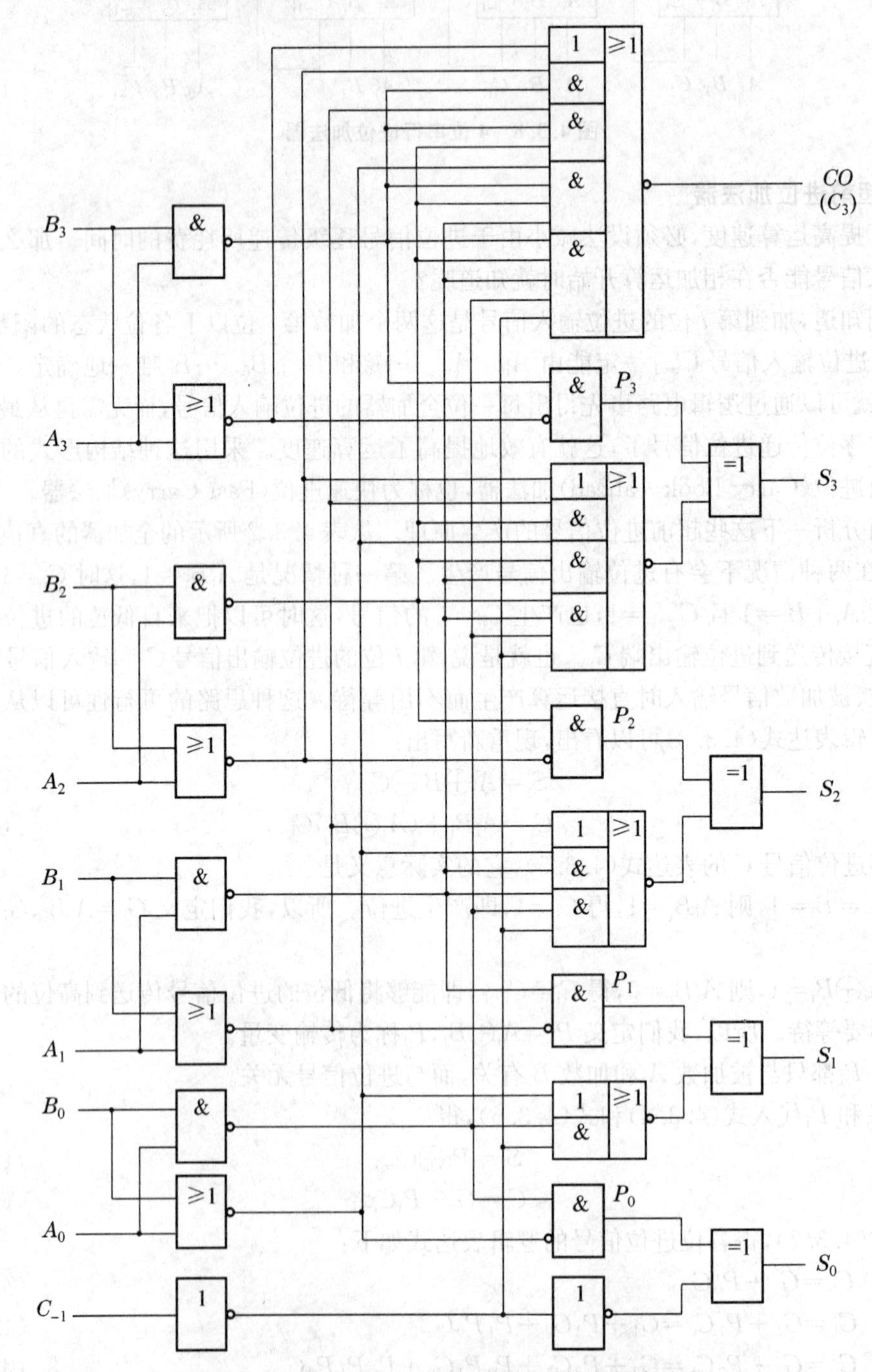

图 4.3.9 集成 4 位加法器 74HC283 的逻辑电路图

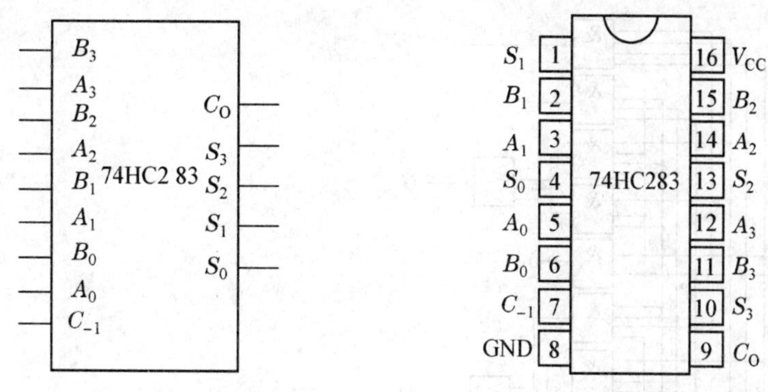

图 4.3.10　74HC283 逻辑框图　　　　**图 4.3.11　74HC283 引脚图**

一片 74HC283 只能进行 4 位二进制数的加法运算，如果进行更多位数的加法，则需要进行扩展。将多片 74HC283 进行级联，就可扩展加法运算的位数。例如用 2 片 74HC283 组成的 8 位二进制数加法电路，如图 4.3.12 所示。

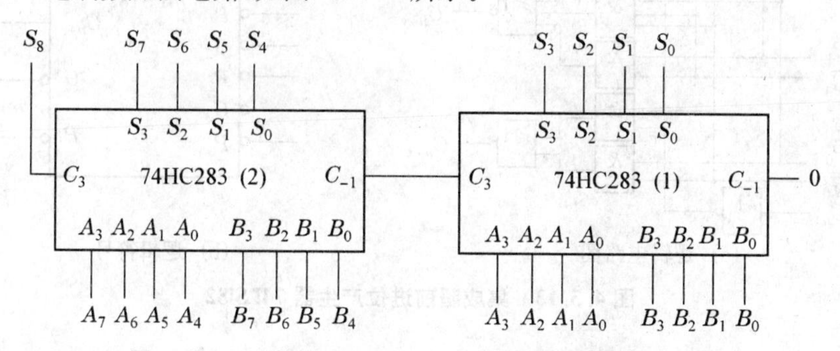

图 4.3.12　2 片 74HC283 组成的 8 位二进制数加法电路

该电路的级联是串行进位方式，低位片(1)的进位输出连到高位片(2)的进位输入。当级联数目增加较多时，会显著影响运算速度。为了不影响运算速度，多片电路的级联必须采用并行进位的级联方式。

3. 超前进位产生器 74LS182

旧的矛盾问题解决了，又会有新的矛盾产生。超前进位加法器虽然大大提高了运算速度，然而在位数较多时又出现了新的问题。随着加法器位数的增加，超前进位逻辑电路将越来越复杂，电路实现困难增大。为了解决这一矛盾，设计出了专用的超前进位产生器 74LSl82，在进行 74HC283 级联扩展时，超前进位产生器使其各片之间的进位也是超前进位。这样既扩充了位数，又保持了较高的运行速度，而且使电路又不太复杂。

专用的超前进位产生器用于将多片运算电路之间的进位信号连接成并行进位结构。集成超前进位产生器 74LSl82 的逻辑图和逻辑符号分别如图 4.3.13(a,b)所示。

图 4.3.13 所示 74LSl82 的引出端信号分别是：进位输入端 C_n，进位产生输入端$\overline{G_0}\sim\overline{G_3}$，进位传输输入端$\overline{P_0}\sim\overline{P_3}$，进位输出端 C_{n+x}、C_{n+y}、C_{n+z}，进位产生输出端 $\overline{G}$，进位传输输出端 $\overline{P}$。

根据图 4.3.13(a)，可得

$$C_{n+x}=\overline{\overline{\overline{G_0}\,\overline{P_0}+\overline{G_0}\,\overline{C_n}}}=\overline{\overline{G_0}}+\overline{\overline{P_0}}C_n$$

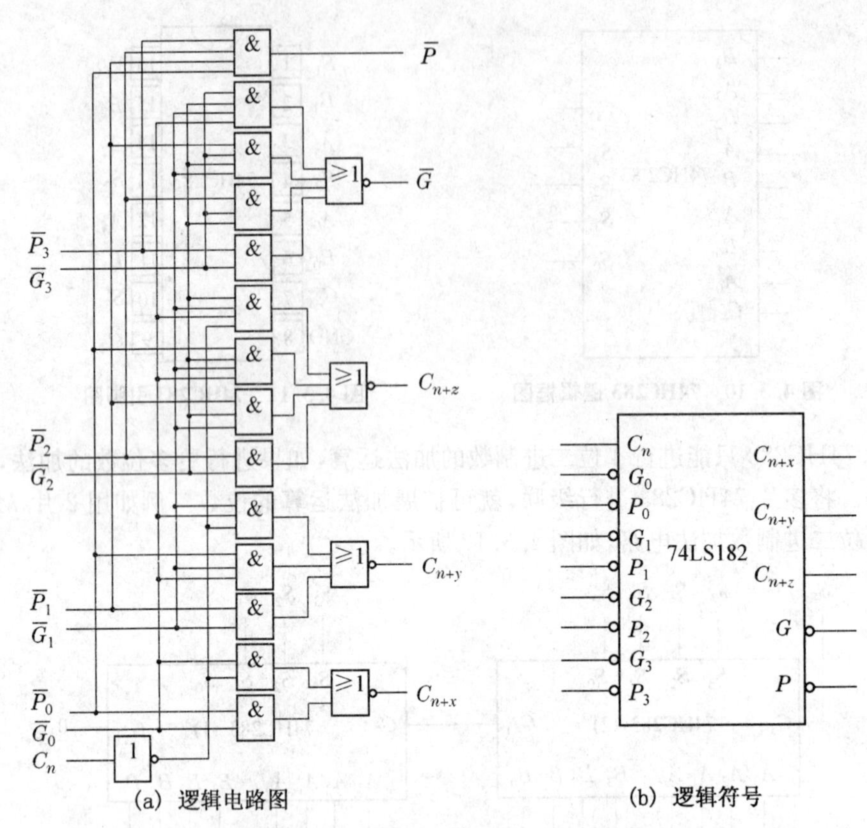

(a) 逻辑电路图 (b) 逻辑符号

图 4.3.13 集成超前进位产生器 74LSl82

为简明起见,上式可写为

$$C_{n+x}=G_0+P_0C_n \tag{4.3.9a}$$

同理,可得

$$C_{n+y}=G_1+P_1G_0+P_1P_0C_n \tag{4.3.9b}$$

$$C_{n+z}=G_2+P_2G_1+P_2P_1P_0C_n \tag{4.3.9c}$$

$\overline{P}$ 和 $\overline{G}$ 为低电平有效,所以得

$$\overline{P}=\overline{P_3P_2P_1P_0} \tag{4.3.9d}$$

$$\overline{G}=\overline{G_3+P_3G_2+P_3P_2G_1+P_3P_2P_1G_0} \tag{4.3.9e}$$

式(4.3.9a~4.3.9c)对应于式(4.3.8a~4.3.8c),两者形式一致。C_{n+x}、C_{n+y}、C_{n+z}为各位的进位信号,$\overline{P_i}$、$\overline{G_i}$为低电平有效,C_n是进位输入信号。$\overline{P}$ 和 $\overline{G}$ 可以用于实现多个超前进位产生器连接。

4. 多位加法器的应用

加法器是算术运算器件,它可作二进制加法运算,也可以作减法运算(把减数码变换为补码,即用加上补码来实现减法运算)。外加控制电路能够实现多种算术、逻辑运算,还能应用于十进制代码运算及代码间的转换等。如果能将逻辑函数化简为输入、输出变量或输入变量与常数在数值上相加的关系,这时用加法器来设计组合逻辑电路就十分方便。

【例 4.3.1】 设计一个代码转换电路，将 8421BCD 码转换为余 3 码，用 74HC283 实现。

解　以 8421BCD 码 $DCBA$ 为输入、余 3 码 $Y_3Y_2Y_1Y_0$ 为输出，可得到代码转换电路的真值表，如表 4.3.3 所示。

表 4.3.3　例 4.3.1 的逻辑真值表

输入 8421BCD 码				输出余 3 码			
D	C	B	A	Y_3	Y_2	Y_1	Y_0
0	0	0	0	0	0	1	1
0	0	0	1	0	1	0	0
0	0	1	0	0	1	0	1
0	0	1	1	0	1	1	0
0	1	0	0	0	1	1	1
0	1	0	1	1	0	0	0
0	1	1	0	1	0	0	1
0	1	1	1	1	0	1	0
1	0	0	0	1	0	1	1
1	0	0	1	1	1	0	0

由表 4.3.3 知，对同一个十进制数符，余 3 码比 8421BCD 码多 3。因此，实现 8421BCD 码到余 3 码的变换，只需把每组 8421BCD 码都加上 3(即 0011)，即

$$Y_3Y_2Y_1Y_0 = DCBA + 0011 \tag{4.3.10}$$

所以，从 74HC283 的 $A_3 \sim A_0$ 端输入 8421BCD 码的四位代码 $DCBA$，$B_3 \sim B_0$ 端接固定代码 0011，就能实现相应的转换，其逻辑图如图 4.3.14 所示。

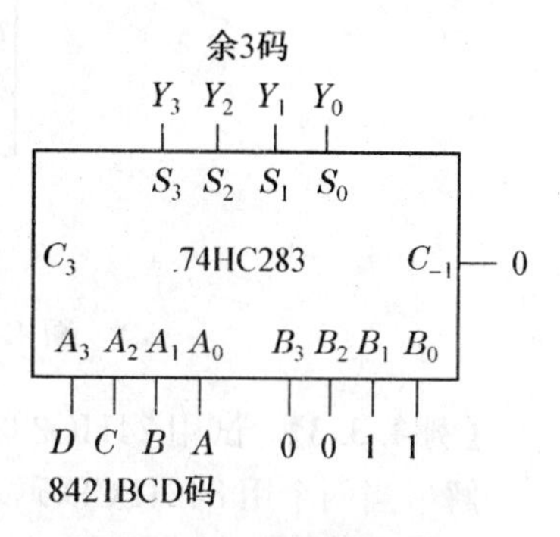

图 4.3.14　将 8421BCD 码转换成余 3 码

【例 4.3.2】 试用 74HC283 实现余 3 码到 8421BCD 码的转换。

解　由例 4.3.1 知，对同一个十进制数符，余 3 码比 8421BCD 码多 3，可得转换电路的真值表 4.3.4。因此，实现余 3 码到 8421BCD 码的变换，只需从余 3 码中减去 3(即 0011)。利用二进制补码的概念，很容易实现上述减法。由于 0011 的补码为 1101，减 0011 与加 1101 等效，即

$$Y_3Y_2Y_1Y_0 = X_3X_2X_1X_0 + 1101 \tag{4.3.11}$$

表 4.3.4　例 4.3.2 的逻辑真值表

输入余 3 码				输出 8421BCD 码			
X_3	X_2	X_1	X_0	Y_3	Y_2	Y_1	Y_0
0	0	1	1	0	0	0	0
0	1	0	0	0	0	0	1
0	1	0	1	0	0	1	0

(续表)

输入余3码				输出8421BCD码			
X_3	X_2	X_1	X_0	Y_3	Y_2	Y_1	Y_0
0	1	1	0	0	0	1	1
0	1	1	1	0	1	0	0
1	0	0	0	0	1	0	1
1	0	0	1	0	1	1	0
1	0	1	0	0	1	1	1
1	0	1	1	1	0	0	0
1	1	0	0	1	0	0	1

所以,从74HC283的$A_3 \sim A_0$输入余3码的四位代码$X_3\ X_2\ X_1\ X_0$,$B_3 \sim B_0$接固定代码1101,就可以实现相应的转换,其逻辑电路图如图4.3.15所示。

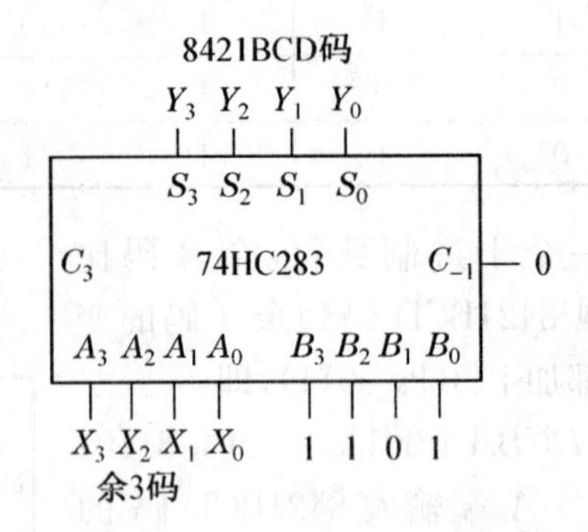

图4.3.15 将余3码转换成8421BCD码

【例4.3.3】 试用74HC283构成一位8421BCD码加法器。

解 当两个用8421BCD码表示的一位十进制数相加时,每个数都不会大于9(1001),考虑到低位来的进位,最大的和为9+9+1=19。根据题意,可列出电路的真值表4.3.5。

表4.3.5 十进制数0~19与相应的二进制数及8421BCD码

十进制数	4位加法器输出二进制数					输出8421BCD码				
N	C_3	S_3	S_2	S_1	S_0	D_{10}	D_3	D_2	D_1	D_0
0	0	0	0	0	0	0	0	0	0	0
1	0	0	0	0	1	0	0	0	0	1
2	0	0	0	1	0	0	0	0	1	0
3	0	0	0	1	1	0	0	0	1	1
4	0	0	1	0	0	0	0	1	0	0
5	0	0	1	0	1	0	0	1	0	1
6	0	0	1	1	0	0	0	1	1	0
7	0	0	1	1	1	0	0	1	1	1

（续表）

十进制数	4 位加法器输出二进制数					输出 8421BCD 码				
N	C_3	S_3	S_2	S_1	S_0	D_{10}	D_3	D_2	D_1	D_0
8	0	1	0	0	0	0	1	0	0	0
9	0	1	0	0	1	0	1	0	0	1
10	0	1	0	1	0	1	0	0	0	0
11	0	1	0	1	1	1	0	0	0	1
12	0	1	1	0	0	1	0	0	1	0
13	0	1	1	0	1	1	0	0	1	1
14	0	1	1	1	0	1	0	1	0	0
15	0	1	1	1	1	1	0	1	0	1
16	1	0	0	0	0	1	0	1	1	0
17	1	0	0	0	1	1	0	1	1	1
18	1	0	0	1	0	1	1	0	0	0
19	1	0	0	1	1	1	1	0	0	1

当用 4 位二进制数加法器 74HC283 完成这个加法运算时，加法器输出的是 4 位二进制数表示的和，而不是 BCD 码。因此，必须想办法将 4 位二进制数表示的和转换成 8421BCD 码。将真值表 4.3.5 中 0～19 的二进制数和用 8421BCD 码表示的数进行比较发现，当和数小于 1001(9)时，二进制码与 8421BCD 码相同；当和数大于 1001(9)时以后的十组代码，8421BCD 的最高位 D_{10} 为 1，而 D_3 D_2 D_1 D_0 与和数小于 1001(9)时的代码是相同的，但是都比表 4.3.5 左边对应的二进制代码大 0110(6)。故只要在二进制码上加 0110(6)就可以把二进制码转换为 8421BCD 码，同时产生进位输出。这一转换可以由一个修正电路来完成。设 C 为修正信号，则

$$C=C_3+C_{S>9} \tag{4.3.12}$$

式中：C_3 为 74HC283 最高位的进位输出信号；$C_{S>9}$ 表示和数大于 9 的情况。因为在十进制数 10～15 之间，$C_3=0$，这期间的二进制码大于 9，依靠 $C_{S>9}$ 的电路产生信号 C；在十进制数 16～19 之间，74HC283 的输出 S_3 S_2 S_1 S_0 肯定小于 1001，$C_{S>9}$ 的电路不能产生 C，这时的 C 信号则由 $C_3=1$ 来产生。故式(4.3.12)的意思是，当两个一位 8421BCD 码相加时，若和数超过 9，或者有进位时（这时）都应该对和数进行加 6（即 0110）修正。

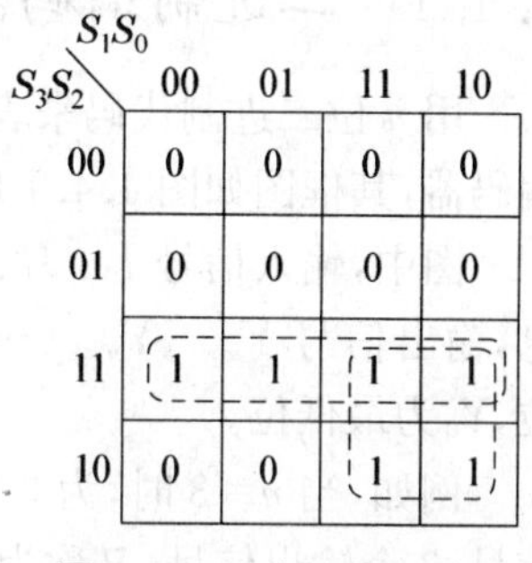

S_3S_2 \ S_1S_0	00	01	11	10
00	0	0	0	0
01	0	0	0	0
11	1	1	1	1
10	0	0	1	1

图 4.3.16　例 4.3.3 中 $C_{S>9}$ 的卡诺图

$C_{S>9}$ 的卡诺图如图 4.3.16 所示。化简，得

$$C_{S>9}=S_3S_2+S_3S_1 \tag{4.3.13}$$

所以，有

$$C=C_3+S_3S_2+S_3S_1 \tag{4.3.14}$$

当 $C=1$ 时，把 0110 加到二进制加法器输出端即可，同时 C 作为一位 8421BCD 码加法器的进位信号。

所以，可用一片 74HC283 加法器进行求和运算，用门电路产生修正信号，一片 74HC283 实现加 6 修正，即得一位 8421BCD 码加法器，进位输出可以用修正信号 C，也可以用第 2 片的 C_3 端作为进位输出端，如图 4.3.17 所示。

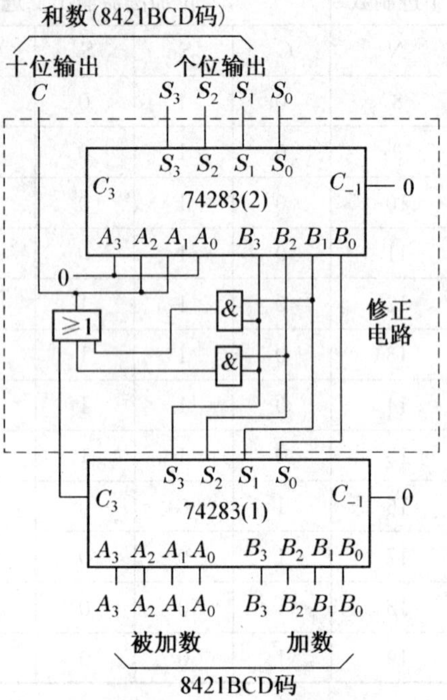

图 4.3.17 两片 74HC283 构成的一位 8421BCD 码加法器

4.4 编码器

将具有特定意义的信息用相应的二进制代码表示的过程称为编码。实现编码功能的电路称为编码器。

n 位二进制代码可以组成 2^n 个不同的状态，既可以表示 2^n 个信号，若需要对 N 个输入的信号进行编码，则

$$N \leqslant 2^n \tag{4.4.1}$$

n 为二进制代码的位数，即输入变量的个数。当 $N=2^n$ 时，是利用了 n 个输入变量的全部组合进行的编码，称为全编码，实现全编码的电路叫做全编码器或二进制编码器；当 $N<2^n$ 时，是利用 n 个变量的部分状态进行的编码，称为部分编码。可根据式 $N \leqslant 2^n$ 来确定二进制代码的位数。

编码器主要有二进制编码器、二-十进制编码器和优先编码器等。若编码器有 8 个输入端、3 个输出端，称为 8 线-3 线编码器；如有 10 个输入端、4 个输出端，称为 10 线-4 线编码器。其余以此类推。

4.4.1 二进制编码器

用 n 位二进制代码来表示 $N=2^n$ 个信号的电路称为二进制编码器，其框图如图 4.4.1 所示。

图中，输入信号 I_0、I_1、I_2、…、I_{2^n-1} 为 2^n 个有待于编码的信息，输出信号 Y_{n-1}、Y_{n-2}、…、Y_0 为 n 位代码，其中 Y_{n-1} 为最高位，Y_0 为最低位。

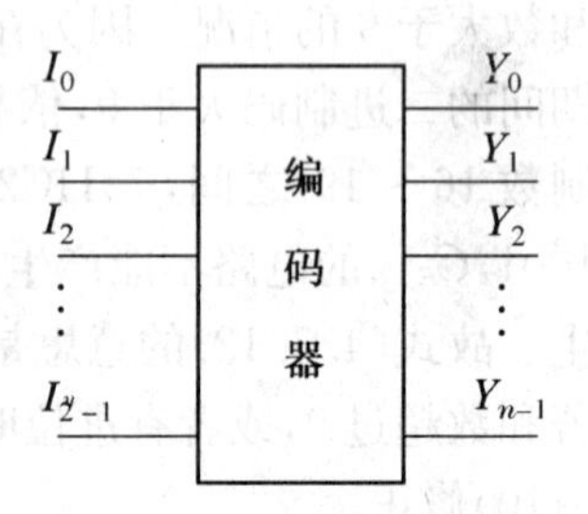

图 4.4.1 二进制编码器

例如，当 $n=3$ 时，为 3 位二进制编码器，它有 $2^n=8$ 个输入信号、3 个输出信号，又称为 8 线-3 线编码器。当 $n=4$ 时，为 4 位二进制编码器，有 16 个输入信号、4 个输出信号，故又称 16 线-4 线编码器。

对于编码器来说，在编码过程中，一次只能有一个输入信号被编码，被编码的信号必须

是有效电平，有效电平可以是低电平，也可以是高电平，这与电路设计有关，编码器不同，其有效电平可能不同。例如，某个编码器的输入有效电平是高电平，表明只有输入为高电平的信号才能被编码，而输入低电平的信号不能被编码。对于输出的二进制代码来说，可能是原码，也可能是反码，这也取决于电路的结构。例如十进制数 6，原码是 0110，而它的反码是 1001。

【例 4.4.1】 设计一个能将 I_0、I_1、I_2、…、I_7 8 个输入信号编成二进制代码输出的编码器。用与非门和非门实现。

解 (1) 分析设计要求，列出功能真值表。由题意可知，该编码器有 8 个输入信号，分别是 I_0、I_1、I_2、…、I_7，有编码请求时，输入信号用 1 表示，没有时用 0 表示，即输入信号高电平有效。根据 $N=8=2^n$ 可求出 $n=3$，为 3 位二进制代码，分别以 Y_2、Y_1 和 Y_0 表示。列出功能真值表如表 4.4.1 所示。

表 4.4.1　8 线-3 线编码器的功能真值表

输入								输出		
I_0	I_1	I_2	I_3	I_4	I_5	I_6	I_7	Y_2	Y_1	Y_0
1	0	0	0	0	0	0	0	0	0	0
0	1	0	0	0	0	0	0	0	0	1
0	0	1	0	0	0	0	0	0	1	0
0	0	0	1	0	0	0	0	0	1	1
0	0	0	0	1	0	0	0	1	0	0
0	0	0	0	0	1	0	0	1	0	1
0	0	0	0	0	0	1	0	1	1	0
0	0	0	0	0	0	0	1	1	1	1

(2) 根据真值表写出逻辑函数表达式。由编码真值表可知，在 8 个输入编码信号中，同一时刻只能对一个请求编码的信号进行编码。否则，输出二进制代码会发生混乱，这也就是说，这 I_0、I_1、I_2、…、I_7 8 个信号是相互排斥的。因此，输出函数就是其值为 1 对应输入变量(指请求编码信号取值为 1 的变量)进行逻辑加，即

$$\begin{aligned} Y_2 &= I_4 + I_5 + I_6 + I_7 \\ Y_1 &= I_2 + I_3 + I_6 + I_7 \\ Y_0 &= I_1 + I_3 + I_5 + I_7 \end{aligned} \tag{4.4.2}$$

(3) 因要求使用与非门实现，把式 4.4.2 变换为与非表达式：

$$\begin{aligned} Y_2 &= \overline{\overline{I_4}\,\overline{I_5}\,\overline{I_6}\,\overline{I_7}} \\ Y_1 &= \overline{\overline{I_2}\,\overline{I_3}\,\overline{I_6}\,\overline{I_7}} \\ Y_0 &= \overline{\overline{I_1}\,\overline{I_3}\,\overline{I_5}\,\overline{I_7}} \end{aligned} \tag{4.4.3}$$

(4) 画逻辑电路图。根据式 4.4.2 绘出图 4.4.2 所示的二进制编码器。应当指出，当 $I_1 \sim I_7$ 都为 0 时，输出 $Y_2\,Y_1\,Y_0=000$，故 I_0 输入线可以不画出。

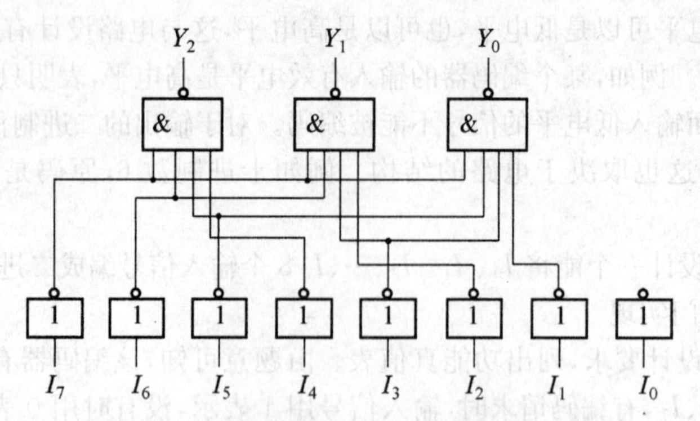

图 4.4.2 8 线-3 线二进制编码器逻辑电路图

如果没有使用与非门和非门实现的限制，便可以用或门实现，电路如图 4.4.3 所示。如果设计为输入编码信号为低电平有效，则功能真值表中的 $I_0 \sim I_7$ 在有编码信号请求时，输入信号用 0 表示，没有编码信号时用 1 表示，那么，若各个信号输入端改用 $\overline{I_0} \sim \overline{I_7}$ 表示的话，我们就可以得到用 3 个四输入端的与非门组成的 8 线-3 线二进制编码器，电路如图 4.4.4 所示。

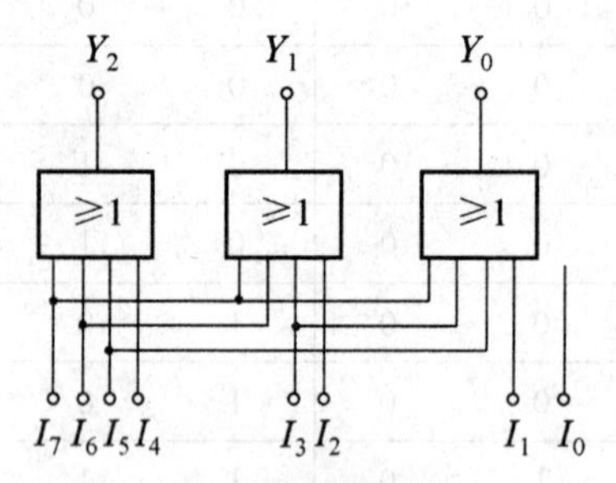

图 4.4.3 或门实现的 8 线-3 线编码器逻辑电路图

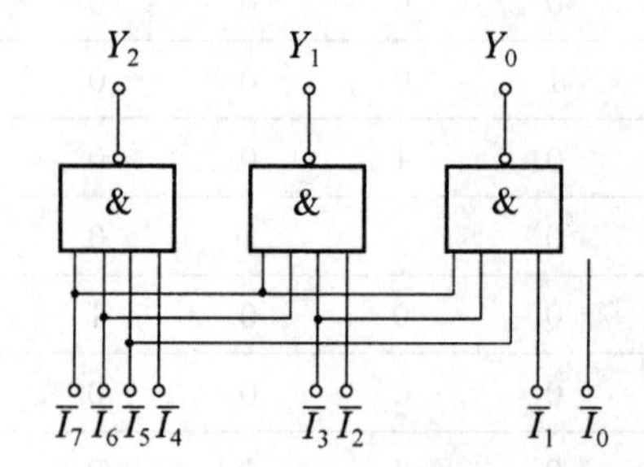

图 4.4.4 仅与非门组成的二进制编码器逻辑电路图

4.4.2 二-十进制编码器

二-十进制编码器就是用 4 位二进制数码对 0～9 一位十进制数码进行编码的电路。将十进制的 10 个数码 0～9 编成二进制代码的逻辑电路称为二-十进制编码器。其原理与二进制编码器并无本质的区别。现以最常用的 8421BCD 码编码器为例加以说明。

由于输入有 10 个数码，要求有 10 种状态，而 3 位二进制代码只有 8 种状态，显然需要用 4 位($2^4>10$，取 $n=4$)二进制代码。这种编码器又称为 10 线-4 线编码器。

设输入的 10 个数码分别用 $I_0 \sim I_9$ 表示，输出的二进制代码分别为 Y_3、Y_2、Y_1、Y_0，采用 8421 码的编码方式，就是在 4 位二进制代码的 16 种状态中，取出前面 10 种状态，后面的 6 种状态不用，这样得到的真值表如表 4.4.2 所示。因为 $I_0 \sim I_9$ 是一组相互排斥的变量，故可以由真值表直接写出逻辑表达式：

$$
\begin{aligned}
Y_3 &= I_8 + I_9 \\
Y_2 &= I_4 + I_5 + I_6 + I_7 \\
Y_1 &= I_2 + I_3 + I_6 + I_7 \\
Y_0 &= I_1 + I_3 + I_5 + I_7 + I_9
\end{aligned}
\tag{4.4.4}
$$

表 4.4.2　10 线-4 线 8421BCD 码编码器真值表

输入											输出			
N	I_0	I_1	I_2	I_3	I_4	I_5	I_6	I_7	I_8	I_9	Y_3	Y_2	Y_1	Y_0
0	1	0	0	0	0	0	0	0	0	0	0	0	0	0
1	0	1	0	0	0	0	0	0	0	0	0	0	0	1
2	0	0	1	0	0	0	0	0	0	0	0	0	1	0
3	0	0	0	1	0	0	0	0	0	0	0	0	1	1
4	0	0	0	0	1	0	0	0	0	0	0	1	0	0
5	0	0	0	0	0	1	0	0	0	0	0	1	0	1
6	0	0	0	0	0	0	1	0	0	0	0	1	1	0
7	0	0	0	0	0	0	0	1	0	0	0	1	1	1
8	0	0	0	0	0	0	0	0	1	0	1	0	0	0
9	0	0	0	0	0	0	0	0	0	1	1	0	0	1

根据逻辑表达式 4.4.4 绘出用或门实现的 8421BCD 码编码器电路如图 4.4.5 所示。

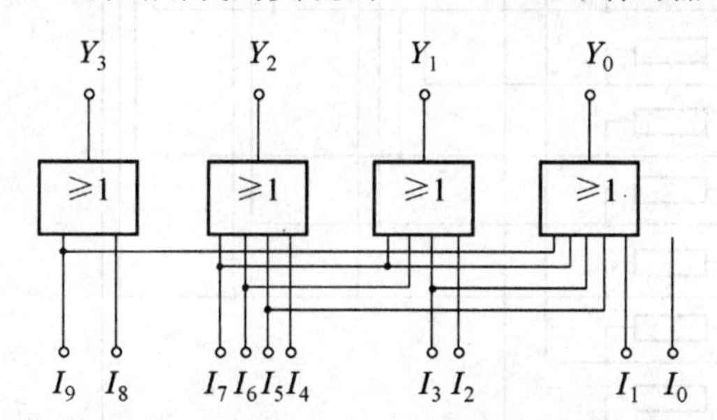

图 4.4.5　或门组成的二-十进制编码器逻辑电路图

若把式 4.4.4 变换为与非形式如式 4.4.5，则用与非门和非门构成的逻辑电路图如图 4.4.6 所示。

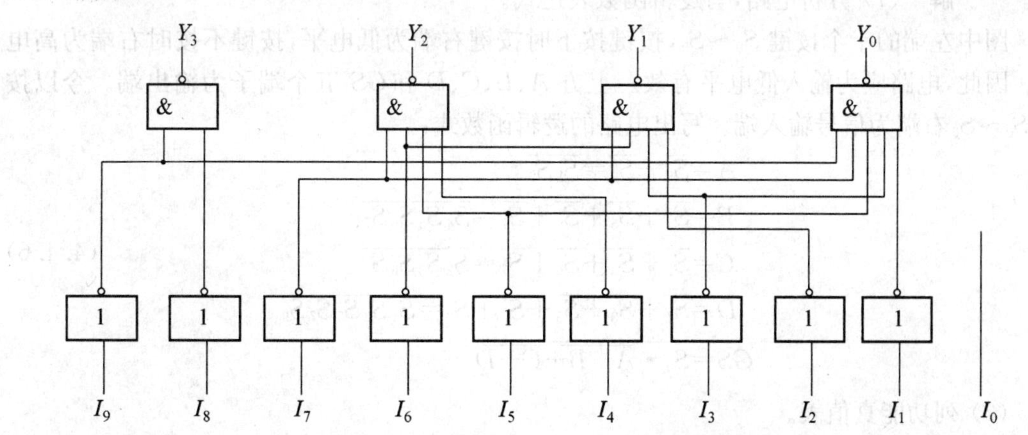

图 4.4.6　与非门组成的二-十进制编码器逻辑电路图

$$Y_3=\overline{\overline{I_8}\ \overline{I_9}}$$
$$Y_2=\overline{\overline{I_4}\ \overline{I_5}\ \overline{I_6}\ \overline{I_7}}$$
$$Y_1=\overline{\overline{I_2}\ \overline{I_3}\ \overline{I_6}\ \overline{I_7}} \tag{4.4.5}$$
$$Y_0=\overline{\overline{I_1}\ \overline{I_3}\ \overline{I_5}\ \overline{I_7}\ \overline{I_9}}$$

如果把输入编码信号设计成低电平有效，其电路构成与上述电路有所不同，请看例4.4.2。

【例 4.4.2】 分析图 4.4.7 所示电路的工作原理。

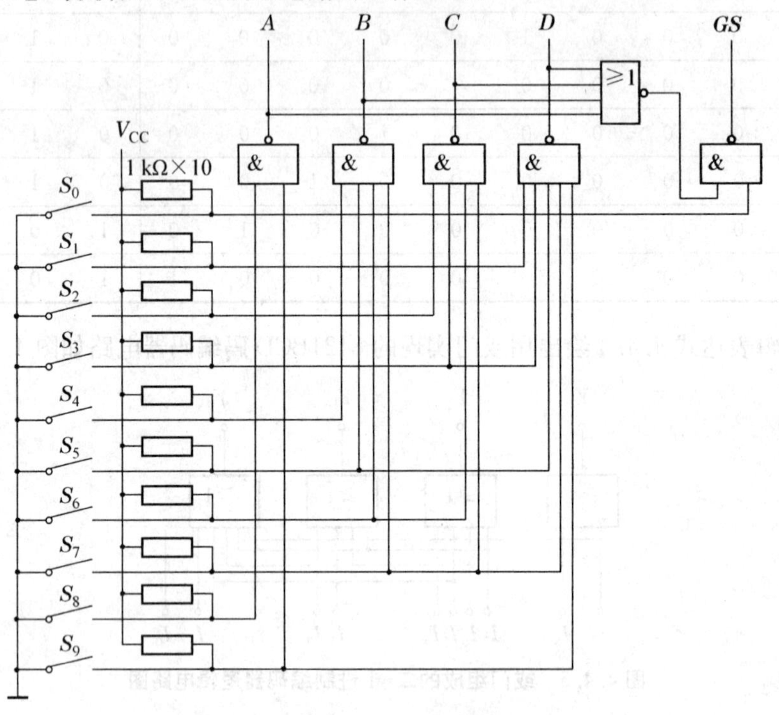

图 4.4.7 例 4.4.2 的逻辑电路图

解 (1) 分析电路，写逻辑函数表达式。

图中左端的十个按键 $S_0\sim S_9$，按键按下时按键右端为低电平，按键不按时右端为高电平。因此，电路应为输入低电平有效。上方 A、B、C、D 和 GS 五个端子为输出端。今以按键 $S_0\sim S_9$ 右端为信号输入端。写出电路的逻辑函数式：

$$A=\overline{S_8}+\overline{S_9}=\overline{S_8S_9}$$
$$B=\overline{S_4}+\overline{S_5}+\overline{S_6}+\overline{S_7}=\overline{S_4S_5S_6S_7}$$
$$C=\overline{S_2}+\overline{S_3}+\overline{S_6}+\overline{S_7}=\overline{S_2S_3S_6S_7} \tag{4.4.6}$$
$$D=\overline{S_1}+\overline{S_3}+\overline{S_5}+\overline{S_7}+\overline{S_9}=\overline{S_1S_3S_5S_7S_9}$$
$$GS=\overline{S_0\cdot\overline{A+B+C+D}}$$

(2) 列功能真值表。

设 $S_0\sim S_9$ 没有一个被按下，则 $ABCD=0000$，$GS=0$；$S_0\sim S_9$ 中有一个被按下，$GS=1$。可见，GS 是个使能标志端。由式 4.4.6，将 $S_0\sim S_9$ 分别以一个为 0 其余为 1 代入计算，

不难列出本例电路的功能真值表。

表 4.4.3　例 4.4.2 电路的功能表

输入										输出				
S_9	S_8	S_7	S_6	S_5	S_4	S_3	S_2	S_1	S_0	A	B	C	D	GS
1	1	1	1	1	1	1	1	1	1	0	0	0	0	0
1	1	1	1	1	1	1	1	1	0	0	0	0	0	1
1	1	1	1	1	1	1	1	0	1	0	0	0	1	1
1	1	1	1	1	1	1	0	1	1	0	0	1	0	1
1	1	1	1	1	1	0	1	1	1	0	0	1	1	1
1	1	1	1	1	0	1	1	1	1	0	1	0	0	1
1	1	1	1	0	1	1	1	1	1	0	1	0	1	1
1	1	1	0	1	1	1	1	1	1	0	1	1	0	1
1	1	0	1	1	1	1	1	1	1	0	1	1	1	1
1	0	1	1	1	1	1	1	1	1	1	0	0	0	1
0	1	1	1	1	1	1	1	1	1	1	0	0	1	1

(3) 分析电路的逻辑功能。

从功能表中可知，按键 $S_0 \sim S_9$ 代表输入的十个十进制数符号 0～9，输入为低电平有效，即某一按键按下，该键对应的右端的输入信号为 0，其余各键右端输入端都为 1。4 个输出端 A、B、C、D，为 4 位 8421BCD 码。例如，S_9 按下，输出 $ABCD=1001$，$GS=1$；S_0 按下，$ABCD=0000$，$GS=1$；无按键按下，输出 $ABCD=0000$，$GS=0$，表明此时输出代码 0000 不是有效的编码。故 GS 为编码标志，当按下 $S_0 \sim S_9$ 任意一个键时，$GS=1$，表示有编码信号输入，电路输出对应的 4 位 8421BCD 码；当 $S_0 \sim S_9$ 均没按下时，$GS=0$，表示没有编码信号输入，此时的输出代码 0000 为无效代码。所以，本电路是带使能标志的键控 8421BCD 码编码器。

4.4.3　优先编码器

前面讨论的编码器存在一个严重的缺点，就是输入的编码信号是互相排斥的，即同一时刻只能有一个输入编码信号有效。若同时有两个及其以上的输入编码信号有效，则输出的二进制代码会产生错误。优先编码器解决了不能同时输入两个及其以上有效信号的问题，它允许有多个输入信号同时请求编码，但是编码器给所有的输入信号规定了优先顺序，当多个输入信号同时出现时，只对其中优先级最高的一个进行编码。这种只对其中一个优先级别最高的信号进行编码的逻辑电路称为优先编码器。在优先编码器中，是优先级别高的编码信号排斥级别低的。至于输入编码信号优先级别的高低，则是由设计者根据实际工作需要事先安排的。

1. 8 线-3 线优先编码器 74148

74148 是一种常用的 8 线-3 线集成优先编码器，图 4.4.8 是其逻辑图，图 4.4.9 是其引脚图。图中 $I_7 \sim I_0$ 为编码输入端，优先顺序为 $I_7 \rightarrow I_0$，即 I_7 的优先级最高，然后是 I_6、I_5、…、I_0，低电平有效。$A_2 \sim A_0$ 为编码输出端，也是低电平有效，即反码输出。另外，EI 为使能输入端，GS 为优先编码工作标志，都是低电平有效；EO 为使能输出端，高电平有效。

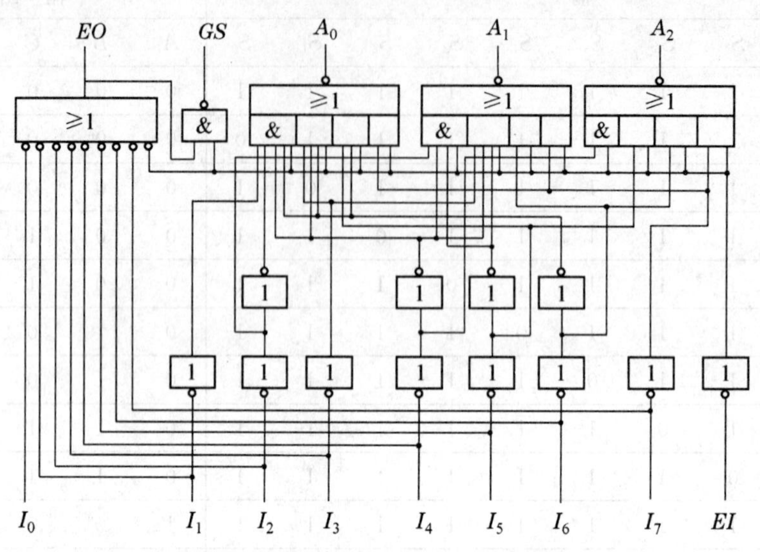

图 4.4.8 优先编码器 74148 的逻辑图

74148 的功能如表 4.4.4 所示。由该表第一行可知，当 EI 为 1 时，无论 $I_7 \sim I_0$ 如何（即任意电平，可 0 可 1），各输出信号均为 1，编码器处于非工作状态。功能表的第二行表明，当 EI 为 0、$I_7 \sim I_0$ 均为 1 时，输出 A_2、A_1、A_0 及 GS 都为 1，EO 为 0，此时器件仍处于非工作状态。功能表的第三行～第十行说明，当 EI 为 0 时，若 $I_i = 0$（有效）、$I_{i+1} \sim I_7$ 都为 1（无效）时，就输出 i 的反码，而与低于 I_i 的信号 $I_0 \sim I_{i-1}$ 的状态无关。因此，实现了由 $I_7 \sim I_0$ 的优先编码顺序，即 I_7 的优先级最高，然后是 I_6、I_5、I_4、…、I_0。由该表可知，GS 为编码器工作与否的标志，即优先编码标志。

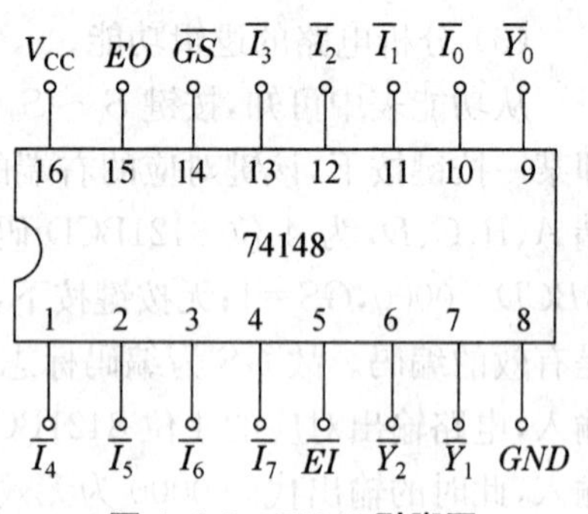

图 4.4.9 74148 引脚图

表 4.4.4 74148 优先编码器功能表

输入									输出				
EI	I_0	I_1	I_2	I_3	I_4	I_5	I_6	I_7	A_2	A_1	A_0	GS	EO
1	×	×	×	×	×	×	×	×	1	1	1	1	1
0	1	1	1	1	1	1	1	1	1	1	1	1	0
0	×	×	×	×	×	×	×	0	0	0	0	0	1
0	×	×	×	×	×	×	0	1	0	0	1	0	1

（续表）

输　入									输　出				
EI	I_0	I_1	I_2	I_3	I_4	I_5	I_6	I_7	A_2	A_1	A_0	GS	EO
0	×	×	×	×	×	0	1	1	0	1	0	0	1
0	×	×	×	×	0	1	1	1	0	1	1	0	1
0	×	×	×	0	1	1	1	1	1	0	0	0	1
0	×	×	0	1	1	1	1	1	1	0	1	0	1
0	×	0	1	1	1	1	1	1	1	1	0	0	1
0	0	1	1	1	1	1	1	1	1	1	1	0	1

注：表中×号表示可 0 可 1，为任意值。

集成编码器的输入、输出端的数目都是一定的，利用编码器的输入使能端 EI、输出使能端 EO 和优先编码工作标志 GS，可以扩展编码器的输入、输出端。

【例 4.4.3】　用两片 74148 组成 16 线-4 线优先编码器，其逻辑电路如图 4.4.10 所示，试分析其工作原理。

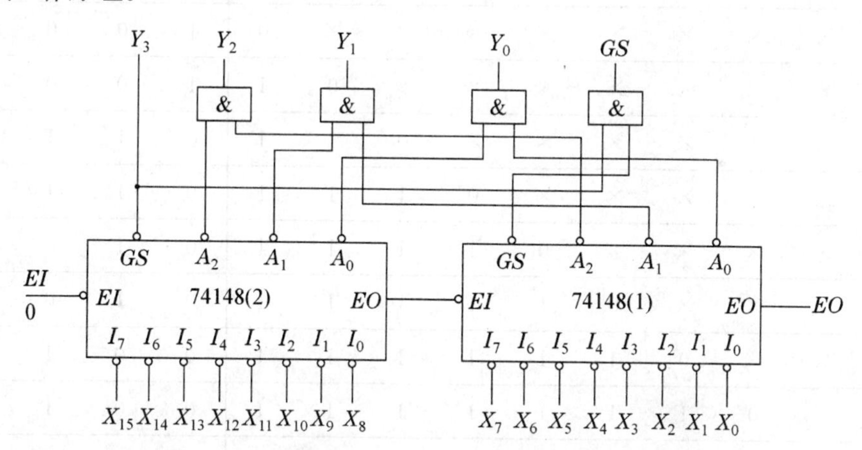

图 4.4.10　两片 74148 实现的 16 线-4 线优先编码器

解　根据表 4.4.4 所示 74148 的功能，对图 4.4.10 进行分析可知：

16 线-4 线优先编码器共有 16 个编码输入端，用 $X_0 \sim X_{15}$ 表示；有 4 个编码输出端，用 $Y_0 \sim Y_3$ 表示。片 1 为低位片，其输入端 $I_0 \sim I_7$ 作为总输入端 $X_0 \sim X_7$；片 2 为高位片，其输入端 $I_0 \sim I_7$ 作为总输入端 $X_8 \sim X_{15}$。两片的输出端 A_0、A_1、A_2 分别相与，作为总输出端 Y_0、Y_1、Y_2，片 2 的 GS 端作为总输出端 Y_3。片 1 的输出使能端 EO 作为电路总的输出使能端；片 2 的输入使能端 EI 作为电路总的输入使能端，在本电路中接 0，处于允许编码状态。片 2 的输出使能端 EO 接片 1 的输入使能端 EI，控制片 1 工作。两片的工作标志 GS 相与，作为总的工作标志 GS 端。

电路的工作原理是：

(1) 电路初始处于允许编码状态，片 2 优先。即片 2 有信号输入时，片 1 被禁止，片 2

没有信号输入时，片1允许编码。由于74148片内是优先编码，片间是高位片2优先，故组成的4位编码器仍然是优先编码器。

(2) 当片2的输入端没有信号输入，即$X_8 \sim X_{15}$全为1时，$GS_2=1$(即$Y_3=1$)，$EO_2=0$(即$EI_1=0$)，片1处于允许编码状态。设此时$X_4=0$，则片1的输出为$A_2A_1A_0=011$，由于片2没有信号输入，根据功能表知，片2输出为$A_2A_1A_0=111$，所以总输出$Y_3Y_2Y_1Y_0=1011$(因为74148输出的是反码，X_4的原码是0100，反码即1011)。

(3) 当片2有信号输入，$EO_2=1$(即$EI_1=1$)，片1处于禁止编码状态。设此时$X_{14}=0$(即片2的$I_6=0$)，则片2的输出为$A_2A_1A_0=001$，且$GS_2=0$。由于片1输出$A_2A_1A_0=111$，所以总输出$Y_3Y_2Y_1Y_0=0001$，刚好是1110(X_{14})的反码。

【例4.4.4】 试用8线-3线编码器74148和门电路设计8421BCD码优先编码器。

解 (1) 列出功能表。

8421BCD码编码器应有10个编码输入端，4个编码输出端。现在74148的基础上增加两个编码输入端I_9、I_8和输出端Y_3，采用原码输出。可列出功能表如表4.4.5所示。

表4.4.5　8421BCD优先编码器功能表

输入										输出			
I_0	I_1	I_2	I_3	I_4	I_5	I_6	I_7	I_8	I_9	Y_3	Y_2	Y_1	Y_0
×	×	×	×	×	×	×	×	×	0	1	0	0	1
×	×	×	×	×	×	×	×	0	1	1	0	0	0
×	×	×	×	×	×	×	0	1	1	0	1	1	1
×	×	×	×	×	×	0	1	1	1	0	1	1	0
×	×	×	×	×	0	1	1	1	1	0	1	0	1
×	×	×	×	0	1	1	1	1	1	0	1	0	0
×	×	×	0	1	1	1	1	1	1	0	0	1	1
×	×	0	1	1	1	1	1	1	1	0	0	1	0
×	0	1	1	1	1	1	1	1	1	0	0	0	1
0	1	1	1	1	1	1	1	1	1	0	0	0	0

(2) 写逻辑函数式。

由功能表可知，输出采用原码，而因为使用反码输出的74148为主电路，所以后三位的输出$Y_2Y_1Y_0$只要分别在74148的原输出端加接反相器即得到原码。那么

$$Y_3=\overline{I_8}+\overline{I_9}=\overline{I_8 I_9}$$

考虑到I_9比I_8优先，只要在这两个输入端同时为0时使输出$Y_0=1$即可，故原74148的A_0端应加接一个与非门，即$Y_0=\overline{A_0 I_9}$。为使I_8比$I_7 \sim I_0$优先，利用使能输入EI的功能，将Y_3连接到EI端。

这样便得到逻辑函数式：

$$
\begin{aligned}
Y_3 &= \overline{I_8 I_9} \\
Y_2 &= \overline{A_2} \\
Y_1 &= \overline{A_1} \\
Y_0 &= \overline{A_0 I_9} \\
EI &= Y_3
\end{aligned}
\tag{4.4.7}
$$

(3) 依据式 4.4.7 绘出逻辑电路图如图 4.4.11 所示。

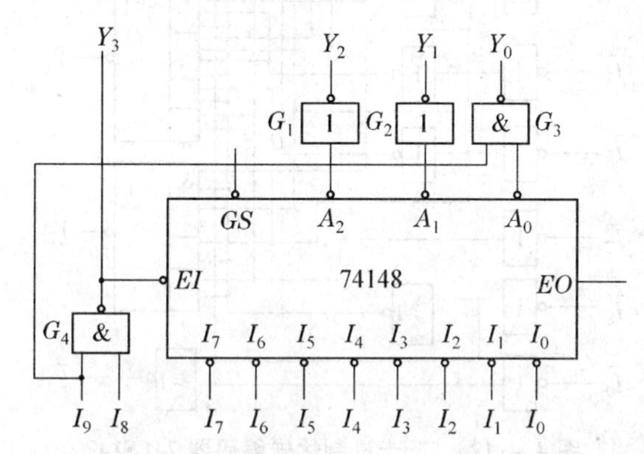

图 4.4.11　74148 和门电路组成的 8421BCD 编码器

(4) 检验分析。

图 4.4.11 电路中，当 I_9、I_8 无输入(即 I_9、I_8 均为高平)时，与非门 G_4 的输出 $Y_3=0$，同时使 74148 的 $EI=0$，允许 74148 工作，74148 对输入 $I_0 \sim I_7$ 进行编码。如 $I_6=0$，则 $A_2A_1A_0=001$，经门 G_1、G_2、G_3 处理后，$Y_2Y_1Y_0=110$，所以总输出 $Y_3Y_2Y_1Y_0=0110$。这正好是 6 的 842lBCD 码。

当 I_9 或 I_8 有输入(低电平)时，与非门 G_4 的输出 $Y_3=1$，同时使 74148 的 $EI=1$，禁止 74148 工作，使 $A_2A_1A_0=111$。如果此时 $I_9=0$，总输出 $Y_3Y_2Y_1Y_0=1001$；如果 $I_8=0$，总输出 $Y_3Y_2Y_1Y_0=1000$。正好是 9 和 8 的 842lBCD 码。

根据以上分析，图 4.4.11 电路符合 842lBCD 优先编码器的功能要求。

2. 二-十进制编码器 74LS147

二-十进制编码器 74LS147 的逻辑图如图 4.4.12 所示。它有 9 个输入端 $\overline{I_9} \sim \overline{I_1}$，$\overline{I_9}$ 的优先级别最高，依次是 $\overline{I_8}$、$\overline{I_7}$、…、$\overline{I_0}$、$\overline{I_0}$ 的优先权最低。$\overline{Y_3}\,\overline{Y_2}\,\overline{Y_1}\,\overline{Y_0}$ 为 4 个输出端，以 BCD 码的反码形式输出。

按照图 4.4.12，可得出其逻辑表达式：

$$
\begin{aligned}
\overline{Y_3} &= \overline{I_8 + I_9} \\
\overline{Y_2} &= \overline{I_7\,\overline{I_8}\,\overline{I_9} + I_6\,\overline{I_8}\,\overline{I_9} + I_5\,\overline{I_8}\,\overline{I_9} + I_4\,\overline{I_8}\,\overline{I_9}} \\
\overline{Y_1} &= \overline{I_7\,\overline{I_8}\,\overline{I_9} + I_6\,\overline{I_8}\,\overline{I_9} + I_3\,\overline{I_4}\,\overline{I_5}\,\overline{I_8}\,\overline{I_9} + I_2\,\overline{I_4}\,\overline{I_5}\,\overline{I_8}\,\overline{I_9}} \\
\overline{Y_0} &= \overline{I_9 + I_7\,\overline{I_8}\,\overline{I_9} + I_5\,\overline{I_6}\,\overline{I_8}\,\overline{I_9} + I_3\,\overline{I_4}\,\overline{I_6}\,\overline{I_8}\,\overline{I_9} + I_1\,\overline{I_2}\,\overline{I_4}\,\overline{I_6}\,\overline{I_8}\,\overline{I_9}}
\end{aligned}
\tag{4.4.8}
$$

由式(4.4.8)可以推算出二-十进制编码器 74LS147 的功能表，如表 4.4.6 所示。

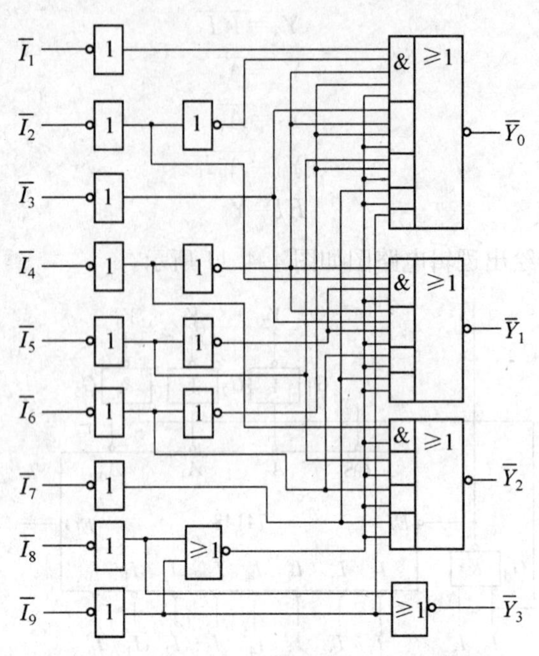

图 4.4.12 二-十进制优先编码器 74LS147

表 4.4.6 二-十进制编码器 74LS147 的功能表

输入									输出			
$\overline{I_1}$	$\overline{I_2}$	$\overline{I_3}$	$\overline{I_4}$	$\overline{I_5}$	$\overline{I_6}$	$\overline{I_7}$	$\overline{I_8}$	$\overline{I_9}$	$\overline{Y_3}$	$\overline{Y_2}$	$\overline{Y_1}$	$\overline{Y_0}$
1	1	1	1	1	1	1	1	1	1	1	1	1
×	×	×	×	×	×	×	×	0	0	1	1	0
×	×	×	×	×	×	×	0	1	0	1	1	1
×	×	×	×	×	×	0	1	1	1	0	0	0
×	×	×	×	×	0	1	1	1	1	0	0	1
×	×	×	×	0	1	1	1	1	1	0	1	0
×	×	×	0	1	1	1	1	1	1	0	1	1
×	×	0	1	1	1	1	1	1	1	1	0	0
×	0	1	1	1	1	1	1	1	1	1	0	1
0	1	1	1	1	1	1	1	1	1	1	1	0

从表中看出，若有输入端$\overline{I_0}=0$，此时$\overline{I_9}\sim\overline{I_1}$都为 1，对应输出应该是$\overline{Y_3}\,\overline{Y_2}\,\overline{Y_1}\,\overline{Y_0}=1111$；而功能表中$\overline{I_9}\sim\overline{I_1}$都为 1 时，已经是$\overline{Y_3}\,\overline{Y_2}\,\overline{Y_1}\,\overline{Y_0}=1111$。这表明，$\overline{I_0}=0$ 就是等同于$\overline{I_9}\sim\overline{I_1}$都为 1 的情况，故$\overline{I_0}$端完全可以省去，就用$\overline{I_9}\sim\overline{I_1}$都为 1 来表示该端子的功能。所以，图中只有$\overline{I_9}\sim\overline{I_1}$而没有画出$\overline{I_0}$。

4.5　译码器和数据分配器

译码就是将具有特定含义的二进制代码转换成对应的输出信号，是编码的逆过程。具有译码功能的逻辑电路称为译码器。译码器可分为两种类型：一种是将一系列代码转换成与之一一对应的有效信号，这种译码器可称为唯一地址译码器，它常用于计算机中对存储器单元地址的译码，即将每一个地址代码转换成一个有效信号，从而选中对应的单元。如二进制译码器和二-十进制译码器。另一种是将一种代码转换成另一种代码，称为代码变换器，如数字显示译码器。下面先介绍二进制唯一地址译码器。

4.5.1　二进制译码器

将输入二进制代码的各种组合按其原意转换成对应信号输出的逻辑电路称为二进制译码器。图 4.5.1 为二进制译码器的结构框图，它具有 n 个输入端，2^n 个输出端和 1 个使能输入端。习惯上称之为 n 线- 2^n 线译码器。例如，译码器有 2 个输入端就有 4 个输出端，称为 2 线- 4 线译码器；有 3 个输入端 8 个输出端的译码器称为 3 线- 8 线译码器，以此类推。在使能输入端为有效电平时，对应每一组输入代码，只有其中一个输出端为有效电平，其余输出端都为相反电平，也称为无效电平。输出信号可以是高电平有效，也可以是低电平有效。

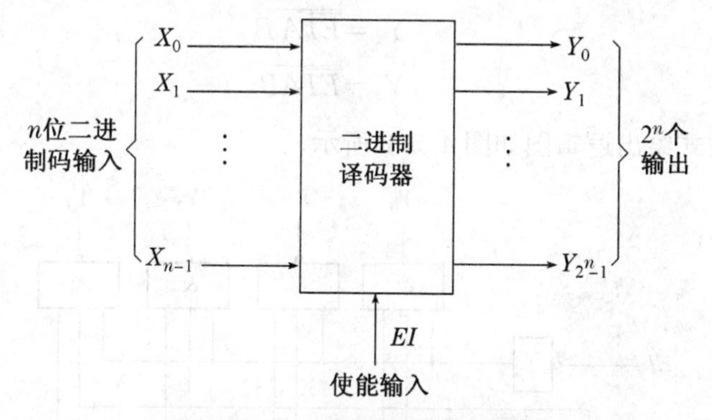

图 4.5.1　二进制译码器结构图

由于二进制译码器有 $N=2^n$ 个输出端，属于完全译码，输出是输入变量的各种组合。因此，一个输出对应一个最小项，故又称为最小项译码器。输出端是 1 有效的，称为高电平译码，一个输出就是一个最小项；若输出端是 0 有效的，则称为低电平译码，一个输出对应一个最小项的非。

1. 2 线- 4 线译码器

2 线- 4 线译码器输入变量 A、B 共有 4 种不同的状态组合，因而有 4 个输出信号 Y_3、Y_2、Y_1、Y_0，属于完全译码，且输出低电平有效，其功能表如表 4.5.1 所示。

表 4.5.1　2 线-4 线译码器功能表

输入			输出			
EI	A	B	Y_0	Y_1	Y_2	Y_3
1	×	×	1	1	1	1
0	0	0	0	1	1	1
0	0	1	1	0	1	1
0	1	0	1	1	0	1
0	1	1	1	1	1	0

另外,电路设置了使能控制端 EI,当 $EI=1$ 时,无论 A、B 为何种状态,输出全为 1,译码器处于非工作状态。而当 $EI=0$ 时,对应于 A、B 的某种状态组合,其中只有一个输出量为 0,其余各输出量均为 1。例如:$AB=00$ 时,输出为 $Y_0=0$,其余输出端 Y_3、Y_2、Y_1 均为 1。由此可见,译码器是通过输出端的逻辑电平以识别不同的代码。

根据功能表 4.5.1 可写出各输出端的逻辑函数表达式:

$$
\begin{aligned}
Y_0 &= \overline{\overline{EI}\,\overline{A}\,\overline{B}} \\
Y_1 &= \overline{\overline{EI}\,\overline{A}B} \\
Y_2 &= \overline{\overline{EI}A\overline{B}} \\
Y_3 &= \overline{\overline{EI}AB}
\end{aligned}
\tag{4.5.1}
$$

根据逻辑函数式绘出逻辑图如图 4.5.2 所示。

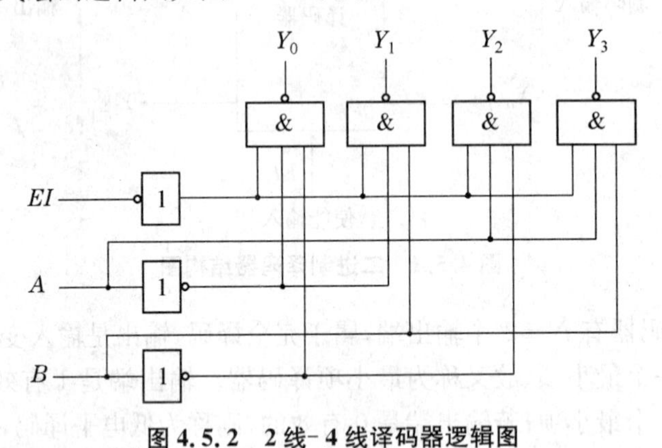

图 4.5.2　2 线-4 线译码器逻辑图

2. 集成电路译码器

常用的集成二进制译码器有 CMOS(如 74HCl38)和 TTL(如 74LS138)的定型产品,两者在逻辑功能上没有区别,只是电性能参数不同而已,现用 74X138 表示两者中任意一种。74X139 是双 2 线-4 线译码器,两个独立的译码器封装在一个集成芯片中,其中之一的逻辑符号如图 4.5.3 所示。

逻辑符号说明:74X139 逻辑符号框外部的 $\overline{E}$、$\overline{Y_3}$、$\overline{Y_2}$、$\overline{Y_1}$ 和 $\overline{Y_0}$ 作为变量符号,表示外部输入或输出信号名称,字母上面的"—"号说明该输入或输出是低电平有效。符号框内部的输入、输出变量表示其内部的逻辑关系。当输入或输出为低电平有效时,逻辑符号框外部

$\overline{E}$、$\overline{Y_3}$～$\overline{Y_0}$的逻辑状态与符号框内部相应变量的逻辑状态相反。在推导表达式的过程中，如果低电平有效的输入或输出变量上面的"－"号参与运算，则在画逻辑图或验证真值表时，注意将其还原为低电平有效符号。

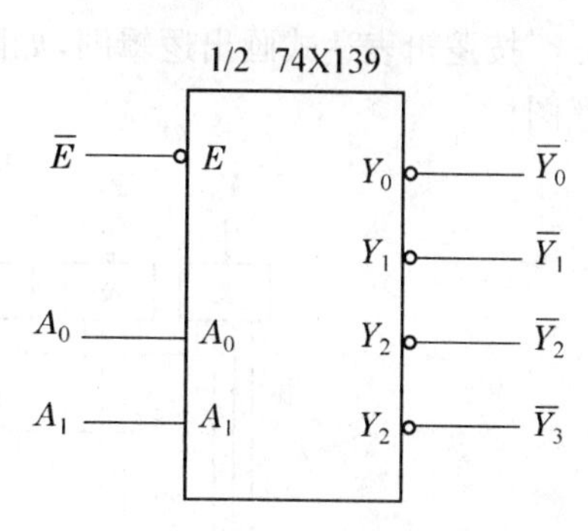

图 4.5.3　74X139 的逻辑符号

下面介绍 TTL 器件 74LSl38 的逻辑功能。74LSl38 是典型的 3 线-8 线译码器，其功能表如表 4.5.2 所示。输入为三位二进制数 A_2、A_1、A_0，它们共有 8 种状态的组合，可译出 8 个输出信号，输出为低电平有效，属于全译码器。此外为了扩展译码器的输入变量，还设置了 3 个使能端(也叫选通控制端或允许端)G_1、G_{2A}和G_{2B}。由功能表可知，$G_1=0$、$G_{2A}=1$或者$G_{2B}=1$时，译码器处于禁止态，所有的输出端都处于高电平。当$G_1=1$且$G_{2A}=0$、$G_{2B}=0$时，译码器处于工作态。此时，输出端的逻辑表达式为

$$
\begin{aligned}
Y_0 &= \overline{G_1\,\overline{G_{2A}}\,\overline{G_{2B}}\,\overline{A_2}\,\overline{A_1}\,\overline{A_0}} \\
Y_1 &= \overline{G_1\,\overline{G_{2A}}\,\overline{G_{2B}}\,\overline{A_2}\,\overline{A_1}\,A_0} \\
&\cdots \\
Y_i &= \overline{G_1\,\overline{G_{2A}}\,\overline{G_{2B}}\cdot m_i} \qquad (i=0\sim7) \\
&\cdots \\
Y_7 &= \overline{G_1\,\overline{G_{2A}}\,\overline{G_{2B}}A_2A_1A_0}
\end{aligned}
\tag{4.5.2}
$$

表 4.5.2　3 线-8 线译码器 74LS138 功能表

输入						输出							
G_1	G_{2A}	G_{2B}	A_2	A_1	A_0	Y_0	Y_1	Y_2	Y_3	Y_4	Y_5	Y_6	Y_7
×	1	×	×	×	×	1	1	1	1	1	1	1	1
×	×	1	×	×	×	1	1	1	1	1	1	1	1
0	×	×	×	×	×	1	1	1	1	1	1	1	1
1	0	0	0	0	0	0	1	1	1	1	1	1	1
1	0	0	0	0	1	1	0	1	1	1	1	1	1
1	0	0	0	1	0	1	1	0	1	1	1	1	1
1	0	0	0	1	1	1	1	1	0	1	1	1	1
1	0	0	1	0	0	1	1	1	1	0	1	1	1
1	0	0	1	0	1	1	1	1	1	1	0	1	1
1	0	0	1	1	0	1	1	1	1	1	1	0	1
1	0	0	1	1	1	1	1	1	1	1	1	1	0

由$Y_i=\overline{G_1\,\overline{G_{2A}}\,\overline{G_{2B}}\cdot m_i}$知，当$G_1=1$且$G_{2A}=0$、$G_{2B}=0$时，$Y_i=\overline{m_i}$。这说明每个输出都是输入变量所对应的最小项的非，是低电平译码。

按逻辑表达式画出逻辑图，如图 4.5.4 所示。图 4.5.5 是其引脚排列图和逻辑功能示意图。

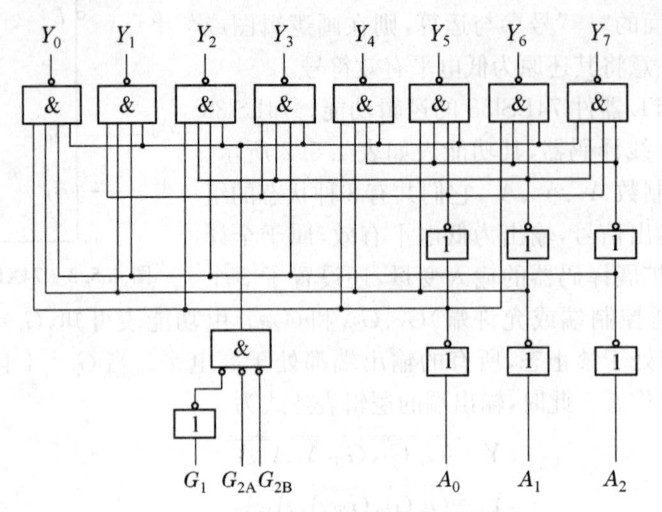

图 4.5.4 74LS138 集成译码器逻辑图

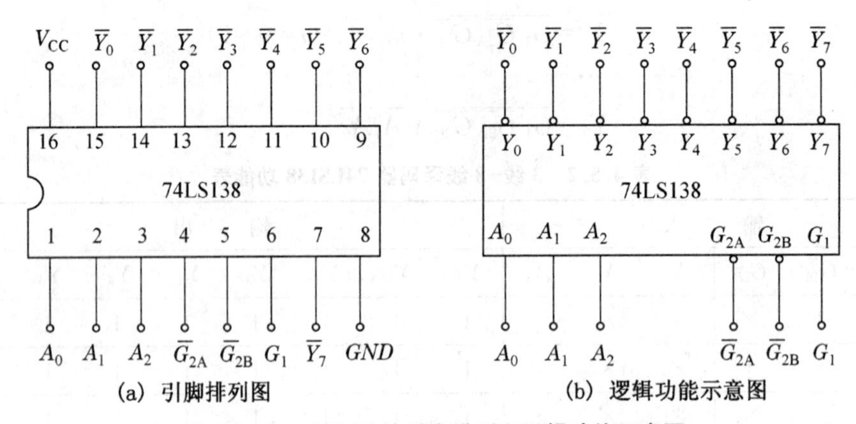

(a) 引脚排列图 (b) 逻辑功能示意图

图 4.5.5 74LS138 的引脚排列和逻辑功能示意图

4.5.2 二-十进制译码器

二-十进制译码器是把 BCD 码的 10 个代码翻译成有效输出信号的译码器，又称为 8421BCD 码～十进制码译码器，是一种码制变换译码器。

二-十进制译码器的输入端是十进制数的 4 位二进制 BCD 码，分别用 A_3、A_2、A_1、A_0 表示；输出的是与 10 个十进制数字相对应的 10 个信号，用$\overline{Y_9}$～$\overline{Y_0}$表示，低电平有效。因为二-十进制译码器有 4 根输入线，10 根输出线，故又称 4 线- 10 线译码器。

在 8421BCD 译码器中，有 1010 到 1111 共 6 个冗余码，它们是不应该出现的。根据这 6 个冗余码处理方式的不同，二-十进制译码器又可分为部分译码器和完全译码器。

1. 部分译码器

部分译码也称做不完全译码，这种译码器的输入端只出现规定的前 10 种代码，而不出现其他 6 种不采用的代码。将不采用的代码作为无关项来处理，利用无关项简化逻辑函数，以便减少门电路的输入端数的接线。部分译码的二-十进制译码器的逻辑图如图 4.5.6 所示。其输出$\overline{Y_9}$~$\overline{Y_0}$的逻辑表达式为：

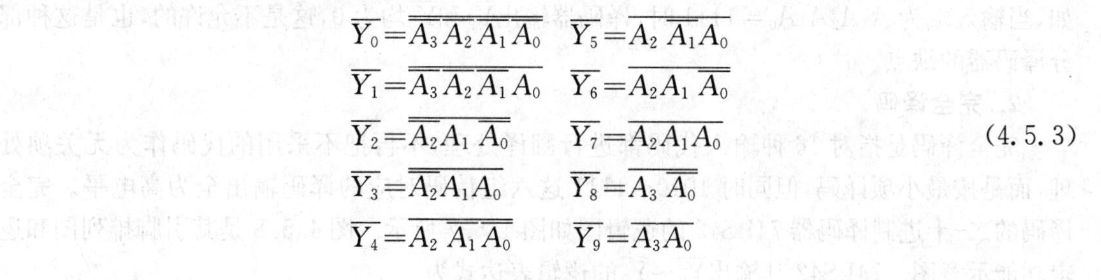

$$
\begin{aligned}
&\overline{Y_0}=\overline{\overline{A_3}\,\overline{A_2}\,\overline{A_1}\,\overline{A_0}} &\quad& \overline{Y_5}=\overline{A_2\,\overline{A_1}A_0}\\
&\overline{Y_1}=\overline{\overline{A_3}\,\overline{A_2}\,\overline{A_1}\,A_0} && \overline{Y_6}=\overline{A_2A_1\,\overline{A_0}}\\
&\overline{Y_2}=\overline{\overline{A_2}A_1\,\overline{A_0}} && \overline{Y_7}=\overline{A_2A_1A_0}\\
&\overline{Y_3}=\overline{\overline{A_2}A_1A_0} && \overline{Y_8}=\overline{A_3\,\overline{A_0}}\\
&\overline{Y_4}=\overline{A_2\,\overline{A_1}\,\overline{A_0}} && \overline{Y_9}=\overline{A_3A_0}
\end{aligned}
\tag{4.5.3}
$$

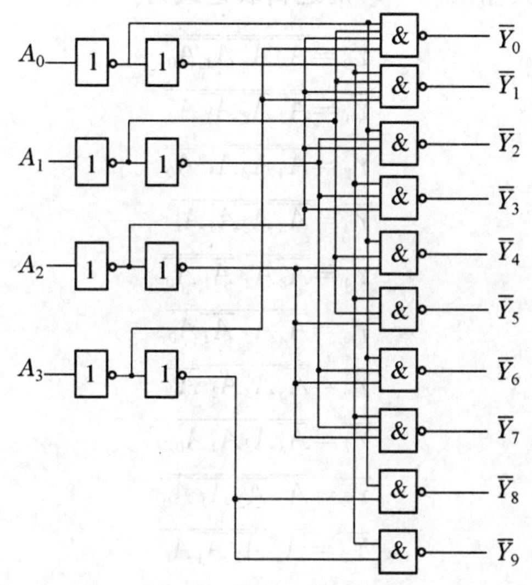

图 4.5.6　部分译码的二-十进制译码器

其功能表如表 4.5.3 所示。

表 4.5.3　部分译码的二-十进制译码器功能表

十进制数	输入				输出									
	A_3	A_2	A_1	A_0	$\overline{Y_0}$	$\overline{Y_1}$	$\overline{Y_2}$	$\overline{Y_3}$	$\overline{Y_4}$	$\overline{Y_5}$	$\overline{Y_6}$	$\overline{Y_7}$	$\overline{Y_8}$	$\overline{Y_9}$
0	0	0	0	0	0	1	1	1	1	1	1	1	1	1
1	0	0	0	1	1	0	1	1	1	1	1	1	1	1
2	0	0	1	0	1	1	0	1	1	1	1	1	1	1
3	0	0	1	1	1	1	1	0	1	1	1	1	1	1
4	0	1	0	0	1	1	1	1	0	1	1	1	1	1
5	0	1	0	1	1	1	1	1	1	0	1	1	1	1
6	0	1	1	0	1	1	1	1	1	1	0	1	1	1
7	0	1	1	1	1	1	1	1	1	1	1	0	1	1
8	1	0	0	0	1	1	1	1	1	1	1	1	0	1
9	1	0	0	1	1	1	1	1	1	1	1	1	1	0

1010～1111 这六组码是不采用的，在正常工作时一般不会出现，但在开机或有干扰时则可能产生，常称它为伪输入。一旦出现伪输入，译码器可能有一个以上的输出为 0。例如，当输入端为 $A_3A_2A_1A_0=1111$ 时，译码器输出$\overline{Y_9}$和$\overline{Y_7}$均为 0，这是不允许的，也是这种部分译码器的缺点。

2. 完全译码

完全译码是指对 16 种输入代码都进行翻译处理，不再把不采用的代码作为无关项处理，而是按最小项译码，但同时 1010～1111 这六组伪码对应的译码输出全为高电平。完全译码的二-十进制译码器 74LS42 的逻辑图如图 4.5.7 所示。图 4.5.8 是其引脚排列图和逻辑功能示意图。74LS42 其输出$\overline{Y_9}\sim\overline{Y_0}$的逻辑表达式为

$$
\begin{aligned}
\overline{Y_0}&=\overline{\overline{A_3}\,\overline{A_2}\,\overline{A_1}\,\overline{A_0}}\\
\overline{Y_1}&=\overline{\overline{A_3}\,\overline{A_2}\,\overline{A_1}A_0}\\
\overline{Y_2}&=\overline{\overline{A_3}\,\overline{A_2}A_1\,\overline{A_0}}\\
\overline{Y_3}&=\overline{\overline{A_3}\,\overline{A_2}A_1A_0}\\
\overline{Y_4}&=\overline{\overline{A_3}A_2\,\overline{A_1}\,\overline{A_0}}\\
\overline{Y_5}&=\overline{\overline{A_3}A_2\,\overline{A_1}A_0}\\
\overline{Y_6}&=\overline{\overline{A_3}A_2A_1\,\overline{A_0}}\\
\overline{Y_7}&=\overline{\overline{A_3}A_2A_1A_0}\\
\overline{Y_8}&=\overline{A_3\,\overline{A_2}\,\overline{A_1}\,\overline{A_0}}\\
\overline{Y_9}&=\overline{A_3\,\overline{A_2}\,\overline{A_1}A_0}
\end{aligned}
\qquad (4.5.4)
$$

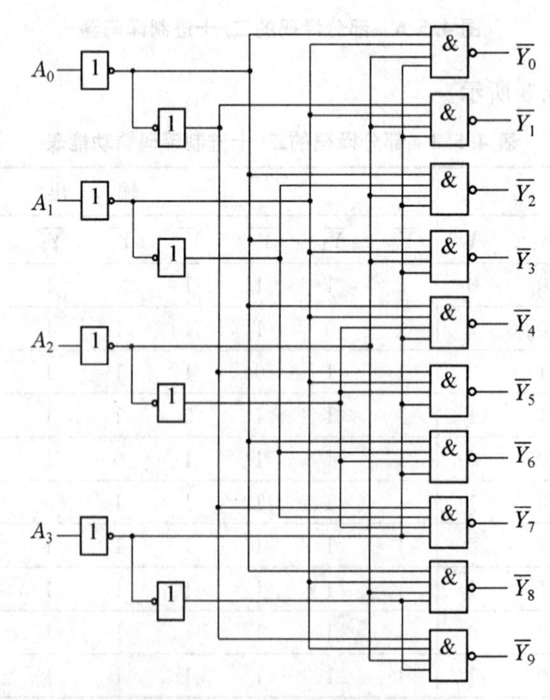

图 4.5.7 二-十进制译码器 74LS42

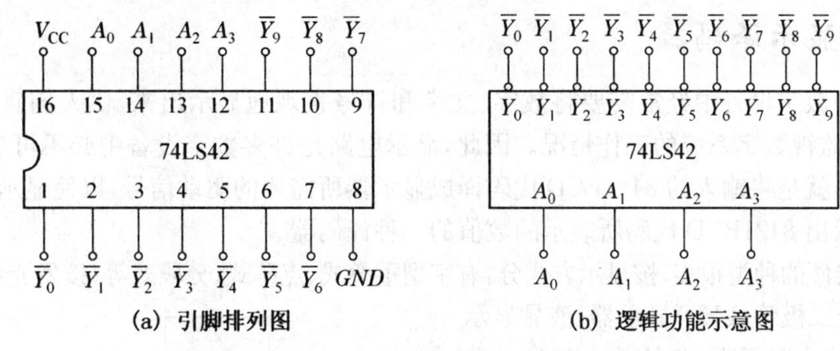

(a) 引脚排列图　　(b) 逻辑功能示意图

图 4.5.8　74LS42 的引脚排列和逻辑功能示意图

完全译码译码器 74LS42 的功能表如表 4.5.4 所示。

表 4.5.4　完全译码的二-十进制译码器功能表

十进制数	输入				输出									
	A_3	A_2	A_1	A_0	$\overline{Y_0}$	$\overline{Y_1}$	$\overline{Y_2}$	$\overline{Y_3}$	$\overline{Y_4}$	$\overline{Y_5}$	$\overline{Y_6}$	$\overline{Y_7}$	$\overline{Y_8}$	$\overline{Y_9}$
0	0	0	0	0	0	1	1	1	1	1	1	1	1	1
1	0	0	0	1	1	0	1	1	1	1	1	1	1	1
2	0	0	1	0	1	1	0	1	1	1	1	1	1	1
3	0	0	1	1	1	1	1	0	1	1	1	1	1	1
4	0	1	0	0	1	1	1	1	0	1	1	1	1	1
5	0	1	0	1	1	1	1	1	1	0	1	1	1	1
6	0	1	1	0	1	1	1	1	1	1	0	1	1	1
7	0	1	1	1	1	1	1	1	1	1	1	0	1	1
8	1	0	0	0	1	1	1	1	1	1	1	1	0	1
9	1	0	0	1	1	1	1	1	1	1	1	1	1	0
伪码	1	0	1	0	1	1	1	1	1	1	1	1	1	1
	1	0	1	1	1	1	1	1	1	1	1	1	1	1
	1	1	0	0	1	1	1	1	1	1	1	1	1	1
	1	1	0	1	1	1	1	1	1	1	1	1	1	1
	1	1	1	0	1	1	1	1	1	1	1	1	1	1
	1	1	1	1	1	1	1	1	1	1	1	1	1	1

根据以上分析，部分译码的二-十进制译码器，对于 6 个伪码可以接收，将其在输出端译成低电平。例如，$A_3A_2A_1A_0=1101$，将使$\overline{Y_9}=0$。从这个意义上看，不完全译码器也称不拒绝伪码的译码器。而完全译码器对于 6 个伪码，其输出全部为高电平，所以也称它是拒绝伪码的译码器。

4.5.3 显示译码器

在各种数字设备中经常需要将数字、文字和符号直观地显示出来，供人们直接读取结果，或用以监视数字系统的工作情况。因此，显示电路是许多数字设备中必不可少的部分。显示译码器就是将输入的 8421BCD 代码译成显示器所需要的驱动信号，以使显示器用十进制数字显示出 8421BCD 代码所表示的数值的一种译码器。

显示器件的种类很多，按显示方式分：有字型重叠式、点阵式、分段式等；按发光物质分：有半导体发光二极管(LED)显示器、液晶显示器(LCD)、荧光显示器、气体放电管显示器等。目前在数字电路中应用最广泛的是由发光二极管构成的七段数字显示器。数字显示电路包括译码驱动电路和数码显示器，其框图如图 4.5.9 所示。下面介绍常用的七段 LED 显示器及其译码驱动电路。

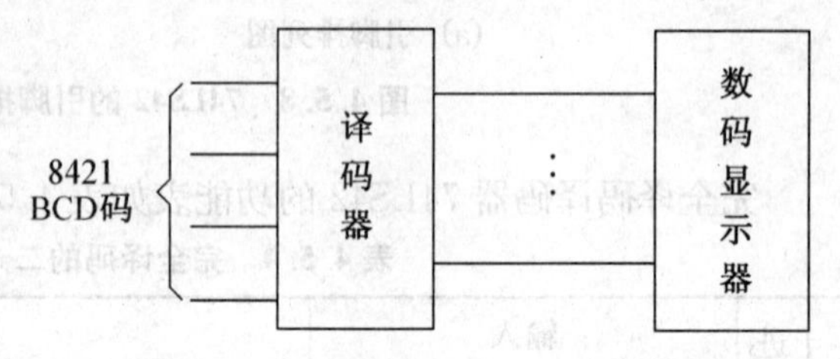

图 4.5.9 8421BCD 显示译码电路框图

1. 七段 LED 数字显示器

数码显示器就是用来显示数字、文字或符号的器件。七段式数字显示器是目前常用的显示方式。七段 LED 数字显示器俗称“数码管”，是分段式半导体显示器件，七个发光段就是将七个发光二极管(加小数点为八个)按一定的方式排列起来，七段中 a、b、c、d、e、f、g(小数点 DP)各自对应一个发光二极管。发光二极管的 PN 结由特殊半导体材料磷砷化镓做成，当 PN 结外加正向电压时，PN 结便可以将电能转化为光能，发出清晰悦目的光线。七段 LED 数码管，就是利用不同发光段的组合来显示 0～9 等阿拉伯数字，如图 4.5.10 所示。

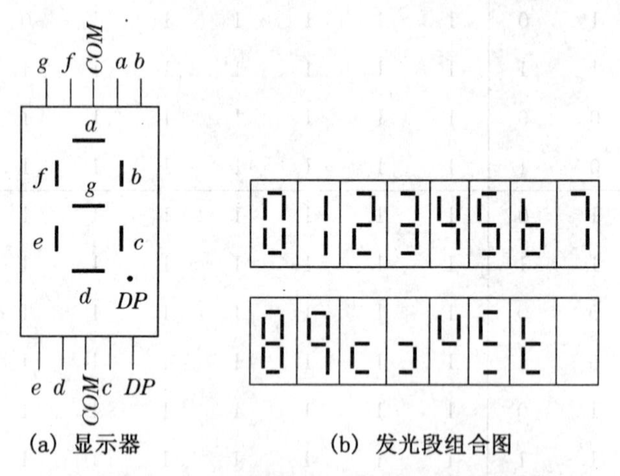

(a) 显示器　　(b) 发光段组合图

图 4.5.10 七段数字显示器及发光段组合图

发光二极管构成的七段 LED 显示器有两种，共阴极和共阳极电路，如图 4.5.11 所示。共阴极电路中，内部七个发光二极管的阴极连在一起，使用时阴极接低电平，需要某一段发光，就将相应二极管的阳极经过限流电阻接高电平有效的译码输出端。共阳极的内部七个发光二极管的阳极连在一起，使用时阳极必须接高电平，阴极经限流电阻接译码输出端，驱动器的驱动极性与共阴极的刚好相反。调节限流电阻可以调节 LED 的亮度，一般 LED 数码管中 LED 的额定电流为 10 mA。

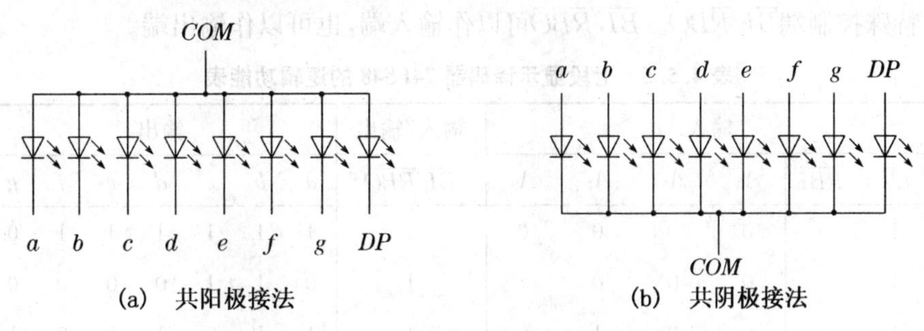

图 4.5.11　半导体数字显示器的内部接法

七段 LED 数字显示器的优点是工作电压较低(1.5～3 V)、体积小、寿命长、亮度高、响应速度快、工作可靠性高。缺点是工作电流较大，每个字段的工作电流约为 5～10 mA。

2. 显示译码(驱动)器

为了使数码管能显示十进制数，必须将十进制数的代码经译码器译出，然后经驱动器点亮对应的段。例如，对于 8421BCD 码的 0011 状态，对应的十进制数为 3，则译码驱动器应使 a、b、c、d、g 各段点亮。译码器的功能就是对应于某一组数码输入，相应的几个输出端输出有效信号。

常用的集成七段显示译码器有两类：一类译码器输出高电平有效信号，用来驱动共阴极显示器，如 TTL 七段显示译码器 74LS48 以及 CMOS 七段显示译码器 74HC4511、74HC48；另一类输出低电平有效信号，以驱动共阳极显示器，如 TTL 七段显示译码器 74LS47。

下面介绍常用的 TTL 七段显示译码器 74LS48，图 4.5.12 是它的逻辑符号，其中 A_3、A_2、A_1、A_0 为 BCD 码输入信号，a、b、c、d、e、f、g 为译码器的 7 个高电平有效的输出端，用以驱动共阴极七段 LED 数码管。为增加器件的功能与扩大器件的应用，在译码/驱动电路的基础上又附加了辅助功能控制信号$\overline{LT}$、$\overline{RBI}$和$\overline{BI}/\overline{RBO}$。

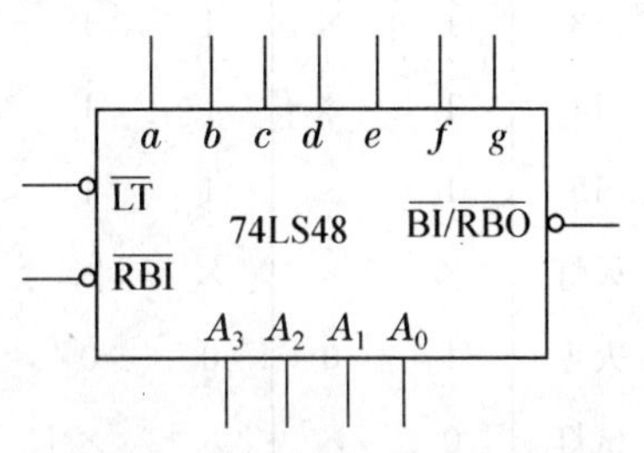

图 4.5.12　74LS48 的逻辑符号

把 74LS48 的功能列于表 4.5.5 中。从表中可以看出，当辅助功能控制信号无效时，即表中的 1～16 行，A_3、A_2、A_1、A_0 每输入一组 BCD 码，Y_a～Y_g 输出端就有相应的输出，电路实现正常译码。如果 $A_3A_2A_1A_0$＝0101，a、c、d、f、g 端输出为 1，驱动共阴极数码管的 a、c、d、g、f 字段显示数字 5。

辅助控制端$\overline{LT}$、$\overline{RBI}$和$\overline{BI}/\overline{RBO}$具有以下功能：

(1) 正常译码显示。$\overline{LT}$＝1、$\overline{BI}/\overline{RBO}$＝1 时，对输入为十进制数 1～15 的二进制码(0001～1111)进行译码，产生对应的七段显示码。

(2) 灭零输入端$\overline{RBI}$。当输入$\overline{RBI}$＝0，而输入为 0 的二进制码 0000 时，则译码器的 a～g 输出全 0，使显示器全灭；只有当$\overline{RBI}$＝1 时，才产生 0 的七段显示码。所以，$\overline{RBI}$称为灭零输入端。

(3) 试灯输入端$\overline{LT}$。当$\overline{BI}$＝1、$\overline{LT}$＝0 时，无论输入怎样，a～g 输出全 1，数码管七段

全亮。由此可以检测显示器七个发光段的好坏。$\overline{LT}$称为试灯输入端。

(4) 特殊控制端$\overline{BI}/\overline{RBO}$。$\overline{BI}/\overline{RBO}$可以作输入端，也可以作输出端。

表 4.5.5 七段显示译码器 74LS48 的逻辑功能表

功能（输入）	输入						输入/输出	输出							显示字形
	$\overline{LT}$	$\overline{RBI}$	A_3	A_2	A_1	A_0	$\overline{BI}/\overline{RBO}$	a	b	c	d	e	f	g	
0	1	1	0	0	0	0	1	1	1	1	1	1	1	0	
1	1	×	0	0	0	1	1	0	1	1	0	0	0	0	
2	1	×	0	0	1	0	1	1	1	0	1	1	0	1	
3	1	×	0	0	1	1	1	1	1	1	1	0	0	1	
4	1	×	0	1	0	0	1	0	1	1	0	0	1	1	
5	1	×	0	1	0	1	1	1	0	1	1	0	1	1	
6	1	×	0	1	1	0	1	0	0	1	1	1	1	1	
7	1	×	0	1	1	1	1	1	1	1	0	0	0	0	
8	1	×	1	0	0	0	1	1	1	1	1	1	1	1	
9	1	×	1	0	0	1	1	1	1	1	0	0	1	1	
10	1	×	1	0	1	0	1	0	0	0	1	1	0	1	
11	1	×	1	0	1	1	1	0	0	1	1	0	0	1	
12	1	×	1	1	0	0	1	0	1	0	0	0	1	1	
13	1	×	1	1	0	1	1	1	0	0	1	0	1	1	
14	1	×	1	1	1	0	1	0	0	0	1	1	1	1	
15	1	×	1	1	1	1	1	0	0	0	0	0	0	0	
灭灯	×	×	×	×	×	×	0	0	0	0	0	0	0	0	
灭零	1	0	0	0	0	0	0	0	0	0	0	0	0	0	
试灯	0	×	×	×	×	×	1	1	1	1	1	1	1	1	

作输入使用时，如果$\overline{BI}=0$时，不管其他输入端为何值，也不论$A_3A_2A_1A_0$为何值，$a\sim g$均输出 0，显示器全灭。因此，$\overline{BI}$称为灭灯输入端，优先权最高。

作输出端使用时，受控于$\overline{RBI}$。当$\overline{RBI}=0$，输入为 0 的二进制码 0000 时，$\overline{RBO}=0$，用以指示该片正处于灭零状态。所以，$\overline{RBO}$又称为灭零输出端。

将$\overline{BI}/\overline{RBO}$和$\overline{RBI}$配合使用，可以实现多位数显示时的“无效 0 消隐”功能。

在多位十进制数码显示时，整数前和小数后的 0 是无意义的，称为“无效 0”。在图 4.5.13 所示的多位数码显示系统中，就可将无效 0 灭掉。从图中可见，由于整数部分 74LS48 除最高位的$\overline{RBI}$接 0、最低位的$\overline{RBI}$接 1 外，其余各位的$\overline{RBI}$均接受高位的$\overline{RBO}$输出信号。所以整数部分只有在高位是 0，而且被熄灭时，低位才有灭零输入信号。同理，小数部分除最高位的$\overline{RBI}$接 1、最低位的$\overline{RBI}$接 0 外，其余各位均接受低位的$\overline{RBO}$输出信号。所以小数部分只有在低位是 0，而且被熄灭时，高位才有灭零输入信号。从而实现了多位十进制数码显示器的“无效 0 消隐”功能。

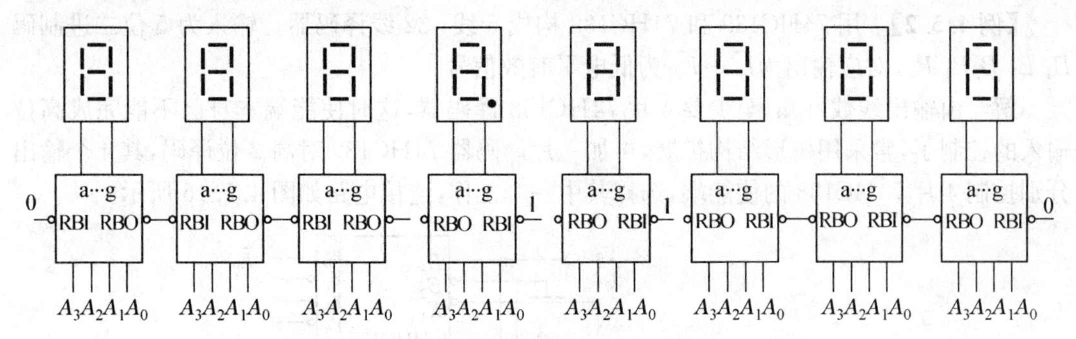

图 4.5.13 带有无效 0 消隐功能的多位数码显示电路

4.5.4 译码器的应用

1. 译码器的功能扩展

利用集成译码器的使能端可以方便地扩展译码器的容量。

【例 4.5.1】 用 3 线-8 线译码器 74LS138 组成 4 线-16 线译码器。

解 显然一片 74LS138 译码器不够，必须 2 片，按图 4.5.14 所示连接。

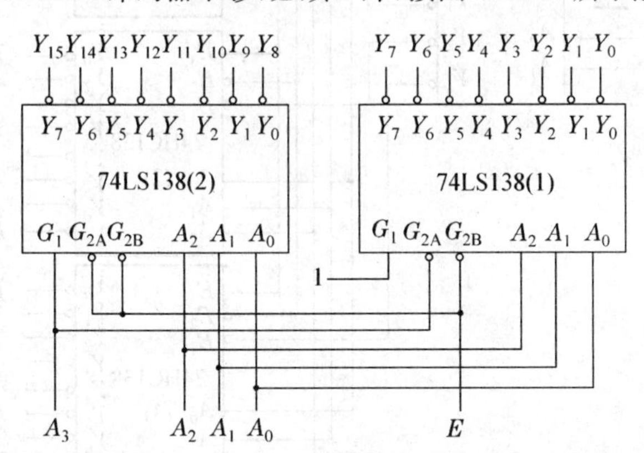

图 4.5.14 两片 74LS138 扩展为 4 线-16 线译码器

两片 74LS138 的 A_2、A_1、A_0 对应并联，片 2 的 G_1 端与片 1 的 G_{2A} 端相接同时作为输入端 A_3，片 2 的 G_{2A}、G_{2B} 端并接后连到片 1 的 G_{2B} 端作为使能端 E，片 1 的 G_1 端接高电平。片 1 输出 Y_0～Y_7，片 2 输出 Y_8～Y_{15}。

当 $E=1$ 时，两个译码器都禁止工作，输出全 1；当 $E=0$ 时，译码器工作。这时，如果 $A_3=0$，高位片禁止，低位片工作，输出 Y_0～Y_7 由输入二进制代码 $A_2A_1A_0$ 决定；如果 $A_3=1$，低位片禁止，高位片工作，输出 Y_8～Y_{15} 由输入二进制代码 $A_2A_1A_0$ 决定。从而实现了 4 线-16 线译码器功能。

本例中如果将 74LS138 片 2 的 G_{2A}、G_{2B} 端并接后接地，片 1 的 G_{2A}、G_{2B} 并接后与片 2 的 G_1 端相连作为高位输入端同时兼作使能端，留作进一步扩展使用。此接法的效果与图 4.5.14 的接法效果也是一样的。其扩展方法可归结为两点：一是根据输出线数确定最少集成芯片数；二是同名地址端相连作低位输入，高位输入端接使能端，保证每次只有一片处于工作状态，其余处于禁止状态。

【例 4.5.2】 用 74HC139 和 74HC138 构成 5 线- 32 线译码器。输入为 5 位二进制码 $B_4\ B_3\ B_2 B_1\ B_0$，对应输出为$\overline{L_0}\sim\overline{L_{31}}$为低电平有效信号。

解 由输出线数可知，至少要 4 片 74HC138 译码器，这时使能端本身已不能完成高位输入的控制了，常采用树形结构扩展，再加一片译码器 74HC139 对高 2 位译码，其 4 个输出分别控制 4 片 74HC138 的使能端，选择其中一个工作，连接电路如图 4.5.15 所示。

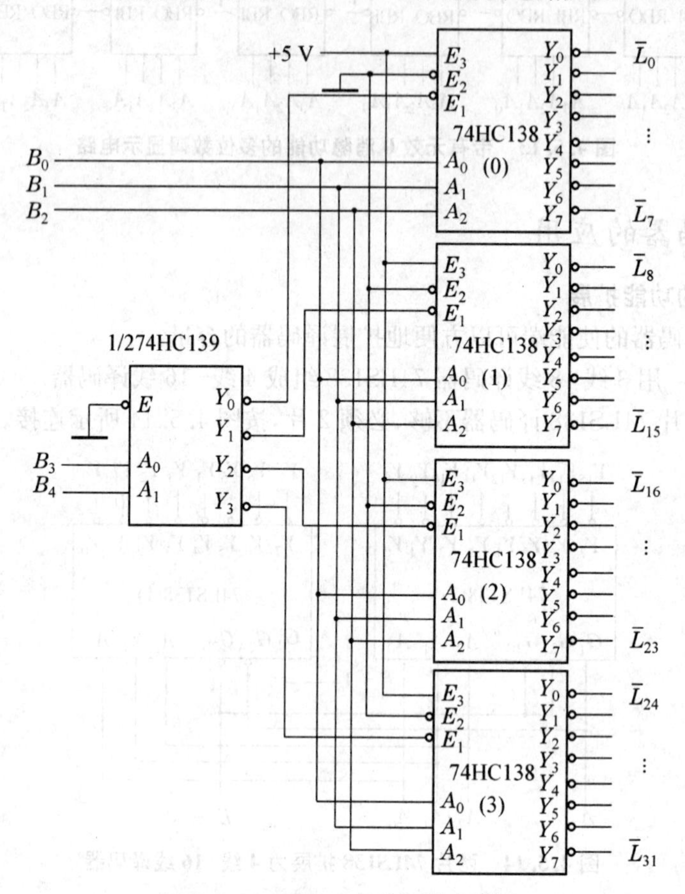

图 4.5.15 例 4.5.2 的逻辑电路图

从图中看出，当高位输入 $B_4 B_3=00$ 且 $B_2\ B_1\ B_0$ 从 000 变化到 111 时，对应$\overline{L_0}\sim\overline{L_7}$中有一个输出为 0，其余输出全部为 1，故 4 片 74HC138 中，设置(0)片为译码状态，其余 3 片为禁止状态，对应的$\overline{L_8}\sim\overline{L_{31}}$全为 1。当高位输入 $B_4 B_3=01$ 且 $B_2 B_1 B_0$ 从 000 变化到 111 时，74HC138(1)片为译码状态，片(0)、(2)、(3)为禁止态。当高位输入 $B_4 B_3=10$ 和 11 时，分别设置片(2)和片(3)为译码状态。所以，低三位输入 $B_2 B_1 B_0$ 分别由 4 片 74HC*l*38 的 3 个地址输入端并接在一起。

高位 $B_4 B_3$ 即为 74HC139 的两个地址输入端 $A_1\ A_0$，74HC139 的 4 个低有效输出分别接到 4 片 74HC*l*38 的低有效使能输入端，使 4 片 74HCl38 在 $B_4 B_3$ 的控制下轮流工作在译码状态。

2. 用译码器实现组合逻辑电路

因为二进制译码器的每一个输出分别对应一个最小项(高电平译码)或一个最小项的非

(低电平译码)，而逻辑函数可以表示为最小项之和的形式，所以只要利用二进制译码器的某些输出，再辅以适当的门电路，就可以得到任意组合的逻辑电路。其特点是方法简单，无须简化，工作可靠。

【例 4.5.3】 试用译码器和门电路实现逻辑函数 $L=AC+BC$。

解 (1) 将逻辑函数转换成最小项表达式，再转换成与非-与非形式。

$$L=A\overline{B}C+\overline{A}BC+ABC=m_3+m_5+m_7$$
$$=\overline{\overline{m_3}\cdot\overline{m_5}\cdot\overline{m_7}}$$

(2) 该函数有三个变量，所以选用 3 线-8 线译码器 74LS138。用一片 74LS138 加一个三输入端与非门就可实现逻辑函数 L，逻辑图如图 4.5.16 所示。

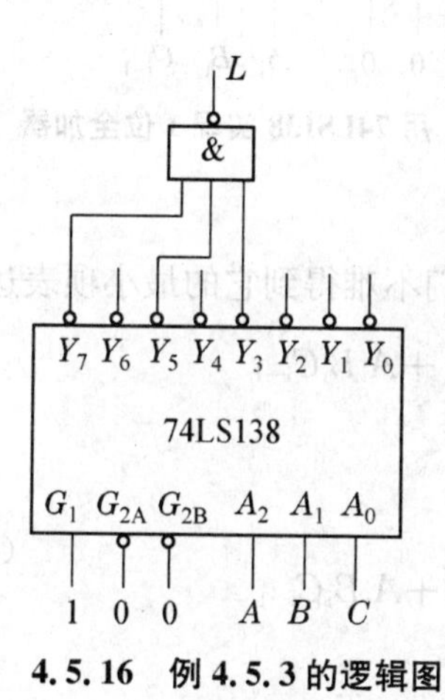

4.5.16 例 4.5.3 的逻辑图

表 4.5.6 例 4.5.4 的真值表

输入			输出		
A	B	C	L	F	G
0	0	0	0	0	1
0	0	1	1	0	0
0	1	0	1	0	1
0	1	1	0	1	0
1	0	0	1	0	1
1	0	1	0	1	0
1	1	0	0	1	1
1	1	1	1	0	0

【例 4.5.4】 某组合逻辑电路的真值表如表 4.5.6 所示，试用译码器和门电路设计该逻辑电路。

解 (1) 写出各输出的最小项表达式，再转换成与非-与非形式。

$$L=\overline{A}\overline{B}C+\overline{A}B\overline{C}+A\overline{B}\overline{C}+ABC=m_1+m_2+m_4+m_7=\overline{\overline{m_1}\cdot\overline{m_2}\cdot\overline{m_4}\cdot\overline{m_7}}$$
$$F=\overline{A}BC+A\overline{B}C+AB\overline{C}=m_3+m_5+m_6=\overline{\overline{m_3}\cdot\overline{m_5}\cdot\overline{m_6}}$$
$$G=\overline{A}\overline{B}\overline{C}+\overline{A}B\overline{C}+A\overline{B}\overline{C}+AB\overline{C}=m_0+m_2+m_4+m_6=\overline{\overline{m_0}\cdot\overline{m_2}\cdot\overline{m_4}\cdot\overline{m_6}}$$

(2) 选用 3 线-8 线译码器 74LS138。设 $A=A_2$、$B=A_1$、$C=A_0$。将 L、F、G 的逻辑表达式与 74LS138 的输出表达式相比较，有：

$$L=\overline{Y_1\cdot Y_2\cdot Y_4\cdot Y_7}$$
$$F=\overline{Y_3\cdot Y_5\cdot Y_6}$$
$$G=\overline{Y_0\cdot Y_2\cdot Y_4\cdot Y_6}$$

用一片 74LS138 加三个与非门就可实现该组合逻辑电路，逻辑图如图 4.5.17 所示。

本例表明，用译码器实现多输出逻辑函数时，优点更为突出。

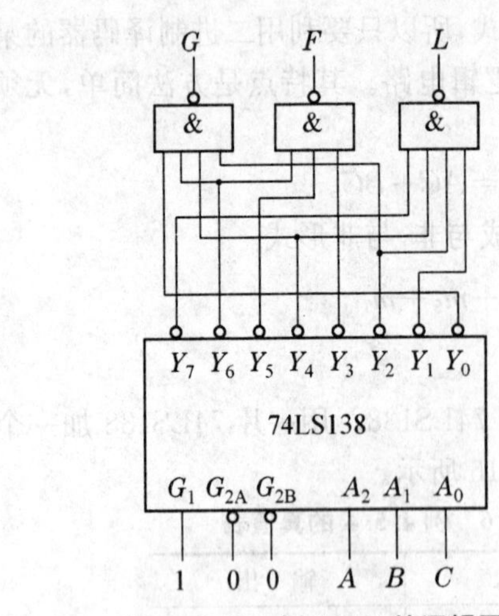

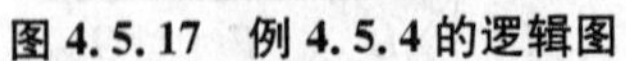
图 4.5.17　例 4.5.4 的逻辑图

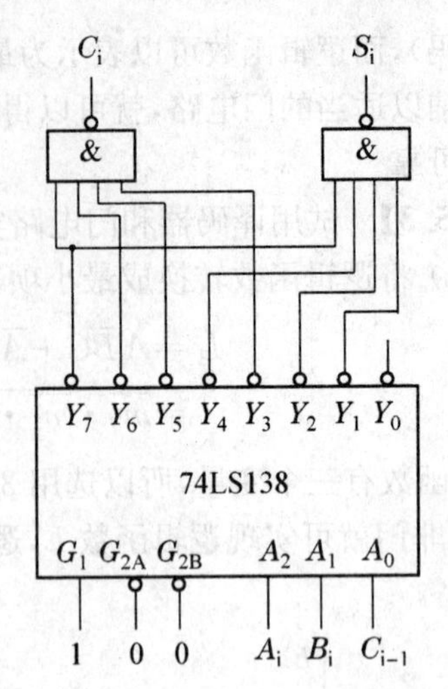

图 4.5.18　用 74LS138 实现 1 位全加器

【例 4.5.5】 试用译码器实现 1 位全加器。

解 根据 1 位全加器的真值表或它的逻辑函数式，我们不难得到它的最小项表达式：

$$
\begin{aligned}
S_i &= \overline{A_i}\,\overline{B_i}C_{i-1} + \overline{A_i}B_i\,\overline{C_{i-1}} + A_i\,\overline{B_i}\,\overline{C_{i-1}} + A_iB_iC_{i-1} \\
&= \sum m(1,2,4,7) \\
&= \overline{\overline{m_1}\,\overline{m_2}\,\overline{m_4}\,\overline{m_7}} \\
C_i &= \overline{A_i}B_iC_{i-1} + A_i\,\overline{B_i}C_{i-1} + A_iB_i\,\overline{C_{i-1}} + A_iB_iC_{i-1} \\
&= \sum m(3,5,6,7) \\
&= \overline{\overline{m_3}\,\overline{m_5}\,\overline{m_6}\,\overline{m_7}}
\end{aligned}
\tag{4.5.5}
$$

三变量译码器 74LS138 的 8 个输出正好就是三个变量的全部最小项的非，因此，有关最小项的非再经过与非门即得有关最小项的和。其逻辑电路如图 4.5.18 所示。

这种用译码器加上门电路的思想方法，可以用来实现任何组合逻辑电路。目前，这种思想已被用只读存储器实现逻辑函数所采用。

3. 用译码器组成顺序脉冲发生器

【例 4.5.6】 已知 74LS138 3 线-8 线译码器的接线如图 4.5.19 所示。输入信号 E 的波形和 A、B、C 的波形如图 4.5.20(a)所示，试绘出译码器输出的波形。

解 根据 74LS138 的功能表和输入波形，绘出输出端的波形图如图 4.5.20(b)所示。

从图中可以看出，若输入信号按照一定的规律循环，则在译码器的输出端一次出现该组脉冲信号，可以控制数字电路或系统按照事先规定好的顺序进行一系列的操作。因此，译码器可以用于构成顺序脉冲发生器。

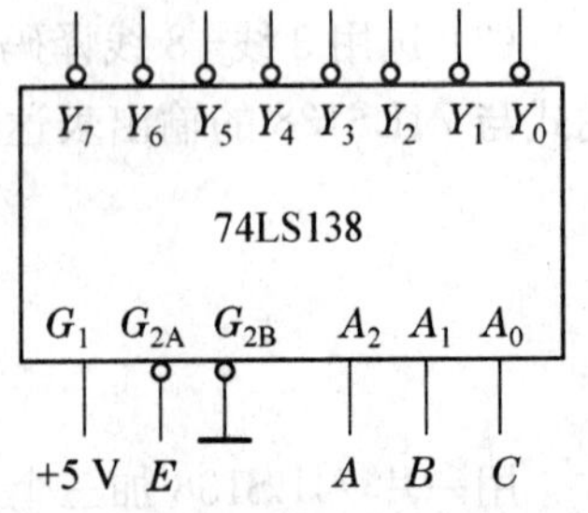

图 4.5.19　74LS138 实现顺序脉冲发生器

除了上述几种应用之外，用译码器还可以实现各种数制转换、进行存储器系统的地址译码和构成数据分配器等。

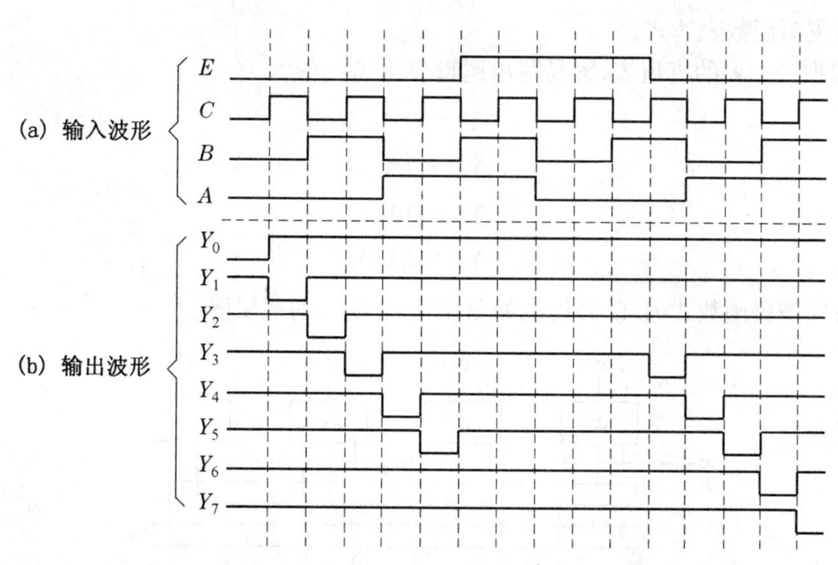

图 4.5.20　集成译码器 74LS138 组成顺序脉冲发生器的输出波形

4.5.5　数据分配器

将一路数据源输入的数据根据输入地址选择码分配到多路数据输出中的某一路输出的电路称为数据分配器，又称多路分配器。比如一台计算机的数据要分时送到打印机、绘图仪和监控终端去，就要用到数据分配器。

按照输出端的个数，数据分配器可分为1路-4路、1路-8路、1路-16路数据分配器等。

图 4.5.21 为数据分配器的电路结构示意图。D 表示1路输入数据源的数据，Y_0、Y_1、…、Y_{2^n-1} 表示 2^n 个输出端，控制选择传输通道的是 n 位地址选择信号。就像一个单刀多掷开关，刀位位置由地址选择信号控制。

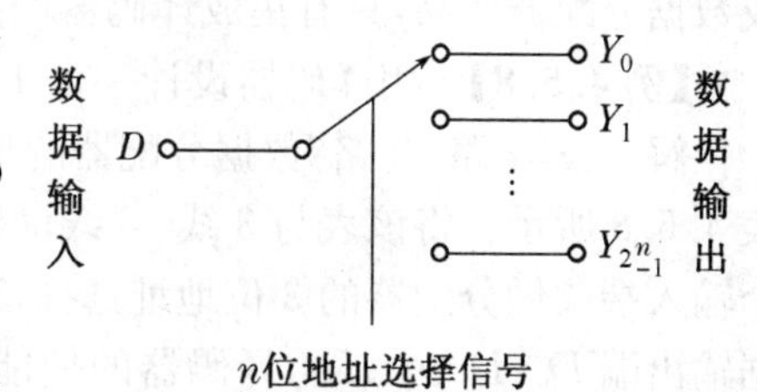

图 4.5.21　数据分配器示意图

【例 4.5.7】　设计一个1路-4路数据分配器，用门电路实现。

解　(1) 列真值表。

1路数据 D 分配到4个传输通道 Y_0、Y_1、Y_2 和 Y_3，则用两位地址 A_1A_0 选择信号。现约定，$A_1A_0=00$ 时，$Y_0=D$；$A_1A_0=01$ 时，$Y_1=D$；$A_1A_0=10$ 时，$Y_2=D$；$A_1A_0=11$ 时，$Y_3=D$。据此约定，列出真值表如表 4.5.7 所示。

表 4.5.7　1路-4路数据分配器的真值表

输入		输出			
A_1	A_0	Y_0	Y_1	Y_2	Y_3
0	0	D	0	0	0
0	1	0	D	0	0
1	0	0	0	D	0
1	1	0	0	0	D

(2) 写逻辑函数表达式。

根据数据分配器的真值表，容易写出逻辑表达式：

$$
\begin{aligned}
Y_0 &= D\overline{A_1}\,\overline{A_0} \\
Y_1 &= D\overline{A_1}A_0 \\
Y_2 &= DA_1\overline{A_0} \\
Y_3 &= DA_1A_0
\end{aligned}
\tag{4.5.6}
$$

(3) 按照逻辑函数式(4.5.6)绘出如图 4.5.22 所示的逻辑图。

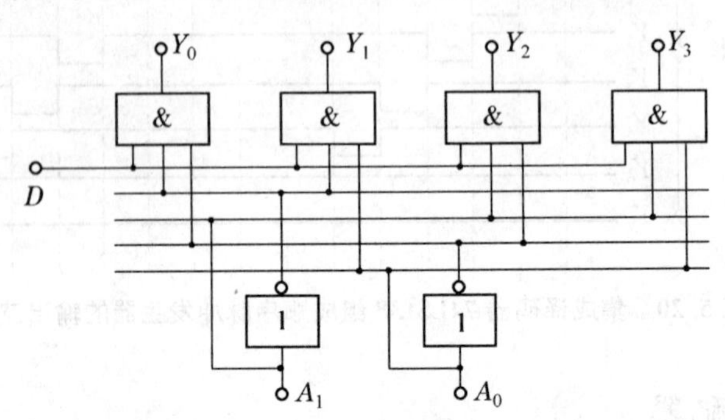

图 4.5.22　1 路-4 路数据分配器

数据分配器可以用唯一地址译码器实现。因为唯一地址译码器和数据分配器的功能非常接近，所以译码器一个很重要的应用就是构成数据分配器。也正因为如此，市场上没有集成数据分配器产品，只有集成译码器产品。当需要数据分配器时，可以用译码器改接而成。

【例 4.5.8】 用译码器设计一个 1 路-8 路数据分配器。

解　设"1 路-8 路"数据分配器的地址选择信号为 A_2、A_1 和 A_0，则可列出其功能表如表 4.5.8 所示。将该表与 3 线-8 线译码器 74LS138 功能表相比较可见，只要将译码器的 3 个输入端改做分配器的 3 位地址选择信号，译码器的 8 个译码输出端改作分配器的 8 个数据输出端 D_0、D_1、…、D_7，译码器的使能端 G_{2A} 或 G_{2B}(本例取 G_{2B})改作分配器的数据输入端，就可得数据分配器如图 4.5.23 所示。如当 $A_2\,A_1\,A_0=100$ 时，若 $D=1$ 则译码器处于禁止工作状态，$D_4=1$；若 $D=0$，则译码器处于工作状态，$D_4=0$，从而实现了将 D 传送至 D_4 的功能。

表 4.5.8　数据分配器功能表

地址选择信号			输出
A_2	A_1	A_0	
0	0	0	$D=D_0$
0	0	1	$D=D_1$
0	1	0	$D=D_2$
0	1	1	$D=D_3$
1	0	0	$D=D_4$
1	0	1	$D=D_5$
1	1	0	$D=D_6$
1	1	1	$D=D_7$

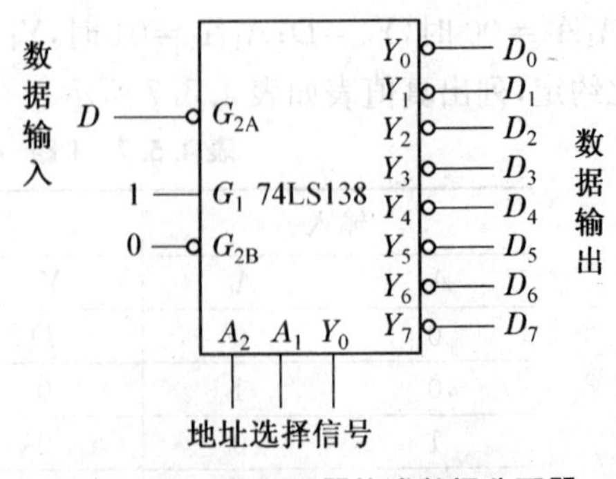

图 4.5.23　用译码器构成数据分配器

如果本例中将译码器的使能端 G_{2A}、G_{2B} 并联接地，使能端 G_1 改做分配器的数据输入端，则输出端以 $\overline{D}$ 输出。例如，当 $A_2A_1A_0=100$ 时，若 $D=0$，则译码器处于禁止状态，输出端 $D_4=1=\overline{D}$；若 $D=1$，则译码器处于译码状态，输出端 $D_4=0=\overline{D}$。可见，这种接法实现了将数据 D 以 $\overline{D}$ 方式传送至 D_4 的功能。

按照本例的设计思路，如果想把唯一地址译码器改做数据分配器，只要把二进制译码器的使能端作为数据输入端，原二进制代码输入端作为地址选择信号输入端，原译码输出端作为分配器的数据输出端，则带使能端的二进制唯一地址译码器就改成了数据分配器。

数据分配器的用途比较多，比如用它将一台 PC 与多台外部设备连接，将计算机的数据分送到外部设备中。它还可以与计数器结合组成脉冲分配器，用它与数据选择器连接组成分时数据传送系统。

4.6　数据选择器

数据选择器（Data Selector/Multiplexer）是一种能从多路输入数据中选择一路送到输出端的组合逻辑电路，其作用相当于多个输入的单刀多掷开关或“多路开关”。数据选择的功能是在通道选择信号的作用下，将多个通道的数据分时传送到公共的数据通道上去。

图 4.6.1 是数据选择器的电路结构示意图，图中 $D_0 \sim D_{2^n-1}$ 为 2^n 路数据输入端，n 位地址选择信号共有 2^n 种不同组合，每一种组合选择对应的一路数据输出。常用的数据选择器有 4 选 1、8 选 1、16 选 1 等多种类型。下面分别介绍 4 选 1、8 选 1 数据选择器的原理、设计以及数据选择器的应用。

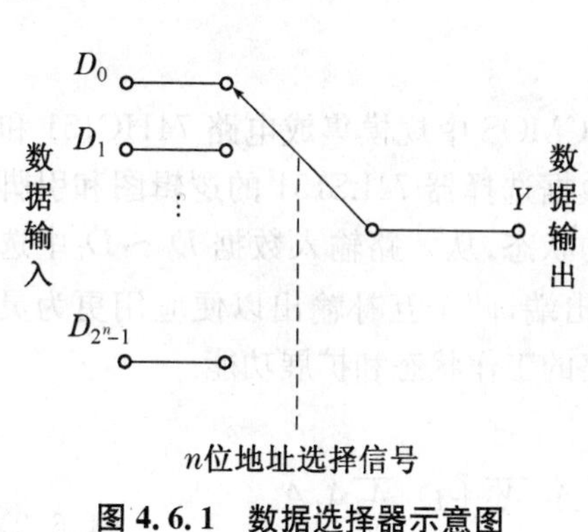

图 4.6.1　数据选择器示意图

表 4.6.1　4 选 1 数据选择器功能表

输入							输出
G	A_1	A_0	D_3	D_2	D_1	D_0	Y
1	×	×	×	×	×	×	0
0	0	0	×	×	×	0	0
			×	×	×	1	1
	0	1	×	×	0	×	0
			×	×	1	×	1
	1	0	×	0	×	×	0
			×	1	×	×	1
	1	1	0	×	×	×	0
			1	×	×	×	1

4.6.1　4 选 1 数据选择器

4 选 1 数据选择器的功能表如表 4.6.1 所示。表中 G 表示使能控制端，$G=1$ 时，数据选择器不工作；$G=0$ 时，数据选择器工作。D_3、D_2、D_1、D_0 分别表示 4 路数据输入端，A_1、A_0 表示地址选择信号输入端。

从功能表来看，为了对 4 路数据进行选择，用 2 位地址选择码 A_1A_0 产生 4 个地址信号，

当 $A_1A_0=00$ 时，$Y=D_0$；当 $A_1A_0=01$ 时，$Y=D_1$；当 $A_1A_0=10$ 时，$Y=D_2$；当 $A_1A_0=11$ 时，$Y=D_3$。这恰好相当于一个 2 位地址码 A_1A_0 控制的 4 选 1 多路开关。因此，可以容易地写出输出端 Y 的逻辑函数式：

$$Y=(\overline{A_1}\,\overline{A_0}D_0+\overline{A_1}A_0D_1+A_1\overline{A_0}D_2+A_1A_0D_3)\cdot\overline{G}=\overline{G}\sum m_iD_i \tag{4.6.1}$$

式中：m_i 为 A_1A_0 组成的最小项。图 4.6.2 是按其逻辑函数式(4.6.1)绘出的逻辑图。

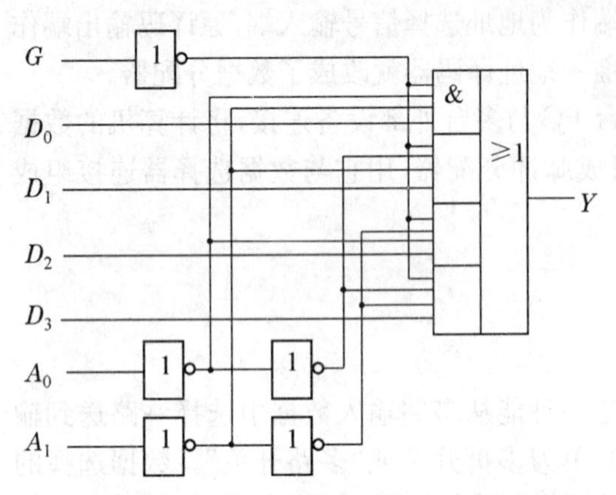

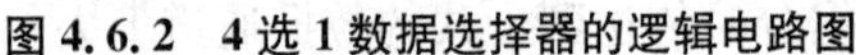
图 4.6.2　4 选 1 数据选择器的逻辑电路图

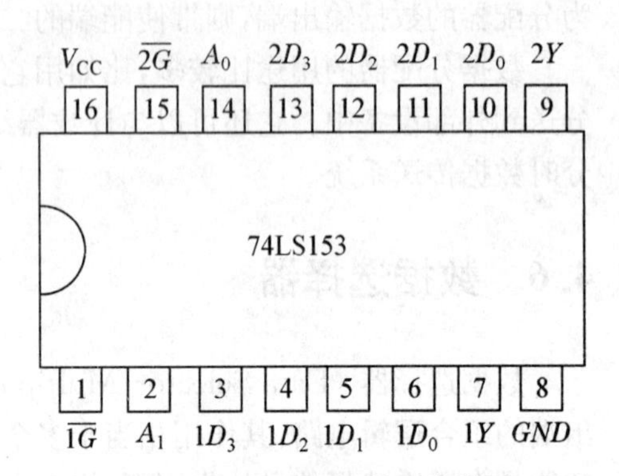

图 4.6.3　74LS153 的引脚排列

常用的 4 选 1 数据选择器的集成产品是 COMS 双 4 选 1 数据选择器 74HC153 和 TTL 双 4 选 1 数据选择器 74LS153。双 4 选 1 数据选择器，在一个芯片上集成了两个完全相同的 4 选 1 数据选择器，74LS153 的引脚图如图 4.6.3 所示。其中 A_1 A_0 为两个地址选择信号输入端，为两个选择器所共用，两个选择器各有一个使能输入端 $\overline{1G}$ 和 $\overline{2G}$。其功能表同表 4.6.1，对芯片中的任意一个 4 选 1 数据选择器都适用。

4.6.2　8 选 1 数据选择器

8 选 1 数据选择器的常用集成产品的典型型号是 CMOS 中规模集成电路 74HC151 和 TTL 中规模集成电路 74LS151。图 4.6.4 是 8 选 1 数据选择器 74LS151 的逻辑图和引脚排列图，它通过给定不同的地址选择信号即 $A_2A_1A_0$ 的状态，从 8 路输入数据 $D_0\sim D_7$ 中选择一路并送到输出端。Y 为同相输出端，$\overline{Y}$ 为反相输出端，两个互补输出以便应用更为灵活。G 是低电平有效的输入使能控制端，用于控制电路的工作状态和扩展功能。

根据逻辑电路图 4.6.4，写出其逻辑函数式：

$$\begin{aligned}Y=(&D_0\overline{A_2}\,\overline{A_1}\,\overline{A_0}+D_1\overline{A_2}\,\overline{A_1}A_0+D_2\overline{A_2}A_1\overline{A_0}+D_3\overline{A_2}A_1A_0\\&+D_4A_2\overline{A_1}\,\overline{A_0}+D_5A_2\overline{A_1}A+D_6A_2A_1\overline{A_0}+D_7A_2A_1A_0)\overline{G}\end{aligned} \tag{4.6.2}$$

写成一般简化的最小项表达式：

$$Y=\overline{G}\sum_{i=0}^{7}D_im_i \tag{4.6.3}$$

式中：m_i 为地址选择信号 $A_2A_1A_0$ 的最小项。

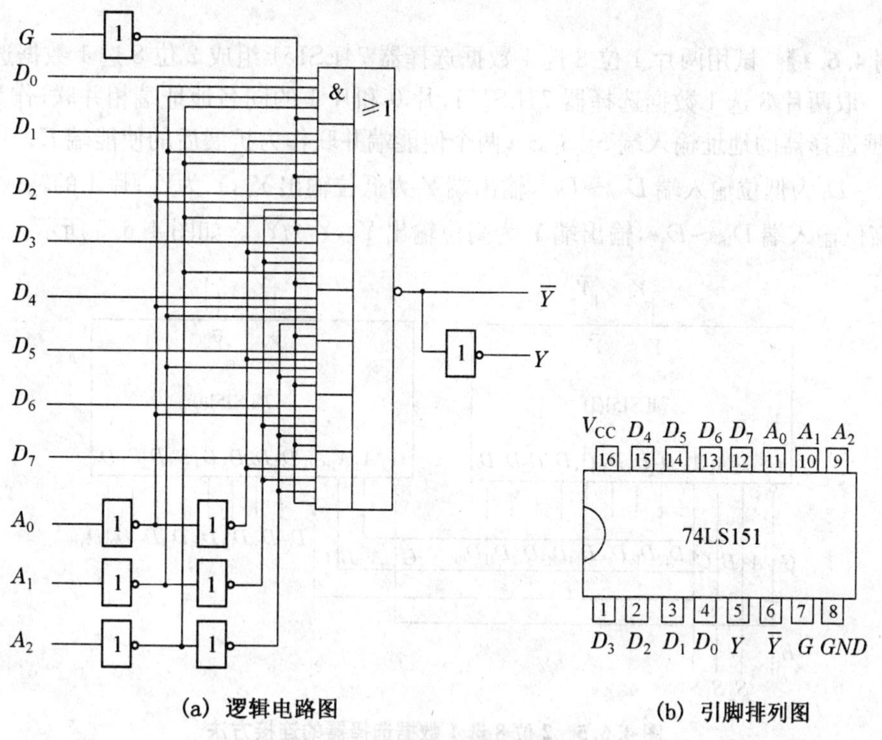

(a) 逻辑电路图　　　　(b) 引脚排列图

图 4.6.4　8 选 1 数据选择器 74LS151

根据式(4.6.2)，可列出 74LS151 的功能表如表 4.6.2 所示。

按照 74LS151 的功能表，若 $G=0$，数据选择器正常工作，当 $A_2A_1A_0=000$，$Y=D_0$；…；当 $A_2A_1A_0=111$，$Y=D_7$。即在 $A_2A_1A_0$ 的控制下，从 8 路数据中选择一路送到输出端 Y 或反相输出端 $\overline{Y}$。若 $G=1$，输出 $Y=0$，$\overline{Y}=1$，电路处于禁止状态。

仿此，可以推出 2^n 选 1 的数据选择器的一般输出表达式：

$$Y=\overline{G}\sum_{i=0}^{2^n-1}D_im_i \qquad (4.6.4)$$

式中：n 为地址选择信号输入端数；m_i 为地址 $A_{n-1}A_{n-2}\cdots A_0$ 的最小项。

表 4.6.2　数据选择器 74LS151 的功能表

输入				输出	
G	A_2	A_1	A_0	Y	$\overline{Y}$
1	×	×	×	0	1
0	0	0	0	D_0	$\overline{D_0}$
0	0	0	1	D_1	$\overline{D_1}$
0	0	1	0	D_2	$\overline{D_2}$
0	0	1	1	D_3	$\overline{D_3}$
0	1	0	0	D_4	$\overline{D_4}$
0	1	0	1	D_5	$\overline{D_5}$
0	1	1	0	D_6	$\overline{D_6}$
0	1	1	1	D_7	$\overline{D_7}$

4.6.3　数据选择器的应用

1. 数据选择器的扩展

(1) 位扩展

如果需要选择多位数据时，可由几个 1 位数据选择器并联组成，即将它们的使能端连在一起，相应地选择输入端并接在一起。当需要进一步扩充位数时，只需相应地增加器件的数目。

【例 4.6.1】 试用两片 1 位 8 选 1 数据选择器 74LS151 组成 2 位 8 选 1 数据选择器。

解 取两片 8 选 1 数据选择器 74LS151，片 0 和片 1 的同名地址端相并联，作为 2 位 8 选 1 数据选择器的地址输入端 $S_2\ S_1\ S_0$，两个使能端并联作为扩展后的使能端 E。片 0 的输入端 $D_0\sim D_7$ 为低位输入端 $D_{00}\sim D_{07}$，输出端 Y 为低位输出 Y_0，$\overline{Y}$ 为 $\overline{Y_0}$；片 1 的输入端 $D_0\sim D_7$，为高位输入端 $D_{10}\sim D_{17}$，输出端 Y 为高位输出 Y_1，$\overline{Y}$ 为 $\overline{Y_1}$。如图 4.6.5 所示。

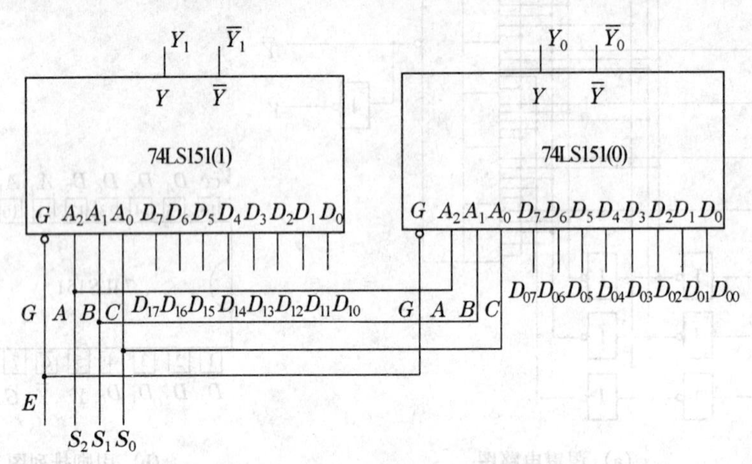

图 4.6.5 2 位 8 选 1 数据选择器的连接方法

(2) 字扩展

由于集成电路受到芯片面积和外部封装大小的限制，目前生产的中规模数据选择器的最大数据通道数为 16。当有较多的数据源需要选择或者需要更大规模的数据选择器时，可以用多片小容量的数据选择器组合起来进行通道（容量）的扩展，也称为字扩展。字扩展是把数据选择器的使能端作为地址选择输入端来使用的。

【例 4.6.2】 试用 2 片 8 选 1 数据选择器 74LS151 组成一个 16 选 1 的数据选择器。

解 为了能够选择 16 路数据中的任意 1 路，必须用 4 位输入地址代码，而 8 选 1 数据选择器地址只有 3 位，因此第 4 位地址输入端只能借用使能控制端 G。

用 2 片 74LS151，将其低位的地址输入端 $A_2A_1A_0$ 并接组成 4 位地址选择输入的低 3 位，将高位输入地址 A_3 接到 74LS151(0) 的 G 端，而将 $\overline{A_3}$ 接到 74LS151(1) 的 G 端，同时将 2 个数据选择器的输出端相加，就得到了图 4.6.6 的 16 选 1 数据选择器。

如果需要对组成的 16 选 1 数据选择器进行工作状态控制时，只需要再设计一个控制输入端分别加在或门输入端和与门输入端，把二输入端或门、与门改为三输入端或门、与门。读者可以自行设计。

2. 实现组合逻辑函数

对于 2^n 选 1 数据选择器，当使能端为有效电平时，它的输出表达式为

$$Y=\sum_{i=0}^{2^n-1}D_im_i \tag{4.6.5}$$

式中：n 为地址端数；m_i 为地址变量对应的最小项。如果把逻辑函数最小项表达式 $F=\sum m_i$ 与式(4.6.5)对比，可发现 D_i 相当于最小项表达式中的系数。当 $D_i=0$ 时，对应

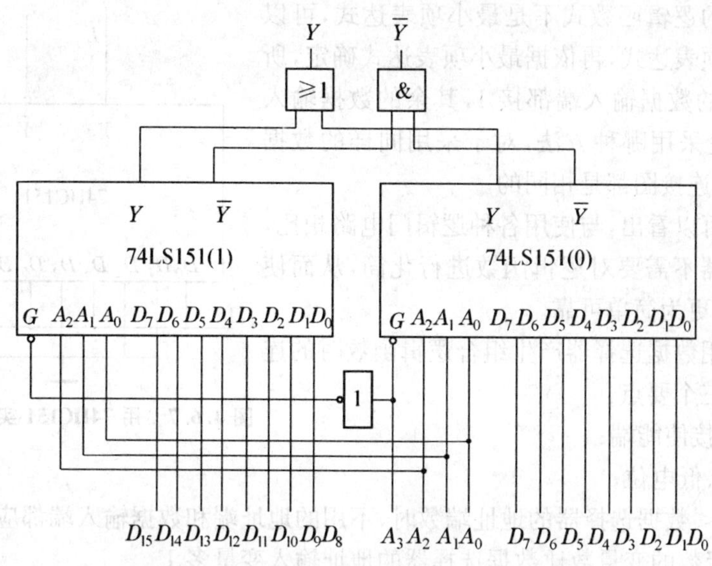

图 4.6.6　74LS151 组成的 16 先 1 数据选择器

的最小项不列入函数式。所以，将逻辑变量从数据选择器的地址端输入，而在数据端加上适当的 0 或 1，就可以实现逻辑函数。

(1) 逻辑变量数≤数据选择器的地址输入端数

当逻辑函数的变量个数和数据选择器的地址输入变量个数相同时，可直接用数据选择器来实现逻辑函数。

【例 4.6.3】 用 8 选 1 数据选择器实现三变量的偶校验函数。

解　所谓偶校验函数，就是输入变量中有偶数个 1 时输出 1，否则输出为 0。由此可以排出其真值表如表 4.6.3 所示。

表 4.6.3　偶校验函数的真值表

A	B	C	L
0	0	0	1
0	0	1	0
0	1	0	0
0	1	1	1
1	0	0	0
1	0	1	1
1	1	0	1
1	1	1	0

根据真值表，可知其逻辑表达式为

$$L=\overline{A}\,\overline{B}\,\overline{C}+\overline{A}BC+A\,\overline{B}C+AB\overline{C}$$
$$=m_0+m_3+m_5+m_6$$
$$=\sum m(0,3,5,6) \qquad (4.6.6)$$

今选用 CMOS 集成数据选择器 74HC151 一片，将输入变量接至数据选择器的地址输入端，即 $A=S_2$，$B=S_1$，$C=S_0$。输出变量接至数据选择器的输出端，即 $L=Y$。将逻辑函数 L 的最小项表达式与 74HC151 的功能表相比较，显然，L 式中出现的最小项对应的数据输入端应接 1，L 式中没出现的最小项，对应的数据输入端应接 0。即 $D_0=D_3=D_5=D_6=1$，$D_1=D_2=D_4=D_7=0$。74HC151 的使能端是低电平有效，故 $E=0$。画出连线图如图 4.6.7 所示。

在已知真值表的情况下，可以不写逻辑函数表达式，直接根据真值表，把 m_i 为 1 对应的数据输入端连接起来接 1，其余的数据输入端连接起来接地。也同样可得到如图 4.6.7 所示的接线图。

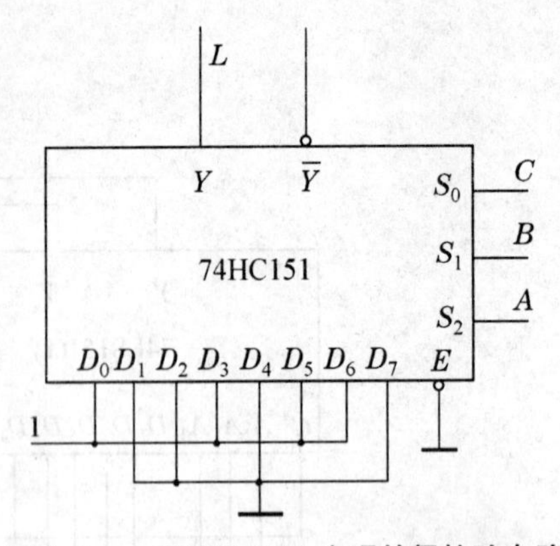

图 4.6.7 用 74HC151 实现的偶校验电路

如果已知的逻辑函数式不是最小项表达式，可以把它化成最小项表达式，再依据最小项表达式确定，所有最小项对应的数据输入端都接 1，其余的数据输入端都接 0。无论采用哪种方法，对于采用同样的数据选择器，得到的连接图都是相同的。

从本例还可以看出，与使用各种逻辑门电路相比，使用数据选择器不需要对逻辑函数进行化简，从而使设计更为方便，更为简单可靠。

我们把使用数据选择器产生组合逻辑函数时的连接方法归纳为三个要点：

① 正确连接使能端；

② 区别高、低电位；

③ 变量数<数据选择器的地址端数时，不用的地址端和数据输入端都应当接地。

(2) 逻辑函数的变量数比数据选择器的地址输入变量多 1

当逻辑函数的变量数比数据选择器的地址输入变量数多 1 时，不能用前述的简单办法。应分离出多余的变量，把它们加到适当的数据输入端。

【例 4.6.4】 试用 4 选 1 数据选择器实现逻辑函数：

$$L=AB+BC+AC$$

解 (1) 由于函数 L 有三个输入信号 A、B、C，而 4 选 1 仅有两个地址端 A_1 和 A_0，所以选 A、B 接到地址输入端，且 $A=A_1$，$B=A_0$。当然，也可以选择 $B=A_1$，$C=A_0$ 或者 $A=A_1$，$C=A_0$。

(2) 将 C 加到适当的数据输入端。

因为
$$\begin{aligned}L&=AB+BC+AC\\&=ABC+AB\overline{C}+\overline{A}BC+A\overline{B}C\\&=AB(C+\overline{C})+\overline{A}BC+A\overline{B}C\\&=m_3+m_1C+m_2C\\&=m_3+(m_1+m_2)C\end{aligned}$$

m_0 不出现在逻辑函数式中，所以 D_0 应当接 0，D_3 应当接 1，D_2、D_1 应当相连后接入变量 C。

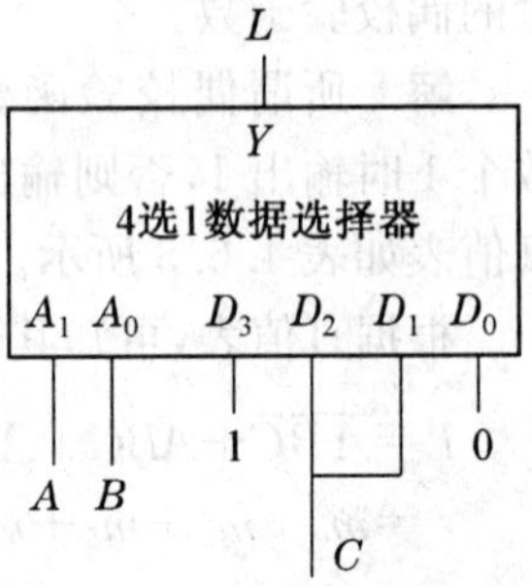

图 4.6.8 例 4.6.4 的逻辑图

③ 画出连线图如图 4.6.8 所示。

【例 4.6.5】 用 8 选 1 数据选择器 74*LS*151 实现逻辑函数：

$$L(A,B,C,D)=\sum m(1,2,5,7,9,11,13,14,15)$$

解 首先将函数 L 写成最小项表达式的变量形式，然后从 4 个自变量中选择 3 个作为数据选择器的地址选择变量(本例选择 ABC)，并将表达式写成数据选择器的输出函数的形式。

$$\begin{aligned}L&=\overline{A}\overline{B}\overline{C}D+\overline{A}\overline{B}C\overline{D}+\overline{A}B\overline{C}D+\overline{A}BCD+A\overline{B}\overline{C}D+A\overline{B}CD+AB\overline{C}D+ABC\overline{D}+ABCD\\&=m_0D+m_1\overline{D}+m_2D+m_3D+m_4D+m_5D+m_6D+m_7\overline{D}+m_7D\\&=m_0D+m_1\overline{D}+m_2D+m_3D+m_4D+m_5D+m_6D+m_7\end{aligned}$$

很显然，如果使能端为有效电平，当数据选择器的地址选择输入 $A_2A_1A_0=ABC$ 时，输入数据端 $D_0\sim D_7=D,\overline{D},D,D,D,D,D,1$。因此绘出电路图如图 4.6.9 所示。

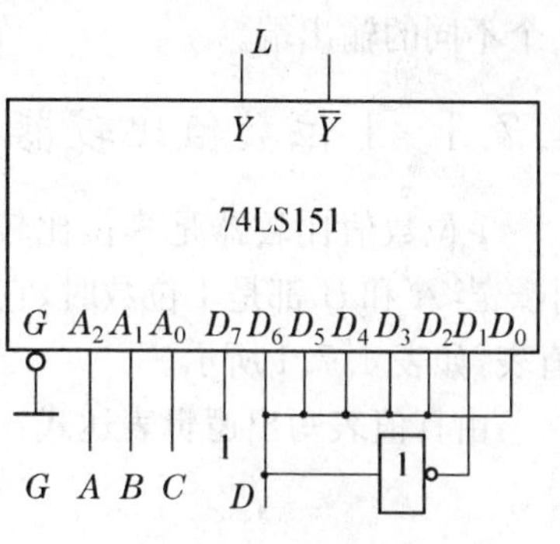

图 4.6.9　例 4.6.5 的逻辑图

数据选择器和译码器都可以实现逻辑函数，而且不需要对逻辑函数进行化简，并可以使集成电路芯片数目减到最少。它们不同之处在于：一个译码器可以实现多个逻辑函数，但需要辅以门电路，而且逻辑函数的变量多于译码器的输入端时，实现起来较为困难，只能将译码器扩展后实现；一个数据选择器只能实现一个逻辑函数，但是可以实现逻辑函数的变量数多于数据选择器地址输入端数的情况。

3. 实现并行数据到串行数据的转换

数据选择器通用性较强，除了能从多路数据中选择输出信号外，还可以实现并行数据到串行数据的转换等。在数字系统中，往往要求将并行输入的数据转换成串行数据输出，用数据选择器很容易完成这种转换。

图 4.6.10 所示为 8 选 1 数据选择器 74LS151 组成的并/串行转换的电路图。选择器地址输入端 $A_2A_1A_0$ 的变化，按照图中所给的波形从 000 到 111 依次进行，则选择器的输出 L 随之接通 D_0、D_1、D_2、…、D_7。当选择器的数据输入端 $D_0\sim D_7$ 与一个并行 8 位数 01001101 相连接时，输出端得到的数据依次是 0→1→0→0→1→1→0→1，即转换为串行数据输出。

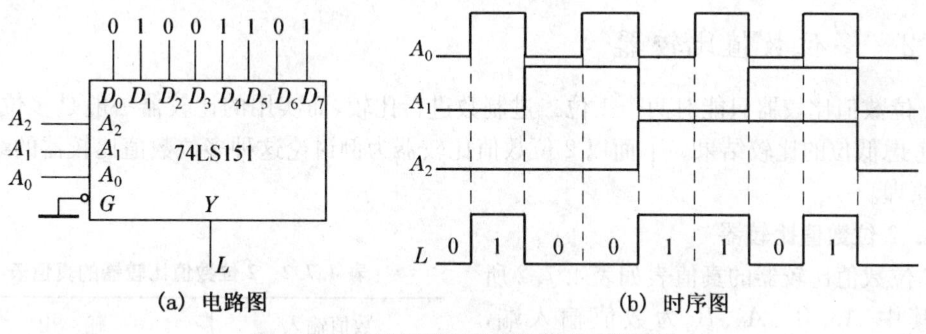

(a) 电路图　　(b) 时序图

图 4.6.10　数据并行输入转换成串行输出

4.7　数值比较器

在各种数字系统尤其是在数字电子计算机中，经常需要对两个二进制数进行大小判别，然后根据判别结果转向执行某种操作。用来完成两个位数相同的二进制数 A 和 B 的大小比较的逻辑电路称为数值比较器或数码比较器，简称比较器。比较两个数 A 和 B 的大小一般原则是从它们的最高位开始比较，最高位数大的数就大，若最高位数相等，则再比较次高位，如此逐位比较下去直至最低位。在数字电路中，数值比较器的输入是要进行比较的两个二进制数 A 和 B，输出比较的结果有 $A>B$、$A<B$ 和 $A=B$ 三种情况。因此，数值比较器有

3 个不同的输出端。

4.7.1 1 位数值比较器

1 位数值比较器是多位比较器的基础，其功能是比较两个 1 位二进制数 A 和 B 的大小。当 A 和 B 都是 1 位数时，它们只能取 0 或 1 两种值，由此可写出 1 位数值比较器的真值表，如表 4.7.1 所示。

由真值表写出逻辑表达式：

$$
\begin{aligned}
F_{A>B} &= A\overline{B} \\
F_{A<B} &= \overline{A}B \\
F_{A=B} &= \overline{A}\,\overline{B} + AB
\end{aligned}
\tag{4.7.1}
$$

由以上逻辑表达式可画出 1 位数值比较器的逻辑图，如图 4.7.1 所示。

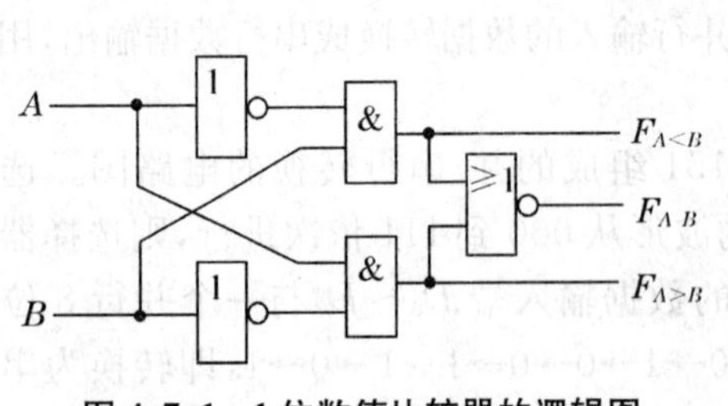

图 4.7.1　1 位数值比较器的逻辑图

表 4.7.1　1 位数值比较器真值表

输入		输出		
A	B	$F_{A>B}$	$F_{A<B}$	$F_{A=B}$
0	0	0	0	1
0	1	0	1	0
1	0	1	0	0
1	1	0	0	1

4.7.2 多位数值比较器

1 位数值比较器只能对两个 1 位二进制数进行比较，而实用的比较器一般是多位的，而且要考虑低位的比较结果。下面以 2 位数值比较器为例讨论这种多位数值比较器的结构及工作原理。

1. 2 位数值比较器

2 位数值比较器的真值表如表 4.7.2 所示。其中 A_1、B_1、A_0、B_0 为数值输入端，$F_{A>B}$、$F_{A<B}$、$F_{A=B}$为三种不同比较结果的输出端。

表 4.7.2　2 位数值比较器的真值表

数值输入		输出		
A_1　B_1	A_0　B_0	$F_{A>B}$	$F_{A<B}$	$F_{A=B}$
$A_1>B_1$	×　×	1	0	0
$A_1<B_1$	×　×	0	1	0
$A_1=B_1$	$A_0>B_0$	1	0	0
$A_1=B_1$	$A_0<B_0$	0	1	0
$A_1=B_1$	$A_0=B_0$	0	0	1

由真值表可见，当高位 A_1、B_1 不相等时，无需比较低位，A_1、B_1 的比较结果就是两个数的比较结果。当高位相等 $A_1=B_1$ 时，再比较低位 A_0、B_0，由 A_0、B_0 的比较结果决定两个数的比较结果。利用 1 位数值的比较结果，可以列出简化的真值表如表 4.7.2所示。

由此可写出如下逻辑表达式：

$$F_{A>B}=F_{A_1>B_1}+F_{A_1=B_1}F_{A_0>B_0}$$
$$F_{A<B}=F_{A_1<B_1}+F_{A_1=B_1}F_{A_0<B_0} \quad (4.7.2)$$
$$F_{A=B}=F_{A_1=B_1}F_{A_0=B_0}$$

根据式(4.7.2)画出逻辑图如图 4.7.2 所示。

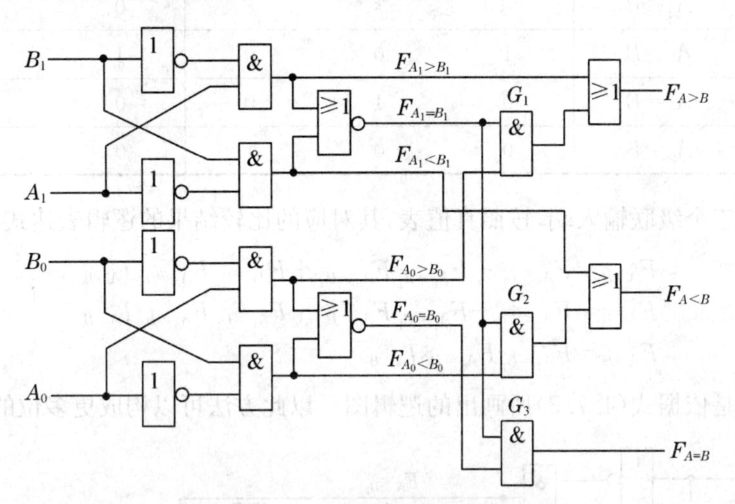

图 4.7.2　2 位数值比较器逻辑图

电路利用了 1 位比较器的输出作为中间结果。它的原理是，如果 2 位数 A_1A_0 和 B_1B_0 的高位不相等，则高位比较结果就是两数的比较结果，与低位无关。这时高位输出 $F_{A_1=B_1}=0$，使与门 G_1、G_2、G_3 均封锁，而或门都打开，低位比较结果不能影响或门，高位比较结果则从或门直接输出。如果高位相等，则 $F_{A_1=B_1}=1$，使与门 G_1、G_2、G_3 均都打开，同时由于 $F_{A_1>B_1}=0$ 和 $F_{A_1=B_1}=0$ 作用，或门也打开，低位的比较结果直接送达输出端，即低位的比较结果决定两数谁大、谁小或者相等。

实际的多位比较器为了实现 2 位以上的数值比较，还设置了 3 个级联输入端 $I_{A>B}$、$I_{A<B}$ 和 $I_{A=B}$，以便于输入低位片的比较结果和多片之间的连接。当有低位片与之连接时，如果 A_1A_0 和 B_1B_0 两位数都相等，则比较结果由低位片的比较结果 $I_{A>B}$、$I_{A<B}$、$I_{A=B}$ 来决定。如果没有低位片参与比较，级联输入端 $I_{A>B}$、$I_{A<B}$、$I_{A=B}$ 应分别接 0、0、1，这时若 $A_1A_0=B_1B_0$，则输出端 $F_{A=B}=1$，即比较结果仍为 $A_1A_0=B_1B_0$。带有级联输入端的 2 位数值比较器的真值表如表 4.7.3 所示。

表 4.7.3　带有级联输入端的 2 位数值比较器真值表

数值输入		级联输入			输　出		
A_1　B_1	A_0　B_0	$I_{A>B}$	$I_{A<B}$	$I_{A=B}$	$F_{A>B}$	$F_{A<B}$	$F_{A=B}$
$A_1>B_1$	×　×	×	×	×	1	0	0
$A_1<B_1$	×　×	×	×	×	0	1	0
$A_1=B_1$	$A_0>B_0$	×	×	×	1	0	0

(续表)

数值输入		级联输入			输出		
$A_1\ \ B_1$	$A_0\ \ B_0$	$I_{A>B}$	$I_{A<B}$	$I_{A=B}$	$F_{A>B}$	$F_{A<B}$	$F_{A=B}$
$A_1=B_1$	$A_0<B_0$	×	×	×	0	1	0
$A_1=B_1$	$A_0=B_0$	1	0	0	1	0	0
$A_1=B_1$	$A_0=B_0$	0	1	0	0	1	0
$A_1=B_1$	$A_0=B_0$	0	0	1	0	0	1

因为多了三个级联输入端，按照真值表，其对应的比较结果的逻辑表达式为

$$\begin{aligned} F_{A>B} &= F_{A_1>B_1} + F_{A_1=B_1}F_{A_0>B_0} + F_{A_1=B_1}F_{A_0=B_0}I_{A>B} \\ F_{A<B} &= F_{A_1<B_1} + F_{A_1=B_1}F_{A_0<B_0} + F_{A_1=B_1}F_{A_0=B_0}I_{A<B} \\ F_{A=B} &= F_{A_1=B_1}F_{A_0=B_0}I_{A=B} \end{aligned} \tag{4.7.3}$$

图4.7.3是依据式(4.7.3)所画出的逻辑图。以此方法可以构成更多位的数值比较器。

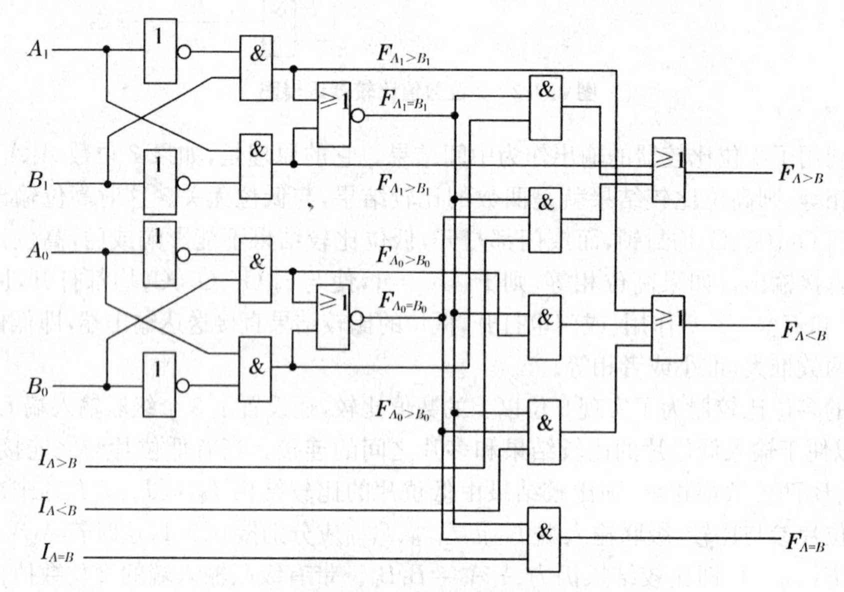

图 4.7.3 带级联输入的 2 位输入比较器逻辑图

2. 集成数值比较器

常用的中规模集成数值比较器有 CMOS 和 TTL 的产品，74HC85 和 74LS85 是 4 位数值比较器，74HC682 和 74LS682 是 8 位数值比较器。这里主要介绍 74LS85 及其应用扩展。

(1) 集成数值比较器 74LS85

集成数值比较器 74LS85 是 TTL 型 4 位数值比较器，其功能如表 4.7.4 所示。图 4.7.4 是它的简化逻辑符号。74LS85 有 $A_3A_2A_1A_0$ 与 $B_3B_2B_1B_0$，扩展输入端

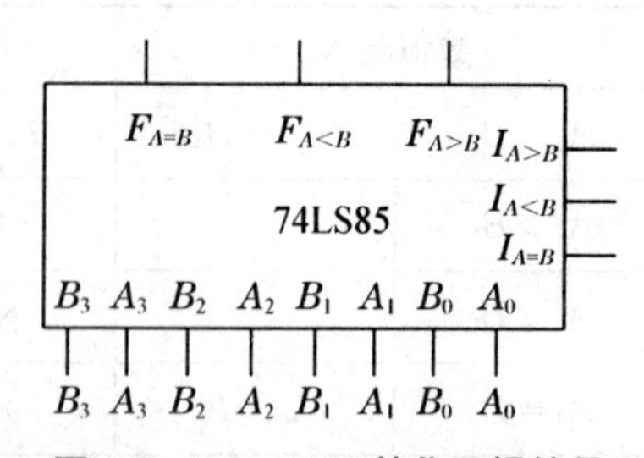

图 4.7.4 74LS85 简化逻辑符号

$I_{A>B}$、$I_{A<B}$、$I_{A=B}$共十一个输入端，$F_{A>B}$、$F_{A<B}$和$F_{A>B}$为三个输出端。三个扩展输入端与其他比较器的输出连接，以便组成位数更多的数值比较器。

表 4.7.4　4 位数值比较器 74LS85 的功能表

输入							输出		
A_3　B_3	A_2　B_2	A_1　B_1	A_0　B_0	$I_{A>B}$	$I_{A<B}$	$I_{A=B}$	$F_{A>B}$	$F_{A<B}$	$F_{A=B}$
$A_3>B_3$	×　×	×　×	×　×	×	×	×	H	L	L
$A_3<B_3$	×　×	×　×	×　×	×	×	×	L	H	L
$A_3=B_3$	$A_2>B_2$	×　×	×　×	×	×	×	H	L	L
$A_3=B_3$	$A_2<B_2$	×　×	×　×	×	×	×	L	H	L
$A_3=B_3$	$A_2=B_2$	$A_1>B_1$	×　×	×	×	×	H	L	L
$A_3=B_3$	$A_2=B_2$	$A_1<B_1$	×　×	×	×	×	L	H	L
$A_3=B_3$	$A_2=B_2$	$A_1=B_1$	$A_0>B_0$	×	×	×	H	L	L
$A_3=B_3$	$A_2=B_2$	$A_1=B_1$	$A_0<B_0$	×	×	×	L	H	L
$A_3=B_3$	$A_2=B_2$	$A_1=B_1$	$A_0=B_0$	H	L	L	H	L	L
$A_3=B_3$	$A_2=B_2$	$A_1=B_1$	$A_0=B_0$	L	H	L	L	H	L
$A_3=B_3$	$A_2=B_2$	$A_1=B_1$	$A_0=B_0$	L	L	H	L	L	H

根据表 4.7.4，该比较器的比较原理和 2 位比较器的比较原理相同。两个 4 位数的比较是从A的最高位A_3和B的最高位B_3进行比较，如果它们不相等，则该位的比较结果可以作为两数的比较结果。若最高位$A_3=B_3$，则再比较次高位A_2和B_2，依此类推。显然，如果两数相等，那么，必须将比较进行到最低位才能得到结果。若仅对 4 位数进行比较时，应对三个扩展输入端进行适当处理，即使$I_{A>B}=0$、$I_{A<B}=0$和$I_{A=B}=1$。

(2) 数值比较器 74LS85 的应用

① 单片应用

一片 74LS85 可以对 4 位二进制数进行比较，此时三个级联输入端应当使$I_{A>B}=0$、$I_{A<B}=0$和$I_{A=B}=1$。当参与比较的二进制数少于 4 位时，除了使$I_{A>B}=0$、$I_{A<B}=0$和$I_{A=B}=1$以外，高位的多于输入端应当同时接 0 或者同时接 1。

② 位数扩展

当需要比较的两个二进制数位数超过 4 位时，需要将多片 74LS85 比较器进行级联，以扩展位数，扩展方式有串联和并联两种。图 4.7.5 所示是 2 片 74LS85 采用串联方式组成的 8 位二进制数值比较器，低位芯片 74LS85(0)对低 4 位进行比较。因没有更低位比较结果输入，其级联输入端$I_{A>B}$、$I_{A<B}$、$I_{A=B}$接“001”。高位芯片 74LS85(1)对高 4 位进行比较，级联输入端接低位比较器 74LS85(0)的比较结果输出。当$A_7A_6A_5A_4\neq B_7B_6B_5B_4$时，8 位比较结果由高 4 位决定，74LS85(0)的比较结果不产生影响；当$A_7A_6A_5A_4=B_7B_6B_5B_4$时，8 位比较结果由低 4 位决定；当$A_7A_6A_5A_4A_3A_2A_1A_0=B_7B_6B_5B_4B_3B_2B_1B_0$时，比较结果由低位芯片级联输入端决定，因为这时级联输入端$I_{A=B}$接 1，最终比较结果就是$F_{A=B}=1$，即$A=B$。

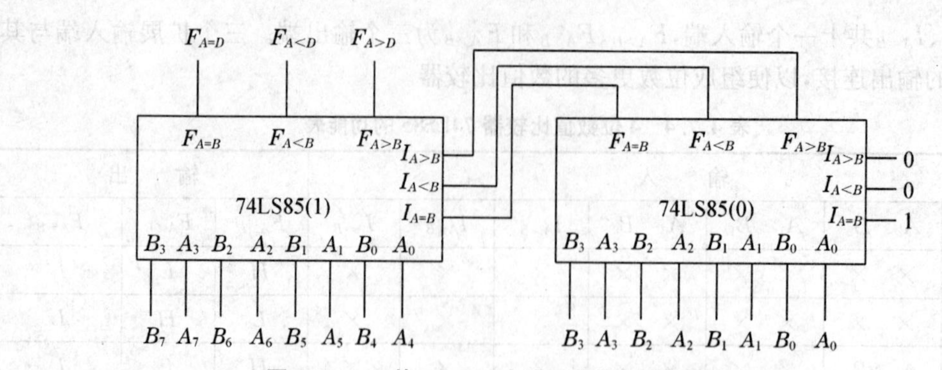

图 4.7.5 2 片 74LS85 串联组成的 8 位数值比较器

理论上讲,按照上述级联方式可以扩展成任何位数的二进制数比较器。但是,由于这种级联方式中比较结果是逐级进位的,工作速度较慢。级联芯片数越多,传递时间越长,工作速度越慢。所以,位数很多时是不宜采用串联扩展方式的。

为了提高比较速度,当扩展位数较多时,多采用并联方式。图 4.7.6 所示电路是采用并联进位方式,用 5 片 74LS85 组成的 16 位二进制数比较器。将 16 位二进制数按高低位次序分成 4 组,每组用 1 片 74LS85 进行比较,各组的比较是并行的,然后将每组的比较结果再经 1 片 74LS85 进行比较后得出比较结果。这样总的传递时间为 74LS85 的延迟时间的 2 倍。如果采用串联方式,则需要 4 倍的 74LS85 的延迟时间。

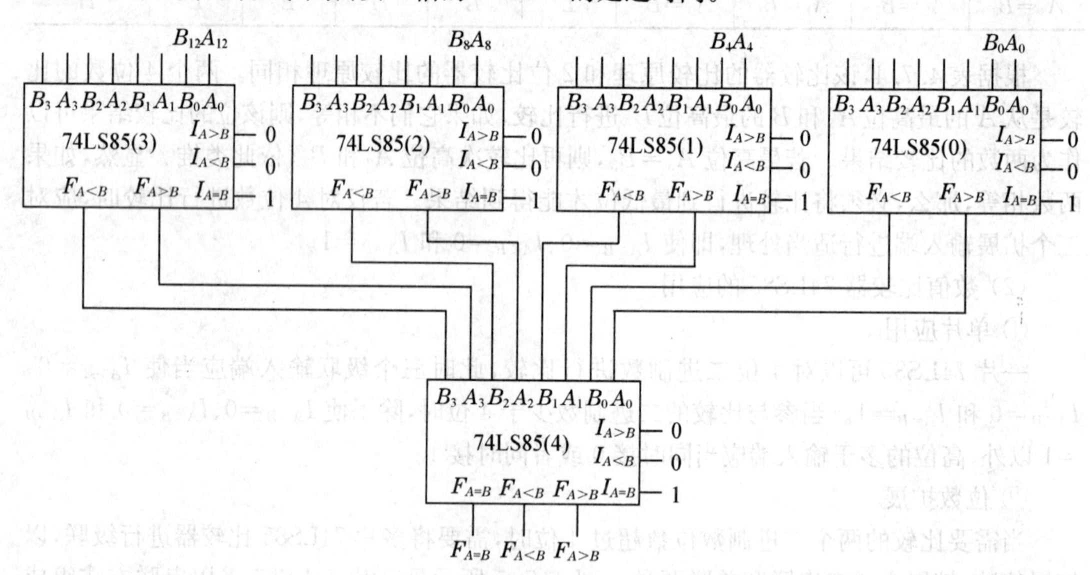

图 4.7.6 5 片 74LS85 并联扩展为 16 位数值比较器

*4.8 组合逻辑电路中的竞争与冒险

前面介绍的组合逻辑电路都是在理想的情况下进行讨论的,它主要是根据逻辑表达式来研究输入和输出之间在稳定状态下的逻辑关系,没有考虑信号通过导线和逻辑门电路产生的时间延迟,认为多个输入信号发生的变化都是在瞬间完成的。实际上,信号经过逻辑门电路都需要一定的时间。由于不同路径上门的级数不同，信号经过不同路径传输的时间不同。或者门的级数相同，而各个门延迟时间的差异，都会造成传输时间的不同，当一个输入信号经过多条路径传送后又重新会合到某个门上，就会导致信号不能同时到达，这种信号不同时到达的现象称为竞争。因门的输入端有竞争而导致输出端出现不应有的尖峰干扰脉冲（又称毛刺）的错误输出，这种现象称为冒险。

4.8.1　产生竞争冒险的原因

为了说明产生竞争冒险的原因，我们来分析下面两个简单电路的工作情况。图 4.8.1(a)所示的与门，在稳态情况下，当 $A=0, B=1$ 或者 $A=1, B=0$ 时，输出 L 始终为 0。如果信号 A、B 的变化同时发生，则能满足要求。若由于前一级门电路的延迟差异或其他原因，致使 B 从 1 变为 0 的时刻，滞后于 A 从 0 变为 1 的时刻，因此，在很短的时间间隔内，与门的两个输入端均为 1，由于与门也有一定延迟时间 t_{pd}，其输出出现一个比 A 由 0 变 1 时刻还要推迟一个 t_{pd} 时间的高电平窄脉冲（干扰脉冲），如图 4.8.1(b)所示。

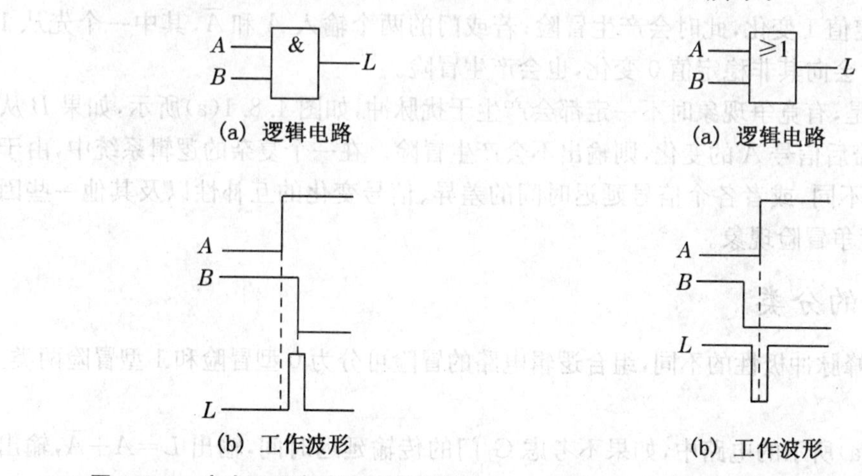

图 4.8.1　产生正跳变脉冲的竞争冒险　　**图 4.8.2　产生负跳变脉冲的竞争冒险**

与此一样，在稳态情况下，对于图 4.8.2(a)所示的或门，当 $A=0, B=1$ 或者 $A=1, B=0$ 时，输出 L 始终为 1。但是当 A 从 0 变为 1 的时刻，滞后于 B 从 1 变为 0 的时刻，则在很短的时间间隔内，或门的两个输入端均为 0，考虑到或门的延迟时间，在或门输出端则出现一个比 B 从 1 变 0 时刻略迟一点的低电平窄脉冲（干扰脉冲），如图 4.8.2(b)所示。

我们再来分析图 4.8.3(a)所示的组合逻辑电路产生的竞争冒险。电路的输出逻辑表达式为 $L=AC+B\overline{C}$。由此式可知，当 A 和 B 都为 1 时，表达式简化成两个互补信号相加，即 $L=C+\overline{C}$，因此，该电路存在竞争冒险。由图 4.8.3(b)所示的波形可以看出，在 C 由 1 变 0 时，$\overline{C}$由 0 变 1 有一延迟时间，G_3 和 G_2 的输出 AC 和 $B\overline{C}$分别相对于 C 和$\overline{C}$均有延迟，AC 和 $B\overline{C}$经过 G_4 的延迟而使输出出现一负跳变的窄脉冲。

总而言之，当一个逻辑门的两个输入端的信号同时向相反方向变化而且变化的时间有差异的现象，称为竞争。两个输入端可以是不同变量所产生的信号，但其取值的变化方向是相反的，如图 4.8.1 和图 4.8.2 中的 AB 和 $A+B$。也可以是在一定条件下门电路输出端的逻辑表达式简化成两个互补信号相乘或者相加，即 $L=A\overline{A}$ 或者 $L=A+\overline{A}$，如图 4.8.3 所示。由于竞争而使电路的输出端产生尖峰脉冲,从而导致后级电路产生错误动作的现象称为冒险。

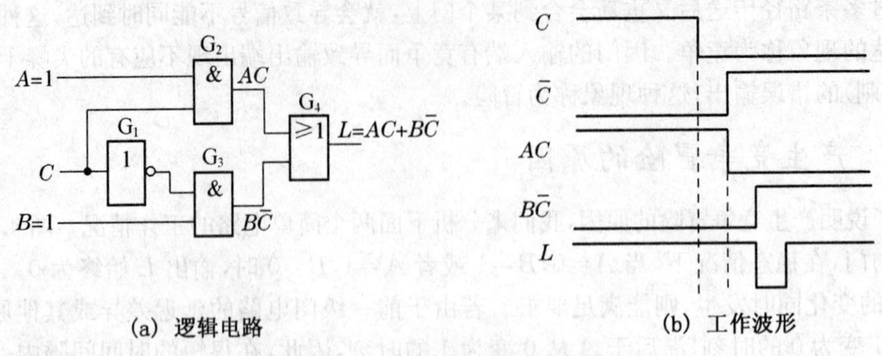

(a) 逻辑电路 (b) 工作波形

图 4.8.3 组合逻辑电路的竞争冒险

实际上,如果考虑信号的延迟,若与门的两个输入 A 和 $\overline{A}$,其中一个先从 0 变 1 时,则 $A\overline{A}$ 会向其非稳定值 1 变化,此时会产生冒险;若或门的两个输入 A 和 $\overline{A}$,其中一个先从 1 变 0 时,则 $A+\overline{A}$ 会向其非稳定值 0 变化,也会产生冒险。

值得注意的是,有竞争现象时不一定都会产生干扰脉冲,如图 4.8.1(a)所示,如果 B 从 1 变为 0 时没有滞后信号 A 的变化,则输出不会产生冒险。在一个复杂的逻辑系统中,由于信号的传输路径不同,或者各个信号延迟时间的差异、信号变化的互补性以及其他一些因素,很容易产生竞争冒险现象。

4.8.2 冒险的分类

通常根据尖峰脉冲极性的不同,组合逻辑电路的冒险可分为 0 型冒险和 1 型冒险两类。

1. 0 型冒险

在图 4.8.4(a)所示的电路中,如果不考虑 G_1 门的传输延迟时间,输出 $L=A+\overline{A}$,输出波形如图 4.8.4(b)所示。当考虑 G_1 门的传输延迟时间时,工作波形如图 4.8.4(c)所示。可见,当输入信号 A 经过 G_1 门延迟 $1t_{pd}$ 时间后,使到达 G_2 门的两个输入信号 A 和 $\overline{A}$ 的时间不同,从而导致了输出出现了不该有的负向干扰脉冲(窄负脉冲),这种产生窄负峰脉冲的现象称为 0 型冒险。

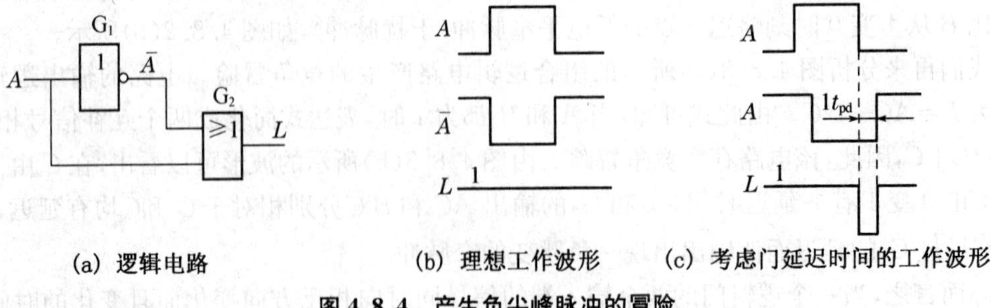

(a) 逻辑电路 (b) 理想工作波形 (c) 考虑门延迟时间的工作波形

图 4.8.4 产生负尖峰脉冲的冒险

2. 1 型冒险

在图 4.8.5(a)所示的电路中,如果不考虑 G_1 门的传输延迟时间,输出 $L=A\overline{A}$。当考

虑 G_1 门的传输延迟时间 $1t_{pd}$ 时，输出 L 出现了不该有的很窄的正向干扰脉冲（窄正脉冲），这种产生窄正脉冲的现象称为 1 型冒险。

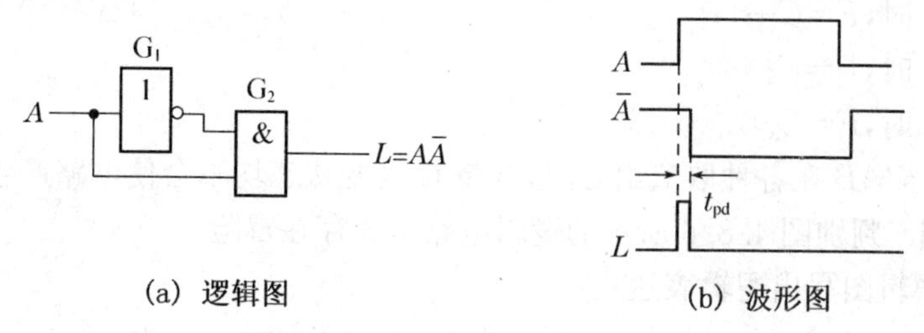

(a) 逻辑图　　(b) 波形图

图 4.8.5　产生正尖峰脉冲的冒险

根据以上分析可知，在组合逻辑电路中，当一个门的两个输入信号到达时间不同且向相反方向变化时，则在输出端可能会产生不该有的冒险脉冲，这是产生竞争冒险的主要原因。尖峰脉冲只发生在输入信号变化的瞬间，在稳定状态下是不会出现的。

4.8.3　冒险现象的判别

判断一个组合逻辑电路是否存在竞争冒险常用的方法有代数法、卡诺图法和实验法。

1. 代数法

我们已经知道，当一个组合电路的逻辑表达式可以化为以下两种形式，则该组合逻辑电路存在冒险，即

$$L=A+\overline{A}\quad（产生 0 型冒险）\tag{4.8.1}$$

$$L=A\overline{A}\quad（产生 1 型冒险）\tag{4.8.2}$$

这就是判断竞争冒险的两个判别式。观察这两个判别式可以发现，只有当同一个变量以原变量和反变量两种形式出现在电路的逻辑表达式中时，电路才可能出现竞争冒险。因此，代数法判别的步骤是：

（1）找出在表达式中以原变量和反变量两种形式出现的变量；

（2）消去式中其他变量，仅保留被研究的变量，若能得到上述两种判别式中的一种，就说明电路中存在竞争冒险。

【例 4.8.1】　判别逻辑函数表达式为 $F=\overline{A}\overline{C}+\overline{A}B+AC$ 的组合逻辑电路是否产生竞争冒险。

解　从函数表达式可知，变量 A 和 C 同时以原变量和反变量形式出现在函数表达式中，则该函数表达式对应的组合逻辑电路在 A 或 C 发生变化时，可能由于竞争而产生冒险。现对 A、C 两个变量分别进行分析。

将 B 和 C 的各种取值组合分别代入函数表达式中，则：

当 $BC=00$ 时，$F=\overline{A}$；

当 $BC=01$ 时，$F=A$；

当 $BC=10$ 时，$F=\overline{A}$；

当 $BC=11$ 时，$F=A+\overline{A}$。

由此可见，当 $BC=11$ 时，变量 A 改变状态可能使逻辑电路产生偏 0 型冒险。

同样，将 A 和 B 的各种取值组合分别代入函数表达式中，则：

当 $AB=00$ 时，$F=\overline{C}$；

当 $AB=01$ 时，$F=\overline{C}+1$；

当 $AB=10$ 时，$F=C$；

当 $AB=11$ 时，$F=C$。

由此可见，当 AB 在各种取值组合时，变量 C 改变状态均不会使电路产生冒险现象。

【例 4.8.2】 判别图 4.8.6 所示的逻辑电路是否存在冒险。

解 根据逻辑图写出逻辑表达式：

$$Z=\overline{\overline{A\overline{B}C}\,\overline{\overline{A}D}}=A\overline{B}C+\overline{A}D$$

表达式中含有 A 和 $\overline{A}$，可以看出，当 $BCD=011$ 时，即 $B=0$、$C=D=1$ 时，$Z=A+\overline{A}$。因此，该电路存在 0 型冒险。

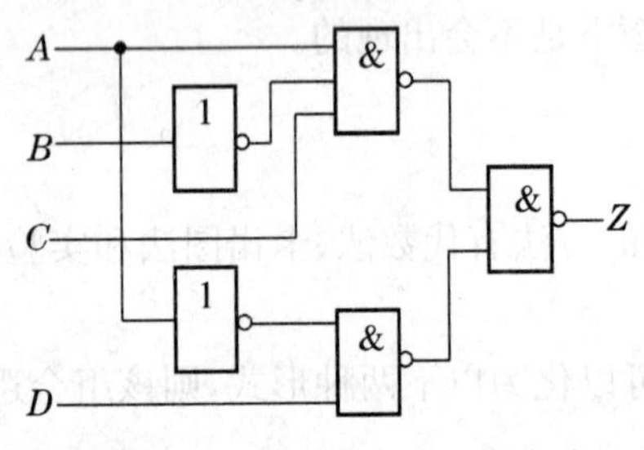

图 4.8.6 例 4.8.2 的逻辑电路

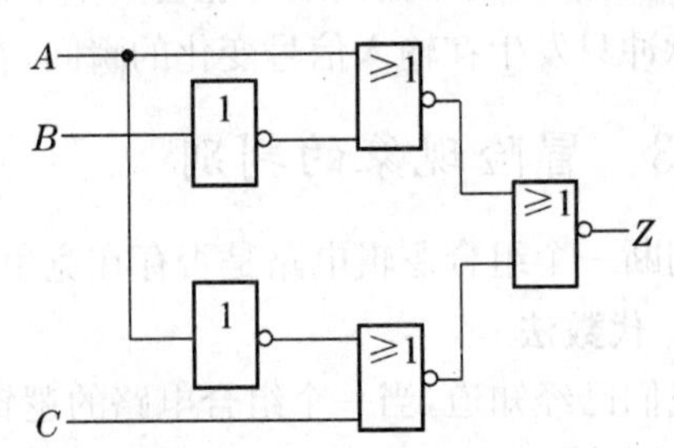

图 4.8.7 例 4.8.3 的逻辑电路

【例 4.8.3】 判别图 4.8.7 所示电路是否存在冒险。

解 从逻辑图写出逻辑表达式：

$$Z=\overline{\overline{A+\overline{B}}+\overline{\overline{A}+C}}=(A+\overline{B})(\overline{A}+C)$$

因为逻辑表达式中包含有 A 和 $\overline{A}$，当 $B=1$、$C=0$ 时，$Z=A\overline{A}$。所以，该电路存在 1 型冒险。

2. 卡诺图法

用卡诺图判别逻辑电路是否存在冒险现象时，首先应写出该逻辑电路的输出逻辑函数表达式，其次画出逻辑函数的卡诺图，并画出包围圈，最后观察各包围圈有无相切。只要在卡诺图中存在两个相切而又不相互包容的包围圈，则该逻辑电路存在冒险现象。

【例 4.8.4】 试用卡诺图法判别图 4.8.8 是否存在冒险现象。

解 写出图 4.8.8 的逻辑表达式：

$$Y=AC+\overline{A}B$$

由逻辑表达式可画出图 4.8.9 所示的卡诺图。依据相邻项的特性画的两个包围圈相切，就是指有些变量会同时以原变量和反变量的形式出现。由于图 4.8.9 所示的电路为两个 1 方格的包围圈相切，所以图 4.8.8 所示的电路可能会出现 0 型冒险。

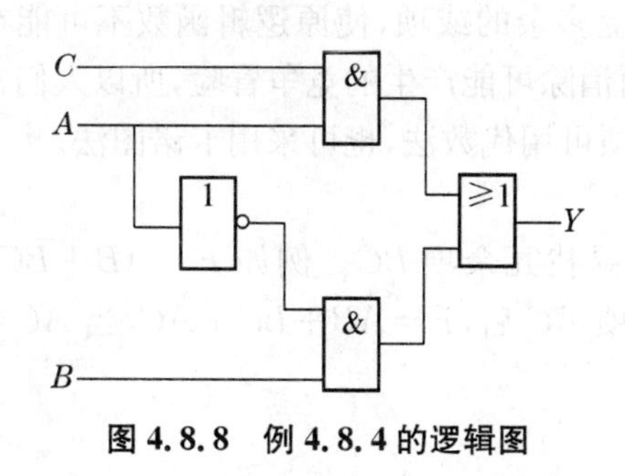

图 4.8.8　例 4.8.4 的逻辑图

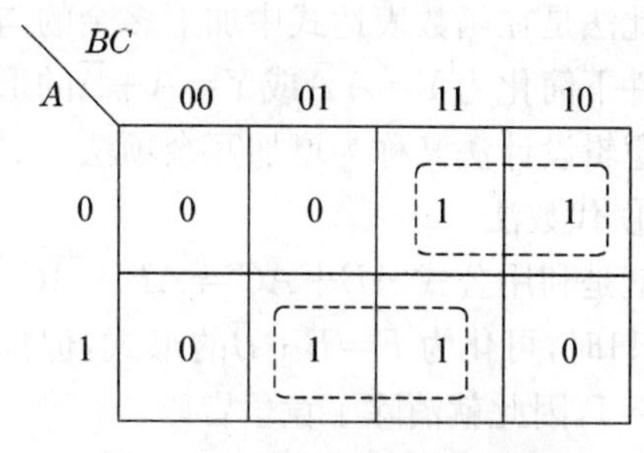

图 4.8.9　例 4.8.4 的卡诺图

【例 4.8.5】　试用卡诺图法判别逻辑函数 $Y=(\overline{A}+C)(A+\overline{D})(A+\overline{B}+\overline{C})$ 是否存在冒险现象。

解　求出逻辑函数 Y 的反函数：

$$\overline{Y}=\overline{(\overline{A}+C)(A+\overline{D})(A+\overline{B}+\overline{C})}=A\overline{C}+\overline{A}D+\overline{A}BC。$$

按上式填卡诺图。由于是反函数，故有最小项的方格填 0，没有最小项的方格填 1，如图 4.8.10所示。

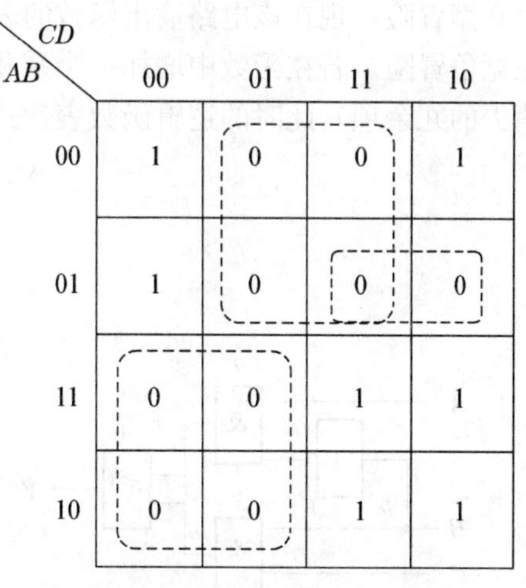

图 4.8.10　例 4.8.5 的卡诺图

从图中可以看出，有两个包含 4 个 0 方格的包围圈相切，所以该逻辑函数式会出现 1 型冒险。

3. 实验法

在电路输入端加入所有可能发生的状态变化的波形，观察输出端是否有尖峰脉冲，这是最为直观可靠的判别方法。

4.8.4　消除冒险现象的方法

消除组合逻辑电路竞争冒险的方法有修改逻辑设计法、增加选通脉冲法、接入滤波电容法等。

1. 修改逻辑设计法

修改逻辑设计法是利用逻辑代数中的等式变换，在确保逻辑函数值不变的条件下，对原逻辑函数的表达式进行适当修改，以消除竞争冒险。主要有消去互补相乘项法和增加冗余项法两种方法。

(1) 发现并消去互补相乘项

例如，逻辑函数式 $Y=(A+B)(\overline{A}+C)$，在 $B=0$、$C=0$ 时，$Y=A\overline{A}$。若直接根据这个逻辑表达式组成逻辑电路，则可能出现竞争冒险。如将该式变换为 $Y=A\overline{A}+AC+\overline{A}B+BC=AC+\overline{A}B+BC$，这里 $A\overline{A}$ 已经消掉。根据这个表达式组成的逻辑电路就不会出现竞争冒险。

这种方法对于“或与”形式的逻辑函数表达式比较方便，只需要把括号去掉，把“或与”形式变换为“与或”形式，这过程中凡有的互补乘积项自然就消去了。

(2) 增加冗余项

此法是在函数表达式中加上多余的与项或乘上多余的或项，使原逻辑函数不可能在某种条件下简化为$Y=A\overline{A}$或$Y=A+\overline{A}$的形式，从而消除可能产生的竞争冒险，所以人们常把修改逻辑设计法又称为增加冗余项法。寻找冗余项可用代数法，也可采用卡诺图法。

① 代数法

就是利用公式$AB+\overline{A}C=AB+\overline{A}C+BC$来寻找冗余项$BC$。例如$F=AB+\overline{B}C$，当$AC=11$时，可化为$F=B+\overline{B}$的形式，但加上冗余项$AC$后，$F=AB+\overline{B}C+AC$，当$AC=11$时，$F=1$，因此就消除了竞争冒险。

② 卡诺图法

这种方法就是利用卡诺图寻找冗余项。方法是：在卡诺图上用一多余的卡诺圈将两相切的圈连接起来，而将这多余的卡诺圈对应的与项加到电路的函数表达式当中。这后添上去的多余的卡诺圈，其多余项就是冗余项。

代数法和卡诺图法这两者的区别仅在于寻找冗余项的方法不同而已。

现以图4.8.11所示电路为例，根据前面的代数法判别公式4.8.1，若有$L=A+\overline{A}$，便产生0型冒险。现在该电路输出函数的表达式为$Y=A\overline{B}+BC$，当$A=C=1$时，$Y=B+\overline{B}$存在竞争冒险。若在函数中增加一个乘积项AC（这个新增加的乘积项就是运用冗余律可以消去的冗余项），此时的逻辑函数表达式为

$$Y=A\overline{B}+BC+AC$$

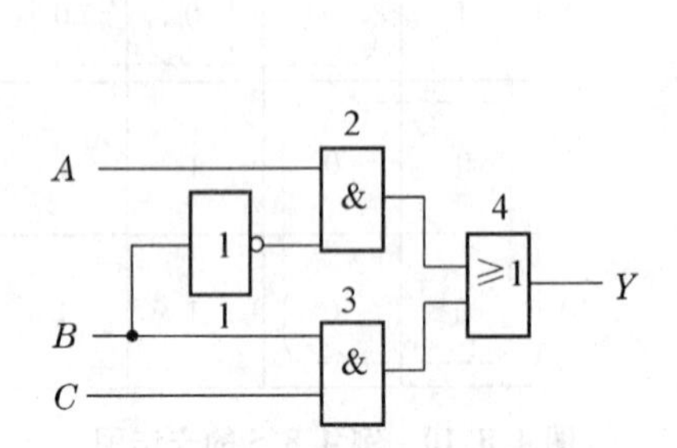

图4.8.11　存在竞争冒险的逻辑图

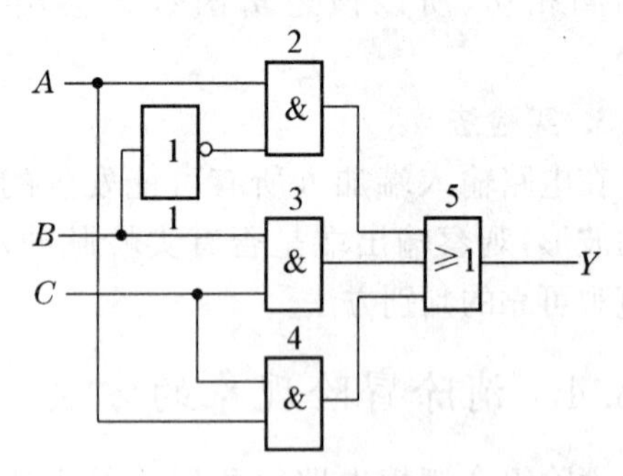

图4.8.12　消除了竞争冒险后的逻辑图

增加冗余项后的逻辑图如图4.8.12所示。这样，当$A=C=1$时，门4的输出为1，门5的输出也为1，所以有

$$Y=A\overline{B}+BC+AC=B+\overline{B}+1=1$$

这就消除了变量B跳变时对电路输出的影响，输出Y保持为1，从而消除了竞争冒险。

我们也可以利用卡诺图来确定冗余项。先画出图4.8.11电路的卡诺图，图中$A\overline{B}$和BC这两个卡诺圈相邻相切但是不相交，今画一个卡诺圈把这两圈连接在一起，如图4.8.13中所示，这个连接两个相切但互补包含的卡诺圈的虚线新圈就是增加的冗余项AC。

所以，卡诺图法就是通过把那些相邻（或称为相切）但不相交的圈，画新圈把它们连接在一起，这新圈

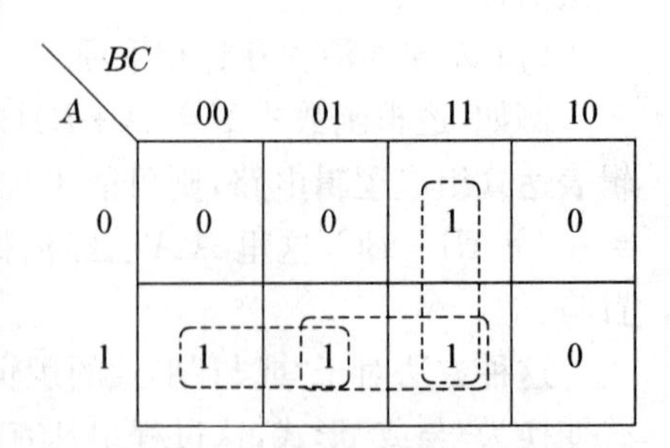

图4.8.13　消除竞争冒险的卡诺图

代表的就是要增加的冗余项。

【例 4.8.6】 已知逻辑函数 $Y=\sum m(0.4.5.7.10.13.14.15)$，试求无竞争冒险的与或表达式。

解 画出逻辑函数的卡诺图，如图 4.8.14 所示。

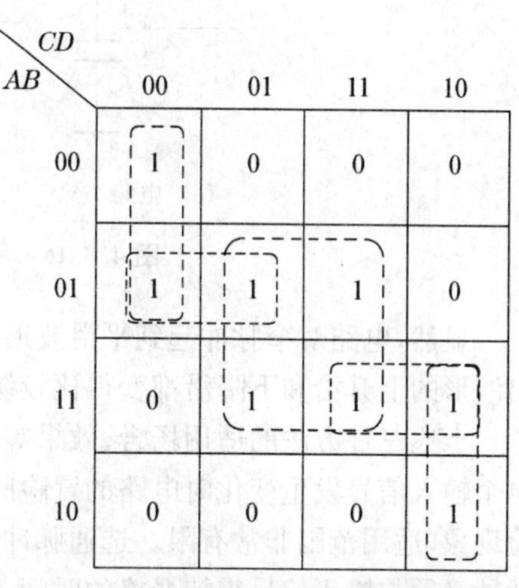

AB \ CD	00	01	11	10
00	1	0	0	0
01	1	1	1	0
11	0	1	1	1
10	0	0	0	1

图 4.8.14　例 4.8.6 的卡诺图

由图 4.8.14 求得函数的最简表达式为

$$Y=BD+\overline{A}\overline{C}\overline{D}+AC\overline{D}$$

为了消除竞争冒险，增加如图中虚线圈所示的冗余项 $\overline{A}B\overline{C}$ 和 ABC，求出无竞争冒险的与或表达式为

$$Y=BD+\overline{A}\overline{C}\overline{D}+AC\overline{D}+\overline{A}B\overline{C}+ABC$$

很显然，增加了冗余项使电路变得复杂成本增加，但却使电路的可靠性得到了提高。

2. 增加选通脉冲

因为冒险现象仅仅发生在输入信号变化转换的瞬间，在稳定状态是没有冒险信号的，所以，采用选通脉冲，在输入信号发生转换的瞬间，正确反映组合电路稳定时的输出值，可以有效地避免各种冒险。增加选通脉冲法是在电路中加入一个选通脉冲，在确定电路进入稳定状态后，才让电路输出选通，否则封锁电路输出。如图 4.8.15 所示，因为 E 的高电平出现在电路达到稳定状态后，所以 $G_3\sim G_0$ 每个门的输出端都不会出现尖峰脉冲。但需要注意，这时 $G_3\sim G_0$，正常的输出信号也将变成脉冲信号，而且其宽度和选通脉冲宽度相同。例如，当输入信号 AB 变成 11 以后，Y_3 并没有马上变成高电平，而要等到 E 端的正选通脉冲出现时才给出一个正脉冲。

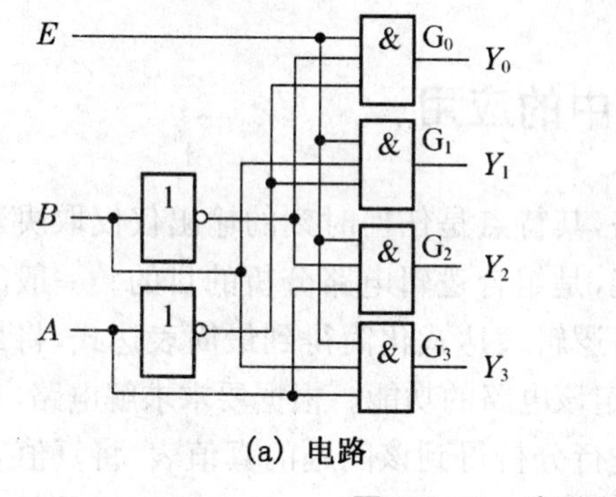

(a) 电路

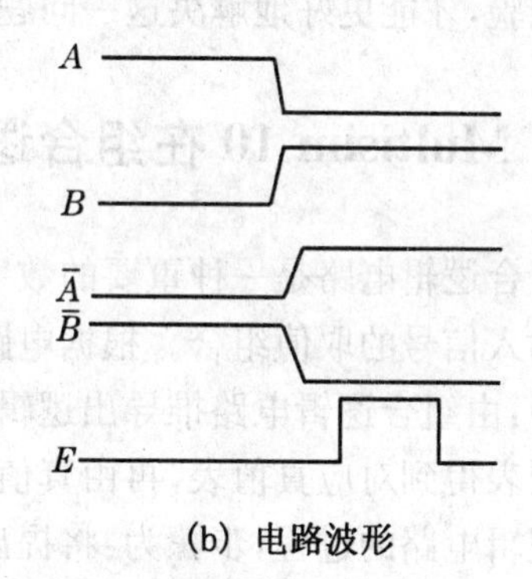

(b) 电路波形

图 4.8.15　选通脉冲消除竞争冒险现象

3. 接入滤波电容

在门电路的输出端并联一个滤波电容，可以将尖峰脉冲的幅度削减至门电路的阈值电压以下。由于竞争产生的干扰脉冲一般很窄，所以在电路的输出端对地接一个电容值在 4～20 pF之间的小电容，如图 4.8.16(a)所示，R_0 是逻辑门电路的输出电阻。若在图 4.8.3(a)所示电路的输出端并联电容 C，当 $A=B=1$，C 的波形与图 4.8.3 相同的情况下，得到如图

4.8.16(b)所示的输出波形。

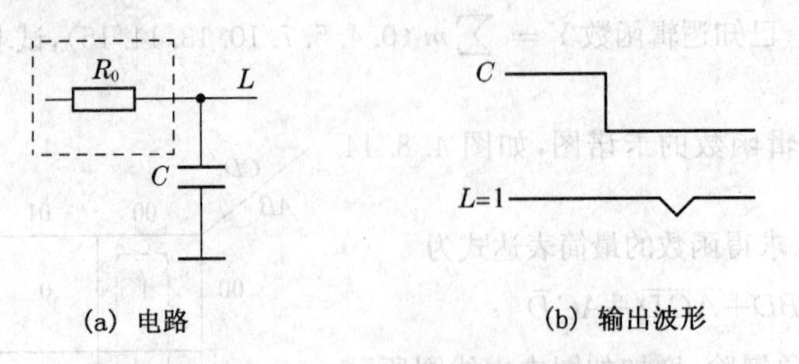

(a) 电路　　(b) 输出波形

图 4.8.16　用电容滤波消除竞争冒险现象

显然，电路对窄脉冲起到平滑波形的作用，使输出端不会出现逻辑错误，但同时也使输出波形的上升沿和下降沿都变得比较缓慢，从而消除冒险现象。

上述三种方法的适用场合、效果等仍然有利有弊：更改逻辑设计虽然可以解决每次只有单个输入信号发生变化时电路的冒险问题，但不能解决多个输入信号同时发生变化时的冒险现象，适用范围非常有限。选通脉冲法，虽然比较简单，一般不需要增加电路元件，但选通脉冲必须与输入信号维持严格的时间关系。因此，选通脉冲的产生并不是十分容易的。输出端并联接如滤波电容虽方便易行，但会使输出电压波形变坏且影响速度，因此，仅仅适合于对信号波形、速度要求都不高的场合。

需要指出的是，现代数字电路或数字系统的分析与设计，可以借助计算机进行时序仿真，检查电路是否存在竞争冒险现象。仿真时，由于逻辑门电路的传输延迟时间是采用软件设定的标准值或设计者自行设定的值，与电路的实际工作情况总是有差异的，仿真通过只能说是初步没有查出问题，最终是否管用，仍然需要在实验中检查验证来确定。因此，以上介绍的产生竞争冒险的原因和克服竞争冒险的基本方法，也还必须在应用实践中积累和总结技术经验，才能更好地解决这一问题。

4.9　Multisim 10 在组合逻辑电路中的应用

组合逻辑电路是一种重要的数字逻辑电路，其特点是任何时刻的输出仅仅取决于同一时刻输入信号的取值组合。根据电路确定功能，是组合逻辑电路分析的目的。一般的分析步骤为：由组合逻辑电路推导出逻辑表达式，将逻辑表达式化简得到最简表达式，将最简表达式列表得到对应真值表，再由真值表分析确定该电路的功能。根据要求求解电路，是设计组合逻辑电路的过程，步骤为：将提出的问题进行分析得到该问题的真值表，将真值表进行归纳得到逻辑表达式，逻辑表达式化简变换后得到求解的逻辑图。在 Multisim 软件中逻辑转换仪是常用的数字逻辑电路设计和分析的仪器，使用方便、简洁。本书将利用 Multisim 对已知逻辑电路进行分析与仿真测试，并利用该软件就某一逻辑功能进行辅助设计。

4.9.1　加法器仿真分析

利用逻辑转换仪对全加器电路进行分析，键盘字母 A 用于对电路输出端信号 s_n 与 c_n 的切换。电路仿真连接及进位端 c_n 仿真转换真值表如图 4.9.1 所示。如要观测和输出端 s_n 仿真转换真值表，则仅需要切换开关 A 即可，如图 4.9.2 所示。

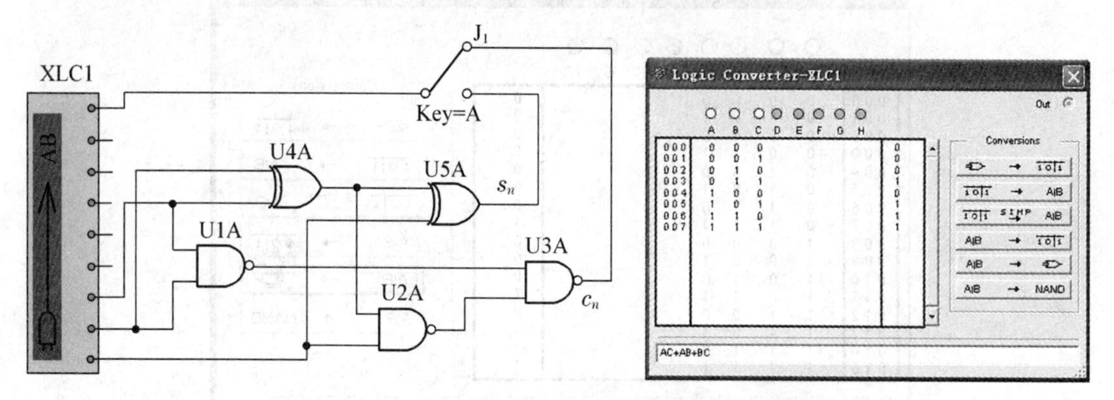

图 4.9.1　全加器电路及进位端真值表仿真结果

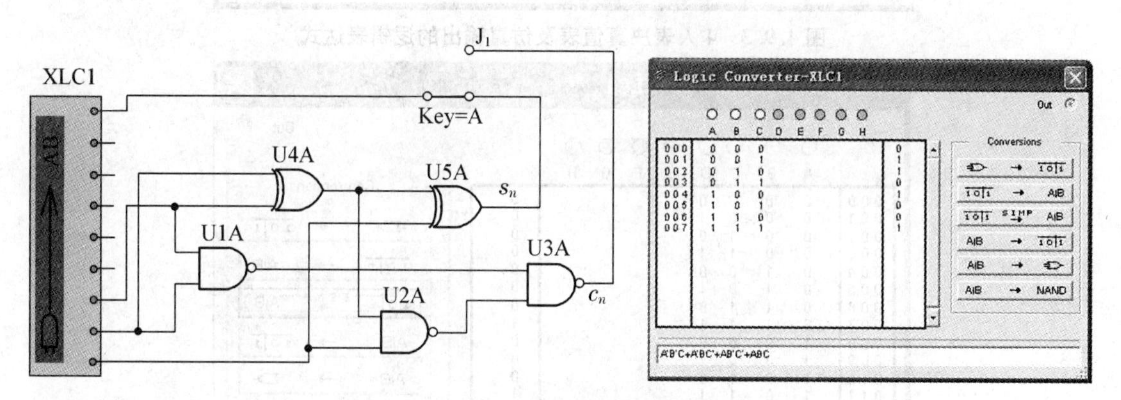

图 4.9.2　全加器和输出端真值表仿真结果

利用逻辑分析仪也可以分别获得用与门实现的全加器的 s_n，c_n 表达式：

$$s_n = A'B'C + A'BC' + AB'C' + ABC$$

$$c_n = AC + AB + BC$$

同样方法可对半加器进行仿真分析，也可以根据功能得到真值表，进而得到逻辑表达式，并由此产生相应的逻辑电路。

4.9.2　四人表决电路设计与分析

设计 4 人表决电路，即如果 3 人以上同意，则通过；反之，则被否决。用与非门实现。根据逻辑功能，运用逻辑转换仪可得到真值表以及由真值表转换的逻辑表达式，如图 4.9.3 所示。输出逻辑表达式为

$$Y = A'BCD + AB'CD + ABC'D + ABCD' + ABCD$$

运用逻辑转换仪得到最简逻辑表达式 $Y = ACD + ABD + ABC + BCD$，如图 4.9.4 所示。

运用逻辑转换仪转换得逻辑图如图 4.9.5 所示。

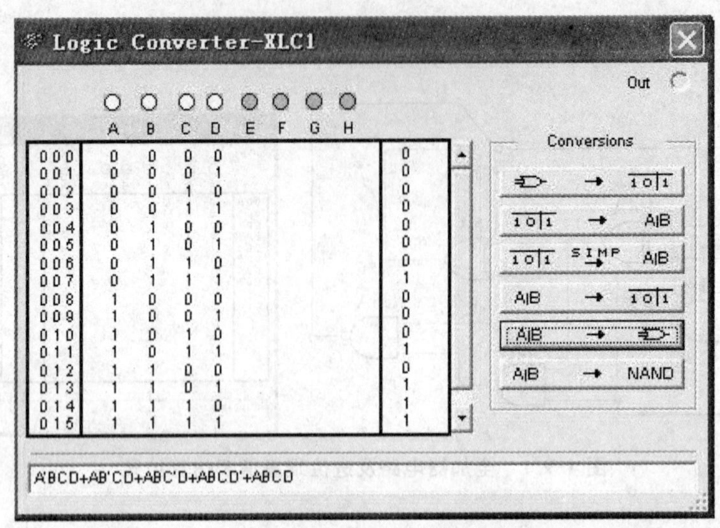

图 4.9.3　4 人表决真值表及仿真输出的逻辑表达式

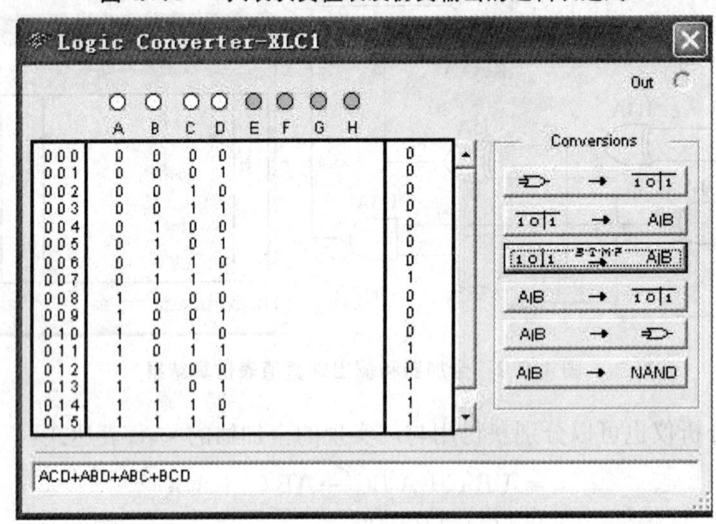

图 4.9.4　最简逻辑表达式

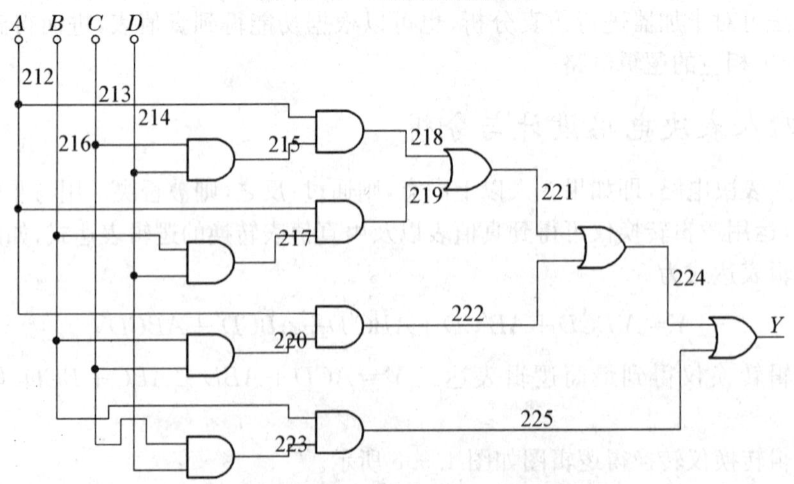

图 4.9.5　逻辑转换仪转换所得的逻辑图

4.9.3 编码器及译码器仿真分析

数字信号不仅可以用来表示数,还可以用来表示各种指令和信息。所谓编码,是指在选定的一系列二进制数码中,赋予每个二进制数码以某一固定含义。例如,用二进制数码表示十六进制数叫做二-十六进制编码。能完成编码功能的电路统称为编码器。74LS148D是常用的8线-3线优先编码器。在8个输入线上可以同时出现几个有效输入信号,但只对其中优先权最高的一个有效输入信号进行编码。其中7端优先权最高,0端优先权最低,其他端的优先权按照脚号的递减顺去排列。EI为选通输入端,低电平有效,只有$EI=0$时,编码器正常工作,而在$EI=1$时,所有的输出端均被封锁。E_0为选通输出端,GS为优先标志端。该编码器输入、输出均为低电平有效。

译码是编码的逆过程,将输入的每个二进制代码赋予的含义"翻译"过来,给出相应的输出信号。能够完成译码功能的电路叫做译码器。74LS138D属于3线-8线译码器,该译码器输出低电平有效。

如图4.9.6所示为编码器连接电路,输入端"1"表示高电平,"0"表示低电平,"X"表示高低电平都可以。输出端中的"1"表示探测器亮,"0"表示探测器灭。该编码器输入、输出均为低电平有效。依次切换9个单刀双掷开关进行仿真实验,将结果记录入于表4.9.1中,即可验证编码器74LS148的逻辑功能。

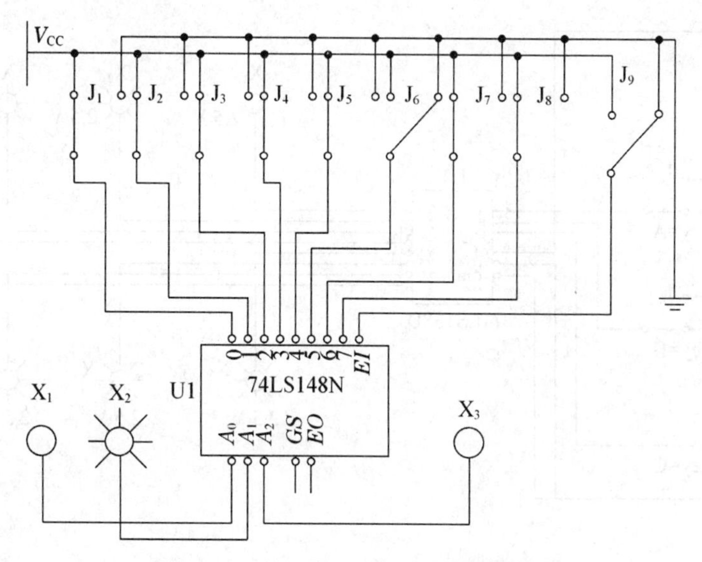

图4.9.6 编码器74LS148逻辑测试电路

表4.9.1 实测74LS148的真值表

输入端									输出端				
EI	Y_7	Y_6	Y_5	Y_4	Y_3	Y_2	Y_1	Y_0	A_2	A_2	A_0	GS	$E0$
1	X	X	X	X	X	X	X	X	1	1	1	1	1
0	1	1	1	1	1	1	1	1	1	1	1	1	0
0	1	1	1	1	1	1	1	0	1	1	1	0	1

（续表）

输入端									输出端				
EI	Y_7	Y_6	Y_5	Y_4	Y_3	Y_2	Y_1	Y_0	A_2	A_2	A_0	GS	E0
0	1	1	1	1	1	1	0	X	1	1	0	0	1
0	1	1	1	1	1	0	X	X	1	0	1	0	1
0	1	1	1	1	0	X	X	X	1	0	0	0	1
0	1	1	1	0	X	X	X	X	0	1	1	0	1
0	1	1	0	X	X	X	X	X	0	1	0	0	1
0	1	0	X	X	X	X	X	X	0	0	1	0	1
0	0	X	X	X	X	X	X	X	0	0	0	0	1

3线-8线译码器是常见的译码器，其测试电路如图4.9.7所示。切换3个单刀双掷开关进行输入信号的设定，输入端中的“1”表示接高电平，“0”表示接地电平。输出端中的“1”表示探测器亮，“0”表示探测器灭。该译码器输出低电平有效。依次切换3个单刀双掷开关进行仿真测试，将结果记录于表4.9.2中，即可验证译码器74LS138的逻辑功能。

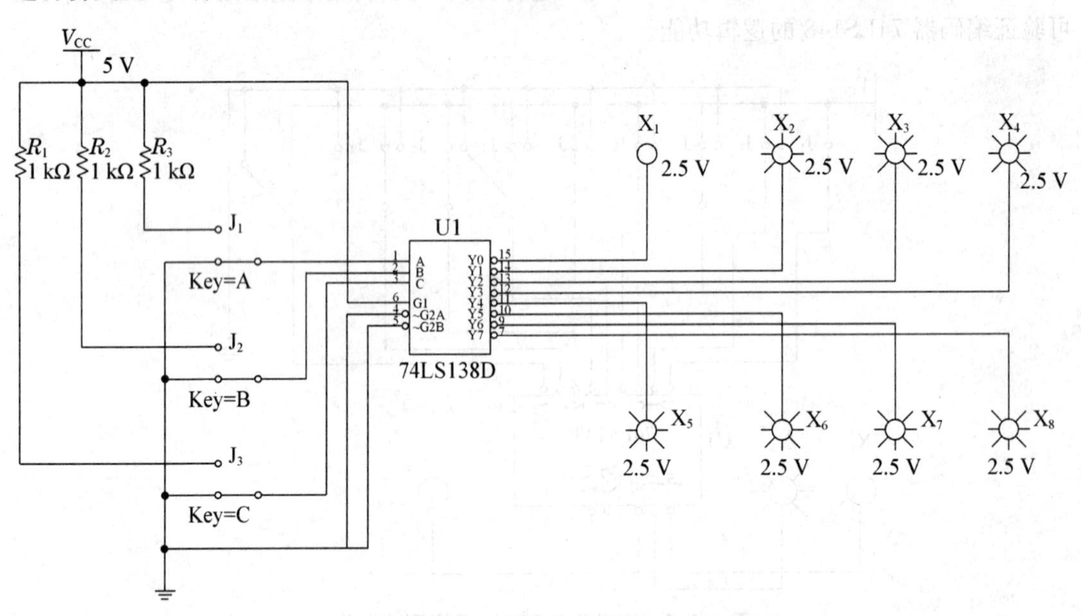

图4.9.7　3线-8线译码器74LS138测试电路

表4.9.2　实测74LS138的真值表

输入端						输出端							
G_1	G_{2A}	G_{2B}	A_2	A_1	A_0	Y_0	Y_1	Y_2	Y_3	Y_4	Y_5	Y_6	Y_7
1	0	0	0	0	0	0	1	1	1	1	1	1	1
1	0	0	0	0	1	1	0	1	1	1	1	1	1
1	0	0	0	1	0	1	1	0	1	1	1	1	1

（续表）

输入端						输出端							
G_1	G_{2A}	G_{2B}	A_2	A_1	A_0	Y_0	Y_1	Y_2	Y_3	Y_4	Y_5	Y_6	Y_7
1	0	0	0	1	1	1	1	1	0	1	1	1	1
1	0	0	1	0	0	1	1	1	1	0	1	1	1
1	0	0	1	0	1	1	1	1	1	1	0	1	1
1	0	0	1	1	0	1	1	1	1	1	1	0	1
1	0	0	1	1	1	1	1	1	1	1	1	1	0

4.9.4　竞争冒险电路仿真与分析

在组合逻辑电路中，由于门电路存在传输延时时间和信号状态变化的速度不一致等原因，使信号的变化出现快慢的差异，这种现象叫做竞争。竞争的结果是使输出端可能出现错误的信号，这种现象叫做冒险。所以有竞争不一定有冒险，有冒险一定有竞争。利用卡诺图可以判断组合逻辑电路是否可能存在竞争冒险现象，具体做法如下：根据逻辑函数的表达式，做出卡诺图，若卡诺图中填 1 的格所形成的卡诺图有两个相邻的圈相切，则该电路存在竞争冒险的可能性。

既然电路存在竞争就有可能产生冒险造成输出的错误动作，因此，必须杜绝竞争冒险现象的产生，常用的消除竞争冒险的方法有：修改逻辑设计，增加冗余项；在输出端接滤波电容；加封锁（选通）脉冲等。

1. 0 型冒险电路仿真

如图 4.9.8 所示电路，该电路的逻辑功能为 $F=A+\overline{A}=1$，也就是说从逻辑功能上看不管信号如何变化，输出应该恒为 1。但是由于 74LS05D 非门电路的延时，引起输出端在一小段时间内出现了不应该出现的低电平（负窄脉冲），这种现象成为 0 型冒险。仿真结果如图 4.9.9 所示。

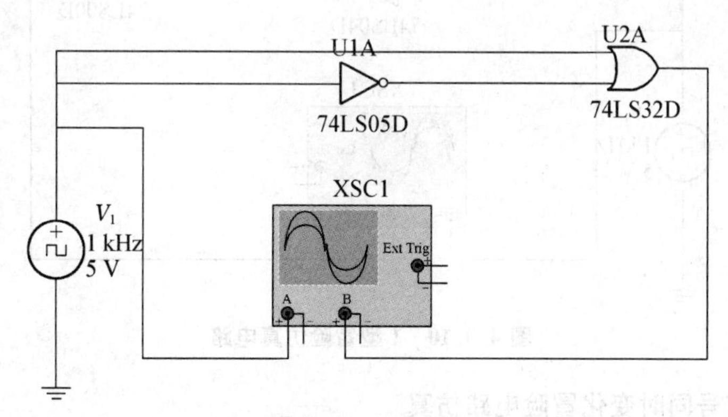

图 4.9.8　0 型冒险仿真电路

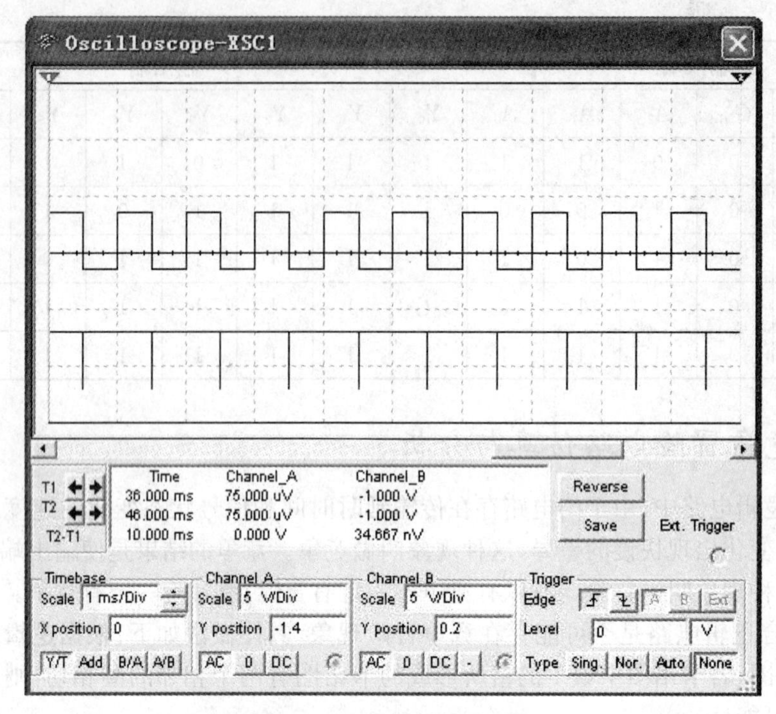

图 4.9.9 0 型冒险仿真结果

2. 1 型冒险电路仿真实验步骤

如图 4.9.10 所示电路，该电路的逻辑功能为 $A\overline{A}=0$，也就是说从逻辑功能上看不管信号如何变化，输出应该恒为 0。但由于 74LS04D 非门电路的延时，引起输出端在一小段时间里出现了不应该出现的高电平(正窄脉冲)，这种现象成为 1 型冒险。仿真结果如图4.9.11 所示。

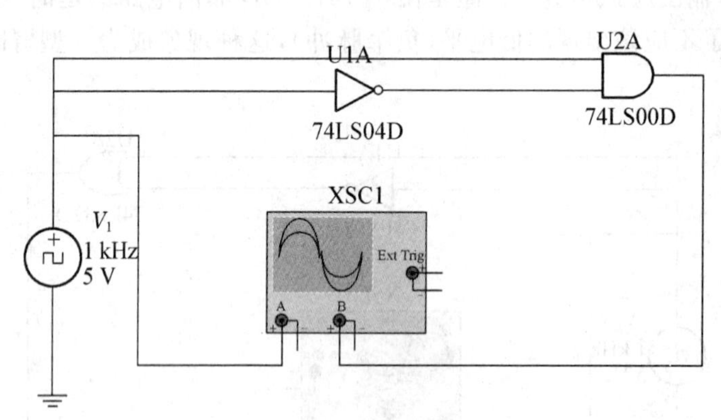

图 4.9.10 1 型冒险仿真电路

3. 多输入信号同时变化冒险电路仿真

多输入信号同时变化的冒险仿真电路如图 4.9.12 所示。该电路的逻辑功能为 $F=AB+\overline{A}C$，已知 $B=C=1$，所以 $F=A+\overline{A}=1$，但是由于多输入信号的变化不同时出现而引起该电路出现冒险。

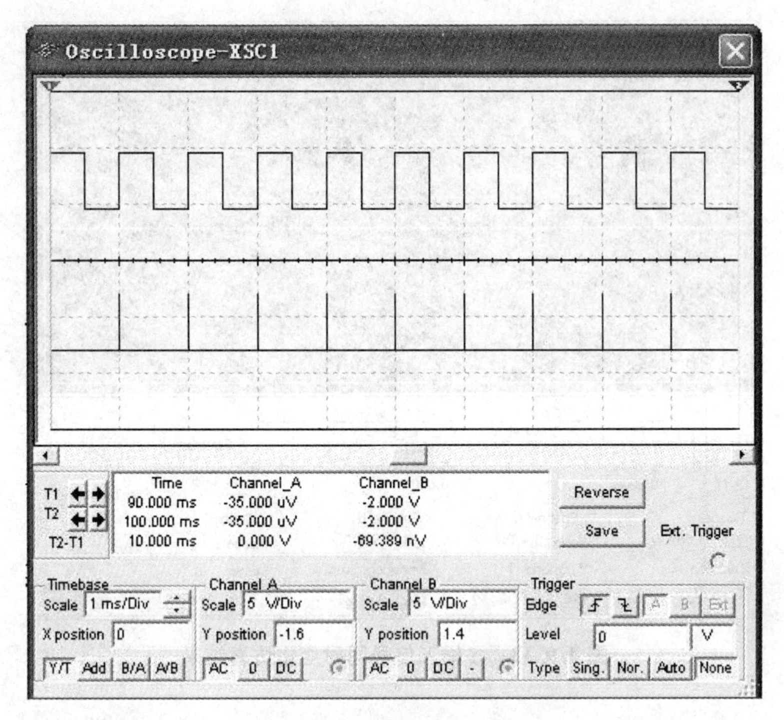

图 4.9.11　1 型冒险的仿真结果

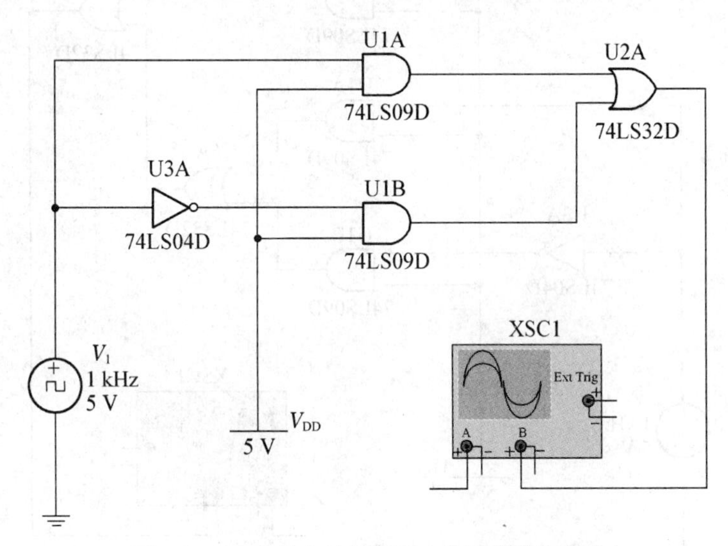

图 4.9.12　多输入信号同时变化冒险仿真电路

实验仿真结果如图 4.9.13 所示。

利用卡诺图判断该电路存在竞争冒险的可能性，为了消除竞争冒险现象，采用修改逻辑，增加冗余项 BC，使原逻辑表达式 $F=AB+\overline{A}C$，变成 $F=AB+\overline{A}C+BC$，修改后的电路如图 4.9.14 所示。

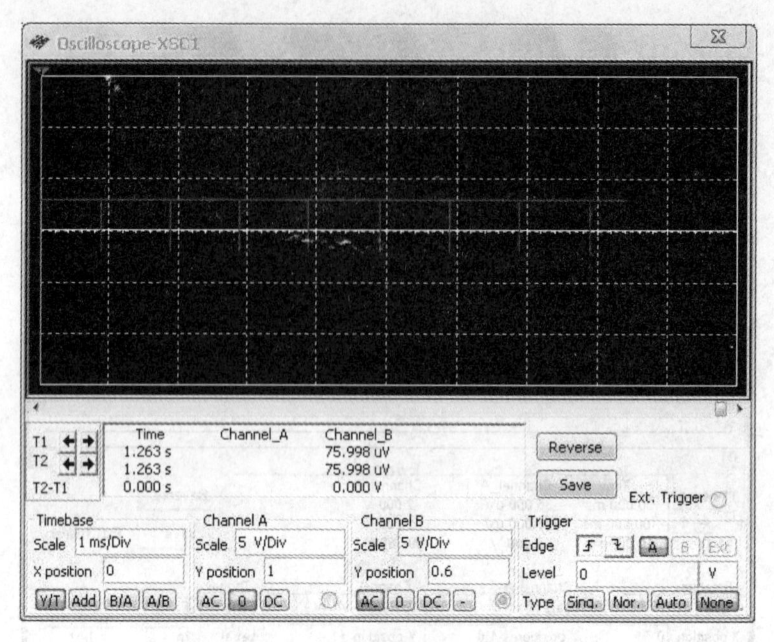

图 4.9.13 多输入信号同时变化仿真结果

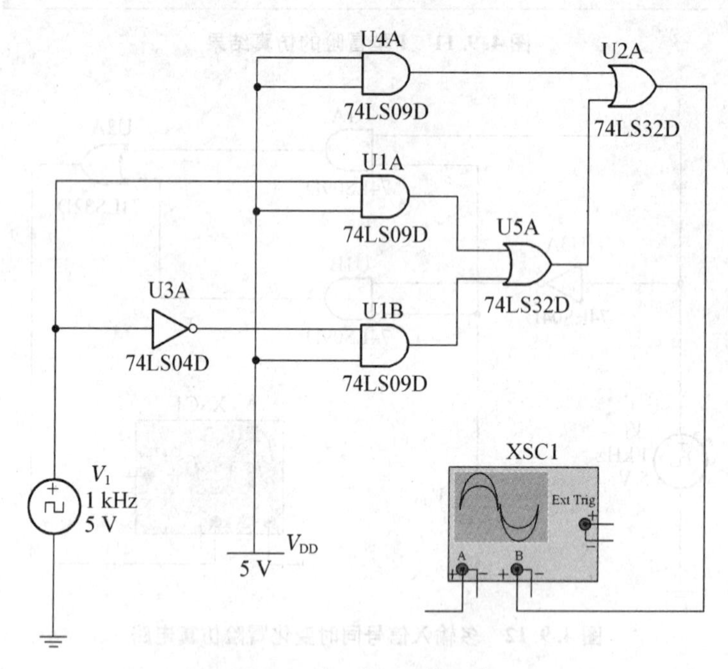

图 4.9.14 修正后的电路

实验仿真后结果如图 4.9.15 所示，由图可知，成功避免了竞争冒险的产生。

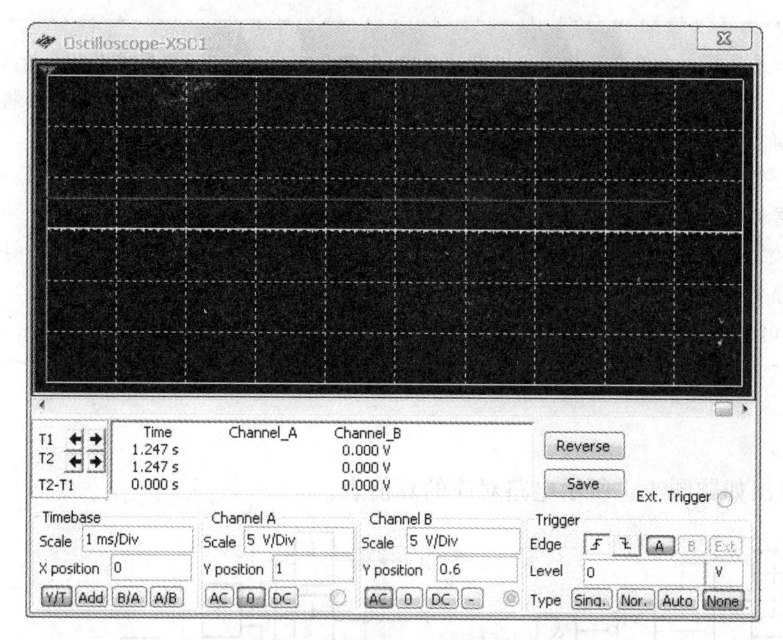

图 4.9.15　修正后电路的实验仿真结果

本章小结

组合逻辑电路的特点是：在任何时刻，电路的输出只取决于当时的输入信号，而与电路原来所处的状态无关。实现组合逻辑电路的基础是逻辑代数和门电路。

用逻辑图、真值表、逻辑表达式、卡诺图和波形图等方法描述组合逻辑电路的逻辑功能，在本质上是一致的，可以互相转换。其中由逻辑图到真值表及由真值表到逻辑图的转换最为重要。这是因为组合逻辑电路的分析，实际上就是由逻辑图到真值表的转换；而组合逻辑电路的设计，在得出真值表后，其余就是由真值表到逻辑图的转换。

分析组合逻辑电路的大致步骤是：由逻辑图写出逻辑表达式→逻辑表达式化简和变换→列真值表→分析逻辑功能。

运用门电路设计组合逻辑电路的大致步骤是：由实际逻辑问题列出真值表→写出逻辑表达式→逻辑表达式化简和变换→画出逻辑图。由于现在都在使用集成门电路，为了降低成本，提高电路的可靠性，实际设计时，应在满足逻辑要求的前提下，尽量减少所用芯片的数量和种类，且各个逻辑门输入端的数目也最少，没有竞争冒险。

典型的中规模组合逻辑器件包括加法器、编码器、译码器、数据选择器和数值比较器等。这些组合逻辑器件除了具有其基本功能外，通常还具有输入使能、输出使能、输入扩展、输出扩展功能，使其功能更加灵活，便于构成较复杂的逻辑系统。应用组合逻辑器件进行组合逻辑电路设计时，所应用的原理和步骤与用门电路时基本一致，但也要注意其特殊点：

(1) 对逻辑表达式的变换与化简应尽可能与组合逻辑器件的形式一致，而不要去尽可能地简化。

(2) 设计时应考虑充分利用器件本身的功能。同种类型的器件有不同的型号，在满足设计要求的前提下，尽量选用简单的器件，器件数、品种数尽可能少，连线也要最少。

(3) 如果只需一个组合器件就可以满足要求，则需要对有关使能、扩展或者多余输入端等作适当的处理。如果一个组合器件不能满足设计要求，则需要对组合器件进行扩展，直接将若干个器件组合或者由适当的逻辑门将若干个器件组合起来。

在组合逻辑电路中，竞争冒险可能导致负载电路误动作，应用中需加以注意。同一个门的一组输入信号到达的时间有先有后的现象称为竞争。竞争而导致输出产生尖峰干扰脉冲的出错现象称为冒险。判断一个组合逻辑电路是否存在竞争冒险，有代数法和卡诺图法两种方法。消除组合逻辑电路竞争冒险的方法有修改逻辑设计法、增加选通脉冲法、接入滤波电容法等。

用 Multisim 10 对组合逻辑电路进行分析及仿真是分析、设计组合电路的快捷方法。

练习题

4.1 写出如题图 4.1 所示电路对应的真值表。

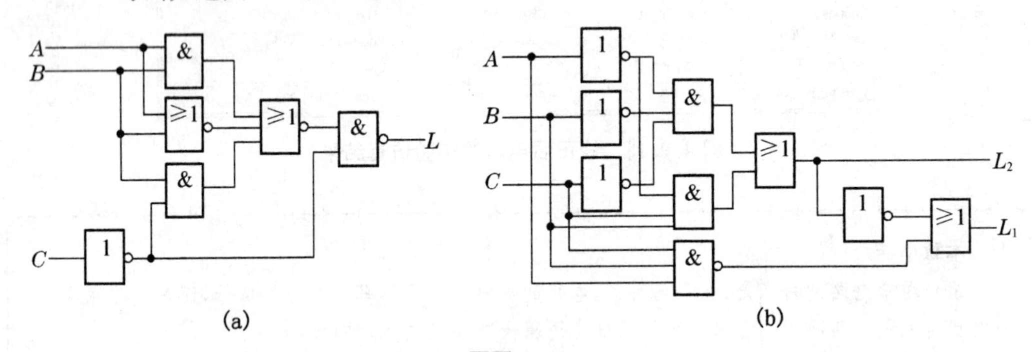

题图 4.1

4.2 试分析题图 4.2 所示电路的逻辑功能。

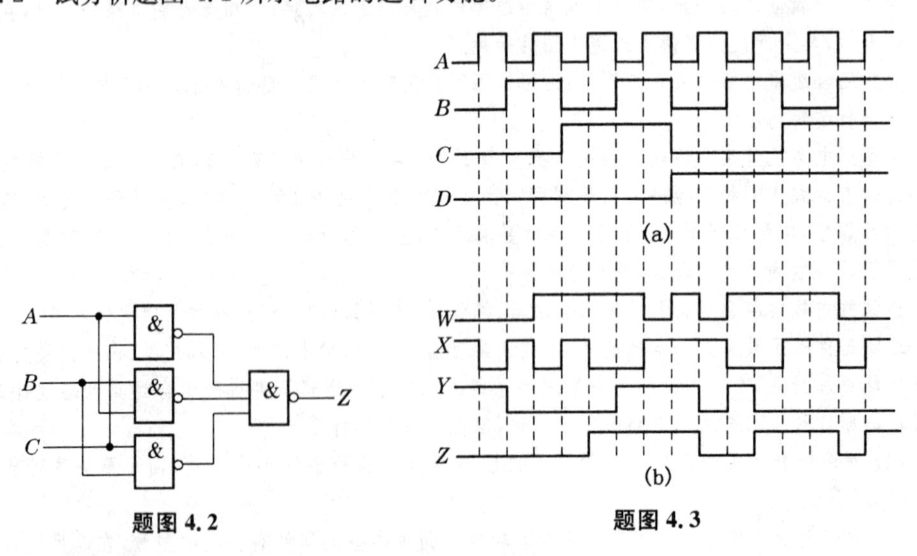

题图 4.3

4.3 设有四种组合逻辑电路，它们的输入波形 A、B、C、D 如题图 4.3(a)所示，其对应的输出波形为 W、X、Y、Z，如题图 4.3(b)所示。试分别写出它们的简化逻辑表达式。

4.4 试分析题图 4.4 所示电路的逻辑功能。

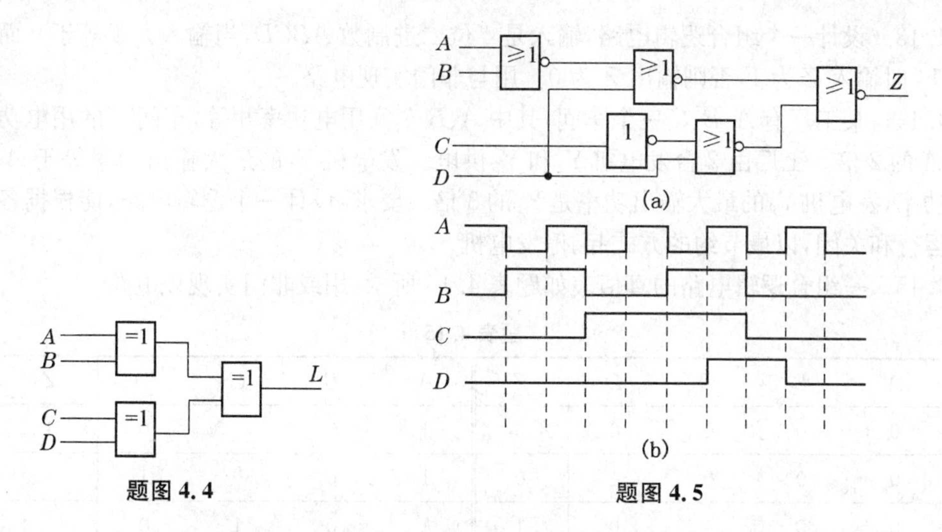

题图 4.4　　题图 4.5

4.5　画出题图 4.5(a)所示逻辑电路的输出波形。已知电路的输入波形如题图 4.5(b)所示。

4.6　试分析题图 4.6 所示电路的逻辑功能。

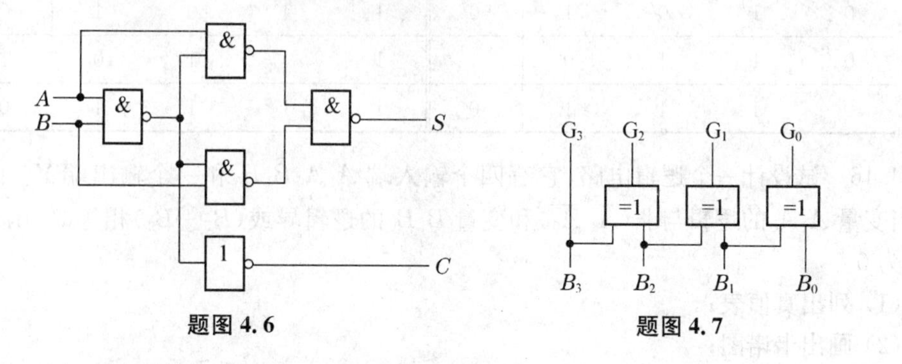

题图 4.6　　题图 4.7

4.7　试分析题图 4.7 所示电路的逻辑功能。

4.8　分析哪些输入码型可使题图 4.8 所示逻辑图中输出 F 为 1。

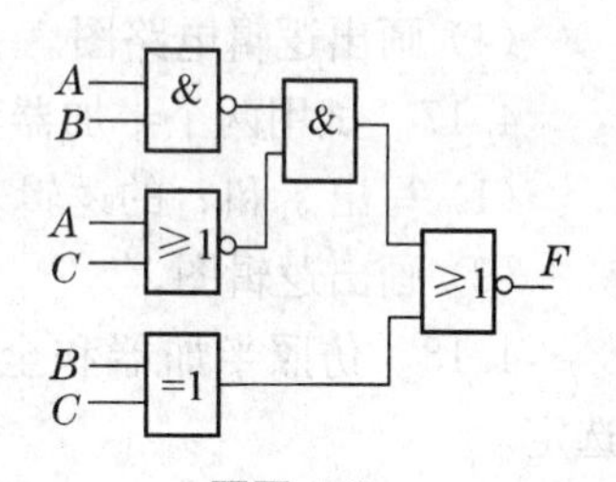

题图 4.8

4.9　某高校毕业班有一个学生还需修满 9 个学分才能毕业，在所剩的 4 门课程中，A 为 5 个学分，B 为 4 个学分，C 为 3 个学分，D 为 2 个学分。试用与非门设计一个逻辑电路，其输出为 1 时表示该生能顺利毕业。

4.10　设计一个 4 输入、4 输出的逻辑电路，要求当控制信号 $C=0$ 时输出信号状态与输入信号状态相反；当控制信号 $C=1$ 时输出信号状态与输入信号状态相同。

4.11　设计一个电子保险锁，该锁有 3 个按钮 A、B、C，只有按钮 B、C 同时按下时锁才能打开，其他情况下锁不开，并自动报警(除 A、B、C 都不按)。

4.12　设计一个电灯控制电路。要求：在三个不同的位置上控制同一盏电灯，任何一个开关拨动都可以使灯的状态发生改变，即：如果原来灯亮，任意拨动一个开关，灯灭；如果原来灯灭，任意拨动一个开关，灯亮。

4.13 设计一个组合逻辑电路，输入是4位二进制数$ABCD$，当输入大于等于9而小于等于14时输入Z为1，否则输出Z为0。用与非门实现电路。

4.14 某工厂有A、B、C三个车间，其中A、B车间用电功率相等，车间C的用电功率是车间A的2倍。工厂由2台发电机Y_1和Y_2供电。发电机Y_1的最大输出功率等于A车间用电功率，发电机Y_2的最大输出功率是Y_1的3倍。要求：设计一个逻辑电路，能根据各个车间的运行和关闭，以最节约的方式起、停发电机。

4.15 一组合逻辑电路的真值表如题表4.15所示，用或非门实现该电路。

题表 4.15

A	B	C	D	Z	A	B	C	D	Z
0	0	0	0	0	1	0	0	0	1
0	0	0	1	0	1	0	0	1	1
0	0	1	0	1	1	0	1	0	1
0	0	1	1	0	1	0	1	1	1
0	1	0	0	0	1	1	0	0	1
0	1	0	1	0	1	1	0	1	0
0	1	1	0	1	1	1	1	0	1
0	1	1	1	0	1	1	1	1	0

4.16 试设计一个逻辑电路，它有四个输入端$A_1A_0B_1B_0$和一个输出端Y。电路功能为：当变量A_1A_0的逻辑与非($\overline{A_1\ A_0}$)和变量B_1B_0的逻辑异或($B_1 \oplus B_2$)相等时，函数$Y=1$；否则为0。

(1) 列出真值表；

(2) 画出卡诺图；

(3) 写出逻辑表达式并化简；

(4) 画出逻辑电路图。

4.17 试用两个半加器和一个或门构成一个全加器。

(1) 写出s_1和c_1的逻辑表达式；

(2) 画出逻辑图。

4.18 仿照半加器和全加器的原理，试设计半减器和全减器，所用的元器件由自己选定。

4.19 试用全加器将两位8421BCD码转换为等值的二进制数。

4.20 能否用一片4位并行加法器74HC283将余3码转换成8421的二-十进制代码？若可能，请画出连线图。

4.21 使用4位全加器构成二-十进制8421BCD码表示的1位十进制数减法器。注意十进制数借位数的含义与十六进制数的区别。

4.22 使用4位超前进位加法器构成二-十进制8421BCD码表示的两位十进制数加法器。

4.23 试用若干片74×283构成一个12位二进制加法器，画出连接图。此加法器能否用 74×182 构成超前进位的级联方式，为什么？

4.24　试用若干片 74×182 构成一个 16 位全超前进位产生器，画出逻辑示意图。

4.25　确定题图 4.25 所示组合逻辑电路的输出状态(其中 K 分别为 0 和 1)。

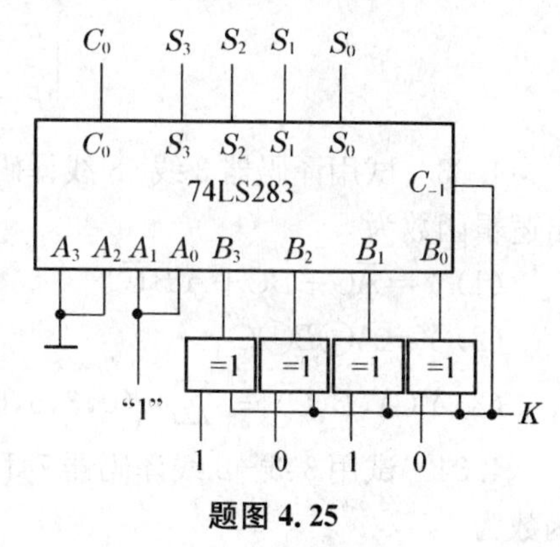

题图 4.25

4.26　优先编码器 CD4532 的输入端 $I_1=I_3=I_5=1$，其余输入端均为 0。试确定其输出 $Y_2Y_1Y_0$。

4.27　试用与非门设计一个四输入的优先编码器，要求输入、输出及工作标志均为高电平有效，列出真值表，画出逻辑图。

4.28　试用一片 8 线-3 线优先编码器 74LS148 和外加门构成 8421BCD 码编码器。已知 74LS148 的逻辑功能如题表 4.28 所示，其中$\overline{I_0}$～$\overline{I_7}$分别代表十进制数 0～7，脚标越大，优先权越高，$\overline{ST}$是使能输入端；$\overline{Y_2}$～$\overline{Y_0}$为编码输出端，YS 是使能输出端，$\overline{Y_{EX}}$是扩展输出端。此两端都用于扩展编码器功能。

题表 4.28

$\overline{ST}$	$\overline{I_0}$	$\overline{I_1}$	$\overline{I_2}$	$\overline{I_3}$	$\overline{I_4}$	$\overline{I_5}$	$\overline{I_6}$	$\overline{I_7}$	$\overline{Y_2}$	$\overline{Y_1}$	$\overline{Y_0}$	$\overline{Y_{EX}}$	$\overline{Y_S}$
1	×	×	×	×	×	×	×	×	1	1	1	1	1
0	1	1	1	1	1	1	1	1	1	1	1	1	0
0	×	×	×	×	×	×	×	0	0	0	0	0	1
0	×	×	×	×	×	×	0	1	0	0	1	0	1
0	×	×	×	×	×	0	1	1	0	1	0	0	1
0	×	×	×	×	0	1	1	1	0	1	1	0	1
0	×	×	×	0	1	1	1	1	1	0	0	0	1
0	×	×	0	1	1	1	1	1	1	0	1	0	1
0	×	0	1	1	1	1	1	1	1	1	0	0	1
0	0	1	1	1	1	1	1	1	1	1	1	0	1

4.29　试用 8 线-3 线优先编码器 74148 构成一个 16 线-4 线优先编码器。

4.30　某医院有 16 个病房，病人通过按钮开关向护士值班室紧急呼叫请求，护士值班室装有相应病房的指示灯。病房的紧急呼叫请求按第一号病房的优先级别最高，第十六号紧急呼叫请求的级别最低。即当一号病房出现紧急呼叫请求时，其他病房的请求无效，依此类推，只有第一到第十五号病房都无紧急请求时，十六号病房的请求才有效。使用 74LS148 集成芯片、适当的门电路芯片和指示器件设计实现此功能的逻辑电路。

4.31　试用一片 3 线-8 线译码器 74HC138 和适当的逻辑门实现组合逻辑函数：

$$F=\overline{A}\,\overline{B}\,\overline{C}+A\,\overline{B}\,\overline{C}+AB\overline{C}+ABC$$

4.32　试用一片 3 线-8 线译码器 74HC138 和与非门实现如下多输出逻辑函数：

$$\begin{cases} F_1=A\overline{C}+\overline{A}BC+A\overline{B}C \\ F_2=BC+\overline{A}\overline{B}C \\ F_3=\overline{A}B+A\overline{B}C \\ F_4=\overline{A}B\overline{C}+\overline{B}\overline{C}+ABC \end{cases}$$

4.33　试用译码器3线-8线译码器74LS138和门电路设计多输出组合逻辑电路，其输出逻辑函数为

(1) $Y=\overline{A}C+BC+A\overline{B}\overline{C}$

(2) $Y=A\oplus B\oplus C$

(3) $Y(A,B,C)=\sum m(0,3,5,6,7)$

4.34　试用3线-8线译码器74LS138和门电路设计多输出组合逻辑电路，其输出逻辑函数为

$$Y_1=\overline{A}\overline{B}+AB\overline{C}$$
$$Y_2=\overline{B}+C$$
$$Y_3=A\overline{B}+AB$$

4.35　2线-4线译码器74×139的输入为高电平有效，使能输入及输出均为低电平有效。试用74×139构成4线-16线译码器。

4.36　一位全加器FA和2线-4线译码器及与非门组成题图4.36所示电路。分析该电路的输出与输入关系，要求写出函数$F(A,B,C,D)$的逻辑表达式（不用化简），最终结果表示为最大项之积的形式。

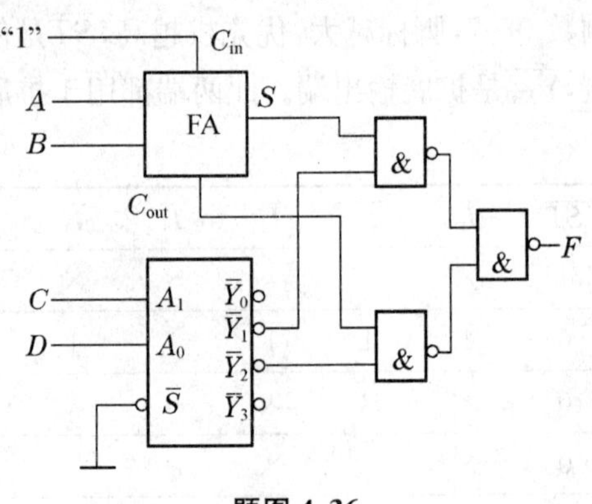

题图4.36

4.37　译码器的真值表如题表4.37所示。试用74HC138实现该译码器。

题表4.37

选择输入				译码输出									
D	*C*	*B*	*A*	0	1	2	3	4	5	6	7	8	9
0	0	0	0	0	1	1	1	1	1	1	1	1	1
0	0	0	1	1	0	1	1	1	1	1	1	1	1
0	0	1	0	1	1	0	1	1	1	1	1	1	1
0	0	1	1	1	1	1	0	1	1	1	1	1	1
0	1	0	0	1	1	1	1	0	1	1	1	1	1
1	0	0	0	1	1	1	1	1	0	1	1	1	1
1	0	0	1	1	1	1	1	1	1	0	1	1	1
1	0	1	0	1	1	1	1	1	1	1	0	1	1
1	0	1	1	1	1	1	1	1	1	1	1	0	1
1	1	0	0	1	1	1	1	1	1	1	1	1	0

4.38　用编码器、译码器、七段显示器及门电路的组合设计一个 8 人抢答电路。抢答者用琴键按键输入抢答信号，琴键按键具有自锁功能。要求电路能够显示抢答者的对应编码。

4.39　试用 3 线- 8 线译码器和两个与非门设计一位全加器的逻辑电路，输入为加数和被加数以及低位的进位，输出为和数以及向高位的进位。

4.40　试用两片题图 4.40 所示的 2 线- 4 线译码器和少量门电路扩展为 3 线- 8 线译码器。再用扩展后的 3 线- 8 线译码器和与非门设计一个真值表如题表 4.40 的逻辑电路。

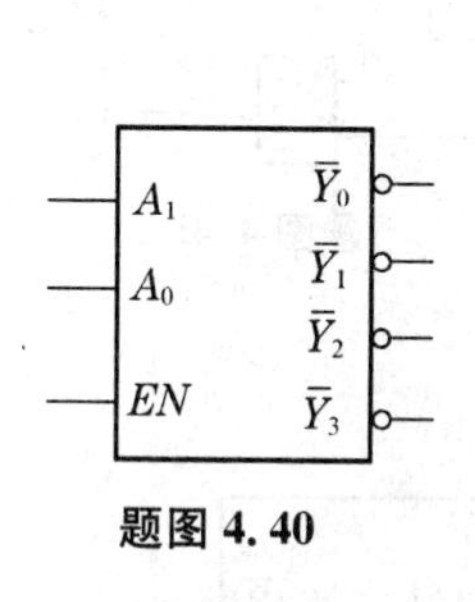

题图 4.40

题表 4.40

A_i	B_i	C_{i-1}	S_i	C_i
0	0	0	0	0
0	0	1	1	0
0	1	0	1	0
0	1	1	0	1
1	0	0	1	0
1	0	1	0	1
1	1	0	0	1
1	1	1	1	1

4.41　试用 4 选 1 数据选择器分别实现下列逻辑函数：

(1) $L_1 = F(A,B) = \sum m(0,1,3)$

(2) $L_2 = F(A,B,C) = \sum m(0,1,5,7)$

(3) $L_3 = AB + BC$

(4) $L_4 = A\overline{B}C + \overline{A}(\overline{B} + \overline{C})$

4.42　试用 8 选 1 数据选择器 74151 分别实现下列逻辑函数：

(1) $L_1 = F(A,B,C) = \sum m(0,1,4,5,7)$

(2) $L_2 = F(A,B,C,D) = \sum m(0,3,5,8,13,15)$

(3) $Y = A\overline{B} + B\overline{C} + C\overline{D} + \overline{A}D$

(4) $Y(A,B,C,D) = \sum m(0,2,3,5,6,8,10,12)$

4.43　由译码器 74138 和 8 选 1 数据选择器 74151 组成如题图 4.43 所示的逻辑电路。$X_2X_1X_0$ 及 $Z_2Z_1Z_0$ 为两个 3 位二进制数。试分析电路的逻辑功能。

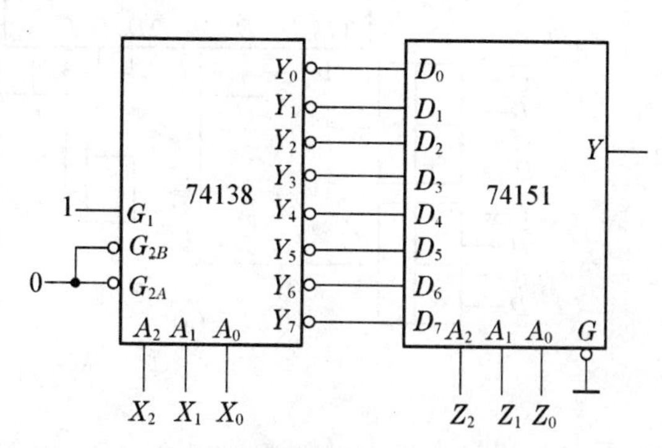

题图 4.43

4.44　试用双 4 选 1 数据选择器 74LS153 设计组合逻辑电路，其输出逻辑函数为

$$Y_1(A,B,C) = \sum m(1,4,6,7)$$

$Y_2(A,B,C)=\sum m(3,5,6,7)$

4.45 用4选1数据选择器构成的电路如题图4.45所示。

(1) 分析电路，写出 $AB=00,01,10,11$ 四种情况下 Y 的最简表达式。

(2) 将 Y 化为形如图 $Y(A,B,C,D)=\sum m_i$ 的标准与-或形式。

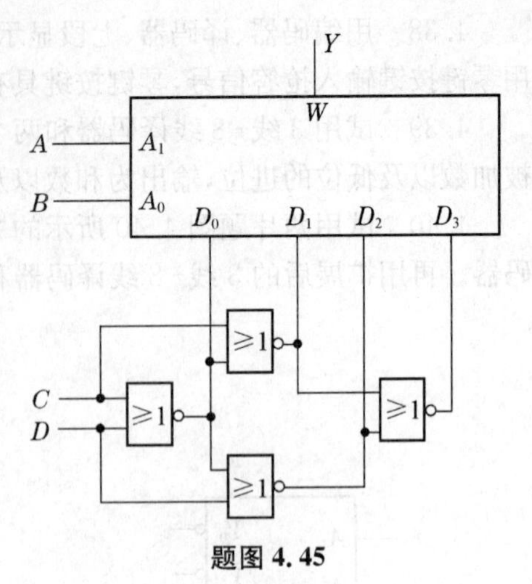

题图 4.45

4.46 已知某电路输入信号 A,B,C 和输出信号 Y 的波形如题图4.46所示。

(1) 写出输出 $Y(A,B,C)$ 的逻辑表达式。

(2) 试用如图所示的8选1数据选择器74151实现逻辑函数 Y，画出接线图。

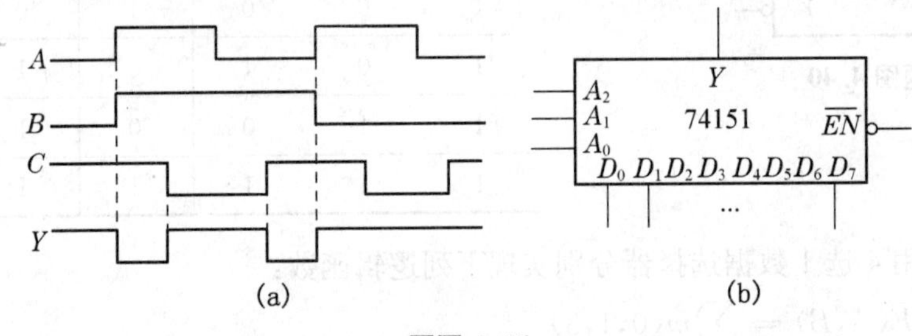

题图 4.46

4.47 双4选1数据选择器和门电路构成的电路如题图4.47(a)所示。

(1) 写出输出函数 Y_1、Y_2 的最简与-或表达式。

(2) 用3线-8线译码器74LS138实现函数 Y_1，画出接线图。74LS138逻辑符号如题图4.47(b)所示。

(3) 采用集电极开路与非门实现函数 Y_2，画出逻辑电路图。

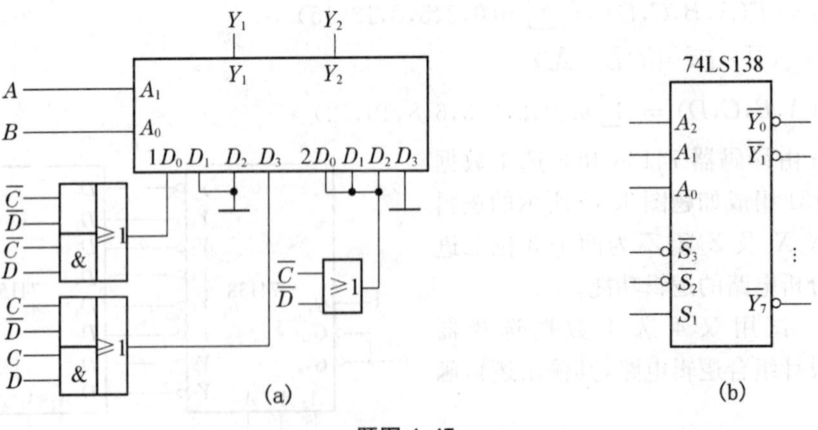

题图 4.47

4.48 设计一个多功能逻辑组合电路，电路功能如题表4.48所示。其中 M_1、M_0 为多功能选择信号，A、B 为输入逻辑变量，F 为输出逻辑变量。试用题图 4.48 所示 8 选 1 数据选择器和门电路实现该电路，要求 $A_2A_1A_0=M_1M_0A$。

题表 4.48

M_1	M_0	F
0	0	$\overline{A+B}$
0	1	$\overline{AB}$
1	0	$A\oplus B$
1	1	$\overline{A\oplus B}$

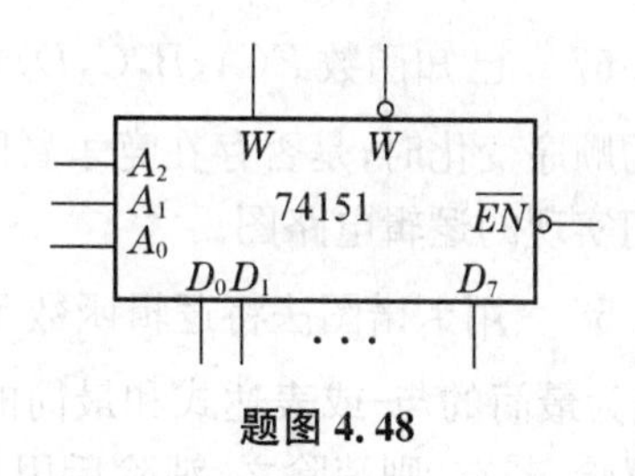

题图 4.48

4.49　先将双 4 选 1 多路数据选择器 74LS153 和最少的门电路扩展成 8 选 1 的多路选择器。再用该选择器设计一个 BCD 码识别电路，要求当输入信号 $0000\leqslant DCBA\leqslant 1001$ 时输出 $Z=1$，其他情况输出 $Z=0$。74LS153 功能表、逻辑框图如题表 4.49 和题图 4.49 所示。

题表 4.49

$\overline{E}$	A_1	A_0	Y
1	×	×	0
0	0	0	D_0
0	0	1	D_1
0	1	0	D_2
0	1	1	D_3

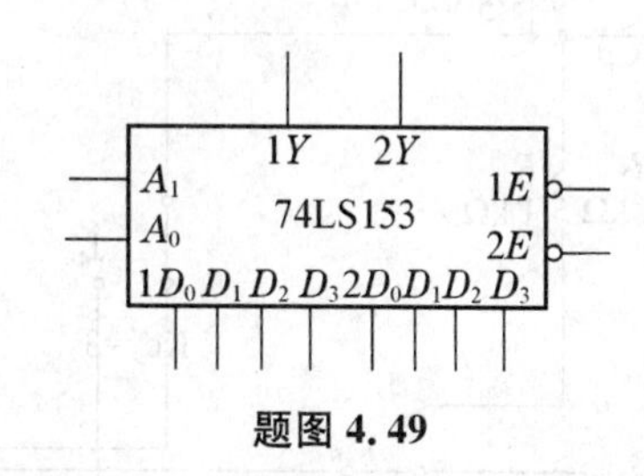

题图 4.49

4.50　若用 4 位数值比较器 74LS85 组成十位数值比较器，需要用几片？各片之间如何连接？

4.51　试用两个 4 位数值比较器组成三个数的判断电路。要求能够判别三个 4 位二进制数 $A(a_3a_2a_1a_0)$、$B(b_3b_2b_1b_0)$、$C(c_3c_2c_1c_0)$ 是否相等？A 是否最大？A 是否最小？并分别给出“三个数相等”、“A 最大”、“A 最小”的输出信号。可以附加必要的门电路。

4.52　试设计一个 8 位相同数值比较器，当两数相等时，输出 $L=1$，否则 $L=0$。

4.53　试用数值比较器 74HC85 设计一个 8421BCD 码有效性测试电路，当输入为 8421BCD 码时，输出为 1，否则为 0。

4.54　试用数值比较器 74HC85 和必要的逻辑门设计一个 8421BCD 码有效性测试电路，当输入为余 3 码时，输出为 1，否则为 0。

4.55　判断下列逻辑函数是否有可能产生竞争冒险，如有可能，应如何消除。

(1) $L_1(A,B,C,D)=\sum(5,7,13,15)$

(2) $L_2(A,B,C,D)=\sum(5,7,8,9,10,11,13,15)$

(3) $L_3(A,B,C,D)=\sum(0,2,4,6,8,10,12,14)$

(4) $L_4(A,B,C,D)=\sum(0,2,4,6,12,13,14,15)$

4.56 用无竞争冒险的两级与非门电路实现下列函数：

(1) $F(A,B,C,D)=\sum m(1,3,5,7\sim 12)$

(2) $F(A,B,C,D)=\sum m(0\sim 3,5,8,12,13,14)$

4.57 已知函数 $F(A,B,C,D)=\sum m(2,6\sim 9,12\sim 15)$，试判断当输入变量按二进制码的顺序变化时，是否存在竞争冒险现象。若存在，请用增加选通脉冲法消除之。画出用与非门实现的逻辑电路图。

4.58 用卡诺图法将逻辑函数 $Y(ABCD)=\sum m(1,4,5,12,13,15)+\sum d(0,2,11,14)$ 化为最简的与-或表达式和最简的或-与表达式，并分析化简后的与-或表达式是否存在逻辑冒险，若有，则消除之。消除后用与非门设计出逻辑函数。

4.59 用两块 8 线- 3 线优先编码器 74LS148D 设计 16 线- 4 线优先编码电路，再用 Multisim 10 仿真实验验证 16 线- 4 线优先编码的逻辑功能。然后再用两块 3 线- 8 线译码器 74LS138D 设计 4 线- 16 线译码器，最后仿真验证 4 线- 16 线译码逻辑功能。参考仿真电路如题图 4.59 所示。

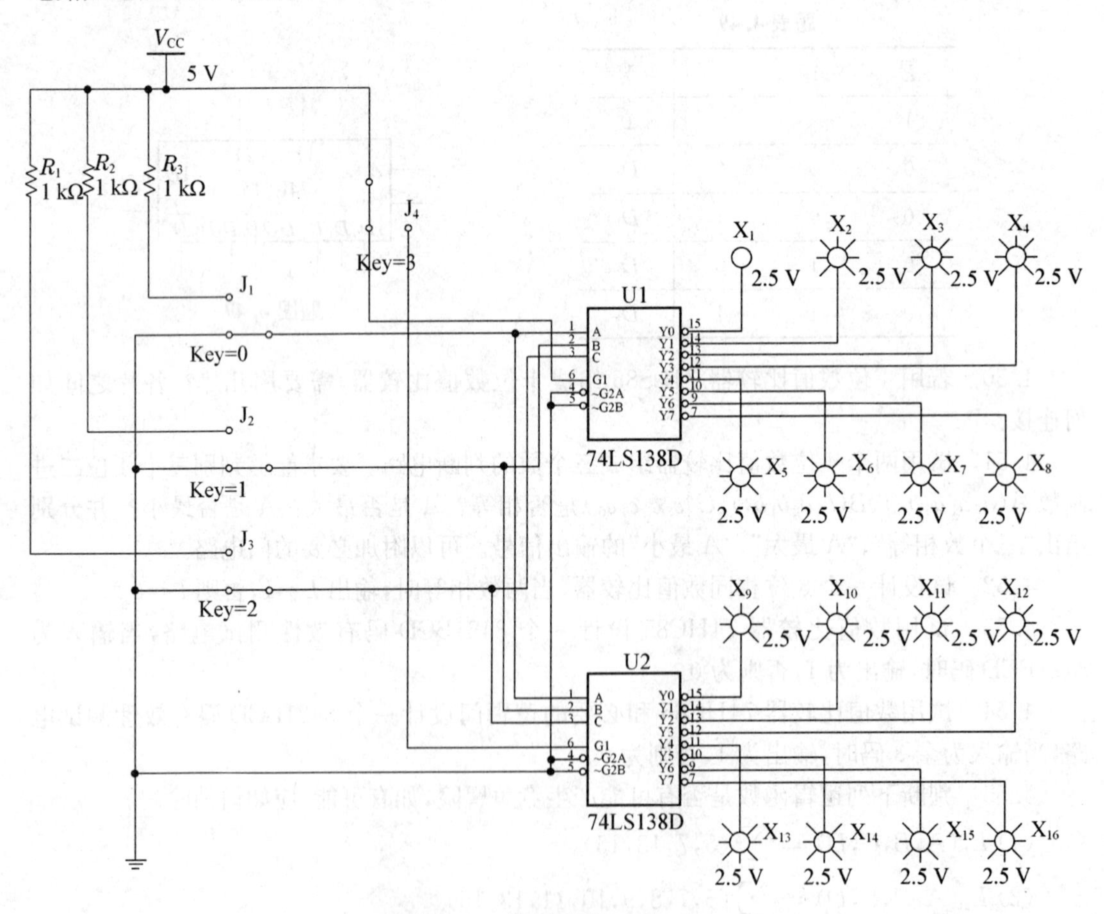

题图 4.59

第5章 集成触发器

本章学习目的和要求

1. 掌握触发器的概念;
2. 熟悉触发器的电路结构和动作特点;
3. 掌握各类触发器的逻辑功能和描述方法;
4. 理解触发器的工作原理;
5. 掌握各类触发器之间的转换,如JK触发器转换为D触发器或T触发器等。

触发器是时序逻辑电路中完成记忆功能的电路,是最基本的时序逻辑电路。集成触发器的应用非常广泛。本章首先介绍基本RS触发器的电路构成与逻辑功能,接着讲述不同逻辑功能的同步触发器、边沿触发器、主从触发器的电路构成及其工作原理,然后讨论不同逻辑功能触发器之间的相互转换,最后用Multisim实现JK触发器、D触发器,并通过实例讲述了触发器的应用以及转换。

5.1 概 述

在前面章节里,所讨论的各种集成电路均属于组合逻辑电路。在数字系统中,除了能够进行逻辑运算和算术运算的组合逻辑电路外,还需要具有记忆功能的时序逻辑电路。实现时序逻辑电路记忆功能的基本逻辑单元就是触发器。我们把能够存储一位二值信号的基本电路称为触发器。

触发器分为双稳态、单稳态和无稳态触发器,在数字系统中,我们广泛使用的是双稳态触发器。因此,本章所介绍的都是双稳态触发器,即其输出有两个稳定状态,分别用二进制信息0和1来表示。

一个触发器通常有一个或多个信号输入端,而输出端为2个互补的信号Q、$\overline{Q}$。一般用Q的状态表明触发器的状态,当$Q=0$、$\overline{Q}=1$时称触发器为0态;当$Q=1$、$\overline{Q}=0$时则称触发器为1态。如在某种状态下使得$Q=\overline{Q}$,则破坏了触发器的状态,这种情况在实际应用中是不允许出现的。

为了实现记忆功能,触发器必须具有三个基本特性:① 有两个稳态,可分别表示二进制数码0和1,无外触发时可维持稳态;② 外触发下,两个稳态可相互转换(称翻转),已转换的稳定状态可长期保持下来,这就使得触发器能够记忆二进制信息,常用作二进制存储单元;③ 有两个互补输出端,其输出状态不仅与输入有关,还与原先的输出状态有关。

触发器具有不同的逻辑功能,在电路结构和触发方式方面也有不同的种类。在分析触发器的功能时,一般可用功能表、特性方程和状态图来描述其逻辑功能。研究触发方式时,主要是分析其输入信号的加入与触发脉冲之间的时间关系。

根据分类依据的不同，触发器有不同的分类：

(1) 根据触发器电路结构形式的不同，可分为基本RS触发器、同步RS触发器、主从触发器、维持阻塞触发器、CMOS边沿触发器等。不同的电路结构有不同的动作特点。

(2) 根据触发器逻辑功能的不同，可分为RS触发器、JK触发器、T触发器和D触发器等。

(3) 根据触发方式的不同，又分为电平触发、主从触发和边沿触发等类型。

同一种触发方式可以实现不同逻辑功能的触发器，如边沿触发方式可以有D触发器，也可以有JK触发器。同一种逻辑功能的触发器也可以用不同的触发方式来实现，如D触发器有同步D触发器，也有维持阻塞D触发器。

5.2 基本RS触发器

基本RS触发器是各种触发器中电路结构最简单的触发器，也是构成其他触发器的基本组成部分。在数字电路中，凡根据输入信号R、S的不同，具有置0、置1和保持功能的电路，都称为RS触发器。

基本RS触发器有多种构成方式，可以由与非门组成，也可以由或非门组成。基本RS触发器主要作为中、大规模集成电路的基本记忆单元使用，小规模RS触发器很少单独使用。

5.2.1 由与非门组成的基本RS触发器

1. 电路结构

把两个与非门G_1、G_2的输入、输出端交叉相连，即可构成基本RS触发器，它与组合逻辑电路的不同点在于，电路中有反馈线，即门电路的输入、输出端交叉耦合，其逻辑电路如图5.2.1(a)所示。由图可知，它有两个输入端R、S，两个输出端Q、$\overline{Q}$。S端为置位端(set)，R端为复位端(reset)。该触发器有两个稳定状态，即两个输出端Q和$\overline{Q}$的状态是互补的。当输入信号变化时，触发器可以从一个稳态转换到另一个稳态。为了区分输入信号变化前后触发器的不同状态，把输入信号作用前的触发器状态称为现态，用Q^n表示；把输入信号作用后的触发器状态称为次态，用Q^{n+1}表示。

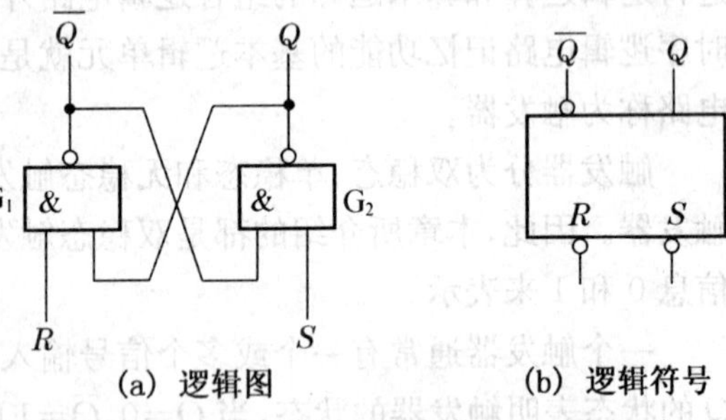

图5.2.1 两与非门组成的基本RS触发器

根据与非门的逻辑关系可得其逻辑表达式为

$$Q=\overline{S\overline{Q}} \tag{5.2.1}$$

$$\overline{Q}=\overline{RQ} \tag{5.2.2}$$

2. 工作原理

讨论触发器的工作原理，就是分析触发器的状态Q和输入信号之间的逻辑关系。根据输入信号R、S的不同状态，可分为以下四种情况讨论：

当$R=1$、$S=0$时，由式(5.2.1)可知，当$S=0$时，不论$\overline{Q}$为何值，都有$Q=1$；再由式(5.2.2)可知，当$R=1$、$Q=1$时，$\overline{Q}=0$。我们把$Q=1$、$\overline{Q}=0$这种状态称触发器处于1态。$S=0$、$R=1$使触发器置1，或称置位。因为置位的决定性条件是$S=0$，所以S端称为置1端。

当$R=0$、$S=1$时，同理可以得到，$Q=0$，$\overline{Q}=1$。我们把$Q=0$、$\overline{Q}=1$称触发器处于0态。$R=0$、$S=1$使触发器置0，或称复位。同理，R端称为置0端。

若触发器原来为1态，欲使之变为0态，则必须使R端的电平由1变0，S端的电平由0变为1，即上面所述的复位状态。这里所加的输入信号(低电平)称为触发信号。由触发信号引起的转换过程称为翻转。因为这里的触发信号是电平，因此这种触发器称为电平控制触发器。从功能方面看，它只能在S和R的作用下置1或置0，所以又称为置0置1触发器，或称为置位复位触发器。

基本RS触发器的逻辑符号如图5.2.1(b)所示，两输入端的边框外侧都画有小圆圈，表示两输入端都是低电平有效。

当$R=S=1$时，代入式(5.2.1)和式(5.2.2)可得，两个与非门G_1、G_2的状态由原来的Q和$\overline{Q}$决定，因此触发器维持原来状态不变。触发器保持状态时，输入端都加非有效电平(高电平)，需要触发翻转时，按要求在某一输入端加一负脉冲，例如在R端加负脉冲使触发器置0，完成复位功能，该脉冲信号回到高电平后，触发器仍保持复位状态，相当于把R端某一时刻的电平信号存储起来，触发器的记忆功能就体现在这。

当$R=S=0$时，代入式(5.2.1)和式(5.2.2)可知，两个与非门的输出端Q和$\overline{Q}$全为1，在两个输入信号都同时撤去(回到1)后，由于两个门的传输延时时间不能预先确定，所以无法断定触发器将回到0态还是1态，因此这种状态为不定状态，在实际应用中不允许出现。

3. 功能表

由上面的分析可以得到与非门构成的基本RS触发器的功能如表5.2.1所示。

表5.2.1　由两个与非门组成的基本RS触发器的功能表

R	S	Q
1	0	1
0	1	0
1	1	不变
0	0	不定

也可以进一步化为特性表。反映触发器次态Q^{n+1}与输入信号及现态Q^n之间对应关系的表格称为特性表，如表5.2.2所示。

表5.2.2　用两个与非门组成的基本RS触发器的特性表

R	S	Q^n	Q^{n+1}	功能
0	0	0	不用	不允许
0	0	1	不用	不允许
0	1	0	0	置0
0	1	1	0	置0

（续表）

R	S	Q^n	Q^{n+1}	功能
1	0	0	1	置 1
1	0	1	1	置 1
1	1	0	0	保持
1	1	1	1	保持

4. 特性方程

由特性表可得由与非门构成的基本 RS 触发器的次态 Q^{n+1} 与输入 R、S 及现态 Q^n 之间的逻辑关系式如下：

$$\begin{cases} Q^{n+1}=\overline{S}+RQ^n \\ S+R=1 \end{cases} \tag{5.2.3}$$

5.2.2 由或非门组成的基本 RS 触发器

由两个或非门也可以构成基本 RS 触发器，它的逻辑功能和与非门构成的基本 RS 触发器相同，只是电路结构、工作原理稍有不同。

1. 电路结构

把两个或非门 G_1、G_2 的输入、输出端交叉相连，也可构成基本 RS 触发器。其逻辑电路如图 5.2.2(a)所示，它有两个输入端 R、S 和两个输出端 Q、$\overline{Q}$。其逻辑符号如图 5.2.2(b)所示，因为这种触发器的触发信号是高电平有效，因此在逻辑符号方框外侧的输入端处没有小圆圈。

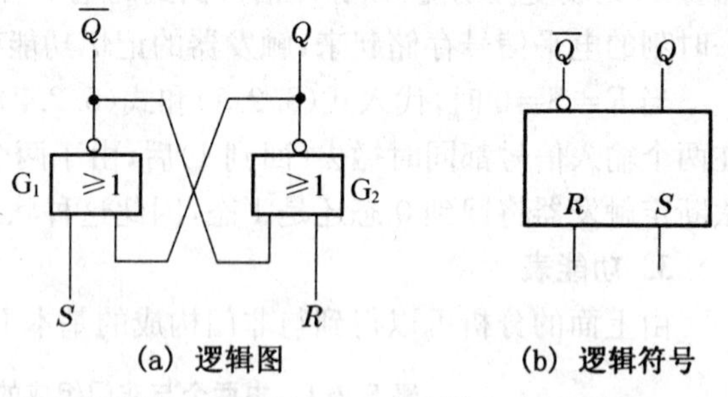

(a) 逻辑图　　(b) 逻辑符号

图 5.2.2　两或非门组成的基本 RS 触发器

根据或非门的逻辑关系可得其逻辑表达式为

$$Q=\overline{R+\overline{Q}} \tag{5.2.4}$$

$$\overline{Q}=\overline{S+Q} \tag{5.2.5}$$

2. 工作原理

根据输入信号 R、S 的不同状态，可分为以下四种情况讨论。现分析如下：

当 $R=1$、$S=0$ 时，代入式(5.2.4)可知，当 $R=1$ 时，不论 $\overline{Q}$ 为何值，都有 $Q=0$；再由式(5.2.5)可知，当 $S=0$、$Q=0$ 时，$\overline{Q}=1$。触发器处于 0 态，R 端为置 0 端。

当 $R=0$、$S=1$ 时，由于电路的对称性可得，$Q=1$，$\overline{Q}=0$。触发器处于 1 态，S 端为置 1 端。

当 $R=S=1$ 时，根据上述两式，$Q=\overline{Q}=0$，触发器处于既非 1，又非 0 的不确定状态。若 S 和 R 同时回到 0，则无法预先确定触发器将回到 1 状态还是 0 状态。因此，在正常工作时，输入信号应避免同时为 1 的状态。

当 $R=S=0$ 时，由上述两式可知，这两个输入信号对两或非门的输出 Q 和 $\overline{Q}$ 不起作用，电路状态保持不变。

3. 功能表

由上面的分析可以得到或非门构成的基本 RS 触发器的功能如表 5.2.3 所示。

表 5.2.3　用两个或非门组成的基本 RS 触发器的功能表

R	S	Q
1	0	0
0	1	1
1	1	不定
0	0	不变

同样可以得到特性表，如表 5.2.4 所示。

表 5.2.4　用两个或非门组成的基本 RS 触发器的特性表

R	S	Q^n	Q^{n+1}	功能
0	0	0	0	保持
0	0	1	1	保持
0	1	0	1	置 1
0	1	1	1	置 1
1	0	0	0	置 0
1	0	1	0	置 0
1	1	0	不用	不允许
1	1	1	不用	不允许

4. 特性方程

由特性表可得由或非门组成的基本 RS 触发器的逻辑关系式如下：

$$\begin{cases} Q^{n+1}=S+\overline{R}Q^n \\ SR=0 \end{cases} \tag{5.2.6}$$

无论是与非门构成的基本 RS 触发器，还是或非门构成的基本 RS 触发器都具有以下特点：

(1) 结构简单。只要把两个与非门或者或非门交叉连接起来即可，是触发器的基础结构形式。

(2) 具有置 0、置 1 和保持功能。

(3) 电平直接控制，即在输入信号存在期间，其电平直接控制着触发器输出端的状态。这不仅给触发器的使用带来了不方便，而且导致电路抗干扰能力下降。

(4) R、S 之间有约束。在由与非门构成的的基本 RS 触发器中，当违反约束条件即 $R=S=0$ 时，Q 端和 $\overline{Q}$ 端都将为高电平；在由或非门构成的电路中，当 $R=S=1$ 时，出现的是 Q 端和 $\overline{Q}$ 端均为低电平的情况。显然，这个缺点也限制了基本 RS 触发器的使用。

下面通过例题来加深对基本 RS 触发器的理解。

【例 5.2.1】 用基本 RS 触发器和与非门构成四位二进制数码寄存器。

解 数码寄存器在数字系统中经常用到，数码寄存器就是用来存放数码的部件。一个基本 RS 触发器能存储 1 位二进制码。如果要存放多位二进制码，可以用多个触发器完成。一个 4 位的数码寄存器逻辑图如图 5.2.3 所示，它由 4 个基本 RS 触发器和 4 个与非门组成，其工作原理如下：

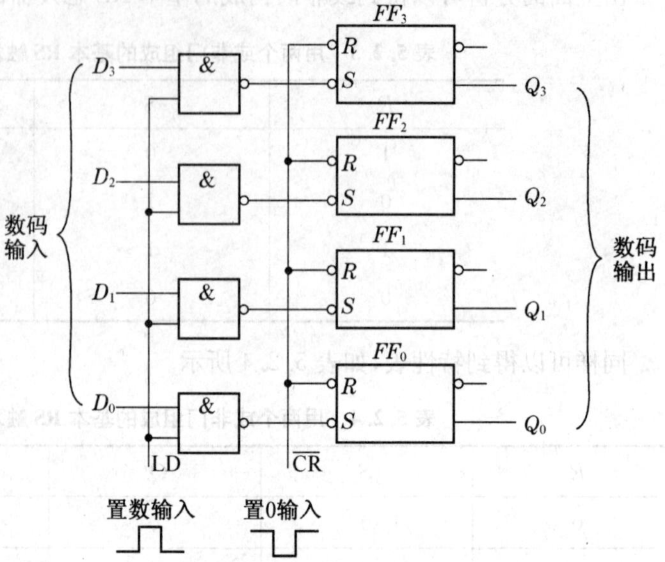

图 5.2.3 数码寄存器

数码寄存器有两个控制信号：清零指令 $\overline{CR}$ 和置数指令 LD，4 个输入端 $D_0 \sim D_3$；4 个输出端 $Q_0 \sim Q_3$，清零是低电平有效，置数是高电平有效。

清零过程：清零时，$\overline{CR}$ 加低电平，LD 加低电平。这时 4 个与非门的输出均为高电平，即各触发器的 S 端为高电平，而 R 端均为低电平，使触发器 $FF_0 \sim FF_3$ 的输出 $Q_0 \sim Q_3$ 均为 0 态。$\overline{CR}$ 信号撤去(高电平)后，R、S 均为高电平，触发器转为保持状态。

置数过程：在清零过后，$\overline{CR}$ 为高电平，LD 端加有效电平(高电平)，使各与非门打开，$D_0 \sim D_3$ 以反码方式加到对应触发器的 S 端。若 $D=0$，该与非门的输出为 1，此时相对应触发器 $R=1$，$S=1$，触发器状态不变，为 0 态。若 $D=1$，该与非门的输出为 0，此时相对应触发器 $R=1$，$S=0$，触发器置 1。由此可以看出各触发器的状态 $Q_0 \sim Q_3$ 与 $D_0 \sim D_3$ 的状态一致。在 LD 信号撤去(回到低电平)后，又回到保持状态，且 LD 将与非门封锁，这就是置数过程。

需要注意的是，置数必须在清零之后进行，否则可能出错。例如，若 FF_0 原来的状态为 1，现在要换成 0，如果事先未置 0，则由于 $R=1$，$S=1$，触发器处于保持状态，FF_0 不能翻转到 0。

【例 5.2.2】 运用基本 RS 触发器消除机械开关触点抖动引起的脉冲输出。

解 机械开关是数字电路中经常使用的一种开关器件，由机械触点实现开关的闭合与断开。机械开关的种类很多，有按键、拨动开关、继电器等，常常用作数字系统的逻辑电平输入装置。机械开关是靠弹簧力接触的。在机械开关接通或断开瞬间，触点由于机械的弹性振颤，会经过多次跳动最后才能稳定下来。因此，在开关处于悬空状态和接触状态之间就产生了噪声(如图 5.2.4 所示)，将其称为抖动，即电路在短时间内多次接通和断开，使 V_O 的逻辑电平多次在 1 和 0 之间跳变。这些抖动持续的时间很短，在几十毫秒以内，一般为 5～10 ms，不易被使用者发现。但如果将此时的 V_O 直接送入后级门电路中，有可能会对后级门电路的输出造成影响。所以在设计数字系统时，要消除机械开关抖动所引起的不良影响。消除机械开关的抖动有软件和硬件两种方法，硬件法适合于开关数目较少的场合；软件法适合于开关数目较多的场合。下面讨论用硬件方法消除单刀双掷开关抖动影响的方案。

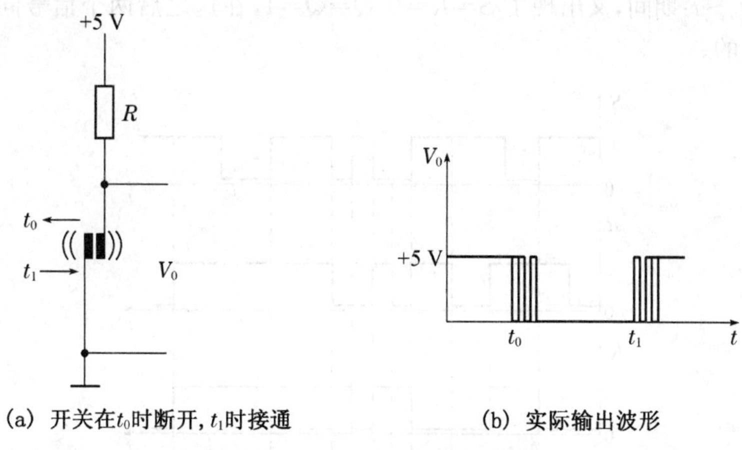

(a) 开关在t_0时断开，t_1时接通　　(b) 实际输出波形

图 5.2.4　机械开关的抖动现象

图 5.2.5(a)所示是解决机械开关抖动现象的一种硬件方案，它利用基本 RS 触发器的记忆功能消除开关触点振动所产生的影响，称为去抖动电路。单刀双掷开关的 B 点与基本 RS 触发器的 R 端相连，A 点与 S 端相连。基本 RS 触发器的输出 Q 作为整个开关电路的输出。假设开关原来与 B 点接通，R 为 0，S 为 1，触发器置 0，$Q=0$。当开关由 B 拨向 A 时，有一瞬间，开关离开 B 还没到 A，此时 R、S 均为 1，触发器处于保持状态，Q 不变。当开关与 A 点闭合瞬间，此时的 B 点已为高电平，R 为 1，即使 A 点出现抖动，只要在 A 点出现低电平，S 为 0，触发器就置 1，$Q=1$。即使由于抖动在 A 点产生了高电平，此时 $R=1$，$S=1$，触发器的状态仍保持原来的状态不变。输出波形图如图 5.2.5(b)所示。同理，当将开关由 A 拨向 B 的过程中，只要在 B 点出现低电平，Q 就为 0。这样，当开关与 A 点闭合时，Q 端输出的是稳定的高电平，当开关与 B 点闭合，Q 端输出的是稳定的低电平。从而消除了抖动现象。同样，用或非门构成的基本 RS 触发器也可达到消除抖动的效果。

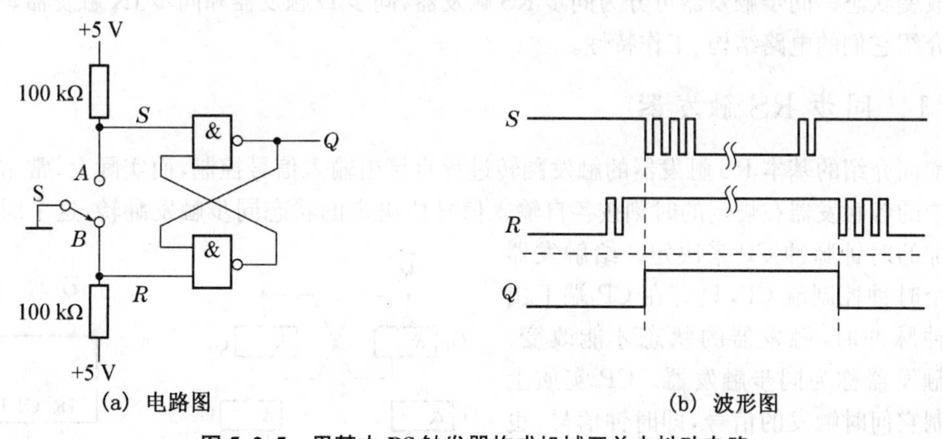

(a) 电路图　　(b) 波形图

图 5.2.5　用基本 RS 触发器构成机械开关去抖动电路

【例 5.2.3】　在由与非门构成的基本 RS 触发器电路中，已知 R 和 S 的电压波形如图 5.2.6 所示，试画出 Q 和 $\overline{Q}$ 端对应的电压波形。

解　按照表 5.2.1 和表 5.2.2 可以较容易地画出 Q 和 $\overline{Q}$ 端的波形图，但需要区别：在 $t_3 \sim t_4$ 期间，$S=R=0$，$Q=\overline{Q}=1$，但由于 R 首先回到了高电平，所以触发器的次态是可以确定的，但是在 $t_6 \sim t_7$ 期间，又出现了 $S=R=0, Q=\overline{Q}=1$，在这之后两个信号同时撤消，所以状态是不确定的。

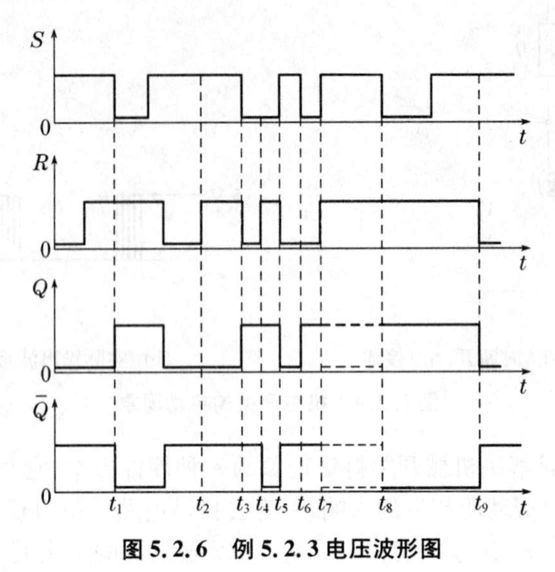

图 5.2.6 例 5.2.3 电压波形图

5.3 同步触发器

在数字系统中，为了协调各部分的动作，常常要求触发器按一定的节拍同步动作。为此，必须引入同步信号，使触发器仅在同步信号到达时按输入信号改变状态。通常把这个同步信号叫做时钟脉冲(CP)，简称时钟。具有时钟脉冲控制的触发器称为同步触发器，又称为钟控触发器、时钟触发器。这种触发器只有在时钟脉冲到来时，输出端才根据这时的输入信号改变状态。同步触发器可分为同步 RS 触发器、同步 D 触发器和同步 JK 触发器。下面分别介绍它们的电路结构、工作特性。

5.3.1 同步 RS 触发器

前面介绍的基本 RS 触发器的触发翻转过程直接由输入信号控制，而实际上，常常要求系统中的各触发器在规定的时刻按各自输入信号所决定的状态同步触发翻转，这个时刻可由外加的时钟脉冲 CP 来决定。给触发器加一个时钟控制端 CP，只有在 CP 端上出现时钟脉冲时，触发器的状态才能改变。这种触发器称为同步触发器。CP 实质上是控制它何时触发的信号，即时钟信号，也有的教材上称为锁存使能信号，用 E 表示。同步 RS 触发器是在基本 RS 触发器的基础上增加 2 个与非门构成的，其逻辑电路及逻辑符号如图 5.3.1 所示。

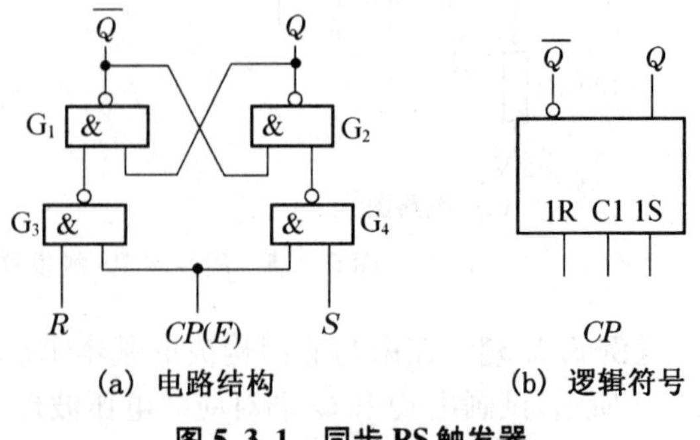

图 5.3.1 同步 RS 触发器

由图可知，这是由 4 个与非门构成的同步 RS 触发器。与非门 G_1 和 G_2 构成基本 RS 触发器,与非门 G_3 和 G_4 构成控制电路。S 和 R 分别作用于 G_4 和 G_3,CP 同时作用于 G_3 和 G_4。

当 CP 为0时,控制门 G_3、G_4 关闭,且其输出均为1,R、S 不会影响触发器的状态。只有当 CP 为1时,控制门 G_3、G_4 打开,将 R、S 端的信号传送到基本RS触发器的输入端,触发器触发翻转。假设 $CP=1$ 期间 R 和 S 信号保持不变。

$S=0,R=0$ 时,在 CP 脉冲到达后,即 $CP=1$,G_3 和 G_4 输出均为1,相当于基本RS触发器输入信号均为1,所以触发器输出保持不变。

$S=1,R=0$ 时,在 $CP=1$ 时,G_3 输出为1,G_4 输出0,相当于基本RS触发器置1,所以输出为1。

$S=0,R=1$ 时,在 $CP=1$ 时,G_3 输出为0,G_4 输出1,相当于基本RS触发器置0,所以输出为0。

$S=1,R=1$ 时,在 $CP=1$ 时,G_3 和 G_4 输出均为0,G_1 和 G_2 输出均为1,相当于基本RS触发器的不定状态。应当避免这种情况。

根据以上分析,可得同步RS触发器的特性表,如表5.3.1所示。

表5.3.1　同步RS触发器的特性表

R	S	Q^n	Q^{n+1}	功能
0	0	0	0	保持
0	0	1	1	
0	1	0	1	输出状态
0	1	1	1	同 S 状态
1	0	0	0	输出状态
1	0	1	0	同 S 状态
1	1	0	×	不定
1	1	1	×	

根据特性表,可得到同步RS触发器的逻辑功能,用下述表达式表示:

$$\begin{cases} Q^{n+1}=S+\overline{R}Q^n \\ RS=0 \end{cases} \tag{5.3.1}$$

式(5.3.1)称为触发器的特性方程。

同步RS触发器的特点:

(1) 始终电平控制。在 $CP=0$ 时状态保持不变,在 $CP=1$ 时接受输入数据。但当 $CP=1$ 时,输入信号 R 和 S 始终作用于触发器。如果输入信号出现干扰,发生多次的改变,那么触发器的状态也会发生多次的翻转,因此同步RS触发器抗干扰能力不高。

(2) 存在约束条件 $RS=0$,不允许出现 R 和 S 同时为1的情况,这就限制了同步RS触发器的应用。

下面介绍带有异步置位、复位端的同步RS触发器。这种触发器在同步RS触发器基础上多了一个置位端和一个复位端。其电路图与逻辑符号如图5.3.2所示。

由图5.3.2(a)可以看出,只要在 $\overline{S_D}$ 或 $\overline{R_D}$ 端加入低电平,即可立即将触发器置1或置0,而不受时钟脉冲 CP 和输入信号 R、S 的控制。因此,将 $\overline{S_D}$ 称为异步置位(置1)端,将 $\overline{R_D}$ 称

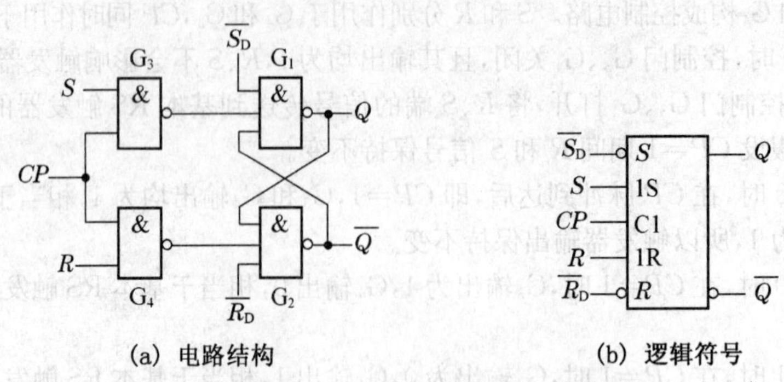

(a) 电路结构　　　　　　　　(b) 逻辑符号

图 5.3.2　同步 RS 触发器

为异步复位(置 0)端。

需要注意的是，一般这两个异步控制端不能同时有效，且在时钟信号控制下正常工作时应使$\overline{S_D}$和$\overline{R_D}$处于高电平。再有用$\overline{S_D}$或$\overline{R_D}$将触发器置位或复位应当在 $CP=0$ 的状态下进行，否则在$\overline{S_D}$或$\overline{R_D}$返回高电平后预置的状态不一定能保存下来。

【例 5.3.1】 图 5.3.1 所示同步 RS 触发器的 CP、R、S 的波形如图 5.3.3 所示，触发器的原始状态为 $Q=0$，$\overline{Q}=1$。试画出输出 Q、$\overline{Q}$ 波形图。

解　根据表 5.3.1，即可画出 Q、$\overline{Q}$ 波形如图 5.3.3 所示。只有当 CP 为 1 时，控制门 G_3、G_4 打开，R、S 的状态变化才会引起触发器状态的变化。因此，这种触发器的触发翻转只是被控制在一个时间间隔内($CP=1$ 时)，而不是控制在某一时刻进行。所以在 $CP=1$ 期间 S 和 R 信号的变化都将引起触发器输出端状态的变化。

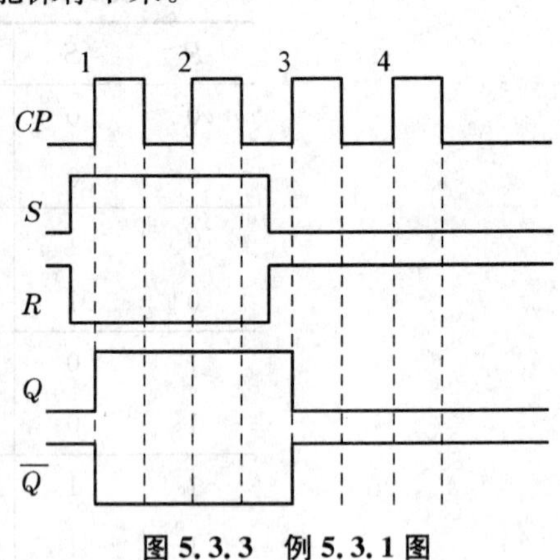

图 5.3.3　例 5.3.1 图

5.3.2　同步 D 触发器

为了避免同步 RS 触发器的输入信号同时为 1，可以在 S 和 R 之间接一个“非门”，信号只从 S 端输入，并将 S 端改称为数据输入端 D，如图 5.3.4 所示。这种单输入的触发器称为同步 D 触发器，也称 D 锁存器。其电路结构和逻辑符号如图 5.3.4 所示。

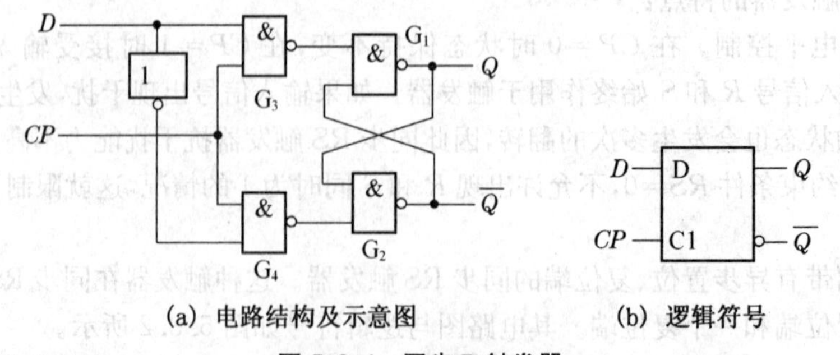

(a) 电路结构及示意图　　　　　　(b) 逻辑符号

图 5.3.4　同步 D 触发器

由图5.3.4可知，当$CP=0$时，控制门G_3、G_4关闭，输出均为1，G_1、G_2构成的基本RS触发器处于保持状态，无论D信号怎样变化，输出的Q和$\overline{Q}$均保持不变。如果需要改变状态，必须将CP置1，此时，根据输入信号D的不同输出不同。如果$D=0$，根据同步RS触发器的特性表可知，无论基本RS触发器原来状态如何，都将使$Q=0$，$\overline{Q}=1$。反之，则将使触发器置1。

由此可见，D触发器具有置0、置1功能。当$D=0$，且时钟到来时(变为高电平)，将0存入触发器，CP过后(变为低电平)触发器保持0状态不变，反之亦然。

由此，可得同步D触发器的特性表如表5.3.2所示。

表5.3.2　同步D触发器的特性表

CP	D	Q^n	Q^{n+1}	功能
0	×	0	0	保持
0	×	1	1	
1	0	0	0	置0
1	0	1	0	
1	1	0	1	置1
1	1	1	1	

由特性表可直接得到D触发器的特性方程为

$$Q^{n+1}=D \qquad (5.3.2)$$

同步D触发器在计算机系统中有着重要的应用，只不过把CP端当做控制端来用。比如带有三态门的8D锁存器74LS373就是同步D触发器的重要应用，逻辑符号如图5.3.5所示。其使能信号为低电平时，三态门处于导通状态，允许数据输出，当为高电平时，输出三态门断开，禁止输出。当其用作地址锁存器时，首先应使三态门的使能信号为低电平，这时，当控制端G为高电平时，锁存器输出($Q_0 \sim Q_7$)状态和输入端($D_0 \sim D_7$)状态相同；当控制端G为低电平时，输入端($D_0 \sim D_7$)的数据锁入$Q_0 \sim Q_7$的8位锁存器中。

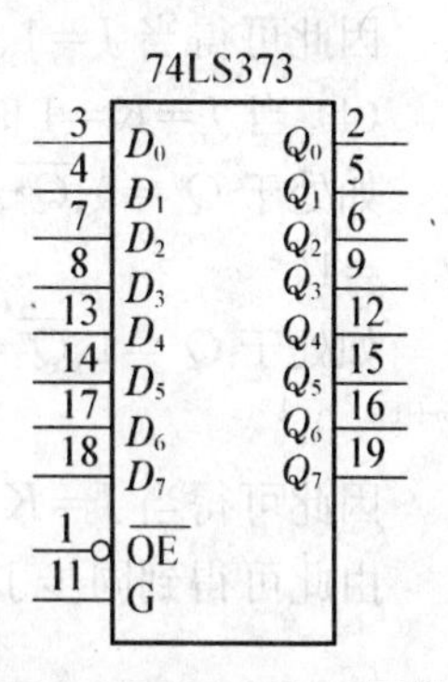

图5.3.5　74LS373逻辑符号

5.3.3　同步JK触发器

在同步RS触发器中$R=S=1$是被禁止的，因为它可能使触发器的状态不确定。克服同步RS触发器在$R=S=1$时出现不定状态的另一种方法是将触发器输出端Q和$\overline{Q}$状态反馈到输入端，这样，G_3和G_4的输出不会同时出现0，从而避免了不定状态的出现。

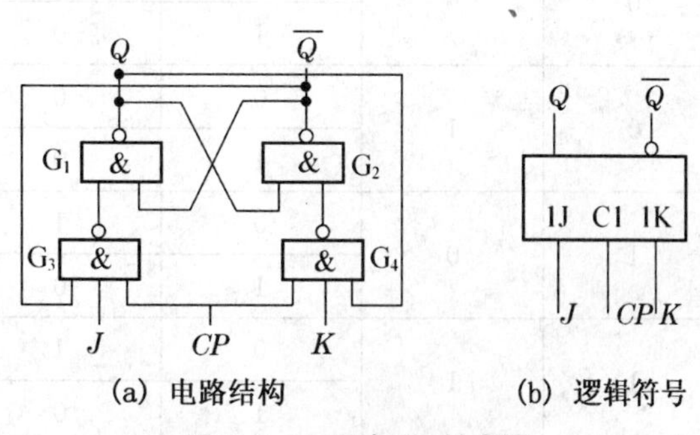

(a) 电路结构　　(b) 逻辑符号

图5.3.6　同步JK触发器

J、K端相当于同步RS触发器的S、R端。其电路结构和逻辑符号如图5.3.6

所示。

下面分析一下同步 JK 触发器的工作原理。

当 $CP=0$ 时，G_3 和 G_4 被封锁，它们的输出均为 1，由 G_1、G_2 构成的基本 RS 触发器保持原有状态。

当 $CP=1$ 时，G_3、G_4 解除封锁，输入 J、K 端的信号可控制触发器的状态。可将同步 JK 触发器看成同步 RS 触发器来分析。由图可知，

$$R=KQ^n, S=J\overline{Q^n} \tag{5.3.3}$$

(1) 当 $J=K=0$ 时，代入式(5.3.3)，可得 $R=S=0$。

如处于 $Q^n=0$、$\overline{Q^n}=1$ 的 0 状态，把此条件代入式(5.3.1)，可得 $Q^{n+1}=Q^n=0$。

如处于 $Q^n=1$、$\overline{Q^n}=0$ 的 1 状态，把此条件代入式(5.3.1)，可得 $Q^{n+1}=Q^n=1$。

因此可得当 $J=K=0$ 时，JK 触发器处于保持状态。

(2) 当 $J=0$，$K=1$ 时，代入式(5.3.3)，可得 $S=0$。

如处于 $Q^n=0$、$\overline{Q^n}=1$ 的 0 状态，相当于 $R=0$，把此条件代入式(5.3.1)，可得 $Q^{n+1}=0$。

如处于 $Q^n=1$、$\overline{Q^n}=0$ 的 1 状态，相当于 $R=1$，把此条件代入式(5.3.1)，可得 $Q^{n+1}=0$。

因此可得当 $J=0$，$K=1$ 时，JK 触发器处于置 0 状态。

(3) 当 $J=1$，$K=0$ 时，代入式(5.3.3)，可得 $R=0$。

如处于 $Q^n=0$、$\overline{Q^n}=1$ 的 0 状态，相当于 $S=1$，把此条件代入式(5.3.1)，可得 $Q^{n+1}=1$。

如处于 $Q^n=1$、$\overline{Q^n}=0$ 的 1 状态，相当于 $S=0$，把此条件代入式(5.3.1)，可得 $Q^{n+1}=1$。

因此可得当 $J=1$、$K=0$ 时，JK 触发器处于置 1 状态。

(4) 当 $J=K=1$ 时，代入式(5.3.3)，可得 $R=Q^n$，$S=\overline{Q^n}$。

如处于 $Q^n=0$、$\overline{Q^n}=1$ 的 0 状态，相当于 $R=0$，$S=1$，把此条件代入式(5.3.1)，可得 $Q^{n+1}=1$。

如处于 $Q^n=1$、$\overline{Q^n}=0$ 的 1 状态，相当于 $R=1$，$S=0$，把此条件代入式(5.3.1)，可得 $Q^{n+1}=0$。

因此可得当 $J=K=1$ 时，JK 触发器处于翻转状态。

由此可得到同步 JK 触发器的特性表如表 5.3.3 所示。

表 5.3.3 同步 JK 触发器的特性表

J	K	Q^n	S	R	Q^{n+1}	说明
0	0	0	0	0	0	保持原态
		1	0	0	1	
0	1	0	0	0	0	置 0
		1	0	1	0	
1	0	0	1	0	1	置 1
		1	0	0	1	
1	1	0	1	0	1	状态翻转
		1	0	1	0	

由特性表可得到同步 JK 触发器的特性方程如式(5.3.4)所示。

$$Q^{n+1}=J\,\overline{Q^n}+\overline{K}Q^n \tag{5.3.4}$$

由特性表可看出，同步 JK 触发器除了具有和 RS 触发器同样的功能外，还解除了对输入信号的限制，而且当 $J=K=1$ 时，触发器处于翻转状态。

5.3.4　同步触发器的空翻

上面分析的同步触发器，当时钟脉冲 CP 为低电平（$CP=0$）时，触发器不接收输入信号，状态保持不变；当时钟脉冲 CP 为高电平（$CP=1$）时，触发器接受输入信号，状态发生转换。这种同步方式称为电位触发方式。

由于在 $CP=1$ 期间，同步触发器都可以接收输入信号，而改变状态，所以在 $CP=1$ 期间，如果输入信号发生多次变化，则触发器的状态也必然会随之作多次改变，如图 5.3.7 所示。这种在 $CP=1$ 期间，由于输入信号变化而引起的触发器多次翻转的现象，称为触发器的空翻现象。下面以 RS 触发器为例进行说明。

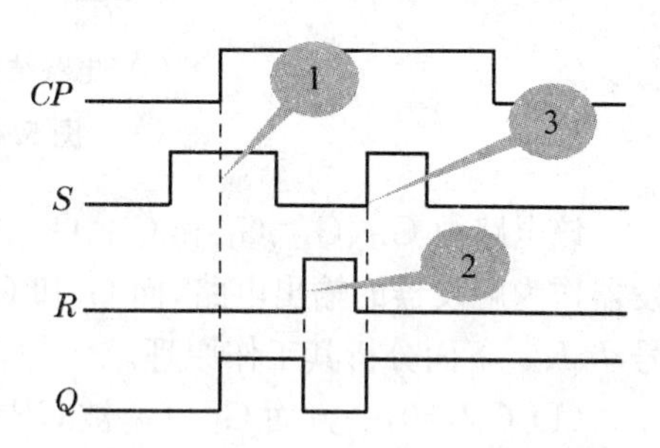

图 5.3.7　同步 RS 触发器的空翻现象

由图 5.3.7 可知，该同步 RS 触发器在 $CP=1$ 期间，G_3、G_4 门都是开着的，都能接收 R、S 信号，而在 $CP=1$ 期间 R、S 发生多次变化，所以触发器的状态也发生了多次翻转，即存在空翻现象。

由于同步触发器存在空翻问题，其应用范围也就受到了限制。它不能用来构成移位寄存器（register）和计数器（counter），因为在这些部件中，当 $CP=1$ 时，不可避免地会使触发器的输入信号发生变化，从而出现空翻，使这些部件不能按时钟脉冲的节拍正常工作。此外，这种触发器在 $CP=1$ 期间，如遇到一定强度的正向脉冲干扰，使 S、R 或 D 信号发生变化时，也会引起空翻现象，所以它的抗干扰能力也差。为了克服空翻，必须采用其他的电路结构。这就产生了无空翻的主从触发器、边沿触发器等新的电路结构。

5.4　边沿触发器

为了提高触发器的可靠性，增强抗干扰能力，希望触发器的次态仅仅取决于 CP 信号下降沿（或上升沿）到达时刻输入信号的状态，而此之前与之后输入信号的变化对触发器的次态没有影响，这样就产生了边沿触发器。具有下列特点的触发器称为边沿触发方式触发器，简称边沿触发器：① 触发器接收的是时钟脉冲 CP 的某一约定沿（上升沿或下降沿）来到时的输入数据；② 在 $CP=1$ 及 $CP=0$ 期间以及 CP 非约定跳变到来时，触发器不接收数据。

5.4.1　TTL 边沿 JK 触发器

边沿 JK 触发器的电路结构形式较多，以图 5.4.1 所示电路结构为例，说明其工作原理和特点。

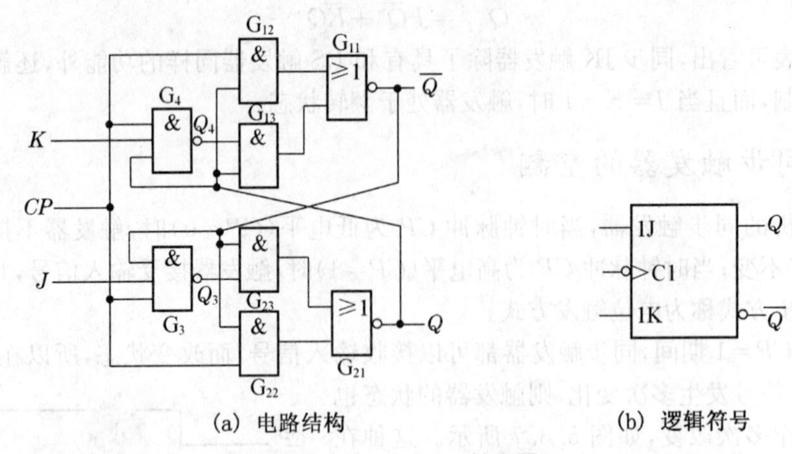

(a) 电路结构　　(b) 逻辑符号

图 5.4.1　边沿 JK 触发器

该电路由 G_{11}、G_{12}、G_{13}和 G_{21}、G_{22}、G_{23}构成两个与或非门，这两个与或非门构成 RS 触发器作为触发器的输出电路，而 G_3和 G_4两个与非门则构成触发器的输入电路接收输入信号 J、K。下面分析其工作原理。

(1) $CP=0$，一方面 G_{12}、G_{22}被 CP 信号封锁，另一方面，G_3、G_4也被 CP 信号封锁，不论 J、K 为何状态，G_3、G_4门的输出总为 1，于是 G_{13}、G_{23}打开，使 G_{11}、G_{21}形成交叉耦合的保持状态，输出 Q、$\overline{Q}$ 状态保持不变，触发器处于稳定状态。

(2) CP 由 0 变 1 时，触发器不翻转，为接受输入信号做准备。设触发器原状态为 $Q=0$，$\overline{Q}=1$。当 CP 由 0 变 1 时，有两个信号通道影响触发器的输出状态，一个是 G_{12}和 G_{22}打开，直接影响触发器的输出，另一个是 G_4和 G_3打开，再经 G_{13}和 G_{23}影响触发器的状态。前一个通道只经一级与门，而后一个通道则要经一级与非门和一级与门，显然 CP 的跳变经前者影响输出比经后者要快得多。在 CP 由 0 变 1 时，G_{22}的输出首先由 0 变 1，这时无论 G_{23}为何种状态(即无论 J、K 为何状态)，都使 Q 仍为 0。由于 Q 同时连接 G_{12}和 G_{13}的输入端，因此它们的输出均为 0，使 G_{11}的输出 $\overline{Q}=1$，触发器的状态不变。CP 由 0 变 1 后，打开 G_3和 G_4，为接收输入信号 J、K 做好准备。

(3) CP 由 1 变 0 时触发器翻转。设输入信号 $J=1$、$K=0$，则 $Q_3=0$、$Q_4=1$，G_{13}和 G_{23}的输出均为 0。当 CP 下降沿到来时，G_{22}的输出由 1 变 0，则有 $Q=1$，使 G_{13}输出为 1，$\overline{Q}=0$，触发器翻转。虽然 CP 变 0 后，G_3、G_4、G_{12}和 G_{22}被封锁，$Q_3=Q_4=1$，但由于与非门的延迟时间比与门长(在制造工艺上予以保证)，因此 Q_3和 Q_4这一新状态的稳定是在触发器翻转之后。由此可知，该触发器在 CP 下降沿触发翻转，CP 一旦到 0 电平，则将触发器封锁，处于(1)所分析的情况。

总之，该触发器在 CP 下降沿前接受信息，在下降沿触发翻转，在下降沿后被封锁。其功能表如表5.4.1所示。

表 5.4.1　边沿 JK 触发器的功能表

CP	J	K	Q^n	Q^{n+1}
×	×	×	×	Q^n
↓	0	0	0	0
↓	0	0	1	1
↓	1	0	0	1
↓	1	0	1	1
↓	0	1	0	0
↓	0	1	1	0
↓	1	1	0	1
↓	1	1	1	0

边沿触发器的特性方程为：

$$Q^{n+1}=J\overline{Q^n}+\overline{K}Q^n \quad (CP\text{ 下降沿有效}) \tag{5.4.1}$$

74LS112 是常用的集成下降沿双 JK 触发器，其单个 JK 触发器的逻辑图如图 5.4.2 所示。$\overline{S_D}$和$\overline{R_D}$分别是异步预置和清零端，低电平有效。当$\overline{S_D}=0$，$\overline{R_D}=1$时，无论输入端 J、K 为何种状态，都会使 $Q=1$，$\overline{Q}=0$，即触发器置 1；当$\overline{S_D}=1$，$\overline{R_D}=0$时，$Q=0$，即触发器置 0 复位。$\overline{S_D}$和$\overline{R_D}$通常又称为直接置 1 和置 0 端；当$\overline{S_D}=\overline{R_D}=1$时，其工作过程与上述工作原理相同。其功能表如表 5.4.2 所示。

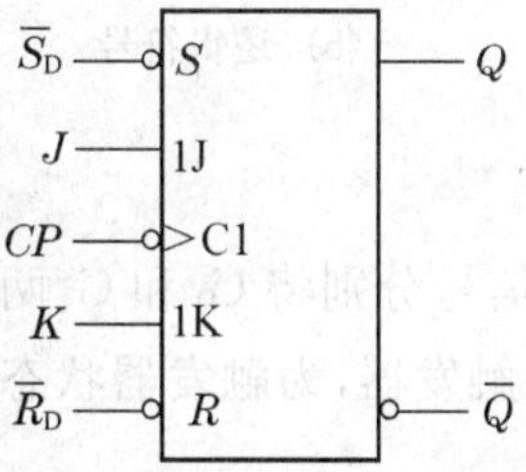

图 5.4.2　74LS112 逻辑图

表 5.4.2　74LS112 的功能表

CP	$\overline{S}_D$	$\overline{R}_D$	J	K	Q^n	Q^{n+1}	备注
×	0	0	×	×	×	1*	状态不定
×	0	1	×	×	×	1	异步置 1
×	1	0	×	×	×	0	异步置 0
↓	1	1	0	0	0 1	0 1	保持
↓	1	1	0	1	0 1	0 0	置 0
↓	1	1	1	0	0 1	1 1	置 1
↓	1	1	1	1	0 1	1 0	状态翻转

综上所述，边沿 JK 触发器的特点可归纳为以下几点：

(1) 边沿 JK 触发器具有置位、复位、保持（记忆）和计数功能；

(2) 边沿 JK 触发器属于脉冲触发方式，触发翻转一般在时钟脉冲的下降沿发生；

(3) 由于接收输入信号的工作在 CP 下降沿前完成，在下降沿触发翻转，在下降沿后触发器被封锁，所以不存在一次变化的现象，抗干扰性能好，工作速度快。

5.4.2　维持阻塞 D 触发器

维持阻塞型触发器是边沿触发器的一种结构形式。当触发器置 1 时，利用内部产生的信号维持置 1 信号的存在，同时阻塞由于输入变化产生的置 0 信号，保证触发器可靠的置 1；而当触发器置 0 时，则维持置 0 信号，同时阻塞置 1 信号，保证触发器可靠的置 0。采用维持阻塞结构可构成各种逻辑功能的触发器，但以维持阻塞 D 触发器应用最广。

维持阻塞 D 触发器的逻辑电路与逻辑符号分别如图 5.4.3(a)和 5.4.3(b)所示。该触发器由 3 个用与非门构成的基本 RS 触发器组成，其中 G_1、G_2 和 G_3、G_4 构成的两个基本 RS 触发器响应外部输入数据 D 和时钟信号 CP，他们的输出 Q_2、Q_3 控制着由 G_5、G_6 构成的第三个基本 RS 触发器的状态。下面分析其工作原理。

(1) $CP=0$ 时，与非门 G_2、G_3 被封锁，其输出 $Q_3=Q_2=1$，使输出触发器处于保持状态，

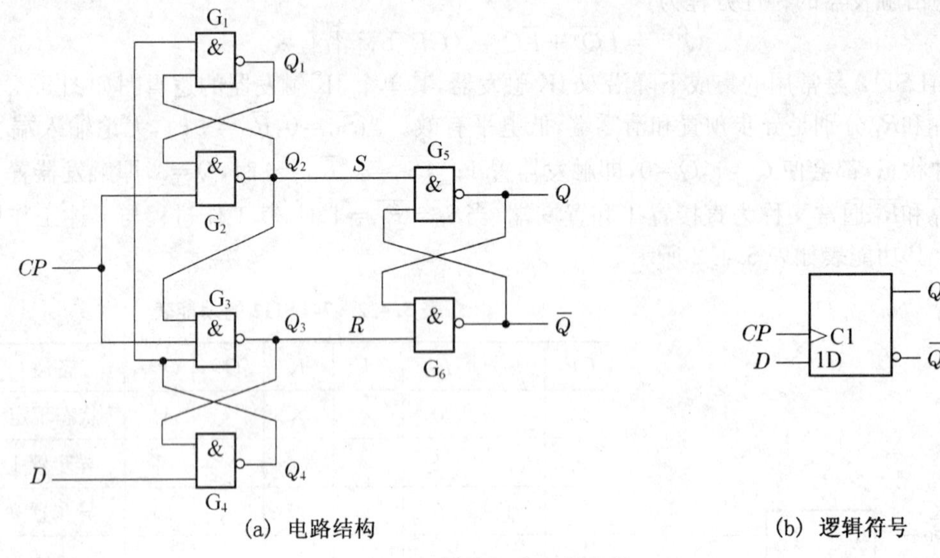

(a) 电路结构　　(b) 逻辑符号

图 5.4.3　维持阻塞 D 触发器

触发器的输出 Q、$\overline{Q}$ 状态保持不变。同时，由于 Q_2 和 Q_3 的反馈信号分别将 G_1 和 G_4 两个门打开，因此可接收输入信号 D，$Q_4=\overline{D}$，$Q_1=\overline{Q_4}=D$。D 信号进入触发器，为触发器状态刷新做好准备。

(2) 当 CP 由 0 变 1 时触发器翻转。这时 G_2、G_3 打开，它们的输出 Q_2、Q_3 的状态由 G_1、G_4 的输出状态决定。$Q_2=\overline{Q_1}=\overline{D}$，$Q_3=\overline{Q_4}=D$，两者状态永远是互补的，也就是说其中必定有一个为 0。由基本 RS 触发器的逻辑功能可知 $Q^{n+1}=D$，触发器状态按此前 D 的逻辑值刷新。

(3) 触发器翻转后，在 $CP=1$ 时输入信号被封锁。这是因为 G_1、G_2 和 G_3、G_4 分别构成的两个基本 RS 触发器可以保证 Q_2、Q_3 状态不变，使触发器状态不受输入信号 D 变化的影响。在 $Q=1$ 时，$Q_2=0$，则将 G_1 和 G_3 封锁。Q_2 至 G_1 的反馈线使 $Q_1=1$，起维持 $Q_2=0$ 的作用，从而维持了触发器的 1 状态，称为置 1 维持线。而 Q_2 至 G_3 的反馈线使 $Q_3=1$，虽然 D 信号在此期间的变化可能使 Q_4 相应变化，但不会改变 Q_3 的状态，从而阻塞了 D 端输入的置 0 信号，称为置 0 阻塞线。在 $Q=0$ 时，$Q_3=0$，则将 G_4 封锁，使 $Q_4=1$，既阻塞了 $D=1$ 信号进入触发器的路径，又与 $CP=1$，$Q_2=1$ 共同作用，将 Q_3 维持为 0，而将触发器维持在 0 状态，故将 Q_3 至 G_4 的反馈线称为置 1 阻塞、置 0 维持线。正因为这种触发器工作中的维持、阻塞特性，所以称为维持-阻塞触发器。

总之，该触发器是一个上升沿触发的边沿 D 触发器，它的逻辑符号时钟处“＞”表示上升沿触发。触发器的状态由 CP 上升沿到达时的输入信号 D 决定，在 $CP=0$ 和 $CP=1$ 期间，无论 D 信号如何变化，触发器状态都保持不变。其功能表如表 5.4.3 所示。

表 5.4.3　维持阻塞 D 触发器的功能表

CP	D	Q	Q^{n+1}
×	×	×	Q^n
↑	0	0	0
↑	0	1	0
↑	1	0	1
↑	1	1	1

边沿 D 触发器的特性方程为

$$Q^{n+1}=D(CP\text{ 上升沿有效}) \tag{5.4.2}$$

在集成电路中，经常用到的维持阻塞 D 触发器是加了置位、复位端的,其电路结构与逻辑符号如图 5.4.4 所示。

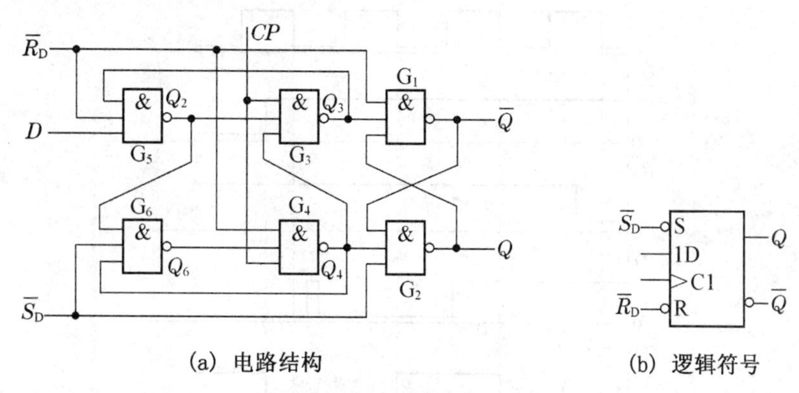

(a) 电路结构　(b) 逻辑符号

图 5.4.4　具有异步置位、复位端维持阻塞 D 触发器

$\overline{S_D}$和$\overline{R_D}$接至基本 RS 触发器的输入端,它们分别是预置和清零端,低电平有效。当$\overline{S_D}=0$,$\overline{R_D}=1$ 时,无论输入端 D 为何种状态,都会使 $Q=1$,$\overline{Q}=0$,即触发器置 1;当$\overline{S_D}=1$,$\overline{R_D}=0$ 时,$Q=0$,即触发器置 0 复位。$\overline{S_D}$和$\overline{R_D}$通常又称为直接置 1 和置 0 端;当$\overline{S_D}=\overline{R_D}=1$ 时,其工作过程与上述工作原理相同。其功能表如表 5.4.4 所示。

表 5.4.4　具有异步置位、复位端维持阻塞 D 触发器的功能表

CP	$\overline{S}_D$	$\overline{R}_D$	D	Q^{n+1}	备注
×	0	0	×	1*	状态不定
×	0	1	×	1	异步置 1
×	1	0	×	0	异步置 0
↑	1	1	0	0	$Q^{n+1}=D$
↑	1	1	1	1	

总之,该触发器是在 CP 上升沿前接受输入信号,上升沿时触发翻转,上升沿后输入即被封锁,所以有边沿触发器之称。与主从触发器相比,同工艺的边沿触发器有更强的抗干扰能力和更高的工作速度。

常用的集成维持阻塞 D 触发器有 7474、74H74、74L74 和 74LS74 等,这四种触发器均为双 D 触发器,一个集成芯片内含有两个完全一样的 D 触发器。每一个 D 触发器的电路结构与逻辑图与图 5.4.4 相同,其功能表与表 5.4.4 相同。其引脚图如图 5.4.5 所示。

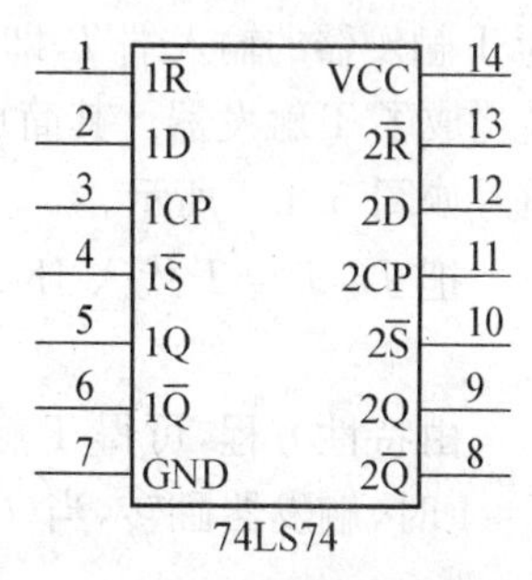

图 5.4.5　74LS74 引脚图

【例 5.4.1】　已知双 D 触发器 74LS74 的 CP、$\overline{S_D}$、$\overline{R_D}$及 D 端波形如图 5.4.6 所示。试画出输出端 Q 的波形。

解　在 CP 的上升沿观察一下$\overline{S_D}$、$\overline{R_D}$及 D 的值,由表 5.4.4 可以很轻松地得到 Q 的输出波形。

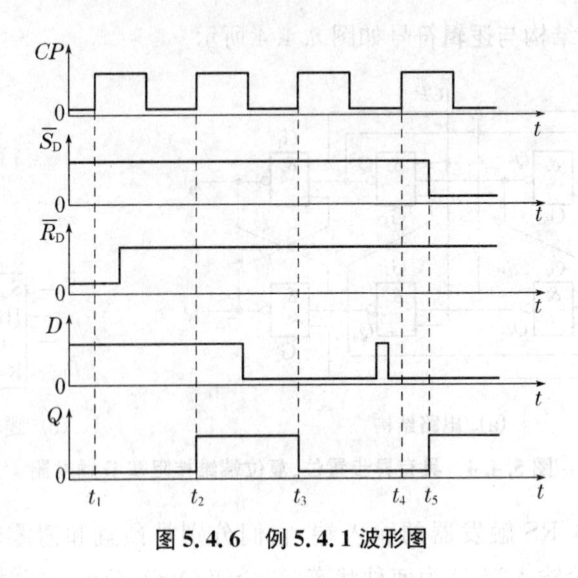

图 5.4.6 例 5.4.1 波形图

5.4.3 T 触发器和 T′触发器

在计数器中经常要用到 T 触发器和 T′触发器，T 和 T′触发器主要由 JK 触发器或 D 触发器构成。

1. T 触发器

在某些应用场合，需要对计数功能进行控制，当控制信号 $T=1$ 时，每来一个 CP 脉冲，它的状态翻转一次，进行计数运算，而当 $T=0$ 时，则不对 CP 信号做出响应而保持不变。具备这种逻辑功能的触发器称为 T 触发器。

通常没有单独的 T 触发器，T 触发器通常由 JK 触发器或 D 触发器连接而成。下面我们介绍由 JK 触发器连接而成的 T 触发器。即将 JK 触发器的 J 和 K 相连作为 T 触发器的输入端 T，即 $J=K=T$，这样就构成了 T 触发器。其简单示意图及逻辑符号如图 5.4.7 所示。

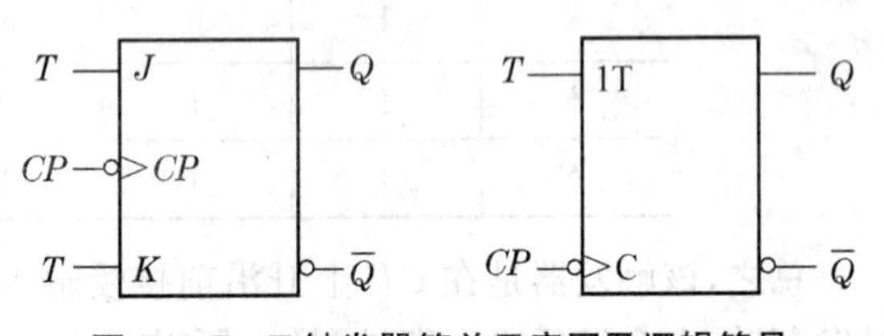

图 5.4.7 T 触发器简单示意图及逻辑符号

把 $J=K=T$ 代入 JK 触发器的特性方程，可得 T 触发器的特性方程为

$$Q^{n+1}=T\overline{Q^n}+\overline{T}Q^n \tag{5.4.3}$$

由特性方程，可得 T 触发器的特性表如表 5.4.5 所示。通过特性表我们可以得知，当 $T=1$ 时，触发器翻转，当 $T=0$ 时，触发器保持。

表 5.4.5 T 触发器的特性表

T	Q^n	Q^{n+1}	功能
0	0	0	保持
0	1	1	
1	0	1	翻转
1	1	0	

2. T′触发器

当T触发器的输入端固定接高电平，即 $T\equiv1$ 时，称为T′触发器。所以T′触发器总是处于翻转状态。

T′触发器的特性方程为

$$Q^{n+1}=\overline{Q^n} \tag{5.4.4}$$

【例5.4.2】 画出T触发器当 $T=1$ 或T′触发器的波形(假定下降沿有效)。

解 $T=1$ 时触发器计数，即每来一个下降沿，Q 就翻转一次，所以其波形如图5.4.8所示。

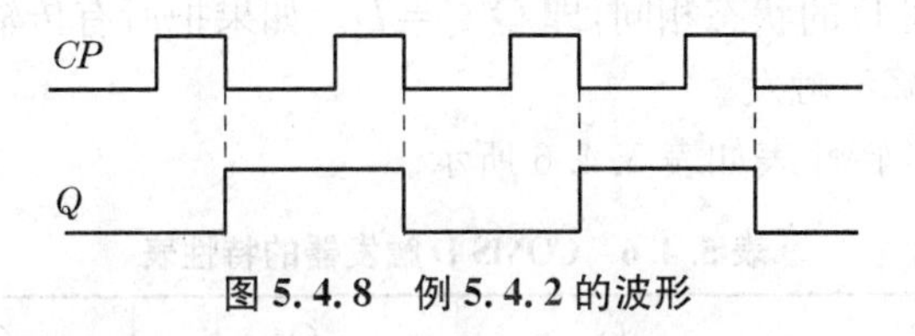

图5.4.8 例5.4.2的波形

5.4.4 CMOS边沿触发器

和TTL门电路一样，由CMOS传输门也可构成基本RS触发器、JK触发器、D触发器等；但和TTL门电路不同的是，由CMOS传输门构成的各类触发器一般为边沿触发器。图5.4.9所示为CMOS D触发器的电路结构与逻辑符号图。

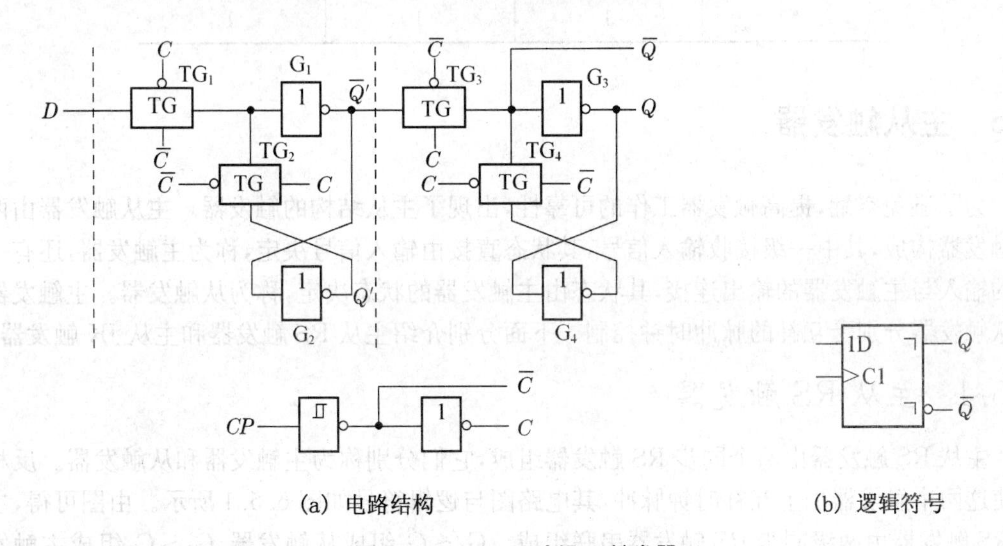

图5.4.9 CMOS边沿D触发器

由图可知，COMS D触发器只有一个输入端，电路结构由两部分组成，虚线左边和右边为两个相同的触发器。两个触发器都是由传输门(TG)和反相器(G)经交叉连接构成的双稳态电路。由 TG_1、TG_2、G_1、G_2 组成左边的触发器，由 TG_3、TG_4、G_3 和 G_4 组成右边触发器。其中 C 和 $\overline{C}$ 为互补时钟脉冲。

触发器的工作过程分以下两个节拍：

当 $CP=0$ 时，$C=0$，$\overline{C}=1$ 时，TG_1 导通，TG_2 截止，输入信号 D 经两次反相后到达 Q'

端，所以 $Q'=D$。例如，D 为 1 时，经 TG_1 传到 G_1 的输入端，使 $\overline{Q'}=0$，$Q'=1$。同时，TG_3 截止，TG_4 导通，显然 G_3 的输入端和 G_4 的输出端经 TG_4 连通，使触发器维持在原来的状态不变，所以触发器不会产生翻转。

CP 上升沿到来时（CP 由 0 跳变为 1），TG_1 截止，TG_2 导通，由此切断了 D 端与左边触发器的联系，且同时 TG_2 将 G_1 的输入端和 G_2 的输出端连通，使左边触发器维持原态不变。同时，TG_3 导通，TG_4 截止，左边触发器的状态送入右边的触发器。$\overline{Q'}$ 经 TG_3 和非门 G_3 到达 Q 端，所以 $Q^{n+1}=\overline{\overline{Q'}}=Q'=D$。

如上所述，COMS D 触发器是在 CP 的上升沿触发翻转，所以属于边沿触发器。电路的输出状态和触发前瞬间 D 的状态相同，即 $Q^{n+1}=D$。如果把所有传输门上的控制信号 C 和 $\overline{C}$ 对换，那么就改成下降沿触发。

COMS D 触发器的特性表如表 5.4.6 所示。

表 5.4.6　COMS D 触发器的特性表

CP	D	Q^n	Q^{n+1}
×	×	×	Q^n
↑	0	0	0
↑	0	1	0
↑	1	0	1
↑	1	1	1

5.5　主从触发器

为了避免空翻，提高触发器工作的可靠性，出现了主从结构的触发器。主从触发器由两级触发器构成，其中一级接收输入信号，其状态直接由输入信号决定，称为主触发器，还有一级的输入与主触发器的输出连接，其状态由主触发器的状态决定，称为从触发器。主触发器和从触发器分别受互补的脉冲时钟控制。下面分别介绍主从 RS 触发器和主从 JK 触发器。

5.5.1　主从 RS 触发器

主从 RS 触发器由两个同步 RS 触发器组成，它们分别称为主触发器和从触发器。反相器使这两个触发器加上互补时钟脉冲，其电路图与逻辑符号如图 5.5.1 所示。由图可得，主从 RS 触发器由两级同步 RS 触发器串联组成。$G_1 \sim G_4$ 组成从触发器，$G_5 \sim G_8$ 组成主触发器。CP 与 CP' 互补，使两个触发器工作在两个不同的时区内。

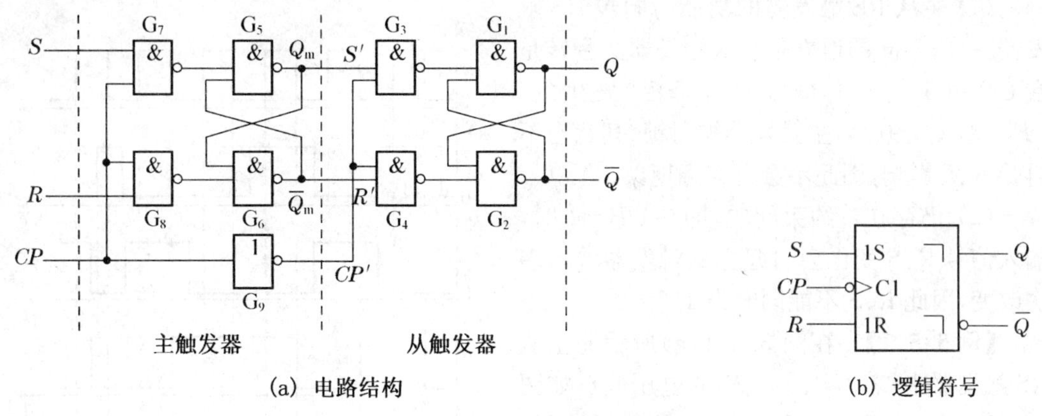

(a) 电路结构　　　　(b) 逻辑符号

图 5.5.1　主从 RS 触发器

其工作原理如下：① 当 $CP=1$ 即时钟脉冲到来时，G_7、G_8 门打开，接收 R、S 端的信号，使主触发器发生动作，由于 $CP'=0$，G_3、G_4 门被封锁，使从触发器亦即整个触发器保持原状态不变。② 当 $CP=0$ 即时钟脉冲回到低电平时，G_7、G_8 门被封锁，主触发器不动作，其状态保持不变；由于 $CP'=1$，G_3、G_4 门打开，接收主触发器原状态信号，使从触发器发生动作，从而导致整个触发器处于某一确定状态。主从 RS 触发器状态的翻转发生在 CP 脉冲的下降沿，即 CP 由 1 跳变到 0 的时刻。在 $CP=1$ 期间触发器的状态保持不变。因此，来一个时钟脉冲，触发器状态至多改变一次，从而解决了同步 RS 触发器的空翻问题。

它的功能与同步 RS 触发器相同，所以可得到其特性表如表 5.5.1 所示。其特性方程与同步 RS 触发器也相同，如式(5.5.1)所示。

$$\begin{cases} Q^{n+1}=S+\overline{R}Q^n \\ RS=0 \end{cases} \tag{5.5.1}$$

表 5.5.1　主从 RS 触发器的特性表

CP	S	R	Q^n	Q^{n+1}	备注
×	×	×	0	0	状态保持
			1	1	
↓	0	0	0	0	保持
			1	1	
↓	0	1	0	0	置 0
			1	0	
↓	1	0	0	1	置 1
			1	1	
↓	1	1	0	1*	不定
			1	1*	

主从 RS 触发器的特点可总结如下：

(1) 主从 RS 触发器的功能与同步 RS 触发器一样，不同的地方是主从触发器的翻转是在 CP 由 1 变 0 时刻（CP 下降沿）发生的。CP 一旦变为 0 后，主触发器被封锁，其状态不再受 R、S 影响，因此不会有空翻现象。

(2) 仍存在着约束问题，即在 $CP=1$ 时，输入信号 R、S 变化会引起主从触发器输出多次改变，因此 R、S 不能同时为 1。

【例 5.5.1】 在图 5.5.1(a)所示的主从 RS 触发器中，若 CP、S 和 R 的电压波形如图 5.5.2 所示。试求出 Q 和 $\overline{Q}$ 端的电压波形。设触发器的初始状态为 0。

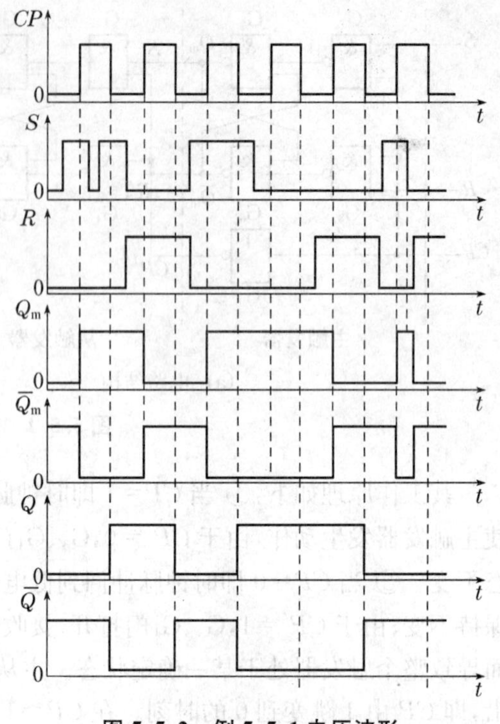

图 5.5.2 例 5.5.1 电压波形

解 已知主从 RS 触发器的时钟信号和输入信号波形，求作 Q 端的波形时：如果在 $CP=1$ 期间，输入信号没有发生变化，则可在时钟的下降沿到来时，由特性方程算出触发器的次态，从而画出 Q 端的波形，而不必画出主触发器 Q_m 端的波形；如果在 $CP=1$ 期间，输入信号发生多次变化，则根据输入信号画出主触发器 Q_m 端的波形。在时钟的跳沿（下降沿或上升沿）将主触发器的状态移入从触发器之中。Q 和 $\overline{Q}$ 端的电压波形如图 5.5.2 所示。

TTL 集成主从 RS 触发器 74LS71 的逻辑符号和引脚分布如图 5.5.3 所示。触发器分别有 3 个 S 端和 3 个 R 端，均为与逻辑关系，即 $1R=R_1\cdot R_2\cdot R_3$，$1S=S_1\cdot S_2\cdot S_3$。使用中如有多余的输入端，要将它们接至高电平。触发器带有清零端（置 0）R_D 和预置端（置 1）S_D，它们的有效电平为低电平。

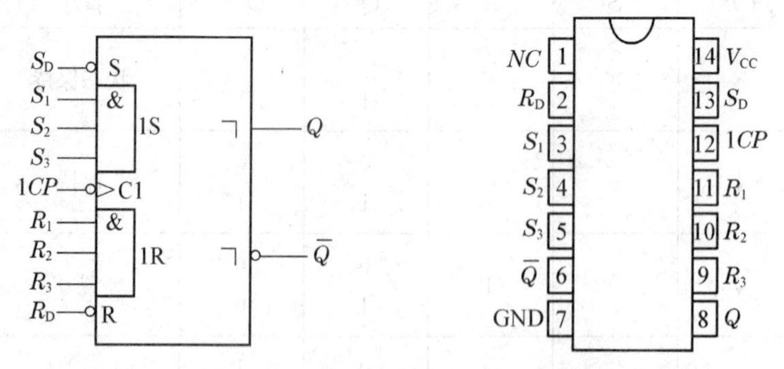

图 5.5.3 74LS71 的逻辑符号和引脚图

它所对应的功能表如表 5.5.2 所示。

表 5.5.2　74LS71 的功能表

输入					输出	
预置 S_D	清零 R_D	时针 CP	$1S$	$1R$	Q	$\overline{Q}$
L	H	×	×	×	H	L
H	L	×	×	×	L	H
H	H	↓	L	L	Q^n	$\overline{Q^n}$
H	H	↓	H	L	H	L
H	H	↓	L	H	L	H
H	H	↓	H	H	不定	

通过功能表 5.5.2 可以得到该触发器的逻辑功能如下：

(1) 具有预置、清零功能。预置端加低电平，清零端加高电平时，触发器置 1，反之，触发器置 0。预置和清零与 CP 无关，这种方式称为直接预置和直接清零。

(2) 正常工作时，预置端和清零端必须都加高电平，且要输入时钟脉冲。

(3) 触发器的功能表和同步 RS 触发器的功能一致。

5.5.2　主从 JK 触发器

主从 JK 触发器的逻辑电路图，是在主从 RS 触发器基础上，把 $\overline{Q}$ 引回到门 G_7 的输入端，把 Q 引回到门 G_8 的输入端得到的。原来的 S 变成为 J，R 变成为 K，由于主从结构的电路形式未变，而输入信号变成了 J 和 K，故名主从 JK 触发器。主从 JK 触发器的电路图与逻辑符号如图 5.5.4 所示。

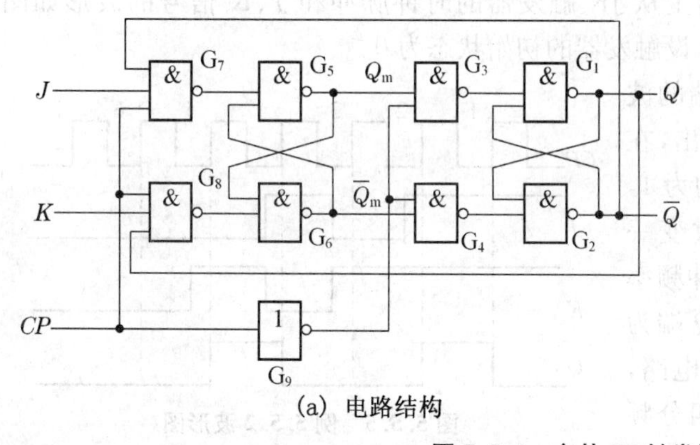

(a) 电路结构　　(b) 逻辑符号

图 5.5.4　主从 JK 触发器

其工作原理如下：

(1) 当 $CP=1$ 时，从触发器被封锁，输出状态不变化。此时主触发器输入门打开，接收 J、K 输入信息，代入基本 RS 触发器特性方程可得：

$$Q_{主}^{n+1}=S_{D主}+\overline{R}_{D主}Q_{主}^{n}=J\,\overline{Q^n}+\overline{KQ^n}Q_{主}^{n} \tag{5.5.2}$$

(2) 当 $CP=0$ 时，主触发器被封锁，禁止接受 J、K 信号，主触发器维持原态；从触发器输入门被打开，从触发器按照主触发器的状态翻转，其中：

$$S'_D = Q^{n+1}_{主}, R'_D = \overline{Q^{n+1}_{主}} \tag{5.5.3}$$

$$Q^{n+1} = S'_D + \overline{R'_D} Q^n = Q^{n+1}_{主} + Q^{n+1}_{主} Q^n = Q^{n+1}_{主} \tag{5.5.4}$$

即将主触发器的状态转移到从触发器的输出端，从触发器的状态和主触发器一致。即可得到：

$$Q^{n+1}_{主} = J\,\overline{Q^n_{主}} + \overline{K} Q^n_{主} \tag{5.5.5}$$

主从 JK 触发器的特性方程为：$Q^{n+1} = J\,\overline{Q}^n + \overline{K} Q^n$ (5.5.6)

由式(5.5.6)可以看出，主从 JK 触发器的特性方程与同步 JK 触发器相同，其逻辑功能也相同，因此可以得到主从 JK 触发器的状态表如表 5.5.3 所示。

表 5.5.3 主从 JK 触发器的特性表

CP	J	K	Q^n	Q^{n+1}	备注
×	×	×	0 1	0 1	状态保持
↓	0	0	0 1	0 1	保持
↓	0	1	0 1	0 0	置 0
↓	1	0	0 1	1 1	置 1
↓	1	1	0 1	1 0	状态翻转

【例 5.5.2】 设下降沿触发的主从 JK 触发器的时钟脉冲和 J、K 信号的波形如图 5.5.5 所示，画出输出端 Q 的波形。设触发器的初始状态为 0。

解 根据表 5.5.3 可画出 Q 端的波形，如图 5.5.5 所示。由图可以看出，在第 1、2 个 CP 脉冲作用期间，J、K 均为 1，每输入一个脉冲，Q 端的状态就改变一次，这时 Q 端的方波频率是时钟脉冲频率的二分之一。若以 CP 端为输入，Q 端为输出，则该触发器就可作为二分频电路，两个这样的触发器串联就可获得四分频电路，其余类推。

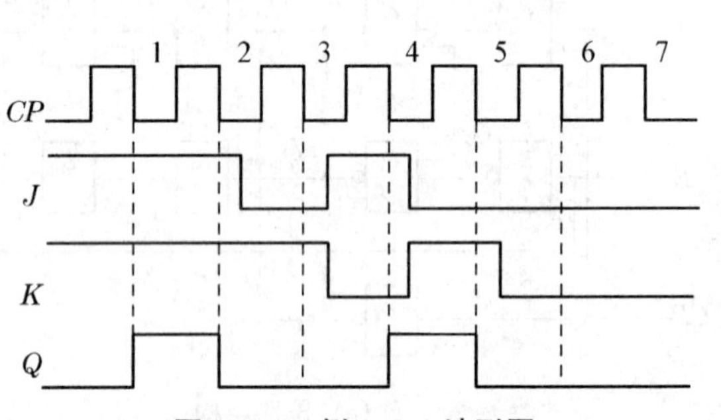

图 5.5.5 例 5.5.2 波形图

集成 JK 触发器的产品较多，下面介绍一种比较典型的高速 CMOS 双 JK 触发器 HC76。该触发器内含两个相同的 JK 触发器，它们都带有预置和清零输入，属于下降沿触发的边沿触发器，其逻辑符号和引脚分布如图 5.5.6 所示，其功能表如表 5.5.4 所示。如果在一片集成器件中有多个触发器，通常在符号前面(或后面)加上数字，以表示不同触发器的输入、输出信号，比如 C1 与 1J、1K 同属一个触发器。

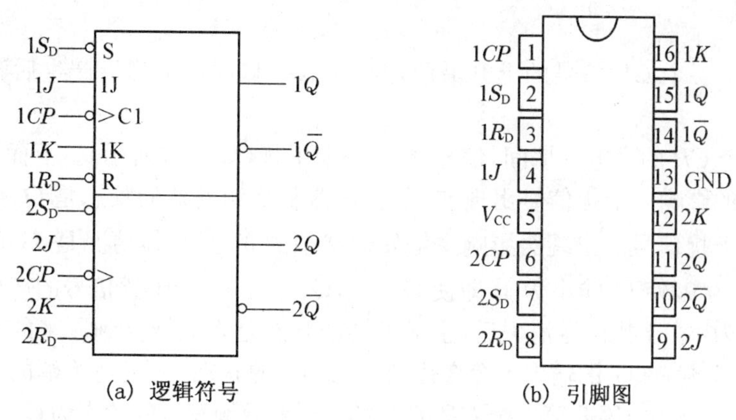

图 5.5.6　主从 JK 触发器 HC76

表 5.5.4　主从 JK 触发器 HC76 的特性表

输入					输出	
S_D	R_D	CP	J	K	Q^{n+1}	$\overline{Q^{n+1}}$
L	H	×	×	×	H	L
H	L	×	×	×	L	H
H	H	↓	L	L	Q^n	$\overline{Q^n}$
H	H	↓	H	L	H	L
H	H	↓	L	H	L	H
H	H	↓	H	H	$\overline{Q^n}$	Q^n

综上所述，对主从 JK 触发器的功能可归纳为以下几点：

(1) 主从 JK 触发器具有置位、复位、保持（记忆）和计数功能。

(2) 主从 JK 触发器属于脉冲触发方式，触发翻转只在时钟脉冲的下降沿发生。

(3) 不存在约束条件。

5.5.3　主从 JK 触发器的一次翻转现象

主从 JK 触发器的功能描述和同步 JK 触发器完全一样。主从 JK 触发器是在时钟脉冲的下降沿（CP 由 1 跳变到 0）翻转，但这种主从触发器还存在一次翻转现象，从而又限制了它的使用。

所谓一次翻转是指：在 CP 脉冲对主触发器有效期间（$CP=1$），主触发器只翻转一次（从 0 变为 1 或从 1 变为 0，不含保持状态）。此后若 J、K 端发生变化，主触发器状态也不变化，下面我们以一个实际的例子来进行说明。

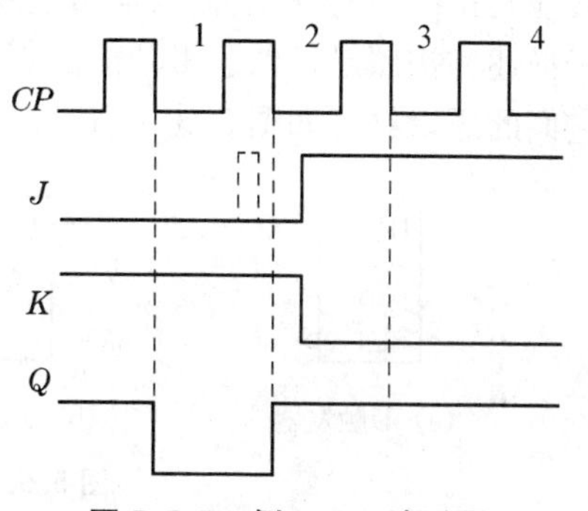

图 5.5.7　例 5.5.3 波形图

【例 5.5.3】　下降沿触发主从 JK 触发器的时钟信号 CP 和输入信号 J、K 的波形如图 5.5.7 所示，信号 J 的波形图上用虚线标出了一干扰信号，画出考虑干扰信号影响的 Q 端的输出波形。设触发器的初始状态为 1。

解　(1) 第一个 CP 信号的上升沿前，$J=0,K=1$，因此下降沿产生后触发器应翻转为 0。

(2) 第二个 CP 的高电平期间，信号 J 有一个干扰(如虚线所示)。下面利用图 5.5.4 分析干扰信号的影响。干扰信号出现前，主触发器和从触发器的状态是 $Q_m=0,\overline{Q_m}=1$ 和 $Q=0,\overline{Q}=1$。干扰信号的出现会影响主触发器状态的变化，具体情况是：G_7 的三个输入端都为 1，其输出为 0，使 G_5 输出为 1，即使 $Q_m=1,\overline{Q_m}=0$。由于干扰信号的产生使主触发器的状态由 0 变为 1。干扰信号消失后，主触发器的状态是否能恢复到原来的状态呢？由于 $\overline{Q_m}=0$ 所以将 G_5 封锁，G_5 的输出不会变化，影响到 Q_m 的状态，也就是 J 端的干扰信号的消失不会使 Q_m 恢复到 0。因此第二个 CP 的下降沿到来后触发器的状态为 $Q=1$。如果 J 端没有干扰信号产生，根据 $J=0$、$K=1$ 的条件，触发器的正常状态应为 $Q=0$。这与实际分析不符。在上述条件下，主触发器的状态只能根据输入信号改变一次，这种现象就是所谓的一次翻转现象。并非所有条件下都会出现一次变化现象。由于 JK 触发器电路的对称性，不难理解，在触发器的状态为 1 时，$CP=1$ 期间信号 K 出现上升沿干扰也会产生一次变化现象。也只有这两种情况下主从 JK 触发器会产生一次翻转现象。

(3) 对应于第三、第四个 CP 的输入条件都是 $J=1$、$K=0$，所以 $Q=1$。

由上例可知：

(1) 主从 JK 触发器一次翻转现象会造出触发器错误翻转，使得触发器抗干扰能力差。因此，为保证主从触发器正常工作，要求输入 J、K 信号在 $CP=1$ 期间不发生变化，这就使主从 JK 触发器的使用受到一定限制。目前为了减少 JK 触发器受干扰的机会，一般的方法是使 $CP=1$ 的宽度尽可能窄。

(2) 只有这两种情况下主从 JK 触发器会产生一次翻转现象：一是在触发器的状态为 0 时，$CP=1$ 期间信号 J 的变化；二是在触发器的状态为 1 时，$CP=1$ 期间信号 K 的变化。

若在 $CP=1$ 期间，J、K 信号发生变化，就不能利用主从 JK 触发器的特性表或特性方程来决定输出 Q，可按以下方法来处理：① 若初态 $Q=0$，则由 J 信号决定其次态，而与 K 无关。此时只要在 $CP=1$ 期间出现过 $J=1$，则 CP 下降沿时 $Q=1$，否则 Q 仍为 0。② 若初态 $Q=1$，则由 K 信号决定其次态，而与 J 无关。此时只要在 $CP=1$ 期间出现过 $K=1$，则 CP 下降沿时 $Q=0$，否则 Q 仍为 1。

上面讲解了构成各种触发器的不同电路结构，下面讨论触发器的逻辑功能。所谓逻辑功能是指次态与现态、输入信号之间的逻辑关系，这种关系可用特性表、特性方程或状态图来描述。按照触发器逻辑功能的不同分为 RS 触发器、JK 触发器、T 触发器和 D 触发器等。它们的逻辑符号如图 5.5.8 所示。

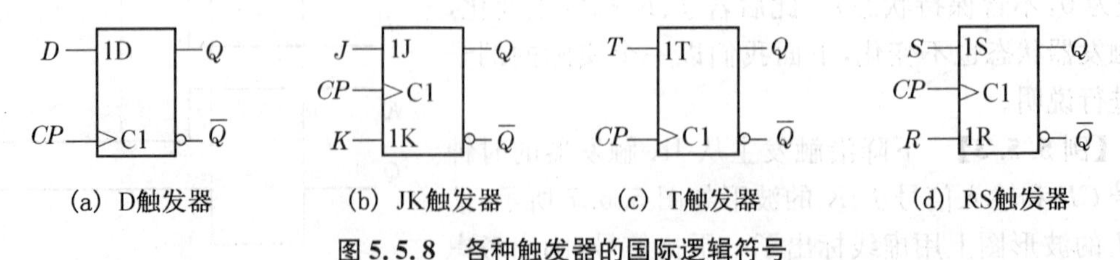

(a) D触发器　(b) JK触发器　(c) T触发器　(d) RS触发器

图 5.5.8　各种触发器的国际逻辑符号

需要指出的是,逻辑功能与电路结构是两个不同的概念。同一逻辑功能的触发器可以用不同的电路结构来实现,如前面所述两种不同电路结构而功能相同的 D 触发器;同时,以同一基本电路结构,也可以构成不同逻辑功能的触发器。下面总结各种触发器的特性表、特性方程与状态转换图。

1. RS 触发器

仅有置位、复位功能的触发器称为 RS 触发器,同步 RS 触发器、主从 RS 触发器的特性表如表 5.5.5 所示。

表 5.5.5　RS 触发器的特性表

R	S	Q^n	Q^{n+1}	功能
0	0	0	0	保持
0	0	1	1	保持
0	1	0	1	置 1
0	1	1	1	置 1
1	0	0	0	置 0
1	0	1	0	置 0
1	1	0	不用	不允许
1	1	1	不用	不允许

特性方程为

$$\begin{cases} Q^{n+1}=S+\overline{R}Q^n \\ RS=0 \end{cases} \tag{5.5.7}$$

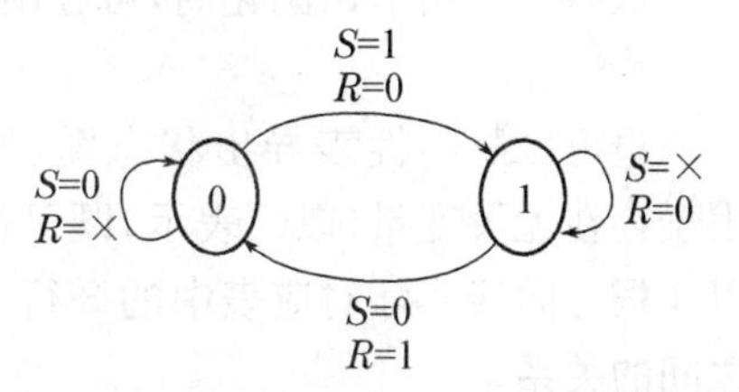

图 5.5.9　RS 触发器的状态图

可以从特性表导出状态图,如图 5.5.9 所示。两个圆圈内标以 1 和 0,表示触发器的两个状态,带箭头的弧线表示状态转换的方向,箭头指向触发器次态,箭尾为触发器现态,弧线旁边标出了状态转换的条件。

2. D 触发器

由前面所述可得 D 触发器的特性表如表 5.5.6 所示。

表 5.5.6　D 触发器的特性表

Q^n	D	Q^{n+1}
0	0	0
0	1	1
1	0	0
1	1	1

从特性表可导出特性方程为

$$Q^{n+1}=D \tag{5.5.8}$$

也可以从特性表导出状态图,如图 5.5.10 所示。

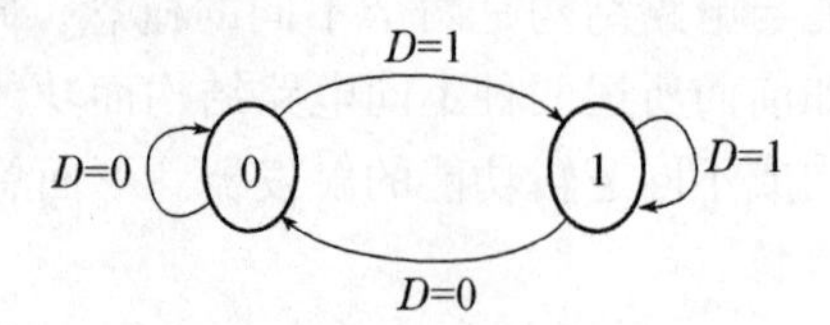

图 5.5.10　D 触发器的状态图

3. JK 触发器

由前面所述可得 JK 触发器的特性表如表 5.5.7 所示。

表 5.5.7　JK 触发器的特性表

J	K	Q^n	Q^{n+1}	说明
0	0	0	0	状态不变
0	0	1	1	
0	1	0	0	置 0
0	1	1	0	
1	0	0	1	置 1
1	0	1	1	
1	1	0	1	翻转
1	1	1	0	

从特性表由卡诺图化简,可导出特性方程为

$$Q^{n+1}=J\,\overline{Q^n}+\overline{K}Q^n \tag{5.5.9}$$

也可以从特性表导出状态图,如图 5.5.11 所示。由于存在无关变量(以×表示,既可取 0,也可取 1),所以 4 根方向线实际对应表中的 8 行。请自行找出它们之间的关系。

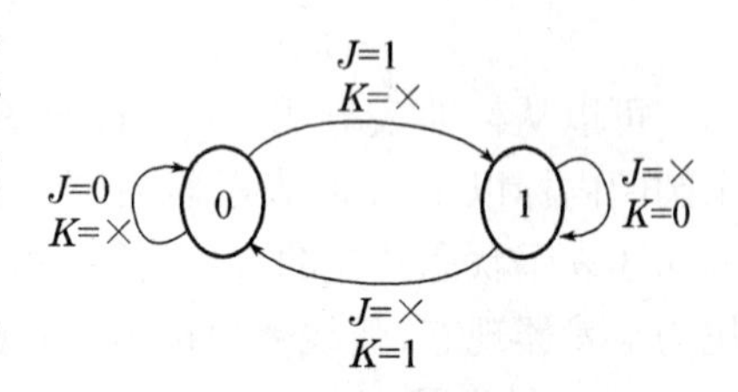

图 5.5.11　JK 触发器的状态图

由特性表、特性方程或状态图均可看出,当 $J=1$,$K=0$ 时,触发器的下一状态将被置 1;当 $J=0$,$K=1$ 时,触发器的下一状态将被置 0;当 $J=K=0$ 时,触发器状态保持不变;当 $J=K=1$ 时,触发器的状态将翻转。在所有类型的触发器中,JK 触发器具有最强的逻辑功能,它能执行置 1、置 0、保持和翻转四种操作,并可用简单的附加电路转换为其他功能的触发器,因此在数字电路中有较广泛的应用。

【例 5.5.4】 设下降沿触发的 JK 触发器时钟脉冲和 J、K 信号的波形如图 5.5.12 所示。试画出输出端 Q 的波形。设触发器的初始状态为 0。

解　根据特性表、特性方程或是状态图都可画出 Q 的波形,如图 5.5.12 所示。

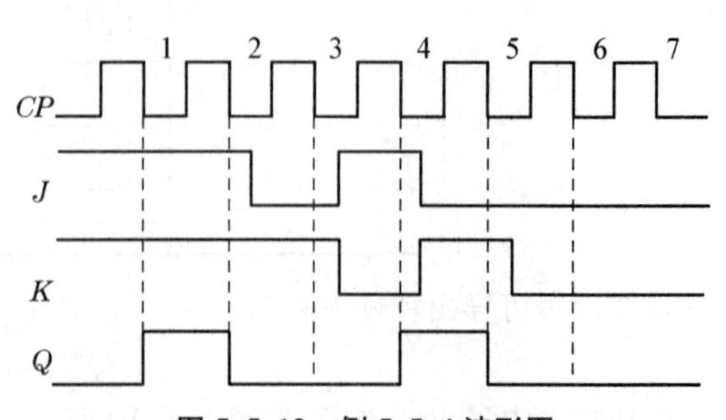

图 5.5.12　例 5.5.4 波形图

4. T触发器

由前面所述可得T触发器的特性表如表5.5.8所示。

表5.5.8　T触发器的特性表

T	Q^n	Q^{n+1}
0	0	0
0	1	1
1	0	1
1	1	0

从特性表可导出特性方程为

$$Q^{n+1}=T\overline{Q^n}+\overline{T}Q^n \qquad (5.5.10)$$

也可以从特性表导出状态图，如图5.5.13所示。

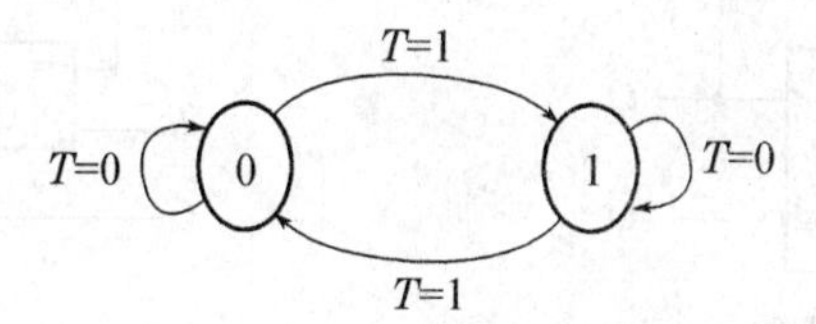

图5.5.13　T触发器的状态图

5. T′触发器

当T触发器的输入端固定接高电平时即得到T′触发器。其特性方程为

$$Q^{n+1}=\overline{Q^n} \qquad (5.5.11)$$

也就是说，时钟脉冲每作用一次，触发器就翻转一次。它的输入只有时钟信号，上升沿触发的T′触发器逻辑符号如图5.5.14所示。

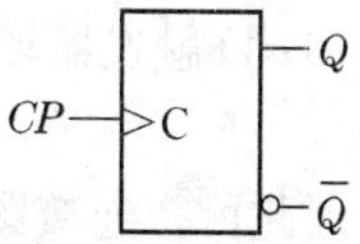

图5.5.14　T′触发器逻辑符号

6. 不同类型触发器之间的转换

所谓逻辑功能的转换，就是将一种类型的触发器，通过外接一定的逻辑电路后转换成另一类型的触发器。触发器类型转换步骤如下：

① 写出已有触发器和待求触发器的特性方程；

② 变换待求触发器的特性方程，使之形式与已有触发器的特性方程一致；

③ 比较已有触发器和待求触发器特性方程，根据两个方程相等的原则求出转换逻辑；

④ 根据转换逻辑画出逻辑电路图。

我们以D触发器为例，讲解D触发器转换成其他触发器。

(1) D触发器转换为JK触发器。比较D触发器和JK触发器的特性方程可知

$$D=J\overline{Q^n}+\overline{K}Q^n=\overline{\overline{J\overline{Q^n}}\ \overline{\overline{K}Q^n}} \qquad (5.5.12)$$

按式(5.5.12)，可得如图5.5.15所示的两种电路。电路特性符合JK触发器的特性方程，从而能实现JK触发器的所有功能。

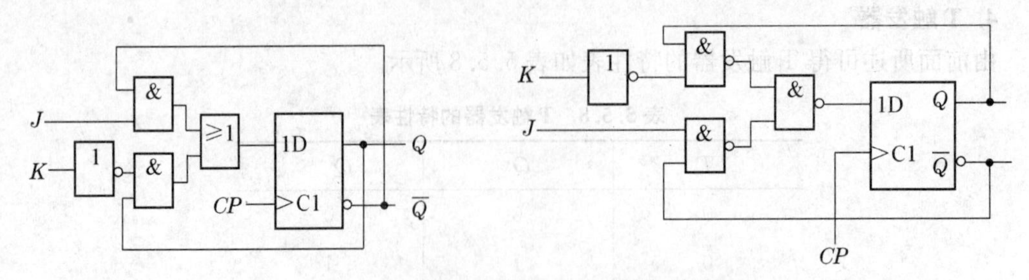

图 5.5.15 用 D 触发器构成 JK 触发器的逻辑功能

(2) D 触发器转换为 T 触发器。比较 D 触发器和 T 触发器的特性方程可知

$$Q^{n+1}=T\overline{Q}^n+\overline{T}Q^n=T\oplus Q^n \tag{5.5.13}$$

只需在 D 输入端前增加一个异或门或者同或门即可实现，如图 5.5.16 所示。电路特性符合 T 触发器的特性方程，从而能实现 T 触发器的所有功能。

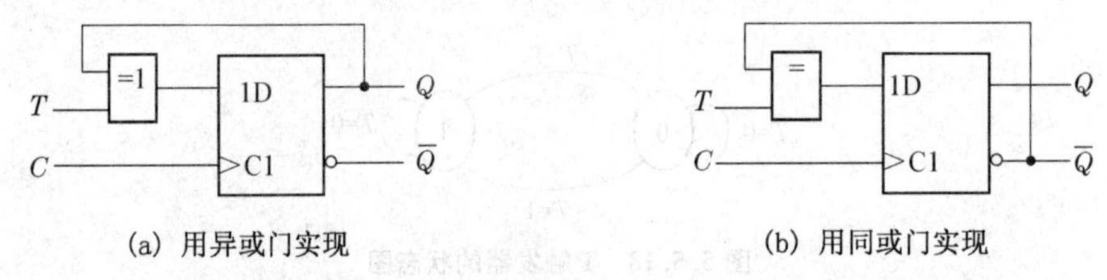

图 5.5.16 用 D 触发器构成 T 触发器的逻辑功能

(3) D 触发器转换为 T′触发器。比较 D 触发器和 T′触发器的特性方程可知

$$D=\overline{Q^n} \tag{5.5.14}$$

因此可得连接图如图 5.5.17 所示。

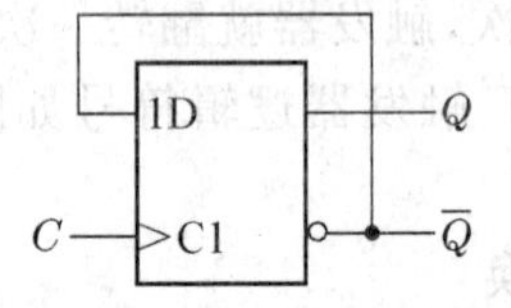

图 5.5.17 用 D 触发器构成 T′触发器的逻辑功能

同理，也可用 JK 触发器转换成其他功能的触发器。其转换思路与 D 触发器的转换相同，请自行分析。

5.6 触发器的 Multisim 10 仿真

触发器是构成时序电路的基本逻辑单元，具有记忆、存储二进制信息的功能。触发器的输出不但取决于它的输入，而且还与它原来的状态有关。触发器接收信号之前的状态叫初态，用 Q^n 表示；触发器接收信号之后的状态叫次态，Q^{n+1} 表示。从逻辑功能上将触发器分为 RS、D、JK、T、T′等几种类型，对于逻辑功能的描述有真值表、波形图、特征方程等几种方法。功能不同的触发器之间可以互相转换。边沿触发器是指只在 CP 上升沿或下降沿到来时接受此刻的输入信号，进行状态装换，而其他时刻输入信号状态的变化对其没有影响。

集成触发器通常具有异步置位、复位功能。

5.6.1 JK 触发器仿真

74LS112D 是在一片芯片上包含两个完全独立边沿 JK 触发器的集成电路，对它的分析可分为以下的三种情况

(1) 无论 CP、J、K 为何值，只要～1CLR＝0，～1PR＝1，触发器置零 0；只要～1CLR＝1，～1PR＝0，触发器置 1。（“～”表示非）

(2) 当～1CLR＝～1PR＝0 时为不允许状态。

(3) 当～1CLR＝～1PR＝1 且 CP 处于下降沿时，$Q^{n+1}=J\,\overline{Q}^n+\overline{K}Q^n$。

JK 触发器仿真电路如图 5.6.1 所示。利用单刀双掷开关 J_1、J_2、J_3、J_4、J_5 切换输入信号的信号电平状态，利用探测器 X1 观察输出管脚的信号电平状态。也可用示波器查看输出管脚的信号波形。

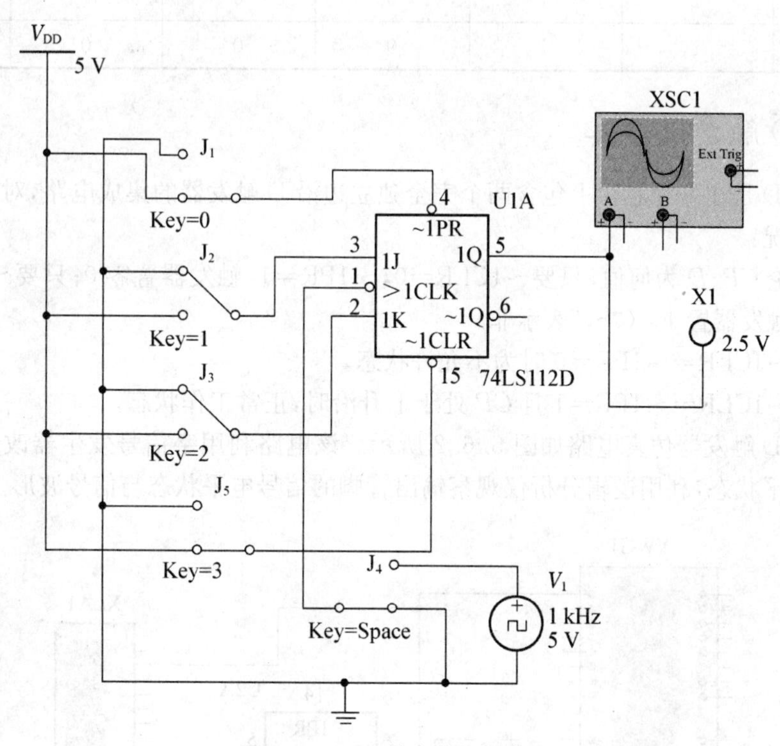

图 5.6.1　JK 触发器仿真电路

进行仿真电路实验利用开关来改变～1PR、1J、1K、～1CLR、CLK 的状态，利用示波器观察输出端 1Q 的变化，将结果填入表 5.6.1 中并验证结果。输入端中的“1”，表示接高电平，“0”表示低电平，“X”表示接高低电平都可以。输出端的“1”表示探测器亮，“0”表示探测器灭。

表 5.6.1　JK 触发器真值表

输入端					现态	次态
CP	~*CLR*	~*PR*	*J*	*K*	Q^n	Q^{n+1}
X	0	0	X	X	X	1
X	0	1	X	X	X	0
X	1	0	X	X	X	1
↓	1	1	1	0	X	1
↓	1	1	0	1	X	0
↓	1	1	1	1	1	0
↓	1	1	1	1	0	1
↓	1	1	0	0	1	1
↓	1	1	0	0	0	0

5.6.2　D 触发器仿真

74LS74D 是在一片芯片上包含两个完全独立边沿 D 触发器的集成电路，对它的分析可分为三种情况：

(1) 无论 *CP*、*D* 为何值，只要～1CLR＝0，～1PR＝1，触发器置零 0；只要～1CLR＝1，～1PR＝0，触发器置 1。（“～”表示非）

(2) 当～1CLR＝～1PR＝0 时为不允许状态。

(3) 当～1CLR＝～1PR＝1 且 *CP* 处于上升沿时，正常工作状态。

74LS74D 触发器仿真电路如图 5.6.2 所示。该电路利用字信号发生器改变输入管脚 *D* 的信号电平状态，利用逻辑分析仪观察输出管脚的信号电平状态与信号波形。

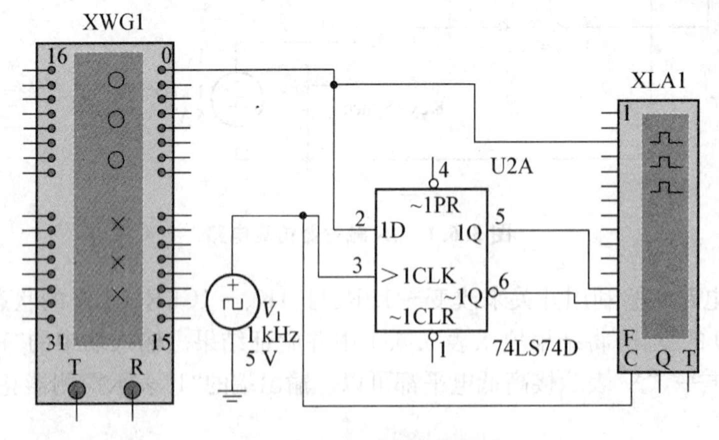

图 5.6.2　D 触发器仿真电路

进行仿真电路实验，利用字信号发生器改变输入管脚 *D* 的信号电平状态，利用逻辑分析仪观察输出管脚的信号电平状态与信号波形，如图 5.6.3。

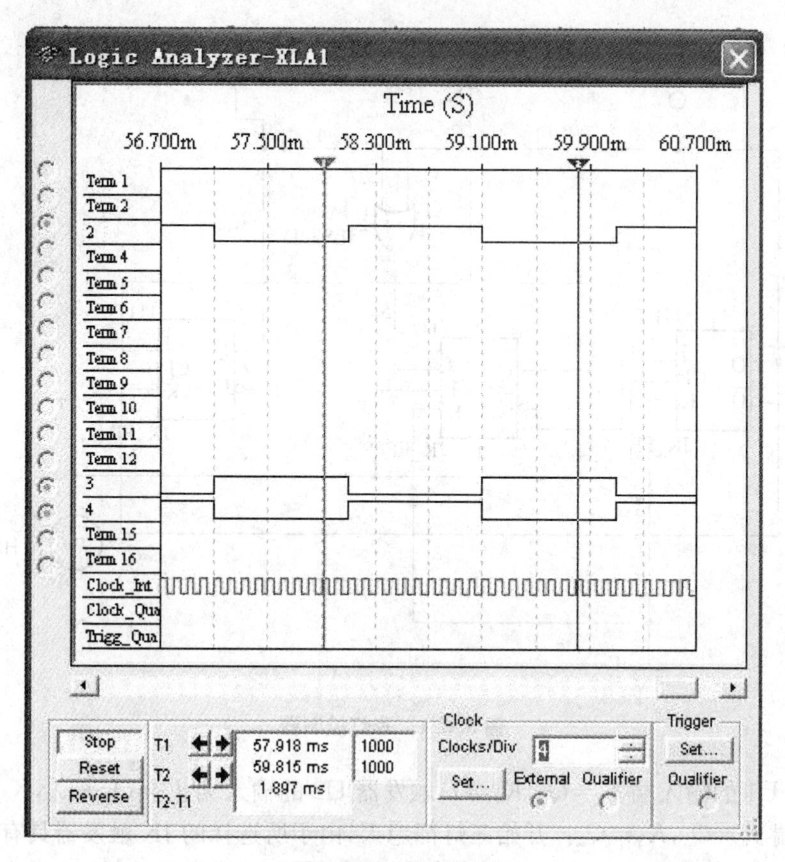

图 5.6.3　仿真波形

输入端的"1"表示接高电平，"0"表示接低电平，"X"表示接高低电平都可以。输出端"1"表示探测器亮，"0"表示探测器灭。得到的真值表如表 5.6.2 所示。

表 5.6.2　74LS74D 触发器测试真值表

输入端				现态	次态
CP	~*CLR*	~*PR*	*D*	Q^n	Q^{n+1}
X	0	1	X	X	0
X	1	0	X	X	1
↑	1	1	0	X	0
↑	1	1	1	X	1

5.6.3　用 JK 触发器设计彩灯控制器

晚会彩灯控制器能输出控制信号对三种彩灯进行控制，要求三灯依次点亮，先红灯亮，接着蓝灯亮，然后黄灯亮，最后三灯一起亮，如此循环下去，起到改变颜色的功能，调节晚会氛围。晚会彩灯原理图如图 5.6.4 所示，电路共用了 3 个 JK 触发器，3 个彩色指示灯，1 个时钟脉冲器，1 个 74LS32D 或门电路等。

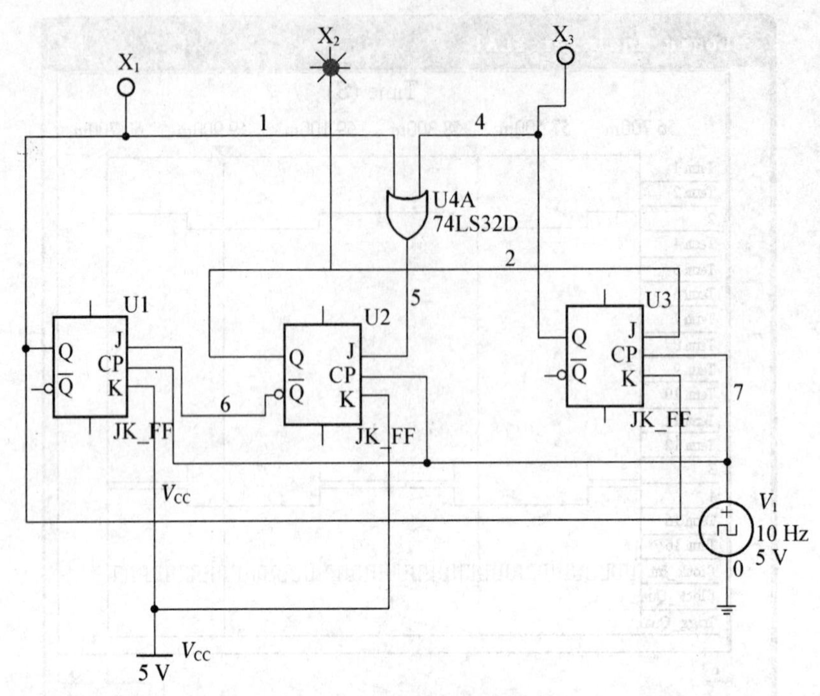

图 5.6.4　彩灯控制器

触发器 U1 的输入端 $J_1=\overline{Q_2}$，$K_1=1$；触发器 U2 的输入端 $J_2=Q_1+Q_3$，$K_2=1$；触发器 U3 的输入端 $J_3=Q_2$，$K_3=Q_1$。开始三灯都熄灭，由于所选择的 JK 触发器具有在时钟脉冲上升沿触发的特点，则当时钟脉冲通过时，在上升触发点时将发生反转，进而改变灯亮的循序。各触发器的时钟脉冲 $C_1=C_2=C_3=CP$ 上升时触发点有效。当 $Q_1=1$ 时红灯亮，$Q_2=1$ 时蓝灯亮，$Q_3=1$ 时黄灯亮。当均为 1 时三灯一起亮。由此由触发器的功能可直接列出其状态表，如表 5.6.3 所示。由状态表知，由第 1 个脉冲开始到第 5 个脉冲终止，循环一周，当 $Q_1=1$ 时红灯亮，$Q_2=1$ 时蓝灯亮，当 $Q_3=1$ 时黄灯亮，当输出均为 1 时三个彩灯一起亮，如此循环下去，改变时钟脉冲的输出频率，则可以调节亮灯的快慢的频率，时钟脉冲的频率越大则变化越快，亮灯的周期越短。经过仿真结果验证所涉及的电路与预期效果一致。

表 5.6.3　状态表

CP	Q_1	Q_2	Q_3
0	0	0	0
1	1	0	0
2	0	1	0
3	0	0	1
4	1	1	1
5	0	0	0

5.6.4　触发器之间的相互转换

1. JK 触发器转换为 T 触发器

电路图如图 5.6.5 所示。

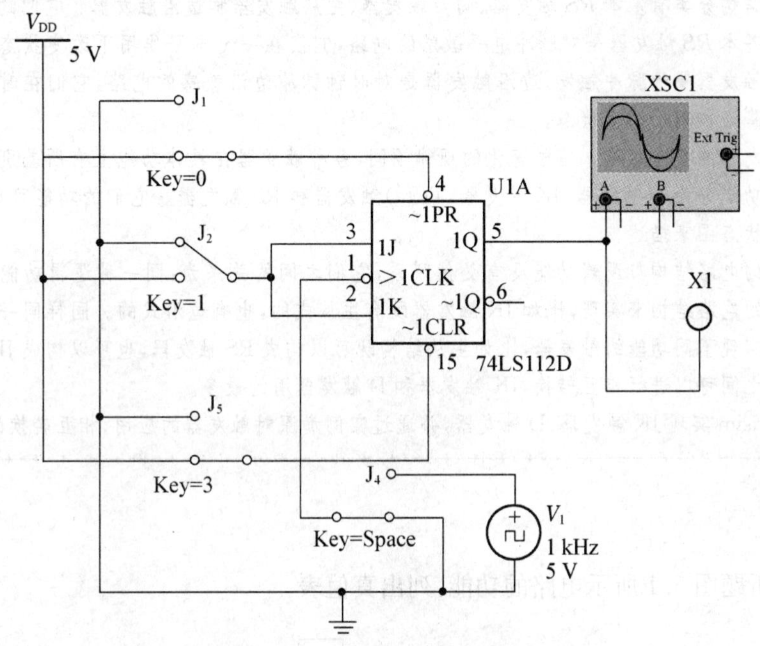

图 5.6.5　JK 触发器实现 T 触发器

2. D 触发器实现 T 触发器

D 触发器实现 T 触发器电路图如图 5.6.6 所示。

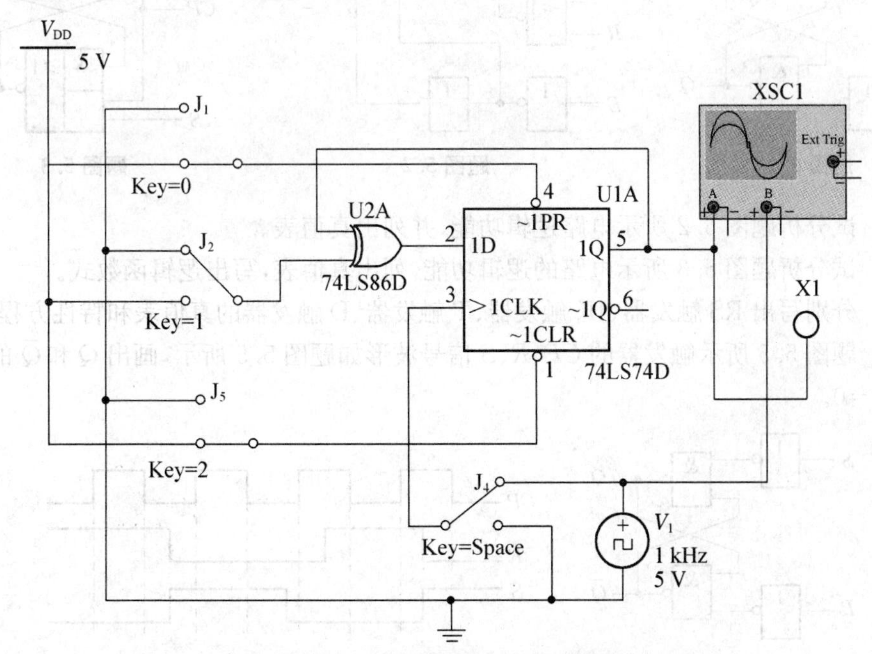

图 5.6.6　D 触发器实现 T 触发器

本章小结

触发器是具有存储功能的逻辑电路，是构成时序电路的基本逻辑单元。触发器的特点是每个触发器都能存储1位二值信息，因此被称为存储单元或记忆单元。

按电路结构分类有基本 *RS* 触发器、同步触发器、主从触发器和边沿触发器。它们的触发翻转方式不同。基本 *RS* 触发器是对脉冲电平敏感的电路，它们在一定电平作用下改变状态。同步触发器和主从触发器属于脉冲触发，边沿触发器是对时钟脉冲边沿敏感的电路，它们在时钟脉冲的上升沿或下降沿作用下改变状态。

由于触发器的状态随输入信号变化的规律不同，各种触发器在具体功能上有所差别。因此触发器按逻辑功能分为D触发器、JK 触发器、T(T′)触发器和 RS 触发器。它们的功能可用特性表、特性方程和状态图来描述。

触发器的电路结构与逻辑功能没有必然联系，它们之间的关系为：同一种逻辑功能的触发器可以用不同的电路结构来实现，比如 JK 触发器既有主从式的，也有边沿式的。同样同一种电路结构可以用来实现不同功能的触发器，比如主从结构既可以构成 RS 触发器，也可以构成 JK 触发器。

触发器之间可以进行相互转换，JK 触发器和D触发器用的最多。

用 Multisim 实现 JK 触发器、D触发器，并通过实例加深对触发器的应用、相互转换的理解。

练习题

5.1 分析题图 5.1 所示电路的功能，列出真值表。

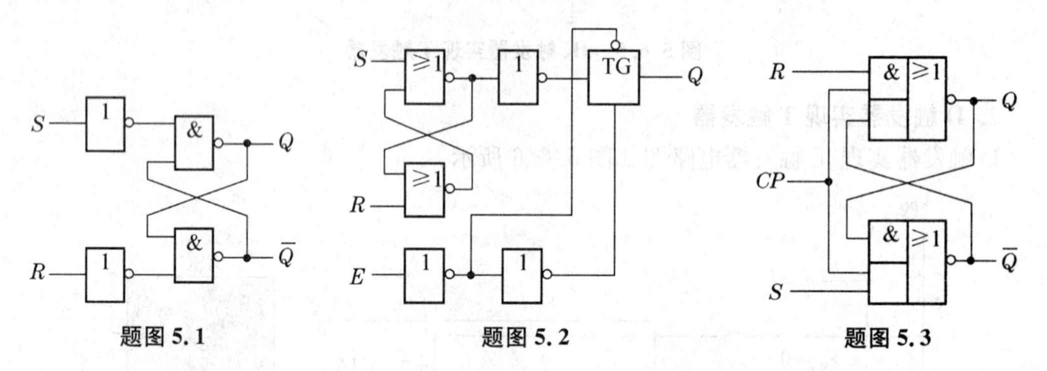

题图 5.1　　题图 5.2　　题图 5.3

5.2 试分析题图 5.2 所示电路逻辑功能，并列出真值表。

5.3 试分析题图 5.3 所示电路的逻辑功能，列出真值表，写出逻辑函数式。

5.4 分别写出 RS 触发器、JK 触发器、T 触发器、D 触发器的真值表和特性方程。

5.5 题图 5.5 所示触发器的 CP、R、S 信号波形如题图 5.5 所示，画出 Q 和 $\overline{Q}$ 的波形，设初态 $Q=0$。

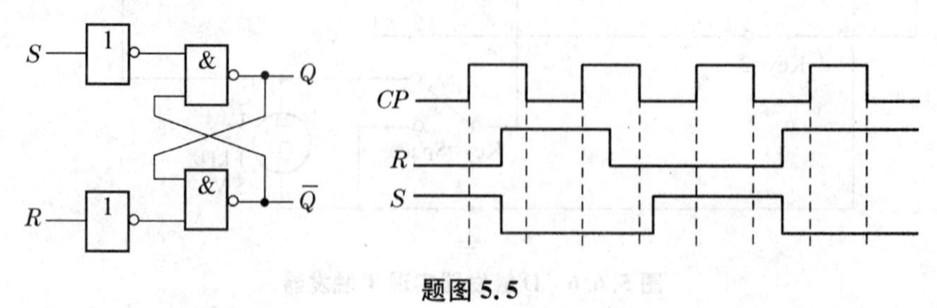

题图 5.5

5.6　题图 5.6 为三态输出基本 RS 触发器的逻辑图，试列出其真值表。

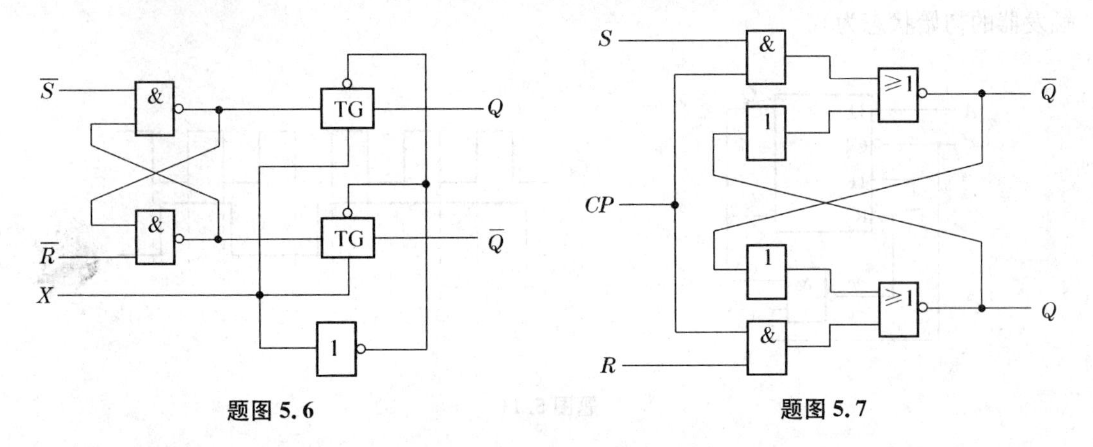

题图 5.6　　　　题图 5.7

5.7　如题图 5.7 所示的 RS 触发器，试分析其工作原理并列出功能表。

5.8　若主从结构 RS 触发器各输入端的电压波形如题图 5.8 图所示，试画出 Q、$\overline{Q}$ 端对应的电压波形。设触发器的初始状态为 $Q=0$。

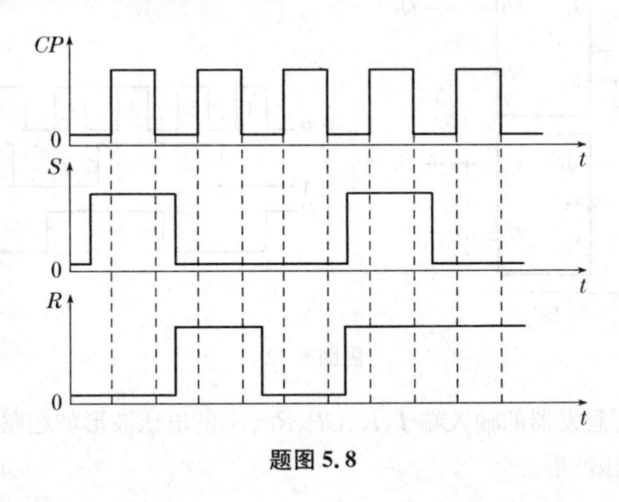

题图 5.8

5.9　设主从 JK 触发器的初始状态为 0，CP、J、K 信号如题图 5.9 所示，试画出触发器 Q 端的波形。

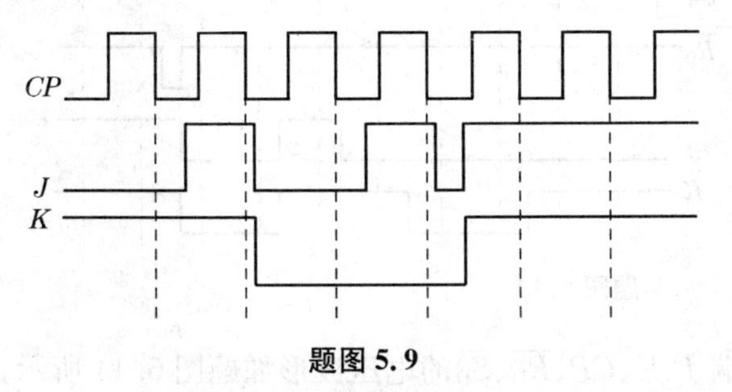

题图 5.9

P	G	Q^{n+1}
0	0	Q^n
0	1	0
1	0	1
1	1	0

题表 5.10

5.10　设一种称为 PG 触发器的功能表如题表 5.10 所示。请用 JK 触发器加逻辑门来实现这个 PG 触发器，画出逻辑图。

5.11 逻辑电路如题图 5.11 所示，已知 CP 和 A 的波形，画出触发器 Q 端的波形，设触发器的初始状态为 0。

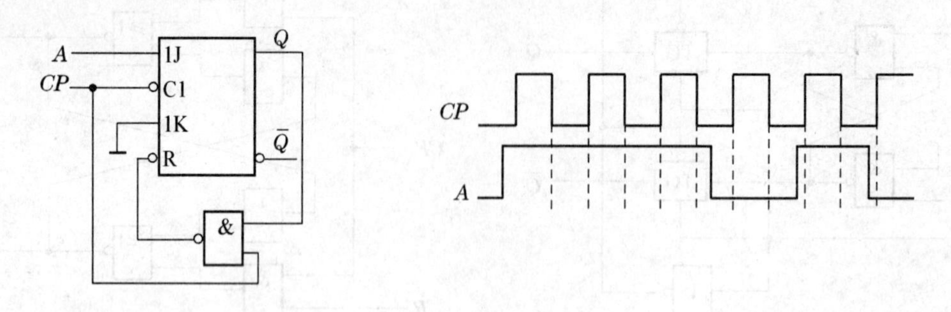

题图 5.11

5.12 JK 触发器组成如题图 5.12(a)所示电路，已知电路的输入如题图 5.12(b)所示，画出 Q_1 和 Q_2 的输出波形，假设 Q_1 和 Q_2 的初始状态为 0。

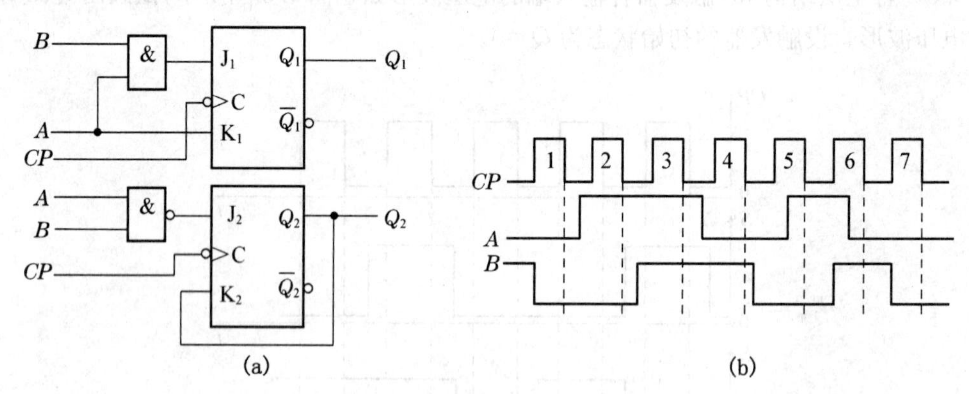

题图 5.12

5.13 主从 JK 触发器的输入端 J、K、CP、$\overline{R_D}$、$\overline{S_D}$的电压波形如题图 5.13 所示，试画出 Q,$\overline{Q}$ 端所对应的电压波形。

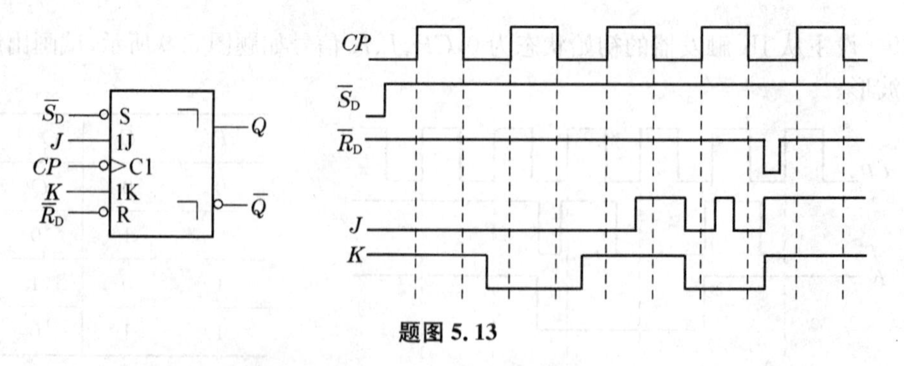

题图 5.13

5.14 主从 JK 触发器的输入端 J、K、CP、$\overline{R_D}$、$\overline{S_D}$的电压波形如题图 5.14 所示。试画出 Q,$\overline{Q}$ 端所对应的电压波形。

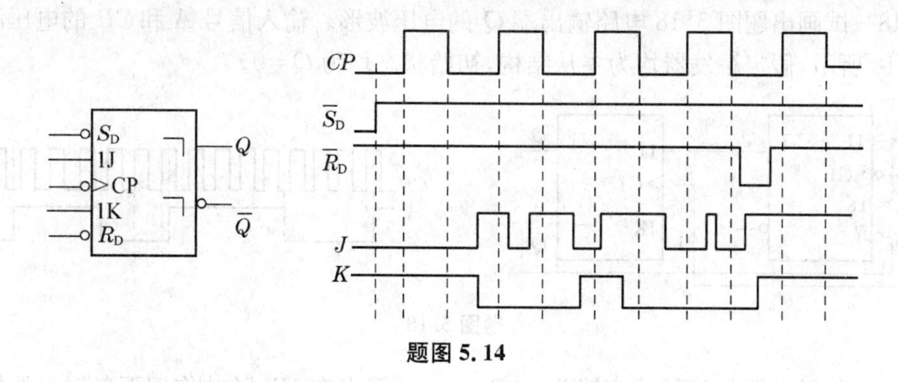

题图 5.14

5.15 主从式 JK 触发器组成的逻辑电路如题图 5.15(a)，输入波形如题图 5.15(b)所示，画出输出端的波形。设触发器的初始状态为 $Q=0$。

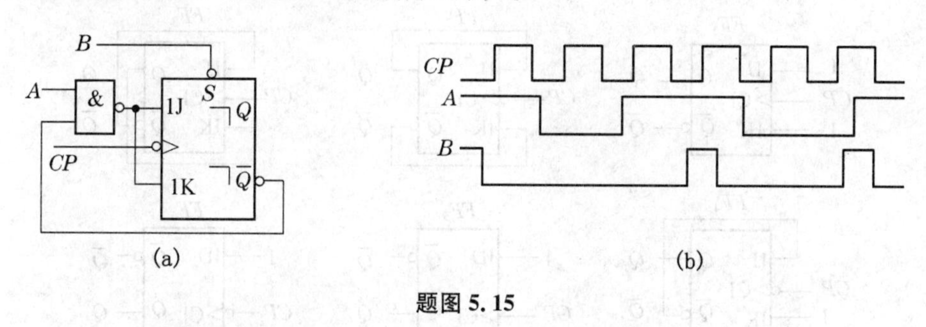

题图 5.15

5.16 JK 触发器组成的逻辑电路如题图 5.16(a)所示，输入波形如题图 5.16(b)所示，画出输出端的波形。设触发器的初始状态为 $Q=0$。

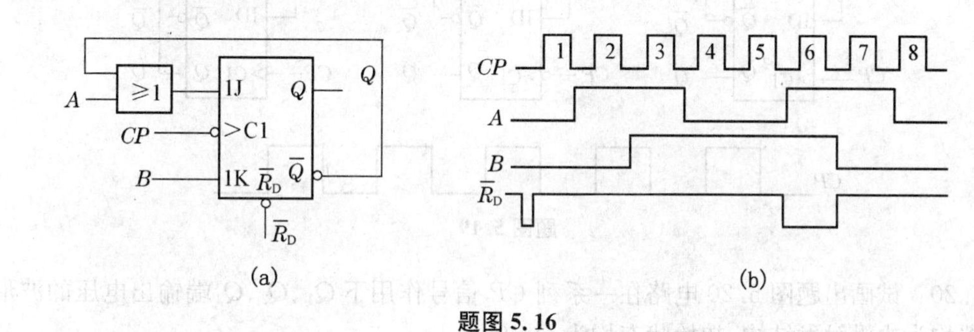

题图 5.16

5.17 如题图 5.17 所示为一主从 JK 触发器和边沿 JK 触发器的 CP 脉冲。分别画出这两个触发器的输出 Q 波形（触发器都为 CP 下降沿触发，初始状态都为 0）。

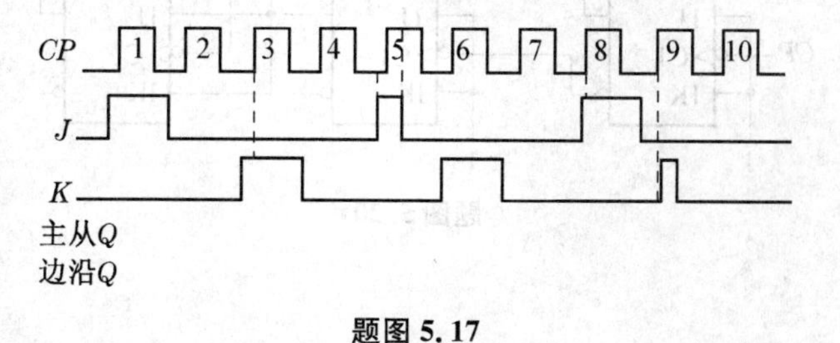

题图 5.17

5.18 试画出题图 5.18 电路输出端 Q_2 的电压波形。输入信号 A 和 CP 的电压波形如题图 5.18 所示，假定触发器均为主从结构，初始状态均为 $Q=0$。

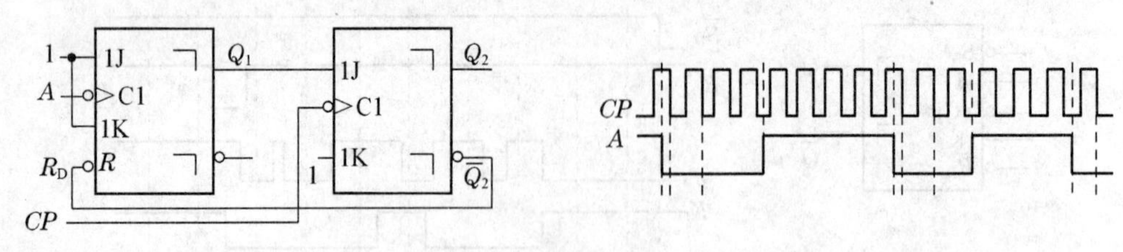

题图 5.18

5.19 各触发器的初始状态皆为 0($Q=0$)，试画出在 CP 脉冲作用下各触发器输出端的电压波形。

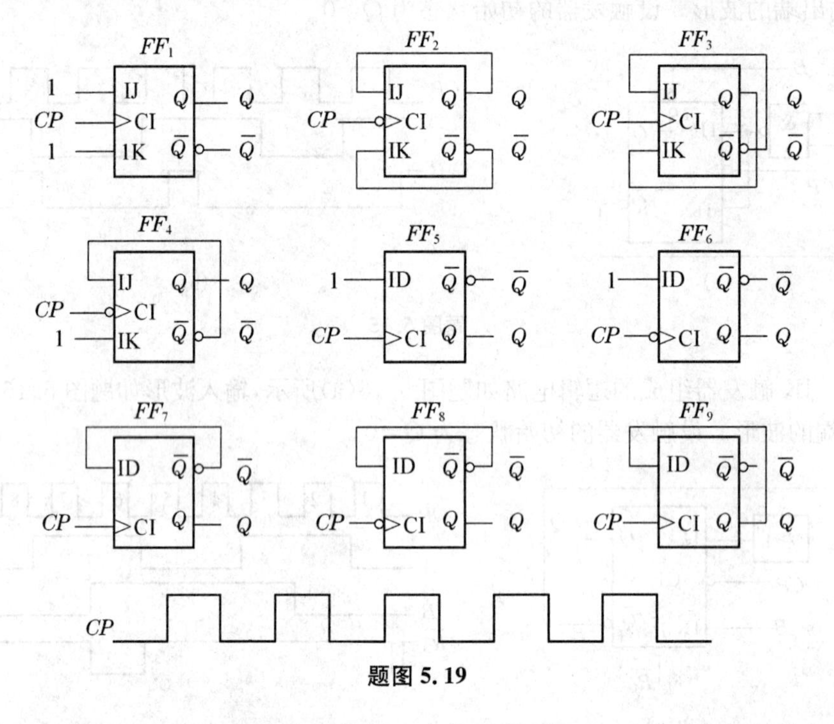

题图 5.19

5.20 试画出题图 5.20 电路在一系列 CP 信号作用下 Q_1、Q_2、Q_3 端输出电压的波形。触发器均为边沿触发结构，初始状态均为 $Q=0$。

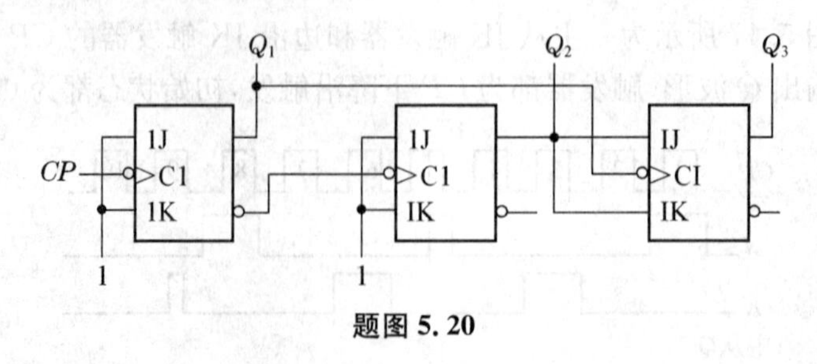

题图 5.20

5.21 维持-阻塞D触发器的输入电压波形如题图5.21所示，试画出Q、$\overline{Q}$端所对应的电压波形。假定触发器的初态为0($Q=0$)。

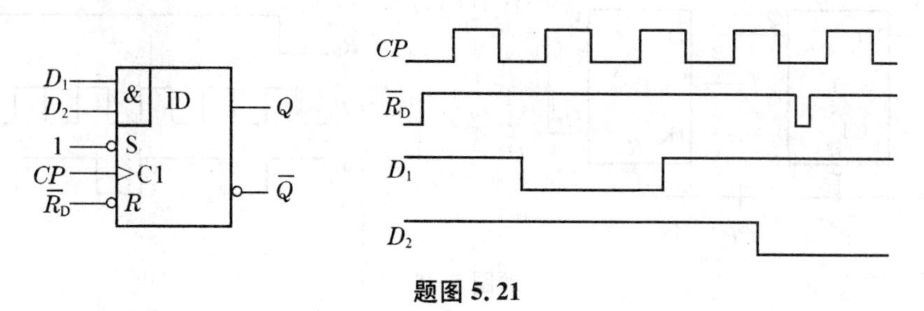

题图5.21

5.22 D触发器的CP和D的波形如题图5.22所示，分别画出上升沿和下降沿两种触发方式的Q端波形，设触发器初始状态为0。

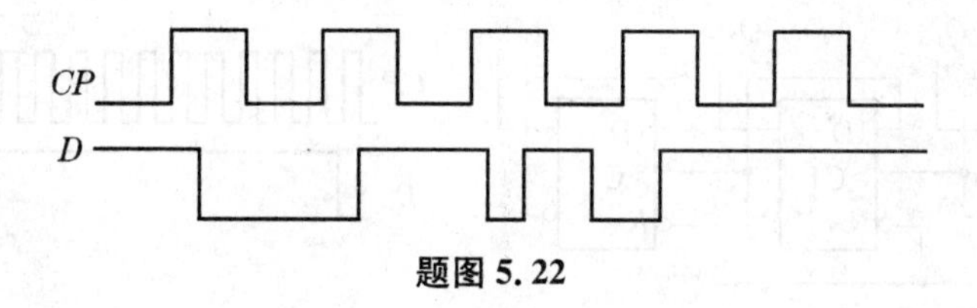

题图5.22

5.23 触发器电路和输入电压波形如题图5.23所示，试画出Q、$\overline{Q}$端所对应的电压波形。假定触发器的初态为0($Q=0$)。

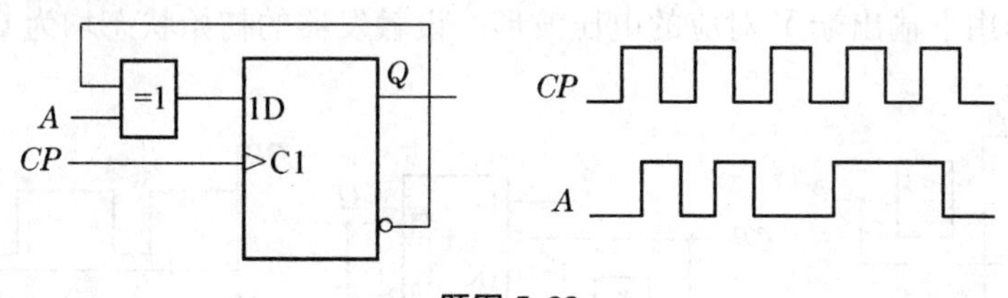

题图5.23

5.24 边沿D触发器组成的电路如题图5.24(a)所示，输入波形如题图5.24(b)所示，设$Q=0$。画出Q_1、Q_2的波形。

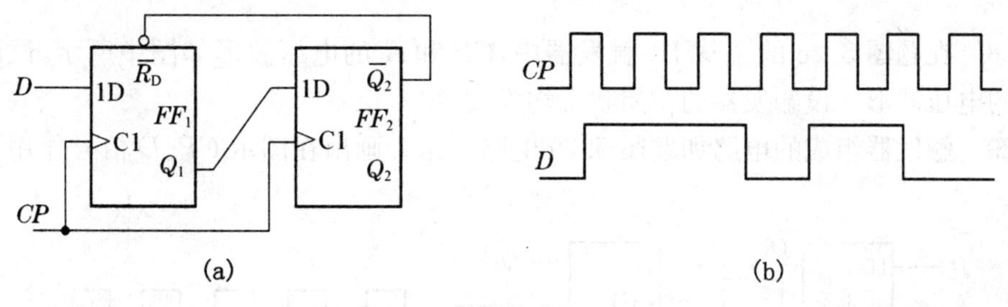

题图5.24

5.25　画出题图 5.25 所示电路中 Q_1、Q_2 的波形。

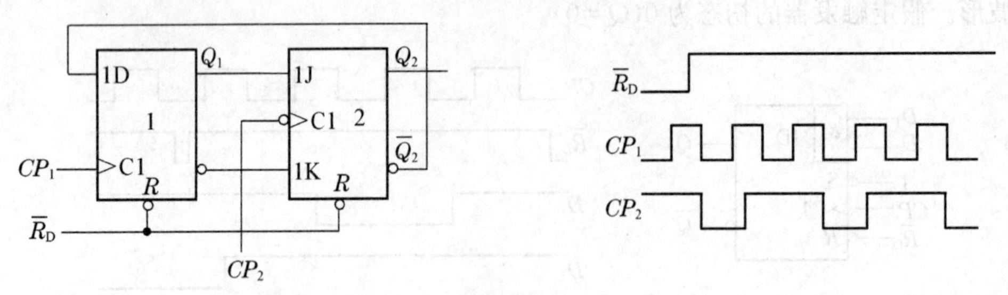

题图 5.25

5.26　试画出题图 5.26 电路在图中所示 CP、$\overline{R_D}$ 信号作用下 Q_1、Q_2、Q_3 的输出电压波形，并说明 Q_1、Q_2、Q_3 输出信号的频率与 CP 信号频率之间的关系。

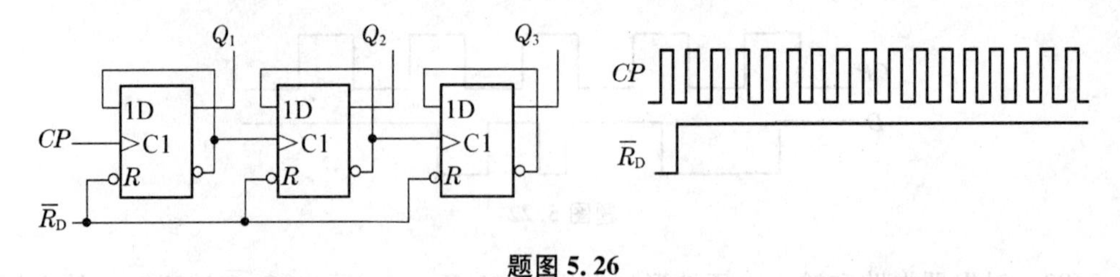

题图 5.26

5.27　题图 5.27 所示是用维持阻塞结构 D 触发器组成的脉冲分频电路。试画出在一系列 CP 脉冲作用下输出端 Y 对应的电压波形。设触发器的初始状态均为 $Q=0$。

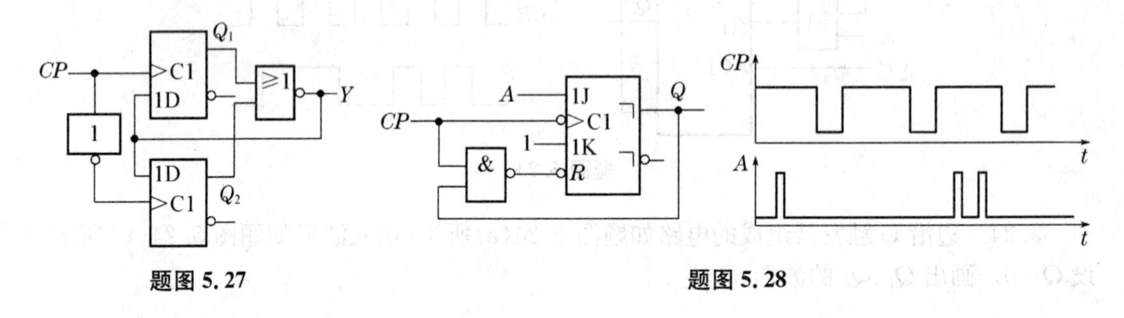

题图 5.27　　　　题图 5.28

5.28　在题图 5.28 的主从 JK 触发器中，CP 和 A 的电压波形如图中所示，试画出 Q 端对应的电压波形。设触发器的初始状态均为 $Q=0$。

5.29　触发器组成的电路如题图 5.29 电路所示。画出在图示 CP、D 信号作用下的输出波形。

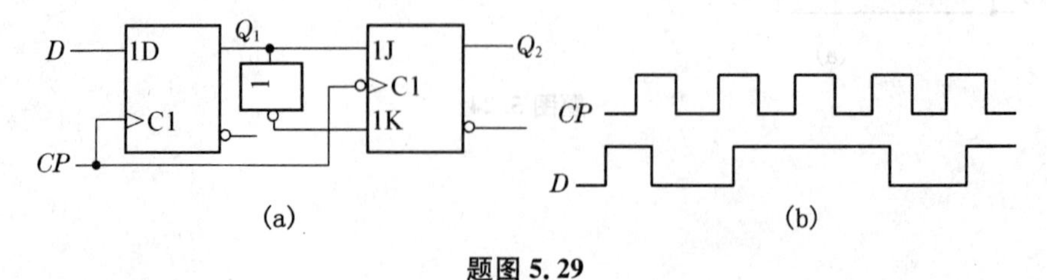

题图 5.29

5.30　在题图 5.30 所示电路中，CP_1、CP_2、$\overline{R_D}$、D 的电压波形如图中所示。试画出 Q_1、Q_2 的波形。设触发器的初始状态均为 $Q=0$。

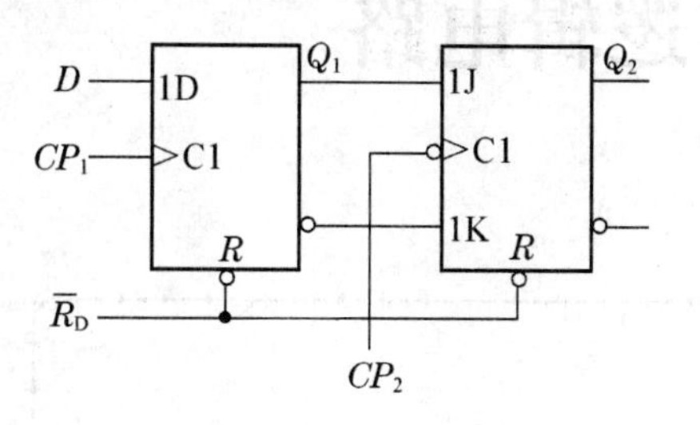

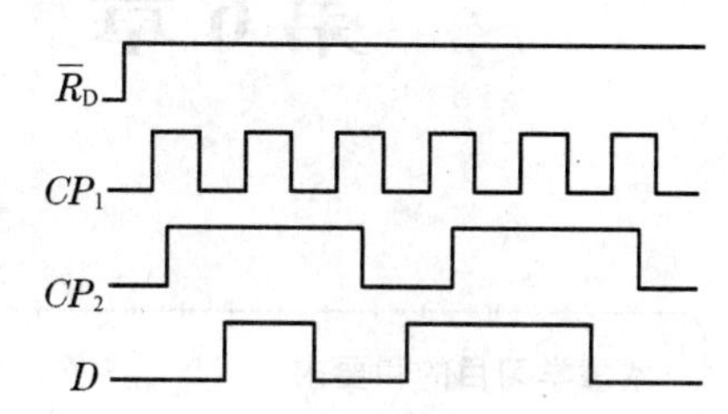

题图 5.30

第6章　时序逻辑电路

本章学习目的和要求

1. 了解时序逻辑电路的特点；
2. 掌握时序逻辑电路的描述方式；
3. 掌握同步、异步时序逻辑电路的分析方法；
4. 掌握常用时序逻辑电路——计数器、寄存器、移位寄存器的逻辑功能、应用；
5. 了解同步时序逻辑电路的设计方法。

时序逻辑电路任一时刻的输出不仅取决于该时刻的输入，还与电路原来的状态有关。常见的时序逻辑电路有触发器、计数器、寄存器等。本章首先介绍时序逻辑电路与组合逻辑电路的区别，接着详细讲述同步、异步时序逻辑电路分析的方法和步骤，然后介绍常用的时序逻辑部件——寄存器、移位寄存器、计数器的基本原理及应用，最后讲述同步时序电路的设计步骤及方法，并用 Multisim 进行了仿真。

6.1　概　述

数字电路根据逻辑功能的不同特点可以分成两大类，一类叫组合逻辑电路(简称组合电路)，另一类叫时序逻辑电路(简称时序电路)。组合逻辑电路在逻辑功能上的特点是任意时刻的输出仅仅取决于该时刻的输入，与电路原来的状态无关。而时序逻辑电路在逻辑功能上的特点是任意时刻的输出不仅取决于当时的输入信号，还取决于电路原来的状态，或者说，还与以前的输入有关。在结构上，组合逻辑电路仅由若干逻辑门组成，没有存储电路，因而无记忆能力。而时序逻辑电路除包含组合电路外，还含有存储电路，因而有记忆能力。

本章介绍时序逻辑电路的基本概念、时序逻辑电路的分析和设计方法，以及逻辑设计中常用的典型时序集成电路。

6.1.1　时序逻辑电路的特点与结构

由于时序逻辑电路(简称时序电路)在任一时刻的输出信号不仅与当时的输入信号有关，还与电路原来的状态有关，因此，时序逻辑电路中必须含有存储电路，由它将某一时刻之前的电路状态保存下来。存储电路可用延迟元件组成，也可用触发器构成。本章只讨论由触发器构成存储电路的时序电路。

时序逻辑电路的状态是靠存储电路记忆表示的，它可以没有组合电路，但必须有存储电路即触发器。因此触发器是最简单的时序逻辑电路，但是一般不单独使用，仅作为基本单元电路使用。时序电路的结构框图如图 6.1.1 所示。

从总体上来看，整个时序电路由两部分组成，进行逻辑运算的组合电路和起记忆作用的存储电路，而存储电路由触发器构成。为了方便，图中各组变量均以向量表示，其中，$\boldsymbol{I}=(I_1,I_2,\cdots,I_i)$为时序电路的输入信号，$\boldsymbol{O}=(O_1,O_2,\cdots,O_j)$为时序电路的输出信号，$\boldsymbol{E}=(E_1,E_2,\cdots,E_k)$为时序存储电路转换为下一状态的激励信号，而$\boldsymbol{S}=(S_1,S_2,\cdots,S_m)$为存储电路的状态信号，也可称为状态变量，它表示时序电路当前的状态，简称现态。状态变量被反馈到组合电路的输入端，与输入信号$\boldsymbol{I}$一起决定时序电路的输出信号O，并产生对存储电路的激励信号E，从而确定其下一状态，即次态。于是，上述四组变量间的逻辑关系可用下列三个向量函数形式的方程来表达。

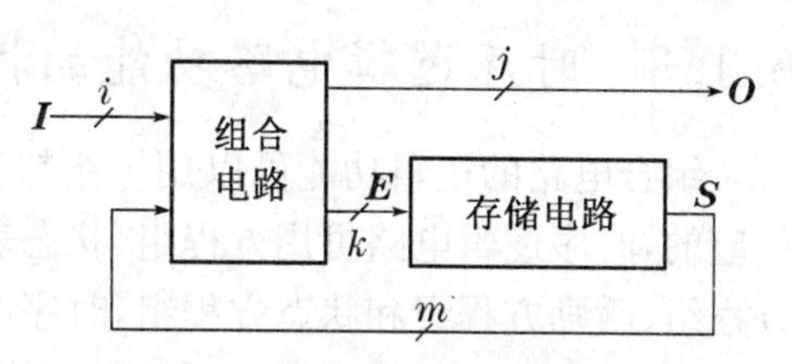

图6.1.1　时序逻辑电路的结构框图

$$\boldsymbol{O}=\boldsymbol{f}_1(\boldsymbol{I},\boldsymbol{S}) \tag{6.1.1}$$

$$\boldsymbol{E}=\boldsymbol{f}_2(\boldsymbol{I},\boldsymbol{S}) \tag{6.1.2}$$

$$\boldsymbol{S}^{n+1}=\boldsymbol{f}_3(\boldsymbol{E},\boldsymbol{S}^n) \tag{6.1.3}$$

式(6.1.1)表达了输出信号与输入信号、状态变量的关系，称为时序电路的输出方程。式(6.1.2)表达了激励信号与输入信号、状态变量的关系，称为时序电路的激励方程。式(6.1.3)表达了存储电路从现态到次态的转换，称为状态转换方程，简称状态方程。式(6.1.3)等号右边的$\boldsymbol{S}^n$表示存储电路的现态，而左边$\boldsymbol{S}^{n+1}$是存储电路的次态，分别以n和$n+1$作为上标，以示区别。上述三个向量函数形式的方程分别对应于表达时序电路的三个方程组：输出方程组、激励方程组和状态方程组。

由以上所述可知，时序逻辑电路具有以下特点：

(1) 时序逻辑电路由组合电路和存储电路组成，具有对过去输入进行记忆的功能。存储电路通常由触发器组成。

(2) 时序逻辑电路存在反馈，因而电路的工作状态与时间因素有关，即时序电路的输出由电路的输入和电路原来的状态共同决定。组合逻辑电路的输出除包含外部输出外，还包含连接到存储电路的内部输出，它将控制存储电路状态的转移。

6.1.2　时序逻辑电路的分类

按照时序电路中时钟信号的连接方式，时序逻辑电路可分为异步时序电路和同步时序电路两大类。在同步时序电路中，存储电路内所有触发器的时钟输入端都接于同一个时钟脉冲源，因而所有触发器状态的变化都是在同一时钟信号作用下同时发生的，由于时钟脉冲在电路中起到同步作用，故称为同步时序逻辑电路。在异步时序逻辑电路中，各触发器没有统一的时钟脉冲，触发器的状态变化不是同时发生的。由此可知，同步时序电路的速度高于异步时序电路，但电路结构一般较后者复杂。

按照时序电路的输出信号的特点将时序逻辑电路分为米利(Mealy)型和穆尔(Moore)型两种。在米利型电路中，输出信号不仅取决于存储单元电路的状态，而且与输入信号有关；在穆尔型电路中，输出信号仅仅取决于存储单元电路的状态。

按照功能、用途可分为：寄存器、计数(分频)器、顺序(序列)脉冲发生器、顺序脉冲检测器、码组变换器等。

6.1.3 时序逻辑电路功能的描述方法

组合电路的逻辑功能可以用一组输出方程来表示，也可以用真值表和波形图来表示。相应的，时序逻辑电路可用方程组、状态表、状态图和时序图来表示。从理论上讲，有了输出方程组、激励方程组和状态方程组，时序电路的逻辑功能就已经描述清楚了。但是，对于许多时序电路而言，仅从这三组方程还不能获得电路逻辑功能的完整印象，这主要是由于电路每一时刻的状态都和电路的历史情况有关。同样在设计时序电路时，往往很难根据给出的逻辑需求直接求出这三组方程。因此，还需要用能够直观反映电路状态变化的状态表和状态图来描述。三组方程、状态表和状态图之间可以直接实现相互转换，根据其中任意一种表达方式，都可以画出时序图。下面通过具体例子来讨论时序逻辑电路逻辑功能的四种表达方法。

1. 逻辑方程

如图 6.1.2 所示的时序电路，它由组合电路和存储电路两部分组成。其中，由两个 D 触发器 FF_1、FF_0 构成存储电路，二者共用一个时钟信号 CP，因而构成的是同步时序电路。电路有一个输入信号 A，一个输出信号 Y。对触发器的激励信号为 D_1 和 D_0，Q_1、Q_0 为电路的状态变量。

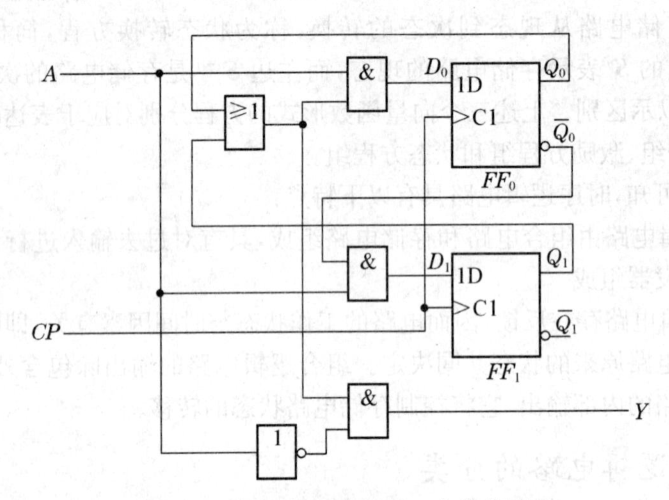

图 6.1.2 时序逻辑电路的一个简单例子

(1) 输出方程组

输出方程描述的是输出信号与输入信号、状态变量的关系。在图 6.1.2 所示的逻辑图中只有一个输出变量 Y。根据图中逻辑关系，可写出输出方程为

$$Y=(Q_0+Q_1)\overline{A} \tag{6.1.4}$$

(2) 激励方程组

激励方程描述的是激励信号与输入信号、状态变量的关系。在图 6.1.2 中有两个 D 触发器，输入端分别为 D_0、D_1，根据图中的逻辑关系，可写出激励方程组为

$$D_0=(Q_0+Q_1)A \tag{6.1.5}$$

$$D_1=\overline{Q_0}A \tag{6.1.6}$$

(3) 状态方程组

状态方程描述的是存储电路从现态到次态的转换，因此将激励方程[式(6.1.5)和式(6.1.6)]分别代入D触发器的特性方程 $Q^{n+1}=D$，就得到状态方程组为

$$Q_0^{n+1}=(Q_0^n+Q_1^n)A \tag{6.1.7}$$

$$Q_1^{n+1}=\overline{Q_0^n}A \tag{6.1.8}$$

由式(6.1.7)和式(6.1.8)可知，触发器的次态 Q_0^{n+1} 和 Q_1^{n+1} 是输入变量 A 和触发器现态 Q_0^n 和 Q_1^n 的函数。

状态方程组存在触发器从现态到次态的变化，因此，需要分别用上标 n 和 $n+1$ 区别这两种状态，其他方程组不存在这种变化，所以其未标注的变量全部为现态值。

2. 状态表

与组合电路类似，根据逻辑表达式(6.1.4)、式(6.1.7)、式(6.1.8)可以列出真值表，如表6.1.1所示。其中，把现态作为输入变量，把次态作为输出变量处理，因此输入变量为 Q_0^n、Q_1^n 和 A，输出变量为 Q_0^{n+1}、Q_1^{n+1} 和 Y。由于该表反映了触发器从现态到次态的转换，因此称为状态转换真值表。

表6.1.1 图6.1.2所示电路的状态转换真值表

Q_1^n	Q_0^n	A	Q_1^{n+1}	Q_0^{n+1}	Y
0	0	0	0	0	0
0	0	1	1	0	0
0	1	0	0	0	1
0	1	1	0	1	0
1	0	0	0	0	1
1	0	1	1	1	0
1	1	0	0	0	1
1	1	1	0	1	0

表6.1.2 图6.1.2所示电路的状态表

$Q_1^nQ_0^n$	$Q_1^{n+1}Q_0^{n+1}/Y$	
	$A=0$	$A=1$
00	00/0	10/0
01	00/1	01/0
10	00/1	11/0
11	00/1	01/0

在分析和设计时序电路时，更常用的是状态表，如表6.1.2所示。它与表6.1.1完全等效，为其简化形式。表6.1.2用矩阵形式表达出在不同现态和输入条件下，电路的状态转换和输出逻辑值。需要注意的是，表中的输出值 Y(斜线后)，是现态和输入的函数，而不是次态(斜线前)的函数。也即次态值与输出值都是由输入信号和现态值确定的。

3. 状态图

将表6.1.2转换为图6.1.3所示的状态图，可以更直观形象的表示出电路的状态转换过程，它以信号流图方式表达了电路的逻辑功能。图中，圆圈表示电路的各个状态，圆圈中的二进制码为该状态编码。带箭头的方向线指明状态转换的方向，当方向线的起点和终点在同一个圆圈上时，则表示次态和现态为同一状态，状态保持不变。标在方向线旁斜线左、右两侧

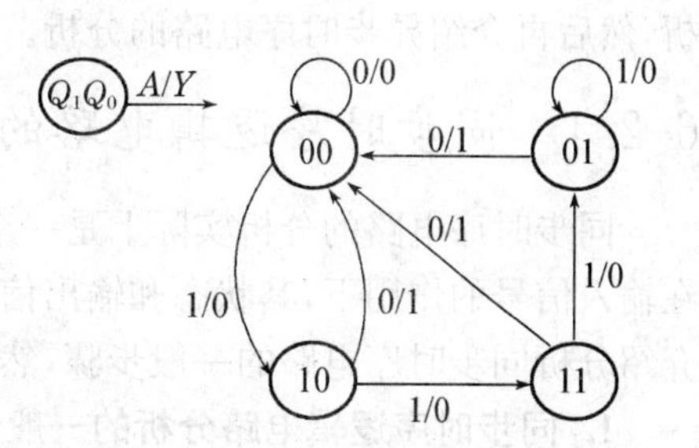

图6.1.3 图6.1.2所示电路的状态图

的二进制数分别表示状态转换前输入信号的值和相应的输出值。

我们从图中拿出一个状态来研究一下。如当状态处于01时，如果输入值保持为1，则输出为0，下一状态保持不变，仍为01。若在状态转换前输入由1变化为0，则输出值立即变化为1，下一状态则转换为00。因此状态转换的方向，取决于电路中下一个时钟脉冲触发沿到来前瞬间的输入信号，如果在此之前输入信号发出变化，则状态转换的方向也会立即改变。

4. 时序图

时序图即为时序电路的工作波形。由组合电路中的学习可知，波形图能直观的表达时序电路中各信号在时间上的对应关系，因此，在时序电路中我们也通常用波形图来表示时序电路的工作原理。通常把时序电路的状态和输出对时钟脉冲序列和输入信号响应的波形图称为时序图。时序图可以从上述三组逻辑方程、状态表和状态图得到。图6.1.2中电路的时序图如图6.1.4所示。

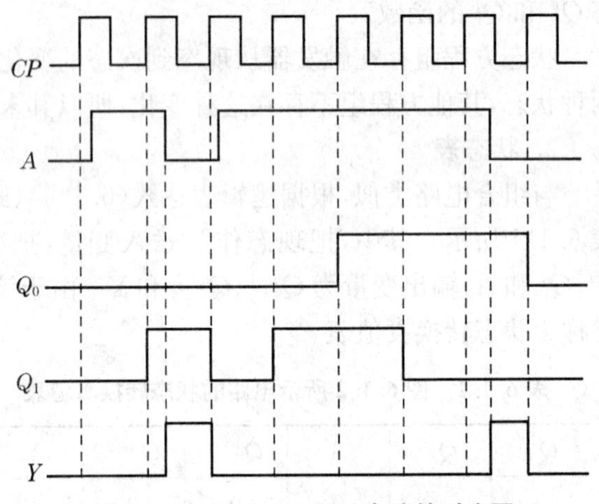

图6.1.4　图6.1.2所示电路的时序图

以上几种同步时序逻辑电路功能描述的方法，各有特点，但实质相同，且可以相互转换，他们都是同步时序逻辑电路分析和设计的主要工具。

6.2　时序逻辑电路的分析

前面我们把时序电路分为同步时序电路和异步时序电路。同步时序电路的存储电路一般是由触发器实现的，所有触发器的时钟输入端都应接在同一个时钟脉冲源上，而且它们对时钟脉冲的敏感沿也都一致。因此，所有触发器的状态更新是在同一时刻，其输出状态变换的时间不存在差异或差异极小。在时钟脉冲两次作用的间隔期间，从触发器输入到状态输出的通路被切断，即使此时输入信号发生变化，也不会改变触发器的输出状态，所以很少发生输出不稳定的现象。目前较复杂的时序电路广泛采用同步时序电路结构，很多大规模可编程逻辑器件也采用同步时序结构。异步时序电路由于电路中没有统一的时钟脉冲同步，因而电路输入信号的变化将直接导致电路状态的变化。下面我们先介绍同步时序电路的分析，然后再介绍异步时序电路的分析。

6.2.1　同步时序逻辑电路的分析方法

同步时序电路的分析实际上是一个读图、识图的过程，其主要任务是分析时序逻辑电路在输入信号的作用下，其状态和输出信号变化的规律，进而分析出电路的逻辑功能。下面先介绍分析同步时序电路的一般步骤，然后通过例题加深对分析方法的理解。

1. 同步时序逻辑电路分析的一般步骤

同步时序电路的分析一般可以按照下述步骤进行：

(1) 了解电路的组成：电路的输入、输出信号、触发器的类型等。

(2) 根据给定的时序电路图，写出下列各逻辑方程式。

① 写出每个输出变量的输出方程，组成输出方程组；

② 写出每个触发器的激励方程，组成激励方程组；

③ 将各个触发器的激励方程代入相应触发器的特性方程，得到每个触发器的状态方程，从而组成状态方程组。

(3) 根据状态方程组和输出方程组，列出电路的状态表，画出状态图或时序图。

(4) 根据上述分析结果，用文字描述给定同步时序电路的逻辑功能。

这里给出的分析步骤不是必须执行且固定不变的步骤，实际应用中可以根据具体情况有所取舍。例如，有的时序电路没有输出信号，分析时也就没有输出方程。

2. 同步时序逻辑电路的分析举例

【例 6.2.1】 试分析图 6.2.1 所示同步时序电路的逻辑功能。

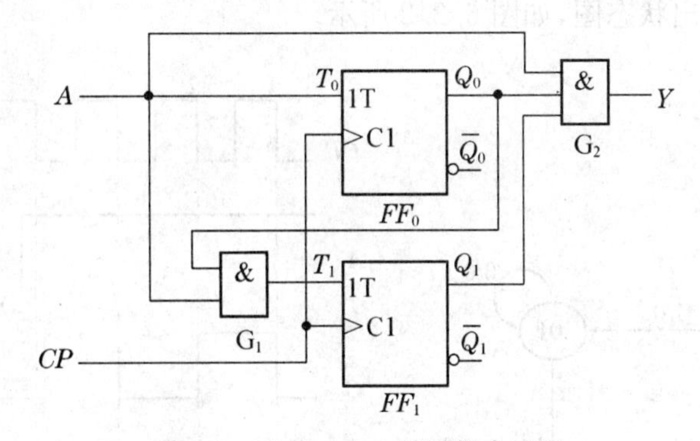

图 6.2.1　例 6.2.1 的逻辑电路图

解　(1) 了解电路组成

电路是由两个 T 触发器和两个与门组成的同步时序电路。

(2) 根据电路列出三个方程组

输出方程组：　$Y=AQ_1Q_0$

激励方程组：

$$T_0=A$$

$$T_1=AQ_0$$

T 触发器的特性方程为 $Q^{n+1}=T\oplus Q^n=T\overline{Q^n}+\overline{T}Q^n$，将激励方程组代入 T 触发器的特性方程，得状态方程组：

$$Q_0^{n+1}=A\oplus Q_0^n$$

$$Q_1^{n+1}=(AQ_0^n)\oplus Q_1^n$$

(3) 根据状态方程组和输出方程列出状态表

首先将电路可能出现的现态和输入在状态表中列出，本例中有两个现态值，因此有四种不同组合。所以将 00、01、10、11 四个可能出现的现态列在“$Q_1^nQ_0^n$”栏目中，并把 $A=0$ 和 $A=1$ 列在“$Q_1^{n+1}Q_0^{n+1}/Y$”栏目下。然后将现态和输入值代入上述输出方程组和状态方程组，分别求出输出和次态值。例如，将 $Q_1=Q_0=A=1$ 代入输出方程，得到 $Y=AQ_1Q_0=1$，将 $Q_1^n=Q_0^n=A=1$ 分别代入两个状态方程，得到 $Q_1^{n+1}=0$ 和 $Q_0^{n+1}=0$，于是可在状态表

“$Q_1^{n+1}Q_0^{n+1}/Y$”栏目下，$A=1$ 这一列的最后一行填入 00/1。其余以此类推，最后列出的状态表，如表 6.2.1 所示。

表 6.2.1 例 6.2.1 的状态表

$Q_1^n Q_0^n$	$Q_1^{n+1}Q_0^{n+1}/Y$	
	$A=0$	$A=1$
00	00/0	01/0
01	01/0	10/0
10	10/0	11/0
11	11/0	00/1

(4) 画出状态图

由状态表即可画出状态图，如图 6.2.2 所示。

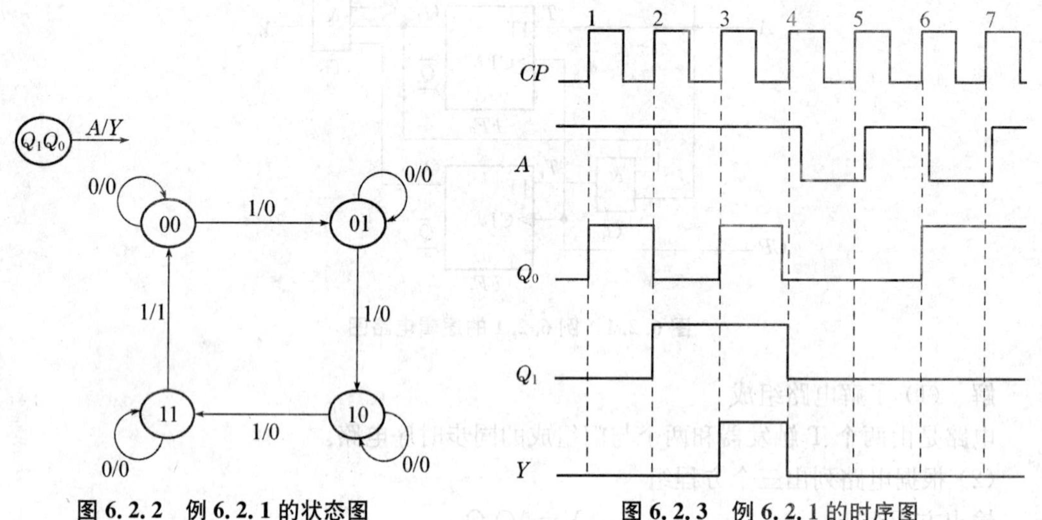

图 6.2.2 例 6.2.1 的状态图

图 6.2.3 例 6.2.1 的时序图

(5) 画出时序图

设电路的初始状态为 $Q_1Q_0=00$，根据状态表和状态图，可画出在一系列 CP 脉冲作用下电路的时序图，如图 6.2.3 所示。

(6) 逻辑功能分析

观察状态图和时序图可知，电路是一个由信号 A 控制的可控二进制计数器。当 $A=0$ 时电路状态保持不变，停止计数；当 $A=1$ 时，在 CP 上升沿到来后电路状态值加 1，一旦计数到 11 状态，Y 输出 1，且电路状态将在下一个 CP 上升沿回到 00。输出信号 Y 的下降沿可当作进位信号来处理。

电路也可作为序列信号检测器使用，用来检测同步脉冲信号序列 A 中 1 的个数，一旦检测到 4 个 1 状态（这 4 个 1 状态可以不连续），电路则输出高电平。

【例 6.2.2】 分析如图 6.2.4 所示的时序电路的逻辑功能。写出电路的激励方程、状态方程和输出方程，计算出状态转换表，画出状态转换图，说明电路能否自启动。

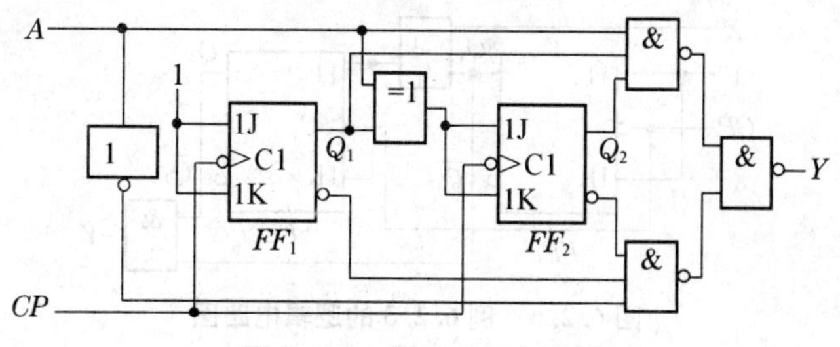

图 6.2.4　例 6.2.2 电路图

解　(1) 了解电路组成

电路是由两个下降沿触发的 JK 触发器、1 个异或门、1 个非门和 3 个与非门组成的同步时序电路。

(2) 根据电路列出三个方程组

输出方程组：　$Y=\overline{\overline{AQ_1Q_2}\ \overline{\overline{A}\overline{Q_1}\ \overline{Q_2}}}=AQ_1Q_2+\overline{A}\overline{Q_1}\overline{Q_2}$

激励方程组：　$\begin{cases}J_1=K_1=1\\J_2=K_2=A\oplus Q_1\end{cases}$

将激励方程组代入 JK 触发器的特性方程 $Q^{n+1}=J\overline{Q^n}+\overline{K}Q^n$ 得状态方程组，状态方程组为

$$\begin{cases}Q_1^{n+1}=\overline{Q_1^n}\\Q_2^{n+1}=(A\oplus Q_1^n)\overline{Q_2^n}+\overline{A\oplus Q_1^n}Q_2^n=A\oplus Q_1^n\oplus Q_2^n\end{cases}$$

(3) 根据状态方程组和输出方程列出状态表

根据输出方程组和状态方程组可以列出状态表，如表 6.2.2 所示。

表 6.2.2　例 6.2.2 的状态表

$Q_2^{n+1}Q_1^{n+1}/Y$ \ $Q_2^nQ_1^n$ \ A	00	01	10	11
0	01/1	10/0	11/0	00/0
1	11/0	00/0	01/0	10/1

(4) 画出状态图

由状态表即可画出状态图，如图 6.2.5 所示。

(5) 逻辑功能分析

由图 6.2.5 可以得知，当 $A=0$ 时其状态变化为 01—10—11—00，作二进制加法计数器。当 $A=1$ 时其状态变化为 11—10—01—00，作二进制减法计数器。因此该电路是一个可逆的二进制计数器，且可以自启动。

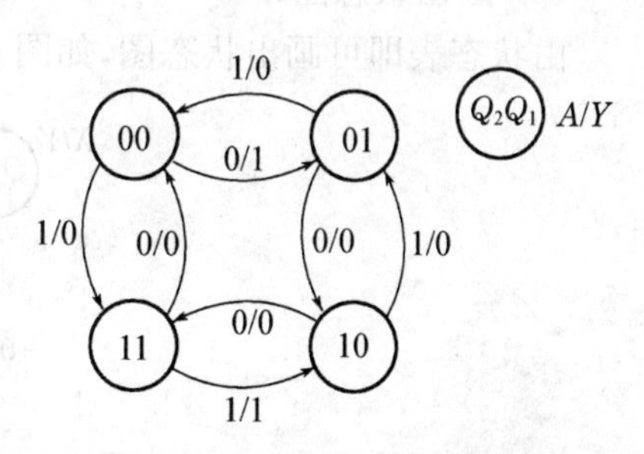

图 6.2.5　例 6.2.2 的状态图

【例 6.2.3】　分析如图 6.2.6 所示同步时序电路的逻辑功能。

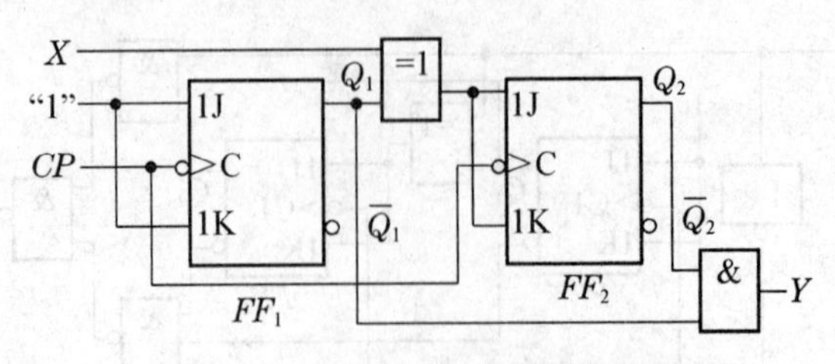

图 6.2.6 例 6.2.3 的逻辑电路图

解 (1) 了解电路组成

电路是由两个下降沿触发的 JK 触发器、一个异或门和一个与门组成的同步时序电路。

(2) 根据电路列出三个方程组

输出方程组： $Y=Q_1Q_2$

激励方程组： $J_1=K_1=1$

$$J_2=K_2=X\oplus Q_1$$

将激励方程组代入 JK 触发器的特性方程 $Q^{n+1}=J\,\overline{Q^n}+\overline{K}Q^n$，得状态方程组：

$$Q_1^{n+1}=1\cdot\overline{Q_1^n}+\overline{1}\cdot Q_1^n=\overline{Q_1^n}$$

$$Q_2^{n+1}=X\oplus Q_1^n\cdot\overline{Q_2^n}+\overline{X\oplus Q_1^n}\cdot Q_2^n=X\oplus Q_1^n\oplus Q_2^n$$

(3) 根据状态方程组和输出方程列出状态表

根据输出方程组和状态方程组可以列出状态表，如表 6.2.3 所示。

表 6.2.3 例 6.2.3 的状态表

$Q_2^nQ_1^n$	$Q_2^{n+1}Q_1^{n+1}/Y$	
	X=0	X=1
0 0	0 1/0	1 1/0
0 1	1 0/0	0 0/0
1 0	1 1/0	0 1/0
1 1	0 0/1	1 0/1

(4) 画出状态图

由状态表即可画出状态图，如图 6.2.5 所示。

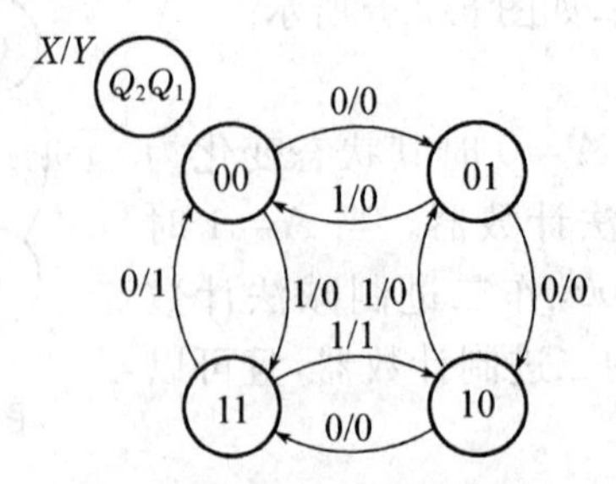

图 6.2.7 例 6.2.3 的状态图

(5) 画出时序图

设电路的初始状态为 $Q_1Q_0=00$，根据状态表和状态图，可画出在一系列 CP 脉冲作用下电路的时序图，如图 6.2.8 所示。

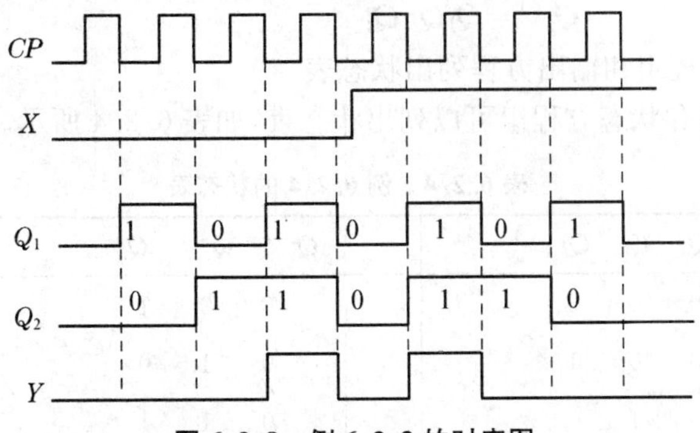

图 6.2.8　例 6.2.3 的时序图

(6) 逻辑功能分析

观察状态图和时序图可知，图 6.2.4 所示的电路是一个可逆的二进制计数器。当 $X=0$ 时，进行加计数，每来一个时钟脉冲，计数器值 Q_2Q_1 加 1，依次为 00—01—10—11。每经过 4 个时钟脉冲作用，电路的状态循环一次。当 $X=1$ 时，进行减计数，每来一个时钟脉冲，计数器值 Q_2Q_1 减 1，依次为 11—10—01—00。Y 端在 Q_2Q_1 为 11 时输出 1。在进行加计数时，可以利用 Y 信号的下降沿触发进位操作，在减记数时则可用 Y 信号的上升沿触发借位操作。

通过上面两例可以看出，同样设计一个可逆二进制计数器，同样采用 JK 触发器，但是采用的逻辑门电路不同、数量不同，它的电路结构就不同。同时可以看出例 6.2.3 的电路结构明显比例 6.2.2 的要简单。所以在后面同步逻辑电路的设计的学习中，一定要合理的安排门电路，这样往往能使电路结构简单。

【例 6.2.4】　分析如图 6.2.9 所示同步时序电路的逻辑功能。

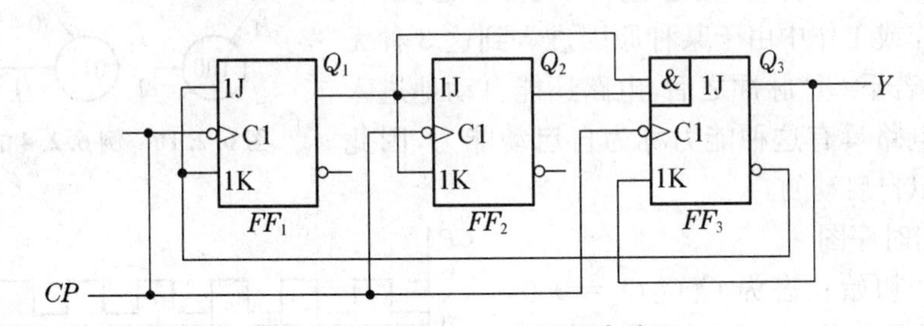

图 6.2.9　例 6.2.4 的逻辑电路图

解　(1) 了解电路组成

电路是由三个 JK 触发器和一个与门组成的同步时序电路，该电路没有输入信号。

(2) 根据电路列出三个方程组

输出方程组：

$$Y=Q_3$$

激励方程组：

$$\begin{cases} J_1=K_1=\overline{Q_3} \\ J_2=K_2=Q_1 \\ J_3=Q_1Q_2, K_3=Q_3 \end{cases}$$

将激励方程组代入 JK 触发器的特性方程 $Q^{n+1}=J\overline{Q^n}+\overline{K}Q^n$，得状态方程组：

$$\begin{cases}Q_1^{n+1}=\overline{Q_3^n}\cdot\overline{Q_1^n}+Q_3^n\cdot Q_1^n=Q_1^n\odot Q_3^n\\Q_2^{n+1}=Q_1^n\overline{Q_2^n}+\overline{Q_1^n}Q_2^n=Q_1^n\oplus Q_2^n\\Q_3^{n+1}=Q_1^nQ_2^n\overline{Q_3^n}\end{cases}$$

(3) 根据状态方程组和输出方程列出状态表

根据输出方程组和状态方程组可以列出状态表，如表 6.2.4 所示。

表 6.2.4　例 6.2.4 的状态表

Q_3^n	Q_2^n	Q_1^n	Q_3^{n+1}	Q_2^{n+1}	Q_1^{n+1}	Y
0	0	0	0	0	1	0
0	0	1	0	1	0	0
0	1	0	0	1	1	0
0	1	1	1	0	0	0
1	0	0	0	0	0	1
1	0	1	0	1	1	1
1	1	0	0	1	0	1
1	1	1	0	0	1	1

(4) 画出状态图

由状态表即可画出状态图，如图 6.2.10 所示。从图 6.2.10 中可以看出，000、001、010、011、100 这 5 种状态为有效状态，而另外 3 种状态 101、110、111 为无效状态。

从状态图还可以看出，无论电路的初始状态如何，如果开始工作或工作中由于某种原因进入到这 3 种无效状态，经过若干 CP 脉冲之后，电路还能自动地进入有效循环。电路具有这种能力称为自启动能力，因此该电路是可以自启动的。

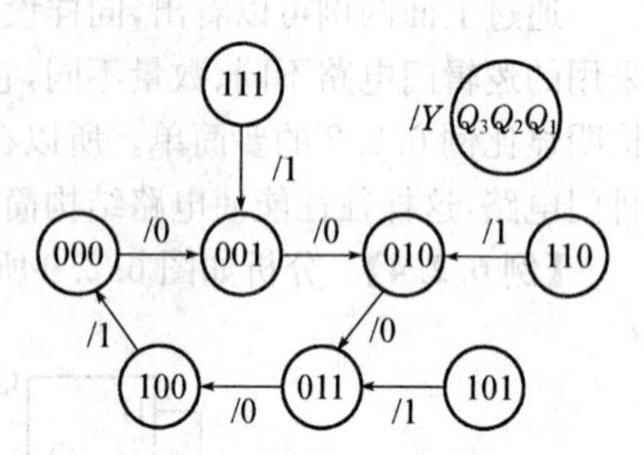

图 6.2.10　例 6.2.4 的状态图

(5) 画出时序图

设电路的初始状态为 $Q_2Q_1Q_0=000$，根据状态表或状态图，可画出时序图，如图 6.2.11 所示。

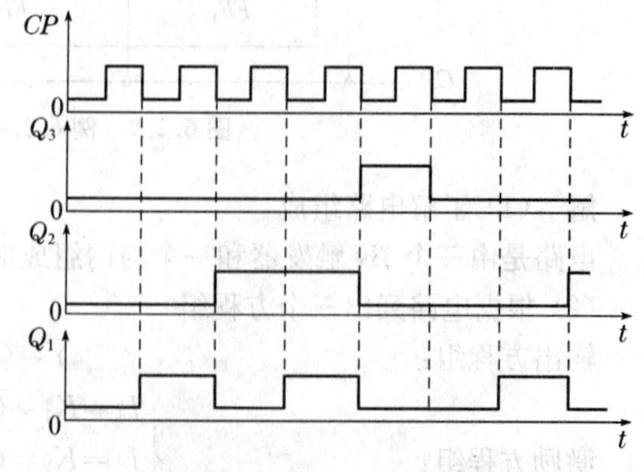

图 6.2.11　例 6.2.4 的时序图

(6) 逻辑功能分析

由状态图可见，电路的有效状态是五位循环码。电路正常工作时，电路在 000—001—010—011—100 之间循环，同时当状态从 100 转换为 000 时，输出信号 Y 输出一个高电平，因此该电路的功能为同步 5

进制加法计数器。

下面简单介绍一下米利型和穆尔型时序电路。

图 6.2.1 和图 6.2.4 所示电路的输出是输入变量与触发器输出状态的函数，这类时序电路亦称为米利型电路或米利型状态机，它的一般化模型如图 6.2.12 所示，事实上是将图 6.1.1 中的组合电路拆解成输入、输出两部分。与米利型电路不同，图 6.2.6 和图 6.2.9 中的电路输出仅仅取决于各触发器的状态，而不受电路当时的输入信号影响或没有输入变量，这类电路称为穆尔型电路或穆尔型状态机，其模型如图 6.2.13 所示。

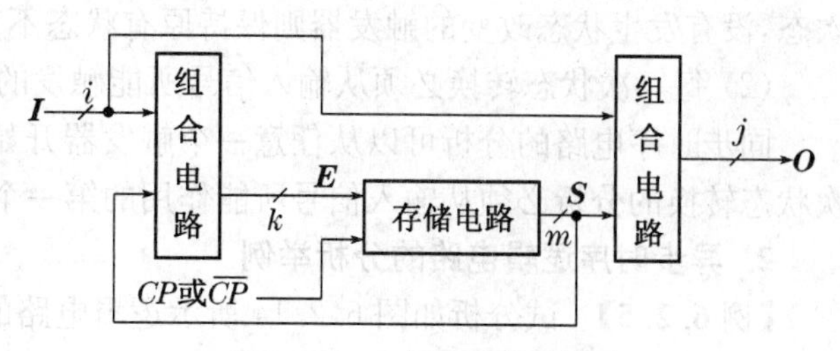

图 6.2.12　米利型电路模型

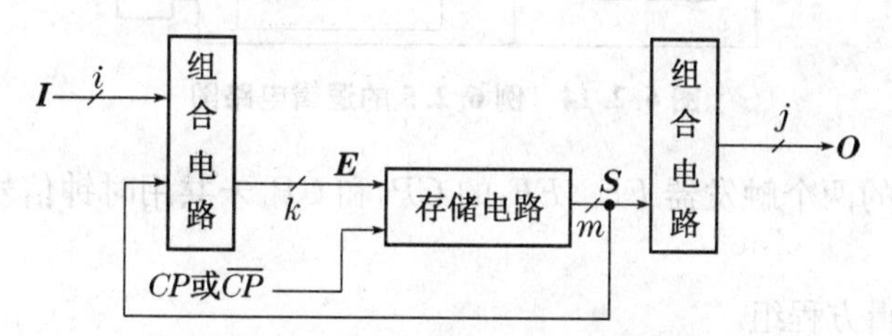

图 6.2.13　穆尔型电路模型

6.2.2　异步时序逻辑电路的分析方法

异步时序电路与同步时序电路的区别主要在于电路中没有统一的时钟脉冲，因而各存储电路不是同时更新状态，状态之间没有准确的分界。在异步时序电路中，由于触发器并不都在同一个时钟信号作用下动作，因此在计算电路的次态时，需要考虑每个触发器的时钟信号，只有那些有时钟信号的触发器才用状态方程去计算次态，而没有时钟信号的触发器将保持原状态不变。因此异步时序逻辑电路的分析较同步时序电路的要复杂。

1. 异步时序逻辑电路分析的一般步骤

(1) 写出下列各逻辑方程式：

① 时钟方程；

② 触发器的激励方程；

③ 输出方程；

④ 状态方程。

(2) 列出状态转换表或画出状态图和波形图。

(3) 确定电路的逻辑功能。

由上述可知，异步时序电路的分析步骤与同步时序逻辑电路基本相同，但在分析异步时序电路中必须注意以下几点：

(1) 分析状态转换时必须考虑各触发器的时钟信号作用情况。

异步时序电路中，由于各个触发器只有在其时钟输入 CP_n（n 表示电路中第 n 个触发器）端的相应脉冲沿作用时，才有可能改变状态。因此，在分析状态转换时，首先应根据给定的电路列写各个触发器时钟信号的逻辑表达式，据此分别确定各触发器的 CP_n 端是否有时钟信号的作用，是否发生了状态改变。发生状态改变的触发器，根据激励信号确定触发器的次态，没有发生状态改变的触发器则保持原有状态不变。

(2) 每一次状态转换必须从输入信号所能触发的第一个触发器开始逐级确定。

同步时序电路的分析可以从任意一个触发器开始推导状态转换，而异步时序电路每一次状态转换的分析必须从输入信号所能作用的第一个触发器开始推导。

2. 异步时序逻辑电路的分析举例

【例 6.2.5】 试分析如图 6.2.14 所示逻辑电路的功能。

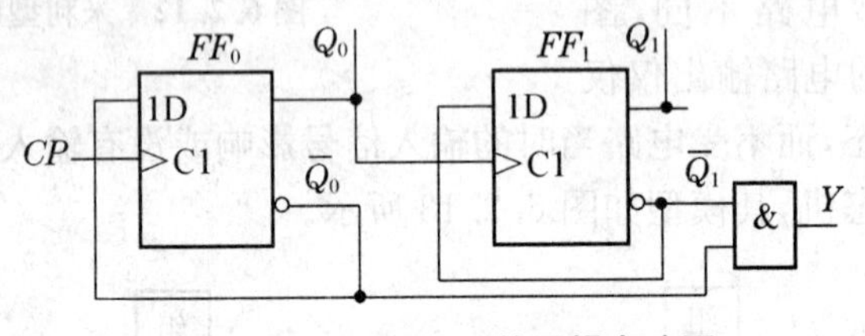

图 6.2.14　例 6.2.5 的逻辑电路图

解　该电路中的两个触发器 FF_0、FF_1 的 CP_0 和 CP_1 未共用时钟信号，故该电路属于异步时序电路。

(1) 列出各逻辑方程组

① 时钟方程：　　$CP_0=CP, CP_1=Q_0$，均为上升沿有效

② 输出方程：　　$Y=\overline{Q_1}\cdot\overline{Q_0}$

③ 激励方程：　　$D_0=\overline{Q_0}, D_1=\overline{Q_1}$

④ 求电路状态方程：

将激励方程代入 D 触发器的特性方程，即可得到电路的状态方程，不过这时需要考虑各触发器时钟信号 CP_n 的作用。

$$Q_0^{n+1}=D_0=\overline{Q_0^n}, Q_1^{n+1}=D_1=\overline{Q_1^n}$$

(2) 列状态表

设电路的初态为 $Q_1Q_0=00$，依次代入上述触发器的状态方程和输出方程中进行计算，得到电路的状态转换表如表 6.2.5 所示。

表 6.2.5　例 6.2.5 的状态表

现态		次态		输出	时钟脉冲	
Q_1^n	Q_0^n	Q_1^{n+1}	Q_0^{n+1}	Y	CP_1	CP_0
0	0	1	1	1	↑	↑
1	1	1	0	0	0	↑
1	0	0	1	0	↑	↑
0	1	0	0	0	0	↑

(3) 画状态图、波形图

由表 6.2.5 所示的状态表可画出如图 6.2.15 所示的状态图和如图 6.2.16 所示的波

形图。

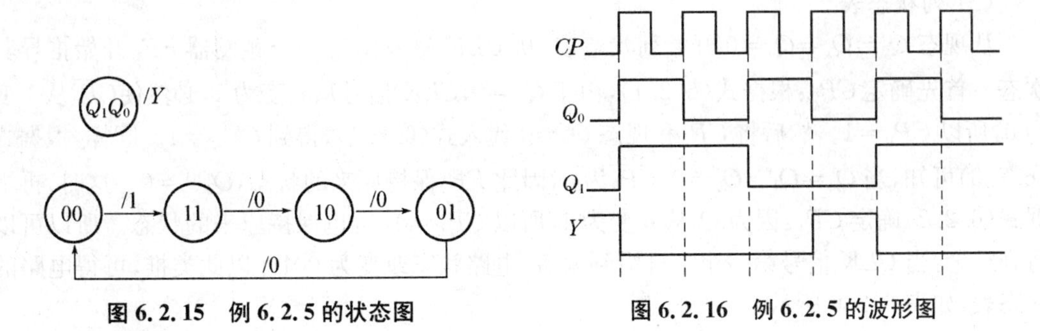

图 6.2.15　例 6.2.5 的状态图　　图 6.2.16　例 6.2.5 的波形图

(4) 逻辑功能分析

由状态图可知：该电路一共有 4 个状态 00、01、10 和 11，在时钟脉冲作用下，按照减 1 规律循环变化，所以是一个 4 进制减法计数器，Y 是借位信号。因为该电路的所有状态都有效，因此不存在自启动问题。

【例 6.2.6】 试分析如图 6.2.17 所示逻辑电路。

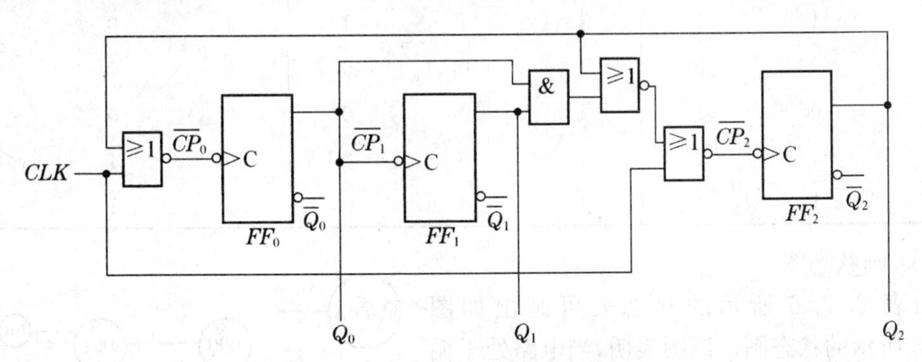

图 6.2.17　例 6.2.6 的逻辑电路图

解　该电路是由三个下降沿触发的 T' 触发器构成的异步时序电路。只要相应触发器的时钟输入端 $\overline{CP_n}$ 出现一次从 1 到 0 的跳变，其状态就会翻转一次。下面按步骤进行分析。

(1) 列出各逻辑方程组

① 根据逻辑图列出个触发器时钟信号的逻辑表达式：

$$\overline{CP_0}=\overline{Q_2+CLK}=\overline{Q_2}\,\overline{CLK} \tag{6.2.1}$$

$$\overline{CP_1}=Q_0 \tag{6.2.2}$$

$$\overline{CP_2}=\overline{\overline{Q_0Q_1+Q_2}+CLK}=(Q_0Q_1+Q_2)\overline{CLK} \tag{6.2.3}$$

② 输出方程，即三个触发器的输出信号 Q_2、Q_1、Q_0。

③ 求电路状态方程：

引入 CP_n 后，T' 触发器的特性方程 $Q_0^{n+1}=\overline{Q_0^n}$ 应改写为如下状态方程：

$$Q_0^{n+1}=\overline{Q_0^n}CP_0+Q_0^n\,\overline{CP_0} \tag{6.2.4}$$

$$Q_1^{n+1}=\overline{Q_1^n}CP_1+Q_1^n\,\overline{CP_1} \tag{6.2.5}$$

$$Q_2^{n+1}=\overline{Q_2^n}CP_2+Q_2^n\,\overline{CP_2} \tag{6.2.6}$$

注意：此例中每当$\overline{CP_n}$发生由1到0的跳变时$CP_n=1$。

(2) 列状态表

从现态$Q_2=Q_1=Q_0=0$开始列状态表，从CLK触发的第一个触发器FF_0开始推导其次态。首先确定CP_0：根据式(6.2.1)，由于$Q_2=0$，CLK信号从0变为1，必然使$\overline{CP_0}$从1变为0，所以$CP_0=1$。然后将CP_0和现态$Q_0^n=0$代入式(6.2.4)，得到$Q_0^{n+1}=1$。同样，根据式(6.2.3)可知，当$Q_2=Q_1=Q_0=0$，$\overline{CP_2}$为0，因此FF_2保持原来的状态，$Q_2^{n+1}=0$。这时，再根据式(6.2.2)确定CP_1：因为Q_0从0变为1，所以$CP_1=0$，Q_1也保持原来的状态。所以可以得到结论：当CLK信号第一个上升沿到来后，电路状态改变为001。以此类推，可得电路的状态表，如表6.2.6所示。

表 6.2.6 例 6.2.6 的状态表

Q_2^n	Q_1^n	Q_0^n	CP_2	CP_1	CP_0	Q_2^{n+1}	Q_1^{n+1}	Q_0^{n+1}
0	0	0	0	0	1	0	0	1
0	0	1	0	1	1	0	1	0
0	1	0	0	0	1	0	1	1
0	1	1	1	1	1	1	0	0
1	0	0	1	0	0	0	0	0
1	0	1	1	0	0	0	0	1
1	1	0	1	0	0	0	1	0
1	1	1	1	0	0	0	1	1

(3) 画状态图

由表6.2.6所示的状态表可画出如图6.2.18所示的状态图。该图表明，当电路处于循环外的状态(101、110、111三个状态)时，在CLK信号出现第一个上升沿后，电路便能进入有效循环状态。

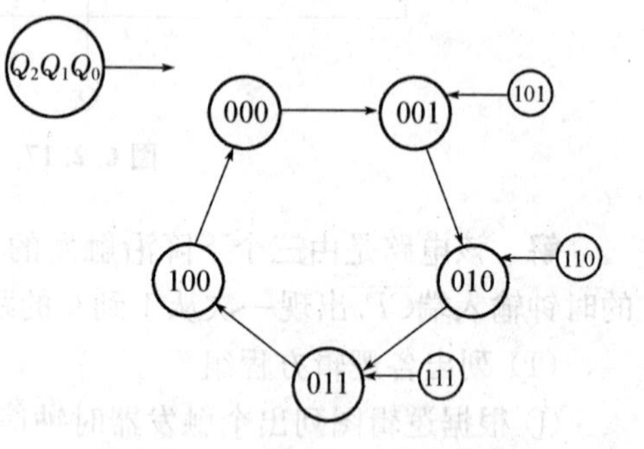

图 6.2.18 例 6.2.6 的状态图

(4) 逻辑功能分析

电路是一个异步五进制加计数电路。该电路进入无效状态后，经过一个时钟上升沿即能进入有效状态，因此该电路具有自启动能力。

【例 6.2.7】 试分析如图6.2.19所示逻辑电路的功能(触发器和门电路均为TTL电路，画出电路的状态图与时序图)。

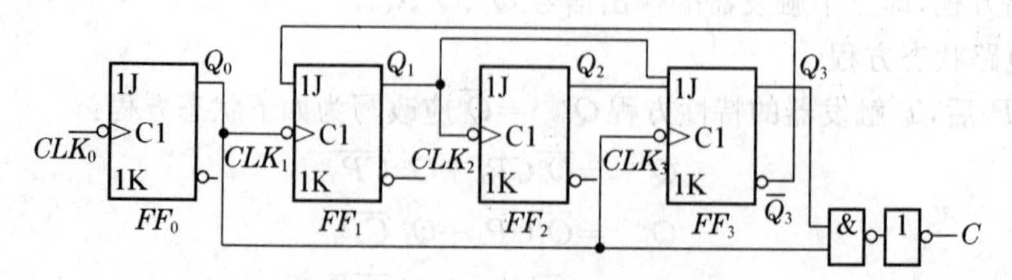

图 6.2.19 例 6.2.7 的逻辑电路图

解　该电路由 4 个 JK 触发器构成异步时序电路。下面按步骤进行分析。

(1) 列出各逻辑方程组。

① 根据逻辑图列出个触发器时钟信号的逻辑表达式：

$$CLK_0=CLK$$
$$CLK_1=Q_0$$
$$CLK_2=Q_1$$
$$CLK_3=Q_0$$

② 输出方程：

$$C=Q_0Q_3$$

③ 求电路状态方程。

本电路采用的是 JK 触发器，各个 JK 触发器的激励方程为

$$J_0=K_0=1$$
$$J_1=\overline{Q_3},K_1=1$$
$$J_2=K_2=1$$
$$J_3=Q_1Q_2,K_3=1$$

把激励方程代入 JK 触发器的特性方程 $Q^{n+1}=J\overline{Q^n}+\overline{K}Q^n$，同时考虑 CP_n 的影响，可得到如下状态方程：

$$Q_0^{n+1}=\overline{Q_0^n}CLK_0$$
$$Q_1^{n+1}=\overline{Q_1^n}\,\overline{Q_3^n}CLK_1$$
$$Q_2^{n+1}=\overline{Q_2^n}CLK_2$$
$$Q_3^{n+1}=Q_1^nQ_2^n\,\overline{Q_3^n}CLK_3$$

(2) 列状态表

从现态 $Q_2=Q_1=Q_0=0$ 开始列状态表。应从 CLK 所能触发的第一个触发器 FF_0 开始推导其次态。然后再推导触发器 FF_1，一直推导到最后一个触发器。可得电路的状态表，如表 6.2.7 所示。

表 6.2.7　例 6.2.7 的状态表

CP_0 的顺序	触发器状态				时钟信号				输出
	Q_3	Q_2	Q_1	Q_0	CP_3	CP_2	CP_1	CP_0	C
0	0	0	0	0	0	0	0	0	0
1	0	0	0	1	0	0	0	1	0
2	0	0	1	0	1	0	1	1	0
3	0	0	1	1	0	0	0	1	0
4	0	1	0	0	1	1	1	1	0
5	0	1	0	1	0	0	0	1	0
6	0	1	1	0	1	0	1	1	0
7	0	1	1	1	0	0	0	1	0
8	1	0	0	0	1	1	1	1	0
9	1	0	0	1	0	0	0	1	1
10	0	0	0	0	1	0	1	1	0

(3) 画状态图

由表 6.2.7 所示的状态表可画出如图 6.2.20 所示的状态图。该图表明，当电路处于循环外的状态时，经过一到两个有效脉冲，电路便能进入有效循环状态。

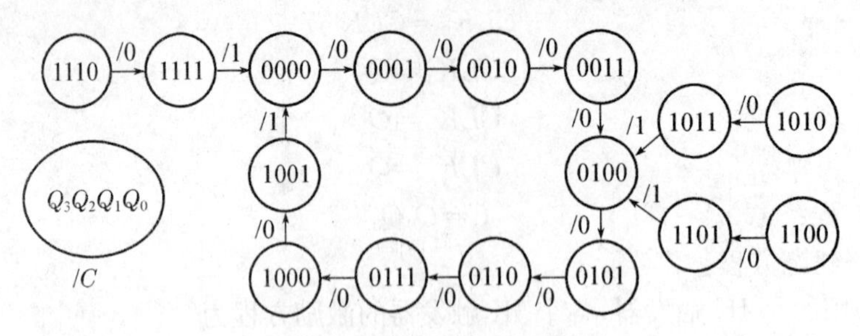

图 6.2.20 例 6.2.7 的状态图

(4) 逻辑功能分析

电路是一个异步十进制加计数电路，具有自启动功能。

6.3 寄存器和移位寄存器

在数字系统中广泛应用的典型时序逻辑功能电路有寄存器、移位寄存器以及计数器，它们与各种组合电路一起，可以构成逻辑功能复杂的数字系统。本节先介绍寄存器和移位寄存器。寄存器是数字系统和计算机系统中用于存储二进制代码等运算数据的一种逻辑器件。通常称仅有并行输入、输出数据功能的寄存器为锁存器，称具有串行输入、输出数据功能的，或者同时具有串行和并行输入、输出数据功能的寄存器为移位寄存器。

6.3.1 寄存器

寄存器是数字系统中用来存储代码或数据的逻辑部件，被广泛用于各类数字系统和数字计算机中。它的主要组成部分是触发器。一个触发器能存储 1 位二进制代码，存储 n 位二进制代码的寄存器需要用 n 个触发器组成。寄存器实际上是若干触发器的集合。对寄存器中使用的触发器只要求有置 1、置 0 的功能，因而无论是用基本 RS 触发器，还是用同步、主从结构等的触发器，都能构成寄存器。寄存器按其接收数据的方式不同可分为双拍式和单拍式两种。单拍式：接收数据后直接把触发器置为相应的数据，不考虑初态。双拍式：接收数据之前，先用复"0"脉冲把所有的触发器恢复为"0"，第二拍把触发器置为接收的数据。

1. 双拍接收 4 位数据寄存器

图 6.3.1 所示是由基本 RS 触发器构成的双拍接收 4 位数据寄存器。当清 0 端为逻辑 1，接收端为逻辑 0 时，寄存器保持原来状态。当需要把 4 位二进制数据存入数据寄存器时，需要 2 拍完成：第一拍，发清 0 信号（一个负向脉冲），使寄存器状态为 0($Q_3Q_2Q_1Q_0=0000$)；第二拍，将要保存的数据 $D_3D_2D_1D_0$ 送数据输入端（如 $D_3D_2D_1D_0=0011$），再送接收信号（一个正向脉冲），要保存的数据将被保存在数据寄存器中($Q_3Q_2Q_1Q_0=0011$)。从该数据寄存的输出端 $Q_3Q_2Q_1Q_0$ 可获得被保存的数据。

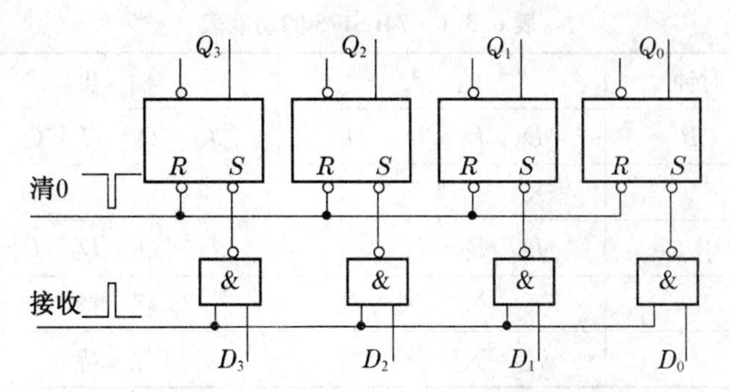

图 6.3.1　双拍接收 4 位数据寄存器

2. 单拍接收 4 位数据寄存器

图 6.3.2 所示是由 D 触发器构成的单拍接收 4 位数据寄存器。当接收端 CP 为逻辑 0 时，寄存器保持原来状态。当需要把 4 位二进制数据存入数据寄存器时，单拍即能完成，无需先进行清 0。

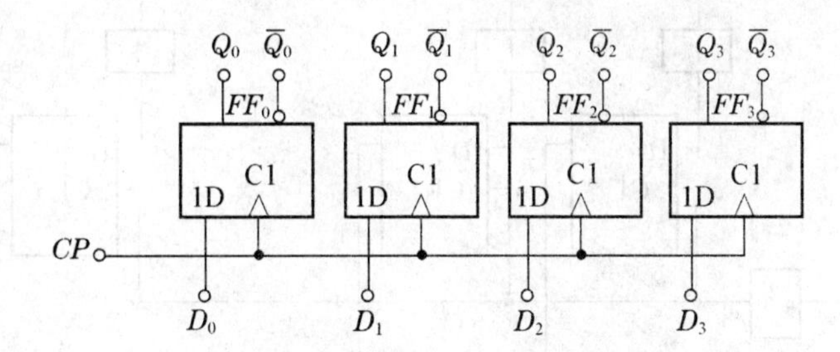

图 6.3.2　单拍接收 4 位数据寄存器

下面介绍两种基本的集成寄存器。

一个 4 位的集成寄存器 74LS175 的逻辑电路图如图 6.3.3 所示。其中 R_D 是异步清零端。在往寄存器中存放数据或代码前必须先将寄存器清零，否则有可能出错。$D_0 \sim D_3$ 是并行数据输入端，在 CP 脉冲上升沿作用下，$D_0 \sim D_3$ 端的数据能被并行的存入寄存器。输出数据可以并行从 $Q_0 \sim Q_3$ 端引出，也可以并行从 $\overline{Q_0} \sim \overline{Q_3}$ 端引出反码输出。

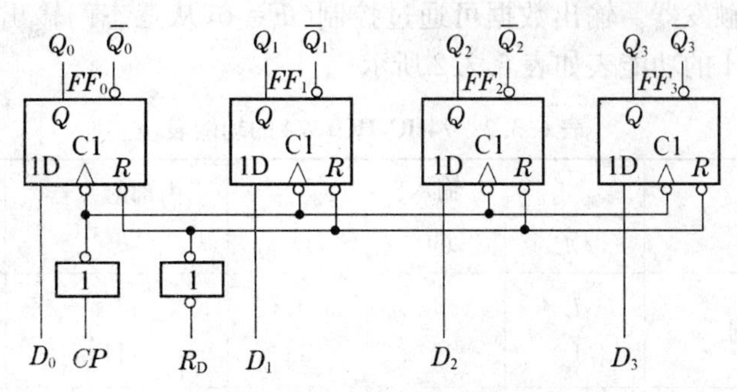

图 6.3.3　74LSl75 的逻辑电路图

74LS175 的功能表如表 6.3.1 所示。

表 6.3.1　74LS175 的功能表

清零 R_D	时钟 CP	输入 D_0 D_1 D_2 D_3	输出 Q_0 Q_1 Q_2 Q_3	工作模式
0	×	× × × ×	0 0 0 0	异步清零
1	↑	D_0 D_1 D_2 D_3	D_0 D_1 D_2 D_3	数码寄存
1	1	× × × ×	保 持	数据保持
1	0	× × × ×	保 持	数据保持

8 位 CMOS 寄存器 74HC/HCT374 的逻辑图如图 6.3.4 所示。与许多中规模集成电路一样，电路在所有的输入端、输出端都插入了缓冲电路，这是现代集成电路的特点之一。它一方面使芯片内部逻辑电路与外部电路得到有效的隔离，使内部逻辑部分的工作更加稳定可靠；另一方面，由于其输入、输出特性可以简单的按该系统标准单元来考虑，从而提高了电路的兼容性，简化了设计工作。

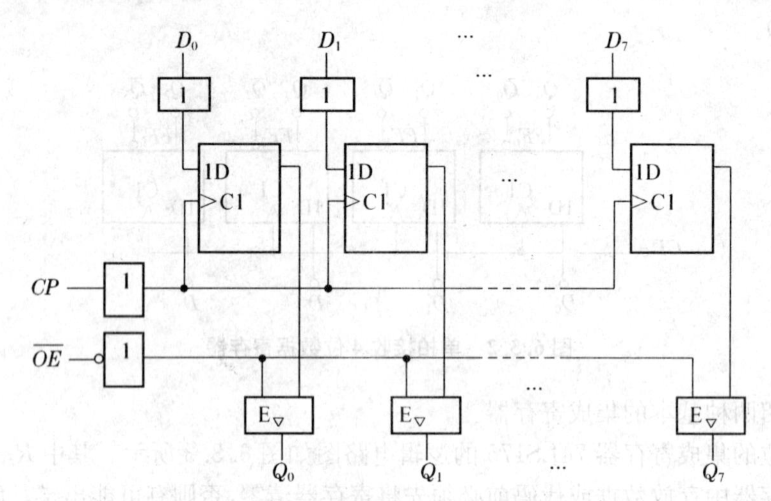

图 6.3.4　74HC/HCT374 的逻辑图

由图 6.3.4 可知，$D_7 \sim D_0$ 是 8 位数据输入端，在 CP 脉冲上升沿作用下，$D_7 \sim D_0$ 端的数据同时存入相应的触发器。输出数据可通过控制 $\overline{OE}=0$，从三态门输出端 $Q_7 \sim Q_0$ 并行引出。74HC/HCT374 的功能表如表 6.3.2 所示。

表 6.3.2　74HC/HCT374 的功能表

工作模式	输入 $\overline{OE}$	输入 CP	输入 D_N	内部触发器 Q_N^{n+1}	输出 $Q_0 \sim Q_7$
存入和读出数据	L	↑	L	L	对应内部触发器的状态
	L	↑	H	H	
存入数据，禁止输出	H	↑	L	L	高阻
	H	↑	H	H	高阻

6.3.2　移位寄存器

上面介绍的寄存器只有寄存数据或代码的功能。有时为了处理数据，需要将寄存器中的各位数据在移位控制信号作用下，依次向高位或低位移动 1 位。具有移位功能的寄存器称为移位寄存器。因此移位寄存器是既能寄存数码，又能在时钟脉冲的作用下使数码向高位或向低位移动的逻辑功能部件。

从逻辑结构上看，移位寄存器有以下两个显著特征：(1) 移位寄存器是由相同的寄存单元所组成。一般说来，寄存单元的个数就是移位寄存器的位数。为了完成不同的移位功能，每个寄存单元的输出与其相邻的下一个寄存单元的输入之间的连接方式也不同。(2) 所有寄存单元共用一个时钟。在公共时钟的作用下，各个寄存单元的工作是同步的。每输入一个时钟脉冲，寄存器的数据就顺序向左或向右移动一位。

根据移位寄存器存入数据的移动方向，又分为单向移位寄存器和双向移位寄存器。单向移位寄存器可分为左移寄存器和右移寄存器。同时具有右移和左移存入数据功能的寄存器称为双向移位寄存器。移位寄存器根据输出方式的不同，有串行输出移位寄存器和并行输出移位寄存器。

移位寄存器中的数据的输入输出方式灵活，既可以串行输入和输出，也可以并行输入和输出。移位寄存器的存储单元只能是主从触发器或边沿触发器。

1. 单向移位寄存器

(1) 工作原理

图 6.3.5 所示是一个 4 位移位寄存器，串行二进制数据从输入端 D_{SI} 输入，左边触发器的输出作为右邻触发器的数据输入。图中 D_{SI} 端为串行数据输入端，D_{PO} 称为并行数据输出端，D_{SO} 称为串行数据输出端。下面研究其工作原理。

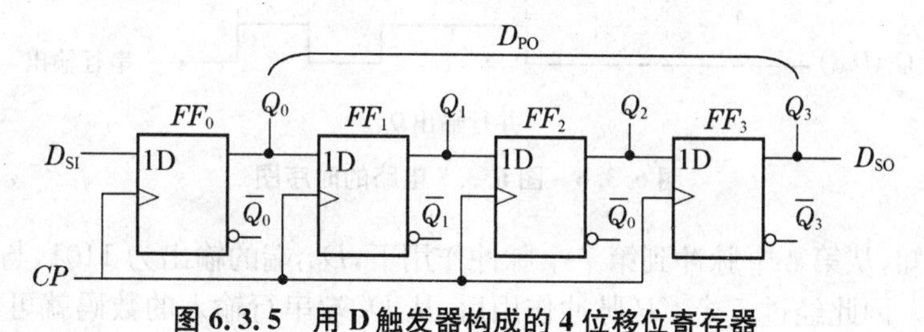

图 6.3.5　用 D 触发器构成的 4 位移位寄存器

图示电路的激励方程为

$$D_0 = D_{SI};D_1 = Q_0;D_2 = Q_1;D_3 = Q_2$$

状态方程为

$$Q_0^{n+1} = D_{SI};Q_1^{n+1} = D_1 = Q_0^n;Q_2^{n+1} = D_2 = Q_1^n;Q_3^{n+1} = D_3 = Q_2^n$$

从 CP 上升沿开始到输出新状态的建立需要经过一段传输延迟时间，所以当 CP 上升沿同时作用于所有触发器时，它们输入端的状态都未改变。于是，FF_0 按 D_{SI} 原来的状态翻转，FF_1 按 Q_0 原来的状态翻转，FF_2 按 Q_1 原来的状态翻转，FF_3 按 Q_2 原来的状态翻转，总的效果是寄存器的代码依次右移一位。

若将串行数码 $D_3D_2D_1D_0$ 从高位(D_3)至低位(D_0)按时钟序列送到 D_{SI} 端，经过第一个时钟脉冲后，$Q_0 = D_3$。由于跟随数码 D_3 后面的数码是 D_2，则经过第二个时钟脉冲后，触发

器 FF_0 的状态移入触发器 FF_1，而 FF_0 变为新的状态，即 $Q_1=D_3$，$Q_0=D_2$。以此类推，可得到该移位寄存器的状态，如表 6.3.3 所示（×表示不确定状态）。由此表可知，输入数码依次由低位触发器移到高位触发器。经过四个时钟脉冲后，4 个触发器的输出状态 $Q_3Q_2Q_1Q_0$ 与输入数码 $D_3D_2D_1D_0$ 相对应。为了加深理解，在图 6.3.6 中画出数码 1101 在寄存器中移位波形，经过 4 个时钟脉冲后，1101 出现在触发器的输出端 $Q_3Q_2Q_1Q_0$。这样，就将串行输入数据转换为并行输出数据 D_{PO}。

表 6.3.3　移位寄存器的状态表

CP	Q_0	Q_1	Q_2	Q_3
第一个 CP 脉冲之前	×	×	×	×
1	D_3	×	×	×
2	D_2	D_3	×	×
3	D_1	D_2	D_3	×
4	D_0	D_1	D_2	D_3

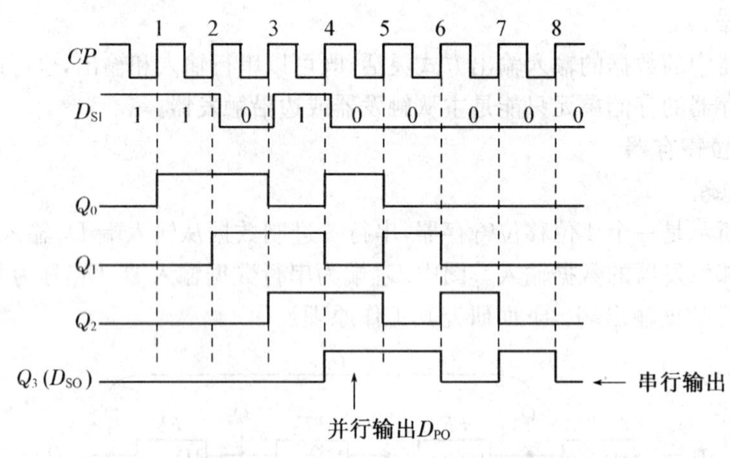

图 6.3.6　图 6.3.5 电路的时序图

由上图可知，从第 4 个脉冲到第 7 个脉冲作用下，D_{SO} 端的输出为 1101，与 D_{SI} 端串行输入的数码一致。因此经过 7 个 CP 脉冲作用后，从 D_{SI} 端串行输入的数码就可以从 D_{SO} 端串行输出。

单向移位寄存器具有以下特点：

① 单向移位寄存器中的数码，在 CP 脉冲作用下，可以依次右移或左移。

② n 位单向移位寄存器可以寄存 n 位二进制代码。n 个 CP 脉冲即可完成串行输入工作，此后可以从 $Q_0\sim Q_{n-1}$ 端获得并行的 n 位二进制数码，再用 n 个 CP 脉冲又可实现串行输出操作。

③若串行输入端状态为 0，则 n 个 CP 脉冲后，寄存器便被清 0。

(2) 典型集成电路

图 6.3.7 所示为中规模集成的 8 位移位寄存器 74HC/HCT164 的内部逻辑图。电路原理与图 6.3.5 相同，只是把位数扩展到 8 位，增加了异步清零输入端 $\overline{CR}$。图中，D_{SA} 和 D_{SB} 是两个串行数据输入端，实际输入移位寄存器的数据为 $D_{ST}=D_{SB}\cdot D_{SA}$。应用中可利用

其中一个输入端作为串行数据输入的使能端。例如，令 $D_{SA}=1$，则容许 D_{SB} 的串行数据进入移位寄存器；反之，$D_{SA}=0$，则禁止 D_{SB} 而输入逻辑 0。在 $Q_7 \sim Q_0$ 端可得到 8 位并行数据输出，同时在 Q_7 端得到串行输出。

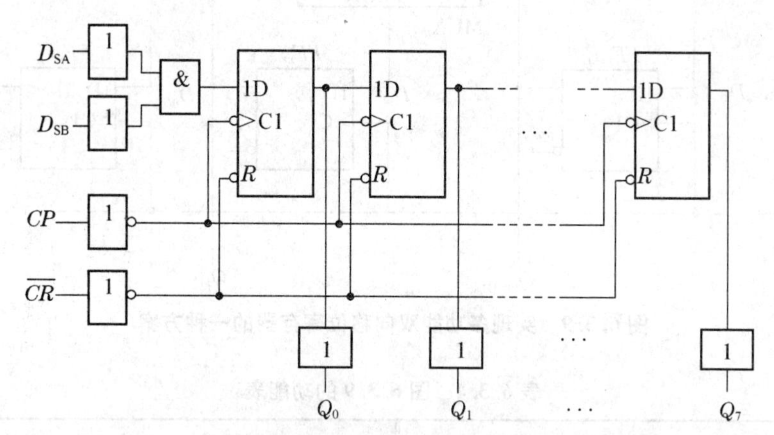

图 6.3.7　8 位移位寄存器 74HC/HCT164 的内部逻辑图

2. 双向移位寄存器

(1) 工作原理

有时需要对移位寄存器的数据流向加以控制，所以适当加一些控制电路与控制信号，以便实现数据的双向移动，其中一个方向称为右移，另一个方向称为左移，这种移位寄存器称为双向移位寄存器。

为了扩展逻辑功能和增加使用的灵活性，某些双向移位寄存器集成电路产品又附加了并行输入、并行输出等功能。图 6.3.8 所示是上述几种工作模式的简化示意图。

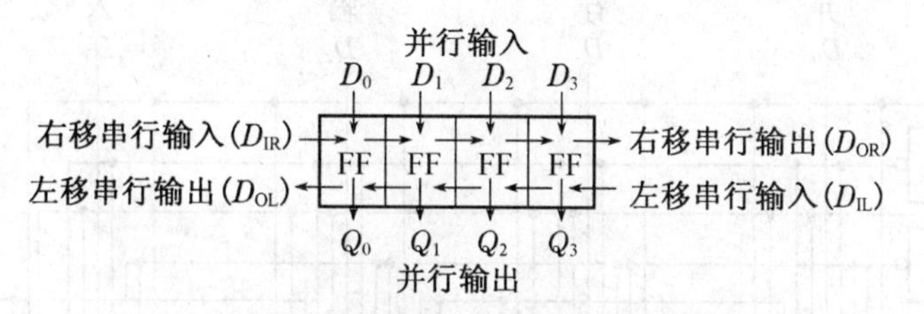

图 6.3.8　多功能移位寄存器工作模式简图

图 6.3.9 所示是实现数据保持、右移、左移、并行输入、并行输出的一种电路方案。以 FF_m 触发器为例讲解其工作原理。图中的 D 触发器 FF_m 是 N 位移位寄存器中的第 m 位触发器，在其数据输入端插入了一个 4 选 1 数据选择器 MUX_m，用 2 位编码输入 S_1、S_0 控制 MUX_m，来选择触发器输入信号 D_m 的来源。当 $S_1=S_0=0$ 时，选择该触发器本身的输出 Q_m，次态 $Q_m^{n+1}=D_m=Q_m^n$，使触发器处于保持状态。当 $S_1=0$、$S_0=1$ 时，触发器 FF_{m-1} 的输出 Q_{m-1} 被选中，所以当 CP 脉冲上升沿到来时，FF_m 的次态变为 $Q_m^{n+1}=Q_{m-1}^n$，而 $Q_{m+1}^{n+1}=Q_m^n$，从而实现右移功能。以此类推，当 $S_1=1$、$S_0=0$ 时，MUX_m 选中 Q_{m+1}，实现左移功能。当 $S_1=S_0=1$ 时，则选中并行输入数据 DI_m，其次态 $Q_m^{n+1}=DI_m$，从而实现并行数据的置入功能。上述四种操作可用表 6.3.4 所示。同时，在各触发器的输出端 $Q_{N-1}\sim Q_0$ 可以得到 N 位并行数据的输出。

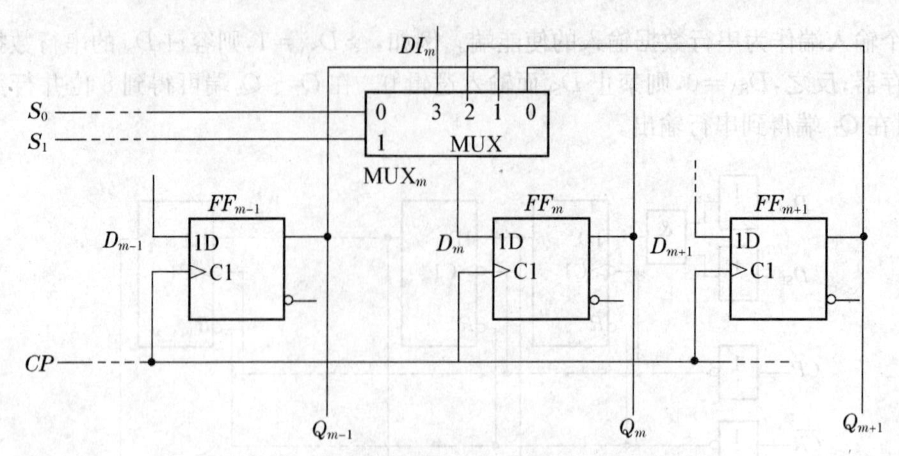

图 6.3.9　实现多功能双向移位寄存器的一种方案

表 6.3.4　图 6.3.9 的功能表

控制信号		功能	控制信号		功能
S_1	S_0		S_1	S_0	
0	0	保持	1	0	左移
0	1	右移	1	1	并行输入

(2) 典型集成电路

74LS194 是一种典型的中规模集成移位寄存器。74LS194 是 4 位双向移位寄存器，具有左、右移控制、数据并行输入、保持、异步置零(复位)等功能。其电路图与引脚图如图6.3.10 所示。

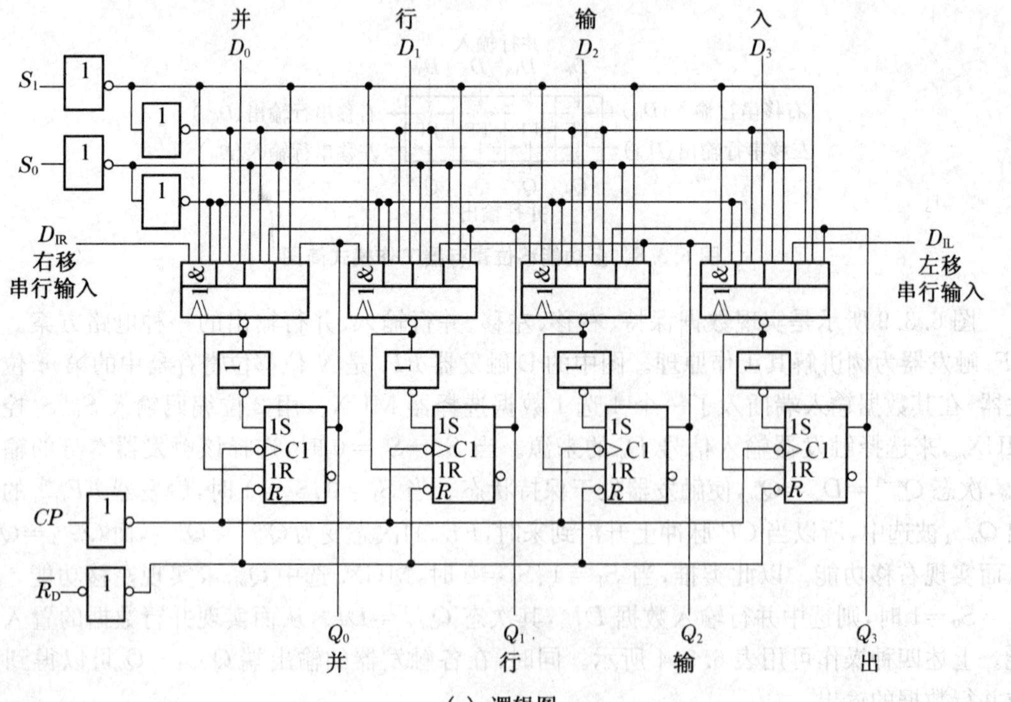

(a) 逻辑图

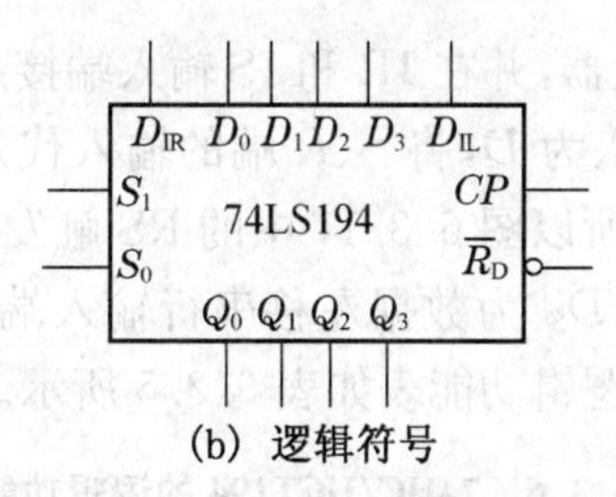

(b) 逻辑符号

图 6.3.10　4 位双向移位寄存器 74LS194

由图 6.3.10 可知，74LS194 由 4 个 RS 触发器及它们的控制电路组成，可以完成四种控制功能。其中，D_{IR}为数据右移串行输入端，D_{IL}为数据左移串行输入端，$D_0 \sim D_3$为数据并行输入端，$Q_0 \sim Q_3$为数据并行输出端。$\overline{R_D}$为异步清零端，低电平有效。$\overline{R_D}$当为高电平时，移位寄存器的工作状态由控制端 S_1 和 S_0 的状态指定。根据前面所讲的 RS 触发器的工作原理，可得到 74LS194 的逻辑功能表如表 6.3.5 所示。

表 6.3.5　74LS194 的逻辑功能表

$\overline{R_D}$	S_1	S_0	工作状态
0	×	×	异步清零
1	0	0	保持状态
1	0	1	右移
1	1	0	左移
1	1	1	CP 上升沿时并行置入数据

下面再介绍一个 CMOS 电路构成的 4 位双向移位寄存器 74HC/HCT194。它也可实现数据保持、右移、左移、并行输入和并行输出功能，其内部逻辑如图 6.3.11 所示。

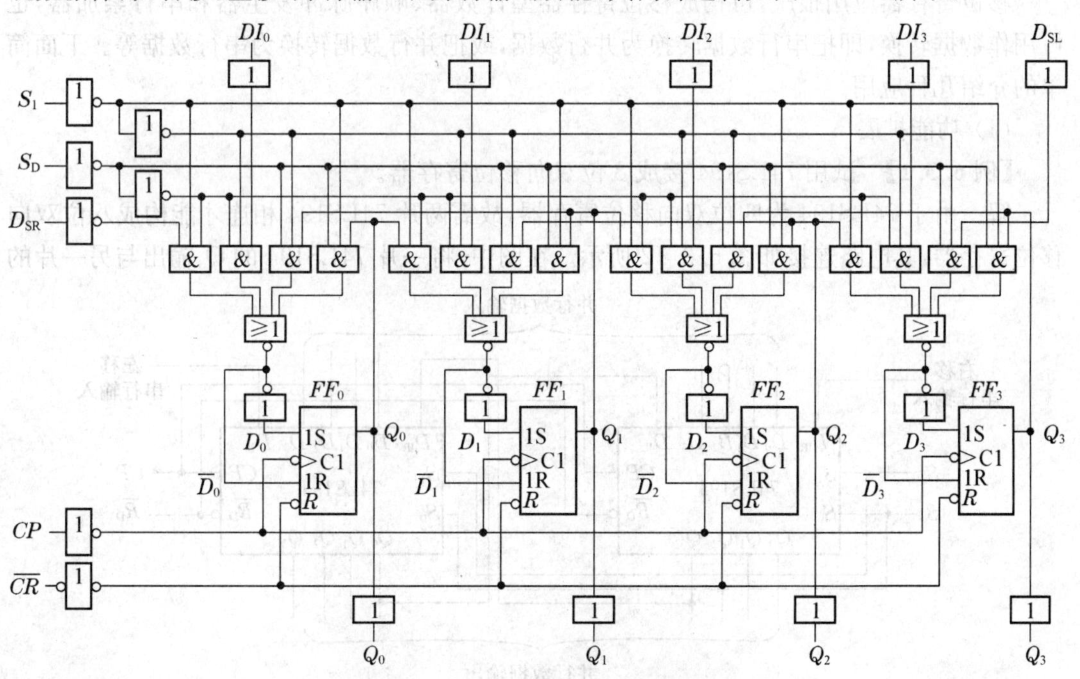

图 6.3.11　74HC/HCT194 内部逻辑图

该电路使用了 4 个 RS 触发器，并在 1R 和 1S 输入端接入一个非门。若令触发器 1R 端的输入变量为 $\overline{D}$，则 1S 端的输入为 D，将 S、R 端的输入代入 RS 触发器的特性方程，可得 $Q^{n+1}=S+\overline{R}Q^n=D+DQ^n=D$，所以图 6.3.11 中的 RS 触发器实现了 D 触发器的功能。其中，D_{SR} 为数据右移串行输入端，D_{SL} 为数据左移串行输入端。$\overline{CR}$ 为异步清零端，低电平有效。可得到 74HC/HCT194 的逻辑功能表如表 6.3.5 所示。

表 6.3.6　74HC/HCT194 的逻辑功能表

输入										输出				行
清零	控制信号		串行输入		时钟	并行输入								
$\overline{CR}$	S_1	S_0	右移 D_{SR}	左移 D_{SL}	CP	DI_0	DI_1	DI_2	DI_3	Q_0^{n+1}	Q_1^{n+1}	Q_2^{n+1}	Q_3^{n+1}	
L	×	×	×	×	×	×	×	×	×	L	L	L	L	1
H	L	L	×	×	×	×	×	×	×	Q_0^n	Q_1^n	Q_2^n	Q_3^n	2
H	L	H	L	×	↑	×	×	×	×	L	O_0^n	O_1^n	O_2^n	3
H	L	H	H	×	↑	×	×	×	×	H	Q_0^n	Q_1^n	Q_2^n	4
H	H	L	×	L	↑	×	×	×	×	Q_1^n	Q_2^n	Q_3^n	L	5
H	H	L	×	H	↑	×	×	×	×	Q_1^n	Q_2^n	Q_3^n	H	6
H	H	H	×	×	↑	DI_0^*	DI_1^*	DI_2^*	DI_3^*	D_0	D_1	D_2	D_3	7

6.3.3　移位寄存器的应用

移位寄存器应用很广，可构成移位寄存器型计数器、顺序脉冲发生器和串行累加器，也可用作数据转换，即把串行数据转换为并行数据，或把并行数据转换为串行数据等。下面简单的介绍几种应用。

(1) 功能扩展

【例 6.3.1】 试用 74LS194 接成 8 位双向移位寄存器。

解　由于 74LS194 为四位双向移位寄存器，故需两片 74LS194 相连才能构成八位双向移位寄存器，其电路连接如图 6.3.12 所示。在图中，将一片 74LS194 的 Q_3 输出与另一片的

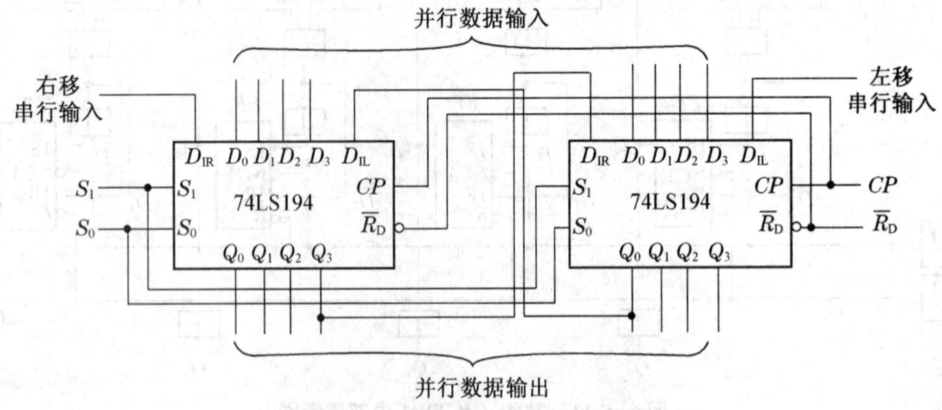

图 6.3.12　例 6.3.1 的连接示意图

右移串行输入 D_{IR} 相连，而将另一片的 Q_0 输出与该片的左移串行输入 D_{IL} 相连，同时将两片 74LS194 的 S_0、S_1、CP 和 $\overline{R_D}$ 端分别并接。

(2) 实现数据的串、并转换

在数字系统中，信息的传播通常是串行的，而处理和加工往往是并行的，因此经常要进行输入、输出的串、并转换。

【例 6.3.2】 用 74LS194 双向移位寄存器实现七位串行/并行转换功能。

解　串行/并行转换是指串行输入的数据，经过转换电路之后变成并行输出。其电路连接如图 6.3.13 所示。电路中采用了 2 片 74LS194，两片 74LS194 的 S_0、S_1、CP 和 $\overline{R_D}$ 端分别并接。电路中 S_0 端接高电平 1，S_1 受 Q_7 控制，两片寄存器连接成串行输入右移工作模式。Q_7 是转换结束标志。当 $Q_7=1$ 时，S_1 为 0，使之成为 $S_1S_0=01$ 的串入右移工作方式。当 $Q_7=0$ 时，S_1 为 1，有 $S_1S_0=11$，则串行送数结束，标志着串行输入的数据已转换成为并行输出了，由 Q_0～Q_6 作为并行输出端，可得到双向移位寄存器实现七位串行/并行转换功能的功能表如表 6.3.7 所示。

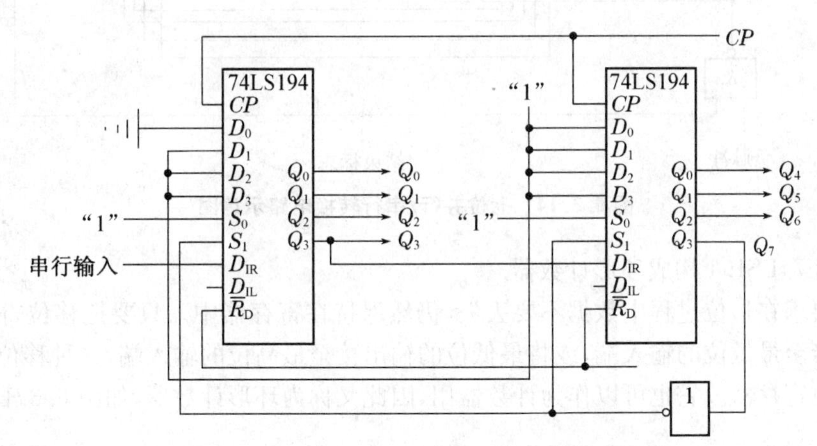

图 6.3.13　例 6.3.2 的连接示意图

表 6.3.7　例 6.3.2 连接示意图的功能表

CP	Q_0	Q_1	Q_2	Q_3	Q_4	Q_5	Q_6	Q_7	操作
0	0	0	0	0	0	0	0	0	清 0
1	0	1	1	1	1	1	1	1	置数
2	D_0	0	1	1	1	1	1	1	右移七次
3	D_1	D_0	0	1	1	1	1	1	
4	D_2	D_1	D_0	0	1	1	1	1	
5	D_3	D_2	D_1	D_0	0	1	1	1	
6	D_4	D_3	D_2	D_1	D_0	0	1	1	
7	D_5	D_4	D_3	D_2	D_1	D_0	0	1	
8	D_6	D_5	D_4	D_3	D_2	D_1	D_0	0	
9	0	1	1	1	1	1	1	1	置数

同理也可得到七位并行/串行转换功能的电路。并行/串行转换是指并行输入的数据，经过转换电路之后变成串行输出。下面是用两片 74LS194 构成的七位并行/串行转换电路，如图 6.3.14 所示。与图 6.3.13 相比，它多了两个与非门，而且还多了一个转动启动信号(负脉冲或低电平)，工作方式同样为右移。

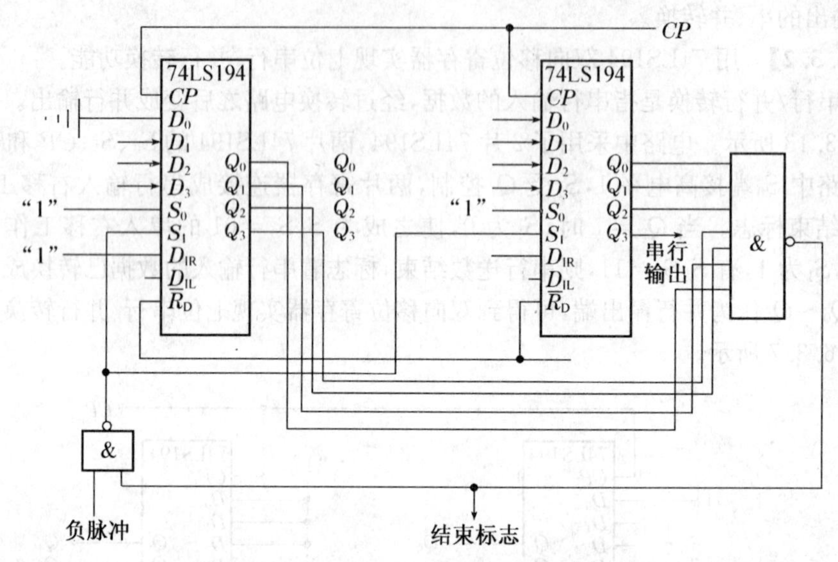

图 6.3.14　七位并行/串行转换电路示意图

(3) 用 74LS194 构成环形计数器

有时要求在移位过程中数据不要丢失，仍然保持在寄存器中。只要把移位寄存器最高位的输出接至最低位的输入端，或将最低位的输出接至最高位的输入端，这种移位寄存器称为循环移位寄存器。它也可以作为计数器用，因此又称为环形计数器，如图 6.3.15 所示。

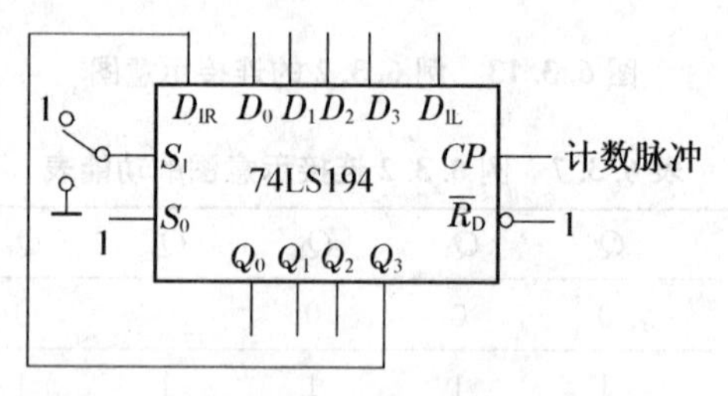

图 6.3.15　74LS194 构成的环形计数器

首先将 S_1 置高电平，将移位寄存器预先存入某一数据，比如 $D_0D_1D_2D_3=1000$，加入一个时钟 CP 后，移位寄存器的状态为 $Q_0Q_1Q_2Q_3=1000$，即为环形计数器的初始状态，然后置 S_1 为低电平，让移位寄存器工作在右移状态。此后不断输入时钟脉冲，存入移位寄存器的数据将不断地循环右移，电路的状态将按 1000→0100→0010→0001→1000 的次序循环变化。其状态转换图如图 6.3.16 所示。

如果取 1000、0100、0010 和 0001 所组成的状态循环为有效循环，那么还存在着其他的几种无效循环。而且，一旦脱离有效循环之后，电路将不会自动返回到有效循环中去，为了确保它能正常工作，采用如图 6.3.17 所示的能够自启动的环形计数器，其状态转换图如图

6.3.18 所示。

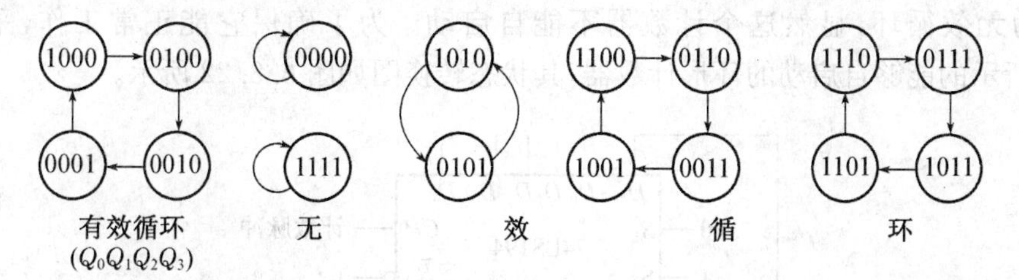

图 6.3.16　环形计数器的状态转换图

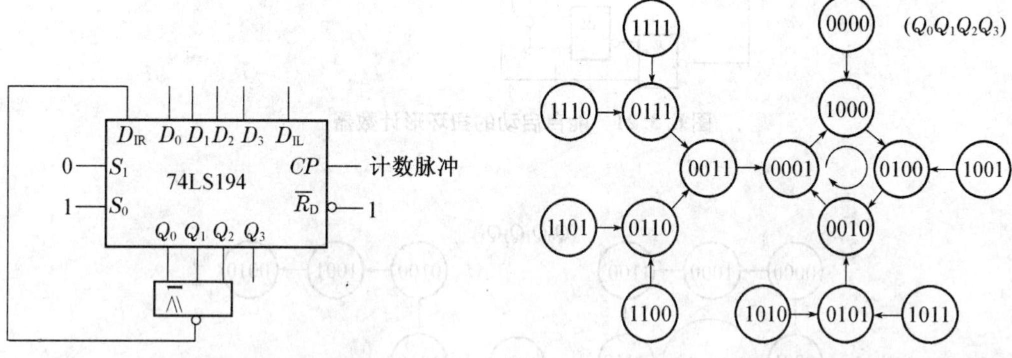

图 6.3.17　能自启动的环形计数器　　**图 6.3.18　具有自启动功能的环形计数器的状态转换图**

环形计数器的优点是在有效循环的每个状态只包含一个 1(或 0)时,可以直接以各个触发器输出端的 1 状态表示电路的一个状态,不需要另外加译码电路。

缺点是没有充分利用电路的状态。n 位移位寄存器组成的环形计数器只用了 n 个状态,而电路共有 2^n 个状态,这是一种浪费。

(4) 用 74LS194 构成扭环形计数器

扭环形计数器与环形计数器相比,电路结构上的差别仅在于扭环形计数器最低位的输入信号取自最高位的 $\overline{Q}$,而不是 Q 端,其电路图如图 6.3.19 所示。其状态转换图如图 6.3.20 所示。

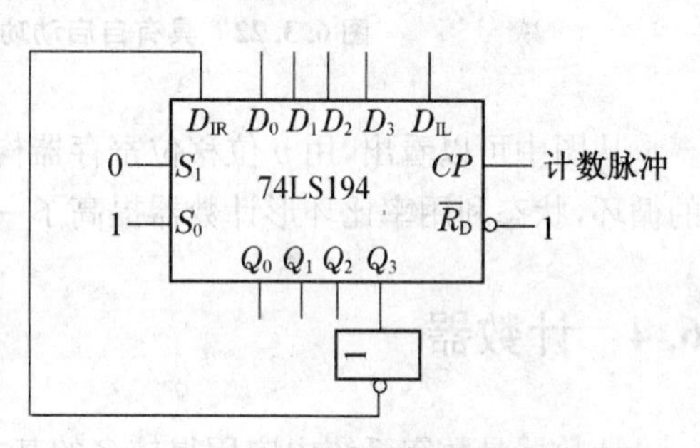

图 6.3.19　74LS194 构成的扭环形计数器

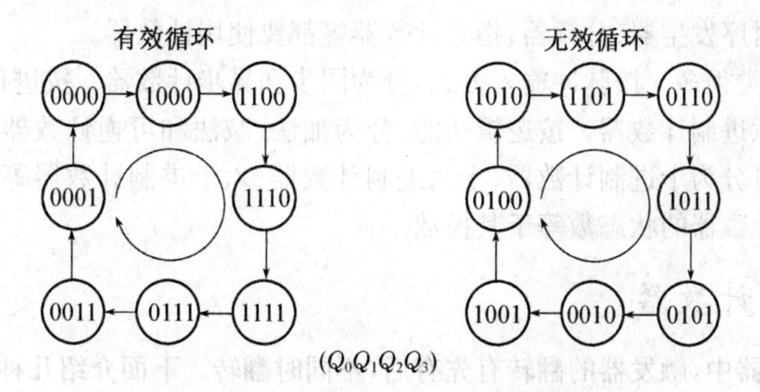

图 6.3.20　扭环形计数器的状态转换图

从图 6.3.20 可以看出，它有两个状态循环，若取图中左边的一个为有效循环，则余下的另一个为无效循环，显然这个计数器不能自启动。为了确保它能正常工作，采用如图 6.3.21 所示的能够自启动的环形计数器，其状态转换图如图 6.3.22 所示。

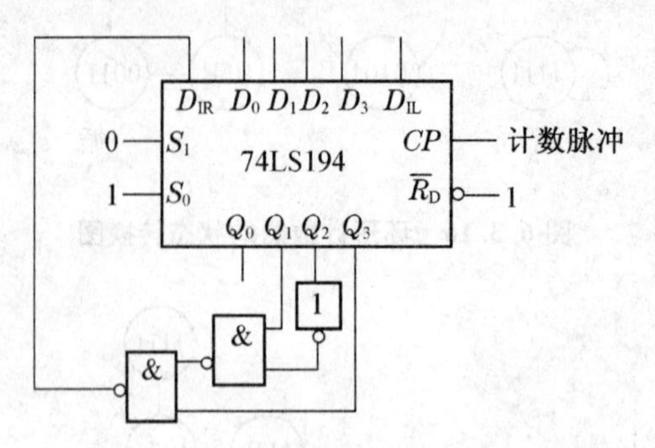

图 6.3.21　能自启动的扭环形计数器

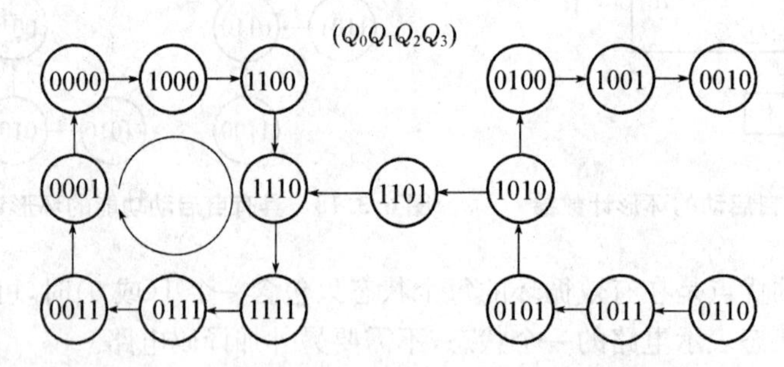

图 6.3.22　具有自启动功能的扭环形计数器的状态转换图

从图中可以看出，用 n 位移位寄存器构成的扭环形计数器可以得到含有 $2n$ 个有效状态的循环，状态利用率比环形计数器提高了一倍。

6.4　计数器

计数器是数字系统中应用得较多的基本逻辑器件。计数器的基本功能是对输入时钟脉冲进行计数。它也可用于分频、定时、产生节拍脉冲和脉冲序列及进行数字运算等等。例如，计算机中的时序发生器、分频器、指令计数器等都要使用计数器。

计数器的种类很多。按脉冲输入方式，分为同步和异步计数器。按进位体制，分为二进制、十进制和任意进制计数器。按逻辑功能，分为加法、减法和可逆计数器。按计数器的计数容量来分，又可分为十进制计数器、十六进制计数器、六十进制计数器等。计数器的容量也称为模，一个计数器的状态数等于其模数。

6.4.1　异步计数器

在异步计数器中，触发器的翻转有先有后，不同时翻转。下面介绍几种异步计数器的工作原理和集成电路。

1. 异步二进制计数器

图 6.4.1 所示是一个 4 位异步二进制计数器的逻辑图，它由 4 个 T′触发器组成。计数脉冲 CP 通过输入缓冲器加至触发器 FF_0 的时钟脉冲输入端，每输入一个计数脉冲，FF_0 翻转一次。FF_1、FF_2 和 FF_3 都以前级触发器的 Q 端输出作为触发信号，当 Q_0 由 1 变为 0 时，FF_1 翻转。以此类推，就可以得到计数器的状态转换表如表 6.4.1 所示。

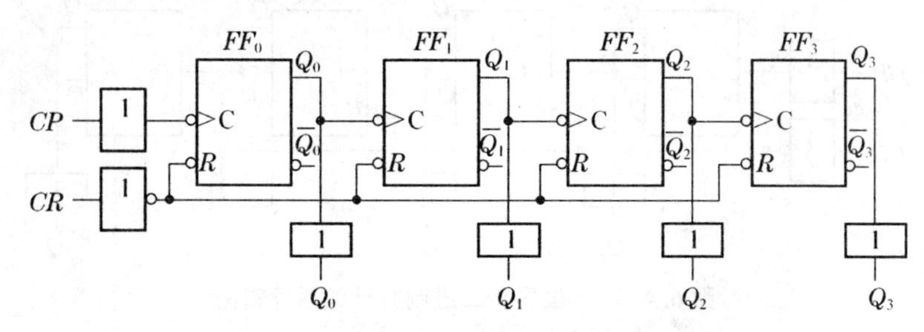

图 6.4.1　4 位异步二进制加计数器逻辑图

表 6.4.1　4 位异步二进制加计数器的状态转换表

CP	Q_3^n	Q_2^n	Q_1^n	Q_0^n	Q_3^{n+1}	Q_2^{n+1}	Q_1^{n+1}	Q_0^{n+1}	CP	Q_3^n	Q_2^n	Q_1^n	Q_0^n	Q_3^{n+1}	Q_2^{n+1}	Q_1^{n+1}	Q_0^{n+1}
↓1	0	0	0	0	0	0	0	1	↓9	1	0	0	0	1	0	0	1
↓2	0	0	0	1	0	0	1	0	↓10	1	0	0	1	1	0	1	0
↓3	0	0	1	0	0	0	1	1	↓11	1	0	1	0	1	0	1	1
↓4	0	0	1	1	0	1	0	0	↓12	1	0	1	1	1	1	0	0
↓5	0	1	0	0	0	1	0	1	↓13	1	1	0	0	1	1	0	1
↓6	0	1	0	1	0	1	1	0	↓14	1	1	0	1	1	1	1	0
↓7	0	1	1	0	0	1	1	1	↓15	1	1	1	0	1	1	1	1
↓8	0	1	1	1	1	0	0	0	↓16	1	1	1	1	0	0	0	0

由状态转换表，可得到其输出波形如图 6.4.2 所示。由图可知，从初态 0000 开始，每输入一个计数脉冲，计数器的状态就按二进制编码值加 1，输入第 16 个计数脉冲后，计数器又回到了 0000 状态。所以该计数器以 16 个 CP 脉冲构成一个计数周期，是模 16 加计数器。

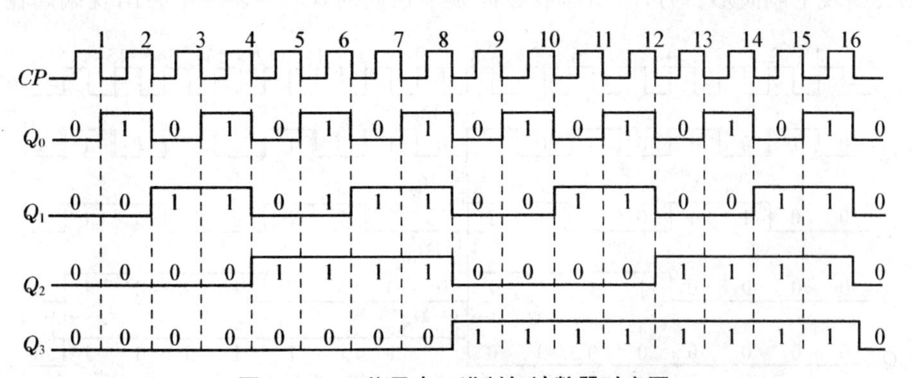

图 6.4.2　4 位异步二进制加计数器时序图

其中 Q_0 的频率是 CP 脉冲的 1/2,即实现了 2 分频,Q_1 的频率是 CP 脉冲的 1/4,即实现了 4 分频,Q_2 和 Q_3 分别对 CP 进行了 8 分频和 16 分频,因此,计数器也可以作为分频器使用。

同理,我们可以得到异步二进制减法计数器,其逻辑图如图 6.4.3 所示,时序图如图 6.4.4 所示。工作原理请自行分析。

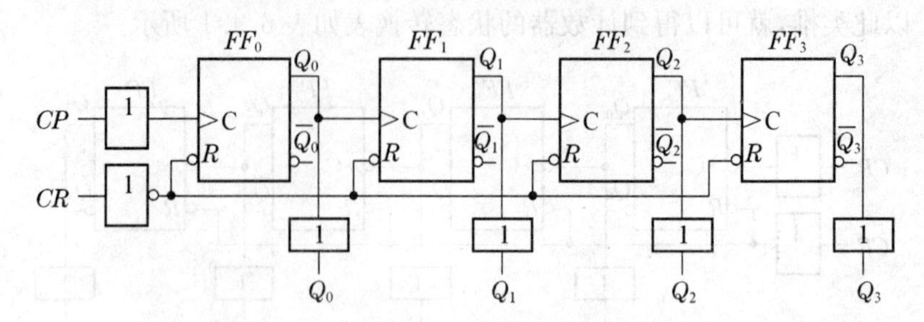

图 6.4.3　4 位异步二进制减计数器逻辑图

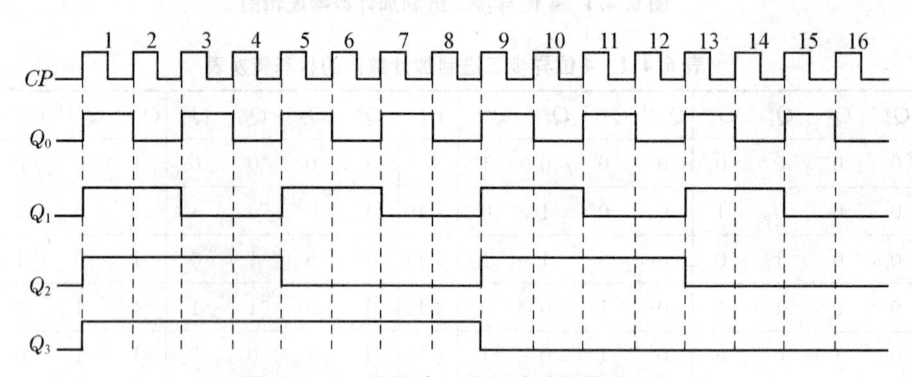

图 6.4.4　4 位异步二进制减计数器时序图

异步二进制计数器的原理与结构都比较简单。在异步二进制计数器中因各触发器逐级脉动翻转实现计数进位的,所以也称为纹波计数器。图 6.4.5 中的虚线是考虑了触发器逐级翻转中平均传输延迟时间 t_{pd} 的波形。因为各触发器的翻转时间有延迟,若用该计数器驱动组合逻辑电路,则可能出现瞬间逻辑错误。例如,当计数值从 0111 加 1 时,先后要经过 0110、0100、0000 几个状态,才最终翻转为 1000。如果对 0110、0100、0000 译码,这时译码输出端则会出现毛刺波形。另外,当计数脉冲频率很高时,$O_3 \sim Q_0$ 甚至会出现编码输出分辨

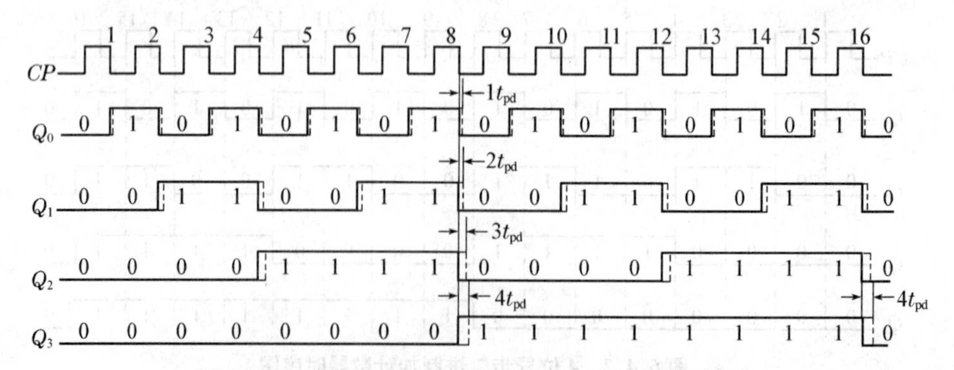

图 6.4.5　考虑延时的 4 位异步二进制加计数器时序图

不清的情况。对于一个 N 位二进制异步计数器来说，从计数脉冲作用于第一个触发器，到第 N 个触发器翻转达到稳定状态，需要经历的时间为 Nt_{pd}。为了保证正确的检出计数器的输出状态，必须满足 $T_{CP} \gg Nt_{pd}$ 的条件，其中 T_{CP} 为计数脉冲 CP 的周期。

中规模集成电路 74HC/HCT393 中集成了两个如图6.4.1所示的4位异步二进制加计数器，图 6.4.6 是其引脚图。在 5 V、25 ℃工作条件下，74HC/HCT393 中每级触发器的传输延迟时间典型值为 6 ns。

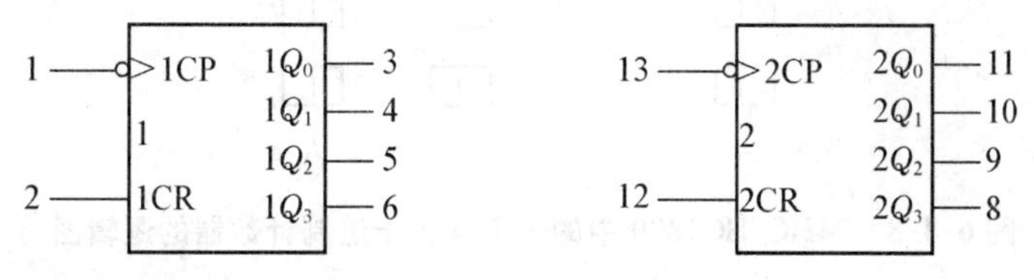

图 6.4.6 74HC/HCT393 引脚图

2. 异步十进制计数器

二进制计数器具有电路结构简单、运算方便等特点，但是日常生活中我们所接触的大部分都是十进制数，特别是当二进制数的位数较多时，阅读非常困难，因此有必要讨论十进制计数器。在十进制计数体制中，每位数都可能是 0，1，2，…，9 十个数码中的任意一个，且“逢十进一”。根据计数器的构成原理，必须由 4 个触发器的状态来表示一位十进制数的 4 位二进制编码。而 4 位编码总共有 16 个状态，因此必须去掉其中的 6 个状态，至于去掉哪 6 个状态，则有不同的选择。这里考虑去掉 1010～1111 这 6 个状态，即采用 8421BCD 码的编码方式来表示一位十进制数。其逻辑图如图 6.4.7 所示。

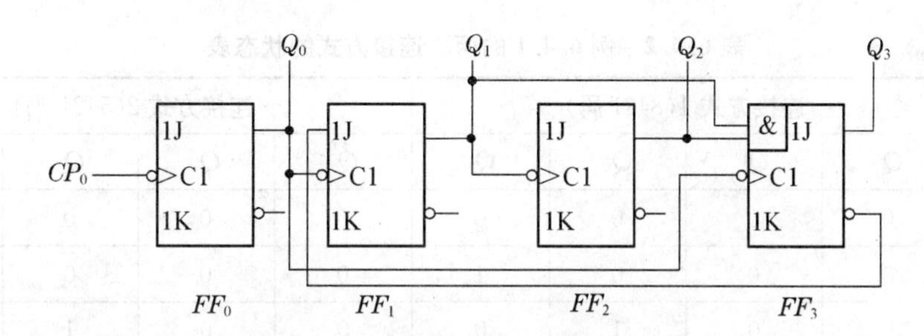

图 6.4.7 异步十进制计数器逻辑图

电路结构由 4 个 JK 触发器构成，其中 FF_0 始终处于计数状态，Q_0 同时触发 FF_1 和 FF_3，$\overline{Q_3}$ 反馈到 J_1，Q_2Q_1 作为 J_3 端信号。由逻辑图可知，在 FF_3 翻转以前，即从状态 0000 到 0111 为止，各触发器翻转情况与异步二进制加计数器相同。第 8 个脉冲输入后，4 个触发器状态为 1000，此时 $\overline{Q_3}=0$，使下一个 FF_0 来的下降沿不能使 FF_1 翻转。因此在第 10 个脉冲输入后，触发器的状态由 1001 变为 0000，而不是 1010，从而跳过 1010～1111 这六个状态而复位到原始状态 0000。

74HC/HCT390 是集成的异步十进制计数器。在 74HC/HCT390 中集成了两个十进制计数器，图 6.4.8 所示是其中一个计数器的逻辑图。为了应用灵活，除清零端 CR 外，二进制计数器和五进制计数器的输入端、输出端均是独立引出的。

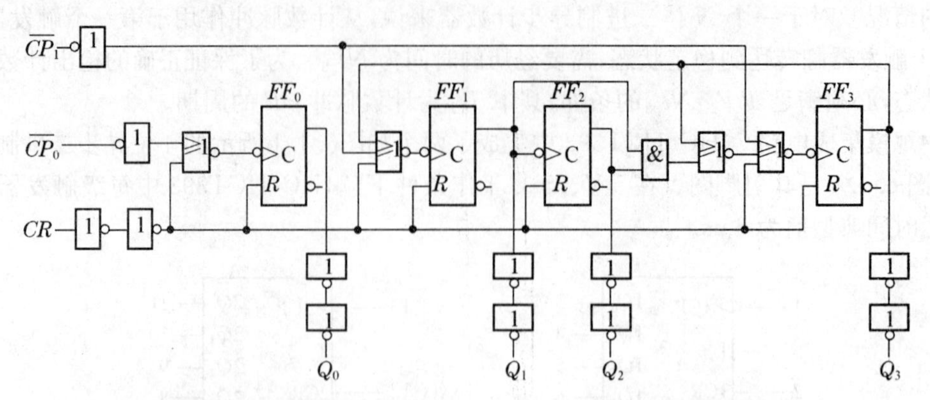

图 6.4.8 74HC/HCT390 中的一个异步十进制计数器的逻辑图

【例 6.4.1】 将图 6.4.8 所示的电路按以下两种方式连接：

(1) $\overline{CP_0}$接计数脉冲信号，将 Q_0 与$\overline{CP_1}$相连。

(2) $\overline{CP_1}$接计数脉冲信号，将 Q_3 与$\overline{CP_0}$相连。

试分析它们的逻辑输出状态。

解 按(1) 方式连接时，计数脉冲先进行二分频，然后进行五分频。从 0000 状态开始，依次分析，得到的状态表如表6.4.2 左半边所示，Q_3、Q_2、Q_1、Q_0 输出为 8421BCD 码。

按(2)方式连接时，计数脉冲先进行五分频，然后进行二分频。得到的状态表如表 6.4.2 右半边所示，Q_0 的权值等于 5，Q_3、Q_2、Q_1 的权值分别为 4、2、1，这种编码为 5421BCD 码。

表 6.4.2 例 6.4.1 的两种连接方式的状态表

计数顺序	连接方式 1(8421 码)				连接方式 2(5421 码)			
	Q_3	Q_2	Q_1	Q_0	Q_0	Q_3	Q_2	Q_1
0	0	0	0	0	0	0	0	0
1	0	0	0	1	0	0	0	1
2	0	0	1	0	0	0	1	0
3	0	0	1	1	0	0	1	1
4	0	1	0	0	0	1	0	0
5	0	1	0	1	1	0	0	0
6	0	1	1	0	1	0	0	1
7	0	1	1	1	1	0	1	0
8	1	0	0	0	1	0	1	1
9	1	0	0	1	1	1	0	0

6.4.2 同步计数器

对于同步计数器，由于时钟脉冲同时作用于各个触发器，克服了异步触发器所遇到的触发器逐级延迟问题，于是大大提高了计数器工作频率，各级触发器输出相差小，译码时能避免出现尖峰。但是如果同步计数器级数增加，就会使得计数脉冲的负载加重。

1. 同步二进制加计数器

表 6.4.3 所示是 4 位二进制计数器的状态表。由表可知，Q_0 在每个 CP 都翻转一次，FF_0 可采用 $T=1$ 的 T 触发器；Q_1 仅在 $Q_0=1$ 后的下一个 CP 到来时翻转，FF_1 可采用 $T=Q_0$ 的 T 触发器；Q_2 仅在 $Q_0=Q_1=1$ 后的下一个 CP 到来时翻转，FF_2 可采用 $T=Q_0Q_1$ 的 T 触发器；Q_3 仅在 $Q_0=Q_1=Q_2=1$ 后的下一个 CP 到来时翻转，FF_3 可采用 $T=Q_0Q_1Q_2$ 的 T 触发器。

表 6.4.3　4 位二进制计数器的状态表

计数顺序	电路状态				等效十进制数	进位输出 C
	Q_3	Q_2	Q_1	Q_0		
0	0	0	0	0	0	0
1	0	0	0	1	1	0
2	0	0	1	0	2	0
3	0	0	1	1	3	0
4	0	1	0	0	4	0
5	0	1	0	1	5	0
6	0	1	1	0	6	0
7	0	1	1	1	7	0
8	1	0	0	0	8	0
9	1	0	0	1	9	0
10	1	0	1	0	10	0
11	1	0	1	1	11	0
12	1	1	0	0	12	0
13	1	1	0	1	13	0
14	1	1	1	0	14	0
15	1	1	1	1	15	1
16	0	0	0	0	0	0

通过上面的分析，我们可以得到 N 位二进制计数器第 i 位 T 触发器激励方程的一般化表达式：

$$\begin{cases} T_0=1 \\ T_i=Q_{i-1}Q_{i-2}\cdots Q_1Q_0\ (i=1,2,\cdots,n-1) \end{cases} \tag{6.4.1}$$

图 6.4.9 所示是 4 位同步二进制加计数器的一种实现方式。图中，4 个 JK 触发器的

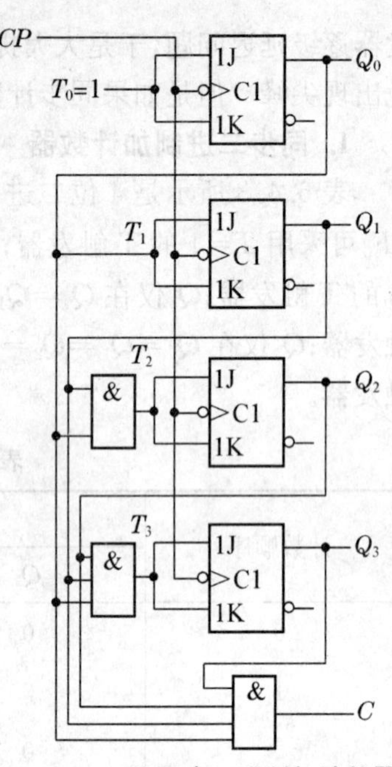

图 6.4.9 4位同步二进制加计数器

J、K 端连在一起，实现 T 触发器的逻辑功能。

由图 6.4.9 可知，图中各个触发器的激励方程为

$$\begin{cases} T_0=1 \\ T_1=Q_0 \\ T_2=Q_1Q_0 \\ T_3=Q_2Q_1Q_0 \end{cases}$$

电路的状态方程为

$$\begin{cases} Q_0^{n+1}=\overline{Q_0^n} \\ Q_1^{n+1}=\overline{Q_1^n}Q_0^n+Q_1^n\overline{Q_0^n} \\ Q_2^{n+1}=\overline{Q_2^n}Q_1^nQ_0^n+Q_2^n\overline{Q_1^nQ_0^n} \\ Q_3^{n+1}=\overline{Q_3^n}Q_2^nQ_1^nQ_0^n+Q_3^n\overline{Q_2^nQ_1^nQ_0^n} \end{cases}$$

电路的输出方程为

$$C=Q_3Q_2Q_1Q_0$$

根据各个方程，可以得到状态表如表 6.4.4 所示。

表 6.4.4 图 6.4.9 所示电路的状态表

计数顺序	电路状态				等效十进制数	进位输出 C
	Q_3	Q_2	Q_1	Q_0		
0	0	0	0	0	0	0
1	0	0	0	1	1	0
2	0	0	1	0	2	0
3	0	0	1	1	3	0
4	0	1	0	0	4	0
5	0	1	0	1	5	0
6	0	1	1	0	6	0
7	0	1	1	1	7	0
8	1	0	0	0	8	0
9	1	0	0	1	9	0
10	1	0	1	0	10	0
11	1	0	1	1	11	0
12	1	1	0	0	12	0
13	1	1	0	1	13	0
14	1	1	1	0	14	0
15	1	1	1	1	15	1
16	0	0	0	0	0	0

示。由状态转换表可以得到状态转换图，如图 6.4.10 所示。同样，可得到其时序图如图 6.4.11 所示。

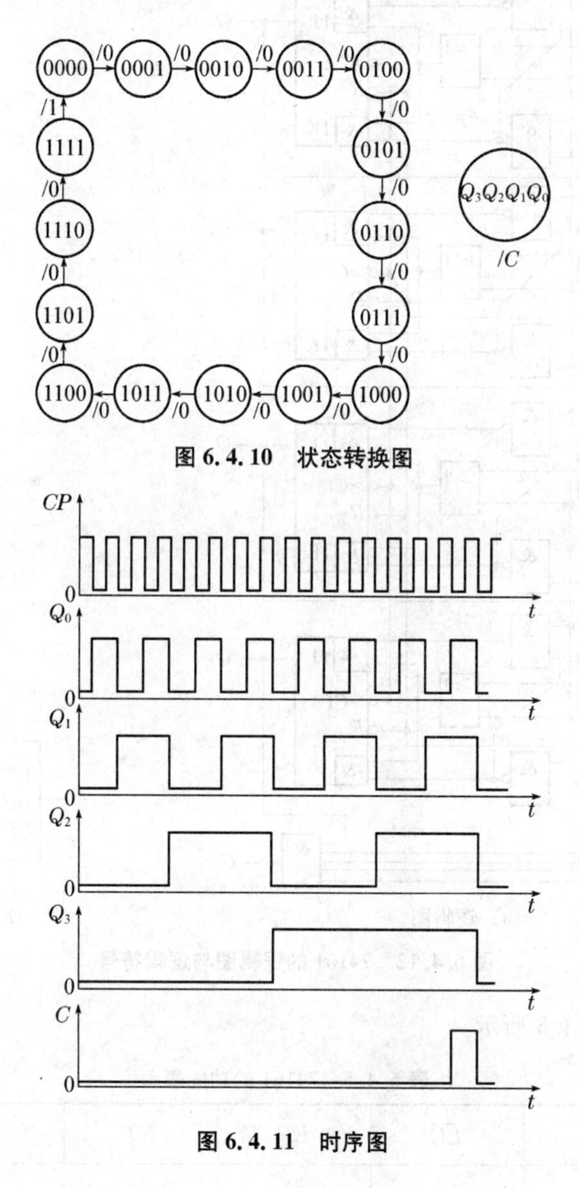

图 6.4.10　状态转换图

图 6.4.11　时序图

由图 6.4.11 可以看出，若计数输入脉冲的频率为 f_0，则 Q_0、Q_1、Q_2、Q_3 端输出脉冲的频率将依次为 $(1/2)f_0$、$(1/4)f_0$、$(1/8)f_0$ 和 $(1/16)f_0$，因此也把这种计数器称为分频器。

此外，该计数器又称为十六进制计数器。计数器中能计到的状态数称为计数器的容量，它等于计数器所有各位全为 1 时的数值加 1。n 位二进制计数器的容量等于 2^n。

4 位同步二进制加法计数器 74161 就是在图 6.4.9 所示的 4 位同步二进制加法计数器的基础上增加了预置数、保持和异步置零等附加功能。其逻辑图与逻辑符号如图 6.4.12 所示。图中 $\overline{LD}$ 为预置数控制端，$D_3 \sim D_0$ 为数据输入端，C 为进位输出端，$\overline{R_D}$ 为异步置零（复位）端，EP 和 ET 为工作状态控制端。

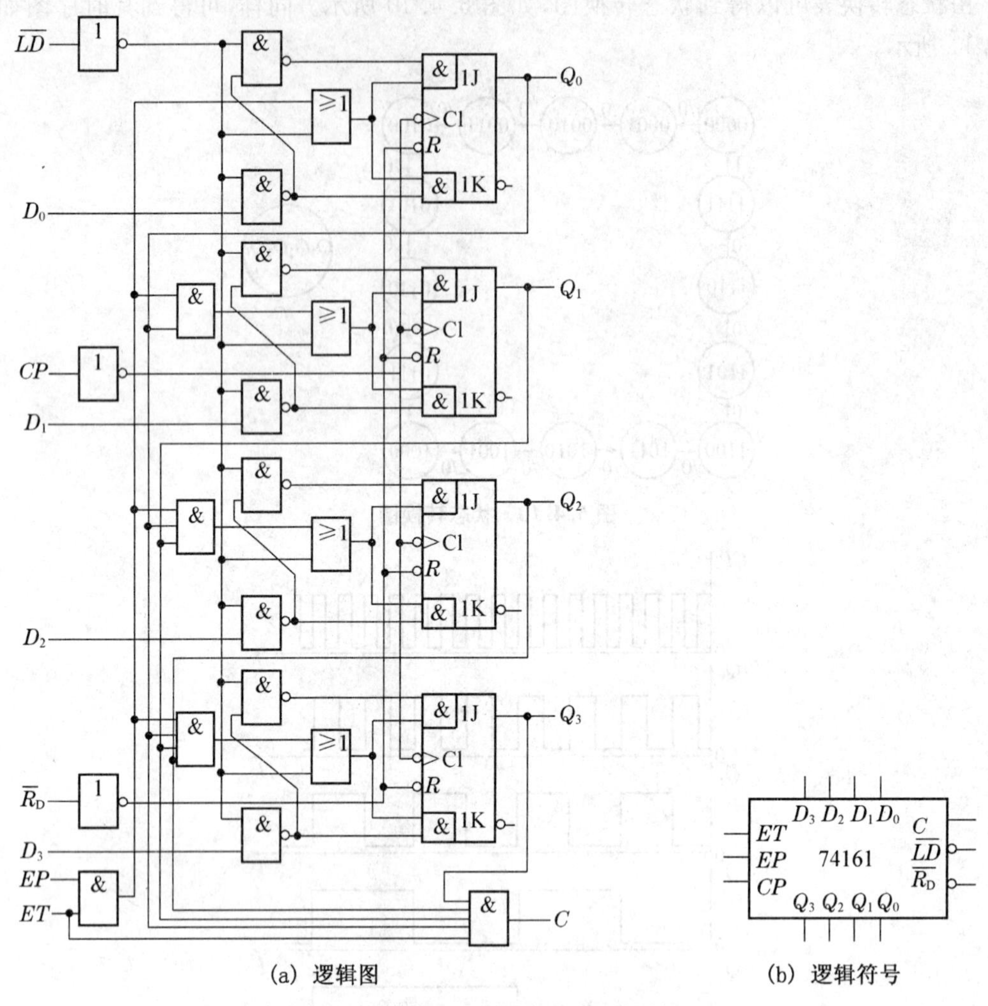

(a) 逻辑图 (b) 逻辑符号

图 6.4.12 74161 的逻辑图与逻辑符号

其功能表如表 6.4.5 所示。

表 6.4.5 74161 的功能表

CP	$\overline{R}_D$	$\overline{LD}$	EP	ET	工作状态
×	0	×	×	×	异步置零
↑	1	0	×	×	同步预置数
×	1	1	0	1	保持(包括 C)
×	1	1	×	0	保持(C=0)
↑	1	1	1	1	计数状态

2. 同步二进制减计数器

图 6.4.13 所示是 4 位同步二进制减计数器的一种实现方式。图中，4 个 JK 触发器的

J、K 端连在一起，实现 T 触发器的逻辑功能。在用 T 触发器组成同步二进制减法计数器时，N 位二进制计数器第 i 位 T 触发器激励方程的一般化表达式

$$\begin{cases} T_0 = 1 \\ T_i = \overline{Q_{i-1}}\,\overline{Q_{i-2}}\cdots\overline{Q_1}\,\overline{Q_0} \quad (i=1,2,\cdots,n-1) \end{cases} \tag{6.4.2}$$

其工作原理与二进制加计数器类似，在这里我们就不详细介绍了，有兴趣的可自行分析。

3. 同步二进制可逆计数器

将图 6.4.12 所示的加法计数器和图 6.4.13 所示的减法计数器的控制电路合并，再通过一根加/减控制线选择加法计数还是减法计数，就构成了可逆计数器。

单时钟同步十六进制可逆计数器 74LS191 就是在这个基础上又增加了一些附加功能。其逻辑图如图 6.4.14 所示。其状态表如表 6.4.6 所示。

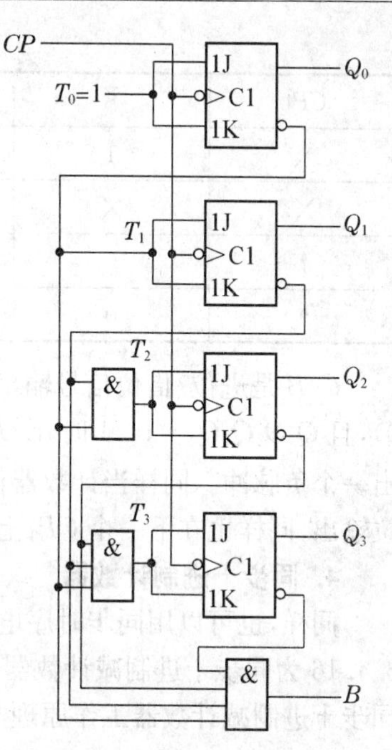

图 6.4.13　4 位同步二进制减计数器

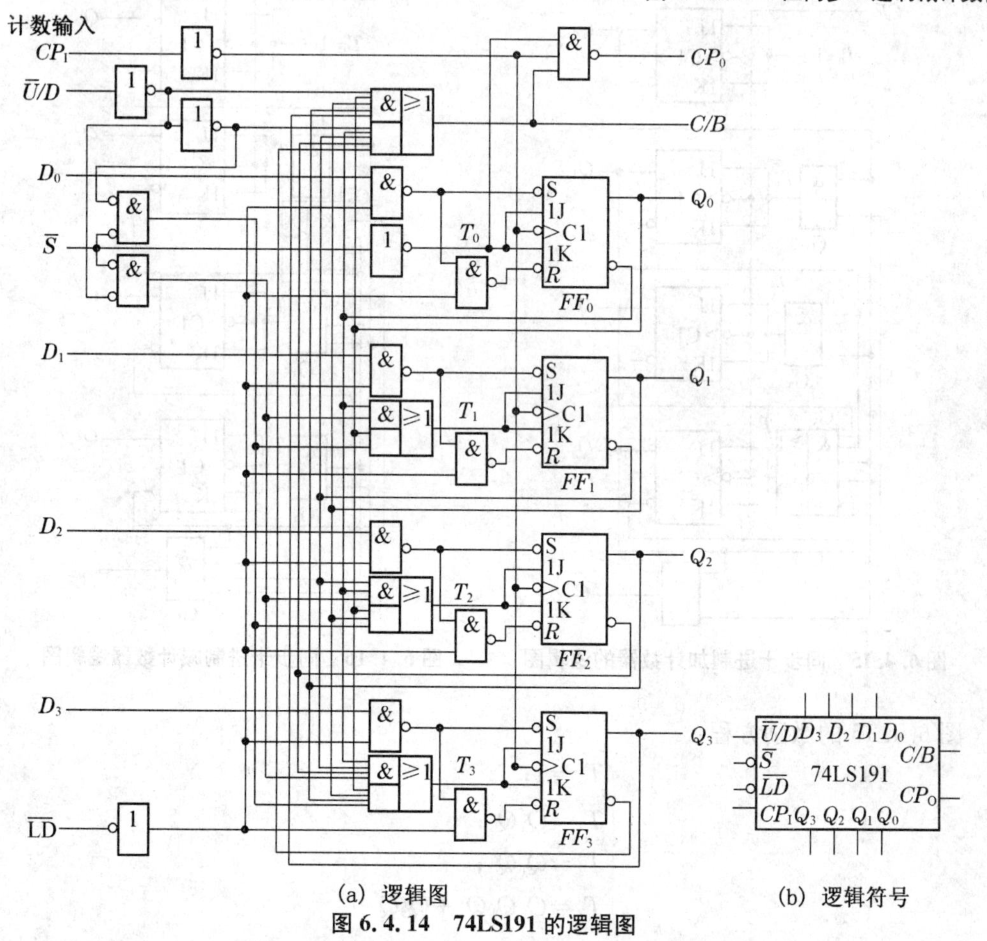

(a) 逻辑图　　(b) 逻辑符号

图 6.4.14　74LS191 的逻辑图

表 6.4.6　74*LS*191 的功能表

CP_1	$\overline{S}$	$\overline{LD}$	$\overline{U}/D$	工作状态
×	1	1	×	保持状态
×	×	0	×	异步预置数
↑	0	1	0	加法计数
↑	0	1	1	减法计数

C/B 是进位/借位信号输出端，CP_0 是串行时钟输出端。当计数器作加法计数（$\overline{U}/D=0$），且 $Q_3Q_2Q_1Q_0=1111$ 时，$C/B=1$，有进位输出，则在下一个 CP_1 上升沿到达前 CP_0 端输出一个负脉冲。同样当计数器作减法计数（$\overline{U}/D=1$）且 $Q_3Q_2Q_1Q_0=0000$ 时，$C/B=1$，有借位输出，同样也在下一个 CP_1 上升沿到达前 CP_0 端输出一个负脉冲。

4. 同步十进制计数器

同样，也可以用同步时序电路构成十进制计数器，图 6.4.15 为同步十进制加计数器，图 6.4.16 为同步十进制减计数器。下面以图 6.4.15 为例，简单介绍一下其基本工作原理，而同步十进制减计数器工作原理与其相似，请自行分析。

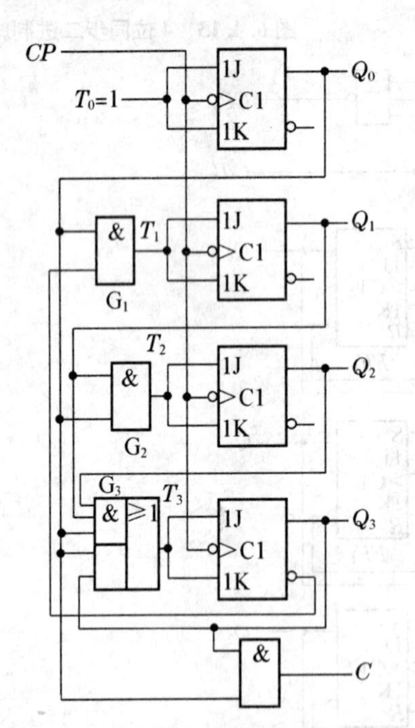

图 6.4.15　同步十进制加计数器的逻辑图

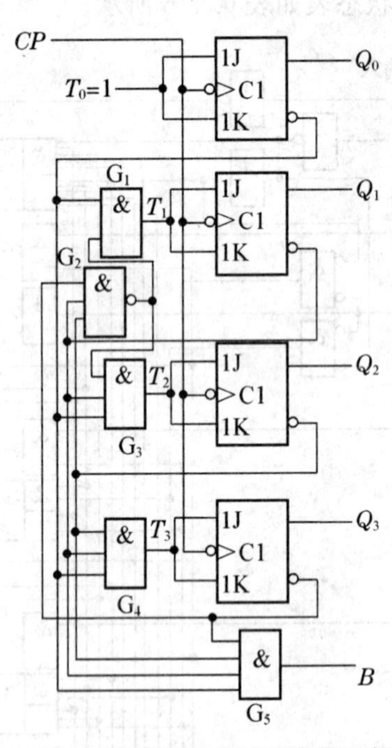

图 6.4.16　同步十进制减计数器逻辑图

图 6.4.15 的激励方程：

$$\begin{cases} T_0=1; \\ T_1=\overline{Q}_3Q_0; \\ T_2=Q_1Q_0; \\ T_3=Q_2Q_1Q_0+Q_3Q_0。 \end{cases}$$

状态方程：

$$
\begin{cases}
Q_0^{n+1}=\overline{Q_0^n} \\
Q_1^{n+1}=\overline{Q_3^n}Q_0^n\overline{Q_1^n}+\overline{\overline{Q_3^n}Q_0^n}Q_1^n \\
Q_2^{n+1}=Q_1^nQ_0^n\overline{Q_2^n}+\overline{Q_1^nQ_0^n}Q_2^n \\
Q_3^{n+1}=(Q_2^nQ_1^nQ_0^n+Q_3^nQ_0^n)\overline{Q_3^n}+\overline{Q_2^nQ_1^nQ_0^n+Q_3^nQ_0^n}Q_3^n
\end{cases}
$$

输出方程：

$$C=Q_3Q_0$$

可以得到其功能表如表 6.4.7 所示。

表 6.4.7　同步十进制加计数器的功能表

计数顺序	电路状态				等效十进制数	输出 C
	Q_3	Q_2	Q_1	Q_0		
0	0	0	0	0	0	0
1	0	0	0	1	1	0
2	0	0	1	0	2	0
3	0	0	1	1	3	0
4	0	1	0	0	4	0
5	0	1	0	1	5	0
6	0	1	1	0	6	0
7	0	1	1	1	7	0
8	1	0	0	0	8	0
9	1	0	0	1	9	1
10	0	0	0	0	0	0
0	1	0	1	0	10	0
1	1	0	1	1	11	1
2	0	1	1	0	6	0
0	1	1	0	0	12	0
1	1	1	0	1	13	1
2	0	1	0	0	4	0
0	1	1	1	0	14	0
1	1	1	1	1	15	1
2	0	0	1	0	2	0

由功能表可得到状态图如图 6.4.17 所示。

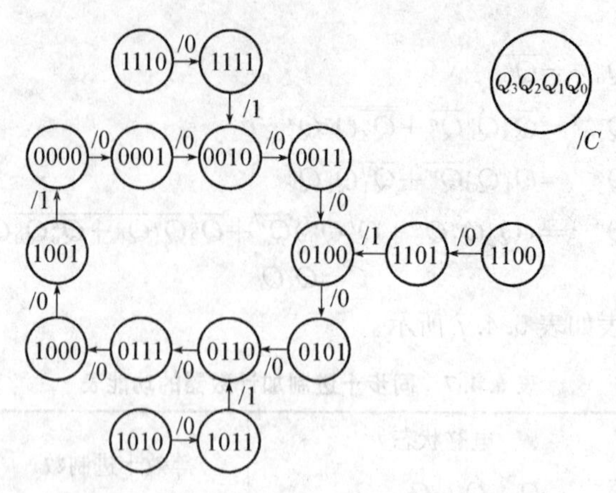

图 6.4.17 同步十进制加计数器的状态图

5. 同步十进制可逆计数器

将图 6.4.15 所示的加法计数器和图 6.4.16 所示的减法计数器的控制电路合并，再通过一根加/减控制线选择加法计数还是减法计数，就得到了同步十进制可逆计数器。单时钟同步十进制可逆计数器 74LS190 就是在此基础上又增加了附加控制端。其输入、输出端的功能及用法与 74LS191 的用法完全相同，功能表也与表 6.4.6 相同，所不同的就是计数长度不同，74LS191 为十六进制计数器而 74LS190 为十进制计数器。

6.4.3 集成计数器

前面简单介绍了几种集成计数器，下面再补充几种常见的集成计数器。

1. 异步二-五-十进制计数器 74LS290

74LS290 的逻辑图和逻辑符号如图 6.4.18 所示。

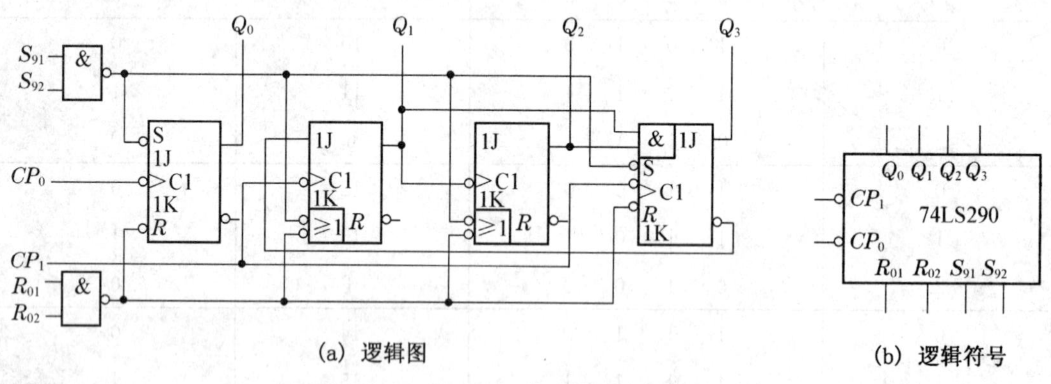

图 6.4.18 74LS290 的逻辑图和逻辑符号

若以 CP_0 为计数输入端、Q_0 为输出端，则得到二进制计数器；若以 CP_1 为计数输入端、$Q_3Q_2Q_1$ 为输出端，则得到五进制计数器；若将 CP_1 与 Q_0 相连，同时以 CP_0 为计数输入端、$Q_3Q_2Q_1Q_0$ 为输出端，则得到十进制计数器。因此，该电路又称为二-五-十进制计数器。

另外，若以 CP_1 为计数输入端，以 $Q_3Q_2Q_1$ 构成五进制计数器，同时 Q_3 接至 CP_0 端。当 $Q_3Q_2Q_1$ 由 100 变到 000 时，即 CP_0 由 1 变为 0，Q_0 实现二进制计数器，因此实现的 5421 码计数，输出自高位到低位的顺序为 $Q_0Q_3Q_2Q_1$，对应的权值分别为 5、4、2、1。其功能表如表 6.4.8 所示。

表 6.4.8　74LS290 功能表

复位输入		置位输入		时钟	输出			
R_{01}	R_{02}	S_{91}	S_{92}	CP	Q_3	Q_2	Q_1	Q_0
H	H	L	×	×	L	L	L	L
H	H	×	L	×	L	L	L	L
×	×	H	H	×	H	L	L	H
L	×	L	×	↓	计数			
L	×	×	L	↓				
×	L	L	×	↓				
×	L	×	L	↓				

2. 同步二进制加计数器——集成计数器 74LVC161

74LVC161 是一种典型的高性能、低功耗 COMS 4 位同步二进制加计数器，它可在 1.2～3.6 V 电源电压范围内工作，其所有逻辑输入端都可以耐受高达 5.5 V 的电压。在电源电压为 3.3 V 时可直接与 5 V 供电的 TTL 逻辑电路接口。

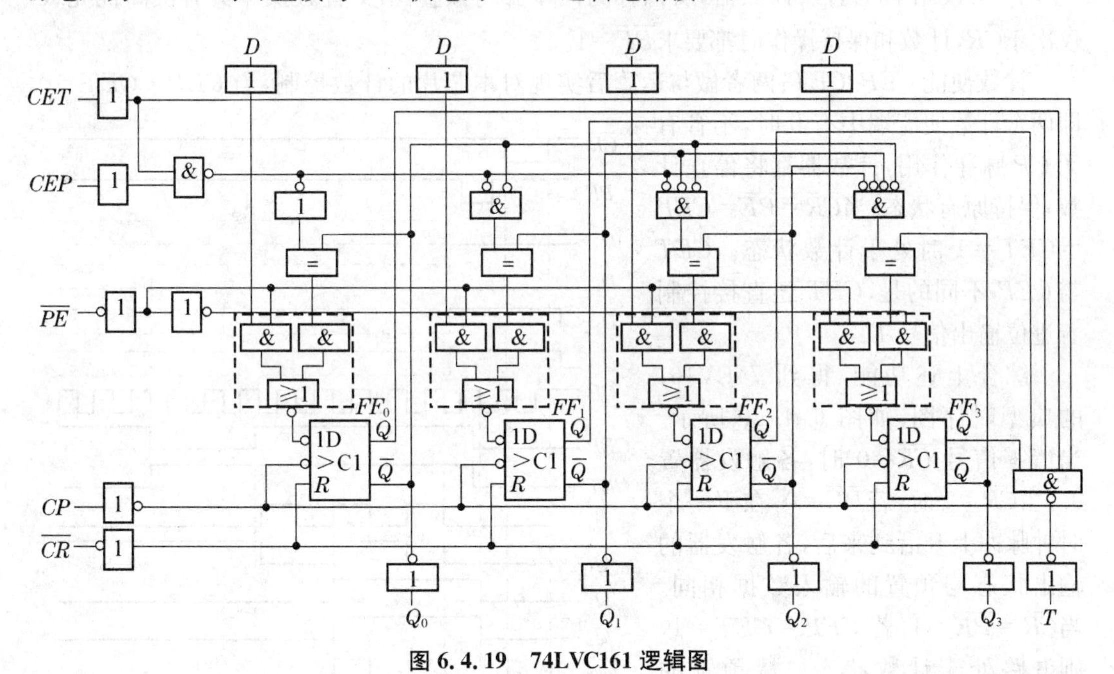

图 6.4.19　74LVC161 逻辑图

图 6.4.19 所示是 74LVC161 的逻辑图，除同步二进制计数功能外，电路还具有并行数据的同步预置功能。预置和计数功能的选择是通过在每个 D 触发器的输入端加入一个 2 选 1 数据选择器实现的。在 CMOS 电路中采用与或非门构成 2 选 1 数据选择器。表 6.4.9 所示是 74LVC161 的功能表，结合该功能表，说明它工作时各个引线端的功能和操作。

表 6.4.9　74LVC161 的功能表

输入									输出				
清零	预置	使能		时钟	预置数据输入				计数				进位
$\overline{CR}$	$\overline{PE}$	CEP	CET	CP	D_3	D_2	D_1	D_0	Q_3	Q_2	Q_1	Q_0	TC
L	×	×	×	×	×	×	×	×	L	L	L	L	L
H	L	×	×	↑	D_3	D_2	D_1	D_0	D_3	D_2	D_1	D_0	*
H	H	L	×	×	×	×	×	×	保持				*
H	H	×	L	×	×	×	×	×	保持				L
H	H	H	H	↑	×	×	×	×	计数				*

注：*表示只有当 CET 为高电平且计数器状态为 HHHH 时输出为高电平，其余均为低电平。

时钟脉冲 CP：是计数脉冲输入端，也是芯片内 4 个触发器的公共时钟输入端。

异步清零$\overline{CR}$：当它为低电平时，无论其他输入端为何状态，都使片内所有触发器的状态置 0，称为异步清零。$\overline{CR}$有优先级最高的控制权，各输入信号都是在$\overline{CR}=1$ 时才起作用。

并行置数使能$\overline{PE}$：只需在 CP 上升沿之前保持低电平，数据输入端 $D_3 \sim D_0$ 的逻辑值便能在 CP 上升沿到来后置入片内 4 个相应触发器中。由于该操作与 CP 上升沿同步，且 $D_3 \sim D_0$ 的数据同时置入计数器，所以称为同步并行预置。$\overline{PE}$置数操作具有次高优先级，仅次于$\overline{CR}$，计数和保持操作时都要求$\overline{PE}=1$。

计数使能 CEP、CET：两者做与运算后实现对本芯片的计数控制，当 $CEP \cdot CET=0$，即两个计数使能端中有 0 时，不管有无 CP 脉冲作用，计数器都将停止计数，保持原有状态；当$\overline{CR}=\overline{PE}=CEP=CET=1$ 时处于计数状态。CET 与 CEP 不同的是，CET 还直接控制着进位输出信号 TC。

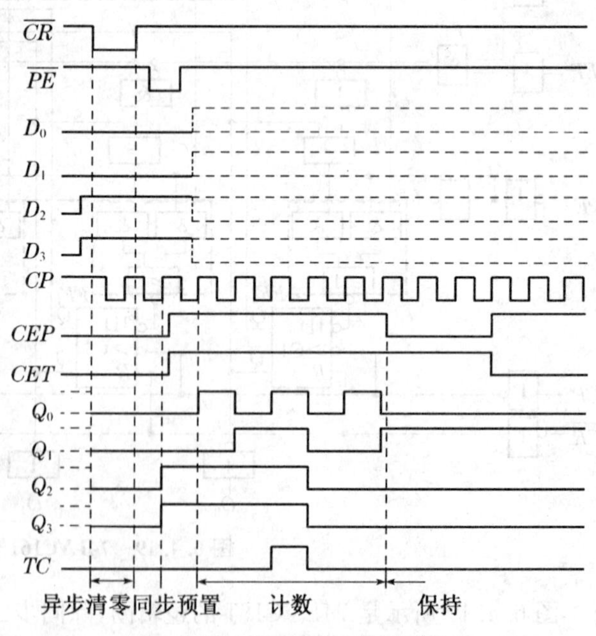

图 6.4.20　74LVC161 典型时序图

综合上述功能，得到 74LV161 的典型时序图，如图 6.4.20 所示。当清零信号 $\overline{CR}=0$ 时，各触发器置 0。当$\overline{CR}=1$ 时，若$\overline{PE}=0$，在下一个时钟脉冲上升沿到来后，各触发器的输出状态与预置的输入数据相同。当$\overline{CR}=\overline{PE}=1$，若 $CEP=CET=1$，则电路处于计数状态。从预置的 1100 开始计数，直到 $CEP \cdot CET=0$，计数状态结束。此后处于禁止计数的保持状态。TC 只有在 $Q_3Q_2Q_1Q_0=1111$ 且 $CET=1$ 时输出为 1，其余时间均为 0。

3. 同步十进制加计数器——集成计数器74160

中规模集成同步十进制加法计数器74160就是在图6.4.15所示逻辑图的基础上增加预置数控制端、异步置零和保持功能，其引脚图如图6.4.21所示。它具有异步清除端，与同步清除端不同的是，它不受时钟脉冲控制，只要来有效电平，就立即清零，无需再等下一个计数脉冲的有效沿到来。

只要$\overline{R}_D$有效电平到来，无论有无CP脉冲，输出为0。清零信号是非常短暂的，仅是过渡状态，不能成为计数的一个状态。清零端是低电平有效。

当$\overline{LD}$为有效电平时，计数功能被禁止，在CP脉冲上升沿作用下$D_0 \sim D_3$的数据被置入计数器并呈现在$Q_0 \sim Q_3$端。其功能表如表6.4.10所示。

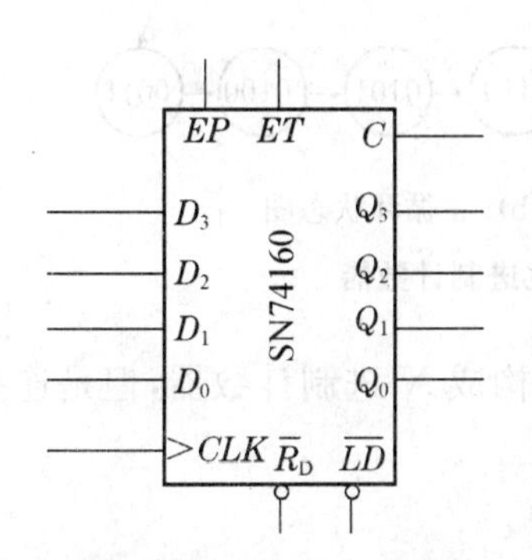

图6.4.21 74160引脚图

表6.4.10 74160的功能表

CLK	$\overline{R}_D$	$\overline{LD}$	EP	ET	工作模式
×	0	×	×	×	置0
↑	1	0	×	×	预置数
×	1	1	0	1	保持
×	1	1	×	0	保持(C=0)
↑	1	1	1	1	计数

6.4.4 利用计数器的级联获得大容量N进制计数器

尽管集成计数器的种类很多，但也不可能任一进制的计数器都有其对应的集成产品。在需要用到它们时，只能用现有的产品计数器外加适当的电路连接而成。

假定已有的是M进制计数器，而需要一种N进制计数器，这时分为$M<N$和$M>N$两种情况。如果$M>N$，则只需一片M进制计数器，如果$M<N$，则需要多片M进制计数器。下面结合例题分别介绍这两种情况的实现方法。

【例6.4.2】 用74LVC161构成9进制加计数器。

解 9进制有9个状态，而74LVC161在计数过程中有16个状态。因此属于$M>N$的情况。如果设法跳过多余的7个状态，则可实现模9计数器。通常可用两种方法实现，即反馈清零法和反馈置数法。

(1) 反馈清零法

反馈清零法适用于具有清零输入端的集成计数器。74LVC161具有异步清零功能，在其计数过程中，不管输出处于哪个状态，只要在异步清零输入端加一低电平电压，使得$\overline{CR}=0$，74LVC161的输出就会回到0000状态。清零信号($\overline{CR}=0$)消失后，74LVC161又从0000状态开始重新计数。

图6.4.22(a)所示就是通过74LVC161的异步清零功能实现的9进制计数器，图6.4.22(b)所示是其状态图。由图可知，74LVC161从0000开始计数，当第九个CP脉冲上升沿到达时，输出$Q_3Q_2Q_1Q_0=1001$，通过与非门译码后输出0，反馈给$\overline{CR}$端，立即使$Q_3Q_2Q_1Q_0$返回到0000状态。此刻，与非门译码后输出1，$\overline{CR}$端接受的是高电平，

74LVC161 又重新开始计数。这样就跳过了 1001～1111 七个状态，构成 9 进制计数器。需要说明的是，电路是在进入 1001 状态后，才被置成 0000 的，因此 1001 状态在极短的时间内仍然出现。因此，在主循环状态图中用虚线表示。

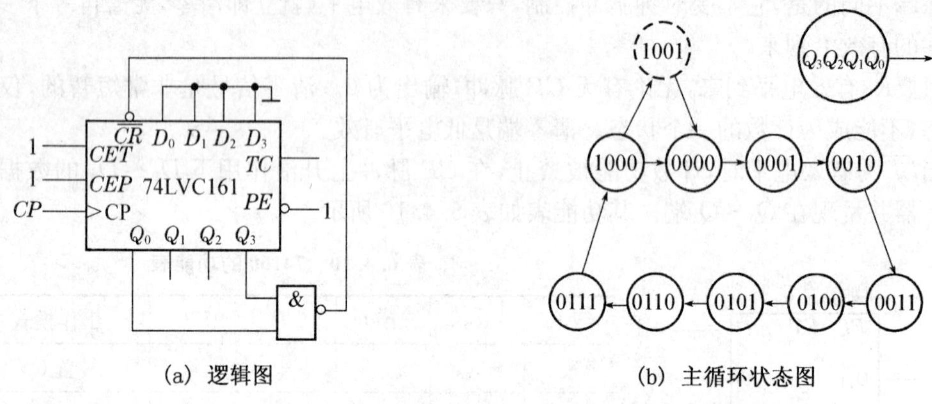

(a) 逻辑图 (b) 主循环状态图

图 6.4.22 用反馈清零法将 74LVC161 接成九进制计数器

具有同步清零功能的 M 进制计数器也可用反馈清零法构成 N 进制计数器，但是连接与异步清零功能的稍有区别。

(2) 反馈置数法

反馈置数法适用于具有预置数功能的集成计数器。对于具有同步预置数功能的计数器而言，在其计数过程中，可以将它输出的任何一个状态通过译码，产生一个预置控制信号反馈至预置控制端，在下一个 CP 脉冲作用后，计数器就会把预置数据输入端 D_3、D_2、D_1、D_0 的状态置入计数器。预置信号消失后，计数器就从被置入的状态开始重新计数。

图 6.4.23(a)所示电路就是采用反馈置数法构成 9 进制加计数器的。接法是把输出 $Q_3Q_2Q_1Q_0=1000$ 的状态经译码产生预置信号 0，反馈至$\overline{PE}$端，在下一个 CP 脉冲上升沿到达时置入 0000 状态。图 6.4.23(b)所示是其状态图。其中 0001～1000 这 8 个状态是 74LVC161 进行加 1 计数实现的，0000 是由反馈(同步)置数得到的。反馈置数操作可在 74LVC161 计数循环状态(0000～1111)中的任何一个状态下进行。例如使 $Q_3Q_2Q_1Q_0=1111$ 状态的译码信号加至$\overline{PE}$端，这时，预置数据输入端应接为 0111 状态，计数器将在 0111～1111 九个状态间循环。

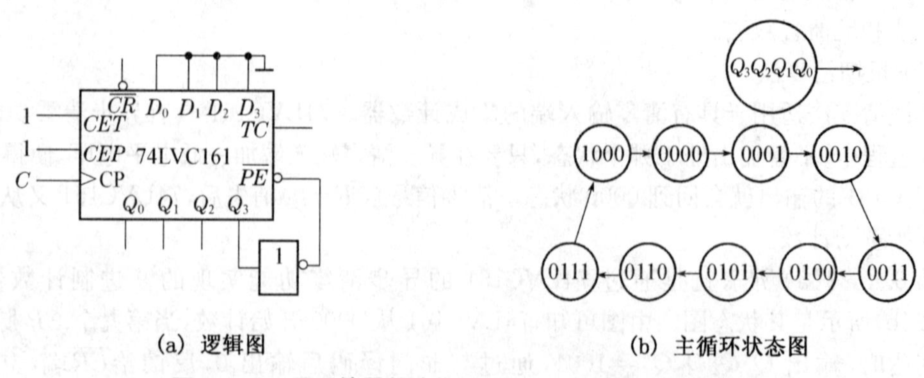

(a) 逻辑图 (b) 主循环状态图

图 6.4.23 用反馈置数法将 74LVC161 接成九进制计数器

图 6.4.24 所示电路也是采用反馈置数法构成 9 进制加计数器的。接法是将 74LVC161 计数到 1111 状态时产生的进位信号反相后，反馈到预置控制端。预置数据输入端应接为 0111 状态。该电路从 0111 状态开始进行加 1 计数，输入第 8 个 CP 脉冲后到达 1111 状态，此时 $TC=1,\overline{PE}=0$，在第 9 个 CP 脉冲作用后，$Q_3Q_2Q_1Q_0$ 被置成 0111 状态，同时使 $TC=0,\overline{PE}=1$。新的计数周期又从 0111 开始。

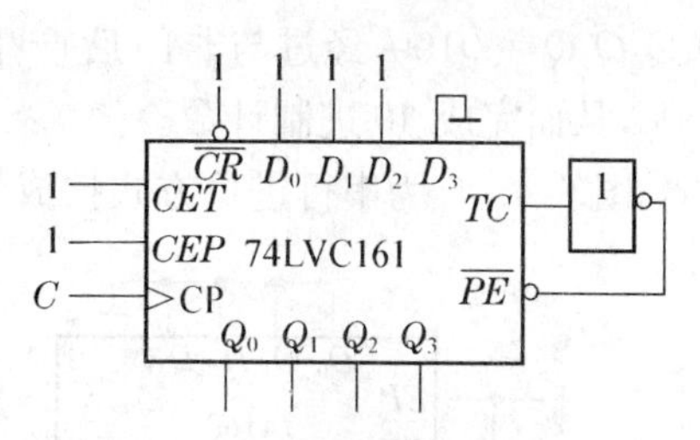

图 6.4.24　用反馈置数法将 74LVC161 接成九进制计数器的另一种电路

具有异步置数功能的 M 进制集成计数器也可用反馈置数法构成 N 进制计数器，请结合上例分析一下同步与异步的区别。

当用 M 进制计数器构成 $N(N>M)$ 进制计数器时，需要多片 M 进制计数器组合而成。多片 M 进制计数器的连接方式有串行进位方式、并行进位方式、整体置零方式和整体置数方式。

(1) 串行进位方式和并行进位方式。串行进位方式是以低位片的进位输出信号作为高位片的时钟输入信号；在并行进位方式中是以低位片的进位输出信号作为高位片的工作状态控制信号，两个芯片的 CP 输入端同时接计数输入信号。若 N 可以分解为两个小于 M 的因数相乘，即 $N=M_1\times M_2$，则可以采用串行进位方式或并行进位方式将一个 M_1 进制计数器和一个 M_2 进制计数器连接起来，构成 N 进制计数器。

【例 6.4.3】　分别用并行进位和串行进位方式将两片同步十进制计数器 74160 接成四十进制计数器。

解　$N=40,M_1=10,M_2=4$，可以将两个芯片按串行进位和并行进位两种方式连接成四十进制计数器。

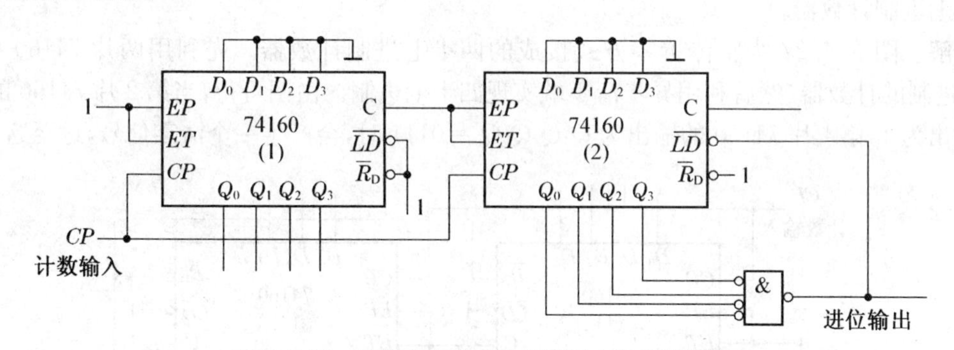

图 6.4.25　并行进位方式接成的四十进制计数器

图 6.4.25 为并行进位方式接成的四十进制计数器，其连接为第 2 片 74160 的 EP、ET 端接到了第 1 片 74160 的 C 端，两片共用一个 CP 信号。当第 1 片 74160 在 0000～1000 状态时，其 C 端输出为 0，第 2 片 74160 的 $EP=ET=0$，所以处于保持状态。当第 1 片 74160 计数到 1001 时，其 C 端输出为 1，第 2 片 74160 的 $EP=ET=1$，开始计数，其 $Q_3Q_2Q_1Q_0=0001$。下一个 CP 脉冲来临时，第 1 片 74160 重新回到 0000 状态，其 C 端输出为 0，第 2 片 74160 的 $EP=ET=0$，处于保持状态。同理可得，当计数到 39 时，第 2 片 74160 的

$Q_3Q_2Q_1Q_0=0100$,经过与非门后产生一个 0 信号,送到其预置端,使其等于预置的数据 0000,从而完成 40 进制计数。

图 6.4.26 为串行进位方式接成的四十进制计数器,其工作过程与并行的类似。

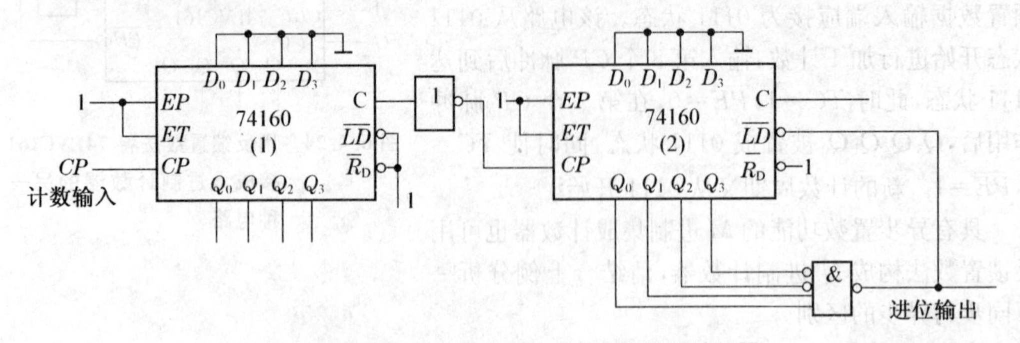

图 6.4.26　串行进位方式接成的四十进制计数器

(2) 整体置零和整体置数方式。这两种方式首先都需要将两片 M 进制计数器按最简单的方式接成一个大于 N 进制的计数器(例如 $M\cdot M$),并且把这个整体看成是一个计数器,在此基础上,再利用前面讲述过的置零与置数方法进行整体置零或整体置数。对于整体置零法是在计数器计为 N 状态时译码出异步置零信号,将两片 M 进制计数器同时置零。而对于整体置数法是在选定的某一个状态下译码出预置数控制信号,将两个 M 进制计数器同时置入初始值,跳过多余的状态,获得 N 进制计数器。

对于 N 不能分解成 $M_1\times M_2$ 时,必须用整体置零法或整体置数法。当然对于能够分解成 $M_1\times M_2$ 时,除了采用前面讲过的串行进位和并行进位方式外也可以采用整体置零和整体置数法。

【例 6.4.4】 试分别用整体置零法和整体置数法将两片同步十进制计数器 74160 接成四十七进制计数器。

解　图 6.4.27 为整体置零方式接成的四十七进制计数器。先利用两片 74160 构成 100 进制的计数器,然后利用异步清零端实现四十七进制。由图可得,当第 2 片 74160 的 Q_2 端输出为 1,第 1 片 74160 的输出为 $Q_3Q_2Q_1Q_0=0111$ 时,会产生一个清零信号,送至这两片

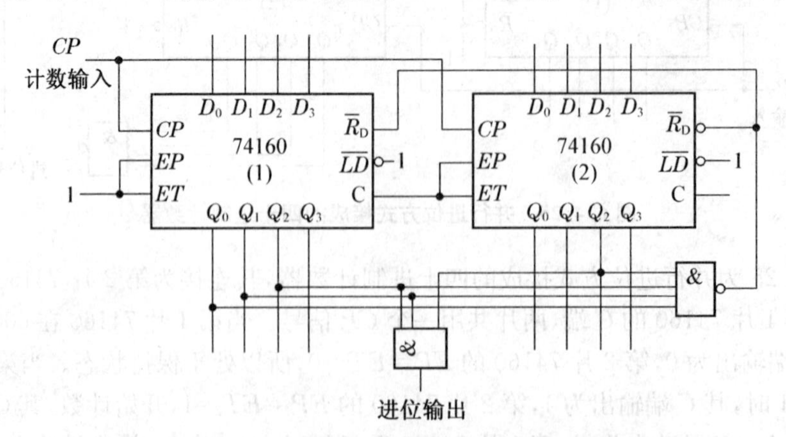

图 6.4.27　整体置零方式接成的四十七进制计数器

74160 的$\overline{R_D}$端。完成清零，从而实现四十七进制计数器。

图 6.4.28 为整体置数方式接成的四十七进制计数器。其工作原理与前面所说的置数法以及整体清零法类似，这里就不详细介绍了。

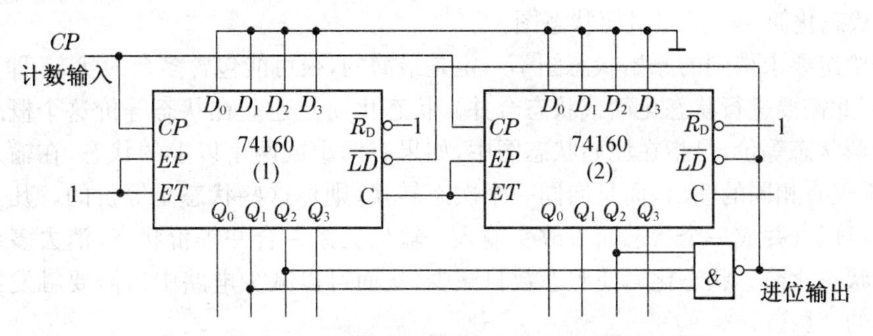

图 6.4.28　用整体置数法接成的四十七进制计数器

* 6.5　同步时序逻辑电路的设计

同步时序逻辑电路的设计是分析的逆过程，其任务是根据实际逻辑问题的要求，设计出能实现给定逻辑功能的电路。所得到的设计电路应力求简单。

当选用小规模集成电路做设计时，电路最简的标准是所用的触发器和门电路的数目最少，而且触发器和门电路的输入端数目也最少。而当使用中、大规模集成电路时，电路最简的标准则是使用的集成电路数目最少，种类最少，而且互相间的连线也最少。

6.5.1　同步时序逻辑电路的设计方法

同步时序电路的设计过程如图 6.5.1 所示。

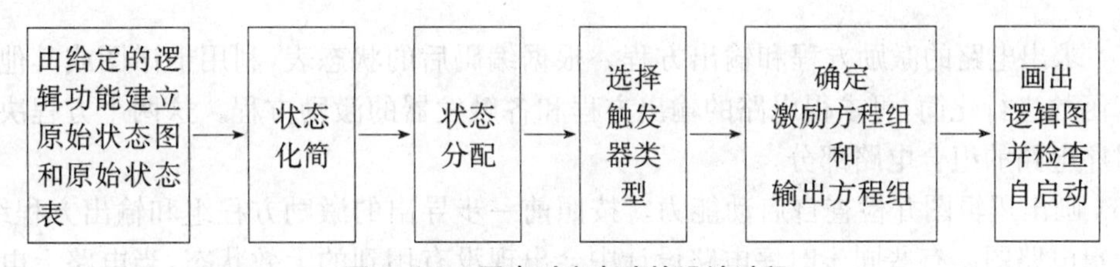

图 6.5.1　同步时序电路的设计过程

设计同步时序逻辑电路的一般步骤可总结如下：

(1) 根据给定的逻辑功能建立原始状态图和原始状态表。

由于时序电路在某一时刻的输出信号，不仅与当时的输入信号有关，还与电路原来的状态有关。因此设计时序电路时，首先必须分析给定的逻辑功能，从而求出对应的状态转换图。这种直接由要求实现的逻辑功能求得的状态转换图叫做原始状态图。正确画出原始状态图，是设计时序电路的最关键的一步，具体的做法是：

① 分析给定的逻辑问题，确定电路的输入条件和相应的输出要求，分别确定输入变量和输出变量的数目和符号。同步时序电路一般不考虑时钟脉冲 CP。

② 找出所有可能的状态和状态转换之间的关系。可以假定一个初始状态，以该状态作

为现态,根据输入条件确定输出及次态。依次类推,直到把每一个状态的输出和向下一个可能转换的状态全部找出后,则建立起原始状态图。

③ 根据原始状态图建立原始状态表。

(2) 状态化简——求出最简状态图。

根据给定要求得到的原始状态图不一定是最简的,很可能包含多余的状态,即可以合并的状态,因此需要进行状态化简或状态合并。状态化简是建立在状态等价这个概念的基础上的。所谓状态等价,是指在原始状态图中,如果有两个或两个以上的状态,在输入相同的条件下,不仅有相同的输出,而且向同一个次态转换,则称这些状态是等价的。凡是两个等价状态都可以合并成一个状态而不改变输入—输出关系。合并等价状态,消去多余状态的过程称为状态化简。状态化简使状态数目减少,从而可以减少电路中所需要触发器的个数和门电路的个数。

(3) 状态编码(状态分配)。

在得到简化的状态图后,要对每一个状态指定一个二进制代码,这就是状态编码(或称状态分配)。编码的方案不同,设计的电路结构也就不同。编码方案选择得当,设计结果可以很简单。

首先要确定状态编码的位数。同步时序电路的状态取决于触发器的状态组合,触发器的个数 n 即状态编码的位数。n 与状态数 M 一般应满足关系 $2^{n-1}<M\leqslant 2^n$。

其次,要对每个状态确定编码。从 2^n 个状态中取 M 个状态组合可能存在多种不同方案,随着 n 值的增大,编码方案的数目会急剧增多。一般来说,选取的编码方案应该有利于所选触发器的激励方程及输出方程的化简以及电路的稳定可靠。

(4) 选择触发器的类型。触发器类型选择的范围实际上是非常小的。小规模集成电路的触发器产品大多是 D 触发器和 JK 触发器。由于 JK 触发器具有较强的功能,选择它有时可使设计灵活方便。中规模集成电路大多已组成功能模块,对于电路设计来说已无选择余地。

(5) 求出电路的激励方程和输出方程。根据编码后的状态表,利用卡诺图或其他方式对逻辑函数进行化简,可求得电路的输出方程和各触发器的激励方程。这两个方程决定了同步时序电路的组合电路部分。

(6) 画出逻辑图并检查自启动能力。按照前一步导出的激励方程组和输出方程组,可画出逻辑电路图。有些同步时序电路设计中会出现没有用到的无效状态,当电路上电后有可能陷入这些无效状态而不能退出,因此,设计的最后一步应检查电路是否能进入有效状态,即是否具有自启动功能。如果不能自启动,则需要修改电路。

需要说明的是,上述步骤是设计同步时序电路的一般化过程,实际设计中并不是每一步都要执行,可根据具体情况简化或省略一些步骤。

6.5.2 同步时序逻辑电路的设计举例

【例 6.5.1】 设计一个模为 6 的计数器。

解 由于电路的状态数、状态转换关系及状态编码等都是明确的,因此设计过程较简单,没有必要拘泥于前面所述的设计步骤。

(1) 因为模 6 计数器要求有 6 个记忆状态,且逢六进一,所以原始状态图如图 6.5.1

所示。

(2) 原始状态图已是最简,无需化简。

(3) 由于状态数为 6,因此取状态编码位数为 $n=3$。假设 $S_0=001$,$S_1=101$,$S_2=100$,$S_3=110$,$S_4=010$,$S_5=011$,状态转移表如表 6.5.1 所示。

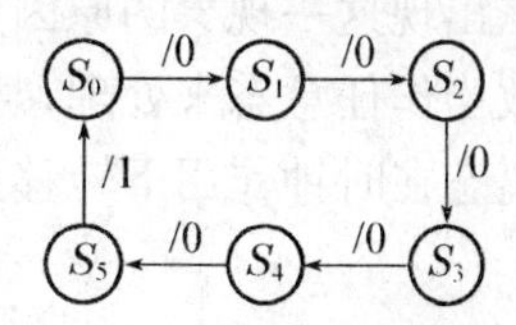

图 6.5.1　例 6.5.1 原始状态图

表 6.5.1　例 6.5.1 的状态表

Q_2^n	Q_1^n	Q_0^n	Q_2^{n+1}	Q_1^{n+1}	Q_0^{n+1}	Z
0	0	1	1	0	1	0
1	0	1	1	0	0	0
1	0	0	1	1	0	0
1	1	0	0	1	0	0
0	1	0	0	1	1	0
0	1	1	0	0	1	1

(4) 选择触发器类型

根据状态转移表,利用卡诺图化简,可直接得到各触发器的状态方程及输出方程:

$$Q_2^{n+1}=\overline{Q}_1^n$$

$$Q_1^{n+1}=\overline{Q}_0^n$$

$$Q_0^{n+1}=\overline{Q}_2^n$$

$$Z=Q_1^nQ_0^n$$

① 若选用 JK 触发器,根据 $Q^{n+1}=J\overline{Q}^n+\overline{K}Q^n$,得

$$J_2=\overline{Q}_1^n, K_2=Q_1^n$$

$$J_1=\overline{Q}_0^n, K_1=Q_0^n$$

$$J_0=\overline{Q}_2^n, K_0=Q_2^n$$

② 若选用 D 触发器,根据 $Q^{n+1}=D$,得

$$D_2=\overline{Q}_1^n$$

$$D_1=\overline{Q}_0^n$$

$$D_0=\overline{Q}_2^n$$

③ 若选用 RS 触发器,根据 $Q^{n+1}=S+\overline{R}Q^n$,得

$$S_2=\overline{Q}_1^n\overline{Q}_2^n, R_2=\overline{Q}_1^n$$

$$S_1=\overline{Q}_0^n\overline{Q}_1^n, R_1=\overline{Q}_0^n$$

$$S_0=\overline{Q}_0^n\overline{Q}_2^n, R_0=\overline{Q}_2^n$$

综上所述,选择三种类型的触发器,复杂程度相当,这里考虑选用 D 触发器。

(5) 检查自启动特性。

在以上状态转移表(或图)中,3 位二进制代码尚有 000 和 111 两个状态没有出现。这两个状态在状态转移方程的作用下互为次态,即一旦计数器由于某种原因,进入 000 或 111 状态后,在时钟作用下,出现了这两个状态之间的循环,始终进不到有效循环序列中去(如图 6.5.2(a)所示),这样的计数器不具有自启动能力。

出现这一现象的原因是根据状态转移表，利用卡诺图化简求解状态转移方程时，把这些无效当作任意态来处理，某些任意态被画进包围圈中引起的，所以必须加以调整，使其某一偏离态在时钟作用下转移到有效序列中去，如图 6.5.2(b)所示。

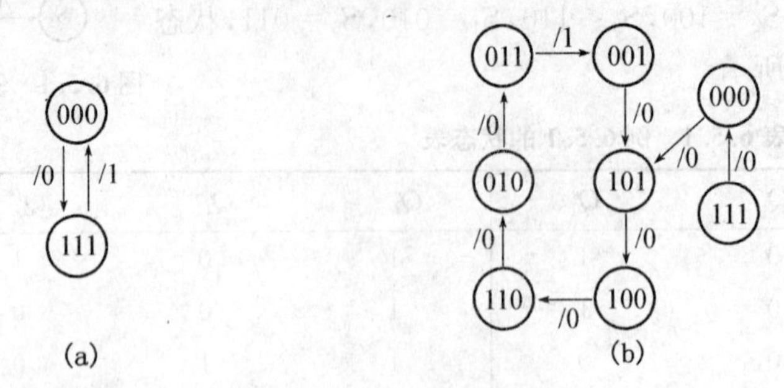

图 6.5.2 例 6.5.1 状态图

根据修改以后的状态图，重复第 4 步，即选择触发器类型，得到各触发器激励方程和电路输出方程：

$$D_2=\overline{Q_1}$$
$$D_1=\overline{\overline{Q_2}\cdot\overline{Q_1}}\cdot\overline{Q_0}$$
$$D_0=\overline{Q_2}$$
$$Z=\overline{Q_2}Q_1Q_0$$

根据驱动方程及电路输出方程画逻辑电路图，如图 6.5.3 所示。

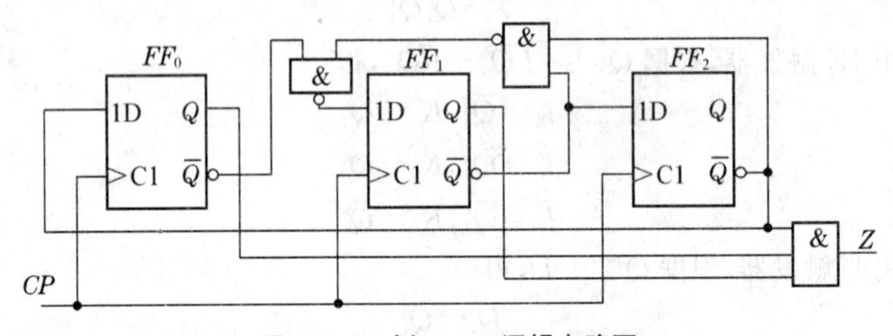

图 6.5.3 例 6.5.1 逻辑电路图

【例 6.5.2】 设计一个自动饮料机的逻辑电路。它的投币口每次只能投入一枚 5 角或 1 元的硬币。累计投入 2 元硬币后给出一瓶饮料。如果投入 1.5 元硬币以后再投入一枚 1 元硬币，则给出饮料的同时还应找回 5 角钱。要求设计的电路能自启动。

解 取投币信号为输入的逻辑变量，以 $A=1$ 表示投入 1 元硬币的信号，未投入时 $A=0$；以 $B=1$ 表示投入 5 角硬币的信号，未投入时 $B=0$；以 $X=1$ 表示给出饮料，未给时 $X=0$；以 $Y=1$ 表示找钱，$Y=0$ 不找钱。若未投币前状态为 S_0，投入 5 角后的状态为 S_1，投入 1 元后的状态为 S_2，投入 1.5 元以后的状态为 S_3，若再投入 5 角硬币($B=1$)时 $X=1$，返回 S_0 状态；如果投入 1 元硬币，则 $X=Y=1$，返回状态 S_0。于是得到状态转换图如图 6.5.4 所示。

若以触发器 Q_1Q_0 的四个状态组合 00、01、10、11 分别表示 S_0、S_1、S_2、S_3，作 $Q_1^{n+1}Q_0^{n+1}/XY$ 的卡诺图如图 6.5.5 所示。

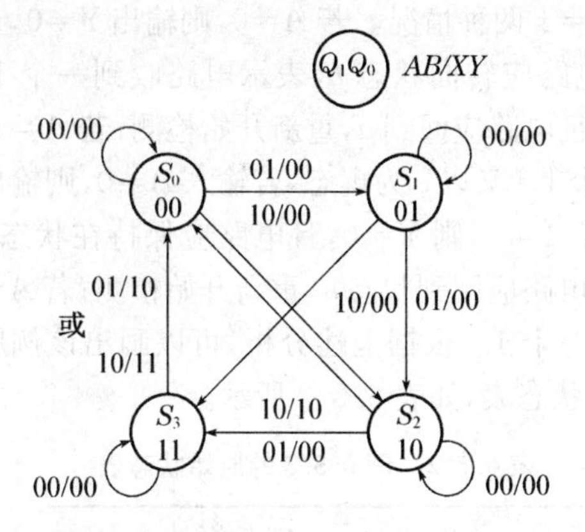

图 6.5.4　例 6.5.2 的原始状态图

AB \ Q_1Q_0 $(Q_1^{n+1}+Q_0^{n+1}/XY)$	00	01	11	10
00	00/00	01/00	11/00	10/00
01	01/00	10/00	00/10	11/00
11	×	×	×	×
10	10/00	11/00	00/11	00/10

图 6.5.5　例 6.5.2 的电路次态、输出卡诺图

由卡诺图化简得出状态方程、激励方程：

$$\begin{cases} Q_1^{n+1}=D=A\overline{Q}_1+\overline{A}\,\overline{B}Q_1+\overline{A}Q_1\overline{Q}_0+B\overline{Q}_1Q_0 \\ Q_0^{n+1}=D=A\overline{Q}_1Q_0+\overline{A}\,\overline{B}Q_0+B\overline{Q}_0 \end{cases}$$

输出方程：

$$\begin{cases} X=AQ_1+BQ_1Q_0 \\ Y=AQ_1Q_0 \end{cases}$$

由上述方程组可画出逻辑图，如图 6.5.6 所示。

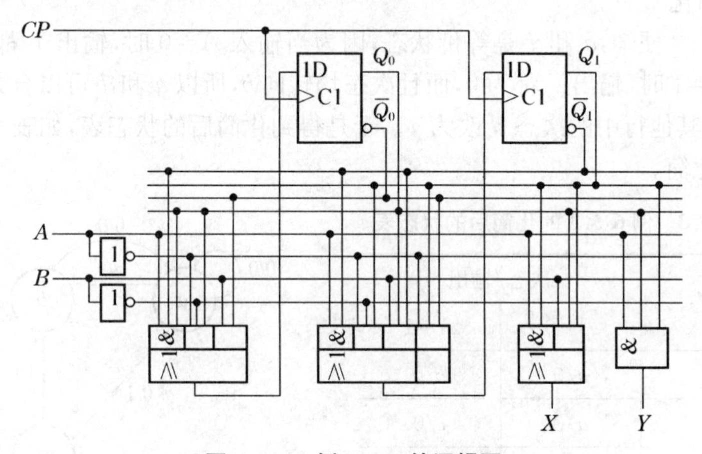

图 6.5.6　例 6.5.2 的逻辑图

该图没有无效状态，所以不必检查自启动。

【例 6.5.3】　设计一个脉冲序列检测电路，检测脉冲序列是：110。

解　(1) 根据给定的逻辑功能建立原始状态图和原始状态表

由设计要求可知，要设计的电路有一个输入信号 A 和一个输出信号 Y，电路功能是对输入信号进行检测。一旦检测到信号 A 出现连续编码为 110 时，输出为 1，其他情况下输出为 0。因此要求该电路能记忆收到的输入为 0，收到 1 个 1，连续收到两个 1，连续收到 110 后的状态，由此可见该电路应有 4 个状态，用 a 表示输入为 0 时的电路状态(或称初始状态)，b、c、d 分别表示收到一个 1，连续收到两个 1 和连续收到 110 时的状态。先假设电路处

于状态 a，在此状态下，电路可能输入有 $A=0$ 和 $A=1$ 两种情况。若 $A=0$，则输出 $Y=0$，且电路应保持在状态 a 不变；若 $A=1$，则 $Y=0$，但电路应转向状态 b，表示电路收到一个 1。现在以 b 为现态，若这时输入 $A=0$，则输出 $Y=0$，且电路应回到 a，重新开始检测；若 $A=1$，则输出 $Y=0$，且电路应进入 c，表示已连续收到两个 1。又以 c 为现态，若输入 $A=0$，则输出 $Y=1$，电路应进入 d 状态，表示已连续收到 110；若 $A=1$，则 $Y=0$，且电路应保持在状态 c 不变。再以 d 为现态，若输入 $A=0$，则输出 $Y=0$，电路应回到状态 a，重新开始检测；若 $A=1$，则 $Y=0$，电路应转向状态 b，表示又重新收到了一个 1。根据上述分析，可以画出该例题的原始状态图，如图 6.5.7 所示。同时可得到原始状态表，如表 6.5.2 所示。

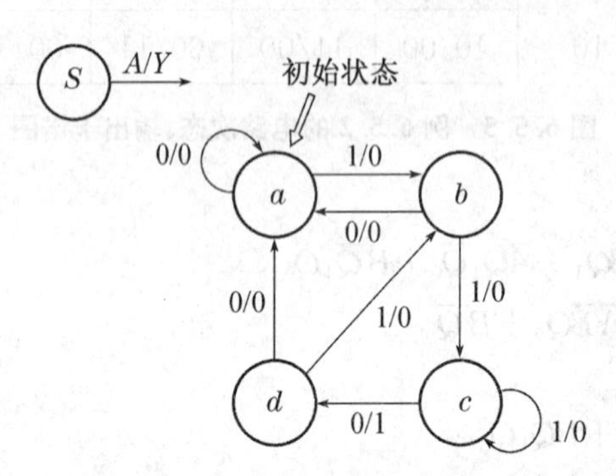

图 6.5.7 例 6.5.3 的原始状态图

表 6.5.2 例 6.5.3 的原始状态表

现态	次态/输出	
	$A=0$	$A=1$
a	$a/0$	$b/0$
b	$a/0$	$c/0$
c	$d/1$	$c/0$
d	$a/0$	$b/0$

(2) 状态简化

观察表 6.5.2 便知，a 和 d 是等价状态，因为当输入 $A=0$ 时，输出 Y 都为 0，而且次态均转向 a；当 $A=1$ 时，输出 Y 都为 0，而且次态均转向 b，所以 a 和 d 可以合并。这里选择去掉 d 状态，并将其他行中的次态 d 改为 a。于是得到化简后的状态表，如表 6.5.3 所示。状态图也可相应化简。

表 6.5.3 例 6.5.3 的化简后的状态表

现态	次态/输出	
	$A=0$	$A=1$
a	$a/0$	$b/0$
b	$a/0$	$c/0$
c	$a/1$	$c/0$

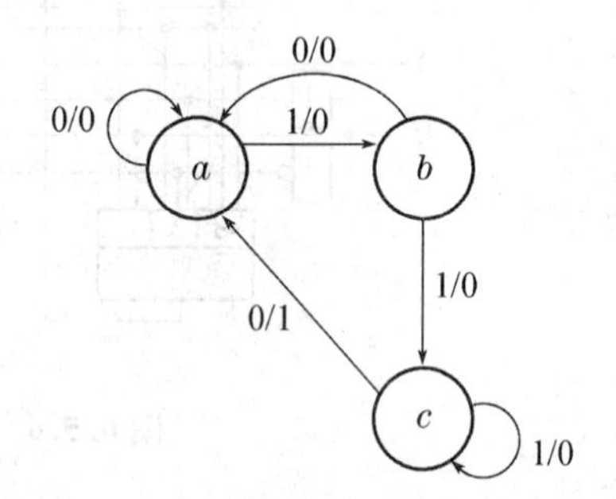

图 6.5.8 例 6.5.3 化简后的状态图

(3) 状态分配

化简后的状态有 3 个状态，可以用 2 位二进制代码组合(00,01,10,11)中的任意三个代码表示，用两个触发器组成电路。观察表 6.5.3，当输入信号 $A=1$ 时，有 $a \to b \to c$ 的变化顺序，当 $A=0$ 时，又存在 $c \to a$ 的变化。因此，这里取 00,01,11 分别表示 a,b,c。即令 $a=00$，$b=01$，$c=11$，得到状态分配后的状态图，如图 6.5.9 所示。

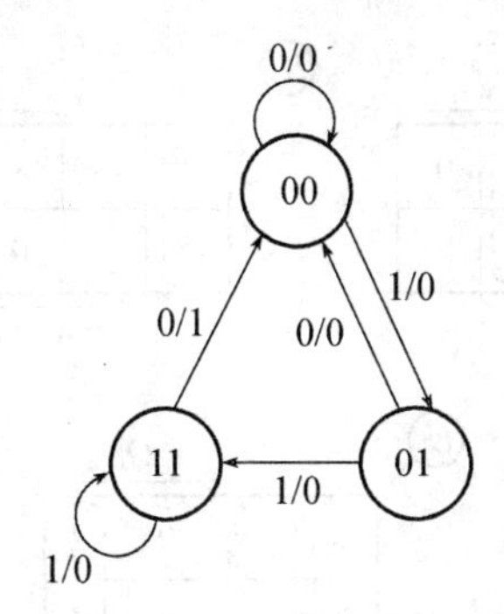

图 6.5.9　例 6.5.3 状态分配后的状态图

(4) 选择触发器的类型

根据式 $2^{n-1}<M\leqslant 2^n$ 可知，本例需用两个触发器，可选用逻辑功能较强的 JK 触发器得到较简化的组合电路。

(5) 确定各触发器的驱动方程及电路的输出方程

JK 触发器设计时序电路时，电路的激励方程需要间接导出。状态表已列出现态到次态的转换关系，希望推导出触发器的激励条件。所以需将特性表做适当变换，以给定的状态转换为条件，列出所需求的输入信号。这样的表格称为激励表。JK 触发器的激励表如表 6.5.4 所示。表中的×表示其逻辑值与该行的状态转换无关。

表 6.5.4　JK 触发器的激励表

Q^n	Q^{n+1}	J	K	Q^n	Q^{n+1}	J	K
0	0	0	×	1	0	×	1
0	1	1	×	1	1	×	0

根据图 6.5.9 和表 6.5.4 可以列出状态转换真值表及两个触发器所要求的激励信号，如表 6.5.5 所示。据此，分别画出两个触发器的输入 J、K 和电路输出 Y 的卡诺图，如图 6.5.10 所示。图中，不使用的状态均以无关项×填入。

表 6.5.5　例 6.3.3 的状态转换真值表及激励信号

Q_1^n	Q_0^n	A	Q_1^{n+1}	Q_0^{n+1}	Y	激励信号			
						J_1	K_1	J_0	K_0
0	0	0	0	0	0	0	×	0	×
0	0	1	0	1	0	0	×	1	×
0	1	0	0	0	0	0	×	×	1
0	1	1	1	1	0	1	×	×	0
1	1	0	0	0	1	×	1	×	1
1	1	1	1	1	0	×	0	×	0

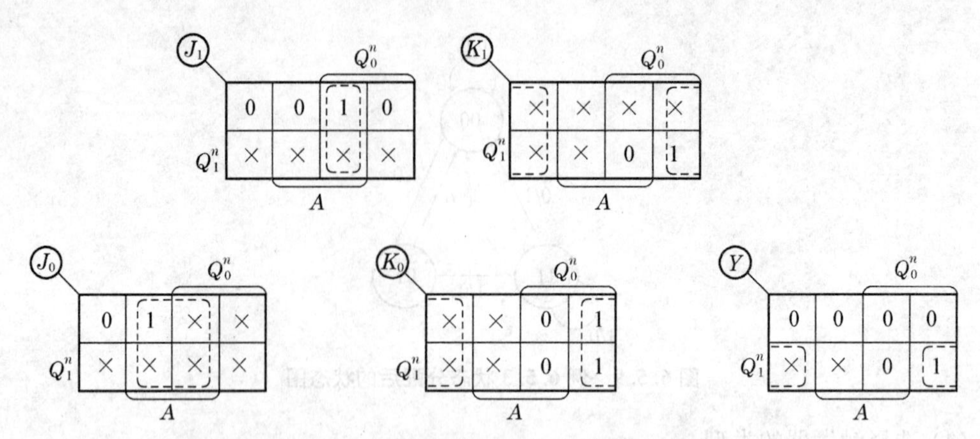

图 6.5.10　激励信号及输出信号的卡诺图

由图 6.5.10 可得到激励方程组和输出方程组

$$\begin{cases} J_1 = Q_0 A, K_1 = \overline{A} \\ J_0 = A, K_0 = \overline{A} \end{cases}$$

$$Y = Q_1 \overline{A}$$

(6) 根据激励方程和输出方程画出逻辑图,并检查自启动能力

根据激励方程和输出方程画出逻辑图,如图 6.5.11 所示。

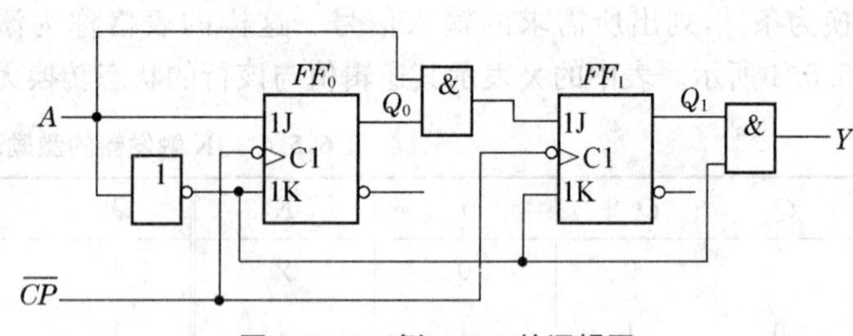

图 6.5.11　例 6.5.3 的逻辑图

当电路进入无效状态 10 后,由各方程可知,若 $A=0$,则次态为 00;若 $A=1$,则次态为 11,电路能自动进入有效序列。但从输出来看,若电路在无效状态 10,当 $A=0$ 时,$Y=1$,这是错误的。为了消除这个错误输出,需要对输出方程作适当修改,即将图 6.5.10 中输出信号 Y 卡诺图内的无关项 $Q_1\,\overline{Q_0}\,\overline{A}$ 不画在包围圈内,则输出方程变为 $Y=Q_1 Q_0 \overline{A}$。根据此式对图 6.5.11 也作相应修改即可。

如果发现设计的电路没有自启动能力,则应对设计进行修改。其方法是:在驱动信号之卡诺图的包围圈中,对无效状态的处理作适当修改,即原来取 1 画入包围圈的,可试改为取 0 而不画入包围圈,或者相反。得到新的驱动方程和逻辑图,再检查自启动能力,直到能够自启动为止。

6.6　时序逻辑电路的 Multisim 10 仿真与分析

时序逻辑电路简称时序电路,其结构特点是由存储电路和组合电路两部分组成,或通俗地说由触发器和门电路组成。时序电路的状态是由存储电路来记忆的,因而在时序逻辑电路中,触发器是必不可少的,而组合逻辑电路在有些时序电路中则可以没有。

根据电路状态转换情况的不同,时序电路又分为同步时序逻辑电路和异步时序逻辑电路两大类。在同步时序电路中,所有触发器的时钟输入端 CP 都连在一起,在外加的时钟脉

冲 CP 作用下，凡是具备翻转条件的触发器在同一时刻改变状态。也就是说，触发器的状态更新与外加时钟脉冲 CP 的有效触发沿是同步的。而在异步时序逻辑电路中，外加时钟脉冲 CP 只触发部分触发器，其余触发器则是由电路内部信号触发的，因此，凡具备翻转条件的触发器状态的翻转有先有后，并不都和时钟脉冲 CP 的有效触发沿相同步。

分析一个时序电路，就是要找出给定时序电路的逻辑功能。具体地说，就是要求找出电路的状态和输出状态(一般指进位输出、借位输出等)在输入变量和时钟信号作用下的变化规律。从而归纳其逻辑功能。具体讲，首先写出给定逻辑电路的输出方程、状态方程及驱动方程，然后推算电路的状态转换表作状态图及时序图，进而确定所给电路的逻辑功能和工作特点。

本节将利用 EDA 软件 Multisim 10 对时序逻辑电路进行分析，以快速给出电路的功能，同时也可以借助该软件进行相关时序逻辑电路的设计。

6.6.1　计数器电路仿真与分析

计数器的基本功能是统计时钟脉冲的个数，即实现计数操作，也可用于分频、定时、产生节拍脉冲等。计数器的种类很多，根据计数脉冲引入方式的不同，可分为同步计数器和异步计数器；根据计数过程中计数变化趋势，将计数器分为加法计数器、减法计数器、可逆计数器；根据计数器中计数长度的不同，可以将计数器分为二进制计数器和非二进制计数器。二进制计数器是构成其他各种计数器的基础。按照计数器中计数值的编码方式，用 n 表示二进制代码，N 表示状态位，满足 $N=2$ 的计数器称作二进制计数器。

74LS161 是常见的二进制加法同步计数器，可以利用 Multisim 10 对其功能进行测试，测试电路如图 6.6.1 所示。该电路采用总线方式进行连接，利用 J_1、J_2、J_3、J_4 四个单刀双

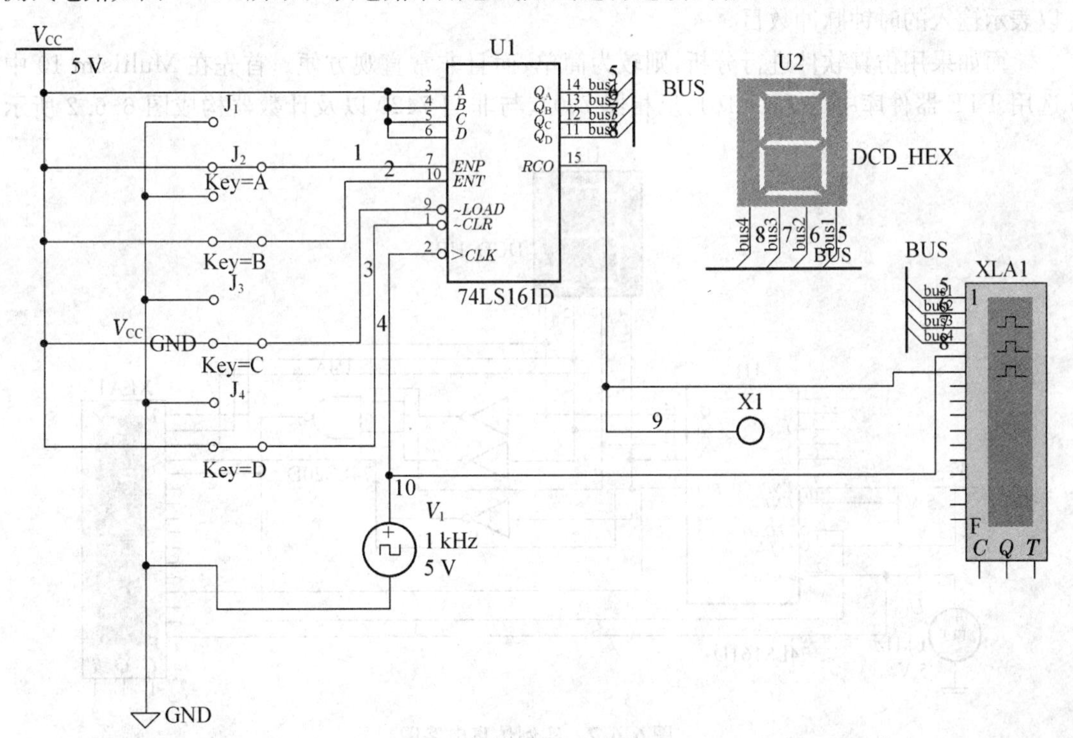

图 6.6.1　74LS161 功能测试电路

掷开关可以切换 74LS161D 第 7、10、9、1 脚输入的高低电平。74LS161D 第 3、4、5、6 脚(4 位二进制数输入端)同时接高电平。74LS161D 第 15 脚(进位输出端)接探测器 X1。V_1 为时钟信号。利用逻辑分析仪观察四位二进制输出端(第 11、12、13、14 脚)进位输出端(第 15 脚)和时钟信号端(第二脚)的波形。利用数码管 U2 显示计数器的计数情况。当 J_1、J_2、J_3、J_4 四个单刀双掷开关切换 74LS161D 第 1、7、9、10 脚输入的高低电平状态,同时观察数码管 U2 的输出信号,测试结果填入表 6.6.1。可见实验结果与 74LS161D 功能相吻合。

表 6.6.1　测试结果

输入									输出			
~*CLR*	~*LOAD*	*ENT*	*ENP*	*CLK*	*A*	*B*	*C*	*D*	Q_A	Q_B	Q_C	Q_D
0	×	×	×	×	×	×	×	×	0	0	0	0
1	0	×	×	↑	D_a	D_b	D_c	D_d	D_a	D_b	D_c	D_d
1	1	1	1	↑	×	×	×	×	计数			
1	1	0	×	×	×	×	×	×	保持			
1	1	×	0	×	×	×	×	×	保持			

利用 74LS161D 可以设计其他进制的计数器。图 6.6.2 所示电路为利用 74LS161D 设计的计数器。常规方法是根据电路作出其状态转换图,如图 6.6.3 所示。由状态转换图可以看出,电路可以作为可控计数器使用。在时钟信号连续作用下 $Q_dQ_cQ_bQ_a$ 的数值从 0000 到 0100 递增。如果从 $Q_dQ_cQ_bQ_a=0000$ 状态开始就加入时钟信号,则 $Q_dQ_cQ_bQ_a$ 的数值可以表示输入的时钟脉冲数目。

而如果用仿真软件进行分析,则较为简单,而且非常直观方便。首先在 Multisim 10 中选用 TTL 器件库中的 74LS161,反相器 7404、与非门 7420 以及计数器构成图 6.6.2 所示

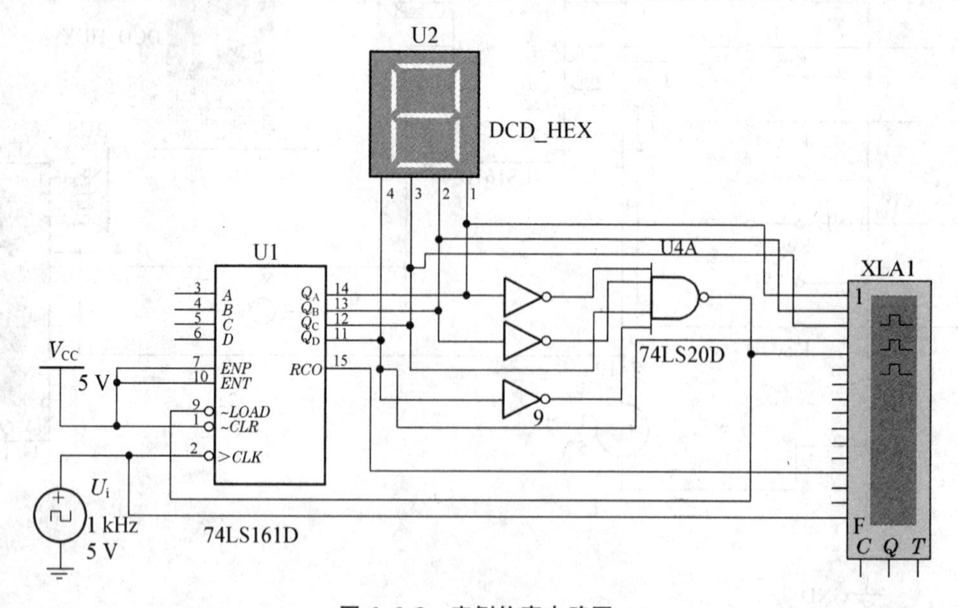

图 6.6.2　实例仿真电路图

电路，并接入信号发生器和逻辑分析仪 XLA1。打开仿真开关，调节时钟频率，通过 LED 数码管观测计数器输出信号的变化，可以直观地看到其数值的变化规律。也可以从逻辑分析仪的 Q_d，Q_c，Q_b，Q_a 的波形图进行观测。当计数器处于 $Q_dQ_cQ_bQ_a=0100$ 时，用 7404 和 7420 译出 $LD'=0$ 的信号，将 $Q_dQ_cQ_bQ_a=0000$ 的信号预置入计数器，作为计数循环的初始状态。由此分析可得，该计数器是五进制计数器。因此，用 Multisim 10 得到的仿真结果与理论分析结果完全吻合。

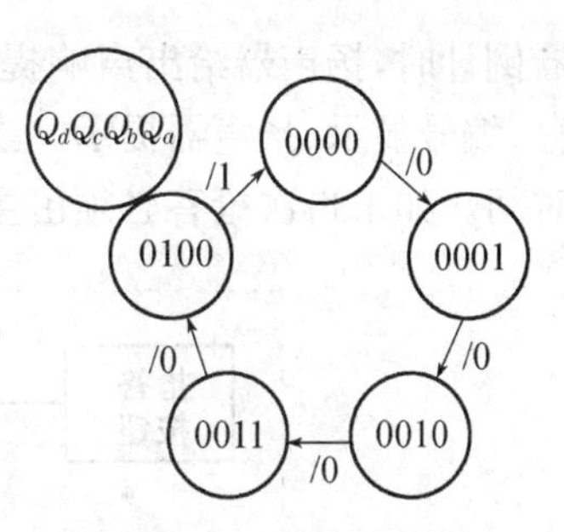

图 6.6.3　状态转化图

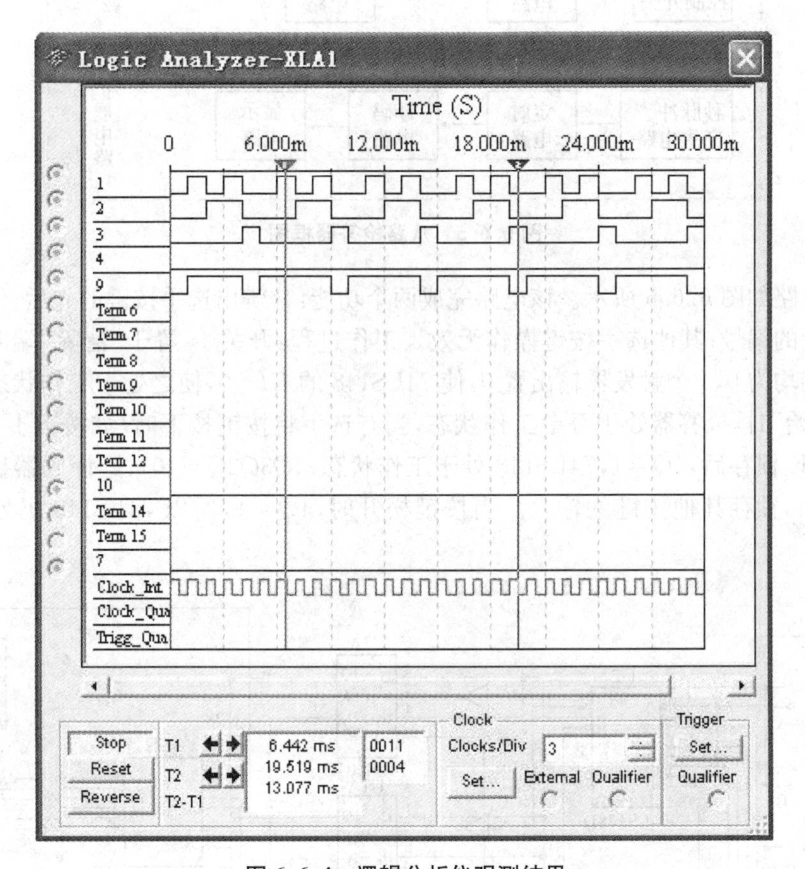

图 6.6.4　逻辑分析仪观测结果

6.6.2　智力竞赛八路抢答器设计与仿真分析

抢答器同时提供 8 名选手或 8 个代表队比赛，分别用 8 个按钮 $S_0 \sim S_7$ 表示，当选手按动按钮，锁存相应的编号，并在 LED 数码管上显示，同时扬声器发出报警声响提示。选手抢答实行优先锁存，优先抢答选手的编号一直保持到主持人将系统清除为止。另外系统需要设置一个系统清除和抢答控制开关 S，该开关由主持人控制，图 6.6.5 所示为总体方框图。其工作原理为：接通电源后，主持人将开关拨到“清除”状态，抢答器处于禁止状态，编号显示器灭灯，定时器显示设定时间；主持人将开关置于开始状态，宣布“开始”，抢答器工作。定时器倒计时，扬声器给出声响提示。选手在定时时间内抢答，抢答器完成：优先判断、编号锁存、编号显示、扬声器提示。当一轮抢答之后，定时器停止、禁止二次抢答、定时器显示剩余时间。如果再次抢答必须由主持人再次操作"清除"和"开始"状态开关。

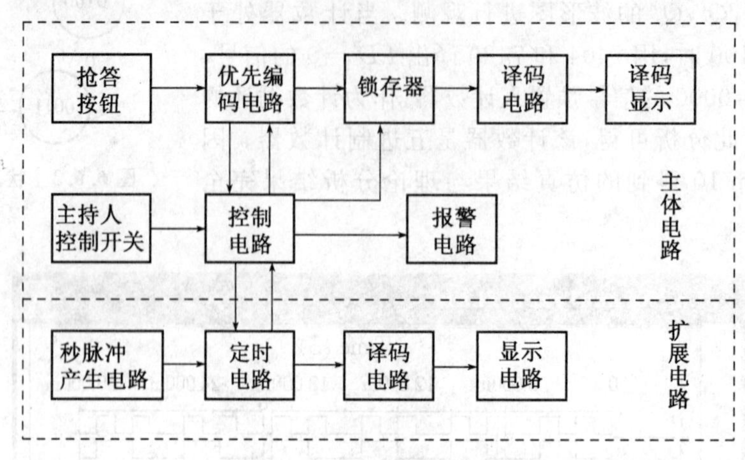

图 6.6.5 八路抢答器框图

参考电路如图 6.6.6 所示。该电路完成两个功能：分辨出选手按键的先后，锁存并显示优先抢答者的编号；其他选手按键操作无效。工作过程：开关 J_7 置于"清除"端时，JK 触发器的输入端均为 0，4 个触发器输出置 0，使 74LS148 的 $EI=0$，使之处于工作状态。当开关 J_7 置于"开始"时，抢答器处于登台工作状态，当有选手将按键按下时（如按下 J_5），74LS148 的输出经 JK 锁存后，$1Q=1$，74LS148 处于工作状态，$4Q3Q2Q=101$，经译码器显示为"5"。此外，$1Q=1$，锁存其他按键的输入。当按键松开时，$1Q=1$，所以 74LS148 仍处于禁止状

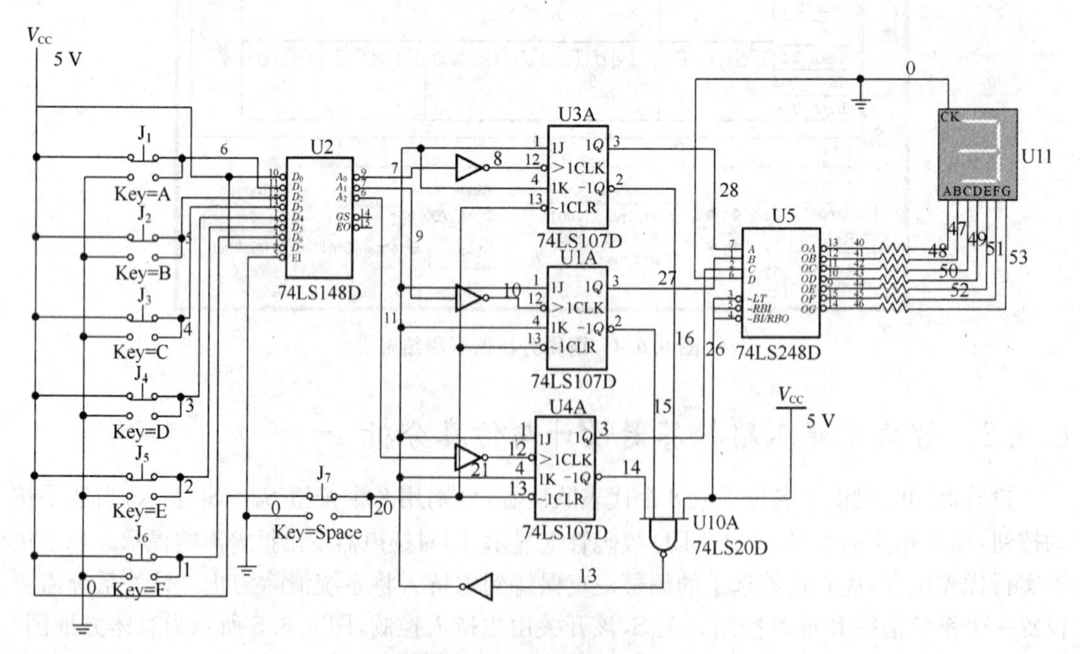

图 6.6.6 八路抢答器电路

态，保证了抢答者的优先性。如果再次抢答需由主持人将 J_7 开关重新置"清除"，然后再进行下一轮抢答。

定时电路如图 6.6.7 所示。由节目主持人根据抢答题的难易程度，设定一次抢答的时间，通过预置时间电路对计数器进行预置，计数器的时钟脉冲由秒脉冲电路提供。预置时间的电路选用十进制同步加减计数器 74LS192 进行设计。

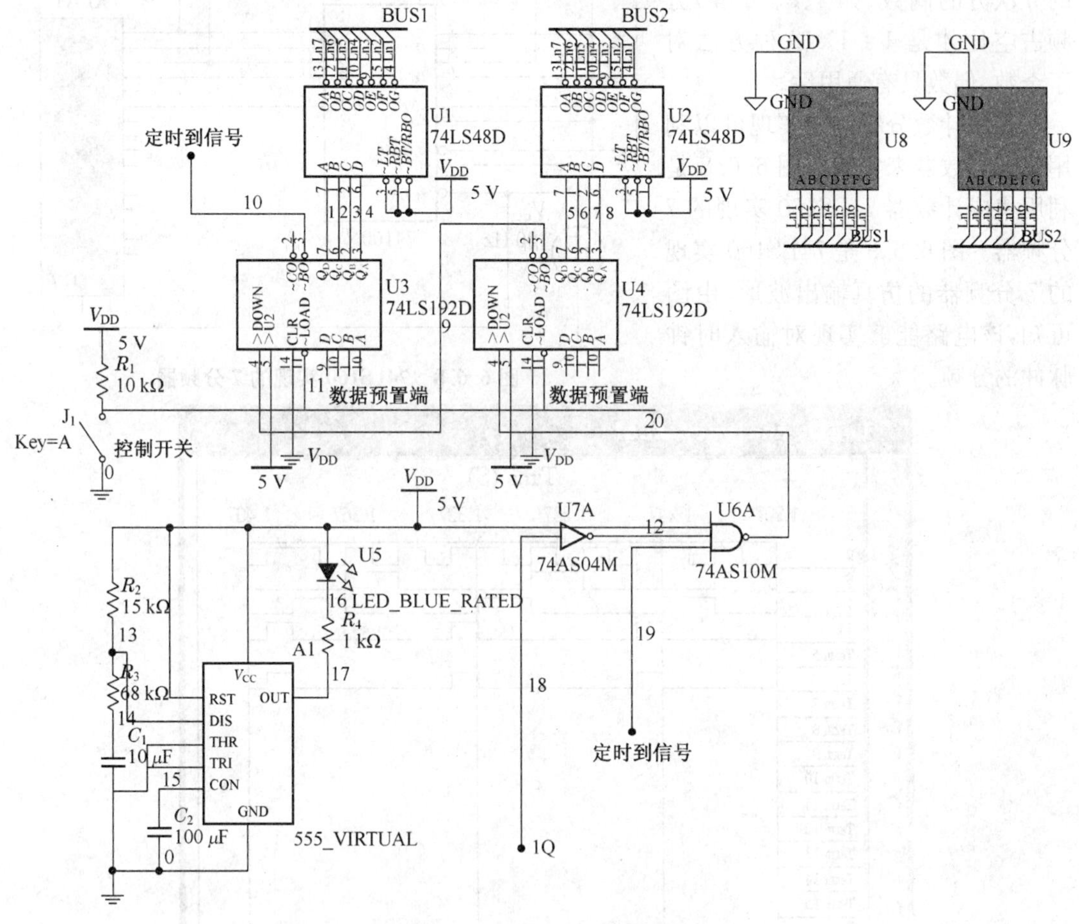

图 6.6.7　定时及报警电路

报警电路由 555 定时器和三极管构成，如图 6.6.7 所示。其中 555 构成多谐振荡器，其输出信号经三极管推动扬声器。PR 为控制信号，当 PR 为高电平时，多谐振荡器工作，反之，电路停振。

6.6.3　分频器设计与仿真分析

分频器是数字系统设计中使用频率非常高的基本单元之一。尽管目前在大部分设计中还广泛使用集成锁相环来进行时钟的分频、倍频以及相移设计，但是，对于时钟要求不太严格的设计，通过自主设计进行程序计数时钟分频的实现方法仍然非常流行。首先这种方法可以节省锁相环资源，再者，这种方式只消耗不多的逻辑单元就可以达到对时钟操作的目的。

程序计数分频器是模值可以改变的计数器。整数分频包括偶数分频和奇数分频，对于

偶数 N 分频,通常是由模 $N/2$ 计数器实现一个占空比为 1∶1 的 N 分频器,分频输出信号模 $N/2$ 自动取反。对于奇数 N 分频,上述方法就不适用了,而是由模 N 计数器实现非等占空比的奇数 N 分频器,分频输出信号取得是模 N 计数中的某一位(不同 N 值范围会选不同位)。这种方法同样适用于偶数 N 分频,但占空比不总是 1∶1,只有 2 的 n 次方的偶数(如 4、8、16 等)分频占空比才是 1∶1。这种方法对于奇数、偶数具有通用性。

程序计数分频器的实现可以利用集成计数器来实现。图 6.6.8 是利用集成计数器 74LS160 实现的 7 分频器。图 6.6.9 是 74LS160 实现的 7 分频器的仿真输出波形,由图可知,该电路能够实现对输入时钟脉冲的分频。

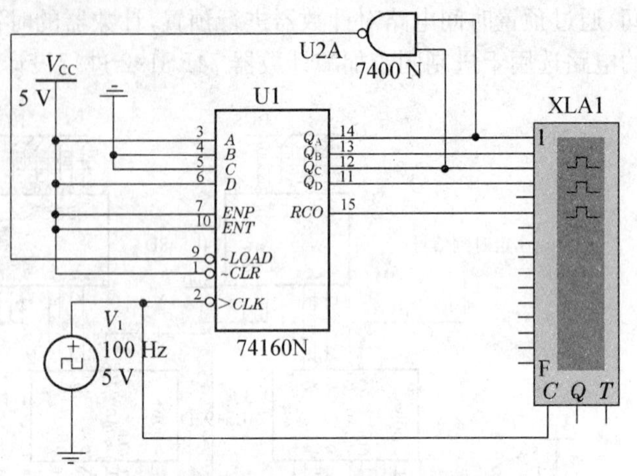

图 6.6.8 74LS160 实现的 7 分频器

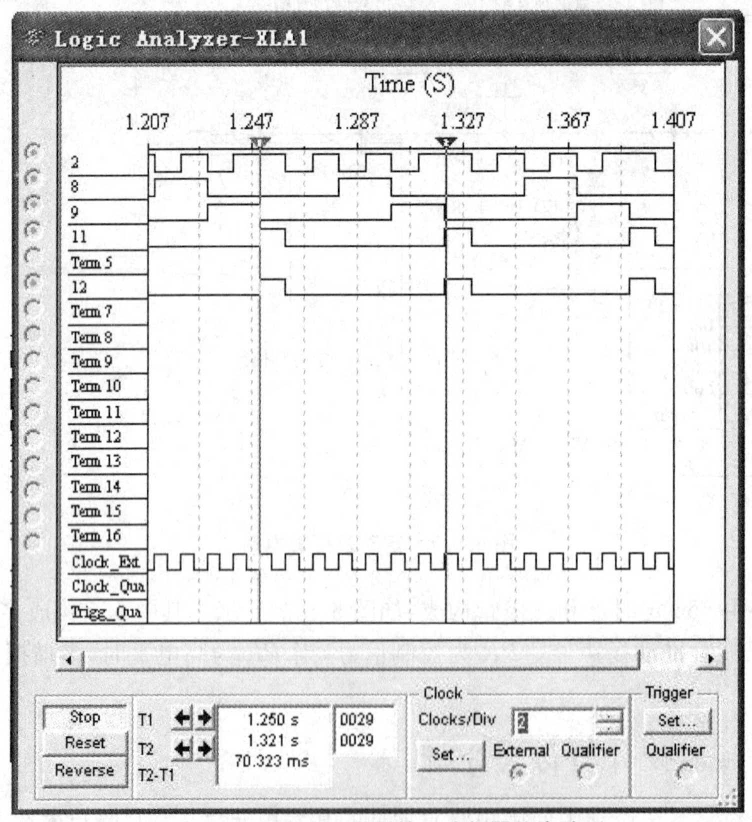

图 6.6.9 74LS160 实现的 7 分频器仿真波形

分频器也可以由移位寄存器和译码器实现。如用 3-8 线译码器 74LS138 和 4 位移位寄存器 74LS195 可以构成模值范围为 2～8 的程序计数分频器,仿真电路如图 6.6.10 所示。

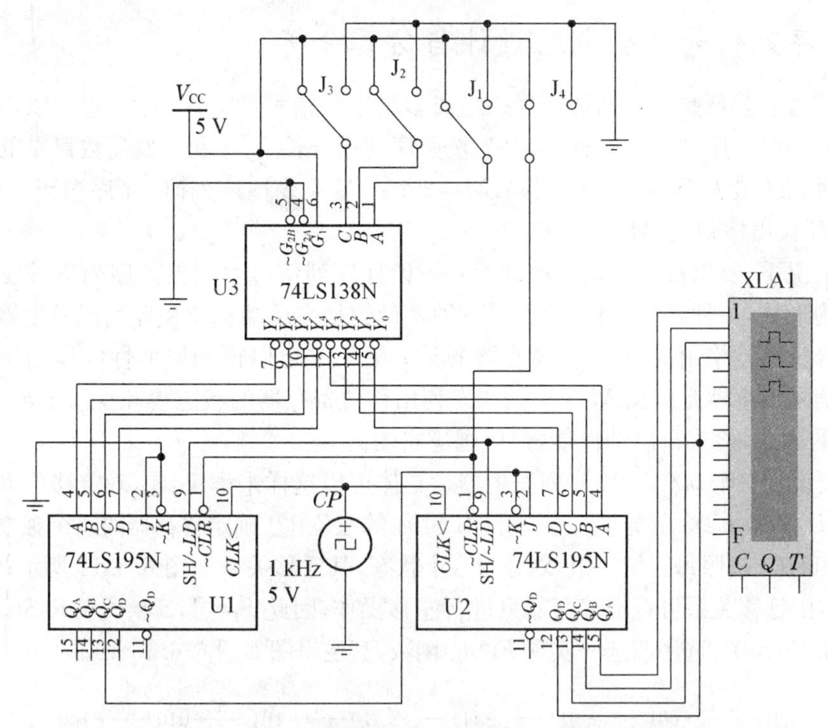

图 6.6.10　模值范围为 2～8 的程序计数分频器

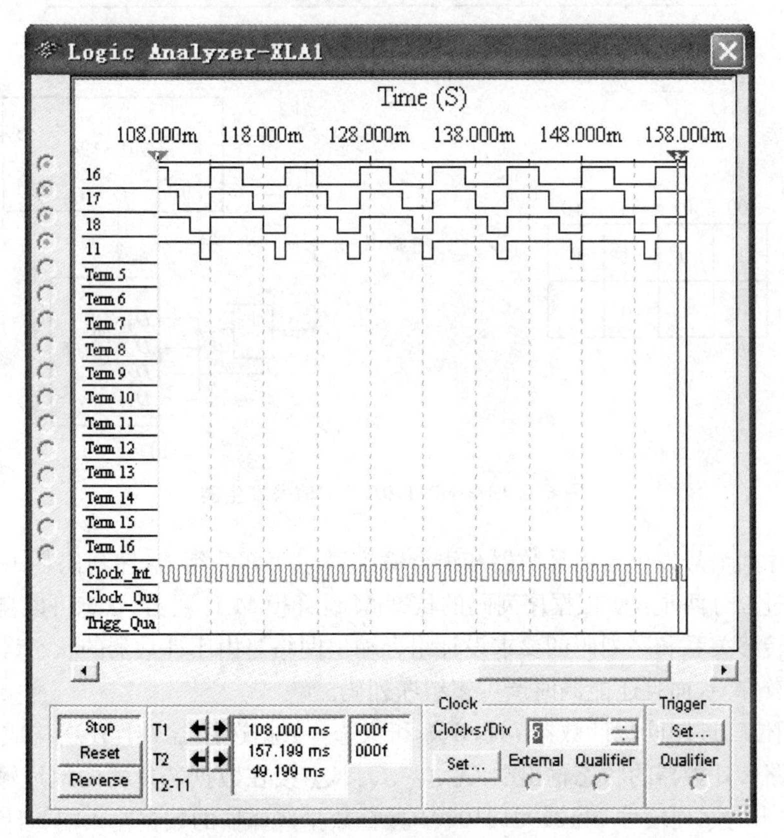

图 6.6.11　程序计数分频器仿真波形

6.6.4 序列信号产生电路设计与仿真分析

序列信号发生器是能够循环产生一组或多组序列信号的时序电路，它可以用移位寄存器或计数器构成。序列信号的种类很多，按照序列循环长度 M 和触发器数目 n 的关系一般可分为三种：① 最大循环长度序列码，$M=2^n$；② 最大线性序列码(m 序列码)，$M=2^{n-1}$；③ 任意循环长度序列码，$M<2^n$。

通常情况下，要求按照给定的序列信号来设计序列信号发生器。序列信号发生器一般有两种结构形式，一种是反馈移位型，另一种是计数型。反馈移位型序列码发生器由移位寄存器和组合反馈网络组成，从移位寄存器的某一输出端可以得到周期性的序列码。反馈移位型序列信号发生器是根据 M 个不同状态列出移位寄存器的状态表和反馈函数表，求出反馈函数 F 的表式，检查自启动性能，最后画逻辑图。

比如要设计一个 00011101 序列发生器。具体可以这样来解决：① 确定移位寄存器的位数 n。因 $M=8$，故 $n\geqslant3$，选定为三位，用 74LS194 的三位；② 确定移存器的八个独立状态。将序列码 00011101 按照每三位一组，划分为八个状态，其迁移关系如图 6.6.12 所示；③ 作出反馈函数表。由迁移关系可看出移存器只进行左移操作，因此 $S_1=1$，$S_0=0$。将$F(SL)$的卡诺图填入图 6.6.13(a)中，选用四选一实现 $F(SL)$函数，其逻辑图如图 6.6.13(b)。

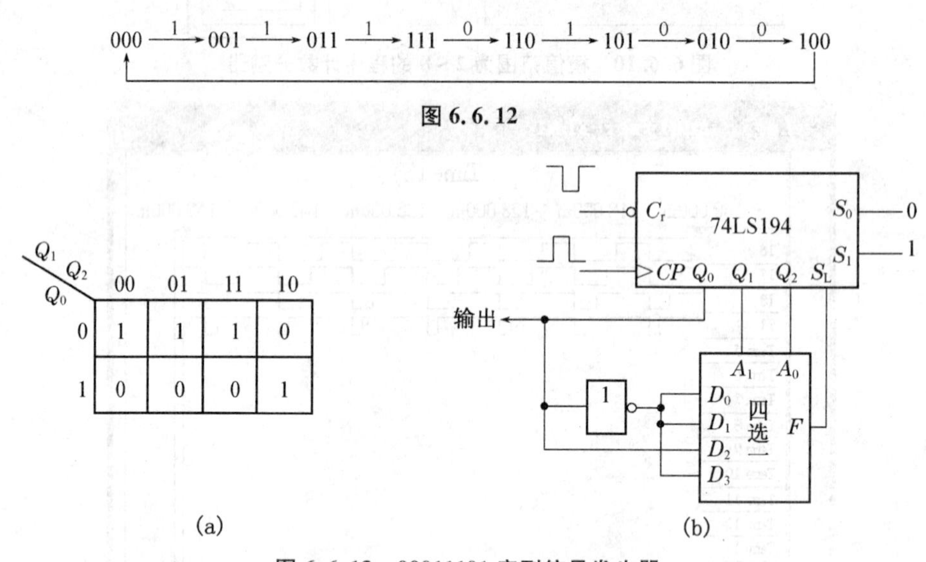

图 6.6.12

图 6.6.13 00011101 序列信号发生器

计数型序列信号发生器由计数器和组合输出网络两部分组成，序列码从组合输出网络输出。设计过程分两步：① 根据序列码的长度 M 设计模 M 计数器，状态可以自定；② 按计数器的状态转移关系和序列码的要求设计组合输出网络。由于计数器的状态设置和输出序列的更改比较方便，而且还能同时产生多组序列码。

例：用四位二进制同步计数器 74LS163 和八选一数据选择器 74LS151 构成序列信号发生器产生电路。计数器的状态输出端 Q_D、Q_C、Q_B、Q_A 接在数据选择器的地址输入端 D、C、B、A，需要输出的序列信号 01101001010001 接至数据选择器的数据输入端。计数器的输入信号由时钟提供，频率取 1 kHz。计数器的状态由译码显示器监视，数据选择器输出用逻辑分析仪监视。打开仿真开关，在连续脉冲的作用下，参照译码显示器的数字变化，观察计数器状态与输出关系。序列信号发生器仿真电路如图 6.6.14 所示。在连续脉冲的作用下，电路输出循环产生串行数据，如图 6.6.15。由图示脉冲可知，电路确实实现了序列脉冲信号 01101001010001 的发生。

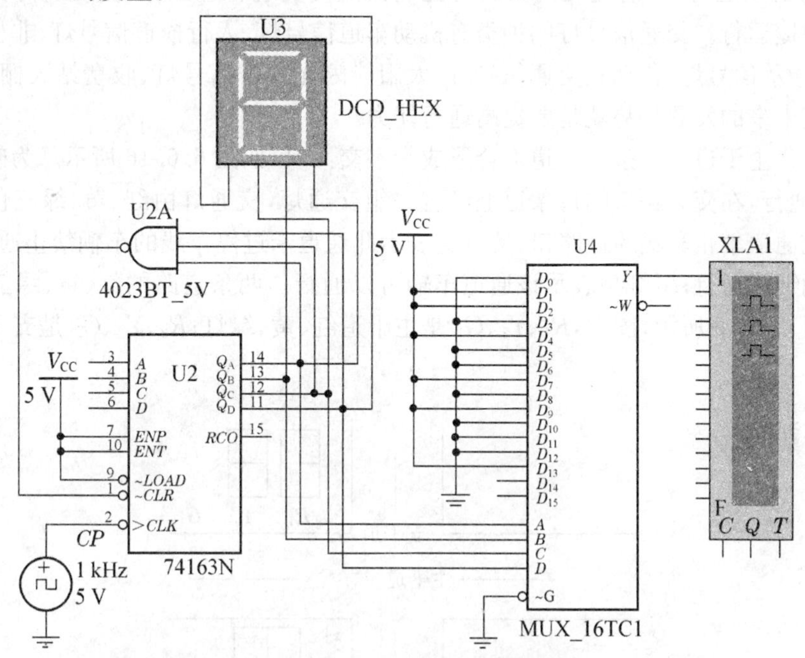

图 6.6.14 序列信号发生器仿真测试电路

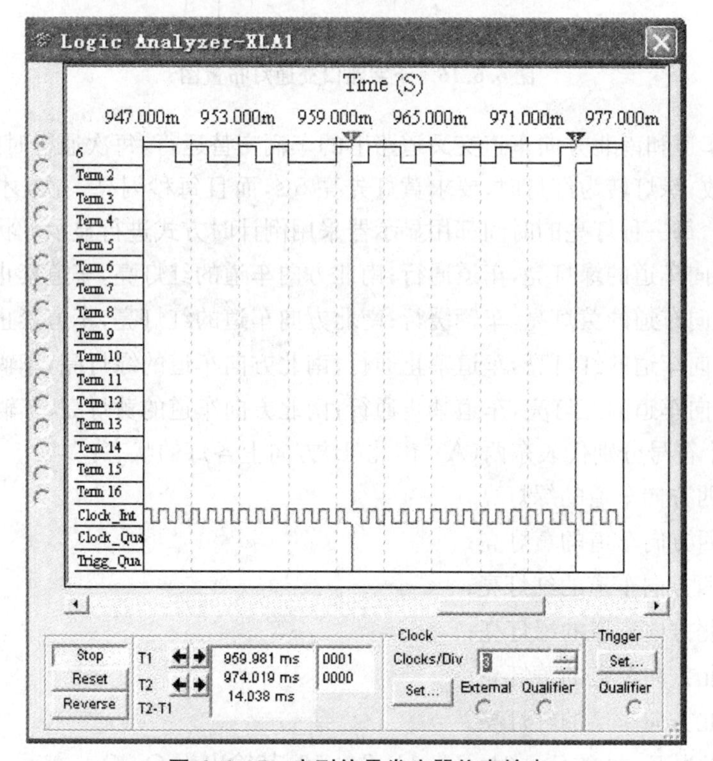

图 6.6.15 序列信号发生器仿真输出

6.6.5 交通灯控制器设计与仿真分析

城市十字交叉路口为确保车辆、行人安全有序地通过，都设有指挥信号灯，它指挥着行人和车辆的安全运行，性能优良的交通灯控制器能使交通管理工作得到改善，保障交通有序、安全、快捷运行。交通信号灯的种类有机动车道信号灯、人行横道信号灯、非机动车道信号灯、方向指示信号灯、移动式交通信号灯、太阳能闪光警告信号灯、收费站天棚信号灯等。交通灯系统未来的发展趋势就是要提高通行能力。

现有1条主干道与1条支干道汇合形成十字交叉口，如图6.6.16所示。为确保车辆安全、迅速地通行，在交叉路口的每条道上设置一组交通灯，交通灯由红、黄、绿三色组成。红灯亮表示此通道禁止车辆通过路口；黄灯亮表示此通道未过停车线的车辆禁止通行，已过停车线的车辆继续通行；绿灯亮表示该通道车辆可以通行。两条道路的红、黄、绿三色灯布置示意图如图6.6.16所示，图中，R_1、Y_1、G_1 是主干道红、黄、绿灯；R_2、Y_2、G_2 是支干道红、黄、绿灯。

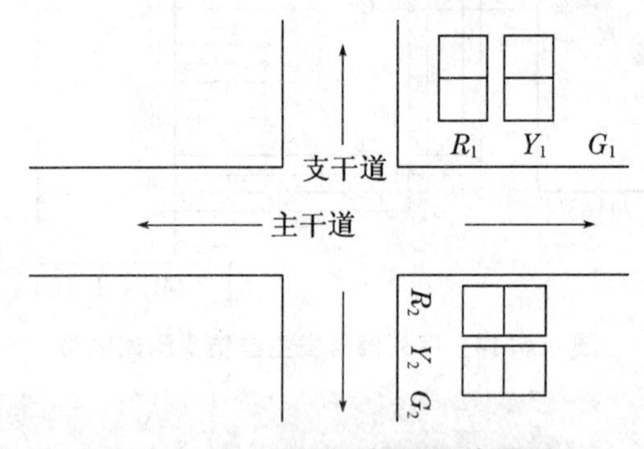

图 6.6.16 十字路口交通灯布置图

东西方向车道和南北方向车道交叉道路上的车辆交替运行，每次通行时间都设为45 s，时间可设置修改；绿灯转为红灯时，要求黄灯先亮5 s，而且每秒闪亮一次，才能变换车道运行；除红绿灯外，每一种灯亮的时间都用显示器采用倒计时方式进行显示。状态如下：

S_0：东西方向车道的绿灯亮，车道通行；南北方向车道的红灯亮，车道禁止通行；

S_1：东西方向车道的黄灯亮，车辆缓行；南北方向车道的红灯亮，车道禁止通行；

S_2：东西方向车道的红灯亮，车道禁止通行；南北方向车道的绿灯亮，车辆通行；

S_3：东西方向车道的红灯亮，车道禁止通行；南北方向车道的黄灯亮，车辆缓行；

用以下六个符号分别代表东西(A)、南北(B)方向上各灯的状态：

$G_A=1$：东西方向车道的绿灯亮；

$Y_A=1$：东西方向车道的黄灯亮；

$R_A=1$：东西方向车道的红灯亮；

$G_B=1$：南北方向车道的绿灯亮；

$Y_B=1$：南北方向车道的黄灯亮；

$R_B=1$：南北方向车道的红灯亮。

设编码状态为 $S_0=00$、$S_1=01$、$S_2=11$、$S_3=10$，其输出为 Q_1、Q_0。

表 6.6.2　状态编码与信号灯关系表

现态		次态		输出					
Q_1^n	Q_0^n	Q_0^{n+1}	Q_0^{n+1}	G_A	Y_A	R_A	G_B	Y_B	R_B
0	0	0	1	1	0	0	0	0	1
0	1	1	1	0	1	0	0	0	1
1	1	1	0	0	0	1	1	0	0
1	0	0	0	0	0	1	0	1	0

由表 6.6.2 可以得出信号灯状态的逻辑表达式：

$$G_A=\overline{Q}_1^n\overline{Q}_0^n,Y_A=\overline{Q}_1^nQ_0^n,R_A=Q_1^n$$

$$G_B=Q_1^nQ_0^n,Y_B=Q_1^n\overline{Q}_0^n,R_B=\overline{Q}_1^n$$

由特性方程：

$$Q_0^{n+1}=\overline{Q}_1^n\overline{Q}_0^n+\overline{Q}_1^nQ_0^n$$

$$Q_1^{n+1}=\overline{Q}_1^nQ_0^n+Q_1^nQ_0^n$$

$$Q^{n+1}=J\,\overline{Q}^n+\overline{K}Q^n$$

可得

$$J_0=\overline{Q}_1^n,K_0=Q_1^n$$

$$J_1=Q_0^n,K_1=\overline{Q}_0^n$$

按以上分析连接电路，如图 6.6.17。

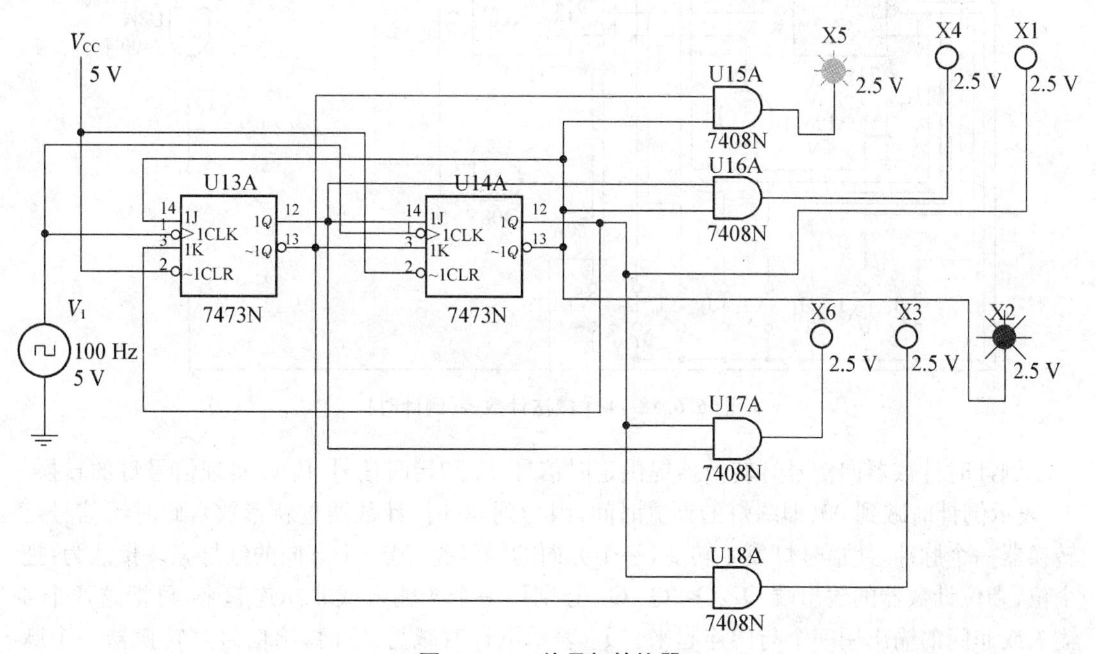

图 6.6.17　信号灯转换器

计数器选用集成电路 74190。74190 是十进制同步可逆计数器，具有异步并行置数功能、保持功能。由于 74190 没有专用的清零输入端，要借用 Q_D、Q_c、Q_B、Q_A 的输出数据间接的实现清零功能。要实现 45 s 的倒计时，需选用两个 74190 芯片级联成一个从 99 到 00 的计数器，其中作为个位数的 74190 芯片的 CLK 接秒脉冲发生器，再把个位数 74190 芯片输出端 Q_A、Q_D 用一个与门连起来，再接在十位数 74190 芯片的 CLK 端。当个位数减到 0 时，再减 1 就会变成 9，0(0000)和 9(1001)之间的 Q_A、Q_D 同时由 0 变为 1，把 Q_A、Q_D 相与后接在十位数 74190 芯片的 CLK 端，此时会给十位数 74190 芯片一个脉冲，数字减 1，相当于借位。用 8 个开关分别接十位数 74190 芯片的 D、C、B、A 端和个位数 74190 芯片的 D、C、B、A 端。预置数的范围为 1～99。断开相当于接 0，合上相当于接 1。

$CTEN$ 端接低电平，加/减计数控制端 D/U 接高电平实现减计数，预置端 $LOAD$ 接高电平时计数，接低电平时预置数。因此，工作开始时，$LOAD$ 为 0，计数器预置数，置完数后，$LOAD$ 变为 1，计数器开始倒计时，当倒计时减为 00 时，$LOAD$ 又变为 0，计数器又预置数，如此循环下去。此功能可以借助两个 4 输入的或非门连接，然后再用一个与非门连接来完成。连接后电路图如图 6.6.18 所示。

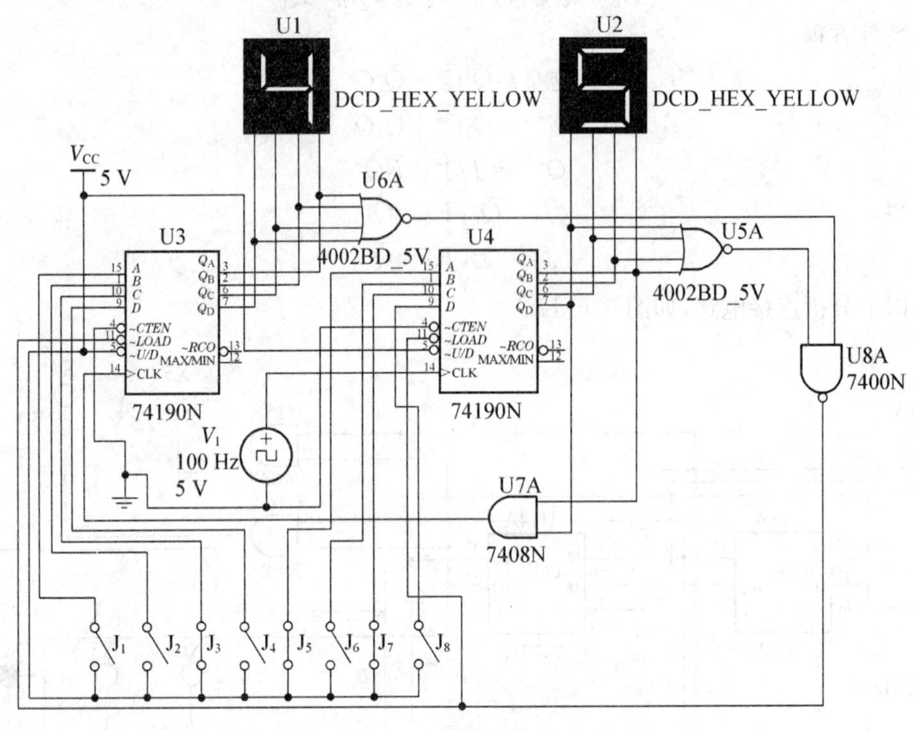

图 6.6.18 45s 减法计数器(倒计时)

倒计时计数器向信号灯转换器提供定时信号 T_5 和定时信号 T_0 以实现信号灯的转换。T_0 表示倒计时减到 00(即绿灯的预置时间，因为到 00 时，计数器重新置数)，此时给信号灯转换器一个脉冲，使信号灯发生转变，一个方向的绿灯亮，另一个方向的红灯亮。接法为：把个位、十位计数器的输出端 Q_A、Q_B、Q_c、Q_D 分别用一个 4 输入或非门连起来，再把这两个 4 输入或非门的输出用一个与门连起来。T_5 表示倒计时减为 05 时，给信号灯转换器一个脉冲，使信号灯发生转变，绿灯变黄灯，红灯不变。接法为：当减到数 05 时，把十位计数器的输出端 Q_A、Q_B、Q_c、Q_D 分别用一个 4 输入或非门连起来，个位计数器的输出端 Q_B、Q_D 用一个两输入或非门连起来，再把两个或非门与个位计数器的输出端 Q_A、Q_c 用一个四输入与门连起来。最后将 T_5 和 T_0 两个定时信号用或门连接接入信号灯转换器的时钟端。电路图如

图6.6.19所示。

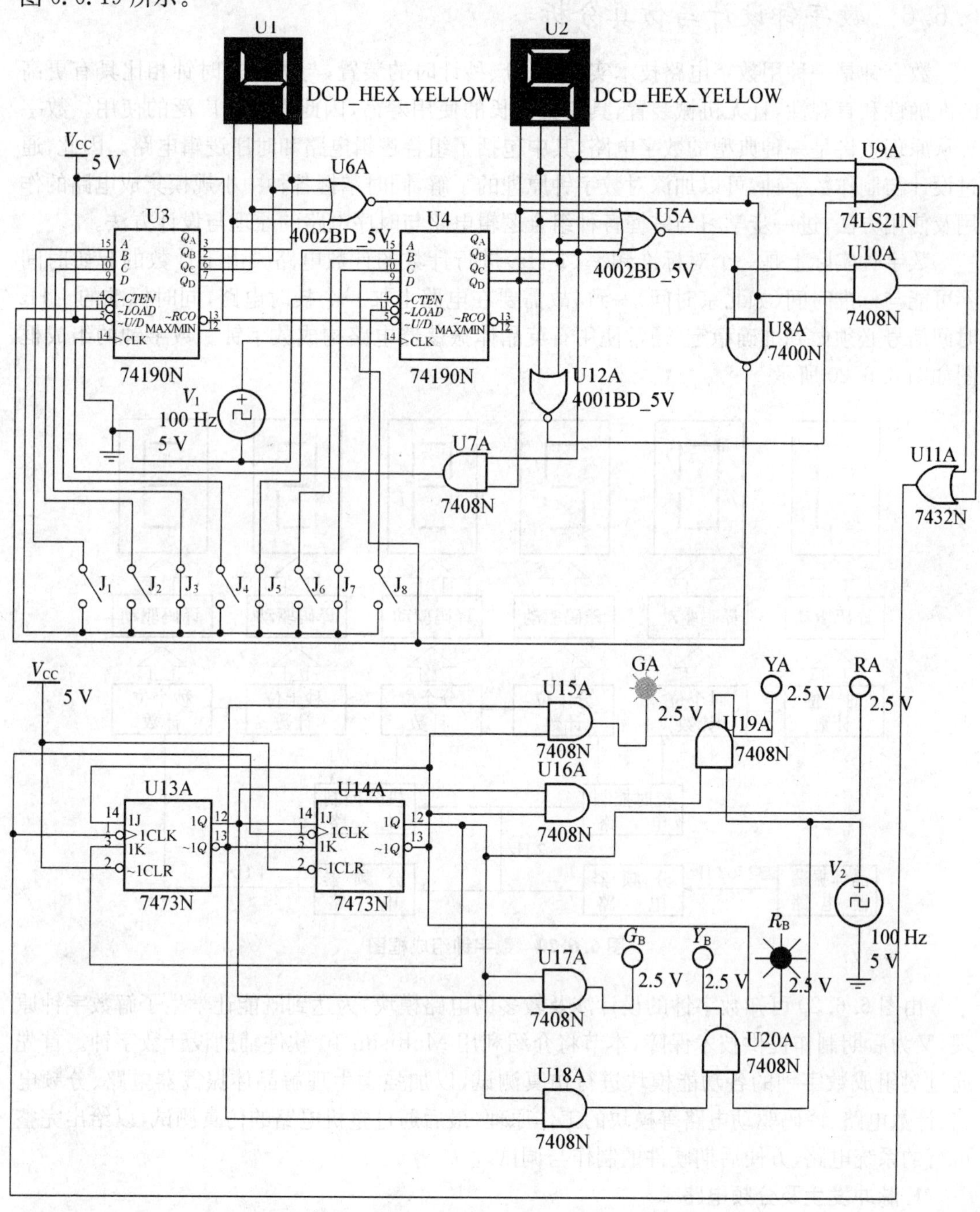

图6.6.19　整机电路

单击启动按钮，打开开关，东西方向车道绿灯亮，南北方向红灯亮。显示器从预置数45 s减到5 s时，绿灯转换为黄灯，红灯不变，且黄灯每秒闪一次；减到一秒时，预置数，东西方向车道红灯亮，南北方向绿灯亮，如此循环下去。

6.6.6 数字钟设计与仿真分析

数字钟是一种用数字电路技术实现时、分、秒计时的装置，与机械式时钟相比具有更高的准确性和直观性，且无机械装置，具有更更长的使用寿命，因此得到了广泛的使用。数字钟从原理上讲是一种典型的数字电路，其中包括了组合逻辑电路和时序逻辑电路。因此，通过设计与制作数字钟，可以加深对数字钟原理的了解，同时掌握各种中小规模集成电路的作用及使用方法，进一步学习与掌握各种组合逻辑电路与时序电路的原理与设计方法。

数字钟实际上是一个对标准频率(1 Hz)进行计数的计数电路。由于计数的起始时间不可能与标准时间(如北京时间)一致，故需要在电路上加一个校时电路，同时标准的 1 Hz 时间信号必须做到准确稳定，通常使用石英晶体振荡器电路构成数字钟。数字钟的组成框图如图 6.6.20 所示。

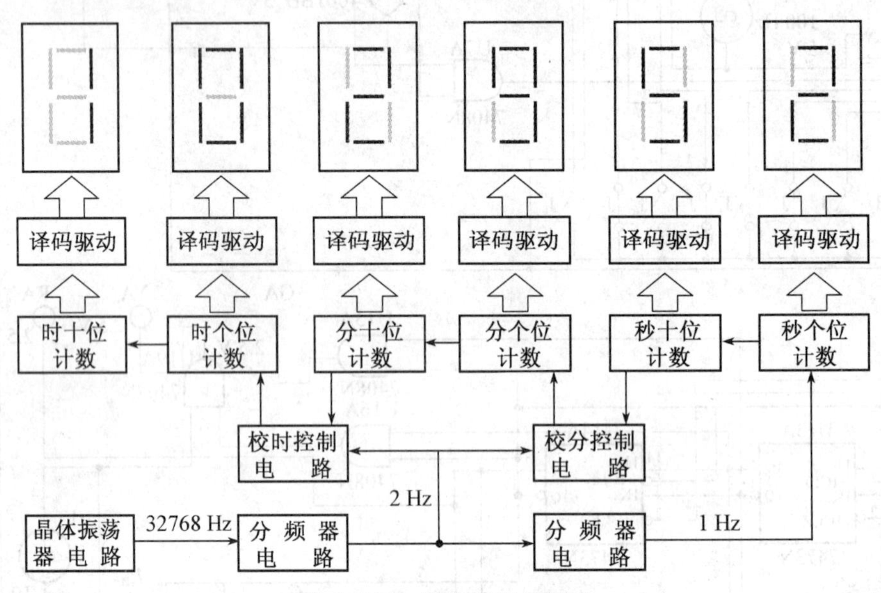

图 6.6.20 数字钟组成框图

由图 6.6.20 可知数字钟的设计涉及较多的电路模块，为达到既能让学生了解数字钟原理，又为后期制作提供技术保障，本节将介绍利用 Multisim 10 软件辅助设计数字钟。首先通过对组成数字钟的各功能模块进行仿真测试，以加强学生理解晶体振荡器电路、分频电路、计数电路、译码驱动电路等模块的工作原理，最后通过整机电路的仿真测试，以给出完整可行的系统电路，方便后期硬件的制作与调试。

1. 脉冲发生及分频电路

晶体振荡器电路给数字钟提供一个频率稳定准确的 32 768 Hz 的时钟脉冲信号，可保证数字钟的走时准确及稳定。不管是指针式的电子钟还是数字显示的电子钟，都使用了晶体振荡器电路。一般输出为方波的数字式晶体振荡器电路通常有两类：一类是用 TTL 门电路构成；另一类是通过 CMOS 非门构成的电路。设计的晶体振荡器电路如图 6.6.21 所示。由 4060、晶体振荡器与 2 个 30 pF 电容、一个 10 兆的电阻组成，芯片 13 脚输出 2 Hz 的方波信号。由于晶体具有较高的频率稳定性及准确性，从而保证了输出频率的稳定和准确。

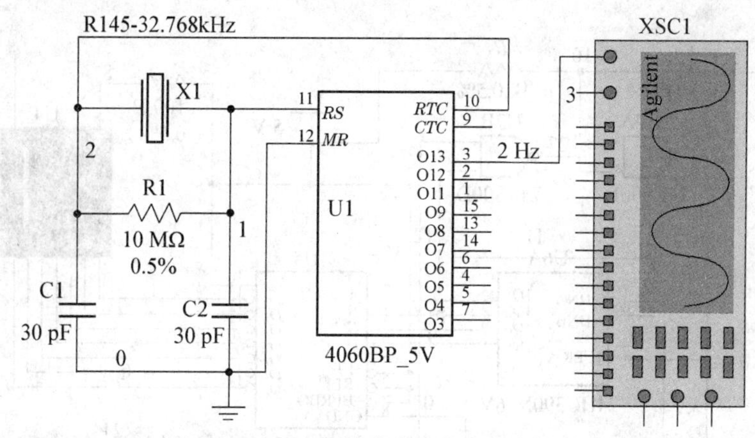

图 6.6.21　4060 构成脉冲发生及分频电路

2. 时间计数电路

一般采用 10 进制计数器如 74HC290、74HC390 等来实现时间计数单元的计数功能。设计中选择 74HC290，为双 2－5－10 异步计数器，并每一计数器均有一个异步清零端（高电平有效）。秒个位计数单元为 10 进制计数器，无需进制转换，只需将 Q_A 与 CP_B（下降沿有效）相连即可。CP_A（下降沿有效）与 1 Hz 秒输入信号相连，Q_D 可作为向上的进位信号与十位计数单元的 CP_A 相连。秒十位计数单元为 6 进制计数器，需要进制转换。分个位和分十位计数单元电路结构分别与秒个位和秒十位计数单元完全相同，只不过分个位计数单元的 Q_D 作为向上的进位信号应与分十位计数单元的 CP_A 相连，分十位计数单元的 Q_C 作为向上的进位信号应与时个位计数单元的 CP_A 相连。时个位计数单元电路结构仍与秒或个位计数单元相同，但是要求，整个时计数单元应为 24 进制计数器，不是 10 的整数倍，因此需将个位和十位计数单元合并为一个整体才能进行 24 进制转换。利用 74HC390 实现秒、分、时计数功能的 60 进制以及 24 进制计数电路分别如图 6.6.22 和图6.6.23 所示。

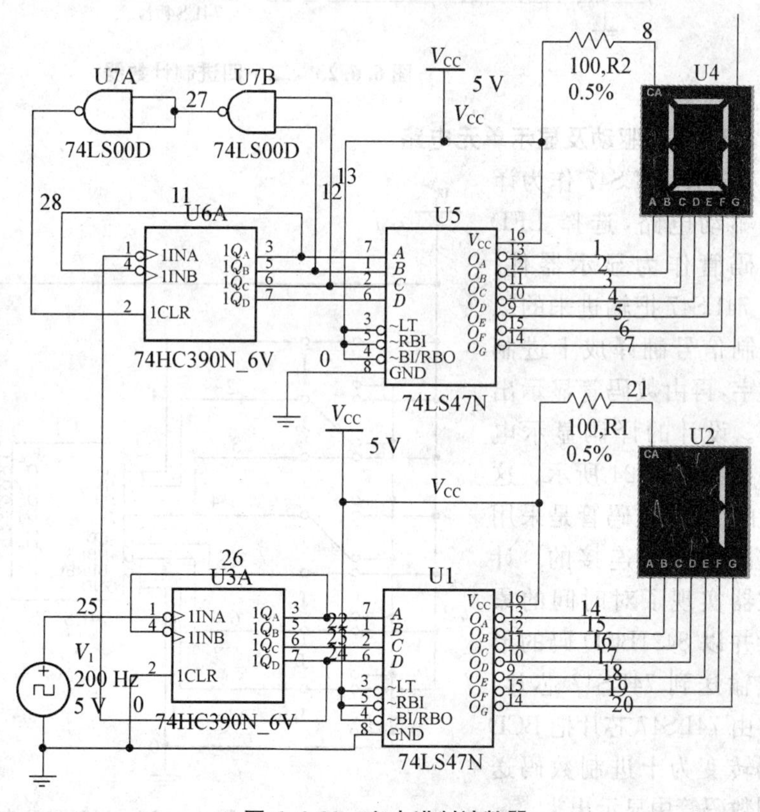

图 6.6.22　六十进制计数器

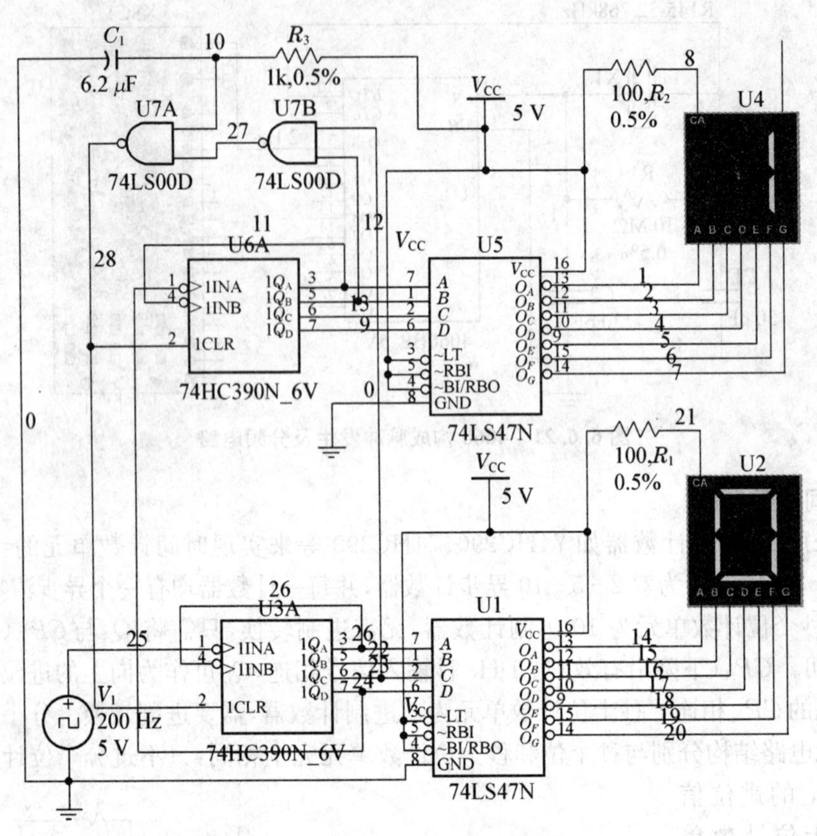

图 6.6.23　二十四进制计数器

3. 译码驱动及显示单元电路

选择 74LS47 作为译码驱动电路，选择 LED 数码管作为显示器件。由 74LS47 把输进来的二进制信号翻译成十进制数字，再由数码管显示出来。设计的译码显示电路如图 6.6.24 所示。这里的 LED 数码管是采用共阳的方法连接的。计数器实现了对时间的累计并以 8421BCD 码的形式输送到 74LS47 芯片，再由 74LS47 芯片把 BCD 码转变为十进制数码送到数码管中显示出来。

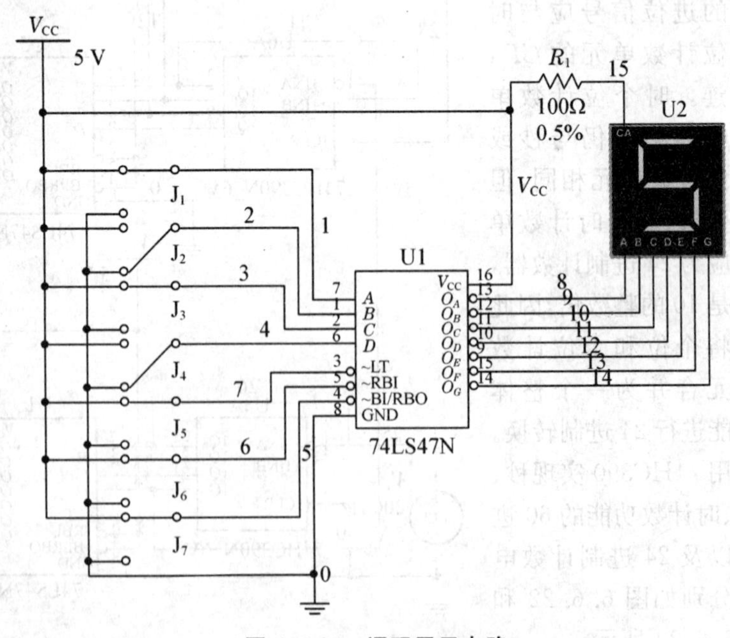

图 6.6.24　译码显示电路

4. 校时电路

数字钟应具有分校正和时校正功能，因此，应截断分个位和时个位的直接计数通路，并采用正常计时信号与校正信号可以随时切换的电路接入其中。即用 COMS 与或非门实现时或分的校正电路，校正信号可直接取自分频器产生的 1 Hz 或 2 Hz（不可太高或太低）信号；输出端则与分或时个位计时输入端相连。

实际使用时，因为电路开关存在抖动问题，所以一般会接一个 RS 触发器构成开关消抖动电路，设计的时分校正电路如图 6.6.25 所示。

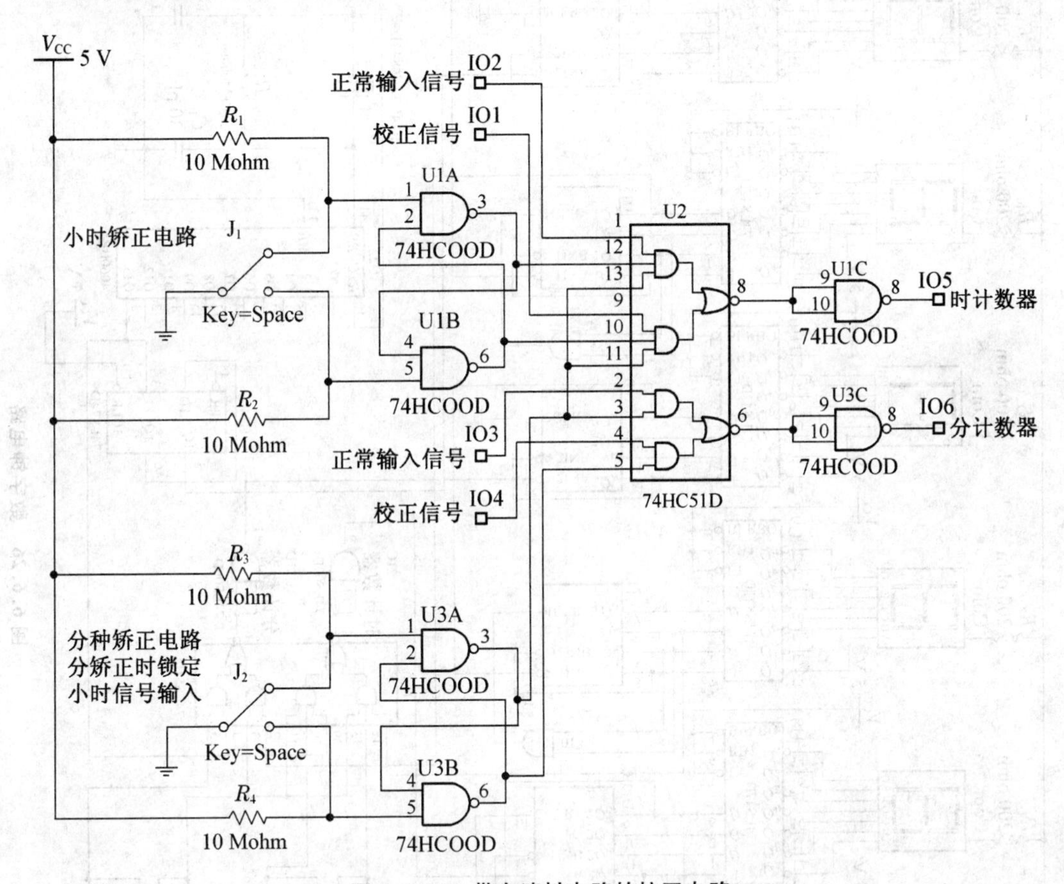

图 6.6.25　带有消抖电路的校正电路

5. 整机电路

利用 Multisim 10 设计的数字钟电路如图 6.6.26 所示。

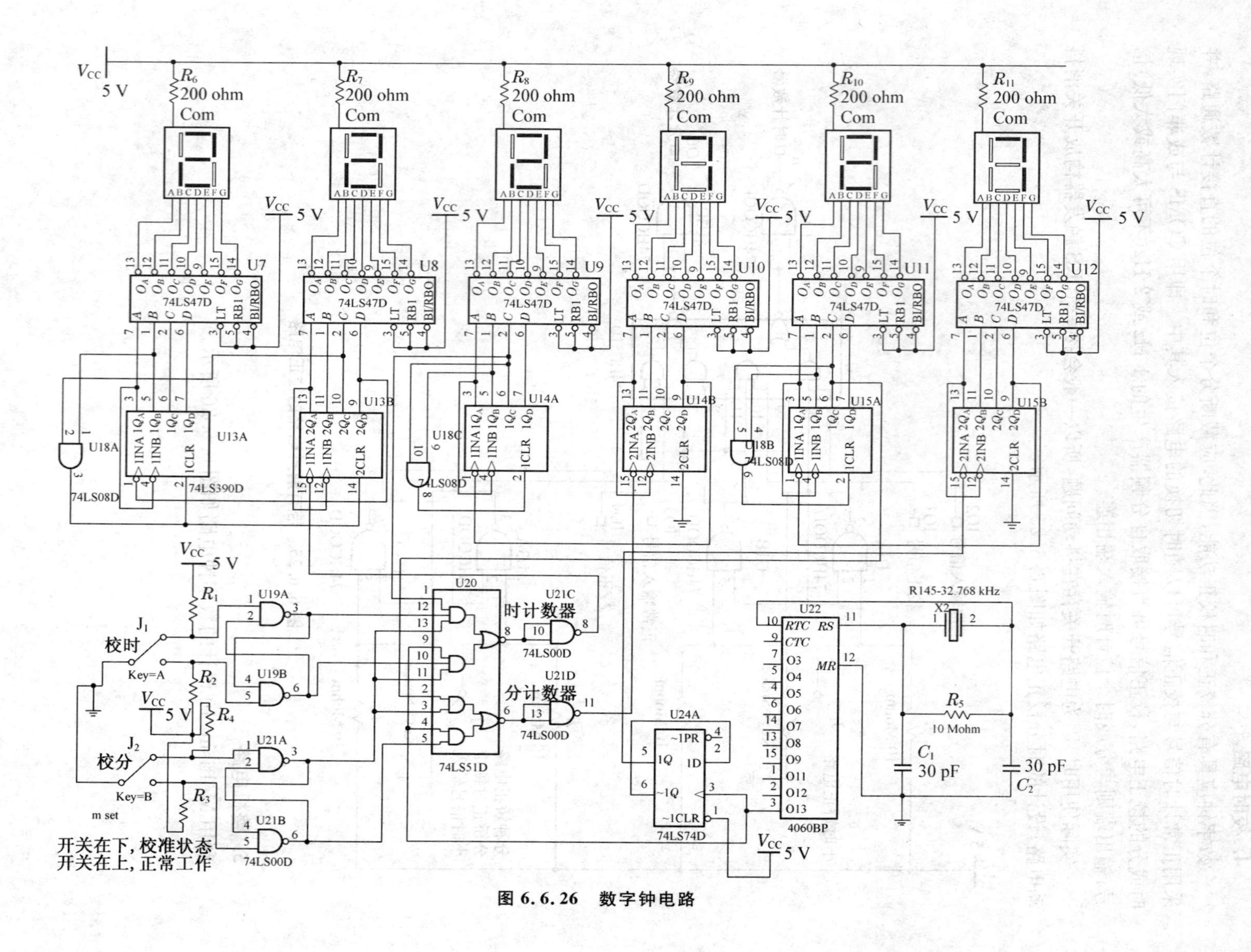

U7
U8
U9
U10
U11
U12
74LS47D
200 ohm
Com
U13A
U13B
74LS390D
U14A
U14B
U15A
U15B
U18A
U18B
U18C
74LS08D
U19A
U19B
U21A
U21B
U21C
U21D
74LS00D
U20
74LS51D
时计数器
分计数器
U22
4060BP
U24A
74LS74D
R145-32.768 kHz
10 Mohm
30 pF
校时
校分
Key=A
Key=B
m set
开关在下，校准状态
开关在上，正常工作

图 6.6.26 数字钟电路

本章小结

时序逻辑电路的特点与组合逻辑电路存在根本的区别即电路在任一时刻输出的逻辑状态不仅取决于当时各输入的逻辑状态，而且还取决于电路原来输出的逻辑状态。时序逻辑电路一般由组合电路和存储电路两部分构成。逻辑方程组、状态表、状态图和时序图从不同方面表达了时序电路的逻辑功能，是分析和设计时序电路的主要依据和手段。

时序电路的分析，首先按照给定电路列出各逻辑方程组、进而列出状态表、画出状态图和时序图，最后分析得到电路的逻辑功能。时序逻辑电路可分为同步和异步两大类，在分析上稍有不同。

具体的时序电路千变万化，种类繁多。本章介绍的寄存器、移位寄存器、计数器只是其中常见的几种。寄存器基本原理是利用触发器来接收、存储和发送数据。移位寄存器除能将数据存储外，还能将寄存的数据按一定方向传输。计数器是组成数字系统的重要部件之一，它的功能就是计算输入脉冲数，除此之外，在定时、分频等方面也有重要的用途。

时序电路的设计，首先根据逻辑功能的需求，导出原始状态图或原始状态表，有必要时需进行状态化简，得到最简状态图，继而对状态进行编码，然后根据状态表导出激励方程组和输出方程组，最后画出逻辑图完成设计任务。

用 Multisim 对计数器进行了仿真，并通过几个具体实例讲述怎样用 Multisim 进行时序电路的设计。

练习题

6.1　已知一时序电路的状态表如题表 6.1 所示，试作出相应的状态图。

6.2　已知状态表如题表 6.2 所示，试作出相应的状态图。

题表 6.1

次态/输出 输入 现态	X = 0	X = 1
S_0	$S_0/1$	$S_0/0$
S_1	$S_1/1$	$S_1/0$
S_2	$S_2/1$	$S_2/0$
S_3	$S_3/1$	$S_3/0$

题表 6.2

现态	次态/输出 Z_1				输出 Z_2
	$X_2X_1=00$	$X_2X_1=01$	$X_2X_1=11$	$X_2X_1=10$	
S_0	$S_0/0$	$S_1/0$	$S_2/0$	$S_3/0$	1
S_1	$S_1/0$	$S_2/0$	$S_0/0$	$S_3/0$	1
S_2	$S_2/0$	$S_1/0$	$S_3/0$	$S_3/0$	1
S_3	$S_3/0$	$S_0/0$	$S_2/0$	$S_2/0$	1

6.3　已知状态图如题图 6.3 所示，试作出它的状态表。

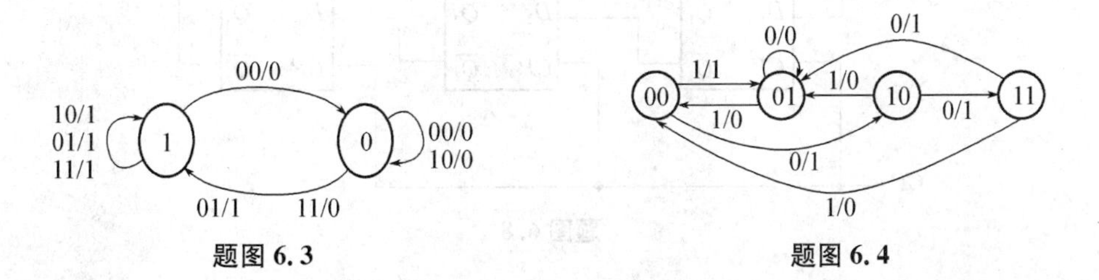

题图 6.3　　题图 6.4

6.4　题图 6.4 是某时序电路的状态转换图，设电路的初始状态为 01，当序列 $X=$

100110 时，求该电路输出 Z 的序列。

6.5　分析题图 6.5 所示电路，画出在 5 个时钟 CP 作用下 Q_1、Q_2 的时序图。根据电路的组成及连接，你能直接判断出电路的功能吗？

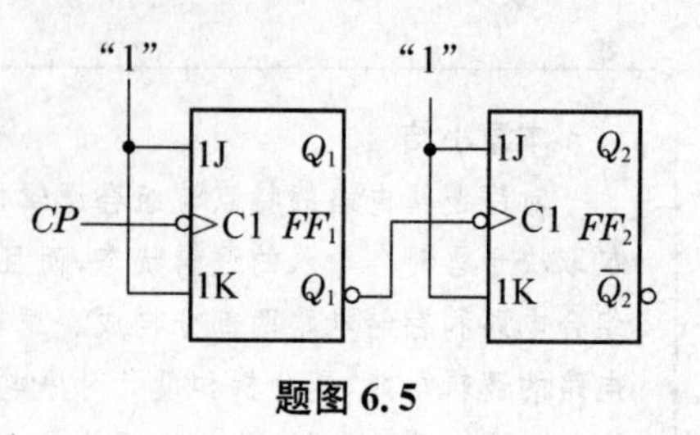

题图 6.5

6.6　分析题图 6.6 所示电路的逻辑功能，写出电路的函数表达式，画出电路的状态转换图。

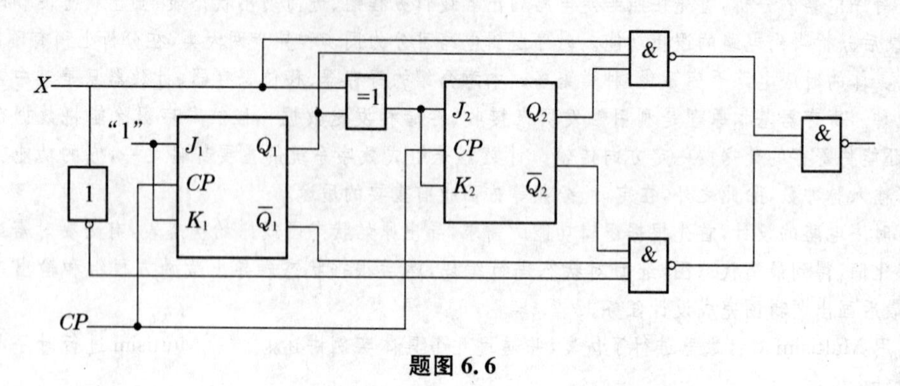

题图 6.6

6.7　分析题图 6.7 所示电路的逻辑功能，写出电路的函数表达式，画出电路的状态转换图。

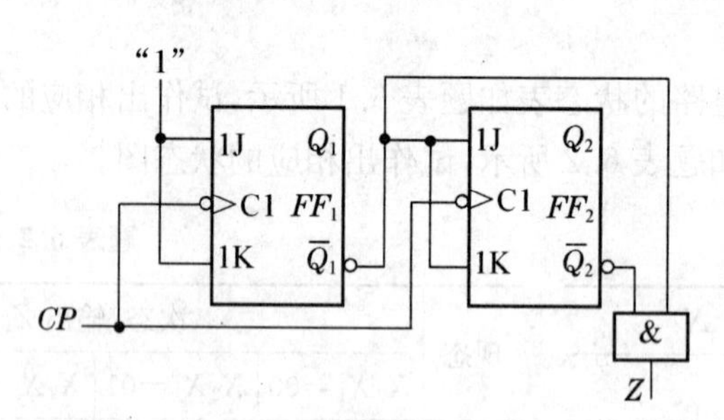

题图 6.7

6.8　分析题图 6.8 所示的同步时序逻辑电路，画出时序波形图（$Q_1Q_2Q_3$ 为 010），并分析电路的逻辑功能。

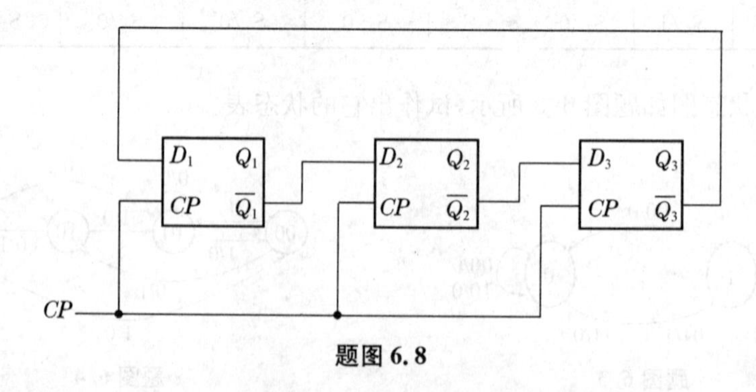

题图 6.8

6.9　分析图题 6.9 所示电路的功能，画出电路的状态转换图，说明电路的特点。

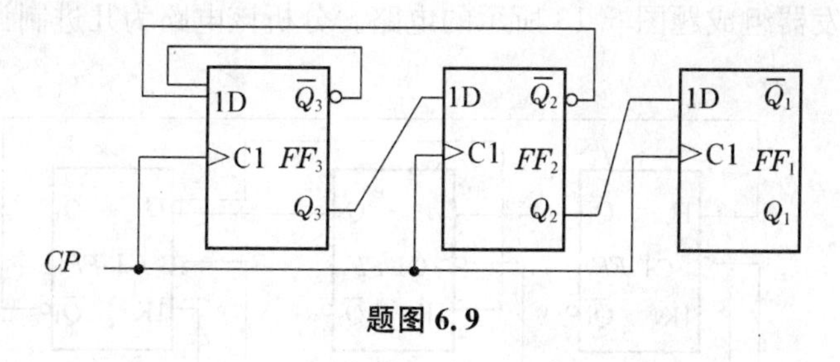

题图 6.9

6.10　分析题图 6.10 所示电路的功能，检查电路的自启动能力。

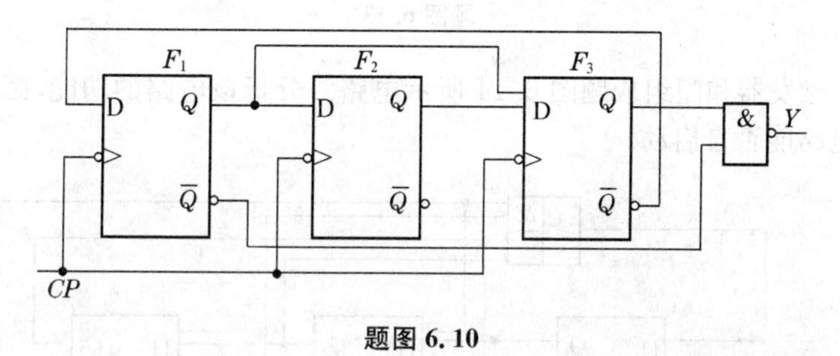

题图 6.10

6.11　分析图示同步时序网络。列出状态转换真值表，并画出状态转换图。（要有分析过程）

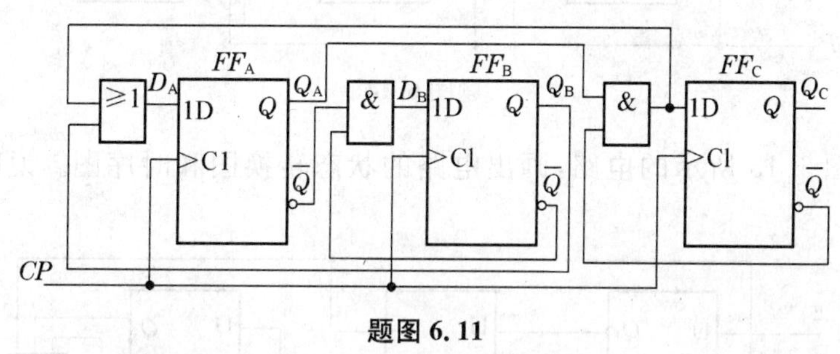

题图 6.11

6.12　D 触发器和门组成图示的同步计数电路，如题图 6.12。分析电路为几进制计数器。画出电路的状态转换图和时序图。

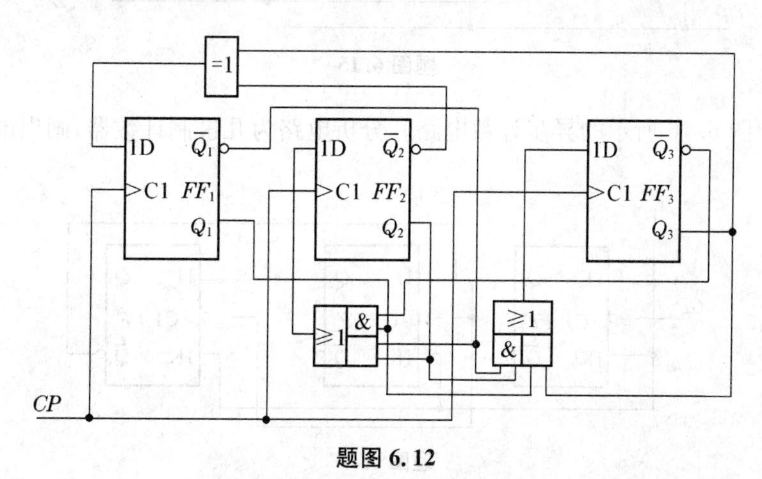

题图 6.12

6.13　JK 触发器组成题图 6.13 所示的电路。分析该电路为几进制计数器？画出电路的状态转换图。

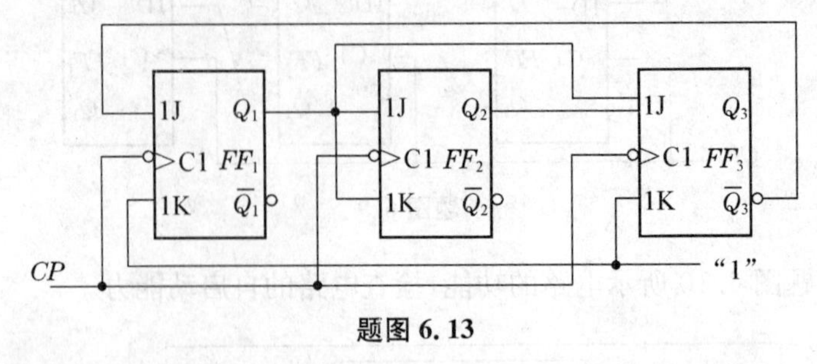

题图 6.13

6.14　JK 触发器和门组成题图 6.14 所示电路。分析该电路的功能，画出电路的状态转换图，说明电路能否自启动。

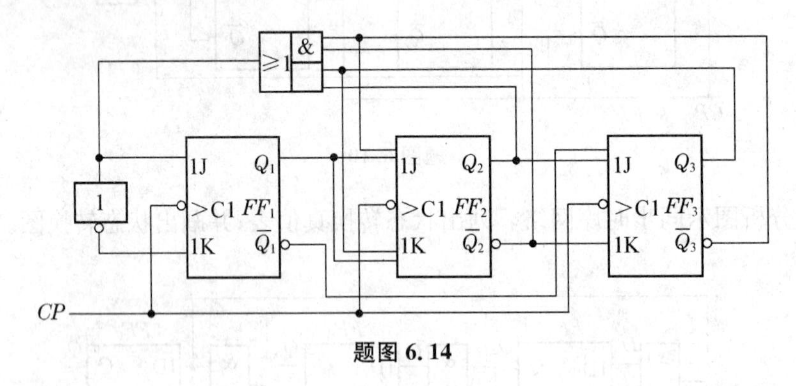

题图 6.14

6.15　题图 6.15 所示的电路，画出电路的状态转换图和时序图。说明电路能否自启动。

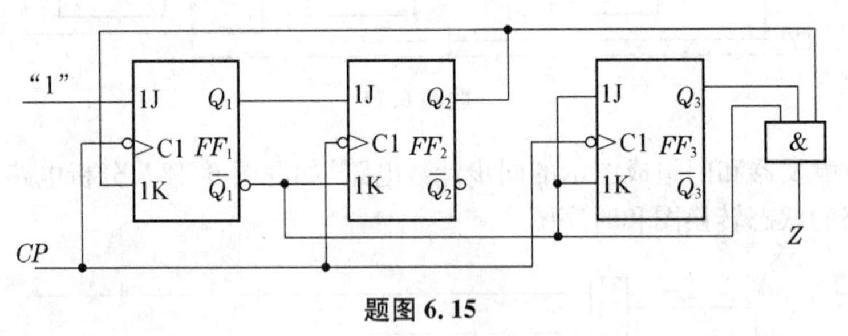

题图 6.15

6.16　题图 6.16 所示的异步计数电路。分析电路为几进制计数器，画出电路的状态转换图。

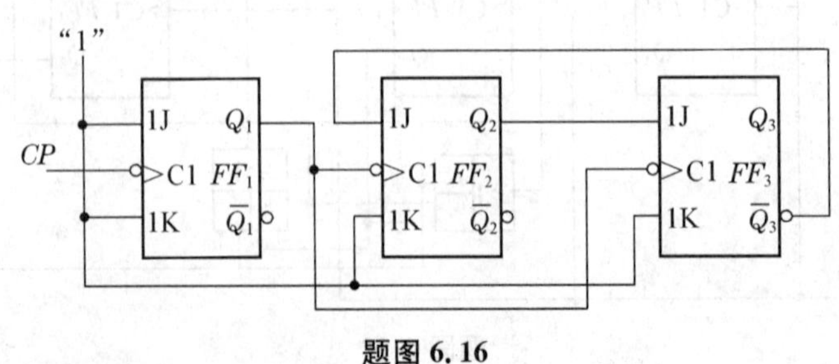

题图 6.16

6.17　题图 6.17 所示的电路，画出电路的状态转换图和时序图。

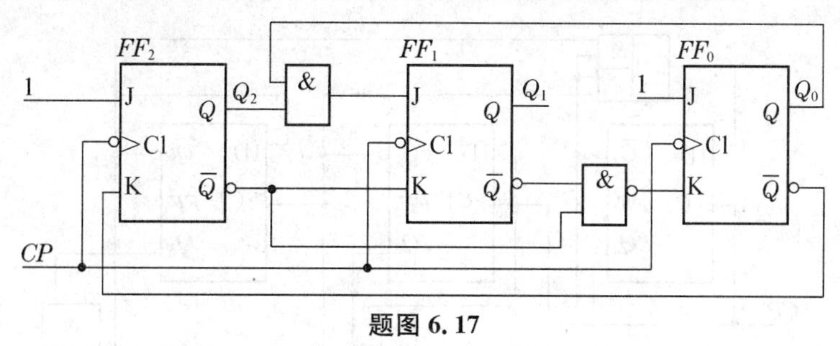

题图 6.17

6.18　分析题图 6.18 所示电路的功能，画出电路的状态转换图，说明电路能否自启动。

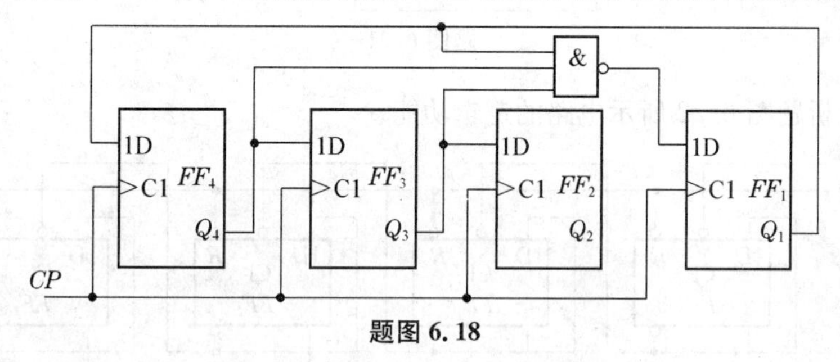

题图 6.18

6.19　JK 触发器和门组成题图 6.19 所示的同步计数电路。(1) 分析电路为几进制计数器。(2) 画出电路的状态转换图和时序图。

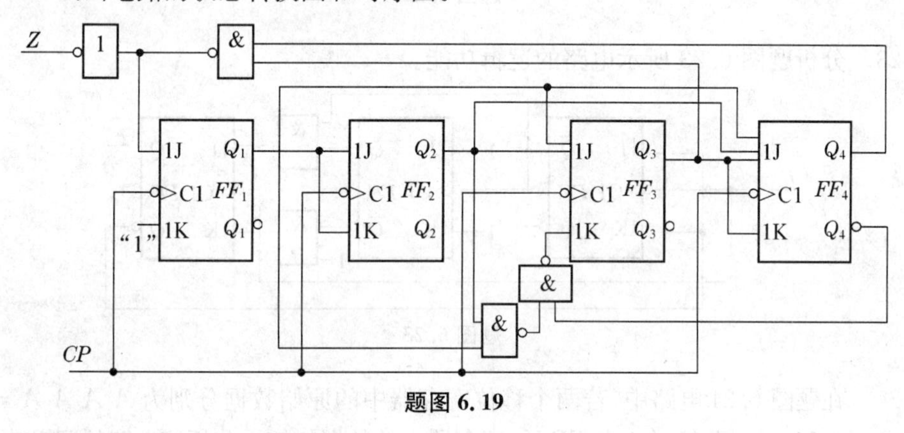

题图 6.19

6.20　分析题图 6.20 的逻辑功能。

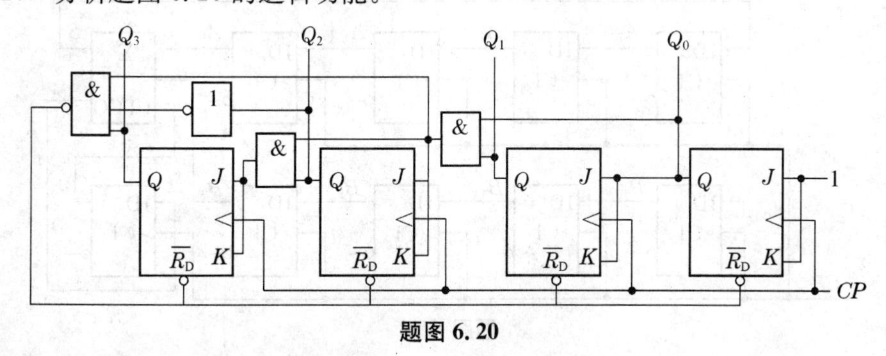

题图 6.20

6.21 题图 6.21 所示的异步计数电路。分析电路为几进制计数器，画出电路的状态转换图。

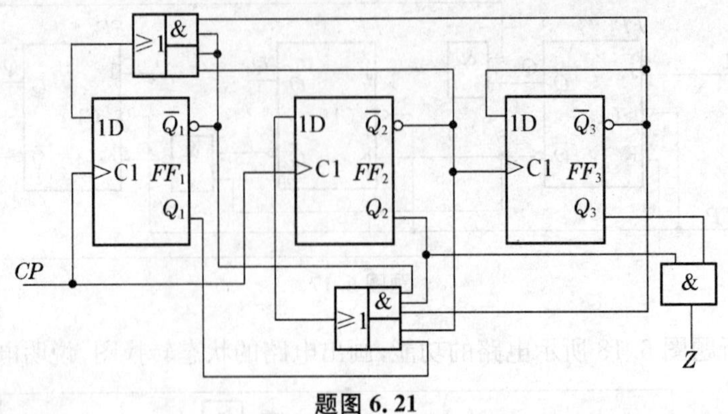

题图 6.21

6.22 分析题图 6.22 所示电路的逻辑功能。

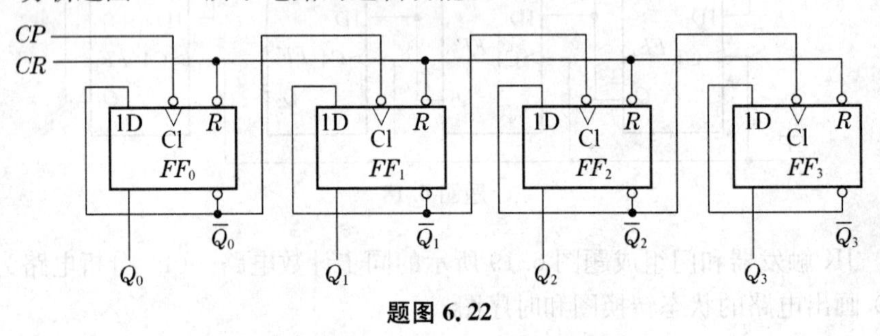

题图 6.22

6.23 分析题图 6.23 所示电路的逻辑功能。

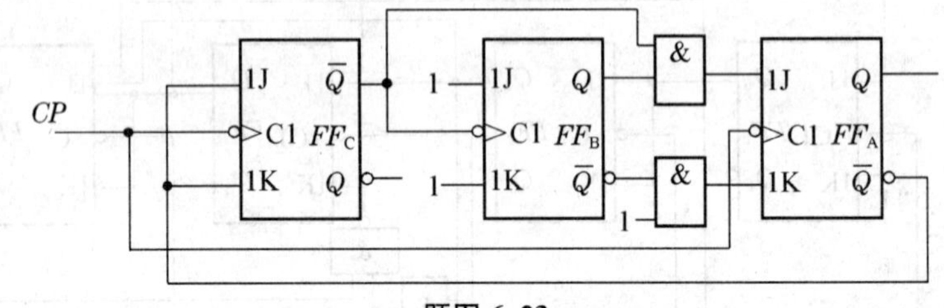

题图 6.23

6.24 在题图 6.24 电路中，若两个移位寄存器中的原始数据分别为 $A_3A_2A_1A_0=1001$，$B_3B_2B_1B_0=0011$。试问：经过 4 个 CP 后，寄存器中的数据如何？分析该电路的逻辑功能。

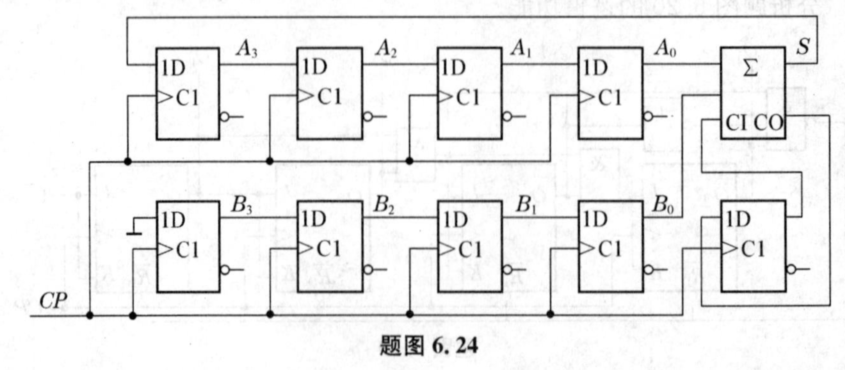

题图 6.24

6.25　题图 6.25 所示电路是一个移位寄存器型计数器。试画出它的状态转换图，说明这是几进制计数器，能否自启动。

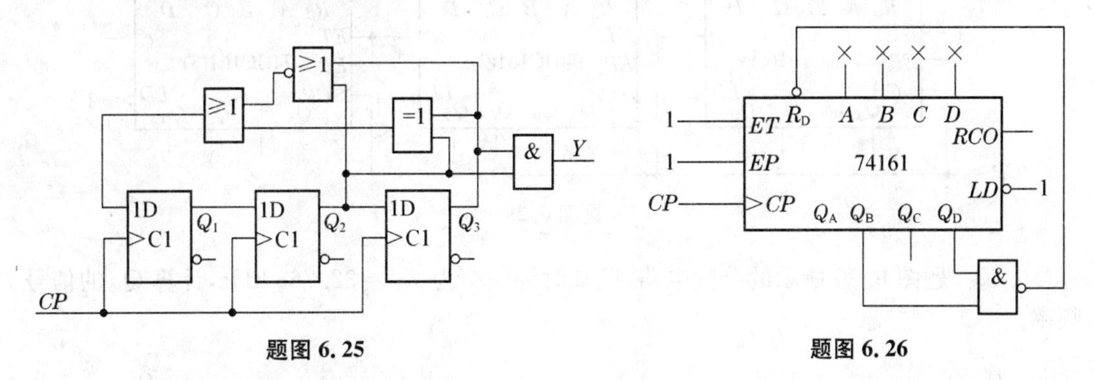

题图 6.25　　　　题图 6.26

6.26　试分析题图 6.26 所示电路，画出它的状态图，说明它是几进制计数器。

6.27　试分析题图 6.27 所示电路，画出电路的状态转换图，说明这是几进制计数器。

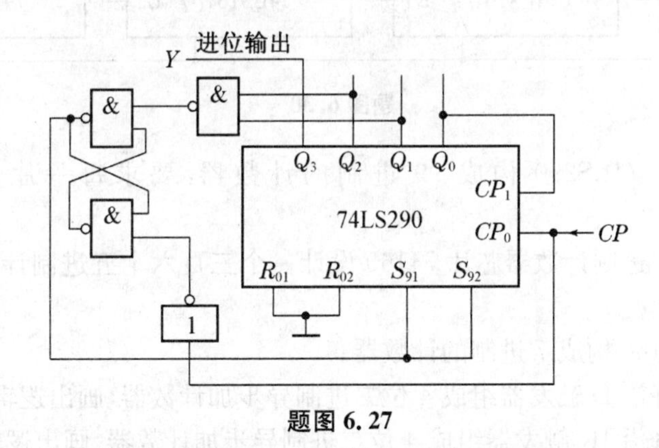

题图 6.27

6.28　试分析题图 6.28 所示电路，说明这是多少进制计数器，两片之间是多少进制。

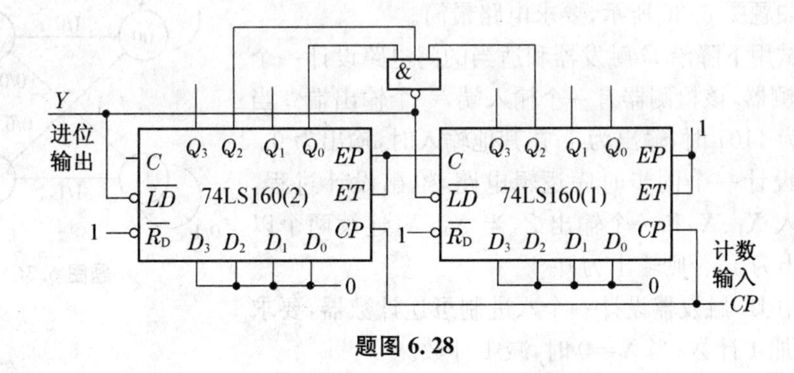

题图 6.28

6.29　试分析题图 6.29 所示电路，说明它是多少进制计数器，采用了何种进位方式。

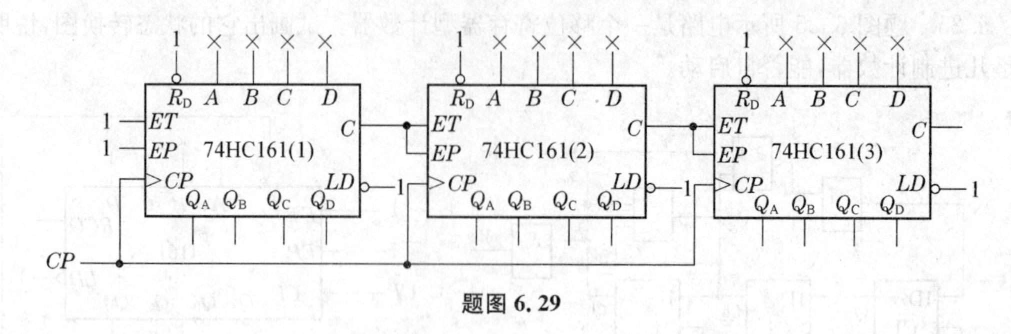

题图 6.29

6.30 题图 6.30 所示的分频电路，已知时钟频率为 $f_{CP}=32.768\ \text{kHz}$，计算 Q_{14} 的信号频率。

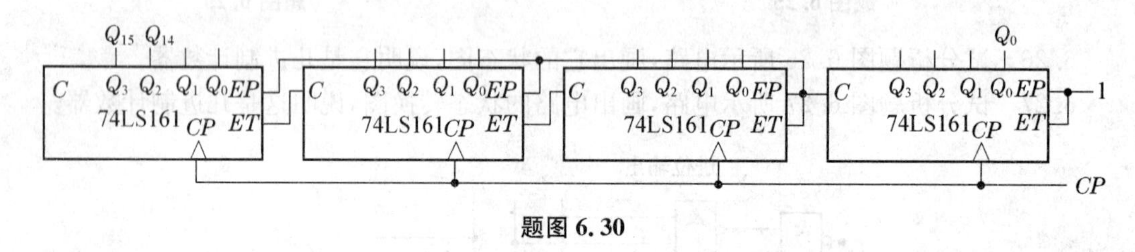

题图 6.30

6.31 用两片 74LS290 构成 99 进制的计数器，要求每一片 74LS290 的输出 8421BCD 码。

6.32 用同步十进制计数器芯片 74160 设计一个三百六十五进制计数器，要求各位间为十进制关系。

6.33 用 74LS160 构成 7 进制的计数器。

6.34 试用下降沿 D 触发器组成 4 位二进制异步加计数器，画出逻辑图。

6.35 试用下降沿 JK 触发器组成 4 位二进制异步加计数器，画出逻辑图。

6.36 试用上升沿 JK 触发器设计一同步时序电路，其状态转换图如题图 6.36 所示，要求电路最简。

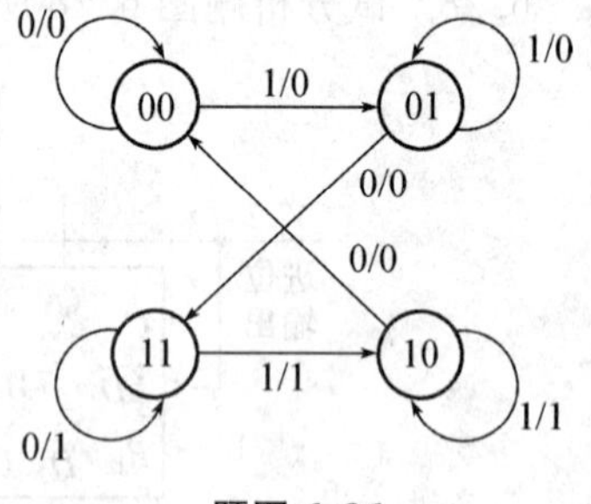

题图 6.36

6.37 试用下降沿 D 触发器和适当的门电路设计一个 1101 序列检测器，该检测器有一个输入端，一个输出端。当输入的序列为 1101 时，输出为 1；在其他输入时，输出为 0。

6.38 设计一个同步时序逻辑电路，给出设计过程。它有两个输入 X_1、X_2 和一个输出 Z，当 X_1、X_2 连续两个以上一致时输出为 1，否则输出为 0。

6.39 用 JK 触发器设计一个八进制可逆计数器，要求当 $X=1$ 时，加 1 计数；当 $X=0$ 时，减 1 计数。

第7章 脉冲产生与整形

本章学习目的和要求

1. 正确理解多谐振荡器、单稳态触发器、施密特触发器的电路组成和工作原理；
2. 熟悉多谐振荡器、单稳态触发器、施密特触发器的逻辑功能；
3. 掌握555定时器的电路结构和工作原理；
4. 掌握用555定时器组成多谐振荡器、单稳态触发器、施密特触发器的连接方法，掌握555定时器的应用。

在数字电路中，常常需要各种脉冲波形，例如时序电路中的时钟脉冲、控制过程中的定时信号等。这些脉冲波形的获取，通常有两种方法：一种是将已有的非脉冲波形通过波形变换电路获得；另一种则是采用脉冲信号产生电路直接得到。本章首先介绍单稳态触发器、施密特触发器和多谐振荡器的工作原理和应用。接着讲述555定时器构成的施密特触发器、单稳态触发器、多谐振荡器的连接方法及用途，然后介绍555定时器的应用。最后用Multisim实现仿真，并介绍555定时器的几个具体应用。

7.1 概 述

脉冲在数字电路中应用极普遍，它的获取和分析是数字电路的一个组成部分。数字电路中会用到各种幅度、宽度以及具有陡峭边沿的脉冲信号，如触发器就需时钟脉冲(CP)。

脉冲波形的获取，通常有两种方法：一种是将已有的非脉冲波形通过波形变换电路获得；另一种则是采用脉冲信号产生电路直接得到。脉冲信号产生要用多谐振荡器，脉冲信号整形则需要单稳态触发器和施密特触发器。

脉冲产生电路不需外加触发脉冲就能够产生具有一定频率和幅度的矩形波，多谐振荡器就是用途最广泛的脉冲产生电路。脉冲整形电路能够将其他形状的信号，如正弦波、三角波和一些不规则的波形变换成矩形脉冲。施密特触发器和单稳态触发电路就是两种常见的脉冲整形电路。每一种电路，既可以由分立元件组成，也可以由集成逻辑单元组成。555定时器的使用灵活、方便，只要外部配接少量的阻容元件就可以方便的构成上述三种电路。

7.2 施密特触发器

施密特触发器是脉冲波形变换中经常使用的一种电路，利用它可以将正弦波、三角波以及其他一些周期性的脉冲波形变换成边沿陡峭的矩形波。另外，它还可以用作脉冲鉴幅器、比较器。门电路有一个阈值电压，当输入电压从低电平上升到阈值电压或从高电平下降到阈值电压时电路的状态将发生变化。施密特触发器是一种特殊的门电路，与普通的门电路不同，施密特触发器有两个阈值电压，分别称为正向阈值电压和负向阈值电压。在输入信号从低电平上升到高电平的过程中使电路状态发生变化的输入电压称为正向阈值电压，在输入信号从高电平下降到低电平的过程中使电路状态发生变化的输入电压称为负向阈值电压。正向阈值电压与负向阈值电压之差称为回差电压。电路具有以下工作特点：

(1) 电路的触发方式属于电平触发，对于缓慢变化的信号依然适用，当输入电压达到某一定值时，输出电压会发生跳变。由于电路内部正反的作用，输出电压波形的边沿很陡直。

(2) 在输入信号增加和减少时，施密特触发器有不同的阈值电压，正向阈值电压 V_{T+} 和负向阈值电压 V_{T-}。正向阈值电压与负向阈值电压之差，称为回差电压，用 ΔV_T 表示（$\Delta V_T = V_{T+} - V_{T-}$）。根据输入相位、输出相位关系的不同，施密特触发器有同相输出和反相输出两种电路形式。其电压传输特性曲线及逻辑符号如图 7.2.1 所示。电路的特性曲线类似于铁磁材料的磁滞回线，此曲线作为施密特触发器的标志。具有两个稳定状态，而且由于具有回差电压，所以抗干扰能力也较强。外部输入电平必须达到一定电压值时，状态才能发生翻转。因此，施密特触发器中不存在任何暂稳态。

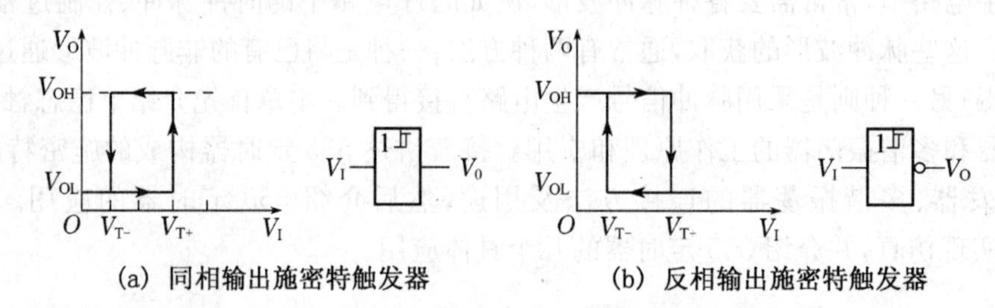

(a) 同相输出施密特触发器 (b) 反相输出施密特触发器

图 7.2.1 施密特电路的传输特性

7.2.1 用门电路组成的施密特触发器

1. TTL 门电路组成的施密特触发器

TTL 门电路组成的施密特触发器，经常采用图 7.2.2 所示的电路。因为 TTL 门电路输入特性的限制，所以 R_1 和 R_2 的数值不能取得很大。串入二极管 D 防止 $V_O = V_{OH}$ 时门 G_2 的负载电流过大。

由图 7.2.2 可知，$V_I = 0$ 时，$V_O = V_{OL}$。假定门电路的阈值电压为 V_{TH}，同样地，可分析 V_I 上升过程和下降过程电路的工作情况。

(1) V_I 上升过程

当 V_I 从 0 上升至 V_{TH} 时，由于 G_1 的另一个输入端的电平 V_I' 仍低于 V_{TH}，所以电路状态并不改变。当 V_I 继续升高，并使 $V_I' = V_{TH}$ 时，

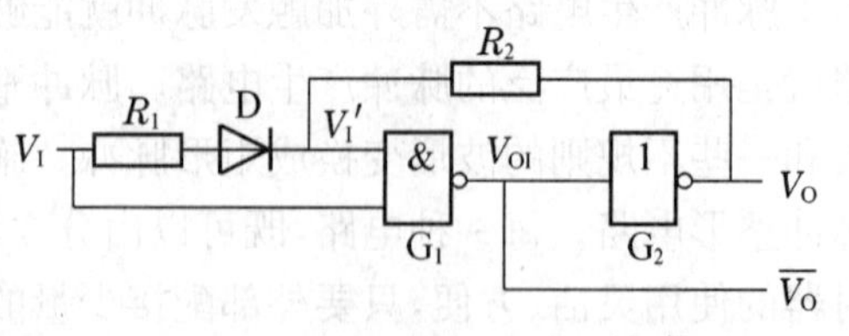

图 7.2.2 TTL 门电路组成的施密特触发器电路

G_1 开始导通输出为低电平，经 G_2 反相和电路中的正反馈，V_O 迅速跳变为高电平，使 $V_O = V_{OH}$。此时对应的输入电平 V_{T+} 可由下式得到：

$$V_I' = V_{TH} = (V_{T+} - V_D)\frac{R_2}{R_1 + R_2}$$

所以
$$V_{T+}=V_{TH}\frac{R_1+R_2}{R_2}+V_D$$
其中 V_D是二极管 D 的导通压降。

(2) V_I下降过程

当 V_I由高电平逐渐下降，只要降至 $V_I=V_{TH}$以后，经 G_1、G_2和电路中的正反馈，V_O迅速跳返回 $V_O=V_{OL}$的状态。因此 V_I下降过程对应的输入转换电平为
$$V_{T-}=V_{TH}$$
因此，可以求出电路的回差电压为
$$\Delta V_T=V_{T+}-V_{T-}=\frac{R_1}{R_2}V_{TH}+V_D$$

2. COMS 门电路组成的施密特触发器

用 CMOS 门组成的施密特触发器如图 7.2.3 所示。电路中两个 CMOS 反相器 G_1、G_2串接，分压电阻 R_1、R_2将输出端的电压反馈到 G_1门的输入端。要求电路中电阻关系满足：$R_1<R_2$。

设 CMOS 反相器的阀值电压 $V_{TH}\approx\frac{V_{DD}}{2}$，输入信号 V_I为三角波。

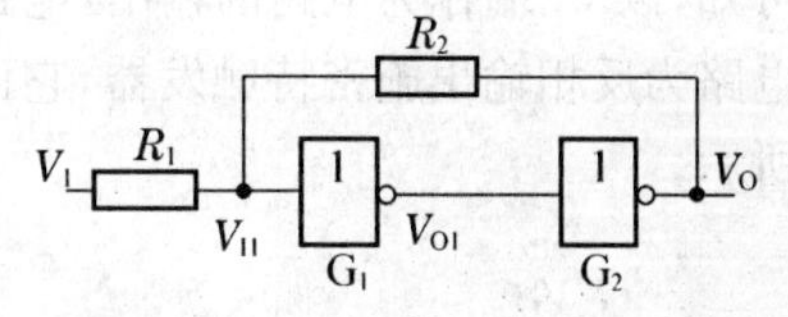

图 7.2.3　CMOS 反相器组成的施密特触发器

由图 7.2.3 可知，G_1门的输入电平 V_{I1}决定着电路的输出状态。
$$V_{I1}=\frac{R_2}{R_1+R_2}\cdot V_I+\frac{R_1}{R_1+R_2}\cdot V_O \quad (7.2.1)$$

当 $V_I=0$ V 时，$V_{I1}=0$ V，G_1门截止，$V_{O1}=V_{OH}\approx V_{DD}$，$G_2$门导通，$V_O=V_{OL}\approx 0$ V。输入信号 V_I从 0 V 电压逐渐增加，只要 $V_{I1}<V_{TH}$，电路保持 $V_O\approx 0$ V 不变。当 V_I继续上升到 $V_{I1}=V_{TH}$时，G_1门进入其电压传输特性转折区，此时 V_{I1}的增加在电路中产生如下正反馈过程：
$$V_I\uparrow\longrightarrow V_{I1}\uparrow\longrightarrow V_{O1}\downarrow\longrightarrow V_O\uparrow$$

这样，电路的输出状态很快从低电平跳变为高电平，$V_O\approx V_{DD}$。

输入信号上升过程中，使电路的输出电平发生跳变所对应的输入电压称为正向阀值电压，用 V_{T+}表示。即由式(7.2.1)，得
$$V_{I1}=V_{TH}=\frac{R_2}{R_1+R_2}V_{T+} \quad (7.2.2)$$
$$V_{T+}=\left(1+\frac{R_1}{R_2}\right)V_{TH} \quad (7.2.3)$$

如果 V_{I1}继续上升，输出状态维持 $V_O\approx V_{DD}$不变。

如果 V_{I1}从高电平开始逐渐下降，当降至 $V_{I1}=V_{TH}$时，G_1门又进入其电压传输特性转折区，电路又产生如下的正反馈过程：
$$V_I\downarrow\longrightarrow V_{I1}\downarrow\longrightarrow V_{O1}\uparrow\longrightarrow V_O\downarrow$$

电路迅速从高电平跳变为低电平，$V_O\approx 0$ V。

输入信号在下降过程中，使输出电平发生跳变时所对应的输入电平称为负向阈值电压，用 V_{T-} 表示。根据式(7.2.1)，有

$$V_{I1} \approx V_{TH} = \frac{R_2}{R_1 + R_2} V_{T-} + \frac{R_1}{R_1 + R_2} V_{DD}$$

将 $V_{DD} = 2V_{TH}$ 代入上式，可得

$$V_{T-} = \left(1 - \frac{R_1}{R_2}\right) V_{TH} \tag{7.2.4}$$

定义 V_{T+} 与 V_{T-} 之差为回差电压，记作 ΔV_T。由式(7.2.3)和式(7.2.4)，可求得

$$\Delta V_T = V_{T+} - V_{T-} \approx 2\frac{R_1}{R_2} V_{TH} = \frac{R_1}{R_2} V_{DD} \tag{7.2.5}$$

由式(7.2.5)可知，电路的回差电压 ΔV_T 与 $\frac{R_1}{R_2}$ 成正比，因此改变 R_1、R_2 的比值即可调节回差电压的大小。

根据以上分析，可画出电路的工作波形及电压传输特性如图 7.2.4 所示。从图 7.2.4(a)可知，以 V_O 端作为电路的输出，电路为同相输出施密特触发器；如果以 V_{O1} 作为输出端，则电路为反相输出施密特触发器，它们的电压传输特性曲线分别如图 7.2.4(b)和图 7.2.4(c)所示。

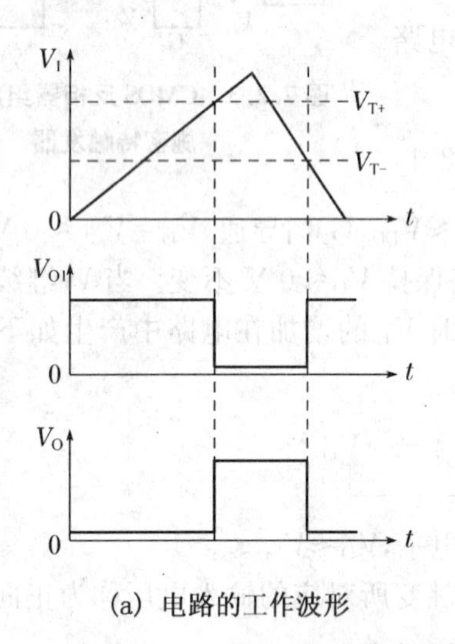

(a) 电路的工作波形

(b) V_O 输出的施密特触发器传输特性曲线

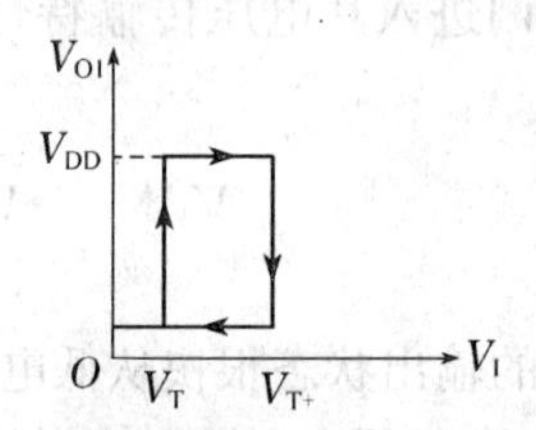

(c) V_{O1} 输出的施密特触发器传输特性曲线

图 7.2.4 施密特触发器工作波形及电压传输特性

TTL 门电路构成的施密特触发器的电压传输特性与 CMOS 电路是一样的，只是参数有所差别。

【例 7.2.1】 在图 7.2.3 所示的电路中，已知 $R_1 = 12\ \text{k}\Omega$，$R_2 = 15\ \text{k}\Omega$，G_1 和 G_2 是 CMOS 反相器，$V_{DD} = 12$ V。试计算电路的触发阈值电平 V_{T+}、V_{T-} 和回差电压 ΔV_T。

解 由于门 G_1 和 G_2 是 CMOS 反相器，它们的阈值电平 $V_{TH} \approx \frac{1}{2} V_{DD} = 6$ V。由式(7.2.3)～式(7.2.5)计算，可得

$$V_{T+} = \left(1 + \frac{R_1}{R_2}\right) V_{TH} = 10.8\ \text{V}$$

$$V_{T-}=\left(1-\frac{R_1}{R_2}\right)V_{TH}=1.2\ \text{V}$$

$$\Delta V_T=V_{T+}-V_{T-}=9.6\ \text{V}$$

7.2.2 集成施密特触发器

集成施密特触发器性能优良，应用广泛，无论是CMOS还是TTL电路，都有单片的集成施密特触发器产品。例如CMOS产品有六施密特反相器CC40106，施密特四2输入与非门CC4093等；TTL产品主要有六施密特反相器7414/5414、74LS14、54LS14，施密特四2输入与非门74132/54132、74LS132、54LS132，双4输入与非门7413/5413、74LS13、54LS13等。

1. TTL集成施密特触发器

下面我们介绍一种典型的TTL集成施密特触发器7413。其电路结构及其逻辑符号如图7.2.5所示。电路由二极管与门、施密特电路、电平偏移电路和推拉输出反相器4部分组成。作为核心电路的施密特电路由VT_1、VT_2、R_2、R_3和R_4构成。由于这一电路的输入附加了逻辑与功能，在电路的输出附加了逻辑非功能，所以它又称为施密特触发的与非门。

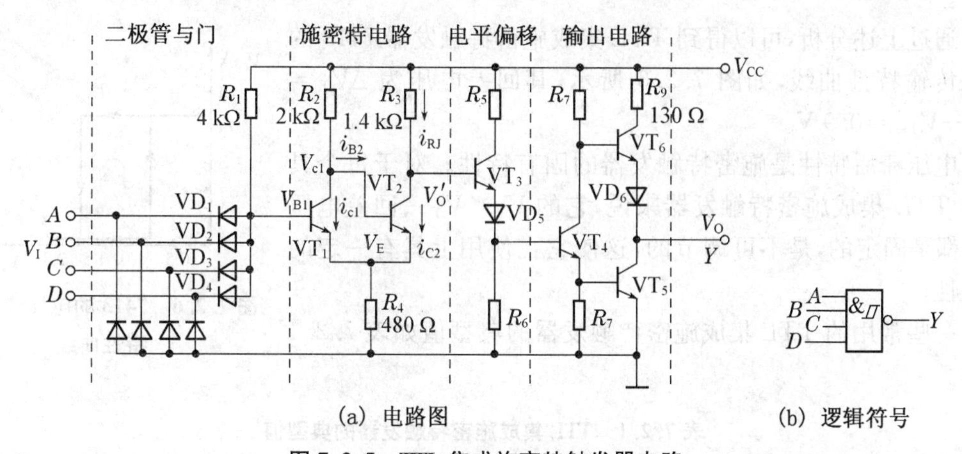

(a) 电路图　　(b) 逻辑符号

图7.2.5　TTL集成施密特触发器电路

由电路的组成可以看出，施密特电路是由VT_1、VT_2构成的两级正反馈放大器，两级之间的反馈是由公共发射极电阻R_4进行耦合的。假设电路中三极管发射结的导通压降和二极管正向导通压降均为0.7 V。

当$V_I=0$时，$V_{B1}=0.7$ V，则$V_{BE1}=V_{B1}-V_E=0.7\ \text{V}-V_E<0.7$ V，所以VT_1截止，VT_2饱和导通，这时VT_2的发射极电流在R_4上的电压为$V_E=i_{E2}R_4$。由图7.2.4中参数计算可得$V_E=1.7$ V。这时VT_2的集电极电压$V'_O=V_E+V_{CE2(sat)}=1.7\ \text{V}+0.2\ \text{V}=1.9$ V，使VT_4和VT_5截止，电路输出V_O为高电平。

V_I从0开始上升，V_{B1}随之上升，当$V_{BE1}\geqslant 0.7$ V时，VT_1由截止开始导通，电路发生如下正反馈过程：

$$V_I\uparrow\rightarrow V_{B1}\uparrow\rightarrow i_{C1}\uparrow\rightarrow V_{C1}\downarrow\rightarrow i_{C2}\downarrow\rightarrow V_E\downarrow\rightarrow V_{BE1}\uparrow$$

导致电路迅速翻转为VT_1导通、VT_2截止的工作状态。这时，V'_O变为高电平，流过R_3的

电流使 VT_3 饱和导通，进一步使 VT_4、VT_5 导通，而 VT_6 截止，输出 V_O 为低电平。

由上述分析可知，电路的输出由高电平变为低电平所对应的输入电平值，即正向触发阈值电平 $V_{T+}=V_E+V_{BE1}-V_D\approx V_E=i_{E2}R_4=1.7\ V$。

此时，若输入电压 V_I 继续上升，电路的状态不会发生变化，输出 V_O 维持低电平。

V_I 由高电平逐渐下降，当下降到 $V_I=V_{T+}$ 时，电路的状态保持不变。这是因为此时 VT_1 饱和导通，$V_E=i_{E1}R_4$，由电路参数可知，$R_2>R_3$，所以 $i_{E1}<i_{E2}$。因此，当 $V_I=V_{T+}$ 时仍能维持 VT_1 导通、VT_2 截止的工作状态，输出 V_O 不变。

V_I 继续下降，当下降到使 $V_{BE1}\leqslant 0.7\ V$ 时，VT_1 开始由导通变为截止，电路又发生另一正反馈过程：

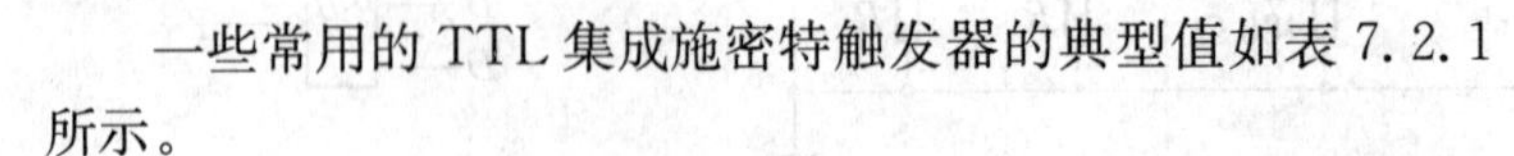

导致电路迅速回到 VT_1 截止、VT_2 导通的状态，输出 V_O 为高电平。

由上述分析可知，电路的负向触发阈值电平 $V_{T-}=i_{E1}R_4$，由图 7.2.5 中参数计算可得 $V_{T-}=0.8\ V$。此时，若输入电压 V_I 继续下降，电路的状态不会发生变化，输出 V_O 维持高电平。

通过上述分析，可以得到 TTL 集成施密特触发器 7413 的电压传输特性曲线，如图 7.2.6 所示，其回差电压为 $\Delta V_T=V_{T+}-V_{T-}=0.9\ V$。

电压滞后特性是施密特触发器的固有特性。对于每个具体的 *TTL* 集成施密特触发器来说，它的 V_{T+}、V_{T-}、回差电压 ΔV_T 都是固定的，是不可调节的，这使它在使用上具有一定的局限性。

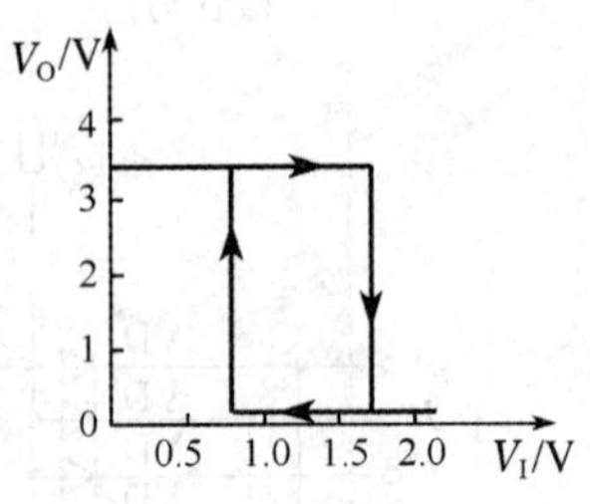

图 7.2.6 7413 的电压传输特性曲线

一些常用的 TTL 集成施密特触发器的典型值如表 7.2.1 所示。

表 7.2.1 TTL 集成施密特触发器的典型值

电路名称	型号	典型延迟时间/ns	典型每门功耗/mW	典型 V_{T+}/V	典型 V_{T-}/V	典型 ΔV_T/V
六反相器	74LS14	15	8.6	1.6	0.8	0.8
四 2 输入与非门	74LS132	15	8.8	1.6	0.8	0.8
双 4 输入与非门	74LS13	15	8.75	1.6	0.8	0.8

2. CMOS 集成施密特触发器

现以 CMOS 集成施密特触发器 CC40106 为例介绍其工作原理。图 7.2.7 所示为 CC40106 的电路图、逻辑符号和引脚图。集成施密特触发器 CC10406 的内部电路由施密特电路、整形电路和输出电路三部分组成，其核心部分是施密特电路。

(1) 施密特电路

施密特电路由 P 沟道 MOS 管 $T_{P1}\sim T_{P3}$、N 沟道 MOS 管 $T_{N4}\sim T_{N6}$ 组成，设 P 沟道 MOS 管的开启电压为 V_{TP}，N 沟道 MOS 管开启电压为 V_{TN}。

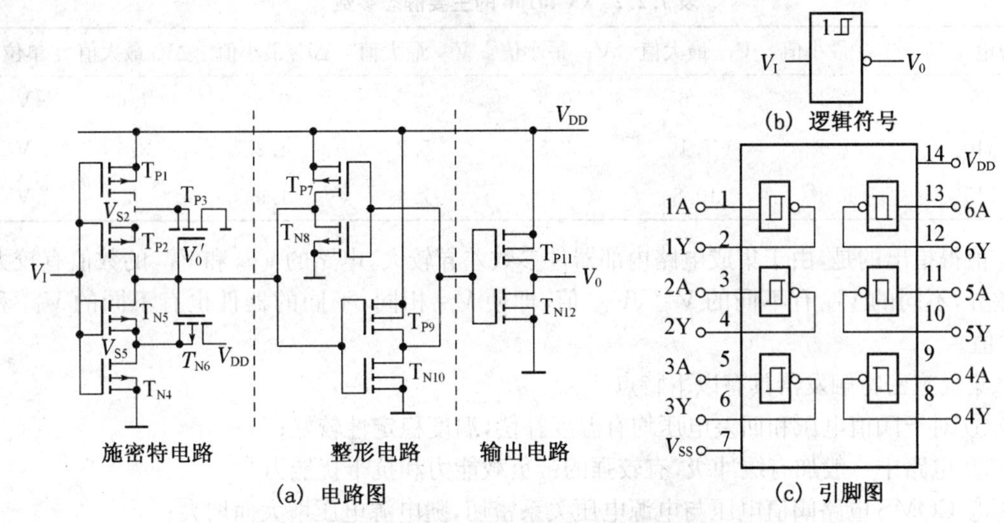

图 7.2.7 CMOS 集成施密特触发器电路

电路的输入信号 V_I 为三角波。当 $V_I=0$ 时，T_{P1}、T_{P2} 导通，T_{N4}、T_{N5} 截止，电路中 V_0' 为高电平（$V_0'\approx V_{DD}$），T_{P3} 截止，T_{N6} 导通，电路为源极跟随器。T_{N5} 的源极电位 $V_{S5}\approx V_{DD}-V_{DSN6}$，该电位较高，$V_O\approx V_{OH}$。

V_I 电位逐渐升高，当 $V_I>V_{TN}$ 时，T_{N4} 导通，由于 T_{N5} 的源极电压 V_{S5} 较大，即使 $V_I>V_{DD}$，T_{N5} 仍截止。V_I 继续升高，直至 T_{P1}、T_{P2} 的栅源电压减小，使 T_{P1}、T_{P2} 趋于截止，其内阻增大并使 V_O' 和 V_{S5} 开始下降。当 $V_I-V_{S5}\geqslant V_{TN}$ 时，T_{N5} 才开始导通，并引起如下正反馈过程：

$$V_O'\downarrow\rightarrow V_{S5}\downarrow\rightarrow V_{GS5}\uparrow\rightarrow R_{ON5}\downarrow(R_{ON5}\text{为 }T_{N5}\text{ 导通电阻})$$

于是，T_{N5} 迅速导通，V_O' 随之也急剧下降，致使 T_{P3} 很快导通，并带动 V_{S2} 下降，T_{P2} 截止，$V_O'\approx 0$。V_I 的继续升高，最终使 T_{P1} 也完全截止，输出电压 V_O 从高电平跳变为低电平 $V=V_{OL}$。在 $V_{DD}\gg V_{TN}+|V_{TP}|$ 的条件下，电路的正向阈值电压 V_{T+} 远大于 $\frac{1}{2}V_{DD}$。

同理，在 V_I 逐渐下降的过程中，在 $|V_I-V_{S2}|>|V_{TP}|$ 时，与 V_I 上升过程类似，电路也会出现一个急剧变化的工作过程，使电路转换为 V_O' 为高电平，$V_O=V_{OH}$ 的状态。在 V_I 下降过程中的负向阀值电压 V_{T-} 也远低于 $\frac{1}{2}V_{DD}$。

由上分析可知，电路如 V_I 上升和下降过程中有两个不同的阈值电压，电路为反相输出的施密特触发器。

(2) 整形级

图 7.2.7(a)中 T_{P7}、T_{N8} 和 T_{P9}、T_{N10} 组成两个首尾相连的反相器组成整形级，在 V_O' 上升和下降过程中，利用两级反相器的正反馈作用，可使输出波形的上升沿和下降沿陡直。

(3) 输出级

输出级为 T_{P11}、T_{N12} 组成的反相器，它不仅能起到与负载隔离的作用，而且也可提高电路的带负载能力。

CC40106 的主要静态参数如表 7.2.2 所示。

表 7.2.2 CC40106 的主要静态参数

电源电压 V_{DD}	V_{T+} 最小值	V_{T+} 最大值	V_{T-} 最小值	V_{T-} 最大值	ΔV_T 最小值	ΔV_T 最大值	单位
5	2.2	3.6	0.9	2.8	0.3	1.6	V
10	4.6	7.1	2.5	5.2	1.2	3.4	V
15	6.8	10.8	4	7.4	1.6	5	V

值得指出的是，由于集成电路内部器件参数差异较大，电路的 V_{T+} 和 V_{T-} 的数值有较大的差异，不同的 V_{DD} 有不同的 V_{T+}、V_{T-} 值，即使 V_{DD} 相同，不同的器件也有不同的 V_{T+} 和 V_{T-} 值。

集成施密特触发器具有以下特点：

① 对于阈值电压和回差电压均有温度补偿，温度稳定性较好；

② 电路中一般加有缓冲级，有较强的带负载能力和抗干扰能力；

③ COMS 电路阈值电压与电源电压关系密切，随电源电压增大而增大；

④ 阈值电压和回差电压均不可调。

7.2.3 施密特触发器的应用

施密特触发器的应用较广，下面介绍几个典型的应用。

1. 脉冲波形变换

施密特触发器可以将三角波、正弦波及变化缓慢的周期性信号变换成矩形脉冲。只要输入信号的幅度大于 V_{T+}，即可在施密特触发器的输出端得到相同频率的矩形脉冲信号。

例如，在施密特触发器的输入端加入正弦波，根据电路的电压传输特性，可对应画出输出电压波形，如图 7.2.8 所示。改变施密特触发器的 V_{T+} 和 V_{T-} 就可调节 V_O 的脉宽。将非矩形波变换为矩形波，也可以采用施密特触发器。

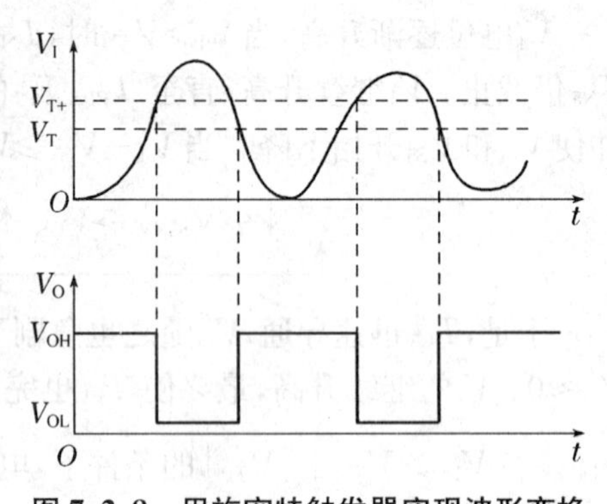

图 7.2.8 用施密特触发器实现波形变换

2. 波形的整形

矩形脉冲经传输后往往会发生波形畸变。其中常见的有图 7.2.9 所示的几种情况。当

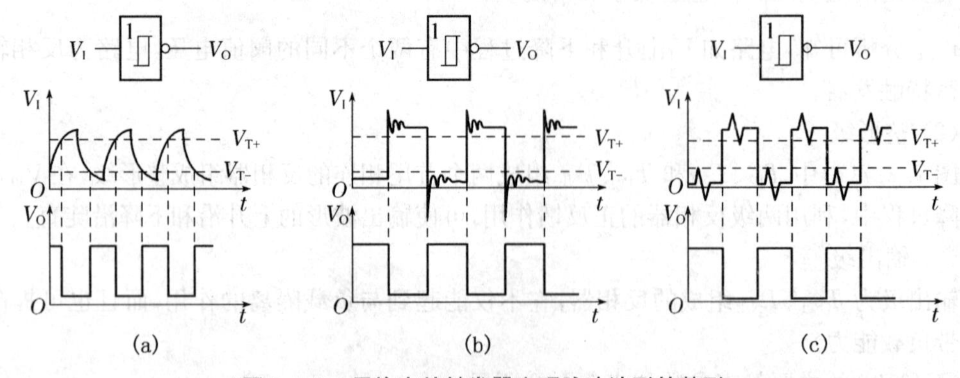

图 7.2.9 用施密特触发器实现脉冲波形的整形

传输线上电容较大时，波形的前、后沿将明显变坏，如图 7.2.9(a)所示；当传输线较长，而且接收端的阻抗与传输线的阻抗不匹配时，在波形的上升沿和下降沿将产生振荡现象，如图 7.2.9(b)所示；当其他脉冲信号通过导线之间的分布电容或公共电源线叠加到矩形脉冲信号上时，信号上将出现附加的噪声，如图 7.2.9(c)所示。

对于上述信号传输过程中产生的畸变，可采用施密特触发器对波形进行整形，只要回差电压选择恰当，就可到达理想的整形效果。

采用施密特触发器消除干扰，回差电压大小的选择很重要。例如要消除图 7.2.10(a)所示信号的顶部干扰，回差电压取小了，顶部干扰没有消除，输出波形如图 7.2.10(b)所示；调大回差电压才能消除干扰，得到如图 7.2.10(c)所示的理想波形。由此可以看出适当增大回差电压，可提高电路的抗干扰性能。

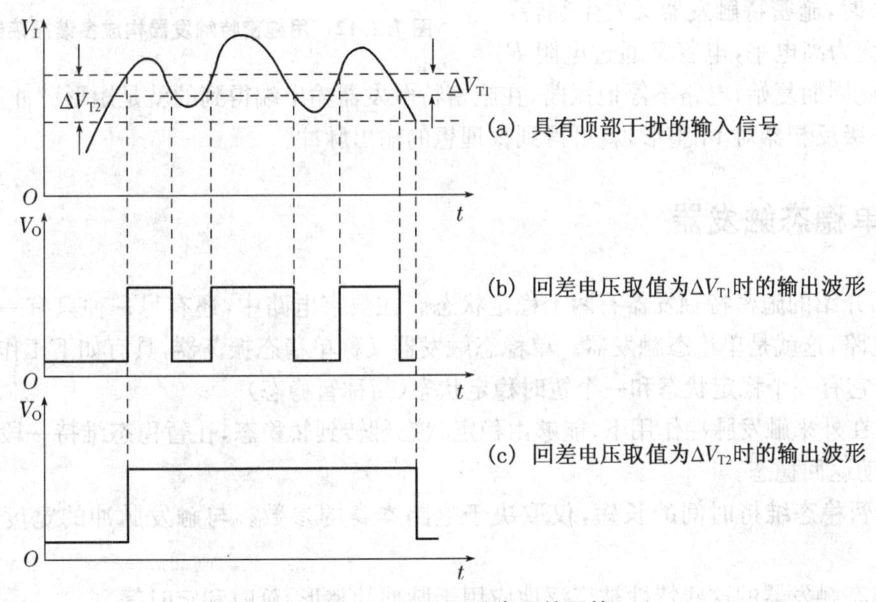

图 7.2.10　利用回差电压抗干扰

3. 幅度鉴别

利用施密特电路，可以从输入幅度不等的一串脉冲中，去掉幅度较小的脉冲，保留幅度超过 V_{T+} 的脉冲，这就是幅度鉴别。

施密特触发器的触发方式属于电平触发，其输出状态与输入信号 V_I 的幅值有关。根据这一工作特点，可以用它作为幅度鉴别电路。例如，输入信号为幅度不等的一串脉冲(见图 7.2.11)，要鉴别幅度大于 V_{TH} 的脉冲，只要将施密特触发器的正向阈值电压 V_{T+} 调整到规定的幅度，这样，只有幅度大于 V_{T+} 的那些脉冲才会使施密特触发器翻转，V_O 有相应的脉冲输出；而对于幅度小于 V_{T+} 的脉冲，施密特触发器不翻转，V_O 就没有相应的脉冲输出。

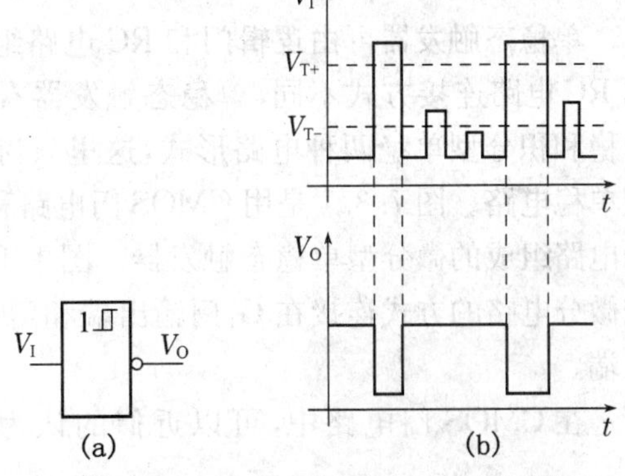

图 7.2.11　用施密特触发器进行幅度鉴别

4. 构成多谐振荡器

图 7.2.12(a)是用施密特触发器构成的多谐振荡器,图 7.2.12(b)是振荡波形的产生过程。

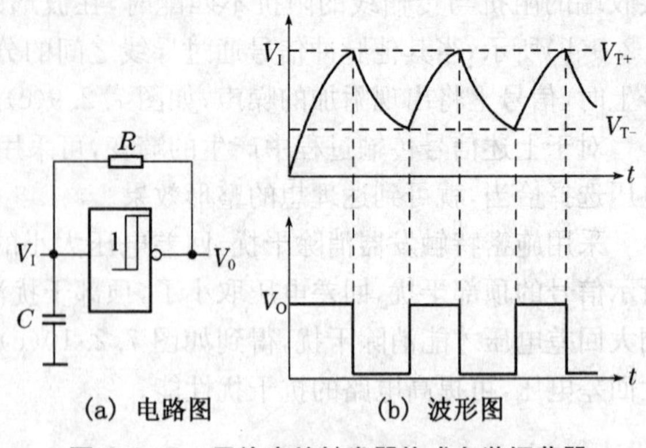

(a) 电路图　　　　　　　(b) 波形图

图 7.2.12　用施密特触发器构成多谐振荡器

在接通电源瞬间,电容 C 上的电压为 0,输出 V_O为高电平。V_O的高电平通过电阻 R 对电容 C 充电,使 V_I逐渐上升,当 V_I达到 V_{T+}时,施密特触发器发生翻转,输出 V_O变为低电平,此后电容 C 通过电阻 R 放电,使 V_I逐渐下降,当 V_I达到 V_{T-}时,施密特触发器又发生翻转,输出 V_O变为高电平,电容又通过电阻 R 充电,如此周而复始,电路不停地振荡,在施密特触发器输出端得到的就是矩形脉冲 V_O。如再通过一级反相器对 V_O整形,就可得到很理想的输出脉冲。

7.3　单稳态触发器

前面介绍的施密特触发器有两个稳定状态。在数字电路中,还有另一种只有一个稳定状态的电路,这就是单稳态触发器。单稳态触发器又称单稳态振荡器,具有如下工作特性:

(1) 它有一个稳定状态和一个暂时稳定状态(简称暂稳态)。

(2) 在外来触发脉冲作用下,能够由稳定状态翻转到暂稳态,在暂稳态维持一段时间以后,再自动返回稳态。

(3) 暂稳态维持时间的长短,仅取决于电路本身的参数。与触发脉冲的宽度和幅度无关。

单稳态触发器的这些特性被广泛地应用于脉冲的整形、延时和定时等。

单稳态触发器分为微分型单稳态触发器、积分型单稳态触发器和集成单稳态触发器三类。

7.3.1　微分型单稳态触发器

单稳态触发器可由逻辑门和 RC 电路组成。根据 RC 电路连接方式不同,单稳态触发器有微分型单稳和积分型单稳两种电路形式,这里只讨论微分型单稳电路。图 7.3.1 是用 CMOS 门电路和 RC 微分电路组成的微分型单稳态触发器。图中 RC 电路按微分电路的方式连接在 G_1门输出端和门 G_2的输入端。

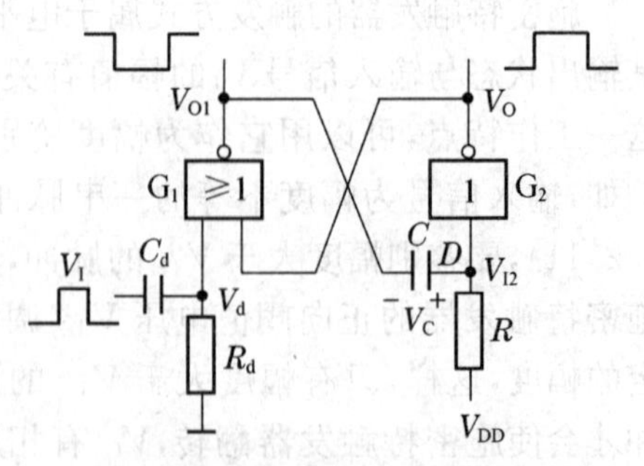

图 7.3.1　CMOS 门组成的微分型单稳态触发器

在 CMOS 门电路中,可以近似的认为 $V_{TH}\approx\frac{V_{DD}}{2}$,$V_{OL}\approx 0$ V,$V_{OH}\approx V_{DD}$。下面说明单稳态触发器

的工作原理。

(1) 没有触发器信号时,电路处于一种稳定状态。

V_I为低电平,由于 G_2 门的输入端经电阻 R 接 V_{DD},$V_O \approx 0$;这样,G_1 门两输入端均为 0,$V_{O1} \approx V_{DD}$,电容器 C 两端的电压接近 0 V,电路处于一种稳定状态。只要没有正脉冲触发,电路就一直保持这一稳态不变。

(2) 外加触发信号,电路由稳态翻转到暂稳态。

外加触发脉冲,在 V_I的上升沿,R_d、C_d 微分电路输出正的窄脉冲,当 V_d 上升到 G_1 门的阈值电压 V_{TH}时,在电路中产生如下正反馈过程:

$$V_I \uparrow \longrightarrow V_{O1} \downarrow \longrightarrow V_{I2} \downarrow \longrightarrow V_O \uparrow$$

这一正反馈过程使 G_1 瞬间导通,V_{O1}迅速地从高电平跳变为低电平,由于电容 C 两端的电压不能突变,V_{I2}也同时跳变为低电平,G_2 截止,输出 V_O 变为高电平。即使触发信号 V_I 撤除(V_I 为低电平),V_O 仍维持高电平。由于电路的这个状态是不能长久保持的,故将此时的状态称之为暂稳态。暂稳态时 $V_{O1} \approx 0$,$V_O \approx V_{DD}$。

(3) 电容器 C 充电,电路自动从暂稳态返回至稳态。

暂稳态期间,电源 V_{DD}经电阻 R 和 G_1 门导通的工作管对电容 C 充电,V_{I2} 按指数规律升高,当 V_{I2}到达 V_{TH}时,电路又产生下述正反馈过程:

$$V_{I2} \uparrow \longrightarrow V_O \downarrow \longrightarrow V_{O1} \uparrow$$

如果此时触发脉冲已消失,上述正反馈使 G_1 门迅速截止,G_2 门迅速导通,V_{O1}、V_{I2} 跳变到高电平,输出返回到 $V_O \approx 0$ V 的状态。此后电容通过电阻 R 和 G_2 门的输入保护电路放电,最终使电容 C 上的电压恢复到稳定状态时的初始值,电路从暂稳态返回稳态。

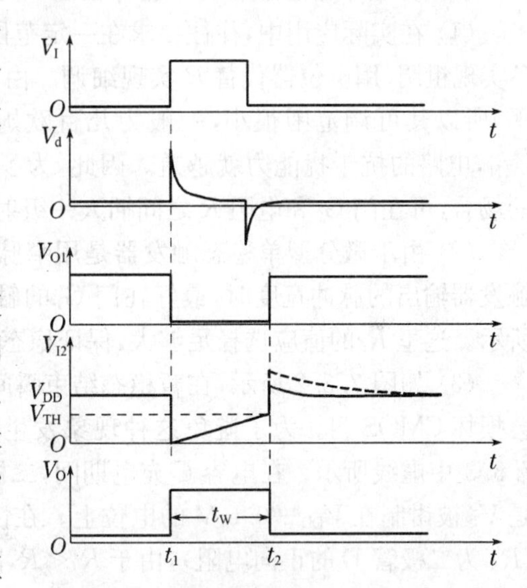

图 7.3.2 微分型单稳态触发器各点电压工作波形图

在上述工作过程中单稳态触发器各点电压工作波形如图 7.3.2 所示。

在图 7.3.2 中,有几个特别重要的参数,下面我们介绍一下。

① 输出脉冲宽度 t_W

输出脉冲宽度就是 V_{I2}从 0 V 上升到 V_{TH}所需时间,RC 充电过程决定了暂稳态持续时间。根据 RC 电路过渡过程的分析

$$t_W = RC \ln \frac{V_C(\infty) - V_C(0)}{V_C(\infty) - V_{TH}} \tag{7.3.1}$$

在电路中,$V_C(0^+) = 0$,$V_C(\infty) = V_{DD}$,$\tau = RC$,$V_{TH} = \frac{V_{DD}}{2}$,将上述条件代入式(7.3.1),可求得

$$t_W = RC\ln\frac{V_{DD}-0}{V_{DD}-V_{TH}} = RC\ln 2 \tag{7.3.2}$$

$$t_W \approx 0.7RC \tag{7.3.3}$$

② 恢复时间 t_{re}

暂稳态结束后，要使电路完全恢复到触发前的起始状态，还需要经一段恢复时间，使电容器 C 上的电荷释放完（$V_C=0$）。恢复时间一般为（3～5）τ，$\tau=RC$。

③ 分辨时间 T_d

分辨时间是指在保证电路能正常工作的前提下，允许两个相邻触发脉冲之间的最小时间间隔，所以有

$$t_d \approx t_W + t_{re} \tag{7.3.4}$$

④ 最高工作频率 f_{max}

设触发信号 V_I 的周期为 T，为了使单稳电路能正常工作，应满足 $T>(t_W+t_{re})$ 的条件。因此，单稳态触发器的最高工作频率为

$$f_{max} = \frac{1}{T_{min}} < \frac{1}{t_w+t_{re}} \tag{7.3.5}$$

在微分型单稳态触发器中还存在以下几点，需要加以注意。

(1) 在实际应用中，往往要求在一定范围内调节脉冲宽度 t_w。一般用选取不同的电容 C 实现粗调、用电位器代替 R 实现细调。由于 R 的选择必须保证稳态时门 G_2 输入为低电平，所以其可调范围很小，一般为几百欧姆。R 取值越大，门 G_2 输入就越接近阈值电压 V_{TH}，电路的抗干扰能力就越差。因此，为了扩大 R 的调节范围，特别是在要求输出宽脉冲的场合，可在门 G_2 和电阻 R 之间插入一级射极跟随器。

(2) 由于微分型单稳态触发器是用窄脉冲触发，所以若遇到触发脉冲宽度大于单稳态触发器输出的脉冲宽度时，最好在门 G_1 的触发输入端加入 R_d、C_d 微分电路，如图 7.3.2 中所示。这里 R_d 的值应选择足够大，保证稳态时门 G_1 输入为高电平。

(3) 如图 7.3.2 所示，在暂稳态结束瞬间（$t=t_2$），门 G_2 的输入电压 V_{I2} 较高，这时可能会损坏 CMOS 门。为了避免这种现象发生，在 CMOS 器件内部设有保护二极管 D，如图 7.3.3 中虚线所示。在电容 C 充电期间，二极管 D 开路。而当 $t=t_2$ 时，二极管 D 导通，于是 V_{I2} 被钳制在 $V_{DD}+0.6$ V 的电位上。在恢复期间，电容 C 放电时间常数 $\tau_d=(R//R_f)C$（R_f 为二极管 D 的正向电阻），由于 $R_f \ll R$，因此电容放电的时间也很短。

(4) 为了改善输出波形，一般在图 7.3.1 所示电路的输出端再加一级反相器 G_3，如图 7.3.3 所示。

(5) 若采用 TTL 与非门构成如图 7.3.1(a)所示的单稳触发器，考虑到 TTL 逻辑门存在输入电流，为了保证稳态时 G_2 的输入为低电平，电阻 R 要小于 0.7 kΩ；R_d 的数值则应大于 2 kΩ，才能保证稳态时 G_1 门的输入电压大于其开门电平（V_{ON}）。由于 CMOS 门不存在输入电流，用 CMOS 门组成的单稳触发器中，R、R_d 不受此限制。

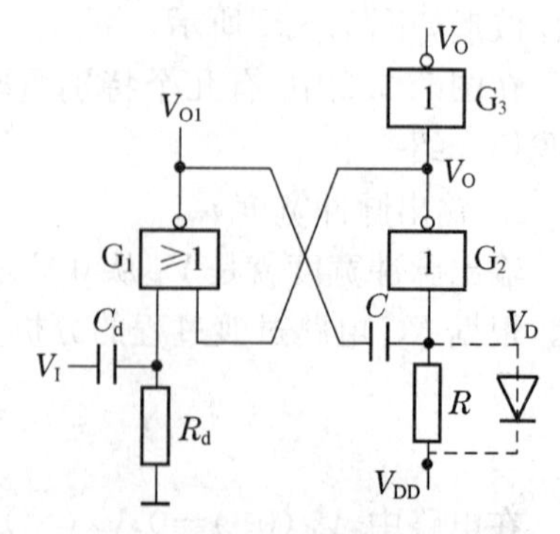

图 7.3.3　宽脉冲触发器的单稳电路

图 7.3.4(a)是用 TTL 与非门、反相器和 RC 积分电路组成的积分型单稳态触发器。为了保证 V_A 在 V_{TH}

以下，R 的阻值不能取得很大。这个电路用正脉冲触发。

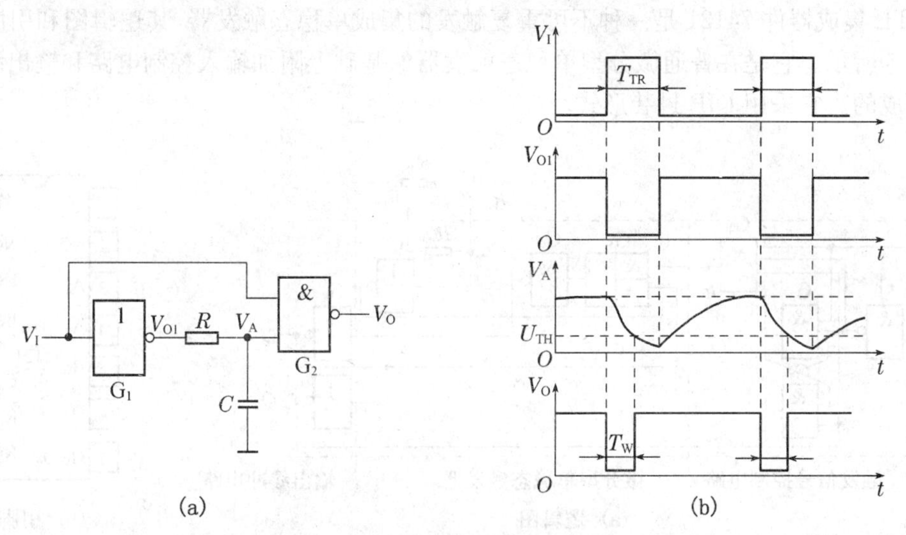

图 7.3.4　积分型单稳态触发器

有关积分型单稳态触发器的工作过程请大家自行分析，其波形图参考图 7.3.4(b)。与微分型单稳态触发器相比，积分型单稳态触发器具有抗干扰能力较强的优点。因为数字电路中的噪声多为尖峰脉冲形式(即幅度较大而宽度较窄的脉冲)，而积分型单稳态触发器在这种噪声作用下不会输出足够宽度的脉冲。

积分型单稳态触发器的缺点是输出波形边沿比较差，这是由于电路的状态转换过程中没有正反馈作用的缘故。此外，这种积分型单稳态触发器必须在触发脉冲的宽度大于输出脉冲宽度时才能正常工作。

7.3.2　集成单稳态触发器

用逻辑门组成的单稳态触发器虽然电路结构简单，但它存在触发方式单一、输出脉宽稳定性差、调节范围小等缺点。为提高单稳态触发器的性能指标，产生了大量的集成单稳态触发器。由于集成单稳态触发器外接元件和连线少，触发方式灵活，工作稳定性好，因此有着广泛的应用。在单稳态触发器集成电路产品中，有些为可重复触发，有些为不可重复触发。所谓可重复触发，是指在暂态期间，能够接收新的触发信号，重新开始暂态过程；不可重复触发是指单稳态触发器一旦被触发进入暂态后，即使有新的触发脉冲到来，其既定的暂态过程会照样进行下去，直到结束为止。其工作波形如图 7.3.5 所示。

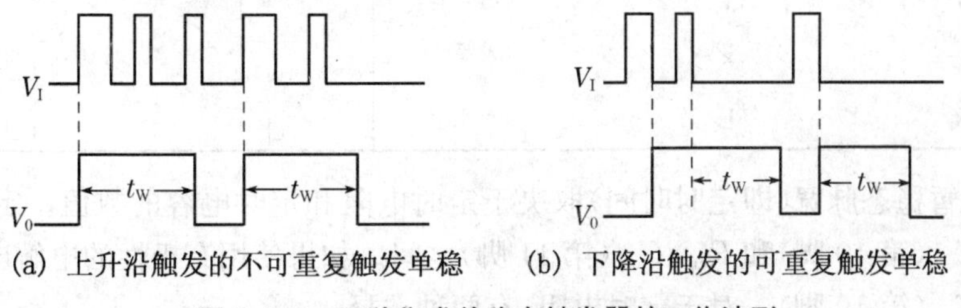

(a) 上升沿触发的不可重复触发单稳　　(b) 下降沿触发的可重复触发单稳

图 7.3.5　两种集成单稳态触发器的工作波形

1. 不可重复触发的集成单稳态触发器

TTL 集成器件 74121 是一种不可重复触发的集成单稳态触发器，其逻辑图和引脚图如图 7.3.6 所示。它是在普通微分型单稳态触发器的基础上附加输入控制电路和输出缓冲电路而形成的。它采用 DIP 封装形式。

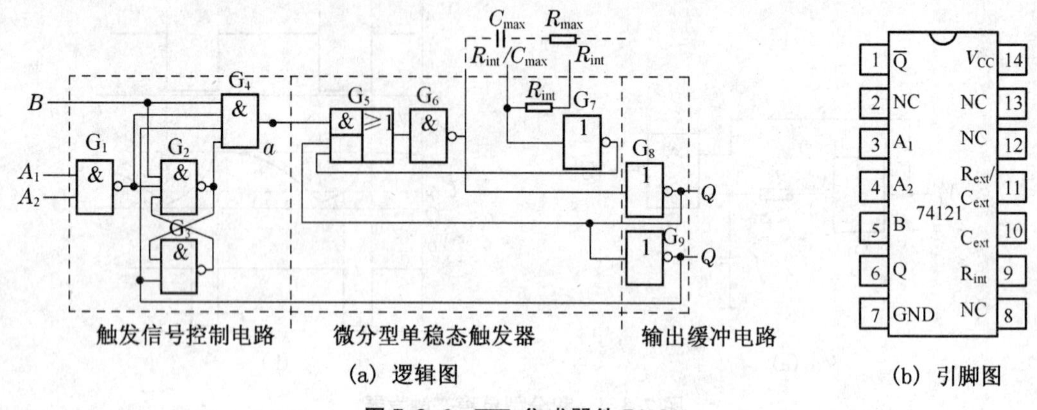

(a) 逻辑图　　(b) 引脚图

图 7.3.6　TTL 集成器件 74121

74121 有三个输入端，分别为 A_1、A_2 和 B，电路只有一个稳态 $Q=0$，$\overline{Q}=1$。74121 的功能如表 7.3.1 所示。根据功能表可知，74121 主要作用是实现边沿触发的控制，有三种触发方式：① 在 A_1 或 A_2 端用下降沿触发，这时要求另外两个输入端必须为高电平；② A_1 与 A_2 同时用下降沿触发，这时要求 B 端为高电平；③ 在 B 端用上升沿触发，此时应保证 A_1 或 A_2 中至少要有一个是低电平。74121 在具体使用时，可以通过选择输入端以决定上升沿触发还是下降沿触发。

表 7.3.1　74121 的功能表

A_1	A_2	B	Q	$\overline{Q}$
L	×	H	L	H
×	L	H	L	H
×	×	L	L	H
H	H	×	L	H
H	↓	H	⊓	⊔
↓	H	H	⊓	⊔
↓	↓	H	⊓	⊔
L	×	↑	⊓	⊔
×	L	↑	⊓	⊔

74121 的暂稳态脉宽（即定时时间）取决于定时电阻和定时电容的数值。定时电容 C_{ext} 连接在引脚 C_{ext}（第 10 脚）和 R_{ext}/C_{ext}（第 11 脚）之间。如果使用有极性的电解电容，电容的正极应接在 C_{ext}（第 10 脚）。对于定时电阻，有两种选择：

(1) 采用内部定时电阻 R_{int}（约为 2 kΩ），此时只需将 R_{int} 引脚（第 9 脚）接至电源 V_{CC}。

(2) 采用外部定时电阻 R_{ext}，此时 R_{int} 引脚(第 9 脚)应悬空，外部定时电阻接在引脚 R_{ext}/C_{ext}(第 11 脚)和 V_{CC}之间。

采用外部电阻和内部电阻组成单稳态触发器，电路连接如图 7.3.7 所示。

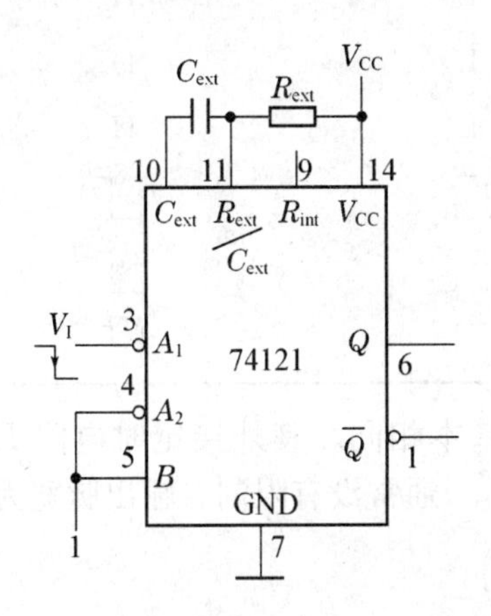

(a) 使用外接电阻R_{ext}的电路连接

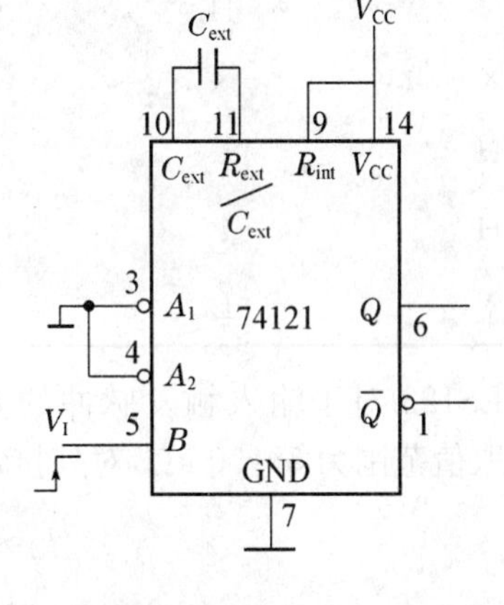

(b) 使用内部电阻R_{int}的电路连接

图 7.3.7　74121 定时电容器、电阻器的连接

74121 在触发脉冲作用下的波形如图 7.3.8 所示。由图可以看出，74121 的输出脉冲宽度为

$$t_W \approx 0.7RC \tag{7.3.6}$$

如果要求输出脉宽较宽，通常 R 的取值 2～30 kΩ 之间，C 的数值则在 10 pF～10 μF 之间，得到脉冲宽度在 20 ns～200 ms 之间。

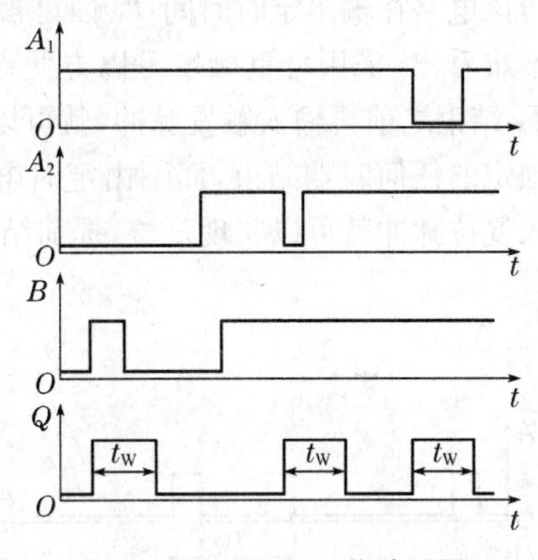

图 7.3.8　74121 工作波形图

2. 可重复触发集成单稳态触发器

74LSl23 是具有复位、可重触发功能的集成单稳态触发器，而且在同一芯片上集成了两个相同的单稳电路。其引脚图和逻辑符号如图 7.3.9 所示，功能表如表 7.3.2 所示。

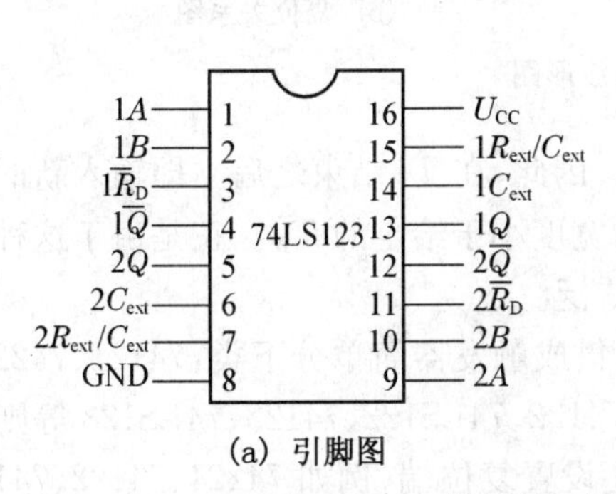

(a) 引脚图

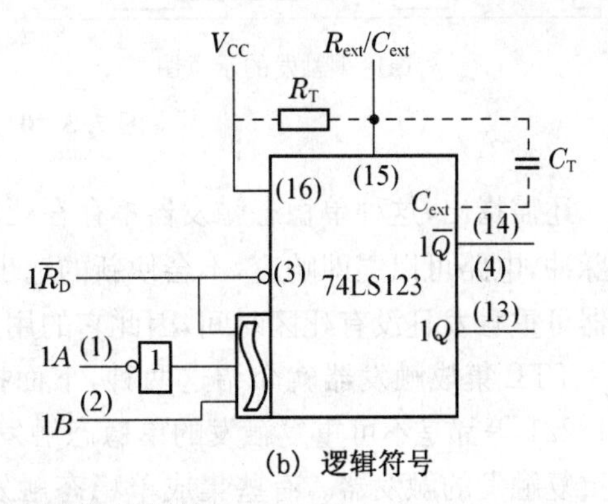

(b) 逻辑符号

图 7.3.9　集成单稳态触发器 74LSl23

表 7.3.2 集成单稳态触发器 74LS123 的功能表

$\overline{R_D}$	A	B	Q	$\overline{Q}$
L	×	×	L	H
×	H	×	L	H
×	×	L	L	H
H	L	↑	⊓	⊔
H	↓	H	⊓	⊔
↑	L	H	⊓	⊔

74LS123 对于输入触发脉冲的要求和 74LS121 基本相同。其外接定时电阻 R_T（即 R_{ext}）的取值范围为 5～50 kΩ，对外接定时电容 C_T（即 C_{ext}）通常没有限制。输出脉宽为

$$t_w \approx 0.28RC\left(1+\frac{0.7}{R}\right)。$$

$C_T \leqslant 1\,000$ pF 时，T_W可通过查找有关图表求得。

单稳态触发器 74LS123 具有可重触发功能，并带有复位输入端$\overline{R_D}$。所谓可重触发，是指该电路在输出定时时间 T_W内可被输入脉冲重新触发。图 7.3.10(a)是重触发的示意图。不难看出，采用可重触发可以方便地产生持续时间很长的输出脉冲，只要在输出脉冲宽度 T_W结束之前再输入触发脉冲，就可以延长输出脉冲宽度。直接复位功能可以使输出脉冲在预定的任何时期结束，而不由定时电阻 R_T和电容 C_T取值的大小来决定。在预定的时刻加入复位脉冲就可以实现复位，提前结束定时，其复位关系如图 7.3.10(b)所示。

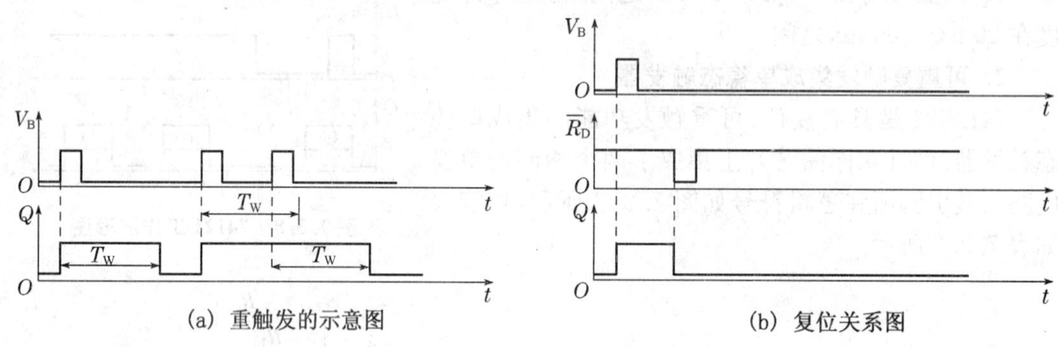

(a) 重触发的示意图　　(b) 复位关系图

图 7.3.10 74LS123 波形图

还需指出，这种单稳态触发器不存在死区时间。因此，在 T_W结束之后立即输入新的触发脉冲，电路可以立即响应，不会使新的输出脉冲的宽度小于给定的 T_W。正是由于这种触发器可重触发且没有死区时间，因此它的用途十分广泛。

TTL 集成触发器就介绍这两种，下面把 TTL 集成触发器简单分下类：74121、74221、7415221 等都是不可重复触发的单稳态触发器，而 74122、74LS122、74123、74LS123 等则是可重复触发的触发器。有些集成单稳态触发器上还设置复位端（例如 74221、74122、74123 等）。通过在复位端加入低电平信号能够立即终止暂稳态过程，使输出端返回低电平。

常用的 CMOS 集成单稳态触发器有 J210、MC14528 和 CC4098 等，下面以常用 CMOS

集成器件 MC14528 为例，简述可重复触发单稳态触发器的工作原理。该器件的逻辑图和引脚图如图 7.3.11 所示，图 7.3.11(a)中 R_{ext} 和 C_{ext} 为外接定时电阻和电容。

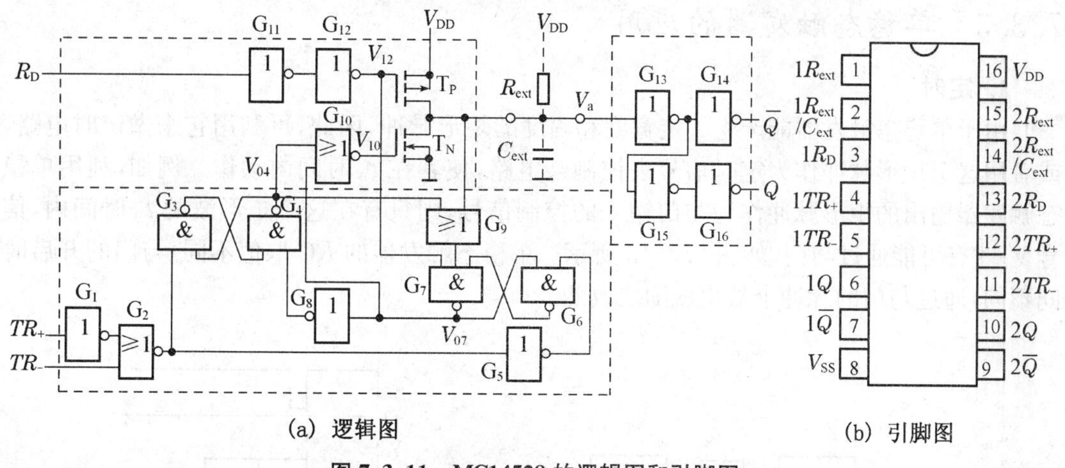

(a) 逻辑图　　　　(b) 引脚图

图 7.3.11　MC14528 的逻辑图和引脚图

由图 7.3.11 可知电路主要有三态门、外接积分电路、控制电路组成的积分型单稳态触发器及输出缓冲电路组成。TR_+ 为下降沿触发输入端，TR_- 为上升沿触发输入端，R_D 为置零输入端，低电平有效，Q，$\overline{Q}$ 为互补输出端。

MC14528 功能表和工作波形分别入表 7.3.3 和图 7.3.12 所示。

表 7.3.3　MC14528 功能表

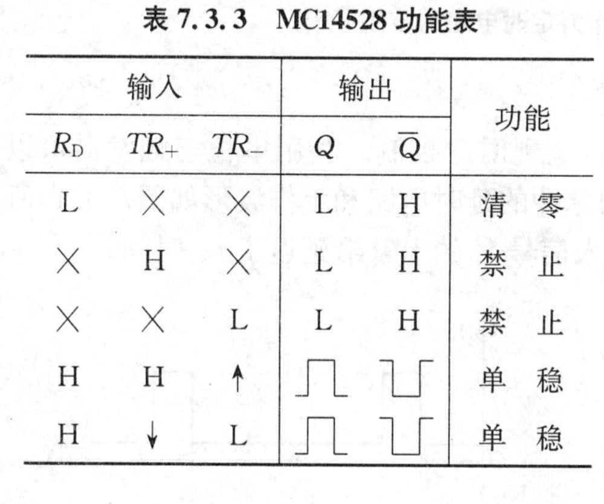

输入			输出		功能
R_D	TR_+	TR_-	Q	$\overline{Q}$	
L	×	×	L	H	清　零
×	H	×	L	H	禁　止
×	×	L	L	H	禁　止
H	H	↑	⎍	⎏	单　稳
H	↓	L	⎍	⎏	单　稳

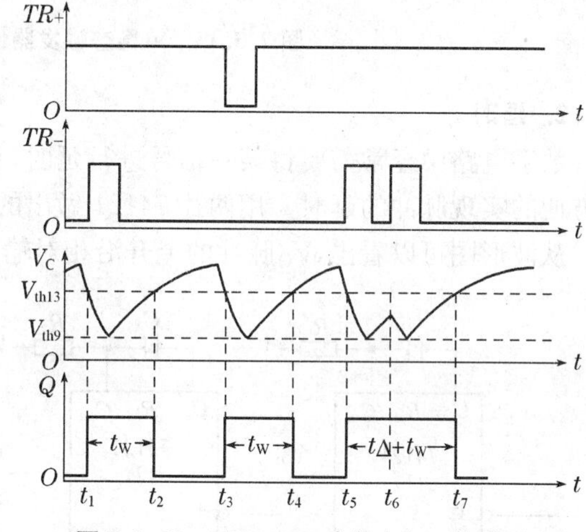

图 7.3.12　MC14528 功能表和工作波形

由图 7.3.12 可见，输出脉宽 t_W 等于 V_C 由 V_{th13} 下降至 V_{th9} 的时间与 V_C 由 V_{th9} 充电至 V_{th13} 的两个时间之和。为了获得较宽的输出脉冲，一般都将 V_{th13} 设计得较高而将 V_{th9} 设计得较低。

为了说明 *MC*14528 的可重复触发特性，分析图 7.3.12 中 $t_5 \sim t_7$ 时的工作情况。如前所述，在 t_5 时刻电路触发进入暂态，电容很快放电后，又进入充电状态。当 V_C 尚未充至 V_{th13} 时，t_6 时刻电路被再次触发，G_2 门的低电平使 $V_{04}=V_{OL}$，门 G_{10} 输出高电平，T_N 管导通，电容 C 又放电，当放电使 $V_C \ll V_{th9}$ 时，G_{10} 门输出低电平，T_N 截止。电容又充电，一直充到 V_{th13} 且在无触发信号作用时，电路才返回至稳态。显然，在这两个重复脉冲触发下，输出脉冲宽度 $t_W = t_\Delta + t_W$。这种可重复触发单稳态可利用在暂稳态加触发脉冲的方法增加输出脉宽。

7.3.3 单稳态触发器的应用

1. 定时

由于单稳态触发器能产生一定宽度和幅度的矩形脉冲，因此，可利用它来做定时电路，或者用这个矩形脉冲作为定时信号去控制某电路，使其在 t_W 时间内动作。例如，利用单稳态触发器输出的矩形脉冲作为与门输入的控制信号，则只有在这个矩形波的 t_W 时间内，信号 V_F 才有可能通过与门，如图 7.3.13 所示。单稳态触发器的 RC 取值不同，与门的开启时间不同，通过与门的脉冲个数也就随之改变。

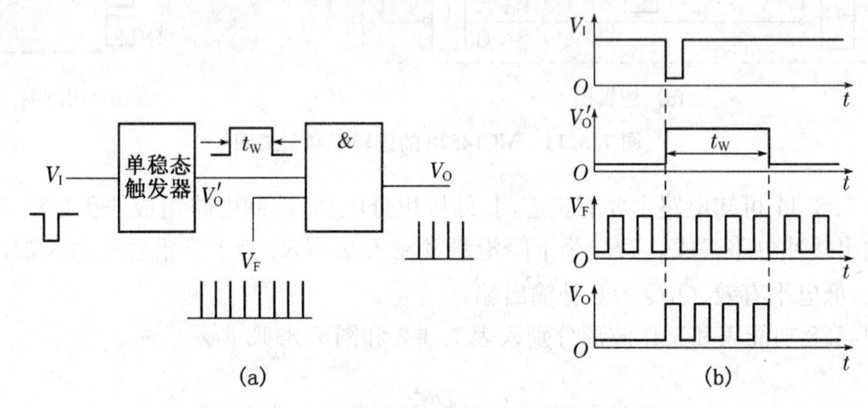

图 7.3.13 单稳态触发器作为定时电路的应用

2. 延时

数字电路中经常需要将某一信号进行延时，以实现时序控制。利用单稳态触发器可以很方便的实现脉冲的延时。用两片 74121 做出的脉冲的延时电路和工作波形如图7.3.14所示。从波形图可以看出，V_O 脉冲的上升沿相对输入信号 V_I 的上升沿延迟了 t_{W1} 时间。

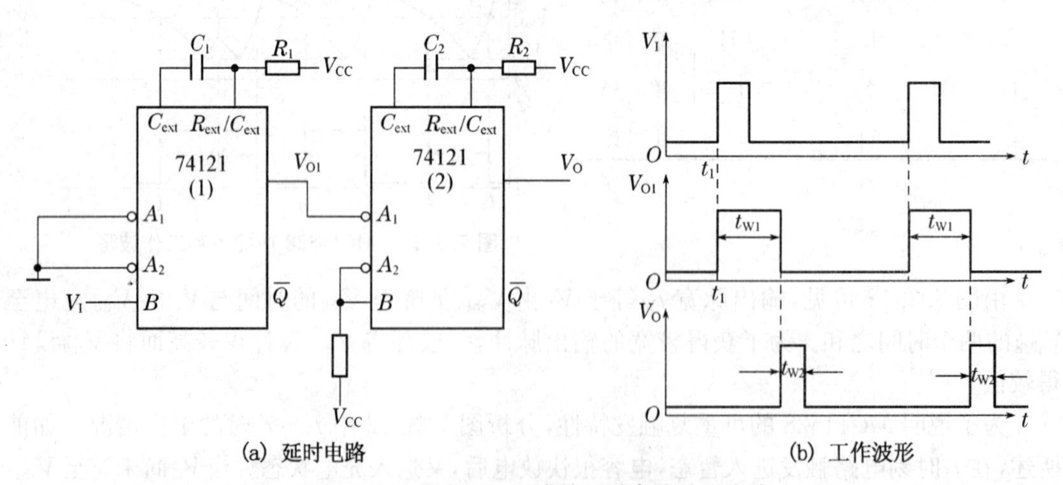

图 7.3.14 用 74121 组成的延时电路及工作波

3. 噪声消除电路

由单稳态触发器组成的噪声消除电路及工作波形如图 7.3.15 所示。有用的信号一般都有一定的脉冲宽度，而噪声多表现为脉冲形式。合理地选择 R、C 的值，使单稳态电路的输出脉宽大于噪声宽度小于信号的脉宽，即可消除噪声。

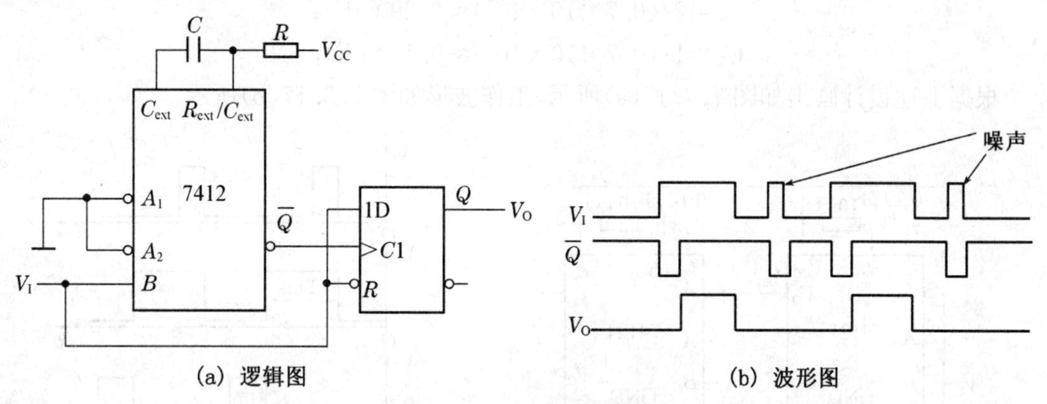

图 7.3.15　噪声消除电路

4. 多谐振荡器

利用两个单稳态触发器可以构成多谐振荡器。由两片 74121 集成单稳态触发器组成的多谐振荡器如图 7.3.16 所示，图中开关 S 为振荡器控制开关。

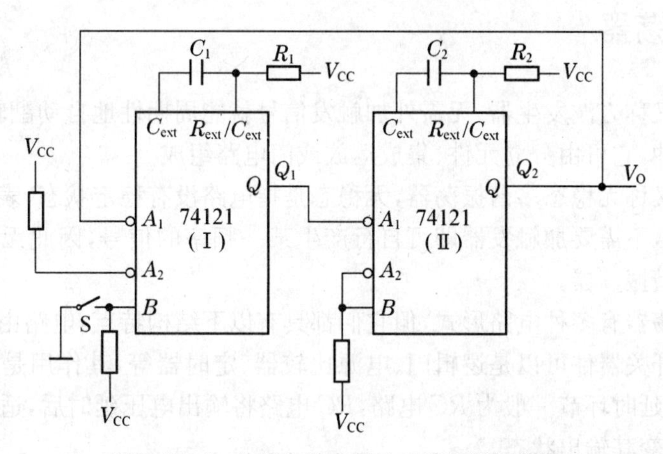

图 7.3.16　单稳态触发器构成的多谐振荡器

合上电源时，开关 S 是合上的，电路处于 $Q_1=0$，$Q_2=0$ 状态，将开关 S 打开，电路开始振荡，其工作过程如下：在起始时，单稳态触发器Ⅰ的 A_1 为低电平，开关 S 打开瞬间，B 端产生正跳变，单稳态Ⅰ被触发，Q_1 输出正脉冲，其脉冲宽度 $0.7R_1C_1$，当单稳态Ⅰ暂稳态结束时，Q_1 的下跳沿触发单稳态Ⅱ，Q_2 端输出正脉冲，此后，Q_2 的下跳沿又触发单稳态Ⅰ，此后周而复始地产生振荡，其振荡周期为 $T=0.7(R_1C_1+R_2C_2)$。

【例 7.3.1】　试用集成单稳态触发器 74121 设计一个控制电路，要求接收触发信号后，延迟 2 ms 后继电器才吸合，吸合时间为 1 ms。

解　根据题意，控制电路需要两片 74121 单稳态触发器。第一片单稳态触发器起延时作用，即接收到触发脉冲后滞后 2 ms。第二个单稳态触发器起定时作用，定时时间为 1 ms。

根据集成单稳态触发器 74121 的暂稳态时间 $t_w \approx 0.7RC$。来确定 R、C 的值。假设电阻值选取 $R_1 = R_2 = 10\ k\Omega$，则可得

$$C_1 = 2/(0.7 \times 10 \times 10^3) \approx 0.29\ (\mu F);$$
$$C_2 = 1/(0.7 \times 10 \times 10^3) \approx 0.14\ (\mu F)。$$

根据上述设计画出如图 7.3.17(a)所示，工作波形如图 7.3.17(b)所示。

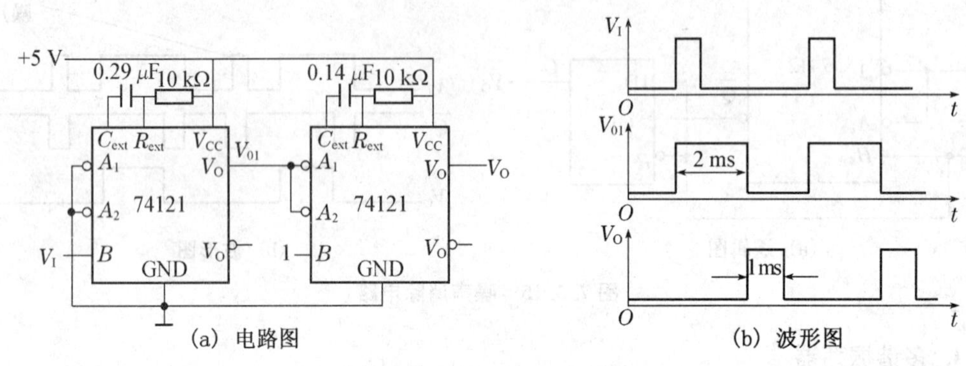

(a) 电路图　　(b) 波形图

图 7.3.17　例 7.3.1 的图形

7.4　多谐振荡器

多谐振荡器又称方波发生器，无需外加触发信号就能周期性地自动翻转，产生幅值和宽度一定的矩形脉冲，它可由分立元件、集成运放或门电路组成。

多谐振荡器又称无稳态多谐振荡器，无稳态是指电路没有稳定状态，表示此电路一加电源，马上往复震荡，不需要加触发器即可自行产生某一频率的信号，因此无稳态多谐振荡器又称为自激式多谐振荡器。

尽管多谐振荡器有多种电路形式，但它们都具有以下结构特点：电路由开关器件和反馈延时环节组成。开关器件可以是逻辑门、电源比较器、定时器等，其作用是产生脉冲信号的高、低电平。反馈延时环节一般为 RC 电路，RC 电路将输出电压延时后，适当地反馈到开关器件输入端，以改变其输出状态。

7.4.1　不对称多谐振荡器

一种由 CMOS 门电路组成的不对称多谐振荡器如图 7.4.1所示。其原理图和工作波形如图 7.4.2 所示。图 7.4.2(a)中 D_1、D_2、D_3、D_4 均为保护二极管。

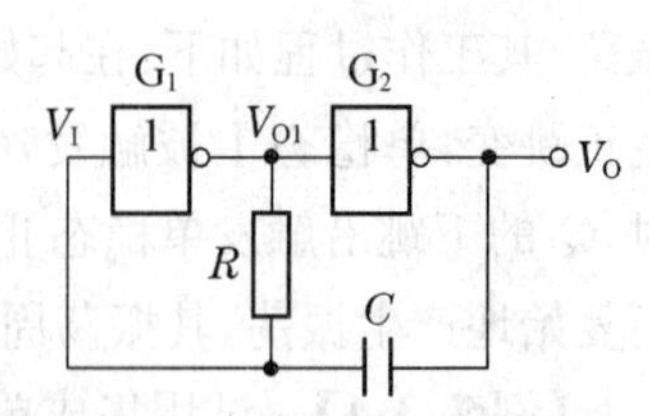

图 7.4.1　不对称多谐振荡器

为了讨论方便，在电路分析中，假定门电路的电压传输特性曲线为理想化的折线，即开门电平(V_{ON})和关门电平(V_{OFF})相等，这个理想化的开门电平或关门电平称为门坎电平(或阈值电平)，记为 V_{th} 且设 $V_{th} = V_{DD}/2$。

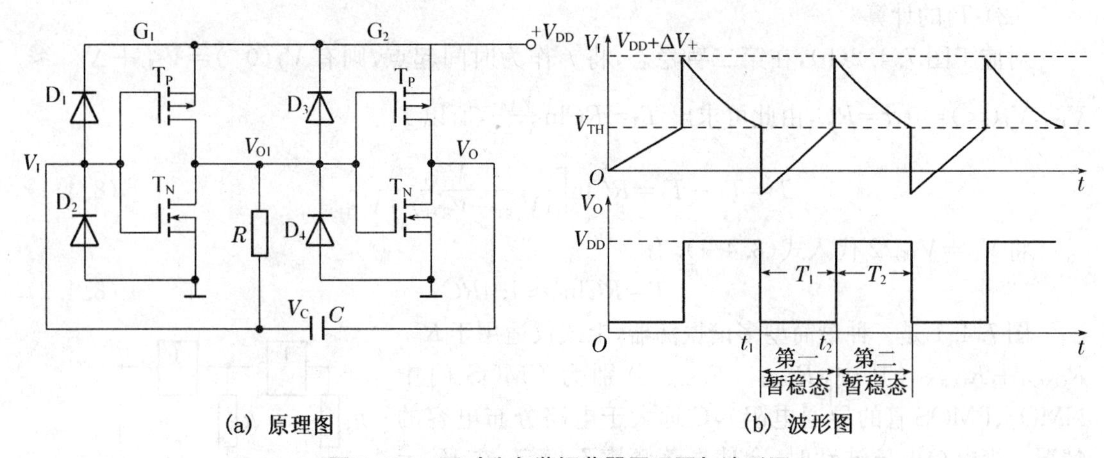

(a) 原理图　　(b) 波形图

图7.4.2　不对称多谐振荡器原理图与波形图

1. 第一暂稳态及电路自动翻转的过程

在 $t=0$ 时接通电源，电容 C 尚未充电，电路初始状态为 $V_{O1}=V_{OH}$，$V_I=V_O=V_{OL}$ 状态，即第一暂稳态。此时，电源 V_{DD} 经 G_1 的 T_P 管、R 和 G_2 的 T_N 管给电容 C 充电，如图 7.4.2(a) 所示。随着充电时间的增加，V_I 的值不断上升，当 V_I 达到 V_{th} 时，电路发生下述正反馈过程：

$$V_I\uparrow\longrightarrow V_{O1}\downarrow\longrightarrow V_O\uparrow$$

这一正反馈过程瞬间完成，使 $V_{O1}=V_{OL}$，$V_O=V_{OH}$，电路进入第二暂稳态。

2. 第二暂稳态及电路自动翻转的过程

电路进入第二暂稳态瞬间，V_O 由 0 V 上跳至 V_{DD}，由于电容两端电压不能突变，则 V_I 也将上跳 V_{DD}，本应升至 $V_{DD}+V_{th}$，但由于保护二极管的钳位作用，V_I 仅上跳至 $V_{DD}+\Delta V_+$。随后，电容 C 通过 G_2 的 T_P、电阻 R 和 G_1 的 T_N 放电，使 V_I 下降，当 V_I 降至 V_{th} 后，电路又产生如下正反馈过程：

$$V_I\downarrow\longrightarrow V_{O1}\uparrow\longrightarrow V_O\downarrow$$

从而使电路又回到第一暂稳态，$V_{O1}=V_{OH}$，$V_O=V_{OL}$。此后，电路重复上述过程，周而复始的从一个暂稳态翻转到另一个暂稳态，在 G_2 的输出端得到方波。

由上述分析不难看出，多谐振荡器的两个暂稳态的转换过程是通过电容 C 充、放电作用来实现的。

在振荡过程中，电路状态的转换主要取决于电容的充、放电，而转换时刻则取决于 V_I 的数值。根据以上分析所得电路在状态转换时 V_I 的几个特征值，可以计算出图 7.4.2(b) 中的 T_1、T_2 的值。

(1) T_1 的计算

对应于第一暂稳态，将图 7.4.2(b) 中 T_1、T_2 作为时间起点，$T_1=t_2-t_1$，$V_I(0^+)=-\Delta V_-\approx 0$ V，$V_I(\infty)=V_{DD}$，$\tau=RC$。根据 RC 电路瞬态响应的分析，有 $T_1=RC\ln\dfrac{V_{DD}}{V_{DD}-V_{TH}}$。

(2) T_2的计算

对应于图 7.4.2(b),在第二暂稳态,将 t_2 作为时间起点,则有 $V_I(0^+)=V_{DD}+\Delta V_+\approx V_{DD}$,$V_I(\infty)=0$,$\tau=RC$,由此可求出 $T_2=RC\ln\frac{V_{DD}}{V_{TH}}$,所以

$$T=T_1+T_2=RC\ln\left[\frac{V_{DD}^2}{(V_{DD}-V_{TH})\cdot V_{TH}}\right] \tag{8.4.1}$$

将 $V_{th}=V_{DD}/2$ 代入式(8.4.1),有

$$T=RC\ln4\approx1.4RC \tag{8.4.2}$$

图 7.4.1 是一种最简型多谐振荡器,上式仅适用于 $R\gg R_{ON(P)}+R_{ON(N)}$(其中,$R_{ON(P)}$、$R_{ON(N)}$ 分别为 CMOS 门中 NMOS、PMOS 管的导通电阻),C 远大于电路分布电容的情况。当电源电压波动时,会使振荡频率不稳定,在 $V_{th}\neq V_{DD}/2$ 时,影响尤为严重。一般可在该图中增加一个补偿电阻,如图 7.4.3 所示。R_s 可减小电源电压变化对振荡频率影响。当 $V_{th}=V_{DD}/2$ 时,取 $R_S\gg R$(一般取 $R_S=10R$)。

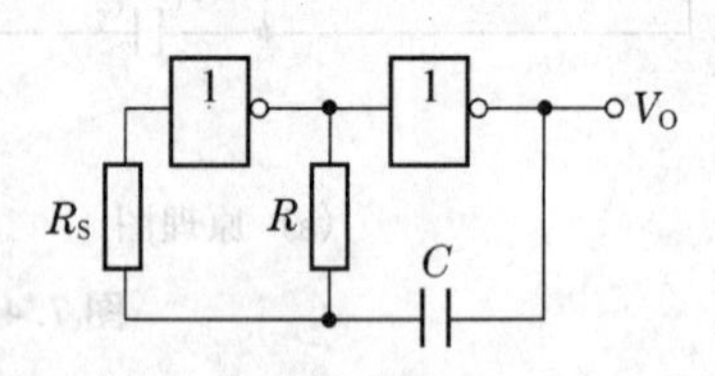

图 7.4.3 加补偿电阻的 COMS 多谐振荡器

7.4.2 对称多谐振荡器

1. 电路组成

图 7.4.4 是由 TTL 门电路组成的对称多谐振荡器的电路结构和电路符号。图中 G_1、G_2 两个反相器之间经电容 C_1 和 C_2 耦合形成正反馈回路。合理选择反馈电阻 R_{F1} 和 R_{F2},可使 G_1 和 G_2 工作在电压传输特性的转折区,这时,两个反相器都工作在放大区。由于 G_1 和 G_2 的外部电路对称,因此,又称为对称多谐振荡器。

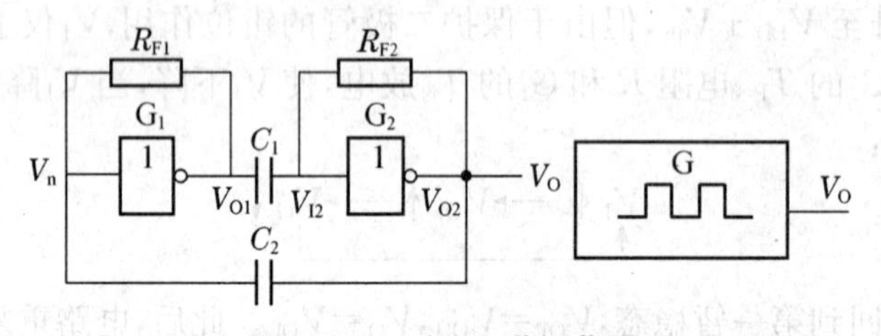

图 7.4.4 对称多谐振荡器

2. 工作原理

设 V_{O1} 为低电平 0、V_{O2} 为高电平 1 时,称为第一暂稳态;V_{O1} 为高电平 1、V_{O2} 为低电平 0 时,称为第二暂稳态。

设接通电源后,由于某种原因使 V_{I1} 产生了很小的正跃变,经 G_1 放大后,输出 V_{O1} 产生负跃变,经 C_1 耦合使 V_{I2} 随之下降,G_2 输出 V_{O2} 产生较大的正跃变,通过 C_2 耦合,使 V_{I1} 进一步增大,于是电路产生正反馈过程。

$$V_{I1}\uparrow\longrightarrow V_{O1}\downarrow\longrightarrow V_{I2}\downarrow\longrightarrow V_{O2}\uparrow$$

正反馈使电路迅速翻到 G_1 开通、G_2 关闭的状态。输出 V_{O1} 负跃到低电平 V_{OL},$V_{O2}(V_O)$ 正跃到高电平 V_{OH},电路进入第一暂稳态。

G_2输出V_{O2}的高电平对C_1电容充电使V_{I2}升高，电容C_2放电使V_{I1}降低。由于充电时间常数小于放电时间常数，所以充电速度较快。V_{I2}首先上升到G_2的阈值电平V_{TH}时，电路又产生另一个正反馈过程。

$$V_{I2}\uparrow \longrightarrow V_{O2}\downarrow \longrightarrow V_{I1}\downarrow \longrightarrow V_{O1}\uparrow$$

正反馈的结果使G_2开通，输出V_O由高电平V_{OH}跃到低电平V_{OL}，通过电容C_2的耦合，使V_{I1}迅速下降到小于G_1的阈值电压V_{TH}，使G_1关闭，它的输出由低电平V_{OL}跃到了高电平V_{OH}，电路进入第二暂稳态。

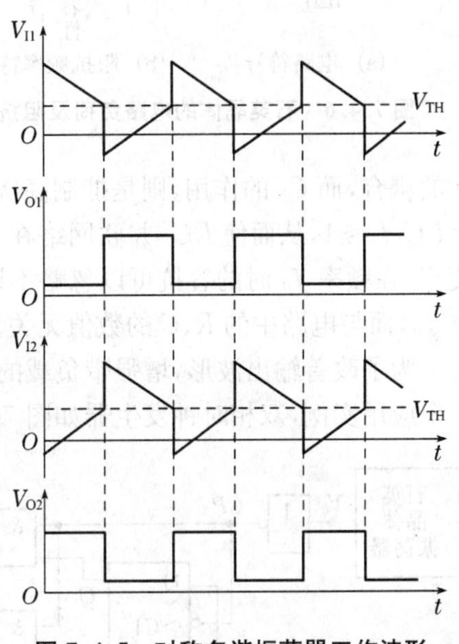

图 7.4.5　对称多谐振荡器工作波形

接着，G_1输出的高电平V_{O1}经C_1、R_{F2}和G_2的输出电阻对C_1进行反向充电，V_{I2}随之下降，同时，G_1输出V_{O1}的高电平经R_{F1}、C_2和G_2的输出电阻对C_2进行充电，V_{I1}随之升高。当V_{I1}上升到G_1的V_{TH}时，G_1开通、G_2关闭，电路又返回到第一暂稳态。由以上分析可知，由于电容C_1和C_2交替进行充电和放电，电路的两个暂稳态自动相互交替，从而使电路产生振荡，输出周期性的矩形脉冲。其工作波形如图 7.4.5 所示。

3. 振荡频率的估算

如多谐振荡器采用 CT74H 系列与非门组成，当取$R_{F1}=R_{F2}=R_F$、$C_1=C_2=C$、$V_{TH}=1.4\text{ V}$、$V_{OH}=3.6\text{ V}$、$V_{OL}=0.3\text{ V}$时，则振荡周期T可用下式估算：

$$T=2t_W\approx 1.4R_FC$$

当取$R_F=1\text{ k}\Omega$、$C=100\text{ pF}\sim 100\ \mu\text{F}$时，则该电路的振荡频率可在几赫到几兆赫的范围内变化。这时$t_{W1}=t_{W2}=t_W\approx 0.7R_FC$。输出矩形脉冲的宽度与间隔时间相等。

7.4.3　石英晶体多谐振荡器

用门电路组成的多谐振荡器的振荡周期不仅与时间常数RC有关，还取决于门电路的阈值电压V_{TH}。由于V_{TH}容易受温度、电源电压及干扰的影响，因此频率稳定性较差，只能应用于对频率稳定性要求不高的场合。

如果要求产生频率稳定性较高的脉冲波形，就要采用由石英晶体组成的石英晶体振荡器。石英晶体的电路负荷和阻抗频率特性如图 7.4.6 所示。从阻抗频率特性图中可看出，石英晶体具有很好的选频特性。当振荡信号的频率和石英晶体的固有谐振频率f_0相同时，石英晶体呈现很低的阻抗。信号很容易通过，而其他频率的信号则被衰减掉。因此将石英晶体串联接在多谐振荡器的回路中即可组成石英晶体振荡器，振荡频率只取决于石英晶体的固有谐振频率f_0，而与RC无关。

石英晶体振荡器的电路如图 7.4.7 所示。图中，并联在两个反相器输入、输出间的电阻R的作用是使反相器工作在线性放大区。R的阻值，对应 TTL 门电路通常在 0.7 kΩ～2 kΩ 之间；对于 CMOS 门则常在 10 mΩ～100 mΩ 之间。电路中电容C_1用于两个反相器

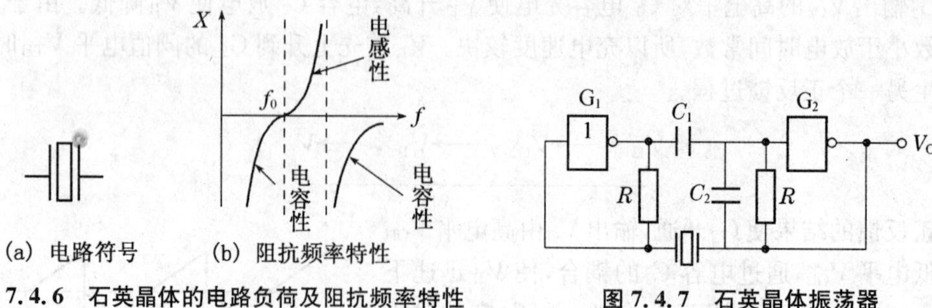

(a) 电路符号　　(b) 阻抗频率特性

图 7.4.6　石英晶体的电路负荷及阻抗频率特性　　图 7.4.7　石英晶体振荡器

间的耦合，而 C_2 的作用，则是抑制高次谐波，以保证稳定的频率输出。电容 C_2 的选择应使 $2\pi RC_2 f_0 \approx 1$，从而使 RC_2 并联网络在 f_0 处产生极点，以减少谐振信号损失。C_1 的选择应使 C_1 在频率 f_0 时的容抗可以忽略不计。电路的振荡频率仅取决于石英晶体的串联谐振频率 f_0，而与电路中的 R、C 的数值无关。

为了改善输出波形，增强带负载的能力，通常在振荡器的输出端再加一级反相器。作为一个应用实例，双相时钟发生器如图 7.4.8(a)所示，其波形如图 7.4.8(b)所示。

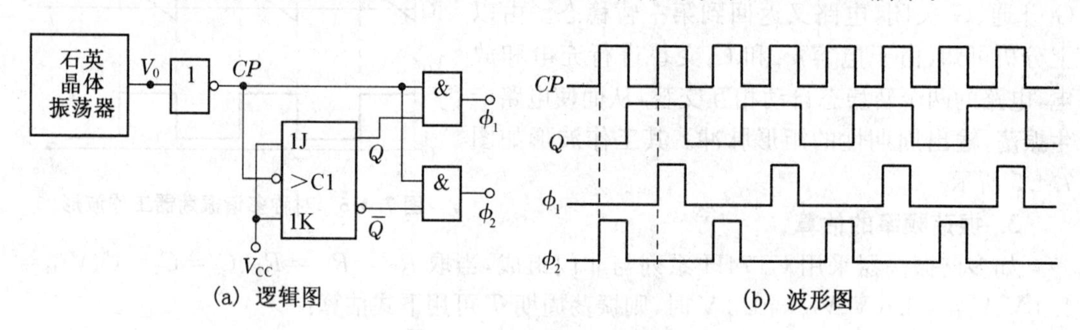

(a) 逻辑图　　(b) 波形图

图 7.4.8　双相时钟发生器

7.5　555 定时器及其应用

555 定时器是一种集模拟、数字于一体的中规模集成电路，因开始只用于定时，所以被称为 555 定时器。555 定时器是一种多用途单片集成电路，利用它能极方便地构成施密特触发器、单稳态触发器和多谐振荡器。555 定时器使用灵活、方便，所以在波形产生与变换、测量与控制、家用电器、电子玩具等许多领域中都得到广泛应用，已成为一种通用性很强的器件。

正因如此，自从 Signetics 公司于 1972 年推出这种产品之后，国际上各主要电子器件公司也都相继地生产了各自的 555 定时器产品。尽管产品型号繁多，但所有双极型产品型号最后的 3 位数码都是 555，所有 CMOS 产品型号最后 4 位数码都是 7555。而且，它们的功能和外部引脚的排列完全相同。为了提高集成度，其后又生产了双定时器产品 556(双极型)和 7556(CMOS 型)。

一般说来，双极型定时器的驱动能力较强，电源电压范围为 5～16 V，最大负载电流可达 200 mA。而 CMOS 定时器的电源电压范围为 3～18 V，最大负载电流在 4 mA 以下，它具有功耗低，输入阻抗高等特点。

7.5.1　555 定时器的电路结构及其工作原理

1. 电路结构与工作原理

555 定时器的内部电路由分压器、电压比较器 C_1 和 C_2 简单 RS 触发器、放电三极管 T 以及缓冲器 G 组成，其内部结构图如图 7.5.1 所示。三个 5 kΩ 的电阻串联组成分压器，为比较器 C_1、C_2 提供参考电压。当控制电压端(5)悬空时(可对地接上 0.01 μF 左右的滤波电容)，比较器 C_1 和 C_2 的基准电压分别为 $\frac{2}{3}V_{CC}$ 和 $\frac{V_{CC}}{3}$。

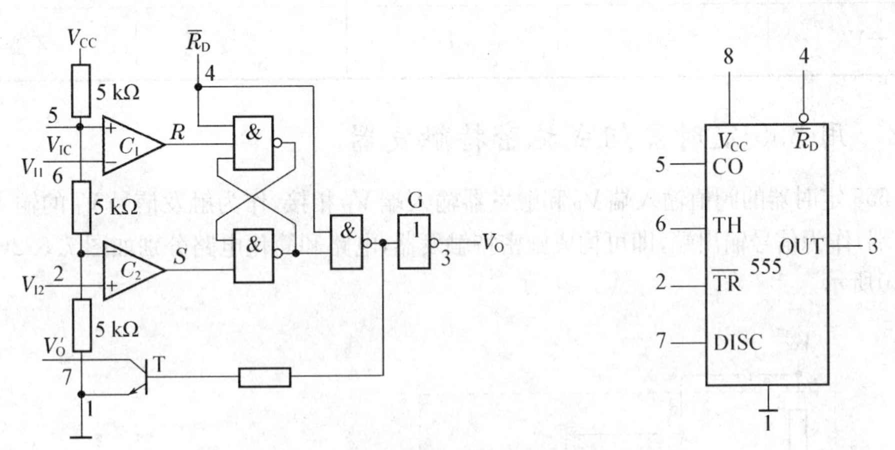

图 7.5.1　555 定时器的电路结构与电路符号

V_{I1} 是比较器 C_1 的信号输入端，称为阈值输入端；V_{I2} 是比较器 C_2 的信号输入端，称为触发输入端。

放电三极管 T 为外接电路提供放电通路，在使用定时器时，该三极管的集电极(7 脚)一般都要外接上拉电阻。

$\overline{R_D}$ 为直接复位输入端，当 $\overline{R_D}$ 为低电平时，不管其他输入端的状态如何，输出端 V_O 即为低电平。

当 $V_{I1}>\frac{2V_{CC}}{3}$，$V_{I2}>\frac{V_{CC}}{3}$ 时，比较器 C_1 输出低电平，比较器 C_2 输出高电平，基本 RS 触发器 Q 端置 0，放电三极管 T 导通，输出端 V_O 为低电平。

当 $V_{I1}<\frac{2V_{CC}}{3}$，$V_{I2}<\frac{V_{CC}}{3}$ 时，比较器 C_1 输出高电平，C_2 输出低电平，基本 RS 触发器 Q 端置 1，放电三极管 T 截止，输出端 V_O 为高电平。

当 $V_{I1}<\frac{2V_{CC}}{3}$，$V_{I2}>\frac{V_{CC}}{3}$ 时，基本 RS 触发器 $R=1$，$S=1$，锁存器状态不变，电路保持原状态不变。

2. 电路功能

综合上述分析，可得 555 定时器功能表，如图 7.5.1 所示。

表 7.5.1 555 定时器功能表

输入			输出	
阈值输入(V_{I1})	触发输入(V_{I2})	复位(R_D)	输出(V_O)	放电管 T
×	×	0	0	导通
$<\frac{2}{3}V_{CC}$	$<\frac{1}{3}V_{CC}$	1	1	截止
$>\frac{2}{3}V_{CC}$	$>\frac{1}{3}V_{CC}$	1	0	导通
$<\frac{2}{3}V_{CC}$	$>\frac{1}{3}V_{CC}$	1	不变	不变

7.5.2 用 555 定时器组成施密特触发器

将 555 定时器的阈值输入端 V_{I1} 和触发器输入端 V_{I2} 相接，作为触发信号 V_I 的输入端，输出端(3 端)作为信号输出端，即可构成施密特触发器，电路和简化电路分别如图 7.5.2(a)和图 7.5.2(b)所示。

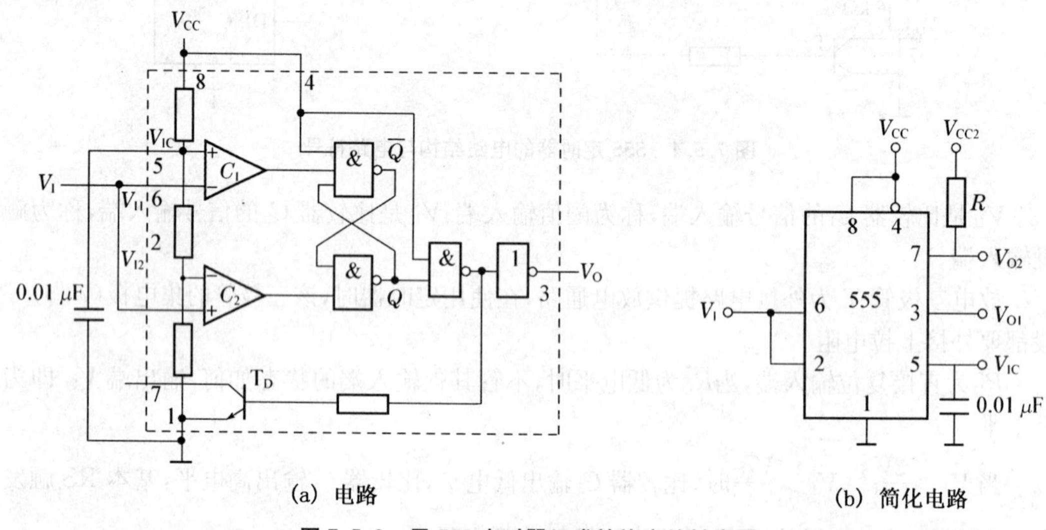

(a) 电路 (b) 简化电路

图 7.5.2 用 555 定时器组成的施密特触发器

如果 V_I 由 0 V 开始逐渐增加，当 $V_I<\frac{V_{CC}}{3}$时，根据 555 定时器功能表可知，输出 V_O 为高电平；V_I 继续增加，如果$\frac{V_{CC}}{3}<V_I<\frac{2V_{CC}}{3}$，输出 V_O 维持高电平不变；V_I 再增加，一旦 $V_I>\frac{2V_{CC}}{3}$，V_O 就由高电平跳变为低电平；之后 V_I 再增加，仍是 $V_I>\frac{2V_{CC}}{3}$，电路输出端保持低电平不变。

如果 V_I 由大于$\frac{2V_{CC}}{3}$的电压值逐渐下降，只要$\frac{V_{CC}}{3}<V_I<\frac{2V_{CC}}{3}$，电路输出状态不变，仍为低电平；只有当 $V_I<\frac{V_{CC}}{3}$时，电路才再次翻转，V_O 就由低电平跳变为高电平。

如果输入V_I的波形是三角波，电路的工作波形和电压传输特性曲线分别如图7.5.3所示。

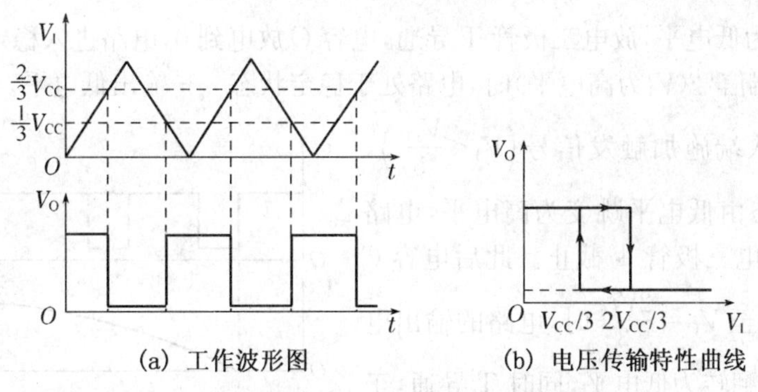

(a) 工作波形图　　(b) 电压传输特性曲线

图7.5.3　施密特触发器的工作波形及电压传输特性曲线

图7.5.2所示施密特触发器的正、负向阈值电压分别为$\frac{2V_{CC}}{3}$、$\frac{V_{CC}}{3}$。如果将施密特触发器控制电压(5脚)端接V_{IC}，通过改变V_{IC}可以调节电路回差电压的大小。

7.5.3　用555定时器组成单稳态触发器

用555定时器组成的单稳态触发器如图7.5.4所示。电路由一个555定时器和若干电阻、电容构成。定时器外接直流电源和地，TH(6脚)和DISC(7脚)直接相连，2脚作为触发信号输入端接输入电压V_I，3脚作为输出端。

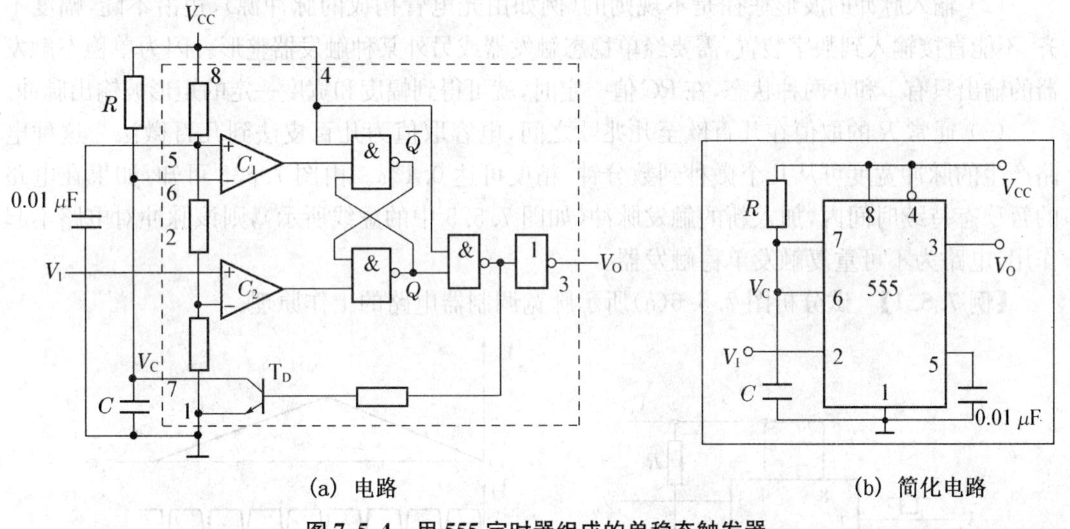

(a) 电路　　(b) 简化电路

图7.5.4　用555定时器组成的单稳态触发器

稳态时，触发器信号V_I为高电平，因电容未充电，故6脚为低电平，根据555定时电路工作原理可知，基本RS触发器处于保持状态。接通电源时，可能$Q=0$，也可能$Q=1$。如果$Q=0,\overline{Q}=1$，放电三极管T导通，电容C被旁路而无法充电。因此电路就稳定在$Q=0,\overline{Q}=1$的状态，输出V_O为低电平；如果$Q=1,\overline{Q}=0$，那么放电三极管T截止，因此接通电源后，电路有一个逐渐稳定的过程：即电源 V_{CC} 经电阻 R 对电容 C 充电，电容两端电压 V_C 上升。当电容两端电压 V_C 上升到 $\frac{2V_{CC}}{3}$ 后，6 脚为高电平，则基本 RS 触发器又被置 0（$Q=0$、$\overline{Q}=1$），输出 V_O 变为低电平，放电三极管 T 导通，电容 C 放电到 0，电路进入稳定状态。

即无触发器信号（V_I 为高电平）时，电路处于稳定状态——输出低电平。

若触发输入端施加触发信号 $\left(V_I<\frac{V_{CC}}{3}\right)$，电路的输出状态由低电平跳变为高电平，电路进入暂稳态，放电三极管 T 截止。此后电容 C 充电，当 C 充电至 $V_C=\frac{2V_{CC}}{3}$ 时，电路的输出电压 V_o 由高电平翻转为低电平，同时 T 导通，于是电容 C 放电，电路返回到稳态状态。电路的工作波形如图 7.5.5 所示。

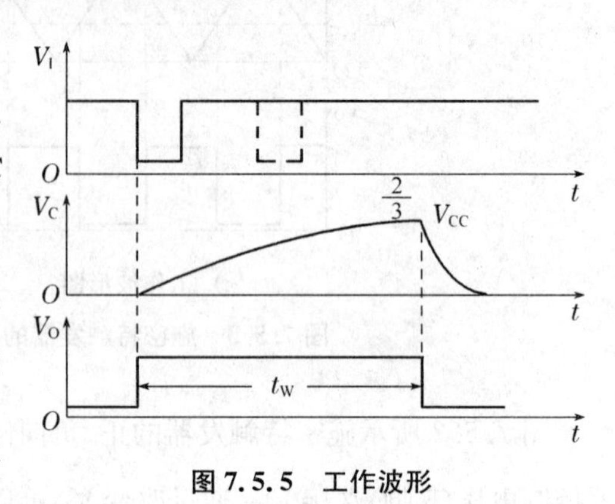

图 7.5.5 工作波形

如果忽略 T 的饱和压降，则 V_C 从零电平上升到 $\frac{2V_{CC}}{3}$ 的时间，即为输出电压 V_o 的脉宽 t_W

$$t_W=RC\ln3\approx1.1RC \tag{7.5.1}$$

由上面的分析，我们可以得到以下结论：

(1) 改变 RC 的值，可改变脉冲宽度 t_W，从而可以进行定时控制。

(2) 输入脉冲的波形往往是不规则的（例如由光电管构成的脉冲源），边沿不陡，幅度不齐，不能直接输入到数字装置，需要经单稳态触发器或另外某种触发器整形。因为单稳态触发器的输出只有 1 和 0 两种状态，在 RC 值一定时，就可得到幅度和宽度一定的矩形波输出脉冲。

(3) 通常 R 的取值在几百欧至几兆欧之间，电容取值为几百皮法到几百微法。这种电路产生的脉冲宽度可从几个微秒到数分钟，精度可达 0.1%。由图 7.5.5 可知，如果在电路的暂稳态持续时间内，加入新的触发脉冲（如图 7.5.5 中的虚线所示），则该脉冲对电路不起作用，电路为不可重复触发单稳触发器。

【例 7.5.1】 试分析图 7.5.6(a)所示脉宽调制器电路的工作原理。

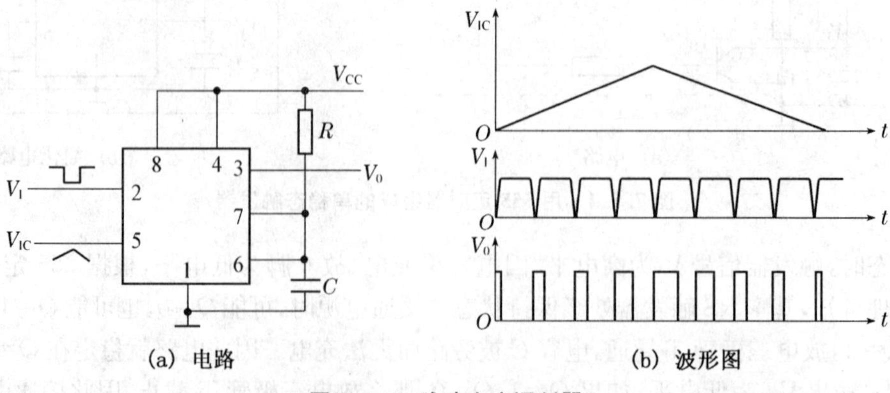

图 7.5.6 脉冲宽度调制器

解　如果将单稳态电路的电压控制端加入一个变化电压，当控制电压升高时，电路的阈值电压升高，输出的脉冲宽度随之增加；而当控制电压降低时，电路的阈值电压也降低，单稳的输出脉冲宽度随之减少。如果加入的控制电压是如图7.5.6(b)所示的三角波，则在单稳的输出端便可得到一串随控制电压变化的脉宽调制波形。

7.5.4　用555定时器组成多谐振荡器

用555定时器组成的多谐振荡器如图7.5.7(a)所示。

R_1、R_2和C是外接定时元件，电路中将6脚和2脚并接后接到R_2和C的连接处，将7脚接到R_1，R_2的连接处。由于接通电源瞬间，电容C来不及充电，电容器两端电压V_C为低电平，小于$\frac{V_{CC}}{3}$，故6脚和2脚均为低电平，输出V_O为高电平，放电三极管T截止。这时，电源经R_1，R_2对电容C充电，使电压V_C按指数规律上升，当V_C上升到$\frac{2V_{CC}}{3}$时，输出V_O为低电平，放电三极管T导通，再放电把V_C从$\frac{2V_{CC}}{3}$下降到$\frac{V_{CC}}{3}$。V_C上升时间内电路的状态称为第一暂稳态，其维持时间t_{PH}的长短与电容的充电时间有关。

$$t_{pH}=(R_1+R_2)C\ln 2\approx 0.7(R_1+R_2)C \tag{7.5.2}$$

由于放电三极管T导通，电容C通过电阻R_2和放电三极管T放电，电路进入第二暂稳态。其维持时间t_{PL}的长短与电容的放电时间有关，电容C放电所需的时间为

$$t_{pL}=R_2C\ln 2\approx 0.7R_2C \tag{7.5.3}$$

V_C下降，当V_C下降到$\frac{V_{CC}}{3}$时，输出V_O为高电平，放电三极管T截止，V_{CC}再次对电容C充电，电路又翻转到第一暂稳态。不难理解，接通电源后，电路就在两个暂稳态之间来回翻转，则输出可得矩形波。电路的工作波形如图7.5.7(b)，其振荡频率为

$$f=\frac{1}{t_{pL}+t_{pH}}\approx\frac{1.43}{(R_1+2R_2)C} \tag{7.5.4}$$

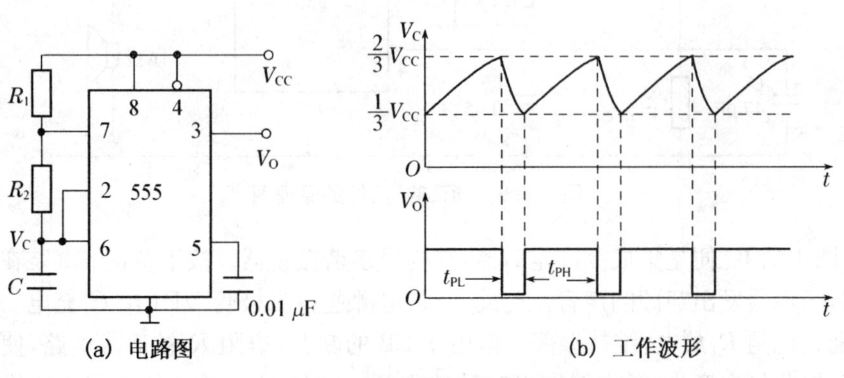

图7.5.7　由555定时器组成的多谐振荡器

由于555定时器内部的比较器灵敏度较高，而且采用差分电路形式，用555定时器组成的多谐振荡器的振荡频率受电源电压和温度变化的影响很小。

由图7.5.7可知，$t_{PL}\neq t_{PH}$，而且二者的比值是固定的，也即占空比固定不变。如果要实

现占空比可调，可采用如图 7.5.8 所示电路。由于电路中二极管 D_1、D_2 的单向导电特性，使电容器 C 的充放电回路分开。也就是说 D_1、D_2 用来决定电容充、放电电流流经电阻的途径（充电时 D_1 导通，D_2 截止；放电时 D_2 导通，D_1 截止）。调节电位器，就可调节多谐振荡器的占空比。图中，V_{CC} 通过 R_A、D_1 向电容 C 充电，充电时间为

$$t_{pH}\approx 0.7R_AC \tag{7.5.5}$$

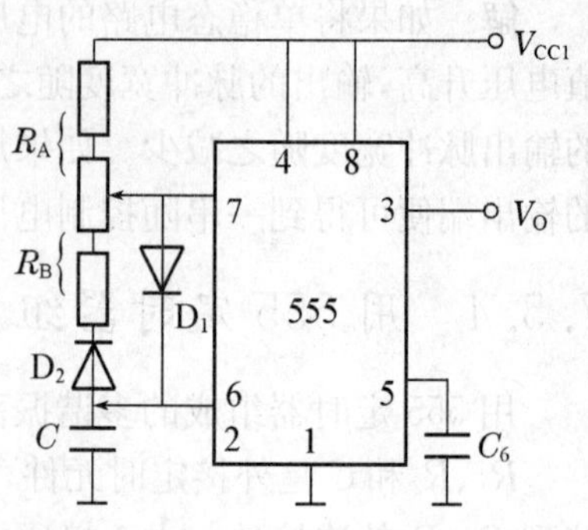

图 7.5.8 占空比可调的方波产生器

电容器 C 通过 D_2、R_B 及 555 中的三极管 T 放电，放电时间为

$$t_{pL}\approx 0.7R_BC \tag{7.5.6}$$

因而，振荡频率为

$$f=\frac{1}{t_{pL}+t_{pH}}\approx\frac{1.43}{(R_A+R_B)C} \tag{7.5.7}$$

电路输出波形的占空比为

$$q(\%)=\frac{R_A}{R_A+R_B}\times 100\% \tag{7.5.8}$$

【例 7.5.2】 试分析图 7.5.9 所示“叮、咚”门铃电路的工作原理。

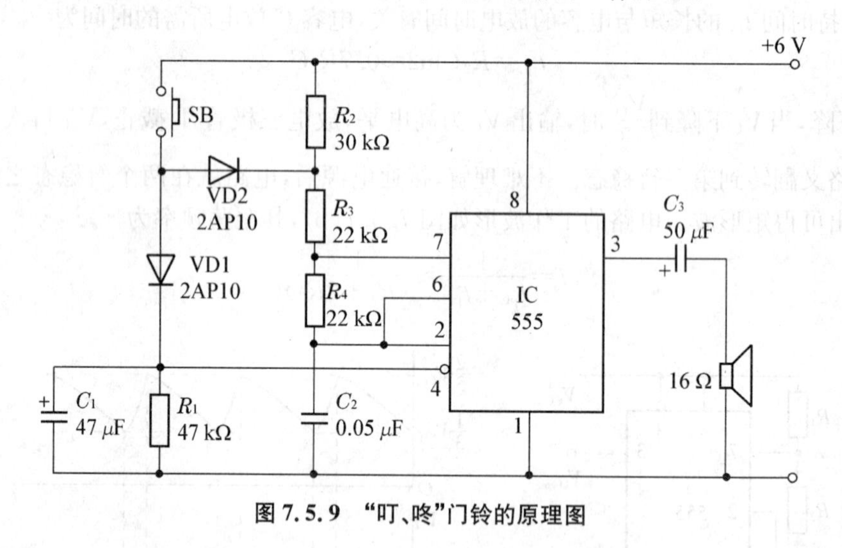

图 7.5.9 “叮、咚”门铃的原理图

解 图中的 IC 便是集成 555 定时器，它构成多谐振荡器。按下按钮 SB（装在门上），振荡器振荡，扬声器发出“叮”的声音。与此同时，电源通过二极管 VD1 给 C_1 充电。放开按钮时，C_1 便通过电阻 R_1 放电，维持振荡。但由于 SB 的断开，电阻 R_2 被串入电路，使振荡频率有所改变，振荡频率变小，扬声器发出“咚”的声音。直到 C_1 上的电压放到不能维持 555 振荡为止，即 4 脚变为低电平，3 脚输出为零。“咚”声余音的长短可通过改变 C_1 的数值来改变。

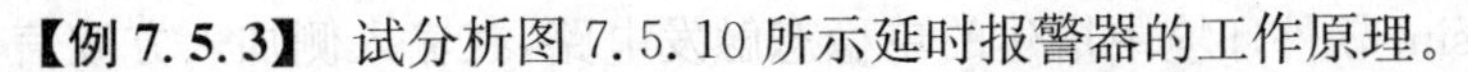

【例 7.5.3】 试分析图 7.5.10 所示延时报警器的工作原理。

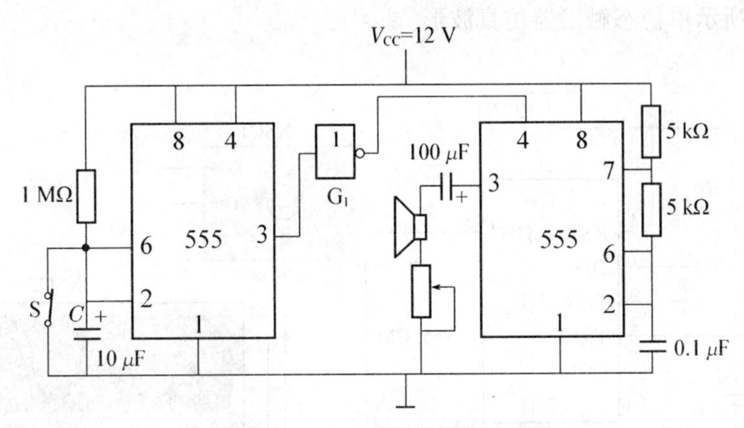

图 7.5.10　延时报警器的原理图

解　电路由两部分组成:左边一个 555 定时器接成施密特触发器,右边一个 555 定时器接成了多谐振荡器。当开关 S 断开后电容 C 充电,充电至 $V_{T+}=\frac{2V_{CC}}{3}$ 时反相器 G_1 输出高电平,多谐振荡器开始振荡,振荡器的输出送至扬声器,扬声器以一定频率的电压信号开始报警。

施密特触发器的延迟时间为

$$T_D=RC\ln\frac{V_{CC}}{V_{CC}-V_{T+}}=10^6\times10\times10^{-6}\ln\frac{12}{12-8}=11(\mathrm{s})$$

振荡器的震荡频率,即扬声器发出声音的频率为

$$f=\frac{1}{t_{pL}+t_{pH}}\approx\frac{1.43}{(R_1+2R_2)C}=\frac{1.43}{(5\,000+10\,000)\times0.1\times10^{-6}}=953(\mathrm{Hz})$$

7.6　555 定时电路的 Multisim 10 仿真与分析

555 定时器是一种常见的集模拟与数字功能于一体的集成电路,主要是与电阻、电容构成充放电电路,并由两个比较器来检测电容器上的电压,以确定输出电平的高低和放电开关管的通断。只要适当配接少量的元件,就能很方便地构成从微秒到数十分钟的延时电路,也可构成单稳态触发器、多谐振荡器、施密特触发器等脉冲产生或波形变换电路。555 定时器使用方便灵活,因而得到广泛的应用。

7.6.1　单稳态触发器的仿真

单稳态触发器的特点是电路有一个稳定状态和一个暂稳状态。在触发信号作用下,电路将由稳态翻转到暂稳态,暂稳态是一个不能长久保持的状态,由于电路中 RC 延时环节的作用,经过一段时间后,电路会自动返回到稳态,并在输出端得到一个脉冲宽度为 t_w 的矩形波。在单稳态触发器中,输出的脉冲宽度 t_w,就是暂稳态的维持时间,其长短取决于电路的参数值。若用 555 的这个信号控制开关电路,即可构成照明灯延时开关。当按动开关后,照明灯点亮。经过一定的延时时间后,照明灯自动熄灭。

图 7. 6. 1 为在 Multisim 软件环境中搭建的单稳态触发电路，在输入侧加入方波信号，得到图 7. 6. 2 所示单稳态触发器仿真波形。

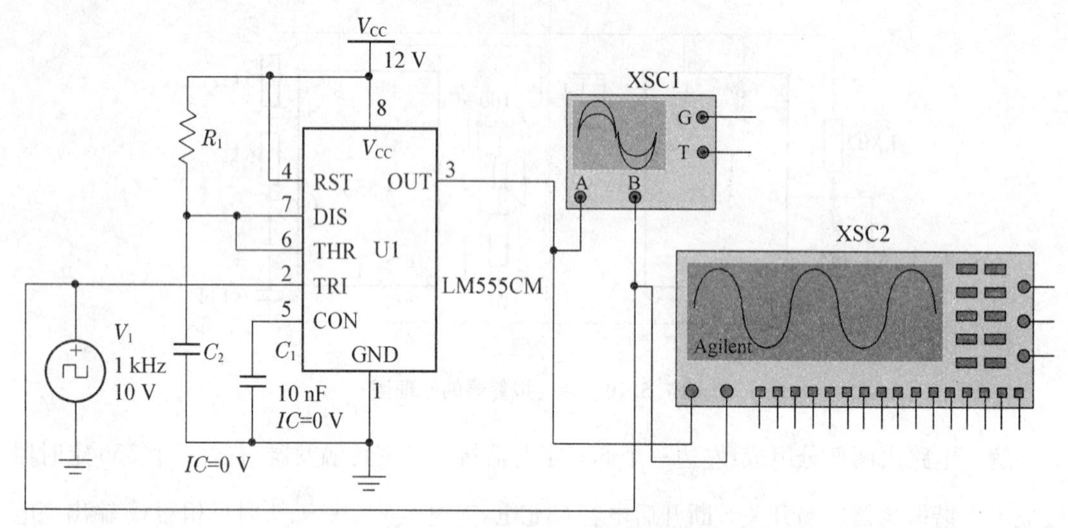

图 7. 6. 1　单稳态触发器电路

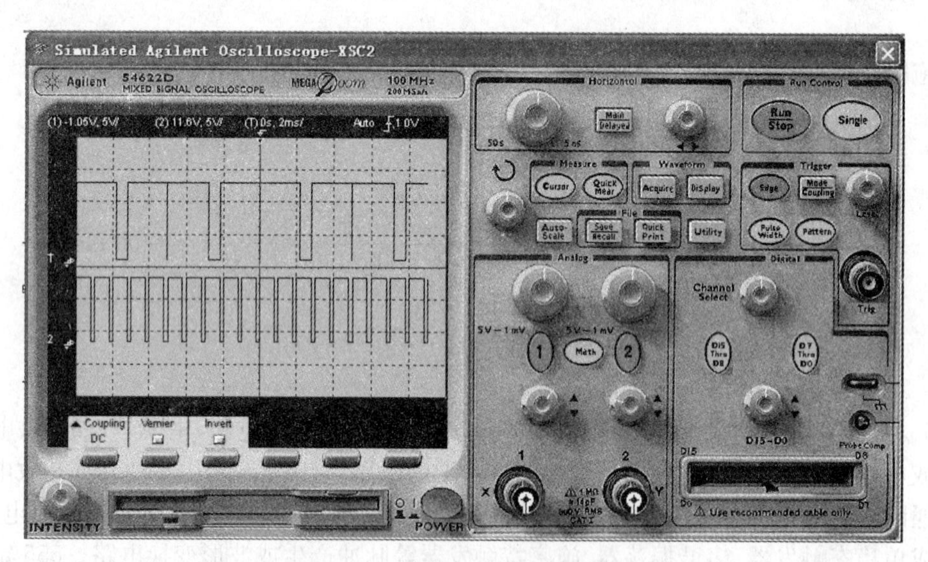

图 7. 6. 2　单稳态触发器仿真波形

通过上述的单稳态触发器仿真分析与论证，在 Multisim 软件环境中搭建一个 LED 小灯延时电路，如图 7. 6. 3。延时时间为 $t_W = R_1 C_1 \ln 3 = 1.1 R_1 C_1 = 1.1 \times 273\ \text{k}\Omega \times 100\ \mu\text{F} \approx 30\ \text{s}$。当开关合闭一下后，小灯点亮并持续 30 后熄灭。由于 555 定时器的驱动电流小，LED 小灯通过三极管进行驱动。通过仿真测试，该电路能很好实现对 LED 小灯的演示控制。如果对电路稍加改进，增加继电器、光敏电阻、驻极体话筒，即可构成实用的声光控延时路灯控制器。

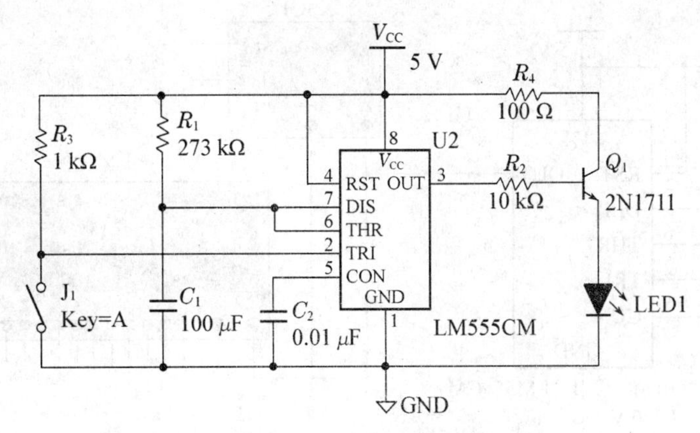

图 7.6.3　小灯延时电路

7.6.2　时基振荡发生器的仿真

利用 555 定时器可以构成时基信号发生器。单击电子仿真软件 Multisim 10 基本界面左侧左列真实元件工具条“Mixed”按钮，如图 7.6.4 所示，从弹出的对话框“Family”栏中选“TIMER”，再在“Component”栏中选“LM555CM”，点击对话框右上角“OK”按钮将 555 电路调出放置在电子平台上。从电子仿真软件 Multisim 10 基本界面左侧左列真实元件工具条中调出其他元件，并从基本界面左侧右侧调出虚拟双踪示波器（或安捷伦示波器），按图 7.6.5 所示在电子平台上建立仿真实验电路。打开仿真开关，双击示波器图标，观察屏幕上的波形，合理设置示波器面板参数，使示波器的屏幕显示稳定的波形，如图 7.6.6 所示。

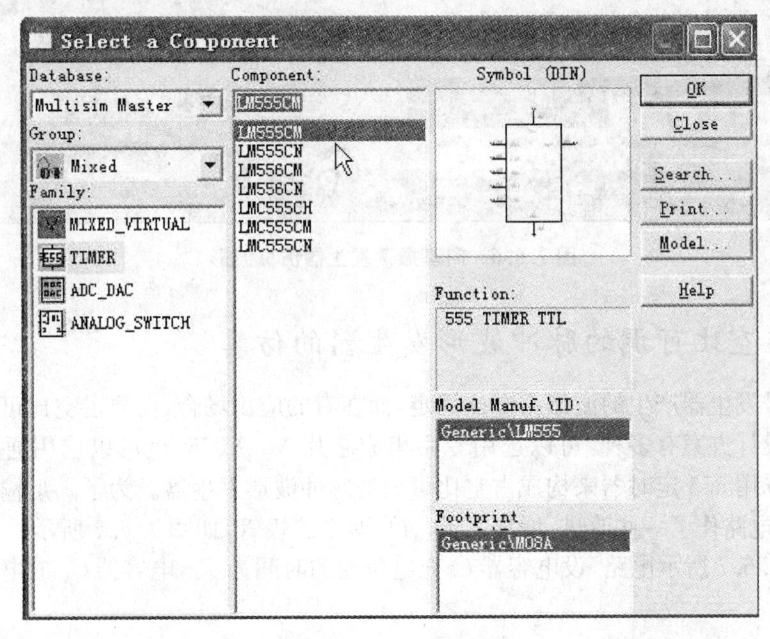

图 7.6.4　元件选取

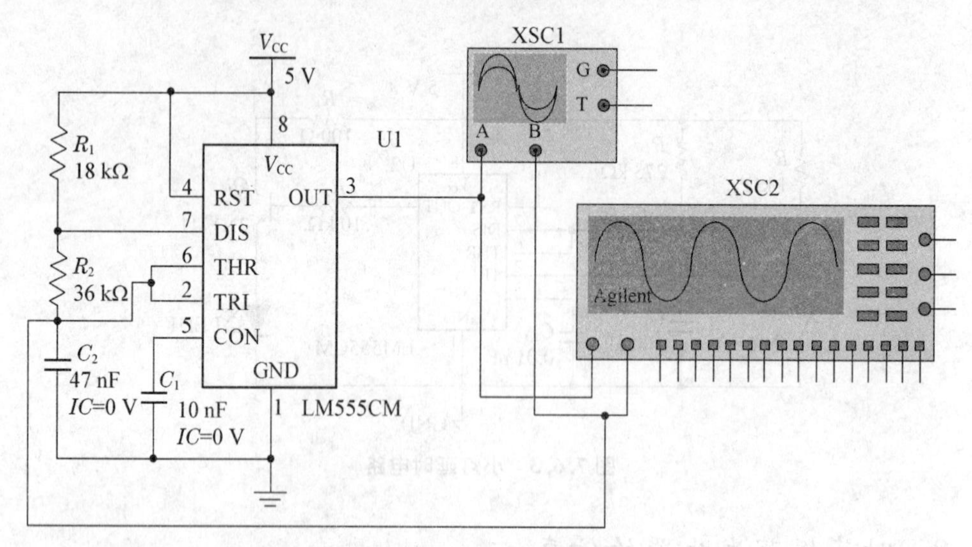

图 7.6.5　仿真实验电路

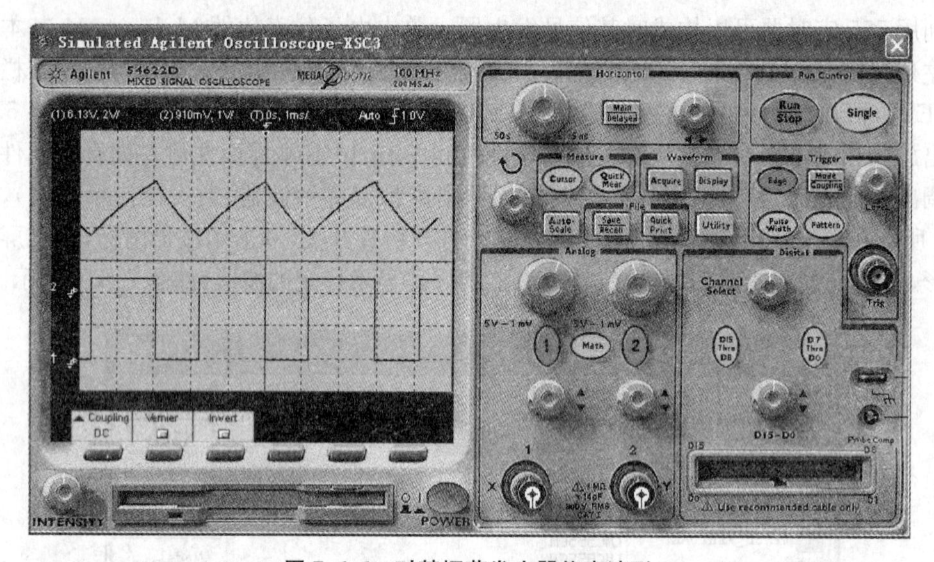

图 7.6.6　时基振荡发生器仿真波形

7.6.3　占空比可调的脉冲波形发生器的仿真

前述信号发生器产生的波形占空比固定，而在有的应用场合，需要占空比可调的脉冲波形发生器。设计方案有多种，可以选用专用集成芯片 MAX038，也可以选用通用集成电路设计。本节选用 555 定时器来构成占空比可调的脉冲波形发生器。为了满足输出波形的占空比可调，对电路作了一些改进，增加了 D_1、D_2 两个二极管，如图 7.6.7 所示。

对于图 7.6.7 所示电路，设电容器 C_1 充电所需的时间为 T_1，电容器 C_1 放电所需的时间为 T_2，则：

$$T_1 = -R_A C_1 \ln \frac{V_{CC} - \frac{2}{3} V_{CC}}{V_{CC} - \frac{1}{3} V_{CC}} = R_A C_1 \ln 2 \approx 0.693 R_A C_1。$$

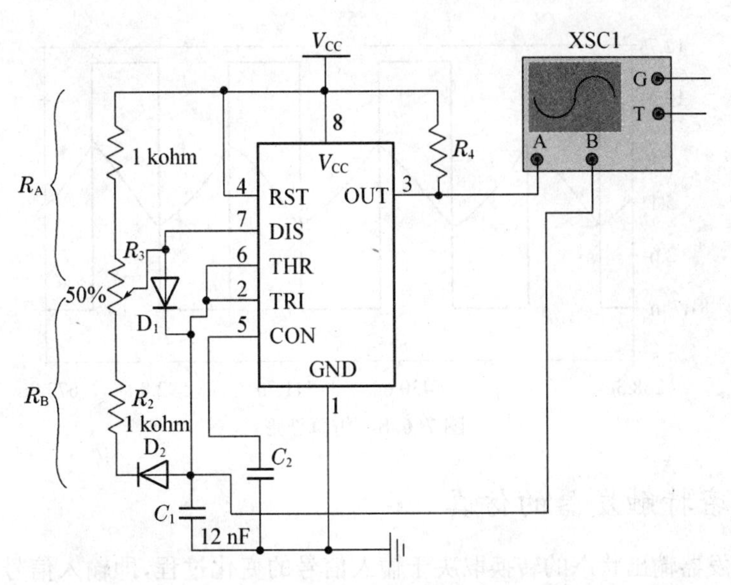

图 7.6.7　占空比可调的脉冲波形发生器

同理，可得

$$T_2 \approx 0.693 R_B C_1。$$

所以矩形脉冲的周期为：$T = T_1 + T_2 \approx 0.693(R_A + R_B)C_1$。

由上述三式，可得到矩形脉冲的频率 f 及占空比 q 分别为

$$f = \frac{1}{T} \approx 1.443/(R_A + R_B)C_1；$$

$$q(\%) = \frac{T_1}{T} = \frac{R_A C_1}{(R_A + R_B)C_1} = \frac{R_A}{R_A + R_B}。$$

适当调节 R_3 即可得到占空比为 50%的方波。取 R_3 的阻值为 10 kΩ，则由图中参数可计算出信号频率及占空比：

$$f = \frac{1}{T} \approx \frac{1.443}{(1+10+1)\times 12\times 10^{-3}} = 10.02\ (\text{kHz})；$$

$$q(\%) = \frac{R_A}{R_A + R_B} = \frac{1+5}{1+10+1} = 50\%。$$

为验证设计的电路能否满足要求，利用 Multisim 10 对图 7.6.7 电路进行了仿真。首先在电子仿真软件 Multisim 10 电子平台上建立如图 7.6.7 所示仿真电路。其中电位器从电子仿真软件 Multisim 10 左侧左列虚拟元件工具条中调出，并双击电位器图标，将弹出的对话框的“Increment”栏改为“1”%；将“Resistance”改成“10”kΩ，按对话框下方“确定”按钮退出。

打开仿真开关，双击示波器图标将从放大面板的屏幕上看到多谐振荡器产生的矩形波如图 7.6.8 所示。

调节电位器的百分比，可以观察到多谐振荡器产生的矩形波占空比发生变化，分别观察占空比为 30%和 70%时的波形，了解变化规律。

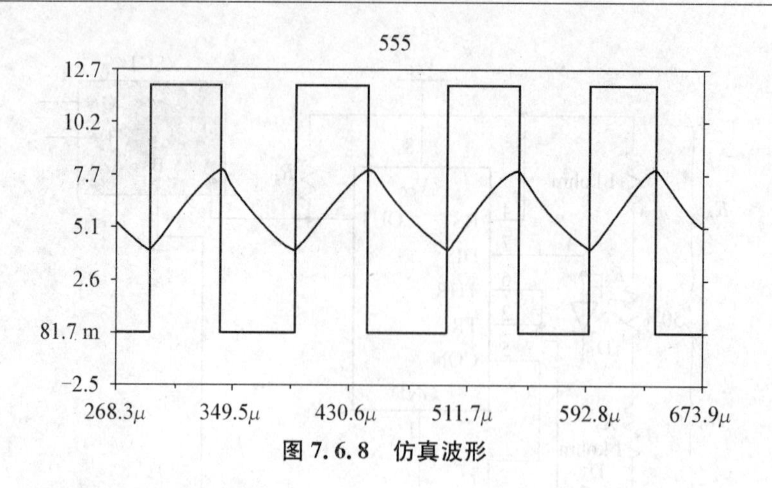

图 7.6.8 仿真波形

7.6.4 施密特触发器的仿真

施密特触发器输出状态的转换取决于输入信号的变化过程，即输入信号从低电平上升的过程中，电路状态转换时，对应的输入电平 V_{T+} 与输入信号从高电平下降过程中对应的输入转换电平 V_{T-} 不同，其中 V_{T+} 称为正向阈值电压，V_{T-} 称为负向阈值电压。另外由于施密特触发器内部存在正反馈，所以输出电压波形的边沿很陡。因此，利用施密特触发器不仅能将边沿变化缓慢的信号波形整形为边沿陡峭的矩形波，而且可以将叠加在矩形脉冲高、低电平上的噪声有效的消除。

由 555 定时器构成的施密特触发器为反向传输的施密特触发器，正向阈值电压和负向阈值电压分别为：$V_{T+}=2/3V_{CC}$，$V_{T-}=1/3V_{CC}$。由 555 定时器构成的施密特触发器可以进行脉冲波形变换，将非矩形波如三角波、正弦波及变化缓慢的周期性信号变换成矩形脉冲。只要输入信号的幅度大于 V_{T+}，即可在施密特触发器的输出端得到相同频率的矩形脉冲信号。555 定时器构成的施密特触发器完成将正弦波整形为矩形波的仿真电路如图 7.6.9 所示。

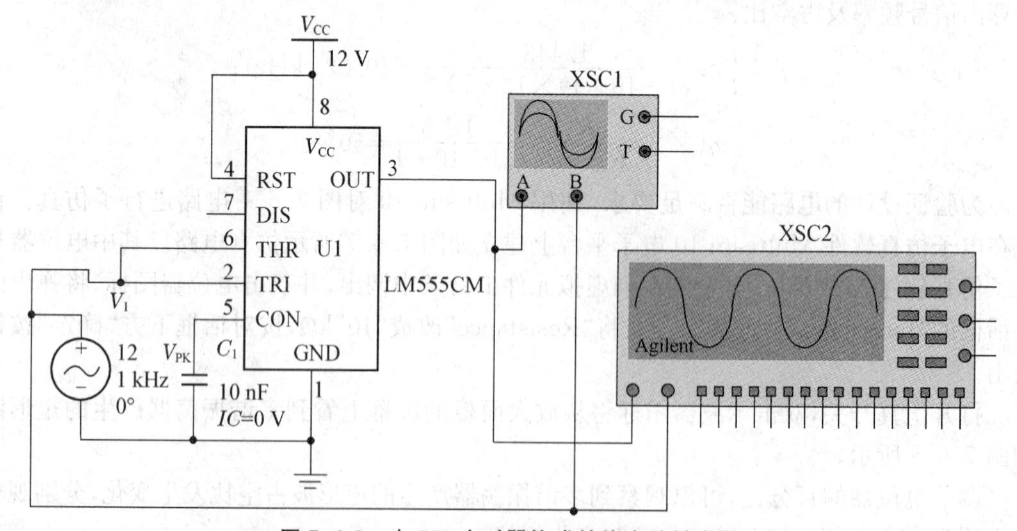

图 7.6.9 由 555 定时器构成的施密特触发器

其中 CON 端所接电容 10 nF 起滤波作用，用来提高比较器参考电压的可靠性。RST

接高电平 V_{CC}，将两个比较器的输入端 THR 和 TRI 连接在一起，作为施密特触发器的输入端。启动仿真，即可通过示波器观测输入信号和输出信号，如图 7.6.10 所示。

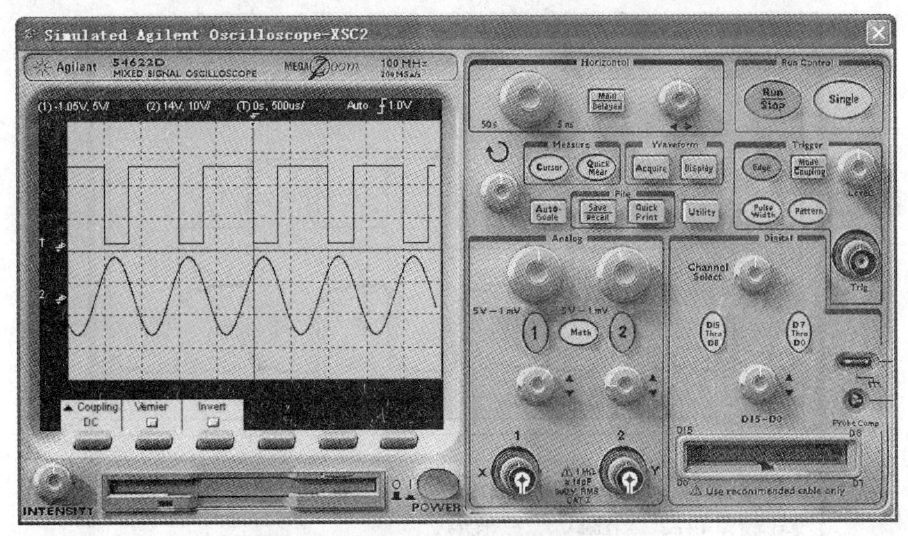

图 7.6.10　施密特触发器仿真测试结果

矩形脉冲经传输后往往会发生波形畸变。其中常见的有图 7.2.9 所示的几种情况。当传输线上电容较大时，波形的前、后沿将明显变坏，如图 7.2.9(a)所示；当传输线较长，而且接收端的阻抗与传输线的阻抗不匹配时，在波形的上升沿和下降沿将产生振荡现象，如图 7.2.9(b)所示；当其他脉冲信号通过导线之间的分布电容或公共电源线叠加到矩形脉冲信号上时，信号上将出现附加的噪声，如图 7.2.9(c)所示。对于上述信号传输过程中产生的畸变，可采用施密特触发器对波形进行整形，只要回差电压选择恰当，就可到达理想的整形效果。现以图 7.6.11 来对该功能进行仿真测试。用一个 100 kHz 幅度为 3 V 的正弦波叠

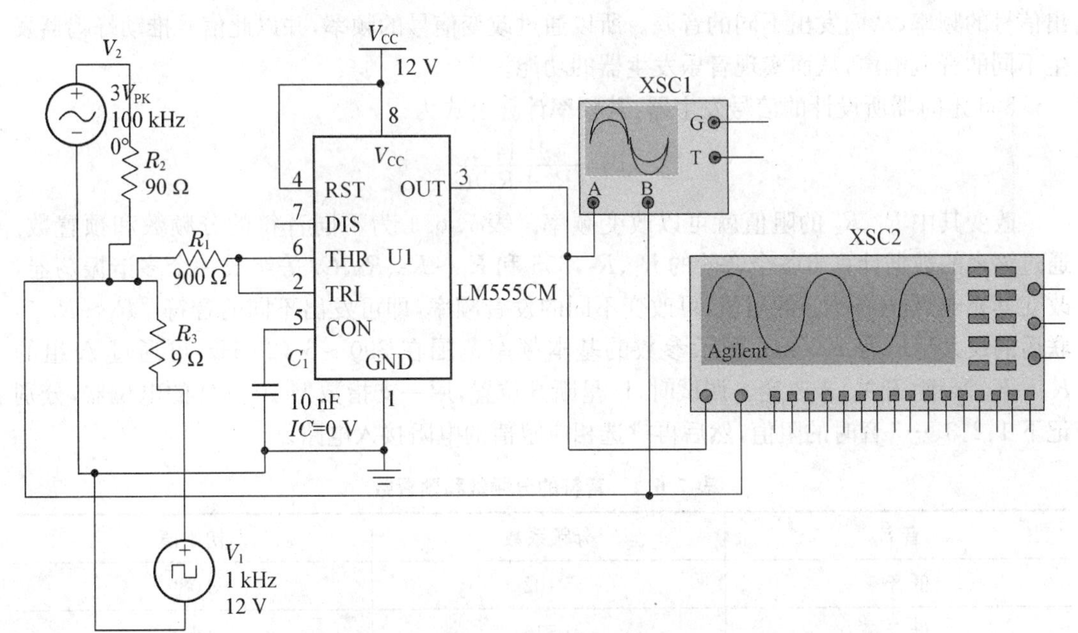

图 7.6.11　555 构成的波形整形电路

加到 1 kHz 的矩形波上，让其作为由 555 构成的施密特触发器的输入信号，实际测试的输入、输出信号波形如图 7.6.12 所示，可见波形得到了良好的整形。

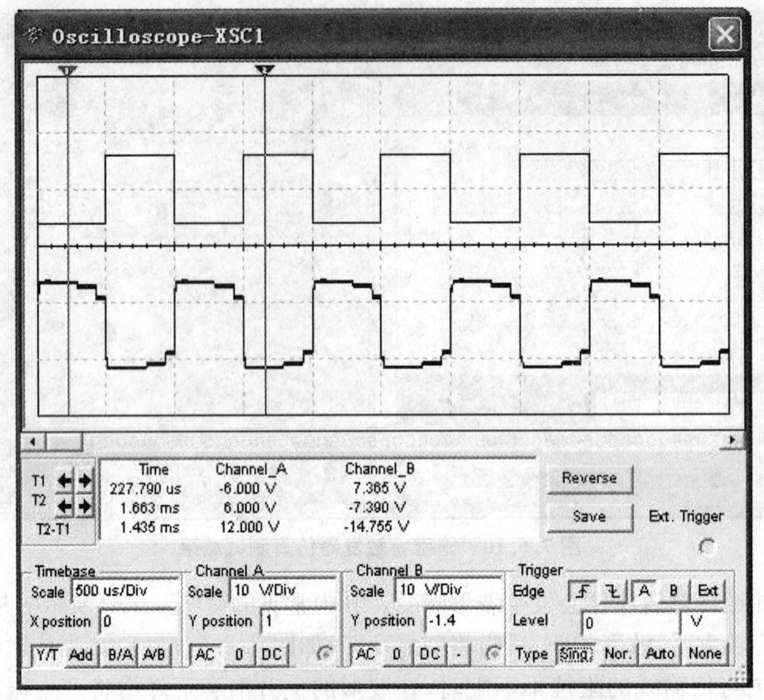

图 7.6.12 整形前后的波形

7.6.5 基于 555 定时器的音乐发生器的设计与仿真

通过对前述电路的学习，我们知道 555 定时器能够通过改变不同的电阻值，而改变所发出信号的频率，从而发出不同的音调。所以通过改变信号的频率，并以此信号推动蜂鸣器发生不同的音调响声，从而实现音乐发生器的功能。

555 定时器所设计的信号发生器，其频率计算公式为

$$f=\frac{1.44}{(R_1+R_2)C}$$

改变其中 R_1、R_2 的阻值就可以改变频率。表 7.6.1 为不同音符的分频数和预置数。通过该表的数据计算出各个音阶的 R_1、R_2，555 和 R_1～R_6、R_8、C_1 等组成一个多谐振荡器，改变其充电点（R_1～R_8）的阻值，可改变不同的发音频率，即可发出不同的音符。R_1～R_8 串联后的最大阻值为 100 kΩ，图示参数的基本频率范围在 390～6 420 Hz，可通过 A 组的 K_1～K_7 琴键（开关）来改变。调试时，J_3 呈断开位置，用一支指数型 100 kΩ 的电位器，分别记下 1、2、3、…7 音时的阻值，然后再挑选相应阻值的电阻接入电路。

表 7.6.1 音符的分频数和预置数

音名	分频系数	初始值
低音 5	5 102	3 089
低音 6	4 545	3 646

(续表)

音名	分频系数	初始值
低音 7	4 050	4 141
中音 1	3 822	4 369
中音 2	3 405	4 786
中音 3	3 034	5 157
中音 4	2 863	5 328
中音 5	2 551	5 640
中音 6	2 273	5 918
中音 7	2 025	6 166
高音 1	1 911	6 280
高音 2	1 703	6 488
高音 3	1 517	6 674
高音 4	1 432	6 759
高音 5	1 275	6 816
休止符 0	0	8 191

接在 555 控制端(5 脚)的 B 组开关 J_4 和 J_5 是用来调音调的，按下 AN1 时发音音调比基本音符组(A 组)升高音调一致；而按下 AN2 时，则比 AN1 的音调又升高一级。R_{10} 和 R_{11} 的电阻值分别在 500 Ω 和 1 000 Ω 左右。Multisim 仿真软件制作的电路如图 7.6.13 所示。

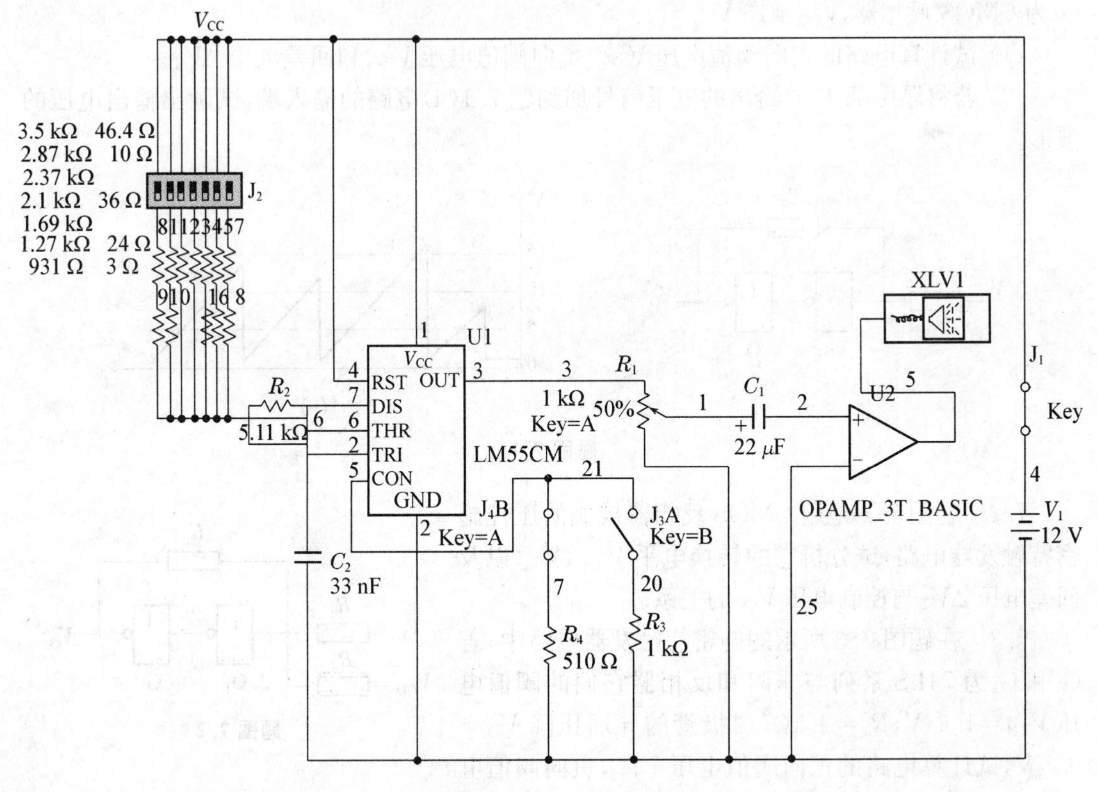

图 7.6.13　仿真电路

本章小结

由门电路构成的单稳、多谐振荡器和施密特触发器在结构上相似，都是反馈结构，但耦合网络不同，故施密特触发器有两个稳态，单稳触发器有一个稳态，多谐振荡器没有稳态。

多谐振荡器无需外加输入信号就能自行产生矩形波输出。频率稳定性要求较高的场合采用石英晶体振荡器。

在单稳和多谐振荡器中，电路由暂稳态过渡到另一个状态，其"触发"信号是由电路内部电容充放电提供的，无需外部触发脉冲。暂稳态持续的时间是脉冲电路的主要参数，它与电路的阻容元件取值有关。

施密特触发器是有滞后特性的逻辑门，有两个阈值电压。电路状态与输入电压有关，不具备记忆功能。除施密特反相器外还有施密特与非门，或非门等。

集成单稳态触发器分为非重复触发和可重复触发两类。在暂稳态期间，出现的触发信号对非重复触发单稳电路没有影响，对可重复触发单稳电路起到连续触发的作用。

定时器是一种应用广泛的集成器件，多用于脉冲产生、整形及定时等。除555定时器外，还有556(双定时器)、558(四定时器)等。

用Multisim对555定时器构成的单稳态触发器、施密特触发器、多谐振荡器进行了仿真，并通过具体实例讲解555定时器的应用。

练习题

7.1　在题图7.1(a)所示的施密特触发器电路中，已知$R_1=10\ k\Omega$，$R_2=30\ k\Omega$。G_1和G_2为CMOS反相器，$V_{DD}=15\ V$。

(1) 试计算电路的正向阈值电压V_{T+}、负向阈值电压V_{T-}和回差电压ΔV_T。

(2) 若将题图7.1(b)给出的电压信号加到题7.1(a)电路的输入端，试画出输出电压的波形。

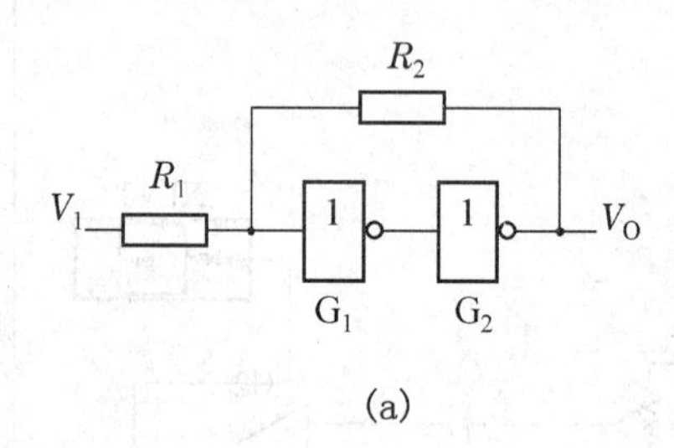

(a)

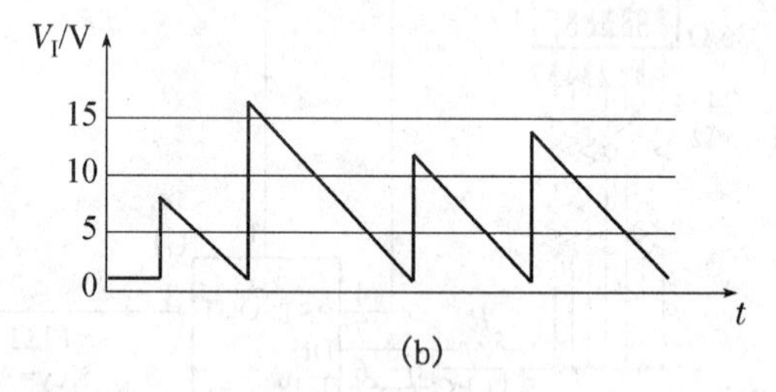

(b)

题图7.1

7.2　题图7.2是用CMOS反相器接成的压控施密特触发器电路，试分析它的转换电平V_{T+}、V_{T-}以及回差电压ΔV_T与控制电压V_{CO}的关系。

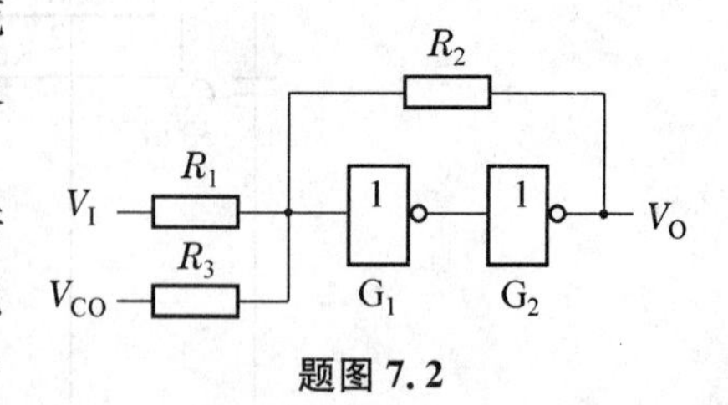

题图7.2

7.3　在题图7.3所示的施密特触发器电路中，若G_1和G_2为74LS系列与非门和反相器它们的阈值电压$V_{TH}=1.1\ V$，$R_1=1\ k\Omega$，二极管的导通压降$V_D=0.7\ V$，试计算电路的正向阈值电压V_{T+}、负向阈值电

压 V_{T-}和回差电压 ΔV_T。

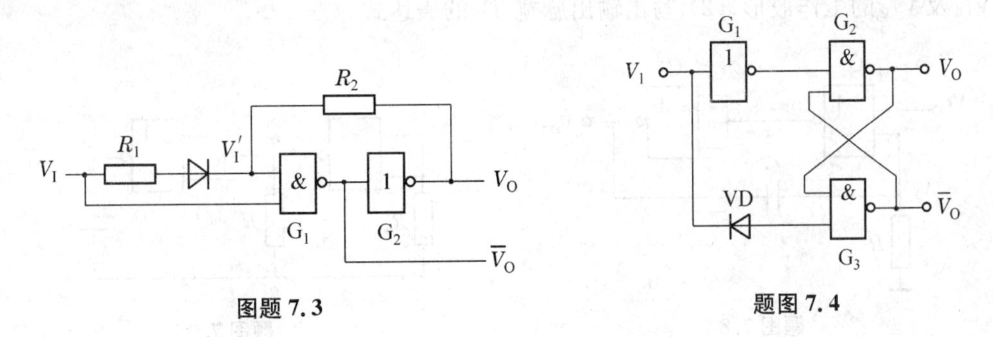

图题 7.3　　　　题图 7.4

7.4　用 TTL 门电路构成的施密特触发器如题图 7.4 所示，若门电路的阈值电压 $V_{TH}=1.4$ V，二极管的导通压降 $V_D=0.7$ V，若输入信号 V_I为幅值大于 V_{TH}的正弦波，试画出 V_o的输出波形，并求出回差电压 ΔV_T。

7.5　在题图 7.5 电路中，已知 CMOS 集成施密特触发器的电源电压 $V_{DD}=15$ V，$V_{T+}=9$ V，$V_{T-}=4$ V。试问：

(1) 为了得到占空比为 $q=50\%$的输出脉冲，R_1与 R_2的比值应取多少？

(2) 若给定 $R_1=3$ kΩ，$R_2=8.2$ kΩ，电路的振荡频率为多少？输出脉冲的占空比是多少？

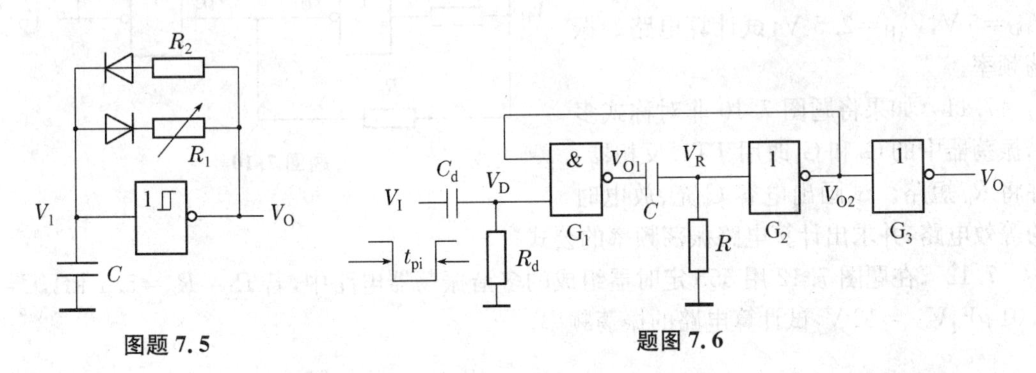

图题 7.5　　　　题图 7.6

7.6　微分型单稳电路如题图 7.6 所示。其中 t_{pi}为 3 μs，$C_d=50$ pF，$R_d=10$ kΩ，$C=5\,000$ pF，$R=200$ Ω。试对应地画出 V_I、V_D、V_{O1}、V_R、V_{O2}、V_O 的波形，并求出输出脉冲宽度。

7.7　题图 7.7 是用 TTL 门电路接成的微分型单稳态触发器，其中 R_d阻值足够大，保证稳态时 V_A为高电平。R 的阻值很小，保证稳态时 V_{I2}为低电平，试分析该电路在给定触发信号 V_I作用下的工作过程，画出 V_A、V_{O1}、V_{I2}和 V_O的电压波形，C_d的电容量很小，它与 R_d组成微分电路。

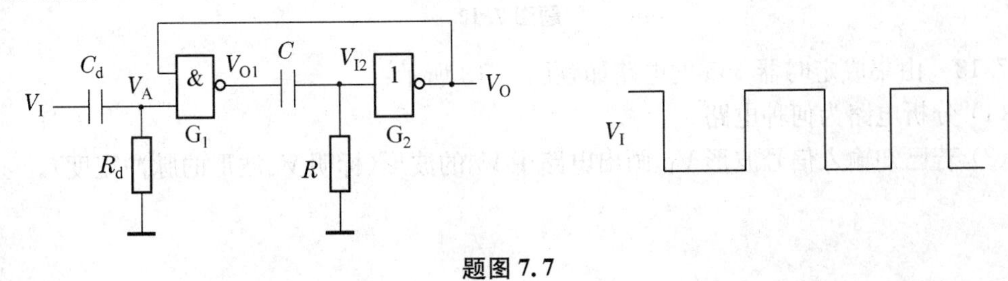

题图 7.7

7.8　题图 7.8 是用 CMOS 或非门组成的单稳态触发器。(1) 画出加入触发脉冲 V_I 后，V_{O1} 及 V_{O2} 的工作波形；(2) 写出输出脉宽 T_W 的表达式。

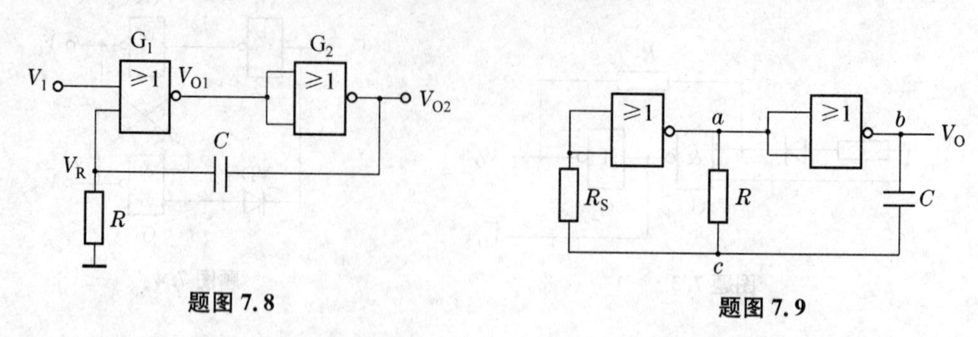

题图 7.8　　　题图 7.9

7.9　题图 7.9 所示电路为 CMOS 或非门构成的多谐振荡器，图中 $R_S=10R$。(1) 画出 a、b、c 各点的波形；(2) 计算电路的振荡周期；(3) 当阈值电压 V_{th} 由 $\frac{1}{2}V_{DD}$ 改变至 $\frac{2}{3}V_{DD}$ 时，电路的振荡频率如何变化？

7.10　在题图 7.10 非对称式多谐振荡器电路中，若 G_1、G_2 为 CMOS 反相器 $R_P=9.1\ \text{k}\Omega$，$C=0.001\ \mu\text{F}$，$R_F=100\ \text{k}\Omega$，$V_{DD}=5\ \text{V}$，$V_{TH}=2.5\ \text{V}$，试计算电路的振荡频率。

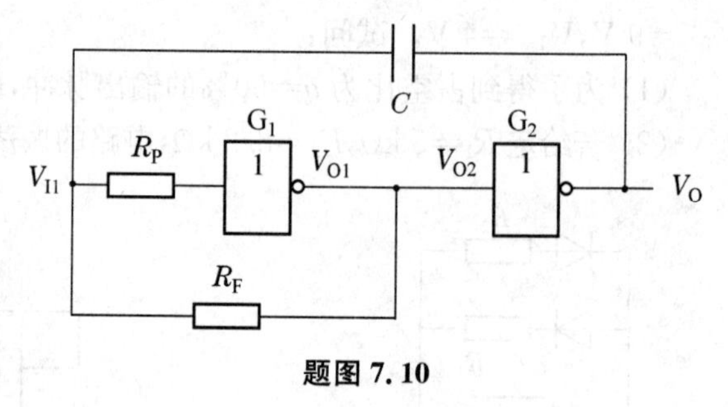

题图 7.10

7.11　如果将题图 7.10 非对称式多谐振荡器中的 G_1 和 G_2 改用 TTL 反相器，并将 R_p 短路。试画出电容 C 充、放电时的等效电路，并求出计算电路振荡频率的公式。

7.12　在题图 7.12 用 555 定时器组成的多谐振荡器电路中，若 $R_1=R_2=5.1\ \text{k}\Omega$，$C=0.01\ \mu\text{F}$，$V_{CC}=12\ \text{V}$，试计算电路的振荡频率。

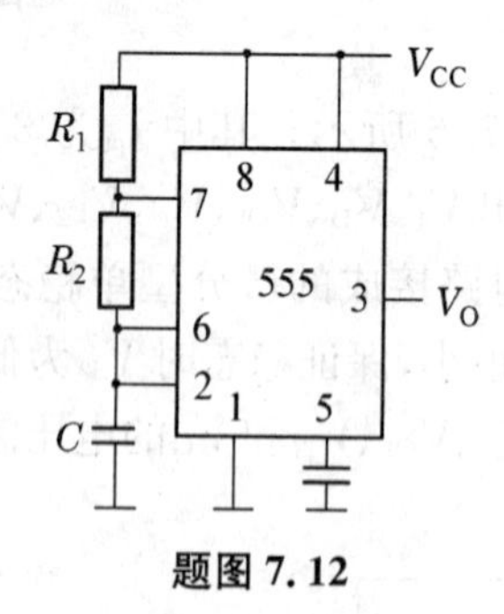

题图 7.12

7.13　由集成定时器 555 的电路如题图 7.13 所示：

(1) 分析电路为何种电路。

(2) 若已知输入信号波形 V_I，画出电路中 V_O 的波形(标明 V_O 波形的脉冲宽度)。

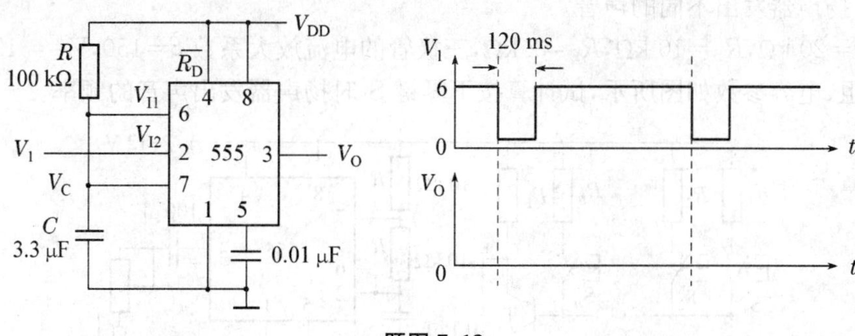

题图 7.13

7.14　由集成定时器 555 构成的电路如题图 7.14 所示：

(1) 分析电路为何种电路。

(2) 画出电路中 V_O、V_C 的波形(标明波形的电压幅度，V_O 的周期)。

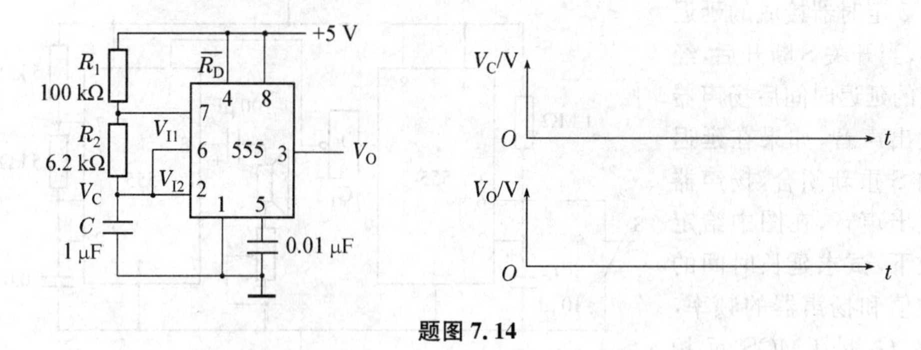

题图 7.14

7.15　题图 7.15 是用 555 定时器组成的开机延时电路。若给定 $C=25\ \mu F$，$R=91\ k\Omega$，$V_{CC}=12$ V。试计算常闭开关 S 断开以后经过多长的延迟时间才跳变为高电平。

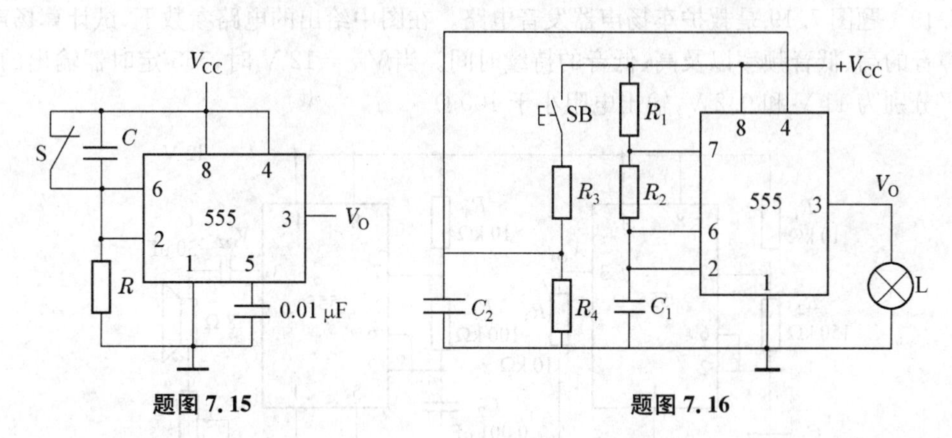

题图 7.15　　题图 7.16

7.16　用集成定时器 555 构成的多谐振荡器电路如题图 7.16，已知 $C_1=25\ \mu F$，$R_1=10\ k\Omega$，$R_2=20\ k\Omega$。(1) 分析电路工作原理，按钮 SB 和电容 C_2 起何作用。(2) 灯 L 闪烁时，亮和灭的时间各为多少？

7.17　题图 7.17 是一个简易电子琴电路，当琴键 $S_1 \sim S_n$ 均未按下时，三极管 T 接近饱和导通，V_E 约为 0 V，使 555 定时器组成的振荡器停振，当按下不同琴键时，因 $R_1 \sim R_n$ 的阻值不等，扬声器发出不同的声音。

若 $R_B=20\ k\Omega$，$R_1=10\ k\Omega$，$R_E=2\ k\Omega$，三极管的电流放大系数 $\beta=150$，$V_{CC}=12\ V$，振荡器外接电阻、电容参数如图所示，试计算按下琴键 S_1 时扬声器发出声音的频率。

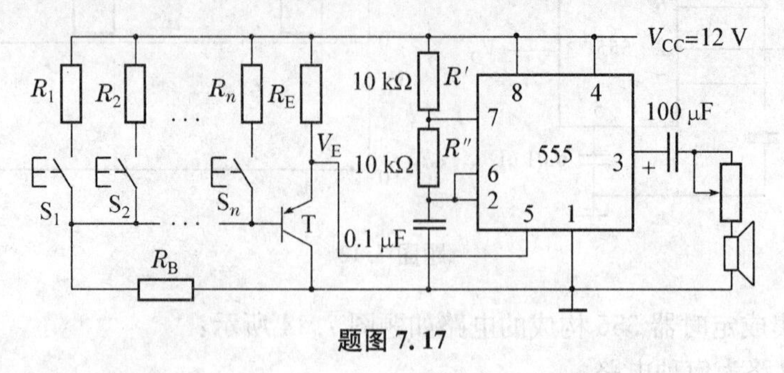

题图 7.17

7.18 题图 7.18 是用两个 555 定时器接成的延迟报警器，当开关 S 断开后，经过一定的延迟时间后扬声器开始发出声音，如果在延迟时间内 S 重新闭合，扬声器不会发出声音，在图中给定的参数下，试求延长时间的具体数值和扬声器的频率，图中的 G_1 是 CMOS 反相器，输出的高、低电平分别为 $V_{OH}\approx 12\ V$，$V_{OL}\approx 0\ V$。

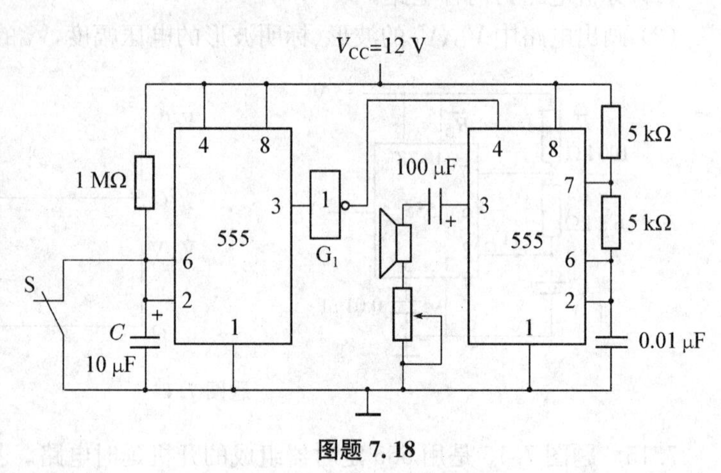

图题 7.18

7.19 题图 7.19 是救护车扬声器发音电路。在图中给出的电路参数下，试计算扬声器发出声音的高、低音频率以及高、低音的持续时间。当 $V_{CC}=12\ V$ 时，555 定时器输出的高、低电平分别为 11 V 和 0.2 V，输出电阻小于 100 Ω。

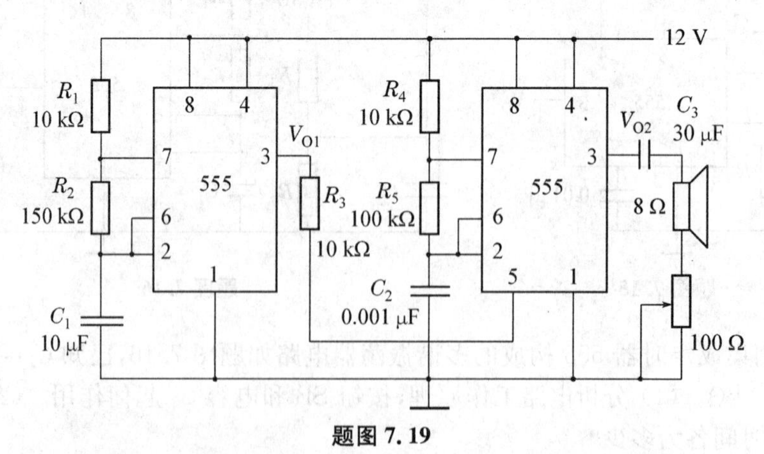

题图 7.19

7.20 用 555 构成的多谐振荡器电路如题图 7.21 所示，已知 $C=0.1\ \mu F$，$R_1=18\ k\Omega$，

要求在A、B、C三个输出端分别输出频率为100 Hz、10 Hz和1 Hz的矩形波。(1) 求电阻为多大？(2) 分频器F_1、F_2为多少分频？

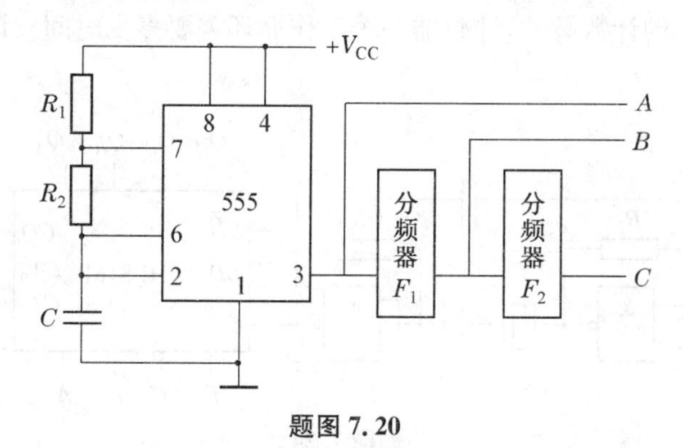

题图 7.20

7.21　由555定时器构成的多谐振荡器如题图7.22所示，要产生1 kHz的方波(占空比不要求)，确定电路参数。

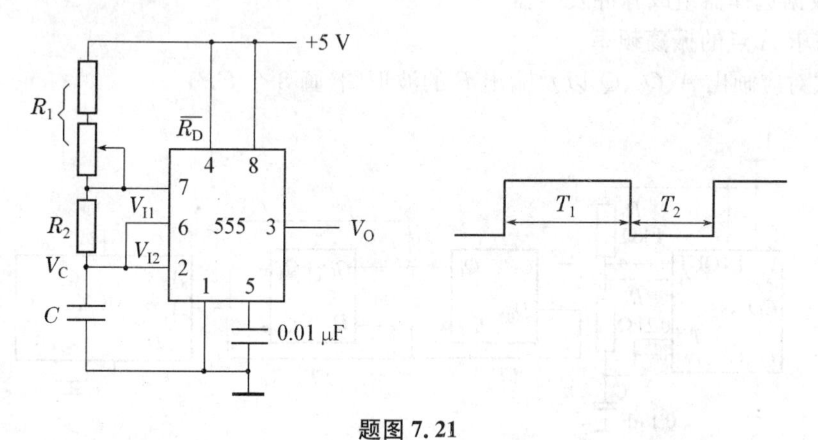

题图 7.21

7.22　题图7.22所示电路是一简易触摸开关电路，当手摸金属片时，发光二极管亮，经过一定时间，发光二极管熄灭。说明电路的工作原理，并计算发光二极管亮的时间。

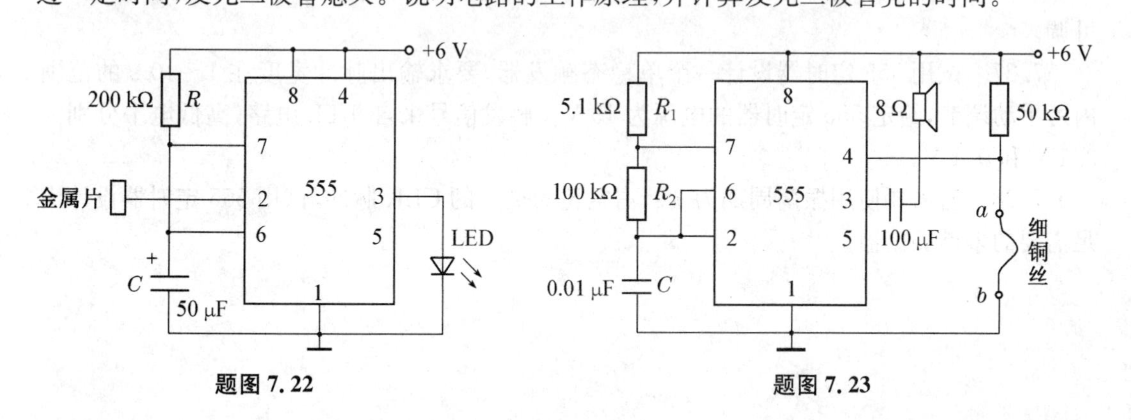

7.23　图题7.23是一个防盗报警电路，图中的细铜丝置于盗窃者必经之处，当铜丝被盗贼撞断时发出报警声，说明此电路的工作原理。

7.24　石英晶体多谐振荡器电路如题图 7.24 所示，采用 TTL 门电路，其输出 U_O 作为计数器的计数脉冲。试问：(1) 该电路的特点是什么？(2) 若振荡频率 $f_O=2$ MHz，其输出作为计数器 74LSl61 的计数脉冲，计数器一个工作循环需要多少时间？请对应画出计数 Q_D 的波形。

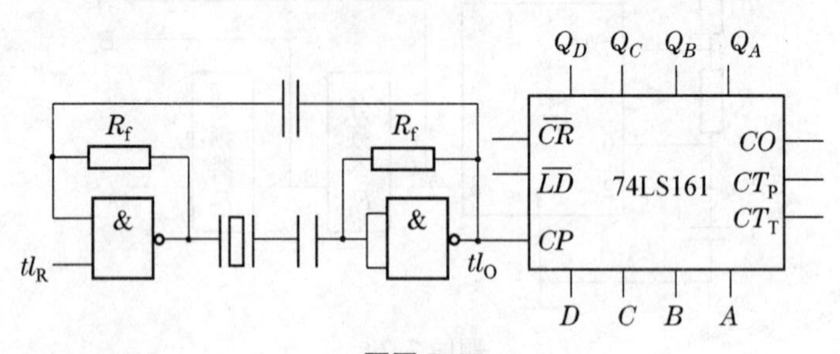

题图 7.24

7.25　已知如题图 7.25 所示集成 555 定时器接成多谐振荡器，FF_1、FF_2 构成的计数器与四选一数据选择器组成脉冲发生器。

(1) 试求 A 点的振荡频率。

(2) 试对应画出 A、Q_0、Q_1 以及输出 F 的波形图(画 8 个 CP)。

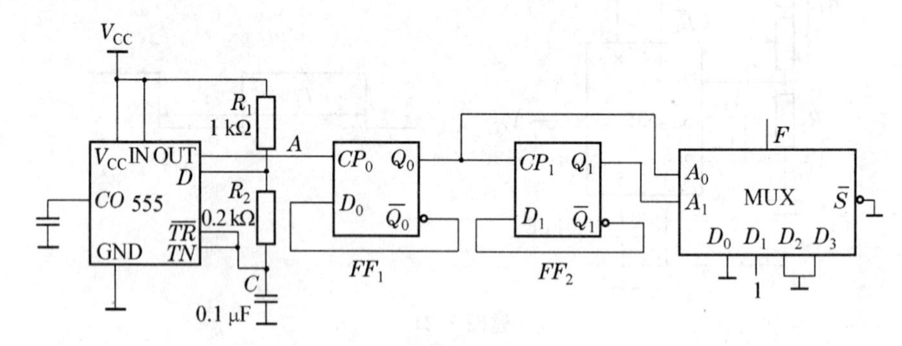

题图 7.25

7.26　试用 555 定时器构成一个矩形脉冲产生电路，要求输出脉冲的频率、脉冲宽度均可调。

7.27　试用 555 定时器设计一个单稳态触发器，要求输出脉冲宽度在 1～10 s 的范围内可手动调节，给定 555 定时器的电源为 15 V。触发信号来自 TTL 电路，高低电平分别为 3.4 V 和 0.1 V。

7.28　若需要使用振荡周期为 3 s，占空比为 2/3 的 CLK 脉冲，试用 555 定时器设计满足需要的多谐振荡器。

第8章　数模和模数转换器

本章学习目的和要求

1. 了解ADC、DAC在数字系统中的作用及分类方法；
2. 掌握权电阻网络DAC、倒T型电阻网络DAC的工作原理及DAC的转换精度与速度；
3. 掌握ADC的转换步骤、取样定理；
4. 重点掌握逐次逼近型ADC与双积分型ADC的工作原理及性能指标。

本章首先阐述了D/A转换器的工作原理，介绍了几种常用的D/A转换器，包括：权电阻网络D/A转换器、R－2R倒T型电阻网络D/A转换器、权电流型D/A转换器，并详细分析了D/A转换器的主要性能参数和应用。然后阐述了A/D转换的工作过程，并介绍了并联比较型A/D转换器、逐次渐近型A/D转换器、双积分型A/D转换器的结构以及A/D转换器的主要性能参数。

8.1　概　述

一般来说，自然界中存在的物理量大都是连续变化的物理量，如温度、时间、角度、速度、流量、压力等。由于数字电子技术的迅速发展，尤其是计算机在控制、检测以及许多其他领域中的广泛应用，用数字电路处理模拟信号的情况非常普遍。这就需要将模拟量转换为数字量，这种转换称为模数转换，用A/D表示(Analog to Digital)；而将数字信号变换为模拟信号叫做数模转换，用D/A表示(Digital to Analog)。带有模数和数模转换电路的测控系统大致可用图8.1.1所示的框图表示。

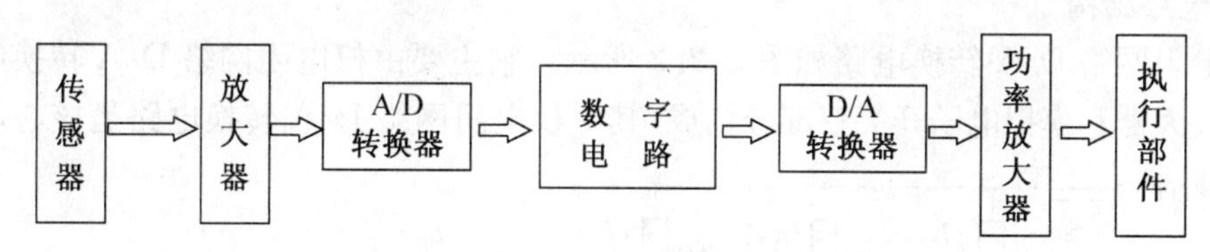

图8.1.1　一般测控系统框图

图中模拟信号由传感器转换为电信号，经放大送入A/D转换器转换为数字量，由数字电路进行处理，再由D/A转换器还原为模拟量，去驱动执行部件。图中将模拟量转换为数字量的装置称为A/D转换器，简写为ADC(Analog to Digital Converter)；把实现数模转换的电路称为D/A转换器，简写为DAC(Digital to Analog Converter)。

为了保证数据处理结果的准确性，A/D转换器和D/A转换器必须有足够的转换精度。同时，为了适应快速过程的控制和检测的需要，A/D转换器和D/A转换器还必须有足够快的转换速度。因此,转换精度和转换速度乃是衡量 A/D 转换器和 D/A 转换器性能优劣的主要标志。

在本章中,将介绍几种常用的 A/D 和 D/A 转换器的结构、工作原理和应用。

8.2　D/A 转换器

D/A 转换器是利用电阻网络和模拟开关,将多位二进制数 D 转换为与之成比例的模拟量的一种转换电路,因此,输入应是一个 n 位的二进制数,如图 8.2.1。

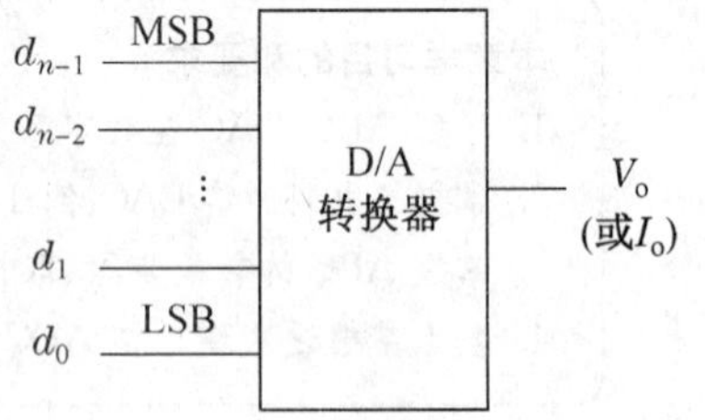

它可以按二进制数转换为十进制数的通式展开为:

$$D_n = d_{n-1}\times 2^{n-1} + d_{n-2}\times 2^{n-2} + \cdots + d_1\times 2^1 + d_0\times 2^0$$

而输出应当是与输入的数字量成比例的模拟量 A:

$$\begin{aligned} A &= KD_n \\ &= K(d_{n-1}\times 2^{n-1} + d_{n-2}\times 2^{n-2} + \cdots + d_1\times 2^1 + d_0\times 2^0) \end{aligned}$$

图 8.2.1　D/A 转换器方框图

式中:K 为转换系数。其转换过程是把输入的二进制数中为 1 的每一位代码,按每位权的大小,转换成相应的模拟量,然后将各位转换以后的模拟量,经求和运算放大器相加,其和便是与被转换数字量成正比的模拟量,从而实现了数模转换。一般的 D/A 转换器输出 A 是正比于输入数字量 D 的模拟电压量。比例系数 K 为一个常数,单位为伏特。

D/A 转换器通常由译码网络、模拟开关、求和运算放大器和基准电压源等部分组成。按照译码网络的不同,可以构成多种 D/A 转换电路,如权电阻网络 D/A 转换器、倒 T 型电阻网络 D/A 转换器、权电流型 D/A 转换器、权电容网络 D/A 转换器等。下面仅介绍权电阻网络 D/A 转换器、权电流型 D/A 转换器和目前集成 D/A 转换器中常用的倒 T 型电阻网络 D/A 转换器。

8.2.1　权电阻网络 D/A 转换器

1. 电路结构

权电阻网络 D/A 转换电路如图 8.2.2 所示。它主要由权电阻网络 D/A 转换电路、求和运算放大器和模拟电子开关三部分构成,其中权电阻网络 D/A 转换电路是核心,求和运

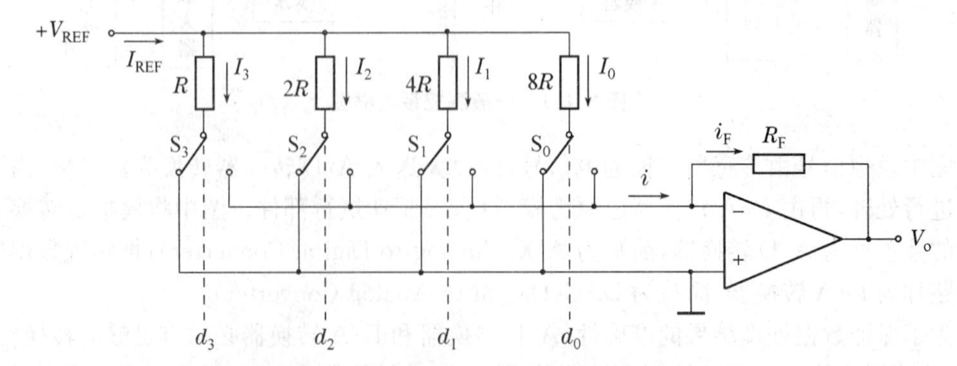

图 8.2.2　二进制权电阻网络 D/A 转换电路

算放大器构成一个电流、电压转换器，将流过各权电阻的电流相加，并转换成与输入数字量成正比的模拟电压输出。

2. 工作原理

二进制权电阻网络的电阻值是按 4 位二进制数的位权大小取值的，最低位电阻值最大，为 2^3R，然后依次减半，最高位对应的电阻值最小，为 2^0R。不论模拟开关接到运算放大器的反相输入端（虚地）还是接到地，也就是不论输入数字信号是 1 还是 0，各支路的电流是不变的。

模拟开关 S 受输入数字信号控制，若 $d=0$，相应的 S 合向同相输入端（地）；若 $d=1$，相应的 S 合向反相输入端。

i 正比于输入的二进制数，所以实现了数字量到模拟量的转换。

根据线性运用条件下，运放虚短、虚断的特点有：

$$V_O=-R_F i=-R_F(I_3+I_2+I_1+I_0)$$

电路中 $R_F=R/2$，$I_3=\dfrac{V_{REF}}{R}d_3$，$I_2=\dfrac{V_{REF}}{2R}d_2$，$I_1=\dfrac{V_{REF}}{4R}d_1$，$I_0=\dfrac{V_{REF}}{8R}d_0$，则：

$$V_O=-\frac{V_{REF}}{2^4}(d_3\times2^3+d_2\times2^2+d_1\times2^1+d_0\times2^0)。$$

对于 n 位的权电阻网络 D/A 转换器，当反馈电阻取为 $R/2$ 时，输出电压的计算公式为：

$$V_0=-\frac{V_{REF}}{2^n}(d_{n-1}\times2^{n-1}+d_{n-2}\times2^{n-2}+\cdots+d_1\times2^1+d_0\times2^0)$$

结果表明，电路实现了从数字量到模拟量的转换。

3. 运算放大器的输出电压

采用运算放大器进行电压转换有两个优点：一是起隔离作用，把负载电阻与电阻网络相隔离，以减小负载电阻对电阻网络的影响；二是可以调节 R_F 控制满刻度值（即输入数字信号为全 1）时输出电压的大小，使 D/A 转换器的输出达到设计要求。

8.2.2　R－2R 倒 T 型电阻网络 D/A 转换器

倒 T 型电阻解码网络 D/A 转换器是目前使用最为广泛的一种形式，其电路结构如图 8.2.3 所示。

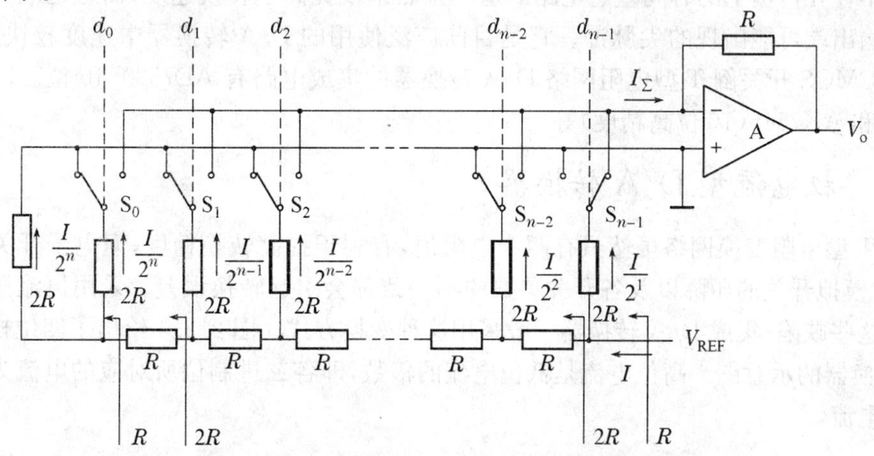

图 8.2.3　R－2R 倒 T 型电阻网络 D/A 转换电路

图中 $S_0 \sim S_{n-1}$ 为模拟开关，$R-2R$ 电阻解码网络是呈倒 T 型的，运算放大器 A 组成求和电路。模拟开关 S_i 由输入数码 d_i 控制。当输入数字信号的任何一位是“1”时，对应开关便将 $2R$ 电阻接到运放反相输入端，而当其为“0”时，则将电阻 $2R$ 接地。由图 8.2.3 可知，按照虚短、虚断的近似计算方法，求和放大器反相输入端的电位为虚地，所以无论开关合到哪一边，都相当于接到了“地”电位上。在图示开关状态下，从最左侧将电阻折算到最右侧，先是 $2R//2R$ 并联，电阻值为 R，再和 R 串联，又是 $2R$，一直折算到最右侧，电阻仍为 R，则可写出电流 I 的表达式为

$$I=\frac{V_{\mathrm{REF}}}{R}$$

只要 V_{REF} 选定，电流 I 为常数。流过每个支路的电流从右向左，分别为 $\frac{I}{2^1}$、$\frac{I}{2^2}$、$\frac{I}{2^3}$、…。当输入的数字信号为“1”时，电流流向运放的反相输入端，当输入的数字信号为“0”时，电流流向地，可写出 $I_{\sum}$ 的表达式：

$$I_{\sum}=\frac{I}{2}d_{n-1}+\frac{I}{4}d_{n-2}+\cdots+\frac{I}{2^{n-1}}d_1+\frac{I}{2^n}d_0$$

在求和放大器的反馈电阻等于 R 的条件下，输出模拟电压为：

$$\begin{aligned}V_{\mathrm{o}}&=-RI_{\sum}=-R\left(\frac{I}{2}d_{n-1}+\frac{I}{4}d_{n-2}+\cdots+\frac{I}{2^{n-1}}d_1+\frac{I}{2^n}d_0\right)\\&=-\frac{V_{\mathrm{REF}}}{2^n}(d_{n-1}\times 2^{n-1}+d_{n-2}\times 2^{n-2}+\cdots+d_1\times 2^1+d_0\times 2^0)\end{aligned}$$

与权电阻解码网络相比，倒 T 型电阻解码网络 D/A 转换器所用的电阻阻值仅两种，串联臂为 R，并联臂为 $2R$，便于制造和扩展位数。

通过以上分析可以看到，要使 D/A 转换器具有较高的精度，对电路中的参数有以下要求：

(1) 基准电压稳定性要好；

(2) 倒 T 型电阻网络中 R 和 $2R$ 电阻的比值精度要高；

(3) 每个模拟开关的开关电压降要相等。为实现电流从高位到低位按 2 的整数倍递减，模拟开关的导通电阻也相应地按 2 的整数倍递增。

由于在倒 T 型电阻网络 D/A 转换器中，各支路电流直接流入运算放大器的输入端，它们之间不存在传输上的时间差。电路的这一特点不仅提高了转换速度，而且也减少了动态过程中输出端可能出现的尖脉冲。它是目前广泛使用的 D/A 转换器中速度较快的一种。常用的 CMOS 开关倒 T 型电阻网络 D/A 转换器的集成电路有 AD7520(10 位)、DAC1210(12 位)和 AK7546(16 位高精度)等。

8.2.3　权电流型 D/A 转换器

倒 T 型电阻变换网络虽然只有两个电阻值，有利于提高转换精度，但电子开关并非理想器件，模拟开关的压降以及各开关参数的不一致都会引起转换误差。采用恒流源权电流能克服这些缺陷，集成 D/A 转换器一般采用这种变换方式。图 8.2.4 给出了四位权电流型 D/A 转换器的示意图。高位电流是低位电流的倍数，即各二进制位所对应的电流为其权乘最低位电流。

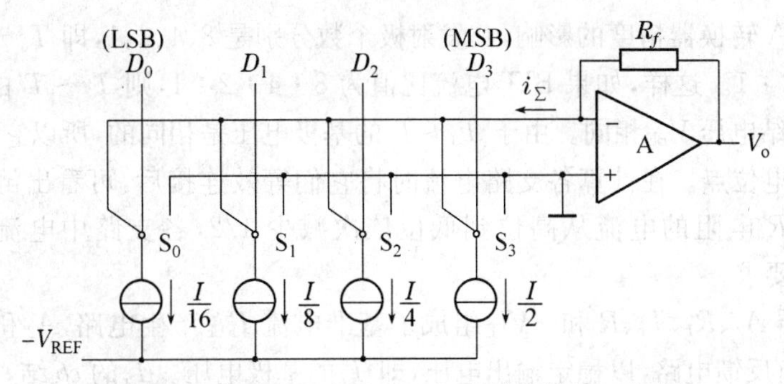

图 8.2.4　四位权电流型 D/A 转换器的原理电路

1. 电路原理

当输入数字量的某一位代码 $D_i=1$ 时，开关 S_i 接运算放大器的反相输入端，相应的权电流流入求和电路；当 $D_i=0$ 时，开关 S_i 接地。分析该电路可得出：

$$
\begin{aligned}
V_O &= i_\Sigma R_f \\
&= R_f\left(\frac{I}{2}D_3+\frac{I}{4}D_2+\frac{I}{8}D_1+\frac{I}{16}D_0\right) \\
&= \frac{I}{2^4}\cdot R_f(D_3\cdot 2^3+D_2\cdot 2^2+D_1\cdot 2^1+D_0\cdot 2^0) \\
&= \frac{I}{2^4}\cdot R_f\sum_{i=0}^{3}D_i\cdot 2^i
\end{aligned}
$$

采用了恒流源电路之后，各支路权电流的大小均不受开关导通电阻和压降的影响，这就降低了对开关电路的要求，提高了转换精度。

2. 采用具有电流负反馈的 BJT 恒流源电路的权电流 D/A 转换器

图 8.2.5 中 $T_3\sim T_0$ 均采用了多发射极晶体管，可以消除因为各 BJT 发射极电压 V_{BE} 的

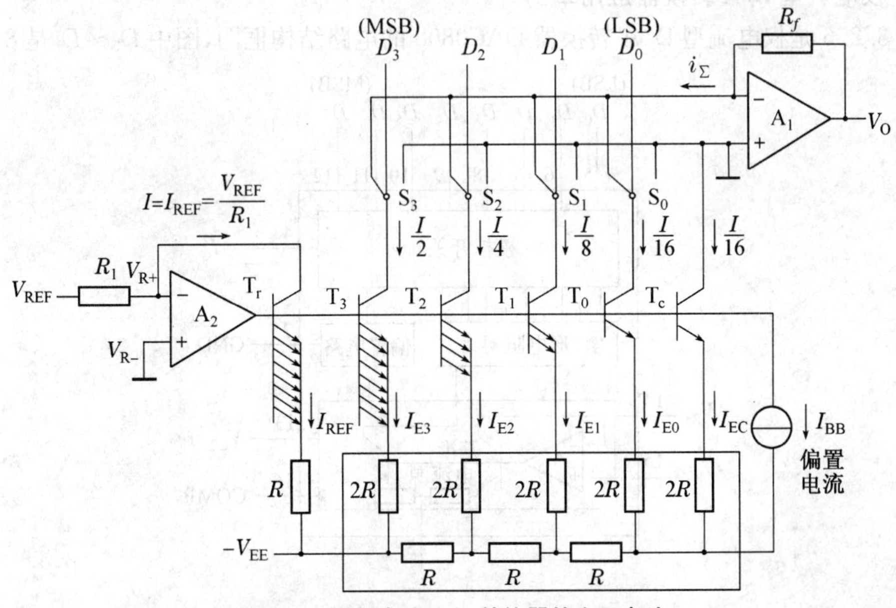

图 8.2.5　权电流 D/A 转换器的实际电路

不一致性对 D/A 转换器精度的影响，其发射极个数分别是 8、4、2、1，即 $T_3 \sim T_0$ 发射极面积之比为 8∶4∶2∶1。这样，如果 BJT 电流比值为 8∶4∶2∶1，则 $T_3 \sim T_0$ 的发射极电流密度相等，各发射结电压 V_{BE} 相同。由于 $T_3 \sim T_0$ 的基极电压是相同的，所以它们的发射极 e_3、e_2、e_1、e_0 就为等电位点。在计算各支路电流时将它们等效连接后，可看出倒 T 型电阻网络中，流入每个 $2R$ 电阻的电流从高位到低位依次减少 1/2，各支路中电流分配比例满足 8∶4∶2∶1 的要求。

运算放大器 A_2、R_1、T_r、R 和 $-V_{EE}$ 组成了基准电流 I_{REF} 产生电路，A_2 和 R_1、T_r 的 cb 结组成电压并联负反馈电路，以稳定输出电压，即 T_r 的基极电压。T_r 的 cb 结，电阻 R 到 $-V_{EE}$ 为反馈电路的负载，由于电路处于深度负反馈，根据虚短的原理，其基准电流为：

$$I_{REF}=\frac{V_{REF}}{R_1}=2I_{E3}$$

由倒 T 型电阻网络分析可知，$I_{E3}=I/2$，$I_{E2}=I/4$，$I_{E1}=I/8$，$I_{E0}=I/16$，于是可得输出电压为：

$$V_O = i_{\sum}R_f = \frac{R_f V_{REF}}{2^4 R_1}(D_3 \times 2^3 + D_2 \times 2^2 + D_1 \times 2^1 + D_0 \times 2^0)$$

可推得 n 位倒 T 型权电流 D/A 转换器的输出电压为：

$$V_O = \frac{V_{REF}}{R_1} \times \frac{R_f}{2_n} \sum_{i=0}^{n-1} \sum D_i \times 2^i$$

该电路特点为：基准电流仅与基准电压 V_{REF} 和电阻 R_1 有关，而与 BJT、R、$2R$ 电阻无关。这样，电路降低了对 BJT 参数及 R、$2R$ 取值的要求，十分有利于集成化。

由于在这种权电流 D/A 转换器中采用了高速电子开关，电路还具有较高的转换速度。采用这种权电流型 D/A 转换电路生产的单片集成 D/A 转换器有 DAC0806、DAC0808 等。这些器件都采用双极型工艺制作，工作速度较高。

3. 权电流型 D/A 转换器应用举例

图 8.2.6 是权电流型 D/A 转换器 DAC0808 的电路结构框图，图中 $D_0 \sim D_7$ 是 8 位数字

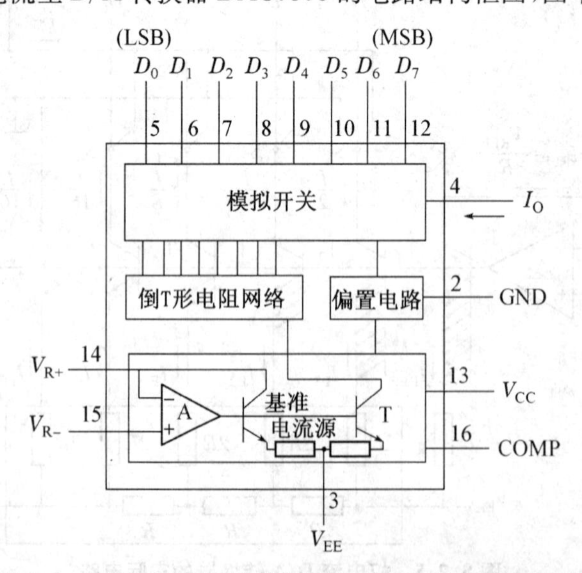

图 8.2.6　权电流型 D/A 转换器 DAC0808 的电路结构框图

量输入端，I_0 是求和电流的输出端。V_{R+} 和 V_{R-} 接基准电流发生电路中运算放大器的反相输入端和同相输入端。COMP 供外接补偿电容之用。V_{CC} 和 V_{EE} 为正负电源输入端。

用 DAC0808 这类器件构成 D/A 转换器时，需要外接运算放大器和产生基准电流用的电阻 R_1，如图 8.2.7 所示。

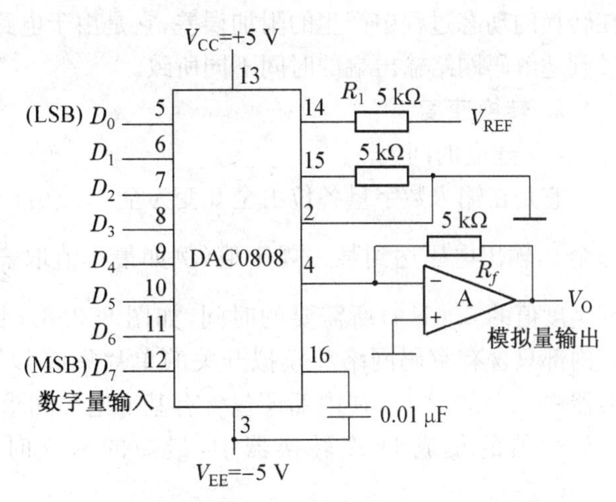

图 8.2.7　DAC0808 D/A 转换器的典型应用

在 $V_{REF}=10\ \text{V}$、$R_1=5\ \text{k}\Omega$、$R_f=5\ \text{k}\Omega$ 的情况下，可知输出电压为：

$$V_O=\frac{R_f V_{REF}}{2^8 R_1}\sum_{i=0}^{7}D_i\cdot 2^i$$

$$=\frac{10}{2^8}\sum_{i=0}^{7}D_i\cdot 2^i$$

当输入的数字量在全 0 和全 1 之间变化时，输出模拟电压的变化范围为 0～9.96 V。

8.2.4　D/A 转换器的主要参数

1. 转换精度

D/A 转换器转换精度用分辨率和转换误差描述。

（1）分辨率

分辨率是用以说明 D/A 转换器在理论上可达到的精度。用于表征 D/A 转换器对输入微小量变化的敏感程度，显然输入数字量位数越多，输出电压可分离的等级越多，即分辨率越高。所以实际应用中，往往用输入数字量的位数表示 D/A 转换器的分辨率。此外，D/A 转换器的分辨率也定义为电路所能分辨的最小输出电压 V_{LSB} 与最大输出电压 V_m 之比，即：

$$分辨率=\frac{V_{LSB}}{V_m}=\frac{-\frac{V_{REF}}{2^n}}{-\frac{V_{REF}}{2^n}(2^n-1)}=\frac{1}{2^n-1}$$

上式说明，输入数字代码的位数 n 越多，分辨率越小，分辨能力越高，例如，十位 D/A 转换器 AD7520 的分辨率为

$$\frac{1}{2^{10}-1}=\frac{1}{1\,023}\approx 0.000\,978$$

（2）转换误差

是用以说明 D/A 转换器实际上能达到的转换精度。转换误差可用输出电压满度值的百分数表示，也可用 LSB 的倍数表示。例如，转换误差为 $\frac{1}{2}$LSB，用以表示输出模拟电压的绝对误差等于当输入数字量的 LSB 为 1，其余各位均为 0 时输出模拟电压的二分之一。转换误差又分静态误差和动态误差。产生静态误差的原因有：基准电源 V_{REF} 的不稳定，运放的零点漂移，模拟开关导通时的内阻和压降以及电阻网络中阻值的偏差等。动态误差则是

在转换的动态过程中产生的附加误差，它是由于电路中的分布参数的影响，使各位的电压信号到达解码网络输出端的时间不同所致。

2. 转换速度

(1) 建立时间 t_{set}

它是在输入数字量各位由全 0 变为全 1，或由全 1 变为全 0，输出电压达到某一规定值(例如最小值取 $\frac{1}{2}$LSB 或满度值的 0.01%)所需要的时间，如图 8.2.8。目前，在内部只含有解码网络和模拟开关的单片集成 D/A 转换器中，$t_{set} \leqslant 0.1\ \mu s$；在内部还包含有基准电源和求和运算放大器的集成 D/A 转换器中，最短的建立时间在 1.5 μs 左右。

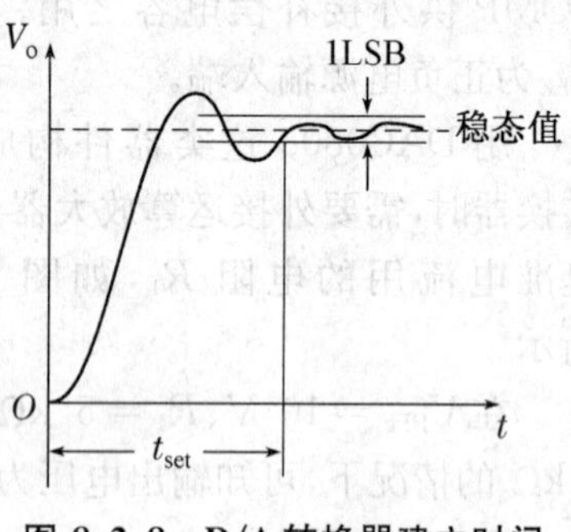

图 8.2.8 D/A 转换器建立时间

(2) 转换速率 SR

它是在大信号工作时，即输入数字量的各位由全 0 变为全 1，或由全 1 变为 0 时，输出电压的变化率。这个参数与运算放大器的压摆率类似。

3. 温度系数

指在输入不变的情况下，输出模拟电压随温度变化产生的变化量。一般用满刻度输出条件下温度每升高 1 ℃，输出电压变化的百分数作为温度系数。

8.2.5 集成 D/A 转换器 AD7520 介绍

单片集成 D/A 转换器产品种类繁多，按其内部电路结构一般可分为两类：一类集成芯片内部只集成了转换网络和模拟电子开关；另一类则集成了组成 D/A 转换器的所有电路。十位 D/A 转换器 AD7520 属于前一类集成 D/A 转换器。

1. AD7520 介绍

AD7520 芯片内部只含 $R-2R$ 电阻网络、CMOS 电子开关和反馈电阻($R_F = 10\ k\Omega$)。应用 AD7520 时必须外接参考电源和运算放大器。由 AD7520 内部反馈电阻组成的 D/A 转换器如图 8.2.9 所示，虚框中是 AD7520 内部电路。

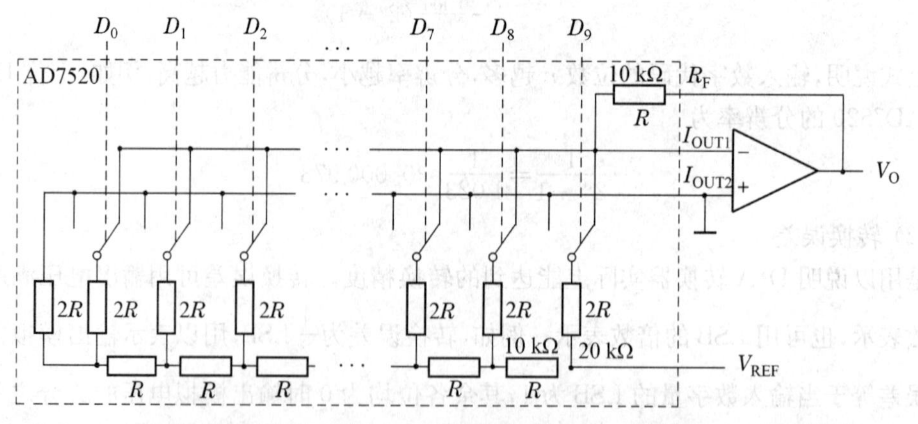

图 8.2.9 AD7520 内部电路及组成的 D/A 转换器

AD7520 的外引线排列及连接电路如图 8.2.10 所示。

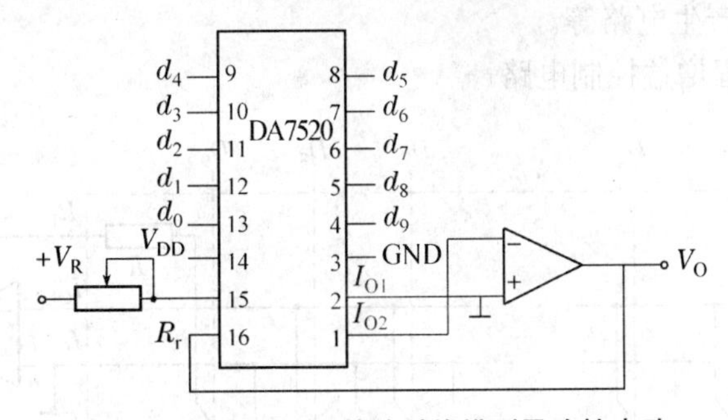

图 8.2.10　AD7520 的外引线排列及连接电路

AD7520 共有 16 个引脚,各引脚的功能如下:

① 1 为模拟电流输出端,接到运算放大器的反相输入端。

② 2 为模拟电流输出端,一般接“地”。

③ 3 为接“地”端。

④ 4～13 为十位数字量的输入端。

⑤ 14 为 CMOS 模拟开关的 $+V_{DD}$ 电源接线端。

⑥ 15 为参考电压电源接线端,可为正值或负值。

⑦ 16 为芯片内部一个电阻 R 的引出端,该电阻作为运算放大器的反馈电阻,它的另一端在芯片内部接端。

表 8.2.1 所列的是 AD7520 输入数字量与输出模拟量的关系。

表 8.2.1　AD7520 输入数字量与输出模拟量的关系

输入数字量										输出模拟量
d_9	d_8	d_7	d_6	d_5	d_4	d_3	d_2	d_1	d_0	V_O
0	0	0	0	0	0	0	0	0	0	0
0	0	0	0	0	0	0	0	0	1	$-\frac{1}{1\,024}V_R$
			⋮							⋮
0	1	1	1	1	1	1	1	1	1	$-\frac{511}{1\,024}V_R$
1	0	0	0	0	0	0	0	0	0	$-\frac{512}{1\,024}V_R$
			⋮							⋮
1	1	1	1	1	1	1	1	1	0	$-\frac{1\,022}{1\,024}V_R$
1	1	1	1	1	1	1	1	1	1	$-\frac{1\,023}{1\,024}V_R$

2. 集成 D/A 转换器应用举例

D/A 转换器在实际电路中应用很广,它不仅常作为接口电路用于微机系统,而且还可利用其电路结构特征和输入、输出电量之间的关系构成数控电流源、电压源、数字式可编程增益控制电路和波形产生电路等。

(1) 数字式可编程增益控制电路

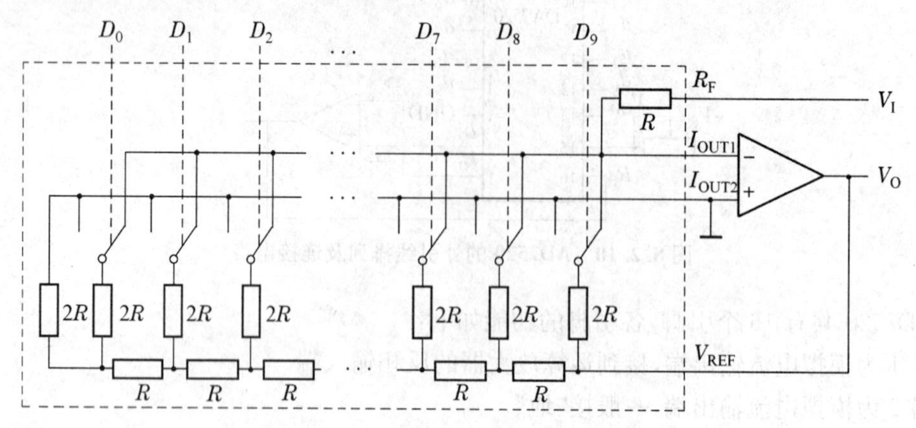

图 8.2.11　数字式可编程增益控制电路

数字式可编程增益控制电路如图 8.2.11 所示。电路中运算放大器接成普通的反相比例放大形式，AD7520 内部的反馈电阻 R 为运算放大器的输入电阻，而由数字量控制的倒 T 型电阻网络为其反馈电阻。当输入数字量变化时，倒 T 型电阻网络的等效电阻便随之改变。这样，反相比例放大器在其输入电阻一定的情况下可得到不同的增益。

根据运算放大器虚地原理，可以得到

$$\frac{V_I}{R}=\frac{-V_0}{2^{10}\cdot R}(D_0 2^0+D_1 2^1+\cdots+D_9 2^9)$$

所以

$$A_v=\frac{V_0}{V_I}=\frac{-2^{10}}{D_0 2^0+D_1 2^1+\cdots+D_9 2^9}$$

如将 AD7520 芯片中的反馈电阻 R 作为反相运算放大器的反馈电阻，数控 AD7520 的倒 T 型电阻网络连接成运算放大器的输入电阻，即可得到数字式可编程衰减器。

(2) 脉冲波产生电路

如图 8.2.12 所示为由 D/A 转换器 AD7520、十位可逆计数器及加减控制电路组成的波形产生电路。加/减控制电路与十位二进制可逆计数器协调配合工作，当计数器加到全“1”时，加/减控制电路复位使计数器进入减法计数状态，而当减到全“0”时，加/减控制电路置位，使计数器再次处于加法计数状态，如此周而复始。

由

$$V_O=-\frac{V_{REF}}{2^n}\cdot\frac{R_f}{R}\left[\sum_{i=0}^{n-1}(D_i\cdot 2^i)\right]$$

可得 D/A 转换器(Ⅰ)的输出电压为

$$V_{O1}=-\frac{V_{REF}}{2^{10}}\cdot\sum_{i=0}^{9}D_i\cdot 2^i$$

可以看出，V_{O1} 是一个近似的三角波。

将这个三角波作为 D/A 转换器(Ⅱ)的参考电压，由于两个 D/A 转换器数字量相同，于

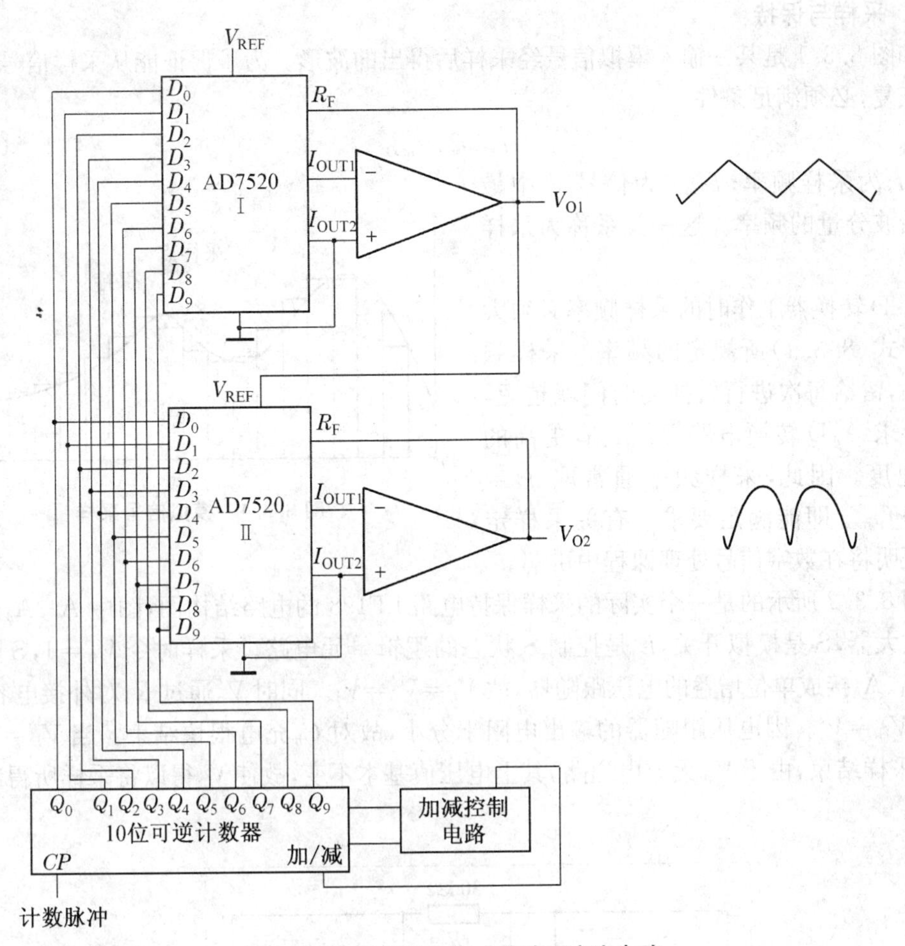

图 8.2.12　AD7520 组成的波形产生电路

是可得第二级 D/A 转换器输出的模拟电压为：

$$V_{O2} = V_{REF}\left[\frac{\sum_{i=0}^{9} D_i \cdot 2^i}{2^{10}}\right]^2$$

显然，这是一个抛物波。

8.3　A/D 转换器

8.3.1　A/D 转换的一般过程

A/D 转换器的功能是将输入的模拟电压转换为输出的数字信号，即将模拟量转换成与其成比例的数字量。一个完整的 A/D 转换过程，必须包括采样、保持、量化、编码四部分电路。在具体实施时，常把这四个步骤合并进行。例如，采样和保持是利用同一电路连续完成的；量化和编码是在转换过程中同步实现的。

1. 采样与保持

如图 8.3.1 是某一输入模拟信号经采样后得出的波形。为了保证能从采样信号中将原信号恢复，必须满足条件

$$f_s \geqslant 2f_{i(\max)} \tag{8.3.1}$$

式中：f_s 为采样频率；$f_{i(\max)}$ 为信号 V_i 中最高次谐波分量的频率。这一关系称为采样定理。

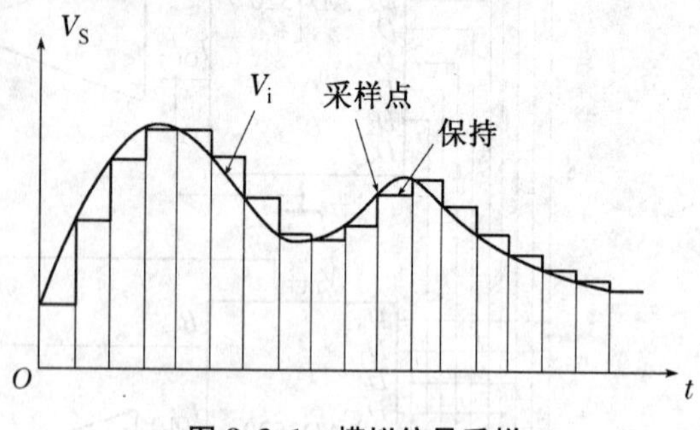

图 8.3.1　模拟信号采样

A/D 转换器工作时的采样频率必须大于等于式(8.3.1)所规定的频率。采样频率越高，留给每次进行转换的时间就越短，这就要求 A/D 转换电路必须具有更高的工作速度。因此，采样频率通常取 $f_s=(3\sim5)f_{i(\max)}$ 即能满足要求。有关采样定理的证明将在数字信号处理课程中讲解。

图 8.3.2 所示的是一个实际的采样保持电路 LF198 的电路结构图，图中 A_1、A_2 是两个运算放大器，S 是模拟开关，L 是控制 S 状态的逻辑单元电路。采样时令 $V_L=1$，S 随之闭合。A_1、A_2 接成单位增益的电压跟随器，故 $V_o=V'_o=V_i$。同时 V'_o 通过 R_2 对外接电容 C_h 充电，使 $V_{ch}=V_i$。因电压跟随器的输出电阻十分小，故对 C_h 充电很快结束。当 $V_L=0$ 时，S 断开，采样结束，由于 V_{ch} 无放电通路，其上电压值基本不变，故使 V_0 得以将采样所得结果保持下来。

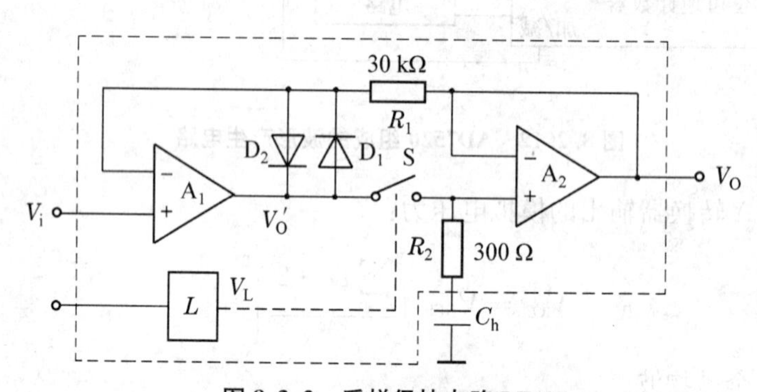

图 8.3.2　采样保持电路 LF198

图中还有一个由二极管 D_1、D_2 组成的保护电路。在没有 D_1 和 D_2 的情况下，如果在 S 再次接通以前 V_i 变化了，则 V'_o 的变化可能很大，以至于使 A_1 的输出进入非线性区，V'_o 与 V_o 不再保持线性关系，并使开关电路有可能承受过高的电压。接入 D_1 和 D_2 以后，当 V'_o 比 V_o 所保持的电压高出一个二极管的正向压降时，D_1 将导通，V'_o 被钳位于 V_i+V_{D1}。这里的 V_{D1} 表示二极管 D_1 的正向导通压降。当 V'_o 比 V_o 低一个二极管的压降时，将 V'_o 钳位于 V_i-V_{D2}。在 S 接通的情况下，因为 $V'_o\approx V_o$，所以 D_1 和 D_2 都不导通，保护电路不起作用。

2. 量化与编码

为了使采样得到的离散的模拟量与 n 位二进制码的 2^n 个数字量一一对应，还必须将采样后离散的模拟量归并到 2^n 个离散电平中的某一个电平上，这样的一个过程称之为量化。

量化后的值再按数制要求进行编码，以作为转换完成后输出的数字代码。量化和编码是所有 A/D 转换器不可缺少的核心部分之一。

数字信号具有在时间上离散和幅度上断续变化的特点。这就是说，在进行 A/D 转换时，任何一个被采样的模拟量只能表示成某个规定最小数量单位的整数倍，所取的最小数量单位叫做量化单位，用 Δ 表示。若数字信号最低有效位用 LSB 表示，1LSB 所代表的数量大小就等于 Δ，即模拟量量化后的一个最小分度值。把量化的结果用二进制码，或是其他数制的代码表示出来，称为编码。这些代码就是 A/D 转换的结果。

既然模拟电压是连续的，那么它就不一定是 Δ 的整数倍，在数值上只能取接近的整数倍，因而量化过程不可避免地会引入误差。这种误差称为量化误差。将模拟电压信号划分为不同的量化等级时通常有以下两种方法。

图 8.3.3(a)的量化结果误差较大，例如把 0～1 V 的模拟电压转换成 3 位二进制代码，取最小量化单位 $\Delta=\frac{1}{8}$ V，并规定凡模拟量数值在 0～$\frac{1}{8}$ V 之间时，都用 0Δ 来替代，用二进制数 000 来表示；凡数值在$\frac{1}{8}$ V～$\frac{2}{8}$ V 之间的模拟电压都用 1Δ 代替，用二进制数 001 表示等等。这种量化方法带来的最大量化误差可能达到 Δ，即$\frac{1}{8}$ V。若用 n 位二进制数编码，则所带来的最大量化误差为$\frac{1}{2^n}$ V。

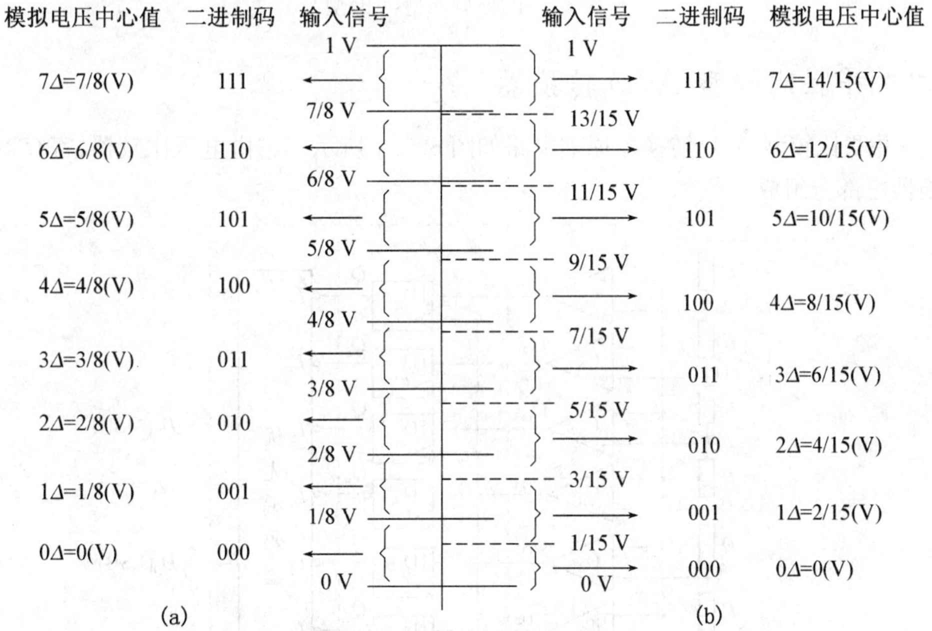

图 8.3.3　划分量化电平的两种方法

为了减小量化误差，通常采用图 8.3.3(b)所示的改进方法来划分量化电平。在划分量化电平时，基本上是取第一种方法 Δ 的二分之一，在此取量化单位 $\Delta=\frac{2}{15}$ V。将输出代码

000 对应的模拟电压范围定为 $0\sim\frac{1}{15}$ V，即 $0\sim\frac{1}{2}\Delta$；$\frac{1}{15}$ V～$\frac{3}{15}$ V 对应的模拟电压用代码 001 表示，对应模拟电压中心值为 $1\Delta=\frac{2}{15}$ V；以此类推。这种量化方法的量化误差可减小到 $\frac{1}{2}\Delta$，即 $\frac{1}{15}$ V。这是因为在划分各个量化等级时，除第一级（$0\sim\frac{1}{15}$ V）外，每个二进制代码所代表的模拟电压值都归并到它的量化等级所对应的模拟电压的中间值，所以最大量化误差自然不会超过 $\frac{1}{2}\Delta$。

3. A/D 转换器的分类

按转换过程，A/D 转换器可大致分为直接型 A/D 转换器和间接 A/D 转换器。直接型 A/D 转换器能把输入的模拟电压直接转换为输出的数字代码，而不需要经过中间变量。常用的电路有并行比较型和反馈比较型两种。

间接 A/D 转换器是把待转换的输入模拟电压先转换为一个中间变量，例如时间 T 或频率 F，然后再对中间变量量化编码，得出转换结果。A/D 转换器的大致分类如下：

- A/D 转换器
  - 直接型
    - 并行比较型
    - 反馈比较型
      - 计数型
      - 逐次逼近型
  - 间接型
    - 电压-时间型（VT）型——双积分型
    - 电压-频率型（VF）型

8.3.2　并联比较型 A/D 转换器

3 位并联比较型 A/D 转换器原理电路如图 8.3.4 所示。它由电压比较器、寄存器和代码转换器三部分组成。

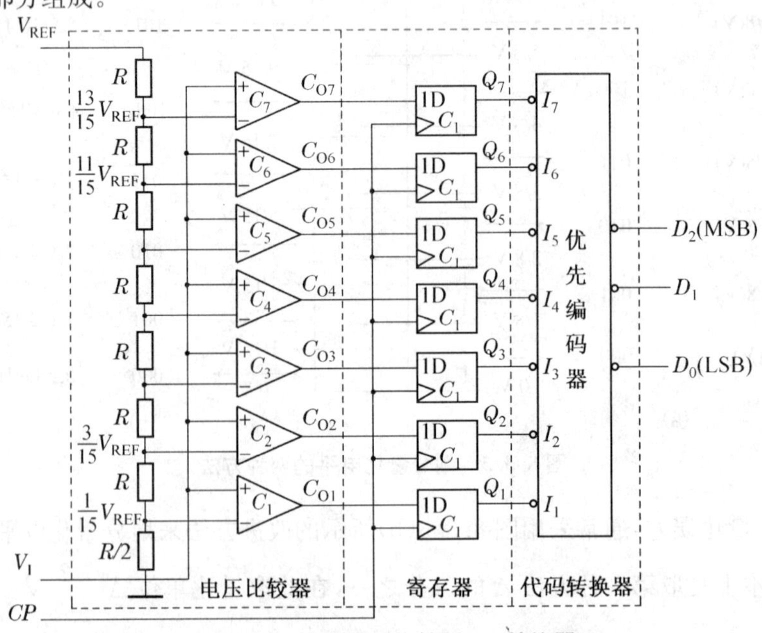

图 8.3.4　三位并行比较型 AD 转换器

电压比较器中量化电平的划分采用图 8.3.3(b)所示的方式，用电阻链把参考电压 V_{REF} 分压，得到从 $\frac{1}{15}V_{REF}$ 到 $\frac{13}{15}V_{REF}$ 之间 7 个比较电平，量化单位 $\Delta=\frac{2}{15}V_{REF}$。然后，把这 7 个比较电平分别接到 7 个比较器 $C_1\sim C_7$ 的输入端作为比较基准。同时将输入的模拟电压同时加到每个比较器的另一个输入端上，与这 7 个比较基准进行比较。

设 V_I 变化范围是 $0\sim V_{REF}$，输出 3 位数字量为 D_2、D_1、D_0，3 位并行比较型 A/D 转换器的输入、输出关系如表 8.3.1 所示。通过观察此表，可确定代码转换网络输出、输入之间的逻辑关系为：

$$D_2=Q_4$$

$$D_1=Q_6+\overline{Q}_4Q_2$$

$$D_0=Q_7+\overline{Q}_6Q_5+\overline{Q}_4Q_3+\overline{Q}_2Q_1$$

在并行 A/D 转换器中，输入电压 V_I 同时加到所有比较器的输出端，从 V_I 加入经比较器、D 触发器和编码器的延迟后，可得到稳定的输出。如不考虑上述器件的延迟，可认为输出的数字量是与 V_I 输入时刻同时获得的。并行 A/D 转换器的优点是转换时间短，可小到几十纳秒，但所用的元器件较多，如一个 n 位转换器，所用的比较器的个数为 2^n-1 个。

表 8.3.1　并行比较型 A/D 转换器的输入输出关系

模拟量输出	比较器输出状态							数字输出		
	C_{O7}	C_{O6}	C_{O5}	C_{O4}	C_{O3}	C_{O2}	C_{O1}	D_2	D_1	D_0
$0\leqslant V_I<V_{REF}/15$	0	0	0	0	0	0	0	0	0	0
$V_{REF}/15\leqslant V_I<3V_{REF}/15$	0	0	0	0	0	0	1	0	0	1
$3V_{REF}/15\leqslant V_I<5V_{REF}/15$	0	0	0	0	0	1	1	0	1	0
$5V_{REF}/15\leqslant V_I<7V_{REF}/15$	0	0	0	0	1	1	1	0	1	1
$7V_{REF}/15\leqslant V_I<9V_{REF}/15$	0	0	0	1	1	1	1	1	0	0
$9V_{REF}/15\leqslant V_I<11V_{REF}/15$	0	0	1	1	1	1	1	1	0	1
$11V_{REF}/15\leqslant V_I<13V_{REF}/15$	0	1	1	1	1	1	1	1	1	0
$13V_{REF}/15\leqslant V_I<V_{REF}$	1	1	1	1	1	1	1	1	1	1

单片集成并行比较型 A/D 转换器产品很多，如 AD 公司的 AD9012(8 位)、AD9002(8 位)和 AD9020(10 位)等。

并行 A/D 转换器具有如下特点：

(1) 由于转换是并行的，所以其转换时间只受比较器、触发器和编码电路延迟时间限制，因此并行 A/D 转换器的转换速度最快。

(2) 随着分辨率的提高，元件数目要按几何级数增加。一个 n 位转换器，所用的比较器个数为 2^n-1 个，如 8 位的并行 A/D 转换器就需要 $2^8-1=255$ 个比较器。由于位数愈多，电路愈复杂，因此制成分辨率较高的集成并行 A/D 转换器是比较困难的。

(3) 使用这种含有寄存器的并行 A/D 转换电路时，可以不用附加取样-保持电路，因为比较器和寄存器这两部分也兼有取样-保持功能。这也是该电路的一个优点。

8.3.3 逐次渐近型 A/D 转换器

逐次渐近型 A/D 转换器属于直接型 A/D 转换器，它能把输入的模拟电压直接转换为输出的数字代码，而不需要经过中间变量。转换过程相当于一架天平秤量物体的过程，不过这里不是加减砝码，而是通过 D/A 转换器及寄存器加减标准电压，使标准电压值与被转换电压平衡。这些标准电压通常称为电压砝码。

逐次渐近型 A/D 转换器由比较器、环形分配器、控制门、寄存器与 D/A 转换器构成。比较的过程首先是取最大的电压砝码，即寄存器最高位为 1 时的二进制数所对应的 D/A 转换器输出的模拟电压，将此模拟电压 V_A 与 V_I 进行比较，当 V_A 大于 V_I 时，最高位置 0；反之，当 V_A 小于 V_I 时，最高位 1 保留，再将次高位置 1，转换为模拟量与 V_I 进行比较，确定次高位 1 保留还是去掉。以此类推，直到最后一位比较完毕，寄存器中所存的二进制数即为 V_I 对应的数字量。以上过程可以用图 8.3.5 加以说明，图中表示将模拟电压 V_I 转换为四位二进制数的过程。图中的电压砝码依次为 800 mV、400 mV、200 mV 和 100 mV，转换开始前先将寄存器清零，所以加给 D/A 转换器的数字量全为 0。当转换开始时，通过 D/A 转换器送出一个 800 mV 的电压砝码与输入电压比较，由于 $V_I < 800$ mV，将 800 mV 的电压砝码去掉，再加 400 mV 的电压砝码，$V_I >$ 400 mV，于是保留 400 mV 的电压砝码，再加 200 mV 的砝码，$V_I >$ 400 mV + 200 mV，200 mV 的电压砝码也保留；再加 100 mV 的电压砝码，因 $V_I <$ 400 mV + 200 mV + 100 mV，故去掉 100 mV 的电压砝码。最后寄存器中获得的二进制码 0110，即为 V_I 对应的二进制数。

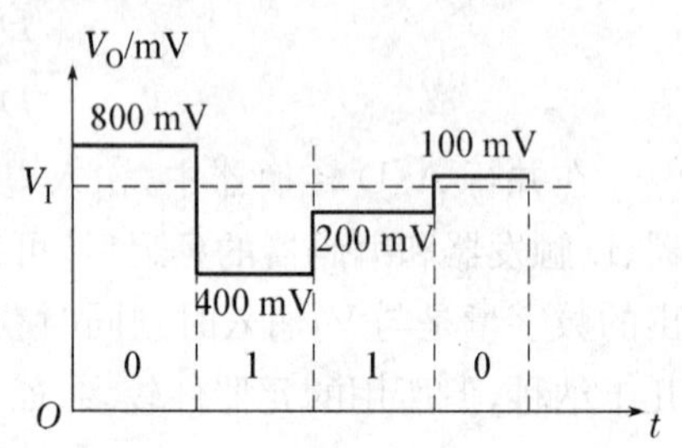

图 8.3.5 逐次逼近型 A/D 转换器的逼近过程示意图

1. 逐次渐近 A/D 转换器的工作原理

下面结合图 8.3.6 的逻辑图具体说明逐次比较的过程。这是一个输出 3 位二进制数码的逐次渐近型 A/D 转换器。图中的 C 为电压比较器，当 $V_I \geqslant V_A$ 时，比较器的输出 $V_B = 0$；当 $V_I < V_A$ 时 $V_B = 1$。F_A、F_B 和 F_C 三个触发器组成了 3 位数码寄存器，触发器 $F_1 \sim F_5$ 构成环形分配器和门 $G_1 \sim G_9$ 一起组成控制逻辑电路。

转换开始前先将 F_A、F_B、F_C 置零，同时将 $F_1 \sim F_5$ 组成的环型移位寄存器置成 $[Q_1Q_2Q_3Q_4Q_5] = 10000$ 状态。

转换控制信号 U_L 变成高电平以后，转换开始。第一个 CP 脉冲到达后，F_A 被置成“1”，而 F_B、F_C 被置成“0”。这时寄存器的状态 $[Q_AQ_BQ_C] = 100$ 加到 D/A 转换器的输入端上，并在 D/A 转换器的输出端得到相应的模拟电压 V_A（800 mV）。V_A 和 V_I 比较，其结果不外乎两种：若 $V_I \geqslant V_A$，则 $V_B = 0$；若 $V_I < V_A$，则 $V_B = 1$。同时，移位寄存器右移一位，使 $[Q_1Q_2Q_3Q_4Q_5] = 01000$。

第二个 CP 脉冲到达时，F_B 被置成 1。若原来的 $V_B = 1(V_I < V_A)$，则 F_A 被置成“0”，此时电压砝码为 400 mV；若原来的 $V_B = 0(V_I \geqslant V_A)$，则 F_A 的“1”状态保留，此时的电压砝码为 400 mV 加上原来的电压砝码值。同时移位寄存器右移一位，变为 00100 状态。

第三个 CP 脉冲到达时 F_C 被置成 1。若原来的 $V_B = 1$，则 F_B 被置成“0”；若原来的 $V_B =$

0，则 F_B 的“1”状态保留，此时的电压砝码为 200 mV 加上原来保留的电压砝码值。同时移位寄存器右移一位，变成 00010 状态。

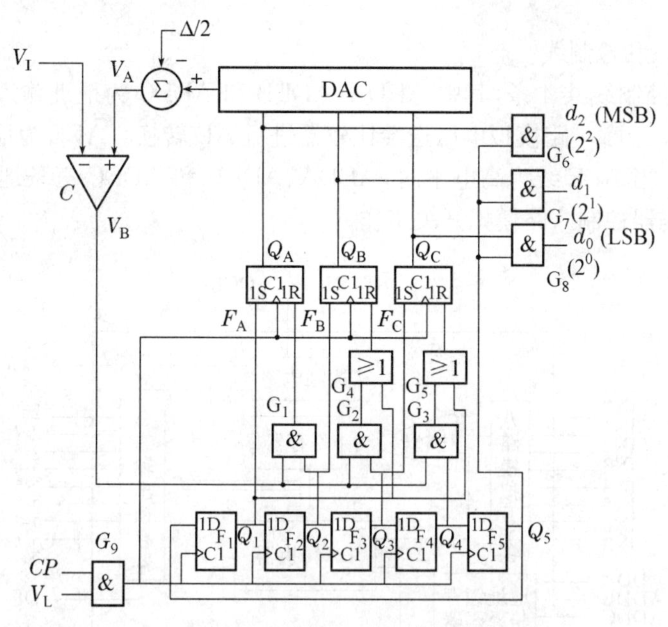

图 8.3.6　三位逐次渐近型 AD 转换器逻辑图

第四个 CP 脉冲到达时，同时根据这时 V_B 的状态决定 F_C 的“1”是否应当保留。这时 F_A、F_B、F_C 的状态就是所要的转换结果。同时，移位寄存器右移一位，变为 00001 状态。由于 $Q_5=1$，于是 F_A、F_B、F_C 的状态便通过门 G_6、G_7、G_8 送到了输出端。

第五个 CP 脉冲到达后，移位寄存器右移一位，使得 $[Q_1Q_2Q_3Q_4Q_5]=10000$，返回初始状态。同时，由于 $Q_5=0$，门 G_6、G_7、G_8 被封锁，转换输出信号随之消失。

所以对于图示的 A/D 转换器完成一次转换的时间为 $(n+2)T_{CP}$。同时为了减小量化误差，令 D/A 转换器的输出产生 $-\Delta/2$ 的偏移量。另外，图 8.3.6 中量化单位 Δ 的大小依 V_I 的变化范围和 A/D 转换器的位数而定，一般取 $\Delta=V_{REF}/2^n$。显然，在一定的限度内，位数越多，量化误差越小，精度越高。

逐次渐近型 ADC 每次转换都需要逐位比较，需要 $(n+1)$ 个节拍脉冲才能完成，所以它比并联比较型 ADC 的转换速度慢，但比下面要介绍的双积分型 ADC 要快得多，属于中速 ADC 器件。另外，位数越多时，它需要的元器件比并联比较型少得多，所以它是集成 ADC 中应用较广的一种。例如，ADC0801，ADC0809 等都是 8 位通用型 ADC，AD571(10 位)、AD574(12 位)都是高速双极型 ADC，MN5280 是 16 位高精度 ADC。

2. 逐次渐近型集成 A/D 转换器 ADC0809

逐次渐近型 A/D 转换器和下面将要介绍的双积分型 A/D 转换器都是大量使用的 A/D 转换器，现在介绍 A/D 公司生产的一种逐次逼近型集成 A/D 转换器 ADC0809。ADC0809 由八路模拟开关、地址锁存与译码器、比较器、D/A 转换器、寄存器、控制电路和三态输出锁存器等组成。电路如图 8.3.7 所示。

ADC0809 采用双列直插式封装，共有 28 条引脚，现分四组简述如下：

(1) 模拟信号输入 IN0～IN7

IN0～IN7 为八路模拟电压输入线，加在模拟开关上，工作时采用时分割的方式，轮流进行 A/D 转换。

(2) 地址输入和控制线

地址输入和控制线共 4 条，其中 ADDA、ADDB 和 ADDC 为地址输入线（Address），用于选择 IN0～IN7 上哪一路模拟电压送给比较器进行 AD 转换。ALE 为地址锁存允许输入线，高电平有效。当 ALE 线为高电平时，ADDA、ADDB 和 ADDC 三条地址线上地址信号得以锁存，经译码器控制八路模拟开关工作。

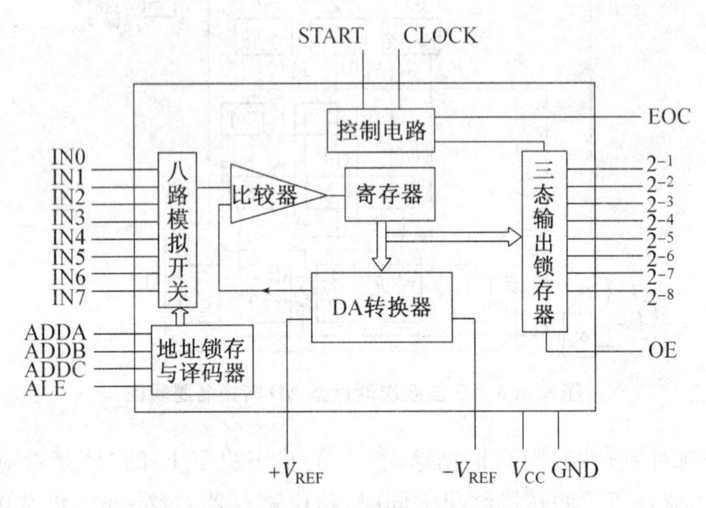

图 8.3.7 ADC0809 逻辑框图

(3) 数字量输出及控制线(11 条)

START 为"启动脉冲"输入线，该线的正脉冲由 CPU 送来，宽度应大于 100 ns，上升沿将寄存器清零，下降沿启动 ADC 工作。EOC 为转换结束输出线，该线高电平表示 AD 转换已结束，数字量已锁入"三态输出锁存器"。2^{-1}～2^{-8} 为数字量输出线，2^{-1} 为最高位。OE 为"输出允许"端，高电平时可输出转换后的数字量。

(4) 电源线及其他(5 条)

CLOCK 为时钟输入线，用于为 ADC0809 提供逐次比较所需的 640 kHz 时钟脉冲。V_{CC}为+5 V 电源输入线，GND 为地线。$+V_{REF}$和$-V_{REF}$为参考电压输入线，用于给 D/A 转换器供给标准电压。$+V_{REF}$常和 V_{CC}相连，$-V_{REF}$常接地。

8.3.4 双积分型 A/D 转换器

1. 双积分型 A/D 转换器的工作原理

双积分型 A/D 转换器属于间接型 A/D 转换器，它是把待转换的输入模拟电压先转换为一个中间变量，例如时间 T；然后再对中间变量量化编码，得出转换结果，这种 A/D 转换器多称为电压-时间变换型(简称 VT 型)。图 8.3.8 给出的是 VT 型双积分式 A/D 转换器的原理图。

转换开始前，先将计数器清零，并接通 S_0 使电容 C 完全放电。转换开始，断开 S_0。整个

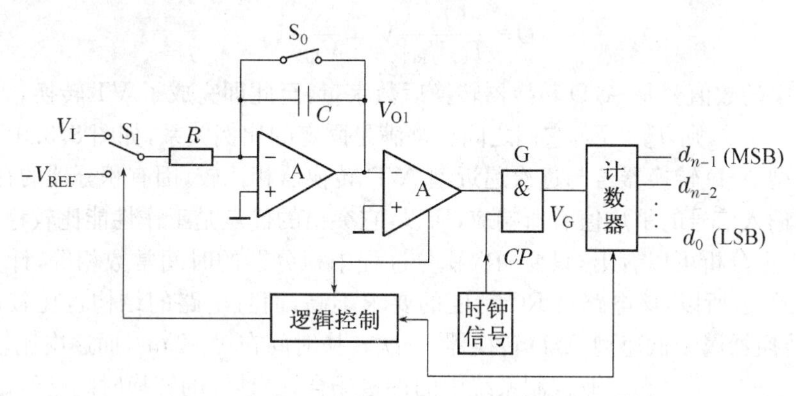

图 8.3.8　双积分型 A/D 转换器的框图

转换过程分两阶段进行。

第一阶段,令开关 S_1 置于输入信号 V_I 一侧。积分器对 V_I 进行固定时间 T_1 的积分。积分结束时积分器的输出电压为

$$V_{O1}=\frac{1}{C}\int_0^{T_1}\left(-\frac{V_I}{R}\right)dt=-\frac{T_1}{RC}V_I$$

可见,积分器的输出 V_{O1} 与 V_I 成正比。这一过程称为转换电路对输入模拟电压的采样过程。在采样开始时,逻辑控制电路将计数门打开,计数器计数。当计数器达到满量程 N 时,计数器由全“1”复“0”,这个时间正好等于固定的积分时间 T_1。计数器复“0”时,同时给出一个溢出脉冲(即进位脉冲)使控制逻辑电路发出信号,令开关 S_1 转换至参考电压 $-V_{REF}$ 一侧,采样阶段结束。

第二阶段称为定速率积分过程,将 V_{O1} 转换为成比例的时间间隔。采样阶段结束时,一方面因参考电压 $-V_{REF}$ 的极性与 V_I 相反,积分器向相反方向积分。计数器由 0 开始计数,经过 T_2 时间,积分器输出电压回升为零,过零比较器输出低电平,关闭计数门,计数器停止计数,同时通过逻辑控制电路使开关 S_1 与 V_I 相接,重复第一步。如图 8.3.9 所示。因此得到:

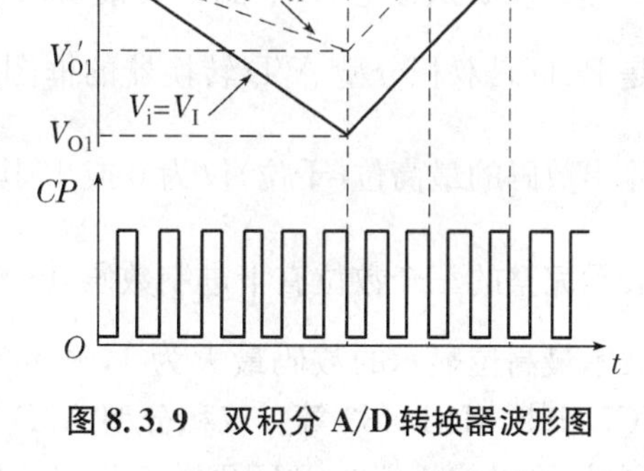

图 8.3.9　双积分 A/D 转换器波形图

$$\frac{T_2}{RC}V_{REF}=\frac{T_1}{RC}V_I$$

即

$$T_2=\frac{T_1}{V_{REF}}V_I \tag{8.3.2}$$

式(8.3.2)表明,反向积分时间 T_2 与输入模拟电压成正比。

在 T_2 期间计数门 G 打开,标准频率为 f_{CP} 的时钟通过 G,计数器对 V_G 计数,计数结果为 D。由于

$$T_1=N_1T_{CP}$$
$$T_2=DT_{CP}$$

则计数的脉冲数为:

$$D=\frac{T_1}{T_{CP}V_{REF}}V_i=\frac{N_1}{V_{REF}}V_I$$

计数器中的数值就是A/D转换器转换后数字量，至此即完成了VT转换。若输入电压$V_{i1}<V_I$，$V'_{O1}<V_{O1}$，则$T'_2<T_2$，它们之间也都满足固定的比例关系，如图8.3.9所示。

双积分型A/D转换器若与逐次逼近型A/D转换器相比较，因有积分器的存在，积分器的输出只对输入信号的平均值有所响应，所以，它突出的优点是工作性能比较稳定且抗干扰能力强；由以上分析可以看出，只要两次积分过程中积分器的时间常数相等，计数器的计数结果与RC无关，所以，该电路对RC精度的要求不高，而且电路的结构也比较简单。双积分型A/D转换器属于低速型A/D转换器，一次转换时间在1～2 ms，而逐次比较型A/D转换器可达到1 μs。不过在工业控制系统中的许多场合，毫秒级的转换时间已经足足有余，双积分型A/D转换器的优点正好有了用武之地。

【例8.3.1】 设10位双积分ADC的时钟频率f_{cp}为10 kHz，$-V_{REF}=-6$ V，则完成一次转换的最长时间为多少？若输入模拟电压$V_A=3$ V，试求转换时间和数字量输出D各为多少？

解 双积分ADC电路的一次积分时间T_1是固定的，二次积分时间T_2是可变的。当$T_1=T_2$时，完成一次转换的时间最长。因此，最长转换时间为

$$T_{MAX}=T_1+T_{2MAX}=2T_1=2T_{CP}\times N=2\times\frac{1}{f_{cp}}\times 2^n=2\times\frac{1}{10\times 10^3}\times 2^{10}=0.204\,8\ (s)$$

当$V_A=3$ V时，转换时间为

$$T=T_1+T_2=T_1+\frac{V_A}{V_{REF}}T_1=\left(1+\frac{V_A}{V_{REF}}\right)T_1=\left(1+\frac{3}{6}\right)\times\frac{1}{10\times 10^3}\times 2^{10}=0.053\,6\ (s)$$

输出数字量D为

$$D=\frac{V_A}{V_{REF}}\times N=\frac{3}{6}\times 2^{10}=0.5\times 1\,024=(1000000000)_2$$

2. 集成双积分型A/D转换器

集成双积分型ADC品种有很多，大致分成二进制输出和BCD输出两大类，图8.3.10是BCD码双积分型A/D转换器的框图，它是一种$3\frac{1}{2}$位BCD码A/D转换器。这一芯片输出数码的最高位(千位)仅为0或1，其余3位均由0～9组成，故称为$3\frac{1}{2}$位。$3\frac{1}{2}$位的3表示完整的三个数位有十进制数码0～9，$\frac{1}{2}$的分母2表示最高位只有0、1两个数码，分子1表示最高位显示的数码最大为1，显示的数值范围为0000～1999。同类产品有ICL7107、ICL7109、MC14433等。双积分型A/D转换器一般外接配套的LED显示器件或LCD显示器件，可以将模拟电压V_I用数字量直接显示出来。

为了减少输出线，译码显示部分采用动态扫描的方式，按着时间顺序依次驱动显示器件，利用位选通信号及人眼的视觉暂留效应，就可将模拟量对应的数字量显示出来。

这种双积分型A/D转换器的优点是利用较少的的元器件就可以实现较高的精度(如$3\frac{1}{2}$位折合11位二进制)。可广泛用于各种数字测量仪表，工业控制柜面板表，汽车仪表等方面。

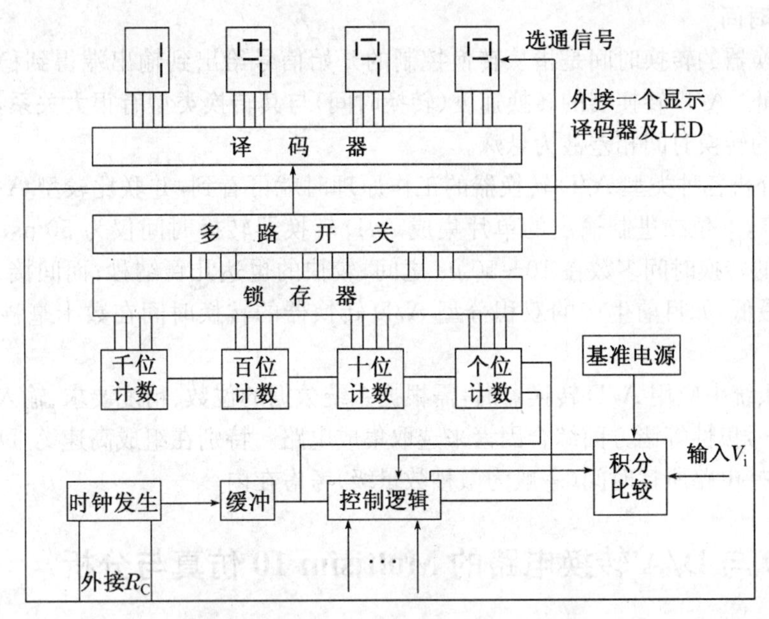

图 8.3.10　BCD 码双积分型 ADC 框图

8.3.5　A/D 转换器的主要参数

A/D 转换器的主要技术指标有转换精度、转换速度(转换时间)等。除此之外,在选择 A/D 转换器时,还应该考虑其输入电压范围是否满足要求,输出数字量的编码(含位数)、工作温度范围和电压稳定度等参数是否符合所需条件。

1. A/D 转换器的转换精度

在单片 A/D 转换器中,也用分辨率和转换误差来描述转换精度。

(1) 分辨率

分辨率是指引起输出二进制数字量最低有效位变动一个数码时,输入模拟量的最小变化量。小于此最小变化量的输入模拟电压,将不会引起输出数字量的变化。也就是说,A/D 转换器的分辨率,实际上反映了它对输入模拟量微小变化的分辨能力。显然,它与输出的二进制数的位数有关,输出二进制数的位数越多,分辨率越小,分辨能力越高。例如,同样对于输入信号最大值为 5 V 而言,若八位输出的 A/D 转换器能区分的最小电压值为 19.53 mV,而十二位输出的 A/D 转换器,能区分的最小电压值将变为 1.22 mV。但超出了 A/D 转换器分辨率的极限值,再增加位数,也不会提高分辨率。

(2) 转换误差

转换误差通常以相对误差的形式给出,它表示 A/D 转换器实际输出的数字量与理想输出的数字量之间的差别,并用最低有效位 LSB 的倍数来表示。例如给出相对误差≤1/2 LSB,这表明实际输出数字量和理论应输出的数字量间相差不会超过最低位半个字。

单片集成电路 A/D 转换器的转换误差是综合各种影响转换精度的因素后给出的。但需指出的是产品手册上给出的转换精度是在一定使用条件下的,例如环境温度、电流电压波动范围等,若使用场合的条件改变了,转换精度将相差很远。

2. 转换时间

A/D转换器的转换时间是指从转换控制的开始信号给出到输出端得到稳定的数字量间所需的时间。A/D转换器的转换速度(转换时间)与其转换类型有很大关系,不同类型的A/D转换器的转换时间相差甚为悬殊。

从前面分析各种类型A/D转换器的工作原理时就可看到,并联比较型A/D转换器的转换速度最高,八位二进制输出的单片集成A/D转换器转换时间仅为50 ns;逐次比较型A/D转换器的转换时间多数在10～50 μs之间,较快的也达几百纳秒;而间接A/D转换器的转换速度最低,如目前生产的双积分型A/D转换器的转换时间在数十毫秒到数百毫秒之间。

在数字系统中应用A/D转换器时,需根据系统数据的位数、精度要求、输入电压的量程范围、输入信号极性等诸方面综合因素来选取集成电路。特别在组成高速A/D转换器时还应将采样/保持电路所耗时间(一般为微秒数量级)考虑在内。

8.4 A/D与D/A转换电路的Multisim 10仿真与分析

A/D转换就是模数转换,顾名思义,就是把模拟信号转换成数字信号。模拟信号在时间上是连续的,在将模拟信号转换成数字信号时,必须在选定的一系列时间点上对输入的模拟信号进行采样,然后将这些采样值转换成数字量输出。通常A/D转换的过程包括采样、保持、量化和编码四个过程。

采样是指周期地获取模拟信号的瞬时值,从而得到一系列时间上离散的脉冲采样值。保持是指在两次采样之间将前一次采样值保存下来,使其在量化编码期间不发生变化。采样保持电路一般由采样模拟开关、保持电容和运算放大器等几个部分组成。经采样保持得到的信号值依然是模拟量,而不是数字量。任何一个数字量的大小,都是以某个最小数字量单位的整数倍来表示的。量化是将采样保持电路输出的模拟电压转化为最小数字量单位整数倍的转化过程。所取的最小数量单位叫做量化单位,其大小等于数字量的最低有效位所代表的模拟电压大小,记作U_{LSB}。把量化的结果用代码(如二进制数码、BCD码等)表示出来,称为编码。

常用的几种AD转换器有积分型、逐次逼近型、并行比较型/串并行型、Σ-Δ调制型、电容阵列逐次比较型及压频变换型等。

8.4.1 A/D转换电路的仿真

1. 三位并联比较型ADC仿真电路

图8.4.1所示为三位并联比较型ADC的仿真电路。电路主要由比较器、分压电阻链、寄存器和优先编码器4个部分组成,输入端V_i输入一个模拟量,输出得到数字量$D_2D_1D_0$,并通过数码管显示。

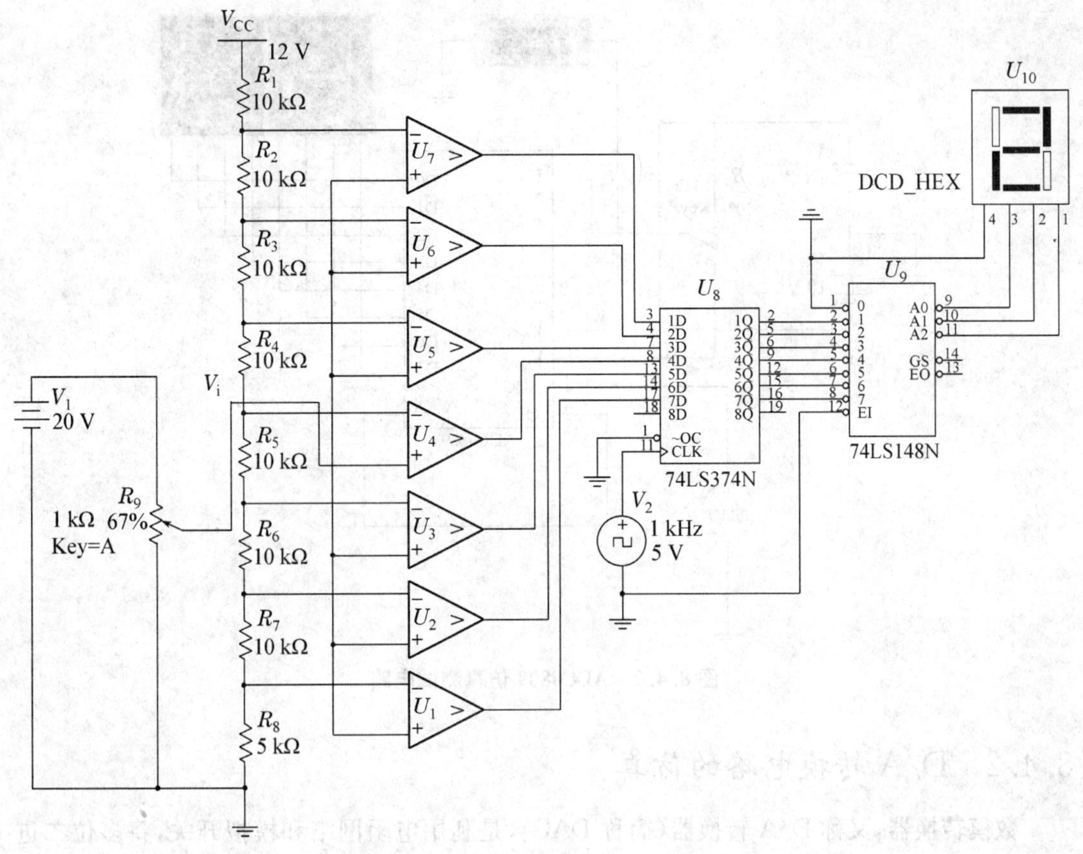

图 8.4.1　三位并联比较型 ADC 仿真电路

若输出为 n 位数字量，则比较器将输入模拟量 V_i 划分为 2^n 个量化级。若输入模拟电压 V_i，启动仿真开关，即可由数码管的输出得到 A/D 转换的结果。并联比较型 ADC 转换速度快，但成本高，功耗大。

2. ADC0809 仿真电路

ADC0809 是一种常用逐次逼近型的 A/D 集成电路。仿真测试电路如图 8.4.2 所示。V_4 为 ADC 电路的时钟信号，控制转换速度。V_1、V_2 为 ADC 电路参考电压，其值应该与输入模拟信号的振幅大约相等。利用电压源产生输入模拟信号。打开仿真开关，通过键盘字母“A”调节输入电压，电压表能显示出其模拟电压大小，两个数码管则用于显示 AD 转换输出的数值。观察数码管输出与利用电压表看到的输入模拟信号之间的关系，发现数码管显示输出与输入模拟信号的大小成正比。

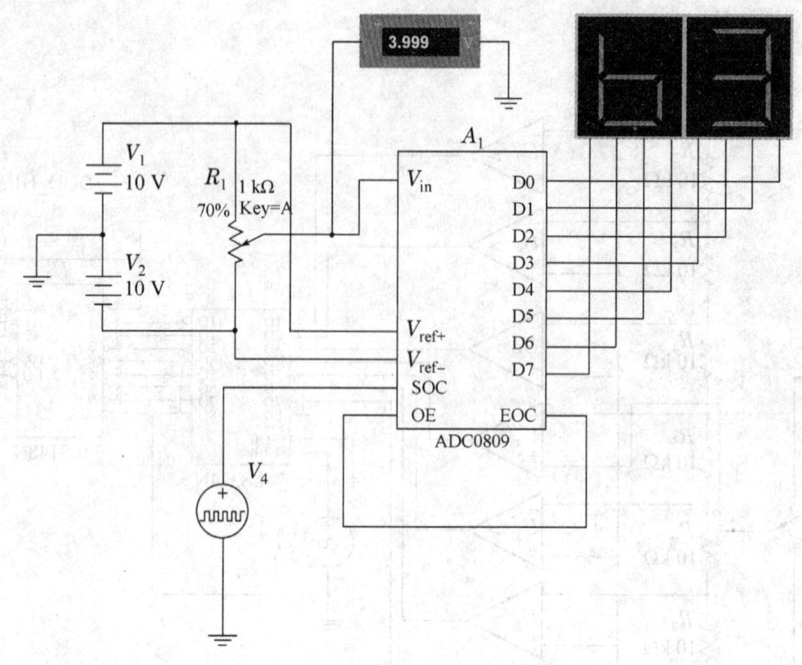

图 8.4.2 ADC0809 仿真测试电路

8.4.2 D/A 转换电路的仿真

数模转换器，又称 D/A 转换器(简称 DAC)，是利用电阻网络和模拟开关，将多位二进制数 D 转换为与之成比例的模拟量的一种转换电路，因此，其输入应是一个 n 位的二进制数，输出与之相对应的模拟量。D/A 转换器基本上由 4 个部分组成，即权电阻网络、运算放大器、基准电源和模拟开关。根据权网络的不同，D/A 转换器的电路形式可分为权电阻 DAC、倒 T 型电阻网络 DAC、权电流型 DAC 等。

1. 权电阻网络 DAC 仿真

权电阻网络 D/A 转换电路主要由基准电压、权电阻网络、求和运算放大器和模拟电子开关四部分构成，其中权电阻网络 D/A 转换电路是核心，求和运算放大器构成一个电流、电压转换器，将流过各权电阻的电流相加，并转换成与输入数字量成正比的模拟电压输出。

权电阻网络 D/A 转换电路如图 8.4.3 所示。二进制权电阻网络的电阻值是按 4 位二进制数的位权大小取值，最低位电阻值最大，为 2^3R，然后依次减半，最高位对应的电阻值最小，为 2^0R。模拟开关 J_1～J_4 受输入数字信号控制，控制输入端是接到＋5 V 还是接到地，也就是控制输入数字信号是 1 或 0。开关 2^0，2^1，2^2，2^3 分别与四位二进制数相对应。当二进制数为“1”时开关接入相应电压 V_s，为“0”时开关接地。

其输出电压 V_O 为：

$$V_o = -\frac{V_{cc}R_5}{2^3R_4} \times \sum_{i=0}^{3}(D_i \times 2^i)$$

若输入为 1101，电压表输出电压值为－4.062 V，理论计算为－4.062 5 V，与理论计算所得出的结果一致。权电阻 DAC 电路简单、直观，便于理解 DAC 的原理，但电阻网络中电阻种类太多且范围宽，这给保证转换的精度带来困难。

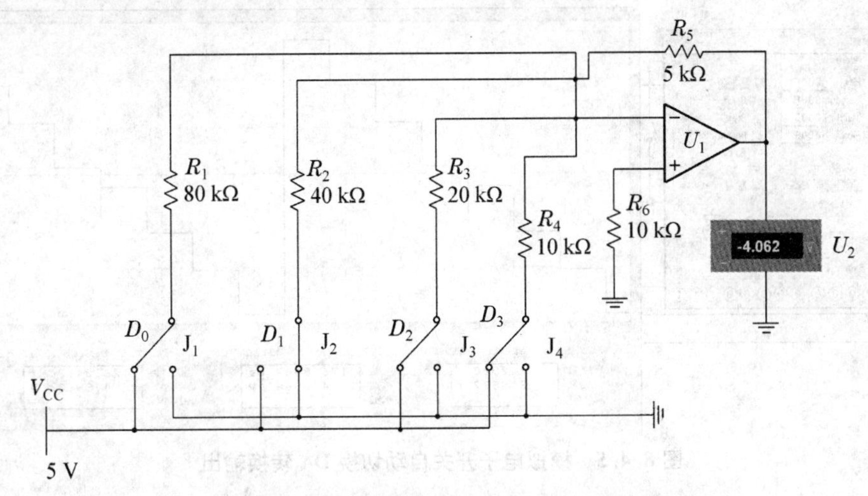

图 8.4.3　权电阻网络 D/A 转换电路仿真

也可用模拟电子开关来代替上面的单刀双掷开关，如图 8.4.4 所示，当输入 0 或 1 的信号时，相应的开关自动断开或闭合，Word generater 可以实现二进制信号的输出，所以将它与 Word generater 相连，实现电压的动态输出。

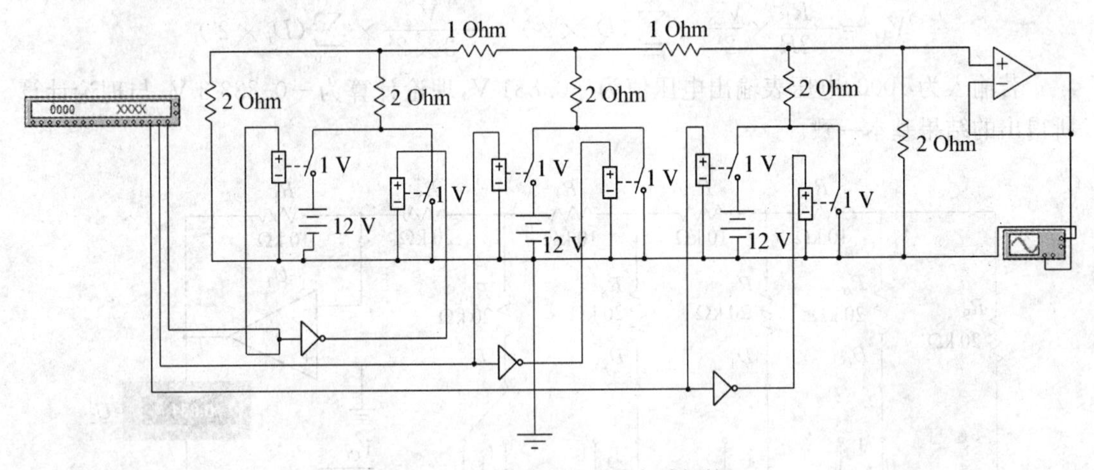

图 8.4.4　模拟电子开关自动切换

仿真结果如图 8.4.5 所示，每隔 1 μs 给出一个数字信号，产生周期为 16 μs，幅度为 5 V 的锯齿波。

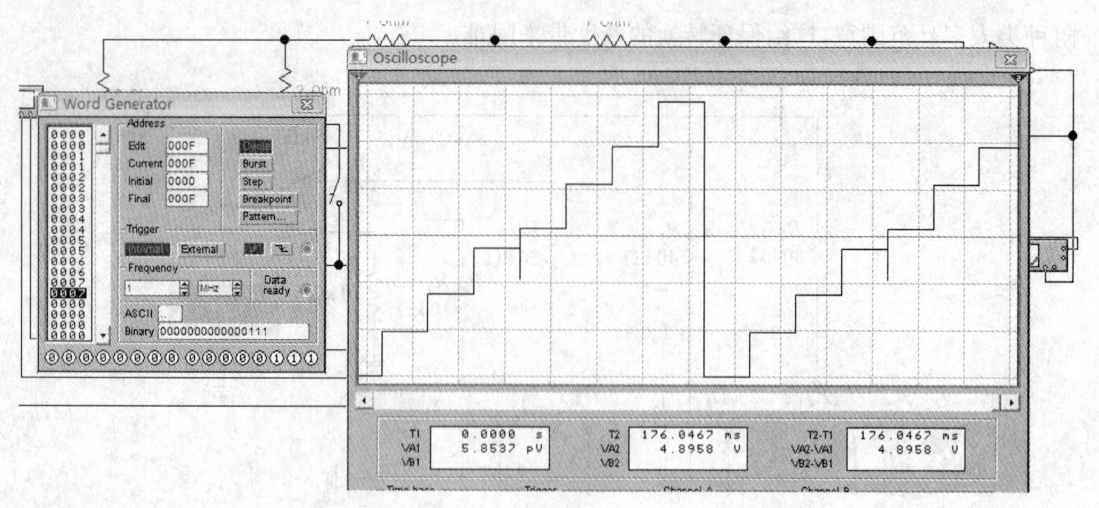

图 8.4.5　模拟电子开关自动切换 DA 转换输出

2. *R*－2*R* T 型电阻网络 DAC 仿真

$R-2R$ T 型电阻网络 DAC 仿真电路如图 8.4.6 所示。模拟开关 $J_1 \sim J_4$ 受输入数字信号 $D_0 \sim D_3$ 的控制。当二进制数为“1”时开关接入相应电压 V_s，为“0”时开关接地。

其输出电压 V_O 为：

$$V_O = -\frac{R_1}{3R} \times \frac{V_{cc}}{2^4} \times \sum_{i=0}^{3}(D_i \times 2^i) = -\frac{V_{cc}}{3 \times 2^4} \times \sum_{i=0}^{3}(D_i \times 2^i)$$

若输入为 1000，电压表输出电压值为－0.831 V，理论计算为－0.833 3 V，与理论计算所得出的结果基本一致。

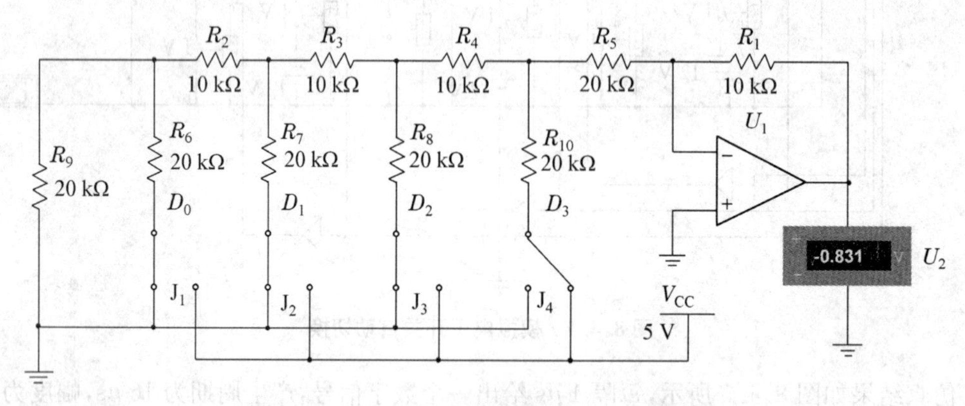

图 8.4.6　*R*－2*R* T 型电阻网络 DAC 仿真电路

T 型电阻网络由于只用了 R 和 $2R$ 两种阻值的电阻，其精度易于提高，也便于制造集成电路。但在工作过程中，从电阻开始到运放的输入端建立起稳定的电流、电压为止，需要一定时间，因而当输入数字信号位数较多时，将会影响 D/A 转换器的工作速度。另外，电阻网络作为转换器参考电压 V_s 的负载电阻将会随二进制的不同有所波动，参考电压的稳定性可能因此受影响。此外在动态过程中，由于开关上的阶跃脉冲信号到达运算放大器输入端的时间不同，会在输出端产生相当大的尖峰脉冲，因此将会影响 D/A 转换器的转换精度，所以实际中常用倒 T 型电阻网络 D/A 转换器。

3. *R* - 2*R* 倒 T 型电阻网络 DAC 仿真

倒 T 型电阻网络特点是电阻种类少，只有 R 和 $2R$ 两种。因此，它可以提高制作精度，而且在动态过程中对输出不易产生尖峰脉冲干扰，有效地减小了动态误差，提高了转换速度。倒 T 型电阻网络 D/A 转换器是目前转换速度较高且使用较多的一种。图 8.4.7 为倒 T 型电阻网络 D/A 转换器测试电路。模拟开关 $J_1 \sim J_4$ 受输入数字信号 $D_0 \sim D_3$ 的控制。当输入数字信号的任何一位是“1”时，对应开关便将 $2R$ 电阻接到运放反相输入端，而当其为“0”时，则将电阻 $2R$ 接地。

$$V_O = -\frac{V_{cc}}{2^4} \times \sum_{i=0}^{3} (D_i \times 2^i)$$

若输入为 0101，电压表输出电压值为 -1.559 V，理论计算为 -1.563 V，与理论计算所得出的结果基本一致。

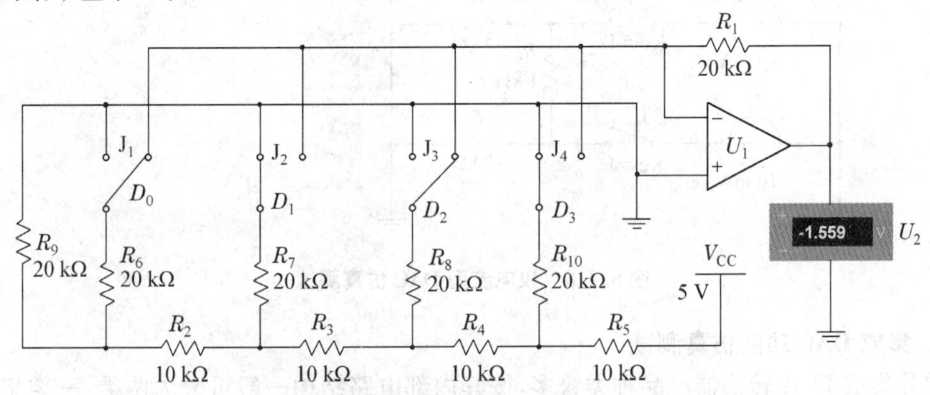

图 8.4.7　*R* - 2*R* 电阻网络 DAC 仿真电路

与权电阻解码网络相比，倒 T 型电阻解码网络 D/A 转换器所用的电阻阻值仅两种，串联臂为 R，并联臂为 $2R$，便于制造和扩展位数。由于在倒 T 型电阻网络 D/A 转换器中，各支路电流直接流入运算放大器的输入端，它们之间不存在传输上的时间差。电路的这一特点不仅提高了转换速度，而且也减少了动态过程中输出端可能出现的尖脉冲。它是目前广泛使用的 D/A 转换器中速度较快的一种。

4. 权电流型 DAC 仿真

由于模拟开关的存在，当流过各支路的电流稍有变化，或由于模拟开关电压降的差别，就会产生转换误差。为进一步提高 D/A 转换精度，可采用权电流型 DAC。采用恒流源电路后，各支路权电流的大小均不受模拟开关导通电阻和压降的影响，这就降低了对模拟开关电路的要求，提高了转换精度。五位权电流型 D/A 转换器仿真测试电路如图 8.4.8 所示。

当输入数字量的某一位代码＝1 时，开关 J_i 接入电流源，相应的权电流流入求和电路；当某一位代码为＝0 时，开关 J_i 接地。分析该电路可得出：

$$V_O = \frac{2RI}{3 \times 2^{n-1}} \sum_{i=0}^{n-1} D_i \cdot 2^i$$

则当输入 $D_4 \sim D_0 = 01100$ 时，通过 Multisim 10 软件仿真，电压表的读数为 4.922 V，而理论计算结果为

$$V_O = \frac{2RI}{3 \times 2^{n-1}} \sum_{i=0}^{n-1} D_i \cdot 2^i = \frac{2 \times 1 \times 10}{3 \times 2^4} \sum_{i=0}^{4} D_i \cdot 2^i = 5 \text{ V}$$，与结果基本一致。

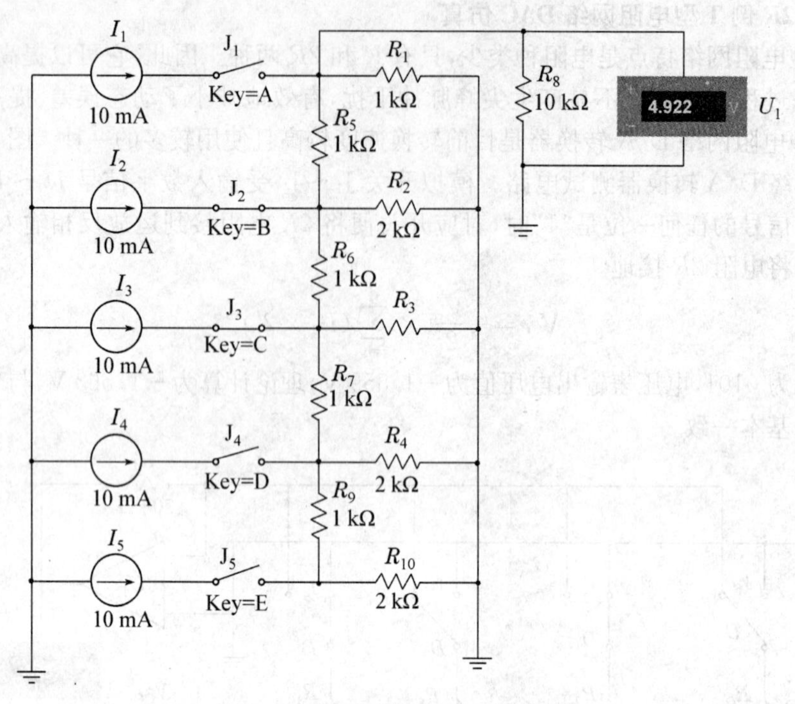

图 8.4.8 权电流型 DAC 仿真测试

5. 集成 DAC 功能仿真测试

单片集成 D/A 转换器产品种类繁多，按其内部电路结构一般可分为两类：一类集成芯片内部只集成了转换网络和模拟电子开关；另一类则集成了组成 D/A 转换器的所有电路。图 8.4.9 为八位集成 D/A 转换器的仿真测试电路，利用单刀双掷开关 J_i 模拟输入数字信号

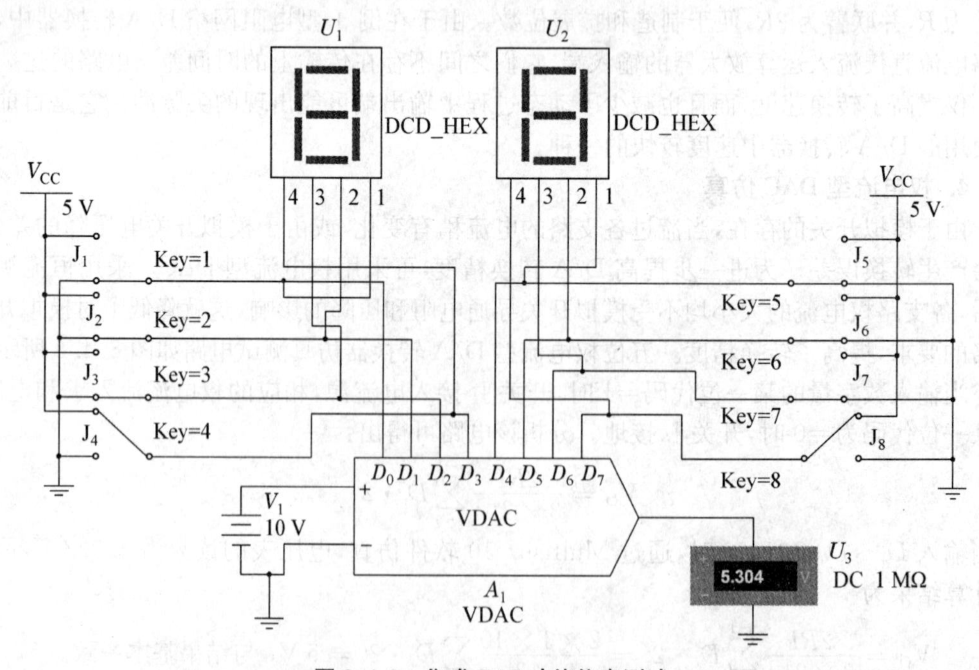

图 8.4.9 集成 DAC 功能仿真测试

“0”或“1”，数码管能实时显示输入 DAC 的数字量，DAC 的输出量为模拟电压，可以通过电压表读取。通过仿真测试，可以直观地观察到 D/A 转换器的工作过程，加深对其原理的理解。

8.4.3　A/D 与 D/A 转换电路的应用

1. 可编程任意波形发生器

D/A 转换器在实际电路中应用很广，它不仅常作为接口电路用于微机系统，而且还可利用其电路结构特征和输入、输出电量之间的关系构成数控电流源、电压源、数字式可编程增益控制电路和波形产生电路等。

使用文氏桥振荡电路设计的信号发生器，其输出波形一般只有两种，即正弦波和脉冲波，其零点不可调，而且价格也比较贵。在实际应用中，用单片机产生想要的波形数据或将这些波形数据预先保存在存储器中，实际工作时用单片机或其他措施读取存储器的数据并送给 D/A 转换器，就可以做成一个简单的可编程任意波形发生器，其频率受计算机运行的程序的控制。我们可以把产生各种波形的程序，写在 EPROM 中，装入本机，按用户的选择，产生不同的波形。再在 D/A 转换器输出端加上一些滤波、整形等变换电路，就完成一个频率、幅值、零点均可调的多功能信号发生器。可编程任意波形发生器组成框图如图 8.4.10 所示。

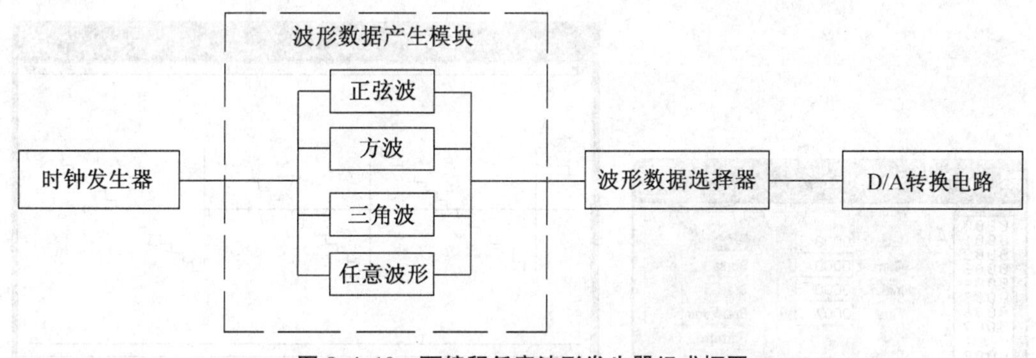

图 8.4.10　可编程任意波形发生器组成框图

依据图 8.4.10，利用 Multisim 10 设计了一款可编程任意波形发生器原理验证系统，如图 8.4.11 所示。XWG1 为 Multisim 10 提供的字信号发生器，利用它可以任意产生各种波形数据，然后送给 D/A 转换器进行数模转换，得到相应的模拟量，可以通过 Multisim 10 提供的虚拟示波器对该信号进行观测。

若要产生阶梯波（或锯齿波），则只要设置数字发生器，使其产生阶梯波所对应的波形数据（可以通过函数计算），为简单起见，我们设置其从 0 开始，每一步数值增加 1，设置界面如图 8.4.12 所示，产生的电压波形如图 8.4.13 所示。

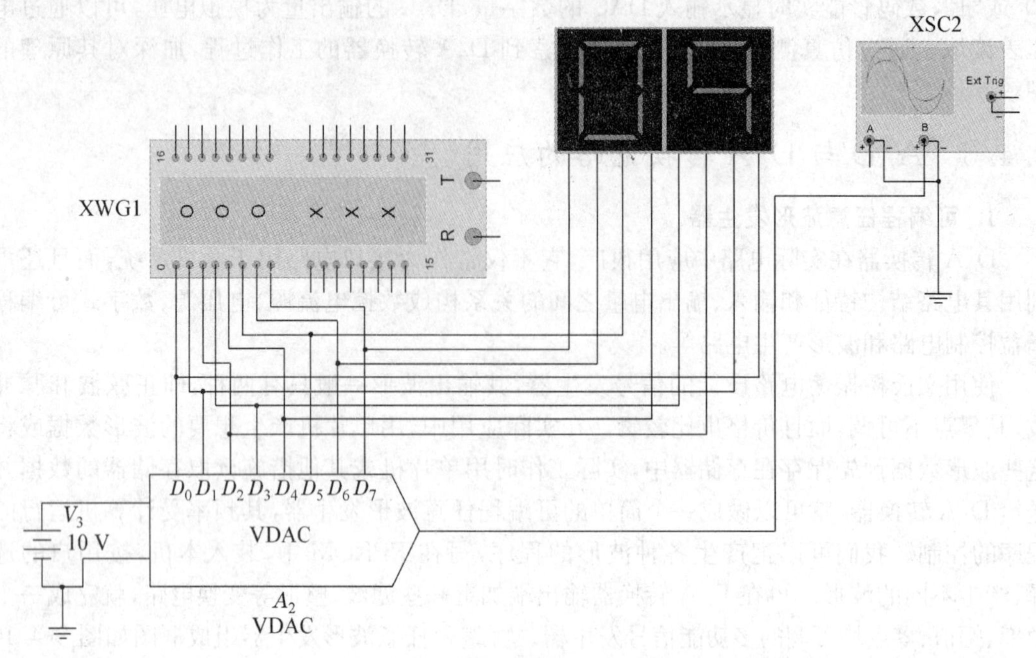

图 8.4.11 可编程任意波形发生器原理验证

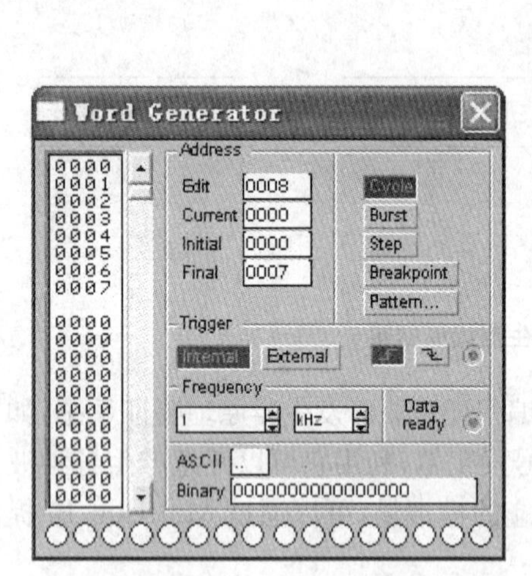

图 8.4.12 数字发生器阶梯波设置界面

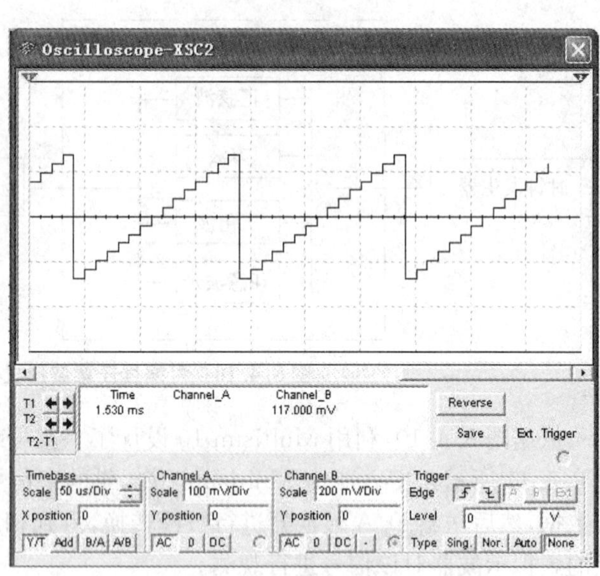

图 8.4.13 仿真输出的阶梯波波形

同理可见，若由数字发生器产生三角波或矩形波的波形数据，则能够产生相应的电压波形。如图 8.4.14 和图 8.4.15 所示。

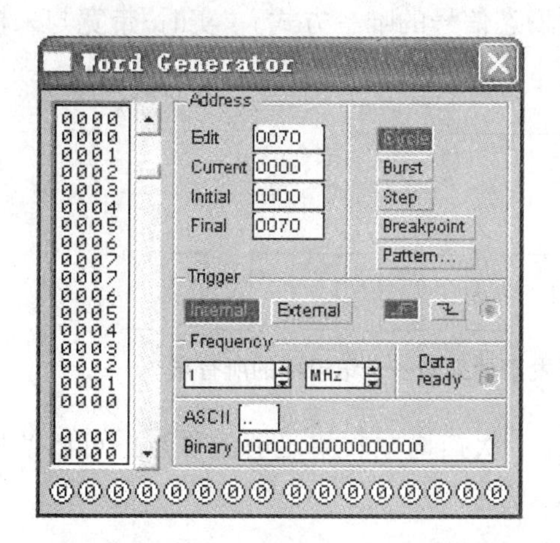

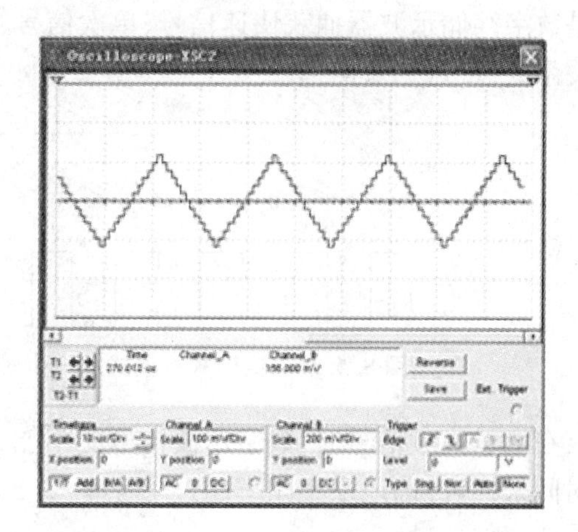

图 8.4.14　三角波数字发生器设置和仿真电压波形

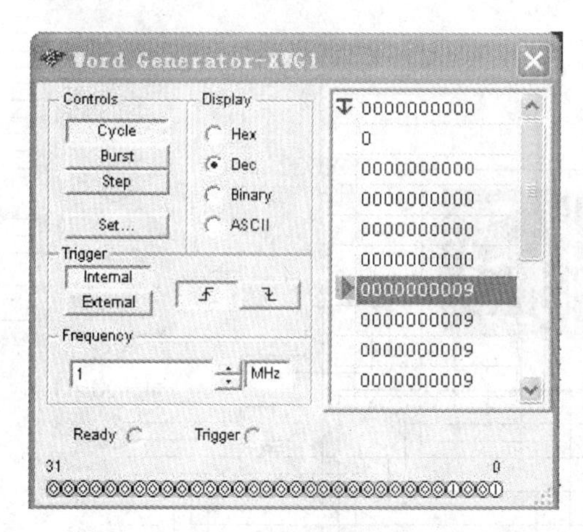

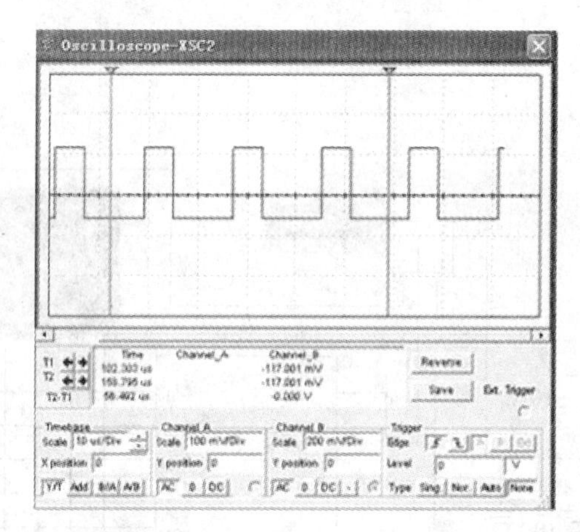

图 8.4.15　矩形波数字发生器设置和仿真电压波形

2. 信号的实时采样仿真验证

模拟信号转换成与其成比例的数字量需要经过一个完整的 A/D 转换过程，包括采样、保持、量化、编码四部分。图 8.3.1 是某一输入模拟信号经采样后得出的波形。为了保证能从采样信号中将原信号恢复，必须满足奈奎斯特采样定律，即

$$f_s \geqslant 2f_i(\max)。$$

式中：f_s 为采样频率；$f_i(\max)$为信号 U_i 中最高次谐波分量的频率。采样频率越高，留给每次进行转换的时间就越短，这就要求 A/D 转换电路必须具有更高的工作速度。但 A/D 转换电路的速度受其内部结构、器件速度、制作成本等因素的制约，很难进一步提高。为此科研人员在现有的元器件的基础上研究了各种技术措施，优化电路结构，来提高采样的速度。尽管有大量的不同的采样技术实现方案，但当前数据采集领域(如数字存储示波器)大多采用两种基本采样方法：实时采样和等效时间采样(非实时采样)。等效时间采样可以进一步分成两个小类：随机等效时间采样和顺序等效时间采样。每种方法都有不同的优势，具体要视进行的测量类别而定。

实时采样特别适合频率范围小于最大采样率一半的信号。在这种情况下，数据采集装置可以在波形的一个周期中采集足够的样点，构建准确的图像，如图 8.4.16 所示。实时采

样是数字存储示波器捕获快速信号、单次信号、瞬态信号的唯一方式。“实时”带宽与采样率的关系为:带宽=采样率/2.5。

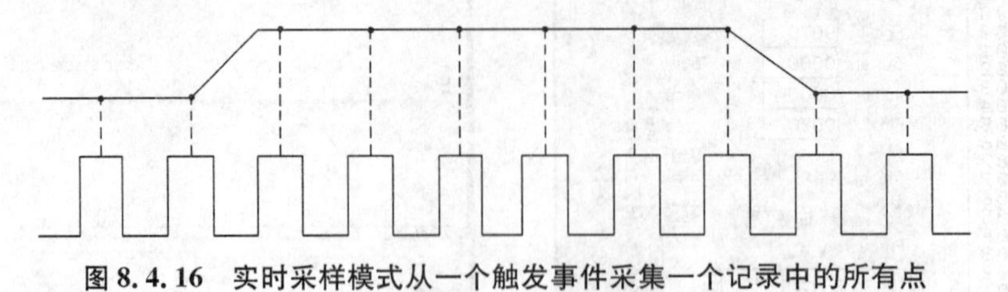

图 8.4.16 实时采样模式从一个触发事件采集一个记录中的所有点

在测量高频信号时,数字示波器可能不能在一次扫描中收集足够的样点。可以使用等效时间采样,准确地采集频率超过采样率/2.5 的信号。

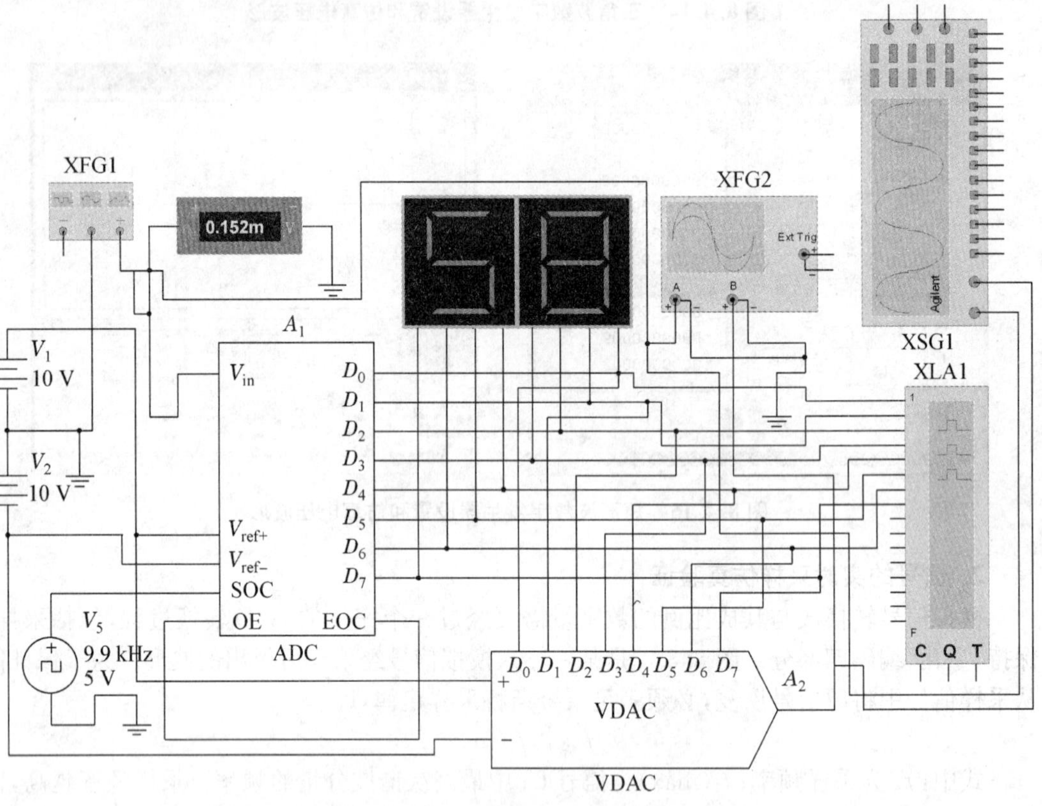

图 8.4.17 信号的实时采样与非实时采样仿真验证

在 Multisim 10 软件环境下,信号的实时采样可以用图 8.4.17 所示的系统来仿真验证。系统采用一片 A/D 转换器用于对输入的模拟信号进行采集并将其转换为数字量。该数字信号可以通过数码管进行显示,也可以通过逻辑分析仪进行观测。为了跟直观地研究采样后的信号能否复原原信号,特设置了一片八位 D/A 转换器,其输出为采样信号对应的复原后的模拟信号,可以通过示波器进行观察与研究。

A/D 转换器的时钟信号选用 Multisim 10 自带的时钟信号发生器,频率可调,随着其频率的变化,A/D 转换器的采样频率也随之发生变化。待采样信号选用函数信号发生器,可以根据需要调节输入信号的波形与频率。

首先，调节函数信号发生器使其产生 1 kHz 的正弦信号，调节时钟信号发生器使采样频率为 10 kHz，相关设置界面如图 8.4.18 所示。

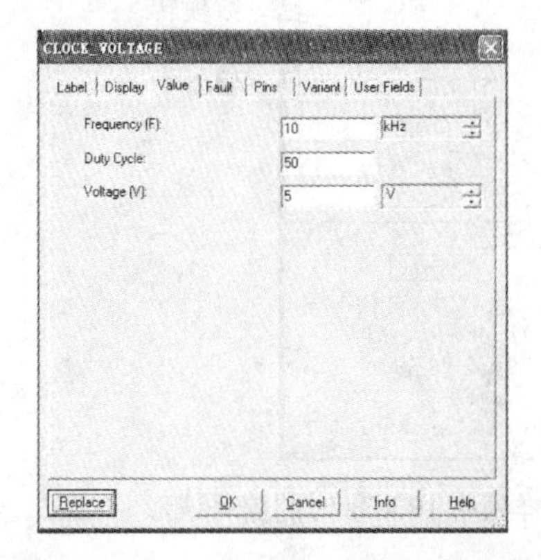

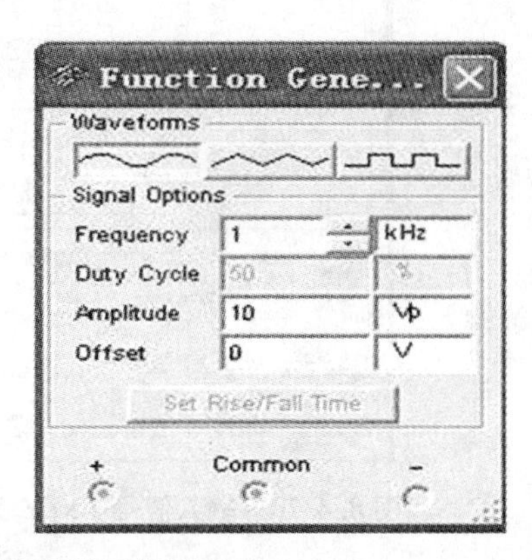

图 8.4.18　信号频率及采样频率设置界面

打开仿真开关，通过数码管或逻辑分析仪可以直观地看到输入信号经过 A/D 转换后变成了数字信号，逻辑分析仪显示的 A/D 转换输出的数字信号随时间的变化如图 8.4.19 所示。

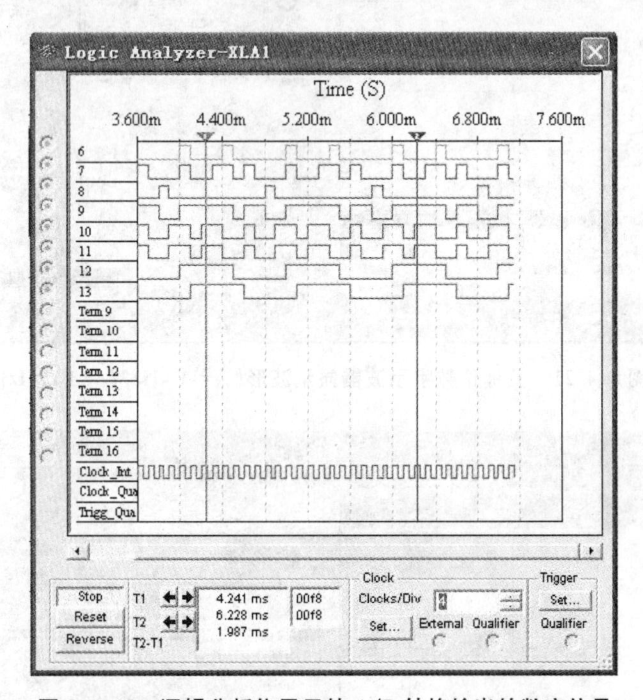

图 8.4.19　逻辑分析仪显示的 A/D 转换输出的数字信号

为了研究采样后的信号能否复原原信号，用虚拟示波器或安捷伦的数字示波器对 D/A 转换器输出的波形进行观测，如图 8.4.20 及图 8.4.21 所示。由图可知，该电路能够复原原来的信号，但波形质量不高，含有较多的谐波分量，可以通过设置低通滤波器来进行完善。

为了提高输出波形的质量，将采样频率提高到 100 kHz，这时示波器的输出波形如图 8.4.22 所示。显然，输出波形得到了较好的改善。

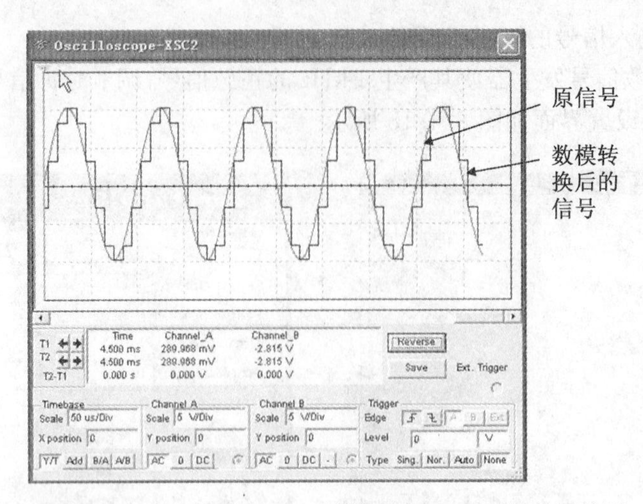

图 8.4.20 输入信号 1 kHz,采样频率 10 kHz 时的信号波形

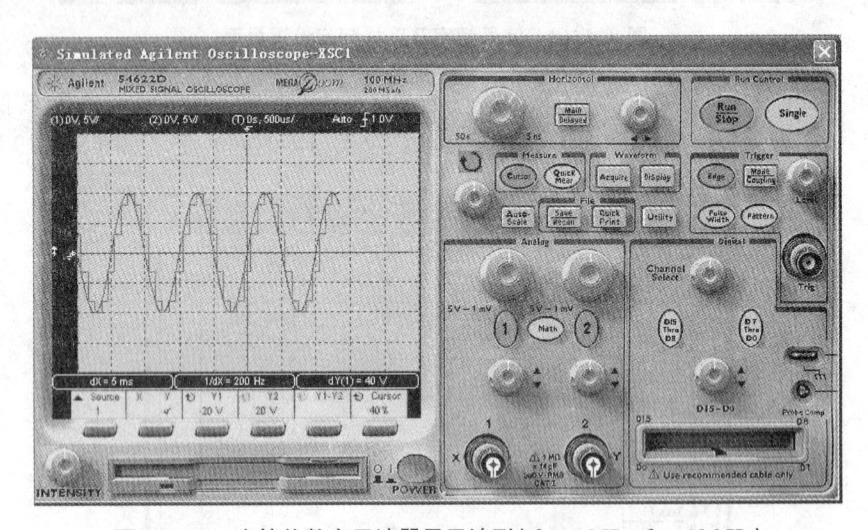

图 8.4.21 安捷伦数字示波器显示波形($f_i = 1$ kHz, $f_s = 10$ kHz)

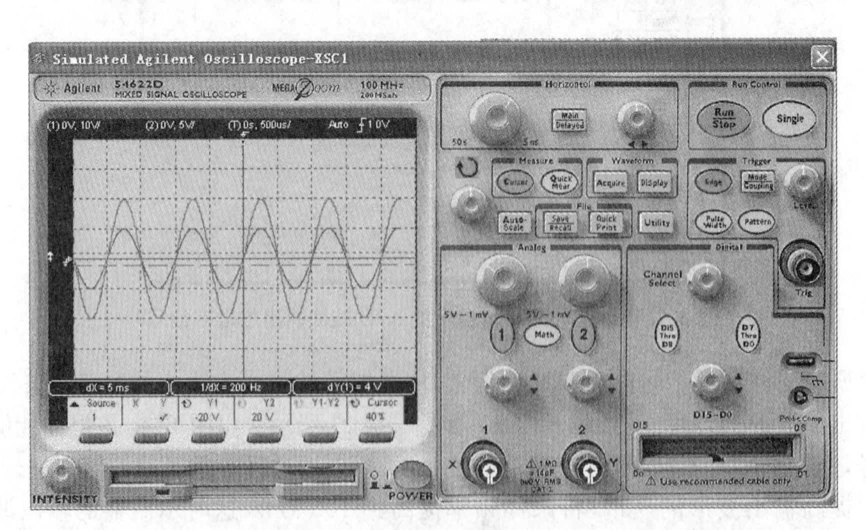

图 8.4.22 安捷伦数字示波器显示波形($f_i = 1$ kHz, $f_s = 10$ kHz)

本章小结

A/D 和 D/A 转换器是现代数字系统的重要部件，应用日益广泛。

D/A 转换器的功能是将输入的二进制数字信号转换成相对应的模拟信号输出。对于二进制权电阻网络 D/A 转换器和倒 T 型电阻网络 D/A 转换器，由于倒 T 型电阻网络 D/A 转换器只要求两种阻值的电阻，因此最适合于集成工艺，集成 D/A 转换器普遍采用这种电路结构。而权电流型 D/A 转换器，由于恒流源电路和高速模拟开关的运用使其具有精度高、转换快的优点。

A/D 转换器的功能是将输入的模拟信号转换成一组多位的二进制数字输出。不同的 A/D 转换方式具有各自的特点。并联比较型 A/D 转换器转换速度快，主要缺点是要使用的比较器和触发器很多，随着分辨率的提高，所需元件数目按几何级数增加。双积分型 A/D 转换器的性能比较稳定，转换精度高，具有很高的抗干扰能力，电路结构简单，其缺点是工作速度较低，在对转换精度要求较高，而对转换速度要求较低的场合，如数字万用表等检测仪器中，得到了广泛的应用。逐次逼近型 A/D 转换器的分辨率较高、误差较低、转换速度较快，在一定程度上兼顾了以上两种转换器的优点，因此得到普遍应用。

A/D 转换器和 D/A 转换器的主要技术参数是转换精度和转换速度，在与系统连接后，转换器的这两项指标决定了系统的精度与速度。目前，A/D 与 D/A 转换器的发展趋势是高速度、高分辨率及易于与微型计算机接口，用以满足各个应用领域对信号处理的要求。

在对常用 A/D 和 D/A 转换器进行分析时，我们还可以借助计算机辅助分析的手段。本章使用 Multisim 10 对三位并联比较型 ADC、ADC0809、权电阻网络 DAC、$R-2R$ T 型电阻网络 DAC、$R-2R$ 倒 T 型电阻网络 DAC、权电流型 DAC、集成 DAC 进行了功能仿真测试，并对模数与数模转换的应用电路——可编程任意波形发生器以及信号的实时采样电路进行了仿真验证。

练习题

8.1　结合制造工艺、转换的精度和转换的速度等方面，比较权电阻型、权电流型等 D/A 转换器的特点。

8.2　D/A 转换器可能存在哪几种转换误差？试分析误差的特点及其产生误差的原因。

8.3　试回答下面问题：

(1) 一个八位 D/A 转换器的最小输出电压增量为 0.02 V，当输入代码为 01001101 时，输出电压 V_O 为多少伏？

(2) 七位 D/A 转换器的分辨率百分数是多少？

8.4　某一个控制系统中有一个 D/A 转换器，若系统要求该 D/A 转换器的精度要小于 0.25%，试问：应选多少位的 D/A 转换器？

8.5　权电阻 D/A 转换器如图 8.5 所示。已知某位数 $D_i=0$ 时，对应的电子开关 S_i 接地；$D_i=1$ 时，S_i 接参考电压 V_{REF}。

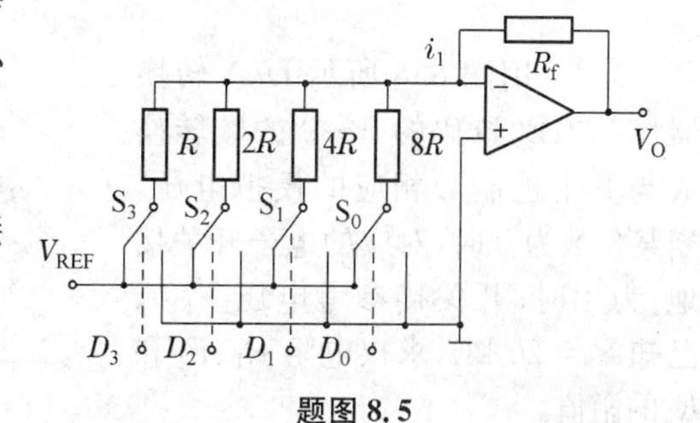

题图 8.5

(1) 当某位数 $D_i=1$ 时，$V_O=$？

(2) 当数字量 $D=D_3D_2D_1D_0$ 时，$V_O=$？

8.6　双积分 A/D 转换器如图 8.6 所示，试回答下列问题：

(1) 若被测电压 $V_{I(max)}=2\ V$,要求分辨率 $\leqslant 0.1\ mV$,则二进制计数器的计数总容量 N 应大于多少?

(2) 需要用多少位二进制计数器?

(3) 若时钟脉冲频率 $f_{CP}=200\ kHz$,则采样/保持时间为多少毫秒?

(4) 若时钟脉冲频率 $f_{CP}=200\ kHz$,$|V_I|<|V_{REF}|$,已知 $|V_{REF}|=2\ V$,积分器输出电压 V_O 的最大值为 5 V。问:积分时间常数 RC 为多少毫秒?

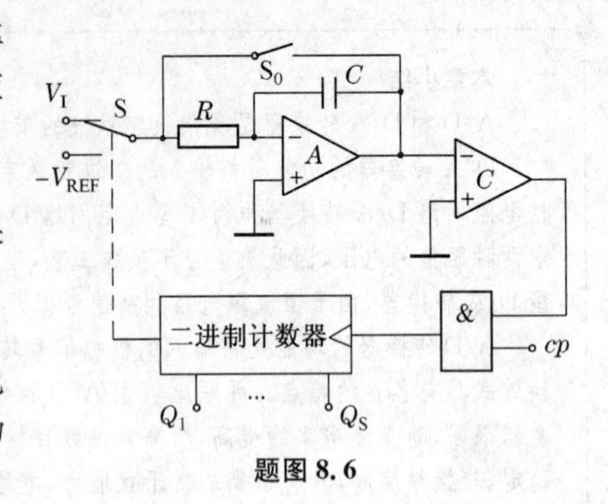

题图 8.6

8.7 双积分 A/D 转换器如图 8.7 所示。

(1) 分别求出两次积分完毕时积分器输出电压 V_O。

(2) 设第一次积分时间为 T_1,第二次积分时间为 T_2,总积分时间为(T_1+T_2)。问:输出数字量与哪个时间成正比?

(3) 若 $|V_I|>|V_{REF}|$,其中 V_{REF} 为参考电压,V_I 为输入电压,则转换过程会产生什么现象?

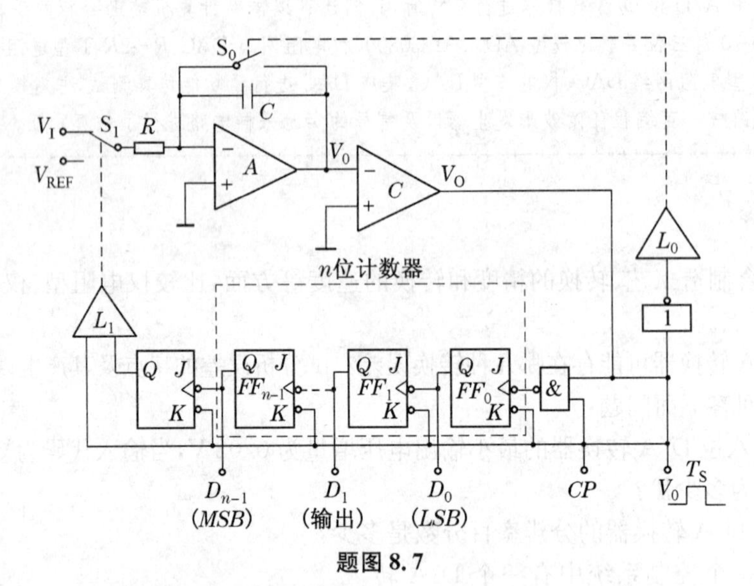

题图 8.7

8.8 用图 8.8 所示 D/A 转换器将 5421BCD 码的 0～9 的数转换成与其十进制数相应的模拟电压。当某位数为 0 时,对应的电子开关接地;为 1 时,开关接参考电压 V_{REF}。已知 $R_0=20\ k\Omega$,求权电阻 R_1、R_2 和 R_3 的阻值。

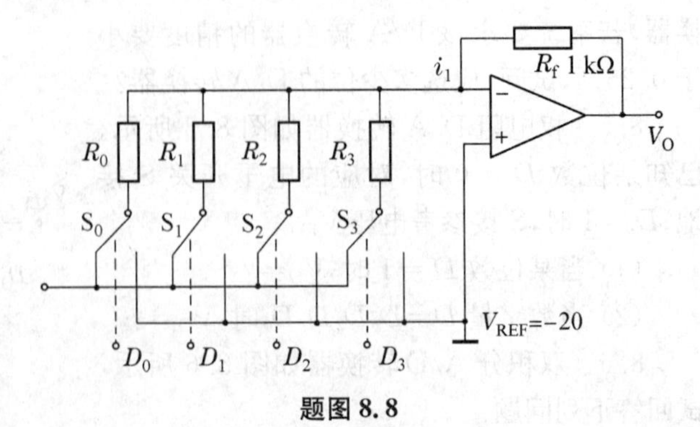

题图 8.8

8.9 $R/2R$ 梯型 D/A 转换器如图 8.9 所示。设某位 $D_i=0$ 时,对应

的电子开关 S_i 接地；$D_i=1$ 时，S_i 接参考电压 V_{REF}。

(1) 当某位数 $D_i=1$，其他位数为 0 时，$V_O=?$

(2) 当数字量 $D=D_3D_2D_1D_0$ 时，$V_O=?$

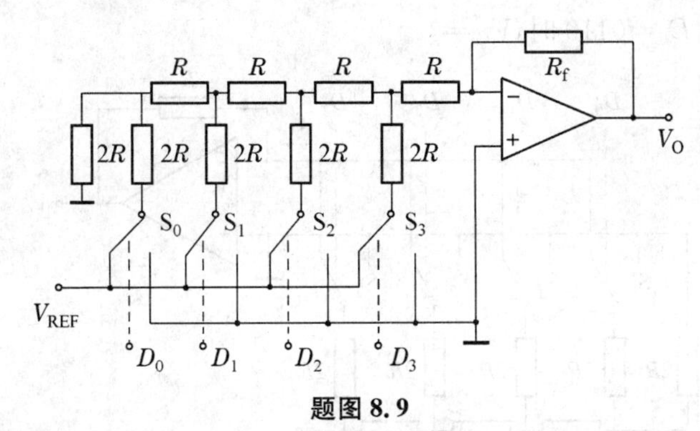

题图 8.9

8.10　电路及参数如图 8.10 所示。图中 $V_{REF}=8$ V，试求输出电压 V_O 的值。

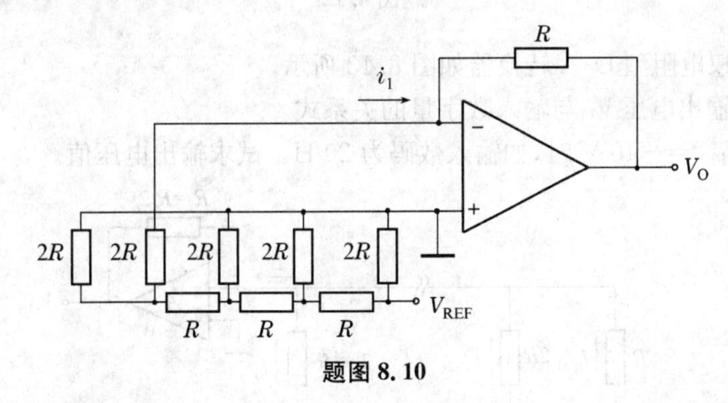

题图 8.10

8.11　D/A 转换器如图 8.11 所示。已知 $D_i=1$ 时，开关在位置 2；$D_i=0$ 时，开关在位置 1。

(1) 计算从 V_{REF} 流出的电流 I 为多少？

(2) 写出 $D_3=1$、其余为 0 时，输出电压 V_O 的表达式。

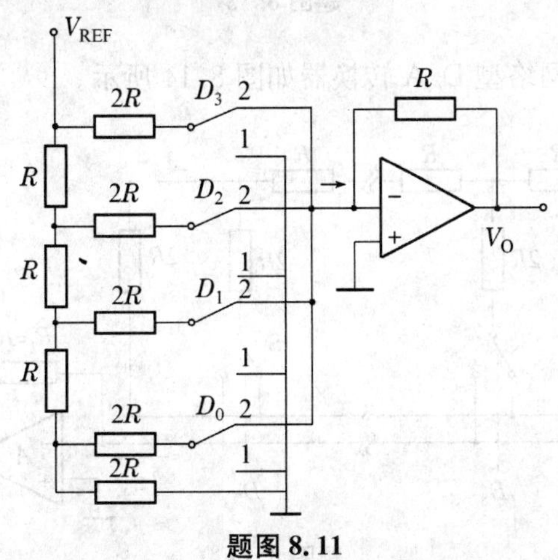

题图 8.11

8.12 图 8.12 所示电路是倒 T 型电阻网络 D/A 转换器。已知 $R=10\ \text{k}\Omega$，$V_{REF}=10\ \text{V}$；当某位数为 0，开关接地，为 1 时，接运放反相端。试求：

(1) V_O的输出范围；

(2) 当 $D_3D_2D_1D_0=0110$ 时，$V_O=$？

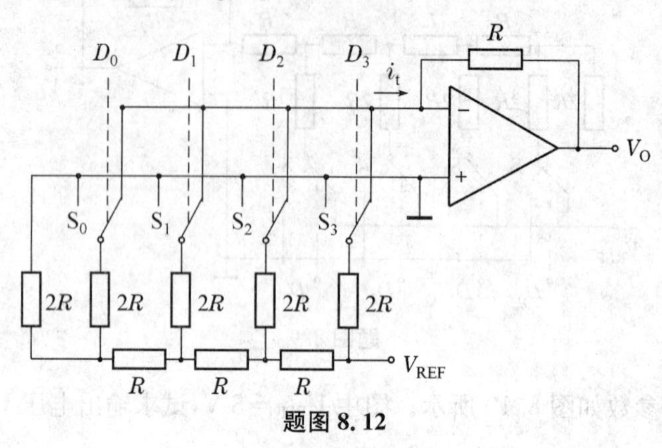

题图 8.12

8.13 n 位权电阻型 D/A 转换器如图 8.13 所示。

(1) 试推导输出电压 V_O与输入数字量的关系式。

(2) $n=8$，$V_{REF}=-10\ \text{V}$ 时，如输入数码为 20 H。试求输出电压值。

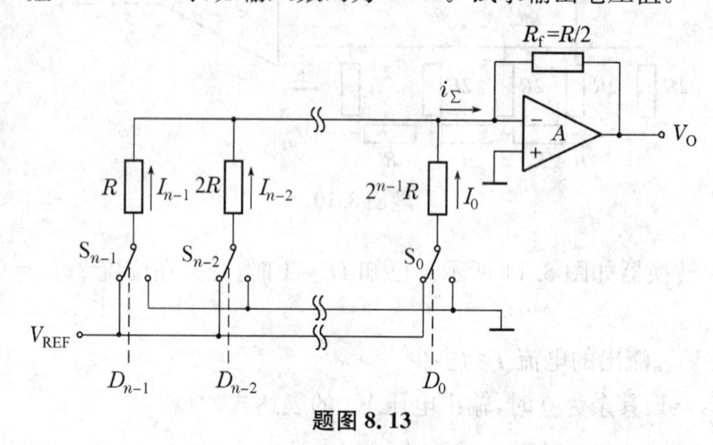

题图 8.13

8.14 10 位 $R-2R$ 网络型 D/A 转换器如图 8.14 所示。

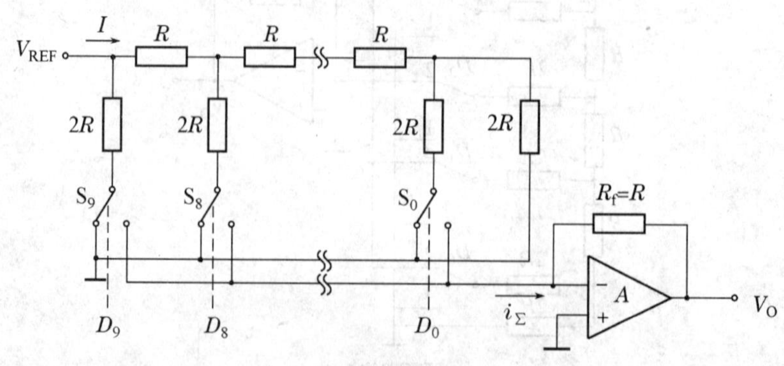

题图 8.14

(1) 求输出电压的取值范围。

(2) 若要求输入数字量为200 H时，输出电压$V_O=5$ V。试问：V_{REF}应取何值？

8.15　由555定时器、3位二进制加计数器、理想运算放大器A构成如图8.15所示电路。设计数器初始状态为000，且输出低电平$V_{OL}=0$ V，输出高电平$V_{OH}=3.2$ V，R_D为异步清零端，高电平有效。

(1) 说明虚框(1)、(2)部分各构成什么功能电路？

(2) 虚框(3)构成几进制计器？

(3) 对应CP画出V_O波形，并标出电压值。

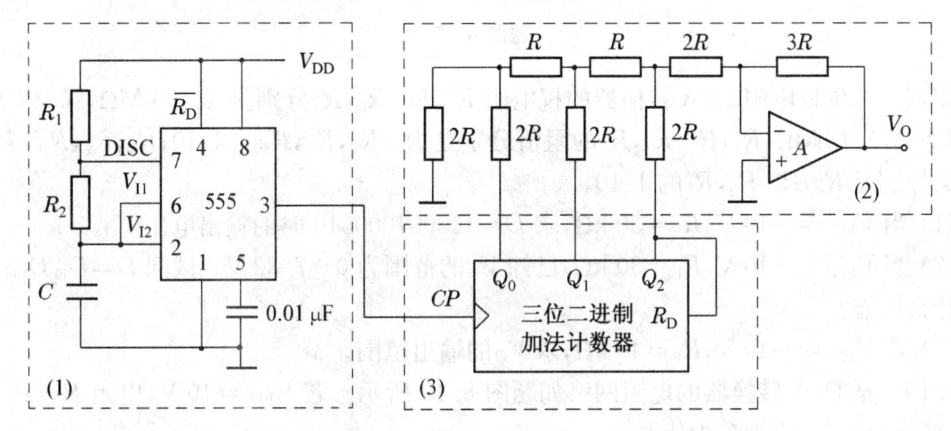

题图8.15

8.16　如图8.16(a)所示为一4位逐次逼近型A/D转换器，其4位D/A输出波形V_O与输入电压V_I分别如图8.16(b)和(c)所示。

(1) 转换结束时，图8.16(b)和(c)的输出数字量各为多少？

(2) 若4位D/A转换器的最大输出电压$V_O(\max)=5$ V，估计两种情况下的输入电压范围各为多少？

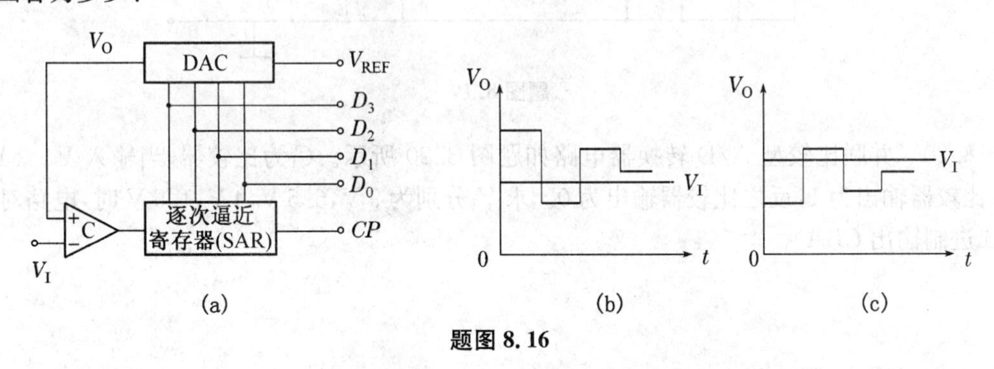

题图8.16

8.17　一程控增益放大电路如图所示，图中计数器某位输出$Q_i=1$时，相应的模拟开关S_i与V_I相接；$Q_i=0$时，S_i与地相接。

(1) 试求该放大电路的电压放大倍数$A_V=\dfrac{V_0}{V_I}$与数字量$Q_3Q_2Q_1Q_0$之间的关系表达式。

(2) 试求该放大电路的输入电阻$R_I=\dfrac{V_0}{i_I}$与数字量$Q_3Q_2Q_1Q_0$之间的关系表达式。

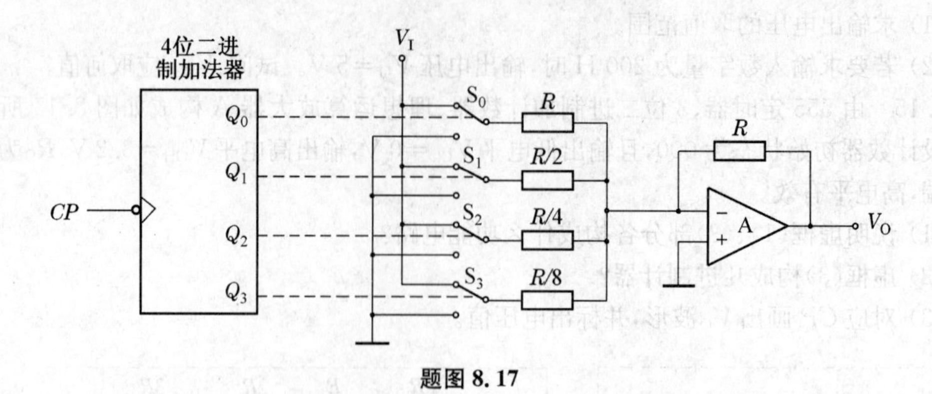

题图 8.17

8.18　八位权电阻 D/A 转换器的权电阻 R_0，R_1，R_2，R_3 分别是 40.96 MΩ，20.48 MΩ，10.24 MΩ，5.12 MΩ；R_4，R_5，R_6，R_7 的阻值分别是 R_0，R_1，R_2，R_3 的 1/10；R_8，R_9，R_{10}，R_{11} 的阻值又分别是 R_4，R_5，R_6，R_7 的 1/10。

(1) 当 $V_{REF}=-10$ V，$R_F=30$ kΩ，求 $D=100001000010$ 时的输出电压 V_O。

(2) 当 $V_{REF}=-10$ V，$R_F=30$ kΩ，已知 V_O 的范围为 0～7.32 V。试问 $D=D_{11}D_{10}\cdots D_0$ 应是什么状态？

(3) 若 $V_{REF}=-10$ V，$R_F=40$ kΩ，求 V_O 的输出范围。

8.19　某 D/A 转换器的电阻网络如题图 8.19 所示。若 $V_{REF}=10$ V，电阻 $R=10$ kΩ。试问：输出电压 V_O 应为多少伏？

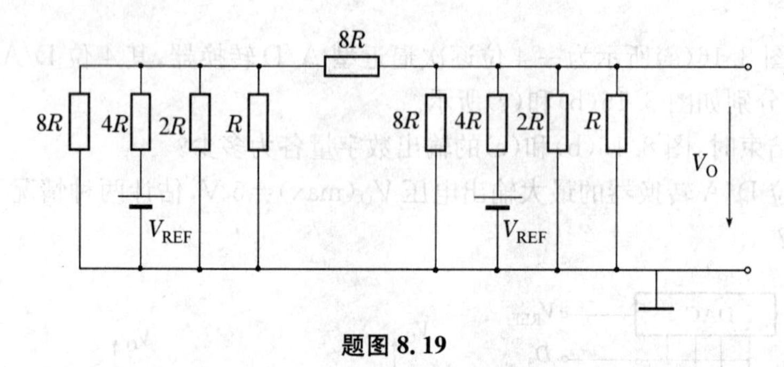

题图 8.19

8.20　并联比较型 A/D 转换器电路如题图 8.20 所示。C_i 为比较器，当输入 $V_+>V_-$ 时，比较器输出为 1，反之比较器输出为 0。求 V_I 分别为 9 V，6.5 V，4 V，1.5 V 时，电路对应的二进制输出 CBA。

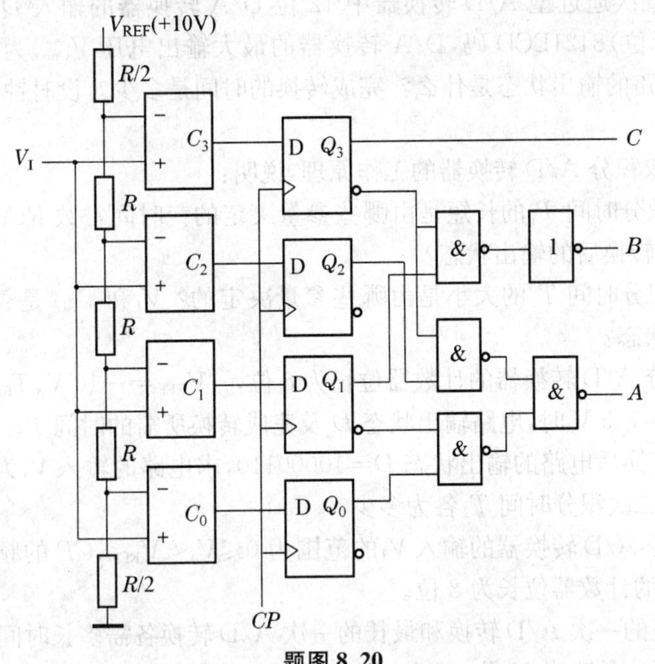

题图 8.20

8.21　计数型 A/D 转换器电路如题图 8.21 所示。设三位 D/A 转换器的最大输出为 +7 V，CP 的频率 $f_{CP}=100$ kHz，A/D 转换前触发器处于 0 状态。在图示输入波形条件下画出输出波形，并说明完成转换时计数器的状态及完成这次转换所需的时间。

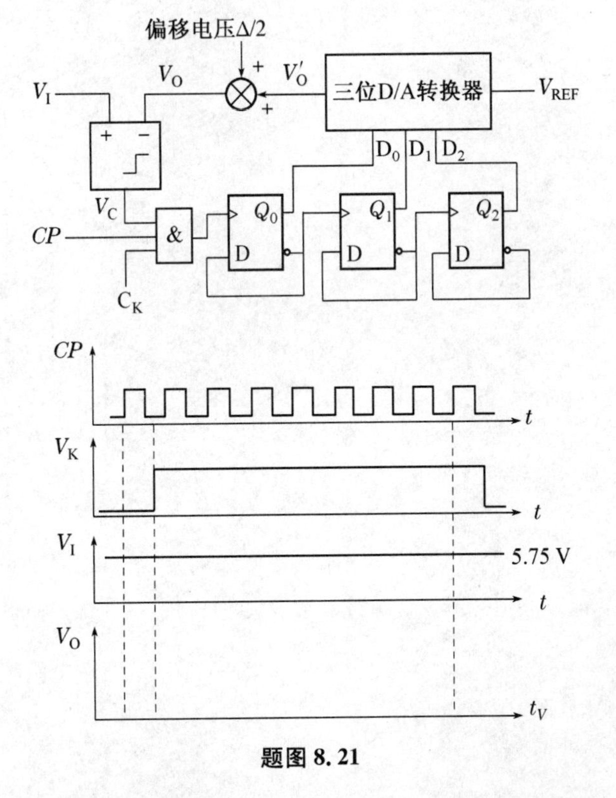

题图 8.21

8.22　已知逐次逼近型 A/D 转换器中 12 位 D/A 转换器的输入 $D_{11}D_{10}\cdots D_0$ 是三位（分别是个，十，百位）8421BCD 码，D/A 转换器的最大输出电压 V_{Omax} 为 12.0 V。当输入 $V_I=7.5$ V 时，电路的输出状态是什么？完成转换的时间是多少？设时钟 CP 的频率 $f_{CP}=400$ kHz。

8.23　根据双积分 A/D 转换器的工作原理，说明：

(1) 第一次积分时间 T_1 的长短是由哪些参量决定的？时间常数 RC 是否会影响 T_1 大小，进而影响电路转换后的输出状态？

(2) 第二次积分时间 T_2 的大小是由哪些参量决定的？V_I 和 V_{REF} 是否会影响 T_2，进而影响电路的输出状态？

8.24　双积分 A/D 转换器的计数器位长为 8 位，$-V_{REF}=-10$ V，$T_{CP}=2\ \mu$s。

(1) 计算 $V_I=7.5$ V 时，电路输出状态 D 及完成转换所需的时间 T。

(2) 若已知转换后电路的输出状态 $D=10000110$，求电路的输入 V_I 为多少伏？第一次积分时间 T_1 和第二次积分时间 T_2 各为多少？

8.25　双积分 A/D 转换器的输入 V_I 的范围为 $0\leqslant V_I<V_{REF}$，CP 的频率 $f_{CP}=1$ MHz。若 A/D 转换器中的计数器位长为 8 位。

(1) 完成最短的一次 A/D 转换和最长的一次 A/D 转换各需多长时间？

(2) 若计数器位长改为 10 位，12 位时，其值又应为多大？

第9章　半导体存储器

本章学习目的和要求

1. 了解半导体存储器的功能及分类，了解它们在数字系统中的作用；
2. 熟悉 RAM、ROM 的结构特点、工作原理和基本用途；
3. 掌握如何用存储器实现组合逻辑的功能。

本章首先介绍了只读存储器 ROM 的结构和原理，接着讲述了 PROM 和 EPROM 的内部结构以及 PROM 的应用，然后重点分析了随机存储器 RAM 的存储单元、内部电路结构，最后讨论了 RAM 字长和字数的扩展。

9.1　概　述

存储器是计算机用来存储信息的部件。按存取速度和用途可把存储器分为两大类：内存储器和外存储器。把通过系统总线直接与 CPU 相连、具有一定容量、存取速度快的存储器称为内存储器，简称内存。内存是计算机的重要组成部分，CPU 可直接对它进行访问，计算机要执行的程序和要处理的数据等都必须事先调入内存后方可被 CPU 读取并执行。把通过接口电路与系统相连、存储容量大而速度较慢的存储器称为外存储器，简称外存，如硬盘、软盘和光盘等。外存用来存放当前暂不被 CPU 处理的程序或数据以及一些需要永久性保存的信息。

外存的容量很大，通常将外存归入计算机外部设备，外存中存放的信息必须调入内存后才能被 CPU 使用。

早期的内存使用磁芯。随着大规模集成电路的发展，半导体存储器集成度大大提高，成本迅速下降，存取速度大大加快，所以在微型计算机中，目前内存一般都使用半导体存储器。

9.1.1　半导体存储器的分类

从应用角度可将半导体存储器分为两大类：随机读写存储器（Random Access Memory，RAM）和只读存储器（Read Only Memory，ROM）。RAM 是可读、可写的存储器，CPU 可以对 RAM 的内容随机地读写访问，RAM 中的信息断电后即丢失。ROM 的内容只能随机读出而不能写入，断电后信息不会丢失，常用来存放不需要改变的信息（如某些系统程序），信息一旦写入就固定不变了。

根据制造工艺的不同，随机读写存储器 RAM 主要有双极型和 MOS 型两类。双极型存储器具有存取速度快、集成度较低、功耗较大、成本较高等特点，适用于对速度要求较高的高速缓冲存储器；MOS 型存储器具有集成度高、功耗低、价格便宜等特点，适用于内存储器。

MOS型存储器按信息存放方式又可分为静态RAM(Static RAM,SRAM)和动态RAM(Dynamic RAM,DRAM)。SRAM存储电路以双稳态触发器为基础,状态稳定,只要不掉电,信息不会丢失。其优点是不需要刷新,控制电路简单,但集成度较低,适用于不需要大存储容量的计算机系统。DRAM存储单元以电容为基础,电路简单,集成度高,但也存在问题,即电容中的电荷由于漏电会逐渐丢失,因此DRAM需要定时刷新,它适用于大存储容量的计算机系统。

只读存储器ROM在使用过程中,只能读出存储的信息而不能用通常的方法将信息写入存储器。目前常见的有:掩膜式ROM,用户不可对其编程,其内容已由厂家设定好,不能更改;可编程ROM(Programmable ROM,PROM),用户只能对其进行一次编程,写入后不能更改;可擦除的PROM(Erasable PROM,EPROM),其内容可用紫外线擦除,用户可对其进行多次编程;电擦除的PROM(Electrically Erasable PROM,EEPROM或E^2PROM),能以字节为单位擦除和改写。

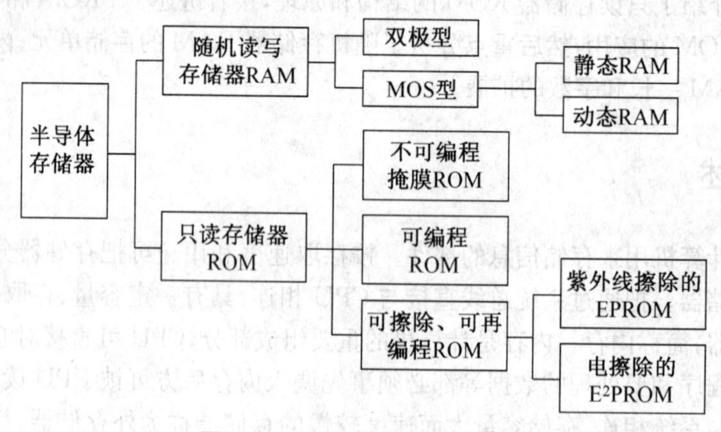

图9.1.1 半导体存储器的分类

9.1.2 半导体存储器的主要技术指标

1. 存储容量

(1) 用字数×位数表示,以位为单位。常用来表示存储芯片的容量,如1 K×4位,表示该芯片有1 K个单元(1 K=1 024),每个存储单元的长度为4位。

(2) 用字节数表示容量,以字节为单位,如128 B,表示该芯片有128个单元,每个存储单元的长度为8位。现代计算机存储容量很大,常用KB、MB、GB和TB为单位表示存储容量的大小。其中,1 KB=1 024 B;1 MB=1 024 KB;1 GB=1 024 MB;1 TB=1 024 GB。显然,存储容量越大,所能存储的信息越多,计算机系统的功能便越强。

2. 存取时间

存取时间是指从启动一次存储器操作到完成该操作所经历的时间。例如,读出时间是指从CPU向存储器发出有效地址和读命令开始,直到将被选单元的内容读出为止所用的时间。显然,存取时间越小,存取速度越快。

3. 存储周期

连续启动两次独立的存储器操作(如连续两次读操作)所需要的最短间隔时间称为存储

周期。它是衡量主存储器工作速度的重要指标。一般情况下，存储周期略大于存取时间。

4. 功耗

功耗反映了存储器耗电的多少，同时也反映了其发热的程度。

5. 可靠性

可靠性一般指存储器对外界电磁场及温度等变化的抗干扰能力。存储器的可靠性用平均故障间隔时间(Mean Time Between Failures，MTBF)来衡量。MTBF可以理解为两次故障之间的平均时间间隔。MTBF越长，可靠性越高，存储器正常工作能力越强。

6. 集成度

集成度指在一块存储芯片内能集成多少个基本存储电路，每个基本存储电路存放一位二进制信息，所以集成度常用位/片来表示。

7. 性能/价格比

性能/价格比(简称性价比)是衡量存储器经济性能好坏的综合指标，它关系到存储器的实用价值。其中性能包括前述的各项指标，而价格是指存储单元本身和外围电路的总价格。

9.2 只读存储器

ROM在数字系统中的应用广泛。使用时，只能读出信息，无法写入信息。

按照数据写入方式特点不同，分四大类：

(1) 固定ROM，制造时用掩模技术控制存储内容，信息一次性嵌入，厂家做，用户不能更改。

(2) PROM，用户可以利用编程器把自己编好的程序写入存储器，用户可以自己做，一旦写入便不能更改。

(3) EPROM，用户可以用编程器写入内容，常与微机联用。需要重新写入内容时，可以把曾经编程的EPROM放在紫外线下照射约30分钟，原来的内容即可被擦干净，恢复到原始的状态(全1或全0)。用户可以自己做，能更改，但麻烦。

(4) E^2PROM：能用电信号擦洗的PROM，写入新内容时，旧内容即被擦除。能很方便地更改，应用广泛。(兼有RAM的特性)

9.2.1 ROM的电路结构

1. ROM的基本结构

ROM的电路结构包含三个主要部分：

存储矩阵：它是由许多存储单元排列而成，而且每个存储单元都被编为一个地址(地址变量)。

地址译码器：它是将输入的地址变量译成相应的地址控制信号，该控制信号可将某存储单元从存储矩阵中选出来，并将存储在该单元的信息送至输出缓冲器。

输出缓冲器：它是作为输出驱动器和实现输出的三态控制。

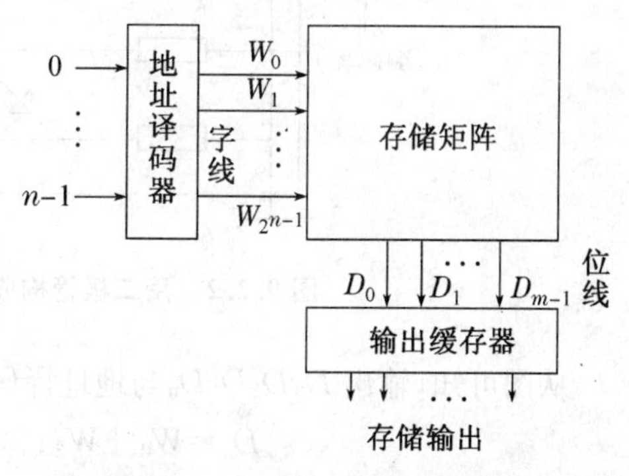

图9.2.1 ROM电路基本结构

9.2.2 固定 ROM 的工作原理

如图 9.2.2 所示电路为用二极管构成的容量为 $2^2\times4$ 位的固定 ROM。用 A_1A_0 表示存储器的地址输入，通过二极管构成的地址译码器将 A_1A_0 所代表的四个不同地址(00,01,10,11)分别译成 $W_0\sim W_3$ 四条字线，每输入一个地址，地址译码器的字线输出 $W_0\sim W_3$ 中将有一根线为高电平，其余为低电平。其表达式为

$$W_0=\overline{A_1}\,\overline{A_0};W_1=\overline{A_1}A_0$$

$$W_2=A_1\overline{A_0};W_3=A_1A_0$$

当字线 $W_0\sim W_3$ 某根线上给出高电平信号时，都会在位线 $D_3\sim D_0$ 四根线上输出一个 4 位二进制代码。输出端的缓冲器不但可以提高带负载能力，还可以将输出的高、低电平变换为标准的逻辑电平。三态门作为输出缓冲器，可以通过使能端 $\overline{EN}$ 实现对输出的三态控制。

存储矩阵有四条字线和四条位线，共有 16 个交叉点，每个交叉点是一个存储单元，共有 4×4=16 个存储单元，交叉点处接二极管，表示该单元是存“1”，交叉点处不接二极管，表示该单元是存“0”。

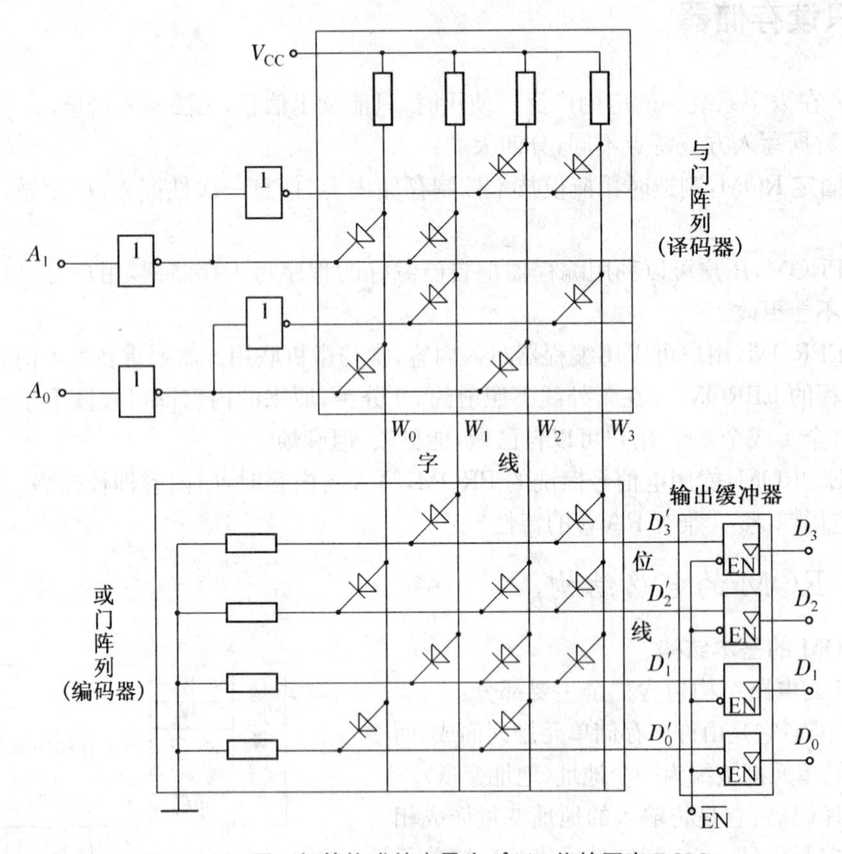

图 9.2.2 用二极管构成的容量为 $2^2\times4$ 位的固定 ROM

从图可知，输出 $D_3D_2D_1D_0$ 与地址译码器输出端字线 $W_0\sim W_3$ 的逻辑关系为

$$D_3=W_1+W_3;\quad D_2=W_0+W_2+W_3$$

$$D_1=W_1+W_2+W_3;\quad D_0=W_0+W_2$$

把 $W_0 \sim W_3$ 与输入地址码 A_1A_0 关系代入，有

$$D_3 = W_1 + W_3 = A_0$$
$$D_2 = W_0 + W_2 + W_3 = \overline{A_0} + A_1$$
$$D_1 = W_1 + W_2 + W_3 = A_1 + A_0$$
$$D_0 = W_0 + W_2 = m_0 + m_2 = \overline{A_1}\,\overline{A_0} + A_1\,\overline{A_0} = \overline{A_0}$$

当输入一个地址码$[A_1A_0]=00$时，字线 W_0 被选中（输出高电平），其他为低电平，则该字线上信息就从相应的位线上读出，$[D_3D_2D_1D_0]=0101$。当输入一个地址码$[A_1A_0]=01$时，字线 W_1 被选中（高电平），其他为低电平，则该字线上信息就从相应的位线上读出，此时$[D_3D_2D_1D_0]=1010$。

从上分析可以看出，从地址译码器输出端字线 $W_0 \sim W_3$ 和输入地址码 A_1A_0 的逻辑关系可以看出，地址译码器是与逻辑阵列，位线与字线间的逻辑关系是或逻辑关系，位线与地址码 A_1、A_0 之间是与或逻辑关系。最小项译码器相当于一个与矩阵，ROM 矩阵相当于或矩阵，整个存储器 ROM 是一个与阵列加上一个或阵列组成。

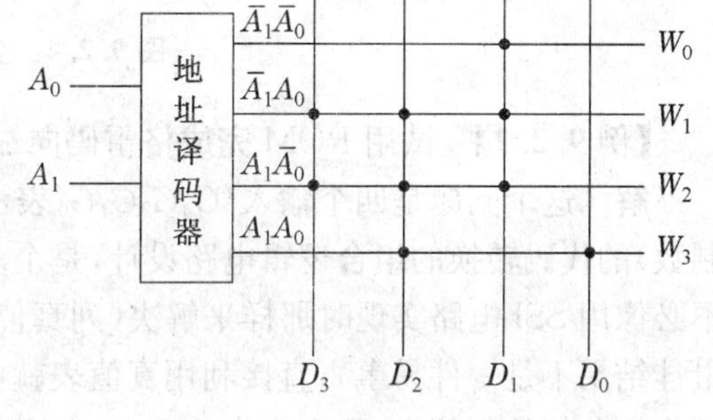

图 9.2.3　ROM 阵列简化图

在绘制中、大规模集成电路的逻辑图时，为了方便起见，常用如图所示的简化画法，有二极管的存储单元用一黑点表示，如图 9.2.3。

【例 9.2.1】　用简化的 ROM 存储矩阵设计全加器。

解　首先列出真值表如表 9.2.1 所示

表 9.2.1　全加器的真值表

A_i	B_i	C_{i-1}	S_i	C_i
0	0	0	0	0
0	0	1	1	0
0	1	0	1	0
0	1	1	0	1
1	0	0	1	0
1	0	1	0	1
1	1	0	0	1
1	1	1	1	1

根据真值表可以写出其逻辑函数表达式

$$S_i = \overline{A}_i\,\overline{B}_iC_{i-1} + \overline{A}_iB_i\,\overline{C}_{i-1} + A_i\,\overline{B}_i\,\overline{C}_{i-1} + A_iB_iC_{i-1}$$
$$C_i = \overline{A}_iB_iC_{i-1} + A_i\,\overline{B}_iC_{i-1} + A_iB_i\,\overline{C}_{i-1} + A_iB_iC_{i-1}$$

$W_0 \sim W_7$ 分别对应于 A、B、C_{i-1} 的一个最小项。因此，得出存储器的全加器阵列图

(图 9.2.4)。

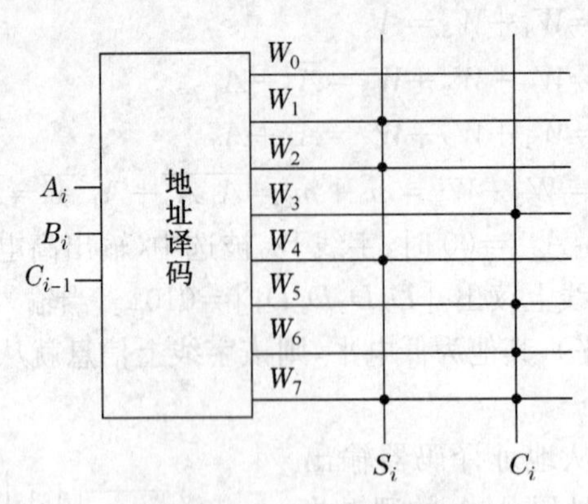

图 9.2.4 全加器阵列图

【例 9.2.2】 试用 ROM 完成格雷码向二进制数的转换。

解 这个问题是四个输入($G_3G_2G_1G_0$表示格雷码)、四个输出($B_3B_2B_1B_0$表示四位二进制数)的代码转换的组合逻辑电路设计,是个多输入函数的设计,在进行多输出函数设计时,不必像用 SSI 电路实现时那样来解决(列真值表,卡诺图化简,特别当变量稍多时要想得到最佳结果不是一件易事),直接利用真值表就可以进行了。为此我们将格雷码与二进制数对照作为此例的真值表,重列于表 9.2.2。这里需要注意的是,字线对应的最小项转换码和格雷码要相一致。

表 9.2.2 例 9.2.2 真值表

	G_3	G_2	G_1	G_0	B_3	B_2	B_1	B_0
m_0	0	0	0	0	0	0	0	0
m_1	0	0	0	1	0	0	0	1
m_3	0	0	1	1	0	0	1	0
m_2	0	0	1	0	0	0	1	1
m_6	0	1	1	0	0	1	0	0
m_7	0	1	1	1	0	1	0	1
m_5	0	1	0	1	0	1	1	0
m_4	0	1	0	0	0	1	1	1
m_{12}	1	1	0	0	1	0	0	0
m_{13}	1	1	0	1	1	0	0	1
m_{15}	1	1	1	1	1	0	1	0
m_{14}	1	1	1	0	1	0	1	1
m_{10}	1	0	1	0	1	1	0	0
m_{11}	1	0	1	1	1	1	0	1
m_9	1	0	0	1	1	1	1	0
m_8	1	0	0	0	1	1	1	1

地址译码器实际上可以用 4 线－16 线(特定信号输出为高电平)。列出阵列图如图 9.2.5 所示。

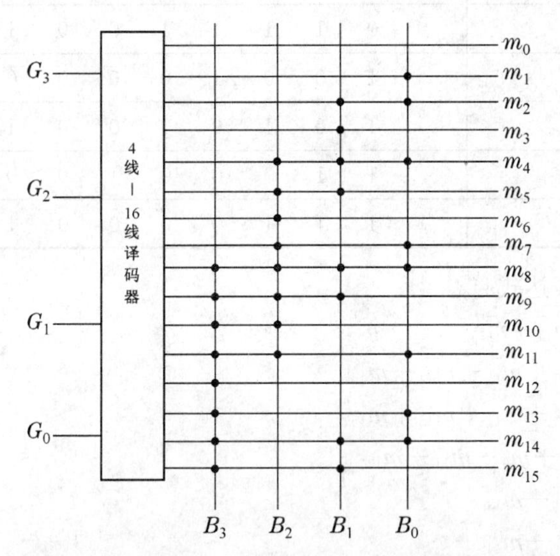

图 9.2.5　ROM 构成格雷码向二进制数转换阵列图

【例 9.2.3】　试用 ROM 构成能实现函数 $y=x^2$ 的运算表电路，x 的取值范围为 0～15 的正整数。

解　(1) 分析要求、设定变量

自变量 x 的取值范围为 0～15 的正整数，对应的 4 位二进制正整数，用 $B=B_3B_2B_1B_0$ 表示。根据 $y=x^2$ 的运算关系，可求出 y 的最大值是 $15^2=225$，可以用 8 位二进制数 $Y=Y_7Y_6Y_5Y_4Y_3Y_2Y_1Y_0$ 表示。

(2) 列真值表-函数运算表

表 9.2.3　例 9.2.3 中 Y 的真值表

B_3 B_2 B_1 B_0	Y_7 Y_6 Y_5 Y_4 Y_3 Y_2 Y_1 Y_0	十进制数
0 0 0 0	0 0 0 0 0 0 0 0	0
0 0 0 1	0 0 0 0 0 0 0 1	1
0 0 1 0	0 0 0 0 0 1 0 0	4
0 0 1 1	0 0 0 0 1 0 0 1	9
0 1 0 0	0 0 0 1 0 0 0 0	16
0 1 0 1	0 0 0 1 1 0 0 1	25
0 1 1 0	0 0 1 0 0 1 0 0	36
0 1 1 1	0 0 1 1 0 0 0 1	49
1 0 0 0	0 1 0 0 0 0 0 0	64
1 0 0 1	0 1 0 1 0 0 0 1	81
1 0 1 0	0 1 1 0 0 1 0 0	100

（续表）

B_3	B_2	B_1	B_0	Y_7	Y_6	Y_5	Y_4	Y_3	Y_2	Y_1	Y_0	十进制数
1	0	1	1	0	1	1	1	1	0	0	1	121
1	1	0	0	1	0	0	1	0	0	0	0	144
1	1	0	1	1	0	1	0	1	0	0	1	169
1	1	1	0	1	1	0	0	0	1	0	0	196
1	1	1	1	1	1	1	0	0	0	0	1	225

(3) 写标准与或表达式

$Y_7=m_{12}+m_{13}+m_{14}+m_{15}$

$Y_6=m_8+m_9+m_{10}+m_{11}+m_{14}+m_{15}$

$Y_5=m_6+m_7+m_{10}+m_{11}+m_{13}+m_{15}$

$Y_4=m_4+m_5+m_7+m_9+m_{11}+m_{12}$

$Y_3=m_3+m_5+m_{11}+m_{13}$

$Y_2=m_2+m_6+m_{10}+m_{14}$

$Y_1=0$

$Y_0=m_1+m_3+m_5+m_7+m_9+m_{11}+m_{13}+m_{15}$

(4) 画 ROM 存储矩阵节点连接图

为作图方便，可将 ROM 矩阵中的二极管用节点表示。

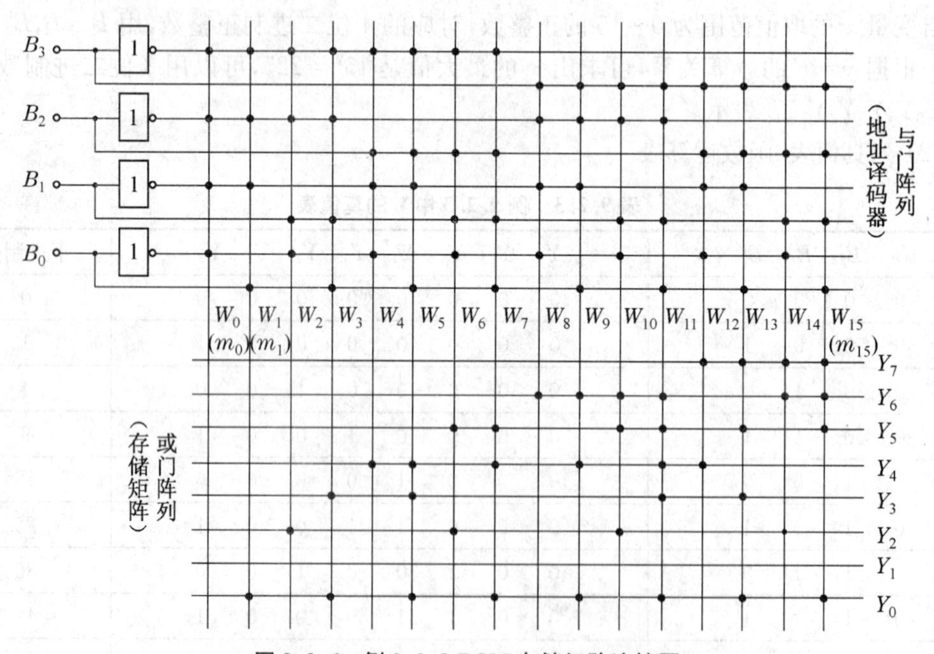

图 9.2.6 例 9.2.3 ROM 存储矩阵连接图

在图 9.2.6 所示电路中，字线 $W_0 \sim W_{15}$ 分别与最小项 $m_0 \sim m_{15}$ 一一对应，我们注意到作为地址译码器的与门阵列，其连接是固定的，它的任务是完成对输入地址码（变量）的译码工作，产生一个个具体的地址——地址码(变量)的全部最小项；而作为存储矩阵的或门阵列是可编程的，各个交叉点——可编程点的状态，也就是存储矩阵中的内容，可由用户编程决定。

当我们把 ROM 存储矩阵做一个逻辑部件应用时，可将其用方框图表示(图 9.2.7)。

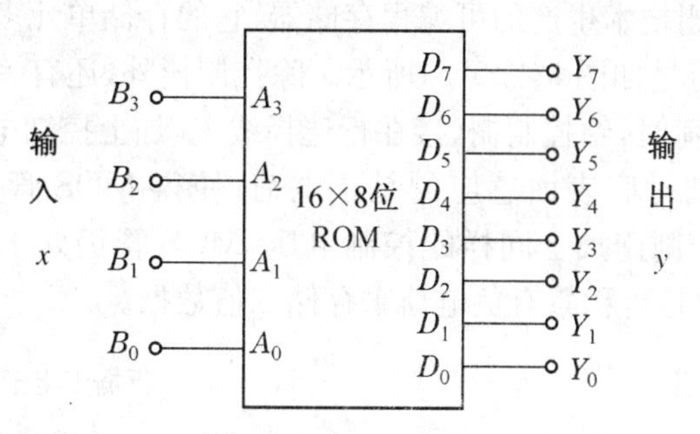

图 9.2.7　例 9.2.3 ROM 的方框图表示方法

9.2.3　可编程只读存储器

可编程只读存储器只允许写入一次，所以也被称为"一次可编程只读存储器"(One Time Programming ROM，OTP-ROM)。PROM 在出厂时，存储内容全为 1(或者全为 0)，用户可以根据自己的需要，用通用或专用的编程器，将某些单元改写为 0(或者 1)。PROM 的典型产品是"双极性熔丝结构"，如果我们想改写某些单元，则可以给这些单元通以足够大的电流，并维持一定的时间，原先的熔丝即可熔断，这样就达到了改写某些位的效果。另外一类经典的 PROM 为使用"肖特基二极管"的 PROM，出厂时，其中的二极管处于反向截止状态，还是用大电流的方法将反相电压加在"肖特基二极管"，造成其永久性击穿即可。图 9.2.8 是一个简单的 PROM 结构示意图，它采用熔断丝结构，译码器输出高电平有效。出厂时，熔丝是接通的，也就是全部存储单元为 1，如欲使某些单元改写为 0，只要通过编程，并给这些单元通以足够大的电流将熔丝烧断即可。熔丝烧断后不能恢复，因此，PROM 只能改写一次。

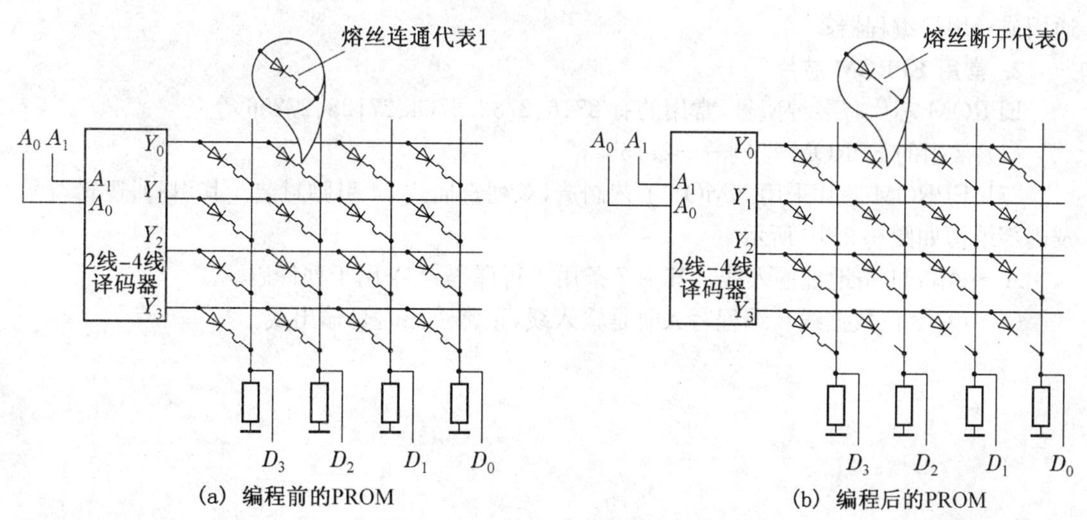

(a) 编程前的PROM　　(b) 编程后的PROM

图 9.2.8　PROM 结构示意图

9.2.4 可擦除可编程只读存储器

1. EPROM的结构和工作原理

EPROM是采用浮栅技术生产的可编程存储器，它的存储单元多采用N沟道叠栅MOS管(SIMOS)，其结构及符号如图9.2.9(a)所示。除控制栅外，还有一个无外引线的栅极，称为浮栅。当浮栅上无电荷时，给控制栅(接在行选择线上)加上控制电压，MOS管导通；而当浮栅上带有负电荷时，则衬底表面感应的是正电荷，使得MOS管的开启电压变高，如图9.2.9(b)所示，如果给控制栅加上同样的控制电压，MOS管仍处于截止状态。由此可见，SIMOS管可以利用浮栅是否积累有负电荷来存储二值数据。

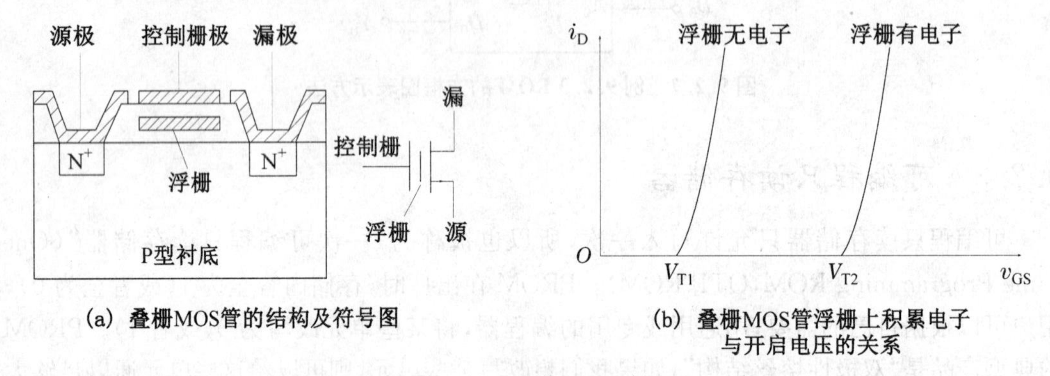

(a) 叠栅MOS管的结构及符号图

(b) 叠栅MOS管浮栅上积累电子与开启电压的关系

图9.2.9 叠栅MOS管

在写入数据前，浮栅是不带电的，要使浮栅带负电荷，必须在SIMOS管的漏、栅极加上足够高的电压(如25 V)，使漏极及衬底之间的PN结反向击穿，产生大量的高能电子。这些电子穿过很薄的氧化绝缘层堆积在浮栅上，从而使浮栅带有负电荷。当移去外加电压后，浮栅上的电子没有放电回路，能够长期保存。当用紫外线或X射线照射时，浮栅上的电子形成光电流而泄放，从而恢复写入前的状态。照射一般需要15至20分钟。为了便于照射擦除，芯片的封装外壳装有透明的石英盖板。EPROM的擦除为一次全部擦除，数据写入需要通用或专用的编程器。

2. 常用EPROM芯片

EPROM芯片有多种型号，常用的有2716、2732、2764、27128、27256等。

(1) 常用的EPROM举例——2716

2716EPROM芯片采用NMOS工艺制造，双列直插式24引脚封装。其引脚、逻辑符号及内部结构如图9.2.10所示。

$A_0 \sim A_{10}$：11条地址输入线。其中7条用于行译码，4条用于列译码。

$O_0 \sim O_7$：8位数据线。编程写入时是输入线，正常读出时是输出线。

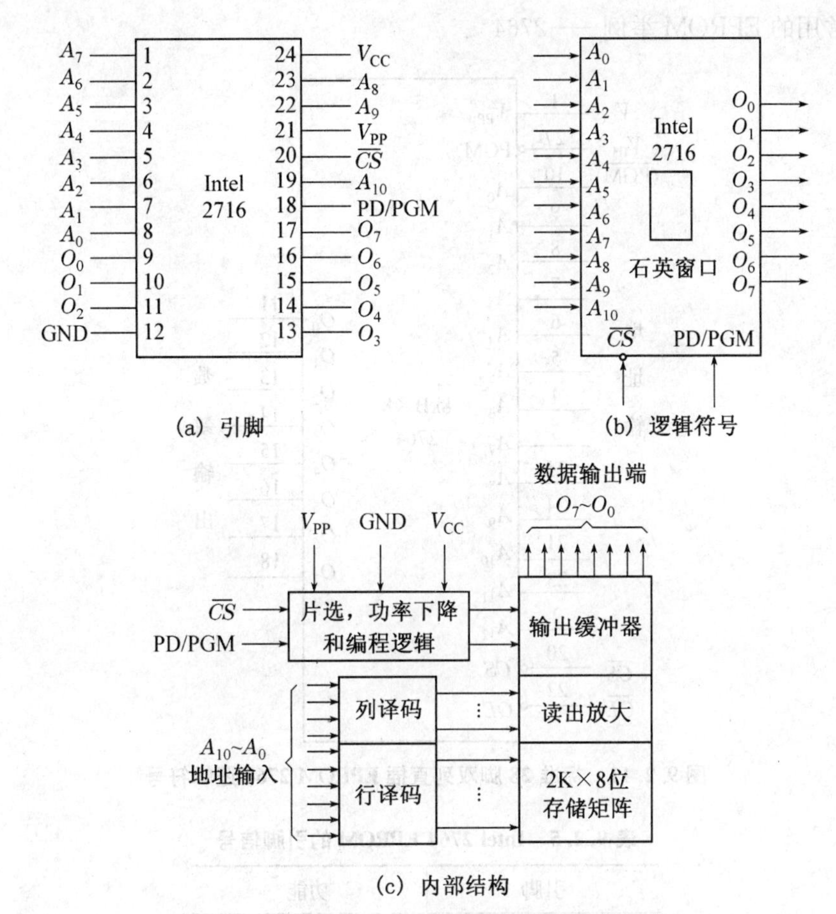

图 9.2.10　Intel 2716 的引脚、逻辑符号及内部结构

2716 的工作方式如表 9.2.4 所示

表 9.2.4　2716 的工作方式

方式＼引脚	PD/PGM	$\overline{CS}$	V_{PP}/V	数据总线状态
读出	0	0	+5	输出
未选中	×	1	+5	高阻
待机	1	×	+5	高阻
编程输入	宽 52 ms 的正脉冲	1	+25	输入
校验编程内容	0	0	+25	输出
禁止编程	0	1	+25	高阻

（2）常用的 EPROM 举例——2764

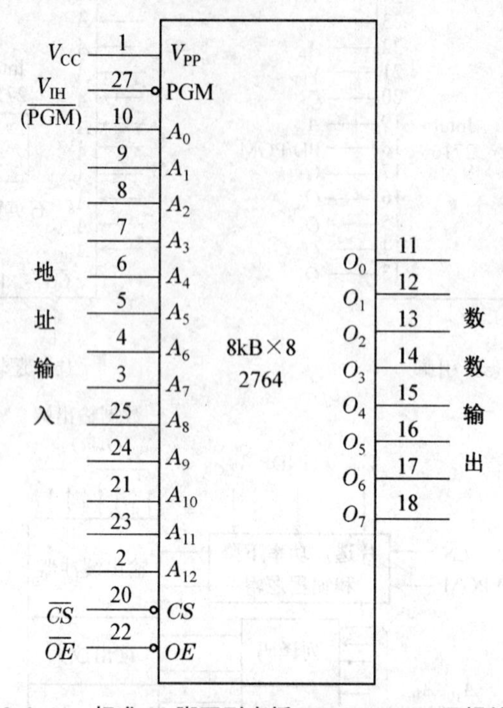

图 9.2.11　标准 28 脚双列直插 EPROM 2764 逻辑符号

表 9.2.5　Intel 2764 EPROM 的引脚信号

引脚	功能
$A_{12} \sim A_0$	地址输入
$D_7 \sim D_0$	数据
$\overline{CE}$	芯片使能
$\overline{PGM}$	编程脉冲
V_{PP}　V_{CC}	电压输入

在正常使用时，$V_{CC}=+5$ V、V_{IH}为高电平，即 V_{PP}引脚接+5 V、$\overline{PGM}$引脚接高电平，数据由数据总线输出。在进行编程时，$\overline{PGM}$引脚接低电平，V_{PP}引脚接高电平（编程电平 +25 V），数据由数据总线输入。

$\overline{OE}$：输出使能端，用来决定是否将 ROM 的输出送到数据总线上去，当$\overline{OE}=0$ 时，输出可以被使能；当$\overline{OE}=1$ 时，输出被禁止，ROM 数据输出端为高阻态。

$\overline{CS}$：片选端，用来决定该片 ROM 是否工作，当$\overline{CS}=0$ 时，ROM 工作；当$\overline{CS}=1$ 时，ROM 停止工作，且输出为高阻态（无论$\overline{OE}$为何值）。

ROM 输出能否被使能决定于$\overline{CS}+\overline{OE}$的结果，当$\overline{CS}+\overline{OE}=0$ 时，ROM 输出使能，否则将被禁止，输出端为高阻态。另外，当$\overline{CS}=1$ 时，还会停止对 ROM 内部的译码器等电路供电，其功耗降低到 ROM 工作时的 10%以下。这样会使整个系统中 ROM 芯片的总功耗大大降低。

3. E^2PROM 的结构和工作原理

E^2PROM 也是采用浮栅技术生产的可编程存储器，构成存储单元的 MOS 管的结构如图 9.2.12 所示。它与叠栅 MOS 管的不同之处在于浮栅延长区与漏区之间的交叠处有一个厚度约为 80 埃的薄绝缘层，当漏极接地，控制栅加上足够高的电压时，交叠区将产生一个很强的电场，在强电场的作用下，电子通过绝缘层到达浮栅，使浮栅带负电荷。这一现象称为“隧道效应”，因此，该 MOS 管也称为隧道 MOS 管。相反，当控制栅接地漏极加一正电压，则产生与上述相反的过程，即浮栅放电。与 SIMOS 管相比，隧道 MOS 管也是利用浮栅是否积累有负电荷来存储二值数据的，不同的是隧道 MOS 管是利用电擦除的，并且擦除的速度要快得多。

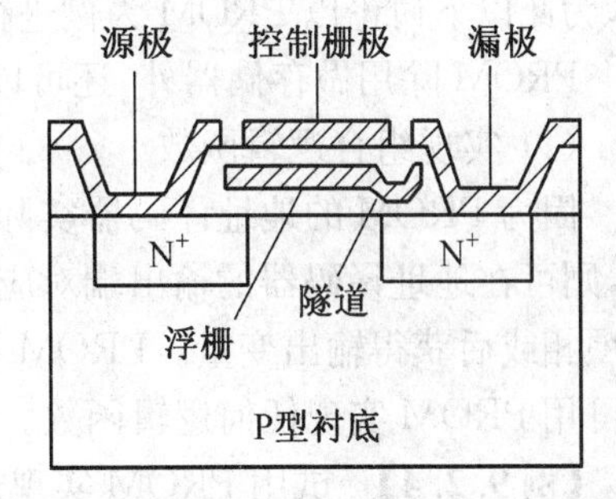

图 9.2.12　隧道 MOS 管剖面结构示意图

E^2PROM 电擦除的过程就是改写过程，它是以字为单位进行的。E^2PROM 具有 ROM 的非易失性，又具备类似 RAM 的功能，可以随时改写（可重复擦写 1 万次以上）。目前，大多数 E^2PROM 芯片内部都备有升压电路。因此，只需提供单电源供电，便可进行读、擦除/写操作，为数字系统的设计和在线调试提供了极大的方便。

4. Intel 2816 E^2PROM 芯片

Intel2816 是 2 K×8 位的 E^2PROM 芯片，有 24 条引脚，单一+5 V 电源。其引脚配置见图 9.2.13。表 9.2.6 为 Intel 2816 的工作方式。

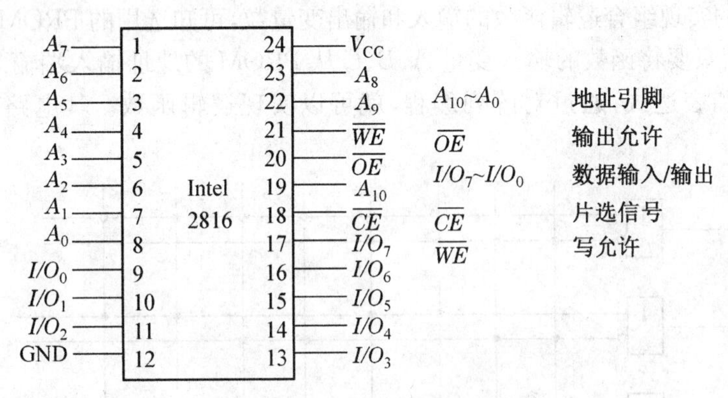

图 9.2.13　Intel 2816 的引脚

表 9.2.6　2816 的工作方式

方式 \ 引脚	CE	OE	V_{PP}/V	数据线状态
读出	0	0	+4～+6	输出
待机（备用）	1	×	+4～+6	高阻
字节擦除	0	1	+21	输出为全 1
字节写入	0	1	+21	输入
整片擦除	0	+9～+15 V	+21	输入为全 1
擦除禁止	1	×	+4～+22	高阻

9.2.5 PROM 的应用

ROM,PROM,EPROM 及 E^2PROM,除编程和擦除方法不同外,在应用时并无根本区别,为此以下讨论以 PROM 为例进行。

PROM 除用做存储器外,还可以用来实现各种组合逻辑函数和数学函数表。

(1) 实现组合逻辑函数

因为 PROM 的地址译码器实际上为一个与阵列,若把地址端当做逻辑函数的输入变量,则可在地址译码器的输出端对应产生全部最小项;而存储阵列是个或阵列,可把有关最小项相或后获得输出变量。PROM 有几个数据输出端就可以得到几个逻辑函数的输出,所以可用 PROM 实现任何逻辑函数。

【例 9.2.4】 试用 PROM 实现逻辑函数。

$F_1(A,B,C)=AB+\overline{B}C$,$F_2(A,B,C)=(A+\overline{B}+C)(\overline{A}+B)$,$F_3(A,B,C)=A+BC$。

解 首先将以上函数转换为最小项之和的形式。

$$F_1(A,B,C)=AB+\overline{B}C=AB\overline{C}+ABC+\overline{A}\,\overline{B}C+A\overline{B}C=\sum m(1,5,6,7)$$

$$\begin{aligned}F_2(A,B,C)&=(A+\overline{B}+C)(\overline{A}+B)=(A+\overline{B}+C)(\overline{A}+B+\overline{C})(\overline{A}+B+C)\\&=\prod M(2,4,5)=\sum m(0,1,3,6,7)\end{aligned}$$

$$\begin{aligned}F_3(A,B,C)&=A+BC=A\overline{B}\,\overline{C}+A\overline{B}C+AB\overline{C}+ABC+\overline{A}BC\\&=\sum m(3,4,5,6,7)\end{aligned}$$

根据所用的实现组合逻辑函数的输入和输出变量数,可知选用的 PROM 的容量最小为 23×3 位。然后只要将函数的输入变量 A、B、C 从 PROM 的地址输入端输入,再根据上述函数最小项之和表达式,通过对阵列编程,就可以实现逻辑函数。其电路的阵列图如图 9.2.14 所示。

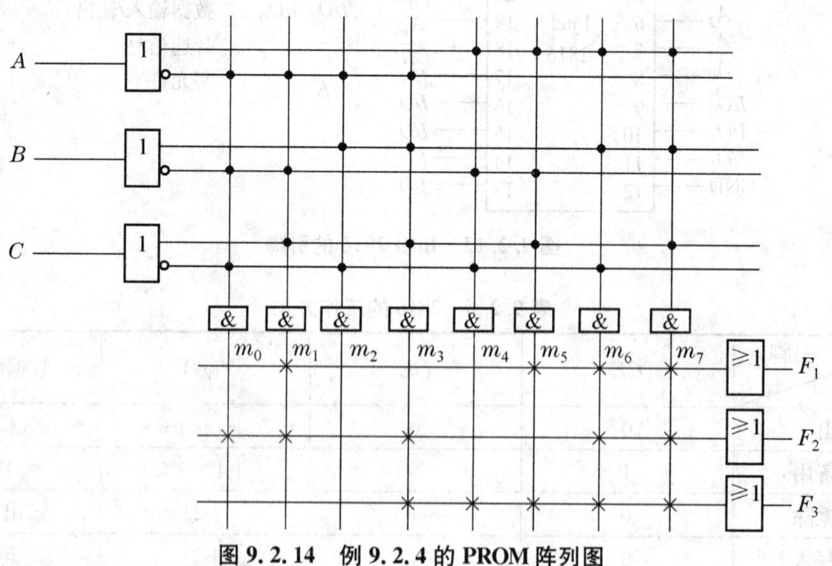

图 9.2.14 例 9.2.4 的 PROM 阵列图

(2) 实现数学函数表

PROM 可以用来存放一些通用函数表,如三角函数、对数、指数、加法和乘法表格等。

用 PROM 存储某函数表后，使用时只要将自变量作为地址码输入，在 PROM 的数据输出端就可以得到相应的函数值，这比通用电路运算要快得多。

【例 9.2.5】 试用 PROM 构成 2×2 高速乘法器。

解 2×2 乘法器的输入是两个二位的二进制数 A_1A_0 和 B_1B_0，其乘积的最大值为 1001（即 11×11），因此所选用的 PROM 的容量为 24×4 位。

根据二进制数的乘法规则，可得到乘法器的真值表如 9.2.7 所示。对照真值表，可以直接画出用 PROM 实现该乘法器的阵列图，如图 9.2.15 所示。

表 9.2.7 2×2 乘法器真值表

A_1	A_0	B_1	B_0	F_3	F_2	F_1	F_0
0	0	0	0	0	0	0	0
0	0	0	1	0	0	0	0
0	0	1	0	0	0	0	0
0	0	1	1	0	0	0	0
0	1	0	0	0	0	0	0
0	1	0	1	0	0	0	1
0	1	1	0	0	0	1	0
0	1	1	1	0	0	1	1
1	0	0	0	0	0	0	0
1	0	0	1	0	0	1	0
1	0	1	0	0	1	0	0
1	0	1	1	0	1	1	0
1	1	0	0	0	0	0	0
1	1	0	1	0	0	1	1
1	1	1	0	0	1	1	0
1	1	1	1	1	0	0	1

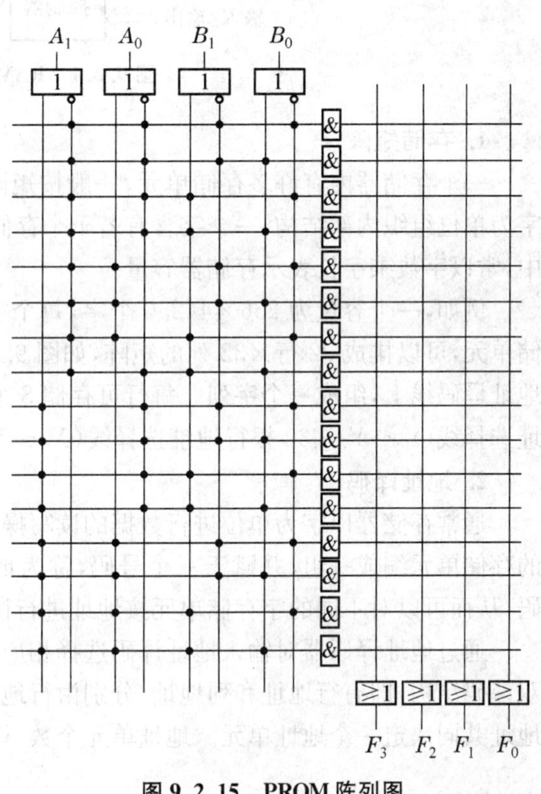

图 9.2.15 PROM 阵列图

9.3 随机存取存储器

随机存取存储器是一种既可以存储数据又可以随机取出数据的存储器，即可读写的存储器。随机存取存储器有双极型晶体管存储器和 MOS 存储器之分。MOS 随机存取存储器又可分为静态随机存取存储器（SRAM）和动态随机存取存储器（DRAM）。RAM 保存的数据具有易失性，一但失电，所保存的数据立即丢失。

9.3.1 RAM 的电路结构

存储器一般由存储矩阵、地址译码器、读写控制器、输入/输出控制、片选控制等几部分组成，如图 9.3.1 所示。

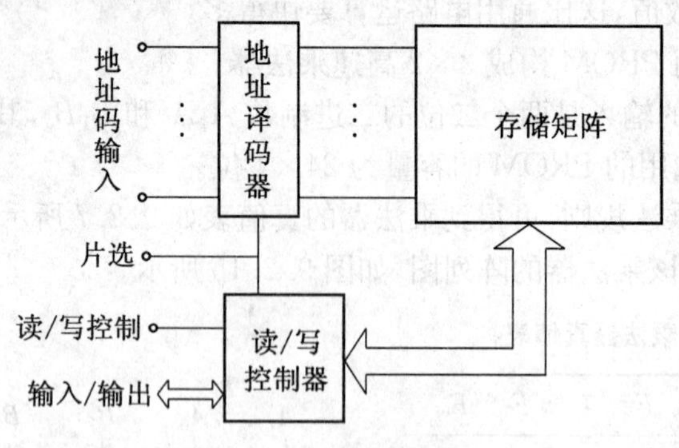

图 9.3.1 RAM 的基本结构

1. 存储矩阵

一个存储器内有许多存储单元，一般按矩阵形式排列，排成 n 行和 m 列。存储器是以字为单位组织内部结构，一个字含有若干个存储单元，一个字所含位数称为字长。实际应用中，常以字数乘字长表示存储器容量。

例如，一个容量为 256×4(256 个字，每个字有 4 个存储单元)存储器，共有 1 024 个存储单元，可以排成 32 行×32 列的矩阵，如图 9.3.2 所示。图中每四列连接到一个共同的列地址译码线上，组成一个字列。每行可存储 8 个字，每列可存储 32 个字，因此需要 8 根列地址选择线($Y_0 \sim Y_7$)、32 根行地址选择线($X_0 \sim X_{31}$)。

2. 地址译码

通常存储器以字为单位进行数据的读写操作，每次读出或写入一个字，将存放同一个字的存储单元编成一组，并赋于一个号码，称为地址。不同的字存储单元被赋于不同的地址码，从而可以对不同的字存储单元按地址进行访问。字(存储)单元也称为地址单元。

通过地址译码器对输入地址译码选择相应的地址单元。在大容量存储器中，一般采用双译码结构，即有行地址和列地址，分别由行地址译码器和列地址译码器译码。行地址和列地址共同决定一个地址单元。地址单元个数 N 与二进制地址码的位数 n 有以下关系：

$$N=2^n$$

即 2^n 个(字)存储单元需要 n 位(二进制)地址。

图 9.3.2 中，256 个字单元被赋于一个 8 位地址(5 位行地址和 3 位列地址)，只有被行地址选择线和列地址选择线选中的地址单元才能对其进行数据读写操作。

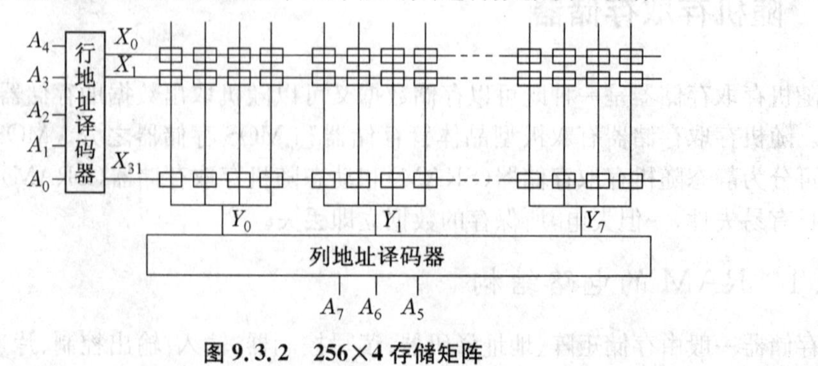

图 9.3.2 256×4 存储矩阵

3. 读/写控制

访问RAM时，对被选中的存储器，究竟是读还是写，通过读/写控制线进行控制。如果是读，则被选中单元存储的数据经数据线、输入/输出线传送给CPU；如果是写，则CPU将数据经过输入/输出线、数据线存入被选中单元。

一般RAM的读/写控制线高电平为读，低电平为写；也有的RAM读/写控制线是分开的，一根为读，另一根为写。

4. 输入/输出

RAM通过输入/输出端与计算机的中央处理单元(CPU)交换数据，读出时它是输出端，写入时它是输入端，即一线二用，由读/写控制线控制。输入/输出端数据线的条数，与一个地址中所对应的存储器位数相同，例如在1 024×1位的RAM中，每个地址中只有1个存储单元(1位存储器)，因此只有1条输入/输出线；而在256×4位的RAM中，每个地址中有4个存储单元(4位存储器)，所以有4条输入/输出线。也有的RAM输入线和输出线是分开的。RAM的输出端一般都具有集电极开路或三态输出结构。

5. 片选控制

由于受RAM的集成度限制，一台计算机的存储器系统往往是由许多片RAM组合而成。CPU访问存储器时，一次只能访问RAM中的某一片(或几片)，即存储器中只有一片(或几片)RAM中的一个地址接受CPU访问，与其交换信息，而其他片RAM与CPU不发生联系，片选就是用来实现这种控制的。通常一片RAM有一根或几根片选线，当某一片的片选线接入有效电平时，该片被选中，地址译码器的输出信号控制该片某个地址的存储器与CPU接通；当片选线接入无效电平时，则该片与CPU之间处于断开状态。

6. 输入输出控制电路

RAM中的输入输出控制电路除了对存储器实现读或写操作的控制外，为了便于控制，还需要一些其他控制信号。图9.3.3给出了一个简单输入/输出控制电路，他不仅有读/写控制信号$R/\overline{W}$，还有片选控制信号CS。

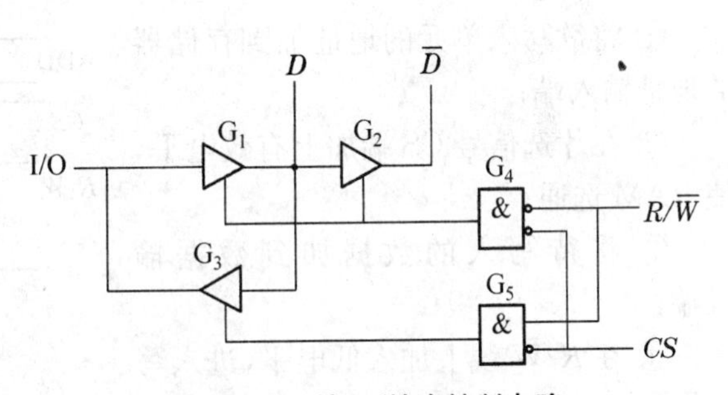

图9.3.3 输入/输出控制电路

当片选信号$CS=1$时，G_4、G_5输出为0，三个三态缓冲器G_1、G_2、G_3处于高阻状态，输入/输出(I/O)端与存储器内部隔离，不能对存储器进行读/写操作。当$CS=0$时，存储器使能；若$R/\overline{W}=1$，G_5为1，G_3门打开，G_1、G_2高阻状态，存储的数据D经G_3输出，即实现对存储器读操作；若$R/\overline{W}=0$，G_4为1，G_1、G_2打开，输入数据经缓冲后以互补形式出现在内部数据线上，实现对存储器写操作。

7. RAM的操作与定时

为保证存储器正确的工作，加到存储器上的地址、数据和控制信号之间应该存在一种时间制约关系。

(1) RAM读操作定时

图9.3.4给出了RAM读操作的定时关系。从时序图中可以看出，存储单元地址ADD有效后，至少需要经过t_{AA}时间，输出线上的数据才能稳定、可靠。t_{AA}称为地址存取时间。

片选信号 CS 有效后，至少需要经过 t_{ACS}时间，输出数据才能稳定。图中 t_{RC}称为读周期，它是存储芯片两次读操作之间的最小时间间隔。

读出操作过程如下：

① 欲读出单元的地址加到存储器的地址输入端；

② 加入有效的片选信号 CS；

③ 在 $R/\overline{W}$ 线上加高电平，经过一段延时后，所选择单元的内容出现在 I/O 端；

④ 让片选信号 CS 无效，I/O 端呈高阻态，本次读出过程结束。

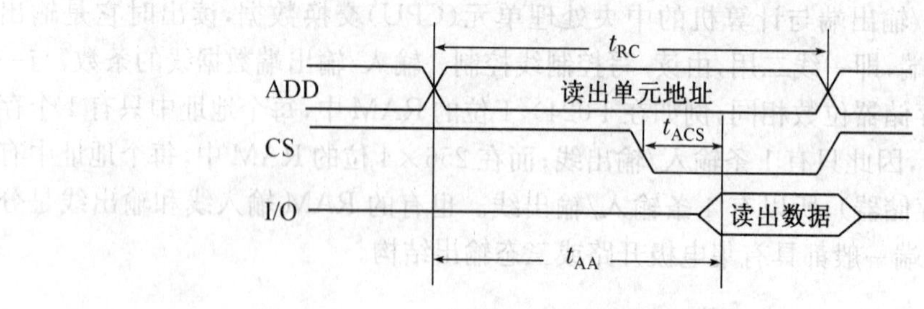

图 9.3.4 读操作时序图

(2) RAM 写操作定时

RAM 写操作定时波形如图 9.3.5 所示，从中可知地址信号 ADD 和写入数据应先于写信号 $R/\overline{W}$。为防止数据被写入错误的单元，从新地址有效到写信号有效至少应保持 t_{AS}时间间隔，t_{AS}称为地址建立时间。同时，写信号失效后，ADD 至少要保持一段写恢复时间 t_{WR}，写信号有效时间不能小于写脉冲宽度 t_{WP}。t_{WC}是写周期。

写操作过程如下：

① 将欲写入单元的地址加到存储器的地址输入端；

② 在片选信号 CS 端加上有效电平，使 RAM 选通；

③ 将待写入的数据加到数据输入端；

④ 在 $R/\overline{W}$ 线上加入低电平，进入写工作状态；

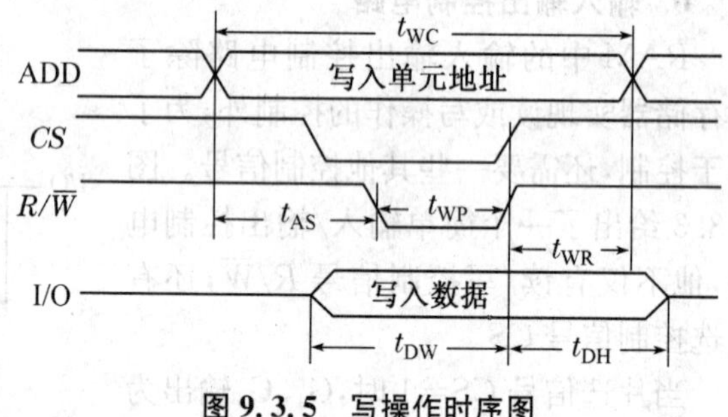

图 9.3.5 写操作时序图

⑤ 使片选信号无效，数据输入线回到高阻状态。

9.3.2 RAM 中的存储单元

存储单元是存储器的最基本细胞，是存储器的核心部分。它可以存放一位二进制数据。按工作方式不同可分为静态和动态两类，按所用元件类型又可分为双极型和 MOS 型两种，因此存储单元电路形式多种多样。

1. 六管 NMOS 静态存储单元

图 9.3.6 为六管 NMOS 静态存储单元电路，由六只 NMOS 管（T_1～T_6）组成。T_1与 T_2构成一个反相器，T_3与 T_4构成另一个反相器，两个反相器的输入与输出交叉连接，构成基本触发器，作为数据存储单元。

T_1导通、T_3截止为0状态，T_3导通、T_1截止为1状态。

T_5、T_6是门控管，由X_i线控制其导通或截止，他们用来控制触发器输出端与位线之间的连接状态。T_7、T_8也是门控管，其导通与截止受Y_j线控制，他们是用来控制位线与数据线之间连接状态的，工作情况与T_5、T_6类似。但并不是每个存储单元都需要这两只管子，而是一列存储单元用两只。所以，只有当存储单元所在的行、列对应的X_i、Y_j线均为1时，该单元才与数据线接通，才能对它进行读或写，这种情况称为选中状态。

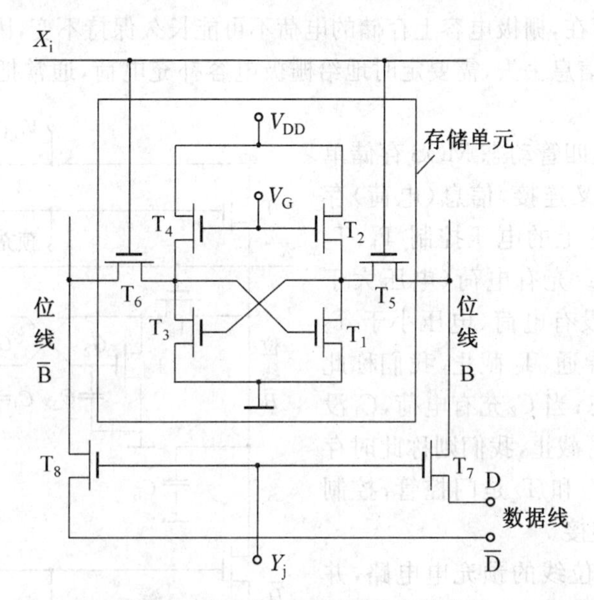

图9.3.6　六管NMOS静态存储单元

2. 双极型晶体管存储单元

图9.3.7是一个双极型晶体管存储单元电路，它用两只多发射极三极管和两只电阻构成一个触发器，一对发射极接在同一条字线上，另一对发射极分别接在位线B和$\overline{B}$上。

在维持状态，字线电位约为0.3 V，低于位线电位(约1.1 V)，因此存储单元中导通管的电流由字线流出，而与位线连接的两个发射结处于反偏状态，相当于位线与存储器断开。处于维持状态的存储单元可以是T_1导通、T_2截止(称为0状态)，也可以是T_2导通、T_1截止(称为1状态)。

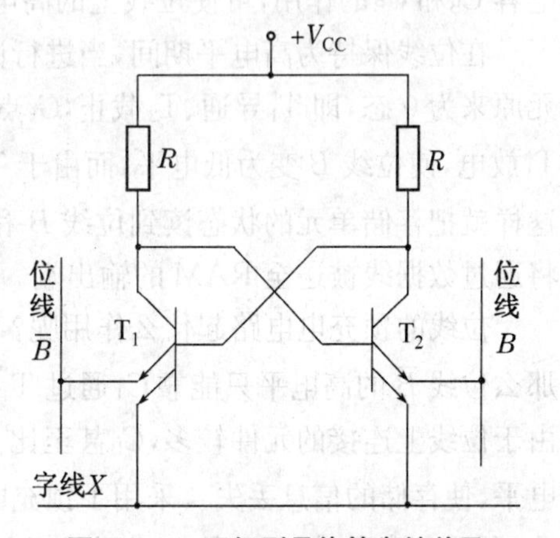

图9.3.7　双极型晶体管存储单元

当单元被选中时，字线电位被提高到2.2 V左右，位线的电位低于字线，于是导通管的电流转而从位线流出。

如果要读出，只要检测其中一条位线有无电流即可。例如可以检测位线$\overline{B}$，若存储单元为1状态，则T_2导通，电流由$\overline{B}$线流出，经过读出放大器转换为电压信号，输出为1；若存储单元为0状态，则T_2截止，$\overline{B}$线中无电流，读出放大器无输入信号，输出为0。

如果要写入1，则存储器输入端的1信号通过写入电路使$B=1$、$\overline{B}=0$，将位线B切断（无电流），迫使T_1截止，T_2导通，T_2的电流由位线$\overline{B}$流出。当字线恢复到低电平后，T_2电流再转向字线，而存储单元状态不变，这样就完成了写1；若要写0，则令$B=0$，$\overline{B}=1$，使位线$\overline{B}$切断，迫使T_2截止、T_1导通。

3. 四管动态MOS存储单元

动态MOS存储单元存储信息的原理，是利用MOS管栅极电容具有暂时存储信息的作用。由于漏电流的存在，栅极电容上存储的电荷不可能长久保持不变，因此为了及时补充漏掉的电荷，避免存储信息丢失，需要定时地给栅极电容补充电荷，通常把这种操作称作刷新或再生。

图9.3.8所示是四管动态MOS存储单元电路。T_1和T_2交叉连接，信息（电荷）存储在C_1、C_2上，C_1、C_2上的电压控制T_1、T_2的导通或截止。当C_1充有电荷（电压大于T_1的开启电压），C_2没有电荷（电压小于T_2的开启电压）时，T_1导通、T_2截止，我们称此时存储单元为0状态；当C_2充有电荷，C_1没有电荷时，T_2导通、T_1截止，我们则称此时存储单元为1状态。T_3和T_4是门控管，控制存储单元与位线的连接。

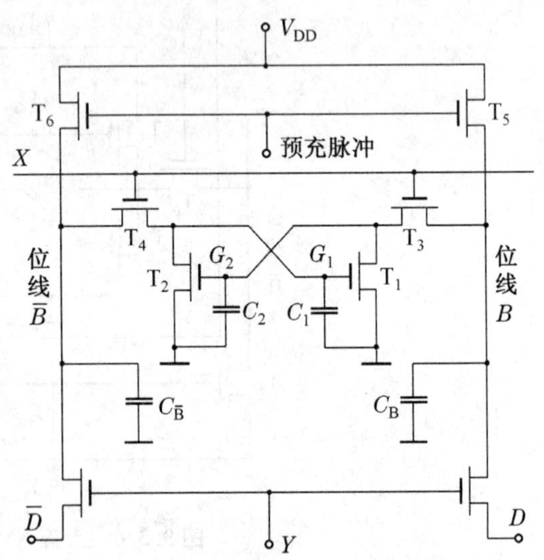

图9.3.8 四管动态MOS存储单元

T_5和T_6组成对位线的预充电电路，并且为一列中所有存储单元所共用。在访问存储器开始时，T_5和T_6栅极上加"预充"脉冲，T_5、T_6导通，位线B和$\overline{B}$被接到电源V_{DD}而变为高电平。当预充脉冲消失后，T_5、T_6截止，位线与电源V_{DD}断开，但由于位线上分布电容C_B和$C_{\overline{B}}$的作用，可使位线上的高电平保持一段时间。

在位线保持为高电平期间，当进行读操作时，X线变为高电平，T_3和T_4导通，若存储单元原来为0态，即T_1导通、T_2截止，G_2点为低电平，G_1点为高电平，此时C_B通过导通的T_3和T_1放电，使位线B变为低电平，而由于T_2截止，虽然此时T_4导通，位线$\overline{B}$仍保持为高电平，这样就把存储单元的状态读到位线B和$\overline{B}$上。如果此时Y线亦为高电平，则B、$\overline{B}$的信号将通过数据线被送至RAM的输出端。

位线的预充电电路起什么作用呢？在T_3、T_4导通期间，如果位线没有事先进行预充电，那么位线$\overline{B}$的高电平只能靠C_1通过T_4对$C_{\overline{B}}$充电建立，这样C_1上将要损失掉一部分电荷。由于位线上连接的元件较多，$C_{\overline{B}}$甚至比C_1还要大，这就有可能在读一次后便破坏了G_1的高电平，使存储的信息丢失。采用了预充电电路后，由于位线$\overline{B}$的电位比G_1的电位还要高一些，所以在读出时，C_1上的电荷不但不会损失，反而还会通过T_4对C_1再充电，使C_1上的电荷得到补充，即进行一次刷新。

当进行写操作时，RAM的数据输入端通过数据线、位线控制存储单元改变状态，把信息存入其中。

9.3.3　RAM 的扩展

1. 字长(位数)的扩展

存储芯片的字长一般有 1 位、4 位、8 位和 16 位等。当存储系统实际字长超过存储芯片字长时，需要进行字长扩展。

一般字长扩展的方法是将存储芯片并联使用，如图 9.3.9。这些存储芯片的地址、读/写、片选信号线应相应地连接在一起，而各芯片的输入/输出(I/O)线作为字节的各个位。

也可用其他方法扩展字长，譬如：一个(16 位二进制)字可用两个(8 位二进制)字节通过寄存器锁存的方式合并成一个(16 位)字。

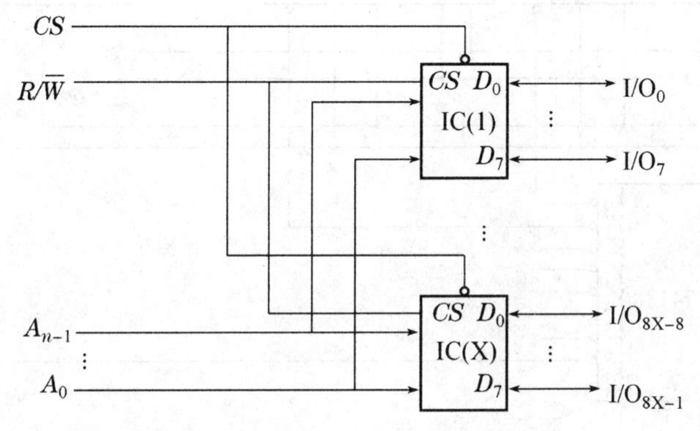

图 9.3.9　RAM 字长扩展一般结构

2. 存储器字数的扩展

存储器的地址线表明存储器寻址范围，一个存储器地址线的多少表明该存储器可存储字(节)数的多少。十根地址线(A_9～A_0)可有 2^{10}＝1 024＝1 K 个地址，可存储 1 K 个字。存储器通常用 K、M、G 表示存储容量，1 M＝2^{20}＝1 024 K、1 G＝2^{30}＝1 024 M。当一片存储器字(节)数不满足需要时，可以用多片存储器通过增加地址线的方式扩展寻址范围，增大总字(节)存储量。增加的(高位)地址线一般作为存储器的片选信号 CS，不同的高位地址选用不同的存储芯片存取数据。存储器 I/O 口是三态的，因此，这些存储器的 I/O 端可以直接采用线与的方式。图 9.3.10 给出了字数扩展的一般结构图。

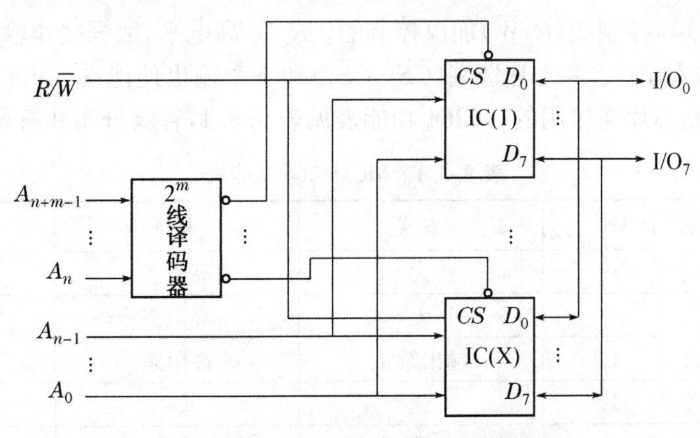

图 9.3.10　RAM 字数扩展一般结构

【例 9.3.1】 试用 8 片 1 K×8 位 RAM 构成 8 K×8 位 RAM。

解　我们可以首先将 8 片 1 K×8 位 RAM 的输入/输出线、读/写线和地址线 $A_0 \sim A_9$ 并联起来，然后将高位地址码 A_{10}、A_{11} 和 A_{12} 经 74138 译码器 8 个输出端分别控制 8 片 1 K×8 位RAM 的片选端，以实现字扩展。设计的电路如图 9.3.11 所示。

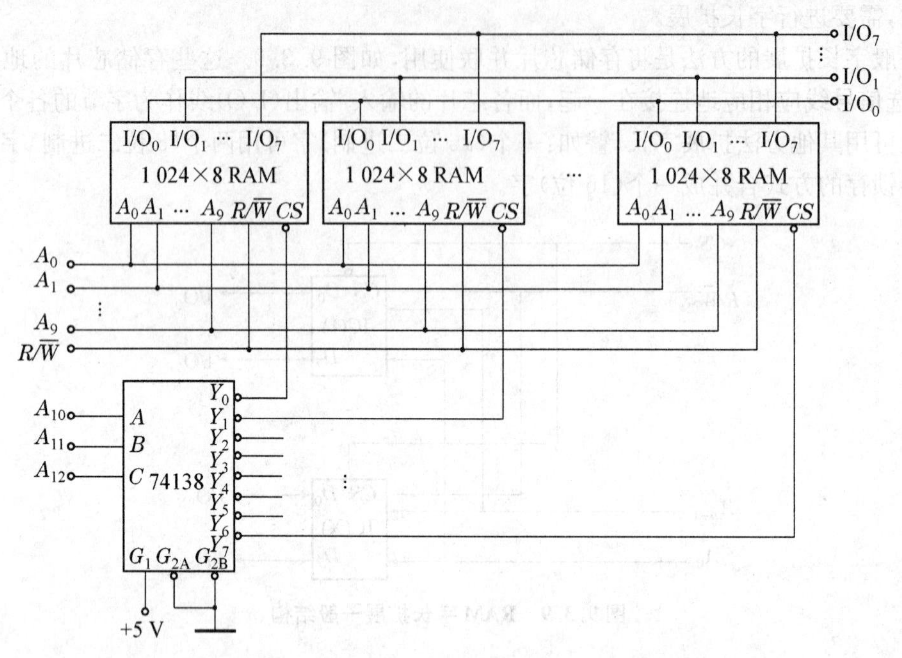

图 9.3.11　1 K×8 位 RAM 扩展成 8 K×8 位 RAM

3. 典型 RAM 举例

存储器的品种繁多，除了 RAM 和 ROM 之分，存储容量区别之外，随机存储器 RAM 还有动态 DRAM 和静态 SRAM。一般地说，存储器芯片内半导体开关器件很多，为减小存储器芯片功耗都采用 CMOS 工艺。以下介绍几个较典型的 RAM。

(1) MCM6264 是 8 K×8 位的并行输入/输出 SRAM 芯片，采用 28 引脚塑料双列直插式封装，13 根地址引线（$A_0 \sim A_{12}$）可寻址 8 K 个存储地址，每个存储地址对应 8 个存储单元，通过 8 根双向输入/输出（I/O）数据线（$D_0 \sim D_7$）对数据进行并行存取。数据线的输入/输出功能是通过读写控制线（$R/\overline{W}$）加以控制的。$R/\overline{W}$ 高电平，数据线作输出端口；$R/\overline{W}$ 低电平，数据线作输入端口。2 个片选端（$\overline{CS_0}$、$\overline{CS_1}$）和 1 个输出使能端（$\overline{OE}$）是为了扩展存储容量实现多片存储芯片连接用的。6264 功能表见表 9.3.1，管脚分布和符号见图 9.3.12。

表 9.3.1　MCM6264 功能表

$\overline{CS_0}$　CS_1　$\overline{OE}$　$R/\overline{W}$	方式	I/O	周期
1　×　×　×	无	高阻态	—
×　0　×　×	无	高阻态	—
0　1　1　1	输出禁止	高阻态	—
0　1　0　1	读	D_O	读
0　1　×　0	写	D_I	写

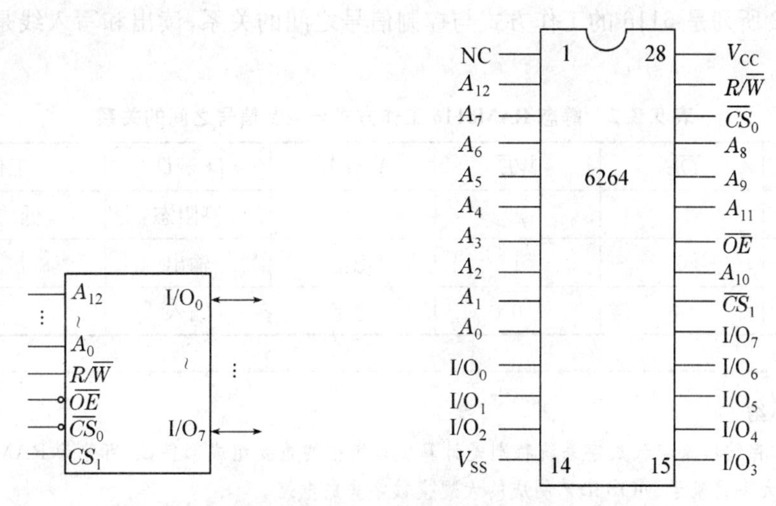

图 9.3.12　8 K×8SRAM　MCM6264 引脚分布及方框符号

(2) TMM41256 是 256 K×1 位的 DRAM 芯片。由于 DRAM 集成度高，存储容量大，因此需要的地址引线就多。为了减少芯片外部引线数量，DRAM 一般都采用行、列地址分时输入芯片内部地址锁存器的方法，从而外部地址线数量减少一半。图 9.3.13 给出了 TMM41256 的引脚分布及方框符号。

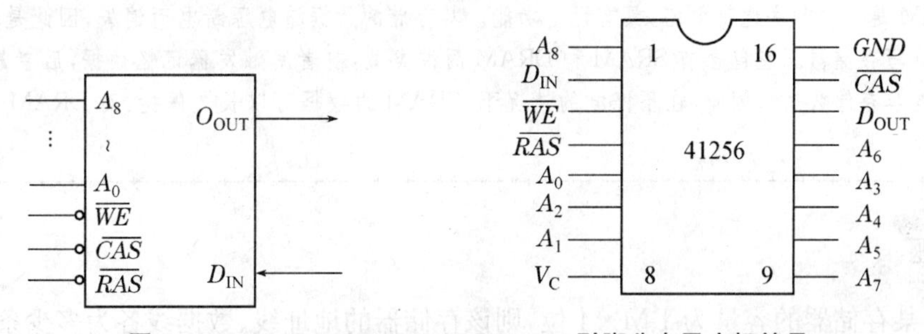

图 9.3.13　8 K×1DRAM　TMM41256 引脚分布及方框符号

行选通信号$\overline{RAS}$下跳锁存行地址，列选通信号$\overline{CAS}$下跳锁存列地址。写使能信号$\overline{WE}$低电平，且$\overline{RAS}$和$\overline{CAS}$都为低电平，输入数据 D_{IN} 锁存到内部数据寄存器，执行数据写入操作。写使能信号$\overline{WE}$高电平，且$\overline{RAS}$和$\overline{CAS}$都为低电平，地址锁存器确定的存储单元的数据由数据输出端 OUT 输出，执行数据读操作。DRAM 没有单独片选端，是由$\overline{RAS}$信号提供片选功能。DRAM 必须有一个数据刷新操作，以保证数据不会丢失。

(3) 图 9.3.14 所示是 2 K×8 位静态 CMOS RAM6116 的引脚排列图。$A_0 \sim A_{10}$ 是地址码输入端，$D_0 \sim D_7$ 是数据输出端，$\overline{CS}$是片选端，$\overline{OE}$是输出使能端，$\overline{WE}$是写入控制端。

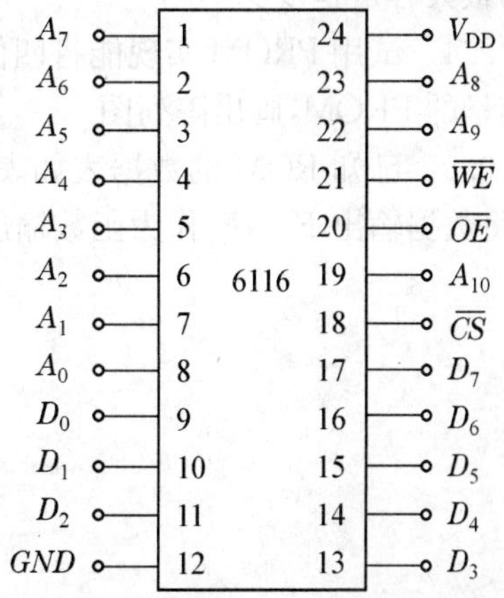

图 9.3.14　静态 RAM　6116 引脚排列图

芯片工作方式和控制信号之间的关系：

表 9.3.2 所列是 6116 的工作方式与控制信号之间的关系，读出和写入线是分开的，而且写入优先。

表 9.3.2 静态 RAM6116 工作方式与控制信号之间的关系

$\overline{CS}$	$\overline{OE}$	$\overline{WE}$	$A_0 \sim A_{10}$	$D_0 \sim D_7$	工作状态
1	×	×	×	高阻态	低功耗维持
0	0	1	稳定	输出	读
0	×	0	稳定	输入	写

本章小结

半导体存储器是现代数字系统特别是计算机系统中的重要组成部件，它可分为 RAM 和 ROM 两大类，绝大多数属于 MOS 工艺制成的大规模数字集成电路。

ROM 是一种非易失性的存储器，它存储的是固定数据，一般只能被读出。根据数据写入方式的不同，ROM 又可分成固定 ROM 和可编程 ROM。后者又可细分为 PROM、EPROM、E^2PROM 等，特别是 E^2PROM 可以进行电擦写，已兼有了 RAM 的特性。

从逻辑电路构成的角度看，ROM 是由与门阵列和或门阵列构成的组合逻辑电路。ROM 的输出是输入最小项的组合，因此采用 ROM 可方便地实现各种逻辑函数。随着大规模集成电路成本的不断下降，利用 ROM 构成各种组合、时序电路，愈来愈具有吸引力。

RAM 是一种时序逻辑电路，具有记忆功能。其存储的数据随电源断电而消失，因此是一种易失性的读写存储器。它包含有 SRAM 和 DRAM 两种类型，前者用触发器记忆数据，后者靠 MOS 管栅极电容存储数据。因此，在不停电的情况下，SRAM 的数据可以长久保持，而 DRAM 则必须定期刷新。

练习题

9.1 某存储器的容量为 1 M×4 位，则该存储器的地址线、数据线各为多少条？

9.2 若有一片 256 K×8 位的存储芯片，请问该片有多少个字？每个字有多少位？

9.3 若计算机的内存储器有 32 位地址线、32 位并行数据输入/输出线，求该计算机内存的最大容量是多少？

9.4 试用 PROM 实现能将四位格雷码转换为四位二进制码的转换电路，指出需要多大容量的 PROM，画出阵列图。

9.5 已知 ROM 的数据表如表 9.5 所示，若将地址输入 $A_3 \sim A_0$ 作为 3 个输入逻辑变量，将数据输出 $F_3 \sim F_0$ 作为函数输出，试写出输出与输入间的逻辑函数表达式。

题表 9.5

A_3	A_2	A_1	A_0	F_3	F_2	F_1	F_0
0	0	0	0	0	0	0	0
0	0	0	1	0	0	0	1
0	0	1	0	0	0	1	1
0	0	1	1	0	0	1	0
0	1	0	0	0	1	1	0
0	1	0	1	0	1	1	1
0	1	1	0	0	1	0	1
0	1	1	1	0	1	0	0
1	0	0	0	1	1	0	0
1	0	0	1	1	1	0	1
1	0	1	0	1	1	1	1
1	0	1	1	1	1	1	0
1	1	0	0	1	0	1	0
1	1	0	1	1	0	1	1
1	1	1	0	1	0	0	1
1	1	1	1	1	0	0	0

9.6　试用两片 1 K×8 位的 EPROM 实现一个能将 10 位二进制数转换成等值的 4 个 8421BCD 码的数码转换器，要求：

(1) 画出电路接线图，并标明输入和输出；

(2) 当地址输入 $A_9\,A_8\,A_7\,A_6\,A_5\,A_4\,A_3\,A_2\,A_1\,A_0$ 分别为 0000000011、0100000000、1111111110 时，两片 EPROM 对应地址中的数据各为什么值？

9.7　具有 16 位地址码可同时存取 8 位数据的 RAM 集成芯片，存储容量是多少？求用多少片这样的芯片可以组成 128 K×32 位的存储器？

9.8　用一片 128×8 位的 ROM 实现各种码制之间的转换。要求用从全 0 地址开始的前 16 个地址单元实现 8421BCD 码到余 3 码的转换；接下来的 16 个地址单元实现余 3 码到 8421BCD 码的转换。试求：

(1) 列出 ROM 的地址与内容对应关系的真值表；

(2) 确定输入变量和输出变量与 ROM 地址线和数据线的对应关系；

(3) 简要说明将 8421BCD 码的 0101 转换成余 3 码和将余 3 码转换成 8421BCD 码的过程。

9.9 试分析如图 9.9 所示的逻辑电路，写出逻辑函数表达式。

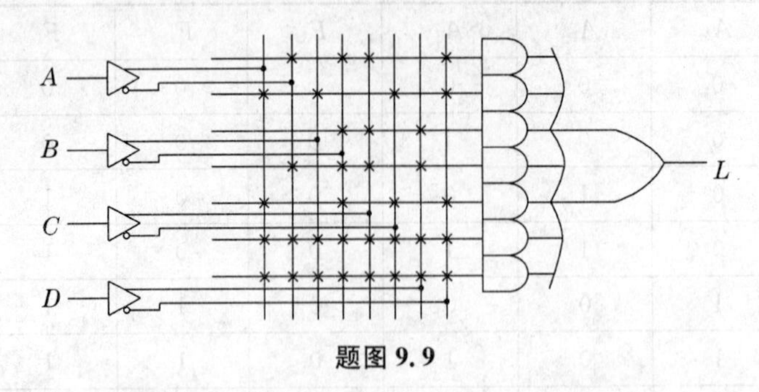

题图 9.9

9.10 已知 ROM 的数据表如表 9.10 所示，若将地址输入 $A_3A_2A_1A_0$ 作为 4 个输入逻辑变量，将数据输出 $D_3D_2D_1D_0$ 作为函数输出，试写出输出与输入间的逻辑函数式。

题表 9.10

地址输入				数据输出				地址输入				数据输出			
A_3	A_2	A_1	A_0	D_3	D_2	D_1	D_0	A_3	A_2	A_1	A_0	D_3	D_2	D_1	D_0
0	0	0	0	0	0	0	1	1	0	0	0	0	0	1	0
0	0	0	1	0	0	1	0	1	0	0	1	0	1	0	0
0	0	1	0	0	0	1	0	1	0	1	0	0	1	0	0
0	0	1	1	0	1	0	0	1	0	1	1	1	0	0	0
0	1	0	0	0	0	1	0	1	1	0	0	0	1	0	0
0	1	0	1	0	1	0	0	1	1	0	1	1	0	0	0
0	1	1	0	0	1	0	0	1	1	1	0	1	0	0	0
0	1	1	1	1	0	0	0	1	1	1	1	0	0	0	1

9.11 图 9.11 所示是一个 16×4 位的 ROM，A_3、A_2、A_1、A_0 为地址输入，D_3、D_2、D_1、D_0 是数据输出，若将 D_3、D_2、D_1、D_0 视为 A_3、A_2、A_1、A_0 的逻辑函数。试写出 D_3、D_2、D_1、D_0 的逻辑函数式。

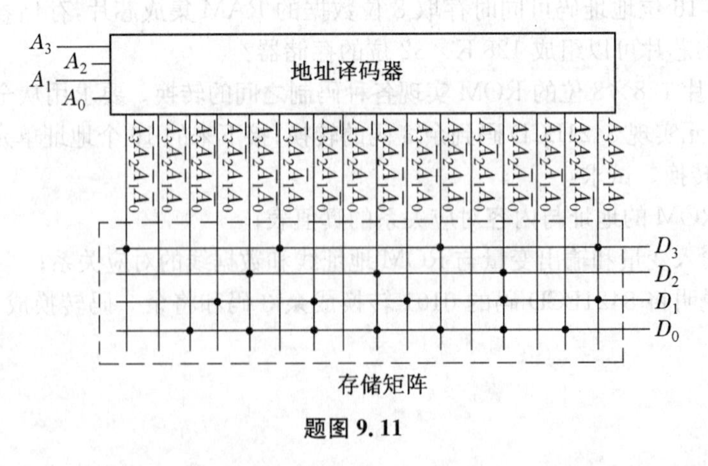

题图 9.11

9.12 用 16×4 位的 ROM 设计一个将两个 2 位二进制数相乘的乘法器电路，列出

ROM 的数据表，画出存储矩阵的点阵图。

9.13　用 ROM 设计一个组合逻辑电路，用来产生下列一组逻辑函数：

$$Y_1=\overline{A}\,\overline{B}\,\overline{C}\,\overline{D}+\overline{A}B\,\overline{C}D+A\overline{B}C\,\overline{D}+ABCD;$$
$$Y_2=\overline{A}\,\overline{B}C\,\overline{D}+\overline{A}BCD+A\overline{B}\,\overline{C}\,\overline{D}+AB\overline{C}D;$$
$$Y_3=\overline{A}BD+\overline{B}C\,\overline{D};$$
$$Y_4=BD+\overline{B}\,\overline{D}。$$

列出 ROM 应有的数据表，画出存储矩阵的点阵图。

9.14　用一片 256×8 位的 RAM 产生如下一组组合逻辑函数：

$$Y_1=AB+BC+CD+DA;$$
$$Y_2=\overline{A}\,\overline{B}+\overline{B}\,\overline{C}+\overline{C}\,\overline{D}+\overline{D}\,\overline{A};$$
$$Y_3=ABC+BCD+ABD+ACD;$$
$$Y_4=\overline{A}\,\overline{B}\,\overline{C}+\overline{B}\,\overline{C}\,\overline{D}+\overline{A}\,\overline{B}\,\overline{D}+\overline{A}\,\overline{C}\,\overline{D};$$
$$Y_5=ABCD;$$
$$Y_6=\overline{A}\,\overline{B}\,\overline{C}\,\overline{D}。$$

列出 RAM 的数据表，画出电路的连接图，标明各输入变量与输出函数的接线端。

9.15　图 9.15 是用 16×4 位 ROM 和同步十六进制加法计数器 74LS161 组成的脉冲分频电路，ROM 的数据表如表 9.15 所示。试画出在 CP 信号连续作用下 D_3、D_2、D_1 和 D_0 输出的电压波形，并说明它们和 CP 信号频率之比。

题表 9.15

地址输入				数据输出			
A_3	A_2	A_1	A_0	D_3	D_2	D_1	D_0
0	0	0	0	1	1	1	1
0	0	0	1	0	0	0	0
0	0	1	0	0	0	1	1
0	0	1	1	0	1	0	0
0	1	0	0	0	1	0	1
0	1	0	1	1	0	1	0
0	1	1	0	1	0	0	1
0	1	1	1	1	0	0	0
1	0	0	0	1	1	1	1
1	0	0	1	1	1	0	0
1	0	1	0	0	0	0	1
1	0	1	1	0	0	1	0
1	1	0	0	0	0	0	1
1	1	0	1	0	1	0	0
1	1	1	0	0	1	1	1
1	1	1	1	0	0	0	0

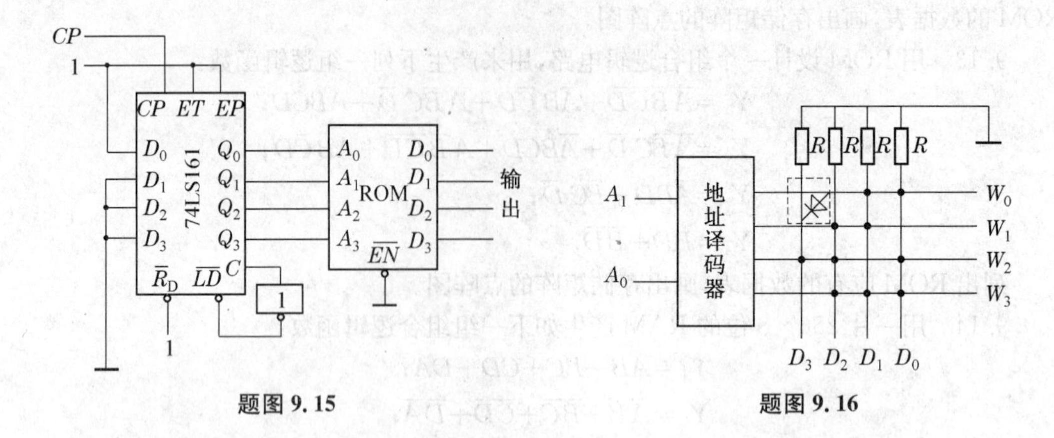

题图 9.15　　题图 9.16

9.16　二极管 ROM 电路如题图 9.16 所示。已知 A_1A_0 取值为 00、01、10、11 时，地址译码器输出 W_0～W_3 分别出现高电平。根据电路结构，说明内存单元 0～3 中的内容是什么？●表示如虚框连接。

9.17　NMOS ROM 电路如题图 9.17 所示。已知地址译码器译中的通道输出 W_i 为高电平。根据电路结构，说明内存单元 0～7 中的内容。

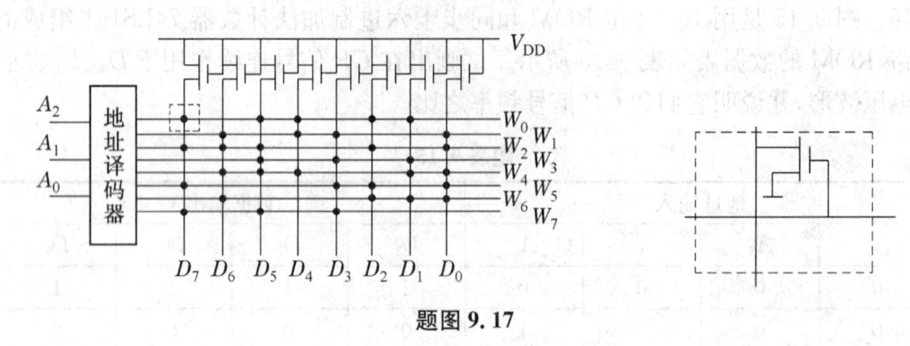

题图 9.17

9.18　NMOS ROM 实现的组合逻辑电路如题图 9.18 所示。已知地址译码器译中的通道输出为高电平，分析电路功能，写出逻辑函数 F_1、F_2 的表达式。

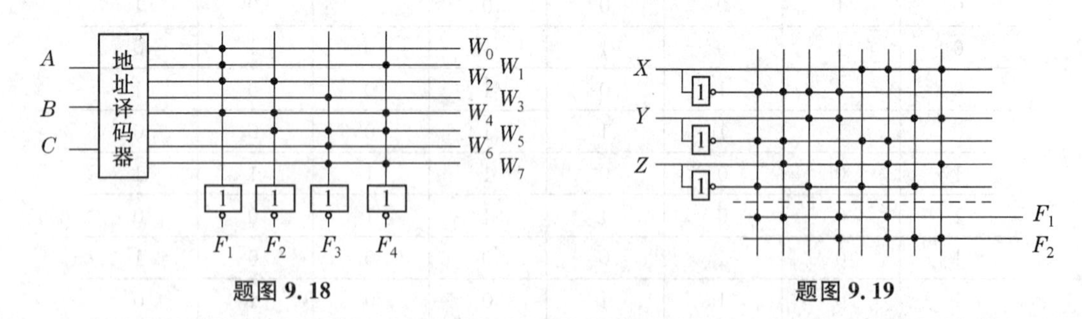

题图 9.18　　题图 9.19

9.19　PROM 实现的组合逻辑电路如题图 9.19 所示。

(1) 分析电路功能，说明当 XYZ 为何种取值时，函数 $F_1=1$，函数 $F_2=1$。

(2) XYZ 为何种取值时，函数 $F_1=0$，函数 $F_2=0$。

9.20　已知逻辑函数 F_1～F_4 为

$$F_1(A,B,C,D)=\overline{A}\,\overline{B}\,\overline{D}+BD+A\overline{B}C;$$

$$F_2(A,B,C,D)=A\overline{B}\,\overline{C}+\overline{A}B\overline{C}+\overline{A}\,\overline{B}C+AC\overline{D}+\overline{C}D;$$

$$F_3(A,B,C,D)=\overline{A}C\overline{D}+A\overline{C}D+\overline{A}BD+\overline{B}\,\overline{D};$$

$$F_4(A,B,C,D)=A\overline{B}\,\overline{C}+\overline{A}BC+B\overline{C}D+\overline{B}CD。$$

试用 PROM 实现之，并画出相应电路。

9.21　已知逻辑函数 $F_1 \sim F_3$ 为

$$F_1(A,B,C,D,E)=\overline{A}B\overline{D}+\overline{B}\,\overline{E}+ABE+\overline{A}\,\overline{E};$$

$$F_2(A,B,C,D,E)=AB+\overline{A}\,\overline{B}\,\overline{C}\,\overline{D}+BDE+\overline{B}\,\overline{D}\,\overline{E};$$

$$F_3(A,B,C,D,E)=\sum m(1,3,4,6,8,11,13,14,16,18,21,23,25,26,31)。$$

试用 PROM 实现之，并画出相应的电路。

9.22　74LS161 和 PROM 组成的电路如题图 9.22 所示。

(1) 分析 74LS161 功能，说明电路的计数长度 M 为多少。

(2) 写出 W、X、Y、Z 的函数表达式。

(3) 在 CP 作用下，分析 $WXYZ$ 端顺序输出的 8421BCD 码的状态，并说明电路的功能。

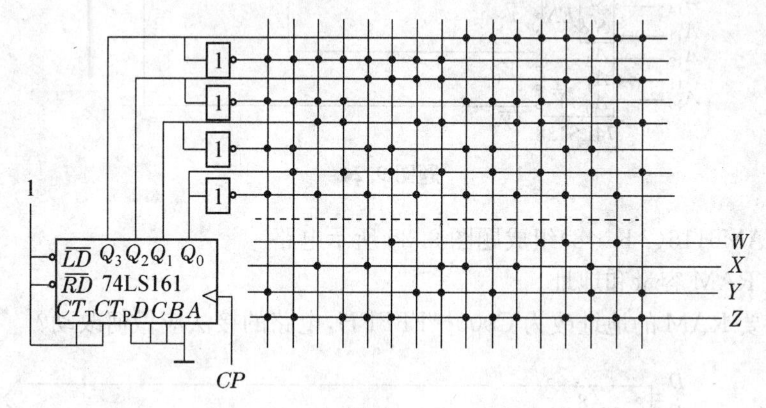

题图 9.22

9.23　RAM2112(256×4)组成题图 9.23 所示电路。

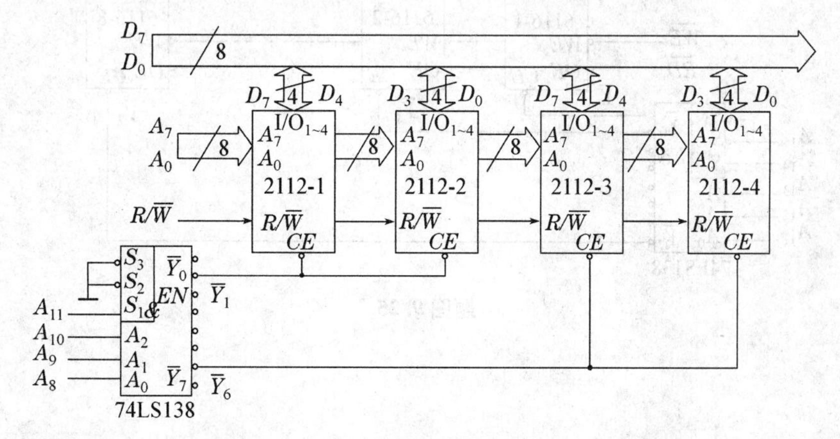

题图 9.23

(1) 按图示接法,内存单元的容量是多少?若要实现 2 K×8 的内存,需要多少片 2112 芯片?

(2) 按图示接法,写出 2112-1 至 2112-4 的地址范围(用十六进制表示)。

(3) 若要将 RAM 的寻址范围改为 B00H～BFFH 和 C00H～CFFH,电路应做何改动?

9.24 RAM2114(1 K×4)组成题图 9.24 所示电路。

(1) 确定图示电路内存单元的容量是多少?若要实现 2 K×8 的内存,需要多少片 2112 芯片?

(2) 写出 2114-1 至 2114-3 的地址范围(用十六进制表示)。

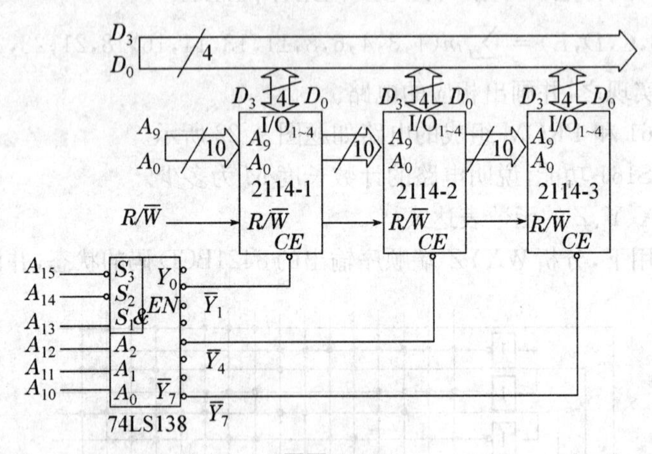

题图 9.24

9.25 RAM6116(2 K×8)组成题图 9.25 所示电路。

(1) 确定 RAM 容量和地址。

(2) 若将要 RAM 的地址改为 C000～FFFFH,电路的接法应做何改动?

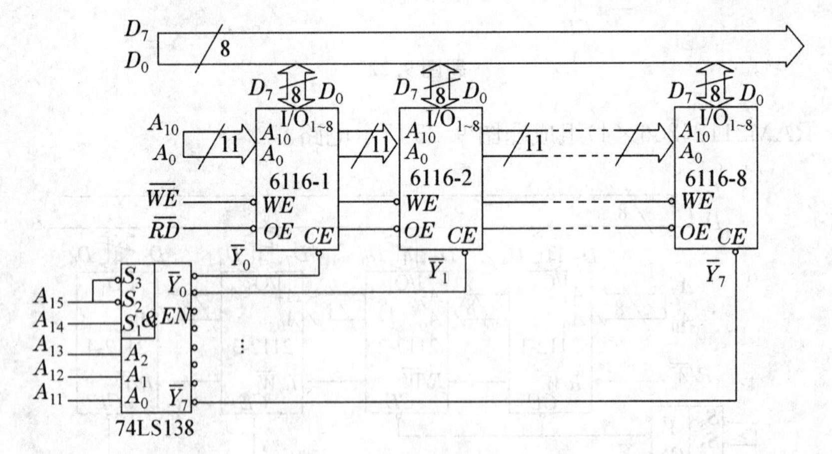

题图 9.25

9.26　试确定题图9.26所示各电路中RAM芯片的寻址范围。

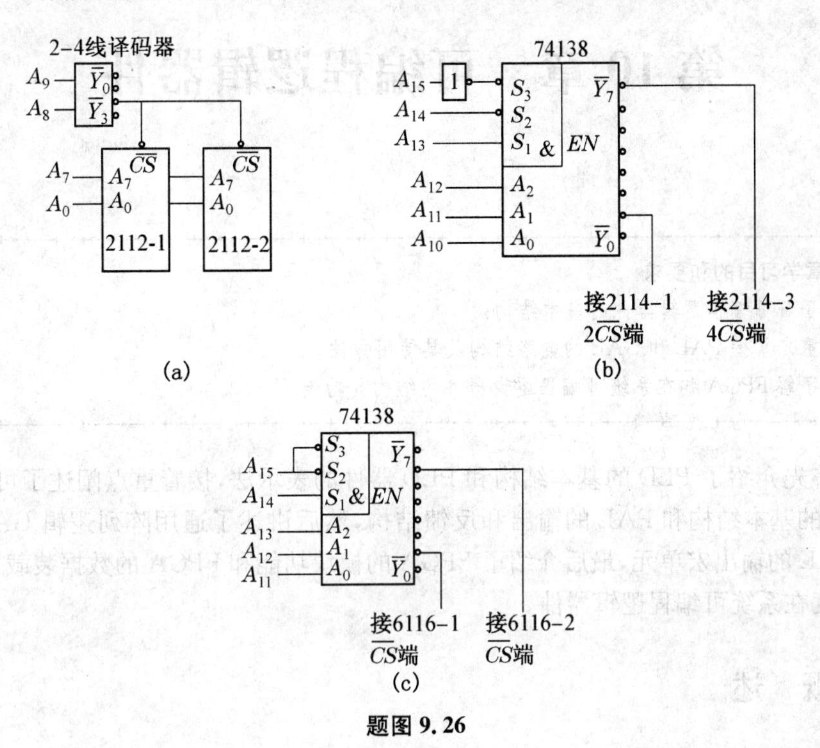

题图9.26

9.27　试用RAM6116(2 K×8)芯片和74LS138芯片实现内存容量为8 K×8,寻址范围为8000～87FFH,9800～9FFFH,C000～C7FFH,D800～DFFFH的电路。画出相应的电路图。

第10章　可编程逻辑器件

本章学习目的和要求

1. 了解可编程逻辑器件的基本结构；
2. 重点掌握PAL和GAL的电路结构及其使用方法；
3. 了解FPGA和在系统可编程逻辑器件的结构和功能。

本章首先介绍了PLD的基本结构和PLD器件的表示法，接着重点阐述了可编程逻辑器件PAL的基本结构和PAL的输出和反馈结构，然后讲述了通用阵列逻辑GAL的总体结构和GAL的输出宏单元，最后介绍了FPGA的模块功能和FPGA的数据装载，以及低密度和高密度在系统可编程逻辑器件。

10.1　概　述

数字系统中使用的数字逻辑器件，如果按照逻辑功能的特点来分类，可以分为通用型和专用型两大类。前面所介绍的中、小规模数字集成电路都属于通用型，这些器件具有很强的通用性；但它们的逻辑功能都比较简单，而且是固定不变的。理论上可以用这些通用型的中、小规模集成电路组成任意复杂的系统，但是组成的系统可能包含大量的芯片及芯片连线，不仅功耗大，而且可靠性差。为改善性能，将所设计的系统做成一片大规模集成电路，这种为某种专门用途而设计的集成电路称为专用集成电路(Application Specific Integrated for Circuit，ASIC)。然而，在用量不大的情况下，设计和制造这样的专用集成电路成本较高、周期较长，这又是一个很大的矛盾。

PLD的成功研制为解决这个矛盾提供了一条比较有效的途径。PLD是作为通用型器件生产的，具有批量大、成本低的特点，但它的逻辑功能可由用户通过对器件编程自行设定，且具有专用型器件构成数字系统体积小、可靠性高的优点。有些PLD的集成度很高，足以满足设计一般数字系统的需要，这样就可以由设计人员自行编程将一个数字系统“集成”在一片PLD上，做成“片上系统(System on Chip, SOC)”，而不必由芯片制造商设计和制造专用集成芯片。

自20世纪80年代以来，PLD发展得非常迅速，它的出现改变了传统数字系统采用通用型器件实现系统功能的设计方法，通过定义器件内部的逻辑功能和输入、输出引出端将原来由电路板设计完成的大部分工作放在芯片设计中进行，增强了设计的灵活性，减轻了电路图和电路板设计的工作量和难度，提高了工作效率。PLD已在计算机硬件、工业控制、现代通信、智能仪表和家用电器等领域得到越来越广泛的应用。

10.2　可编程逻辑器件的基本结构

10.2.1　PLD 的基本结构

PLD 种类繁多,但它的基本结构主要由两种:与或阵列结构和查找表结构。

1. 与或阵列结构

与或结构器件也叫乘积项结构器件,大部分简单 PLD 和 CPLD 都属于此类器件。该类器件的基本组成和工作原理是相似的,其基本结构如图 10.2.1 所示。

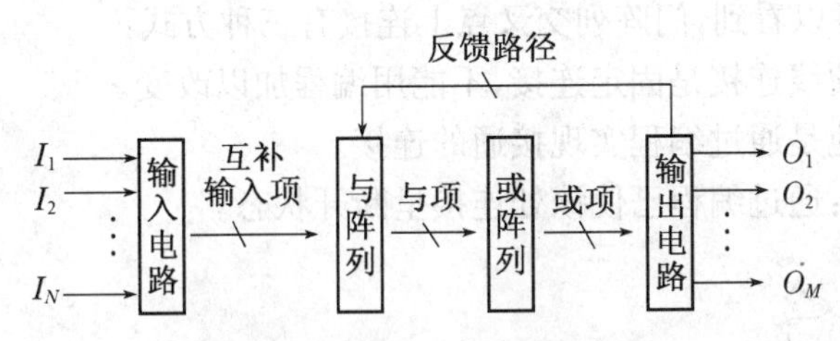

图 10.2.1　PLD 基本结构框图

由图 10.2.1 可知,多数 PLD 都是由输入电路、与阵列、或阵列、输出电路和反馈路径组成的。根据与、或阵列的可编程性,PLD 可分为三种基本结构。

(1) 与阵列固定、或阵列可编程型结构。前面介绍的 PROM 就属于这种结构,故这种结构也称为 PROM 型结构。在 PROM 型结构中,与阵列为固定的(即不可编程的),且为全译码方式。当输入端数为 n 时,与阵列中与门的个数为 2^n,这样,随着输入端数的增加,与阵列的规模会急剧增加。因此,这种结构的 PLD 器件的工作速度一般要比其他结构的低。

(2) 与阵列、或阵列均可编程型结构。可编程逻辑阵列(PLA)属于这种结构,因此这种结构也称为 PLA 型结构。在 PLA 型结构中,与阵列不是全译码方式,因而其工作速度比 PROM 结构的快。由于其与、或阵列都可编程,设计者在逻辑电路设计时,就不必像使用 PROM 器件那样,把逻辑函数用最小项之和的形式表示,而可以采用函数的简化形式。这样,既有利于 PLA 器件内部资源的充分利用,也给设计带来了方便。但发展 PLA 器件带来的问题是,增加了编程的难度和费用,并终因缺乏质高价廉的开发工具支持,而未能得到广泛的应用。

(3) 与阵列可编程、或阵列固定型结构。因为最早采用这种基本结构的 PLD 器件是可编程阵列逻辑(PAL),所以该结构又称为 PAL 型结构。这种结构的与阵列也不是全译码方式的,因而它具有 PLA 型结构速度快的优点。同时,它只有一个阵列(与阵列)是可编程的,比较容易实现,费用也低,目前很多 PLD 器件都采用这种基本结构。

2. 查找表(Look-Up-Table,LUT)结构

查找表结构在实现逻辑运算的方式上与“与或”阵列结构不同,与或阵列结构用与阵列和或阵列来实现逻辑运算,而查找表结构用存储逻辑的存储单元来实现逻辑运算。查找表器件由简单的查找表组成可编程门,再构成阵列形式。FPGA 属于此类器件。

查找表实际上是一个根据逻辑真值表或状态转移表设计的 RAM 逻辑函数发生器,其工作原理类似于用 ROM 实现组合逻辑电路。在查找表结构中,RAM 存储器预先加载要实现的逻辑函数真值表，输入变量作为地址用来从 RAM 存储器中选择输出逻辑值，因此可以实现输入变量的所有可能的逻辑函数。

10.2.2 PLD 器件的表示法

前面介绍的逻辑电路的一般表示方法不适合描述可编程逻辑器件 PLD 内部结构与功能。PLD 表示法在芯片内部配置和逻辑图之间建立了一一对应关系，并将逻辑图和真值表结合起来，形成一种紧凑而又易于识读的表达形式。

1. 连接方式

PLD 电路由与门阵列和或门阵列两种基本的门阵列组成。图 10.2.2 是一个基本的 PLD 结构图。由图可以看到，门阵列交叉点上连接有三种方式：

(1) 硬线连接：硬线连接是固定连接，不能用编程加以改变。

(2) 编程接通：他是通过编程实现接通的连接。

(3) 可编程断开：通过编程已使该处连接呈断开状态。

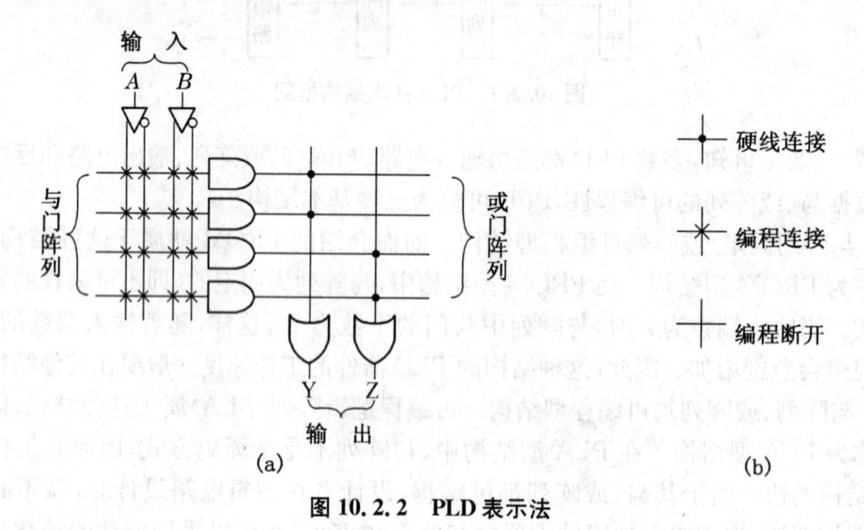

图 10.2.2 PLD 表示法

2. 基本门电路的 PLD 表示法

图 10.2.3 中给出了几种基本门在 PLD 表示法中的表达形式。一个四输入与门在 PLD 表示法中的表示如图 10.2.3(a)所示，$L_1=ABCD$，通常把 A、B、C、D 称为输入项，L_1 称为乘积项(简称积项)。一个四输入或门如图 10.2.3(b)所示，其中 $L_2=A+B+C+D$。缓冲器有互补输出，如图 10.2.3(c)所示。

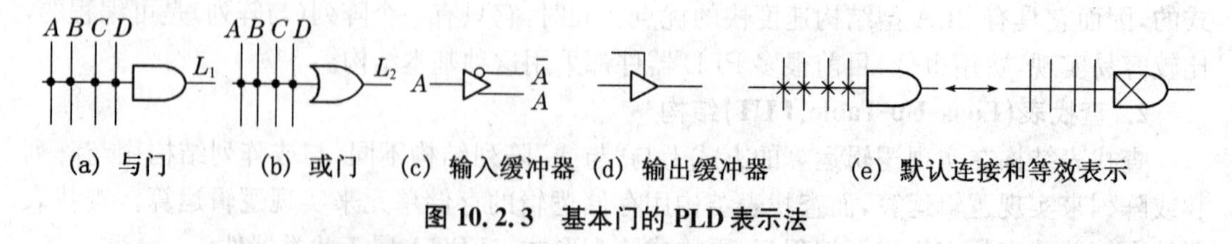

图 10.2.3 基本门的 PLD 表示法

3. PROM 的 PLD 表示法

可编程的只读存储器实质上可以认为是一个可编程逻辑器件，它包含一个固定连接的与门阵列(即全译码的地址译码器)和一个可编程的或门阵列。图 10.2.4 是四位输入地址码四位字长 PROM 的 PLD 表示法表示。图中可编程或阵列的可编程单元都以编程断开连接形式表示,图 10.2.4(b)为其等效表示。

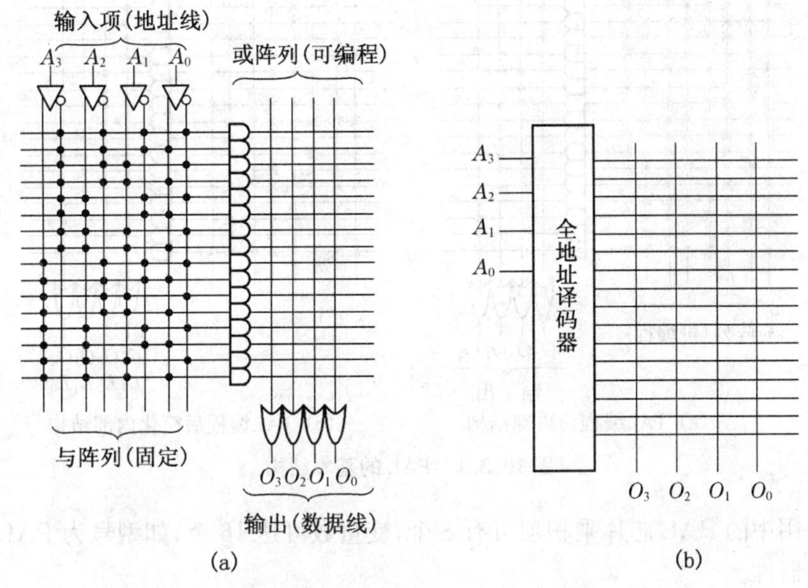

图 10.2.4 PROM 的 PLD 表示法

10.3 可编程逻辑器件

10.3.1 PAL 的基本结构

可编程阵列逻辑器件 PAL 采用可编程与门阵列和固定连接的或门阵列的基本结构形式。用 PAL 门阵列实现逻辑函数时,每个函数是若干个乘积项之和,但乘积项数目固定不变(乘积项数目取决于所采用的 PAL 芯片)。图 10.3.1(a)给出了一个 PAL 编程前的结构图,由图(a)可知,每个或门有固定的四个输入(与门的输出,即乘积项),每个与门都有八个输入端(与四个输入变量相对应),所以,该 PAL 每个输出(函数)有四乘积项,每个乘积项最多可含有四个输入变量。

编程前与门的八个输入和四个输入变量及其反变量接通,这是与门阵列的默认状态。编程后,有些连接被熔断,从而获得需要的乘积项。默认状态时,与门输出为 0。10.3.1(b)图中,四个输出函数分别为:

$$L_0=\overline{A}B\,\overline{C}+AC+BC$$

$$L_1=\overline{A}BC+A\,\overline{B}\,\overline{C}+AB\overline{C}$$

$$L_2=\overline{A}B+A\,\overline{B}$$

$$L_3=\overline{A}B+\overline{A}C$$

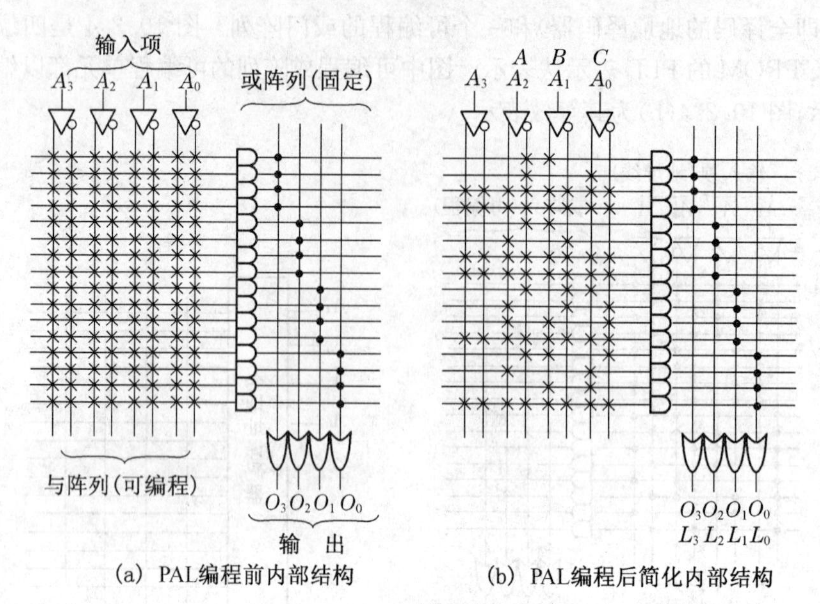

(a) PAL编程前内部结构 (b) PAL编程后简化内部结构

图 10.3.1 PAL 的基本结构

实际应用中的 PAL 芯片乘积项可有 8 个,变量数可达 16 个,如型号为 PAL16L8 可编程阵列逻辑器件。

10.3.2 PAL 的输出和反馈结构

1. 专用输出的基本门阵列结构

专用输出结构如图 10.3.2 所示,组合逻辑宜采用这种结构。图中的输出部分采用或非门,因而也称这种结构为输出低电平有效。若输出采用或门,则称为高电平有效器件;若将输出部分的或非门改为互补输出的或门,则称为互补输出器件。

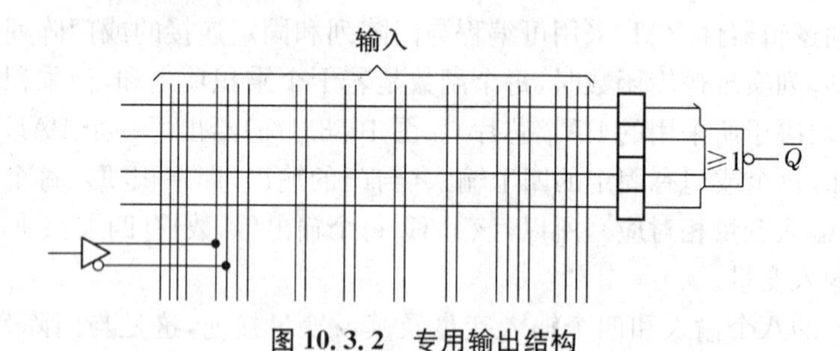

图 10.3.2 专用输出结构

2. 可编程 I/O 结构

可编程 I/O 结构如图 10.3.3 所示。其中最上面一个与门所对应的乘积项用于选通三态缓冲器。如果编程时使此乘积项为“0”,即将该与门的所有输入项全部接通,则三态缓冲器保持高阻状态,这时对应的 I/O 引脚就可作为输入脚用,右边的互补输出反馈缓冲器作为输入缓冲器。相反,若编程时使该乘积项为“1”,则三态缓冲器常通,对应的 I/O 脚用作输出,同时该输出信号经过互补输出反馈缓冲器可反馈到输入端。一般情况下,三态输出缓冲器受乘积项控制,可以输出“0”,“1”或高阻状态。

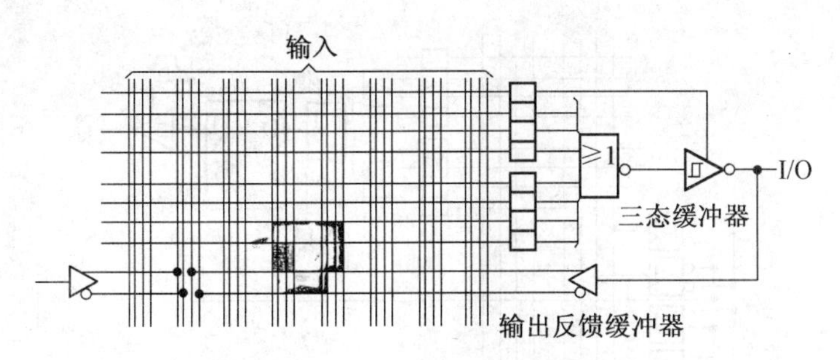

图 10.3.3　可编程 I/O 结构

3. 寄存(时序)输出结构

寄存输出结构如图 10.3.4 所示，在系统时钟(CLOCK)的上升沿，把或门输出存入 D 触发器，然后通过选通三态缓冲器把它送到输出端 $\overline{Q}$(低电平有效)。同时，D 触发器的 $\overline{Q}$ 端经过输出反馈缓冲器反馈到与阵列，这样 PAL 器件就能够实现复杂的逻辑功能。

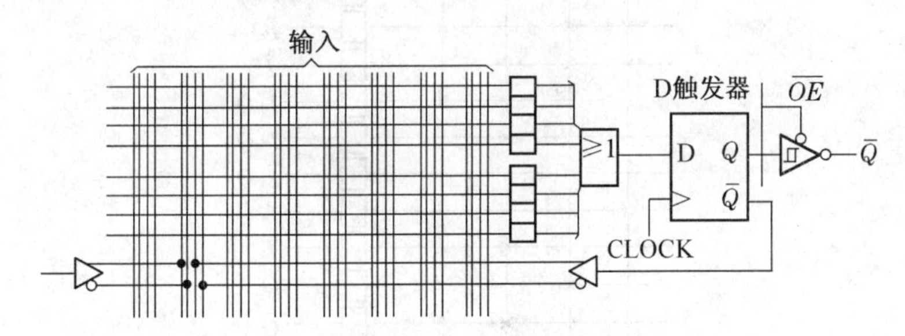

图 10.3.4　寄存输出结构

4. 异或结构

异或结构的 PAL 器件主要是在输出部分增加一个异或门，如图 10.3.5 所示，把乘积和分为两个和项，这两个和项相异或后，在时钟的上升沿存入 D 触发器内。异或型 PAL 具有寄存型 PAL 器件的一切特征，而且利用 $A+0=A$ 和 $A+1=\overline{A}$ 很容易实现有条件的保持操作和取反操作。这种操作为计数器和状态机设计提供了简易的实现方法。

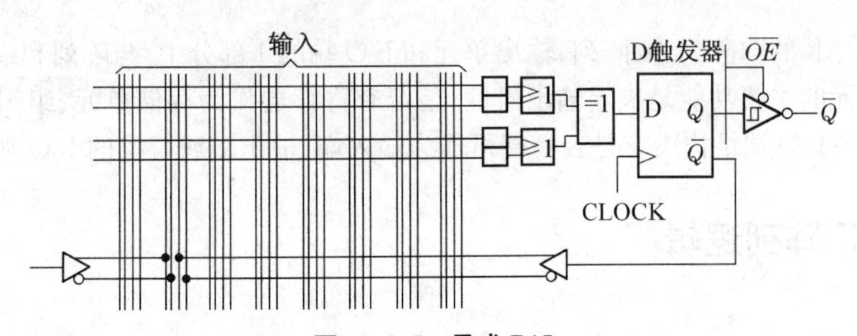

图 10.3.5　异或 PAL

5. 算术选通反馈结构

这种结构是在异或结构的基础上增加了反馈选通电路，如图 10.3.6 所示，它可以对反馈项 Q 和输入项 I 进行二元逻辑操作，产生 4 个或门输出，进而获得 16 种可能的逻辑组合，如图 10.3.7 所示。这种结构的 PAL 对实现快速算术操作(如相加、相减、大于、小于等)很有用。

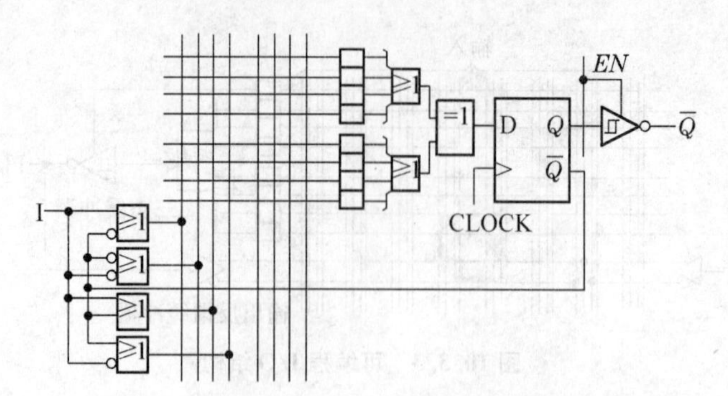

图 10.3.6 PAL 的算术选通反馈结构

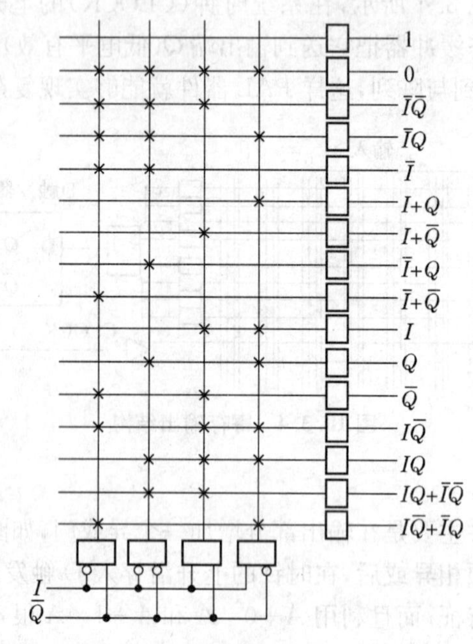

图 10.3.7 PAL 产生算术逻辑功能

在组成 PAL 的与阵列、或阵列、输出单元和 I/O 端的 4 部分中，与阵列和或阵列是核心部分；输出单元的主要功能是决定输出极性、是否有寄存器作为存储单元、组织各种输出并决定反馈途径；I/O 端结构决定是否一端可作为输入端、输出端或可控的 I/O 端。

10.4 通用阵列逻辑

10.4.1 GAL 的总体结构

可编程通用阵列逻辑器件 GAL 是在 PAL 基础上发展起来的新一代逻辑器件，他继承了 PAL 的与-或阵列结构，又利用灵活的输出逻辑宏单元 OLMC 来增强输出功能。

图 10.4.1 给出了可编程通用阵列逻辑器件 GAL16V8 内部逻辑结构及相应管脚分布。它由五部分组成。

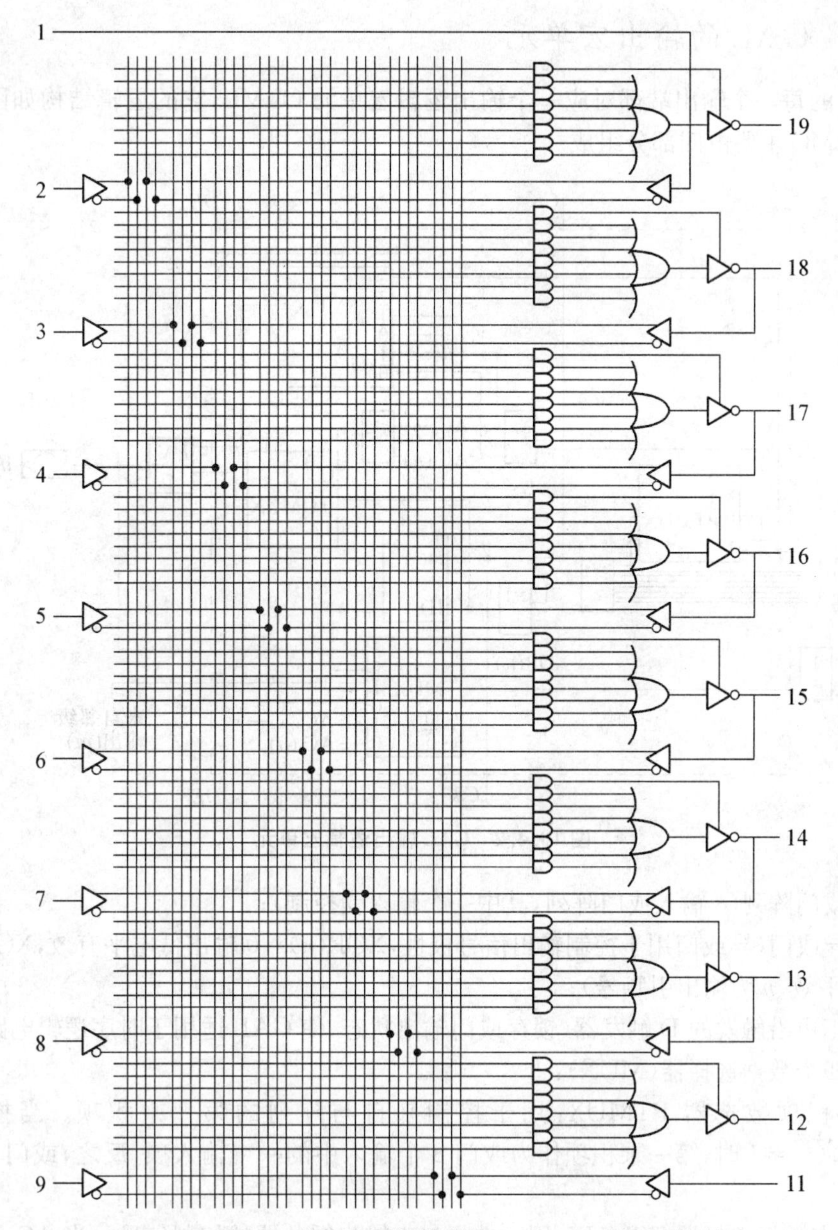

图 10.4.1　通用可编程阵列逻辑器件 GAL16V8 内部逻辑结构

(1) 8 个输入缓冲器(引脚 2～9 作为输入)；

(2) 8 个输出缓冲器(引脚 12～19 作为输出缓冲器的输出)；

(3) 8 个反馈/输入缓冲器(将输出反馈给与门阵列,或将输出端用作为输入端)；

(4) 可编程与门阵列(由 8×8 个与门构成,形成 64 个乘积项,每个与门有 32 个输入,其中 16 个来自输入缓冲器,另 16 个来自反馈/输入缓冲器)；

(5) 8 个输出逻辑宏单元(OLMC12～19,或门阵列包含其中)。

除以上五个组成部分外,该器件还有一个系统时钟 CK 的输入端(引脚 1)、一个输出三态控制端 OE(引脚 11)、一个电源 V_{CC}端(引脚 20)和一个接地端(引脚 10)。

10.4.2 GAL 的输出宏单元

GAL 的每一个输出端都对应一个输出逻辑宏单元 OLMC，它的逻辑结构如图 10.4.2 所示。OLMC 主要由四部分组成。

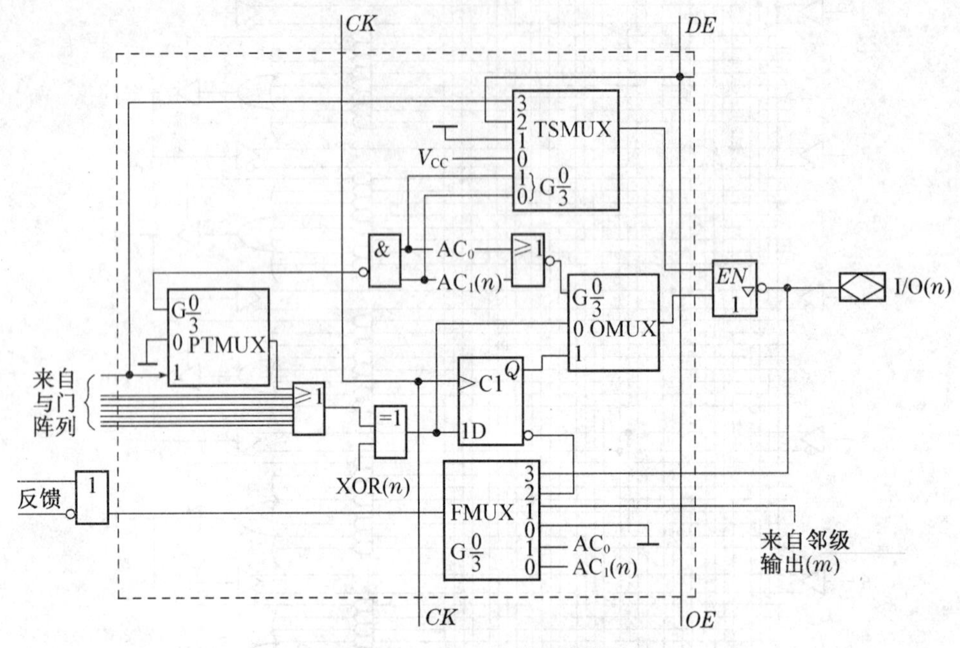

图 10.4.2 GAL 输出逻辑宏单元

(1) 或门阵列(8 输入或门阵列，其中一个输入受控制)；

(2) 异或门(异或门用于控制输出信号极性，XOR(n)=0 输出低电平有效，XOR(n)=1 输出高电平效，n 为输出引脚号)；

(3) 正边沿触发的 D 触发器(锁存或门输出状态，使 GAL 适用于时序逻辑电路)；

(4) 四个数据选择器(MUX)：

① 乘积项数选器 PTMUX：用于控制来自与阵列的第一乘积项。当控制字中 $\overline{AC_0 \cdot AC_1(n)}=1$ 时，第一乘积项作为或门 8 个输入中的一个输入项，反之，或门只有 7 个输入项。

② 三态数据选择器 TSMUX：用于选择三态输出缓冲器的控制信号。当 $AC_0AC_1(n)=00$ 时，V_{CC} 为控制信号，三态缓冲器使能；$AC_0AC_1(n)=01$ 时，输出缓冲器禁止；$AC_0AC_1(n)=11$ 时，第一乘积项为三态缓冲器的控制信号；$AC_0AC_1(n)=10$ 时，OE 作为三态缓冲器的使能信号。

③ 反馈数据选择器 FMUX：用于决定反馈信号的来源。受 AC_0、$AC_1(n)$ 和 $AC_1(m)$ 控制，m 为相邻宏单元对应 I/O 引脚号。有四种信号来源：地电平、相邻 OMUX 输出、本级 OMUX 输出和本级 D 触发器输出的互补输出。

④ 输出数据选择器 OMUX：用于决定输出信号是否锁存。

表 10.4.1 给出了 OMUX 五种设置情况。在结构控制字的控制下，可将 OMUX 设置成五种不同功能。

表 10.4.1　GAL16V8 工作模式

工作模式	功能	SYN	AC_0	$AC_1(n)$	备注
简单型	专用输入	1	0	1	15,16 除外,均为输入
	组合输出	1	0	0	OLMC 均为组合输出
复杂型	组合输出	1	1	1	三态门由第一乘积项选通
寄存器型	组合输出	0	1	1	至少 1 个 OLMC 寄存器输出
	寄存器输出	0	1	0	1 脚接 CK,11 脚接 OE

10.5　现场可编程门阵列

现场可编程门阵列(Field—Programmable Gate Array, FPGA),它是在 PAL、GAL、CPLD 等可编程器件的基础上进一步发展的产物。它是作为专用集成电路(ASIC)领域中的一种半定制电路而出现的,既解决了定制电路的不足,又克服了原有可编程器件门电路数有限的缺点。

FPGA 的基本特点:

(1) 采用 FPGA 设计 ASIC 电路(专用集成电路),用户不需要投片生产,就能得到合用的芯片。

(2) FPGA 可做其他全定制或半定制 ASIC 电路的试样片。

(3) FPGA 内部有丰富的触发器和 I/O 引脚。

(4) FPGA 是 ASIC 电路中设计周期最短、开发费用最低、风险最小的器件之一。

(5) FPGA 采用高速 CMOS 工艺,功耗低,可以与 CMOS、TTL 电平兼容。

可以说,FPGA 芯片是小批量系统提高系统集成度、可靠性的最佳选择之一。

10.5.1　FPGA 的基本结构

不同公司生产的 FPGA 的结构和性能不尽相同,下面以 Xilinx 公司的 XC4000 系列为例介绍 FPGA 的基本结构和各模块功能。

XC4000 系列的 FPGA 采用 CMOS SRAM 编程技术,器件基本结构如图 10.5.1 所示。它由 3 个可编程模块和 1 个用于存放编程数据的静态存储器(SRAM)组成。这 3 个可编程模块是可编程输入/输出模块(Input/Output Block,IOB)、可配置逻辑模块(Configurable Logic Block, CLB)、互连资源(Interconnect Resource, ICR)。多个 CLB 组成二维阵列,是实现设计者所需的各种逻辑功能的基本单元,是 FPGA 的核心。IOB 位于器件的四周,提供内部逻辑阵列与外部引出线之间的可编程逻辑接口,通过编程可将 I/O

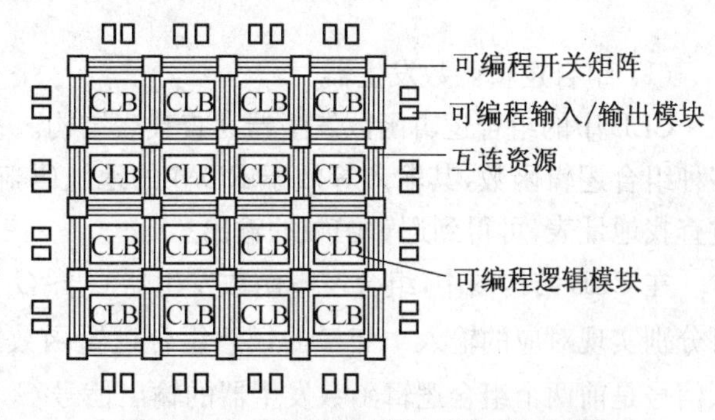

图 10.5.1　XC4000 系列 FPGA 基本结构

引脚设置成输入、输出和双向等不同功能。ICR 位于器件内部的逻辑模块之间，经编程可实现 CLB 与 CLB 及 CLB 与 IOB 之间的互连。每个可编程逻辑模块的工作状态由 SRAM 中存储的数据设定。

10.5.2 FPGA 的模块功能

1. CLB

CLB 是 FPGA 的重要组成部分，每个 CLB 由 2 个触发器、3 个独立的 4 输入组合逻辑函数发生器、程序控制的数据选择器（符号如图 10.5.2 所示，只标出了数据输入端和数据输出端，省略了地址输入端）及其他控制电路组成，共有 13 个输入端和 4 个输出端，可与 CLB 周围的 ICR 相连，其基本组成结构如图 10.5.3 所示。每个 CLB 实现单一的逻辑功能，多个 CLB 以阵列的形式分布在器件的中部，由 ICR 相连，实现复杂的逻辑功能。

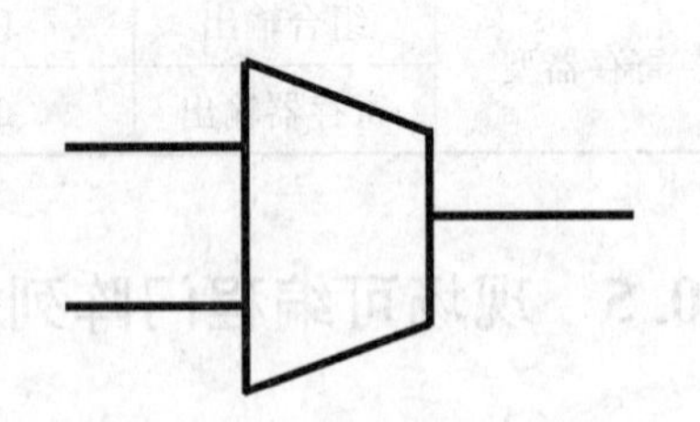

图 10.5.2　程序控制的数据选择器

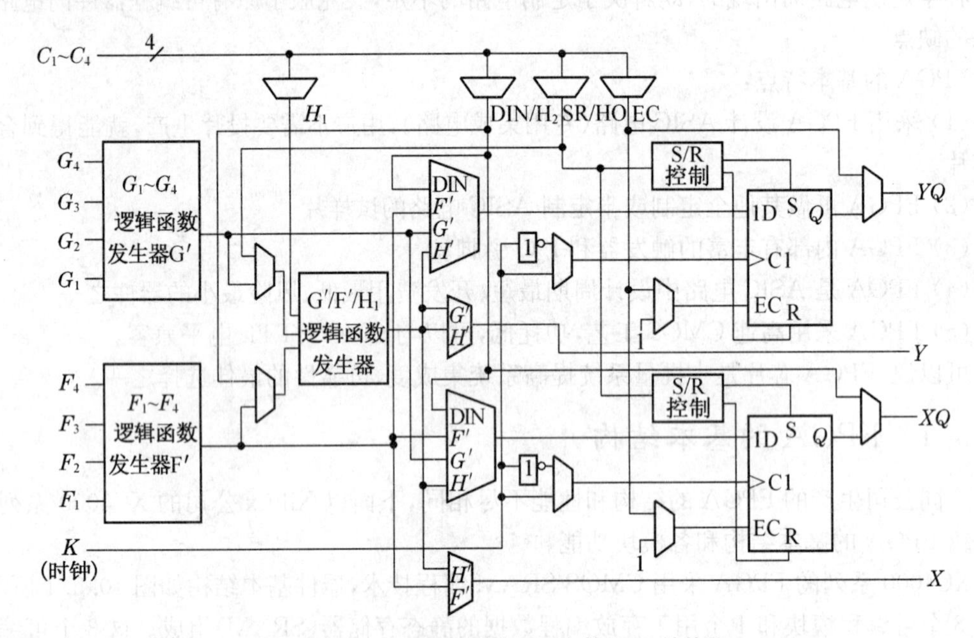

图 10.5.3　XC4000 系列 FPGA 的 CLB 结构图

(1) 组合逻辑函数发生器

CLB 中的组合逻辑函数发生器为查找表结构。查找表的工作原理类似于用 ROM 实现多种组合逻辑函数，其输入等效于 ROM 的地址码，存储的内容为相应的逻辑函数取值，通过查找地址表，可得到逻辑函数的输出。

在 CLB 结构图中，组合逻辑函数发生器 $G_1 \sim G_4$ 和 $F_1 \sim F_4$ 各有 4 个独立的输入变量，可分别实现对应的输入 4 变量的任意组合逻辑函数。$G'/F'/H_1$ 组合逻辑函数发生器的输入信号是前两个组合逻辑函数发生器的输出信号 G' 和 F' 以及信号变换电路的输出 H_1，它可实现 3 输入变量的任意组合逻辑函数。将 3 个函数发生器组合配置，1 个 CLB 可以完成任意 4 变量、5 变量，最多 9 变量的逻辑函数。

组合逻辑函数发生器 $G_1 \sim G_4$ 和 $F_1 \sim F_4$ 除了实现一般的组合、时序逻辑功能外，其内部各有 16 个可编程数据存储单元，在工作方式控制字的控制下，它们可以作为器件内部读/写存储器使用。

(2) 边沿 D 触发器

CLB 中有两个边沿 D 触发器；通过两个 4 选 1 数据选择器可分别选择 DIN、F'、G' 和 H' 之一作为 D 触发器的输入信号。两个 D 触发器公用时钟脉冲，通过两个 2 选 1 数据选择器选择上升沿或下降沿触发。时钟使能端 EC 可通过另外的 2 选 1 数据选择器选择来自 CLB 内部的控制信号 EC 或高电平。R/S 控制电路控制触发器的异步置位信号 S 和 R。

【例 10.5.1】 用 XC4000 系列器件实现一个 4 位同步二进制可逆计数器。

解　设 M 为加法/减法控制信号。当 $M=0$ 时，为 4 位同步二进制加法计数器，其状态转移方程为：

$$Q_0^{n+1}=[\overline{Q_0^n}]\cdot CP\uparrow$$

$$Q_1^{n+1}=[Q_0^n\,\overline{Q_1^n}+\overline{Q_0^n}Q_1^n]\cdot CP\uparrow$$

$$Q_2^{n+1}=[Q_0^nQ_1^n\,\overline{Q_2^n}+\overline{Q_0^nQ_1^n}Q_2^n]\cdot CP\uparrow$$

$$Q_3^{n+1}=[Q_0^nQ_1^nQ_2^n\,\overline{Q_3^n}+\overline{Q_0^nQ_1^nQ_2^n}Q_3^n]\cdot CP\uparrow$$

当 $M=1$ 时，为 4 位同步二进制减法计数器，其状态转移方程为

$$Q_0^{n+1}=[\overline{Q_0^n}]\cdot CP\uparrow$$

$$Q_1^{n+1}=[Q_0^n\,\overline{Q_1^n}+Q_0^nQ_1^n]\cdot CP\uparrow$$

$$Q_2^{n+1}=[\overline{Q_0^n}\,\overline{Q_1^n}\,\overline{Q_2^n}+\overline{\overline{Q_0^n}\,\overline{Q_1^n}}Q_2^n]\cdot CP\uparrow$$

$$Q_3^{n+1}=[\overline{Q_0^n}\,\overline{Q_1^n}\,\overline{Q_2^n}Q_3^n+\overline{\overline{Q_0^n}\,\overline{Q_1^n}\,\overline{Q_2^n}}Q_3^n]\cdot CP\uparrow$$

因一个 CLB 中含有两个 D 触发器，并且可以实现两个独立的 4 变量或者 5 变量组合逻辑函数。因此，用两个 CLB 可以实现一个 4 位同步二进制可逆计数器，如图 10.5.4 所示。

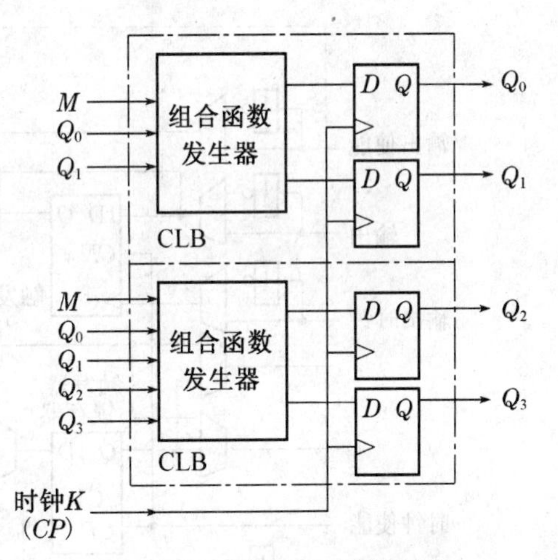

图 10.5.4　例题 CLB 的配置

可编程逻辑模块 CLB 不仅可以配置成组合时序逻辑电路，图 10.5.3 中所示为 F 和 G 组合逻辑函数发生器；还可作为器件内高速 RAM 使用，它由输入 $C_1 \sim C_4$ 编程控制，图 10.5.5 给出了组合逻辑函数发生器作为 RAM 使用的框图。当编程设置逻辑功能被使用时，F 和 G 作为组合逻辑函数发生器使用，4 个控制信号 $C_1 \sim C_4$ 分别将图 10.5.3 所示的 H_1、DIN、S/R 和 EC 信号接入 CLB 中作为函数发生器的输入可控制信号。当编程设置存储器功能被使用时，F 和 G 作为器件内部存储器使用，4 个控制信号 $C_1 \sim C_4$ 分别将图 10.5.5 所示的 WE、D_1、D_0 和 EC 信号接入到 CLB 中，作为存储器的写使能、数据线和地址线。此时 $F_1 \sim F_4$ 和 $G_1 \sim G_4$ 输入相当于地址输入线 $A_0 \sim A_3$，以选择存储

器中的相应存储单元。一个 F 或 G 函数发生器可以配置一个 16×1 位 RAM，F 和 G 函数发生器还可以一起配置成一个 32×1 位 RAM。

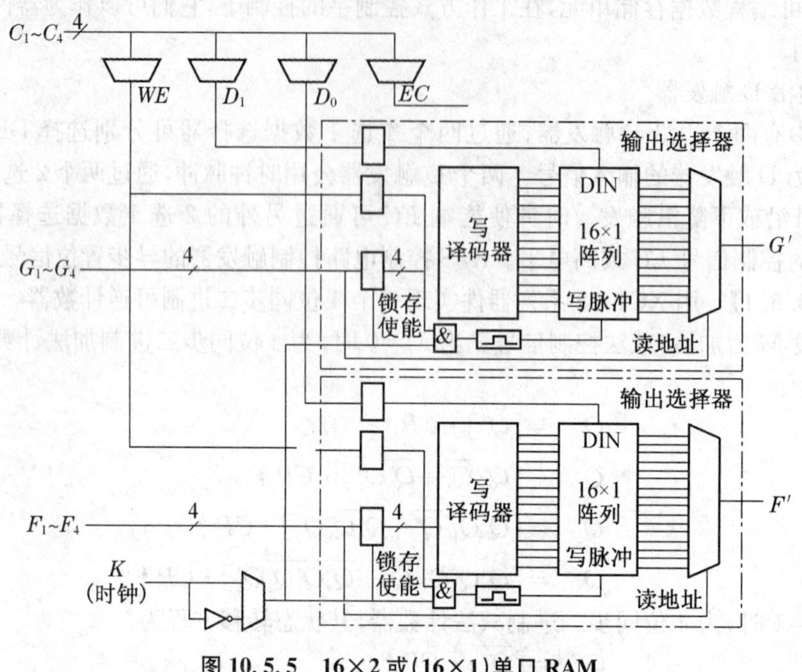

图 10.5.5 16×2 或(16×1)单口 RAM

2. IOB

FPGA 的可编程 IOB 分布在器件的四周，它提供了器件外部引脚和内部逻辑之间的连接，其结构如图 10.5.6 所示。

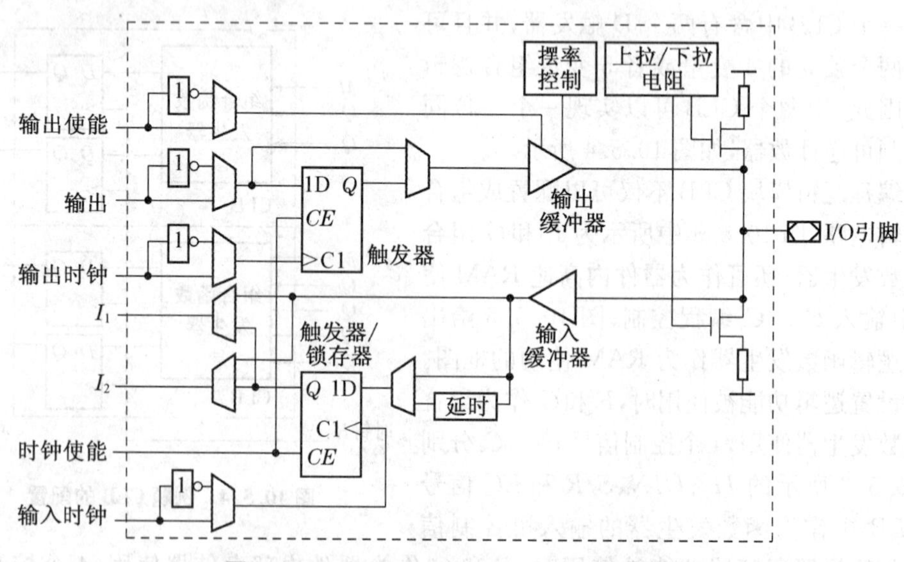

图 10.5.6 XC4000 系列 FPGA 的 IOB 结构图

可编程 IOB 主要由输入触发/锁存器、输入缓冲器和输出触发/锁存器、输出缓冲器组成。每个 IOB 控制一个外部引脚，它可以被编程为输入、输出或双向输入/输出功能。

当 IOB 用做输入接口时，通过编程可以将输入 D 触发器旁路，将对应引脚经输入缓冲器；定义为直接输入 I_1，还可编程输入 D 触发器或 D 锁存器，将对应引脚经输入缓冲器，定义为寄存输入或锁存输入 I_2。

当 IOB 用作输出时，来自器件内部的输出信号，经输出 D 触发器或直接送至输出缓冲器的输入端。输出缓冲器可编程为三态输出或直接输出，并且输出信号的极性也可编程选择。

IOB 还具有可编程电压摆率控制，可配置系统达到低噪声或高速度设计。电压摆率加快，能使系统传输延迟短，工作速度提高，但同时会在系统中引入较大的噪声。因此，对系统中速度起关键作用的输出应选用较快的电压摆率，对噪声要求较严的系统，应折中考虑，选择适当的电压摆率，以抑制系统噪声。

3. ICR

ICR 由分布在 CLB 阵列之间的金属网络线和阵列交叉点上的可编程开关矩阵(Programmable Switch Matrix，PSM)组成。它可将器件内部任意两点连接起来，并且能将 FPGA 中数目很大的 CLB 和 IOB 连接成复杂的系统。XC4000 系列使用的是分层连线资源结构，根据应用的不同，ICR 一般提供以下 3 种连接结构。

① 通用单/双长度线连接。该结构主要用于 CLB 之间的连接。在这种结构中，任意两点间的连接都要通过开关矩阵。它提供了相邻 CLB 之间的快速互连和复杂互连的灵活性。但传输信号每通过一个可编程开关矩阵，就增加一次时延。因此，FPGA 内部时延与器件结构和逻辑布线等有关，它的信号传输时延不可预知。

② 长线连接。在通用单/双长度线的旁边还有 3 条从阵列的一头连接到另一头的线段，称为水平长线和垂直长线。这些长线不经过可编程开关矩阵，信号延迟时间短。长线连接主要用于长距离或关键信号的传输。

③ 全局连接。在 XC4000 系列器件中，共有 8 条全局线，它们贯穿于整个器件，可到达每个 CLB。全局连接主要用于传送一些公共信号，如全局时钟信号、公用控制信号等。

10.5.3　FPGA 的数据装载

编程数据存放于 FPGA 片内独立的静态存储器中，控制 FPGA 的工作状态。由于停电后，静态存储器中的数据不能保存，所以，每次接通电源后，必须重新将编程数据写入静态存储器，这个过程称为装载。

编程数据通常存放在一个 EPROM 中，也可以存放在计算机的存储器中。整个装载过程在接通电源后自动开始，或由外加控制信号启动，在片内的时序电路控制下自动完成。

10.6　在系统可编程逻辑器件

在系统可编程逻辑器件(In-System Programmable PLD，ISP－PLD)是 Lattice 公司于 20 世纪 90 年代初首先推出的一种新型可编程逻辑器件。这种器件的最大特点是编程时既不需要使用编程器，也不需要将它从所在系统的电路板上取下，可以在系统内进行编程。

在对 FPGA、PAL、GAL、以及 CPLD 编程时，无论这些器件是采用熔丝工艺制作的还是采用 UVPROM 或 E^2CMOS 工艺制作的，都要用到高于 5 V 的编程电压信号。因此，必须将它们从电路板上取下，插到编程器上，由编程器产生这些高压脉冲信号，最后完成编程工作。这种必须使用编程器的“离线”编程方式，仍然不太方便。FPGA 的装载过程虽然可以“在系统”进行，但与之配合使用的 EPROM 在编程时仍然离不开编程器。

为了克服这个缺点，Lattice 公司成功地将原属于编程器的写入/擦除控制电路及高压脉冲发生电路集成于 PLD 芯片中，这样在编程时就不需要使用编程器了。而且，由于编程时只需外加 5 V 电压，不必将 PLD 从系统中取出，从而实现了“在系统”编程。目前生产 PLD 产品的主要公司都已推出了各自的 ISP－PLD 产品。

10.6.1 低密度在系统可编程逻辑器件

目前 Lattice 公司的 ISP－PLD 由低密度和高密度两种类型。低密度 ISP－PLD 是在 GAL 电路的基础上加进了写入/擦除控制电路而形成的。ISPGAL16Z8 就属于这一类。在正常工作状态下，附加的控制逻辑和移位寄存器不工作，电路主要部分的逻辑功能与 GAL16V8 完全相同。

ISPGAL16Z8 有 3 种不同的工作方式，即正常、诊断和编程。工作方式由输入控制信号 MODE 和 SDI 指定。

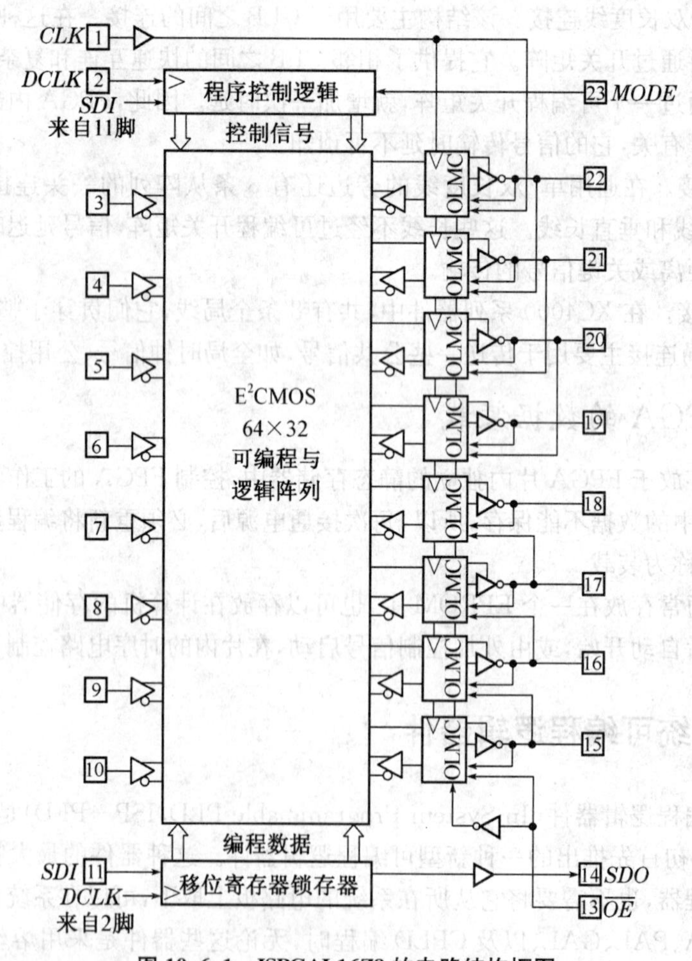

图 10.6.1 ISPGAL16Z8 的电路结构框图

10.6.2　高密度在系统可编程逻辑器件

高密度ISP-PLD又称ispLSI,它的电路结构比低密度ISP-PLD要复杂得多,功能也更强。现以ispLSI1032为例,简单介绍一下这类高密度ISP-PLD的电路结构和工作原理。

ispLSI1032的电路结构,由32个通用逻辑模块(Generic Logic Block,GLB),64个输入/输出单元(I/O Cell,简称IOC)、可编程的内部连线区和编程控制电路组成。在全局布线区的四周,形成了4个结构相同的大模块。图中没有画出编程控制电路这部分。各部分之间的关系和实现的功能如图10.6.2所示。这种结构形式的器件也叫做复杂的可编程逻辑器件(Complex programmable logic Device,CPLD)。

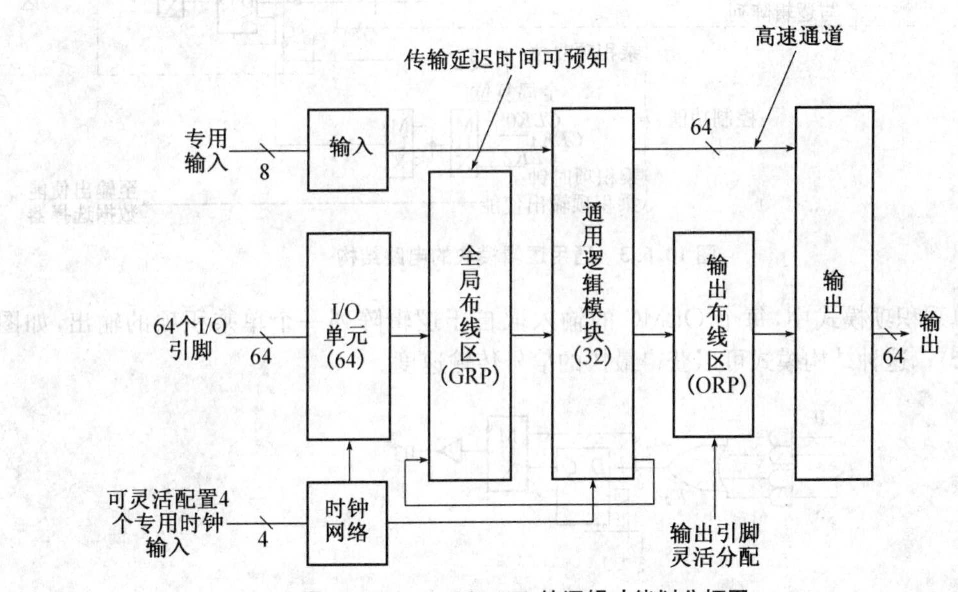

图10.6.2　ispLSI1032的逻辑功能划分框图

图10.6.3是通用逻辑模块的电路结构图。由图可见,它由可编程的与逻辑阵列,乘积项共享的或逻辑阵列和输出逻辑宏单元(OLMC)三部分构成。这种结构形式与GAL类似,但又在GAL的基础上作了若干改进,在组态时有更大的灵活性。

首先,它的或逻辑阵列采取了乘积项共享的结构形式。它的输入和输出关系是可编程的,4个输入F_0～F_3中任何一个都可以送到4个D触发器当中任何一个的输入端,每个输入又可以同时送给几个触发器,4个输入还可以再组合成更大规模的与-或逻辑函数送到任何一个触发器的输入端。

此外,除了图10.6.3所示的标准配置模式以外,通过编程还可以将GLB设置成其他4种连接模式,即高速旁路模式、异或逻辑模式、单乘积项模式和多重模式。

在高速旁路模式中,为了减少传输延迟时间,越过了乘积项共享或阵列的输出与OLMC相接,如图10.6.4(a)所示。

在异或逻辑模式中,乘积项共享或阵列的输出与OLMC之间又串进了异或门,如图10.6.4(b)所示。异或门的一个输入来自F_0～F_3,另一个是来自与逻辑阵列的乘积项。

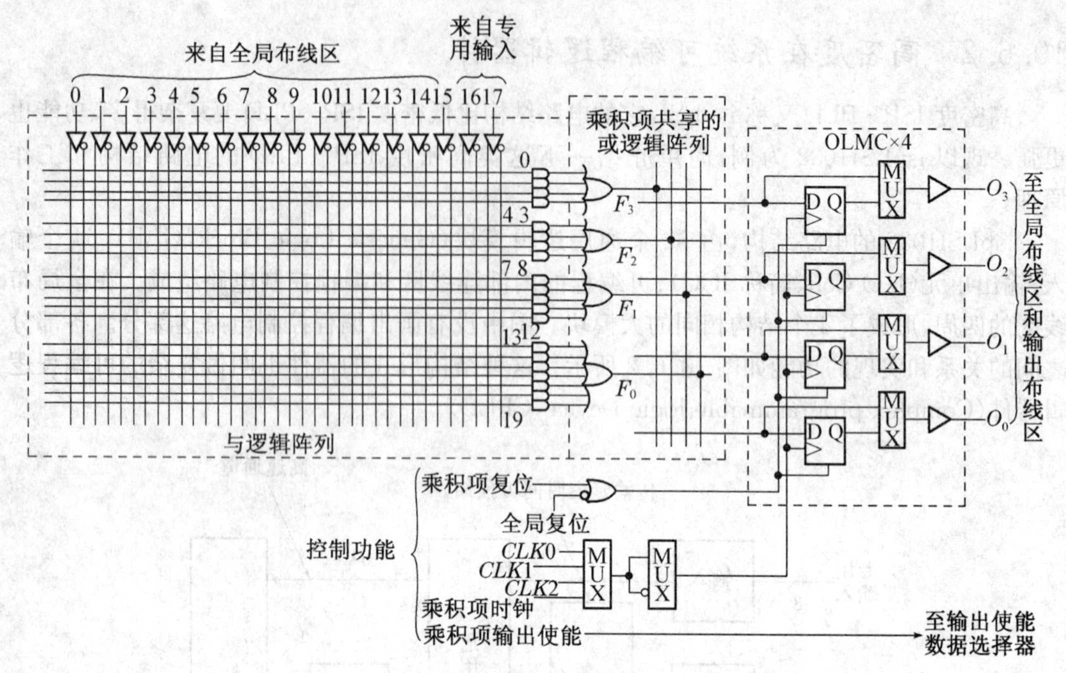

图 10.6.3　通用逻辑模块的电路结构

在单乘积项模式中，每个 OLMC 的输入取自于逻辑阵列一个单乘积项的输出，如图 10.6.4(c)。这种结构模式可以获得最快的信号传输速度。

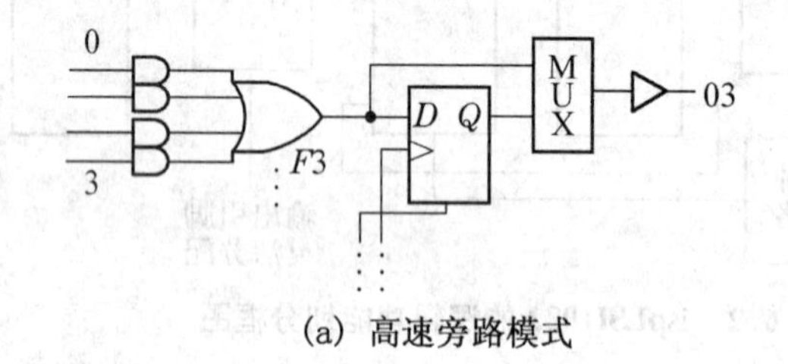

(a) 高速旁路模式

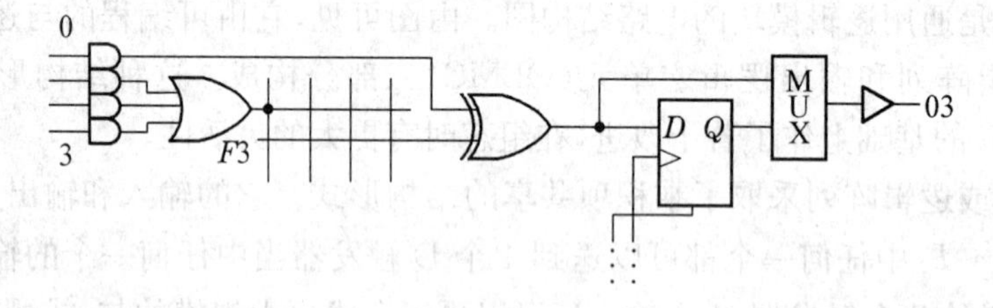

(b) 异或逻辑模式

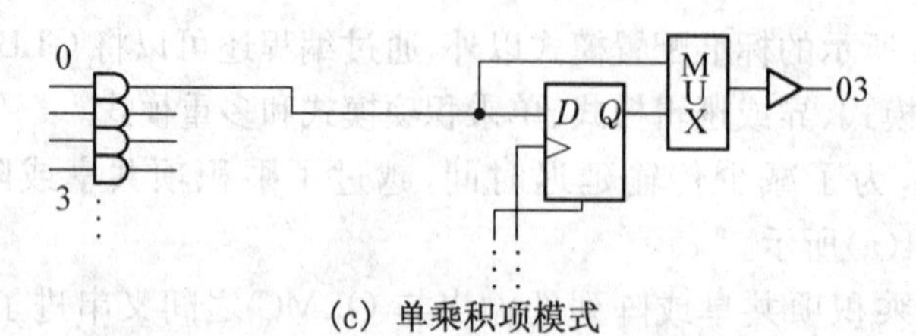

(c) 单乘积项模式

图 10.6.4　GLB 的其他几种组态模式

在多重模式中，每个 GLB 中 4 个与-或输出电路的机构形式可以分别组成上述几种不同模式。

这些不同的组态模式增加了 GLB 组态的灵活性和多样性。

图 10.6.5 是输入/输出单元(IOC)的电路结构图，它由三态输出缓冲器、输入缓冲器、输入寄存器/锁存器和几个可编程的数据选择器组成。触发器有两种工作方式：当 R/L 为高电平时，它被设置成边沿触发器；而当 R/L 为低电平时，它被设置成锁存器。MUX1 用于控制三态输出缓冲器的工作状态，MUX2 用于选择输出信号的传送通道，MUX3 用来选择输出极性。MUX4 用于输入方式的选择。在异步方式下，输入信号直接经输入缓冲器送到全局布线区的输入端；在同步输入方式下，输入信号加到触发器的输入端，必须等时钟信号 IOCLK 到达后才能被存入触发器，并经过输入缓冲器加到全局布线区。MUX5 和 MUX6 用于时钟信号的来源和极性的选择。根据这些数据选择器编程状态的组合，得到各种可能的 IOC 组态如图 10.6.6 所示。

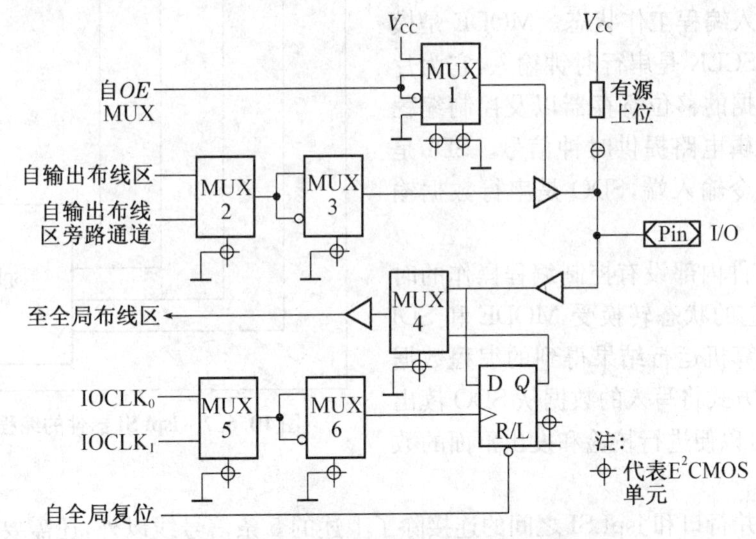

图 10.6.5　输入/输出单元(IOC)的电路结构

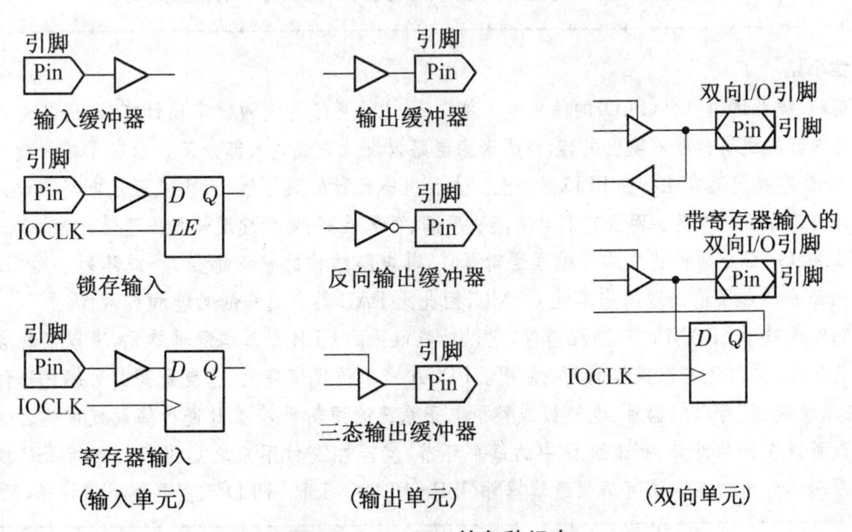

图 10.6.6　IOC 的各种组态

ispLSI1032 中有一个全局布线区(Global Routing Pool,GRP)和 4 个输出布线区(Output Routing Pool,ORP)。这些布线区都是可编程的矩阵网络,每条纵线和每条横线的交叉点接通与否受一位编程单元状态的控制。通过对 GRP 的编程,可以实现 32 个 GLB 间的互相连接以及 IOC 与 GRP 的连接。通过对 ORP 的编程,可以使每个大模块中任何一个 GLB 能与任何一个 IOC 相连。

ispLSI 的编程是在计算机控制下进行的。计算机根据用户编写的源程序运行开发系统软件,产生相应的编程数据和编程命令,通过五线编程接口与 ispLSI 连接,如图 10.6.7 所示。其中 $\overline{\text{ispEN}}$ 是编程使能信号,$\overline{\text{ispEN}}=1$ 时 ispLSI 器件为正常工作状态;$\overline{\text{ispEN}}=0$ 时所有 IOC 的输出三态缓冲器均被置成高阻态,并允许器件进入编程工作状态。MODE 是模式控制信号。SCLK 是串行时钟输入,它为片内接受输入数据的移位寄存器以及控制编程操作的时序逻辑电路提供时钟信号。SDI 是串行数据和命令输入端,SDO 是串行数据输出端。

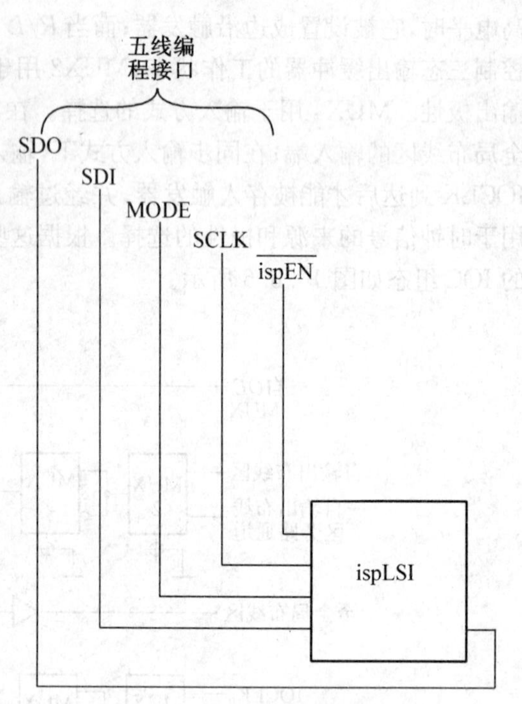

图 10.6.7 ispLSI 器件的编程接口

IspLSI 器件内部设有控制编程操作的时序逻辑电路,它的状态转换受 MODE 和 SDI 信号控制。计算机运行结果得到的编程数据和命令以串行方式将写入的数据从 SDO 读出并送回计算机,以便进行校验和发出下面的数据和命令。

计算机的并行口和 ispLSI 之间的连接除了上述的 5 条信号线以外,还需要一条地线和一条对 ispLSI 所在系统电源电压的监测线,所以实际需要用 7 根连接线。

本章小结

目前,可编程逻辑器件(PLD)的使用越来越广泛,它改变了传统的数字设计方法,用户可以通过定义器件内部的逻辑和输入输出引脚,将原来由电路板设计完成的大部分工作放在了芯片设计中进行,把一个数字系统集成在一片 PLD 器件上。由于引脚设计的灵活性,大大减轻了电路图设计和电路板设计的工作量和难度。而且它们具有集成度高、可靠性高、处理速度快和保密性好等特点。

PAL 和 GAL 是两种典型的可编程逻辑器件,其电路结构的核心都是与-或阵列。而 GAL 器件的输出部分增加了输出逻辑宏单元 OLMC,因此比 PAL 具有更强的功能和灵活性。

FPGA 是基于 SRAM 的可编程器件,它以功能很强的 CLB 为基本逻辑单元,可以实现各种复杂的逻辑功能,同时还可以兼作 RAM 使用。FPGA 是目前规模最大、密度最高的可编程器件。

“在系统编程”可以对器件、电路板或整个电子系统的逻辑功能随时进行修改或重构。这种重构或修改可以在产品设计、制造过程中的每个环节,甚至在交付用户之后进行。支持 ISP 技术的可编程逻辑器件称为在系统可编程逻辑器件(ISP-PLD)。ISP-PLD 不需要使用编程器,只需要通过计算机接口和编程电缆，直接在目标系统或印刷线路板上进行编程。ISP-PLD 可以先装配，后编程。因此 ISP 技术有利于提高系统的可靠性，便于系统板的调试和维修。

练习题

10.1　PAL 和 GAL 实现组合逻辑函数的基本原理是什么？

10.2　已知四输入四输出的可编程逻辑阵列器件的逻辑图如图 10.2 所示，请写出其逻辑输出表达式。

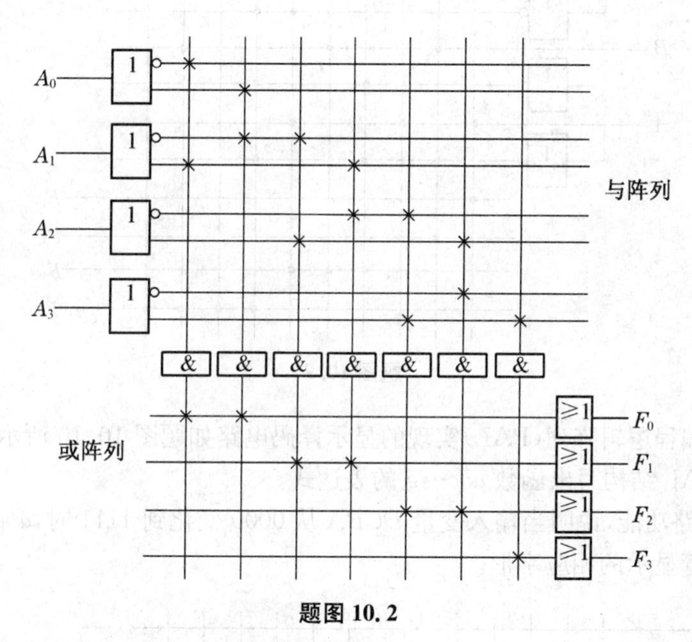

题图 10.2

10.3　用 PAL 器件设计一个 1 位全加器。

10.4　给出能实现两个二位二进制数乘法的查找表。

10.5　FPGA 中实现各种组合逻辑功能的原理是什么？

10.6　简述 FPGA 的基本结构及每部分的作用。

10.7　某编程函数为

$$F_1=A\overline{B}\overline{C}+\overline{A}\overline{C}+AC\overline{D}+B\overline{D}$$

$$F_2=AC+B\overline{D}+A\overline{B}D+A\overline{C}\overline{D}$$

$$F_3=A\overline{B}\overline{C}+\overline{B}D+AC\overline{D}+B\overline{C}D$$

则使用 PAL 实现上述编程函数需要最少的乘积线（位线）多少条，“或”线多少条？

10.8　可编程逻辑阵列（PAL）实现的组合逻辑电路如题图 10.8 所示。

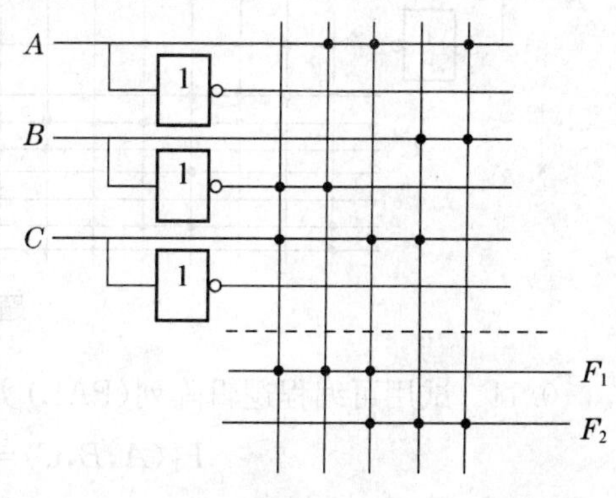

题图 10.8

（1）分析电路功能，说明当 ABC 为何种取值时，函数 $F_1=1$，函数 $F_2=1$。

(2) 若电路改为 PROM 实现，内存单元的容量有何不同，各应为多少？

10.9 可编程逻辑阵列(PAL)实现的码制变换电路如题图 10.9 所示。

(1) 写出 $F_1 \sim F_4$ 的函数表达式。

(2) 分析输入、输出的逻辑关系，说明电路是何种码制变换电路。

(3) 电路矩阵的容量为多少？若改用 PROM 实现此电路功能，则矩阵的容量应为多少？

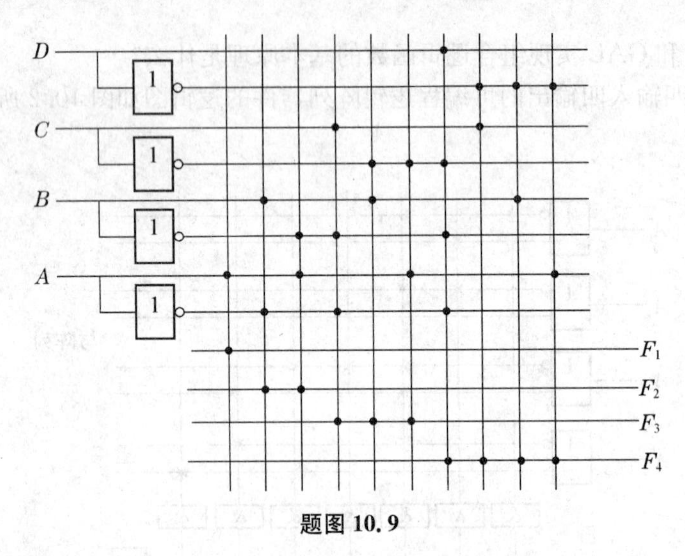

题图 10.9

10.10 可编程逻辑阵列(PAL)实现的显示译码电路如题图 10.10 所示。

(1) 根据 PAL 结构写出函数 $abc\cdots g$ 的表达式。

(2) 分析电路功能，说明当输入变量 $DCBA$ 从 0000 变化到 1111 时，$abcdefg$ 后面接的七段 LED 数码管显示的相应字形。

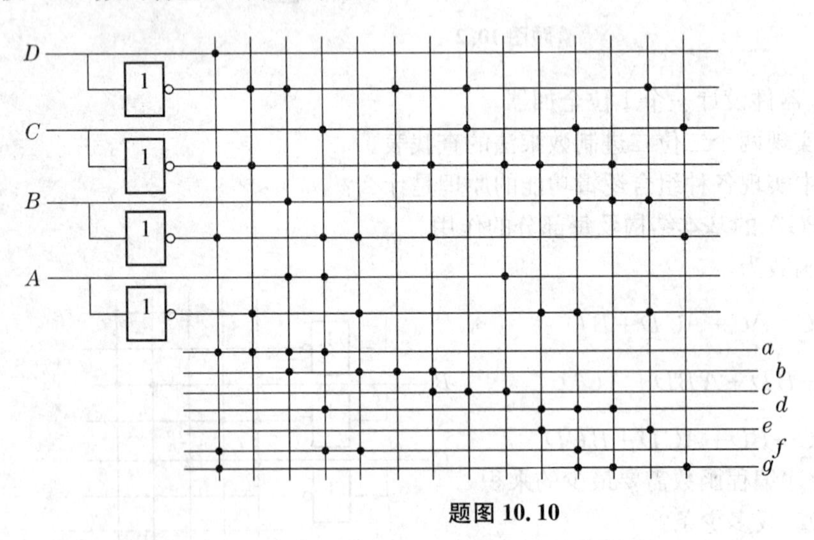

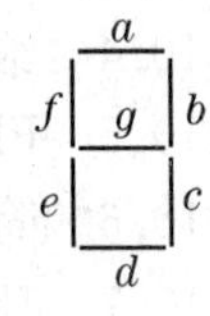

题图 10.10

10.11 试用可编程逻辑阵列(PAL)实现下列函数：

$$F_1(A,B,C) = \sum m(0,1,2,4)$$

$$F_2(A,B,C) = \sum m(0,2,5,6,7)$$

并画出相应的电路。

10.12　试用可编程逻辑阵列(PAL)实现下列函数:

$$F_1(A,B,C,D)=\sum m(0,1,2,3,6,8,9,10,12,14)$$

$$F_2(A,B,C,D)=\sum m(0,1,2,3,4,5,8,9,13,15)$$

$$F_3(A,B,C,D)=\sum m(,2,3,4,5,10,11,13,15)$$

并画出相应的电路。

10.13　可编程逻辑阵列(PAL)和 D-FF 组成的同步时序电路如题图 10.13 所示。

(1) 根据 PAL 结构,写出电路的驱动方程和输出方程。

(2) 分析电路功能,画出电路的状态转换图。

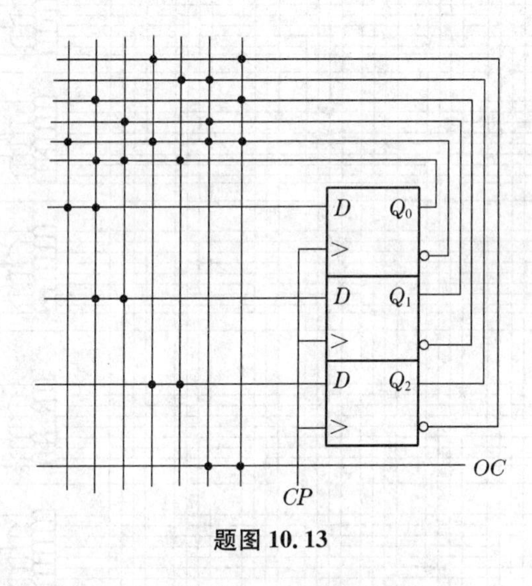

题图 10.13

10.14　可编程逻辑阵列(PLA)和 D-FF 组成的同步时序电路如题图 10.14 所示。分析电路功能,画出电路的状态转换图,说明电路能否自启动。

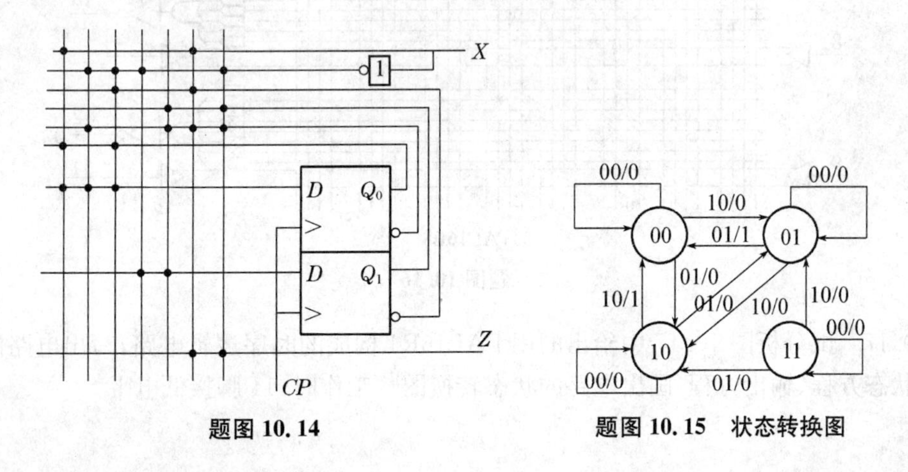

题图 10.14　　**题图 10.15　状态转换图**

10.15　试用可编程逻辑阵列(PAL)和 JK-FF 设计一同步时序电路,电路的状态转换图如题图 10.15 所示。

(1) 写出电路的输出方程和驱动方程。

(2) 画出用 PLA 和 JK-FF 实现的电路图。

10.16 试分析图 10.16 中由 PAL16L8 构成的逻辑电路，写出 Y_1、Y_2、Y_3 与 A、B、C、D、E 之间的逻辑关系式。

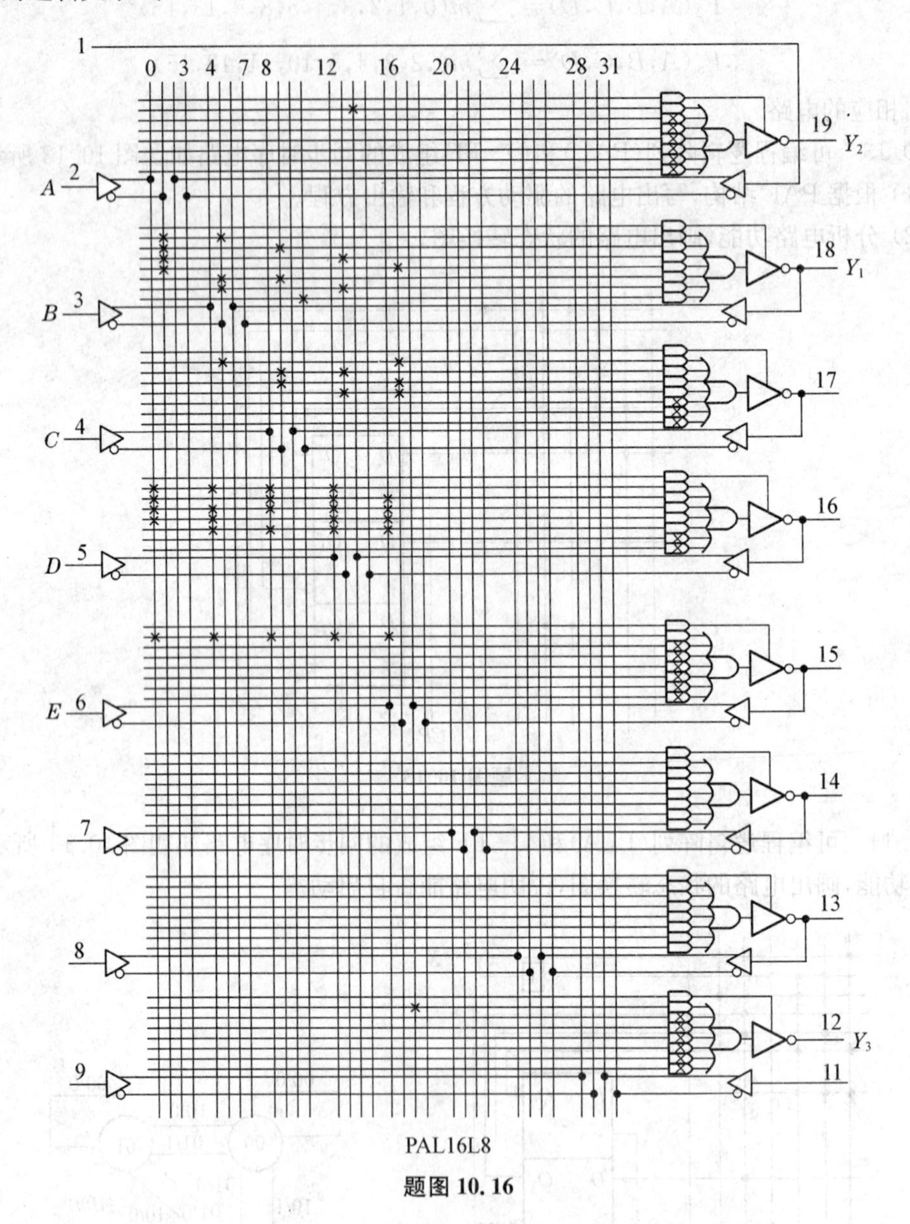

题图 10.16

10.17 试分析图 10.17 中给出的用 PAL16R4 构成的时序逻辑电路，写出电路的驱动方程、状态方程、输出方程，画出电路的状态转换图。工作时，11 脚接低电平。

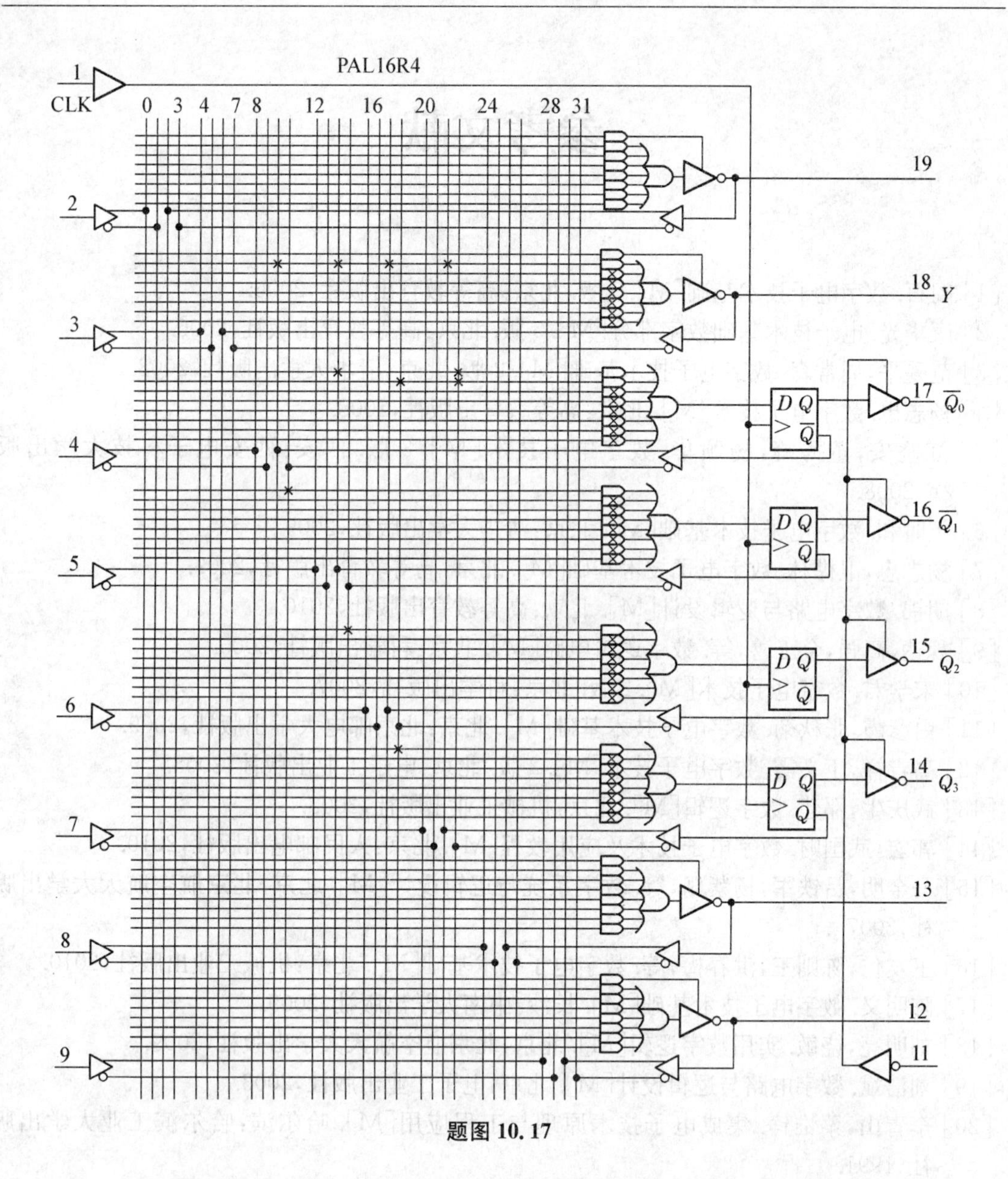

题图 10.17

10.18　用 PAL16R4 设计一个 4 位二进制可控计数器。要求在控制信号 $M_1M_0=11$ 时作加法计数；在 $M_1M_0=10$ 时为预置数状态(时钟信号到达时将输入数据 $D_3D_2D_1D_0$ 并行置入 4 个触发器中)；$M_1M_0=01$ 时为保持状态(时钟信号到达时所有的触发器保持状态不变)；$M_1M_0=00$ 时为复位状态(时钟信号到达时所有的触发器同时被置 1)。此外，还应给出进位输出信号。PAL16R4 的电路如题图 10.17。

参考文献

[1] 阎石. 数字电子技术基础[M]. 5 版. 北京:高等教育出版社,2006.

[2] 康华光. 电子技术基础数字部分[M]. 5 版. 北京:高等教育出版社,2006.

[3] 范爱平,周常森. 数字电子技术基础[M]. 2 版. 北京:清华大学出版社,2008.

[4] 杨志忠. 数字电子技术[M]. 北京:高等教育出版社,2008.

[5] 江晓安,董秀峰,杨颂华. 数字电子技术[M]. 3 版. 西安:西安电子科技大学出版社,2008.

[6] 伍时和. 数字电子技术基础[M]. 北京:清华大学出版社,2009.

[7] 杨志忠,卫桦林. 数字电子技术基础[M]. 北京:高等教育出版社,2009.

[8] 胡锦. 数字电路与逻辑设计[M]. 北京:高等教育出版社,2010.

[9] 魏达,高强,金玉善,等. 数字逻辑电路[M]. 北京:科学出版社,2005.

[10] 宋学君. 数字电子技术[M]. 2 版. 北京:科学出版社,2007.

[11] 白彦霞,张秋菊. 数字电子技术基础[M]. 北京:北京邮电大学出版社,2009.

[12] 高吉祥,丁文霞. 数字电子技术[M]. 2 版. 北京:电子工业出版社,2008.

[13] 武庆生,邓建. 数字逻辑[M]. 北京:机械工业出版社,2008.

[14] 郭宏,武国财. 数字电子技术及应用教程[M]. 北京:人民邮电出版社,2010.

[15] 马金明,吕铁军,杨紫珊,等. 数字系统与逻辑设计[M]. 北京:北京航空航天大学出版社,2007.

[16] 王友仁,陈则王,洪春梅,等. 数字电子技术基础[M]. 北京:机械工业出版社,2010.

[17] 陈明义. 数字电子技术基础[M]. 长沙:中南大学出版社,2009.

[18] 刘明亮,饶敏. 实用数字逻辑[M]. 北京:北京航空航天大学出版社,2009.

[19] 刘浩斌. 数字电路与逻辑设计[M]. 北京:电子工业出版社,2003.

[20] 李青山,蔡惟铮. 集成电子技术原理与工程应用[M]. 哈尔滨:哈尔滨工业大学出版社,1991.

[21] 高永强,王吉恒. 数字电子技术[M]. 北京:人民邮电出版社,2006.

[22] 董传岱. 数字电子技术基础[M]. 3 版. 东营:中国石油大学出版社,2009.

[23] 彭容修. 数字电子技术基础[M]. 武汉:华中科技大学出版社,2004.

[24] 李中发. 数字电子技术[M]. 北京:中国水利水电出版社,2007.

[25] 卢庆林. 数字电子技术[M]. 北京:机械工业出版社,2005.

[26] 吴劲松. 电子产品工艺实训[M]. 北京:电子工业出版社,2009.

[27] 曾国泰,陈立万. 脉冲与数字电路[M]. 重庆:重庆出版社,2001.

[28] 刘江海. 数字电子技术[M]. 武汉:华中科技大学出版社,2008.

[29] 贾正松. 数字电子技术基础[M]. 北京:北京理大学出版社,2009.

[30] 王永军,李景华. 数字逻辑与数字系统设计[M]. 北京:高等教育出版社,2006.

[31] 范文兵. 数字电子技术基础[M]. 北京:清华大学出版社,2007.
[32] 唐竞新. 大学课程学习与考研全程辅导系列丛书数字电子技术[M]. 北京:科学出版社,2007.
[33] 秦臻,彭容修,罗杰. 电子技术基础(数字部分)重点难点·题解指导·考研指南[M]. 北京:高等教育出版社,2007.
[34] 何荣超,邵群涛,张光年. 数字电子技术基础[M]. 北京:北京工业大学出版社,1991.
[35] 董传岱. 电工学(电子技术)[M]. 北京:机械工业出版社,2007.
[36] 焦素敏. 数字电子技术[M]. 北京:清华大学出版社,2007.
[37] 贾立新. 电子电气基础课程(数字电路)[M]. 北京:电子工业出版社,2007.
[38] 华君玮. 电工学(下册数字电子技术基础)[M]. 合肥:中国科学技术大学出版社,2008.
[39] 海欣. 数字电子技术学习及考研辅导[M]. 北京:国防工业出版社,2008.
[40] 高卫斌. 电子线路学习指导·例题·习题·试题[M]. 2 版. 北京:电子工业出版社,2007.
[41] 顾佳. 数字电子线路教材辅导(修订版)[M]. 上海:科学技术文献出版社,2008.
[42] 刘全忠. 电子技术(电工学 2)[M]. 北京:高等教育出版社,2008.
[43] 史仪凯. 电子技术(电工学 2)[M]. 2 版. 北京:科学出版社,2008.
[44] 秦曾煌. 电工学(电子技术)[M]. 下册. 北京:高等教育出版社,2009.
[45] 唐庆玉. 电工技术与电子技术习题解答[M]. 下册. 北京:清华大学出版社,2008.
[46] 王金矿,李心广,张晶,等. 电路与电子技术基础[M]. 北京:机械工业出版社,2008.
[47] 王浩. 电工学(电子技术)[M]. 下册. 北京:中国电力出版社,2006.
[48] 王兢,王开宇. 数字电路与系统[M]. 大连:大连理工大学出版社,2009.
[49] 杨相生. 数字电子技术基础[M]. 北京:中国水利水电出版社,2006.
[50] 研究生入学考试试题研究组. 研究生入学考试考点解析与真题详解:数字电子技术[M]. 北京:电子工业出版社,2008.
[51] 张明金,尹慧. 电工与电子学概论[M]. 北京:化学工业出版社,2008.
[52] 张纪成. 电路与电子技术(下册)数字电子技术[M]. 2 版. 北京:电子工业出版社,2008.
[53] 张先永,尼喜. 电子技术基础[M]. 武汉:华中科技大学出版社,2009.
[54] 杨文霞,孙青林. 数字逻辑电路[M]. 北京:科学出版社,2007.
[55] 靳孝峰. 数字电子技术[M]. 北京:北京航空航天大学出版社,2007.
[56] 傅友登. 数字电路与系统[M]. 成都:四川大学出版社,2003.
[57] 王志功,沈永朝. 集成电路设计基础[M]. 北京:电子工业出版社,2004.
[58] 刘勇,杜德昌. 数字电路[M]. 北京:电子工业出版社,2003.
[59] 毕满清. 电子技术实验与课程设计[M]. 北京:机械工业出版社,2000.
[60] 高吉祥. 数字电子技术学习辅导及习题详解[M]. 北京:电子工业出版社,2005.
[61] 李国洪,沈明山. 可编程器件 EDA 技术与实践[M]. 北京:机械工业出版社,2004.
[62] 谢声斌. 数字电路与逻辑设计教程[M]. 北京:清华大学出版社,2004.
[63] 邓元庆,等. 数字设计基础与应用[M]. 北京:清华大学出版社,2005.
[64] 张申科,崔葛瑾. 数字电子技术基础[M]. 北京:电子工业出版社,2005.
[65] 汤山俊夫. 数字电路设计与制作[M]. 北京:科学出版社,2005.

[66] 侯建军. 数字电子技术基础[M]. 北京：高等教育出版社，2003.
[67] 孙肖子. 现代电子线路和技术实验简明教程[M]. 北京：高等教育出版社，2004.
[68] 杨颂华，等. 数字电子技术基础[M]. 西安：西安电子科技大学出版社，2002.
[69] 电子工程手册编委会. TTL、CMOS 电路简明速查手册[M]. 北京：电子工业出版社，1992.
[70] 王冠华. Multisim 10 电路设计及应用[M]. 北京：国防工业出版社，2008.
[71] 聂典. Multisim 9 计算机仿真在电子电路设计中的应用. 北京：电子工业出版社，2007.